HANDBUCH DES ERWERBSGÄRTNERS
Band 5 Pflanzenschutz im Zierpflanzenbau

Handbuch des Erwerbsgärtners

1 Die Topfpflanzenkultur in der Erwerbsgärtnerei
Von OLR H. K. Möhring †, Bad Melsbach

2 Die Schnittblumenkultur in der Erwerbsgärtnerei
Von Prof. Dr. F. Escher, Osnabrück

3 Die Technik im Gartenbau (Teil 1 und 2)
Von Dipl.-Ing. R. Bohn, Bonn

4 Pflanzenernährung im Gartenbau
Von Prof. Dr. E. Knickmann, Wiesbaden
und Prof. Dr. W. Tepe, Geisenheim

5 Pflanzenschutz im Zierpflanzenbau
Von Dr. M. Stahl, Stuttgart
und Gartenbauing. H. Umgelter, Stuttgart

6 Gartenbauliche Betriebslehre
Von Prof. Dr. T. Steib, Weihenstephan

7 Hydrokultur und Torfkultur
Von Prof. Dr. F. Penningsfeld, Weihenstephan
und Ing. grad. P. Kurzmann, Weihenstephan

8 Der Absatz von Zierpflanzen
Von Prof. Dr. W. Schalt, Berlin, und Dipl.-Gärtner S. Pfeifer, Köln

9 Erwerbsgemüsebau
Von Prof. Dr. D. Fritz, Weihenstephan, und OLR Dr. W. Stolz, Wolbeck

10 Pflanzenschutz im Gemüsebau
Von Dr. G. Crüger, Brühl/Köln

11 Hauptkulturen im Zierpflanzenbau
Von OLR Dr. G. Bosse, Friesdorf, Prof. Dr. F. Escher, Osnabrück,
OStR E. Gugenhan, Hohenheim, Ing. grad. O. Kneipp, Bad Homburg,
Prof. Dr. T. Steib, Weihenstephan

12 Pilzanbau
Von Dr. J. Lelley, Krefeld-Großhüttenhof,
und Ing. F. X. Schmaus, Krefeld

Pflanzenschutz im Zierpflanzenbau

Dr. Marianne Stahl
Gartenbauingenieur Harry Umgelter
Landesanstalt für Pflanzenschutz, Stuttgart

Zweite, völlig neu bearbeitete Auflage
mit 267 Abbildungen

Verlag Eugen Ulmer Stuttgart

CIP-Kurztitelaufnahme der Deutschen Bibliothek

Handbuch des Erwerbsgärtners. – Stuttgart:
Ulmer.
Bd. 5. → Stahl, Marianne: Pflanzenschutz im
Zierpflanzenbau

Stahl, Marianne
Pflanzenschutz im Zierpflanzenbau / Marianne
Stahl; Harry Umgelter. – 2., völlig neu bearb.
Aufl. – Stuttgart: Ulmer, 1976.
(Handbuch des Erwerbsgärtners; Bd. 5)
1. Aufl. u.d.T.: Stahl, Marianne: Pflanzenschutz im Blumen- und Zierpflanzenbau.
ISBN 3-8001-5114-6

NE: Umgelter, Harry:

Printed in Germany
Einbandgestaltung: Alfred Krugmann, Stuttgart
mit Fotos von M. Geigenmüller und H. Steiner
Satz: IBV Lichtsatz KG, Berlin
Druck: Sulzberg-Druck GmbH, Sulzberg im Allgäu

Vorwort

Seit Erscheinen der ersten Auflage dieses Buches im Jahre 1959 sind auf dem Gebiet des Pflanzenschutzes im gärtnerischen Zierpflanzenbau wesentliche Fortschritte erzielt worden. Das Angebot chemischer Präparate ist noch reichhaltiger, ihr Einsatz noch differenzierter geworden. Spezialisierung in der gartenbaulichen Erzeugung verlangt auch im Pflanzenschutz immer mehr Spezialwissen. Für die Neuauflage waren daher erhebliche Umarbeitungen, Erweiterungen und Ergänzungen notwendig. Es mußten Erkenntnisse der Forschung, aber auch Beobachtungen und Erfahrungen der Praxis berücksichtigt werden. Damals noch weniger bekannte, aber auch inzwischen für Deutschland neue Krankheiten wie der Weiße Rost und die Ascochytakrankheit der Chrysantheme, der Pelargonienrost u. a. mußten hinzugefügt werden. Auch sind in den letzten Jahren Krankheiten und Schädlinge in den Mittelpunkt des Geschehens gerückt, denen man früher verhältnismäßig wenig Beachtung schenkte. Gedacht ist vor allem an Bodenpilze aus der Gruppe der Phycomyceten (*Pythium-*, *Phytophthora*-Arten), aber auch an tierische Schädlinge wie Zwergfüßler und Trauermückenlarven. Völlig neu ist der Nachweis von Mykoplasma- und Rickettsien-ähnlichen Organismen als Erreger von Pflanzenkrankheiten. An marktwichtigen Zierpflanzenkulturen mußten neu aufgenommen werden: *Alstroemeria, Dieffenbachia, Crossandra, Hibiscus rosa-sinensis, Nerine, Peperomia* und *Rhaphidophora (Scindapsus)*.

Um durch die zahlreichen Erweiterungen den Umfang des Buches nicht übermäßig anschwellen zu lassen, wurde auf gewisse Kapitel des früheren „Allgemeinen Teils" verzichtet. Dazu gehören die Abschnitte über die Erd- und Bodenentseuchung (siehe jedoch Anhang des Buches), die chemischen Pflanzenschutzmittel, die Pflanzenschutzgeräte und über die chemische Unkrautbekämpfung. Diese mehr grundsätzlichen Themen sind dem Praktiker heutzutage teils gut vertraut, teils in gesonderten Darstellungen besser zugänglich.

An der Gliederung, wie sie sich schon bei der ersten Auflage bewährt hatte, wurde festgehalten. Wo der Pflanzenschutz nicht ohne Pflege- und Kulturmaßnahmen gedacht werden kann, ist die Voranstellung kurzer Hinweise bei wichtig erscheinenden Arten beibehalten worden. Im übrigen muß grundlegendes Wissen um die Kultur und Pflege der Arten vorausgesetzt oder es muß anderen Fachbüchern über allgemeinen Zierpflanzenbau entnommen werden.

Wo immer es notwendig schien, wurden Bekämpfungshinweise für Krankheiten und Schädlinge jeweils bei den in alphabetischer Reihenfolge aufgeführten Arten bzw. Gruppen selbst gegeben und nicht auf den Abschnitt „Krankheiten und Schädlinge von allgemeiner Bedeutung“ verwiesen. Erfahrungsgemäß werden allgemeingehaltene Bekämpfungshinweise, wie sie in diesem Abschnitt gegeben wurden, kulturbezogenen Praxiswünschen nicht immer gerecht.

Ein verhältnismäßig breiter Raum wurde den Ausführungen über die Empfindlichkeit der Arten gegenüber Pflanzenschutzmitteln eingeräumt, denn fälschlich angewandte Präparate können den Kulturen oft mehr Schaden zufügen als Krankheiten und Schädlinge.

Eine Zusammenstellung der Pflanzenschutzmittel bzw. Wirkstoffe hinsichtlich ihrer Dauerwirkung in tabellarischer Form soll dem Praktiker einen gezielten Einsatz der wichtigsten Insektizide ermöglichen.

Soweit im Text Literaturhinweise spezieller Art gegeben werden, beziehen sich die in Klammern gesetzten Ziffern auf das numerierte Literaturverzeichnis auf Seite 480.

Obwohl die nicht mehr aufgenommenen Abschnitte auch einen Verlust an Abbildungen bedeuten, ist ihre Zahl in der nun vorliegenden Neuauflage auf 267 gegenüber früher 233 angestiegen. Zahlreiche neue Aufnahmen wurden von Frau Maria Geigenmüller gefertigt. Ihr sei an dieser Stelle besonderer Dank gesagt. Weitere Abbildungen hat in dankenswerter Weise die Bildstelle der Biologischen Bundesanstalt, Berlin-Dahlem, zur Verfügung gestellt. Über die Herkunft der einzelnen Abbildungen orientiert im übrigen ein ausführlicher Bildnachweis.

Unser Dank gilt des weiteren den Fachkollegen, Anstalten und Instituten, die uns bereitwilligst unterstützten, sowie Herrn Günter Jörg, der an der praktischen Durchführung der Versuche wesentlich beteiligt war. Auch viele Praktiker ließen uns auf verschiedene Art und Weise wertvolle Hilfe zuteil werden. Nicht vergessen sei Frau Lieselotte Rapp, die uns bei der Durchsicht der Korrekturfahnen sehr behilflich war.

Das Manuskript wurde 1974 abgeschlossen. Während der Drucklegung des jetzt vorliegenden Handbuches gab es auf dem Pflanzenschutzmittelsektor verständlicherweise weitere Veränderungen. Es wurden Präparate neu zugelassen, bei anderen wieder wurde die Zulassung gestrichen, und schließlich hat sich in einigen Fällen auch der bisher zulässige Anwendungsbereich etwas geändert. Die wichtigsten Änderungen und Ergänzungen wurden daher in einem Nachtrag zusammengefaßt, wobei freilich nur in Sonderfällen gewisse kulturbezogene Hinweise gegeben werden können. Soweit es den Pflanzenschutzmittelsektor betrifft, ist damit das vorliegende Handbuch in den wesentlichen Teilen auf den Stand der Zulassungen von 1975 gebracht. Wo das nicht in jedem Fall zufriedenstellend möglich war, bitten wir um Nachsicht. Der rasche Wandel auf dem Präparatesektor wird immer gewisse Unzulänglichkeiten mit sich bringen, mit denen man sich notgedrungen abfinden muß. Aufgrund der zunehmenden Bedeutung der beiden Nelkenwicklerarten, des „Mittelmeernelkenwicklers“ und des „Südafrikanischen Nelkenwicklers“ als Quarantäneschädlinge und einer zu erwartenden Verordnung zu ihrer Bekämpfung hat es sich schließlich ergeben, daß die ursprünglichen Darstellungen in einem Nachtrag erweitert und so dem neuen Wissensstand angepaßt wurden.

Marianne Stahl, Harry Umgelter

Inhaltsverzeichnis

Krankheiten und Schädigungen der einzelnen Zierpflanzen

Anhang

Nachtrag

Ursachen der Krankheiten und Schädigungen

Viren (1, 2)

Die Viren verursachen, ebenso wie z. B. die Bakterien, ansteckende Krankheiten (Virosen). Im Gegensatz zu den Bakterien sind sie jedoch auch bei stärkster Vergrößerung im gewöhnlichen Lichtmikroskop noch nicht zu erkennen. Erst die Erfindung des Elektronenmikroskopes, das heute eine weit mehr als 100000fache Vergrößerung gestattet, ermöglichte es, die Viruspartikel sichtbar zu machen, deren Größe zwischen etwa 0,00001 mm und 0,0017 mm schwankt.

Die Viren unterscheiden sich zudem von allen bekannten Lebewesen bis hinunter zu den Bakterien und Mykoplasmen dadurch, daß sie sich nicht durch selbständiges Wachstum und Teilung vermehren können und keinen eigenen Stoffwechsel aufweisen. Ihre Vermehrung ist nur in der lebenden Zelle auf Kosten des Eiweißstoffwechsels der Wirtspflanze möglich. Infolgedessen können sie auch nicht in Reinkultur auf künstlichen Nährböden gezüchtet werden.

Während manche Viren auf bestimmte Pflanzenfamilien oder -gattungen beschränkt vorkommen, ist für andere ein sehr umfassender Wirtspflanzenkreis bekannt. Letzteres gilt z. B. für das Gurkenmosaik- und das bodenübertragbare Tabakmauchevirus. Weit verbreitet ist auch das Bronzefleckenvirus der Tomate, das nicht nur auf Gemüsepflanzen, sondern auch auf Zierpflanzen aus verschiedensten Familien gefunden wird.

Die *Schadbilder* der Virosen äußern sich oft in Wachstumshemmungen, die sich auf alle Organe erstrecken können (Kümmerpflanzen), insbesondere verkrüppeln jedoch die wachsenden Triebspitzen.

Farb- und Formabweichungen der Blätter und Blüten sind häufig zu beobachten. Bei Tulpen hatten die „buntstreifig" blühenden Pflanzen (Abb. 1), die sonst kaum irgendwelche Anzeichen einer Erkrankung zeigen, zu manchen Zeiten besonderen Liebhaberwert.

Störungen in der Chlorophyllbildung der grünen Organe, vor allem der Blätter, führen zu fleckigen Aufhellungen (Mosaik). Verläuft die Aufhellung den Blattadern entlang, so spricht man von einer „Aderbänderung" (Abb. 2).

Auch Nekrosen können sich als Folge des Virusbefalls zeigen. Eine schwere Nekroseerkrankung ist z. B. die Augustakrankheit der Tulpe, bei der sich vor allem entlang den Blattrippen, aber auch an Stengeln, Blüten und Zwiebeln weißlichgraue oder bräunliche Flecken abgestorbenen Gewebes hintereinanderreihen.

Um die Bilder der Virosen zu vervollständigen, sei schließlich noch der Besenwuchs genannt, der durch übermäßiges Wachstum der Seitentriebe und Hemmung des Haupttriebes zustande kommt.

Abb. 1. Buntstreifige Blüte einer viruskranken Tulpe.
Abb. 2. *Lilium speciosum* mit Lilienmosaik.

Manche Viren machen sich nur unter ganz bestimmten Bedingungen mit Krankheitserscheinungen bemerkbar. Als Beispiel sei die Gelbfleckenkrankheit (Kräuselkrankheit) der Pelargonie genannt, die besonders im Frühjahr sehr auffällig wird. Gegen den Sommer hin verschwinden die Symptome oft fast gänzlich, um erst wieder im nächsten Frühjahr deutlich sichtbar zu werden. Werden die Mutterpflanzen für den Stecklingsschnitt nicht rechtzeitig bezeichnet, so kann man böse Überraschungen erleben. Die „Maskierung" kann bei manchen Kulturen noch unterstützt werden durch erhöhte Düngung. Obgleich es für den Gärtner nützlich sein kann, dieses Hilfsmittel zu kennen, darf er sich damit nicht über den Gesundheitszustand seiner Pflanzen hinwegtäuschen.

In manchen Fällen äußert sich der Virusbefall überhaupt nicht mit deutlich erkennbaren Krankheitssymptomen. Die befallenen, aber gesund erscheinenden Pflanzen werden dann als „latente Träger" bezeichnet. Diese werden besonders gefährlich, wenn sie unentwegt und unbedenklich weiter vermehrt werden und als Verseuchungsquelle für andere Kulturen dienen, die auf diese Virose unter Umständen sehr viel empfindlicher reagieren. Zu einer markanten Symptomausprägung kann es vor allem auch dann kommen, wenn das normalerweise latent bleibende Virus in Mischinfektion mit einem zweiten Virus auftritt. So ist z. B. *Lilium longiflorum* meistens mit einem symptomlosen Lilienvirus verseucht. Der Gärtner ahnt nichts von der Erkrankung. Auch ein bestimmter Stamm des Gurkenmosaikvirus, der auf vielen Zierpflanzen, auf Gemüsepflanzen und Unkräutern angetroffen wird, verursacht bei dieser Lilie keinerlei Krankheitserscheinungen. Treffen beide Viren zusammen, so zeigt die Pflanze das Schadbild des „nekrotischen Fleckenmosaiks".

Unter natürlichen Bedingungen erfolgt die *Übertragung* der Viren auf verschiedene Art und Weise, so z. B. bei der Pfropfung kranker Reiser auf gesunde Unterlagen und umgekehrt. Bei den krautigen Zierpflanzen steht die Infektion mit krankem Saft beim Schnitt oder bei Berührung mit den Händen im Vordergrund. Oft wird das Virus durch Insekten (z. B. Blattläuse, Wanzen, Zikaden u. a.) übertragen.

Während eine *Verbreitung* durch Saatgut verhältnismäßig selten vorkommt, trägt die vegetative Vermehrung sehr zur Ausbreitung der Virosen bei. Besondere Gefahr besteht dann, wenn Virosen „latent" vorhanden sind (siehe oben).

Die einfachste Form des *Virusnachweises* ist die Übertragung auf bestimmte Testpflanzen, die mit charakteristischen Symptombildern reagieren. Ein größeres Sortiment solcher „Indikatorpflanzen" ist allerdings nur in Instituten zu erwarten, die sich eingehender mit Virusforschung befassen. Nicht immer ist durch einfache Saftabreibung Infektion zu erzielen. Manchmal gelingt die Übertragung nur durch bestimmte saugende Insekten.

Auch serologische Testverfahren werden heute vielfach angewandt (z. B. Prüfung auf Aspermie- und B-Virus der Chrysantheme). Man hat sich bei dieser Methodik die Tatsache zunutze gemacht, daß bei Injektion eines Warmblüters (z. B. Kaninchen) mit einem artfremden Eiweiß (Antigen), wie es z. B. auch ein Viruspräparat darstellt, dieser mit einer Bildung von Antikörpern reagiert. Das aus dem Tierblut gewonnene, reine Antiserum ergibt bei Mischung mit virushaltigem Pflanzensaft eine Ausfällung, die bei Mischung mit virusfreiem Pflanzensaft unterbleibt.

Als letzte Möglichkeit des Virusnachweises sei noch die Untersuchung mit dem Elektronenmikroskop genannt.

Bei der *Bekämpfung* der Virosen stehen bisher die vorbeugenden Maßnahmen noch stark im Vordergrund. Kranke Pflanzen müssen unverzüglich vernichtet werden (verbrennen oder auf den Müll abfahren, nicht auf den Kompost!). Auf die Bekämpfung der saugenden Insekten (vor allem Blattläuse, Wanzen, Zikaden, Blasenfüße) ist besondere Sorgfalt zu verwenden. Die Mutterpflanzen für die Vermehrung sind in Zeiten, in denen die Virosen erfahrungsgemäß am stärksten in Erscheinung treten, auszuwählen und zu bezeichnen. Da eine Ansteckung häufig von kranken Unkräutern ausgeht, ist auf deren Ausmerzung besonderer Wert zu legen. Wertvollere Zierpflanzenbestände sollten nicht in unmittelbarer Nachbarschaft von Gurken- und Tomatenkulturen, die als besonders gefährliche Virusquellen bekannt sind, stehen. Krankheitsverdächtige Pflanzen sollten möglichst erst nach den gesunden geschnitten werden. Bei wertvolleren Kulturen ist zu empfehlen, nach jeder Pflanze eine Messerdesinfektion vorzunehmen. Man benützt dazu wie auch zur Desinfektion der Hände folgende Mischung:

0,5 kg Natriumphosphat und 2 kg Toilettenseife werden mit 10 l Wasser so lange gekocht, bis alles aufgelöst ist. Die halbfeste Paste ist unbegrenzt haltbar.

Zur Erzeugung gesunder, virusfreier Stecklinge, insbesondere von Chrysanthemen und Nelken, wurden in den letzten Jahren spezielle Methoden erarbeitet. Zwei Wege, um von den zunächst nach Augenschein sorgfältig auf Krankheitsmerkmale überprüften und ausgewählten Mutterpflanzen garantiert gesunde Stecklinge zu gewinnen, bieten sich an: einmal eine sich über mehrere Wochen erstreckende Wärmebehandlung der Mutterpflanzen, zum anderen die „Meristemkultur" (3, 4, 5). Meistens werden heute beide Verfahren kombiniert.

Vor über 20 Jahren gelang den Franzosen LIMASETT und CORNET die Feststellung, daß die äußerste Sproßspitze mosaikkranker Tabakpflanzen, d. h. ein kaum 1/4 mm großer Zellkomplex, der aus jüngstem, noch undifferenziertem Gewebe (Meristem) besteht, frei von Virus ist. Dies hat sich auch für andere Pflanzen bestätigt. Wo es gelingt, vorsichtig herauspräparierte Meristeme auf sterilem Nährsubstrat in Glasröhrchen oder -kolben zum Wachstum zu bringen, entwickeln sich im Lauf von Wochen und Monaten vollständige kleine, virusfreie Pflänzchen, die schließlich in Erde pikiert werden können.

Wegen der für die praktische Anwendung zu hohen Empfindlichkeit der Meristeme (z. B. gegen Quetschung bei der Entnahme, Austrocknung usw.) benützt man heute allerdings meist etwas größere Sproßspitzchen, an denen sich bereits die ersten Organanlagen zu differenzieren beginnen. Man spricht hier also besser nicht mehr von Meristem-, sondern von Sproßspitzenkultur. Diese ist vor allem dann gerechtfertigt, wenn eine Wärmebehandlung der Pflanze bei Temperaturem um 37–40 °C vorausgegangen ist. Da bei den wärmebehandelten Pflanzen die Virusausbreitung gehemmt ist, kann eine etwas größere Spitzenzone mit Wahrscheinlichkeit als virusfrei angesehen werden.

Da meist nur ein kleiner Teil der Meristeme, etwas mehr bei den Sproßspitzen, zu lebensfähigen Pflänzchen heranwächst, ist die Ausbeute gering. Anschließend muß noch durch serologische Testung, Saftabreibung oder Pfropfung auf geeignete Testpflanzen bestätigt werden, daß die Pflanzen tatsächlich virusfrei sind.

Mykoplasma- und rickettsienähnliche Organismen (6, 7)

Die *Mykoplasmen* sind, ebenso wie die Viren, nur mit dem Elektronenmikroskop sichtbar zu machen, vermögen sich aber auf künstlichen Nährsubstraten, d. h. außerhalb der Pflanze, selbständig zu vermehren, so daß sie in dieser Beziehung den Bakterien ähnlich sind.

Man kannte Mykoplasmen bis vor kurzem nur als Krankheitserreger bei Tieren und beim Menschen. Erst in jüngster Zeit ist es gelungen, mykoplasmaähnliche Organismen auch als Erreger von Pflanzenkrankheiten nachzuweisen. Neben einer oft gelblichen oder rötlichen Verfärbung des Laubes zeigen befallene Pflanzen häufig einen gestauchten Wuchs oder auch Blütenanomalien (Vergrünungen, blattartige Umwandlung von Staubgefäßen und Stempeln) sowie hexenbesenartige Erscheinungsbilder. Bei Zierpflanzen konnte bisher das „Aster Yellow“ von *Callistephus chinensis* und von Petunie sowie die „Vergrünung“ von *Erysimum (Cheiranthus)* × *allionii* auf die Infektion durch mykoplasmaähnliche Organismen zurückgeführt werden.

Eine Übertragung durch Pfropfung, vielleicht auch mechanisch, ist möglich. Als tierische Überträger sind bisher vor allem Zikaden nachgewiesen. Wie weit, besonders für unsere geographischen Breiten, auch Blattläuse eine Rolle spielen können, ist noch ungeklärt. In einem Fall, bei dem allerdings eine Mischinfektion mit einer Virose vorlag, konnte Blattlausübertragung festgestellt werden.

Im Gegensatz zu den Virosen können die durch Mykoplasmen verursachten Krankheiten durch gewisse Antibiotika (z. B. Tetracycline) gehemmt werden. Gegen Penicillin sind allerdings alle bisher untersuchten Mykoplasmen resistent.

Als wichtigste Maßnahme zur Verhütung weiterer Ausbreitung dieser Erkrankungen muß neben der Vernichtung kranker Pflanzen die Bekämpfung der Überträger angesehen werden.

Eine weitere Gruppe bakterienverwandter, aber in mancher Hinsicht primitiverer Organismen, die bei Tieren ansteckende Krankheiten verursachen können, sind die *Rickettsien.* Noch jüngsten Datums (1973) ist die Entdeckung, daß rickettsienähnliche Organismen auch bei Pflanzen vorkommen und dort Erscheinungsbilder hervorrufen, die man bisher als Virosen angesehen hatte (z. B. Triebsucht des Apfels u. a.). Für Zierpflanzen ist bis heute nur ein einziger Fall bekannt (Knöllchenkrankheit bei *Erica gracilis,* siehe dort), bei dem rickettsienähnliche Organismen als vermutliche Erreger gefunden wurden.

Bakterien (8)

Die nur mit mikroskopischer Vergrößerung im einzelnen erkennbaren Bakterien sind winzige Lebewesen von kugeliger, länglicher („stäbchenförmiger“) oder spiraliger Gestalt. Die Erreger bakterieller Pflanzenkrankheiten sind vorwiegend „Stäbchen“ in der Größe von etwa einem Tausendstel Millimeter. Sind sie in großer Menge gehäuft, so werden sie als schleimige, meist gelbliche oder grauweiße Masse schon mit bloßem Auge erkennbar (z. B. bei starker Erkrankung der Nelke durch *Pseudomonas caryophylli* in den Stengelaufrißstellen).

Am leichtesten dringen die Bakterien durch Verwundungen in das Pflanzengewebe ein; Eintrittspforten sind jedoch häufig auch Spaltöffnungen und Wasserspalten. Nicht nur durch Kulturarbeiten mit Händen und Geräten werden sie übertragen, auch durch Gießwasser werden sie leicht auf benachbarte Pflanzen verschwemmt oder verspritzt. Beim Einstellen von Stecklingen in Wasser oder Wuchsstofflösung kommt es nicht selten vor, daß ein einziger kranker Steckling zur Verseuchung eines ganzen Pflanzenbestandes führt.

Die durch Bakterien verursachten Erkrankungen können in ihrem Erscheinungsbild recht verschieden sein, doch lassen sich einige charakteristische Kennzeichen herausstellen. Hell nadelstichähnliche, durchscheinende *Blattflecken* oder solche mit wäßrig durchscheinender Randzone legen immer den Verdacht einer Bakteriose nahe. Bakterien als Erreger von *gefäßparasitären Welkekrankheiten* kennen wir insbesondere bei Chrysanthemen, Nelken, Pelargonien u. a. Sie verursachen im Gefäßteil zum Teil heftige Zerstörungen, die auch auf die umliegenden Gewebe übergreifen können. Manchmal in Verbindung mit der Welkekrankheit oder auch unabhängig davon treten bakterielle *Stengelfäulen* auf. *Weichfäulen* an Knollen, Zwiebeln und Rhizomen werden in erster Linie durch *Erwinia*-Arten hervorgerufen.

Um den äußerst hartnäckigen Bakterienerkrankungen wirksam zu begegnen, bieten sich bis heute im wesentlichen nur vorbeugende Maßnahmen an, die an dieser Stelle nicht eingehender besprochen werden sollen. Sie sind bei den einzelnen Kulturen ausführlich erörtert.

Pilze

Wenn von Pilzen die Rede ist, fallen uns zunächst die Bewohner des Waldes wie z. B. die verschiedenen Hutpilze, Korallenschwämme, Boviste, Becherpilze u. a. ein. Sie alle sind nur die besonders auffälligen Fruchtformen von Holz- und Bodenpilzen, die sonst unbemerkt in Form eines zarten, fadenförmigen Geflechtes ihr Nährsubstrat durchziehen.

Diese feinen, mehr oder weniger verzweigten *Hyphen* sind charakteristisch für alle Pilze, sofern man von einigen ganz primitiven Gruppen absieht. Die Gesamtheit der Hyphen, also das ganze Hyphengeflecht, wird als *Myzel* bezeichnet.

Die Vermehrung und Ausbreitung der Pilze geschieht durch winzige, farblose oder verschieden gefärbte runde, längliche oder mannigfaltigst gestaltete Körperchen, die *Sporen,* die durch Wind, Wasser oder auch durch Mensch oder Tier verbreitet und verschleppt werden. Die Bildung der Sporen kann auf verschiedenste Art und Weise vor sich gehen. Sie können z. B. einzeln oder in Ketten am Ende von Hyphen oder sich mehr oder weniger deutlich heraushebenden verzweigten oder unverzweigten Sporenträgern entstehen. Häufig findet man sie in kleine becherförmige oder kugelige Gehäuse eingeschlossen, die sich mit einer 10–15fach vergrößernden Lupe auf den Flecken erkrankten Gewebes meist schon deutlich erkennen lassen. Nur die höchstentwickelten Arten bilden auffällige, große Fruchtkörper wie sie eingangs beschrieben wurden.

Die Sporen selbst bleiben, wenn sie nicht sogleich günstige Keimungsbedingungen finden, meist längere Zeit am Leben. Der Winterkälte oder Austrocknung können sie widerstehen durch Ausbildung verdickter Wände oder durch Einschluß in die Fruchtkörperchen. Das Hyphengeflecht selbst kann in Knospen, in winterharten Blättern und Stengeln, in Zwiebeln, Knollen und Rhizomen die ungünstigen Witterungsperioden überleben.

Eine besondere Form der Überdauerung ist die *Sklerotienbildung.* Die Hyphen ballen sich dabei unter starker Verflechtung stellenweise zu kugeligen oder länglichen, stecknadelkopf- bis bohnengroßen Gebilden zusammen, die zunächst weiß und weichflaumig sind, sich aber meist bald in harte, braune oder schwarze und sehr widerstandsfähige Dauerorgane umwandeln. Die Sklerotien bleiben so lange im Boden oder an Pflanzenüberresten haftend im Ruhezustand, bis sie z. B. im Frühjahr durch ansteigende Temperaturen und genügende Feuchtigkeit zu neuem Leben erweckt werden. Dann sprossen aus ihnen kleine, manchmal auch 1–2 cm große, rötliche oder gelbliche fleischige Fruchtkörperchen hervor, deren Sporen vom Wind weithin verweht und auf geeignete Wirtspflanzen getragen werden können.

Höhere Pflanzen

Nicht nur niedere Organismen wie Bakterien und Pilze können als Pflanzenparasiten auftreten. Auch einige Blütenpflanzen sind dazu befähigt, ihre Nahrung direkt aus den Säften anderer höherer Pflanzen zu beziehen. Bei vollkommenem Parasitismus sind diese Schmarotzer nicht grün gefärbt, sondern fahl, gelblichweiß. Es fehlt ihnen das Blattgrün, das die Pflanzen normalerweise zum Aufbau benötigen. Die Blätter sind meistens völlig verkümmert, so daß außer den in das Pflanzeninnere führenden Organen, die der Befestigung und Stoffaufnahme dienen, nur Stengel und Blüten in Erscheinung treten.

Dem Zierpflanzengärtner begegnet eine solche Schmarotzerpflanze gelegentlich einmal in Form der *Cuscuta-* oder Seidearten, die auch als Teufelszwirn bezeichnet werden. Als Windengewächse, deren nächste Verwandte, die Acker- und Zaunwinde, allgemein bekannt sind, schlingen sie sich fest um Stengel und Blattwerk der Wirtspflanze und schädigen sie durch Entzug ihrer Säfte. Der Parasit kann oft nur mit großer Mühe von der Wirtspflanze entfernt werden, so daß man es häufig vorziehen wird, die befallene Pflanze ganz zu vernichten. Keinesfalls darf der Teufelszwirn zur Samenbildung gelangen, sonst hat man ihn auch in den folgenden Kulturen zu fürchten.

Tierische Schädlinge

Die für den Zierpflanzenanbauer wichtigen tierischen Schädlinge gehören folgenden zoologischen Gruppen an:

A. Würmer (z. B. Älchen)
B. Weichtiere (z. B. Schnecken)
C. Gliederfüßler
   1. Spinnentiere (z. B. Spinnmilben, Wurzelmilben, Gallmilben)
   2. Krustentiere (z. B. Asseln)
   3. Tausendfüßler
   4. Insekten, von denen folgende Gruppen Bedeutung haben:
      Urinsekten (z. B. Springschwänze)
      Geradflügler (z. B. Ohrwürmer, Maulwurfsgrille, Japanische Gewächshausheuschrecke, Schaben)
      Blasenfüße
      Schmetterlinge (Raupen)
      Zweiflügler (Fliegen, Mücken)
      Käfer
      Hautflügler (Blattwespen, Ameisen)
      Schnabelkerfe (Blattläuse, Schildläuse, Blattwanzen, Zikaden, „Weiße Fliege")
D. Wirbeltiere
   1. Vögel
   2. Säugetiere (z. B. Mäuse)

Insekten. Auf die einzelnen Schädlinge und ihre Lebensweise wird in diesem Buch gesondert hingewiesen. Wenn auf die Insekten, die größte Klasse der Gliederfüßler, an dieser Stelle näher eingegangen wird, so einmal ihrer großen pflanzenschutzlichen Bedeutung wegen und zum anderen wegen des besseren Verständnisses einiger wichtiger biologischer Begriffe.

Bei der Verschiedenartigkeit des Aussehens der Insekten ist doch auch für den Laien ein gewisser Grundplan im Körperaufbau, nämlich die mehr oder weniger deutliche Gliederung in Kopf, Brust und Hinterleib (die beiden letzteren sind geringelt) zu erkennen. Die Brust trägt 3 Paar gegliederte Beine und meist 2 Paar Flügel. Je nach Ausbildung der Mundwerkzeuge und damit der Art der Nahrungsaufnahme unterscheiden wir im Pflanzenschutz beißende (z. B. Maikäfer) und saugende (z. B. Blattläuse) Insekten. Im einen Fall wird die Nahrung zerkaut bzw. zermalmt, im anderen Fall sind die Mundwerkzeuge zu einem Rüssel geformt, mit dem die Tiere dem Pflanzengewebe Saft entnehmen. Bei der Bekämpfung der Schädlinge bzw. bei der Wahl des Bekämpfungsmittels müssen wir diese Besonderheiten der Nahrungsaufnahme berücksichtigen.

Im Normalfall vermehren sich die Insekten auf geschlechtlichem Wege. Abweichungen gibt es z. B. bei den Blatt- und Schildläusen (siehe Seite 85–91). Die befruchteten Weibchen legen Eier, aus denen die sog. *Larven* schlüpfen. Wenn wir die in ihrer äußeren Erscheinung oft stark voneinander abweichenden Larven einzelner Insektengruppen etwas näher bezeichnen wollen, sprechen wir von Maden, Raupen, Afterraupen und von Larven im engeren Sinne.

Die beinlosen, keinen deutlichen Kopf aufweisenden Larven der *Fliegen* nennen wir *Maden.* Oft haben sie nur ein zugespitztes Kopfende und als besonderes Kennzeichen einen schwarzen Mundhaken. Als *Raupen* bezeichnen wir die Larven von *Schmetterlingen.* Sie besitzen einen deutlich abgesetzten Kopf, 3 Paar Brustbeine und je nachdem 2–5 Paar Bauchbeine. 2 Paar Bauchbeine haben die sog. Spannerraupen. Die den Raupen ähnlich sehenden Larven der *Blattwespen* (z. B. Rosenblattwespen) heißen *Afterraupen.* Wie die echten Raupen besitzen sie 3 Paar Brustbeine, jedoch, von wenigen Ausnahmen abgesehen, mehr als 5 Paar Afterbeine (Bauchbeine). Schließlich haben die *Larven der Käfer* 3 Paar Bauchbeine (z. B. Maikäferengerling) oder aber sie sind beinlos (z. B. Larve des Dickmaulrüsslers). Von den beinlosen Fliegenmaden sind die beinlosen Käferlarven durch den gut ausgebildeten und deutlich abgegliederten Kopf gut zu unterscheiden.

Nach der sog. *Verwandlung* (Metamorphose) der Larven, einem gewöhnlich über mehrere Zwischenstadien führenden Entwicklungsvorgang, erscheint erst das Insekt in seiner endgültigen Gestalt. Sieht die aus dem Ei schlüpfende Larve völlig anders aus als das fertige Insekt und wird die endgültige Gestalt erst nach Durchlaufen eines Puppenstadiums (Ruhestadiums, in dem sich die Organe des fertigen Insekts bilden) erreicht, sprechen wir von einer vollständigen Verwandlung. Eine unvollständige Verwandlung haben wir dann, wenn die dem fertigen Insekt schon sehr ähnlich sehenden Larven nach einigen Häutungen, jedoch ohne Durchlaufen eines Puppenstadiums, zu fertigen Insekten heranwachsen.

Für den guten Beobachter kann oft schon die Gestalt der Puppe Hinweise auf die Zugehörigkeit des Schädlings geben. Käferpuppen sind an den deutlich hervorragenden Körperanhängen (Gliedmassen) zu erkennen. Bei den Schmetterlingspuppen zeichnen sich die Gliedmaßen nur ganz undeutlich ab. In der gelbbraunen bis dunkelbraunen, erhärteten, letzten Larvenhaut verbirgt sich schließlich die *Tönnchenpuppe* der Fliegen und Mücken (z. B. Nelkenfliege, Narzissenfliege).

Je nach Art *überwintern* die Insekten als Ei, Larve, Puppe oder als Vollinsekt (ausgewachsenes Stadium).

Unter geeigneten Bedingungen, d. h. bei günstigen Temperatur-, Feuchtigkeits- und Futterverhältnissen können sich die Insekten stark *vermehren,* vor allem dann, wenn sie in zwei und mehr Generationen im Jahr auftreten oder wenn sie überhaupt eine fortlaufende Generationsfolge (wie z. B. bei der »Weißen Fliege« und beim Blasenfuß) unter Gewächshausbedingungen haben. Andererseits können ungünstige Witterungsbedingungen, insbesondere nasses und kaltes Wetter während der Vermehrung, natürliche Feinde und bei den im Boden überwinternden Schädlingen andauernde starke Winterfeuchtigkeit wirksame Begrenzungsfaktoren der Insektenvermehrung sein. Im allgemeinen ist es schwer, Voraussagen über die zu erwartende Stärke des Auftretens von Schädlingen zu machen. Die Schädlinge können in einem Jahr stark, in anderen Jahren wieder nur unbedeutend auftreten. Wir bezeichnen dieses Auf und Ab im Auftreten der Schädlinge als *Massenwechsel.*

Einflüsse der unbelebten Umwelt

Ein hoher Anteil aller Zierpflanzenkrankheiten entfällt auf die sog. nichtparasitären Erkrankungen. Nicht immer ist es leicht, diese durch zu hohe oder zu tiefe Temperaturen, durch ungünstige Bodenbedingungen, durch zu hohe oder zu geringe Luftfeuchtigkeit, durch Wind, Hagel, Frost, Sonne oder Chemikalien verursachten Schäden ohne weiteres von den durch Bakterien, Pilze, tierische Schädlinge oder Viren hervorgerufenen zu unterscheiden. Es bedarf dazu neben Laboratoriumsuntersuchungen der Pflanze selbst vor allem einer eingehenden Befragung des mit der Pflege betrauten Gärtners, ob und wieweit die Kulturbedingungen von den normalen abweichend waren. Vielfach ist es ohne Besichtigung der Kultur an Ort und Stelle unmöglich, die Ursache der Erkrankung einwandfrei festzustellen. Daß häufig nicht nur ein einziger Umwelteinfluß maßgebend ist, sondern ganze Faktorenkomplexe für das Zustandekommen des Schadens verantwortlich zu machen sind, erschwert die Beurteilung.

Verhältnismäßig einfach ist für den Zierpflanzengärtner, der täglich seine Kulturen vor Augen hat, die Diagnose stärkerer *Frost- oder Hagelschäden* an den krautigen Teilen der Pflanze, da Ursache und Wirkung hier sehr nahe aufeinander folgen. Dies trifft allerdings nicht zu, wenn der Frost ruhende Organe (Knospen, Knollen, Zwiebeln) trifft, die den Schaden meist erst wesentlich später, beim Austrieb der Pflanze, zeigen. Auch Hagelschäden können zunächst übersehen werden, wenn statt grober Verletzungen (z. B. Durchlöcherung oder Zerreißung von Blättern) nur geringfügige Schürfungen der Oberfläche entstehen. Häufig wird der Gärtner dann erst aufmerksam, wenn Bakterien oder Pilze sich an den Wundflächen ansiedeln und den Schaden vertiefen.

Unmittelbar örtlich einwirkende Gewebeschädigungen an oberirdischen Organen werden auch durch *falsch angewendete Schädlingsbekämpfungsmittel* (zu hohe Konzentration, Behandlung bei Sonneneinwirkung oder zu hoher Temperatur, spezifische Empfindlichkeit mancher Pflanzen gegenüber bestimmten Wirkstoffen!) oder durch *unsachgemäße Kopfdüngung* ausgelöst. Als Folge von *Rauchgaseinwirkungen* (z. B. Heizkesselabgase) können fleckig-weiße Aufhellungen zwischen den Blattadern oder papierartige Ausbleichung und Abdorren der Blattränder oder der Blattspitze beobachtet werden. Ähnliche Symptombilder entstehen durch *Dämpfe giftiger Chemikalien* (z. B. Formaldehyd).

Beschädigung durch Windeinwirkung, die sich in Blattzerreißungen, meist aber nur in Dürreschäden an den Blatträndern oder der Blattspitze äußert, ist nicht immer leicht abzugrenzen gegen Erkrankungen, wie sie z. B. durch Ernährungsstörungen und Trockenheit hervorgerufen werden.

Erkältungen durch zu niedrige, aber oberhalb der Frostgrenze liegende Temperaturen werden im Gegensatz zu den ausgesprochenen Frostschäden infolge ihres mehr schleichenden Charakters nicht immer richtig erkannt. Das bekannteste Beispiel einer Pflanze, die auf Wärmemangel sehr empfindlich reagiert, ist die Sansevierie, deren Blätter bereits bei Temperaturen um 10 °C am Grund glasig weich werden und umfallen können. Bei Azaleen kann der Knospenansatz im Herbst schon durch Temperaturen zwischen 0 und 2 °C geschädigt werden. Treibschäden bei Blumenzwiebeln treten ein, wenn diese während der Lagerung oder während des Treibens zu kühl oder auch zu warm gehalten wurden.

Keimlinge fallen um, wenn sie durch zu hohe Bodentemperaturen am Stengelgrund Schaden erleiden. Wärme geht häufig Hand in Hand mit starker Belichtung, so daß oft nicht eindeutig zu sagen ist, ob der Temperatur- oder der Lichtfaktor entscheidend ist. Als *Hitzeschaden* wird eine Blatterkrankung der Agave gedeutet, bei der die Blätter sehr auffallende weiße Flecke vertrockneten Gewebes aufweisen.

Unter *zu kräftiger Belichtung* leiden vor allem Schattenpflanzen, wie z. B. die als Zimmerpflanze beliebte *Aspidistra*, deren Blätter vergilben und eintrocknen, wenn sie der Sonne ausgesetzt wird.

Zu starke Besonnung führt z. B. bei Kakteen, bei Kalanchoe und bei Lorrainebegonien zu rotbraunen Verfärbungen. „Brennflecken" bei Gewächshauspflanzen können durch Blasen in den Gewächshausscheiben, die wie Brenngläser wirken, entstehen.

Die im Frühjahr auf Gesneriaceen-Blättern (z. B. *Saintpaulia, Kohleria*) häufig auftretenden gelblichen Flecke und Ringe werden starken *Temperaturschwankungen* zugeschrieben. Diese kommen besonders dann zustande, wenn Blätter, die durch Sonneneinstrahlung stark erwärmt waren, mit kaltem Wasser überspritzt werden. Auch Blütenabwurf (z. B. bei *Lathyrus odoratus*) kann von plötzlichem Absinken der Temperatur herrühren.

Auf *zu hohe Luftfeuchtigkeit* werden Polsterbildungen und Verkorkungserscheinungen an Blättern und Stengeln verschiedenster Pflanzen sowie kleine, gelbliche, manchmal aufgetriebene Fleckchen an Palmen- und Dracaenenblättern zurückgeführt.

Lufttrockenheit kann der Anlaß für Vergilbungen, Blatt- oder Blütenabwurf oder auch Vertrocknung der Blattränder oder Blattspitzen sein. Die Pflanzen reagieren besonders dann oft mit Krankheitserscheinungen, wenn sie aus feuchter Gewächshausatmosphäre plötzlich ins Freie oder in die trockene, dazuhin häufig zu warme Zimmerluft gelangen. Gerade die schönsten Pflanzen, die beim Gärtner unter in jeder Hinsicht optimalen Bedingungen herangezogen wurden, leiden am meisten unter der Umstellung!

Zu hohe Bodenfeuchtigkeit hat eine schlechte Bodendurchlüftung zur Folge. Die Wurzel ist in ihrer Lebenstätigkeit gehemmt, wird braun und stirbt schließlich gänzlich ab. Die Pflanze reagiert auf die Wurzelbeschädigung mit Blattvergilbungen oder Blattflecken, mit Welkeerscheinungen oder auch mit Blattabwurf.

Welke und Vertrocknung der Blattränder oder Zweigspitzen sind allgemein bekannt als Folge zu geringer Bewässerung; aber auch ungleichmäßige Blütenausbildung, Blütenverkümmerung, Blütenabwurf und vorzeitiger Triebabschluß sind oft auf *Wassermangel im Boden* (insbesondere wenn es zu „Ballentrockenheit" gekommen war), zurückzuführen. Manche Pflanzen, wie z. B. die Gloxinie, reagieren mit Einkrümmung des Blattrandes, Cyclamen blühen unter dem Laub, ohne ihre Blütenstiele genügend strecken zu können. Auf unregelmäßige Bewässerung wird vor allem das Aufplatzen der Stengel (z. B. „Halsbruch" der Pelargonie, Tulpe und Chrysantheme) zurückgeführt.

Leiden die Pflanzen unter *Nährstoffmangel*, so äußert sich dies in oft recht typischen Erscheinungsbildern. Kleine, gelbliche Blätter weisen auf Stickstoffmangel hin. Bei Aufhellung der Blattränder oder Bildung gelber Flecken zwischen den Adern muß vor allem geprüft werden, ob nicht Kalimangel vorliegt. Man beachte dabei, daß Kalküberschuß die Kaliaufnahme hemmen kann, daß also trotz an sich genügender Kaliversorgung Mangelschäden auftreten können. Mangel an Phosphorsäure führt oft zu rötlichen oder violetten Verfärbungen der Blätter (z. B. bei Chrysanthemen), doch können sehr ähnliche Erscheinungen auch durch zu tiefe Temperaturen herbeigeführt werden. Über die durch Magnesium-, Mangan- und Eisenmangel verursachten Schäden siehe bei Chlorose Seite 46.

Nährstoffüberschuß kann sich ebenso schädlich auswirken wie Nährstoffmangel. Eine allgemeine Übersalzung führt insbesondere zu Wurzelschädigungen, die an den oberirdischen Organen Welke- und Absterbeerscheinungen, Blattrandschäden usw. zur Folge haben. So kann z. B. bei Nelken ein zu hoher Kaligehalt, vor allem wenn er mit einem zu geringen Anteil an Phosphorsäure einhergeht, zu Wachstumsstokkungen, Blattdürre (beginnend mit den untersten Blättern) und schlechter Blütenausbildung führen. Einseitige hohe Stickstoffgabe fördert zwar die Größenentwicklung und Blattgrünausbildung der Pflanze, doch werden die Gewebe weich und schwammig und zeigen wenig Widerstandsfähigkeit gegenüber den verschiedensten Krankheiten und Schädlingen.

Neben dem Nährstoffgehalt sind *Säuregrad* und *Struktur des Bodens* von Bedeutung, die wiederum in engstem Zusammenhang mit der Nährstoffaufnahme stehen. Die Schäden äußern sich vor allem in Störungen des Wurzel- und Triebwachstums und Vergilbung des Blattwerks.

Krankheiten, Schädlinge und Schädigungen von allgemeiner Bedeutung

Bakterienkrebs und Blättrige Gallen

Agrobacterium tumefaciens (Sm. et Town.) Conn verursacht nicht nur bei Obst- und Ziergehölzen Wurzelhalsgallen und Wurzelkröpfe, der Bakterienkrebs (9) kommt gelegentlich auch bei krautigen Pflanzen vor. Besonders am Wurzelhals, aber auch an anderen Teilen der Wurzel, seltener am Stamm oder Stengel, findet man knollige, warzig-rauhe und zerklüftete Auswüchse. Stark befallene Pflanzen sind geschwächt und kümmern.

Im Gegensatz zu den vorstehend beschriebenen Geschwülsten, die unmittelbar durch knollig-krebsige Anschwellung der von den Bakterien befallenen Organe entstehen, sind die Blättrigen Gallen (Erreger *Corynebacterium fascians* (Tilf.) Dows.) Anhäufungen gestauchter, fleischig verdickter, oft abgeplatteter Sprosse mit stark verkrüppelten, kleinen Blättern. Die buschigen oder blumenkohlähnlichen Gallbildungen entstehen vorwiegend am Stengelgrund (Abb. 3) wenig über oder unter der Erdoberfläche, so daß sie leicht übersehen werden. Man findet die Bakteriose insbesondere bei Begonien, Chrysanthemen, Nelken, Pelargonien, Petunien u. a.

Bei beiden Krankheiten geht die Infektion von verseuchter Erde aus, bei *Corynebacterium fascians* konnte auch Samenübertragung festgestellt werden. Eine Bekämpfung ist augenblicklich nur durch vorbeugende Maßnahmen möglich. Am wichtigsten ist die häufige und sorgfältige Überprüfung der Pflanzen, besonders beim Umtopfen. Wo nicht frisches Pflanzsubstrat verwendet wird, ist Bodenentseuchung durch Dämpfung oder chemische Totalentseuchung vor Beginn der Kultur zu empfehlen.

Abb. 3. „Blättrige Gallen“ am Grund eines Pelargonientriebes.

Wurzel-, Stengelhals- und Herzfäulen durch Phycomyceten

Zu den aus pflanzenpathologischer Sicht wichtigsten Vertretern dieser Pilzgruppe gehören neben den Peronosporaceen, auf die an anderer Stelle (siehe „Falscher Mehltau" Seite 37) eingegangen wird, vor allem die beiden Gattungen *Phytophthora* und *Pythium*. Bei beiden handelt es sich hauptsächlich um im Boden lebende Pilze, die vorwiegend Wurzel- und Stengelgrunderkrankungen verursachen. Ihre Sporen werden leicht durch Wasser verbreitet. Im Boden oder in Pflanzenresten können sie in Form dickwandiger Dauerorgane (Oosporen und Chlamydosporen) Trocken- oder Kälteperioden überstehen.

Vor allem den als schwache Parasiten angesehenen Pythien wurde früher keine sehr große Bedeutung beigemessen. Allgemein bekannt ist *Pythium debaryanum* Hesse als Erreger der Umfallkrankheit bei Keimlingen bzw. der Schwarzbeinigkeit bei Stecklingen (s. Seite 26). Die Krankheit kann besonders dann verheerende Ausmaße annehmen, wenn der Pilz in ein keimfreies oder teilentseuchtes Substrat gelangt, in dem die Konkurrenten mehr oder weniger ausgeschaltet sind. Dies gilt in gleicher Weise für andere *Pythium*-Arten, die in natürlichen Erdsubstraten zwar gelegentlich sehr junge und zarte oder auch geschwächte Pflanzen (z. B. unmittelbar nach dem Verpflanzen) anzugreifen vermögen, sonst aber keine allzu große Rolle spielen. Seit der fast ausschließlichen Verwendung von Torf und Einheitserden und der weitverbreiteten Anwendung von Fungiziden mit großer Wirkungsbreite auf die meisten Pilzgruppen mit Ausnahme der Phycomyceten, ist allgemein ein Anwachsen der Ausfälle, auch bei älteren Pflanzen zu verzeichnen. So sind z. B. die Kulturen von Anthurien sowie von *Rhaphidophora (Scindapsus)* und anderen Grünpflanzen sehr gefährdet durch eine ungemein rasch um sich greifende Wurzelfäule infolge Befalls durch *Pythium splendens* Braun. Am schlimmsten sind die Verluste dort, wo im Anstauverfahren bewässert wird. Von einer einzigen kranken Pflanze ausgehend, kann durch Sporenverschwemmung im Wasser ein ganzer Bestand innerhalb kürzester Zeit infiziert werden. Man sollte es sich daher reiflich überlegen, ob man bei derartig durch Phycomyceten gefährdeten Kulturen zu dieser Methode übergeht. Ursache einer die Wurzel von Poinsettien fast schlagartig zerstörenden Wurzelfäule ist vorwiegend das im Boden weit verbreitete *Pythium ultimum* Trow, das Pflanzen aus verschiedensten Familien angreifen kann.

Durch *Phytophthora*-Arten ausgelöste Wurzelhals- und Stengelgrundfäulen sind besonders bei Gloxinien und *Gerbera* gefürchtet (*Ph. cryptogea* Peth. et Laff. bei Gloxinie und *Gerbera, Ph. parasitica* Dast. bei Gloxinie).

Bekämpfung: Will man gegen die genannten Erreger mit Erfolg angehen, muß auf krankheitsfreie Substrate und Pflanzflächen geachtet werden. Böden und Erden sind durch Dämpfen oder mit einem chemischen Mittel zu entseuchen. Ebenso wichtig sind entseuchte Kulturgefäße, Stellflächen und sauberes Gießwasser. Hygienemaßnahmen allein reichen jedoch in stark verseuchten Betrieben im allgemeinen nicht aus, die Krankheit in kurzer Zeit unter Kontrolle zu bringen. Die Sanierung dieser Betriebe nimmt meist mehrere Jahre in Anspruch. Es ist deshalb erforderlich, vorbeugende Hygienemaßnahmen von Fall zu Fall durch chemische Maßnahmen zu ergänzen. Da auch andere Schaderreger (z. B. *Fusarium*-Pilze, *Rhizoctonia, Botrytis*) ähnliche Krankheitsbilder hervorrufen können, sollte bei Auftreten von Wurzelhals- und Stengelgrundfäulen die Erregerfrage vor Anwendung irgendwelcher Bekämpfungsmittel zweifelsfrei geklärt sein. Nur so sind Mißerfolge zu vermeiden.

Für die chemische Bekämpfung stehen derzeit nur wenige Mittel zur Verfügung (10). Unter diesen ist das Fenaminosulf-Präparat Bayer 5072 (früher Dexon) seit langem gebräuchlich. Möglich ist seine Verwendung als Gießmittel (0,03–0,04 %), man kann Bayer 5072 aber auch schon der Anzuchterde (20–40 g/m³ mit Sand, trockener Erde oder ähnlichem vorstrecken) untermischen. Bei Aussaaten ist mit 2 Liter/m² einer 0,03 %igen, bei Jungpflanzen und stehenden Kulturen mit 4 Liter/m² bzw. bei starkem Befall (z. B. auf Grundbeeten im Gewächshaus) mit 8 Liter/m² einer 0,04 %igen Lösung anzugießen. Das Mittel hemmt das Wachstum der Pilze im Boden nur so lange, als es im Boden gegenwärtig und aktiv ist. Bei längerer Kulturdauer und starker Krankheitsgefährdung sind deshalb Wiederholungen nach 4–6 Wochen notwendig. Auch wird Bayer 5072 durch Licht inaktiviert. Das aufgestreute Präparat muß also sofort eingearbeitet werden; angemachte Lösungen dürfen nicht längere Zeit dem Licht ausgesetzt sein.

Die Kulturpflanzenverträglichkeit von Bayer 5072 kann im allgemeinen als gut bezeichnet werden. Das schließt jedoch nicht aus, daß einzelne Kulturen manchmal etwas empfindlich sind. Obwohl für einige Kulturen (z. B. Poinsettien) möglich, ist von einer kombinierten Verwendung des Mittels mit Du Pont Benomyl abzuraten. Auch bei zeitlich unterschiedlicher Anwendung beider Präparate können empfindliche Gewächse Schaden nehmen, wenn zuerst Benomyl und dann Bayer 5072 ausgebracht wird. Günstiger ist die umgekehrte Behandlungsfolge, wobei zwischen den Anwendungen immerhin eine Zeitspanne von 2–3 Wochen liegen sollte.

Ein weiteres Mittel mit Wirkung gegen die genannten Erregergruppen ist das im Zierpflanzenbau gegen Blattkrankheiten wie *Alternaria, Colletotrichum,* Sternrußtau der Rosen, *Septoria* und *Cladosporium* zugelassene Captafol-Präparat Ortho Difolatan. Wir haben Ortho Difolatan mit gutem Erfolg gegen Pythium-Erkrankungen bei Poinsettien (*Pythium ultimum* Trow) und Sommerastern (*Pythium irregulare* Buism.) und gegen *Phytophthora cactorum* (Leb. et Cohn) Schroet. an Stiefmütterchen geprüft. Es wurde mit 0,2 %iger Gießlösung gearbeitet. In Versuchen zur Kulturpflanzenverträglichkeit war das Mittel für folgende Kulturen verträglich: *Crossandra, Aphelandra, Anthurium andreanum,* Fuchsien, *Cissus antarctica, Philodendron scandens,* Saintpaulien (nicht blühend), *Cyclamen* (Sämlinge) und Poinsettien. Mit geringer Wuchshemmung reagierten bewurzelte Stecklinge von Elatior-Begonien. Deutlich wurde das Wachstum bei Gloxinien und *Gerbera* gehemmt. Als sehr empfindlich erwiesen sich Aussaaten von Löwenmaul. Nach Praxiserfahrungen wird das Mittel auch von verschiedenen Chrysanthemensorten weniger gut vertragen. Im Hinblick auf die oft mangelnde Kulturpflanzenverträglichkeit dürfte es zweckmäßig sein, bei empfindlichen Gewächsen mit etwas niedrigerer Konzentration (0,1–0,15 %) zu arbeiten. Auch empfiehlt es sich, dort wo man noch keine Erfahrung hat, stets Vorversuche auf Pflanzenverträglichkeit anzustellen. Ortho Difolatan ist bislang als Gießmittel nicht zugelassen. Es kann deshalb nur zur versuchsweisen Anwendung geraten werden.

Bei AAterra (Wirkstoff: Etridiazol) handelt es sich um ein 35 %iges Spritzpulver. Gegenüber Bayer 5072 mit fungistatischem Effekt, scheint AAterra ausgesprochen fungizid wirksam zu sein. Auch ist die etwas längere Dauerwirkung hervorzuheben. Über einen erfolgreichen Einsatz wird vor allem bei Chrysanthemen *(Pythium ultimum)*, Azaleen *(Phytophthora cinnamomi)* und Nelken *(Phytophthora nicotianae)* berichtet. So erhielten Azaleen beispielsweise je m² 5 g in Wasser aufgeschwemmtes AAterra. Anschließend wurde beregnet. Bei Chrysanthemen wurde das Mittel mit

2 g/m² gleichmäßig auf die vorbereitete Pflanzfläche ausgebracht und etwa 15 cm tief eingearbeitet. In Versuchen der Verfasser hat sich AAterra gegen *Pythium ultimum* an Poinsettien (0,05% gießen) und *Pythium irregulare* an Sommerastern und Löwenmaul (0,05%, nach der Saat mit 2 Liter/m² gießen) als brauchbar erwiesen. In Versuchen zur Kulturpflanzenverträglichkeit wurde das Angießen mit 0,05%iger Brühe von *Epiphyllum, Rhipsalis,* Saintpaulien (nicht blühend), *Crossandra,* Löwenmaul und Jungpflanzen von Azaleen, Gloxinien, *Euphorbia pulcherrima* und Chrysanthemen gut vertragen. Zu einer geringen Wuchshemmung kam es bei Stecklingen von Elatiorbegonien. *Anthurium scherzerianum*-Jungpflanzen reagierten mit leichten Nekrosen an jüngsten Blättern.

Zur vorbeugenden Bekämpfung von *Pythium-* und *Phytophthora*-Arten kann man schließlich schon der Anzuchterde bzw. dem Anzuchtsubstrat je m³ 50 g AAterra untermischen. Gute Ergebnisse liegen bereits bei *Scindapsus* und *Anthurium scherzerianum* vor.

Interesse verdient des weiteren das Prothiocarb-Präparat Previcur. Das neuerdings zugelassene, spezifisch gegen Phycomyceten wirkende, teilsystemische Fungizid (chemische Bezeichnung: Äthyl-N-(3-dimethylamino-propyl)-thiolcarbamat-hydrochlorid) kann sowohl über das Blatt als auch über den Boden appliziert werden. Durch Wurzelaufnahme werden auch Blatt- und Stengelteile in die Schutzwirkung mit einbezogen. Der Wirkstoff (Prothiocarb-Hydrochlorid) kann als wäßrige Lösung, als Granulat oder als Beizpulver aufbereitet Verwendung finden. Zunächst einmal steht für die Anwendung in der Praxis die wäßrige Lösung (70%) zur Verfügung.

Nach der vorläufigen Gebrauchsanweisung kann man krankheitsgefährdete Bestände (z. B. von Chrysanthemen, Poinsettien, Anthurien, Begonien u. a.) mit 0,15%iger Previcur-Brühe angießen, wobei je nach Krankheitsgefahr weitere Behandlungen in Abständen von 3–4 Wochen folgen können. Empfehlenswert ist vor allem das vorbeugende Tauchen von Jungpflanzen (z. B. in Gitter- oder Netztöpfen) kurz vor dem Topfen oder Pflanzen in 0,15%ige Previcur-Lösung. Tauchzeit einige Sekunden. Sofort nach dem Topfen oder Einpflanzen ist dann mit der gleichen Lösung anzugießen. Dieses Verfahren bietet sich im besonderen auch für *Gerbera*-Jungpflanzen an. Weitere Gießbehandlungen lasse man im Abstand von 3–4 Wochen folgen. Schließlich kann man Anzuchterden oder auch Kultursubstraten je m³ 250 Milliliter Previcur in 10 Liter Wasser gleichmäßig aufspritzen. Danach ist gründlich durchzumischen. Zur vorbeugenden Behandlung von Grundbeeten (z. B. für *Gerbera,* 5-Grad-Tulpen) je m² 15 Milliliter Previcur in 0,5–1 Liter Wasser aufbrausen und danach das Mittel möglichst im Langsamgang (etwa 12 cm tief bei *Gerbera,* 10–12 cm tief bei Tulpen) einfräsen. In diesem Fall ist jedoch wichtig, daß auch vorbehandelte Pflanzenware (siehe oben) auf die Beete kommt. Über das Beizen von Tulpen s. Seite 440. Previcur wirkt gegen *Pythium-* und *Phytophthora*-Arten, erfaßt aber auch falsche Mehltaupilze wie *Perononospora* spec. und *Bremia* spec. Der vorbeugenden Anwendung wird in der Regel der Vorzug gegeben, doch kann das Produkt in manchen Fällen auch kurativ eingesetzt werden. Je nach Aufwandmenge und Art der Anwendung verspricht das Mittel einen 4–12 Wochen anhaltenden Schutz. Humusgehalt des Bodens und möglicherweise auch der Säurewert des Zellsaftes scheinen die Wirksamkeit des Präparats zu beeinflussen. Auch ist für die Anwendung wichtig zu wissen, daß der Wirkstoff bei Gießbehandlungen nur bei sandigem Boden etwas tiefer als 4 cm in den Boden eindringt.

Mit Bayer 5072 (früher Dexon), Ortho Difolatan und den neuerdings zugelassenen Präparaten Previcur und AAterra sind gute Möglichkeiten zur wirksamen Bekämpfung von Bodenpilzen aus der Gruppe der Phycomyceten gegeben. Bayer 5072 ist in der Praxis gut eingeführt. Bei AAterra und insbesondere bei Ortho-Difolatan wird man vor allem noch Fragen der Kulturpflanzenverträglichkeit klären müssen. Vielseitige Verwendungsmöglichkeiten (Gießen, Spritzen, Beizen, Boden- und Erdbehandlung), eine gute Kulturpflanzenverträglichkeit und die Möglichkeit einer Kombination mit Benomyl lassen schließlich Previcur als ein sehr aussichtsreiches Produkt erscheinen.

Umfall- oder Vermehrungskrankheiten, Schwarzbeinigkeit der Keimlinge, Stecklinge und Jungpflanzen

Die „Schwarzbeinigkeit" kann nahezu alle Pflanzen im Jugendstadium befallen. Der Keimling wird unter Umständen schon abgetötet, ehe er die Samenschale verlassen oder zum mindesten, ehe er die Erdoberfläche erreicht hat. Dem Gärtner fällt die Krankheit vor allem auf, wenn die schon aus der Erde gekommenen Sämlinge infolge Fäulnis am Wurzelhals schwarz werden und umkippen. Innerhalb weniger Tage können große, herdförmige Ausfallstellen in den Saatbeeten entstehen (Abb. 4). Nicht selten wird die ganze Saat vernichtet. Es ist typisch, daß durchweg nur ganz junge Sämlinge der Krankheit anheimfallen, ältere (etwa vom ersten Laubblattstadium an) werden nur noch angegriffen, wenn sie unter extrem ungünstigen Bedingungen stehen. Stecklinge werden meist schon in den ersten Tagen nach dem Abstecken von der Schnittstelle aus befallen. Sie faulen und sterben ab, ehe es zur Wurzelbildung kommt. Seltener entstehen auch nach der Bewurzelung noch Ausfälle (Poinsettien, Pelargonien, Nelken u. a.), vor allem, wenn infolge ungünstiger Kulturbedingungen die Pflanzen nicht zügig durchwachsen können. Zu hohe oder zu niedrige Temperatur, übermäßige Feuchtigkeit, besonders bei schlecht durchlüftetem oder oberflächlich verkrustetem Substrat, sowie enger Stand der Pflanzen, fördern das Auftreten dieser Krankheiten.

Umfallkrankheiten und Schwarzbeinigkeit werden in der Hauptsache durch drei verschiedene, im Boden weit verbreitete Pilze: *Pythium debaryanum* Hesse, *Rhizoctonia solani* Kühn und *Thielaviopsis basicola* (Berk. et Br.) Ferr. hervorgerufen. Der zuletzt genannte Krankheitserreger wird, da er häufig auch an älteren Pflanzen sehr charakteristische Wurzel- und Stengelgrunderkrankungen verursacht, in dem Abschnitt »Wurzelbräune« nochmals gesondert behandelt. Auch *Rhizoctonia solani* kann gelegentlich an älteren Pflanzen schädigend auftreten. Hierüber Näheres bei den einzelnen Kulturpflanzen.

Die genannten Pilze können auf toten organischen Stoffen wie z. B. Pflanzenüberresten im Boden überleben. Dickwandige Dauerorgane bei *Pythium debaryanum* und *Thielaviopsis basicola* sowie feste, sklerotienartige Hyphenknäuel und dickwandige Hyphen bei *Rhizoctonia solani* können in Trocken- und Kälteperioden den Fortbestand der Pilze sichern.

Legen wir uns die Frage vor, wie die starke Verseuchung der Saaten und Stecklingskulturen zustandekommt, so ist an folgende Möglichkeiten zu denken:

1. Verwendung nicht entseuchter Schalen und Kistchen, an denen von früheren Kulturen her noch Dauerformen der Pilze haften können.

Abb. 4. Fehlstellen in Saatkistchen durch Umfallkrankheiten.

2. Das Kultursubstrat ist heute, da meist Torf- oder Einheitserden benützt werden, nur noch selten Ausgangspunkt für die Infektion. Dagegen wird oft nicht bedacht, daß auch das Einsenkmaterial (z. B. im Frühbeetkasten) die Erreger von vorhergegangenen Kulturen her beherbergen kann.
3. Gießen mit verseuchtem Wasser (verunreinigte Sammelbehälter, Tropfwasser usw.).

Als *Vorbeugungsmaßnahmen* sind entsprechend dem oben Gesagten an erster Stelle folgende zu nennen:

Wo noch Praxiserde verwendet wird, sollte diese durch Sand- oder Torfzusatz gut aufgelockert sein. Eine Verkrustung der Erdoberfläche muß unter allen Umständen vermieden werden. Seltenes, aber durchdringendes Überbrausen ist zweckmäßiger als häufige, geringe Befeuchtung der Oberfläche. Es ist darauf zu achten, daß Pflanzen und Erdoberfläche nach dem Gießen bald wieder abtrocknen können und nicht zu feucht in die kühleren Nachttemperaturen gelangen. Andererseits ist an sonnigen Tagen durch leichte Beschattung dafür zu sorgen, daß die Sämlinge oder Stecklinge keine Schwächung erleiden, die sie gegenüber den Krankheitserregern anfällig macht. Für nicht zu engen Stand der Pflanzen, genügende Belüftung (evtl. bei gleichzeitiger Beheizung und Luftumwälzung) und ausreichende Belichtung ist Sorge zu tragen. Jede Maßnahme, die die Pflanzen in ihrer Entwicklung fördert, ist geeignet, sie rasch über das Stadium größter Anfälligkeit hinwegzubringen. Es muß dabei aber betont werden, daß dieses Ziel weder durch zu kräftige Düngung (vor allem einseitige Stickstoffdüngung) noch durch übermäßige Beheizung und Bewässerung erreicht werden kann, denn die so herangezogenen Sämlinge sind zwar groß und breitblättrig, jedoch unnatürlich weich und daher besonders anfällig.

Am sichersten beugt man dem Keimlings- und Stecklingssterben durch Verwendung von Einheitserde, Torf oder gedämpfter Erde vor. Diese Maßnahme ist allerdings nur sinnvoll, wenn auch die Saatkistchen und -schalen entseucht wurden und wenn keine ungedämpfte Erde untergemischt wird. Andernfalls ist oft ein besonders heftiger Ausbruch der Krankheit die Folge.

Ist eine Dämpfung nicht möglich und soll auch keines der totalen Bodenentseuchungsmittel verwendet werden, so kann die Erde durch Überbrausen mit Fungizidlösungen behandelt werden.

Während dies früher hauptsächlich mit den heute nicht mehr zulässigen Quecksilber-Naßbeizmittellösungen (0,05%–0,1%) geschah, sind heute vor allem die organischen Fungizide der Zineb-, Captan- oder TMTD-Gruppe, das Metiram (z. B. Polyram Combi) und die derzeit jedoch für diesen Verwendungszweck nicht zugelassenen Präparate Chinosol (Ortho-Oxychinolinsulfat) und Albisal (Oxy-8-chinolinsulfat) gebräuchlich. Neuerdings finden für manche Kulturen (z. B. Stecklinge und Jungpflanzen von Poinsettien, Scindapsus u. a.) auch das Fenaminosulf-Präparat Bayer 5072 (früher Dexon) und Du Pont Benomyl Verwendung, wobei von Bayer 5072 Krankheitserreger aus der Gruppe der Phycomyceten (z. B. *Pythium*- und *Phytophthora*-Pilze) und von Benomyl vor allem der *Rhizoctonia*-Pilz und der Erreger der Wurzelbräune (*Thielaviopsis basicola* (Berk. et Br.) Ferr.) erfaßt werden. Wer mit diesen, sich in ihrer Wirkung ergänzenden Präparaten arbeiten will, wird also zunächst einmal die Erregerfrage klären müssen, da sonst Mißerfolge nicht auszuschließen sind. Einer sich anbietenden Kombination dieser beiden Mittel steht die je nach Pflanzenart oft sehr unterschiedliche Kulturverträglichkeit der Mischbrühe entgegen. Selbst wenn die Einzelkomponenten zeitlich nacheinander angewandt werden, können manche Arten (z. B. *Cyclamen,* Chrysanthemen) empfindlich reagieren, wobei Schäden insbesondere dann beobachtet werden, wenn nach vorausgegangener Benomyl-Anwendung die Folgebehandlung mit Bayer 5072 vorgenommen wird. Allein von der Verträglichkeit her scheint es also günstiger zu sein, wenn zuerst Bayer 5072 und dann in angemessenem Abstand Du Pont Benomyl angewandt wird. Man wird hier zweifellos erst Erfahrungen sammeln müssen. Positive Ergebnisse mit einer Mischbrühe aus Bayer 5072 und Benomyl liegen beispielsweise für Poinsettien vor. Soweit erste Versuchserfahrungen ein Urteil heute schon zulassen, scheint vor allem auch eine Kombination der Wirkstoffe Benomyl und Prothiocarb (z. B. Previcur) sehr aussichtsreich zu sein. Schließlich wird zu beachten sein, daß Zineb-Präparate gegen den *Rhizoctonia*-Pilz nicht ausreichend wirksam sind.

Wie sind die Mittel anzuwenden? Folgende Möglichkeiten bieten sich an:

1. Überbrausen der Aussaaten sofort nach der Saat bzw. der Stecklinge nach dem Abstecken.
2. Tauchbehandlung der Stecklinge vor dem Abstecken in Fungizidlösung.
3. Beizen des Saatguts vor der Aussaat.
4. Vorbehandlung der Anzuchterde bzw. vorbeugende Saatbeetbehandlung.
5. Überbrausen bereits stehender Pflanzen (z. B. aufgelaufene Sämlinge, bewurzelte Stecklinge, Jungpflanzen).

Im allgemeinen werden Stecklinge sofort nach dem Abstecken bzw. Aussaaten nach der Saat mit der Brühe eines Metiram- (z. B. Polyram Combi, 0,15–0,2%) oder Captan-Mittels (z. B. Orthocid 50, 0,15–0,3% bzw. Captan 83, 0,1–0,2%), mit Chinosol- (0,05%) oder Albisal-Lösung (0,1%) überbraust. Dabei wird sich die zu verabreichende Gießmittelmenge (2–4 Liter/m^2) nach den örtlichen Gegebenheiten richten müssen. Im allgemeinen dürften 2–3 Liter/m^2 ausreichen. Hat man vorbeugende Maßnahmen versäumt, können bei Schadgefahr die gleichen Mittel auch nach dem Auflaufen der Saaten bzw. bei bereits bewurzelten Stecklingen und im Pikierbeet angewandt werden. Bei Aussaaten empfiehlt es sich jedoch, die Brühmenge auf 1 Liter/m^2 zu reduzieren. Für bewurzelte Stecklingspflanzen (z. B. von

Poinsettien, Edelnelken) sind auch TMTD-Spritzpulver (z. B. BASF-TMTD-Spritzpulver, 0,15–0,2% gießen) brauchbar.

Als Saatgutbeizmittel gegen Auflaufkrankheiten ist neuerdings nur noch das Metiram-Präparat Polyram Combi (1 g auf 100 g Saatgut) zugelassen. Das Beizen des Saatguts hat vor allem den Zweck, dem Samen anhaftende Pilzkeime abzutöten bzw. sie in ihrer Entwicklung zu hemmen. Auch bei ungünstigen Keimbedingungen (z. B. kalte, nasse Witterung) kann das Beizen den Samen vor Schäden durch Schimmelpilze schützen und ein besseres Auflaufen bewirken. Freilich liegen über die Verwendungsmöglichkeiten dieses Mittels bei feineren Zierpflanzensämereien noch keine breiten Praxiserfahrungen vor. Ein Grund hierfür mögen auch die verhältnismäßig kleinen Mittelmengen sein, die benötigt werden. Stehen doch entsprechende Waagen, mit denen man beispielsweise 50 oder 100 mg abwiegen kann, in den Betrieben nur selten zur Verfügung.

Schließlich können der Aussaaterde vorbeugend gegen Auflaufkrankheiten je m^3 200–300 g Orthocid 50 bzw. 125–175 g Captan 83 untergemischt werden, man kann aber auch auf vorbereitete Saatbeete je m^2 10–20 g Orthocid 50 oder 6–12 g Captan 83 breitflächig ausstreuen und leicht einarbeiten. Diese Art der Anwendung ist vor allem für gröbere Sämereien (z. B. Stauden, weniger empfindliche Sommerblumen u. a.) geeignet. Das Tauchen der Stecklinge vor dem Abstecken in Captan-Brühe (z. B. Orthocid 50 bzw. Captan 50, 0,3%; Captan 83 bzw. Orthocid 83, 0,2%) hat sich vor allem bei Nelken und Chrysanthemen bewährt.

Bayer 5072 kann beispielsweise schon der Anzuchterde (20–40 g/m^3) untergemischt werden, man kann aber auch gefährdete Sämlings- und Stecklingsanzuchten mit 0,02–0,03%igen Brühen dieses Mittels angießen. Du Pont Benomyl wird als Gießmittel in 0,05%iger Konzentration angewandt. Bei Benomyl-empfindlichen Kulturen (z. B. Stecklinge und Sämlinge von Begonien) sollte jedoch eine Konzentration von 0,03% nicht überschritten werden.

Die aufgeführten Mittel sind nicht für alle Pflanzenarten gleich gut verträglich. Es ist deshalb Vorsicht geboten. Man beachte die bei den einzelnen Kulturen gegebenen Hinweise. Als Captan-empfindlich gelten z. B. Aussaaten von Gloxinien, Begonien, *Cyclamen* und Stiefmütterchen, aber auch Stecklinge von *Erica*. Wo noch keine Erfahrungen vorliegen, zunächst bei wenigen Pflanzen Vorversuche auf Pflanzenverträglichkeit anstellen.

Wurzelbräune

Die Pflanzen kümmern, vergilben und welken. Wurzeln zuerst stellenweise, später ganz gebräunt, wobei (im Gegensatz z. B. zu nichtparasitären Wurzelerkrankungen) die Spitzen zuletzt erfaßt werden. Auch am Wurzelhals oftmals Faulstellen. Das Wurzelgewebe wird von außen her angegriffen, die Rinde fault und schließlich bleiben oft nur noch die faserigen Gefäßbündel oder auch nur noch Wurzelstumpen übrig (Abb. 5).

Erreger ist der Pilz *Thielaviopsis basicola* (Berk. et Br.) Ferr., der an seinen großen, in Längsreihen zu 5–7 hintereinander stehenden, dickwandigen Dauersporen mikroskopisch leicht zu erkennen ist. Wo diese in größerer Menge angehäuft sind, sind bereits mit der Lupe braunschwarze, punkt-oder strichförmige Strukturen zu finden. Dazwischen erscheint da und dort ein weißlich-flaumiger Anflug, der von durchsich-

Abb. 5. Wurzelbräune bei *Cyclamen*.

tigen, keuligen Sporenbehältern gebildet wird, in denen farblose, dünnwandige Sporen eingeschlossen sind.

Die Wurzelbräune wird bei Sämlingen und Stecklingen (dort oft in Verbindung mit anderen Erregern von Umfallkrankheiten, siehe Seite 26) und bei älteren Pflanzen beobachtet. Sie ist besonders häufig bei *Cyclamen*, Primeln, Veilchen, Wicken und Begonien anzutreffen.

Hohe Luft- und Bodenfeuchtigkeit, schlechte Bodendurchlüftung, niedrige Temperaturen und schlechte Belichtungsverhältnisse begünstigen den Pilzbefall um so mehr, als die Pflanze unter den ungünstigen Kulturbedingungen leidet. Beschädigte und schwächliche Pflanzen fallen der Krankheit leichter zum Opfer als unverletzte, kräftig und zügig herangewachsene. In einigen Fällen konnte der Nachweis erbracht werden, daß die Wurzelbräune bei niedrigem pH-Wert in geringerem Maße auftritt als bei hohem.

Bekämpfung: Trockene, gut durchlüftete, warme und womöglich leicht saure Böden wirken einem Befall entgegen. Dämpfung der Erde oder eine Behandlung mit Mitteln für die totale Bodenentseuchung (z. B. mit Basamid, Di Trapex, Terabol) beugen durch Vernichtung des Krankheitserregers der Erkrankung vor. Gelangen jedoch *Thielaviopsis*-Sporen erneut in auf diese Weise krankheitsfrei gemachte Erde, kann es unter Umständen zu besonders schwerer Erkrankung kommen. Man achte daher vor allem auch auf die gründliche Entseuchung der Saatkisten, Töpfe, Tische und Stellagen und der Holz- und Betonteile der Anzuchtkästen (siehe Seite 81).

Die direkte Bekämpfung des Pilzes mit chemischen Mitteln stieß bislang auf gewisse Schwierigkeiten. Wechselnd waren die Erfahrungen mit organischen Fungiziden der Zineb-, Maneb- und Captan-Gruppe oder mit Folpet (z. B. Ortho-Phaltan 50) wenn diese der Anzuchterde untergemischt (siehe bei *Cyclamen*) oder auch bei stehenden Beständen im Gießverfahren (z. B. Captan, Ortho-Phaltan 50) ausgebracht wurden. Wenig erfolgversprechend ist der Einsatz der Mittel dann, wenn bereits stark verseuchter Boden vorliegt und schon Krankheitssymptome festgestellt werden. Bessere Ergebnisse werden erzielt, wenn die Präparate zur Vorbeugung gegen die Krankheit auch schon gesunder Erde untergemischt werden.

Neuerdings bietet sich vor allem Du Pont Benomyl zur Bekämpfung des Wurzelbräuneerregers an. Krankheitsgefährdete Kulturen am besten mit Benomyl-Brühe (z. B. *Cyclamen*, 50 Milliliter einer 0,05%igen Brühe je 12-cm-Topf) angießen. Nach Praxiserfahrungen kann man das Präparat in einer Aufwandmenge von 150 g je m³ schon der Anzuchterde (z. B. von *Cyclamen*) untermischen. Es ist jedoch darauf aufmerksam zu machen, daß diese Art der Verwendung nicht zugelassen ist.

Grauschimmel

Der Pilz (*Botrytis cinerea* Pers.) stellt sich im Gewächshaus und Freiland besonders dann leicht ein, wenn längere Zeit hohe Luchtfeuchtigkeit bei geringer Luftbewegung herrscht. Enger Stand, Verletzungen, Mangel an Luft, Licht und Wärme begünstigen die Krankheit.

Der „Grauschimmel" ist unschwer zu erkennen, wenn er z. B. auf abgewelkten Blütenständen oder Blättern von Pelargonien, Primeln, Begonien, Fuchsien u. a. seine graubraunen, dichten Schimmelrasen ausbildet (Abb. 6), von denen bei geringster Berührung Wolken von Sporenstaub aufwirbeln. Er wuchert üppig auf abgestorbenen Pflanzenteilen, kann aber von dort auch auf die lebende Pflanze übergehen. Dort entstehen zunächst meist nur fleckige, braune Verfärbungen. Der Schimmelbelag tritt erst nach Abtötung des Gewebes auf und auch nur dann, wenn die Außenbedingungen für die Pilzentwicklung anhaltend günstig sind. So kommt es, daß die Botrytis-Erkrankung nicht immer ohne weiteres als solche erkannt wird. Botrytis-Stengelfäule bei der Fuchsie äußert sich z. B. nur durch unscheinbare bräunliche Verfärbung des Stengels, Sporenbelag tritt nur bei ungewöhnlich hoher Luftfeuchtigkeit auf. Bei manchen Stengelgrundfäulen, die zum völligen Abwelken und Umfallen der Pflanzen führen, ist die Ursache oft ebenfalls ein versteckter Grauschimmelbefall (siehe z. B. bei *Primula*). Auch die Sprenkelung der Blütenblätter bei *Cyclamen*, Rosen, Chrysanthemen u. a. kann eine Folge leichter Botrytis-Infektionen sein.

Der Grauschimmel befällt Blätter, Stengel, Blüten und Früchte. Unter für den Pilz günstigen Bedingungen durchwuchert er das Gewebe sehr rasch, baut sogar Cellulosewände ab und bildet auf dem meist wäßrig-weichen Faulgewebe zuerst die Sporenträger, später kleine, schwarze, kugelige oder auch krustenförmig abgeplattete Dauerkörperchen (Sklerotien) aus, die bis zu ½ cm groß werden können und als Überwinterungsorgane dienen. Im Gewächshaus wie im Freiland findet der Pilz, da er auf toten Pflanzenteilen aller Art gedeihen kann, immer Möglichkeiten der Erhaltung und ist daher als nahezu allgegenwärtig zu betrachten. In vernachlässigten Kulturen, aus denen abgewelkte und

Abb. 6. Grauschimmel bei Pelargonie.

faulende Pflanzenteile oder Pflanzen nicht rechtzeitig entfernt werden, ist die Gefahr eines Überhandnehmens der Grauschimmelplage verständlicherweise besonders groß.

Bekämpfung: Man achte auf peinlichste Sauberkeit. Abstehende Pflanzenteile und absterbende Pflanzen regelmäßig entfernen. Die Pflanzen unter Glas nicht zu eng, sondern weiträumig, hell und luftig aufstellen. Auf angemessene Temperaturen achten. Krankheitsgefährdete Bestände mit aller Vorsicht gießen. Dafür Sorge tragen, daß sie trocken in die Nacht kommen. Notfalls die Kulturen bei geöffneten Lüftungsklappen trockenheizen. Stehende Luft und Niederschlag vermeiden. Möglicherweise Ventilatoren einsetzen.

Für die chemische Bekämpfung des Grauschimmelpilzes *(Botrytis)* gibt es eine Reihe von Präparaten. Es gibt Spritzmittel wie z. B. Du Pont Benomyl, Tecto fl. (Wirkstoff: Thiabendazol), Euparen (Dichlofluanid), Botrysan (Anilazin) und die TMTD-haltigen Spritzpulver Pomarsol forte, Luxan TMTD Spritzpulver, Thianosan und Thirasan, Stäubemittel (z. B. das Chinolinderivat B 500, Luxan TMTD-Staub), Räucherdosen (z. B. die Exotherm-Termil-Räucherdose mit dem Wirkstoff Chlorothalonil) und Räuchertabletten (z. B. Tecto Räuchertabletten auf Grundlage Thiabendazol). Botrysan wird zwar zur Zeit nicht mehr angeboten, ist aber da und dort noch in Verwendung. Das gleiche gilt für B 500. Gestrichen wurde neuerdings die bislang zulässige Indikation für Ferbam 80 „Botrytis-Arten im Zierpflanzenbau 0,2%". Ausgelaufen sind die Produkte „Liro Räuchertabletten 2787 (Wirkstoff: Chlorothalonil) und die „Altritan-Räucherdose" (Wirkstoff: Tecnazen). Benomyl, Tecto fl. und Tecto-Räuchertabletten verfügen über systemische Eigenschaften, bei allen anderen genannten Präparaten handelt es sich um Kontaktfungizide.

In der Folge sei auf einzelne Mittel etwas näher eingegangen. Zunächst zum Benomyl. Man kann spritzen (vorbeugend 0,05%, bekämpfend 0,1%) oder bei Stammfäulegefahr (z. B. bei Pelargonien, Fuchsien u. a.) auch mit 0,1%iger Du-Pont-Benomyl-Brühe angießen. Da Gießbehandlungen nicht für alle Pelargoniensorten gleich gut verträglich sind, sollten dort, wo noch keine Erfahrungen vorliegen, zunächst bei wenigen Pflanzen einer Sorte Vorversuche auf Kulturpflanzenverträglichkeit angestellt werden. Benomyl zeichnet sich durch eine verhältnismäßig gute Dauerwirkung aus. Als Spritzmittel verwendet, ist immerhin ein etwa 10–14 Tage währender Schutz zu erwarten. Auch hinterläßt das Mittel in den üblichen Gebrauchskonzentrationen weniger auffällige Rückstände als beispielsweise Botrysan. Ein Nachteil sei nicht verschwiegen. Die da und dort beobachteten Resistenzerscheinungen von *Botrytis* gegenüber Benomyl und anderen Benzimidazol-Derivaten, machen der Praxis schon heute einige Sorgen. Wo solche Erscheinungen auftreten, bleibt dann nur die Möglichkeit, auf nicht systemisch wirksame Präparate (z. B. Euparen, Botrysan, TMTD-haltige Spritz- und Stäubemittel) auszuweichen.

Dem Benomyl in der Wirkung ähnlich ist Tecto fl. Es findet ebenfalls als Spritz- und Gießmittel Verwendung. Es ist jedoch nicht ganz so gut pflanzenverträglich wie Benomyl. Vorsicht ist vor allem bei blühenden Pflanzen geboten. Auch läßt das Mittel in seiner Verträglichkeit gegenüber Cinerarien und Fuchsien zu wünschen übrig. Cinerarien können mit Aufhellungen und Blattrandnekrosen reagieren. Bei Fuchsien hat man Vergilbung, Nekrosen und Wuchshemmung beobachtet. Im übrigen soll Tecto fl. bei engen Spritzabständen der Schadgefahr wegen nicht zu häufig angewandt werden. Man empfiehlt bei einem 10tägigen Rhythmus nicht mehr als vier Spritzungen in einer Folge.

Zwei Präparate mit systematischer Wirkung gegen *Botrytis* sind Cercobin M (Thiophanat-methyl) und Bavistin (Carpendazim). Sie sind jedoch für diesen Verwendungszweck nicht besonders zugelassen.

Euparen ist allgemein gegen *Botrytis cinerea* an Zierpflanzen im Freiland und unter Glas (vorbeugend 0,25%, bekämpfend 0,5%) und im besonderen auch in abgeernteten Rosenbeständen unter Glas (0,5%) zugelassen. Das Mittel wirkt gut, hinterläßt jedoch in höherer Gebrauchskonzentration gut sichtbare Präparatrückstände. Diese können die Verwendung des Mittels bei manchen Kulturen einschränken.

Ähnliches gilt auch für Ferbam 80 (Ferbam). Es kann nur dort eingesetzt werden, wo die Verschmutzung durch das Präparat keine Rolle spielt. Auch heute noch ist das in der Anwendung preisgünstige Mittel zur Bekämpfung der Botrytis-Stengelgrundfäule bei Päonien und im Tulpenanbau gebräuchlich.

Mit der Einführung systemisch wirksamer Fungizide (z. B. Benomyl, Tecto fl., Cercobin M u. a.) haben Thiram-haltige Spritz- und Stäubemittel bei der Botrytis-Bekämpfung an Bedeutung verloren. Geblieben ist ihr Einsatz vor allem noch im Freilandtulpenanbau.

Botrysan wirkt gut, hält jedoch nicht allzu lange vor. Es muß bei hohem Infektionsdruck wöchentlich angewandt werden. Auch ist von Nachteil, daß das Produkt sehr auffällige Präparatrückstände hinterläßt und vor allem bei blühenden Pflanzen auch Schäden verursachen kann.

Die Exotherm-Termil-Räucherdose wirkt nur dann zuverlässig (versteckt sitzende Botrytis-Herde werden erfahrungsgemäß nur schlecht erreicht), wenn sie vorbeugend eingesetzt wird. Ihr Vorzug liegt in der leichten Handhabung. Auch gibt es keine sichtbaren Rückstände. Dicht schließende Häuser sind für eine erfolgreiche Anwendung wichtig. Die Aufwandmenge beträgt 1 Dose für 280 m^3 Luftraum. Mindestens 3 Stunden soll der Nebel einwirken. Gegen das Räuchern haben sich beispielsweise blühende Begonien, Petunien, *Impatiens* und Poinsettien als empfindlich erwiesen.

Sehr bequem einzusetzen, aber leider in der Anwendung etwas teuer, sind auch die Thiabendazol-haltigen Tecto-Räuchertabletten (1 Tablette für 40 m^3 Luftraum). Sieht man von Fuchsien und Cinerarien einmal ab, scheint die Kulturpflanzenverträglichkeit gut zu sein. Wie für Tecto fl. gilt auch für Tecto Räuchertabletten, daß sie bei kurzen Behandlungsabständen nicht mehr als 4mal in einer Folge angewandt werden dürfen.

Vorbeugend ausgebracht läßt auch das Stäuben mit B 500 eine zufriedenstellende Wirkung erwarten. Gleichmäßiges Aufstäuben ist wichtig. Ein lückenloser Belag muß die zu schützenden Pflanzenteile überziehen.

Bei vorbeugender Anwendung kommt auch den Präparaten der Folpet-Gruppe (z. B. Ortho Phaltan) und dem Ortho Difolatan (Captafol) eine gewisse Schutzwirkung gegen *Botrytis*-Infektionen zu.

Schließlich wäre auch noch das derzeit in Prüfung stehende Ronilan (vorgeschlagene Wirkstoffbezeichnung: Vinchlozolin) zu erwähnen. Es handelt sich um ein organisches Kontaktfungizid mit besonderer Wirkung gegen *Botrytis*. Soweit bereits vorliegende Versuchsergebnisse ein Urteil heute schon zulassen, erscheint das Produkt sehr aussichtsreich. Für den Fall einer Zulassung dürfte es sich vor allem dort anbieten, wo sich infolge vermehrter Anwendung von Benzimidazol-Derivaten (z. B. Benomyl u. a.) widerstandsfähige *Botrytis*-Stämme herausgebildet haben.

Echter Mehltau (11)

Die echten Mehltaupilze *(Erysiphaceen)* überziehen die Oberfläche der befallenen grünen Pflanzenteile (Blätter, Triebe, Knospen) gleichmäßig oder in fleckiger Verteilung mit locker-flaumigem, mehlartig-weißem, später sich oft schmutzig-bräunlich verfärbendem Belag (Abb. 7). Sie dringen nur mit kurzen Saugfortsätzen in die Oberhautzellen ein, schädigen diese durch Nahrungsentzug jedoch erheblich. Wachstumsstockungen, Einkrümmung der Blätter, bei stärkerem Befall auch Bräunung und Absterben der erkrankten Organe sind die Folge.

Die Verbreitung der Mehltaupilze geschieht im Sommer durch große, in Ketten abgegliederte und sich bei der Reife leicht ablösende Sporen (Konidien), die durch Wind verweht oder durch Tiere verschleppt werden können. Nur selten (z. B. beim immergrünen *Euonymus japonicus,* der während der kalten Jahreszeit im Gewächshaus frostfrei gehalten wird) kann der Pilz in dieser Form auch überwintern. Normalerweise werden, ebenfalls auf der Pflanzenoberfläche, in fortgeschrittener Jahreszeit kleine, kugelige, bräunliche oder schwarze Sporengehäuse (Perithezien) gebildet, die der Winterkälte standhalten können. Aus ihnen werden im Frühjahr Sporen entlassen, die erneut Krankheitsbefall auslösen können. In manchen Fällen (z. B. bei der Rose) überwintert das Pilzgeflecht im Schutze der Hüllschuppen im Inneren der Knospen.

Die Umweltfaktoren, die das Auftreten des Echten Mehltaus begünstigen, sind recht verschiedener Art. Einflüsse, die die Pflanze schwächen, wie z. B. zu dichter Stand, Licht- und Nahrungsmangel, unausgeglichene Düngung (z. B. Stickstoffüberschuß), eingeschlossene Anbaulagen, bei Gewächshauspflanzen (Chrysanthemen, Hortensien) auch Zeiten der Lichtarmut bei relativ hoher Luftfeuchtigkeit fördern das Auftreten der Erkrankung. Besonders gefährlich sind schroffe Temperaturwechsel, im Gewächshaus auch Zugluft.

Wie die Rostpilze sind auch die echten Mehltaupilze eng an die lebende Wirtspflanze gebunden. Sie können nicht auf künstlichen Nährböden gezüchtet werden und können nicht im Boden saprophytisch, d. h. auf totem organischem Substrat weiterwachsen.

Die *vorbeugenden Maßnahmen* bestehen im allgemeinen darin, die Pflanzen möglichst luftig (nicht zu enger Stand, gute Belüftung) bei sehr gleichmäßiger Beheizung und guter Belichtung zu kultivieren. Jeder Stillstand im Wachstum der Jungpflanzen, jede Schwächung der älteren Pflanze erhöht die Bereitschaft für den Mehltaubefall. Hohe Stickstoffgaben fördern die Krankheitsbereitschaft der Pflanze und müssen daher vermieden werden.

Die *chemische Bekämpfung* der echten Mehltaupilze stellt den Praktiker vor keine allzu schwere Aufgabe. Es wird heute eine größere Zahl gut wirksamer Präparate angeboten.

Da sind zunächst einmal die herkömmlichen schwefelhaltigen Mittel wie Netzschwefel und Zineb + Schwefel-Präparate (Spritz- und Stäubemittel). Stäubefähige Aufbereitungen (z. B. Phytox + Schwefel Stäubemittel, Napthal-Schwefel „Neu“) haben heute nur noch untergeordnete Bedeutung. Die Gefahr für Verbrennungen ist vor allem im Unterglasanbau groß. Bei Kulturen unter Glas (z. B. Rosen, nichtblühenden Begonien) hat sich auch das Verdampfen von Stückschwefel im Sulfurator oder in Elektro-Schwefel-Verdampfern (z. B. Sulfix, Sulfix 250, Kombifix) gut eingeführt. Der Vorteil des zeitsparenden Schwefelverdampfens liegt vor allem darin, daß keine sichtbaren Präparatrückstände zurückbleiben. Sind bereits auffällige Mehltaubeläge vorhanden, ist ein befriedigender Bekämpfungserfolg nicht mehr gewährleistet. Das Schwefelverdampfen muß also vorbeugend geschehen. Auch ist zu beachten, daß manche Arten (z. B. Edelwicken, Begonien) in blühendem Zustand sehr empfindlich reagieren können.

Schwefelmittel erreichen erst bei Temperaturen von 17–18 °C ihre volle Wirksamkeit. Auch muß man bei höheren Temperaturen (über 26 °C) und starker Sonneneinstrahlung vorsichtig sein; es kann allzuleicht Verbrennungen geben. Dabei sind blühende Bestände besonders gefährdet.

Dinocap-haltige Präparate stehen der Praxis als Spritzpulver (z. B. Karathane, 0,05%) und in Emulsionsform (z. B. Karathane LC, 0,025%) zur Verfügung, wobei dieser Gruppe auch die mit Zineb (z. B. CDK, 0,3%) und Mancozeb (z. B. Mancokar, 0,25%) kombinierten Mittel zuzuordnen sind. Bei Dinocap-Präparaten ist von Vorteil, daß sie auch bei verhältnismäßig niedrigen Temperaturen um 8–10 °C noch eine zufriedenstellende Wirkung erwarten lassen. Vorsicht ist bei starker Sonne und Temperaturen über 28 °C geboten; es kann Schäden geben. Auch werden die Mittel nicht von allen Arten gleich gut vertragen. So haben sich beispielsweise Rosen unter Glas und Hortensien als empfindlich erwiesen.

Mit Imugan (Wirkstoff: Chloraniformethan), dem Mehltaumittel 238 (Wirkstoff: Cyclomorph), Afugan (Wirkstoff: Pyrazophos) und den Kombinations-Präparaten COMPO-Rosenfluid (Wirkstoff: Dodemorph + Dodin) und Bilobran (Dinocap + Dodin + Monocrotophos) stehen der Praxis weitere gut wirksame und vor allem nicht zeichnende flüssige Mittel zur Verfügung. Die beiden zuerst genannten sind gleichermaßen für Unterglas- und Freilandkulturen brauchbar. Das gegen Begonienmehltau zugelassene Afugan vereinigt in sich gute Wirksamkeit und gute Blütenverträglichkeit. Nachdem das als gut blütenverträglich bekannte Triamphos-Präparat PFU flüssig heute nicht mehr zur Verfügung steht, wird Afugan gerade bei Begonien an seine Stelle treten können. Das speziell für den Freilandrosenanbau entwickelte Badilin Rosenfluid wirkt bei vorbeugender Anwendung auch gegen Rosenrost und Sternrußtau, Bilobran auch gegen Sternrußtau und darüber hinaus gegen Blattläuse, Spinnmilben und Blasenfüße. Leider ist Bilobran etwas teuer und für Bienen nicht ungefährlich. Im übrigen wird bei den aufgeführten Mitteln auch die Kulturpflanzenverträglichkeit zu beachten sein. Hohe Temperaturen und starke Sonneneinstrahlung erhöhen die Schadgefahr. Das gilt vor allem für Kulturen unter Glas und im besonderen für blühende Pflanzenbestände.

Euparen (Wirkstoff: Dichlofluanid) und das COMPO-Rosenspritzmittel (Metiram + Schwefel), um bei älteren, hinlänglich bekannten Präparaten zu bleiben, sind vor allem im Freilandrosenanbau gebräuchlich. Beide Mittel wirken bei vorbeugender Anwendung auch gegen den Sternrußtau und Rosenrost. Darüber hinaus ist Euparen allgemein gegen echte Mehltaupilze (ausgenommen Chrysanthemen) im Freiland zugelassen. Bei vorbeugender Anwendung wird das Präparat 0,25%ig, bei Befall 0,5%ig gespritzt. Beim BASF-Rosenspritzmittel ist von Nachteil, daß es auffällige Spritzflecke hinterläßt.

Obwohl ausgezeichnet wirksam, ist Morestan-Spritzpulver (Wirkstoff: Chinomethionat) für Schnittblumenkulturen und Fertigware von Topfpflanzen wenig geeignet. Das Mittel hinterläßt mehr oder weniger auffällige Rückstände und verursacht bei den meisten Gewächsen auch Blütenschäden. Eine interessante Entwicklung ist die allerdings derzeit nicht mehr angebotene Morestan-Räucherdose. Sie wurde be-

Abb. 7. Echter Mehltau auf Rosenblättern.
Abb. 8. Blätter von *Helichrysum bracteatum* mit Falschem Mehltau *(Bremia lactucae)*.

vorzugt im Treibrosenanbau eingesetzt. Dabei hatte das Räucherpräparat nicht nur eine Wirkung auf den Echten Mehltau, auch die Rote Spinne wurde niedergehalten.

Vor allem im Freilandrosenanbau hat sich neuerdings auch Plondrel 50 W (0,0-Diäthyl-phthalimidothiophosphonat = Ditalimfos) gut eingeführt. Das jetzt auch für Treibrosen zugelassene, systemisch wirksame Spritzpulver zeichnet sich durch gute Dauerwirkung aus. Geringe Präparatrückstände müssen wohl oder übel in Kauf genommen werden. Solche sind jedoch bei dem ebenfalls zugelassenen Plondrel flüssig nicht mehr zu befürchten.

Du Pont Benomyl, das Emulsionspräparat Saprol (Wirkstoff: Triforine) und das neuerdings zur Bekämpfung des Rosenmehltaus an Freilandrosen zugelassene Cercobin M (Wirkstoff: Thiophanat-methyl) wirken systemisch. Das ist zweifellos von Vorteil. Können doch beispielsweise auf die Blattoberseite applizierte Mittel auch blattunterseits wirksam werden. Im allgemeinen wird Benomyl als Spritzmittel (0,05–0,1%) verwendet, bei manchen Kulturen (z. B. Edelwicken unter Glas) kann aber auch eine Gießbehandlung lohnend sein. Als Spritzmittel in höherer Konzentration angewandt zeichnet das Mittel deutlich. Saprol zeichnet nicht und erfaßt vorbeugend ausgebracht auch Rostkrankheiten (z. B. Rosenrost), den Sternrußtau der Rosen und die Ascochyta-Krankheit der Chrysanthemen. Die Blütenverträglichkeit läßt bei manchen Arten zu wünschen übrig. Sieht man jedoch von Spritzungen in die Blüte (z. B. bei Begonien, Usambaraveilchen, Rittersporn und Phlox) einmal ab, scheint die Verwendung von Saprol keine großen Probleme aufzuwerfen. Schließlich hat Cercobin M einen ähnlichen Wirkungsbereich wie Du Pont Benomyl. Es kann bei Edelwicken auch als Gießmittel verwendet werden.

Abschließend noch einige Hinweise für das Arbeiten mit Spritzmitteln. Im allgemeinen genügt es, wenn herkömmliche Präparate in Abständen von 8–10 Tagen ausgebracht werden. Bei großer Krankheitsgefahr können jedoch Behandlungen in viel kürzeren Abständen notwendig werden. Etwas länger halten Du Pont Benomyl (vor allem bei einer Anwendungskonzentration von 0,1%) und Plondrel 50 W vor, wobei sich die Behandlungsfolge nach der Krankheitsgefahr und dem Blatt- und Triebzuwachs richten muß. Wichtig ist, daß auch die Unterseiten der Blätter einen schützenden Belag erhalten. Im übrigen ist das Sprühgerät nur für vorbeugende Maßnahmen geeignet. Bei bereits vorhandenem Befall muß gespritzt werden.

Falscher Mehltau (12)

Während der Echte Mehltau vor allem die Blattoberseiten oder auch beide Seiten des Blattes mit feinem, fädig anliegendem Pilzbelag überzieht, tritt der Falsche Mehltau vorwiegend auf der Blattunterseite als flockiger, schmutzig-weißer Rasen in Erscheinung (Abb. 8). Blattoberseits macht sich die Krankheit meist nur durch Bildung schwach gelbbrauner Flecken, durch Eindellungen oder Verkrüppelungen bemerkbar. Auch die Stengel und Triebspitzen können Verdickungen und Deformationen aufweisen. Der schimmelartige Flaum setzt sich aus einer Unzahl bäumchenförmig verzweigter Sporenträger zusammen. An jedem Ende der feinen Ästchen sitzt eine Spore, die sich bei Windbewegung oder Befeuchtung durch Wasser leicht ablöst und an anderer Stelle zur Keimung gelangen kann.

Systematisch besteht zwischen echten und falschen Mehltaupilzen keinerlei Verwandtschaft. Die falschen Mehltaupilze gehören der verhältnismäßig primitven Pilzgruppe der Peronosporaceen an. Sie überwintern mit dickwandigen Dauersporen, die im Inneren der befallenen Pflanzenteile gebildet und erst nach deren Zersetzung frei werden. Feuchte, stehende Luft fördert das Auftreten der Erkrankung.

Besonders heimtückisch wird der Falsche Mehltau dadurch, daß er tief in das Innere des Pflanzengewebes eindringen kann, wo er mit der Spritzung kaum mehr zu erfassen ist (13). Es kann dann vorkommen, daß trotz ständiger, sorgfältiger Behandlungen und Fehlens des sonst so typischen Pilzflaumes vor allem mehrjährige Pflanzenbestände kümmern, dahinsiechen und schließlich zugrunde gehen. Vor allem bei *Helleborus*-Kulturen, deren Befall mit Falschem Mehltau nicht sofort erkannt und systematisch und fortlaufend bekämpft wurde, mußten in dieser Hinsicht schon schlimme Erfahrungen gemacht werden. Erst die Entwicklung auch gegen diese Pilze systemisch wirksamer Präparate (siehe unten) konnte in einigen Fällen diese Lücke in den Bekämpfungsmöglichkeiten schließen.

Bekämpfung: Einem Befall durch Falschen Mehltau läßt sich am besten dadurch vorbeugen, daß man die Pflanzen bei nicht zu engem Stand kultiviert, unter Glas auf gute Lichtverhältnisse achtet und feuchte, stehende Luft vermeidet. Man lüfte reichlich und sorge stets für ausreichende Luftbewegung. Auch eine Luftumwälzung durch Ventilatoren wirkt Feuchtigkeitsstauungen entgegen. Im übrigen auf angemessene Temperaturen achten und Niederschlag vermeiden. Nur an hellen Tagen gießen; die Bestände sollen am Abend abgetrocknet sein.

Reichen die Maßnahmen der Hygiene nicht aus, ist vorbeugend und wiederholt mit einem Zineb- oder Maneb-Mittel, mit Mancozeb (z. B. Dithane Ultra), Metiram (z. B. Polyram Combi), einem Grünkupfer-Präparat, mit Zineb + Schwefel- oder Zineb + Dinocap-Präparaten zu spritzen oder auch mit Zineb-Staub zu stäuben. Bei spritzfleckenempfindlichen Kulturen (z. B. Rosen unter Glas) kann man notfalls auch mit dem flüssigen Bilobran (Dinocap + Dodin + Monocrotophos) arbeiten. Leider wird die Wirkung der vorgenannten von Bilobran nicht erreicht. Interesse beansprucht des weiteren auch das derzeit noch gegen falsche Mehltaupilze in Prüfung stehende Prothiocarb (Previcur 0,15%). Das Mittel wirkt teilsystemisch. Man sollte gerade Neuentwicklungen auf diesem Sektor sehr aufmerksam verfolgen.

Wichtig ist, das gilt nun für den Einsatz aller genannten Präparate, daß Erstinfektionen verhindert werden. Sobald die Krankheiten einmal Fuß gefaßt haben, wird man sich selbst bei Verwendung gut wirksamer Präparate mit einem Teilerfolg begnügen müssen. Bei großer Krankheitsgefahr die Mittel wöchentlich anwenden, ansonsten genügt es, wenn in Abständen von 10–14 Tagen behandelt wird. Man arbeite sehr sorgfältig und achte darauf, daß auch die Blattunterseiten gut getroffen werden. Abraum kranker Pflanzen ist zu verbrennen oder auf den Müllplatz abzufahren.

Rost (14)

Wie die Mehltaupilze sind auch die Roste allgemein verbreitet und bei den verschiedensten Pflanzenfamilien als Schmarotzer auf den oberirdischen Organen anzutreffen. Die einzelnen Arten sind meistens streng auf eine bestimmte Wirtspflanzenart, -gattung oder -familie spezialisiert. Man zählt heute alles in allem über 3000 verschiedene Rostarten.

Rostpilze sind leicht kenntlich an ihren meist unter der Oberhaut entstehenden, sich pustelförmig aufwölbenden und bei der Reife meist becherartig aufplatzenden Sporenlagern (Abb. 9), deren oft rostbraune Färbung der ganzen Pilzgruppe ihren Namen gegeben hat. Der Gärtner bezeichnet gern alle Krankheitserscheinungen, die sich in rostfarbenen Flecken äußern, darunter viele Schäden, die überhaupt nicht durch Pilze verursacht sind, als „Rost“. Da hieraus mancherlei Mißverständnisse entstehen, sollte er sich, ehe er von „Rost“ spricht, mit Hilfe einer Taschenlupe überzeugen, ob tatsächlich die typischen Sporenlager vorhanden sind.

Jedem aufmerksamen Beobachter muß auffallen, daß zu verschiedenen Jahreszeiten die Färbung der Sporen etwas verschieden sein kann und daß diese unter Umständen auch an verschiedenen Stellen entstehen. Wer das Mikroskop zu Hilfe nimmt, findet, daß es sich um verschiedene Sporenformen handelt, die einander in bestimmter Reihenfolge ablösen.

Als typisches Beispiel sei der Rosenrost (*Phragmidium mucronatum* (Pers.) Schlecht.) genannt: Der Pilz überdauert die kalte Jahreszeit auf den abgefallenen Blättern mit dickwandigen Wintersporen (Teleutosporen), die im Frühjahr auskeimen und ihrerseits kleine Sporen (Basidiosporen) bilden, die vom Wind auf die eben austreibenden Blättchen und zarten Triebspitzen verweht werden. Auf der Blattunterseite, an Blattstielen, Zweigen, Kelchblättern und Hagebutten erscheinen als Folge dieser Infektionen kleine Polster mit orangegelben Frühjahrssporen (Äzidiosporen), die die Ausbreitung des Pilzes im ersten Abschnitt der Vegetationsperiode sichern.

Im Sommer entsteht auf der Blattunterseite eine weitere Sporenform, die sich durch braune Färbung auszeichnet (Sommersporen = Uredosporen). Daneben treten bald auch schon die schwarzbraunen Wintersporen in Erscheinung, die durch ihre dicken Wände als Dauerorgane gekennzeichnet sind. Wo im Frühjahr Befall der

Zweige stattgefunden hatte, kann der Pilz auch im Inneren des Gewebes den Winter überdauern. Er bricht im folgenden Frühjahr an den gleichen Stellen wieder mit orangegelben Frühjahrsporenlagern hervor.

Manchmal ist die eine oder andere Sporengeneration unterdrückt. So fehlen z. B. beim Chrysanthemenrost (*Puccinia chrysanthemi* Roze) die Frühjahrssporen. Auch die Wintersporen, die in der Heimat der Chrysanthemen, in Japan, in großer Menge gebildet werden, findet man bei uns nur selten. Da die Mutterpflanzen in Gewächshäusern oder Kästen überwintert werden, kann sich an ihnen der Pilz auch ohne besonders widerstandsfähige Dauerorgane am Leben erhalten.

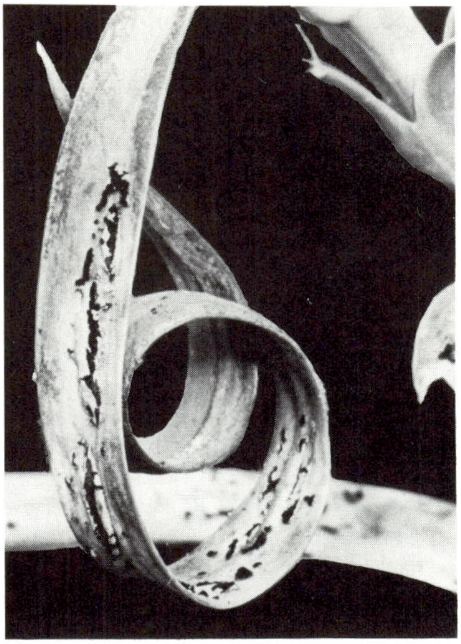

Abb. 9. Nelkenrost *(Uromyces dianthi)*.

Noch verwickelter wird der Entwicklungsgang der Rostpilze, wenn er sich auf zwei verschiedenen Wirtspflanzen abspielt. So findet man auf den Blättern der Glockenblume Sommer- und Wintersporen des Rostpilzes *Coleosporium campanulae* (Pers.) Lev. Die Wintersporen keimen ihrerseits wieder mit Basidiosporen aus, die durch den Wind verweht werden. Gelangen sie zufällig auf Kiefernadeln, so kommen sie dort zur Keimung. Der Schmarotzer durchwuchert das Gewebe und tritt im Frühjahr mit sehr auffälligen, gelblichen, blasigen Sporenbehältern (Kiefernblasenrost) in Erscheinung. Die in diesen Sporenbehältern gebildeten Frühjahrssporen können wieder inzwischen herangewachsene Glockenblumen infizieren. Wir haben es also hier mit einem sog. Wirtswechsel zu tun.

Bekämpfung: Obwohl mit Dithane Ultra (Wirkstoff: Mancozeb), Polyram Combi (Wirkstoff: Metiram), den Präparaten der Zineb-, Maneb- und Ferbam-Gruppe und mit Zineb + Schwefel-Mitteln (z. B. Phytox + Ultraschwefel) bereits vor Jahren brauchbare Mittel zur Verfügung standen, war die Bekämpfung der Rostkrankheiten für die Praxis schon immer ein Problem besonderer Art. Löwenmaulrost, Bartnelkenrost, Malvenrost, um nur einige häufiger auftretende Rostkrankheiten zu nennen, galten schlechthin als nicht bekämpfbar. Erfahrungsgemäß sind Mißerfolge mit herkömmlichen Präparaten vor allem mangelhafter Spritztechnik oder zu weiten Abständen zwischen den einzelnen Behandlungen zuzuschreiben. Auch muß man wissen, daß die Mittel nur gesundes Blattwerk vor Neubefall schützen können. Alle Pflanzenteile, also auch die Blattunterseiten brauchen einen schützenden Belag. Bei großer Krankheitsgefahr sind die Mittel wöchentlich auszubringen.

Mit der Einführung des Oxycarboxin-Präparats Plantvax (15) sind nun für die Praxis bessere Voraussetzungen für die Bekämpfung von Rostpilzen gegeben. Genannt seien beispielsweise Rosenrost, Bartnelkenrost, Weißer Chrysanthemenrost, Malvenrost, Löwenmaulrost und Glockenblumenrost. Die Wirkung herkömmlicher

Präparate wird deutlich übertroffen, zumal das Mittel bei diesen Rostkrankheiten auch bekämpfend eingesetzt werden kann. Plantvax zeichnet sich vor allem durch seine systemische Wirkung und eine verhältnismäßig gute Dauerwirkung aus. Die etwa über eine Zeit von 10–14 Tagen anhaltende Wirkung erlaubt es, auch bei hohem Infektionsdruck von der üblichen wöchentlichen Anwendung der bislang gebräuchlichen Präparate abzugehen. Leider wirkt Plantvax nicht gegen alle Rostpilze gleich gut. So läßt das Mittel bei Edelnelken kein besseres Ergebnis als die herkömmlichen Präparate erwarten. Dasselbe gilt für den Pelargonienrost. Versuche der Verff. konnten hier zeigen, daß Plantvax zwar bei vorbeugender Anwendung junges und noch im Wachstum befindliches Blattwerk vor Neubefall schützen kann, bereits vorhandenen Befall jedoch nicht auszulöschen vermag. Nach wie vor verdienen Mancozeb (z. B. Dithane Ultra), Maneb-Präparate und neuerdings das nachgenannte Saprol bei der Bekämpfung des Pelargonienrostes den Vorzug, wobei jedoch das Entfernen aller Infektionsstellen vor Beginn chemischer Maßnahmen wichtige Voraussetzung für den Erfolg der Spritzarbeit ist.

Als eine sehr wertvolle Bereicherung der gegen Rostpilze wirksamen Mittel ist das unter anderem auch zur vorbeugenden Bekämpfung des Rosenrostes (0,075%) und des Pelargonienrostes (0,15%) zugelassene Triforine-Präparat Saprol anzusehen. Je nach Krankheitsgefahr ist Saprol in Abständen von 7–10 Tagen auszubringen. Ein besonderer Vorzug des Präparats ist, daß es systemisch wirkt, sehr vielseitig (z. B. auch gegen echte Mehltaupilze und die Ascochyta-Krankheit der Chrysantheme) eingesetzt werden kann, keine sichtbaren Rückstände hinterläßt und in der Anwendung gegenüber Plantvax weitaus preisgünstiger ist. Darüber hinaus läßt Saprol gegen echte Mehltaupilze einen echten kurativen Effekt erwarten. Schließlich steht derzeit noch das 2-Jodbenzoesäureanilid (Benodanil) in Prüfung. Es handelt sich um ein Präparat mit systemischen Eigenschaften. Seine Stärke dürfte in der vorbeugenden Anwendung liegen.

Sklerotienfäule

Bei Gemüse und landwirtschaftlichen Kulturpflanzen (z. B. Tomaten, Gurken, Bohnen, Salat, Tabak, Rüben, Raps, Klee u. a.) ist der Pilz *Sclerotinia sclerotiorum* (Lib.) Mass. ein bekannter Fäulniserreger. Auch in Zierpflanzenkulturen (z. B. Dahlien, Chrysanthemen, Sonnenblumen u. a.) tritt er da und dort auf. Meist beginnt die Erkrankung mit einer wäßrig-weichen Stelle am Stengel. Die Fäule breitet sich rasch aus und kann dann auf Blattstiele und Blätter übergreifen.

Sofern nicht besonders ungünstige Kulturbedingungen vorliegen, werden im allgemeinen nur wenige Pflanzen befallen, die dann allerdings meist in kürzester Zeit völlig zusammenbrechen. Bei genügend hoher Luftfeuchtigkeit tritt auf dem Faulgewebe ein wattig-weißes Pilzgeflecht zutage. Darin eingelagert entstehen schmutzigweiße Myzelzusammenballungen, die sich allmählich zu knorpeligen, schwarzen, bis bohnengroßen Dauerkörperchen verhärten (Abb. 10). Diese „Sklerotien“ gelangen beim Abfallen oder mit gefaulten Pflanzenteilen leicht in die Erde, wo sie jahrelang am Leben bleiben können oder auch – unter günstigen Bedingungen – auskeimen und kleine, becherförmige Fruchtkörperchen (Abb. 11) hervorbringen. Die in ihnen gebildeten Sporen werden ausgeschleudert und durch Wind oder Wasser weiter verbreitet, wobei neue Pflanzen angesteckt werden können. Feuchtigkeit und Wärme

Abb. 11. Sklerotien mit Fruchtkörperchen.

Abb. 10. Sklerotien-Stengelfäule an Sonnenblumenstengel.

sowie enger Stand der Pflanzen begünstigen das Auftreten der Erkrankung. Außer den oberirdischen Teilen kann der Pilz auch die fleischigen Speichergewebe von Knollen und Zwiebeln (z. B. Dahlien) befallen.

Bekämpfung: Obwohl neuerdings mit Du Pont Benomyl und Thiophanate M (Cercobin M) gewisse Möglichkeiten zur direkten Bekämpfung der Krankheit gegeben sind, kann auf vorbeugende und hygienische Maßnahmen nicht verzichtet werden. Wichtig ist ein steter Anbauwechsel. Krankheitsverseuchtes Land möglichst vom Anbau empfindlicher Gewächse ausschließen. Dichten Stand der Pflanzen vermeiden. Da die chemische Entseuchung des Bodens im allgemeinen nur einen Teilerfolg (sklerotiale Dauerkörperchen sind sehr widerstandsfähig) erwarten läßt, ist für krankheitsverseuchte Flächen unter Glas das Dämpfen (95 °C) anzuraten. Dasselbe gilt auch für verseuchte Anzuchterde.

Es war früher gebräuchlich, als vorbeugende Maßnahme auf Pflanzflächen vor dem Pflanzen bzw. dem Legen von Knollen und Zwiebeln je m^2 40–50 g Brassicol (Wirkstoff: Quintozen) auszustreuen und leicht einzuarbeiten, der Anzuchterde je m^3 500 g des Mittels unterzumischen oder auch Zwiebeln und Knollen vor dem Legen leicht mit Brassicol einzustäuben. Diese Indikationen sind heute leider nicht mehr zulässig. Das im Boden verhältnismäßig langsam abbauende Quintozen wurde zurückgezogen.

Tritt die Stengel- und Knollenfäule in stehenden Beständen auf, befallene Pflanzen oder Pflanzenteile entfernen und vernichten ehe es zur Bildung von Sklerotien kommt. Danach ist mit Benomyl (0,05%) oder auch mit Thiophanat M (z. B. Cercobin M 0,1%) kräftig zu spritzen, wobei vor allem auch der Fuß der Pflanzen gut getroffen werden muß. Wo es sich um kleinere Krankheitsherde handelt, kann man auch mit Benomyl-Brühe (0,05–0,1 %) angießen. Bodenbehandlungen mit Chlorothalonil (z. B. Daconil), Fentinacetat + Maneb (z. B. Brestan 60) oder Methylmetiram (z. B. Basfungin) erscheinen zwar aussichtsreich, doch liegen bislang mit diesen Produkten im Zierpflanzenbau noch keine Erfahrungen vor. Zunächst wäre vor allem auch die Kulturpflanzenverträglichkeit der Präparate abzuklären.

Tritt Fäulnis an eingelagerten Knollen (z. B. Dahlien) auf, Befallsherde ausräumen. Eine gewisse befallsmindernde Wirkung hat das Einstäuben mit Captan-Staub (z. B. Orthocid Staub). Man sorge für gute Durchlüftung der Lagerräume und Keller. Vor jeder Neueinlagerung muß gründlich gesäubert und desinfiziert werden. Empfehlenswert erscheint dabei vor allem auch das Verbrennen von Schwefel (1 kg auf 100 m³ Lagerraum).

Gefäßparasitäre Welke- und Vergilbungskrankheiten

Die in dieser Gruppe zusammengefaßten Krankheiten zeichnen sich dadurch aus, daß ihre Erreger (Bakterien oder Pilze) im Inneren der Wasserleitungsbahnen (vom Botaniker als „Gefäße" bezeichnet) leben und eine Allgemeinerkrankung der ganzen Pflanze auslösen. Durch teilweise Blockierung der Wasserzufuhr und Ausscheidung von Giftstoffen durch die Krankheitserreger kommt es zu Welkeerscheinungen oder Blattvergilbungen wie sie auch durch Wassermangel oder infolge von Wurzel- oder Stengelgrunderkrankungen verschiedenster Art vorkommen können. Lassen sich durch Wassergaben die Welkesymptome nicht beheben und ist auch, zum mindesten im Anfangsstadium der Erkrankung, eine sichtbare äußere Schädigung der Wurzel oder des Wurzelhalses bzw. des Stengelgrundes nicht festzustellen, so liegt der Verdacht auf eine Welkekrankheit nahe. Er wird gefestigt durch die Tatsache, daß die wasserleitenden Teile des Stengelgrundes braun verfärbt sind (Abb. 12), während die Rinde gesund erscheint (aufschneiden).

Die Krankheitserreger treten meist vom Erdboden aus in die Wurzel ein und dringen bis zu den Wasserleitungsbahnen vor, in denen sie dann weiter in die Höhe wandern und unter Umständen bis in die Triebspitze (Stecklinge krank!) gelangen können. Ebenso wie im Stengel ist auch in der Wurzel die Erkrankung zunächst nur beim Aufschneiden an der braunen Verfärbung des Leitsystems zu erkennen.

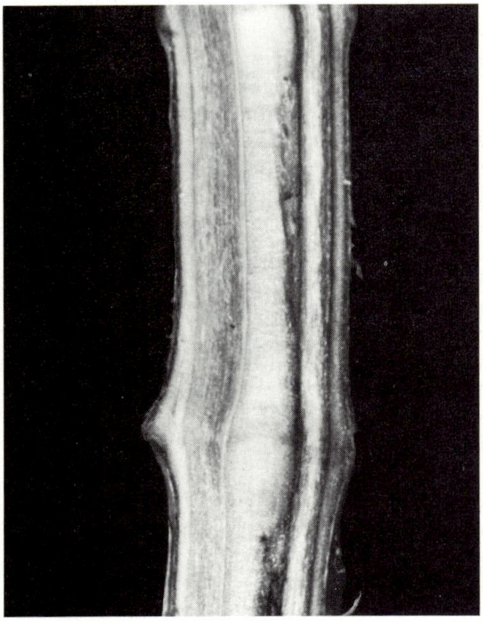

Abb. 12. Längsschnitt durch Nelkenstengel mit *Fusarium*-Befall.

Ob die Pflanze mit ausgesprochenen Welkeerscheinungen (Schlappen der Pflanzen) oder aber mit Vergilbung, rötlichen oder braunen Laubverfärbungen und Blattdürre ohne Erschlaffung der Gewebe reagiert, hängt teils von der Art des Erregers, zum Teil auch von der Pflanze selbst ab. So kann ein und derselbe Erreger selbst bei verschiedenen Sorten der gleichen Pflanzenart recht verschiedene Krankheitsbilder auslösen (z. B. *Verticillium*-Infektion bei verschiedenen Chrysanthemensorten). Auch die Kulturbedingungen und der Zeitpunkt der Infektion haben einen gewissen Einfluß auf die Ausprägung der Symptome.

Sind nur wenige Gefäße befallen, so welken oder vergilben nur die an sie angeschlossenen Blätter und Triebe der einen Stengelseite, entsprechend ist oft auch nur eine Blatthälfte betroffen. Mit dem Absterben der Pflanze verlieren auch die zunächst nicht befallenen Gewebe ihre Widerstandskraft gegenüber dem Parasiten, der nun auch die Rinde durchwuchert und stellenweise an die Oberfläche gelangen kann (Sporenbildung).

Als Erreger von Welke- und Vergilbungskrankheiten sind zu nennen:

1. *Bakterien*
   Vertreter aus den Gattungen *Pseudomonas, Xanthomonas, Erwinia (Pectobacterium)*. Da die Bakterien vielfach die Zellwände mehr oder weniger heftig angreifen, findet man im Gefäßsystem oft erhebliche Gewebezerstörungen.
2. *Pilze*
   a) *Fusarium*-Pilze, vor allem aus dem Formenkreis *F. oxysporum* Schl. (siehe bei Nelken, Gladiolen, Kakteen, Astern). Sie sind leicht zu erkennen, wenn sie auf stark befallenen Pflanzen an die Oberfläche kommen und dort ihre rötlichen, lachs- oder kremfarbenen Sporenbeläge ausbilden. Vorsicht! Nicht mit Stengel- oder Fußerkrankungen verwechseln (s. z. B. Nelke Seite 224).
   b) *Verticillium albo-atrum* R. et B. sowie die Mikrosklerotien bildende Form *V. dahliae* Kleb. und die mit diesen Wirtelpilzen nahe verwandte *Phialophora cinerescens* (Wr.) van Beyma, die als Welkeerreger der Nelke eine große Rolle spielt.
   Im Gegensatz zu den Fusarien, die mehr oder weniger stark auch auf die an das Gefäßsystem angrenzenden Gewebe (z. B. Speichergewebe von Zwiebeln und Knollen) überzugreifen vermögen, sind die hier genannten Erreger auf das Wasserleitungssystem beschränkt. Sporenbildung auf der Pflanzenoberfläche findet man nur selten auf den bereits abgestorbenen Teilen in Form weißer, pulvrig-flaumiger Beläge.

Bekämpfung: Bei allen Welkekrankheiten geht die Infektion – abgesehen von der Übertragung durch die Stecklinge selbst – hauptsächlich vom Boden aus. Unter den hygienischen Vorbeugungsmaßnahmen steht daher dort, wo ein Wechsel der Anbaufläche bzw. die Verwendung frischen Bodens nicht möglich ist, die Entseuchung durch Dämpfung oder chemische Totalentseuchungsmittel an der Spitze, wobei die Wege, sofern sie nicht durch Asphaltbelag abgegrenzt sind, in die Behandlung einbezogen werden müssen. Da die tieferen Bodenschichten durch die Entseuchungsmaßnahmen nicht erfaßt werden, die Welkeerreger aber selbst in einer Tiefe von 70 cm und mehr noch anzutreffen sind, beugt man einer Erkrankung am sichersten vor durch Pflanzung in abgeschlossene Wannen oder auf Bankbeete, die in allen Teilen desinfiziert werden können.

Die unmittelbare Bekämpfung der im Pflanzeninneren lebenden Welkeerreger bringt besondere Probleme mit sich. Erst in jüngster Zeit ist es gelungen, Fungizide

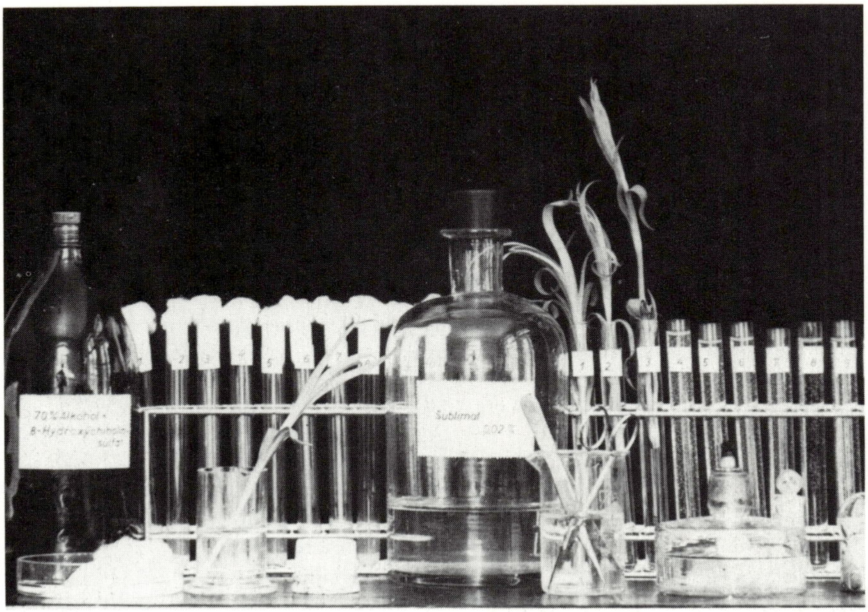

Abb. 13. Stecklingsprüfung bei Nelke. Hinten links: Numerierte Agarröhrchen für die abgeschnittenen Stengelstückchen. Hinten rechts: Die mit entsprechender Nummer versehenen Stecklinge in Wasser.

zu entwickeln, die in wäßriger Lösung in das Innere der Pflanze aufgenommen und mit dem Wasserstrom auch auf weitere Strecken transportiert werden können („systemische Fungizide"). In der Praxis hat sich für die Bekämpfung pilzlicher Welkekrankheiten im Zierpflanzenbau in der Bundesrepublik vor allem das (von der BBA für diesen Zweck allerdings noch nicht zugelassene) Du Pont Benomyl durchgesetzt. An der Entwicklung entsprechender Mittel gegen bakterielle Welkeerreger wird intensiv gearbeitet, doch ist bisher noch kein geprüftes und zugelassenes Mittel im Handel.

Da sich die echten Welkekrankheiten vorwiegend von Pflanze zu Pflanze über den Boden ausbreiten, sind herdförmige Ausfallstellen im Bestand als charakteristische Kennzeichen anzusehen. Besonders dort, wo der Krankheitsherd noch keine größere Ausdehnung erreicht hat, kann (bei pilzlichen Welkerregern) durch Angießen mit der Brühe eines systemisch wirksamen Präparates (z. B. Benomyl 0,1%, Cercobin M 0,1%, jeweils 4 Liter je m^2) eine Eindämmung erreicht werden, wenn die unmittelbar benachbarten, noch gesund erscheinenden Pflanzen in die Behandlung einbezogen werden. Je besser die Pflanzen im Wachstum stehen, desto besser wird auch das Fungizid aufgenommen. Die Behandlung sollte nach 8–10 Wochen wiederholt werden. Bei größeren Ausfallstellen, die oft auf ungenügende Bodenentseuchung zurückzuführen sind, oder auch bei Verseuchung mit bakteriellen Welkeerregern wird man zur Sanierung des Herdes besser ein Totalentseuchungsmittel (z. B. Di-Trapex, siehe Seite 470) verwenden, wobei unter Umständen eine Schädigung unmittelbar benachbarter Pflanzen in Kauf genommen werden muß.

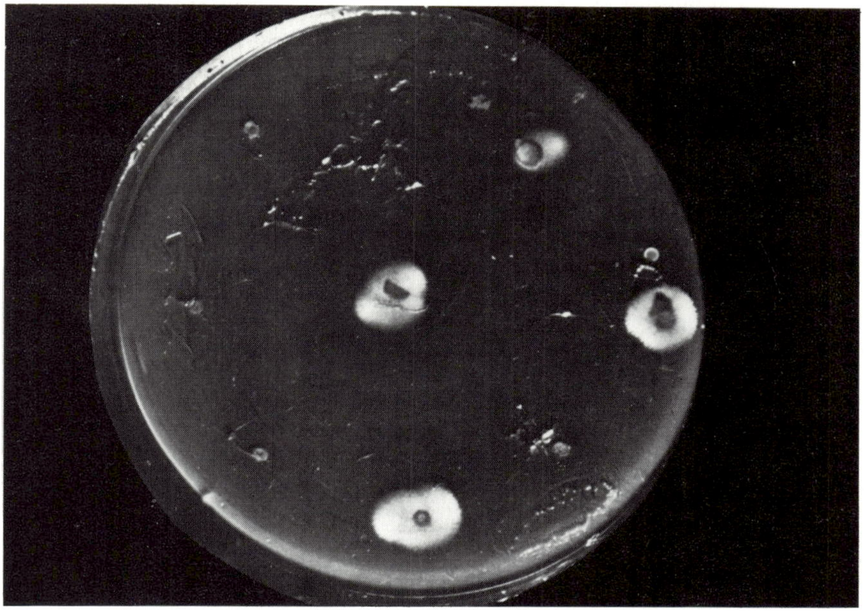

Abb. 14. Fester Nährboden (Agar-Agar) mit 8 Stengelstückchen von Chrysanthemenstecklingen; aus 4 Stückchen ist der *Verticillium*-Pilz ausgewachsen.

Besondere Schwierigkeiten bereitet die Tatsache, daß die Welkeerreger mit Stecklingen, aber auch mit Knollen und Zwiebeln, denen noch keine Erkrankung anzusehen ist, verbreitet werden können.

Vor allem in den Nelken- und Chrysanthemen-Jungpflanzenbetrieben mußte eine Methode zur Ausscheidung kranker Stecklinge bzw. zur Erzielung gesichert gesunder Mutterpflanzen gefunden werden. Es wurde zuerst in Amerika ein Testverfahren für bakteriell erkrankte Nelken ausgearbeitet, das von HELLMERS (16) in Dänemark aufgegriffen und abgewandelt und später auch in Deutschland mit gutem Erfolg erprobt wurde.

Die Erkrankung wird dadurch ermittelt, daß von jedem einzelnen Steckling 2–3 kleine Stengelstückchen (äußerlich desinfiziert) in ein Röhrchen mit Nährlösung gebracht werden (Abb. 13). Trübt sich diese innerhalb weniger Tage, so ist dies ein Zeichen, daß Bakterien aus dem Stengelgewebe ausgetreten sind und sich in der Lösung vermehrt haben. Der mit der gleichen Nummer wie das entsprechende Teströhrchen versehene Steckling, der inzwischen im Einzeltöpfchen in sterilem Substrat gesteckt werden kann, muß, wenn er sich als „befallen" erwiesen hat, nachträglich ausgeschieden werden. Der Test ist mühevoll und zeitraubend, vor allem, wenn er zur Sicherheit in der nächsten Generation noch einmal wiederholt wird.

Da nicht vollkommen auszuschließen ist, daß gelegentlich ein ganz schwach befallener Steckling bei der Testung nicht erfaßt wird, und dieser eine erneute Ansteckungsquelle für benachbarte Pflanzen bedeuten würde, müssen die getesteten Stecklinge völlig isoliert voneinander in Einzeltöpfchen herangezogen werden, die wegen etwaiger Infektionsgefahr von unten her nicht auf der Stellage aufstehen dürfen. Einhängen in ein weitmaschiges Drahtnetz, durch das abfließendes Wasser direkt nach unten abtropfen kann, hat sich bewährt. Sollte trotz aller Vorsichtsmaßnahmen noch eine kranke Pflanze – sie zeigt die Befallsmerkmale meist schon nach 5–8 Wochen – gefunden werden, so kann sie jederzeit ohne Schwierigkeiten ausgeschieden werden. Damit auch etwa schon vorhandene Nachkommen solcher Pflanzen noch erfaßt werden können, muß zum mindesten auch diese erste Vermehrungsgeneration noch die Herkunft erkennen lassen (entsprechende Numerierung). Die Testung, die je nach der zu prüfenden Kulturpflanze in mannigfacher Weise abgewandelt werden kann, sollte, sofern sie von der Gärtnerei selbst ausgeführt wird, unter der Aufsicht eines erfahrenen Mikrobiologen stehen. Die Fehlerquellen, die den ganzen Erfolg der Arbeit in Frage stellen, sind zahlreicher, als der Gärtner ahnt. Zur Ausmerzung pilzbefallener Stecklinge kann in ähnlicher Weise wie bei der bakteriellen Erkrankung vorgegangen werden, doch ist es hier günstiger, mit festen Agar-Agar-Nährböden zu arbeiten (siehe Abb. 14).

Wo sich zur Gewinnung virusfreier Stecklinge in den Jungpflanzenbetrieben die Meristemkultur bzw. die Sproßspitzenkultur (siehe Seite 13) durchgesetzt hat, entfällt die gesonderte Testung auf Welkeerreger, da die äußersten Sproßspitzchen im allgemeinen auch frei sind von gefäßparasitären Welkeerregern.

Gelbsucht (Chlorose)

Die Gelbsucht beruht auf einer Störung in der Ausbildung des Blattgrüns. Eine leichte Verblassung des Laubes ist das erste Anzeichen dieser Erkrankung. Im schlimmsten Falle sind die Blätter gelblich-weiß, wobei allenfalls entlang den Blattrippen noch schmale grüne Zonen vorhanden sind. Da ohne das Blattgrün ein Leben der Pflanze nicht möglich ist (abgesehen von besonders angepaßten Ausnahmefällen), kümmert sie und geht schließlich zugrunde.

Sieht man von den Fällen „infektiöser Gelbsucht", die nach neuesten Forschungsergebnissen vor allem durch mykoplasmaähnliche Körper hervorgerufen zu werden scheint, ab, so sind für das Zustandekommen der Chlorose verschiedenste Ursachen zu nennen:

In erster Linie ist an Störungen der Wurzeltätigkeit zu denken, wie sie besonders in nassen oder verdichteten, vor allem in lehmigen oder tonigen Böden mit schlechtem Luftaustausch zustande kommen. Die Wurzeln faulen dann und werden braun. Während es der Obstbauer, der hauptsächlich mit tiefwurzelnden Gewächsen zu tun hat, oft schwer hat, die Bodenverhältnisse günstiger zu gestalten, liegt es im Zierpflanzenbau, insbesondere bei den Topf- und Unterglaskulturen, weitgehend in der Hand des Gärtners, die Bedingungen abzuwandeln.

Die Bodenvernässung geht oftmals mit zu niedrigen Temperaturen einher, die die Wurzelschädigungen verstärken, aber auch den Gesamtstoffwechsel ungünstig beeinflussen. Man denke nur an Primeln oder Calceolarien, die im Frühjahr, wenn überdies die Blattgrünbildung durch geringe Belichtung gehemmt ist, sehr leicht Chloroseschädigungen infolge zu tiefer Temperaturen und zu reichlichen Gießens aufweisen. Auch durch Verzögerung des Umtopfens und Verfilzung des Ballens kann die Wurzeltätigkeit manchmal schwer beeinträchtigt werden, was sich wiederum in schlechter Blattgrünausbildung bemerkbar macht. Auf ungeeignete Erdzusammensetzung reagieren insbesondere Primeln und Hortensien (siehe dort) sehr empfindlich.

Als weitere Ursache der Gelbsucht ist häufig der Mangel an bestimmten Nähr- und Spurenstoffen anzusehen. Selbst wenn diese Stoffe an sich in genügender Menge vorhanden sind, kann es vorkommen, daß sie durch Festlegung im Boden für die Pflanze nicht verfügbar sind. Am bekanntesten ist das Beispiel der Eisenchlorose. Obgleich das Eisen nur in sehr geringen Mengen, wie sie in jeder natürlichen Erde vorhanden sind, von der Pflanze benötigt wird, kann es zu Mangelerscheinungen kommen, wenn es in einer für sie nicht verwertbaren Form vorliegt. Vor allem ist dies in sehr kalkreichen, alkalischen Böden der Fall, in denen auch das durch Düngung erneut eingebrachte Eisen sofort wieder festgelegt wird. Beim Mangan liegen die Verhältnisse ähnlich wie beim Eisen.

Wurde zu wenig Stickstoff gegeben, so zeigen die Pflanzen nur eine blaßgrüne Belaubung. Ein Mangel an Magnesium führt zu fleckiger Vergilbung, später auch zu Braunfärbung zwischen den Blattadern und ist besonders auf zu sauren, aber auch auf alkalischen Böden anzutreffen.

Zur *Bekämpfung der Gelbsucht* ist es in jedem Einzelfall notwendig, die eigentlichen Ursachen ausfindig zu machen. Für den Praktiker heißt dies zunächst einmal: Austopfen des Ballens bei Topfpflanzen zur Untersuchung des Wurzelzustandes, der Erde und der Wasserabzugsbedingungen und entsprechend: Untersuchung der Wasserverhältnisse, der Erdstruktur und des Untergrundes bei frei im Boden wurzelnden Pflanzen. Eine chemische Bodenuntersuchung durch eine zuständige Untersuchungsstelle ist zu empfehlen.

Je nach dem Befund dieser Untersuchungen sind die Bekämpfungsmaßnahmen anzupacken. Durch Dränage, Drosselung der Wassergaben, Auflockerung der verdichteten Bodenoberfläche sowie Einstellen der Topfpflanzen in gut durchlüftetes Substrat (z. B. Torf) und durch Schaffung guter Abzugsverhältnisse in den Blumentöpfen ist manchmal bereits auf einfache Weise Abhilfe zu schaffen. Auf richtige Erdzusammensetzung und den der Pflanze zusagenden Säurewert ist besonders zu achten. Wo es notwendig erscheint, ist die Temperatur im Gewächshaus zu erhöhen.

Im Freiland stehen Bodenverdichtungen und Spurenelement-Mangelerscheinungen infolge zu hohen Kalkgehaltes im Vordergrund. Tiefgehende Lockerung und Einbringung von Torf sowie Bodenabdeckung zur Förderung des Garezustandes schaffen oft Abhilfe. Die kalkzehrenden Düngemittel (z. B. schwefelsaures Ammoniak und Superphosphat) sind beim Vorliegen einer Kalkchlorose den anderen Handelsdüngern vorzuziehen. Zusätzliche Kalkung muß selbstverständlich unterbleiben.

Dem Eisenmangel versuchte man früher durch Gießen oder Bespritzen der Blätter, besonders mit Eisensalzlösungen abzuhelfen. Die Erfolge waren meist wenig zufriedenstellend, da diese Verbindungen sehr schnell wieder festgelegt werden. Wesentlich bessere Ergebnisse erzielt man heute mit Spezialmitteln wie Fetrilon (Chlorosemittel) und dem neuerdings angebotenen Sequestren 138 Fe (Eisendünger in Chelatform). In der in diesen Präparaten vorliegenden Form ist das Eisen vor rascher Ausfällung und damit vor dem Unwirksamwerden geschützt.

Beide Mittel finden als Streu- und Gießmittel Verwendung. Durch Beimischen von Fetrilon bzw. Sequestren 138 Fe (jeweils 20–50 g je m^3) zur Anzuchterde kann der Chlorose schon von vornherein vorgebeugt werden. Das ist vor allem bei Substraten mit sehr hohem Torfanteil eine empfehlenswerte Maßnahme. Darüber hinaus kann man sich bei Beetkulturen (z. B. Azaleen, Chrysanthemen, Rosen u. a.) auch des Flächenstreuverfahrens bedienen. Es werden beispielsweise je m² 5–10 g Sequestren 138 Fe, am besten im Verhältnis 1 : 3 mit Sand vermischt, ausgestreut, eingearbeitet bzw. eingewässert oder auch die gleichen Mengen in 1 Liter Wasser gelöst im Gießverfahren ausgebracht. Das Mittel ist lichtempfindlich! Seine Einbringung muß deshalb sofort erfolgen. Über die spezielle Anwendung von Fetrilon bei Rosen im Freiland und unter Glas siehe Seite 418.

Bei Topfpflanzen, die unter Chlorose leiden, empfiehlt man, Fetrilon (im Sommer 2–5 g und im Winter 1–2 g auf 10 Liter Wasser) jeweils beim Gießen dem Gießwasser beizugeben. Dabei sind die niederen Aufwandmengen für leichte bis mittlere Chlorose und etwas empfindlichere Gewächse, die höheren für robustere Pflanzen und stärkere Chlorose vorgesehen. Verwendet man Sequestren, schreibt die Gebrauchsanweisung vor, z. B. bei Calceolarien, *Primula vulgaris, Primula malacoides* mit 25–50 g in 10 Liter Wasser und bei Hortensien, Azaleen, Topfrosen, Chrysanthemen und *Primula obconica* mit 50–100 g in 10 Liter Wasser zu gießen. Die angegebenen Aufwandmengen sind dabei nur als Richtwerte anzusehen. Im allgemeinen gelten die niedrigen Werte für leichte bis mittlere, die höheren für starke Chlorose. Wichtig ist, daß das Mittel auf feuchten Boden ausgebracht wird.

Algen und Moose

Algen und Moose können vor allem unter feuchten Gewächshausbedingungen sehr lästig werden. Sie überziehen die Substrate der Stellflächen, wuchern auf der Substratoberfläche länger stehender Topfpflanzen, in Saat- und Anzuchtkisten und finden auch auf Wegflächen in Gewächshäusern und auf Grund- und Bankbeeten, die länger nicht bearbeitet werden, günstige Ausbreitungsmöglichkeiten. Es sind zwar keine ausgesprochenen Schädiger, doch wird durch sie das Wachstum der Kulturen ungünstig beeinflußt. Die dichten Beläge stören das Auflaufen der Sämlinge, hemmen das Wachstum stehender Pflanzen und erschweren den Luft- und Feuchtigkeitsaustausch in den Substraten. Auch darf man nicht außer acht lassen, daß Algenbeläge den heute in unseren Gewächshäusern verbreitet auftretenden Trauermücken beste Vermehrungsmöglichkeiten bieten. Schon ihretwegen muß also der Gärtner Interesse an der Beseitigung dieser bevorzugten Brutstätten haben.

Die Bekämpfung von Algen ist bei Anwesenheit von Pflanzen nicht ganz einfach und für die Praxis noch nicht für jede Pflanzenart und jedes Entwicklungsstadium befriedigend gelöst. Die in Frage kommenden Mittel müssen einmal gut wirken, und sie dürfen die Kulturpflanzen nicht schädigen. Im übrigen muß bei den Überlegungen zur Mittelwahl auch den heute gebräuchlichen Bewässerungsverfahren (z. B. Bewässerungsmatten, Sandanstauverfahren) Rechnung getragen werden.

Nach den schon einige Jahre zurückliegenden Erfahrungen von JANSEN (17) sind zur Algenbekämpfung vor allem Maneb-Präparate in der üblichen Gebrauchskonzentration geeignet. Es wird empfohlen, die Mittel schon vorbeugend anzuwenden. Bei nicht zu dichten Algenbelägen kann man sie aber auch bekämpfend einsetzen. Die Bekämpfung von Moosen (z. B. Drehmoos, *Funaria hygrometrica;* Brunnenlebermoos, *Marchantia polymorpha*) ist nach Angaben desselben Autors vor allem mit dem in der Human- und Veterinärmedizin gebräuchlichen Desinfektionsmittel Delegol (2%ig spritzen) erfolgreich möglich. Vorversuche auf Kulturpflanzenverträglichkeit erscheinen jedoch dort, wo man noch keine Erfahrung hat, notwendig.

Abb. 15. *Fegatella conica* (Lebermoos).

Nach Erfahrungen in der Schweiz wirken auch TMTD-Präparate bei vorbeugender Anwendung der Ansiedelung von Algen entgegen. Es wird beispielsweise geraten, Kunststoffbewässerungsmatten wiederholt mit 0,2%igen Brühen durchzufluten.

In unseren Versuchen (18) ließ sich mit Maneb-Spritzpulver (10 Liter/Ar einer 0,4%igen Brühe spritzen), Brestan 60 (10 Liter/Ar einer 0,05%igen Brühe spritzen) und Delegol (10 Liter/Ar einer 3%igen Brühe spritzen) Algen- und Moosaufwuchs auf Stellflächen mit Sandauflage bei vorbeugender Anwendung der Mittel über eine Zeit von 5–6 Wochen verhüten. In den Kontrollparzellen wurde schon eine Woche nach Versuchsbeginn eine Neuansiedlung von Algen und Moosen festgestellt. Aufgestellte Hortensien ließen keine Beeinflussung erkennen. Die gleichen Mittel blieben jedoch dann ohne ausreichende Wirkung, wenn sie auf stehenden Moos- und Algenbewuchs ausgebracht wurden. Delegol, in diesem Versuch über blühende *Cyclamen* ausgebracht, verursachte Schäden.

Zur vorbeugenden Bekämpfung von Algen auf Sandbeeten ist nach Weihenstephaner Versuchserfahrungen (19) auch das von Bayer entwickelte Stäubepräparat Kupfer 9213* (8–10 g/m^2) geeignet, wobei immerhin mit einer 2 Monate andauernden Wirkung gerechnet werden kann. 2 Liter/m^2 einer 0,2%igen Manebbrühe waren nach Erfahrungen desselben Instituts gegen stehenden Algenbewuchs voll wirksam und hielten die behandelte Fläche während eines Zeitraums von etwa 3 Monaten praktisch algenfrei. Aufgerauht ist schon mit 2 Liter/m^2 einer 0,1%igen Brühe eine gute Hemmwirkung zu erzielen. Saintpaulien, Elatiorbegonien und Poinsettien, die nach der Anwendung aufgestellt wurden, nahmen keinen Schaden.

Wie unsere Versuche (1972 und 1973) zeigen konnten, ist auch das Captafol-Präparat Ortho Difolatan als Gieß- (2 Liter/m^2 einer 0,2%igen Brühe) und Spritzmittel

* Lieferung durch die Firma Roland Mähler, 1 Berlin 61, Stresemannstraße 52

(0,2%) zur Bekämpfung von Algen und Lebermoosen (Abb. 15) brauchbar. Ortho Difolatan ist jedoch nicht für alle Pflanzen gleich gut verträglich. Chrysanthemen und Gloxinien vertragen das Mittel weniger gut. Vorversuche auf Pflanzenverträglichkeit (bei wenigen Pflanzen) werden empfohlen.

Von der Firma Varioplast Däbritz und Englert GmbH, Vaihingen-Horrheim, wird für den genannten Verwendungszweck das Kerol angeboten. Man empfiehlt, von Pflanzen freie Stellflächen mit 0,5%iger Lösung zu überbrausen. Bei Anwesenheit von Kulturpflanzen darf jedoch der Schadgefahr wegen eine Konzentration von 0,08% nicht überschritten werden. Vorversuche auf Pflanzenverträglichkeit erscheinen daher in jedem Falle angeraten. Das gilt auch für das Aufstellen von Pflanzen auf behandelten Flächen.

Treten Lebermoose in stehenden Kulturen von Edelnelken, Freesien, Ixien, Treibgladiolen oder auch in Altpflanzungen von Rosen auf, kann man auch das zur Unkrautbekämpfung gebräuchliche Tenoran (60 g auf 10 Liter Wasser je Ar) verwenden. Bei Rosen hat dies jedoch so zu geschehen, daß das Blattwerk nicht getroffen wird.

Für Gewächshauswege, nicht mit Pflanzen bestandene Flächen unter Tischen, Stellagen oder auch zum Abspritzen algenbewachsener Stehwände bietet sich schließlich Simazin (z. B. Gesatop 50, 10 g auf 10 Liter Wasser je 100 m^2) an.

Nematoden (20)

Die Nematoden oder Fadenwürmer, wegen ihrer aalförmig sich schlängelnden Bewegung auch als „Älchen" bezeichnet, leben in großer Zahl im Wasser und an feuchten Orten, in Erde, in und an lebenden und toten Pflanzen und Tieren.

Die pflanzenbewohnenden und -schädigenden Arten sind selten mehr als 1 mm groß, farblos durchsichtig und meist von fadenförmiger Gestalt. Sie leben für kürzere oder längere Zeit im Pflanzeninneren oder saugen an der Wurzeloberfläche. Mit Hilfe eines Mundstachels bohren sich die Älchen vom Boden aus in die Wurzel ein oder aber, wenn sie durch aktive Fortbewegung oder durch Wasserspritzer auf die oberirdischen Pflanzenteile gelangen (Blatt- und Stengelälchen) auch in Triebe und Blätter. Spaltöffnungen und kleine Verletzungsstellen können dabei als Eintrittspforten dienen, doch können die Tiere auch durch die unverletzte Oberhaut eindringen. Durch Säfteentzug sowie durch Ausscheidung von Giftstoffen aus ihren Speicheldrüsen bewirken die Tiere eine Veränderung des Zellinhaltes, häufig auch eine Vergrößerung der Zellen. Die Gefäßbündel werden durch diese Störungen im Zellgefüge oft stark zusammengedrückt, so daß Wasser- und Nährstofftransport gehemmt sind. Abgestorbene Gewebezonen und Verkrümmungen, Stauchungen und mangelnde Ausbildung der einzelnen Organe sind die Folge. In die geschädigten Gewebe können, wie insbesondere beim Befall durch Wurzelälchen oft beobachtet werden kann, leicht Bakterien und Pilze eindringen, die das Zerstörungswerk der Nematoden fortsetzen. Am bekanntesten ist das Zusammenwirken von Wurzelälchen und Fusariumpilzen.

Die meisten Nematoden legen ihre Eier frei im Boden oder im pflanzlichen Gewebe ab. Bei den Gattungen *Heterodera* und *Meloidogyne* bleiben sie jedoch im mütterlichen Körper eingeschlossen, dessen Hülle auch nach dem Absterben des weiblichen Tieres der jungen Brut noch als Schutz dient. Bei den *Heterodera*-Arten besitzt diese bläschenförmige Brutkapsel eine derbe, verdickte Wand und sitzt der Wurzel äußerlich an, bei *Meloidogyne* bleibt sie in der Wurzel eingeschlossen.

Aus den Eiern schlüpfen Larven, die mehrere Häutungen durchmachen. Die gesamte Entwicklungsdauer vom Ei bis zum fertigen Geschlechtstier schwankt zwischen wenigen Tagen und mehreren Monaten.

Treten ungünstige Witterungsbedingungen ein (z. B. Trockenheit oder Kälte), so können sich die Larven in einen Ruhezustand begeben und dann Monate, ja sogar Jahre überdauern. Bei einer *Tylenchus*-Art soll eine Wiederbelebung noch nach 39 Jahren gelungen sein.

Da die Nematoden sehr von der Feuchtigkeit abhängig sind, sind Jahre mit hohen Niederschlagsmengen meist auch Nematodenjahre. Neben der Feuchtigkeit ist besonders auch der Sauerstoffgehalt des Substrats für die Vermehrung der meisten Nematoden ausschlaggebend. So weisen leichtere, sandige und gut durchlüftete Böden im allgemeinen einen stärkeren Nematodenbesatz auf als feuchte, humusreiche Böden mit hohem Kohlensäuregehalt.

Die Verbreitung erfolgt auf kurze Strecken durch die Eigenbewegung der Tiere oder durch Verschwemmung mit Wasser. Über weitere Gebiete können sie mit befallenen Knollen, Zwiebeln, Stecklingen oder bewurzelten Pflanzen, aber auch mit Wasser, Erde, Schuhen, Gartengeräten oder auch durch Tiere verschleppt werden.

Entsprechend ihrer Lebensweise sind folgende Hauptgruppen pflanzenschädigender Nematoden zu nennen, die alle im Zierpflanzenbau vorkommen:

1. Blattälchen (*Aphelenchoides*-Arten)
2. Stock- oder Stengelälchen *(Ditylenchus dipsaci)*
3. Wurzelgallenälchen (*Meloidogyne*-Arten)
4. Zystenbildende Wurzelälchen (*Heterodera*-Arten)
5. Wandernde Nematoden an und in der Wurzel (z. B. *Pratylenchus*- und *Paratylenchus*-Arten).

Die Gruppen 1 und 2 umfassen Nematodenarten, die vorwiegend die oberirdischen Teile der Pflanzen befallen. Während die Aphelenchoiden fast durchweg Blattbewohner sind, findet man die Ditylenchen besonders in Stengeln, Blättern und jungen Trieben, doch verursachen sie oft auch schwere Schäden an Knollen und Zwiebeln.

Ausschließlich an und in der Wurzel lebende Älchen finden sich bei den Gruppen 3, 4 und 5. Die Gattungen *Heterodera* und *Meloidogyne* sind sehr nahe miteinander verwandt und sind dadurch gekennzeichnet, daß die weiblichen Tiere sich an bestimmten Stellen der Wurzel festsetzen und dort zu runden, zitronen- oder birnenförmigen Bläschen anschwellen. Während diese aber bei der Gattung Heterodera den Wurzeln äußerlich sichtbar ansitzen, sind sie bei *Meloidogyne* im Inneren des Wurzelgewebes eingeschlossen, das sich an der Befallstelle gallenartig oder knotig verdickt. Die Gruppe 5 umfaßt eine ganze Reihe verschiedener Älchengattungen (z. B. *Pratylenchus, Paratylenchus, Rotylenchus, Xiphinema* u. a.). Diese Tiere sind freibeweglich und weisen die bekannte spindelförmige Gestalt auf.

Blattälchen (*Aphelenchoides*-Arten)

Blattälchenbefall ist an Zierpflanzen besonders häufig und wird dem Gärtner oft zur großen Plage. Gelbliche oder braune, später oft fast schwarz gefärbte, durch die Adern scharf begrenzte Blattflecke sind so charakteristisch, daß eine Diagnose oft schon ohne weitere Nachprüfung fast mit Sicherheit gestellt werden kann.

Abb. 16. Von Blattälchen befallene *Anemone sylvestris.*

Manchmal sind allerdings Verwechslungen mit anderen Erkrankungen möglich. Es empfiehlt sich daher in jedem Fall, eine Untersuchung vornehmen zu lassen. Wer über eine gute, 10– bis 15fach vergrößernde Taschenlupe verfügt, kann bei einiger Übung diese Untersuchung sogar selbst vornehmen. Zerzupft man ein Stückchen erkrankten Blattgewebes in einem auf ein dünnes Glasplättchen aufgebrachten Wassertropfen, so wandern die Älchen aus und können, besonders gegen einen schwarzen Hintergrund oder im durchfallenden Licht, als winzige, sich im Wasser schlängelnde Würmchen erkannt werden.

Bei Blättern mit parallelem oder annähernd parallelem Verlauf der Aderung (z. B. bei einkeimblättrigen Pflanzen und manchen Farnen) sind die Befallstellen streifenförmig, bei netznervigen Blättern (zweikeimblättrige Pflanzen) sind sie, entsprechend dem Adernverlauf, drei, vier- oder mehreckig, geradlinig begrenzt (Abb. 16).

Die von den Älchen befallenen Blätter gehen meistens bald zugrunde. Die Tiere sind gezwungen auszuwandern, was ihnen jedoch nur bei genügend starker Befeuchtung der Pflanzenoberfläche gelingt. Sie wandern dann auf der Oberfläche der Pflanze empor zu jüngeren Blättern und bohren sich dort erneut ein. Die Eiablage erfolgt innerhalb der Blätter.

Nach Absterben der Wirtspflanze wandern die Älchen in den Boden ab, bleiben aber dort auf die oberste Erdschicht beschränkt. Auch in dem abgefallenen Laub der Wirtspflanzen können sie in Ruhestadien den Winter oder (z. B. bei anhaltender Trockenheit) auch noch längere Zeiträume überdauern.

Da beide bei uns vorkommenden Blattälchen-Arten einen großen Kreis verschiedener Pflanzen befallen können, gelingt ihnen im Frühjahr die Besiedlung neuer Wirte verhältnismäßig leicht. Während unter dem Befall von *Aphelenchoides ritzemabosi* (Schwartz) Good. hauptsächlich eine große Anzahl von Compositen (z. B.

Astern, Chrysanthemen, *Doronicum, Rudbeckia*), aber auch Gloxinien, Calceolarien u. a. zu leiden haben, ist *A. fragariae* (Ritz.-Bos) Chr. bei Pflanzen verschiedenster systematischer Zugehörigkeit, so z. B. bei Begonien, Farnen, Gloxinien, Päonien, Primeln, Saintpaulien u. a. zu finden.

Bei der *Bekämpfung* der Blattälchen sind hygienische und Kulturmaßnahmen von grundlegender Bedeutung. Wo es sich um einzelne erkrankte Pflanzen handelt, sollten diese sofort entfernt (z. B. Müllplatz, keinesfalls Kompost) werden. Pflanzenabfälle dürfen niemals auf dem Boden liegen bleiben, da sie eine stete Quelle erneuter Ansteckung bedeuten. Anzuchtkästen, Töpfe, Schalen usw. müssen mit Formaldehyd-Lösung behandelt werden, die Erde ist durch Dämpfung oder auch mit einem chemischen Mittel (siehe unter Wurzelgallenälchen) zu entseuchen. Auf stark verseuchten Pflanzflächen nach Möglichkeit mehrere Jahre mit dem Anbau anfälliger Pflanzen aussetzen.

Stehende Pflanzenbestände unter Beachtung der Kulturpflanzenverträglichkeit dreimal im Abstand von 4–5 Tagen mit einer Parathion-Emulsion (0,05%), einem Demeton-Mittel (z. B. Metasystox (i) oder -R, jeweils 0,15%) oder auch zweimal mit Zinofos-Emulsion (z. B. Nemafos 0,1%) spritzen bzw. bei feuchtem Ballen mit Nemafos angießen. Möglicherweise steht künftig für diesen Verwendungszweck auch das derzeit in Prüfung befindliche „Vydate“ (systemisch wirksames Carbamat) zur Verfügung. Vydate hat sich in Versuchen der Verf. durch besonders gute Kulturpflanzenverträglichkeit ausgezeichnet.

Als gut wirksam hat sich auch das Aldicarb-Granulat Temik 10 G erwiesen. Das Mittel ist je nach Kulturpflanzenverträglichkeit mit 3–5 g je m^2 auszubringen. Temik 10 G ist überall dort zu bevorzugen, wo die örtlichen Verhältnisse eine für den Menschen gefahrlose Anwendung erlauben.

Stock- oder Stengelälchen

Die wichtigste und verbreitetste *Ditylenchus*-Art ist *Ditylenchus dipsaci* (Kühn) Filip. Die etwa 1–1,8 mm großen, mit einer guten Taschenlupe deutlich erkennbaren Tiere sind vor allem im jungen Trieb der Pflanzen zu finden. Stengel und Blätter verkrüppeln durch den Befall oder werden fleckig. Schwere Erkrankung verursacht der Nematode auch an Blumenzwiebeln (z. B. Narzissen, Hyazinthen), deren Schuppen sich bräunen und in Fäulnis übergehen.

Das Stengelälchen, das dem Landwirt als „Stockälchen“ beim Getreide bekannt, außerdem aber auch z. B. an Luzernen oder Speisezwiebeln anzutreffen ist, kommt in verschiedenen, morphologisch nicht unterscheidbaren Rassen vor, die in der Wahl ihrer Wirtspflanzen weitgehend spezialisiert sind. So kann die Narzissenrasse zwar Speisezwiebeln, nicht aber Hyazinthen befallen, obgleich auch bei diesen eine Erkrankung durch Stengelälchen vorkommt.

Lebensweise und *Bekämpfungsmöglichkeiten* der Stengelälchen sind denen der Blattälchen ähnlich.

Da *Ditylenchus* im allgemeinen noch tiefer im Gewebe verborgen lebt, läßt sich selbst durch wiederholtes Aufspritzen der althergebrachten Parathion- und Demeton-Mittel nur ein Teilerfolg erzielen. Wesentlich wirksamer sind Zinophos-Emulsion (z. B. Nemafos) und das Streugranulat Temik 10 G. Wo es die Kulturpflanzenverträglichkeit zuläßt, zweimal im Abstand von 8 Tagen mit Nemafos-Emulsion (0,1%) spritzen, wobei vor allem auch der Boden unter den Pflanzen gut mitbehandelt werden muß, oder die gefährdeten Pflanzen bei feuchtem Boden bzw. Erdballen mit der gleichen Lösung angießen. Seiner nachhaltigen Wirkung wegen wird heute Temik 10 G von der Praxis bevorzugt angewandt. Es ist unter strenger Beachtung der Anwendungsvorschriften mit 5 g/m² auszubringen. Über die Entseuchung von Blumenzwiebeln durch Heißwasserbehandlung siehe bei den entsprechenden Wirtspflanzen (z. B. Hyazinthen, Narzissen).

Wurzelgallenälchen

Die Larven der *Meloidogyne*-Arten bohren sich meist nahe der Spitze in die Wurzeln ein und setzen sich im Inneren fest. Im Laufe ihrer Entwicklung zum weiblichen Tier (Männchen sind bei vielen Arten sehr selten) schwellen sie zu einem rundlich birnenförmigen Bläschen an und verursachen durch Ausscheidungen aus ihren Speicheldrüsen eine Vergrößerung der sie umgebenden Wirtszellen. Die Befallsstelle der Wurzel verdickt sich zu einem gallenartigen Knötchen (Abb. 17).

Im weiblichen Körper reifen zahlreiche Eier heran, die nach Absterben des Tieres meist noch eine Zeitlang von der bläschenförmigen Hülle umschlossen bleiben. Die aus ihnen schlüpfenden Larven verbleiben bis zum Zerfall der Gallen in der Wurzel.

Die Knöllchen an den Wurzeln können rundliche oder spindelförmige Gestalt aufweisen und sind oft kettenförmig aneinandergereiht. Bei vielen Zierpflanzen erreichen sie nur wenige Millimeter Durchmesser, sind jedoch, besonders nach Abspülen der Erde, meistens recht gut sichtbar. Erbsen- bis walnußgroße Gallen können hier und da an den Knollen der Begonien beobachtet werden.

Die vorwiegend in warmen Ländern beheimateten Wurzelgallenälchen richten bei uns vor allem im Gewächshaus größeren Schaden an. Eine stärkere Gallbildung erfolgt erst bei Temperaturen um 20 °C. Die Störung im Stoffwechsel der Pflanze infolge des Schädlingsbefalls macht sich in mehr oder weniger kümmerlichem Wuchs und allgemeinem Kränkeln der Pflanze bemerkbar.

Mit dem Absterben der Wurzel und dem Zerfall der Knötchen werden die Älchen frei und können im Boden mehr als 1 Jahr am Leben bleiben. Eine Überwinterung kann auch an eingelagerten, gallentragenden Knollen (Begonien, Gloxinien) erfolgen.

Abb. 17. Knotenförmige Verdickungen der Wurzeln durch Wurzelgallenälchen-Befall *(Cyclamen)*.

Während das Wurzelgallenälchen früher unter dem Namen *Heterodera marioni* bekannt war, ist es jetzt als eigene Gattung Meloidogyne herausgestellt worden. Es lassen sich verschiedene Arten unterscheiden, die durch ihre biologische Spezialisierung auf bestimmte Wirtspflanzen, aber auch durch geringfügige gestaltliche Abweichung gekennzeichnet sind. So soll *M. hapla* Chitw. z. B. an Tomaten und Phlox vorkommen, *M. arenaria* (Neal) Chitw. dagegen vor allem an Gurken, Tabak, Kakteen, Begonien und *Ficus elastica* zu finden sein.

Bekämpfung: Kranke Pflanzen verbrennen oder auf den Müllplatz abfahren. Gewächshaustische, Stellagen usw. mit Formalin (s. Seite 468) behandeln. Ist dies wegen der stark flüchtigen, pflanzenschädigenden Dämpfe im Gewächshaus nicht möglich, kann auch sehr heißes Sodawasser verwendet werden. Einschlag- bzw. Einfütterungsmaterial (Torf usw.) erneuern. Blumentöpfe mit Formalin entseuchen (s. Seite 468).

An und in ruhenden Knollen (z. B. bei Begonien) werden die Nematoden durch Heißwasserbad (30 Min. in Wasser von 47 °C) abgetötet. Eine Boden- und Erdentseuchung kann durch Dämpfen oder auch mit einem chemischen Mittel wie Basamid-Granulat (Dazomet), Trapex (Methylisothiocyanat), Di-Trapex (Methylisothiocyanat + Dichlorpropen + Dichlorpropan), Di-Trapex CP (wie zuvor, jedoch mit Zusatz von Chlorpikrin), Shell DD (Dichlorpropen + Dichlorpropan) oder auch mit Methylbromid (Handelspräparat z. B. Terabol) erfolgen. Der sehr leicht entzündliche Schwefelkohlenstoff hat heute nur noch untergeordnete Bedeutung.

Bei stehenden Pflanzenbeständen kann man mit Zinophos-Emulsion (z. B. Nemafos 0,1%) oder auch mit dem Aldicarb-Granulat Temik 10 G (5 g/m^2) arbeiten. Die als Gießmittel anzuwendende Nemafos-Emulsion ist jedoch nicht für alle Wirtspflanzen gleich gut verträglich. Auch darf keinesfalls bei trockenem Boden oder Erdballen behandelt werden. Dort, wo man noch keine Erfahrung hat, stets Vorversuche auf Kulturpflanzenverträglichkeit (wenige Pflanzen!) anstellen.

Zystenbildende Wurzelälchen

Während das Wurzelgallenälchen im Innern des Gewebes verborgen bleibt und sich die Erkrankung äußerlich nur durch Anschwellung der Wurzel bemerkbar macht, sprengen die bläschenförmig anschwellenden weiblichen Tiere der *Heterodera*-Arten die Wurzelwandung und hängen dann als weiße, später meist bräunliche und derbwandige „Zysten“, die mit bloßem Auge eben noch zu erkennen sind, der Wurzel äußerlich an (Abb. 18). Die Zysten samt Eiern und daraus schlüpfenden Larven lösen sich schließlich ab. Die Entleerung kann sich über Jahre hinziehen (Abb. 19).

Die in der Landwirtschaft gefürchtete Nematodengattung (Kartoffel-, Hafer-, Rübennematode) ist im Zierpflanzenbau nur von geringer Bedeutung. Nur bei Cactaceen konnte bisher ein stärkerer Befall durch *Heterodera cacti* Fil. et Sch. Stek. beobachtet werden. Meistens wird man auf die Erkrankung erst aufmerksam, wenn die Pflanzen in der Entwicklung zurückbleiben.

Bekämpfung wie bei Wurzelgallenälchen.

Wandernde Nematoden an und in der Wurzel

Im Gegensatz zu den *Heterodera-* und *Meloidogyne*-Arten, bei denen die weiblichen Tiere an bestimmten Stellen der Wurzel festsitzen und dort bis zum Absterben angeheftet bleiben, verändern die wandernden Nematoden ständig ihren Platz. Sie wan-

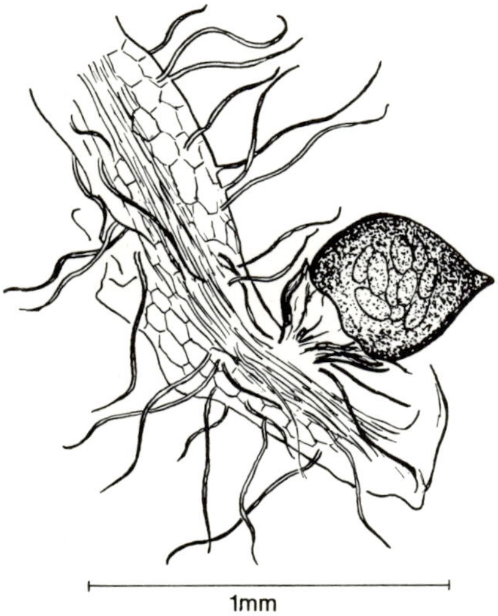

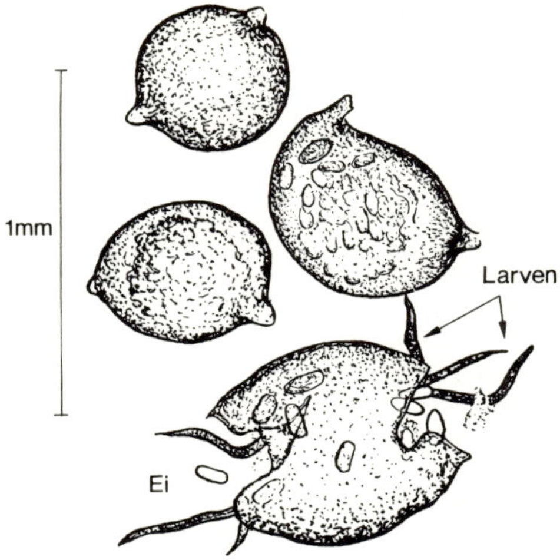

Abb. 18. Zyste von *Heterodera cacti* an Kakteenwurzel. Abb. 19. Zysten von *Heterodera cacti*, untere Zyste aufgedrückt mit heraustretenden Larven und Eiern.

dern vor allem an der Oberfläche und saugen äußerlich an der Wurzel, andere dringen tiefer ein, ohne sich jedoch an bestimmten Stellen festzusetzen. Vor allem *Pratylenchus*-Arten sind im Zierpflanzenbau als Ursache heftiger Wurzelschäden bekannt. Erkrankte Wurzeln sind daran kenntlich, daß sie stellenweise braune Verfärbungen aufweisen. In die Verletzungsstellen dringen nachträglich Fäulnisorganismen ein, die ein rasches Absterben des Gewebes und tiefgehende Fäulnis an diesen Stellen zur Folge haben. *Longidorus*- und *Xiphinema*-Arten sind als Virusüberträger von Bedeutung.

Bei der *Bekämpfung* dieser Nematoden im Freiland spielt eine geeignete Fruchtfolge die größte Rolle. Man muß sich darüber im klaren sein, daß in jedem Boden eine ganze Reihe parasitisch lebender Nematoden vorhanden sind, ohne daß sichtbare Schäden eintreten. Erst bestimmte Kulturbedingungen, wie sie durch ungünstige Fruchtfolge, Bodenbearbeitung und Düngung sowie unter dem Einfluß bestimmter Witterungsbedingungen zustande kommen, lassen die Zahlen plötzlich so ansteigen, daß es zu merklichen Schäden an der Pflanze kommt.

Man beachte die unter „Wurzelgallenälchen" gegebenen Hinweise. Im übrigen kann auch das Fensulfothion-Präparat Terracur P gegen freilebende Nematoden (z. B. in Rosenschulen, Schnittrosen- und Chrysanthemenkulturen) mit Erfolg verwendet werden. Man empfiehlt auf leichten Böden 25 g/m^2, auf mittleren bis schweren Böden 30 g/m^2. Möglich ist die Anwendung vor dem Pflanzen oder auch bei stehender Kultur. Anwendung vor dem Pflanzen: Präparat im Herbst nach dem Pflügen oder im Frühjahr breitflächig ausstreuen und danach flach einfräsen oder eineggen. Dann kann sofort gepflanzt werden. Anwendung bei stehender Kultur: Breitflächig über die zu behandelnde Fläche verteilen und möglichst etwas einarbeiten. Bei Trockenheit beregnen. Zu beachten ist, daß das Granulat nicht mit bloßen Händen angefaßt werden darf.

Enchyträen

Die zu den Oligochäten (Schwachborstern) gehörenden, weißlich-glänzenden, etwa 0,5–3 cm lang werdenden Tiere gleichen einem fadenförmig dünnen „Wurm". Sie leben bevorzugt in humoser Erde, ernähren sich in der Hauptsache von toten oder erkrankten Pflanzenteilen, können aber auch gesunde Wurzeln, Knollen und Zwiebeln angehen. So hat man Schäden vor allem an Zwiebelgewächsen (z. B. Lilien, *Hippeastrum*), aber auch an Nelken und Primeln und anderen Gewächsen festgestellt. Böden mit stauender Nässe scheinen den Tieren besonders günstige Lebensbedingungen zu bieten.

Bekämpfung: Für gute Bodenlockerung sorgen. Stauende Nässe vermeiden. Mit einer Parathion-Emulsion angießen. Nach Praxiserfahrungen soll auch Zinophos-Emulsion (z. B. Nemafos) wirksam sein.

Regenwürmer

Der Regenwurm bringt durch seine Tätigkeit im Boden großen Nutzen; seine Anwesenheit kann uns deshalb nur erwünscht sein. Im allgemeinen sind absterbende, verfaulende Pflanzenteile seine Nahrung. Wenn er hin und wieder Saatbeete unterminiert, die Würzelchen der Pflänzlinge bloßlegt, Sämlinge umwirft und sie in seine Erdröhren hineinzieht, so ist das zwar für den Augenblick sehr bedauerlich, doch werden im allgemeinen keine großen Schäden entstehen. Nur in Ausnahmefällen werden deshalb Gegenmaßnahmen notwendig sein. Oft reicht ein kräftiges und mehrmaliges Überbrausen der Beete mit Wasser aus, um die Würmer aus ihren Wohnröhren herauszulocken.

Schnecken

Die durch Abfressen junger Pflänzchen und weicher Pflanzenteile bzw. durch Rand- und Lochfraß schädlich werdenden Schnecken sind nur allzu gut bekannt. In nassen und feuchten Jahren und besonders bei kühler Witterung können sie beträchtlichen Schaden anrichten. Im allgemeinen wird zwischen Nacktschnecken und den sog. Gehäuseschnecken unterschieden. Zierpflanzenschädlinge sind vor allem die Nacktschnecken.

Wenn auch die Schnecken ihren Schadfraß meist in der Nacht ausüben und sich tagsüber in ihren Verstecken im Boden, im Genist, unter Erdschollen, Steinen oder Pflanzenabfall aufhalten, so verraten doch die typischen glänzenden Schleimspuren und die feuchten, etwas schmierigen, graugrünen Kothäufchen, die sie hinterlassen, leicht den Schädling.

Die Schnecken vermehren sich durch Eier, die in Häufchen von 50–70 Stück in die Erde abgelegt werden. Vor allem beim Umgraben im Herbst sieht man häufig die wasserhellen, weißlich durchscheinenden Eier. Die Landschnecken, zu denen die in unseren Betrieben, Gärten und Feldern schädlich werdenden Arten gehören, sind zwitterig. Es können also alle Tiere Eier ablegen. Je nach Schneckenart erfolgt die Eiablage früher oder später vom Frühsommer bis in den Herbst hinein. Jungschnecken, Altschnecken und spät abgelegte Eier überwintern.

Bekämpfung: Das Ausstreuen ätzender Substanzen (z. B. 5–6 kg/Ar Staubkainit, 1–1,5 kg/Ar ungeölter Kalkstickstoff, 3–4 kg/Ar frisch gelöschter und zu Staub zerfallener Branntkalk) gefährdet nicht nur die Pflanzenbestände, sondern verspricht auch nur dann Wirkung, wenn die Schnecken direkt getroffen werden. Die Behandlung hat also in den frühen Morgenstunden oder am Abend zu geschehen. Im übrigen müssen die Mittel nach Ablauf einer halben Stunde ein zweites Mal ausgebracht werden, da sich die Schnecken bei nur einer Behandlung durch starke Schleimabsonderung vor der Einwirkung der Mittel schützen können. Nach einer zweiten Behandlung gelingt ihnen dies nicht mehr.

Im Gartenbau geht man gegen die Schnecken am besten mit den zugelassenen metaldehydhaltigen Schneckenködern, mit Schneckenkorn Mesurol (Wirkstoff: Mercaptodimethur) oder auch mit stäubefähigen Metaldehyd-Aufbereitungen (z. B. Tschilla Schneckenstaub) vor. Bei richtiger Anwendung wirken die Mittel gegen die meisten Schneckenarten befriedigend. Wiederholtes Ausbringen ist in jedem Fall wichtig. Schneckenempfindliche Kulturen (z. B. Salvien, Strohblumen, Zinnien, Sommerastern) nicht in der Nähe von Bachläufen, Wassergräben und Wiesen anpflanzen. Gegebenenfalls müssen Schutzstreifen von Ködermitteln oder auch von Tschilla-Staub um die gefährdeten Bestände gelegt werden. Auch ein Streifen von Branntkalk, der jedoch nach einem Regen wieder erneuert werden muß, kann vor Zuwanderung schützen.

Gehäuseschnecken, die irgendwelche Pflanzen erklettert haben und dort fressen, sind verständlicherweise mit den auf den Boden ausgebrachten Mitteln nicht mehr zu ködern. Man muß die Mittel also rechtzeitig ausbringen.

Da in den Gewächshäusern Arten vorkommen, denen mit den derzeit angebotenen Präparaten nur schwer beizukommen ist, können zum Schutze schneckenempfindlicher Pflanzen besondere Maßnahmen notwendig werden. Bei wertvollem Pflanzenmaterial lohnt es sich, die Schnecken während der Nacht abzulesen. Auch das Aufstellen von Fangpflanzen, also von Schnecken bevorzugter Fraßpflanzen (z. B. *Datura stramonium*) ist empfehlenswert. Sie müssen dann jeweils in der Frühe überprüft werden. Wattebausche oder Kapok, um den Stiel wertvoller Blüten (z. B. von Orchideen, Anthurien) gewickelt, hindern die Schnecken am Aufkriechen. Für einen entsprechenden Erfolg ist jedoch Voraussetzung, daß die Materialien trocken sind. Lohnend ist auch das Aufstellen von flachen, mit Bier gefüllten Schalen, und zwar hat dies so zu geschehen, daß die Tiere den Schalenrand ohne Mühe überwinden können (21). Im übrigen haben sich bei wertvollen Topfpflanzen auch mit einer Wasserrinne versehene Untersetzer bewährt. Wertvolle Aussaaten stellt man notfalls über eine Wasserwanne.

Nach Praxiserfahrungen läßt auch das Aldicarb-Granulat Temik 10 G eine beachtliche Nebenwirkung gegen Kleinschnecken im Gewächshaus erwarten. Selbstverständlich ist das hochgiftige Präparat mit entsprechender Vorsicht auszubringen und nur dort anzuwenden, wo es die örtlichen Verhältnisse zulassen.

Spinnmilben (Rote Spinne)

Tetranychus urticae Koch = *T. telarius* L. = *T. althaeae* v. Hanst.; *Brevipalpus obovatus* Donn. = *Tenuipalpus inornatus* Banks u. a.

Sowohl unter Glas als auch im Freiland gehören die Spinnmilben mit zu den wichtigsten und vor allem unbequemsten Zierpflanzenschädlingen. Vom Gärtner werden sie zusammenfassend als „Rote Spinne“ bezeichnet. Die kleinen, ausgewachsen nur etwa 0,5 mm langen und 8beinigen (als Larven 6beinig) und je nach Entwicklungsstadium und Nahrungsaufnahme gelb, gelbgrün, orange oder rötlich gefärbten Tierchen gehören nicht zu den Insekten. Wir haben es mit Verwandten der echten Spinnen zu tun.

Abb. 20. Spinnmilbe *(Tetranychus urticae)*. Etwa 75fach vergrößert.

Die mit dem bloßen Auge gerade noch zu erkennenden Milben und ihre Larven halten sich im allgemeinen auf der Unterseite der Blätter auf (Abb. 20). Sie stechen das Gewebe an und ernähren sich vom Inhalt der Zellen. Das Blattgrün wird zerstört. Äußerlich kommt es zur Bildung gelblicher, weißlicher, teils silbrig schimmernder Fleckchen und Sprenkel, die nach und nach die ganze Blattfläche bedecken und mit der Zeit zu einer für Spinnmilbenbefall typischen gräulichen oder gelblichen Verfärbung des Blattwerks führen. Schließlich vergilben die Blätter, werden braun, vertrocknen und fallen ab (Abb. 21).

Wer die Unterseite eines befallenen Blattes einmal näher besieht, wird neben alten Milben und den ihnen ähnlich sehenden Larven gelbliche oder rötliche Eier, die bei den Häutungen der Milben abgestreiften Bälge und schließlich auch die bräunlichen Kotausscheidungen der Tiere feststellen können. Wo die Spinnmilben in großer Zahl auftreten, ist die Unterseite der Blätter oft mit zarten, dichten Gespinstfäden überzogen. Unter Wasser- und Nährstoffmangel leidende Pflanzen, also solche, die sich in einem gewissen Zustand der Schwäche befinden, werden bevorzugt besiedelt. Trockene und warme Luft ist dabei der Vermehrung überaus günstig. So nimmt z. B. die Entwicklung der Gemeinen Spinnmilbe (Bohnenspinnmilbe) *T. urticae* unter günstigen Bedingungen im Gewächshaus kaum 12–14 Tage in Anspruch. Es ist also mit zahlreichen Generationen im Jahr zu rechnen. Im Freien überwintert die genannte Art am Grunde ihrer Wirtspflanzen, in Fugen oder Rissen von Pfählen, in hohlen Stengeln, hinter der Borke von Bäumen, zwischen dürren Blättern, aber auch an ausdauernden Kräutern.

Andere Arten, wie z. B. die Obstbaumspinnmilbe (*Panonychus ulmi* Koch) und die Fichtenspinnmilbe (*Oligonychus ununguis* Jac.) überwintern in der Form ihrer rotgefärbten Wintereier an den Zweigen und Ästen.

Neben der Gemeinen Spinnmilbe (*T. urticae* Koch) tritt in unseren Gewächshäusern auch noch eine andere Art, die „Rote Gewächshausspinnmilbe“ (*Brevipalpus obovatus* Donn.) manchmal schädigend auf. Die Entwicklung der rotgefärbten, verhältnismäßig kleinen (Weibchen etwa 0,28 mm lang, Männchen 0,26 mm lang)

Abb. 21. Von Spinnmilben befallene Chrysanthemenblume.

und wärmeliebenden Milbe geht langsamer vor sich als die der Gemeinen Spinnmilbe. Da es sich jedoch bei dieser Art um eine gegen manche milbenwirksamen Mittel sehr widerstandsfähige Art handelt, muß auch sie beachtet werden. So konnte beispielsweise die Milbe auf *Hedera, Cissus, Saintpaulia, Fatsia, Peperomia, Hoya* und vor allem auch auf Azaleen festgestellt werden.

Schließlich noch ein Wort zu den da und dort beobachteten Resistenzerscheinungen der Roten Spinne gegenüber gebräuchlichen Bekämpfungsmitteln. Dabei ist unter Resistenz die sich innerhalb eines Milbenstammes zeigende Fähigkeit einzelner Tiere zu verstehen, Giftdosen zu überleben, welche für die meisten Individuen der normalen Population tödlich wirken. In der Ausgangspopulation finden sich Tiere mit erblich sehr verschiedener Empfindlichkeit. Normal empfindliche werden beispielsweise durch eine Behandlung mit einem bestimmten Mittel in der normalen Gebrauchskonzentration vernichtet, die gegen das Gift widerstandsfähigeren können teilweise überleben und werden von Generation zu Generation stärker in den Fortpflanzungsablauf der Population einbezogen. Besonders unter Gewächshausbedingungen, wo die einzelnen Generationen sehr schnell aufeinander folgen, werden nun durch laufende Bekämpfungsmaßnahmen mehr und mehr widerstandsfähige Milben selektioniert. Die echte Resistenz entsteht also durch Selektion (Auslese) und keinesfalls durch Anpassung. Im übrigen spricht man nach internationaler Übereinkunft erst dann von echter Resistenz, wenn die widerstandsfähigen Milben gegenüber normal empfindlichen eine etwa 5–10fache verminderte Empfindlichkeit aufweisen. Ist einmal ein gewisser Resistenzgrad erreicht, wird sich bei weiterer Anwendung des gleichen oder auch eines verwandten Mittels der frühere Erfolg nur durch Erhöhung der Wirkstoffkonzentration erzielen lassen. Schließlich kann ein Zustand eintreten, der eine Erhöhung der Konzentration (z. B. wegen der Empfindlichkeit der behandelten Gewächse) nicht mehr zuläßt.

Bekämpfung: Je früher bekämpft wird und je besser es uns dabei gelingt, auch die unterseitigen Blatteile zu treffen, desto erfolgreicher wird unsere Arbeit sein. An chemischen Mitteln stehen für die Bekämpfung normal empfindlicher Spinnmilben vor allem organische Phosphorverbindungen der Parathion-, Diazinon- und Malathion-Gruppe, das Azinphos-äthyl-Präparat Gusathion H, die systemisch wirksamen Demeton-Mittel (z. B. Metasystox(i) und -R, Dimethoat- und Phosphamidon-Emulsionen, Mevinphos-Präparate (z. B. PD 5, Shell Phosdrin 50), Folimat (Wirkstoff: Omethoat), Tamaron (Wirkstoff: Methamidophos) und schließlich eine Reihe von Spezialpräparaten wie Kelthane und Kelthane MF (Wirkstoff: Kelthan), Fundal forte 750 (Wirkstoff: Chlorphenamidin + Formetanat), Galecron (Wirkstoff: Chlorphenamidin), Anilix (Wirkstoff: CPAS + BCPE), Plictran 25 W (Wirkstoff: Tricyclohexyl-Zinn-hydroxid), Drawinol S (Wirkstoff: Dinobuton) und Pentac (Wirkstoff: Pentac) zur Verfügung, wobei anzufügen bleibt, daß Anilix neuerdings nicht mehr angeboten und Plictran 25 W von den Lieferfirmen der Schadgefahr wegen nicht mehr für die Verwendung im Zierpflanzenbau empfohlen wird. Dazu kommen für die Anwendung unter Glas Sulfotepp-Räuchermittel (z. B. Bladafum), die Alphos-Nebeldose mit den Wirkstoffen Dichlorvos und Tetrasul und die Morestan-Räucherdose (Wirkstoff: Chinomethionat) in Frage. Eine Sonderstellung nimmt das Aldicarb-Granulat Temik 10 G ein. Geht es um widerstandsfähige Stämme, sind vor allem Spezial-Präparate zu bevorzugen. Man kann aber auch mit Folimat oder Tamaron arbeiten.

Während die organischen Phosphorverbindungen auf die ausgewachsenen Spinnmilben und ihre Larven wirken, erfassen verschiedene Spezial-Präparate auch die Eier der Schädlinge, lassen dabei aber wie das Galecron eine zufriedenstellende Wirkung auf alte Milben vermissen. Zu beachten ist des weiteren auch die sehr unterschiedliche Dauerwirkung der Präparate. Parathion-, Malathion- oder Diazinon-Emulsionen, Ortho Dibrom, aber auch die systemisch wirksamen Mevinphos-Mittel und Dichlorvos-haltigen Präparate halten nur verhältnismäßig kurze Zeit (1–3 Tage) vor. Sie müssen also wiederholt angewandt werden, da mit nur einer Behandlung nicht alle Stadien erfaßt werden. Günstiger zu beurteilen sind Demeton-Mittel, Dimethoat-Emulsionen, Folimat, Tamaron oder auch Phosphamidon-Emulsionen (z. B. Dimecron). Ihre Wirkung kann sich immerhin über einen Zeitraum von 10–14 Tagen erstrecken. Man sollte aber auch diese Mittel zweimal im Abstand von 8–10 Tagen ausbringen. Je nach Wirkstoff ist bei den Spezial-Präparaten (Akariziden) eine um 2–4 Wochen anhaltende Wirkung zu erwarten. Siehe dazu die Tabelle auf Seite 62.

Daß bei Pflanzen mit sehr dichter Blattstellung (z. B. *Gerbera, Ageratum,* Primeln, Veilchen) Mittel mit systemischer Wirkung zweifellos gewisse Vorteile bieten, ist verständlich. Arbeitet man mit Temik-Granulat, gilt es zu beachten, daß die Rote Spinne auf Pflanzenteilen, die ihr Wachstum bereits eingestellt haben, nicht mehr ausreichend bekämpft werden kann. Bei Fundal forte 750 muß man wissen, daß es sich um ein Kontakt- und Atemgift handelt, das auch über die Dampfphase wirksam wird. Das ist zwar ein Vorzug, macht jedoch das Treffen der unterseitigen Blatteile damit noch nicht entbehrlich.

Leider sind heute schon in sehr vielen Betrieben die Schädlinge gegenüber einem oder auch mehreren Wirkstoffen widerstandsfähig geworden. So hat man beispiels-

Zur Wirkung von Spezialpräparaten gegen Spinnmilben

Mittel	Wirkstoff	Wirkung auf Eier	Larven	Alttiere	Dauerwirkung in Wochen
Fundal forte 750	Chlordimeform + Formetanat	+	+	+	3–4
Galecron	Chlordimeform	+	+	gering	3–4
Kelthane	Kelthan (Dicofol)	gering	+	+	2
Kelthane MF	Kelthan	gering	+	+	2
Plictran 25 W	Tricyclohexyl-Zinn-hydroxyd	–	+	+	2–3
Pentac	Pentac (Dienochlor)	+	+	+	3–4
Drawinol S	Dinobuton	+	+	+	2

weise Resistenzerscheinungen nicht nur bei gebräuchlichen organischen Phosphorverbindungen, sondern auch gegenüber Spezialpräparaten (z. B. Kelthane, Fundal forte 750, Galecron, Pentac, Plictran und den derzeit nicht mehr angebotenen Tedion V 18 flüssig und Animert V-101-Spritzpulver) und Temik 10 G festgestellt. Um möglichen Resistenzerscheinungen vorzubeugen, ergibt sich daher die Forderung, mit den einzelnen Präparaten bzw. Wirkstoffen stets abzuwechseln. Treten dennoch Schwierigkeiten auf, sollte man sich unverzüglich mit der zuständigen Pflanzenschutzdienststelle in Verbindung setzen.

Ein sehr wichtiger Punkt darf nicht vergessen werden: die Kulturpflanzenverträglichkeit der Präparate. Hinweise dazu findet man bei den einzelnen Kulturen. Falls Erfahrungen nicht vorliegen, versäume man nicht, die Mittel vor Gebrauch bei wenigen Pflanzen einer Art auf Kulturpflanzenverträglichkeit zu überprüfen.

Wurzelmilben

Wie auch der lateinische Name *Rhizoglyphus echinopus* Fum. et Rob. schon andeutet, leben die Wurzelmilben an unterirdischen Pflanzenteilen. Es sind winzige, bis 0,75 mm lange, plumpe, birnförmige, weißliche und in ausgewachsenem Zustand mit 8 bräunlichen Beinen ausgestattete Tierchen (Abb. 22). Sie werden vor allem bei Knollen und Zwiebeln schädlich, greifen aber auch Rhizome und Wurzeln an. Wenn auch die Milben im allgemeinen schadhafte Pflanzenteile, das heißt angefaultes, krankes Gewebe angehen, so machen sie doch auch vor gesundem Gewebe nicht halt. Befallen werden z. B. Narzissen, Hyazinthen, Tulpen, Amaryllis, Lilien, Gladiolen, Dahlien. Gelegentlich findet man die Wurzelmilben auch bei Orchideen. Für ihr Fortkommen ist in jedem Fall eine hohe Luftfeuchtigkeit sehr wesentlich.

Die Milben greifen die Zwiebeln und Knollen meist vom Zwiebel- bzw. vom Knollenboden aus an und fressen dann Gänge zwischen die Zwiebelschuppen und in das Knollengewebe. Da die Gänge im allgemeinen mit braunem Fraßmehl angefüllt sind, sind sie ein auffälliges Merkmal des Wurzelmilbenbefalls. Bei Dahlien weisen grindige, rissige Stellen auf die unter der Oberhaut verlaufenden Fraßgänge hin. Befallene Knollen und Zwiebeln werden weich und geben auf Druck leicht nach. Bei Lupenbetrachtung sind die Tierchen im kranken Gewebe ohne weiteres festzustellen. Der im Schauen etwas Geübte wird sie aber auch mit dem bloßen Auge noch gut ausmachen können.

Die Wurzelmilben vermehren sich durch Eier. Aus diesen schlüpfen die 6beinigen Larven. Je nach den Temperaturverhältnissen kann die Entwicklung vom Ei bis zur fertigen Milbe 2 Wochen bis mehrere Monate dauern. Bei für den Schädling günstigen Bedingungen muß man also mit mehreren Generationen im Jahr rechnen. Gerade auf dem Lager können sich die Milben oft stark vermehren.

Bekämpfung: Befallsfreies Pflanzgut ist eine Grundbedingung für gesunde Anzuchten. Verdächtiges Pflanzenmaterial auf Milbenbefall überprüfen. Ein erster Hinweis können z. B. Fraßkrümel auf Hurden und Lagergestellen sein. Zwiebeln und Knollen kühl und trocken lagern. Vor dem Pflanzen für 10 Minuten bis eine halbe Stunde in die Lösung einer Parathion-Emulsion (0,05%) tauchen, wobei die Brühe zweckmäßigerweise mit handwarmem Wasser anzumachen ist, das steigert die Wirkung.

Für den Großanbau kommt auch das Begasen mit Methylbromid (40–50 g/m³ Begasungsraum) in Frage. Empfohlen wird eine Begasungszeit von 2 Stunden bei 20 °C. In Holland ist auch Blausäure gebräuchlich. Im übrigen ist ein ständiger Anbauwechsel wichtig. Stark befallene Zwiebeln und Knollen sind zu vernichten. Interessant ist, daß auch dem Benomyl eine gewisse Nebenwirkung auf Wurzelmilben zukommen soll.

Weichhautmilben

Mit dem Namen Weichhautmilben *(Tarsonemidae)* bezeichnet man einige bei vielen Gewächshauspflanzen schädlich werdende Milbenarten der Gattungen *Tarsonemus* und *Hemitarsonemus*. Es handelt sich um nahe Verwandte der Roten Spinne. Wohl am häufigsten dürfte die sog. Cyclamenmilbe (*Tarsonemus pallidus* Banks) und die Gelbe Teemilbe oder Breitmilbe (*Hemitarsonemus latus* Banks) vorkommen, hin und wieder auch die Zwiebelschalenmilbe oder Narzissenzwiebelmilbe (*Steneotarsonemus laticeps* Halb.). Andere noch vorkommende Arten scheinen nur geringe Bedeutung zu haben.

Man hat es bei den Weichhautmilben mit ausgewachsen kaum 0,3 mm langen, 8beinigen (als Larven nur etwa 0,15 mm langen und 6beinigen), je nach Art länglichen oder etwas breitovalen, weißlich durchscheinenden Tierchen zu tun. Für den Praktiker ist es im allgemeinen schwierig, die sehr kleinen Milben festzustellen. Es gehört eine gute Lupe und auch etwas Übung dazu, um die im Blattfilz (z. B. der Gesneriaceen), in Triebspitzen oder zwischen Kelch- und Blütenblättern (z. B. der *Cyclamen*) versteckt sitzenden Milben zu finden. Die Milben schaden vor allem durch Besaugen junger, wachsender Pflanzenteile. Je nach Pflanzenart können dabei oft sehr verschiedenartige und z. T. auch sehr charakteristische Schadbilder entstehen. So kann sich der Befall in einem Verkümmern oder Braunwerden bzw. Absterben des Vegetationspunktes, in Triebstauchungen, Kleinblättrigkeit, umgebogenen Blatträndern (z. B. bei *Fatsia*), Blattkräuselung, Blattverkrüppelung, unterseitiger Korkfleckenbildung, in einer Blattverdickung (z. B. bei Saintpaulien), abnormer

Haarbildung oder auch in Auswüchsen der Blattspreite bemerkbar machen. In schweren Fällen werden die Blätter braun, vertrocknen und sterben ab. Blütenknospen verkümmern und trocknen ein. Die Blüten erscheinen mißgestaltet und fleckig.

Im Gegensatz zur Roten Spinne finden die Weichhautmilben beste Lebensbedingungen bei hoher Luftfeuchtigkeit. Die Temperatur ist zwar weniger von Bedeutung, doch begünstigt mäßig hohe Wärme die Vermehrung des Schädlings. Die Generationen können dann sehr rasch aufeinander folgen. Daraus erklärt sich auch, daß die gewöhnlich etwas wärmer angezogene Jungware mehr unter Befall zu leiden hat als abgehärtete Altpflanzen. Die Milben vermehren sich durch Eier.

Von den zahlreichen Wirtspflanzen der Weichhautmilben seien genannt: *Cyclamen, Hedera, Cissus rhombifolia, C. antarctica, Fatsia japonica,* × *Fatshedera, Schefflera, Saintpaulia, Sinningia, Columnea, Aphelandra, Ficus repens, Kalanchoe, Pelargonium, Hippeastrum, Gerbera,* Orchideen.

Bekämpfung: Von den heute angebotenen Mitteln sind vor allem Endosulfan-Emulsionen (z. B. Beosit 35 flüssig, Thiodan 35 flüssig, jeweils 0,3%), Kelthan-Präparate (z. B. Kelthane, Kelthane MF), Dimethoat-Emulsionen und das Aldicarb-Granulat Temik 10 G zur Bekämpfung von Weichhautmilben geeignet. Auch dem Anelix wird eine gewisse Wirkung nachgesagt. Wichtig ist, daß sehr sorgfältig gespritzt und die Behandlung im Abstand von 8–10 Tagen wiederholt wird. Nur so kann man auch die aus sehr oft versteckt sitzenden Eiern nachschlüpfenden Tiere erfassen. Die Kulturpflanzenverträglichkeit der Präparate ist sehr unterschiedlich. Deshalb Hinweise bei den einzelnen Kulturen beachten! Um der möglichen Herausbildung widerstandsfähiger Milbenstämme vorzubeugen, sollte mit den Präparaten stets abgewechselt werden. Im übrigen stark befallene Pflanzen am besten vernichten. Weniger stark befallene wird man oft noch durch kräftiges Zurückschneiden (z. B. Grünpflanzen) retten können. Keinesfalls dürfen befallene Triebe für die Stecklingsvermehrung verwendet werden. Für Stecklinge von milbenverdächtigem Pflanzenmaterial ist eine Tauchbehandlung in Brühen der oben genannten Mittel zweckmäßig. Außerdem empfiehlt sich, anfällige Kulturen laufend auf Befall zu überprüfen. Dies gilt vor allem für Jungpflanzen und im besonderen für solche, die hinzugekauft wurden. Wer Verdacht auf Milbenbefall hat und den Schädling selbst nicht feststellen kann, lasse das Pflanzenmaterial bei seiner Pflanzenschutzdienststelle untersuchen.

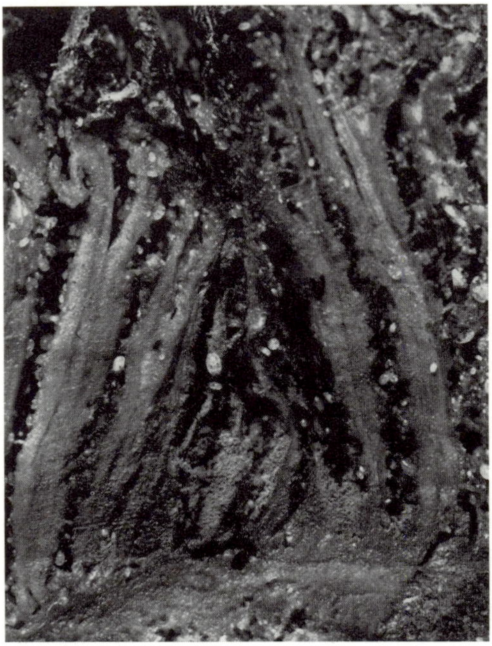

Abb. 22. Aufgeschnittene Hyazinthenzwiebel mit Wurzelmilben.

Asseln

Mauerassel, *Oniscus asellus* L.; **Kellerassel,** *Porcellio scaber* Latr. u. a.
Die zur Klasse der Krustentiere gehörenden Asseln *(Isopoda)* sind so bekannt, daß man über ihr Aussehen keine Worte zu verlieren braucht. Als lichtscheue Tiere halten sie sich tagsüber vor allem in dunklen, feuchten Verstecken auf. Erst bei Dunkelheit kommen sie hervor um zu fressen. Im eigentlichen Sinne sind die Asseln Allesfresser. In der Hauptsache besteht zwar ihre Nahrung aus verwesenden organischen Stoffen tierischer und pflanzlicher Herkunft, doch werden auch zarte Pflanzenteile (z. B. Sämlinge, weiche Organe älterer Pflanzen), Wurzeln, Zwiebeln und selbst Kartoffeln und Gurkenfrüchte angegangen. Sie verursachen ähnliche Fraßschäden wie die Schnecken, nur fehlen in diesem Fall die für Schnecken typischen Schleimspuren. Von mehreren in Gewächshäusern und Mistbeeten vorkommenden Arten, die sich durch Eier vermehren, seien die Hellbraune Mauerassel (bis 18 mm lang) und die Schiefer- oder Gelbbraune Kellerassel (bis 16 mm lang) genannt.

Bekämpfung: In den Gewächshäusern für peinliche Ordnung und Sauberkeit sorgen. Keine verfaulenden Pflanzenteile herumliegen lassen. Schlupfwinkel beseitigen. Alte, vermorschte Brettstücke, Reste von Strohmatten und dergleichen gehören nicht unter Tische und Stellagen. Althergebracht ist der Fang in künstlich geschaffenen Schlupfwinkeln (z. B. Strohwische, Holzwolle). Sehr gerne werden auch vergiftete Apfelsinenstückchen angenommen. Gegen viele moderne Insektengifte sind die Asseln verhältnismäßig widerstandsfähig. Als Köder ist vor allem das Mercaptodimethur-Granulat Schneckenkorn Mesurol (O,3 g/m^2) brauchbar. Man kann aber auch mit einen Parathion-Stäubemittel stäuben, das Fonofos-Granulat Dyfonate 10 G (3 g/m^2) ausstreuen oder unter Glas mit dem für diesen Verwendungszweck zugelassenen Sulfotepp-Räuchermittel Bladafum räuchern. Als gut wirksam haben sich des weiteren die insektiziden Carbamate Blattanex-Emulsion, Blattanex-Staub und Blattanex-Spray (letzteres mit Dichlorvos kombiniert) erwiesen. Mit diesen Mitteln dürfen aber nur die Schlupfwinkel behandelt werden, die Pflanzen selbst würden Schaden nehmen. Je nach den örtlichen Gegebenheiten sind sie unter Stellagen, auf Stellflächen (z. B. zwischen Töpfen und unter Anzuchtkisten), an Beeträndern und auf Wegen auszugießen, zu spritzen, auszusprühen oder auch aufzustäuben.

Tausendfüßler und Zwergfüßler

Tausendfüßler *(Myriapoda)*
Ihren Namen verdanken die Tausendfüßler der großen Zahl von Beinen, die jeweils zu 1 oder 2 Paaren an den Körperringen entspringen. Je nach Art haben wir es mit 2–3 cm langen, langgestreckten, zylindrischen oder auch oben etwas abgeplatteten, harthäutigen Tieren von gelber, hell- bis dunkelbrauner oder schwärzlicher Farbe zu tun. Reizt man sie, so rollen sie sich ein. Die Tausendfüßler lieben Dunkelheit und Feuchtigkeit. Tagsüber halten sie sich in ihren Verstecken z. B. unter Töpfen, Saatkistchen, altem Laub, Steinen und dergleichen auf. Gewächshäuser bieten hier manchen günstigen Schlupfwinkel. Auch im Kompost fühlen sie sich wohl. Ihre Nahrung besteht in der Hauptsache aus verwesender organischer Substanz pflanzlicher und zum Teil auch tierischer Herkunft. Gelegentlich werden aber auch keimende Samen, wenn z. B. Kälte und Nässe die Keimung verzögern, junge Sämlinge

und Pflänzlinge, saftige Wurzeln, Knollen und Zwiebeln angegangen. Häufig werden die Sämlinge an den unteren Stengelteilen befressen und knicken dann um. Die Tausendfüßler vermehren sich durch Eier, die nesterweise in die Erde abgelegt werden. Die folgenden Arten kommen öfters vor:

1. Der Tüpfeltausendfuß (*Blanjulus guttulatus* Bosc.) wird etwa 18 mm lang, hat zylindrische Gestalt, ist gelblich gefärbt und zeigt seitlich je eine Reihe roter Flecke.
2. Der Platte Bandfüßler (*Polydesmus complanatus* L.), eine plattgebaute Art, wird bis zu 25 mm lang und ist bräunlich gefärbt. Auffällig der warzig-höckerige Rücken.
3. Der Gemeine Tausendfuß (*Cylindrojulus teutonicus* Pocock) ist drehrund, hart, glänzend braunschwarz, bis 37 mm lang (Abb. 23).
4. Der Gewächshaustausendfuß (*Orthomorpha gracilis* C. L. Koch), der vorigen Art ähnlich, braun bis schwärzlich gefärbt, mit etwas hellerem Bauch und gelblichweißen Beinen, wird bis zu 20 mm lang und findet sich vor allem in Gewächshäusern.

Bekämpfung: Bodenentseuchung durch Dämpfen oder mit einem chemischen Mittel (z. B. Basamid, Terabol). Bei stehenden Pflanzenbeständen mit Zinophos-Emulsion (z. B. Nemafos, 0,1%) oder mit Propoxur (z. B. Unden flüssig, 0,2%; Unden-Spritzpulver, 0,15%) gießen oder kräftig spritzen (Kulturpflanzenverträglichkeit beachten!) oder auch Schneckenkorn Mesurol (Wirkstoff: Mercaptodimethur) ausstreuen. Arbeitet man mit dem Köder-Granulat, den Boden einige Zeit vorher feucht machen. Im übrigen den Standort für Anzuchtkisten und Schalen vor dem Aufstellen mit Blattanex-Staub (insektizides Carbamat) einstäuben, mit Blattanex-Emulsion (2,5%) bespritzen oder auch Blattanex-Spray (insektizides Carbamat + Dichlorvos) aufsprühen. Pflanzen dabei nicht treffen; sie können Schaden nehmen. Möglich ist schließlich auch das Auslegen von Kartoffel- oder Möhrenscheiben unter umgestülpten Blumentöpfen oder sonstigen Verstecken und tägliches Absammeln.

Zwergfüßler *(Symphyla)*

Die Zwergfüßler gehören zu den Tausendfüßlern. Der heute sehr häufig in Gewächshäusern anzutreffende Gewächshauszwergfuß (*Scutigerella immaculata* Newp.) ist mit einem großen, weißen Springschwanz zu vergleichen (Abb. 24). Die zarten Tierchen sind etwas über 1/2 cm lang, haben 12 Beinpaare und auffallend lange Fühler. Bei großer Feuchtigkeit fühlen sie sich am wohlsten. Bei geringer Bodenfeuchtigkeit vermehrt sich der Schädling nicht. Von Einfluß auf die Vermehrung sind aber auch die Bodentemperatur und das Angebot an organischer Frischsubstanz. Günstige Vermehrungsbedingungen sind bei Temperaturen um 16–25 °C gegeben. Unter 12 °C ist die Vermehrung gering. Zwergfüße schaden durch Benagen von Wurzeln (z. B. von Edelnelken, Wicken, Anthurien, Saintpaulien, *Cyclamen* u. a.), doch gehen sie auch an keimende Samen, unterirdische Stengelteile und Zwiebeln.

Bekämpfung: Unter Beachtung der Kulturpflanzenverträglichkeit mit Dimethoat-Emulsion (0,1%), Zinophos (z. B. Nemafos-Emulsion, 0,1%) oder Propoxur (z. B. Unden flüssig, 0,15%) gießen oder je m^2 auch 3–5 g Temik 10 G ausstreuen. Nach unseren Versuchserfahrungen (22) läßt sich auch das Fonofos-Granulat Dyfonate 10 G (3–5 g/m^2) erfolgreich bei Beetkulturen (z. B. Chrysanthemen, Edelnelken) verwenden. Man sollte es auf einen Versuch ankommen lassen. Aussichtsreich erscheinen des weiteren Präparate auf Grundlage Carbofuran und Isofenphos. Gegen-

Abb. 23. Der Gemeine Tausendfuß *(Cylindrojulus teutonicus)*.
Abb. 24. Zwergfuß *(Scutigerella immaculata)*. Etwa 14fach vergrößert.

über Dimethoat-Emulsionen ist bei Unden flüssig und Nemafos-Emulsion die bessere Dauerwirkung gegeben. Gießmittel stets auf feuchten Boden ausbringen, sonst kann es Schäden geben. Wer mit Temik-Granulat arbeitet, muß die Anwendungsvorschriften streng beachten. Das Mittel ist hoch giftig. Keinesfalls darf man Dimethoat-Emulsionen bei Chrysanthemen anwenden; es wären Schäden zu erwarten. Nemafos wird beispielsweise von Edelnelken und *Cyclamen* nicht vertragen. Wo man noch keine Erfahrung hat, sind deshalb Vorversuche auf Kulturpflanzenverträglichkeit anzustellen. Hinweise bei den einzelnen Kulturen beachten.

Schließlich ist noch darauf aufmerksam zu machen, daß eine Bodendämpfung nicht immer den erwarteten Erfolg bringt. Die Tiere ziehen sich, der Dämpfzone ausweichend, in tiefere Bodenschichten zurück, um nach Erkalten der Erde wieder in den Wurzelraum nachträglich angebauter Kulturen zurückzukehren.

Springschwänze

Die kleinen, 1–3 mm langen, ungeflügelten, je nach Art weißlichen, graublau oder dunkelgrau bis schwärzlich gefärbten und gesellig lebenden Springschwänze *(Collembola)* gehören zu den Urinsekten (Abb. 25). Sie sind nahe Verwandte des Silberfischchens. Ihren Namen haben sie von der an ihrem Hinterende vorhandenen Springgabel erhalten, die die kleinen Tierchen zum Springen befähigt. Nicht alle Arten besitzen jedoch eine solche Springgabel. Die Springschwänze können nur bei

Abb. 25. Springschwanz. Etwa 20fach vergrößert.

hoher Luftfeuchtigkeit leben. Oft findet man sie in großen Mengen in Mistbeeten, Saatkistchen oder auch in Blumentöpfen. Im allgemeinen ernähren sie sich von zerfallender organischer Substanz. Sie gehen aber auch an zarte, saftige Pflanzenteile. Keimende Samen und Sämlinge sind besonders gefährdet. Nicht selten werden die Pflänzlinge dicht über dem Boden so benagt, daß sie umfallen. An Keimblättchen und jüngsten Laubblättchen gleicht der Schaden oft dem Fraß der Erdflöhe. Gewisse Arten greifen auch Blumenzwiebeln an.

Gewöhnlich werden die Springschwänze mit Kompost oder Mist eingeschleppt. Je feuchter die Erde gehalten wird, desto besser können sie sich auch vermehren.

Bekämpfung: Bei Auftreten von Springschwänzen die Kulturen luftiger und trokkener halten. Gefährdete Pflanzungen unter Beachtung der Kulturpflanzenverträglichkeit mit Propoxur (z. B. Unden flüssig, 0,15%), Zinophos (z. B. Nemafos-Emulsion 0,1%) oder mit Dimethoat-Emulsion (0,1%) überbrausen, Topfpflanzen mit den gleichen Lösungen angießen oder auch mit Parathion-Stäubemittel einstäuben. In unseren Versuchen (23) hat sich auch das Fonofos-Streugranulat Dyfonate 10 G (1,5–3 g/m²) auf Stellflächen für Topfpflanzen als gut wirksam erwiesen. Schließlich kann man unter Glas auch mit Sulfotepp (z. B. Bladafum) räuchern.

Da die Mittel nicht von allen Kulturen gleich gut vertragen werden, empfiehlt es sich, dort wo man noch keine Erfahrung hat, zunächst bei wenigen Pflanzen einer Art Vorversuche auf Pflanzenverträglichkeit anzustellen.

Gemeiner Ohrwurm

Die sehr behenden, braunen, etwa 1–2 cm langen Ohrwürmer (*Forficula auricularia* L.) tragen an ihrem Hinterende eine Zange, die beim Männchen stärker gebogen ist als beim Weibchen. Die Ohrwürmer sind sehr lichtscheue, wärmeliebende und gesellig lebende Tiere. Auf nächtlicher Nahrungssuche werden wohl in der Hauptsache verwesende Stoffe pflanzlicher und tierischer Herkunft angenommen, doch macht der Ohrwurm, wenn sich Gelegenheit bietet, auch vor lebenden, weichen, zarten Pflanzenteilen nicht halt. Befressen werden vor allem zarte Blütenblätter (z. B. von Dahlien, Chrysanthemen, Nelken, Rosen), Staubgefäße, aber auch junge Blättchen, Triebe und Knospen. Schließlich werden die Blumen auch noch mit Kot verunziert.

Es überwintern die ausgewachsenen Ohrwürmer. Die Vermehrung erfolgt durch Eier. Mit der Eiablage dürften die Tiere zwar schon im Herbst beginnen, doch ist die Hauptablagezeit im Frühjahr.

Bekämpfung: Althergebracht ist der Fang in künstlichen Schlupfwinkeln. Strohwische, Holzwolle, die zweckmäßigerweise mit einem alten Tuch bedeckt werden, oder mit Holzwolle halb gefüllte Blumentöpfe, die so zu unterlegen sind, daß eine Einschlupfstelle frei bleibt, werden von den Ohrwürmern gerne aufgesucht. Von den chemischen Bekämpfungsmitteln verdienen Parathion-Stäubemittel den Vorzug. Der Stammgrund gefährdeter Pflanzen ist tüchtig einzustäuben, desgleichen die künstlich geschaffenen Unterschlupfe. Im übrigen ist zur Behandlung von Schlupfwinkeln auch der zur Gruppe der insektiziden Carbamate gehörende Blattanex-Staub geeignet. Die Pflanzen dürfen dabei nicht getroffen werden; sie können Schaden nehmen.

Maulwurfsgrille, Werre

Die zu den Grillen gehörende Maulwurfsgrille (*Gryllotalpa gryllotalpa* L.) kann örtlich oft ein sehr lästiger Schädling sein. Leichte, warme, tiefgründige Böden von gleichmäßiger Feuchtigkeit werden von ihr bevorzugt. Es ist daher nicht verwunderlich, daß sie sich gerade in unseren guten Gartenböden sehr wohl fühlt.

Das mit 2 Paar Flügeln versehene, glänzend samtbraune Insekt ist ausgewachsen etwa 4–5 cm lang und besitzt zwei schaufelartige Grabbeine (Abb. 26). Die Tiere schaden nicht nur durch Fraß an Wurzeln und unteren Stengelteilen, sondern auch durch ihre Wühlarbeit. Unter der Erdoberfläche werden ausgedehnte, etwa fingerdicke Gänge angelegt und dabei Pflänzlinge und Sämlinge aus der Erde gehoben, so daß diese vertrocknen und zugrundegehen. Tagsüber hält sich die Werre in ihren Gängen auf. In der Nacht kommt sie aber auch an die Oberfläche und frißt dann oberirdisch. Nach der Paarung erfolgt im Juni und Juli die Eiablage. Die Tiere fertigen zu diesem Zweck in einer Tiefe von 15–20 cm hühnereigroße, inwandig krustenartig verfestigte Brutnester an. Die Lage des Nestes wird oft dadurch angezeigt, daß die über der Höhle wachsenden Pflanzen abgefressen werden und welken. In die Nester werden oft über 300 etwa hanfkorngroße, gelbe Eier hineingelegt. Nach etwa 2–3 Wochen schlüpfen die Jungen aus. Sie gleichen Ameisen und sind ungeflügelt, bleiben zunächst im Brutnest zusammen und wandern dann später in die Umgebung ab. Im Oktober suchen sie zur Überwinterung tiefere Bodenschichten auf oder verkriechen sich in Kompost- oder Misthaufen. Sie halten einen Winterschlaf und wachsen dann bis zum Frühjahr zu fertigen Grillen heran.

Bekämpfung: Die Bekämpfung der Werren ist auf verschiedene Weise möglich, und mancher Gärtner hat seine besondere Methode entwickelt. Da werden ebenerdig Blumentöpfe oder Konservendosen eingegraben, in die

Abb. 26. Maulwurfsgrille. Etwa natürliche Größe.

dann während der Nacht nach oben kommende Tiere hineinfallen. Man kann auch altes Maschinenöl oder Petroleum in die nach unten führenden Gänge eingießen, und zwar derart, daß man zuerst etwas Wasser, dann Öl oder Petroleum und hernach wieder Wasser einlaufen läßt. Die Tiere kommen dann nach oben und können vernichtet werden. Auch werden mancherorts die Nester in der Zeit von Juni bis Anfang Juli ausgegraben. Einfacher ist jedoch die Verwendung von Ködermitteln. Ab Ende April und im Mai, also schon vor der Eiablage, die für diesen Verwendungszweck zugelassenen Lindan-haltigen Streuköder wie Cortilan, Detia Werrenpräparat (jeweils 250 g/Ar) oder auch das Kieselfluornatrium-haltige Kontra Werrenex (250 g mit 250 ml Wasser gut durchfeuchten und breitwürfig streuen) an einem warmen Abend auf feuchten Boden ausbringen. Auch selbsthergestellter Kleieköder mit Lindan (z. B. Nexit stark) ist brauchbar. Er wird auf folgende Weise hergestellt:

Lindan Köder (ausreichend für 1 Ar)
25 g Nexit stark
+ 1 kg Weizenkleie
+ 1,5 l Wasser

Wenig praktische Bedeutung hat das Einblasen von E-605-Staub in die Gänge.

Japanische Gewächshausheuschrecke

Die etwa 16–20 mm lange, bräunliche oder hell- und dunkelbraun marmorierte, flügellose und sich durch sehr lange Fühler (bis 80 mm) auszeichnende Gewächshausheuschrecke (*Tachycines asynamorus* Adel.) ist eine nahe Verwandte unserer heimischen Heuschrecken und Grillen. Sie kann vor allem in botanischen Gärten und in Anzuchtbetrieben für Grünpflanzen sehr schädlich werden. Angeblich ist die Gewächshausheuschrecke in den neunziger Jahren des vorigen Jahrhunderts nach Deutschland eingeschleppt worden. Als eigentliche Heimat gilt China und Japan. Tagsüber halten sich die Tiere in irgendwelchen Schlupfwinkeln in der Nähe warmer Heizrohre auf. Nachts kommen sie hervor, befressen weiche Pflanzenteile, wobei aufgehende Saaten und junge Pflänzlinge bevorzugt werden. Die Gewächshausheuschrecke nimmt aber auch tierische Nahrung auf. Sie soll sogar der pflanzlichen des öfteren vorgezogen werden. Es heißt, daß sie selbst vor den eigenen Artgenossen nicht haltmache. Im Freien können sich die sehr wärmeliebenden Tiere nicht halten.

Die 2–3 mm langen, hartschaligen, hellgrau gefärbten Eier werden bis zu 40 Stück in einer Nacht in feuchten Boden abgelegt. Dabei sind für ein Weibchen Gesamteizahlen von 400–500 Stück keine Seltenheit. Aus ihnen schlüpfen nach einigen Monaten die schwärzlich gefärbten Jungheuschrecken. Sie machen mehrere Häutungen durch und sind nach etwa 6–8 Monaten ausgewachsen.

Bekämpfung: Wichtig ist größte Sauberkeit im Betrieb. Schlupfwinkel (z. B. Mauerritzen, Holzverschläge, Schächte, Heizkanäle) wiederholt mit einem Parathion-Stäubemittel (z. B. E 605-Staub) oder mit Blattanex-Staub einstäuben oder dort, wo es die örtlichen Verhältnisse zulassen, kurz vor Einbruch der Dunkelheit mit Sulfotepp (z. B. Bladafum) oder einem Lindan-Räuchermittel räuchern, mit Dichlorvos (z. B. Dedevap, Nogos) raumsprühen, die gleichen Mittel verdampfen oder mit der Alphos-Nebeldose (Dichlorvos + Tetrasul) sprühen. Für das Ausbringen mit

Nebelgeneratoren sind im besonderen Luxan Dichlorvos S.C. und das die Wirkstoffe Dichlorvos, Pyrethrum und Piperonylbutoxid enthaltende FOG 2 geeignet. Wo sich die Verwendung der genannten Mittel verbietet, versuche man es mit dem Chlordecon-haltigen Schwabex-Köder. Möglicherweise ist für diesen Verwendungszweck auch der Blattanex-Schabenköder zu verwenden. Man sollte es auf einen Versuch ankommen lassen. Brauchbar sind auch Fleischköder (Fleischreste!), die in künstlich geschaffenen Schlupfwinkeln, z. B. umgestülpten Blumentöpfen oder Saatschalen ausgelegt werden, die dann so zu unterlegen sind, daß eine Einschlupfstelle freibleibt. Freilich muß in diesem Fall öfters kontrolliert werden. Im übrigen steht der Wirkstoff Chlordecon auch als Streupulver zur Verfügung. Zu bestreuen sind Kanäle, Schächte und sonstige Hohlräume. Schließlich wäre noch die Druckzerstäuberdose Schwabex-Spray (Wirkstoff: Pyrethrum + Dichlorvos + Dursban) zu erwähnen. Mit der beigefügten 15 cm langen Spraykanüle kann man Ritzen und Hohlräume, die als Verstecke der Tiere dienen, bequem einsprühen.

Da die Entwicklung der Eier meist mehrere Monate in Anspruch nimmt, kann nur die wiederholte Anwendung der Mittel einen Dauererfolg versprechen.

Schaben

Die auffällig platten, teils geflügelten, teils ungeflügelten und je nach Art rotbraun, dunkelbraun, schwarzbraun und im Falle der Deutschen Schabe auch schmutziggelbbraun gefärbten Tiere haben lange Fühler, bedornte Laufbeine und sehen einem Käfer ähnlich. Sie sind zum Teil aus warmen Ländern bei uns eingeschleppt worden. Schaben sind sehr lichtscheue Tiere. Dunkelheit, Wärme und Feuchtigkeit sagen ihnen besonders zu. Solange es hell ist, kauern sie verborgen in Spalten und engen Hohlräumen und erst nachts kommen sie heraus und streifen nahrungssuchend umher. Sie schaden durch An- und Abfressen weicher Pflanzenteile, wobei auch Bulben (z. B. von Orchideen), Luftwurzeln und Blüten nicht verschont werden.

Die Schaben vermehren sich durch Eier. Ein Weibchen kann im Verlauf mehrerer Monate eine größere Zahl davon in sog. Eipaketen ablegen. Aus den Eiern schlüpfen die Jungtiere. Im allgemeinen sind sie nur um 1 mm groß und werden daher leicht übersehen. Die heranwachsenden Larven häuten sich mehrmals und erreichen zuletzt etwa die Größe der geschlechtsreifen Tiere.

Von den in unseren Gewächshäusern vorkommenden Arten sind die rotbraune Amerikanische Schabe (*Periplaneta americana* L.), die graugelbe Gewächshausschabe (*Pycnocelius surinamensis* L.), die schwarzbraune Australasische Schabe (*Periplaneta australasiae* L.), die schwarzbraune Küchenschabe (*Blatta orientalis* L.) und die Deutsche Schabe (*Blatella germanica* L.) zu nennen. Mit die kleinste Art ist die Deutsche Schabe. Sie ist ausgewachsen nur etwa 12–15 mm groß. Die Amerikanische Schabe erreicht immerhin 28–32 mm, die Australasische Schabe 25–30 mm und die Küchenschabe um 20–30 mm.

Bekämpfung: Man beachte die bei der Bekämpfung der Gewächshausheuschrecke gegebenen Hinweise. Sauberkeit im Betrieb ist auch hier oberstes Gebot. Als gut wirksam haben sich vor allem Köderstoffe wie der Chlordecon-haltige Schwabex-Köder oder auch der Blattanex-Schabenköder (Wirkstoff: Propoxur) erwiesen. Sie bleiben über längere Zeit wirksam.

Blasenfüße (Thripse)

Die Blasenfüße *(Thysanoptera)*, die dem Gärtner unter dem Namen „Thripse" bekannt sind, gehören zu den allgemein verbreiteten Zierpflanzenschädlingen. Es sind kleine, um 1 mm lange, schlanke, weichhäutige, geflügelte (Vollinsekt) oder ungeflügelte (Larve) und mit stechend-saugenden Mundwerkzeugen ausgerüstete Tierchen (Abb. 27). Je nach Art und Altersstadium sind sie gelblich bis braunschwarz gefärbt. Blasenfüße werden sie deshalb genannt, weil sie an den Beinen Haftblasen tragen. Manche Arten finden sich fast nur in den Gewächshäusern, andere wieder kommen sowohl unter Glas als auch im Freiland vor.

Die 2 Paar fransige Flügelchen tragenden ausgewachsenen Blasenfüße und ihre ungeflügelten, gelblichweißen bis gelblichen Larven ernähren sich durch Saugen des Pflanzensaftes. Befall zeigt sich zunächst in weißlichen Fleckchen und Sprenkeln und meist in einem für Blasenfußschaden charakteristischen silbrigen Glanz auf den Blättern. Dieser Glanz kommt dadurch zustande, daß anstelle des fehlenden Zellinhaltes Luft in das Gewebe eindringt. Die besaugten Stellen trocknen gewöhnlich unter Braunfärbung ein, können aber auch rauh und grindig werden. Derartige Korkflecken finden sich dann meist in der Nähe der Blattnerven. Starker Befall läßt die Blätter vergilben und abfallen. An besogenen Blüten wird der Schaden in Form weißer, später meist sich bräunender und eintrocknender Fleckchen auffällig. Nicht selten verkümmern die Blüten. Bei schwerem Befall öffnen sie sich überhaupt nicht. Eine unliebsame Begleiterscheinung des Thripsbefalls sind auch die kleinen, punktförmigen und schwärzlichen Kothäufchen, durch die Blätter und Blüten oft stark verschmutzt werden. Auch als Virusträger kommen die Blasenfüße in Frage.

Die Blasenfüße haben mehrere Generationen im Jahr. Sie vermehren sich durch Eier, die mit Hilfe eines Legestachels an und in das Pflanzengewebe abgelegt werden. Unter günstigen Bedingungen dauert die Entwicklung bis zum Vollinsekt kaum einen Monat. Während unter Glas die Vermehrung das ganze Jahr über weitergeht, überwintern manche Arten als ausgewachsene Tiere im Genist am Boden, zwischen dürrem Laub, pflanzlichen Abfällen, unter der Borke von Bäumen, der Gladiolenblasenfuß z. B. auch an eingelagerten Knollen.

Von den im Gewächshaus vorkommenden Arten dürfte der Schwarze Gewächshausblasenfuß (*Heliothrips haemorrhoidalis* Bché.), die „Schwarze Fliege" des Gärtners, die bekannteste sein. Gelblich sind die Larven und schwarzbraun (mit gelben Beinen) das ausgewachsene Insekt.

Eine sowohl im Gewächshaus als auch im Freiland häufiger auftretende Art ist der Zwiebelblasenfuß (*Thrips tabaci* Lind.). Larven und Vollinsekten sind gelblich gefärbt.

Abb. 27. Blasenfuß. Etwa 65fach vergrößert.

Auffällige Korkbildungen, die sich in Form geschlängelter Linien auf den Blättern zeigen, verursacht der Gelbe Begonienblasenfuß (*Euthrips parvus* Moult.). Er kann vor allem bei Begonien und *Cyclamen* sehr schädigend auftreten. Größere Bedeutung hat schließlich noch der Gladiolenblasenfuß (*Taeniothrips simplex* Mor.) (siehe Seite 287).

Bekämpfung: Für gute Ernährung der Pflanzen und ausreichende Wassergaben sorgen. Trockene Luft in den Gewächshäusern vermeiden. Reichlich lüften. Pflanzenbestände laufend auf Befall überprüfen. vor allem sind auch die Unterseiten der Blätter zu kontrollieren, da sich die Larven und auch die ausgewachsenen Blasenfüße dort bevorzugt aufhalten. Bei Auftreten der Schädlinge mit Parathion-, Diazinon-, Malathion-Emulsion, Omethoat (z. B. Folimat), einem Propoxur-Präparat (z. B. Unden flüssig), Methamidophos (z. B. Tamaron), Phosphamidon (z. B. Dimecron) oder Nikotin spritzen oder mit einem Parathion-Stäubemittel stäuben. Unter Glas auch mit Sulfotepp (z. B. Bladafum), Lindan oder Nikotin räuchern, Dichlorvos-haltige Präparate (z. B. Dedevap, Nogos) verdampfen, mit den gleichen Präparaten raumsprühen, oder auch mit der Alphos-Nebeldose (Dichlorvos + Tetrasul) oder anderen Dichlorvos-haltigen Nebeldosen sprühen. Rechtzeitig ausgebracht läßt auch Temik 10 G eine gute Wirkung auf Blasenfüße erwarten. Da die genannten Mittel nicht auf die Eier der Schädlinge wirken, muß wiederholt im Abstand von 8–10 Tagen behandelt werden. Im übrigen die bei den einzelnen Kulturen im Abschnitt „Empfindlichkeit gegen Pflanzenschutzmittel" gegebenen Hinweise beachten.

Erdraupen und andere Raupen von Eulenfaltern

Erdraupen

Die nackten, dicken, grau oder bräunlich gefärbten, plumpen, 16füßigen und 4–5 cm lang werdenden Raupen einiger Erdeulenfalter (z. B. der Wintersaateule, *Agrotis segetum* Schiff., des Hausmütterchens, *Triphaena pronuba* L. u. a.) sind dem Praktiker im allgemeinen unter dem Namen Erdraupen bekannt (Abb. 28). Während des Tages halten sie sich gewöhnlich unter Erdklumpen oder in der oberen Bodenschicht in der Nähe ihrer Fraßpflanzen verborgen. Am Abend und in der Nacht kommen sie aber auch hervor, um an oberirdischen Pflanzenteilen zu fressen. Sie schaden durch Fraß an Wurzeln und unterirdischen Stammteilen, nagen die Stengel dicht unter der Erdoberfläche an, fressen an Blättern und jungen Trieben, wobei vor allem die Herzblätter bodennaher Pflanzen bevorzugt werden. Schon eine einzige Raupe kann während der Nacht mehrere Pflanzen zerstören.

Wie schon erwähnt, haben wir es mit mehreren Arten zu tun. Für die etwa 4–5 cm Flügelspannweite messenden, mehr oder weniger graubraun und je nach Art charakteristisch gezeichneten Falter sind der dicke Körper und die bei Ruhe dachförmig gestellten Flügel kennzeichnend. Die Schmetterlinge schwärmen am Abend und in der Nacht. Sie legen ihre Eier während des Frühsommers und Sommers meist auf die Unterseite der Blätter von Unkräutern ab. Die aus den Eiern schlüpfenden Räupchen halten sich zunächst auch tagsüber auf den Pflanzen auf. Später verstecken sie sich über Tag am oder im Boden und kommen erst nachts hervor, um zu fressen. Wenn man auch die Schädlinge, die sich gewöhnlich in der Nähe der fressenden Pflanzen verborgen halten, nicht sieht, so können sie doch durch Nachgraben oder leichtes Umwühlen der Erde oft schnell ausgemacht werden. Im übrigen verraten

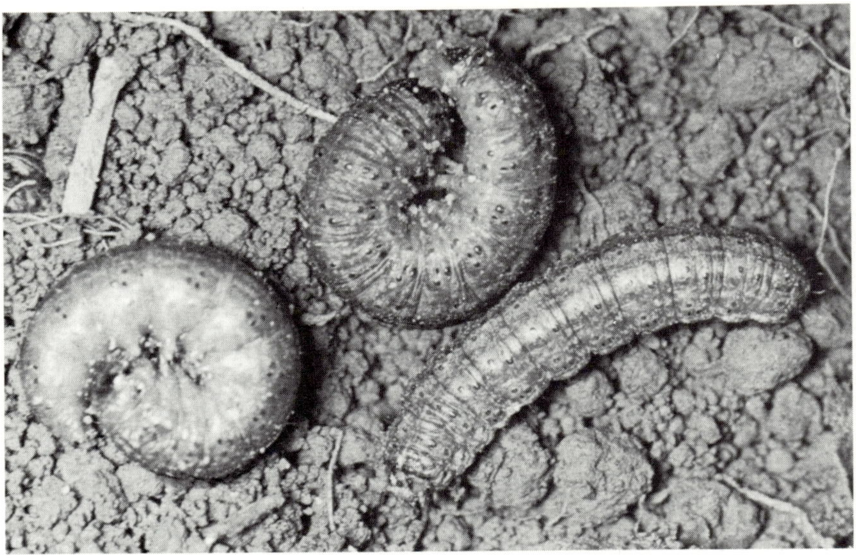

Abb. 28. Erdraupen. Etwa 1,5fach vergrößert.

sich die Raupen auch durch die runden, im Durchmesser etwa 5 mm messenden Löcher ihrer Wohnröhren. Die Raupen überwintern im Boden in einer Erdhöhle und verpuppen sich im Frühjahr.

Bekämpfung: In der Praxis geht es immer wieder um die Frage, was kann schon vor der Aussat oder der Pflanzung einer Kultur gegen Erdraupen getan werden? Leider sind die derzeitigen Möglichkeiten für eine wirksame Bekämpfung der Schädlinge nicht allzu groß. Was sich zunächst einmal anbietet, sind Lindan-haltige Streumittel (z. B. Gamma-Streunex), die allgemein mit 125 kg/ha auszubringen sind, und das Lindan-haltige Streunex-Granulat (50 kg/ha). Die für den Gemüsebau zugelassenen Bromophos-Streumittel (z. B. Nexion-Streumittel, 200 kg/ha) sind zwar brauchbar, erreichen jedoch nicht ganz die Wirkung der vorgenannten Präparate. Schließlich ist von Basudin 10 Granulat (40 kg/ha) nur eine Wirkung auf junge Raupen zu erwarten. Die Mittel sind auf das vorbereitete Land gleichmäßig zu verteilen und dann etwa 5–7 cm tief einzubringen.

Bei stehenden Beständen kann man sich des weiteren verschiedener Streuköder bedienen, die auf folgende Weise hergestellt werden:

1. Parathion-äthyl-Köder

   2 ml E 605 forte, Eftol,
   Parathion forte oder Shell
   Parathion
   200 g Kleie
   20 g Zucker
   400 ml Wasser

2. Lindan-Köder

   25 g Nexit stark
   1 kg Weizenkleie
   1,5 l Wasser

Die angegebenen Mengen reichen jeweils für 1 Ar. Die in Frage kommenden Streuköder sind auf feuchten Boden auszubringen, da nur bei feuchtem Boden mit dem Herauskommen der Schädlinge zu rechnen ist. Haustiere müssen von der behandelten Fläche ferngehalten werden.

Möglich ist auch das Einstäuben gefährdeter Pflanzen mit einem Parathion-Stäubemittel, wobei vor allem auch der Stammgrund und die umgebende Erde gut getroffen werden müssen. Wichtig ist, daß dies geschieht, sobald erste Fraßschäden auf die Anwesenheit von Erdraupen hinweisen.

Ob die zur Zeit in Prüfung stehenden Versuchspräparate auf Grundlage Carbofuran (z. B. Curaterr-Granulat) und Isofenphos bessere Möglichkeiten der Erdraupenbekämpfung bieten können, bleibt abzuwarten. Das gleiche gilt für das Phoxim-Präparat Volathion. Bei stehenden Beständen wäre schließlich auch an Spritzbehandlungen mit dem Methamidophos-Präparat Tamaron zu denken. Man wird jedoch gerade in diesem Fall erst Erfahrungen sammeln müssen.

Eulenraupen

Neben den vorher genannten Erdraupen kann durch Fraß an unseren Zierpflanzen noch eine Reihe anderer, sich auch während des Tages auf den Pflanzen aufhaltender Raupen von Eulenfaltern schädlich werden. Dazu gehören z. B. die Raupen der Kohleule (*Barathra brassicae* L.), der Gemüseeule (*Polia oleracea* L.), der Flohkrauteule (*Polia persicaria* L.) und der Gammaeule (*Plusia gamma* L.). Je nach Art handelt es sich um nackte oder auch behaarte, 16füßige, im Falle der Gammaeule 12füßige, 3–5 cm lange, verschieden ausgefärbte und auch verschiedenartig gezeichnete Raupen. Man findet sie vor allem im Sommer und bis weit in den September hinein auf den verschiedensten Gartengewächsen (z. B. auf Dahlien, Chrysanthemen, Pelargonien, Primeln, Gladiolen u. a.). Mit zu den bekanntesten gehören die nackten, etwa 4–5 cm langen, in Färbung und Zeichnung sehr wechselnden, grünlich, bräunlich oder manchmal auch schwärzlich ausgefärbten Raupen der Kohleule. Sie haben 16 Füße. Raupen der ersten Generation findet man schon im Juni, die der zweiten im September und Oktober.

Der Kohleule ganz ähnlich sind die ebenfalls 16füßigen, nackten, rötlichbraunen oder grünlichen, mit 3 weißlichen Rückenstreifen und einem gelblichen Seitenstreifen versehenen Raupen der Gemüseeule.

Ein schmutziges Grün oder Graubraun, dunkle Flecke auf dem vierten, fünften und elften Ring sowie helle und dunkle, vorn offene Winkelflecken auf den übrigen Ringen, kennzeichnen die ebenfalls 4–5 cm langen und 16füßigen nackten Raupen der Flohkrauteule.

Weit verbreitet und manchmal sehr schädlich werdend ist die Gammaeule. Ihre Raupen werden nur etwa 3 cm lang und unterscheiden sich von den vorgenannten verwandten Arten durch feine Behaarung. Sie sind vorn verschmälert, nach hinten verdickt, haben 12 Füße und machen beim Kriechen einen Buckel. Ihre Farbe ist grünlich oder bläulichgrün, mit feinen weißen, welligen Rückenlinien und gelblicher Seitenlinie. Raupen werden den ganzen Sommer über angetroffen. Sie spinnen sich zur Verpuppung auf den Wirtspflanzen meist in eine Blattrolle oder in einen Stengel lose ein. Der Schädling hat 2–3 Generationen im Jahr. Flügelspannweite des Falters etwa 4 cm. Die Vorderflügel sind graubraun, mit weißlichen Querlinien und einem hellen, gelblichsilbernen Fleck in Form des griechischen Buchstaben γ (Gamma), die Hinterflügel hell graubraun mit dunklerem Saum.

Bekämpfung: Sobald Fraßschäden auffällig werden, gefährdete Pflanzenbestände mit Methomyl (z. B. Lannate 25-WP), Azinphos (z. B. Gusathion H), Methamidophos (Tamaron), einem Mevinphos-Mittel (z. B. PD 5, Shell Phosdrin 50) oder mit Propoxur (z. B. Unden flüssig 0,2%) spritzen oder mit einem Parathion-Stäubemittel stäuben. Nach einer Woche eine weitere Behandlung folgen lassen. Mit zunehmendem Alter werden die Raupen gegen die genannten Präparate immer widerstandsfähiger. Es ist daher wichtig, daß man schon beizeiten gegen die jungen Räupchen vorgeht.

Schattenwickler, Gipfelwickler

Für die Schäden der vor allem im Mai und Juni an sehr vielen Pflanzen (z. B. *Chrysanthemum*-Indicum-Hybriden, *Chrysanthemum maximum, Aster novi-belgii, A. novae-angliae, Physostegia, Solidago* u. a.) vorkommenden Räupchen des Schattenwicklers (*Cnephasia virgaureana* Tr.) sind die zusammengesponnenen Blätter der Triebspitzen typisch. In ihren Wohngespinsten fressen die sehr variablen schmutziggelbgrünen, im allgemeinen schwarzköpfigen, ausgewachsen etwa 20–25 mm langen Räupchen, zerstören die Triebspitzen und bringen die Blätter zum Absterben. Sobald die Blattwickel ausgefressen sind, verlassen die Räupchen diese und legen neue an. Auf Reiz reagieren die Raupen sehr lebhaft. Sie verpuppen sich im Juni. Der aus der Puppe schlüpfende Falter hat weißgraue, mit drei zackigen, graubraunen Querbinden versehene Vorderflügel und braungraue, weißlich gefranste Hinterflügel.

Bekämpfung: Sobald die ersten zusammengesponnenen Blätter und Triebspitzen auf die Räupchen des Gipfelwicklers hinweisen, mit einer Parathion-Emulsion, mit Azinphos (z. B. Gusathion H) oder auch versuchsweise mit Methomyl (z. B. Lannate 25 WP) oder dem Methamidophos-Präparat Tamaron spritzen und je nach Schadgefahr weitere Behandlungen folgen lassen. Gegen Jungräupchen versprechen auch Dimethoat-Emulsionen einen zufriedenstellenden Bekämpfungserfolg. Im übrigen können Bekämpfungsmaßnahmen schon Anfang Mai notwendig werden.

Haarmückenlarven

Bei den Larven der Haarmücken *(Bibionidae)* haben wir es mit Schädlingen zu tun, die manchmal sehr überraschend und dann meist auch in großen Massen auftreten können. Vor allem zwei Arten, die Gartenhaarmücke (*Bibio hortulanus* L.) und die Markus-Haarmücke (*Bibio marci* L.) werden häufiger beobachtet.

Die fußlosen, graubraunen, raupenähnlichen und behaarten Larven werden bis zu 15 mm lang bei der Gartenhaarmücke und 20–25 mm lang bei der Markus-Haarmücke. Sie haben einen deutlich dunkleren Kopf und als besonderes Merkmal geraupelte, lederartige Haut. Sie finden sich vorwiegend auf stark mit Mist gedüngten Flächen, in Kompost- und Mistbeeterde und schädigen durch Fraß an den weichen Wurzeln der verschiedensten Gartengewächse. Junge Pflänzchen werden dabei bevorzugt angegangen. Der Schadfraß der Haarmückenlarven wird vor allem im zeitigen Frühjahr auffällig.

Die Gartenhaarmücke ist etwa 8–9 mm lang; das männliche Insekt glänzend schwarz, das weibliche mit rotgelber Brust und ebenso ausgefärbtem Hinterleib.

Schwarz sind Männchen und Weibchen bei der etwas größeren Markus-Haarmücke. Bei beiden Arten fällt die dichte Behaarung auf. Meist sieht man die Mücken in großer Zahl auf den Pflanzen oder dem Erdboden sitzen. Ein kennzeichnendes Merkmal ist die Haltung beim Fluge. Sie lassen die Beine schlaff herabhängen. Die Eier werden gewöhnlich im Mai, etwas früher von der Markus-Mücke, etwas später von der Gartenhaarmücke, auf dung- und humusreiche Erde oder auf Boden, der verrottete Bestandteile enthält, abgelegt. Die Larven schlüpfen im Sommer und ernähren sich zunächst nur von zerfallender organischer Substanz. Sie überwintern im Boden und verpuppen sich nach beendeter Fraßzeit im Frühjahr.

Bekämpfung: Nur gut abgelagerte Erde verwenden. Sie darf keine unzersetzten Bestandteile enthalten. Komposterde vor der Verwendung durch Dämpfen oder auch mit chemischen Mitteln (z. B. Terabol, Basamid-Granulat, Di-Trapex) entseuchen. Da die Haarmückenlarven vor allem auf Flächen mit Stallmist gedüngter Vorfrucht auftreten, ist dort eine vorbeugende Ganzflächenbehandlung mit einem Lindan-Streumittel (z. B. Gamma-Streunex, Gammaterr, jeweils 0,5 kg/Ar) anzuraten. Bei stehenden Pflanzenbeständen mit Parathion-, Diazinon- oder Lindan-Emulsion angießen oder auch am Abend Lindan-haltige Stäubemittel auf den Boden aufstäuben. Auch Ausstreuen eines Köders, der aus 200 g Weizenkleie und 5 g eines Lindan-Streumittels hergestellt wird. Mittel erst mit Kleie gründlich durchmischen. Anschließend mit Wasser (etwa 125 ml) so durchfeuchten, daß eine krümelige Masse entsteht. Diese Menge reicht für 1 Ar.

Trauermückenlarven

Schäden durch Larven der Trauermücken (*Sciara*- und *Lycoria*-Arten) sind in den letzten Jahren verbreitet aufgetreten. Ein Zusammenhang mit der vermehrten Verwendung stark torfhaltiger Substrate darf angenommen werden. Die durch Fraß an Keimlingen, zarten Wurzeln, aber auch unterirdischen Stammteilen älterer Pflanzen schädlich werdenden Larven der Trauermücken sind etwa 6–7 mm lang, dünn, durchscheinend glasig weiß und haben eine schwarze Kopfkapsel (Abb. 29). Die Mücken selbst sind meist schwärzliche, 3–4 mm lange und mit dunklen Flügeln versehene Tierchen. Trauermücken werden sie ihrer schwarzen Farbe wegen genannt. Sie legen ihre Eier gewöhnlich in Häufchen und mit Vorliebe an bereits in Zersetzung übergegangene Stoffe, also vor allem in humus- und dungreiche Erde, Mist und Kompost ab. Dabei beträgt die Entwicklung vom Ei bis zum erwachsenen Tier nur etwa 3 Wochen. Unter Gewächshausbedingungen muß man also im Laufe eines Jahres mit einer sehr großen Nachkommenschaft rechnen.

Abb. 29. Trauermückenlarve. Etwa 15fach vergrößert.

Schäden können an sehr verschiedenen Kulturen auftreten, wobei vor allem Pflanzenbestände bevorzugt werden, bei denen die Trauermücken genügend organische Substanz, Feuchtigkeit und Wärme vorfinden. Zu nennen sind beispielsweise Poinsettien, *Crossandra, Brunsfelsia,* Farnkulturen, *Anthurium,* Gloxinien, *Saintpaulia,* Chrysanthemen, Pelargonien (Stecklingsanzuchten), *Hibiscus, Erica,* Azaleen u. a. Gewisse Arten fressen auch bodennahe Blatt- und Stengelglieder von *Epiphyllum* und *Rhipsalis* aus.

Bekämpfung: Die Schädlinge lassen sich auf Dauer nur dann erfolgreich niederhalten, wenn sich die Maßnahmen gegen Larven und Mücken richten. Gewisse Schwierigkeiten bereitet dabei immer wieder die Wahl eines geeigneten Bekämpfungsmittels. Das Problem der Kulturpflanzenverträglichkeit steht im Vordergrund. Dies um so mehr, als die Schadgefahr gerade bei Anwendung der Mittel im Gießverfahren manchmal sehr groß sein kann.

Wo man erfahrungsgemäß mit Schäden rechnen muß, können schon der Anzuchterde Streumittel bzw. granulierte Aufbereitungen auf Grundlage Lindan (z. B. Gamma Streunex, Gammaterr, jeweils 1–1,5 kg/m^3), Diazinon (z. B. Basudin 10 Granulat 0,75 kg/m^3) oder Chlorfenvinphos (z. B. Birlane Granulat, Sapecron-Granulat, jeweils 0,75–1 kg/m^3) untergemischt werden. Der Schadgefahr wegen die zuletzt genannten Mittel jedoch nicht der für Poinsettien vorbereiteten Erde beifügen. Bei stehenden Pflanzen unter Beachtung der Kulturpflanzenverträglichkeit mit Lindan-Emulsion (z. B. Nexit stark), Parathion (z. B. E 605 forte, Eftol, Parathion forte u. a.), Dimethoat-Emulsion oder Zinophos (z. B. Nemafos-Emulsion) angießen, Birlane- oder Sapecron-Granulat (5 g/m^2) aufstreuen oder, wo es die örtlichen Gegebenheiten zulassen, unter strenger Beachtung der Anwendungsvorschriften je m^2 3 g des Aldicarb-Granulats Temik 10 G ausbringen. Zu beachten ist, daß gegen Larven, die sich in kräftigen unterirdischen Stengelteilen (z. B. bei Poinsettien, Pelargonien, *Hibiscus* u. a.) emporfressen, mit nicht systemisch wirksamen Präparaten kein ausreichender Bekämpfungserfolg zu erzielen ist. Die Mittel müssen also rechtzeitig angewandt werden. Des weiteren ist wichtig, daß das Angießen der Schadgefahr wegen nur bei feuchtem Ballen geschieht. Arbeitet man mit Streumitteln bzw. granulierten Aufbereitungen, muß hernach gut gewässert werden.

Die Mücken selbst sind durch wiederholtes Sprühen mit Dichlorvos-haltigen Nebeldosen (z. B. Alphos- oder Citos-Nebeldose), durch Verdampfen von Dedevap, Raumsprühen mit Dichlorvos-Präparaten (z. B. Dedevap) oder durch Räuchern mit Sulfotepp (z. B. Bladafum), Lindan (z. B. Jacutin-Fog) oder Nikotin (z. B. Lucifer Nikotin-Räucherpulver) zu bekämpfen. Für das Ausbringen mit Nebelgeneratoren ist besonders das Präparat Luxan Dichlorvos S. C. geeignet. Auch das Aufhängen von Fliegenstreifen mit dem Wirkstoff Dichlorvos (z. B. Vapona-strip) hat sich bewährt. Im übrigen hat es sich als zweckmäßig erwiesen, auch Wände, Tische, Tabletts, Flächen unter Stellagen und Wege in den Gewächshäusern mit Lösungen der oben genannten Gießmittel kräftig zu überspritzen. Die Mücken legen nämlich mit Vorliebe ihre Eier in den dort des öfteren wuchernden Algenrasen ab.

Wie eingangs schon ausgeführt, darf bei allen Maßnahmen gegen Trauermücken und ihre Larven die Frage der Kulturpflanzenverträglichkeit der Präparate nicht außer acht gelassen werden. Dabei können nicht nur einzelne Arten, sondern auch einzelne Sorten sehr unterschiedlich reagieren. Deshalb, bevor man größere Pflanzenbestände behandelt, zunächst Vorversuche bei wenigen Pflanzen anstellen.

Wiesenschnakenlarven

Abb. 30. Die derbhäutige und beinlose Larve der Sumpfschnake *(Tipula paludosa)*. Etwa 1,5fach vergrößert.

Bei den im Boden lebenden und oft in großen Massen auftretenden Wiesenschnakenlarven (*Tipula paludosa* Meig. u. a.) haben wir es mit Schädlingen zu tun, die vor allem auf den anmoorigen Böden Nordwestdeutschlands eine Rolle spielen. Wenn auch Wiesen, Weiden und Ackerfutterflächen besonders gefährdet sind, so können die Larven doch auch bei Getreide, anderen Feldfrüchten und Gartenkulturen empfindliche Schäden verursachen.

Die bis 4 cm langen, schmutziggrauen, derbhäutigen und walzenförmigen, beinlosen Larven (Abb. 30) – ein besonderes Kennzeichen sind die 6 fleischigen Zapfen an ihrem Hinterende – fressen im allgemeinen tagsüber an Wurzeln, Knollen und unterirdischen Stengelteilen. Während der Nacht oder an trüben Tagen schaden sie aber auch an oberirdischen Pflanzenteilen in Erdnähe. Die schlanken, durch ihre langen Beine auffallenden, bräunlichgelben und bis 2 cm lang werdenden Schnaken legen ihre Eier in feuchte, humose Erde ab.

Bekämpfung: Bei stehenden Pflanzenbeständen an warmen Abenden im Frühjahr mit Parathion-äthyl (z. B. E 605 forte, Parathion forte, Eftol u. a.) vergiftete Kleieköder auslegen, notfalls gefährdete Pflanzen auch mit der Lösung einer Parathion-Emulsion oder mit Zinophos (z. B. Nemafos 0,1%) angießen. Wo mit Giftködern gearbeitet wird, müssen Haustiere von den behandelten Flächen ferngehalten werden.

Herstellung eines Parathion-Kleieköders: 250 g Weizenkleie werden mit 3 ml Parathion-äthyl (siehe oben) in 1/4 l Wasser gründlich durchmischt, bis eine gut krümelige Masse entsteht. Diese Menge reicht etwa für 1 Ar.

Engerlinge

Wer von Engerlingen spricht, meint im allgemeinen die Larven des Feldmaikäfers (*Melolontha melolontha* L.) und des weniger häufigen Waldmaikäfers (*M. hippocastani* F.). In ihrer Lebensweise unterscheiden sich beide Arten praktisch nicht. Die Käfer legen ihre Eier in den Boden ab. Aus den Eiern entwickeln sich die bekannten Engerlinge (Abb. 31). In wärmeren Gebieten haben wir eine 3jährige, in weniger warmen und Mittelgebirgslagen eine 4jährige und im Osten sogar eine 5jährige Entwicklungsdauer. Da die Engerlinge mit zunehmendem Alter gegen chemische Bekämpfungsmittel immer widerstandsfähiger werden und im Altersstadium nur noch von ganz bestimmten Präparatgruppen ein ausreichender Bekämpfungserfolg zu erwarten ist, erscheint es im Hinblick auf den richtigen Einsatz der Mittel zweckmäßig, kurz auf die einzelnen Stadien der Engerlinge einzugehen.

Abb. 31. Engerling des Maikäfers. Etwa 1,5fach vergr.

Für das *3-Jahres-Fluggebiet* lassen sich die einzelnen Stadien etwa wie folgt abgrenzen: Jungengerlinge (I. Stadium) bis September des Flugjahres. Ab September II. Stadium. Nach einer Häutung im Juni des Jahres nach dem Flugjahr kommt der Engerling in sein III. Stadium. Im letzten Sommer vor dem Flugjahr frißt er noch bis Ende Juni und verpuppt sich dann im Boden. Schon im Herbst des gleichen Jahres verläßt der Käfer die Puppenhülle, bleibt aber bis zum Frühjahr im Boden.

Für das *4-Jahres-Fluggebiet* gilt: Jungengerlinge (I. Stadium) haben wir im Flugjahr und bis etwa Ende Juni des darauffolgenden Jahres. Dann tritt der Engerling in sein II. Stadium ein. Ab Juli im zweiten Jahr nach dem Flugjahr bis gegen Ende Juli im dritten Jahr nach dem Flugjahr befindet sich schließlich der Engerling in seinem III. Stadium, um sich dann zu verpuppen und im Herbst im Boden sich zum Käfer zu entwickeln.

Da der Käfer zur Eiablage vor allem Flächen mit spärlichem Pflanzenwuchs, wie z. B. Reihenpflanzungen von Kohl, Kartoffeln, Erdbeeren, Stauden (vor allem teilweise abgeräumte Beete), Rosen usw. bevorzugt, kann man ungefähr voraussehen, auf welchen Bodenflächen nach starkem Maikäferflug Engerlinge zu erwarten sind. Über den eigentlichen Engerlingbesatz der Feldstücke wird jedoch nur die Probegrabung Auskunft geben können. Dabei wird auf den verdächtigen Feldstücken der Boden im Herbst, Winter oder im zeitigen Frühjahr bis zu einer Tiefe von 50–60 cm (Engerlinge halten sich bekanntlich während des Winters in tieferen Bodenschichten auf) sorgfältig auf die Zahl der Engerlinge untersucht. Da die Schädlinge manchmal nur horstweise auftreten, müssen wir sicherheitshalber an mehreren Stellen graben. Finden wir im Durchschnitt zwei und mehr Engerlinge je m^2, so bedeutet dies für künftige gärtnerische Kulturen bereits größte Gefahr.

Mechanische Bekämpfung: Der Einsatz der Fräse bietet eine ausgezeichnete Möglichkeit, die Engerlinge jeden Alters auf mechanische Weise abzutöten. Es ist dabei aber wichtig, daß sich die Tiere in der oberen Bodenschicht aufhalten, damit sie von der Fräse auch erfaßt werden. Der Sommer, der Herbst oder auch das späte Frühjahr sind für diese Maßnahme zu nützen.

Bekämpfung mit chemischen Mitteln

1. Vorbeugende Ganzflächenbehandlung. Gegen Engerlinge im I. Entwicklungsstadium (bis 1,5 cm lang) 0,75 kg und im II. Entwicklungsstadium (bis 2,5 cm lang) 1 kg/Ar eines Lindan-Streumittels (z. B. Gamma-Streunex, Gammaterr, C-B-Ho-Streumittel u. a.) oder auch gegen E I 0,3 kg und gegen E II 0,4 kg je Ar Streunex-Granulat breitflächig ausbringen und einarbeiten. Bei Maikäferengerlingen im III. Entwicklungsstadium (über 2,5 cm lang) ist nur noch von einer Parathion- oder Diazinon-Emulsion im Gießverfahren ein ausreichender

Bekämpfungserfolg zu erwarten. Der Schadgefahr wegen dürfen Lindan-haltige Mittel nicht bei Rosen angewandt werden.

2. Behandlung stehender Kulturen. Gefährdete Pflanzenbestände mit Parathion-äthyl (z. B. E 605 forte, Eftol, Parathion forte u. a.) oder Diazinon-Emulsion (z. B. Diazinon-25-Emulsion) in der üblichen Gebrauchskonzentration angießen. Gegen Engerlinge im I. und II. Entwicklungsstadium kann man auch ein Lindan-Mittel (z. B. Nexit-stark, Nexit flüssig, Lindan forte) verwenden. Das darf jedoch nicht bei Rosen geschehen; es kann Schäden geben.

Drahtwürmer

Die drahtartigen, harten, grobsegmentierten, etwa 2–3 cm lang werdenden, glänzenden, hellgelblich bis gelbbraun gefärbten Larven verschiedener Schnellkäfer *(Elateridae)* nennt man Drahtwürmer (Abb. 32). Im Gegensatz zu den Tausendfüßlern mit ihren vielen Beinen haben die Drahtwürmer nur 3 Paar kurze Brustbeine. Sie schädigen durch Fraß an den Wurzeln der verschiedensten Gartengewächse, fressen sich in Knollen, Zwiebeln (Bohrgänge) oder auch in untere Stengelteile ein. Die Pflanzen kümmern, lassen sich leicht aus dem Boden ziehen und gehen schließlich ein. Die Saaten laufen lückig auf. Nicht selten werden die jungen Pflänzchen dicht unter der Erde an- oder abgenagt, wobei die Fraßstellen dann auffällig zerfasert erscheinen. Je nach Art kann die Entwicklung bis zum fertigen Insekt mehrere Jahre (3–5) dauern. Im Frühjahr, nach der winterlichen Hungerperiode, ist die Freßlust der Larven besonders groß. Die Verpuppung findet am Fraßort im Boden statt.

Die im allgemeinen dunkel gefärbten, lang-ovalen, bis 1 cm langen Käfer ernähren sich zwar von zarten Pflanzenteilen, doch werden sie kaum irgendwo schädlich. Man nennt sie nicht deshalb Schnellkäfer, weil sie es vielleicht sehr eilig hätten, sondern weil sie befähigt sind, aus der Rückenlage emporzuschnellen. Das Springen ist jeweils von einem knackenden Geräusch begleitet. Die Käfer kommen im Frühjahr aus den Winterverstecken. Sie legen ihre kugeligen, weißlichen Eier im Frühsommer oberflächlich in den Boden, vor allem in Grünland, zwischen Graswurzeln, die Bodenstreu und sonstige pflanzenbewachsene Flächen. Stets werden feuchte, viel organische Masse enthaltende Böden bevorzugt. Kulturen auf umgebrochenem Grünland sind deshalb besonders gefährdet. Mit der Erde (z. B. Rasenerde!) können dann die Drahtwürmer auch in die Gewächshäuser und Anzuchtkästen eingeschleppt werden.

Häufig kommen vor der Düstere Humusschnellkäfer (*Agriotes obscurus* L.) und der Saatschnellkäfer (*Agriotes lineatus* L.).

Abb. 32. Als „Drahtwürmer“ bezeichnet man die Larven der Schnellkäfer. Etwa 3fach vergrößert.

Allgemeine Maßnahmen gegen Drahtwürmer: Eine gründliche Bodenbearbeitung ist in jedem Falle wichtig. Auf drahtwurmgefährdeten Feldstücken ist der Saatgutaufwand reichlich zu bemessen. Empfindliche Kulturen nicht auf Neubruch bringen. Feldabraum, der mit Vorliebe als Schlupfwinkel aufgesucht wird, ist zu beseitigen. Das Auspflanzen von Fangpflanzen (z. B. Salat) oder das Ködern mit 5–10 cm tief eingegrabenen, zerschnittenen Kartoffeln hat nur noch für den Kleingarten Bedeutung.

Bekämpfung mit chemischen Mitteln

1. Vorbeugende Ganzflächenbehandlung: Schon vor der Saat oder der Pflanzung je Ar 0,5–0,75 kg eines Lindan-Streumittels (z. B. Gamma-Streunex, Gammaterr, C-B-Ho-Streumittel), 200 g Streunex-Granulat (Wirkstoff: Lindan) oder 0,5–0,8 kg Sapecron-Granulat (Wirkstoff: Chlorfenvinphos) auf das vorbereitete Land ausbringen und etwa 5–10 cm tief einarbeiten. Nicht ganz so wirksam sind die zur Drahtwurmbekämpfung im Gemüsebau zugelassenen Bromophos-haltigen Streumittel (z. B. Nexion-Streumittel, Drillzid Streumittel, jeweils 2 kg/Ar). Derzeit in Prüfung steht das Carbofuran-Präparat Curaterr (1 kg/Ar). Über seine Verwendung im Zierpflanzenbau liegen leider noch keine Erfahrungen vor. Man wird also die Ergebnisse der Zulassungsprüfung abwarten müssen. Ähnliches gilt für Präparate auf Grundlage Isofenphos. Lindan-haltige Mittel wirken wohl sehr zuverlässig, doch können manche Gehölze (z. B. Rosen) auf eine Behandlung mit Lindan-Streumitteln empfindlich reagieren. Wegen der Gefahr der geruchlichen und geschmacklichen Beeinflussung des Erntegutes, dürfen sie dort nicht verwendet werden, wo der Nachbau von Wurzelgemüse (z. B. Rettich, Möhren) vorgesehen ist.
2. Behandlung stehender Kulturen: Gefährdete Pflanzenbestände mit Lindan-Brühen (z. B. Nexit flüssig 0,05%, Lindan forte 0,02%, Nexit stark 0,02%, Lindan flüssig 0,05%), Parathion-äthyl- (z. B. E 605 forte, Eftol, Parathion forte u. a. jeweils 0,035%) oder Diazinon-Emulsion (z. B. Diazinon 25) angießen. Kulturpflanzenverträglichkeit beachten!

Beim Dämpfen der Erde oder einer Bodenentseuchung mit Basamid, Terabol oder Di-Trapex werden auch Drahtwürmer abgetötet.

Gefurchter Dickmaulrüßler

Im allgemeinen ist der etwa 10–12 mm lange, länglich-ovale, schwarze und grobgekörnte Käfer (*Otiorrhynchus sulcatus* F.) dem Gärtner weniger bekannt als seine gefräßigen Larven. Wenn wir es auch beim Dickmaulrüßler mit keinem Schädling von großer Verbreitung zu tun haben, so können doch seine Larven im Zierpflanzenbau örtlich oft beträchtlichen Schaden anrichten. Rhododendren und Azaleen haben manchmal sehr unter Befall zu leiden; aber auch bei *Cyclamen*, Primeln, Topfefeu, Hortensien, Farnen, Echeverien, Begonien, Chrysanthemen, Rosen, Flieder, *Taxus* und vielen anderen Pflanzen sind Schäden nicht gerade selten.

Für die Käfer sind kurze, breite, mit schmaler Mittelfurche versehene Rüssel und die gefurchten Flügeldecken kennzeichnend (Abb. 33). Tagsüber sitzen sie am Grunde ihrer Wirtspflanzen versteckt oder halten sich in der obersten Bodenschicht auf. Auf nächtlicher Nahrungssuche fressen die Käfer dann die Blätter der Pflanzen buchtartig an. Mit dem Auftreten des Schädlings ist im Freiland im Juni, in den

Abb. 33. Gefurchter Dickmaulrüßler. Etwa 3–4fach vergrößert.
Abb. 34. Larven des Gefurchten Dickmaulrüßlers.

Gewächshäusern aber schon im Februar und März zu rechnen. Die Eier werden z. B. im Freien im Laufe des Sommers einzeln oder auch zu mehreren am Grunde der Pflanzen oder in humose Laub-, Heide-, Moor- oder auch Komposterde abgelegt.

Gefährlicher als nur die oberirdisch fressenden Käfer sind die bis zu 12 mm lang werdenden, weißen, braunköpfigen, schwach querrinnigen und bauchwärts gekrümmten Larven (Abb. 34). Sie gehen an feine Wurzeln, fressen bei holzigen Pflanzen die Wurzelrinde bis aufs Holz ab und benagen auch untere Stamm- und Stengelteile. In weiche Knollen (z. B. von *Cyclamen,* Gloxinien) werden sogar Löcher eingefressen. Befallene Pflanzen kümmern und gehen ein. Nach mehreren Häutungen überwintern die Larven und verpuppen sich im Frühjahr.

Bekämpfung: Bei Auftreten der Käfer wiederholt mit Parathion-Präparaten (z. B. E 605-Staub, Rhodiatox Staub) stäuben, unter Glas auch mit Dichlorvos-haltigen Nebeldosen (z. B. Alphos) sprühen, Dedevap verdampfen oder mit Sulfotepp (Bladafum) räuchern. Im allgemeinen wird man im Freiland in der Zeit von Mai bis Juli bekämpfen müssen, unter Glas oft schon von März ab.

Wird man erst auf Grund von Schäden auf Larvenbefall aufmerksam, gefährdete Bestände im Abstand von 10 Tagen mit Parathion-äthyl (z. B. E 605 forte, Parathion forte, Eftol u. a., jeweils 0,05%), Diazinon-Emulsion (z. B. Diazinon-25-Emulsion, 0,15%), Phosphamidon + Fenitrothion (z. B. Dimecron combi, 0,1%) oder versuchsweise auch mit einem Carbofuran-Präparat (z. B. Curaterr SK) angießen. Carbofuran-Mittel haben sich in unseren Versuchen als sehr aussichtsreich erwiesen. Möglicherweise kommen für diesen Verwendungszweck auch das derzeit in Prüfung befindliche Carbofuran-Granulat „Curaterr“ und Mittel auf Grundlage Isofenphos in Frage. Propoxur-Präparate (z. B. Unden flüssig, 0,15%) sind zwar ebenfalls wirksam, lassen jedoch in ihrer Kulturpflanzenverträglichkeit oft zu wünschen übrig. Wichtig ist, daß das Angießen stets bei feuchtem Ballen geschieht. Im allgemeinen erfolgt die Abtötung langsam, die Larven stellen jedoch bald nach der Behandlung ihre Fraßtätigkeit ein.

Erdflöhe

Der Name Erdflöhe könnte vermuten lassen, daß wir es mit flohartigen, saugenden Insekten zu tun haben. Es handelt sich jedoch um kleine, etwa 2–4 mm lange, mit kräftigen Springbeinen ausgerüstete Käfer *(Halticinae)*. Je nach Art sind sie einfarbig schwarz (z. B. *Phyllotreta atrata* F., *P. nigripes* F.), schwarz mit gelben Streifen (*P. undulata* Kutsch., *P. nemorum* L.) oder glänzend grünlich bis bräunlich (*Haltica oleracea* L.) gefärbt.

Die Erdflöhe überwintern unter Laub, im Genist am Boden, hinter der Borke von Bäumen u. a. Im April und Mai verlassen sie ihre Winterverstecke um an den verschiedensten kreuzblütigen Kulturpflanzen (z. B. Kohl, Rettich, Raps, Senf, *Arabis*, Levkojen, Goldlack, *Alyssum*) oder auch z. B. an Fuchsien, Godetien, Reseden zu fressen. Warmes trockenes Wetter sagt den Käfern besonders zu. Erdflohfraß ist leicht daran zu erkennen, daß die Blätter wie ein Sieb durchlöchert erscheinen. Häufig werden schon die Keimblätter befallen.

Während die aus den Eiern schlüpfenden Larven bei einigen Arten in den Blättern minieren oder frei auf der Unterseite der Blätter fressen, gehen andere an die Wurzeln ihrer Wirtspflanzen. Auffällige Schäden sind jedoch selten. Die Verpuppung erfolgt im Boden. Altkäfer sterben im Laufe des Sommers ab. Jungkäfer erscheinen im August.

Bekämpfung: Mit Parathion-Emulsion oder Omethoat (z. B. Folimat) spritzen oder auch mit einem Parathion- oder Lindan-Stäubemittel stäuben.

Ameisen

Wenn auch die Ameisen *(Formicidae)* gelegentlich zarte, saftige Pflanzenteile angehen, sich an ihrem Saft gütlich tun und Blüten benagen, um den Nektar zu erreichen, so sind diese Schäden doch verhältnismäßig gering. Sie machen sich aber oft dadurch unangenehm bemerkbar, daß sie bei der Anlage ihrer Nester und Gänge die Pflanzen unterminieren, wobei vor allem junge Pflänzlinge Schaden nehmen können. Der von Blattläusen, Schildläusen und der Weißen Fliege (Mottenschildlaus) ausgeschiedene Kot (Honigtau) wird von den Ameisen sehr geschätzt. Das ist auch der Grund dafür, daß man die Ameisen oft in der Nähe solcher Schädlingskolonien antrifft. Zum Teil lassen sie ihren Honigtaulieferanten sogar eine sehr pflegliche Behandlung zukommen. Neben den stets flügellosen Arbeiterinnen gibt es im Ameisenstaat noch geflügelte Männchen und Weibchen. An schönen, warmen Tagen kann man sie oft in Schwärmen zu ihrem Hochzeitsflug ausfliegen sehen.

Bekämpfung: Es gibt eine Reihe gut wirksamer Gieß- und Streumittel auf Lindan-Grundlage. Genannt seien beispielsweise die Ameisen-Streu- und Gießmittel der Firmen Schacht und Globol-Werk GmbH, Ameisen-Streunex L, Detia Ameisenpuder, Ameisentod, Oktagam Neu (Lindan + Methoxychlor), Ameisenmittel Schering, Verindal Ultra und terrasan-Ameisentod. Es ist zu empfehlen, die Nester zunächst etwas aufzureißen, dann die flüssigen Mittel aufzugießen oder auch die Streumittel nach Gebrauchsanweisung einzubringen. Nachdem die Nester zugedeckt sind, wird mit den gleichen Mitteln nachbehandelt.

Die Ameisenbekämpfung im Haus bzw. in Lagerräumen und Kellern ist schwierig. Im allgemeinen wird man erst dann Ruhe haben, wenn es gelingt, die Nester freizulegen und die Brut zu vernichten. Bislang wurden vor allem Ködermittel (z. B. Ameisenmittel Tugon auf Grundlage Trichlorfon) empfohlen, wobei die Ameisenstraßen zu belegen waren. Da auf diese Weise nur die Arbeiterinnen erfaßt wurden, mußten die Mittel über einen verhältnismäßig langen Zeitraum angewandt werden.

Neuerdings liegen gute Erfahrungen mit insektiziden Carbamaten (z. B. Blattanex-Emulsion) vor. Das Mittel ist 2,5%ig, bei starkem Befall oder alkalisch reagierenden Unterlagen auch 5%ig zu verwenden. Bespritzt werden die Ameisenstraßen und die Umgebung der vermeintlichen Schlupfwinkel. Noch einfacher in der Anwendung ist Blattanex-Spray (insektizides Carbamat + Dichlorvos). Auch Blattanex-Staub (insektizides Carbamat), Glutox-Puder (Carbaryl mit Pyrethrum + Piperonylbutoxid) und Paral Diazinon-Puder (Diazinon + Lindan mit Pyrethrum + N-Propyl-isomere) sind brauchbar.

Blattläuse

Es gibt kaum eine Kulturpflanze, die nicht von irgendwelchen Blattläusen *(Aphidoidea)* befallen wird. Allein in Deutschland kennt man etwa 800 Blattlausarten. Zahlreich sind auch die Arten, die unsere Blumen und Zierpflanzen besiedeln. Bald sind die mit stechend-saugenden Mundwerkzeugen ausgerüsteten Läuse grün, gelb, gelbgrün, bald sind sie bräunlich, rötlich oder schwärzlich gefärbt. Es gibt nackte und solche deren Körper mit weißlichen, oft bläulich schimmernden Wachsausscheidungen bedeckt ist. Gewöhnlich finden sich die Läuse in mehr oder weniger großen Kolonien auf der Unterseite der Blätter, an jüngeren, saftigen Trieben und vor allem an den Triebspitzen. Blüten werden ebenfalls befallen. Einige Arten halten sich auch an den Wurzeln ihrer Wirtspflanzen auf.

Die Läuse schaden zunächst einmal durch Besaugen der Pflanzenteile selbst, das heißt also durch Saftentzug. Häufig wird das Pflanzengewebe durch den beim Saugen eindringenden giftigen Speichel zu krankhaftem Wuchs angeregt. Die Blätter kräuseln sich und rollen sich ein. Manche Arten erzeugen sogar ausgesprochene Blattrollen, Falten, beutelförmige Gallen und ähnliche Wucherungen. Befallene Blätter lassen oft Stellen abgestorbenen Gewebes (sog. Nekrosen) erkennen. Manchmal färben sich Teile der Blattspreite gelb oder rötlich. In vielen Fällen kommt es zu Triebstauchungen und zur Bildung von Blattnestern. Triebspitzen können verkümmern; in schweren Fällen vertrocknen sie wie auch die Blätter und sterben ab. Die Läuse schaden nicht nur durch ihre Saugtätigkeit allein. Ihre süßen, flüssigen Kotausscheidungen, der sog. Honigtau, überziehen die Blätter als klebrige lackartige Schicht. Es siedeln sich darauf allerlei Rußtaupilze (Schwärzepilze) an. Deren schwärzlicher Belag macht dann die Pflanzen noch viel unansehnlicher. Schließlich werden viele Arten auch

Abb. 35. Nymphe der Grünen Pfirsichblattlaus. Etwa 14fach vergrößert.

dadurch schädlich, daß sie Viruskrankheiten übertragen. Vielen Ameisen dient der „Blattlaushonig“ als Nahrung. Es darf heute als erwiesen gelten, daß die Blattläuse durch den Ameisenbesuch zu verstärkter Saugtätigkeit angeregt werden. Die Ameisen betrillern die Läuse mit den Fühlern und veranlassen sie auf diese Weise zur Abgabe eines Kottropfens.

Wer eine Läusekolonie näher betrachtet, wird oft sehr verschiedenartig aussehende Tiere feststellen können. Da sind alte Läuse, jüngere und ältere Larven und oft auch Vorstadien geflügelter Läuse (Nymphen) (Abb. 35). Neben diesen ungeflügelten Formen treten nicht selten geflügelte auf. Die geflügelten Läuse haben 4 Flügel, sind schlank und gleichen kleinen Zikaden (Abb. 36). Die Lebensweise kann bei den einzelnen Arten sehr verschieden sein. Es gibt solche, die das ganze Jahr auf der Wirtspflanze bleiben und solche, bei welchen geflügelte Tiere zu bestimmten Jahreszeiten auf andere Pflanzen übersiedeln. Wir haben es im letzten Falle mit sog. wirtswechselnden Blattläusen zu tun. Zu den wirtswechselnden Arten gehört z. B. die Grüne Pfirsichblattlaus (*Myzus persicae* Sulz.), die von ihrem Hauptwirt, dem Pfirsich, auf viele krautige Pflanzen und Sträucher überwandert, im Herbst auf den Pfirsich zurückgeht und dort in der Form des Wintereis überwintert. Ähnlich verhält es sich mit der Schwarzen Bohnenblattlaus (*Aphis fabae* Scop.). Ihre Hauptwirte sind der Schneeball und das Pfaffenhütchen. Die Rosenblattlaus (*Macrosiphum rosae* L.) hat Karden- und Baldriangewächse als Nebenwirte.

Wenn in der Folge auf den *Entwicklungsverlauf der Blattläuse* kurz eingegangen wird, so kann es sich in diesem Fall nur um ein Beispiel für die typische Vermehrungsweise handeln. Es kommen jedoch die verschiedenartigsten Abweichungen vor.

Die Überwinterung der meisten im Freien überwinternden Arten erfolgt in der Form des befruchteten Eies. Im Frühjahr schlüpft aus dem Ei eine kleine, ungeflügelte weibliche Laus (Jungfer), die sich nach mehreren Häutungen zu der ebenfalls flügellosen „Stammutter“ entwickelt und dann, ohne befruchtet zu sein, lebendige Junge zur Welt bringt (Jungfernzeugung). Nach wenigen Wochen, im günstigsten Falle schon nach 10–14 Tagen, sind auch diese Jungen wieder soweit entwickelt, daß sie selbst Junge zur Welt bringen können. Unter geeigneten Bedingungen geht also die Vermehrung der Läuse sehr schnell vor sich.

Zu gewissen Zeiten, meist gegen den Hochsommer hin, treten aber auch geflügelte weibliche Läuse in den Kolonien auf. Sie fliegen neue Futterpflanzen an und wiederum wird die jungfräuliche Erzeugung lebendiger Junger fortgesetzt. Die Weiterentwicklung erfolgt dann so, wie bereits angegeben. Schließlich bringen die ungeflügelten weiblichen Läuse gegen den Herbst Jungläuse zur Welt, von denen sich ein Teil wieder zu ungeflügelten, befruchtungsbedürftigen Weibchen und geflügelten Männchen entwickelt. Nach der Befruchtung legen die Weibchen Eier ab, die dann überwintern. Unter den in unseren Gewächshäusern vorkommenden Arten gibt es aber auch solche, die keine Männchen hervorbringen und sich immer jungfräulich fortpflanzen. Gewisse Arten können gelegentlich auch im Freien überwintern. Je nach Art kann die Zahl der jährlichen Generationen sehr verschieden sein. Sie ist auch von der Temperatur und der Feuchtigkeit abhängig. Trockenheit und Wärme begünstigen die Vermehrung der Blattläuse. Bei naßkalter Witterung sterben sie oft massenweise ab. Im Gewächshaus geht die Vermehrung das ganze Jahr über weiter.

Bekämpfung: Gut gepflegte Kulturen haben weniger unter Blattlausbefall zu leiden, als solche, denen es an Nahrung und Wasser mangelt. Von den sehr zahlreich angebotenen Mitteln können vor allem die Phosphorester-Präparate der Parathion-,

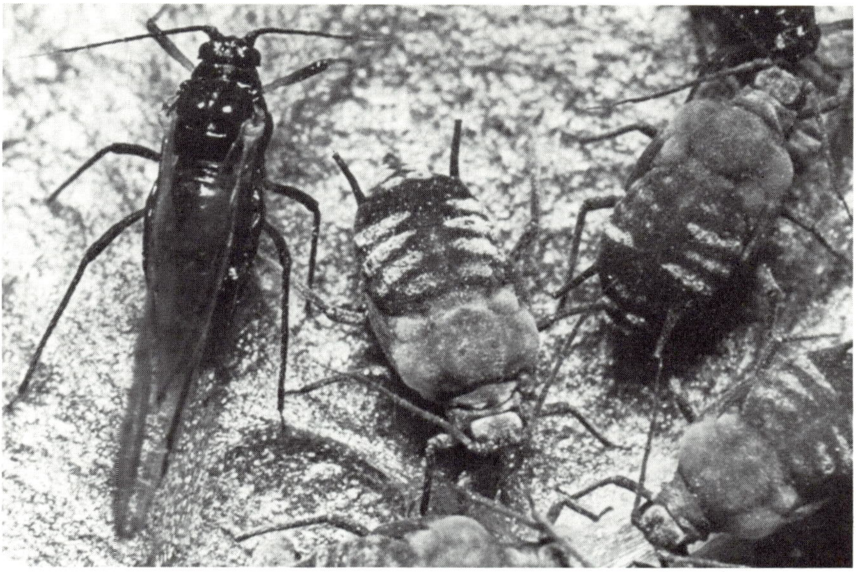

Abb. 36. Läusekolonie mit Nymphen und geflügelter Laus. Etwa 20fach vergrößert.

Malathion- und Diazinon-Gruppe, Propoxur-Präparate (z. B. Unden flüssig), die systemisch wirksamen Demeton- (z. B. Metasystox), Phosphamidon- (z. B. Dimecron), Dimethoat- (z. B. Roxion, Perfekthion, Rogor u. a.) und Mevinphos-Mittel (z. B. PD 5, Shell Phosdrin 50), das Omethoat-Präparat Folimat, Lannate 25-WP (Wirkstoff: Methomyl) und das neuerdings zugelassene Tamaron (Wirkstoff: Methamidophos) empfohlen werden. Auch die drei zuletzt genannten haben systemische Eigenschaften. In manchen Fällen wird man auch auf Nikotin und Endosulfan-Präparate (z. B. Thiodan emulgierbar, Beosit emulgierbar, jeweils 0,2%; Thiodan 35 flüssig 0,1%) zurückgreifen, wobei die bienenungefährlichen Endosulfan-Mittel vor allem dort zu bevorzugen sind, wo blühende und stark von Bienen besuchte Pflanzenbestände behandelt werden müssen. Darüber hinaus hat man unter Glas die Möglichkeit mit Dichlorvos-haltigen Nebeldosen (z. B. Alphos) zu sprühen, Dedevap (Wirkstoff: Dichlorvos) zu verdampfen oder als Raumsprühmittel zu verwenden, Luxan Dichlorvos S.C. mit Nebelgeneratoren auszubringen oder auch mit Sulfotepp (z. B. Bladafum), Lindan (z. B. Jacutin-Fog) oder Nikotin (z. B. „Lucifer" Nikotin-Räucherpulver) zu räuchern. Nicht vergessen sei das Aldicarb-Granulat Temik 10 G. Das breitwirksame Mittel zeichnet sich durch gute Kulturpflanzenverträglichkeit aus. Ein gewisser Nachteil ist die hohe Giftigkeit. Die Anwendungsvorschriften müssen daher streng beachtet werden.

Wo sich bei Blattläusen Resistenzerscheinungen gegenüber gebräuchlichen Phosphorsäureinsektiziden zeigen, mit dem im allgemeinen gut verträglichen Lannate 25-WP, mit Folimat, Lindan-Emulsion (z. B. gegen Grüne Pfirsichblattlaus) oder auch mit Nikotin arbeiten. Dabei muß man wissen, daß auch die Schwarzgefleckte Gewächshausblattlaus (*Neomyzus circumflexus* Buckt.) sehr schlecht auf Lindan-Präparate anspricht.

Manche systemisch wirksamen Mittel wie z. B. Metasystox, Dimethoat-Emulsionen, Pirimor (Wirkstoff: Pirimicarb) und das derzeit in Prüfung stehende Vydate können auch als Gießmittel Verwendung finden. Der Schadgefahr wegen dürfen sie jedoch nur auf feuchten Ballen gegeben werden. Auch läßt z. B. Pirimor eine zufriedenstellende Wirkung dort vermissen, wo die Kulturen in stark humosen Substraten (z. B. TKS) stehen.

Gegen Wurzelläuse (s. auch Seite 91) können vor allem Mevinphos-Mittel (z. B. PD 5, Shell Phosdrin 50), Diazinon-, Parathion- und Phosphamidon-Emulsionen als Gießmittel mit Zusatz eines Netzmittels oder auch das Streugranulat Temik 10 G empfohlen werden. Auch das derzeit in Prüfung befindliche Vydate hat sich in unseren orientierenden Versuchen als ausgezeichnet wirksam erwiesen. Darüber hinaus wäre auch an die Verwendung von Folimat oder Endosulfan-Emulsionen zu denken. Bei der Auswahl der Präparate die Kulturpflanzenverträglichkeit berücksichtigen. Man beachte die bei den einzelnen Kulturen angegebenen Hinweise. Wo noch keine Erfahrungen vorliegen, zunächst Vorversuche (bei wenigen Pflanzen) auf Pflanzenverträglichkeit anstellen.

Im übrigen Pflanzenbestände laufend auf Blattlausbefall überprüfen. Rechtzeitig mit den Bekämpfungsmaßnahmen beginnen und nicht erst dann, wenn die in verkrüppelten Blättern oder auch in Blumen versteckt sitzenden Läuse nicht mehr ausreichend getroffen werden können. Wir müssen sorgfältig spritzen und bei Kolonien mit wachsartigen oder wolligen Ausscheidungen mit kräftigem Spritzstrahl arbeiten.

Schildläuse

Unter Glas und im Freiland gehören die Schildläuse *(Coccoidea)* mit zu den lästigsten Schädlingen, die wir kennen. Man findet sie an Ästen, Zweigen, Trieben, Blättern und Blattstielen, vor allem derblaubiger, immergrüner Pflanzen oder auch holziger Gewächse. Manche Arten bevorzugen die Wurzeln ihrer Wirtspflanzen. Die Nahrung nehmen sie mit Hilfe des Saugrüssels auf. Durch das Saugen werden die Pflanzen geschwächt und im Wachstum gehemmt; sie kümmern. Die Blätter werden fleckig und unansehnlich. Außerdem werden die Pflanzen durch die klebrigen Ausscheidungen der Schildläuse, den Honigtau, auf dem sich später Schwärzepilze ansiedeln, stark verschmutzt.

Wie bei den verwandten Blattläusen haben wir auch bei den Schildläusen zahlreiche Arten. In der Folge sollen jedoch nur die Arten

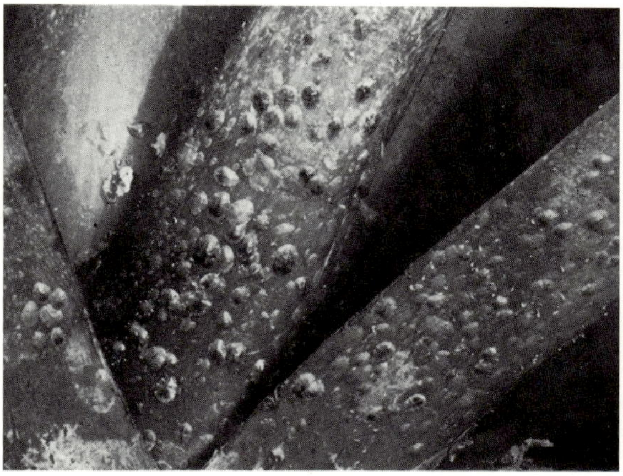

Abb. 37. Napfschildläuse auf Sisalagave.

erwähnt werden, denen der Gärtner öfters begegnet.

Schildläuse können sich als unbewegliche, schuppenförmige, halbkugelige oder kommaähnliche Gebilde zeigen. Die Tiere sitzen dann unter einem leicht vom eigentlichen Tier zu trennenden, also abhebbaren, runden bis ovalen, oft nur stecknadelkopfgroßen Schildchen (z. B. bei den schildtragenden Diaspinen wie *Aspidiotus hederae* Vall., Oleanderschildlaus, *Pinnaspis aspidistrae* Sign., Farnschildlaus, *Aonidia lauri* Bché., Lorbeerschildlaus, *Aulacaspis rosae* Bché., Kleine Weiße Rosenschildlaus). Die derbe, erhärtete und verdickte Rückenhaut der Tiere kann sich aber auch zu einem hochgewölbten Schild (z. B. bei den Napfschildläusen oder Lecaniinen (Abb. 37) wie *Parthenolecanium corni* Bché., Gemeine Napfschildlaus, *Coccus hesperidum* L., Weiche Schildlaus, *Saissetia coffeae* Walk., Halbkuglige Napfschildlaus u. a.) umgebildet haben. Bei den letzteren kann also der sog. Schild nur mit dem Tier selbst entfernt werden. Neben diesen festsitzenden älteren Schildläusen treten auch deren freibewegliche Jugendstadien auf. Schließlich sind die von weißen, mehligen oder flaumigen Wachsausscheidungen umhüllten, im allgemeinen deutlich segmentierten und zeitlebens beweglichen Schmier- und Wolläuse (Pseudococcinen) zu nennen (Abb. 38, 39). Sie besitzen keinen Rückenschild. Hierher gehören *Planococcus citri* Risso, Citrus-Schmierlaus, *Pseudococcus adonidum* L., Langdornige Schmierlaus, *Orthezia insignis* Browne, Gewächshaus-Röhrenschildlaus.

Abb. 38. Kolonien von Schmierläusen an *Ficus benjamina*.

Die Vermehrung der Schildläuse erfolgt im allgemeinen durch Eier. Sie kann ohne Befruchtung, also jungfräulich vor sich gehen. Die Eier werden bei den eigentlichen schildtragenden Schildläusen (Deckelschildläusen) und den Napfschildläusen unter dem Schild abgelegt, bei den Woll- oder Schmierläusen unter wollig-fädigen Wachsausscheidungen untergebracht. Die aus den Eiern schlüpfenden, zunächst beweglichen, mit Augen und Fühlern versehenen 6beinigen jungen Napfschildläuse setzen sich bald an einer ihnen zusagenden Stelle fest. Die Weibchen unter ihnen verlieren nach mehreren Häutungen alle Organe bis auf den Saugrüssel. Aus ihnen werden die altbekannten festsitzenden Schildläuse. Die Entwicklung der nur selten auftretenden männlichen Larven geht jedoch weiter. Ausgewachsen besitzen sie Fühler, Augen

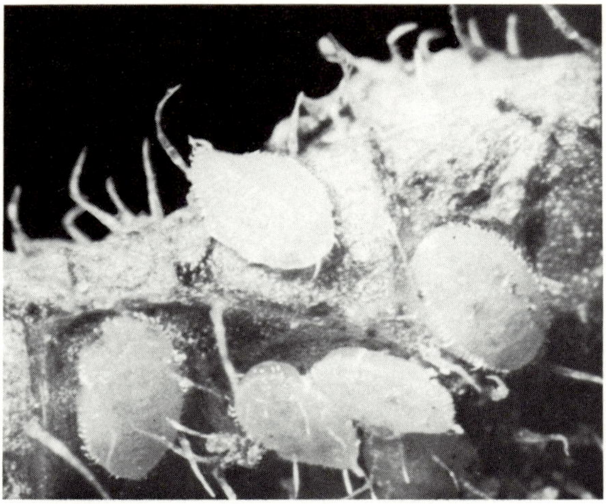

Abb. 39. Schmierläuse. Etwa 8fach vergrößert.

und Beine, sind also beweglich. Bei gewissen Arten sind die Männchen auch geflügelt. Sie sind sehr zart gebaut und leben nur kurze Zeit.

Die Ausbreitung der Läuse geschieht aktiv durch wandernde Jungläuse, bei den Woll- oder Schmierläusen auch durch ausgewachsene Stadien oder auf passivem Wege mit befallenen Pflanzen und Pflanzenteilen oder auch im Freien durch den Wind.

Bevorzugte Wirtspflanzen der Napf- und Deckelschildläuse sind z. B. Myrte, *Ficus*, Philodendron, *Monstera*, Palmen, Poinsettie, *Aphelandra*, Oleander, *Codiaeum*, Kamelie, Clivie. Woll- und Schmierläuse finden sich häufig auf Kakteen, Kamelie, Clivie, *Coleus*, *Hippeastrum*, Poinsettie.

Bekämpfung: Man kann mit Azinphos-äthyl (z. B. Gusathion H), einer Dimethoat-Emulsion oder mit Methomyl (z. B. Lannate 25-WP) spritzen oder auch gegen Napfschildläuse und junge Stadien von Deckelschildläusen eine Malathion-Emulsion oder ein Propoxur-Präparat (z. B. Unden flüssig) verwenden. Insbesondere gegen Schmier- oder Wolläuse dürfte sich künftig das derzeit in Prüfung befindliche Vydate (Wirkstoff: S-methyl-1-(dimethylcarbamoyl)-N-[(methylcarbamoyl)oxy]thioformidate) anbieten. Parathion- und Diazinon-Emulsionen wirken nur auf junge Napfschildläuse und junge Deckelschildläuse befriedigend. Lannate 25-WP läßt des öfteren in der Wirkung auf Schmier- und Wolläuse zu wünschen übrig. Auch beim Räuchern mit Sulfotepp (z. B. Bladafum), bei Verdampfen oder Raumsprühen mit Dichlorvos (z. B. Dedevap, Nogos) oder beim Sprühen mit der Alphos- (Dichlorvos + Tetrasul) oder Citos-Nebeldose (Dichlorvos) werden nur bewegliche Stadien erfaßt. Das setzt voraus, daß die Mittel wiederholt angewandt werden müssen.

Für hartlaubige Gewächse sind des weiteren auch Mineralöl-Präparate (z. B. Para-Sommer) geeignet. Unverdünnt ist das Lindan + Pyrethrum + Piperonylbutoxid + Rotenon-haltige Ettisol zu spritzen. Im übrigen werden zur Bekämpfung von Schildläusen an Topf- und Zimmerpflanzen zahlreiche Sprühdosen angeboten.

Unterschiedlich sind die Erfahrungen mit dem Aldicarb-Granulat Temik 10 G. Die Pflanzen müssen sich in gutem Wachstum befinden, damit das Mittel auch wirklich dahin transportiert wird, wo es seine Wirkung tun kann. Unter anderem erklärt man sich das Versagen des Mittels auch damit, daß die Tiere während bestimmter Entwicklungsphasen überhaupt keine Nahrung und damit auch keinen Wirkstoff aufnehmen. Gute Erfolge wurden beispielsweise bei Amaryllis-Zwiebeln *(Hippeastrum)* erzielt. Vor dem Austrieb angewandt, sind für die Bekämpfung von Schildläusen an Ziergehölzen auch die sogenannten Austriebsspritzmittel auf Grundlage Mineralöl + Parathion-äthyl (z. B. Folidol-Öl-Spritzmittel, Eftol-Öl) geeignet. Geht es im besonderen um die Bekämpfung von Wolläusen, ist mit Azinphos-äthyl (z. B. Gusathion H), einer Dimethoat-Emulsion, mit Unden flüssig (0,2%) oder mit einem Mevinphos-Mittel (z. B. PD 5, Shell Phosdrin 50) unter Zusatz eines Netzmittels zu spritzen. Nach holländischen Erfahrungen werden auch Kombinationen dieser Mittel mit Endosulfan-Emulsion als besonders wirksam herausgestellt. Darüber hinaus kann man bei Koniferen (z. B. Douglasien, *Abies* u. a.) auch Sommeröle mit Zusatz eines Netzmittels erfolgreich gegen Schildläuse einsetzen.

Schließlich bietet die Begasung mit Blausäure (z. B. mit Calcid) eine Möglichkeit, größere Bestände von hartlaubigen Gewächsen (z. B. Lorbeerbäumen) von Schildläusen zu befreien. Blausäure ist für den Anwender nicht ungefährlich und kann bei unsachgemäßer Anwendung auch den Pflanzen Schaden bringen. Wer mit Blausäure arbeiten möchte, lasse sich von seiner zuständigen Pflanzenschutzdienststelle beraten oder wende sich direkt an die Lieferfirmen Heerdt-Lingler GmbH, Frankfurt/Main oder Testa, Internationale Schädlingsbekämpfungsgesellschaft mbH, Hamburg 1.

Wurzelläuse

Als Wurzelläuse bezeichnet man einige Arten von Blatt- und Schildläusen, die an den Wurzeln oder am Wurzelhals ihrer Wirtspflanzen leben. Dazu gehören z. B. die an Blumenzwiebeln vorkommenden *Dysaphis tulipae* B.d.Fonsc., Tulpenzwiebellaus, und *Myzotoxoptera tulipaella* Theob., Mietenlaus, die bei Primeln schädlich werdende *Pemphigus auriculae* Murray und die zu den Schildläusen gehörende *Rhizoecus falcifera* Künck. (an Farnen, Kakteen u. a.). An den Wurzeln von *Euphorbiaceen* (z. B. *Euphorbia lactea*), Crassulaceen (z. B. *Crassula tetragona, C. arborescens* u. a.) und bei Aechmeen findet sich hin und wieder die Schildlaus *Rhizoecus cacticans* Hambl. Bei *Bellis* werden manchmal *Pemphigus*-Arten schädlich. Die befallenen Pflanzen bleiben im Wachstum zurück, die Blätter vergilben. In schweren Fällen wird sogar ein Welken und Absterben der Pflanzen beobachtet. Meist sind die Läuse mit Wachsausscheidungen bedeckt oder sie tragen weiße, fädige Wachsfortsätze. Einige zu den Blattläusen gehörende Arten, wie z. B. *Pemphigus auriculae* Murray, sind wirtswechselnd und leben zeitweise auch an anderen Pflanzen über der Erde.

Bekämpfung: Befallene Pflanzen unter Beachtung der Kulturpflanzenverträglichkeit mit einem Mevinphos-Mittel (z. B. PD 5, Shell Phosdrin 50), mit Diazinon-Emulsion, Propoxur (z. B. Unden flüssig) oder einer Endosulfan-Emulsion (z. B. Thiodan 35) unter Zusatz eines Netzmittels bei feuchtem Ballen angießen oder auch die Wurzelballen in die Brühe eines Mevinphos-Mittels (0,05%) tauchen. Man kann aber auch unter strenger Beachtung der Anwendungsvorschrift mit dem Streugranulat Temik 10 G (Wirkstoff: Aldicarb) arbeiten. Das Mittel bietet sich vor allem für Cactaceen und Crassulaceen an. Dabei dürfen jedoch nicht mehr als 3–5 g/m² gegeben werden. Als ein sehr aussichtsreiches Präparat hat sich in unseren Versuchen (z. B. bei Bromeliaceen, *Rochea coccinea* und *Strelitzia*) das derzeit in Prüfung befindliche Carbamat Vydate erwiesen, wobei vor allem seine systemische Wirkung und seine gute Kulturpflanzenverträglichkeit hervorzuheben sind. Für den Fall einer Zulassung wäre dieses Mittel bevorzugt zu verwenden.

Abb. 40. Blattwanze auf einem Dahlienblatt sitzend.
Abb. 41. Wanzenlarve. Etwa 7fach vergrößert.

Blattwanzen

Die Blattwanzen *(Heteroptera)* sind nahe Verwandte der Blattläuse, Blattflöhe und Zikaden. Sie gehören also mit diesen zur Gruppe der Schnabelkerfe. Sowohl Larven als auch Vollinsekten können durch ihre Saugtätigkeit an jungen Blättern, weichen Trieben und Knospen großen Schaden anrichten. Eine wichtige Rolle spielt dabei auch der von gewissen Arten ausgeschiedene und auf das Pflanzengewebe giftig wirkende Wanzenspeichel.

Auf den Blättern zeigt sich der Schaden zunächst in kleinen, gelblichen Saugstellen. In der Folge bräunen sich diese, sinken ein und sterben ab. Da abgestorbene Gewebestellen das normale Weiterwachsen der noch gesunden Blatteile hemmen, kommt es zu wellig verbogenen, verkrüppelten Blättern oder, wenn die abgestorbenen Gewebepartien ausbrechen, sogar zu einer Durchlöcherung der Spreitenteile. Nicht selten sind dann die Ränder der Löcher, so vor allem bei älteren Blättern, etwas aufgebogen. Befallene Triebe zeigen sich verkrüppelt, die Triebspitzen verkümmern, die Knospen entwickeln sich einseitig, bringen nur mißgebildete Blüten hervor oder bleiben überhaupt stecken. Besaugte Blüten lassen braune Fleckchen erkennen.

Die Wanzen sind platte, 6beinige, etwa 5–10 mm lange und je nach Art gelbgrüne (z. B. im Falle der Grünen Futterwanze, *Lygus pabulinus* L.) gelblich- oder rötlichbraune bzw. bunt gefärbte (z. B. Gemeine Wiesenwanze, *Lygus pratensis* L.) Tiere (Abb. 40 und 41). Ausgewachsen haben sie zwei flach dem Körper anliegende Flügelpaare, wobei die Vorderflügel etwa auf 2/3 ihrer Länge lederartig beschaffen und die Hinterflügel hautartig weich sind. Flügellos sind die Larven. Mehr oder weniger deutlich ist auch der Halsschild und der vorn am Kopf entspringende Rüssel zu erkennen.

Bei warmer Witterung und bei Sonnenschein sind die Wanzen sehr lebhaft. Da sie bei drohender Gefahr – oft genügt schon das Wahrnehmen eines Schattens – schnell davonfliegen oder -laufen, wobei sie sich auf die vor Sicht schützende Unterseite der Blätter begeben oder sich nur fallen lassen, wird man selten auf sie aufmerksam. Mehr Glück hat man am frühen Morgen, wenn die Tiere noch von der Nacht her starr sind.

Die Vermehrung der Wanzen erfolgt durch Eier. Aus ihnen gehen Larven hervor, die sich nach mehreren Häutungen in die fertigen Insekten verwandeln. Je nach Art können entweder die Eier (z. B. bei der Futterwanze) oder auch die Vollinsekten (z. B. bei der Wiesenwanze) überwintern. Wanzen sind sehr bald im Frühjahr zu erwarten. Selbst die im Frühjahr schlüpfenden Larven der Grünen Futterwanze („Grüne Fliege") können schon im Mai und Juni sehr schädlich werden. Trockenheiße Jahre sind für die Vermehrung der Wanzen günstig. Windgeschützte, eingeschlossene Lagen sagen ihnen besonders zu.

Als bevorzugte Futterpflanzen sind zu nennen: *Chrysanthemum*-Indicum-Hybriden, *Achillea filipendulina, Dahlia, Aster novi-belgii, Chrysanthemum maximum, Sidalcea, Physostegia,* aber auch Hortensien und zahlreiche andere Pflanzen. Auch haben einzelne Wanzenarten eine gewisse Vorliebe für bestimmte Sorten.

Bekämpfung: Erfahrungsgemäß gefährdete Pflanzenbestände laufend auf Wanzenschäden überprüfen. Sobald sich die ersten Saugstellen zeigen, mit Propoxur (z. B. Unden flüssig), Methomyl (z. B. Lannate 25-WP), Trichlorfon (z. B. Dipterex flüssig) oder einer Dimethoat-Emulsion spritzen oder auch mit einem Parathion-Stäubemittel stäuben. Da laufend mit Wanzenzuflug aus der Umgebung gerechnet werden muß, ist die wiederholte Anwendung der Präparate unerläßlich. Kulturpflanzenverträglichkeit der Mittel beachten! Keinesfalls darf man bei Chrysanthemen und blühenden Margeriten mit Dimethoat-Emulsion arbeiten.

Mottenschildlaus (Weiße Fliege)

Eine nahe Verwandte der Blatt- und Schildläuse ist die „Weiße Fliege" (*Trialeurodes vaporariorum* Westw.). Vier dachförmig stehende, weiße Flügelchen, die wie der Körper mit weißen Wachsausscheidungen bedeckt sind, kennzeichnen das einer geflügelten Blattlaus ähnlich sehende Alttier (Abb. 42). Mottenschildlaus wird das Insekt auch deshalb genannt, weil es sich oberflächlich besehen mit einer winzigen Motte vergleichen läßt.

Wenn auch die Weiße Fliege in warmen Sommern hin und wieder im Freiland meist in der Nähe von Gärtnereien oder auf Friedhöfen angetroffen wird, so kann sie doch nur im Gewächshaus überwintern. Die Alttiere, wie auch ihre ungeflügelten, platten, schildlausähnlichen, mehlig bepuderten und fädige Wachsfortsätze tragenden Larven sitzen oft in großen Massen auf der Unterseite der Blätter. Schon bei leichtem Anschlagen fliegen die alten Läuse auf. Die zunächst freibeweglichen, später sich festsetzenden Larven ernähren sich vom Saft der Wirtspflanze. Im Gegensatz zu den Saugschäden der Spinnmilben, die sich in feinerer Gelbsprenkelung bemerkbar machen, erscheinen die Blätter bei Mottenschildlaus-Befall mehr grob gelbfleckig. Schaden entsteht durch den Saugakt selbst; aber auch der in großer Menge ausgeschiedene klebrige Kot (Honigtau), auf dem sich später Rußtaupilze ansiedeln, verschmutzt und verunziert die Pflanzen. Die Blätter kümmern, vergilben und werden abgestoßen.

Die Weiße Fliege wird auch als Überträger von Viruskrankheiten genannt. Die Vermehrung erfolgt durch Eier, wobei ein Weibchen pro Tag zwischen 2 und 3, insgesamt zwischen 100 und 500 Eier auf die Unterseite der Blätter ablegen kann. Die Eier sind zuerst von gelber Farbe, später färben sie sich braun und schließlich schwärzlich. Auch muß man wissen, daß die Eientwicklung unter günstigen Bedingungen im Gewächshaus etwa 2, die Entwicklung der Larven 2 1/2–3 Wochen dauert. Man muß also mit mehreren Generationen im Jahr rechnen. Die optimalen Vermehrungsbedingungen liegen bei Temperaturen um 25–30 °C. Im übrigen unterscheidet man vier Larvenstadien. Das I. Stadium (L 1), die sog. Junglarve, ist beweglich. Ältere Larven und die sog. Puparien (puppenähnlicher Zustand) sind bewegungsunfähig.

Von den zahlreichen Wirtspflanzen der Weißen Fliege seien genannt: *Ageratum, Fuchsia*, Edelpelargonien, *Hibiscus*, Poinsettien, *Coleus, Salvia, Helitropium, Abutilon, Gerbera*, Gurke und Tomate.

Bekämpfung: Trockene Wärme fördert das Auftreten der Weißen Fliege. Deshalb Kulturen nicht zu warm und zu trocken halten. Für genügende Luftfeuchtigkeit sorgen. Reichlich Luft geben, aber Zugluft vermeiden.

Wo es um die Frage nach einem geeigneten Bekämpfungsmittel geht, wird auch dessen Wirkung auf Eier, Larven, Puparien und geflügelte Alttiere zu erörtern sein. Eine zufriedenstellende Wirkung auf die Eier des Schädlings ist bislang nur bei wenigen Wirkstoffen nachgewiesen, so beispielsweise bei Parathion-Emulsionen, Azinphos-Emulsionen (z. B. Gusathion H) und dem Wirkstoff Monocrotophos (Handelspräparat war das jetzt nicht mehr zugelassene Nuvacron). Über die ovizide Wirksamkeit anderer Präparate liegen leider zur Zeit noch keine ausreichenden Erfahrungen vor.

Das erste, bewegliche Larvenstadium, aber auch L2 und L3, sind noch verhältnismäßig gut zu bekämpfen. Voraussetzung ist allerdings, daß die Tiere getroffen werden oder bei der Nahrungsaufnahme entsprechende Wirkstoffmengen aufnehmen. Schwieriger ist es, gegen ältere Larvenstadien bzw. gegen Puparien anzugehen. Ältere Nymphen nehmen nachweislich keine Nahrung mehr auf. Das kann auch erklären, warum gewisse systemisch wirksamen Präparate selbst bei sorgfältiger Ausbringung erst bei wiederholter Anwendung einen vollen Erfolg bringen. Gegen ältere Nymphen lassen aber auch Aerosole (z. B. Bladafum, Dichlorvos-haltige Nebeldosen u. a.) in ihrer Wirkung zu wünschen übrig. Eine Wirkung auf ältere Larvenstadien scheint vor allem bei Azinphos-Präparaten (z. B. Gusathion H) und Parathion-Emulsionen gegeben zu sein.

Überblickt man die vorhandenen Möglichkeiten, können zur Bekämpfung des Schädlings im Augenblick folgende Empfehlungen gegeben werden (24): Sobald sich die geflügelten Alttiere zeigen, unter Berücksichtigung der Kulturpflanzenverträglichkeit mit Azinphos (z. B. Gusathion H), Parathion-Emulsion, Methomyl (z. B. Lannate 25-WP), Propoxur (z. B. Unden flüssig), Methamidophos (z. B. Tamaron), Phosphamidon + Fenirothion (Dimecron combi), Omethoat (z. B. Folimat), Dichlorvos (z. B. Dedevap) oder auch mit einem Mevinphos-Mittel (z. B. PD 5, Shell Phosdrin 50) spritzen, mit Dichlorvos-haltigen Präparaten (z. B. Dedevap, Nogos) raumsprühen, die gleichen Mittel verdampfen, mit der Alphos- (Dichlorvos + Tetrasul) oder Citos-Nebeldose (Dichlorvos) sprühen oder auch mit Sulfotepp (z. B. Bladafum) oder Lindan-Räuchermittel räuchern. Für die Verwendung in Nebelgeneratoren ist das Präparat Luxan Dichlorvos S.C. zugelassen. Wo es die Kulturpflanzenverträglichkeit bei den einzelnen Arten zuläßt, kann man auch ein Sommeröl (z. B. Para-Sommer, 2%) zusammen mit einem Mevinphos-Mittel (z. B. PD 5 0,05%) oder mit Tamaron (0,1%) ausbringen. Die Wirksamkeit solcher Kombinationen steht außer allem Zweifel, doch muß in jedem Fall zuvor auf Kulturpflanzenverträglichkeit geprüft werden. Auch sind Kombinationen mit Öl für den Menschen nicht ungefährlich. Bei rechtzeitiger Anwendung läßt schließlich auch Aldicarb-Granulat (Temik 10 G) eine zufriedenstellende Wirkung gegen die Larven des Schädlings erwarten.

Abb. 42. „Weiße Fliegen" (Mottenschildläuse) und ihre Larven auf der Unterseite eines *Ageratum*-Blattes. Etwa 7fach vergrößert.

Es ist wichtig, daß bei Spritzungen auch die Unterseiten der Blätter gut getroffen werden. Da nicht alle Mittel auf die Eier des Schädlings wirken und ältere Larvenstadien schwieriger zu bekämpfen sind, muß wiederholt in Abständen von 5–7 Tagen behandelt werden. Das gilt vor allem für Präparate mit kurzer Dauerwirkung (z. B. Dichlorvos- und Mevinphos-Mittel). Nur so hat man die Gewähr, daß neu schlüpfende Tiere nicht zur Eiablage kommen.

Die zugegeben schwierige Bekämpfung der Weißen Fliege hat in letzter Zeit in Kreisen der Praxis wieder an die Blausäure erinnern lassen. Insbesondere bei Gerberakulturen werden an ihren Einsatz einige Erwartungen geknüpft. Für Gewächshausbegasungen ist das niederprozentige Calciumcyanid vorgesehen. Es ist im Zierpflanzenbau gegen Blattläuse, Weiße Fliege, Schildläuse und Blasenfüße unter Glas mit 25 g/100 m^3 Raum zugelassen. Voraussetzung für eine erfolgreiche Anwendung des hochgiftigen Blausäuregases sind gut schließende Gewächshäuser. Das in fest verschlossenen Büchsen angelieferte schwärzliche Pulver wird in der vorgeschriebenen Menge auf trockener Unterlage (z. B. Zeitungspapier) im Gewächshaus ausgestreut. Das hat eine Stunde nach Sonnenuntergang zu geschehen. Dabei hat der Anwender ein Gasschutzgerät (Schnuller mit Nasenklemmer) zu tragen.

Ein Dauererfolg gegen die Weiße Fliege wird sich jedoch nur dann einstellen, wenn wiederholt begast wird. Im übrigen darf Calciumcyanid nur an Personen abgegeben werden, die eine Genehmigung zur Verwendung besitzen, das heißt, wer Calcyan anwenden will, muß sich von einer zur Ausbildung befugten Stelle darin unterweisen lassen. Die Anwendungsvorschriften und Vorsichtsmaßnahmen sind aufs sorgfältigste zu beachten. Näheres durch die Pflanzenschutzdienststellen oder lizensierte Firmen.

Vögel

Wenn die Vögel hier mit aufgeführt werden, so nicht deshalb, weil wir sie zu den Schädlingen rechnen. Ganz allgemein steht wohl ihre Nützlichkeit, abgesehen von gelegentlich angerichteten Schäden, außer allem Zweifel. Immerhin können einige Arten durch Fraß an Blättern, Knospen, Stengeln, Früchten, durch den Verzehr von Samen oder durch Herausziehen von Keimlingen sehr lästig werden. Zu nennen sind beispielsweise Sperlinge (*Passer*-Arten), Amsel (*Turdus merula* L.), Buchfinken (*Fringilla coelebs* L.), Hänflinge (*Carduelis cannabina* L.), Dompfaff (*Pyrrhula pyrrhula* L.), Meisen *(Paridae)* u. a. Der Dompfaff schädigt nicht nur an jungen Knospen von Ziergehölzen, er kann auch manchen Samenträgerbeständen von Stauden (z. B. Rittersporn) Gefahr bringen. Vor allem in Stadtnähe ist die Schwarzdrossel oder Amsel zu einem Problem besonderer Art geworden. Dabei geht es nicht nur um den Fraß an fruchttragenden Ziergehölzen, um die Verwüstung von Saatbeeten oder um das Herausziehen von Keimlingen, mehr noch schaden neuerdings die Tiere durch Zerpflücken von Krokus- und Primelblüten im Frühjahr, wobei gelbe Farben bevorzugt werden. In der Folge werden einige Möglichkeiten zur Verhütung von Schäden aufgezeigt.

Das Aufhängen von Ketten dünner Metallfolien, die dann in der Sonne blinken und schon bei leichtem Wind knatternde Geräusche von sich geben, kann zwar vorübergehend unerwünschte Vogelgäste abhalten, doch gewöhnen sich die Vögel sehr bald daran. Man wird sich also nicht allzu lange auf solche Scheuchen verlassen dürfen. Im besonderen trifft dies für Spatzen zu. Wertvolle Samenträgerbestände können durch Überbauen mit engmaschigem Drahtgeflecht geschützt werden. Auch alte Fischernetze* und die neuerdings angebotenen Kunststoffnetze** aus Perlon, Nylon oder ähnlichem Material, synthetische Fasern bzw. Gespinstkabeln wie Cryide (Spieß) oder Ornex (Glanzstoffwerke) leisten bei kleineren Flächen gute Dienste. Netze sind nicht allzu teuer und nehmen bei der späteren Aufbewahrung nur wenig Platz in Anspruch.

Der Vogelabwehr dient des weiteren die von der Firma Purus-Schädlingsabwehr, 68 Mannheim-Friedrichsfeld, hergestellte Purivox-Knallscheuche. Das Gerät kann mit Calciumcarbid, das unter Einwirkung von Wasser Acetylengas entwickelt, mit Acetylengas selbst und auch mit Propangas betrieben werden. Man braucht dazu nur die entsprechenden Brenner. Bei Verwendung von Carbid ist eine häufigere Wartung notwendig. Wegen der Lärmbelästigung darf das Gerät jedoch nur außerhalb von Wohngebieten eingesetzt werden. – Mit der von der selben Firma entwickelten purivox-Razzo-electron-Scheuche steht auch ein automatisch funktionierendes optisch-akustisches Gerät zur Verfügung. Wie die Purivox-Knallscheuche arbeitet auch dieses Gerät mit Carbid, man kann es aber auch mit dem zwar in der Anwendung etwas einfacheren dafür aber auch etwas teureren Acetylen betreiben. Der Vorteil dieser Scheuche liegt vor allem darin, daß sie auch dort eingesetzt werden kann, wo die Lage der zu schützenden Kulturen ein lautes Schießen verbietet.

Schließlich noch ein Hinweis zur Verwendung chemischer Mittel. Sie lassen im allgemeinen nur Teilerfolge erwarten und büßen ihre abweisende Wirkung dann meist sehr schnell ein, wenn die zu schützende Kultur in ihrer Gesamtheit behandelt wird und so die Tiere nicht mehr auf unbehandelte Flächen ausweichen können.

---

* Bezugsquellen für Fischernetze:
Johannes Rhode, Hamburg 11, Steinköft 5
Franz Hubert, Wiesbaden, Rüdesheimerstraße 40, Postfach 32/56

** Bezugsquellen für Kunststoffnetze:
Heinrich Vosteen, Delmenhorst, Postfach 26
Textilia-E. Smerz/Barth, Ditzingen, Krs. Ludwigsburg
Boy, Frankfurt/Main, Postfach 1326 a
Norddt. Seekabelwerke AG., 289 Nordenham, Postfach 80
Boy-Netzgroßhandel, 2 Hamburg 68, Waldweg 54 a

Über wechselnde Erfolge mit Thiram-Präparaten weiß die Praxis zu berichten. Möglicherweise wird man künftig für diesen Verwendungszweck das Thiram-haltige Cunitex einsetzen können. Neueren Erfahrungen zufolge scheint auch das den Wirkstoff Dithianon enthaltende Delan flüssig eine abweisende Wirkung auf Schadvögel zu haben. Man sollte es auf einen Versuch ankommen lassen. In unseren Versuchen konnten Amseln durch Spritzungen mit Endosulfan-Emulsion (z. B. Thiodan emulgierbar, 0,2%) auf kleineren Teilflächen von Krokussen und Primeln vorübergehend abgehalten werden, doch war der Schutz unzureichend, wenn die Spritzungen auf das gesamte Areal ausgedehnt wurden.

Wühlmaus

Die Wühlmaus (*Arvicola terrestris* L.), auch Schermaus oder „Wasserratte" genannt, ist vor allem als ein Hauptschädling unserer Obstanlagen sehr gefürchtet, doch kann sie durch ihre unterirdische Fraßtätigkeit an Wurzeln, Knollen und Zwiebeln auch bei gärtnerischen Kulturen großen Schaden anrichten. Mit besonderer Vorliebe geht sie an Wurzelgemüse (z. B. Möhren, Sellerie, Schwarzwurzeln), an Blumenzwiebeln (z. B. Tulpen) Salat, Nelken, aber auch an zahlreiche Blütenstauden.

Die in Süddeutschland 16–18 cm lange, in Norddeutschland jedoch etwas größer werdende, graue bis graubraune Wühlmaus sieht einer großen, plumpen Feldmaus ähnlich. Die Öhrchen sind kurz und fast gänzlich im Fell versteckt, der Schwanz kaum halb so lang wie der Körper (Abb. 43). Die Tiere leben in unterirdischen, oft sehr weitläufigen Gängen. Dicht mit Pflanzen bestandene oder mit Gras bedeckte, die Feuchtigkeit länger haltende Flächen auf leichteren Böden werden bei der Ansiedlung in jedem Falle bevorzugt. Die sogenannte Wasserform, die sich von der Landform nur durch ihre Lebensweise unterscheidet, legt ihr Gangsystem an Wasserläufen und Gräben an und hält sich zeitweise auch schwimmend im Wasser (daher auch der Name „Wasserratte") oder zwischen Schilf und anderen Ufergräsern auf. 3–4mal im Jahr werfen die Weibchen Junge, wobei deren Zahl zwischen 3 und 6 schwanken kann. Da auch die Weibchen des ersten Wurfes im gleichen Jahr noch Junge bekommen, kann die jährliche Nachkommenschaft einer einzigen Wühlmaus schon sehr stattlich sein.

Bekämpfung: Von den heute gebräuchlichen Bekämpfungsverfahren haben für den Praktiker vor allem folgende Bedeutung:

1. Der Fang mit der Falle
2. Die Bekämpfung mit Auspuffgasen von Benzinmotoren
3. Das Ködern mit Giftködern
4. Das Begasen der Gänge mittels Räucherpatronen bzw. Begasungspatronen oder auch mit den Phosphorwasserstoff entwickelnden Begasungsmitteln.

Welcher Bekämpfungsmethode man sich auch bedienen mag, das Finden des Wühlmausganges ist die erste Voraussetzung für den Erfolg. Man muß wissen, ob man es mit Gängen des Maulwurfs oder mit einem Gangsystem der Wühlmaus zu tun hat. Welkende Pflanzen können ein erster Hinweis auf Wühlmausbefall sein. In der Umgebung der Schadstellen wird man also auch nach den Gängen suchen müssen. Am besten benützt man dazu einen kräftigen Suchstab aus Federstahl, dessen Anschaffung sich vor allem dort lohnt, wo man häufig mit Wühlmäusen zu tun hat. Der Wühlmausgang ist weiter als der Maulwurfsgang. Während man in den

Abb. 43. Die Wühlmaus hat kurze Ohren, einen kurzen Schwanz und einen stumpfen Kopf. Etwa 1/3 natürl. Größe.

etwas hochovalen Wühlmausgang ohne Mühe 3–4 Finger einschieben kann, gelingt dies bei dem mehr rundlichen Maulwurfsgang nur mit 2 oder höchstens mit 3 Fingern. Selbst dort, wo die Gänge der Wühlmaus flach unter der Erde verlaufen, sind sie von den häufigen Flachgängen des Maulwurfs gut zu unterscheiden. Im Gang des insekten- und regenwurmfressenden Maulwurfs finden wir in den Gang hineinragende Würzelchen, jedoch keinerlei Reste von Pflanzen. Finden wir jedoch in einem Gang Reste von Pflanzen, so weisen diese auf die Fraßtätigkeit der pflanzliche Nahrung zu sich nehmenden Wühlmaus hin. Die Decke des Wühlmausganges ist fest; sie setzt dem Durchstoßen mit dem Finger einen gewissen Widerstand entgegen. Die Decke des Maulwurfganges ist weich und locker und kann ohne Mühe mit dem Finger durchstoßen werden. Im übrigen kann man sich durch die sog. Verwühlprobe leicht davon überzeugen, ob der gefundene Gang auch von der Wühlmaus bewohnt (befahren) ist. Ist der Gang bewohnt, wird die Öffnung spätestens nach 1–2 Stunden wieder mit Erde zugeschoben sein. Die Verwühlprobe ist auch dort angebracht, wo mehrere Gänge freigelegt wurden. Man kann auf diese Weise feststellen, wo sich die Wühlmaus aufhält. Im lockeren Gartenland, bei offenem Boden ist es wichtig, daß man den Gang bis zu einer Stelle aufreißt, wo er in festen Boden (z. B. unter Wegen, Trittpfaden zwischen Beeten oder Frühbeetkästen) oder tiefere Bodenschichten übergeht.

Für den, der sich auf das Fallenstellen versteht, ist zweifellos der Fallenfang die sicherste, einfachste und billigste Bekämpfungsweise. Die oft zu hörende Ansicht, daß der Fang mit der Falle sehr schwierig sei und im allgemeinen nur von wenigen „Spezialisten" beherrscht würde, hält manchen Praktiker davon ab, den Fallenfang überhaupt zu versuchen. Es ist aber gar nicht so schwer, wenn die folgenden Punkte beachtet werden.

Von den zahlreichen Fallentypen hat sich vor allem die alte Bayrische Drahtfalle (Abb. 44) als sehr brauchbar erwiesen. Damit der vordere große Ring der Falle von der Maus nicht wahrgenommen werden kann, darf die Falle nur in ein geradliniges Gangstück und keinesfalls an einer Verzweigung eingeführt werden. Man muß also den Gang unter Umständen weiter aufreißen, bis man an ein geradliniges Gangstück kommt. Auch muß der Großring (a) der Falle der Gangwand fest anliegen. Zunächst wird die grobgestellte Falle (Abb. 44 a) so weit in den Gang eingeschoben, bis der Abzugsring (b) etwa 2 cm im Wühlmausgang steht. Damit die gleichzeitig mit eingeschobene Erde wieder entfernt werden kann (dies geschieht am besten mit

Abb. 44. Bayerische Drahtfalle.

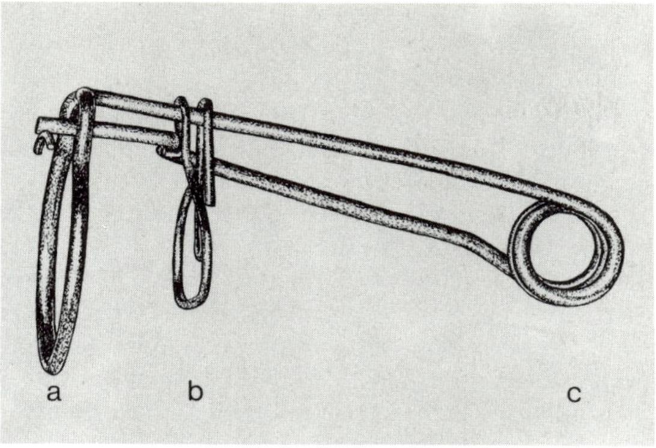

a Großring
b Abzugsring
c Spannfeder

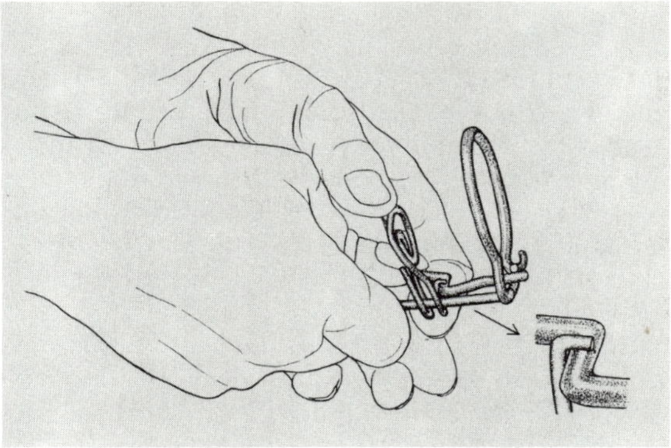

grob gestellt

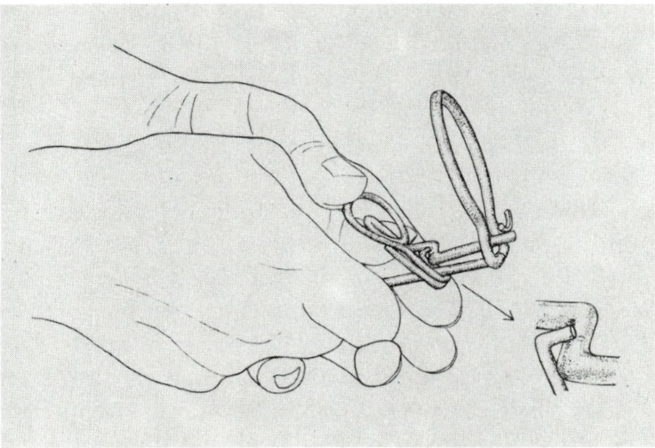

scharf gestellt

einem Messer oder einem 25-cm-Holzetikett) muß die Falle noch einmal aus dem Gang genommen werden. Nun wird ganz scharf gestellt und zwar so, daß der Abzugsring gegenüber dem Großring schräg nach hinten geneigt ist (Abb. 44 b). Die Falle wird dann neu eingeführt, wobei darauf geachtet werden muß, daß sich der untere Rand des Abzugringes mindestens 1,5 cm über dem Gangboden befindet. Damit die Falle gleichzeitig auch festen Halt hat, unterlegt man die Spannfeder (Endstück der Falle) mit einer Grassode und drückt in diesen die Spannfeder ein. Die Öffnung braucht man im allgemeinen nicht zu verschließen. Nur wenn die Sonne in den geöffneten Gang hineinscheint, ist es ratsamer mit etwas Gras oder Staudenresten abzudecken. Falls nach einiger Zeit die Falle verwühlt oder mit Erde verstopft sein sollte – man spricht dann von einem Fehlfang – muß man den Gang neu aufreißen und die Falle am neuen Ort wieder einsetzen.

Günstige Ergebnisse werden auch durch 5 Min. langes Einleiten der Auspuffgase von Benzinmotoren (im Leerlauf!) erzielt. Sie enthalten das hochgiftige Kohlenoxidgas. Das Einleiten geschieht mittels eines Schlauchstutzens, und zwar muß die Gangöffnung so mit Erde abgedeckt werden, daß kein Gas entweichen kann. Allerdings ist bei Verwendung von Auspuffgasen keine so große Sicherheit wie beim Fang mit der Falle gegeben. Das Verfahren läßt auf Sand- und Moorboden und auch bei lockerer Gartenerde oft zu wünschen übrig. In jedem Fall sollte man sich hernach vom Erfolg oder Mißerfolg der Begasung überzeugen. Man öffnet den Gang und wartet ab, ob wieder verwühlt wird.

Unter den angebotenen Giftbrocken werden die mit Zinkphosphid vergifteten Johannisbrotstückchen (z. B. Rumetan-Wühlmausköder, Arrex-Köder u. a.) bevorzugt angenommen. Der Erfolg mit diesen Mitteln ist sehr wechselnd und hängt weitgehend von der beim Auslegen geübten Sorgfalt ab. Der Wühlmausbau wird zunächst mit dem Suchstab angestochen. Dann wird die Öffnung mit dem Finger vorsichtig so weit erweitert, daß man die Giftbrocken hineinwerfen kann. Schließlich ist die Öffnung mit einem Erdklumpen dicht zu machen. Erde darf dabei nicht in den Gang fallen, da sonst damit zu rechnen ist, daß die Wühlmaus die Giftbrocken verwühlt.

Weite Verbreitung gefunden hat heute das Begasen der Gänge mittels Räucherpatronen bzw. Begasungspatronen oder auch mit den Phosphorwasserstoff entwickelnden Begasungsmitteln. Für den Einsatz der Fumia-Räucherpatrone (Schnellbrenner) braucht man beispielsweise eine Räucherapparatur. Bei der Arrex-Patrone, sie entwickelt unter Einwirkung der Bodenfeuchtigkeit Phosphorwasserstoffgas, ist eine Apparatur nicht notwendig. Die Patrone kann von jedermann erworben und auch angewandt werden. Je nach Größe des Baus sind für eine Begasung 1–3 Patronen notwendig.

Bei den Begasungsmitteln handelt es sich um Zubereitungen, die schon bei ausreichender Luftfeuchtigkeit hochgiftiges Wasserstoffgas entwickeln. Die sehr gefährlichen Präparate (z. B. Detia Phosphin, Neudo-Phosphid, Phostoxin-WM, Polytanol, Neudo-Zwei u. a.) dürfen, soweit es sich um Packungen bzw. Portionsmengen von über 125 g handelt, nur mit polizeilicher Genehmigung erworben und angewandt werden. Der Erwerb von Portionsmengen bis zu 125 g (z. B. von Polytanol, Neudo-Zwei) ist ohne behördliche Erlaubnis möglich. Die Anwendungsvorschriften des Landes und alle Vorsichtsmaßnahmen müssen streng beachtet werden.

Das Vertreiben der Wühlmäuse durch Anbau abschreckender Pflanzen wie (z. B. der Kreuzblütigen Wolfsmilch *(Euphorbia lathyris)*, des Knoblauchs *(Allium sativum)*, der Ochsenzunge *(Anchusa officinalis)* oder auch der Kaiserkrone *(Fritillaria imperialis)* hat kaum praktische Bedeutung.

Schließlich noch ein Wort zur Wühl-Ex-Methode. Ihr liegt der Gedanke zugrunde, die Wühlmäuse durch gewisse Reizstoffe (ätherische Öle), die ihnen unangenehm sind, aus bestimmten Revieren zu vertreiben bzw. von den zu schützenden Flächen mit Hilfe von Schutzstreifen fernzuhalten. Die Stoffe werden vom Menschen nicht wahrgenommen und sind praktisch ungefährlich für Mensch und Tier. Bei breitflächiger Anwendung werden 20 g des Granulats je m^2 ausgebracht. Schutzstreifen sind in einer Breite von 30–50 cm anzulegen und zwar gibt man 1 kg auf 20 lfd. Meter. Die Wühl-Ex-Reizstoffe sinken tief in den Boden ein. Sie sollen die Tiere über mehrere Monate vertreiben bzw. fernhalten.

Mäuse (Feld-, Wald-, Erd-, Hausmaus)

Der Gärtner fürchtet Mäuse vor allem in Mieten, im Samenlager, im Blumenzwiebeleinschlag und bei ausgepflanzten Tulpen. Gerade die Tulpen werden oft schwer heimgesucht. Gelegentlich können die Mäuse auch durch Abfressen junger Keimpflänzchen Schaden verursachen.

Im allgemeinen haben wir es mit der nur ein etwa 3 cm langes Stummelschwänzchen tragenden Feldmaus (*Microtus arvalis* Pall.), der Waldmaus (*Apodemus silvaticus* L.) mit ihren auffallend großen Augen und einem Schwanz, der etwa halb so lang wie das Tier ist, der Hausmaus (*Mus musculus* L.) und schließlich mit der bereits vorgenannten Wühlmaus zu tun. Nur örtliche Bedeutung hat die der Feldmaus ähnlich sehende Erdmaus (*Microtus agrestis* L.). Das Schwänzchen erreicht bei dieser Art immerhin eine Länge von 4 cm.

Bekämpfung: Eines der gebräuchlichsten Verfahren gegen Feld- und Waldmäuse ist auch heute noch das Auslegen bzw. Ausstreuen von Giftgetreide auf Zinkphosphid-Grundlage (z. B. Segetan Giftweizen, Detia Giftox, Schrozberger WLZ-Giftweizen, Talpan Giftkorn, Giftweizen P 140 u. a.) oder auf Grundlage Crimidin (z. B. Castrix Giftkörner). Die Köder dürfen jedoch nicht offen ausgelegt werden. Am besten verwendet man sog. Legeflinten. In Mieten, Staudeneinschlägen und im Blumenzwiebeleinschlag empfiehlt sich das Anlegen sog. Futterplätze, für die sich Dränageröhren gut eignen. In Frühbeetkästen, Gewächshäusern und geschlossenen Räumen legt man das Giftgetreide auf Topfuntersätze. Im übrigen halte man sich stets an die Gebrauchsanweisung. Wo mit Fallen gearbeitet wird, sind diese mit einem den Mäusen sonst nicht zugänglichen Köder (z. B. Nußkerne, Apfelscheiben, leicht angesengtem Speck u. a.) zu beschicken.

Dem Gärtner ist der Schutz der Blumenzwiebeln ein besonderes Anliegen. Althergebracht ist die Empfehlung, die Blumenzwiebeln vor dem Pflanzen mit Mennige einzupudern, oder, falls es sich um den Einschlag handelt, Kisten und Töpfe vor dem Abdecken mit Sand und Erde mit Mennige zu überstreuen. Leider ist mit dieser Methode nur eine sehr mäßige Schutzwirkung zu erreichen. Nach Praxiserfahrungen soll jedoch das Tauchen der Blumenzwiebeln vor dem Pflanzen in eine aus Mennige und Wasser angerührte Brühe (für 1000 Tulpenzwiebeln beispielsweise $^3/_4$–1 kg Mennige auf 3–4 l Wasser) weitaus bessere Ergebnisse bringen. Tulpen, Hyazinthen, Traubenhyazinthen und Krokusse konnten auf diese Weise vor Mäusefraß geschützt werden. Eine gute Schutzwirkung läßt sich zwar im Einschlag durch Überdecken der Kisten und Töpfe mit einer 2–3 cm starken Schicht Koksgrus erreichen, doch ist dieses Material in der Praxis wenig beliebt.

Sehr gut eingeführt haben sich auch Toxaphen-Präparate. Muß man mit Mäuseschäden rechnen, Kisten und Töpfe nach dem Aufstellen mit Toxaphen-Staub einstäuben. Diese Maßnahme läßt zwar keinen Dauerschutz erwarten, vermag aber doch die Zwiebeln für ein paar Monate zu schützen. Insbesondere in Kleingärten auf mehrjährigen Blumenbeeten ist auch die Pflanzlochbehandlung mit Toxaphen-Staub (1 g/cm Pflanzlochdurchmesser) eine sehr wirksame Schutzmaßnahme. Flächen, die mit toxaphenbehandelten Blumenzwiebeln bestanden waren, können jedoch frühestens 18 Monate nach Behandlung mit Gemüse bebaut werden. Auch ist darauf hinzuweisen, daß Toxaphen-Emulsionen zur Flächenbehandlung gegen Feldmäuse nur im Herbst auf besonders gefährdeten abgeräumten Flächen und nur mit Zustimmung der nach Landesrecht zuständigen Behörde (z. B. Pflanzenschutzamt) angewandt werden dürfen. Der Anbau von Gemüse ist auch in diesem Fall frühestens zwei Jahre nach der Behandlung zulässig. Bei Wasserschutzgebieten, die von der nach Landesrecht zuständigen Behörde nach den vom Deutschen Verein von Gas- und Wasserfachmännern e. V. aufgestellten Richtlinien für Trinkwasserschutzgebiete in Schutzzonen unterteilt sind, ist die Anwendung in Zone III mit Zustimmung der zuständigen Behörde zulässig. Ist die Zone III in die Zonen III A und III B aufgeteilt, so ist die Anwendung in Zone III A mit Zustimmung der zuständigen Behörde, in Zone III B ohne eine solche Zustimmung zulässig.

Maulwurf

Trotz seiner gelegentlichen Wühlarbeit, dem Aufwerfen von Erdhaufen und dem Fressen von Regenwürmern ist der Maulwurf (*Talpa europaea* L.) in der Hauptsache doch nützlich. Seine Nahrung sind vorwiegend Insektenlarven. Er stellt aber auch sonstigen Kleintieren im Boden nach. Auf Saat- und Pflanzbeeten ist uns der Maulwurf selbstverständlich nicht willkommen; der Schaden, den er dort manchmal anrichten kann, rechtfertigt hier und da das Abfangen in Drahtfallen. Man kann den Maulwurf aber auch durch Einlegen von Carbidstückchen in seine Gänge vertreiben. So ist z. B. als Handelspräparat Erhart Narr's Kalz. Karbid-Präparat KKP für diesen Verwendungszweck zugelassen. Der Vergrämung dient des weiteren auch das für den Zierpflanzenbau zugelassene Monochlor-Präparat Wühl-Ex-Maulwurf-Vergrämungsmittel. Von den sehr giftigen Phosphorwasserstoff entwickelnden Verbindungen (Begasungsmittel) sind Polytanol, Detia Wühlmauspräparat, Voma Wühlmaustod, Ronal Wühlmausgas und Neudo-Zwei Wühlmausfrei zu nennen. Neudo-Zwei Wühlmausfrei ist mit 60 g/Hügel anzuwenden. In Frage kommen schließlich auch Begasungspatronen wie die Arrex-Patrone oder die Pecomax Gaspatrone. Mistbeetkästen, die für die Aussaat wertvoller Sämereien oder auch für die Anzucht von Stecklingen vorgesehen sind, zweckmäßigerweise zuvor mit engmaschigem Drahtgeflecht auskleiden.

Da erfahrungsgemäß die Gänge des Maulwurfs oft für Wühlmausgänge gehalten werden, ist die Unterscheidung der beiden Gangsysteme besonders wichtig. Man beachte die bei der Bekämpfung der Wühlmaus angegebenen Hinweise (Seite 100).

Hasen und Wildkaninchen

Zur Abwehr von Hasen (*Lepus europaeus* L.) und Kaninchen (*Oryctolagus caniculus* L.), die durch ihren Fraß vor allem bei Polster-, Bart- und Landnelken, aber auch bei Primeln und anderen Gartengewächsen oft großen Schaden anrichten, bieten sich folgende Möglichkeiten:

1. *Mechanischer Flächenschutz.* Einen ausreichenden Schutz gegen Hasen- und Kaninchenfraß bietet ein 1 m hoher Drahtzaun mit 4 mm Maschenweite. Der Zaun muß etwa 20 bis 25 cm tief in den Boden eingelassen werden.
2. *Umspannen der zu schützenden Fläche mit in sich gedrehten Kunststoffbändern.* Bei Wind und Sonne entstehen Geräusche und Lichtreflexe, die die Tiere abhalten sollen. Zum Befestigen der Bänder dienen Pfähle, die im Abstand von einigen Metern um die zu schützende Fläche eingeschlagen werden. Zweckmäßigerweise bringt man zwei Bänder an, von denen das erste etwa 30 cm über dem Boden, das zweite 40 cm darüber zu spannen ist.
3. *Schutz durch Anwendung chemischer Mittel.* Von den zur Wildschadenverhütung angebotenen Mitteln kommen für Zierpflanzen nur wenige in Frage. Zu nennen sind HT 4 b, HT-4-c-Extrakt, Arikal conc., Arikal 67, Arbin, Kornitol und Cunitex. Insbesondere zur Abwehr von Hasen und Kaninchen bei nicht zum Konsum bestimmten Pflanzenteilen (z. B. gegen Sommerwildverbiß in Baumschulen 1 Teil Präparat mit 2 Teilen Wasser spritzen) ist das Ziram-Präparat AAprotect zugelassen.

Als Spezialmittel für gartenbauliche Kulturen ist das Wildvergrämungsmittel HT 4 b (Abweisende Duftstoffkomposition) zugelassen. Es wird unverdünnt angewandt, wobei nur ein schwacher Spritzschleier die zu schützenden Pflanzen zu überziehen braucht. Die Aufwandmenge ist mit etwa 0,5 l/Ar zu bemessen. Leider ist ein ausreichender Schutz nur während der Vegetationszeit und bei wiederholter Anwendung in Abständen von 10–14 Tagen gegeben. Nachteilig ist die Verschmutzung der Geräte. Sie müssen nach der Arbeit mit Brennspiritus gereinigt werden.

Das teer- und säurefreie HT-4-c-Extrakt zeichnet sich durch gute Pflanzenverträglichkeit aus. Es ist 0,4%ig zu verspritzen. Wiederholungen in Abständen von zwei bis drei Wochen sind für eine gute Schutzwirkung wichtig. Das gegen Sommerwildverbiß angebotene Präparat kann allen Spritzbrühen hinzugefügt werden.

Das ebenfalls gegen Sommerwildverbiß zugelassene Arikal conc. ist 0,4%ig zu verspritzen oder je nach Schadgefahr mit 1,6 bis 2,4 l/ha auszubringen. Seine Schutzwirkung hält etwa 8–10 Tage vor. Das Mittel kann allen fungiziden und insektiziden Spritzbrühen beigegeben werden. Dasselbe gilt für das Emulsionskonzentrat Arikal 67. Es ist 4%ig bzw. mit 4 l/ha anzuwenden. Je nach Wachstum und Triebzuwachs sind Wiederholungen in Abständen von 8–14 Tagen notwendig.

Eine gute Abwehrwirkung haben auch mit Arbin oder Kornitol getränkte Lappen, wenn diese an Stöcken befestigt im Abstand von 5 m um die zu schützende Fläche herum aufgestellt werden. Der starken Geruchsbelästigung wegen kann man jedoch die Mittel nur außerhalb von Wohngebieten anwenden.

Erwähnung verdient schließlich auch das für die Anwendung im Obst- und Weinbau zugelassene Wildfraßabwehrmittel Cunitex (Wirkstoff: Tetramethylthiuramdisulfid). Seine Verwendungsmöglichkeiten im Zierpflanzenbau werden derzeit geprüft. Cunitex wirkt nicht durch Geruchsentwicklung, sondern durch unangenehme Reizwirkungen auf die Geschmackssinne der Schädiger. Es zeichnet sich durch gute Haft- und beachtliche Dauerwirkung (z. B. während der Vegetationsruhe mehrere Monate) aus. Da nur Pflanzenteile geschützt sind, die bei der Spritzung ausreichend benetzt wurden, muß man sehr sorgfältig arbeiten und notfalls, um den Neuzuwachs entsprechend zu schützen, die Behandlung wiederholen. Das Mittel hinterläßt gut sichtbare Rückstände. Das kann für manche Kulturen von Nachteil sein. Im Obst- und Weinbau wird das Präparat bei wiederholter Anwendung 2–2,5%ig verwendet. Genaue Empfehlungen für den Zierpflanzenbau sind derzeit noch nicht möglich.

Biologische Schädlingsbekämpfung (25)

Es ist bekannt, daß die Insekten und Milben eine große Zahl von natürlichen Feinden haben. Denken wir nur an die zahlreichen insektenverzehrenden Vögel, die räuberischen Laufkäfer und die von Blattläusen lebenden Herrgotts- oder Marienkäferchen, an Schlupfwespen, Erzwespen, Florfliegen, Schwebfliegen, Raubwanzen und räuberische Milben, die mehr oder weniger an der Niederhaltung für den Menschen schädlicher Insekten und Milben beteiligt sind.

Die planmäßige Verwendung der natürlichen Feinde und der Krankheiten der Schädlinge mit dem Ziel, ein natürliches Gleichgewicht zu erreichen, nennen wir biologische Bekämpfung. Man kann sich diesem Ziel auf verschiedene Weise nähern, nicht zuletzt durch künstliche Vermehrung, Ansiedelung und Ausbreitung der Nutzorganismen. Es sei nur eine kurze Darstellung von Möglichkeiten der biologischen Schädlingsbekämpfung gegeben:

1. *Parasiten und Räuber:* Die derzeit wohl bekanntesten Beispiele sind der Spinnmilbenräuber *Phytoseiulus persimilis* Athias-Henriot (= *P. riegeli* Dosse) und die Erzwespe *Encarsia formosa* Gahan zur Bekämpfung der Weißen Fliege.

Die aus Chile stammende Raubmilbe saugt die Spinnmilben (*Tetranychus urticae* Koch) aus. Da ihre Fruchtbarkeit sehr hoch ist, bereitet die Zucht auf mit Spinnmilben besetzten Buschbohnen keine Schwierigkeiten. Die Anlieferung erfolgt auf Bohnenblättern. Wichtig ist, daß die Räuber schon bei beginnendem Befall ausgesetzt werden. Liegt bereits stärkerer Befall vor, wird sich eine sichtbare Wirkung oft erst nach 3–4 Wochen einstellen. Soll sich die Raubmilbe gut entwickeln, sind Temperaturen um wenigstens 20 °C notwendig. Freilich wird ihr Wärmebedürfnis auch die Einsatzmöglichkeiten beschränken. Praxisreif ist das Verfahren bislang lediglich für Gewächshausgurken. Auch ist zu beachten, daß in Häusern, wo Raubmilben ausgesetzt wurden, nur mit bestimmten Insektiziden gearbeitet werden darf.

Die Erzwespe *Encarsia formosa* stammt wahrscheinlich aus den tropischen Urwäldern Mittel- und Südamerikas. Die kleine Wespe legt ihre Eier in die halberwachsenen Larven der Weißen Fliege. Schon nach wenigen Tagen entwickelt sich die Parasitenlarve und frißt das Wirtstier aus. Als Folge der Parasitierung färbt sich die Larve der Weißen Fliege schwarz und entläßt nach 2–3 Wochen die Schlupfwespe, die sofort mit der Eiablage beginnt. Die Zucht des Parasiten wird im Gewächshaus auf von der Weißen Fliege befallenen Tomaten oder Tabakpflanzen durchgeführt. Die Schlupfwespe kommt im Puppenstadium auf abgetrennten Blättern zum Versand. Auch *Encarsia formosa* muß bei noch schwachem Befall eingesetzt werden. In der Praxis erprobt ist die Verwendung des Nützlings vor allem bei Gurken. Leider liegen gerade für den Zierpflanzenbau bislang noch wenig Erfahrungen vor. Soweit sich aber die Ansprüche von Kulturpflanzen und Nutzinsekten vertragen, lassen sich mit beiden Nützlingen bemerkenswerte Erfolge erzielen.

Von Interesse ist des weiteren, daß man sich z. B. in England am Glasshouse Crops Research Institute in Littlehampton mit der biologischen Bekämpfung von Spinnmilben, Weißer Fliege und Blattläusen in Gewächshäusern beschäftigt. Neben parasitischen Hymenopteren (Hautflügler) werden auch räuberische Coccinelliden (Marienkäferarten) eingesetzt. Durch Kombination mit verträglichen, selektiv wirkenden Pflanzenschutzmitteln versucht man dort die biologische Methode mit anderen Verfahren zu integrieren. Ähnliche Aufgaben hat man sich auch am Institut für biologische Schädlingsbekämpfung der Biologischen Bundesanstalt in Darmstadt gestellt.

Günstige Aussichten für die biologische Bekämpfung der Grünen Pfirsichblattlaus bietet nach Untersuchungen in Frankreich auch die Schlupfwespe *Diaeretus rapae* (M'Intosch). Massenzuchten scheinen leicht zu gelingen. Auch soll sich der Parasit in den mumifizierten Wirten monatelang halten können. Bei Temperaturen zwischen 18 und 20 °C werden die Nützlinge verhältnismäßig schnell wirksam. Im übrigen werden auch periodisch freigelassene Massenanzuchten von Florfliegenlarven zur Blattlausbekämpfung in Gewächshäusern eingesetzt.

Für den erfolgreichen Einsatz biologischer Methoden zur Niederhaltung von Schädlingen im Blumen- und Zierpflanzenbau mögen auch folgende Beispiele stehen. So konnte in Kalifornien eine Marienkäferart zusammen mit der Schlupfwespe *Encarsia formosa* mit Erfolg gegen die Gewächshausschmierlaus *Planococcus citri* Risso an *Stephanotis floribunda* im Gewächshaus eingesetzt werden. Aus Zuchtstätten stammende Marienkäfer, Florfliegen und Erzwespen brachten den gleichen Schädling bei Gardenien fast völlig zum Erliegen.

Die Hoffnung scheint also berechtigt, daß eines Tages Schädlinge im Gewächshaus mit Hilfe ihrer natürlichen Feinde niedergehalten werden können, zunächst vor allem in Schnittblumenkulturen. Verständlicherweise kann nicht damit gerechnet werden, daß durch den Einsatz dieser Nützlinge die Schädlinge nun völlig ausgerottet würden. Auch ist die biologische Methode dort nicht zu gebrauchen, wo schon geringe Schäden durch Schadinsekten oder Milben die Qualität der Pflanzen stark vermindern.

Die Vorteile dieser Bekämpfungsart sind groß. So braucht man die Herausbildung resistenter (widerstandsfähiger) Insekten- oder Milbenstämme, wie sie bei längerem Einsatz chemischer Pflanzenschutzmittel heute bereits verschiedentlich beobachtet werden, nicht zu befürchten. Denken wir nur an die Rote Spinne und an Blattläuse, die schon gegen zahlreiche Mittel (Insektizide und Spezialmittel gegen Milben) resistent geworden sind. Auch gibt es Beispiele dafür, daß zwar durch laufenden Einsatz eines chemischen Mittels ein schädliches Insekt niedergehalten werden kann, daß gleichzeitig aber ein anderes, das gegen diese Mittel widerstandsfähig ist, als indirekte Folge dieser Bekämpfungsmaßnahme plötzlich ungewöhnlich stark zunimmt. Diese Erscheinung ist darauf zurückzuführen, daß das Mittel wohl die natürlichen Feinde dieses Schädlings trifft, nicht aber den Schädling selbst gefährdet. Gefahren dieser Art würden bei biologischer Bekämpfung ausscheiden. Denken wir aber auch daran, daß gewisse chemische Mittel bei manchen Pflanzenarten schädigend wirken. Die Mittelwahl ist uns dann nicht selten schwer gemacht. Könnten wir in einem solchen Fall räuberisch lebende Milben oder Parasiten zur Bekämpfung dieser Schädlinge einsetzen, wäre man mancher Sorge enthoben. Freilich bedarf es noch viel grundlegender Arbeit, bis praxisreife Empfehlungen für den Zierpflanzenbau gegeben werden können.

2. *Bakterien:* Aus *Bacillus thuringiensis* hergestellte Bakterienpräparate (z. B. Tarsol, Dipel TM, Bactospeine 6000 Spritzpulver) dienen der Bekämpfung von Schmetterlingsraupen. Die angebotenen Produkte enthalten in 1 g viele Milliarden von lebenden Sporen des Erregers. Ihre Verbreitung erfolgt durch Ausspritzen. Die Stoffe wirken als Fraßgifte. Es werden die Darmzellen der Tiere zerstört. Das erklärt auch, warum die Mittel nur bei offen fressenden Raupen ihre Wirkung tun können. Mit zunehmendem Alter nimmt die Empfindlichkeit der Schädlinge gegenüber Bakterienpräparaten ab. Sie wirken auch wesentlich langsamer als andere gebräuchliche Mittel. Die Tiere stellen jedoch im allgemeinen nach 24 Stunden ihre Fraßtätigkeit ein. Warmes und trockenes Wetter nach der Behandlung ist für die Wirkung günstig.

Bacillus-thuringiensis-Präparate schonen die Nützlinge, hinterlassen keine schädlichen Rückstände, sind für den Menschen und Haustiere nicht giftig und für Bienen ungefährlich.

3. *Viren* dürften mehr bei der Bekämpfung von Großschädlingen Bedeutung erlangen. Ein Mittel aus der Gruppe der insektenpathogenen polyederförmigen Viren, das in Verbindung mit *Bacillus thuringiensis* besondere Wirkung gegen Kohleulenraupen und möglicherweise auch gegen Larven anderer artverwandter Schmetterlinge erwarten läßt, wird zur Zeit im Institut für biologische Schädlingsbekämpfung in Darmstadt erprobt.

4. *Selbstvernichtung von Schadinsekten durch Sterilisation* kann durch Bestrahlung, also auf radioaktivem Wege oder mit chemischen Mitteln, sog. *Chemosterilantien,* geschehen. Dabei werden im Labor angezogene Insekten sterilisiert und dann in einem Befallsgebiet freigelassen. Auch diese Art der biologischen Schädlingsbekämpfung wird kaum bei Zierpflanzen Bedeutung gewinnen können.

5. *Verwendung von entwicklungsbeeinflussenden Stoffen:* In der Regel sind es Hormone. So ist vor allem die Verwendung von Hormonen, die die Häutung der Gliedertiere beeinflussen, bekannt geworden. Alle Insekten sondern z. B. in gewissen Stadien ihres Lebens das sog. Juvenilhormon ab. Mit diesem Hormon werden das Wachstum, die Häutungen und Formwandlungen von der Larve über die Puppe zum erwachsenen Kerbtier reguliert. Das Hormon steuert also diese Vorgänge. In manchen Phasen muß nun das Hormon zur Verfügung stehen, in manchen nicht. Wird es zum falschen Zeitpunkt gegeben, bringt es die Lebensvorgänge der Insekten durcheinander und wirkt tödlich. Des weiteren richtet man das Augenmerk auch auf Stoffe, die eine normale Ruhepause wie die Diapause unterbrechen. Wachen dann die Schädlinge im Winter auf, hat dies den Erfrierungstod zur Folge.

Zusammenfassend ist festzustellen, daß es zwar eine Reihe von Möglichkeiten der biologischen Schädlingsbekämpfung gibt, daß aber der Forschung noch viel zu tun übrig bleibt. Auch steht die praktische Anwendung in vielen Fällen erst am Anfang. Jede Schädlingsart stellt besondere Anforderungen an die biologische Bekämpfungsmethode, und ein Praktiker, der sich um ihre Einführung bemüht, wird sich derzeit nur in wenigen Fällen auf sichere Empfehlungen stützen können. Auch sind wirtschaftliche Schadensschwellen gerade im Zierpflanzenbau bislang nicht bekannt. Qualitätsansprüche des Verbrauchers und damit kommerzielle Gesichtspunkte werden für den Einsatz der einen oder anderen Bekämpfungsmethode bestimmend sein. Vergessen wir nicht, daß sich der biologische Pflanzenschutz bislang nur auf tierische Schaderreger und im besonderen auf Insekten bezieht. Keine biologische Maßnahme wird schnellen Erfolg bringen, und auf die augenblickliche Situation bezogen, stehen nur für wenige Schädlinge entsprechende Parasiten bzw. Räuber zur Verfügung. Selbst unter Berücksichtigung der aufgezeigten Möglichkeiten werden beispielsweise Schädlinge wie die Blasenfüße (Thripse) noch immer den Einsatz chemischer Mittel bei unseren Gewächshauskulturen erforderlich machen und damit auch möglicherweise eingesetzten Nützlingen Gefahr bringen. Es sei denn, daß man eines Tages gerade bei der Bekämpfung dieser Schädlinge auf sehr selektiv wirkende und gleichzeitig nützlingsschonende Präparate zurückgreifen kann. Hier hat auch die sog. *integrierte Bekämpfung,* das heißt die sinnvolle Kombination pflanzenbaulicher, chemischer und biologischer Maßnahmen eine echte Chance. Man sollte gerade die Entwicklung auf diesem Sektor des Pflanzenschutzes sehr aufmerksam verfolgen.

Krankheiten und Schädlinge der einzelnen Zierpflanzen

Achillea filipendulina, Schafgarbe

Wanzen. Achilleen werden sehr gerne von Wanzen befallen. Ihre Saugtätigkeit an den heranwachsenden Sprossen läßt später Kümmerblumen und für die Binderei ungeeignete Qualitäten erwarten. An befallenen Triebspitzen erkennt man zunächst kleine, punktförmige Saugstellen. In der Folge bräunen sich diese, sinken ein und sterben ab. Befallene Triebe zeigen sich später verkrüppelt, die Triebspitzen verkümmern. Siehe Seite 92.

Bekämpfung: Sobald die ersten Schadmerkmale sichtbar werden, mit Methomyl (z. B. Lannate 25-WP) oder auch mit einem Propoxur-Präparat (z. B. Unden flüssig) spritzen oder sprühen. Da meist mit weiterem Zuflug aus der Nachbarschaft gerechnet werden muß, die Bekämpfungsmaßnahmen in Abständen von 10–14 Tagen wiederholen.

Blattälchen (*Aphelenchoides ritzemabosi* (Schwartz) Good.). Durch die Adern scharf begrenzte, hellbraune, später sich dunkelbraun verfärbende Blattflecke. Stark befallene Blätter sterben ab; die Triebe bleiben im Wachstum zurück.

Bekämpfung: Sobald man Schäden feststellt, zweimal im Abstand von 8 Tagen mit Zinophos-Emulsion (z. B. Nemafos 0,1%) spritzen oder auch unter strenger Beachtung der Anwendungsvorschrift je m^2 5 g Aldicarb-Granulat (Temik 10 G) ausstreuen.

Ageratum, Leberbalsam

Blattälchen (*Aphelenchoides fragariae* (Ritz.-Bos) Chr.). Junge Triebe stocken im Wachstum, Blättchen bleiben klein und verkrüppeln oder sind nach oben zusammengefaltet (Abb. 45). Erkrankte Pflanzen welken viel rascher als die gesunden, so daß man sie bei warmem Wetter, oder wenn sie etwas unter Wassermangel leiden, leicht auslesen kann.

Bekämpfung: Pflanzen mit auffälligen Befallsmerkmalen aussondern und vernichten. Danach dreimal im Abstand von 4–5 Tagen mit einem Demeton-Mittel (z. B. Metasystox 0,15%) oder zweimal mit Zinophos-Emulsion (z. B. Nemafos 0,1%) spritzen. Auch unter strenger Beachtung der Anwendungsvorschriften je m^2 5 g Aldicarb-Granulat (Temik 10 G) ausstreuen. Nach unseren Versuchserfahrungen läßt auch das derzeit in Prüfung befindliche Carbamat Vydate einen zufriedenstellenden Bekämpfungserfolg erwarten.

Spinnmilben. Auf den Blättern sind zunächst kleine, weiße Sprenkel und in der Folge etwas gröbere, gelbe und braune, zum Teil silbrige Flecke zu erkennen. Bei

Abb. 45. Blattälchen-Befall *(Aphelenchoides fragariae)* bei *Ageratum.*

näherer Überprüfung der Blattunterseiten (am besten mit der Lupe!) wird man ohne Mühe die gelbgrünen, orange und rötlich gefärbten, kaum 0,5 mm langen Milben und deren Larven feststellen können. Bei starkem Befall vertrocknen die Blätter und fallen ab. Nicht selten brechen die Pflanzen zusammen. Zu auffälligen Schäden kommt es vor allem bei Pflanzen, die unter Wasser- und Nahrungsmangel leiden, also bei schlechter Wartung getopfter Pflanzen oder auch auf Pflanzbeeten in trokkenheißer Lage. Siehe auch Seite 58.

Bekämpfung: Bestände laufend überprüfen. Sobald man die Schädlinge auf der Unterseite entdeckt, mit einem Demeton-Mittel (z. B. Metasystox), mit Omethoat (z. B. Folimat 0,15%), einer Malathion-Emulsion spritzen oder auch Spezialpräparate wie Pentac, Kelthane MF oder Plictran 25 W (Tricyclohexyl-Zinn-hydroxid) verwenden. Als gut wirksam hat sich auch das Aldicarb-Granulat Temik 10 G (3 g/m^2) erwiesen. Liegt Resistenz gegenüber gebräuchlichen Phosphorsäureinsektiziden vor, Pentac, Kelthane MF oder auch Folimat bevorzugen. Präparate, die nicht auf die Eier des Schädlings wirken, müssen wiederholt angewandt werden. Im übrigen ist bei blühenden Pflanzen Vorsicht geboten. Nicht mit bienengefährlichen Präparaten in die geöffneten Blüten spritzen. Man wähle in diesem Fall Pentac oder Kelthane MF.

Weiße Fliege (Mottenschildlaus). Die weißbereifte Flügelchen tragenden Mottenschildläuse siedeln sich mit besonderer Vorliebe auf *Ageratum* an. Die zunächst frei beweglichen, später sich festsetzenden, ungeflügelten, schildlausähnlichen Larven finden sich oft in großen Massen auf der Unterseite der Blätter. Schaden durch Saugtätigkeit. Verschmutzung durch Honigtauausscheidung und nachträgliche Besiedelung durch Rußtaupilze. Siehe Seite 93.

Bekämpfung: Mit Omethoat (z. B. Folimat), Zinophos (z. B. Nemafos), Methamidophos (z. B. Tamaron), Phosphamidon + Fenitrothion (z. B. Dimecron combi), Dibrom (z. B. Ortho Dibrom) oder auch mit Dichlorvos (z. B. Dedevap, Nogos) spritzen; unter Glas auch wiederholt in Abständen von 5 Tagen mit der Alphos-Nebeldose (Dichlorvos + Tetrasul) sprühen, Dichlorvos-haltige Mittel (z. B. Dedevap, Nogos) verdampfen oder mit den gleichen Mitteln raumsprühen (Gebrauchsanweisung beachten!). Bei Folimat, Tamaron und Dimecron combi kann man die Abstände zwischen den einzelnen Behandlungen etwas weiter nehmen. Im übrigen sollten diese Mittel der Schadgefahr wegen nicht zu häufig angewandt werden. Gegen die Larven des Schädlings wirkt schließlich auch Aldicarb-Granulat (Temik 10 G).

Blattläuse. Sie sind vor allem während der Jungpflanzenanzucht im Frühjahr zu befürchten.

Bekämpfung: Man kann mit einem Demeton- (z. B. Metasystox (i) oder – R), Phosphamidon- (z. B. Dimecron) oder Mevinphos-Mittel (z. B. PD 5, Shell Phosdrin 50) arbeiten oder auch Unden flüssig, Folimat, Tamaron oder eine Malathion-Emulsion verwenden. Sollten die Läuse gegenüber gebräuchlichen Phosphorsäureinsektiziden widestandsfähig geworden sein, Folimat, Nikotin oder notfalls auch eine Lindan-Emulsion wählen. Alle genannten Präparate gefährden die Bienen. Blühende Pflanzungen im Freiland daher mit dem bienenungefährlichen Endosulfan (z. B. Thiodan 35 flüssig) oder am Abend mit einem Demeton-Mittel spritzen.

Weichhautmilben (Tarsonemiden). Blätter der Triebspitzen gekräuselt, mißgebildet und kleinbleibend. Man darf die Schäden jedoch nicht mit Älchenschäden verwechseln. Siehe Seite 63.

Bekämpfung: Zwei- oder dreimal im Abstand von 8 Tagen mit einem Kelthan-Präparat (z. B. Kelthane MF) oder auch mit einer Endosulfan-Emulsion (z. B. Thiodan emulgierbar, Thiodan 35 flüssig) spritzen.

Weißsprenkelung. Bei gewissen *Ageratum*-Sorten läßt der erste Durchtrieb im Frühjahr eine gewisse Chlorophyll-Armut erkennen. Manchmal kommen die Innenblätter sogar fast weiß heraus. Mit zunehmendem Wachstum ergrünen die Pflanzen jedoch wieder. Die Erscheinung der Weißsprenkelung oder Weißtüpfelung wird auf vorübergehend kalten Standort bei ungünstigen Lichtverhältnissen zurückgeführt.

Empfindlichkeit gegen Pflanzenschutzmittel: Von *Ageratum* schlecht vertragen werden Dimethoat-Emulsionen, Fundal forte 750, Galecron, Pirimor (vor allem im Laub noch sehr weiche Pflanzen) und manchmal auch Parathion-Emulsionen. Eine Behandlung mit Nemafos kann möglicherweise dann zu Schäden führen, wenn das Mittel bei trockenem Boden oder Topfballen im Gießverfahren ausgebracht wird. Daher Nemafos bei *Ageratum* nur spritzen.

Alcea (Althaea), Stockmalve, Stockrose

Rost (*Puccinia malvacearum* Mont.). Auf allen grünen Teilen, insbesondere aber auf der Blattunterseite, kleine, weißliche, später braunviolette Wärzchen, die beim Aufplatzen das braune Sporenpulver entlassen. Auf der Blattoberseite sind die Befallsstellen als eingesunkene, gelbe Punkte zu erkennen. Da das Blattgewebe in der Umgebung der Pusteln vergilbt und abstirbt, führt starker Befall schließlich zum Verdorren der Blätter, unter Umständen zum Eingehen der ganzen Pflanze. Bei Trokkenheit und schlechten Ernährungsverhältnissen sind die Pflanzen besonders anfällig.

Der Rostpilz, der nur mit einer einzigen Sporenform in Erscheinung tritt (Wintersporen, die jedoch bereits im Sommer auskeimen und weitere Blätter infizieren können), kann mit Hilfe dieser Sporen auch den Winter überdauern. Da die Sporen am Saatgut haften können, ist mit diesem eine Verschleppung der Krankheit möglich.

Bekämpfung: Auf gute Düngung mit Kompost, gut verrottetem Mist und ausreichende Kali- und Phosphorsäuregaben achten. Sobald sich im Frühjahr die ersten Rostpusteln zeigen, mit dem wirksamen Oxycarboxin-Präparat Plantvax (0,1%) spritzen. Leider ist das Mittel in der Anwendung etwas teuer. Sobald deshalb Befallsfreiheit erreicht ist, für vorbeugende Schutzspritzungen Saprol (0,15%), Dithane Ultra, Polyram Combi oder auch ein Zineb-, Zineb + Schwefel oder Maneb-Mittel verwenden. Da diese Mittel, Saprol ausgenommen, nicht systemisch wirken, müssen auch die Unterseiten der Blätter gut getroffen werden. Im allgemeinen genügt es, wenn in Abständen von 10–14 Tagen behandelt wird. Bei großer Krankheitsgefahr ist wöchentlich zu spritzen. Was zur Gesundung der Altpflanzungen ausgeführt wurde, gilt in den Sommer- und Herbstmonaten auch für Neupflanzungen.

Malvenflohkäfer (*Podagrica fuscicornis* L. und *Podagrica malvae* Ill.). 3–5 mm lange, blau- oder blaugrün gefärbte Käferchen mit gelbrotem Kopf und Halsschild und ebenso gefärbten Beinen fressen kleine Löcher in die Blätter der Stockrosen (Abb. 46) und anderer Malvengewächse (z. B. *Malva moschata, Sidalcea*). Bei starkem Schadfraß zeigen sich die Blätter siebartig durchlöchert. Oft bleiben nur noch die Blattrippen übrig. Auch Blütenknospen und Blüten werden befressen.

Die Käfer erscheinen im Mai und Juni. Aus den an die unteren Stengelteile der Wirtspflanzen abgelegten Eiern schlüpfen die 6beinigen Larven. Sie können durch Fraß an den Wurzeln oder den unteren Stammteilen schädlich werden.

Bekämpfung: Sobald sich Käfer zeigen, mit einem Parathion- oder Endosulfan-Stäubemittel stäuben oder mit Dimecron combi, einem Propoxur- (z. B. Unden flüs-

Abb. 46. Schadfraß des Malvenflohkäfers *(Podagrica fuscicornis)* an Stockrose.
Abb. 47. Befall durch Falschen Mehltau bei *Alyssum.*

sig) oder Trichlorfon-Präparat (z. B. Dipterex flüssig) spritzen. Dabei ist wichtig, daß die Käfer schon vor ihrer Eiablage vernichtet werden.

Spinnmilben. Kleine, gelbliche Flecke auf den Blättern der Stockrosen sind ein erster Hinweis auf Spinnmilbenbefall. Bei starkem Befall vergilben und vertrocknen die Blätter. Auf der Blattunterseite saugen die etwa 0,2–0,5 mm großen, gelblich oder rötlich gefärbten Spinnmilben (siehe Seite 58).

Aloë

Wurzelfäule (*Pythium ultimum* Trow). Die Fäule beginnt meist an den Wurzelspitzen und setzt sich bis zum Stamm fort. Da die Wurzeln innerhalb kürzester Zeit vollständig abfaulen, stocken die Pflanzen im Wachstum. Die Blätter vergilben von der Spitze aus. Bei hoher Luft- und Bodenfeuchtigkeit dringt der Pilz auch in Stamm und Blätter ein, die Pflanze fault und fällt um.

Bekämpfung: Nach Erfahrungen in Kalifornien soll eine Heißwasserbeize bei 46 °C während 20–40 Min. (je nach Größe der Pflanzen) den Pilz abtöten, ohne daß die Pflanzen geschädigt werden. Die behandelten Pflanzen müssen hernach in gedämpfte oder neue Erde gepflanzt werden, die frei von Pilzverseuchung ist. Selbstverständlich müssen auch schon einmal für Aloe gebrauchte Kulturgefäße und Anzuchtkästen entseucht werden. Im übrigen gefährdete Bestände wiederholt mit Bayer 5072 (Fenaminosulf) bei feuchten Ballen angießen. Vielleicht kommt für diesen Verwendungszweck auch das derzeit in Prüfung befindliche Prothiocarb-Präparat Previcur in Frage. Ansonsten sind die Pflanzen möglichst trocken zu halten.

Alstroemeria, Inkalilie

Alstroemerien verlangen einen gut durchlässigen, lockeren und schwach sauren Boden. Sie sollen verhältnismäßig kühl kultiviert weren. Dränage ist von Vorteil. In den ersten Monaten nach dem Pflanzen (September–Oktober) sind Temperaturen um 16 °C angemessen, im Winter kann man bis auf 12 °C zurückgehen. Auch sollte man sie etwas trockener halten. Stehen sie zu warm, geht der straffe Wuchs verloren, die Pflanzen vergeilen. Niedrige Temperaturen wirken sich günstig auf die Anlage der Blüten und die Entwicklung der Knospen aus, die Triebe werden kräftiger. Man lüfte, wenn es irgendwie möglich ist, gieße regelmäßig und vermeide hohe Temperatur- und Feuchtigkeitsschwankungen der Luft. Dabei hat das Lüften mit aller Vorsicht zu geschehen. Ein krasser Luftaustausch und damit eine schnelle Abnahme der relativen Luftfeuchte erhöht die Gefahr für Verbrennungen.

Alstroemerien gehören zu den salzempfindlichen Kulturen. Es ist besser mit schwächeren Lösungen zu arbeiten und dafür öfters zu düngen. Wichtig ist, daß die Pflanzen nach dem Schnitt im Sommer so kühl wie nur möglich gehalten werden und entsprechend schattiert wird. Das teilweise Entfernen dünner Triebe im Herbst (Ausdünnen) bringt besseren Lichtgenuß und arbeitet der Botrytis-Gefahr entgegen. Kräftig wachsende Sorten stärker, schwächer wachsende weniger stark ausdünnen.

Pythium-Wurzel- und -Rhizomfäule (*Pythium* spec.). Die Wurzeln faulen, die Fäule setzt sich auf die Rhizomknolle fort, die Pflanzen welken.

Bekämpfung siehe Seite 24.

Grauschimmel (*Botrytis cinerea* Pers.). Vor allem während der Wintermonate bei engem Stand in schlecht durchlüfteten Häusern oft sehr schädigend auftretend. Siehe Seite 31.

Bekämpfung: Wiederholt mit Du Pont Benomyl (0,05%) spritzen oder auch mit Chlorothalonil (z. B. Exotherm-Termil) räuchern. Zu dichte Bestände im Herbst rechtzeitig ausdünnen. Stets für gute Durchlüftung der Häuser sorgen.

Blattläuse mit einem Demeton-Mittel (z. B. Metasystox) oder mit Methomyl (z. B. Lannate 25-WP) bekämpfen.

Gegen **Raupen** ein Trichlorphon-Mittel (z. B. Dipterex flüssig) oder Lannate 25-WP verwenden. Dabei ist wichtig, daß sich die Maßnahmen schon gegen die Jungraupen richten. Jungpflanzungen sind des öfteren von **Schnecken** bedroht. Rechtzeitig gekörnte Schneckenköder einsetzen.

Alyssum, Steinkraut

„Weißer Rost“ (*Cystopus candidus* (Pers.) Lév.). Blattoberseits unscheinbare, braungrüne Punkte, blattunterseits gelbliche Wärzchen, die sich bei der Sporenreife durch Platzen der Oberhaut becherförmig öffnen. Obwohl keinerlei Verwandtschaft zu den Rostpilzen besteht, ähneln die schwielig umrandeten Becherchen in der Form den Sporenlagern der Roste. Die Sporen sind jedoch weiß.

Bekämpfung: Vorbeugend mit einem Zineb- oder Maneb-Mittel oder auch mit Mancozeb (z. B. Dithane Ultra) oder Metiram (z. B. Polyram Combi) spritzen. Auch Grünkupfer-Präparate haben sich als wirksam erwiesen. Bei großer Krankheitsgefahr die Mittel in Abständen von 8–10 Tagen ausbringen. Im übrigen die bei der Bekämpfung des Falschen Mehltaus gegebenen Hinweise beachten.

Falscher Mehltau (*Peronospora galligena* Blumer). Blätter mit warzenartigen Aufwölbungen, in deren Höhlung (blattunterseits) weißer Pilzrasen zu finden ist (Abb. 47). Bei starkem Befall Verschmälerung und Verkümmerung der Blätter.

Bekämpfung: Im allgemeinen lohnt die Bekämpfung nur in Staudenanzuchtbetrieben. Wirksam sind Zineb-Präparate, Maneb-Mittel, Dithane Ultra, Polyram Combi und Grünkupfermittel. Man arbeite vorbeugend und wiederhole die Bekämpfungsmaßnahmen mehrmals in Abständen von 10–14 Tagen. Bei großer Krankheitsgefahr die Mittel wöchentlich ausbringen. Es ist anzunehmen, daß sich für diesen Zweck auch das Prothiocarb-Präparat Previcur (0,15 %) einsetzen läßt.

Amaryllis siehe *Hippeastrum* Seite 301.

Anthurium, Flamingoblume

Anthurium scherzerianum. Für Aussaaten nur gedämpfte Erde oder mit einem chemischen Mittel entseuchte Erde verwenden. Jungpflanzen brauchen wenigstens Temperaturen um 18–20 °C, wenn sie gedeihen sollen. Kühler und nasser Stand führt zu schlechten Wurzeln, die Blätter vergilben und trocknen von der Spitze her ein; nicht selten kommt es in der Folge zu Fäulnis. An kalten regnerischen Tagen wird man selbst während der Sommermonate etwas heizen müssen.

Für *Anthurium* ein leichtes und durchlässiges Substrat mit guter Luftführung wählen. Das ist auch im Hinblick auf die Bekämpfung der verbreitet auftretenden

Pythium-Fäule von Wichtigkeit. Gute Erfahrungen liegen mit Torfsubstraten vor. Je gröber dabei der Torf, desto besser eignet er sich für die Anthuriumkultur. Styromullzusatz hat sich bewährt. Anzustreben ist ein pH-Bereich von 5–6. In weniger durchlässigen und verdichteten Substraten leiden die Pflanzen unter Luftmangel. Das führt zu Absterbeerscheinungen. Für die Jungpflanzenanzucht zweckmäßigerweise Kunststofftöpfe verwenden. Sie bieten gegenüber den früher gebräuchlichen Tontöpfen vor allem beim Umpflanzen gewisse Vorteile. Die Gefahr für Wurzelschäden ist geringer. Im übrigen Pflanzen nicht zu locker und mit gutem Gießrand topfen. Darauf achten, daß die in Torf stehenden Pflanzen nicht trocken werden. Torfsubstrate müssen genügend feucht gehalten werden. Da auch eine zu hohe Salzkonzentration im Boden zu Wurzelschäden führen kann, hüte man sich vor einer Überdüngung der Pflanzen.

Zum Einsenken nur frischen Torf verwenden. Es ist dort zu unterlassen, wo die Pflanzen durch die Pythium-Fäule bedroht sind. Die Luft muß allseitig die Töpfe umspülen können.

Wichtig ist auch eine angemessene Schattierung. Zu hohe Sonneneinstrahlung führt bei Jungpflanzen zu einer Aufhellung und Verhärtung des Blattes. Altpflanzen verblühen schneller.

Bei älteren Pflanzen ist von September an durch weniger Gießen eine gewisse Ruhezeit einzuleiten, wobei die Pflanzen kühler, luftiger und bei etwa 15–16 °C stehen können. Erst im Januar läßt man die Temperatur wieder ansteigen. Im übrigen kann man 1½–2 Jahre alte Pflanzen bereits einer Kühlbehandlung unterziehen. Voraussetzung ist allerdings, daß sie wenigstens 6 ausgewachsene Blätter entwickelt haben. Die Kühlbehandlung begünstigt die Anlage von Blumen. Man hält die Pflanzen während einer Zeit von 4 Wochen durchgehend bei Temperaturen um 12–15 °C. Bei dieser Temperatur leiden die Pflanzen weniger als bei 10–12 °C. Während der Kühlbehandlung trockener halten und erst dann wässern, wenn das Substrat leicht abgetrocknet ist. Nach der Kühlbehandlung sollen die Pflanzen 4–5 Tage bei 24 °C stehen; dann ist bei 18 °C weiterzukultivieren.

Trockene Luft begünstigt das Auftreten von Schildläusen, Spinnmilben und Blasenfüßen. Deshalb stets für genügende Luftfeuchtigkeit sorgen. Zum Gießen und Spritzen möglichst Regenwasser und vor allem hauswarmes Wasser verwenden. Stark kalkhaltiges und auch chlorreiches Wasser wirkt sich ungünstig aus. Die Blumen sind erst dann schnittreif, wenn das Hochblatt hart und fest ist.

Anthurium andreanum. Ein durchlässiges, grobes, krankheitsfreies Substrat und Bodentemperaturen, die zwischen 20 und 25 °C liegen, sind erste Voraussetzung für ein gutes Gelingen der etwas anspruchsvollen Kultur. Keinesfalls darf die Bodentemperatur unter 16–17 °C absinken. Bodenheizung ist wichtig. Erwünscht ist ein pH-Wert von 4,5–5.

Beim Einkauf von Jungpflanzen überzeuge man sich, ob die Wurzeln auch gesund sind. Von der Pythium-Fäule befallene weise man zurück. *Anthurium andreanum* brauchen viel Wärme und hohe Luftfeuchtigkeit (um 90%). Die Lufttemperatur kann am Tage 25 °C und mehr betragen und soll in der Nacht möglichst nicht unter 22 °C liegen. Starke Temperaturschwankungen werden schlecht vertragen. Eine zu hohe Salzkonzentration ist gefährlich. Sie führt leicht zu Blattschäden. Bei jüngeren Pflanzungen soll der Salzgehalt nicht über 0,1% und bei älteren nicht über 0,2% liegen. Nur mit hauswarmem Wasser (nicht unter 18 °C) gießen und dazu wenigstens einen Teil Regenwasser verwenden. Stark kalk- oder auch chlorhaltiges Wasser wirkt sich auf das Wachstum ungünstig aus. Zu reichliche Wassergaben lassen gelbe Blätter erwarten. Direkte Sonneneinstrahlung nach trüben Tagen ist vor allem im Frühjahr gefährlich. Es kann Blattverbrennungen geben. Daher ab März für entsprechenden Schatten sorgen.

Wichtig ist auch die während eines Jahres wiederholt vorzunehmende Blattpflücke. Sie soll spätestens bis November beendet sein, sonst kann die Blühwilligkeit nachlassen. Alle vergilbenden und abgehenden Blätter entfernen. Das hat jedoch mit aller Vorsicht zu geschehen, damit keine größeren Verletzungen entstehen.

Die Schnittreife ist dann erreicht, wenn der Blütenkolben wenigstens zu ³/₄ seiner Länge weiß ist und sich der Stielhals an der Spatha fest anfühlt. Die ersten weiblichen Blütenorgane sollen sich geöffnet haben. Zu früher Schnitt kann sich in einem Schlappen und Absterben der Spatha auswirken.

Pythium-Wurzelfäule (*Pythium splendens* Braun). Pflanzen stocken im Wachstum, das Laub wird stumpf graugrün, welkt und vergilbt. Wurzel in diesem Stadium oft schon völlig verfault. Der Erreger der rasch fortschreitenden Fäule verursacht auch bei *Scindapsus* und anderen Grünpflanzen ähnlich schwere Wurzelschäden (nach holländischen Untersuchungen (26) sollen allerdings bei Anthurien manchmal auch noch Fusarien beteiligt sein). Besonders während der Herbst- und Wintermonate, wenn die Pflanzen bei verhältnismäßig niedriger Temperatur zu feucht gehalten werden, kann die Krankheit stark um sich greifen.

Bekämpfung: Wo die Bestände durch die Pythium-Fäule gefährdet sind, kommt es sehr auf das richtige Substrat an. Die Erde muß locker und durchlässig sein und eine gute Luftführung aufweisen. Man nehme keine frisch gedämpfte Erde. Sie soll vor ihrer Verwendung wenigstens 5–6 Wochen lagern. Grobfaseriger Torf oder auch ein Zusatz von Styromull sind günstig. Schon einmal für Anthurien gebrauchte Töpfe und Anzuchtkisten nur entseucht verwenden. Damit die Luft allseitig an die Töpfe heran kann, hat das Einfüttern bei krankheitsgefährdeten Kulturen zu unterbleiben. Im übrigen die Pflanzen vorbeugend und wiederholt in Abständen von 6–8 Wochen mit Bayer 5072 (0,04%) angießen. Das Fenaminosulf-Präparat wurde früher unter dem Namen Dexon angeboten. Darauf achten, daß dies nur bei feuchtem Ballen geschieht; sonst sind Schäden möglich. Des weiteren sind auch derzeit noch in Prüfung befindliche Präparate (z. B. Previcur, 0,15% gießen; AAterra, 50 g/m³ Anzuchterde untermischen) brauchbar (siehe auch Seite 23).

Wo trotz gründlicher, allseitiger Durchtränkung der Ballen mit Bayer 5072 nichts erreicht wird, empfiehlt es sich, krankes Pflanzenmaterial bei der zuständigen Pflanzenschutzdienststelle untersuchen zu lassen. Möglicherweise können auch Fusarien (siehe oben) an den Schäden beteiligt sein.

Stengelgrundfäule (*Phytophthora parasitica* Dastur) (27). Das Krankheitsbild ähnelt dem der Pythium-Wurzelfäule, doch geht die Fäule hauptsächlich von der Blattstielbasis aus. Der Stengelgrund verfärbt sich schwarz, das Blatt vergilbt. Im weiteren Verlauf der Erkrankung knickt der Blattstiel oft an der Verdickungsstelle unterhalb der Spreite um und diese wird braun. Die Fäule kann auch auf die oberen Wurzelteile übergehen.

Bekämpfung: Hygienische Maßnahmen wie bei Pythium-Fäule beachten. Vorbeugendes Angießen mit dem Fenaminosulf-Präparat Bayer 5072 (0,03%) ist in den Anzuchtbetrieben um so mehr zu empfehlen, als die Krankheit, wenn der Pilz einmal in die oberirdischen Teile eingedrungen ist, kaum mehr zu bekämpfen ist. Über AAterra und das teilsystemische Previcur, siehe Seite 23.

Blattflecke durch Pilzbefall. Aschgraue, von schmalem schwarzem Rand begrenzte Flecke durch *Septoria anthurii* Kotth. (Abb. 48), gelblichbraune Flecke mit schmaler, dunkler Randzone durch *Phyllosticta cavarae* Trinch. In beiden Fällen sind schon mit bloßem Auge die Fruchtkörperchen des Pilzes in Form zahlreicher, winziger, schwarzer Pünktchen zu erkennen. Beide Krankheiten treten vor allem bei hoher Luftfeuchtigkeit, vielfach im Gefolge der Wurzelfäule (siehe oben) auf, die ihrerseits wieder besonders bei zu nassem, oft auch zu wenig durchlüftetem Substrat oder zu hohem Salzgehalt anzutreffen ist.

Bekämpfung: Entfernen kranker Blätter. Vorbeugend mit Du Pont Benomyl (0,05%), Dithianon (z. B. Delan flüssig), einem Captan- (z. B. Orthocid 50) oder Zineb-Präparat oder bei Jungpflanzen auch mit einem Ferbam-Mittel spritzen. Nach Praxiserfahrungen soll auch Brestan 60 (0,05%) brauchbar sein. Bei Delan flüssig ist von Vorteil, daß es keine sichtbaren Rückstände hinterläßt.

Blattläuse. Sie fühlen sich vor allem in Jungbeständen sehr wohl, verschmutzen die Pflanzen mit ihren Kotausscheidungen (Rußtau!) und lassen bei stärkerem Besatz mißgestaltete Blätter erwarten.

Bekämpfung: Wiederholt mit der Alphos-Nebeldose (Dichlorvos + Tetrasul) sprühen, Dichlorvos-haltige Präparate (z. B. Dedevap) verdampfen, Dichlorvos S.C. mit Nebelgeneratoren ausbringen oder auch mit Lannate 25-WP, Propoxur (z. B. Unden flüssig) oder Nikotin spritzen. Auch mit Aldicarb-Granulat (z. B. Temik 10 G, 3 g/m²) sind Blattläuse wirksam und anhaltend zu bekämpfen. Lannate 25-WP und Nikotin wird man vor allem dort bevorzugen, wo es sich herausgestellt hat, daß die Schädlinge Resistenzerscheinungen gegenüber gebräuchlichen Phosphorsäureinsektiziden zeigen.

Abb. 48. *Septoria*-Blattfleckenkrankheit bei *Anthurium*.

Blasenfüße. Sie treten sehr gerne bei trockener Luft auf. Ihre Saugtätigkeit führt zu fleckigen und zum Teil auch mißgebildeten Blütenscheiden. Siehe Seite 72.

Bekämpfung: Die bei der Bekämpfung der Blattläuse gegebenen Hinweise beachten.

Spinnmilben. Hohe Lufttrockenheit begünstigt Auftreten und Vermehrung der Schädlinge. Siehe Seite 58.

Bekämpfung: Nur die rechtzeitige Bekämpfung schützt vor einer Massenvermehrung. Bei der Auswahl der Präparate die Kulturpflanzenverträglichkeit beachten. Man kann mit einem Kelthan-

Präparat (z. B. Kelthane MF), mit Pentac, Fundal forte 750 oder Anilix spritzen oder auch mit der Alphos-Nebeldose sprühen. Auch das Aldicarb-Granulat Temik 10 G (3 g/m²) ist brauchbar. Mevinphos-Mittel und Malathion-Emulsionen sind vor allem für junges Blattwerk und bei wiederholter Anwendung nicht ungefährlich. Im übrigen trockene Luft vermeiden.

Schildläuse. Vor allem auf der Unterseite der Blätter, aber auch oberseits (bevorzugt auf der Hauptrippe) und an den Blattstielen sitzen gelbbraun bis braun gefärbte Napfschildläuse. Schaden durch Saugtätigkeit. Verschmutzung durch Honigtauabsonderung und die darauf sich ansiedelnden Rußtaupilze. Bei geringer Luftfeuchtigkeit finden die Schildläuse günstige Lebensbedingungen. Siehe Seite 88.

Bekämpfung: Wo sich erste Ansiedelungen zeigen, mit Methomyl (z. B. Lannate 25-WP), Propoxur (z. B. Unden), Dichlorvos (z. B. Dedevap), Nikotin oder notfalls auch mit einer Malathion-Emulsion spritzen. Sorgfältige Behandlung ist wichtig. Dedevap und Nikotin wirken jedoch nur auf Jungläuse befriedigend. Sie müssen deshalb wiederholt angewandt werden, und zwar sind die Bekämpfungsmaßnahmen so lange fortzusetzen, bis der Junglausnachschub infolge natürlichen Ablebens der Altläuse aufhört. Mineralöl-Präparate (z. B. Albolineum, Para-Sommer) befriedigen zwar auch gegen Altläuse, doch kann der zurückbleibende Ölfilm bei häufiger Anwendung die Pflanzen stark verschmutzen und dann das Wachstum der Pflanzen ungünstig beeinflussen. Es kann zu ähnlichen Schäden kommen, wie sie auch nach Behandlung mit Phosphorsäureinsektiziden der Parathion-, Diazinon-, Malathion- oder Demeton-Gruppe möglich sind.

Moosmilben *(Oribatiden)*. Sphagnumreiche Substrate begünstigen ihr Auftreten. Die Tiere schädigen durch ihre Saugtätigkeit an jungem Blattwerk. In der Folge werden die Spreitenteile löcherig.

Bekämpfung: Lindan-Emulsionen haben sich als wirksam erwiesen.

Schnecken siehe Seite 57.

Blattpocken (Wasserflecke). Auf den Blättern zeigen sich meist etwas emporgewölbte (erhabene) hell- bis graugrüne Flecke, die in ihrer Mitte oft eine punktförmig eingesunkene Stelle zeigen (Abb. 49). Manchmal werden auch ringähnliche, gelbliche Flecke beobachtet (Abb. 50). Man nimmt an, daß andauernde hohe Luftfeuchtigkeit bei niedrigen Temperaturen die Ursache ist.

Verhütung: Für angemessene Temperaturen (außerhalb der Kühlperiode nicht unter 15 °C) sorgen. Das Überspritzen oder Überbrausen mit kaltem Wasser unterlassen. Die Pflanzen sollen trocken in die Nacht gehen.

Andere Blattschäden nichtparasitärer Art. Gewöhnlich von den Blatträndern ausgehende, gelbliche, später braunwerdende Flecke und vergilbende Blätter haben ihre Ursache meist in Kulturfehlern. In Frage kommen ein ungeeignetes Substrat, Nährstoffmangel, zu hohe Salzkonzentration, starke Temperaturschwankungen und Wurzelschäden. Rote und etwas verkrüppelte Blätter können ein Hinweis auf Kalkmangel sein. Die eigentliche Ursache herauszufinden ist oft schwierig. In Sonderfällen empfiehlt sich, Boden und Wasser auf ihre Eignung für die Anthuriumkultur untersuchen zu lassen.

Blaufleckigkeit der Spatha. Wird meist nach dem Schnitt beobachtet. Man macht dafür größere Temperaturunterschiede, wie sie zwischen Gewächshaus und Aufbewahrungsräumen auftreten können, verantwortlich. Deshalb zu niedrige Temperaturen in den Aufbewahrungsräumen vermeiden. Für angemessen hält man 16–17 °C.

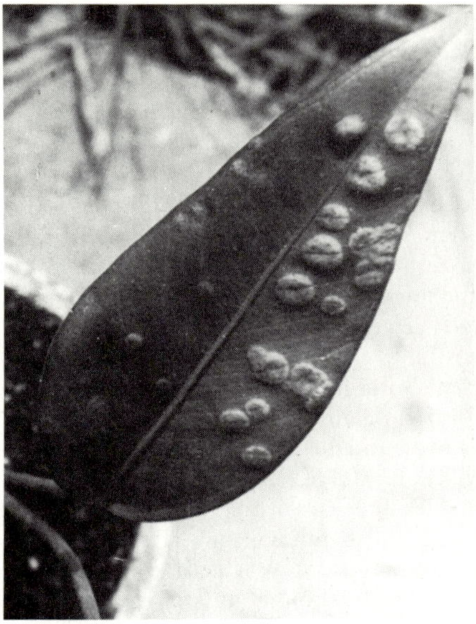

Abb. 49. Blattpocken bei *Anthurium scherzerianum.*
Abb. 50. Nichtparasitäre „Ringflecken" auf *Anthurium andreanum*-Blatt.

Empfindlichkeit gegen Pflanzenschutzmittel: Wenig gut vertragen werden die Phosphorsäureinsektizide der Parathion-, Diazinon- und Demeton-Gruppe und die Zinophos-Emulsion Nemafos. Die Schäden zeigen sich zunächst in fahlgrünen, später vergilbenden unscharf begrenzten Flecken auf den Blättern und in mehr oder weniger auffälligen Randaufhellungen mit nachfolgenden Nekrosen. Mevinphos-Mittel (z. B. PD 5, Shell Phosdrin 50) und das Tetrasul-Präparat Animert können vor allem junges Blattwerk (z. B. bei *A. scherzerianum*) schädigen. Auch der nach wiederholter Anwendung von Mineralölen zurückbleibende Ölfilm verschmutzt die Pflanzen stark und beeinflußt das Wachstum ungünstig. Bei wiederholter Anwendung sind auch Malathion-Emulsionen und Azinphos-Präparate (z. B. Gusathion H) nicht ungefährlich.

Antirrhinum, Löwenmaul

Treiblöwenmaul während der Wintermonate am Tage bei 10–12 °C halten. Wird die Blüte mit zuviel Wärme vorangetrieben, gibt es schwache Stengel. Für ein gutes Gedeihen ist viel Licht und Luft notwendig. Man wässere nicht zu häufig, dafür aber gründlich. Niederschlag fördert den Grauschimmel. Deshalb starke Temperaturschwankungen vermeiden und stets für gleichmäßige Temperaturen sorgen.

Hohes Schnittlöwenmaul im Freien nur an windgeschützten Stellen auspflanzen. An zugigen Orten legen sich die Pflanzen leicht um.

Umfallkrankheit, Schwarzbeinigkeit (*Pythium debaryanum* Hesse, *Rhizoctonia solani* Kühn u. a.). Sämlinge fallen um und sterben ab. Stengelgrund weichfaul.

Bekämpfung: Für die Anzucht nur krankheitsfreie Substrate und entseuchte Kulturgefäße verwenden. Dichte Saat vermeiden und die Jungpflanzen nicht zu warm anziehen. Sie brauchen viel Licht und Luft. Ein Standort nahe dem Glas sagt ihnen am besten zu. Nicht bei trübem Wetter gießen. Sonnige Tage auswählen, an denen die Gewähr gegeben ist, daß die Pflänzlinge rasch wieder trocken werden. Wo man alljährlich mit Ausfällen rechnen muß, in TKS 1 ansäen oder bei Verwendung von Praxiserden gleich nach der Saat mit der Brühe eines Zineb-Mittels (z. B. BASF-Zineb-Spritzpulver, 0,2%) überbrausen. Bei Rhizoctonia-Gefahr am besten mit Du Pont Benomyl (0,03%) arbeiten. Mit dem Pikieren nicht zu lange warten. Überständige und spillerige Pflänzlinge sind erfahrungsgemäß stark krankheitsgefährdet.

Abb. 51. Löwenmaulrost.

Rost (*Puccinia antirrhini* Diet. et. Holw.). Blattoberseits schwache, gelbliche Flecke, in deren Mitte sich, vor allem auf der Unterseite der Blätter, kleine Pusteln entwickeln (Abb. 51), die beim Aufplatzen braunes Sporenpulver entlassen. Auch an den Stengeln, Kelchblättern und Fruchtkapseln können die Rostflecke auftreten. Die Sporen werden durch Wind und Wassertropfen, nicht selten auch durch Tiere von Pflanze zu Pflanze verbreitet. Die unteren Blätter werden zuerst befallen, sie bräunen sich und sterben ab. Stark erkrankte Pflanzen kümmern oder gehen zugrunde. Überwinterung des Pilzes vor allem an stehengebliebenen Löwenmaulpflanzen. Übertragung mit dem Saatgut wurde bisher nicht beobachtet. Rostresistente Sorten sind im Handel.

Bekämpfung: Rostfreie Löwenmäulchen sind erste Voraussetzung für eine gute Marktqualität. Wo sich erste Anzeichen der Krankheit zeigen, zweimal im Abstand von 8–10 Tagen mit dem Oxycarboxin-Präparat Plantvax (0,1%) spritzen. Ist Befallsfreiheit erreicht, für vorbeugende Schutzspritzungen Dithane Ultra, Saprol (Wirkstoff: Triforine), Polyram Combi oder auch ein Zineb- oder Maneb-Mittel verwenden. Die genannten Mittel sind in der Anwendung weitaus preisgünstiger als Plantvax. Da sie jedoch, Saprol ausgenommen, nicht systemisch wirken, kommt es sehr auf eine sorgfältige Behandlung an. Auch die Unterseiten der Blätter brauchen einen schützenden Belag. Bei feuchter Witterung müssen die Mittel in Abständen von 8 Tagen ausgebracht werden. Im übrigen Löwenmaulbestände im Herbst vollständig abräumen. Feldabraum verbrennen. Soweit möglich, beim Anbau resistente Sorten bevorzugen.

Phyllosticta-Blatt- und Stengelfleckenkrankheit (*Phyllosticta antirrhini* Syd.). Auf Blättern, Stengeln, da und dort auch an den Samenkapseln, bräunliche, später ausbleichende, mit dunklem Rand umgebene Flecke, in deren Mitte mit der Lupe kleine schwarze Pünktchen, die Fruchtkörper des Pilzes zu erkennen sind. Stark befallene Blätter vertrocknen, Samenkapseln werden vorzeitig braun.

Bekämpfung: Samen nur gesunden Beständen entnehmen. Vor Aussaat mit Polyram-Combi (10 g/kg Saatgut) beizen. Diese Maßnahme dient gleichzeitig auch der Bekämpfung von Auflaufkrankheiten. Sobald Krankheitsmerkmale auffällig werden, wiederholt mit Mancozeb (z. B. Dithane Ultra) oder Metiram (z. B. Polyram-Combi) spritzen oder auch ein Grünkupfermittel verwenden. Wo die Krankheit unter Glas auftritt, für reichliche Luftzufuhr sorgen.

Falscher Mehltau (*Peronospora antirrhini* Schroet.). Schmutzigweißer Schimmelbelag auf der Blattunterseite. Oberseits machen sich die Befallstellen durch bleichgrüne Fleckung bemerkbar. Bei starkem Befall, vor allem in Sämlingsbeeten, Wachstumshemmung und Verkrüppelung der Pflanzen. Die erkrankten Blätter sind oft löffelartig nach oben gewölbt. Der Pilz ist in solchen Fällen frühen und schweren Befalls meist schon tief in das Pflanzeninnere eingedrungen und ist in dem dem Gefäßteil angrenzenden Gewebe zu finden. So befallene Pflanzen sind durch Spritzung nicht mehr zu retten.

Bekämpfung: Sie ist mit den derzeit zur Verfügung stehenden Mitteln schwierig und nur bei vorbeugender Anwendung erfolgreich möglich. Es müssen schon die Erstinfektionen verhütet werden. Hat die Krankheit einmal Fuß fassen können, kann auch vermehrtes Spritzen die weitere Ausbreitung des Pilzes nicht mehr verhindern. Zineb-Mittel, Mancozeb (z. B. Dithane Ultra) und das Metiram Präparat Polyram-Combi haben sich als brauchbar erwiesen. Dabei ist wichtig, daß auch die Unterseite der Blätter einen schützenden Belag erhält. Bei großer Krankheitsgefahr die Mittel wöchentlich anwenden. Leider hinterlassen sie auf den Blüten sehr unschöne Flecke. Sie können also nur vor dem Aufblühen angewandt werden. Sehr aussichtsreich erscheint auch das Prothiocarb-Präparat Previcur.

Grauschimmel (*Botrytis cinerea* Pers.). Unter Glas oder auch bei feuchter Witterung im Freiland kann der Pilz eine Stengel- und Blütenfäule verursachen. Siehe auch Seite 31.

Bekämpfung: Sobald sich erste Krankheitsanzeichen zeigen, mit Du Pont Benomyl (0,05%) spritzen und die Bekämpfungsmaßnahmen je nach Krankheitsgefahr in Abständen von 10–14 Tagen wiederholen. Niederschlag fördert die Krankheit. Deshalb unter Glas starke Temperaturschwankungen vermeiden und darauf achten, daß die Pflanzen stets trocken in die Nacht gehen.

Aphelandra

Aphelandren brauchen im Winter einen hellen und warmen Standort. Temperaturen unter 15 °C werden schlecht vertragen. Zügiges Wachstum ist erfahrungsgemäß nur dann möglich, wenn die Temperatur nicht unter 18 °C liegt. Lediglich bei aufgeblühten Beständen kann man mit der Temperatur etwas heruntergehen. Keinesfalls dürfen die Pflanzen bei etwas kühlerem Stand zu feucht gehalten werden. Ein kalter Fuß läßt schlechte Wurzeln und Pflanzen mit glanzlosen, hängenden Blättern erwarten.

Bei der Vermehrung ist zu beachten, daß die Temperatur wenigstens 20 °C betragen sollte. Optimal sind 25 °C. Kopfstecklinge wachsen erfahrungsgemäß besser als Triebstecklinge. Im Frühjahr und Sommer muß bei Vollsonne schattiert werden. Vor einer zu reichlichen Stickstoffdüngung wird gewarnt, sonst bekommt man schlechte Blüher. Vor dem Verkauf sind die Pflanzen genügend abzuhärten.

Welkekrankheit (*Verticillium alboatrum* R. et B.). Die meist einseitig mit Welke der untersten Blätter beginnende Erkrankung schreitet allmählich zur Triebspitze hin fort und die Pflanze bricht schließlich zusammen. Im quer durchschnittenen Stengel zeigt sich eine Verbräunung der vom Pilz befallenen Leitbahnen.

Bekämpfung: Stark erkrankte Pflanzen ausmerzen und vernichten (z. B. auf den Müllplatz abfahren, keinesfalls auf den Kompost!). Je besser die Pflanzen noch im Wachstum stehen, desto besseren Erfolg wird man von einer Gießbehandlung mit Du Pont Benomyl (0,1%) erwarten können.

Rhizoctonia-Stammgrund- und -Wurzelfäule (*Rhizoctonia solani* Kühn). Die Pflanzen welken. Stammgrund schorfig aufgerissen mit braunem, krustigem Hyphenbelag, der sich auch auf die Wurzelansätze ausdehnen kann. Die Krankheit, die vor allem geschwächte Pflanzen (z. B. unmittelbar nach dem Umtopfen) befällt, kommt unter guten Kulturbedingungen meist von selbst wieder zum Stehen. Selbst bereits gewelkte Pflanzen können sich wieder erholen.

Bekämpfung: Obwohl der Pilz nur als „Schwächeparasit" angesehen werden muß, leiden die Pflanzen doch unter dem Schock, den sie durch die Welke erlitten haben. Die borkigen Aufrißstellen bilden eine Gefahr für das Eindringen von Fäulniserregern. Durch die Verwendung von frischem Substrat und neuen oder entseuchten Töpfen sowie Entseuchung der Stellflächen sollte man daher der Krankheit vorbeugen. Auch dürfen die Pflanzen nicht zu feucht gehalten werden. Als wirksame Bekämpfungsmittel sind Benomyl (0,05%) oder Orthocid 50 (0,25%) zu empfehlen. Es ist darauf zu achten, daß vor allem der Stammgrund von der Spritzbrühe allseitig getroffen wird.

Pythium-Stammgrund- und -Wurzelfäule (*Pythium paroecandrum* (Drechsler) u. a.). Welke ähnlich wie bei der vorgenannten Erkrankung, jedoch Stammgrund weichfaul ohne braunen Pilzbelag. Die Fäule geht von der Wurzel aus, die oft völlig abstirbt. Die Pflanzen gehen dann zugrunde ohne sich wieder zu erholen. Auch dieser Erreger ist ein Schwächeparasit. Die Krankheit läßt meist wieder nach, sobald die Pflanzen in zügiges Wachstum kommen.

Bekämpfung: Wie oben, jedoch Angießen mit Bayer 5072 (0,03%). Einmalige Behandlung genügt meistens, sonst Wiederholung nach 4–5 Wochen. Vermutlich dürfte auch das zur Zeit in Prüfung befindliche Prothiocarb-Präparat Previcur für diesen Verwendungszweck brauchbar sein. Siehe Seite 23.

Schildläuse. *Aphelandra* wird sehr gerne von Napfschildläusen heimgesucht. Durch ihre Saugtätigkeit wird das Wachstum der Pflanzen gehemmt, die Blätter verlieren ihren Glanz und krümmen sich. Auch leiden die Pflanzen unter den klebrigen Ausscheidungen der Schildläuse, dem sog. Honigtau, auf dem sich später Schwärzepilze ansiedeln. Siehe Seite 88.

Bekämpfung: Wiederholt mit einer Malathion-Emulsion, mit Methomyl (z. B. Lannate 25-WP) oder mit Azinphos (z. B. Gusathion H) spritzen.

Weichhautmilben (*Hemitarsonemus* spp.). Die jüngsten Blättchen der Triebspitzen entwickeln sich nur ungleichmäßig. Bei starkem Befall kümmern sie, werden braun, vertrocknen und sterben ab. Jüngere Blätter auf ihrer Unterseite zwischen den Adern gebräunt und korkfleckig. Siehe Seite 63.

Bekämpfung: Wiederholt und sehr sorgfältig mit Endosulfan-Emulsion (z. B. Beosit 35 flüssig, Thiodan 35 flüssig) spritzen. Vorsicht mit Kelthan-Präparaten. Bei wiederholter Anwendung können die jüngsten Blättchen der Triebspitze Schaden nehmen.

Blattläuse Die Tiere sitzen mit Vorliebe an den jüngsten Blättchen der Triebspitzen. Die Blätter kräuseln sich.

Bekämpfung: Mit einer Malathion- oder Diazinon-Emulsion, einem Demeton-Mittel (z. B. Metasystox-R), mit Mevinphos (z. B. PD 5, Shell Phosdrin 50) oder dort, wo die Läuse gegen die genannten Mittel widerstandsfähig geworden sind, auch mit Lannate 25-WP, Tamaron oder Nikotin spritzen.

Blattälchen (*Aphelenchoides* spec.). Blätter mit gelblichen, schmutziggrünen, später bräunlichen und von Blattadern geradlinig begrenzten Flecken. Siehe Seite 52.

Bekämpfung: Zweimal im Abstand von 8 Tagen mit Nemafos (0,1%) spritzen oder dort, wo es die örtlichen Verhältnisse zulassen, je m^2 5 g Temik 10 G ausstreuen. Auch das derzeit in Prüfung befindliche, systemisch wirksame Vydate läßt eine gute Wirkung erwarten.

Spinnmilben siehe Seite 58. Bei der Wahl des Bekämpfungsmittels die unter „Empfindlichkeit gegen Pflanzenschutzmittel" gegebenen Hinweise beachten.

Weiße Fliege siehe Seite 93.

Bekämpfung: Wiederholt Methomyl (z. B. Lannate 25-WP), Zinophos (z. B. Nemafos) oder Phosphamidon + Fenitrothion (z. B. Dimecron combi) spritzen.

Wellige oder beulig verbogene Blätter (soweit diese nicht auf Weichhautmilben oder unverträgliche Pflanzenschutzmittel zurückgehen). Man führt sie vor allem auf starke Lichteinflüsse oder allzu reichliche Stickstoffversorgung bei hohen Temperaturen zurück.

Gegenmaßnahmen: Während der Frühjahrs- und Sommermonate bei voller Sonne schattieren. Stets für ausreichende Luftfeuchtigkeit sorgen. Nicht zu warm kultivieren und mit Stickstoff vorsichtig sein.

Blattfall. Hält man die Pflanzen zu kühl und gleichzeitig zu naß, werfen sie die Blätter ab. Blattfall ist immer ein Zeichen schlechter Wurzeltätigkeit. Ursache kann ein zu kalter Fuß oder auch eine zu hohe Salzkonzentration im Boden sein.

Empfindlichkeit gegen Pflanzenschutzmittel: Vorsicht ist vor allem bei Dimethoat-Emulsionen geboten. Die Herzblättchen nehmen Schaden. Fundal forte 750 führt zu einer Aufhellung der Spreitenteile. Bei wiederholter Anwendung können auch Parathion-Emulsionen, Propoxur-Präparate (z. B. Unden flüssig), Folimat, Kelthane MF und Tedion V 18 flüssig an den jüngsten Blättchen der Triebspitzen Schäden verursachen und so Anlaß für Krüppelblätter sein. Auch das Sprühen mit der Alphos-Nebeldose ist nicht ungefährlich.

Aquilegia, Akelei

Akeleiminierfliegen (*Phytomyza*-Arten). Weiße, geschlängelte Gangminen in den Blättern verursachen die winzigen Larven der Minierfliege *Phytomyza miniscula* Goureau (Abb. 52). Es treten mehrere Generationen im Jahr auf. Fliegen der ersten Generation im Mai und Juni. Die Eier werden auf die Unterseite der Blätter abgelegt.

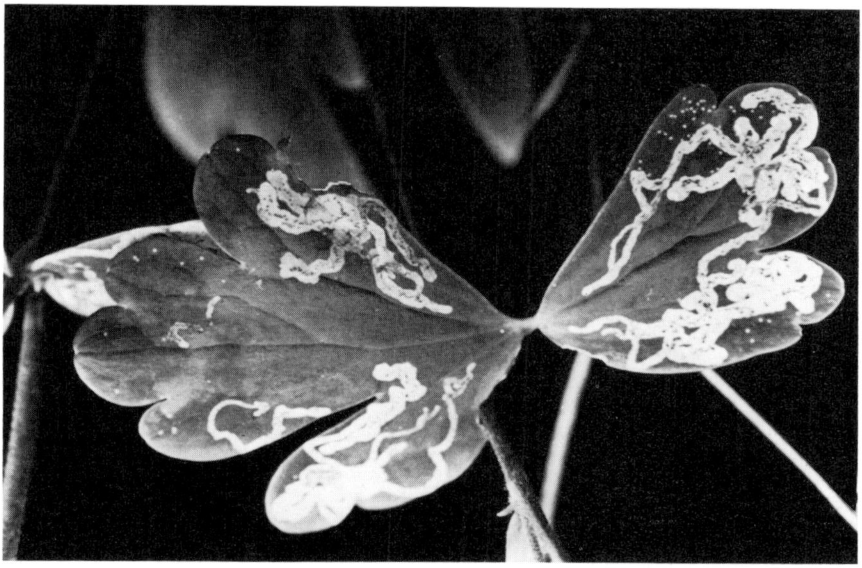

Abb. 52. Blattminen durch die Larven der Minierfliege *Phytomyza minuscula* bei Akelei.

Blasen- und Platzminen gehen auf die Larven der Minierfliegen *P. aquilegiana* Frost und *P. aquilegiae* Hard. zurück.

Bekämpfung: Sobald sich Anfänge von Minen in den Blättern zeigen, mit Trichlorphon (z. B. Dipterex-flüssig) oder auch mit einer Parathion- oder Dimethoat-Emulsion spritzen. Je nach Befallsgefahr lasse man weitere Behandlungen in Abständen von 10–14 Tagen folgen. Netzmittelzusatz steigert die Wirkung.

Akeleigallmücke (*Dasyneura aquilegia* Kieff.). Ein in Deutschland verhältnismäßig selten auftretender Schädling, der jedoch örtlich manchmal größeren Schaden verursacht. Teilweise bleiben die Blütenknospen schon sehr frühzeitig sitzen, werden braun und vertrocknen. Andere wieder entwickeln sich fast normal, öffnen sich aber nicht und sterben dann ebenfalls unter Braunfärbung ab. Das Innere der Knospen verjaucht. Aus spät belegten Knospen können manchmal noch fleckige und mißgestaltete Blüten hervorgehen. Der Schaden wird von kleinen, kaum 1,5 mm langen, hellorangefarbenen Würmchen, die sich oft bis zu 10 und mehr in den Knospen finden, verursacht. Es sind die Larven der Akeleigallmücke. Sobald sie ausgewachsen sind, verlassen sie die Knospen und verpuppen sich in der Erde.

Das kleine Insekt fliegt von Ende April an und im Mai. Die Eier werden an die sich entwickelnden Knospen abgelegt. Langspornige Hybriden haben besonders unter Befall zu leiden.

Bekämpfung: Zweimal im Abstand von 8–10 Tagen mit einem Phosphamidon-haltigen Mittel (z. B. Dimecron, Dimecron combi) spritzen. Beginnen, sobald die Knospen sichtbar werden.

Blattläuse siehe Seite 85.

Blattwespenlarven (*Pristivora alnivora* Htg.). Grüne Afterraupen befressen die Blätter vom Rand her. Die Schäden werden vor allem im Frühjahr auffällig.

Bekämpfung: Mit Parathion- oder Diazinon-Emulsion spritzen oder auch mit einem Parathion-Stäubemittel stäuben. Vorsicht bei blühenden Pflanzen: die Mittel gefährden die Bienen.

Akeleimosaik (Gurkenmosaik-Virus). Auffhellung der Adern. Mosaikscheckung und fleckenförmiges Absterben der Blätter. Die im Wuchs zurückbleibenden Pflanzen blühen nur spärlich. Das in vielen anderen gärtnerisch kultivierten Arten und Wildpflanzen vorkommende Virus wird durch Blattläuse übertragen.

Blütenvergrünung (Aster Yellows, Asterngelbsucht). Pflanzen im Wuchs gestaucht, Blütenblätter vergrünt und verkümmert. Im Spätstadium rötliche Verfärbung des Laubes und verfrühtes Absterben der Pflanzen. Übertragung durch Zikaden. Nach neueren Forschungsergebnissen wird Aster Yellows durch mykoplasmaähnliche Körper verursacht (3).

Bekämpfung der vorgenannten Viruskrankheiten: Vernichtung befallener Pflanzen, frühzeitige Bekämpfung der Überträger.

Arabis, Gänsekresse

„Weißer Rost" (*Cystopus candidus* (Pers.) Lév.). Gelblichweiße, schwielenartige Wärzchen, die später aufplatzen und weißes Sporenpulver entlassen, an Blättern (meist Blattunterseite), Stengeln und Blütenständen. Die befallenen Teile werden durch die Krankheit oft stark verunstaltet, werden mißfarbig und gehen allmählich zugrunde. Die Krankheit wird auf vielen kultivierten und wilden Kreuzblütlern beobachtet, so z. B. auf Kohlarten, Rettich, Goldlack, Hirtentäschelkraut u. a.

Bekämpfung: Im allgemeinen nicht lohnend. Die beim Weißrost des Steinkrautes *(Alyssum)* angegebenen Bekämpfungshinweise beachten. Von befallenen Pflanzen keine Stecklinge nehmen!

Falscher Mehltau (*Peronospora arabidis* Gäum.). Blattunterseite und Stengel mit mehlartigem, gräulichweißem Schimmelbelag. Blätter nach unten eingekrümmt, Stengel an den Befallsstellen oft verdickt und gekrümmt.

Bekämpfung: Siehe unter „Falscher Mehltau" bei *Alyssum* Seite 113.

Triebspitzen-Gallen (*Dasyneura alpestris* Kieffer). Blättchen der Triebenden, und zwar meist der kräftigsten Haupttriebe, zu einer auffälligen Knospen-

Abb. 53. *Arabis*-Blattrosette mit Triebspitzengalle der Gallmücke *Dasyneura alpestris.*

Abb. 54. Larven der Gallmücke *Dasyneura alpestris* in geöffneter Triebspitzengalle. Etwa 8fach vergrößert.

galle zusammengefügt. Auch fällt die stärkere Behaarung der vergallten Blättchen auf (Abb. 53 und 54). Die Galle ist von 2–3 mm lang werdenden und je nach Altersstadium weißlich, rosa oder orange gefärbten Würmchen (Maden) bewohnt. Es sind die Larven der Gallmücke *Dasyneura alpestris* Kieffer. Im Laufe der Zeit sterben die Knospengallen ab. Ihr Inneres verjaucht. Die Larven verpuppen sich entweder in den Gallen oder sie wandern zur Verpuppung in den Boden ab. Das Insekt hat mehrere Generationen im Jahr. Mit der ersten Generation ist im Mai zu rechnen. Die Larven überwintern in einem Kokon.

Bekämpfung: In Vermehrungsbeständen sind die Gallen befallener Triebe auszukneifen und zu vernichten. Es ist dies eine Maßnahme, die sich, sorgfältig ausgeführt, in jedem Falle lohnt. Man kann aber auch wiederholt in Abständen von 10–14 Tagen mit Dimecron combi, einem Mevinphos-Mittel (z. B. PD 5, Shell Phosdrin 50) oder auch mit einer Parathion-Emulsion spritzen. Vergallte Triebe nicht für die Vermehrung verwenden.

Arabis-Mosaik. Helle fleck-, linien- und ringförmige Musterungen der Blätter. Wirtspflanzenkreis sehr groß, vor allem Kreuzblütler wie z. B. Kohl, Goldlack u. a. Übertragung durch bodenbewohnende Nematoden (*Xiphinema*-Arten).

Aralia siehe *Fatsia*

Asparagus, Zierspargel

Im Winter sollen die Bestände nicht zu kühl, nicht zu naß und vor allem auch nicht zu dicht stehen. Ein kühler, enger Stand bei gleichzeitiger Nässe und hoher Luftfeuchtigkeit läßt die Pflanzen stocken, bringt Fäulnisgefahr mit sich und führt zu einem

Vergilben und Abstoßen der Blätter. Für *Asparagus densiflorus* 'Sprengeri' sind während der Wintermonate Temperaturen um 14–15 °C angemessen. *Asparagus setaceus (A. plumosus)* halte man etwas wärmer (wenigstens 16 °C).

Bodenheizung hat sich vor allem für *A. setaceus* bewährt. Im übrigen können auch ein zu hoher Kalkgehalt des Substrats und allzureichliche Düngersalzgaben Gelbfärbung der Blätter bewirken. Hohe Stickstoffgaben beeinträchtigen die Haltbarkeit der Wedel. 'Sprengeri' braucht zwar viel Licht, ein Zuviel kann jedoch zu harten dornigen Trieben führen.

Fusarium-Wurzelfäule (*Fusarium oxysporum* Schl., *Fusarium moniliforme* Sheld.). Blattvergilbung und Blattabwurf infolge rötlichbrauner Faulstellen an der Wurzel. Als Erreger dürfte *Fusarium oxysporum* überwiegen, doch konnte an *A. densiflorus* 'Sprengeri' auch *Fusarium moniliforme* festgestellt werden.

Bekämpfung: Angießen mit Du Pont Benomyl (0,1%). Sofern nicht neue Töpfe oder Kisten benutzt werden, sind sie vor Gebrauch zu entseuchen. Dasselbe gilt für Grundbeete oder Pflanzungen auf Stellagen.

Blattläuse. Sie schaden durch ihre Saugtätigkeit an jungen Trieben.

Bekämpfung: Mit Omethoat (z. B. Folimat), Methomyl (z. B. Lannate 25-WP), einer Diazinon-Emulsion, mit Dichlorvos-haltigen Präparaten (z. B. Dedevap) raumsprühen oder mit der Alphos- oder Citos-Nebeldose nebeln. Brauchbar ist des weiteren das Aldicarb-Granulat Temik 10 G. Darüber hinaus kann man bei 'Sprengeri' auch mit einem Demeton-Mittel (z. B. Metasystox), mit Methamidophos (z. B. Tamaron) oder mit dem Propoxur-Präparat Unden flüssig arbeiten. Wo sich Resistenzerscheinungen gegenüber gebräuchlichen Phosphorsäureinsektiziden zeigen, Lannate 25-WP, Folimat oder Temik 10 G verwenden.

Spinnmilben. Von Spinnmilben befallene Asparaguswedel lassen zunächst ein stumpfes Graugrün erkennen. In der Folge vergilben die Wedel. Siehe Seite 58.

Bekämpfung: Die zur Blattlausbekämpfung empfohlenen Mittel, Lannate 25-WP ausgenommen, wirken auch gegen die Rote Spinne, wobei Folimat und Temik 10 G dann zu bevorzugen sind, wenn die Schädlinge gegenüber gebräuchlichen Phosphorsäureinsektiziden widerstandsfähig geworden sind. Ansonsten bieten sich zur Bekämpfung der Roten Spinne auch Spezialpräparate wie Kelthane, Kelthane MF (nur für *Asparagus densiflorus*) oder Pentac an.

Weichhautmilben (Tarsonemiden). Schädigen manchmal.

Bekämpfung: Wiederholt mit einer Endosulfan-Emulsion (z. B. Beosit 35 flüssig, Thiodan 35 flüssig) oder mit einem Kelthan-Präparat (nicht für A. plumosus) spritzen oder auch unter strenger Beachtung der Anwendungsvorschriften je m^2 3 g Temik 10 G ausstreuen.

Blasenfüße als Ursache der sog. *Kräuselkrankheit* (*Thrips tabaci* Lind.). An den Trieben von 'Sprengeri' zeigen sich gekräuselte oder verkrüppelte Blättchen (Abb. 55). Sie weisen weißliche Sprenkel und bräunliche Korkstellen auf. Ein helles Graugrün ist bei von den Blasenfüßen und ihren Larven besogenen Blättchen von A. plumosus festzustellen. Die Wedelchen sehen wie zerzaust aus. Siehe Seite 72.

Bekämpfung: Die unter Bekämpfung der Blattläuse gegebenen Hinweise beachten. Etwas weniger wirksam sind Demeton-Mittel.

Napfschildläuse. Siehe Seite 88.

Bekämpfung: Wiederholt mit Methomyl (z. B. Lannate 25-WP) oder bei 'Sprengeri' auch mit einem Propoxur-Präparat (z. B. Unden flüssig) spritzen.

Empfindlichkeit gegen Pflanzenschutzmittel: Schadfälle durch Pflanzenschutzmittel, wie sie bei *Asparagus*-Kulturen immer wieder vorkommen, zwingen zu vorsichtiger Auswahl der Präparate. Im besonderen gilt dies für *Asparagus setaceus (A. plumosus)*. Bei *Asparagus densiflorus* 'Sprengeri' muß man vor allem mit Fundal forte, Ebicid, Galecron und Dimethoat-Emulsionen vorsichtig sein. Geringfügige Schäden (Aufhellung der Fiederblättchen, Nekrosen) können bei Verwendung von Anilix und Parathion-Emulsionen (vor allem bei wiederholter Anwendung) auftreten. Und nun zu *Asparagus setaceus:* Geringfügige bis leichte Schäden (z. B. Aufhellung der Fiederblättchen, vereinzelte Nekrosen an jungen Wedeln) sind z. B. bei Verwendung von Kelthane MF, Pirimor, Unden flüssig, Metasystox-R, Gusathion H, Parathion-, Malathion-, Bromophos-Emulsionen, Mevinphos-Mitteln und Nikotin möglich. Schließlich können Anilix, Fundal forte, Drawinol S, Galecron und Dimethoat-Emulsionen sehr auffällige Schäden verursachen. Allgemein ist zu empfehlen, die Mittel nicht überdosiert, nicht zu häufig und nicht bei starker Sonneneinstrahlung anzuwenden. Unter der Voraussetzung, daß nicht bei zu trockenem Ballen behandelt wird, wird eine Gießbehandlung mit Trichlorphon-Emulsion oder Zinophos (z. B. Nemafos-Emulsion) vertragen.

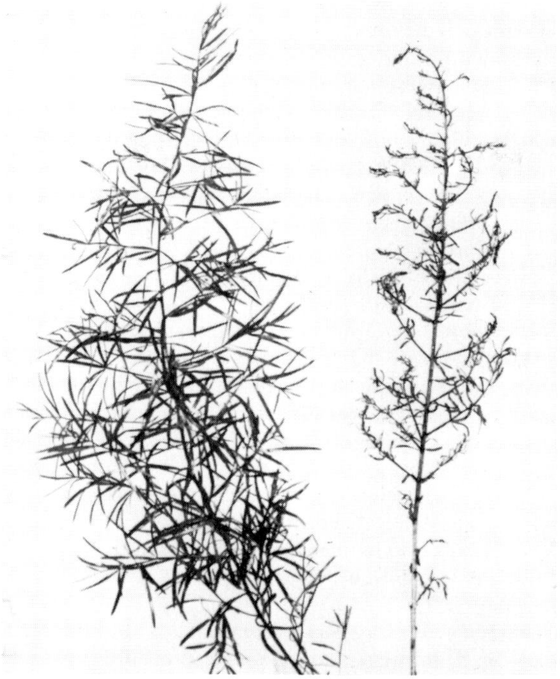
Abb. 55. Blasenfußbefall bei *Asparagus*. Links gesunder Trieb, rechts befallener Trieb.

Aster und Callistephus (Sommeraster)

Fusarium-Welke (*Fusarium oxysporum* f. *callistephi* (Beach) Snyd. et Hans.). Ganze Pflanzen oder einzelne Triebe der Sommerastern welken. Am Stengelgrund beginnend vergilben die Blätter und werden braun. Mit dem Auftreten stärkerer Welkeerscheinungen beginnt meist auch der Stengel sich einseitig oder allseitig fleckig-dunkelviolett oder bräunlich zu verfärben. Typisch für die Welke ist es, daß die Stengelverfärbung häufig bis fast zur Spitze reicht. Stengel innen mit gebräuntem Holzteil, Rinde im Anfangsstadium der Erkrankung gesund.

Die Fusarien dringen vom Boden aus besonders leicht durch Wurzelverwundungen ein und breiten sich in den Wasserleitungsbahnen aus. Ist der Befall nur einseitig, so zeigt sich dies auch im äußeren Bild der Pflanze: es welken nur die übereinanderstehenden Blätter, während die gegenüberstehenden noch gesund erscheinen. Auch die oft nur einseitige oder sektorenweise Vergilbung und Bräunung der Blätter ist charakteristisch für die Welkekrankheiten (siehe auch bei Verticillium-Welke).

Allmählich greift der Pilz, vor allem am Stengelgrund, vom Holzteil auch auf die Rinde über. Er bildet, besonders bei hoher Feuchtigkeit, auf der sich infolge der fortschreitenden Fäule mehr und mehr schwarz verfärbenden Stengeloberfläche seine rötlichgelben Sporenlager aus.

Die Sporen werden leicht vom Winde verweht oder mit Wasser verschwemmt und verseuchen Erde und Saatgut. Rotblühende Sorten sind etwas weniger anfällig als die weißen und rosablühenden. Welkeresistente Züchtungen sind im Handel.

Bekämpfung: Obwohl mit dem systemisch wirksamen Du Pont Benomyl ein Mittel zur direkten Bekämpfung der weit verbreiteten Welkekrankheiten zur Verfügung steht, kann auf die vorbeugenden und hygienischen Maßnahmen nicht verzichtet werden. Das Präparat läßt im allgemeinen nur einen Teilerfolg erwarten und ist überdies in der Anwendung auf größeren Flächen sehr kostenaufwendig. Deshalb Aussaaten nur in gedämpfte oder mit einem chemischen Mittel entseuchte Erde vornehmen. Saatkisten und Holzteile der Anzuchtkisten mit Fomaldehyd (2,5 l des käuflichen 40%igen Formalins auf 100 l Wasser) entseuchen. Im übrigen sind die Anbauflächen stets zu wechseln. Auf krankheitsgefährdeten Flächen mindestens 4–5 Jahre keine Astern anpflanzen. Beim Anbau welkewiderstandsfähige Sorten bevorzugen.

Treten welkende Astern vereinzelt auf, sind sie vorsichtig mitsamt der anhaftenden Erde zu entfernen, und zwar ehe die Pilze zur Sporenbildung gelangen. Danach sind die Pflanzen in der näheren Umgebung der Krankheitsherde mit Du Pont Benomyl (0,075%) anzugießen oder auch gegen Fuß- und Stengelerkrankungen (siehe unten) kräftig mit Benomyl-Brühe zu spritzen, so daß vor allem der Fuß der Pflanzen gut getroffen wird. Notfalls die Behandlung nach 4 Wochen wiederholen. Weitere systemisch wirksame Präparate gegen Welkekrankheiten (z. B. Cercobin M) stehen derzeit in Erprobung.

Fusarium-Fuß- und -Stengelerkrankung (*Fusarium lateritium* Nees., *F. culmorum* (Sm.) Sacc.). Im Gegensatz zu den echten Welkeerregern, die im Inneren der Wasserleitungsbahnen zu finden sind, greifen die hier genannten Pilze vor allem das Rindengewebe des Stengels an. Besonders gefährdet ist der Stengelgrund, der sich infolge des Pilzbefalls von außen nach innen fortschreitend schwarz verfärbt und dann vermorscht. Die Pflanzen welken und brechen oft schlagartig zusammen. Auf den Erkrankungsstellen bilden sich bei länger andauernder regnerischer Witterung gelbliche oder rötliche Sporenbeläge.

Die Fusarium-Fußerkrankung wird oft mit der Fusarium-Welke verwechselt, um so mehr als beide Krankheiten manchmal nebeneinander vorkommen. Der Gärtner bezeichnet sie, wobei er meist auch noch die Verticillium-Welke mit einbezieht, insgesamt als „Asternwelke".

Bekämpfung siehe Fusarium-Welke.

Verticillium-Welke und „Gelbwelke" (*Verticillium alboatrum* R. et B. und *Acrostalagmus Vilmorinii* Gueg. (28)). Im Gegensatz zur Fusarium-Welke, bei der die ersten Pflanzen oft schon 4 Wochen nach der Pflanzung zu welken beginnen, setzt die Gelbwelke der Sommerastern erst etwa 12–13 Wochen nach dem Auspflanzen ein. Die Vergilbungserscheinungen sind deutlicher. Je nach Sorte etwas verschieden beginnt früher oder später eine allgemeine Welke der Pflanzen. Charakteristisch ist die oft nur einseitige Vergilbung und Bräunung befallener Blätter. Im aufgeschnittenen Stengel ist der Holzteil schwach braun verfärbt. Auf der Stengeloberfläche sind jedoch nicht die für die Fusarium-Welke typischen braunen Flecken zu finden. Die Erreger der Gelbwelke treten nach außen nur sehr selten und bei hoher Luftfeuchtigkeit auf abgestorbenen Pflanzenteilen als spinnwebfeiner weißer Belag in Erscheinung. Je später die Astern gepflanzt werden, desto geringer ist der Befall. Außer der Sommeraster werden vor allem Staudenastern (z. B. *A. novi-belgii* und *A. dumosus*) befallen. Für die Überwinterung des *Verticillium*-Pilzes spielen Unkräuter eine bedeutende Rolle.

Bekämpfung: Hinweise unter Fusarium-Fuß- und -Stengelerkrankung beachten. Auf verseuchtem Boden mindestens 4–5 Jahre lang keine Astern, möglichst auch keine anderen Compositen anpflanzen. Wo Staudenastern durch Stecklinge vermehrt werden, sind diese nur aus gesunden Beständen zu nehmen oder in Sonderfällen werden, sind diese nur aus gesunden Beständen zu nehmen. In Sonderfällen ist (z. B. in Züchtungsbetrieben) von getesteten Stecklingen (siehe Seite 45) auszugehen.

Echter Mehltau (*Erysiphe cichoriacearum* DC.). Blätter mit mehlig-weißem Überzug. Vor allem bei Glattblattastern oft sehr schädigend auftretend.

Bekämpfung siehe Seite 34.

Blattälchen (*Aphelenchoides ritzemabosi* (Schwartz) Good.). Anfangs hellbraune, im durchfallenden Licht glasig-durchscheinende, später dunkelbraune, eckige Flecke, die von den Blattadern begrenzt sind. Werden die Flecken größer und fließen sie zu großen Flächen zusammen, so sterben die Blätter ab und verfaulen oder vertrocknen. Endstadium nicht mit Asternwelke verwechseln!
Bekämpfung wie bei Chrysanthemen-Blattälchen (siehe Seite 175).

Kleine Pflaumenblattlaus (*Brachycaudus helichrysi* Kalt.). Kann vor allem bei Sommerastern sehr schädigend auftreten. Blätter wellig verbogen, gekräuselt, bleiben klein. Triebspitzen verkümmert. Dabei wird Blattlausschaden oft für Virusbefall gehalten, so daß dann entsprechende Bekämpfungsmaßnahmen unterbleiben. Der gute Beobachter wird aber die kleinen, gelbgrünen Läuse, die sich zwischen den jüngsten Blättchen der Triebspitzen verborgen halten, ohne Schwierigkeiten feststellen können.

Bekämpfung: Zweimal im Abstand von 8 Tagen mit einer Parathion-Emulsion, mit Omethoat (z. B. Folimat), Demeton (z. B. Metasystox), Methomyl (z. B. Lannate 25-WP) oder Methamidophos (z. B. Tamaron) spritzen oder auch mit einem Parathion-Stäubemittel stäuben. Die zwischen den Herzblättchen versteckt sitzenden Läuse sind mit nicht systemisch wirksamen Präparaten nur dann ausreichend zu bekämpfen, wenn sehr sorgfältig gearbeitet und nicht mit Spritzbrühe gespart wird.

Blattwanzen. Als Folge der Saugtätigkeit der Alttiere und ihrer Larven kräuseln sich die Blätter, die Triebspitzen verkrüppeln. Auf den Blättern sind zunächst kleine, gelbliche Saugstellen zu erkennen. Später bräunen sich diese, sinken ein und sterben ab. Eine Durchlöcherung wird dann beobachtet, wenn die abgestorbenen Gewebeteile ausbrechen. Siehe Seite 92.

Bekämpfung: Wiederholt mit einem Propoxur-Präparat (z. B. Unden), mit Methomyl (z. B. Lannate 25-WP) oder mit einer Dimethoat-Emulsion spritzen oder auch mit einem Parathion-Stäubemittel stäuben. Bekämpfungsmaßnahmen sind vor allem in den frühen Morgenstunden erfolgversprechend, da dann die Tiere noch flugträge sind.

Abb. 56. In eine weiße, schaumartige Masse eingehüllt, saugt die Larve der Schaumzikade (Triebspitze einer Staudenaster).

Wiesenschaumzikade (*Philaenus spumarius* L.). Die gelblichgrünen und schwarzäugigen Larven der Schaumzikaden saugen, in eine weiße schaumartige Masse eingehüllt, an Blättern, jungen Trieben und z. T. auch an den Blütenknospen (Abb. 56). Siehe Seite 180.

Schattenwickler (*Cnephasia virgaureana* Tr.). Blätter der Triebspitzen zusammengesponnen. In ihren Wohngespinsten fressen die schmutziggelbgrünen, schwarzköpfigen Räupchen des Wicklers. *Aster novi-belgii* wird bevorzugt befallen.

Bekämpfung: Sobald zusammengesponnene Blätter und Triebspitzen auf die Räupchen des Schattenwicklers hinweisen, mit einer Parathion-Emulsion, Azinphos (z. B. Gusathion H), Methomyl (z. B. Lannate 25-WP) oder auch mit einem Mevinphos-Mittel (z. B. PD 5, Shell Phosdrin 50) spritzen.

Schnecken. Vor allem Sommerastern, aber auch manche Sorten von Aster *novi-belgii* sind stark schneckengefährdet (siehe Seite 57).

Gelbsucht der Sommerastern (Aster Yellows) (3,4). Aufhellung der Blattadern, später ganze Blätter (manchmal auch nur einzelne Ausschnitte) vergilbt. Blüten oft verkümmert und vergrünt. Ganze Pflanzen etwas gestaucht, Blätter steil aufwärts stehend, aus den Blattachseln gelbsüchtige Triebe sprossend. Die durch mykoplasmaähnliche Organismen verursachte Krankheit wird durch Zwergzikaden, nicht aber mit dem Samen übertragen.

Bekämpfung: Kranke Astern vernichten. Bekämpfung der Zikaden.

Seltener als die Gelbsucht wird die **Ring- und Bandchlorose** der Sommeraster, hervorgerufen durch einen Stamm des Tabakrattle-Virus, beobachtet. Gelbe Ring- und Linienmuster weisen auf die Erkrankung hin. Übertragung vor allem durch im Boden freilebende und die Wurzel angreifende Nematoden.

Bekämpfung: Auf Flächen, die erkrankte Astern getragen haben, in den Folgejahren mit Asternkultur aussetzen.

Azalea indica siehe *Rhododendron* Seite 387.

Begonia, Begonie, Schiefblatt

Lorraine-Begonien. Ältere Blätter sind für Vermehrungszwecke nicht geeignet. Sie wurzeln schwer und treiben schlecht durch. Für eine gute und schnelle Bewurzelung sind Temperaturen um 20–24 °C erforderlich. Gießen und Spritzen im Vermehrungsbeet mit aller Vorsicht durchführen, Wassergaben auf ein Mindestmaß beschränken. Bei Unachtsamkeit können sehr schnell ausgedehnte Fäulnisherde entstehen. Tropfwasser und Niederschlag sind zu vermeiden. Keinesfalls dürfen die Stecklinge naß in die Nacht kommen. Gespannte Luft wird schlecht vertragen.

Ein kühler Standort ist den Lorraine-Begonien wenig zuträglich. Sie müssen gut im Wachstum bleiben und dürfen nicht verhärten. Während der Jugendentwicklung hält man sie am besten bei Temperaturen um 18 °C. Es muß immer rechtzeitig verpflanzt werden, da auch verfilzte Wurzelballen Wachstumsstockungen verursachen. Im übrigen sorge man für feuchte Luft. Benetzung von oben her möglichst vermeiden.

Nur bei entsprechender Luftzufuhr wachsen während des Sommers gedrungene, kräftige und später haltbare Pflanzen heran. Angemessenes Schattieren verhindert das unerwünschte harte und rötliche Laub. Zugluft, Temperaturschwankungen und Niederschlag nehmen Lorraine-Begonien sehr übel. Schon kühle Augustnächte können in den Häusern ein starkes Absinken der Temperatur mit sich bringen und zur Bildung von Niederschlag führen. An naßkalten Tagen und kühlen Abenden wird man also schon etwas heizen müssen, zumal die Temperatur auch während der Nacht möglichst nicht unter 15 °C sinken soll. Während solcher Tage ist mit aller Vorsicht zu gießen. Besser etwas zu trocken als zu naß halten.

Im Herbst dürfen die Pflanzen nicht zu eng stehen. Rechtzeitiges Rücken ist unerläßlich, wenn man gute Verkaufsware erzielen will. Nicht erst dann aufbinden, wenn die Blütentriebe bereits auseinandergefallen sind. Man halte auch nicht zu warm. Für die Blütenentwicklung sind 15–16 °C ausreichend. Vor Verkauf entsprechend abhärten.

Elatior-Begonien. Im großen und ganzen wollen sie etwas wärmer und schattiger stehen als Lorraine-Begonien. Für eine gute Jugendentwicklung sind Temperaturen um 20 °C notwendig. Die Pflanzen sollen im Trieb bleiben und dürfen nicht verhärten, da sonst zuwenig Nebentriebe gebildet werden. Nicht zu fest und nicht zu tief einpflanzen. Ein nicht zu schweres, lockeres, durchlässiges Substrat mit leicht saurer Reaktion wird den Substratansprüchen der Elatior-Begonie am ehesten gerecht. Einheitserde hat sich bewährt. Man sorge stets für gleichmäßige Temperaturen und rücke rechtzeitig, damit sich die Pflanzen nicht gegenseitig hochtreiben. Nach erfolgter Blütenknospeninduktion sind Temperaturen zwischen 16 und 18 °C für Blütenfarbe, Blütenaufbau und gute Haltbarkeit günstig. Feuchte Luft ist zwar wichtig, die Pflanzen sollen jedoch so wenig wie möglich benetzt werden (Gefahr für Bakteriose und Älchen!). Keinesfalls dürfen sie naß in die Nacht kommen.

Verfilzte Wurzelballen bringen Wachstumsstockungen mit sich. Deshalb rechtzeitig verpflanzen. Vor allzu reichlicher Düngung wird gewarnt. Die Pflanzen werden sonst mastig und halten sich später schlecht. Ähnlich wirken sich auch hohe Sommertemperaturen aus. Sie bringen Pflanzen mit langen weichen Stielen. Auch die Kulturzeitsteuerung wirft einige Probleme auf. Vor allem während der warmen Jahreszeit besteht unter der Verdunkelung die Gefahr der Schwitzwasserbildung und damit eines Befalls durch die „Ölfleckenkrankheit". Der Luftraum unter dem Abdeckmaterial soll entsprechend groß sein. Anstelle von Folie besser Stoffgewebe verwenden. Auch empfiehlt es sich, nach Eintreten der Dunkelheit die Abdeckung zu öffnen. Im übrigen die Pflanzen vor der Verdunkelung mit Cycocel behandeln. Auch muß man wissen, daß sich die Stauchewirkungen von Cycocel und Du Pont Benomyl summieren können, wenn beide Präparate kurz nacheinander angewandt werden.

Rex-Begonien. Sie wollen nicht zu kühl, am besten bei Temperaturen um 18 °C stehen. Niederschlag und Temperaturschwankungen möglichst vermeiden. Pflanzen vor scharfer Sonne schützen (Verbrennungsgefahr). Nach dem Eintopfen und Verpflanzen mit aller Vorsicht gießen. Nicht vollständig durchwurzelte Pflanzen sind gegen zuviel Nässe sehr empfindlich. Pflanzen vor dem Verkauf entsprechend abhärten. Etwas kühler und luftiger halten.

Semperflorens-Begonien. Für Aussaaten ist eine gleichmäßige Wärme (Temperaturen um 18–20 °C wichtig. Starke Temperaturschwankungen, Tropfwasser und Niederschlag vermeiden. Sie fördern das „Umfallen" (Sämlingskrankheiten).

Blatt- und Stengelbakteriose, „Ölfleckenkrankheit" (*Xanthomonas begoniae* (Takim.) Dows.). – Quarantänekrankheit. – Die Ölfleckenkrankheit zählt zu den gefährlichsten Erkrankungen, mit denen der Zierpflanzengärtner zu tun hat.

Vorwiegend von den Blatträndern ausgehende mißfarbene Stellen und eine Häufung nadelstichähnlich durchsichtiger Fleckchen (Durchlicht) sind ein erster Hinweis auf die Bakteriose (Abb. 57). Später trocknet das erkrankte Gewebe ein (Abb. 58). Innerhalb der kranken Blatteile färbt sich das Adernetz schwärzlich. Auch auf die Blattstiele und Stengel kann die Krankheit übergreifen. Sie werden schlaff, färben sich schwarz und knicken um. Befallene Blätter verfaulen oder trocknen nach und nach unter Braunfärbung ein. Kranke Bestände können, wenn die Bedingungen für die Ausbreitung der Bakterien günstig sind, innerhalb kürzester Zeit völlig zusammenbrechen.

Der aus dem kranken Gewebe austretende Bakterienschleim kann sehr leicht mit dem Gießwasser oder auch bei gärtnerischen Arbeiten mit den Händen auf noch gesunde Pflanzenteile oder andere Pflanzen übertragen werden. Als besonders anfällig haben Elatior-Begonien zu gelten. Auch bei Lorraine-Begonien tritt die Krankheit häufiger auf. Gelegentlich wurde sie auch schon bei Knollen-Begonien beobachtet. Die einzelnen Sorten sind unterschiedlich anfällig. Ein Feuchtigkeitsfilm auf den Pflanzen und hohe Temperaturen (über 22 °C) begünstigen die Ausbreitung der Krankheit.

Abb. 57 „Ölfleckenkrankheit" *(Xanthomonas begoniae)* an Blatt von Elatior-Begonie (im durchfallenden Licht).

Abb. 58. An stark mit Bakteriose befallenen Blättern trocknet das erkrankte Gewebe ein.

Bekämpfung: Wo sich die Ölfleckenkrankheit einmal ausgebreitet hat, sind größte Anstrengungen notwendig, die Bestände wieder annähernd krankheitsfrei zu bekommen. Die Bekämpfung mit chemischen Mitteln ist schwierig. Deshalb müssen bei der Niederhaltung der Begonien-Bakteriose hygienische Maßnahmen im Vordergrund stehen. Dazu gehören: größte Sauberkeit im Betrieb, Desinfektion der Anzuchtgefässe, Tische, Stellagen, Vermehrungsbeete, gesundes Vermehrungsmaterial und sauberes Gießwasser. Die Erfahrung lehrt, daß der sorgfältigen Auslese und Vernichtung kranker Pflanzen die allergrößte Bedeutung zukommt. Man darf in diesem Falle nicht kleinlich sein. Es ist besser, sich schnell von ein paar kranken Pflanzen zu trennen, als durch falsche Rücksichtnahme den ganzen Bestand zu gefährden. Vor allem gilt dies für Jungpflanzenbetriebe. Schon bei geringstem Krankheitsverdacht lasse man die Pflanzen von der zuständigen Pflanzenschutzdienststelle untersuchen. Chemische Mittel, wie z. B. die Chinolin-Derivate Chinosol (0,07%) oder Albisal (0,1%) lassen nur dann einen gewissen Bekämpfungserfolg erwarten, wenn sie vorbeugend angewandt werden. Auch sind die Behandlungen laufend und in nicht allzulangen Abständen (8–10 Tage) zu wiederholen. Alle Pflanzenteile, auch die Unterseiten der Blätter dabei gut treffen. Grünkupfer-Präparate (0,5%) können zwar der Weiterverbreitung von Pflanze zu Pflanze etwas Einhalt gebieten, bei wiederholter Anwendung wird jedoch das Wachstum deutlich gehemmt. Im übrigen bei krankheitsgefährdeten Beständen mit Wasser vorsichtig sein. Pflanzen möglichst nicht überbrausen, übermäßige Nässe vermeiden.

Gewisse Probleme wirft auch die Kurztagsbehandlung auf. Während der warmen Jahreszeit besteht unter der Verdunkelung die Gefahr der Schwitzwasserbildung. Man sorge für genügend großen Luftraum. Abdeckmaterial nach Eintreten der Dunkelheit entfernen.

Abb. 59. Buschig gestauchte Triebverzweigungen bei Begonie durch Befall mit *Corynebacterium fascians.*

Blättrige Gallen (*Corynebacterium fascians* (Tilf.) Dows.). An der Basis der Pflanzen, oft in der Erde versteckt, buschig gestauchte Triebverzweigungen mit stark verkümmerten und verkrüppelten Blättern (Abb. 59). In Deutschland vorwiegend an Lorraine-Begonien beobachtet. Die Bakteriose wird mit verseuchtem Boden oder befallenem Pflanz- oder Saatgut verschleppt. Auch eine Reihe anderer Zierpflanzen wie z. B. Pelargonien, Chrysanthemen, Nelken, Dahlien u. a. können befallen werden.

Bekämpfung: Frühzeitige Vernichtung befallener Pflanzen. Schon die Jungpflanzen beim Umtopfen sehr genau durchsehen. Desinfektion von Erde, Einfütterungsmaterial, Töpfen, Stellagen usw.

Welkekrankheit (*Verticillium dahliae* Kleb.). Das Laub verliert seinen Glanz, wird grau, und besonders die untersten Blätter hängen schlaff herunter. Kranke Pflanzen bleiben im Wuchs hinter den gesunden zurück. Auf Stengelquerschnitten ist eine Verbräunung der Wasserleitungsbahnen zu erkennen. Bisher in Deutschland bei Lorraine-Begonien beobachtet (29).

Bekämpfung: Kranke Pflanzen vernichten (z. B. auf den Müllplatz abfahren, nicht auf den Kompost). Vorbeugende Bekämpfung des im Inneren der Wasserleitungsbahnen lebenden Pilzes durch Angießen mit Du Pont Benomyl 0,05%. Wiederholung der Behandlungen in 5–6wöchigem Abstand. Soll eine volle Wirksamkeit erreicht werden, muß sich die Pflanze allerdings noch in gutem Wachstum befinden, denn das systemisch wirksame Mittel wird mit dem Saftstrom der Pflanze befördert. Selbstverständlich sind außerdem alle hygienischen Maßnahmen (neue Töpfe, frisches Kultursubstrat, Desinfektion der Stellagen, Auswahl gesunder Mutterpflanzen, Messerdesinfektion beim Schnitt von Blättern und Stecklingen zur Vermehrung) zu beachten.

Umfallkrankheit, Schwarzbeinigkeit, Wurzelbrand (*Pythium debaryanum* Hesse, *Rhizoctonia solani* Kühn, *Botrytis cinerea* Pers. u. a.). Sämlinge und Stecklinge fallen um und sterben ab, Stengelgrund weichfaul.

Bekämpfung: Krankheitsfreie Substrate und entseuchte Anzuchtgefäße sind erste Voraussetzung für gesunde Jungpflanzen. Dazuhin ist es heute gebräuchlich, Aussaa-

Abb. 60. Vom Echten Mehltau befallene Begonie.

ten nach der Saat bzw. Stecklinge nach dem Stecken mit der Brühe eines Zineb-Mittels (0,2%) oder auch mit Chinosol- (0,1%) oder Albisal-Lösung (0,05%) zu überbrausen. Kommt es trotz dieser Maßnahmen zu vermehrten Ausfällen, wird man zunächst die Erregerfrage klären müssen. Die sich durch gute Kulturpflanzenverträglichkeit auszeichnenden Zineb-Mittel wirken gegen *Rhizoctonia* („Fadenpilz") und *Botrytis* (Grauschimmel) nicht ausreichend. Captan-Mittel (z. B. Orthocid 50) und TMTD-Spritzpulver sind zwar zur Bekämpfung des *Rhizoctonia*-Pilzes brauchbar, lassen jedoch in ihrer Kulturpflanzenverträglichkeit etwas zu wünschen übrig. Bei Aussaaten (z. B. von *Begonia semperflorens*) kommt es zu Keimverzögerung und Auflaufschäden, das Wachstum junger Sämlinge und Stecklingspflanzen kann vorübergehend gehemmt bleiben. Nach Versuchserfahrungen der Verf. hat sich gegen *Rhizoctonia* bei Stecklingsvermehrungen (z. B. von Elatior-Begonien) auch das Präparat Du Pont Benomyl als brauchbar erwiesen. Man sollte jedoch über eine Konzentration von 0,03% nicht hinausgehen, da höhere Konzentrationen das Wachstum hemmen oder auch Schäden verursachen können. Zweckmäßigerweise wird das Substrat schon vor dem Stecken leicht mit Benomyl-Brühe überbraust. Nach dem Stecken ist wie üblich mit Wasser zu überbrausen und, sobald die Stecklinge abgetrocknet sind, mit Du Pont Benomyl (0,03%) zu spritzen. Im übrigen bei Rhizoctonia-Gefahr die Luftfeuchte herabsetzen und kranke Pflanzen sofort entfernen.

Wurzelbräune *(Thielaviopsis basicola* (Berk et Br.) Ferr.) siehe Seite 29.

Echter Mehltau. (*Oidium begoniae* Putt.). Auf der Ober- und Unterseite der Blätter wie auch auf den Blattstielen und Blütenstengeln fallen weißliche, mehlartig bestäubte Flecke auf (Abb. 60–61). Wischt man älteren Belag mit dem Finger ab, zeigt sich das darunterliegende Gewebe zunächst mißfarbig, später bräunlich ver-

Abb. 61. Abweichend vom normalen Schadbild können auch mehr wässerig durchscheinende Flecke auf Mehltaubefall zurückgeführt werden.

färbt. Der Begonienmehltau ist allgemein verbreitet. Er tritt vor allem bei Lorraine-, Elatior- und Knollenbegonien auf, dann bei Rex-Begonien und vereinzelt auch bei Semperflorens-Begonien. Bei Lorraine- und Elatior-Begonien wird eine gewisse Sortenanfälligkeit beobachtet. Im übrigen sollen auch Chrysanthemen, *Cyclamen,* Kalanchoe als Wirtspflanzen in Frage kommen.

Bekämpfung: In der Praxis wird die Bekämpfung des Begonienmehltaus oft für schwierig gehalten. Sie ist es jedoch dann nicht, wenn mit den Bekämpfungsmaßnahmen rechtzeitig, das heißt bei Sichtbarwerden der ersten Mehltauflecke begonnen wird und die Mittel wiederholt ausgebracht werden.

Bei nicht blühenden Beständen mit einem Dinocap-Mittel (z. B. Karathane 0,05%; Karathane LC 0,025%), mit Imugan (0,075%), Afugan (0,05%), dem Mehltaumittel F 238 (0,2%) oder auch mit Plondrel 50-W (0,05%) spritzen oder unter Glas sehr vorsichtig (dreimal die Woche je eine halbe Stunde lang) Schwefel verdampfen. Im übrigen haben sich auch Du Pont Benomyl (0,05–0,1%) und das neuerdings zugelassene Triforine-Präparat Saprol (0,075%) als brauchbar erwiesen. Bei blühenden Pflanzen zweckmäßigerweise mit Afugan oder notfalls auch mit Imugan arbeiten oder wie oben Schwefel verdampfen. Zu vermerken ist, daß Du Pont Benomyl in 0,1%iger Konzentration auf Blättern und Blüten sehr auffällige Spritzflecke hinterläßt und möglicherweise eine geringe Wuchshemmung verursacht. Allgemein ist beim Spritzen darauf zu achten, daß auch die Blattunterseiten gut getroffen und bereits vorhandene Mehltaubeläge reichlich benetzt werden. Man spare nicht mit Spritzbrühe. Wöchentliche Anwendung ist bei großer Krankheitsgefahr unerläßlich. Im übrigen stehende Luft, starke Temperaturschwankungen und ständig hohe Luftfeuchtigkeit vermeiden. Genügend weiter Stand der Pflanzen ist wichtig.

Grauschimmel (*Botrytis cinerea* Pers.). Die Krankheit kann sich in Blatt- und

Abb. 62. Blattälchenbefall bei Begonie.

Stengelflecken, in fleckigen Blüten und bei Sämlings- und Stecklingsanzuchten auch in Form einer Fußfäule äußern. Für Blattbefall sind einzelne, große, braune, manchmal auch etwas gezonte Flecke typisch. Bei großer Luftfeuchtigkeit greift dann der Pilz nicht selten auf Stengelteile und Blütenstände über. Der für den Grauschimmelpilz typische mausgraue Schimmelrasen zeigt sich jedoch erst bei sehr hoher Luftfeuchtigkeit. Die vor allem bei Blattbegonien häufiger zu beobachtende Schädigung geht meist von Tropfstellen aus. Auch hohe Luftfeuchtigkeit, stehende Luft und eine längere Befeuchtung der Pflanzen begünstigen die Krankheit.

Bekämpfung: Pflanzen dürfen nicht naß in die Nacht kommen. Starkes Absinken der Temperatur während der Nacht vermeiden. Stets für genügende Luftumwälzung sorgen. Vorbeugend mit dem Chinolinderivat B 500 stäuben, mit Anilazin (z. B. Botrysan 0,3%) oder Benomyl (0,05%) spritzen, mit Thiabendazol (z. B. Tecto Räuchertabletten) räuchern oder bei Stammfäule-Gefahr mit Benomyl (0,03%) angießen. Vorsicht mit Botrysan; die Blüten nehmen Schaden. Benomyl hinterläßt sichtbare Rückstände. Im übrigen hat sich auch das Dichlofluanid-Präparat Euparen bei nicht blühenden Beständen als brauchbar erwiesen.

Phyllosticta-Blattfleckenkrankheit (*Phyllosticta begoniae* Brun.). Für die hin und wieder und vor allem bei Knollenbegonien auftretende Blattfleckenkrankheit sind größere, rundliche, braune und in der Mitte ausbleichende Flecke kennzeichnend.

Bekämpfung: Vorbeugend und wiederholt mit einem Zineb-Präparat, mit Mancozeb (z. B. Dithane Ultra) oder auch mit Benomyl (0,05%) spritzen.

Blattälchen (*Aphelenchoides fragariae* (Ritz.-Bos) Chr., *Aphelenchoides ritzemabosi* (Schwartz) Good). Zunächst gelbliche, mißfarbige, später bräunliche, von größeren Blattadern geradlinig begrenzte Flecke. Der Befall beginnt meist zwischen den

Hauptblattadern, dabei häufig vom Blattgrund (Stielansatz), zum Teil aber auch vom Blattrand ausgehend (Abb. 62).

Im allgemeinen ist das Älchenschadbild bei den Begonien nicht so ausgeprägt wie z. B. bei den Chrysanthemen, Gloxinien oder Calceolarien. Beginnender Befall zeigt sich in wäßrigen, im durchfallenden Licht etwas glasig-durchscheinenden Stellen im Blattgewebe. Bei starkem Auftreten verfaulen, wenn zu feucht gehalten wird, oder vertrocknen die Blätter. Schäden werden vor allem bei Lorraine- und Elatior-Begonien beobachtet. Siehe Seite 51.

Bekämpfung: Sichtbar kranke Pflanzen aus den Beständen entfernen und vernichten. Danach dreimal im Abstand von 4–5 Tagen mit einer Parathion-Emulsion (z. B. E 605 forte, Parathion forte u. a., jeweils 0,05%) oder auch mit einem Demeton-Mittel (z. B. Metasystox 0,15%) spritzen. Vorsicht mit der Zinophos-Emulsion Nemafos. Vor allem bei Anwendung im Gießverfahren können die Pflanzen empfindlich reagieren. Bei Jungpflanzen unter strenger Beachtung der Anwendungsvorschriften auch je m² 5 g Aldicarb-Granulat (Temik 10 G) ausbringen.

Larven des Dickmaulrüßlers. Pflanzen bleiben im Wachstum zurück, sie welken. An Wurzeln und Knollen fressen die gelblichweißen, schwach geringelten, braunköpfigen Larven des Rüsselkäfers. Siehe Seite 82.

Weichhautmilben (*Hemitarsonemus latus* Banks). Blätter zum Teil verkrüppelt oder beulig verbogen. Blattränder manchmal leicht nach unten gebogen. Auf der Unterseite der Blätter, den Blattstielen und Stengeln oft grindige, braune Korkflecken. Blüten oft mißgebildet, fleckig und teilweise in der Knospe sitzenbleibend. Siehe auch Seite 63.

Bekämpfung: Wiederholt mit einer Endosulfan-Emulsion (z. B. Beosit 35 flüssig, Thiodan 35 flüssig 0,1%) spritzen.

Blasenfüße. Je nach Art der an den Blättern saugenden Schädlinge können die Schadbilder sehr verschieden sein. Durch den Gelben Begonienblasenfuß (*Euthrips parvus* Moult.) werden meist auf der Oberseite der Blätter unregelmäßig gewundene braune, verkorkte Linien hervorgerufen (Abb. 63). Andere Blasenfußarten,

Abb. 63. Durch den Gelben Begonienblasenfuß verursachte Korklinien auf Begonienblatt.

wie z. B. der Gewächshausblasenfuß (*Heliothrips haemorrhoidalis* Bché.) verursachen durch ihre Saugtätigkeit gewöhnlich blattunterseits mehr oder weniger verkorkte, grindige, braune Stellen. Stärkerer Befall läßt die Blätter verkrüppeln. Ähnliche Schadmerkmale zeigen auch Blattstiel und Stengel. Oft finden sich die Korkstellen entlang den Hauptblattadern. Korkfleckige und verkrüppelte Blätter treten auch bei Milbenbefall auf. Man wird also zunächst nach den gelblichen oder schwärzlichen, etwa 1 mm langen Blasenfüßen suchen müssen. Falls diese abgewandert sein sollten, können auch deren dunkle, kugelige Kottröpfchen ein Hinweis sein. Siehe Seite 72.

Minierfliege, Grauköpfige Ampferfliege (*Pegomyia bicolor* Wiedm.). Die im allgemeinen in den Blättern von Knöterich *(Polygonum)*- und Ampfer *(Rumex)*-Arten lebenden Larven der Fliege verursachen gelegentlich auch bei Semperflorens-Begonien meist große, zunächst weiße, später sich bräunlich verfärbende Blasenminen. Für gewöhnlich verpuppen sich die Larven im Boden, seltener im Blatt.

Bekämpfung: Wenn es sich nur um einzelne Blätter handelt, sind diese am besten abzupflücken und zu verbrennen. Man kann aber auch die Larven im Blatt zerdrükken. Wo der Schädling stärker auftritt, sofort bei Sichtbarwerden der ersten Minengänge mit Parathion-Emulsion, Trichlorphon (z. B. Dipterex flüssig), mit Methomyl (z. B. Lannate 25 WP) oder auch mit einem Mevinphos-Mittel (z. B. PD 5, Shell Phosdrin 50) spritzen. Behandlung nach 8 Tagen wiederholen.

Korkflecke. Blätter vornehmlich auf ihrer Unterseite mit braunen, z. T. grindigen Korkpolstern. Ähnliche Korkwucherungen können auch auf den Stielen auftreten. Nicht mit Milbenschäden verwechseln! Siehe Seite 138.

Nichtparasitäre Blattflecke. Am Rand oder inmitten der Blattfläche pfennig- bis talergroße, rötlichbraune Flecke mit meist unregelmäßiger Umrandung. Innerhalb des Flecks oft noch grünliche, kaum geschädigte Partien. Die Vorstufen der Flecke bzw. die Stellen geringerer Schädigung sind bei entsprechendem (schrägem) Lichteinfall deutlich zu erkennen. Das Gewebe der Blattoberseite ist dort leicht eingesunken und verliert seinen Glanz. Vermutlich handelt es sich um SO_2-Schäden durch Schwefeln bei noch feuchtem Blatt. Ob gleichzeitig oft vorhandene Anhäufungen punktförmiger (nicht durchsichtiger) Fleckchen, manchmal auch einige Millimeter große, brennfleckenartig-runde, graubraune Schadstellen mit dunkelbrauner Umrandung der gleichen Ursache zuzuschreiben sind, ist noch unsicher.

Ein vor allem in der Randzone rötlich verfärbtes und hartes Blatt bekommen Lorraine-Begonien dann, wenn sie zu starker Besonnung ausgesetzt werden.

Gelbsucht (Chlorose) siehe Seite 46.

Kalimangel. An den Blatträndern zeigen sich wie verbrannt aussehende Gewebepartien. Sie bräunen sich später und werden abgestoßen.

Stickstoffmangel kann sich in Kümmerwuchs und in einer Ziegelrotfärbung des Blattes zeigen, **Stickstoffüberdüngung** in einer schmutziggrünen Verfärbung der Blattränder, die später braun werden und welken.

Kümmerwuchs und auffallend dunkelgrün bis blaugrün und teilweise rotviolett geränderte Blätter lassen auf **Phosphorsäuremangel** schließen.

Hellgrüne, kleine, kurzstielige und manchmal auch rotgerandete Blätter können ein Hinweis auf **Calciummangel** sein.

Das **Abfallen der Blüten und Blütenknospen** ist im allgemeinen auf zu trockene Luft zurückzuführen. Es wird vor allem dann beobachtet, wenn unter feuchten Gewächshausbedingungen herangezogene Pflanzen vor dem Verkauf nicht genügend abgehärtet werden. Als Gegenmaßnahme wird das Spritzen mit Alpha-Naphtylessigsäure (z. B. Rhizopon B, 5 mg je Liter Wasser) in Abständen von 14 Tagen empfohlen. Zweckmäßigerweise läßt man so kleine Mittelmengen in der Apotheke abwiegen. Wichtig ist, daß die Blütenstiele dabei gut getroffen werden.

Empfindlichkeit gegen Pflanzenschutzmittel: Bei blühenden Pflanzen ist allgemein Vorsicht geboten. Das gilt für Mittel gegen pilzliche Schaderreger und auch für Insektengifte. Sehr auffällige Blütenschäden können beispielsweise Compo-Rosenfluid, Bilobran, Netzschwefel-Präparate, Botrysan und manchmal auch Dinocap-Präparate (z. B. Karathane) verursachen. Vorsichtig muß man aber auch mit Imugan, Ditalimfos-Präparaten (z. B. Plondrel) und dem BASF-Mehltaumittel sein. Auch die Morestan-Räucherdose bringt den Blüten Gefahr. Du Pont Benomyl verursacht zwar keine Blütennekrosen, läßt jedoch vor allem bei höherer Konzentration (0,075–0,1%) gut sichtbare Präparatrückstände zurück. Als wenig blütenverträglich gelten des weiteren Dimethoat-, Diazinon-, Parathion-, Malathion-Emulsionen, Demeton-Mittel (z. B. Metasystox) und die Zinophos-Emulsion Nemafos. Keinesfalls darf man Nemafos als Gießmittel zur Blattälchenbekämpfung bei Elatior-Begonien verwenden; es wären Blattschäden zu befürchten. Darüber hinaus läßt auch wiederholtes Spritzen ein hartes Blatt erwarten. Vermehrte Anwendung von Kupfermitteln hemmt das Wachstum der Pflanzen. Schließlich muß man bei Begonienaussaaten und Stecklingen mit Captan- (z. B. Orthocid 50) und TMTD-Spritzpulvern (z. B. Pomarsol forte u. a.) vorsichtig sein. Aussaaten können mit vermindertem Auflauf, Sämlinge und Stecklinge mit Wuchshemmung reagieren. Auch Du Pont Benomyl ist bei Verwendung als Gießmittel in Konzentrationen, die über 0,03% liegen, für Elatior-Begonien nicht ungefährlich. Kopfstecklinge, die vor dem Abstecken in Benomylbrühe getaucht wurden, blieben im Wachstum gehemmt. Ein ähnlicher Staucheeffekt wurde beobachtet, wenn frisch gestutzte Pflanzen mit Benomyl behandelt wurden.

Bellis, Gänseblümchen

Grauschimmel (*Botrytis cinerea* Pers.). Auf den Blättern, meist vom Rande ausgehend, schmutzigbraune, weichfaule Stellen, die sich schnell ausbreiten und die ganze Spreite zum Absterben bringen können. Auch auf Blattstiele und Blütenstengel greift die Krankheit über. Bei hoher Luftfeuchtigkeit auf den befallenen Pflanzenteilen der für den Grauschimmel typische mausgraue Schimmelrasen. Vor allem unter Glas während der Spätherbst- und Wintermonate oft stark schädigend.

Bekämpfung: Für gute Durchlüftung der Häuser sorgen. Größere Befallsherde ausräumen. Vorbeugend und wiederholt mit einem TMTD-Spritzpulver (z. B. Pomarsol forte, 0,2%), mit Botrysan (0,3%), Euparen (0,25%), Du Pont Benomyl (0,075–0,1%) spritzen oder auch mit einem TMTD-Stäubemittel stäuben. Herz der Pflanzen gut mitbehandeln. Vermutlich ist auch das derzeit in Prüfung befindliche Ronilan (vorgeschlagene Wirkstoffbezeichnung: Vinchlozolin) brauchbar.

Bougainvillea, Bougainvillie

Für eine zufriedenstellende Kultur sind viel Licht und Luft Grundbedingung. Wenn die Pflanzen gut blühen sollen, müssen sie den Winter über bei niederen Temperaturen und etwas trockener gehalten werden. Bei zuviel Wärme treiben sie durch und setzen keine Blüten an. Vorsichtig gießen. Allzureichliche Wassergaben können zu Wurzelschäden führen. Bougainvillien eignen sich nicht für geheizte Zimmer.

Abstoßen der Hochblätter und Blütenknospen. Unter ungeeigneten Standortverhältnissen, Mangel an Licht, Luft und Wasser lassen die Bougainvillien Hochblätter und Knospen frühzeitig fallen. Auch schlechte Wurzeln kommen als Ursache hierfür in Frage.

Verhütung: Zunächst wird man den Kulturansprüchen der Bougainvillie Rechnung tragen müssen. Das frühzeitige Abfallen der Hochblätter läßt sich durch Spritzen mit dem holländischen Wuchsstoff-Präparat Rhizopon B (Alpha-Naphtylessigsäure) weitgehend verhindern. Man hat es hier mit einem Mittel zu tun, das gewöhnlich zur Förderung der Bewurzelung von Stecklingen verwendet wird. Die Behandlung ist etwa 1 Woche vor der Marktbeschickung vorzunehmen. Die Pflanzen sollen dabei möglichst schnell wieder trocken werden. Auf ein Liter Wasser werden 10 mg Wirkstoff empfohlen (Mittelmenge in der Apotheke abwiegen lassen!)

Blattläuse: siehe Seite 85.

Bouvardia, Bouvardie

Wurzelerkrankung durch freilebende Älchen (*Pratylenchus penetrans* (Cobb.) Sher et Allen). Pflanzen welken und gehen ein. Wurzeln mit braun verfärbten Schadstellen (Wurzeln auswaschen!), die sich über mehrere Zentimeter hin erstrecken können. Die Bräunung rührt davon her, daß die von den Nematoden geschädigten Rindengewebe noch zusätzlich von Pilzen und Bakterien befallen werden, die eine rasche Zersetzung des Gewebes zur Folge haben.

Bekämpfung: Stark befallene Pflanzen verbrennen. Verseuchten Grund dämpfen, mit nematicid wirksamen Präparaten (z. B. Methylbromid, Basamid-Granulat) entseuchen, je Ar 2,5–3 kg Terracur P oder unter strenger Beachtung der Anwendungsvorschriften auch je m² 5 g Temik 10 G ausstreuen. Auch Angießen gefährdeter Pflanzungen mit Zinophos-Lösung (z. B. Nemafos 0,1%).

Wurzelerkrankung durch Wurzelgallenälchen (*Meloidogyne* spec.). Knotenförmige Anschwellungen der Wurzeln; Pflanzen kümmern.

Bekämpfung: wie bei freilebenden Älchen.

Weichhautmilben (*Hemitarsonemus latus* Banks) siehe Seite 63.

Empfindlichkeit gegen Pflanzenschutzmittel: Schlecht vertragen wird Fundal forte 750.

Bromeliaceae, Bromelien

Günstiger pH-Bereich: 4–4,5. Bromeliengewächse lassen sich nur dann mit Erfolg kultivieren, wenn den Kulturerfordernissen der einzelnen Arten, ihren Wärme-, Feuchtigkeits- und Lichtansprüchen entsprechend Rechnung getragen wird.

Das Abtrennen der Kindel muß mit aller Vorsicht geschehen. Ein scharfer Schnitt ist wichtig, da sonst an der Schnittstelle nur allzu leicht Fäulnis auftritt. Fäulnisgefahr besteht auch dann, wenn die Kindel oder Sämlingsjungpflanzen zu tief eingepflanzt werden. Bromelien sollen nicht naß in die Nacht kommen. Es ist so zeitig zu spritzen, daß die Pflanzen zuvor noch gut abtrocknen können. Zum Gießen und Spritzen ist möglichst Regenwasser, aufbereitetes und vor allem auch angewärmtes Wasser zu verwenden. Kalkwasser ist zu vermeiden. Es würde überdies einen unschönen Belag auf den Blättern zurücklassen. Bei Arten mit hohen Wärmeansprüchen (z. B. *Vriesea splendens* mit Formen) wird man an kühlen und regnerischen Sommertagen auf die Heizung nicht verzichten können. Wenn den Pflanzen über eine längere Zeit hindurch das Wasser im Trichter fehlt, rollen sich die Blätter zusammen. Handelt es sich dabei um grünblättrige Formen, geht das Grün des Blattwerks mit der Zeit in ein mattes Grau über. Bei Temperaturen unter 8–10 °C ist die Gefahr von Kälteschäden groß. Man muß in diesem Falle das Wasser aus den Trichtern entfernen. Auch sind die Pflanzen weitgehend trocken zu halten. Dieser Zustand darf jedoch nicht allzu lange anhalten. Ruheperioden durch allmähliches Einschränken der Wassergaben einleiten. Schroffe Übergänge von und zu den Ruheperioden wirken sich ungünstig aus. Sobald übrigens die Blüte erscheint, muß vor allem bei den im Trichter blühenden Arten wie *Neoregelia, Nidularium* u. a. der Trichter ebenfalls trocken gehalten werden, sonst besteht die Gefahr, daß die Stengel faulen.

Vorsicht ist bei Verwendung von Mitteln zur Beeinflussung der Blütenbildung (z. B. Acetylen, Bromelien-Ethrel, Brombloei) geboten (30,31). So kann Brombloei (= BOH), wirksamer Bestandteil ist das Hydrooxyäthylhydrazin, nicht bei allen Arten das ganze Jahr über angewandt werden. Im Winter kann es auf Grund des Lichtmangels zu Mißbildungen an den Blütenständen kommen oder es bilden sich überhaupt keine Blütenstände aus. Mißgebildete Blütenstände können auch dann auftreten, wenn die Pflanzen zur Zeit der Behandlung mit Brombloei nicht die notwendige Blühreife besitzen, das heißt, wenn zu früh behandelt wird. Diese Erscheinung kann vor allem bei *Vriesia splendens* und *Guzmania minor* beobachtet werden. Daraus läßt sich für die praktische Anwendung folgern: Brombloei nach Möglichkeit nur in der Zeit von März bis September, also in Zeiten hoher Lichtintensität anwenden oder bei Beständen, von denen angenommen werden kann, daß sie sicher blühreif sind. Soweit es die Anwendungszeit betrifft, gilt dasselbe auch für Acetylen.

Wird Bromelien-Ethrel (wirksamer Bestandteil ist Äthylen) zu reichlich gegeben, kann die Entwicklung des Blütenstandes gehemmt werden oder die Blüten können überhaupt sitzen bleiben. Auch besteht die Gefahr, daß die Blätter gelb werden und absterben. Von Wichtigkeit ist des weiteren, daß die Temperatur in den nach der Behandlung folgenden drei Wochen nicht unter 18 °C liegt. Bei *Aechmea chantinii* ist von der Verwendung von Ethrel Abstand zu nehmen.

Fusarium-Welke bei Aechmea fasciata (32) (*Fusarium bulbigenum* Cke. et Mass. f. *aechmeae* Gerl. et Sauth. n.f.). Die Krankheit beginnt mit einer Fäule am Grund der äußeren Blattscheiden und setzt sich nach innen fort. Die befallenen Blätter faulen oder vertrocknen, die Pflanze bricht schließlich zusammen (Abb. 64). Je trokkener und kühler die Aechmeen gehalten werden, desto mehr bleibt die Erkrankung auf den Blattgrund beschränkt, so daß sie zunächst weniger auffällt als bei hoher Temperatur und Feuchtigkeit.

Der Pilz tritt vom Boden aus in die Pflanze ein und wandert in den Wasserleitungsbahnen empor. Diese sind bei Erkrankung braun verfärbt, was sich besonders im

Abb. 64. Von der *Fusarium*-Welke befallene *Aechmea*.
Abb. 65. Ringförmige braune Verfärbungen im aufgeschnittenen Stammteil einer *Aechmea* weisen auf *Fusarium*-Fäule hin.

Querschnitt dicht unterhalb des Vegetationspunktes nachweisen läßt (Abb. 65). Auf den abgestorbenen Blattscheiden treten manchmal lachsfarbene Sporenlager in Erscheinung.

In der Praxis wurde die Krankheit bisher nur an *Aechmea fasciata* beobachtet. Künstliche Infektion gelang auch bei *Aechmea bromeliifolia, A. coerulescens, A. pineliana* und *A. tinctoria,* jedoch nicht bei anderen Bromeliaceen-Arten, von denen allerdings bisher nur wenige geprüft worden sind.

Bekämpfung: Da beispielsweise Aechmeen am besten bei verhältnismäßig hoher Temperatur und Luftfeuchtigkeit gedeihen und der Pilz die gleichen Ansprüche stellt, läßt sich durch Änderung der Kulturbedingungen wenig ausrichten. Obwohl mit Du Pont Benomyl neuerdings ein gegen den *Fusarium*-Pilz wirksames Fungizid zur Verfügung steht, sind bei der Bekämpfung der Krankheit die Maßnahmen der Hygiene nach wie vor in den Vordergrund zu stellen. Ein krankheitsfreies Substrat ist erste Voraussetzung für gesunde Bestände. Dazu gehören entseuchte Kulturgefässe, Stellagen, Tische und Gewächshäuser. Alle Bemühungen werden aber nur dann Erfolg haben, wenn von gesundem Vermehrungsmaterial ausgegangen wird. Tritt die Krankheit im Bestand auf, kranke Pflanzen unverzüglich entfernen und vernichten. Danach ist vorbeugend und wiederholt in Abständen von 6–8 Wochen mit 0,05%iger Du Pont Benomyl-Brühe anzugießen. Nach Praxiserfahrungen soll sich auch Methyl-Thiophanat (Handelspräparat ist Cercobin M) als brauchbar erwiesen haben. Man sollte es auf einen Versuch ankommen lassen.

Sämlingskrankheiten siehe Seite 26.

Bekämpfung: Nach Praxiserfahrungen sollen sich vor allem Captan (z. B. Orthocid 50) und TMTD-Spritzpulver (z. B. Pomarsol forte) als brauchbar erwiesen haben.

Schildläuse. Deckelschildläuse (z. B. *Diaspis bromeliae* Kern, mit weißlichen bis gelblichen, rundlichen Schilden, Abb. 66). Schmier- oder Wolläuse treten vor allem dann auf, wenn die Pflanzen zu warm oder bei zu geringer Luftfeuchtigkeit gehalten werden.

Bekämpfung: Wiederholt mit Lannate 25-WP spritzen oder gegen Jungläuse Dichlorvos-haltige Präparate (z. B. Dedevap, Nogos) verdampfen, mit den gleichen Präparaten raumsprühen oder auch Dichlorvos S.C. mit Nebelgeneratoren ausbringen. Nach Praxiserfahrungen soll sich auch Unden flüssig (Wirkstoff: Propoxur) als brauchbar erwiesen haben.

Wurzelläuse durch Angießen mit Zinophos (z. B. Nemafos-Emulsion, 0,1%) bekämpfen. Nach unseren Versuchserfahrungen hat sich auch das derzeit in Prüfung befindliche systemisch wirksame Carbamat Vydate (0,1%) bei *Guzmania monostachya* als gut wirksam erwiesen. Bei anderen Arten erscheinen Vorversuche auf Pflanzenverträglichkeit angebracht.

Spinnmilben siehe Seite 58.

Bekämpfung: Man kann mit dem Chlordimeform + Formetanat-Präparat Fundal forte 750 (0,075%) arbeiten oder auch das Chlordimeform-haltige Galecron (0,1%) verwenden. Beide Präparate sollen sich nach Praxiserfahrungen als brauchbar erwiesen haben. Man achte auf feine Verteilung der Spritzbrühe; sie darf nicht in die Trichter gelangen.

Schäden durch Unterkühlung. Auf zeitweilige Untertemperaturen können Bromelien sehr empfindlich reagieren.

Eine ausgesprochene **Basisfäule** tritt bei den empfindlichen Formen und Hybriden von *Vriesia splendens* auf. Grünblättrige Formen reagieren mit einer Braunfleckung der Blätter.

Bei *Aechmea* und *Billbergia,* die zu kalt gestanden haben, faulen die Herzblätter aus. Braune Blattspitzen und Verfärbungen an den Blattbasen mit nachfolgender Fäule werden z. B. bei *Guzmania* beobachtet.

Braunfleckung des Laubes. Siehe bei Schäden durch Unterkühlung.

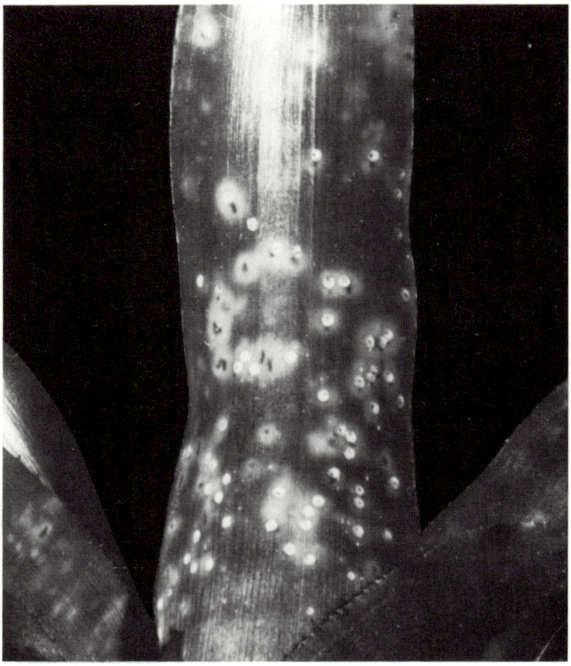

Abb. 66. Von der Bromelienschildlaus *(Diaspis bromeliae)* befallene Bromelie.

Nährstoffmangelsymptome (nach SIEBER 1957):

Stickstoffmangel. Mäßiges Wachstum. Schmale Blätter, die oft röhrenförmig zusammengeschlossen sind, absterbende Blattspitzen. Farbe der Blätter hellgelblichgrün mit rötlicher Tönung.

Phosphorsäuremangel. Mäßige Wuchsleistung. Nur wenige schmale Blätter, die eine dünne Röhre bilden. Blätter sterben von der Spitze her ab. Blattbasen braungrün verfärbt mit violetter Tönung.

Kalimangel. Die Pflanzen fallen durch einen etwas flatterigen Aufbau auf. Blätter schmal, hellgrün, jedoch nicht eng zusammengeschlossen. Die Blattspitzen trocknen ein. Ältere Blätter sterben frühzeitig ab.

Empfindlichkeit gegen Pflanzenschutzmittel: Allgemein sollte man mit organischen Phosphorverbindungen vorsichtig sein. Im besonderen gilt dies für Demeton-Mittel (z. B. Metasystox) und Parathion-Emulsionen. Keinesfalls dürfen die Mittel in den Trichter gelangen. Als wenig verträglich gilt auch das Tecnazen-Präparat Altritan.

Brunfelsia, Brunfelsie

Wenn Brunfelsien gut und reichlich Knospen ansetzen sollen, müssen sie ab Ende Oktober bzw. im Winter eine etwa 6–8 wöchige Kühlperiode bei Temperaturen um 12 °C durchmachen. Keinesfalls darf die Temperatur während dieser Zeit über 15 °C ansteigen. Mit dem Gießen sei man vorsichtig. Zu reichliche Wassergaben bei kühlem Stand lassen schlechte Wurzeln erwarten. Nicht selten kommt es als Folge der Kühlhaltung zu einer auffälligen Blattaufhellung. Sie läßt sich für gewöhnlich durch nachfolgende Gaben eines Stickstoffdüngers wieder beheben. Notfalls kann man aber auch dem Gießwasser das Chlorosemittel Fetrilon hinzufügen. Nach der Kühlperiode halte man nicht zu warm. Angemessen sind 18 °C. Höhere Temperaturen gehen auf Kosten der Farbintensität der Blüten.

Rhizoctonia-Stengelgrund- und -Blattfäule (*Rhizoctonia solani* Kühn). Im Vermehrungsbeet, besonders unter Folie, Fäulnis der Blätter und Stengel. Es bilden sich große, wässerige, später schwarz werdende Faulstellen. An älteren Pflanzen findet man am Stengelgrund sich emporziehende braune, fädige Stränge oder auch dicke, bräunliche, polsterförmige Myzelanhäufungen.

Bekämpfung: Pflanzen nicht feuchter halten als unbedingt erforderlich. Gründliche Spritzung mit Captan (z. B. Orthocid 50, 0,2%) oder auch mit Du Pont Benomyl (0,05%). Wo hauptsächlich der Stengelgrund samt Wurzelansätzen betroffen ist, kann auch angegossen werden.

Blattläuse. Wohl am häufigsten wird die Grüne Pfirsichblattlaus (*Myzus persicae* Sulz.) angetroffen.

Bekämpfung: Mit einer Malathion-Emulsion, einem Demeton-Mittel, z. B. Metasystox, oder auch mit einem Mevinphos-Mittel (z. B. PD 5, Shell Phosdrin 50) spritzen, mit Dichlorvos-haltigen Nebeldosen (z. B. Alphos-Nebeldose) sprühen oder unter strenger Beachtung der Anwendungsvorschriften je m^2 3 g Aldicarb-Granulat (z. B. Temik 10 G) ausstreuen.

Spinnmilben siehe Seite 58.

Blatt- und Blütenfall ist auf vorübergehende Ballentrockenheit oder auch auf zu reichliche Wassergaben und damit auf schlechte Wurzeltätigkeit zurückzuführen.

Chlorose. Chlorotische Erscheinungen können auf ein ungeeignetes Substrat, zu hohe Salzkonzentration im Boden, Eisenmangel oder auch auf ungünstige Kulturbedingungen zurückgehen. Siehe auch oben unter den allgemeinen Hinweisen bei *Brunfelsia.*

Buxus, Buchsbaum

Buchsbaumgallmücke (*Monarthropalpus buxi* Laboulb.). Die Buchsbaumgallmücke tritt oft mehrere Jahre hintereinander sehr stark auf und kann dann auffällige Schäden verursachen. Im allgemeinen kommt ihr jedoch nur örtliche Bedeutung zu. *Buxus sempervirens* und die meisten seiner Formen, auch Einfassungsbuchsbaum (*Buxus sempervirens* f. *suffruticosa*), werden befallen.

Der von den Larven der Buchsbaumgallmücke verursachte Schaden zeigt sich blattoberseits in gelblichen, etwas erhabenen Flecken und diesen entsprechend in beuligen bzw. blasigen Auftreibungen auf der Blattunterseite (Abb. 67). In den Gallen leben die bis zu 2,5 mm langen, orangefarbenen, beinlosen Larven der Gallmücke. Sie überwintern dort und verpuppen sich im Frühjahr. Sobald die mit ihrem Hinterende halb in den Gallen steckenden leeren Puppenhäute gefunden werden, hat das Ausschlüpfen der Mücken begonnen. Im allgemeinen wird dies in der Zeit um Mitte Mai sein, doch hängt dies von den jeweiligen Witterungsverhältnissen ab. Das Schlüpfen kann sich manchmal über 2–3 Wochen hinziehen. Während dieser Zeit sieht man dann die 3–4 mm langen, orangefarbenen, zartbeflügelten und meist nur 3–4 Tage lebenden Mücken in großer Zahl ihre Wirtspflanze umschwärmen. Die Mücke hat nur eine Generation im Jahr. Die Eier werden bevorzugt an die jüngsten

Abb. 67. Durch die Larven der Buchsbaumgallmücke hervorgerufene Gallen auf der Blattunterseite von Buchsblättern.

Abb. 68. Larve des Buchsbaumblattflohs. Etwa 17fach vergrößert.

Abb. 69. Buchsbaumblattfloh. Etwa 21fach vergrößert.

Blätter der Triebspitzen abgelegt. Nach zwei bis drei Wochen schlüpfen die Larven. Da die Entwicklung der Larven in den ersten Wochen nur sehr langsam vor sich geht, wird man auf den Schaden kaum aufmerksam. Nur wenn die Blätter gegen das Licht gehalten werden, zeichnen sich die Befallstellen als helle Punkte mit dunkler Mitte ab. Erst im August und September setzt dann die sichtbare Gallenbildung ein. Bei starker Belegung der Blätter fließen die einzelnen Beulen zu großen Blasen zusammen. Die Pflanzen werden unansehnlich, vor allem auch dann, wenn die die Larven verspeisenden Meisen die Gallen aufhacken und dabei die Blätter zerfetzen. Stark befallene Blätter werden abgestoßen.

Bekämpfung. Nach Mitte Mai mit einer Parathion-Emulsion, mit Phosphamidon (z. B. Dimecron, Dimecron combi) oder auch mit einem Mevinphos-Mittel (z. B. PD 5, Shell Phosdrin 50) spritzen. Eine weitere Behandlung läßt man Ende Mai oder Anfang Juni folgen.

Buchsbaumblattfloh (*Psylla buxi* L.). 2–3 mm lange, grünlich gefärbte, platte, einer Wanze ähnlich sehende, teils mit weißen Wachsausscheidungen bedeckte Tierchen saugen meist auf der Ober- und auch auf der Unterseite der jungen Blätter. Es sind die Larven des Buchsbaumblattflohs (Abb. 68). Durch ihre Saugtätigkeit rollen sich die Blätter schalenförmig ein, wobei das typische Schadbild der Löffelblätterigkeit entsteht. Auf den klebrigen Ausscheidungen der Larven (Honigtau) siedeln sich nach und nach Rußtaupilze an. Schwarze krustenartige Beläge, die die Pflanzen stark verunzieren können, sind die Folge. Gegen Ende Mai – Anfang Juni sind die Larven erwachsen. Die wie die Larven grüngefärbten, etwa 3,5 mm langen, geflügelten und mit Springbeinen ausgerüsteten ausgewachsenen Blattflöhe sehen einer Zikade ähnlich (Abb. 69). Ab Juni beginnt die Eiablage. Die gelb gefärbten Eier werden

(1–3 Stück) hinter die äußeren Knospenschuppen abgelegt. Dort überwintern auch die aus den Eiern schlüpfenden, kaum 0,5 mm langen Larven in einem weißen Wachssekret eingebettet. Nach einigen Häutungen im Frühjahr verlassen die Larven ihre Winterverstecke und wandern auf den jungen Austrieb ab.

Bekämpfung: Noch vor dem Austrieb mit Mineralöl + Parathion (z. B. Eftol-Öl, Folidolöl-Spritzmittel, jeweils 0,5%) spritzen. Vom Austrieb an bis gegen Ende Juni mehrmals in 10–14tägigen Abständen mit einem Propoxur-Präparat (z. B. Unden), Methomyl (Lannate) oder einer Lindan-Emulsion arbeiten. Scharfer Strahl ist wichtig!

Schildläuse. Wohl am häufigsten findet sich die Gemeine Napfschildlaus *Parthenolecanium corni* Bché. Braun sind die flachovalen, beweglichen Larven und braun ist auch die hochgewölbte, schildartige Rückenhaut der alten festsitzenden Schildläuse. Siehe Seite 88.

Bekämpfung: Vor dem Austrieb zweckmäßigerweise mit einem Mineralöl + Parathion-Präparat (Eftol-Öl, Folidol-Öl-Spritzmittel) arbeiten. Später mit einer Dimethoat-Emulsion oder notfalls auch mit einem Propoxur-Präparat (z. B. Unden) spritzen.

Cactaceae, Kakteen

Pythium-Wurzel- und Sproßfäule (*Pythium irregulare* Buisman)*.
Bei plötzlichem Abwurf der Glieder, insbesondere bei *Rhipsalidopsis*-Arten, die vor allem kurz nach dem Verpflanzen sehr empfindlich auf die Infektion reagieren, besteht immer starker Verdacht auf Pythium-Fäule der Wurzeln (Abb. 70). Auch *Zygocactus*-Arten (z. B. *Z. truncatus*) werden befallen, doch äußert sich die Krankheit hier vor allem in einer Stockung des Gliederzuwachses und in einer Welke der Spitzenglieder. Beobachtet man Faulstellen an der Sproßbasis von Glieder- oder auch „Kugel"- oder „Säulenkakteen" verschiedenster Art, ist nicht nur an einen *Pythium-*, sondern unter Umständen auch an einen *Fusarium*-Befall zu denken. Am schlimmsten sind die Ausfälle dort, wo beide Pilze vorhanden sind. Im Saatbeet treten sich rasch vergrößernde Krankheitsherde auf.

Bekämpfung: Ältere Kakteen aller Art können bei Befallsverdacht oder vorbeugend mit dem Fenaminosulf-Präparat Bayer 5072 angegossen werden. Bei *Mammillaria-zeilmanniana*-Saaten hat sich ein Angießen des Substrats unmittelbar vor der Aussaat mit diesem Mittel (0,03%) in eigenen Versuchen bestens bewährt. Wieweit das Präparat auch von anderen Kakteenarten im Saatbeet vertragen wird, muß im Einzelfall geprüft werden. Vor allem kurz nach Aufgang der Sämlinge dürfte größte Vorsicht angebracht sein. Das Gemisch Du Pont Benomyl (0,05%) und Bayer 5072 (0,03%) ist ebenfalls für ältere Kakteen verträglich, für Sämlinge jedoch noch nicht erprobt. Möglicherweise kann man auch mit dem zur Zeit in Prüfung befindlichen Prothiocarb-Präparat Previcur arbeiten.

Phytophthora-Wurzel- und -Stengelgrundfäule (*Phytophthora cactorum* (Leb. et Cohn) Schroet., *Ph. parasitica* Dast.). Naßfäule an Wurzeln und Sproßbasis

---

* Kröber, H., und M. Stahl: Wurzelfäule an gärtnerisch wichtigen Kakteen durch Pythium irregulare Buisman. Phytopathol. Z. 81, 38–48, 1974

Abb. 70. Von der *Pythium*-Fäule befallener Gliederkaktus (links gesunde Pflanze).

(Abb. 71) durch *Phytophthora cactorum* (Abb. 71) wird gelegentlich in der älteren Literatur erwähnt, scheint aber in Deutschland bisher kaum eine Rolle zu spielen. Mit Sicherheit konnte vor kurzem in Florida eine Basalfäule von *Zygocactus truncatus* auf den Befall durch *Phytophthora parasitica* zurückgeführt werden. (33)

Bekämpfung: Möglicherweise vorbeugendes Angießen mit dem Fenaminosulf-Präparat Bayer 5072 (früher Dexon). Gegen *Ph. parasitica* läßt sich auch ein Mancozeb-Präparat (z. B. Dithane Ultra) einsetzen. Brauchbar dürfte auch Previcur sein.

Fusarium-Fäule und -Welke (*Fusarium oxysporum* Schl. f. *opuntiarum* (Speg.) Gordon). (34) Sowohl bei den stark sukkulenten Formen mit kugeligem oder säulenförmigem Körper als auch bei den Gliederkakteen (z. B. *Rhipsalidopsis*- und *Zygocactus*-Formen und -Arten) macht sich die Erkrankung zunächst nur durch ein graues glanzloses Aussehen, später durch ein Zurückbleiben im Wachstum und Schrumpelung der Sproßspitze bzw. Welke der sich oft rötlichviolett verfärbenden Endglieder (Abb. 72) bemerkbar. „Kugel"- und „Säulenkakteen" schrumpfen oft völlig ein (Abb. 73), bei Gliederkakteen hängen die Glieder schlaff herab. Die Erkrankung geht vorwiegend von der Wurzel aus, die in allen Teilen befallen werden kann und völlig zerstört wird, so daß nur die faserigen Gefäßstränge übrig bleiben. Der Pilz wandert in den Wasserleitungsbahnen in die Höhe und löst dadurch die Welkeerscheinungen aus. Im aufgeschnittenen Stammgrund ist die rotbraune Verfärbung der Leitbündel als charakteristisches Kennzeichen der Erkrankung meist deutlich zu erkennen.

Die oberirdischen Teile der Pflanzen können an jeder beliebigen Stelle, meist von Verwundungen ausgehend, befallen werden. (Abb. 74). Schon Insektenstiche sind ausreichend. Bei dornentragenden Kakteen geht die Fäule oft von Wunden abgebro-

Abb. 71. *Phytophthora*-Fäule bei Säulenkaktus.

chener Dornen oder von Verletzungen durch die Dornen aus. Häufig stehen die Faulstellen in Zusammenhang mit Trauermückenbefall oder Wurzelverwundungen durch Nematoden. Besonders die durch Stecklinge vermehrten Kakteen leiden während der Bewurzelungsphase oft heftig unter der Erkrankung. So faulen z. B. bei *Zygocactus*-, *Rhipsalidopsis*- und *Epiphyllum*-Arten die Glieder vor allem an den Abrißstellen, also dort, wo die Wundstellen mit der verseuchten Erde in Berührung kommen. Die Fusarium-Fäule ist an den rötlichen, lachsfarbenen oder ins Violette gehenden Sporenbelägen auf den oberirdischen Befallstellen zu erkennen.

Bekämpfung: Bestände laufend auf kranke Pflanzen überprüfen. Zur Sporenbildung darf es keinesfalls kommen. Pflanzen, die trotz ausreichender Bewässerung Welkeerscheinungen zeigen, sind verdächtig und sollten entfernt werden. Hygienische Maßnahmen (z. B. Desinfektion des Gewächshauses, der Kulturschalen, -Kistchen und -Töpfe, Verwendung frischer oder entseuchter Kultursubstrate, Reinhaltung von Gießwasserbehältern usw.) sind zwar von größter Wichtigkeit, doch führen sie allein nicht zum Ziel. Die Fusarien greifen sogar, wenn sie in entseuchte Erde gelangen, mit besonderer Heftigkeit an. Luft- und Bodenfeuchtigkeit sollten, ebenso wie die Temperatur, nicht zu hoch gehalten werden. Überdüngung, vor allem mit Stickstoff, vermeiden. Pflanzen vor Verletzungen jeglicher Art schützen, besonders beim Umpflanzen größte Sorgfalt walten lassen. Zur chemischen Bekämpfung können systemisch wirksame Präparate wie z. B. Du Pont Benomyl, eingesetzt werden. Will man in erster Linie eine gute Durchtränkung der Erde zur Erfassung der wurzelzerstörenden Erreger erreichen, so wird man das Mittel im Gießverfahren (0,05%) anwenden. Soll gleichzeitig den Infektionen an den oberirdischen Teilen vorgebeugt werden, so muß allseitig gründlich in 0,05%iger Konzentration gespritzt werden.

Abb. 72. *Fusarium*-Fäule (Welke) bei *Epiphyllum*. Rechts gesunde Pflanze. Links kranke Pflanze.

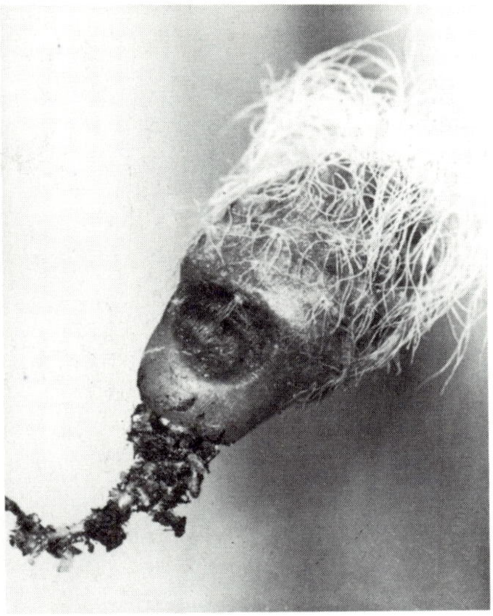

Abb. 73. Die mit *Fusarium* befallenen Kakteen bleiben gegenüber den gesunden im Wuchs zurück. Abb. 74. *Fusarium*-Fäule bei „Greisenhaupt“-Kaktus.

Drechslera (= Helminthosporium)-Fäule (*Drechslera cactivora* (Petrak) M. B. Ellis = *Helminthosporium cactivorum* Petr. = *Helminthosporium cactacearum* Bongini). Mumienartiges Einschrumpfen (Abb. 75), insbesondere der ganz jungen Sämlinge. Die mit dem Samen übertragbare Krankheit, die vor allem mit Kakteen mexikanischer Herkunft hie und da eingeschleppt wird, verursacht in den Saatkistchen innerhalb weniger Tage oft verheerende Ausfälle, kann aber auch ältere Pflanzen befallen. Der Pilz greift oft vom Stammgrund aus an, doch kann er auch an jeder beliebigen Stelle des oberirdischen Pflanzenkörpers Faulstellen verursachen (Abb. 76). Die Naßfäule zersetzt das Gewebe rasch bis ins Innerste. Der Pilz ist an seinem samtig-olivgrünen Sporenbelag leicht zu erkennen. Die Erkrankung tritt nur bei hoher Temperatur und Luftfeuchtigkeit auf und befällt vor allem die zur Gruppe der „Cereen“ gehörenden Kakteen.

Bekämpfung: Wiederholt in Abständen von 10 Tagen mit Captan (z. B. Orthocid 50, 0,2%), TMTD (z. B. Pomarsol forte, 0,2%) oder Ferbam 80 Spritzpulver (0,2%) spritzen, doch muß im Einzelfall geprüft werden, ob insbesondere die Ferbam-Behandlung ohne Schädigung vertragen wird. Auch muß man berücksichtigen, daß Ferbam die Pflanzen stark verschmutzt. Im übrigen Bestände laufend auf kranke Pflanzen durchsehen. Diese aussondern und vernichten. In Anzuchthäusern, in denen kranke Pflanzen auftraten, in den folgenden Jahren möglichst keine Jungpflanzen kultivieren. Läßt sich dies nicht umgehen, für gründliche Desinfektion der Häuser sorgen. Aussaaten nach der Saat mit Brühen der genannten Präparate (1–1,5 l/m^2) angießen bzw. heranwachsende Jungpflanzen mit den gleichen Mitteln spritzen. Luftfeuchtigkeit und Temperatur in den Kulturhäusern stets an der unteren Grenze halten, das Gießen so gut es geht einschränken. Verletzungen, die dem Erreger gute

Abb. 75. Starker *Helminthosporium*-Befall führt zu mumienartigem Einschrumpfen unter Schwärzung der Basis.

Angriffsmöglichkeiten bieten, vermeiden. Stecklingsmaterial aus kranken Beständen in 0,1%ige Brühen von Captan oder Ferbam tauchen.

Cylindrocarpon-Wurzel- und -Stammfäule (*Cylindrocarpon olidum* Wr. var. *crassum* Gerlach). Wurzelfäule, die gelegentlich auch auf den Stengelgrund übergreift. Die Krankheit ist von geringer Bedeutung und tritt verhältnismäßig selten stärker auf.

Bekämpfung: Die unter Rhizoctonia-Fäule gegebenen Hinweise beachten, wobei jedoch von Chinosol keine ausreichende Wirkung zu erwarten ist.

Rhizoctonia-Fäule an Sämlingen und Stecklingen (*Rhizoctonia solani* Kühn). Die von der Sproßbasis ausgehende Naßfäule verursacht gelegentlich im Vermehrungsbeet Ausfälle.

Bekämpfung: Die Bekämpfung der Rhizoctonia-Fäule ist an und für sich nicht schwierig, doch läßt die Pflanzenverträglichkeit wirksamer Präparate gerade bei Sämlingen (verminderter und verzögerter Auflauf, Wachstumshemmung) des öfteren zu wünschen übrig. Es wird also von Fall zu Fall zu prüfen sein, ob die in Frage kommenden Captan-Präparate (z. B. Captan 50, Orthocid 50, je 0,1–0,2%) oder Benomyl (0,05%) bei den einzelnen Arten ohne nennenswertes Risiko eingesetzt werden können. Auch bei dem früher für Kakteenanzuchten gebräuchlichen Chinosol darf der Schadgefahr wegen nicht über eine Konzentration von 0,05% hinausgegangen werden.

Wurzelälchen. Starker Befall durch Nematoden äußert sich oft in verminderter Wuchsfreudigkeit der Pflanzen.

Meloidogyne spec. Knotige Anschwellungen an den Wurzeln. Die Nematoden sitzen im Innern dieser Knötchen (siehe Seite 54).

Heterodera cacti (Filip. et Sch. Stekh.) ist vermutlich gar nicht so selten, wie es den Anschein hat, entgeht vielmehr nur häufig der Beobachtung. Die weiblichen Tiere hängen in Form brauner, zitronenförmiger Zysten, die mit dem bloßen Auge eben noch sichtbar sind, außen an der Wurzel.

Bekämpfung: Älchengegefährdete Bestände mit Zinophos-Emulsion (0,1%) angießen oder auch je m² 5 g Aldicarb-Granulat (Temik 10 G) ausstreuen. Da manche Arten (z. B. *Epiphyllum*) auf eine Behandlung mit Zinophos (Handelspräparat: Nemafos-Emulsion) empfindlich reagieren können, empfiehlt es sich, zunächst bei wenigen Pflanzen eine Reihe von Vorversuchen auf Kulturverträglichkeit anzustellen.

Abb. 76. *Helminthosporium*-Befall an Kakteen. Tiefgreifende Faulstellen mit schwarzem Sporenbelag.

Spinnmilben. Gelbliche bis weißliche Flecke sind ein erster Hinweis auf Spinnmilbenbefall. Treten sie verstärkt auf, verleihen sie dem Kakteenkörper ein fahles, mattes Aussehen. Später kann sich der Schaden in braunen, rostigen, zum Teil grindigen Gewebepartien zeigen. Oft sind die Kakteen mit den feinen, weißen Gespinsten der Roten Spinne überzogen. Siehe Seite 58.

Neben *Tetranychus urticae* Koch. kommen auch *Tenuipalpus cactorum* Oudem, die Rote Kaktusmilbe *Brevipalpus russulus* Bsd. und *Brevipalpus inornatus* Banks vor.

Bekämpfung: Wiederholt mit einer Malathion-, Dimethoat-Emulsion, einem Mevinphos-Mittel (z. B. PD 5, Shell Phosdrin 50) spritzen oder mit einem Parathion-Stäubemittel stäuben. Man kann in Sonderfällen auch Spezialmittel wie Kelthane, Fundal forte 750 oder Pentac (nicht bei *Epiphyllum!*) einsetzen oder je m² 3 g Temik 10 G (Wirkstoff: Aldicarb) ausstreuen. Arbeitet man mit Temik 10 G, müssen sich die Pflanzen in gutem Wachstum befinden. Gegen *Brevipalpus*-Arten ist zweckmäßigerweise ein Kelthan-Präparat zu verwenden.

Schildläuse. Die wohl am häufigsten auf Kakteen vorkommenden Schmier- und Wolläuse werden durch ihre weißen, wolligen Wachsausscheidungen auffällig. Neben diesen können aber auch Deckelschildläuse schädigend auftreten. Siehe dazu auch Seite 88.

Bekämpfung: Man kann mit einer Malathion-, Dimethoat-Emulsion, Propoxur (z. B. Unden flüssig) oder auch mit Methomyl (z. B. Lannate 25-WP) spritzen. Da Malathion-Emulsionen nur gegen junge Stadien befriedigend wirken, müssen sie mehrmals in Abständen von 8 Tagen angewandt werden. Das Aldicarb-Granulat Temik 10 G wirkt nur dann befriedigend, wenn sich die Pflanzen in gutem Wachstum befinden. Lannate 25-WP ist schwach gegen Schmierläuse. Im übrigen mit scharfem Strahl arbeiten. Bei wertvollen Einzelexemplaren kann man den zwischen Blattgliedern oder an der Basis der Sprosse versteckt sitzenden Schmier- oder Wolläusen mechanisch mit einem in die Giftlösung getauchten steifhaarigen Flachpinsel beikommen. Da die einzelnen Arten bzw. Sorten sehr unterschiedlich reagieren können, ist die Verträglichkeit der Mittel durch entsprechende Vorversuche mit einer geringen Anzahl Pflanzen zu klären.

Wurzelläuse (*Ripersia falcifera* Künck. Ldgr., *Rhizoecus cacticans* Hambl. u. a.). Von weißen, wolligen Wachsausscheidungen bedeckt saugen die Schädlinge an Wurzeln und unterirdischen Stammteilen. Siehe Seite 91.

Bekämpfung: Je m^2 3–5 g Aldicarb-Granulat (Temik 10 G) ausstreuen oder auch unter Beachtung der Kulturpflanzenverträglichkeit mit Zinophos-Emulsion (z. B. Nemafos, 0,1%) angießen. Bei wiederholter Anwendung haben sich auch Diazinon-Emulsionen als brauchbar erwiesen. Wichtig ist, daß das Angießen stets bei feuchtem Ballen geschieht. Falls das derzeit in Prüfung befindliche Carbamat Vydate (0,1%) für Kakteen verträglich sein sollte, wäre auch an seine Verwendung zu denken. Es liegen positive Ergebnisse gegen Wurzelläuse an anderen Kulturen vor.

Trauermückenlarven fressen an Wurzeln und unteren Stammteilen (z. B. bei *Epiphyllum* und *Rhipsalis*). Siehe Seite 77.

Epiphyllum-Mosaik (X-Virus). Hellgelbe, durchscheinende, leicht eingesunkene und unscharf begrenzte Flecke, die sich in unregelmäßigen Formen hauptsächlich vom Rand der Glieder nach innen ziehen, findet man nicht selten bei *Zygocactus-*, *Rhipsalidopsis-* und *Epiphyllum-*Arten (Abb. 77). Stärkste Fleckung zeigen die jüngsten Glieder. Kranke Pflanzen blühen schwächer als

Abb. 77. Mosaikkrankheit bei *Epiphyllum*.

gesunde. Die Virose kann durch Saft kranker Pflanzen übertragen werden. *Pereskia aculeata,* die oftmals als Pfropfunterlage verwendet wird, kann Überträger der Krankheit sein, obgleich sie selbst keine Symptome zeigt. Durch Samen scheint die Virose nicht übertragbar zu sein.

Bekämpfung: Fortlaufende Auslese kranker Pflanzen. Bei der Stecklingsvermehrung sollten die Wundstellen nicht mit den Händen und auch nicht untereinander in Berührung kommen.

Korkwucherungen. Diese müssen von den auf Spinnmilbenbefall zurückgehenden Korkbildungen unterschieden werden. Ursachen: Beispielsweise hohe Luftfeuchtigkeit, Störungen in der Ernährung. Auch dann, wenn weiche, wüchsige, nicht voll an Sonne gewöhnte Pflanzen plötzlich starker Besonnung ausgesetzt werden, können Korkwucherungen entstehen.

Das **Rotbraunwerden der Kakteen** (z. B. der *Epiphyllum-* und nahe verwandten Arten) wird vor allem dann beobachtet, wenn die Pflanzen zu starker Sonne ausgesetzt waren.

Knospenfall, Sitzenbleiben bzw. Einschlafen der Knospen. Des öfteren bei den verschiedenen *Epiphyllum*-Arten. Schädigungen dieser Art treten auf, wenn die Pflanzen unter Wassermangel leiden, wenn sie hungern oder auch zu reichlich ernährt oder mit kaltem Wasser gespritzt werden.

Empfindlichkeit gegen Pflanzenschutzmittel: Die vorliegenden Beobachtungen sind verhältnismäßig karg. Das mag auch daran liegen, daß sich Schäden bei den oft sehr langsam wachsenden Arten oft erst nach vielen Wochen zeigen und dann in ihrer eigentlichen Ursache nicht mehr erkannt werden. Bekannt ist, daß das zur Wurzelgallenälchenbekämpfung gebräuchliche Nemafos nicht von allen Arten gleich gut vertragen wird. Ähnliches gilt für Gusathion H und Dimecron combi. Vorsicht ist vor allem auch bei *Epiphyllum* geboten. Die Glieder können sich eindrehen und in schlimmen Fällen sogar absterben. Als schlecht verträglich für *Epiphyllum* gelten des weiteren Pentac (bei wiederholter Anwendung ist mit in sich gedrehten Gliedern und Knospenfall zu rechnen), TMTD-Präparate und Brestan 60 (sie können Knospenfall hervorrufen). Verwendet man Birlane-Granulat oder Sapecron-Granulat bei *Epiphyllum,* ist eine Wuchshemmung möglich. Insbesondere gilt dies für Pflanzen mit noch nicht ausgereiften Gliedern. Auch Temik 10 G kann bei *Rhipsalis* verkrüppelte Blattglieder hervorrufen. Jungpflanzen von Kakteen sind manchmal gegenüber Parathion-Emulsionen empfindlich. Diazinon-Emulsionen greifen bei wiederholter Anwendung die Wachsschicht der Pflanzen an. Bei Aussaaten muß man schließlich mit Chinosol (nicht über 0,5 g je l) vorsichtig sein.

Calceolaria, Pantoffelblume

Ein schwach saures Substrat (pH 5,5–6,5) sagt den Calceolarien am besten zu. Wer in Einheitserde kultivieren will, verwende P-Erde. Nach dem Eintopfen und Verpflanzen mit dem Gießen sehr vorsichtig sein, Calceolarien sind gegen stauende Nässe sehr empfindlich. Gefahr für Wurzelfäule und Chlorose. Nur gut durchwurzelte Pflanzen düngen. Nicht bei trockenem Ballen düngen oder die Ballen nach dem Düngen stark austrocknen lassen. Calceolarien lieben reichlich kühle und vor allem feuchte Luft. Für die Überwinterung sind 3–5 °C ausreichend. Wenn die Pflanzen weiterwachsen sollen, halte man sie bei Temperaturen um 10 °C. Zuviel Wärme während der lichtarmen Wintermonate gibt verweichlichte Pflanzen mit geilen Trieben. Erst wenn die Sonne wieder mehr Kraft hat, kann mit der Temperatur höher gegangen werden. Im Frühjahr ist für leichten Schatten und ausreichende Wassergaben zu sorgen.

Stengelgrundfäule (*Phythophthora cactorum* (Leb. et Cohn) Schröt.). Pflanzen welken infolge einer vom Stengelgrund oder den Wurzelansätzen ausgehenden Fäule, die auch auf die untersten Blätter übergreifen kann.

Bekämpfung: Siehe Phytophthora-Fäule der Gloxinie *(Sinningia).*

Blattälchen (*Aphelenchoides fragariae* (Ritz.-Bos.) Chr. und *A. ritzemabosi* (Schwartz) Good.). Besonders die unteren Blätter zeigen eckige, durch Blattadern scharf begrenzte braune Flecke (Abb. 78). Siehe auch Seite 51.

Bekämpfung: Dreimal im Abstand von 4–5 Tagen mit einer Parathion-Emulsion (0,05%) oder zweimal mit Zinophos (z. B. Nemafos-Emulsion, 0,1%) kräftig spritzen oder auch bei feuchtem Ballen mit Nemafos angießen. Auffällig älchengeschädigte Pflanzen aussondern und vernichten.

Blattläuse siedeln sich sehr gerne auf Calceolarien an.

Bekämpfung: Während der Wintermonate zweckmäßigerweise mit einem Mevinphos-Mittel (z. B. PD 5, Shell Phosdrin 50) spritzen oder mit einem Lindan-Räuchermittel räuchern. Diese Mittel lassen auch bei kühler Haustemperatur noch eine gute Wirkung erwarten. Bei etwas höheren Temperaturen (nicht unter 14–15 °C) kann man auch mit einer Diazinon- oder Malathion-Emulsion, mit Folimat, Pirimor, einem Demeton-Mittel (z. B. Metasystox) oder auch mit einem Phosphamidon-haltigen Präparat (z. B. Dimecron, Dimecron combi) spritzen. Auch Nikotin ist brauchbar. Nikotin und Pirimor werden vor allem dort zu wählen sein, wo sich Resistenzerscheinungen gegenüber anderen Präparaten zeigen. Im übrigen die Pflanzen nicht zu warm kultivieren, reichlich lüften und stets für feuchte Luft sorgen.

Abb. 78. Von Blattälchen befallenes Calceolarien-Blatt.

Weiße Fliege (Mottenschildlaus). Calceolarien sind bevorzugte Wirtspflanzen der Mottenschildlaus. Siehe Seite 93.

Bekämpfung: Wiederholt im Abstand von 8 Tagen mit einer Diazinon-Emulsion, mit Dimecron combi, Zinophos-Emulsion (z. B. Nemafos) oder auch mit einem Mevinphos-Mittel spritzen. Die Larven des Schädlings sind verhältnismäßig widerstandsfähig. Bei nicht systemisch wirksamen Präparaten darauf achten, daß vor allem auch die Unterseite der Blätter gut getroffen wird. Im übrigen sind Lindan-Räuchermittel nur gegen die Alttiere ausreichend wirksam. Man achte auf angemessene Temperaturen, lüfte reichlich und sorge vor allem für feuchte Luft.

Trauermückenlarven. Siehe Seite 77.

Gelbsucht, „Chlorose“. Eine der häufigsten Ursachen: die Pflanzen stehen zu naß und zu kalt. Das bedeutet also schlechte Wurzeltätigkeit. Auch ungeeignete Erde, z. B. zu frische, das heißt unvollkommen zersetzte Lauberde, kann schuld sein. Gelbsucht tritt schließlich auch dann auf, wenn infolge nicht rechtzeitigen Verpflanzens die Ballen verfilzen, die Pflanzen Hunger leiden oder wenn bei allzu sonnigem Stand im Frühjahr nicht ausreichend gegossen wird.

Verhütungsmaßnahmen ergeben sich aus den oben angeführten Punkten. Je weniger die Pflanzen im Winter wachsen, desto vorsichtiger ist auch zu gießen. Besser etwas zu trocken als zu naß halten. Im besonderen gilt dies für nicht ausreichend durchwurzelte Pflanzen, die im Winter sehr leicht unter Chlorose leiden. Töpfe für Calceolarien deshalb auch nicht zu groß wählen, damit die Ballen möglichst schnell wieder trocken werden. Gute Erfahrungen liegen mit den Chlorosemitteln Fetrilon und Sequestren 138 Fe (siehe Seite 47) vor. Von einer ausgesprochenen Heilung wird man jedoch dann nicht sprechen können, wenn die Wurzeln der Pflanzen krank sind. Eine Überprüfung der Kulturbedingungen, des Erdsubstrats und des pH-Wertes sind in jedem Falle notwendig.

Empfindlichkeit gegen Pflanzenschutzmittel: Vorsicht ist vor allem mit Dimethoat-Emulsionen, Ortho-Dibrom und Propoxur-Präparaten (z. B. Unden) geboten. Auch das Räuchern mit der Morestan-Räucherdose wird von den Blüten schlecht vertragen. *Calceolaria integrifolia* scheint gegenüber Lannate 25-WP etwas empfindlich zu sein. Bei Überdosierung, wiederholter Anwendung und starker Sonneneinstrahlung sind aber auch Parathion-Emulsionen und Lindan-Präparate nicht ungefährlich.

Calendula, Ringelblume

Günstiger pH-Bereich: 6–8. Gute Kalkversorgung ist wichtig. Für die Hauskultur sind Ringelblumen genügend weit zu pflanzen, da sonst die unteren Blätter später unter Lichtmangel leiden, vergilben und abgestoßen werden. Auch findet der Grauschimmel in dichten, schlecht durchlüfteten Beständen beste Lebensbedingungen. Während des Winters halte man *Calendula* nicht zu warm, am besten bei Temperaturen um 7–10 °C. Höhere Wärmegrade bringen zwar etwas frühere Blüte, doch schwache, spillerige Triebe. Im übrigen werden die Ringelblumen bei hohen Temperaturen und trockener Luft sehr gerne von Läusen befallen.

Entyloma-Blattfleckenkrankheit (*Entyloma calendulae* (Oud.) de Bary). Runde, gelblich- oder grünlichweiße, bis 0,5 cm große Blattflecke, die sich später von innen heraus braun verfärben (Abb. 79).

Bekämpfung: Sobald die ersten Befallsanzeichen auffällig werden, mit Mancozeb (z. B. Dithane Ultra) oder auch mit einem Grünkupferpräparat spritzen. Je nach Krankheitsgefahr lasse man weitere Behandlungen in Abständen von 14 Tagen folgen.

Abb. 79. *Entyloma*-Blattfleckenkrankheit *(Entyloma calendulae)* bei Ringelblume.

Mehltau (*Sphaerotheca fuligena* Schlecht. Salm.). Mehligweißer Belag auf Blattober- und -unterseite, der zum Absterben der Blätter führen kann. Fruchtkörperchen selten. Der gleiche Pilz tritt auch auf Löwenzahn auf.

Bekämpfung siehe Seite 34. Es bieten sich vor allem Saprol und Imugan an.

Calla siehe *Zantedeschia* Seite 465.

Callistephus siehe *Aster* Seite 127.

Camellia, Kamelie

Günstiger pH-Bereich: 4–4,5. Für das Gießen und flüssige Düngen kalkfreies Wasser verwenden. Zugluft, stauende Nässe müssen vermieden werden.

Im August erfolgt die Ausbildung der Blütenknospen. Da sich jedoch bei Temperaturen unter 15 °C keine Blütenknospen bilden, dürfen die Pflanzen während dieser Zeit nicht zu kühl stehen. Die Triebe reifen dann besser aus und setzen leichter Knospen an. Eine gute Ausreife der Blütenknospen – sie erfolgt in den Herbst- und Wintermonaten – ist dagegen erst bei Temperaturen unter 12 °C gewährleistet. Im Winter müssen die Kamelien deshalb kühl und hell stehen, am besten bei Temperaturen zwischen 5 und 10 °C.

Selbst Spuren von Leuchtgas werden von Kamelien schlecht vertragen. Wo in den Wohnungen mit Gas gekocht wird, ist mit Blattverlust zu rechnen.

Schildläuse. Bei unsachgemäßer Kultur wird die Kamelie sehr gerne von Schildläusen (Deckelschildläuse, Napfschildläuse, Schmierläuse) befallen. Die klebrigen Ausscheidungen der Tiere, der „Honigtau“, begünstigen das Auftreten von Schwärzepilzen. Die Pflanzen verschmutzen. Siehe Seite 88.

Bekämpfung: Es bieten sich Unden flüssig und Malathion-Emulsionen an.

Blasenfüße *(Thrips).* Blätter zunächst mit aufgehellten Fleckchen und Sprenkeln. Besaugte Stellen trocknen unter Braunfärbung ein, können aber auch rauh und grindig werden (Blattunterseite!). Starker Befall läßt die Blätter vergilben und abfallen. Die Blütenblätter sich eben öffnender Knospen erscheinen an ihrer Spitze gebräunt. Bei starkem Befall vertrocknen die Blütenknospen und fallen ab. Die Schädlinge finden vor allem in Wohnräumen günstige Entwicklungsbedingungen. Näheres siehe Seite 72.

Abfallen der Knospen und Blüten. Das Problem des Abfallens der Blütenknospen und Blüten hat schon zu manchen Untersuchungen Anlaß gegeben. Die vorliegenden Ergebnisse schließen jedoch nicht aus, daß auch heute noch sehr unterschiedliche Ursachen für diese unliebsame Erscheinung genannt werden.

HEROLD (1955) erklärt das Abstoßen der Knospen mit Störungen im Stoffwechsel der Pflanzen. Nach Untersuchungen des Instituts für Botanik der Universität Hamburg (RUGE 1957) soll das frühzeitige Abfallen der Kamelienblüten durch eine zellphysiologische Vergiftung der Blütenstielzellen hervorgerufen werden. Dabei scheint ein ursächlicher Zusammenhang mit dem Gerbstoffgehalt der Pflanze zu bestehen. Man ist der Ansicht, daß der Blütenabwurf erst dann mit einiger Aussicht auf Erfolg verhindert werden kann, wenn es gelingt, den Gerbstoffgehalt der Pflanze ernährungsphysiologisch oder züchterisch zu verändern. In Frage kommen des weiteren zu hohe Treibtemperaturen (über 15–16 °C) oder ein schroffer Übergang zu höherer Treibwärme, geringe Erd- und Luftfeuchtigkeit, vorübergehende Ballentrockenheit, stauende Nässe, Nährstoffmangel oder auch zu hohe und zu einem ungeeigneten Zeitpunkt verabreichte Düngergaben. Auch bei hohen Zimmertemperaturen, trokkener Zimmerluft, ungünstigen Lichtverhältnissen können nicht nur die Knospen, sondern auch die Blätter abgeworfen werden. Schließlich wird man auch Blasenfußbefall (siehe dort) beachten müssen.

Verhütung: Für zuträgliche Umwelt- und Kulturbedingungen sorgen. Dabei muß vor allem auch der Art und der zeitlichen Folge der Düngergaben Aufmerksamkeit geschenkt werden. PENNINGSFELD (1962) empfiehlt, den für die Treiberei bestimmten Kamelien im März und April eine stickstoffreiche Volldüngergabe zu verabreichen und im August ein- oder zweimal mit einer phosphorsäure- und kalihaltigen Nährlösung nachzudüngen. Man vermeide hohe Treibwärme. Treibtemperaturen allmählich steigern. Treiben die jungen Blattknospen vorzeitig aus, sind sie sofort zu entfernen. Bis zum Öffnen der Blütenknospen reichlich spritzen. Werden blühende Pflanzen gespritzt, besteht die Gefahr, daß die Blüten fleckig werden. Im Winter sollen die Pflanzen kühl und hell stehen. Die Blüten halten sich am besten bei Temperaturen unter 10 °C.

Korkwucherungen. Siehe Seite 375.

Phosphorsäuremangel (nach PENNINGSFELD). Schwacher Wuchs, verminderte Triebbildung. Blätter klein und schmal. Teile des Blattrandes können unter Braunfärbung absterben. Es kommt zu Blattfall. Der Knospenansatz läßt zu wünschen übrig.

Campanula, Glockenblume

Rost (*Coleosporium campanulae* (Pers.) Lév.). Unterseite der Blätter mehr oder weniger dicht mit gelbroten, stäubenden Pusteln (Sommersporenlager) besetzt. Später entstehen gelbbraune bis braune, krustenartige Beläge, in denen sich vorwiegend die Wintersporen entwickeln. Bei starkem Befall rollen sich die Blätter ein und vertrocknen. Der wirtswechselnde Rostpilz geht von *Campanula* auf die Kiefer über (Kiefernadelblasenrost) und bildet dort die Frühjahrssporen, die wiederum einen Befall der Glockenblumen verursachen können. Befallen werden vor allem *Campanula* glomerata und *C. trachelium*, seltener *C. persicifolia*.

Bekämpfung: Vorbeugend und wiederholt in Abständen von 10–14 Tagen mit einem Zineb+Schwefelmittel (z. B. Phytox + Ultraschwefel), mit Mancozeb (z. B. Dithane Ultra), Metiram (z. B. Polyram Combi) oder mit dem Triforine-Präparat Saprol (0,15%) spritzen. Dabei ist wichtig, daß vor allem auch die Unterseite der Blätter gut getroffen wird. Bei großer Krankheitsgefahr die Mittel wöchentlich ausbringen. Soll bereits auffälliger Befall gelöscht werden, zwei- oder dreimal im Abstand von 8 Tagen mit dem gut wirksamen Oxycarboxin-Präparat Plantvax (0,1%) spritzen.

Ascochyta-Blattfleckenkrankheit (*Ascochyta bohemica* Kab. u. Bub.) (35). Zunächst runde, wäßrige Blattflecke, die sich bei hoher Luftfeuchtigkeit rasch vergrößern und schwarz verfärben. Nimmt die Luftfeuchtigkeit ab, so kommt das Pilzwachstum zum Stillstand, steigt sie an, so greifen die oft kreisförmig gezonten Blattflecken weiter um sich und auf der Oberfläche erscheinen in großer Zahl die höckerförmigen, schwarzen Fruchtkörperchen des Pilzes. An den Befallstellen tritt oft Milchsaft aus, der an der Luft zu weißlichen oder rötlichen Klümpchen eintrocknet. Auch Stengel und Blüten können befallen werden. *Campanula isophylla* var. *alba* scheint noch empfindlicher zu sein als *C. isophylla* 'Mayi'. Zahlreiche wildwachsende und kultivierte Freiland-Glockenblumen können ebenfalls befallen werden.

Bekämpfung: Schon bei der Jungpflanzenanzucht für gute Belüftung der Häuser (evtl. Lüftung bei gleichzeitiger Beheizung) Sorge tragen. *Campanula isophylla* gedeiht am besten bei heller, luftiger Kultur in trockener Luft. Der Pilz dagegen kann unter diesen Bedingungen nie stärker um sich greifen. Man stelle die Pflanzen nicht zu dicht, am besten auf treppenartige Stellagen, sonst behelfsmäßig auf umgestülpten Blumentöpfen auf, sobald die Blütentriebe erscheinen. Macht man sich weiter zur Regel, die Pflanzen nur morgens zu gießen, so daß sie tagsüber gut abtrocknen können, wird man im allgemeinen keine Schwierigkeiten haben. Treten infolge besonders ungünstiger Witterung trotzdem einmal Anzeichen des Pilzbefalls auf, so ist Spritzung mit Captan (z. B. Orthocid 50, Captan 83), Metiram (z. B. Polyram Combi) oder Du Pont Benomyl (0,03%) zu empfehlen. Vermutlich dürfte für diesen Verwendungszweck auch das Triforine-Präparat Saprol brauchbar sein.

Capsicum annuum, Spanischer Pfeffer, Paprika

Botrytis-Stengelfäule (*Botrytis cinerea* Pers.). Einzelne Zweigchen, in schweren Fällen ganze Triebe, welken unter graugrüner Verfärbung der Blatt- und Stengelteile ab. Bei hoher Luftfeuchtigkeit entsteht auf den absterbenden Pflanzenteilen ein grauer Schimmelrasen. Greift der Pilz am Stengelgrund an, wird nicht selten eine typische Ausbleichung der Blatt- und Triebteile beobachtet. In der Folge gehen die Pflanzen ein. Die oft großen Schaden verursachende Botrytis-Fäule wird vor allem durch ungünstige Standortverhältnisse begünstigt.

Bekämpfung: Engen Stand und stagnierende Luft vermeiden. Stets für gute Durchlüftung der Häuser und Anzuchtkästen sorgen. Sobald sich erste Krankheitsanzeichen zeigen, vorbeugend und wiederholt in Abständen von 14 Tagen mit Du Pont Benomyl (0,05%), einem TMTD-Spritzpulver (z. B. Pomarsol forte, BASF-TMTD-Spritzpulver, 0,2%) oder versuchsweise mit Dichlofluanid (z. B. Euparen, 0,3%) spritzen oder mit B 500 stäuben, bei Stammfäule-Gefahr auch mit 0,05%iger Du Pont Benomyl-Brühe angießen.

Blattläuse mit einem Mevinphos-Mittel bekämpfen.

Gegen **Spinnmilben** Kelthane MF oder Pentac einsetzen.

Empfindlichkeit gegen Pflanzenschutzmittel: Es sind Schäden durch Fundal forte, Metasystox und Parathion-Emulsionen bekannt geworden.

Cheiranthus, Goldlack

Auf gute Ernährung (keinen frischen Dung!) und ausreichenden Kalkgehalt des Bodens achten. Bei Pflanzungen unter Glas muß vor allem im Herbst für reichliche Luftzufuhr gesorgt werden. Enger Stand und stehende Luft sind den Pflanzen wenig zuträglich. Sie vergilben von unten her und werfen das Laub ab. Auch möchte Goldlack sehr hell stehen. Er muß voll erblüht geschnitten werden, da sonst die Blüten schlappen.

„Weißer Rost“ (*Cystopus candidus* Pers. Lév.). An allen Teilen der jungen Triebe schwielenartige Ausbeulungen, in denen die Sporenlager des Pilzes entstehen. Bei der Reife reißt die Oberhaut auf. Die krustigen Aufrißstellen, die mit weißem Sporenpulver erfüllt sind, geben der Pflanze oft ein Aussehen, als sei sie mit Kalk bespritzt. Befallene Teile häufig verkrüppelt. Die Krankheit tritt auch an Arabis auf. Unter den wildwachsenden Kreuzblütlern ist vor allem das Hirtentäschelkraut *(Capsella bursapastoris)* als Überträger der Krankheit wichtig.

Bekämpfung siehe Falscher Mehltau.

Hernie (*Plasmodiophora brassicae* Wor.). Der auch bei vielen anderen Kreuzblütlern, besonders beim Kohl (Kohlhernie) gefürchtete Pilz verursacht oft ziemlich große, knotenförmige Anschwellungen der Wurzeln oder gehäufte gallenartige Wucherungen am Wurzelhals. Diese bestehen zunächst aus festem, weißem Wurzelgewebe, bräunen sich aber später (beschleunigt bei feuchter Witterung), schrumpfen zusammen und verfaulen schließlich. Obgleich sich die Pflanze durch Bildung immer neuer Wurzeln oberhalb der Befallstellen zu helfen versucht, kümmert sie, zeigt Welke- und Vergilbungserscheinungen und geht schließlich zugrunde. Mit dem Zerfall der Knöllchen werden die Dauersporen des Pilzes frei und können durch Erde, die an Gartengeräten, Schuhen usw. haftet, sehr leicht auch durch Regenwürmer und andere Tiere, auf weitere Strecken hin verschleppt werden. In der Erde können sie jahrelang keimfähig bleiben. Saure Bodenreaktion, zu hohe Bodenfeuchtigkeit und starke organische Düngung (Mist, Jauche usw.) begünstigen die Krankheit.

Bekämpfung: Anbauflächen stets wechseln. Man vermeide einen Anbau von Goldlack auf nachweislich stark Kohlhernie-verseuchtem Land. Da saure Bodenreaktion die Krankheit begünstigt, muß zuerst der Kalkzustand des Bodens in Ordnung gebracht werden. Man tut jedoch gut daran, den Boden vorher untersuchen zu lassen. Bei der Düngung kalkhaltige Düngemittel bevorzugen. Stallmist vermeiden. Jungpflanzen in gedämpfter oder auch mit einem chemischen Mittel entseuchter

Abb. 80. Falscher Mehltau *(Peronospora cheiranthi)* an Goldlack.

Erde anziehen. Das früher zur vorbeugenden Bekämpfung der Kohlhernie gebräuchliche Quintozen-Präparat Brassicol ist heute leider nicht mehr zulässig. Möglicherweise läßt sich aber auch durch Tauchen der Setzlinge in Du Pont Benomyl-Brühe (0,05%) bzw. durch eine Gießbehandlung mit Du Pont Benomyl (0,05%) oder Captafol (z. B. Ortho Difolatan, 0,15%) nach dem Auspflanzen eine ausreichende Schutzwirkung erzielen. Man sollte es auf einen Versuch ankommen lassen. Im übrigen befallene Pflanzen beizeiten abräumen. Nicht warten, bis die Wurzeln im Boden verfaulen. Am besten an Ort und Stelle verbrennen. Schlecht brennbares Material zuvor mit etwas Dieselöl übergießen. Notfalls verseuchte Flächen mit Methylbromid (Terabol) entseuchen.

Falscher Mehltau (*Peronospora cheiranthi* Gäum.). Erste Anzeichen der Erkrankung sind gelbliche, leicht durchscheinende Flecke auf den Blättern, die sich später bräunen und unterseits mit schmutzig-weißem Pilzrasen bedecken. Vor allem bei jungen Pflanzen leiden auch Stengel und Triebspitzen stark unter dem Befall. Verdickungen, Verwachsungen und Verkrüppelungen sind die Folge (Abb. 80). Die Blüten kommen bei frühzeitig stark erkrankten Pflanzen gar nicht zur Entwicklung, bei späterem Befall verfärben sich die Blumenblätter, welken und verdorren. Die Krankheit tritt häufig gemeinsam mit dem Weißen Rost auf und verursacht vor allem bei hoher Luftfeuchtigkeit und zu engem Stand der Pflanzen oft erhebliche Schädigungen der Kulturen.

Bekämpfung: Man kann mit einem Zineb- oder Maneb-Mittel spritzen oder auch Mancozeb (z. B. Dithane Ultra) oder Metiram (z. B. Polyram Combi) verwenden. Unter Glas auch mit einem Zineb-Mittel stäuben. Die genannten Mittel lassen jedoch nur bei vorbeugender und wiederholter Anwendung einen zufriedenstellenden Schutz erwarten. Wichtig ist, daß vor allem auch die Unterseiten der Blätter gut getroffen werden. Im allgemeinen genügt es, wenn in Abständen von 10–14 Tagen behandelt wird. Bei großer Krankheitsgefahr müssen jedoch die Mittel wöchentlich ausgebracht werden. Es ist anzunehmen, daß auch das derzeit in Prüfung befindliche Prothiocarb-Präparat Previcur hier erfolgreich eingesetzt werden kann.

Grauschimmel (*Botrytis cinerea* Pers.). Braune Stellen, zunächst vor allem an den Nebentrieben, später auch am Haupttrieb, die sich mit grauem Schimmelbelag überziehen. Die Stengel welken oberhalb der Befallstellen und sind sehr brüchig. Die Krankheit tritt bei der Überwinterung vor allem dann auf, wenn die Pflanzen zu dicht stehen oder stagnierende Luft herrscht. Insbesondere fallen sie dem Grauschimmel leicht anheim, wenn sie im Herbst zu spät verpflanzt werden und dann ungenügend eingewurzelt und schlecht abgehärtet in den Winter gehen. Hohe Stickstoffdüngung erhöht die Anfälligkeit.

Bekämpfung siehe Seite 32.

Chrysanthemum, Chrysantheme und Margerite

Normalkultur. Da in den Beständen welkekranke, viröse oder auch sonst irgendwie vom Normaltyp abweichende Pflanzen vorhanden sein können, ist es wichtig, daß die Mutterpflanzen schon während der Blütezeit, also bevor die Blumen geschnitten werden, ausgewählt und bezeichnet werden. Über Winter sei der Standort hell und luftig. Chrysanthemen-Mutterpflanzen gehören nicht unter Stellagen. Dumpfe, stagnierende Luft oder gar Tropfwasser werden schlecht vertragen. Vorsichtig wässern, da sonst mit Fäulnis zu rechnen ist.

Viele der heute angebotenen Chrysanthemensorten brauchen nach der Blüte eine Kühlperiode, das heißt, sie sind vernalisationsbedürftig. Ist der Standort zu warm, besteht die Gefahr, daß die von ihnen gewonnenen Stecklingspflanzen später gestaucht bleiben oder die Pflanzen schlecht, kümmerlich oder verspätet blühen. Angemessen sind 6–8 °C. Werden sie in Freilandkästen untergebracht, ist gute Drainage Voraussetzung für verlustfreie Überwinterung. Auch wird man zum Schutze vor Mäusefraß Giftgetreide auslegen müssen.

Krankheitsfreie Substrate, entseuchte Anzuchtgefäße (Kisten, Schalen) und nicht zu enger Stand der Stecklinge sind wichtige Voraussetzungen für eine gesunde Vermehrung. Hohe Temperaturen wirken sich ungünstig aus. Am besten bewurzeln sich die Stecklinge bei Temperaturen um 15–18 °C. Das Spritzen ist auf das notwendige Maß zu beschränken. Sobald das Wachstum einsetzt, die Pflanzen aus dem Vermehrungsbeet nehmen, sonst vergeilen sie.

Anbau. Die Flächen jährlich wechseln. Der günstigste Reaktionsbereich liegt bei pH 6,5–7,5. Man wird also auf eine gute Kalkversorgung achten müssen. Auf zuviel Salz im Boden reagieren die Pflanzen sehr empfindlich; mancher schlechte Stand von Unterglaskulturen hat seine Ursache in einer zu hohen Salzkonzentration im Boden. Es ist deshalb anzuraten, den Boden von Zeit zu Zeit untersuchen zu lassen. Notfalls muß man durchspülen. Stets für gleichmäßige Bewässerung sorgen. Zu reichliche Wassergaben und damit ein „kalter Fuß“ bringen schlechte Wurzeltätigkeit mit sich und lassen kranke Pflanzen erwarten. Eine gute Durchlüftung des Bodens ist wichtig. Wo der Boden ohne Bedeckung ist, muß deshalb öfters aufgelockert werden. Unter Glas größere Temperaturschwankungen vermeiden. Sie bringen Niederschlag mit sich und begünstigen den Grauschimmel. Im übrigen sollten großblumige Chrysanthemen nur in hohen, luftigen Häusern gezogen werden. Weniger Gefahr der Niederschlagsbildung!

Der Standort für Topfpflanzen muß durchlässig sein. Schwere, das Wasser lang haltende Erde oder eine speckige Mistunterlage (z. B. in Frühbeetkästen) sind ungeeignet. Tiefe Bodenbearbeitung vor dem Einsenken ist zu empfehlen. Die Pflanzen dürfen auch nicht zu eng stehen. Es besteht sonst die Gefahr, daß die unteren Blätter unter Licht- und Luftmangel leiden, vergilben und abgestoßen werden.

Gesteuerte Kultur. Zu fordern ist, daß vor jeder Neupflanzung der Boden gedämpft wird. Dabei genügt es, die Erde bis zu einer Tiefe von 20 cm auf 100 °C zu erhitzen. Unter der Voraussetzung, daß gesunde Jungpflanzen zur Verfügung stehen, reicht diese Maßnahme aus, die Pflanzungen während einer Kulturperiode vor bodenbürtigen Krankheitserregern zu schützen.

Die Gefahr einer Bodenversalzung ist unter Gewächshausbedingungen groß. Wenn immer möglich, den Boden bei vorgesehener Neupflanzung auf seinen Salzgehalt untersuchen lassen. Ergibt die Bodenuntersuchung ein Zuviel an Salz, empfiehlt es sich, sofort nach dem Dämpfen durchzuspülen. Aufmerksamkeit verdient auch die Versorgung mit Kalk. Er muß in ausreichender Menge vorhanden sein. Mit organischen Düngern sei man bei gesteuerten Chrysanthemen vorsichtig.

Bereits einen Tag nach dem Dämpfen kann in die noch warme Erde gepflanzt werden. Das bringt besonders in den Wintermonaten Vorteile. Höhere Temperaturen beschleunigen das Anwachsen. Keinesfalls darf man in einen nassen und kalten Boden pflanzen, sonst wurzeln die Pflanzen schlecht ein, bleiben sitzen und verhärten. Liegen die Bodentemperaturen unter 15–16 °C ist bei gesteuerten Chrysanthemen eine normale Entwicklung nicht gewährleistet. Für das An- und Weiterwachsen ist während der Wintermonate eine Bodentemperatur um 17 °C günstig. Bodenheizung hat sich bewährt.

Können eingegangene Jungpflanzen nicht sofort gepflanzt werden, kann man sie für ein paar Tage kühl, bei etwa +1 °C lagern. Höhere Temperaturen sind nicht anzuraten, da sie Botrytis-Befall begünstigen. Gleichmäßiges Pflanzenmaterial ist wichtig. Nicht schwächere und stärkere Pflanzen durcheinanderpflanzen. Ungleichmäßige Jungpflanzen lassen auch ungleichmäßige Bestände und damit auch schlechtere Qualitäten erwarten. Auch sollte jedes Beet mit den gleichen Wochensorten bepflanzt werden, damit einheitlich verdunkelt bzw. belichtet werden kann. Im übrigen flach pflanzen und nur wenig andrücken. Die Pflanzen sollen nicht tiefer zu stehen kommen als im Vermehrungsbeet. Zu engen Stand vermeiden. Wer auf gute Qualität Wert legt, sollte vor allem in den Wintermonaten die Mittelreihe der Pflanzbeete freilassen. So schafft man eine bessere Durchlüftung der Bestände und günstigere Lichtverhältnisse. Das mindert die Krankheitsgefahr.

In der Folge darf die Temperatur auch während der Nacht nicht unter 15–16 °C absinken, sonst sind Wachstumsstörungen und falsche Knospenbildung nicht auszuschließen. Das ist im besonderen auch bei der Winterkultur mit Pflanzung im September, Oktober und November zu beachten. Sinkt die Nachttemperatur unter ein bestimmtes Niveau (es kann für die einzelnen Sorten unterschiedlich sein), wird weniger Blühhormon gebildet und damit auch die Anlage der Knospen beeinflußt. Kontrollieren wir vor allem auch die Lufttemperatur in Bodennähe. Erst wenn die Knospen Farbe zeigen, kann man mit der Temperatur etwas tiefer gehen.

Wenn sich die Knospen normal ausbilden sollen, darf es den Pflanzen an heißen Sommertagen nicht an Wasser fehlen. Auch empfiehlt es sich, aufblühende Bestände bei starker Sonneneinstrahlung leicht zu schattieren. Sie können sonst Brennflecke bekommen. Dabei haben sich 'Toro', 'Topstar', 'Shoesmith'- und 'Indianapolis'-Sorten als besonders empfindlich erwiesen. Man muß aber auch bei 'Mefo' aufpassen. Als besonders kritischer Monat gilt der Juni.

Soweit es die Verdunkelung betrifft, ist zu beachten, daß nicht zwei Tage hintereinander damit ausgesetzt werden darf, sonst sind Störungen in der Knospenbildung zu erwarten. Als Verdunkelungsmaterial ist schwarzes Tuch günstiger zu beurteilen als schwarze Folie. Tuch gewährleistet noch einen zufriedenstellenden Luftaustausch. Unter Folie kommen die Pflanzen an heißen Sommertagen leicht ins „Schwitzen". Sie sind dann erhöhter Grauschimmel-Gefahr ausgesetzt.

Mit den *Wuchshemmstoffen* (z. B. B Nine, Alar, Phosphon D) ist heute dem Gärtner ein sehr wichtiges Hilfsmittel zur Qualitätsverbesserung in die Hand gegeben. Das gilt vor allem auch für die Winterkultur. Man erhält kräftige Stengel mit ausgewogenen Blütenbüscheln. Die Mittel verhüten „lange Hälse“, spillerigen Wuchs und bringen bei Topfpflanzen einen ansprechenden, gedrungenen Aufbau. Da Anwendungsfehler oft zu empfindlichen Schäden führen können, sei auf einige wichtige Punkte aufmerksam gemacht:

Im allgemeinen finden B Nine, das in einer Konzentration von 2–5% zur Anwendung kommt, und neuerdings auch das höher konzentrierte Alar Verwendung. Bei B Nine handelt es sich um ein Präparat mit 5% Wirkstoff; Alar hat einen Wirkstoffgehalt von 85%. Während die beiden gespritzt werden, kann man Phosphon D (z. B. bei Topfpflanzen) bereits der Pflanzerde untermischen.

Wer mit B Nine bzw. mit Alar arbeitet, muß wissen, daß die Mittel nicht mehr angewandt werden dürfen, wenn die Knospen Farbe zeigen. Der Termin darf nicht zu früh und nicht zu spät liegen. Wird zu früh behandelt, erhält man zu dichte Blütenstände, erfolgt die Anwendung zu spät, kann der Aufbau zu locker sein. Bei Topfchrysanthemen sind die Mittel dann zu spritzen, wenn die Seitentriebe nach dem Stutzen 2–2,5 cm lang geworden sind. Für besonders hochwachsende Sorten empfiehlt man nach 10–14 Tagen ein zweites Mal zu spritzen. Wichtig ist, daß vor der Spritzung gegossen wird und nur abgetrocknete Pflanzen behandelt werden. Bis 24 Stunden danach verbietet sich das Überbrausen mit Düngerlösungen oder das Spritzen mit einem Pflanzenschutzmittel.

Bakterien-Blattfleckenkrankheit (*Pseudomonas syringae* v. Hall). Sowohl im Gewächshaus als auch im Freiland an den Blättern von Chrysanthemen braunschwarze, meist von den Blattzipfeln, manchmal auch von den rinnigen Blattadern ausgehende, sich rasch vergrößernde Flecken. Bei starkem Befall Einkrümmung des Blattrandes und Absterben der Blätter. Die Krankheit tritt meist erst im Spätsommer oder Herbst auf und befällt hauptsächlich die unteren Blätter, kann jedoch infolge ihres raschen Fortschreitens bei hoher Luftfeuchtigkeit die Pflanzen noch erheblich schädigen.

Bekämpfung: Die Kulturen von oben her möglichst trocken halten (Freilandbestände unter Umständen überbauen), für gute Durchlüftung der Gewächshäuser sorgen. Anfällige Sorten in regelmäßigen (etwa 10tägigen) Abständen mit einem Grünkupfer-Präparat unter Zusatz eines Netzmittels sehr sorgfältig spritzen. Wichtig ist, daß auch die Unterseiten der Blätter einen schützenden Belag erhalten. Alle Pflanzenrückstände sorgfältig von den Beeten entfernen und vernichten.

Bakterielle Welkekrankheit (Erreger wahrscheinlich *Erwinia chrysanthemi* Burk. et al.) (36). Bei normal kultivierten Chrysanthemen kann man im Spätsommer oder Herbst gelegentlich einzelne Pflanzen im Bestand beobachten, die plötzlich abwelken. Sie zeigen als charakteristisches Merkmal eine nur einseitig in Streifen verlaufende oder allseitige Schwärzung des Stengels (Abb. 81), die entweder von der Basis nach oben zieht oder sich auf den mittleren oder oberen Stengelteil beschränkt, der oft in Längsrichtung aufreißt. Das innere Gewebe wird stark zerstört. Ist vorwiegend der schon verhärtete Stengelgrund befallen, äußert sich die Krankheit nur in einer Schwärzung der äußersten Rindenschichten. Die braune Verfärbung der Wasserleitungsbahnen deutet darauf hin, daß es sich um eine echte, gefäßparasitäre Welkeerkrankung handelt. Die Bakteriose tritt, durch hohe Temperatur und Luftfeuchtigkeit begünstigt, meist schlagartig an mehreren Pflanzen gleichzeitig auf, um ebenso schnell wieder zum Stillstand zu kommen.

Bei den gesteuerten Chrysanthemen kann die Welke unter Umständen höhere Ausfälle verursachen. Man findet die Krankheit dann gelegentlich herdförmig ge-

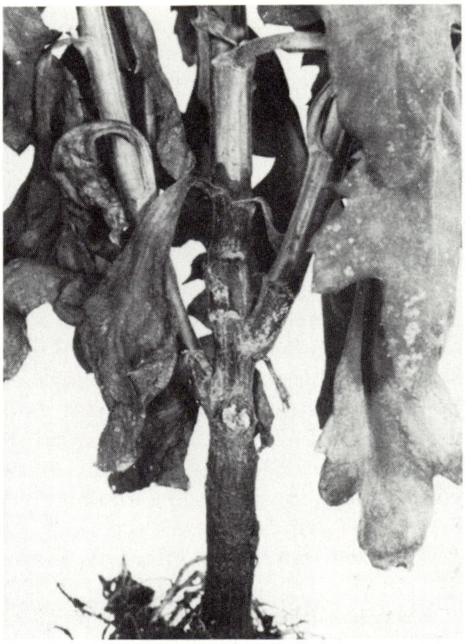

Abb. 81. Schwärzung des Stengels bei Chrysantheme durch bakteriellen Befall *(Erwinia chrysanthemi)*.
Abb. 82. Stammgrundfäule bei Chrysantheme ('Balcombe Perfection') durch *Pythium*-Befall.

häuft. Die stellenweise braunschwarz verfärbten, manchmal in Längsrichtung aufgeplatzten Stengel fühlen sich hohl an und lassen sich leicht zusammendrücken. Am meisten leiden die im Gewebe noch sehr weichen und empfindlichen Stecklinge und Jungpflanzen unter der Erkrankung. Die Verluste können hier oft recht erhebliche Ausmaße annehmen.

Bekämpfung: Kranke Pflanzen sofort vernichten. Auf verseuchten Flächen mit der Chrysanthemenkultur aussetzen. Im Gewächshaus Bodendesinfektion (Dämpfung, Terabol).

Blättrige Gallen am Stengelgrund (*Corynebacterium fascians* (Tilf.) Dows.) siehe Seite 22.

Pythium-Stengelfäule (*Pythium ultimum* Trow u. a.) (37). Ähnlich wie bei der bakteriellen Welkekrankheit verfärbt sich der Stengelgrund rasch fortschreitend und oft nur einseitig schwarz (Abb. 82). Die im gebräunten Bereich sitzenden Blätter welken unter Schwarzfärbung. Im längs aufgeschnittenen Stengel findet man das innere Gewebe verbräunt. Die Pflanzen gehen meist rasch zugrunde. Da der Pilz für seine Entwicklung hohe Temperaturen benötigt, beobachtet man Ausfälle meist nur im Sommer. Besonders empfindlich scheinen die Sorten 'Fred Shoesmith' und 'Iceberg' zu sein.

Bekämpfung: Kranke Pflanzen verbrennen oder zum Müllplatz abfahren, keinesfalls auf den Kompost. Angießen mit dem Fenaminosulf-Präparat Bayer 5072 (0,03%) ist vorbeugend wirksam. Im übrigen dürften auch Prothiocarb-Mittel

(z. B. Previcur) erfolgreich gegen diese Erregergruppe eingesetzt werden können. Siehe Seite 23.

Wurzel- und Stengelgrundfäule durch *Rhizoctonia solani* Kühn. Pflanzen welken infolge einer vom Boden aus Wurzeln und Stengelgrund angreifenden Fäule durch den weitverbreiteten Pilz. Die Erkrankung kann leicht mit der Pythium-Stengelfäule (siehe oben) verwechselt werden. Befallen werden Stecklinge und ältere Pflanzen.

Bekämpfung: Befallene Pflanzen sofort vernichten und die Krankheitsherde samt einer Schutzzone im Umkreis mit Captan (z. B. Orthocid 50, 0,25%), TMTD (z. B. Pomarsol forte, BASF-TMTD-Spritzpulver, 0,25%) oder Benomyl-Brühe (0,05%) ausgießen.

Phoma-Wurzel- und -Stengelgrundfäule (*Phoma chrysanthemicola* Hollós) (38, 39). Blattsymptome ähnlich wie bei Ernährungsstörungen oder Wurzelschädigungen nichtparasitärer Art: breite chlorotische Aufhellungen entlang der Blattaderung oder auch fleckige Vergilbungen im dazwischenliegenden Gewebe. Später von der Pflanzenbasis aus nach oben fortschreitende Vergilbung und Verbräunung des Laubes und Zurückbleiben der befallenen Pflanzen im Wuchs. Die oberirdischen Symptome sind auf eine Wurzelerkrankung zurückzuführen. Die Wurzeln sind in diesem Stadium meistens schon weitgehend abgestorben, so daß sich die Pflanzen leicht aus dem Boden heben lassen. Die Erkrankung beginnt an der Wurzel mit rötlichen Streifen und Flecken. Sie wird brüchig, die Rinde reißt auf. Auch der Stengelgrund wird brüchig und rissig. Während die Krankheit an älteren Pflanzen einen schleichenden Charakter hat, welken und vertrocknen befallene Jungpflanzen innerhalb weniger Wochen. Die winzigen, selbst mit Lupenbetrachtung kaum erkennbaren Fruchtkörperchen werden meist nur spärlich, vor allem auf der abgestorbenen Rinde des Stengelgrundes gefunden. Für die Ausbreitung spielen wahrscheinlich sklerotiale Dauerstadien des Pilzes im Wirtsgewebe eine größere Rolle als die Sporen. Besonders anfällig scheinen die Sorten 'Balcombe Perfection', 'Yellow Fred Shoesmith', 'Shane', 'Blue Ship' und 'Golden Boy' zu sein, während 'Sauterne', 'Luyona', 'Bonnie Jean' und 'Copperhead' im Infektionsversuch weniger stark reagierten. 'Delma' und 'Tokyo' waren resistent.

Bekämpfung: Es liegen kaum Erfahrungen vor. Das hin und wieder genannte Du Pont Benomyl, dessen Wirksamkeit schon gegen *Phoma exigua* var. *foveata* an Kartoffeln nachgewiesen wurde, ist gegen *Phoma chrysanthemicola* noch nicht genügend erprobt. Captafol (z. B. Ortho Difolatan) dürfte, wie man von seiner Wirkung auf andere *Phoma*-Arten schließen könnte, einen zufriedenstellenden Bekämpfungserfolg erwarten lassen. Leider läßt das Mittel gerade bei Chrysanthemen in seiner Kulturpflanzenverträglichkeit etwas zu wünschen übrig. Manche Sorten reagieren empfindlich. Schließlich wären Captan-Präparate (z. B. Captan 83, Orthocid 50) und vielleicht auch das Ortho-Phaltan als Gießmittel zu erproben. Man sollte es auf einen Versuch ankommen lassen, wobei vor allem Ortho-Phaltan zunächst nur auf kleiner Fläche (Kulturpflanzenverträglichkeit!) geprüft werden sollte. Nach dem Abräumen der Kultur Entseuchung des Bodens durch Dämpfung oder chemische Mittel.

Stengelfäule durch *Sclerotinia sclerotiorum* (Lib.) Mass. Braune Flecke an Stengeln und Blättern, auf denen im fortgeschrittenen Stadium und bei hoher Luftfeuchtigkeit wattig-weißer Pilzflaum erscheint. Es kommt zu einer Weichfäule und weit ins Innere reichender Zerstörung des Stengelgewebes und damit zum Abwelken der Pflanzen. Schwarze, mehrere Millimeter große Dauerkörperchen des Pilzes dienen, wenn sie

Abb. 83. Stark durch *Ascochyta chrysanthemi* befallene Blüten der Sorte 'Luyona'. Die Blüten faulen von innen heraus, stark befallene Knospen öffnen sich nicht.

abfallen oder mit faulenden Pflanzenteilen in den Boden gelangen, der Überdauerung ungünstiger Perioden und sichern so den Fortbestand des pilzlichen Krankheitserregers.

Bekämpfung siehe Seite 41.

Ascochyta-Krankheit (*Ascochyta chrysanthemi* Stev. = *Didymella ligulicola* Dimock et Davis (40). – Quarantänekrankheit. – Der Pilz kann Blüten, Blätter, Stengel und von dort aus gelegentlich auch die Wurzeln befallen. Auf der Blüte sind kleine, braune Fleckchen als erste Anzeichen der Erkrankung zu sehen. Eine rasch fortschreitende Fäulnis der Einzelblütchen geht von deren Grund aus, wo sich die Feuchtigkeit am meisten staut. Der Blütenkopf verfault in wenigen Tagen, wobei die Fäule auch auf den Blütenstiel übergreifen kann (Abb. 83). Wird schon die Knospe von der Krankheit erfaßt, so verfault sie unter Schwarzfärbung ohne sich öffnen zu können. Vor allem 'Luyona' und 'Fred Shoesmith' leiden unter der Blütenerkrankung. Alle noch zarten grünen Teile der Pflanze wie Blätter und junge Stengel werden von der schwarzbraunen Fäule rasch und tiefgreifend zerstört. Ältere, weitgehend verholzte Stengel können manchmal durch den Befall auf weite Strecken geschwärzt sein (Abb. 84), ohne daß sie im Innern stärker geschädigt sind. Sehr anfällig sind die frisch gepflanzten und noch sehr weichen Jungpflanzen (Abb. 85).

Durch die unvermeidliche häufige Benetzung wird der Pilz sehr begünstigt. Sicher kenntlich ist die Ascochyta-Krankheit an den meist zahlreich auf den Faulflecken vorhandenen gelblichbraunen, an den Polen leicht abgeflachten, kugeligen Pykniden-Fruchtkörperchen, die bereits mit der Lupe zu erkennen sind. Die zweizelligen Sporen werden durch Wasser verschwemmt oder mit Wassertropfen verspritzt.

Seltener sind die eingesenkten, schwarzen Fruchtgehäuse der Schlauchfruchtform zu finden.

Bekämpfung: Vorbeugend und wiederholt in Abständen von 8–10 Tagen mit Ferbam 80 Spritzpulver (0,2%), Mancozeb (0,2%), Triforine (z. B. Saprol, 0,15%), Du Pont Benomyl (0,05%), Dithianon (z. B. Delan flüssig, 0,2%) oder Captan (z. B. Captan 83, 0,2%, Orthocid 50, 0,25%) spritzen. Wegen der Verschmutzung der Pflanzen sollte sich die Verwendung des gut wirksamen Ferbam 80 auf jüngere Bestände beschränken. Bei dunklerer Laubausfärbung (Harnstoffzusatz!) fällt übrigens die Schwärzung durch den Ferbam-Belag weniger auf. Bei Pflanzungen, die bald zur Blüte anstehen, arbeitet man zweckmäßigerweise mit Delan flüssig, Saprol oder Benomyl. Im übrigen sollte mit den Präparaten abgewechselt werden. Sichtbar kranke Pflanzen oder Pflanzenteile aus den Beständen nehmen und vernichten. Luftfeuchtigkeit niedrig halten.

Verticillium-Welke (*Verticillium alboatrum* R. et B.). Krankheitsbild je nach Sorte und Kulturbedingungen recht verschieden. Wenn die Blätter bei geringer oder stärkerer Verfärbung, meist am Stengelgrund beginnend und nach oben fortschreitend, schlapp werden, erscheint die Bezeichnung „Welke" besonders gerechtfertigt. Aber auch eine vom Blattrand oder den Adern ausgehende Gelb-, Rot- oder Braunverfärbung der Blätter, die häufig mit einer starren Einkrümmung der Ränder verbunden ist und schließlich zum völligen Abdorren führt, ist für die Krankheit typisch. Die Blüte bleibt bei frühzeitigem Befall klein, öffnet sich schlecht und zeigt oft ausgebleichte Farben. Bei manchen Sorten ist die Erkrankung schon frühzeitig an schmächtigem Wuchs und gelblichgrüner Färbung der gesamten Pflanze kenntlich.

Der Welkepilz ist im Boden weit verbreitet. Er dringt von dort in das Wurzelinnere ein und wandert in den Wasserleitungsbahnen weiter im Stengel empor bis zur Spitze der Pflanze. Sind nur die Wasserleitungsbahnen auf einer Seite der Pflanze befallen, so zeigen auch nur die auf dieser Seite ansitzenden Blätter Welke-

Abb. 84. Chrysanthemenpflanze mit Befall durch *Ascochyta chrysanthemi*. Stengel geschwärzt und infolge Fäulnis abgeknickt.

Abb. 85. Jungpflanzen der Sorte 'Bluechip' mit *Ascochyta*-Befall.

und Dürreerscheinungen. Noch auffälliger ist die einseitige Erkrankung innerhalb ein- und desselben Blattes, die zu einer durch die Blattadern scharf begrenzten, einseitigen Bräunung führt.

Nur selten gelangt der Pilz bei hoher Luftfeuchtigkeit an abgestorbenen Pflanzenteilen wieder an die Oberfläche und bildet dort spinnwebfeine, weiße Myzel- und Sporenbeläge.

Wo einmal kranke Pflanzen gestanden hatten, muß mit Verseuchung des Bodens gerechnet werden. Außerdem erfolgt eine Übertragung mit Stecklingen von befallenen Pflanzen.

Bekämpfung: Kranke Pflanzen spätestens sofort nach dem Schnitt der Blumen vernichten. Auf verseuchtem Boden keine Chrysanthemen, aber auch keine *Aster*-Arten oder *Erigeron* anpflanzen, die gegenüber dem Welkepilz ebenfalls sehr anfällig sind. Verticillium-Erkrankungen spielen auch bei Gurke, Tomate und Eierfrucht eine große Rolle.

Während für das Freiland nur ein weitgestellter Wechsel der Anbaufläche in Frage kommt, ist im Gewächshaus eine gründliche Bodendesinfektion (z. B. mittels Dampf oder mit chemischen Mitteln wie Basamid oder Terabol) anzuraten.

Späte Stecklingssätze bringen meist nur einen geringeren Prozentsatz kranker Pflanzen als frühe.

Da zur Zeit des Stecklingsschnittes kranke Pflanzen nicht von gesunden zu unterscheiden sind, müssen die Mutterpflanzen bereits zur Blütezeit ausgewählt und bezeichnet werden.

Mit Hilfe einer Stecklingstestung oder bei Verwendung von Stecklingen aus Meristemkulturen ist es möglich, gesunde Jungpflanzen heranzuziehen (s. Seite 13, 45). Schwieriger ist es in der Praxis, die Pflanzen auch weiterhin gesund zu erhalten. Selbst auf Freilandflächen, die noch keine Chrysanthemen getragen haben, muß unter Umständen mit *Verticillium*-Infektionen gerechnet werden, da der Pilz außerordentlich verbreitet bei den verschiedensten Pflanzen auftritt. Im Gewächshaus kann zwar durch eine Bodenentseuchung der Pilzbefall weitgehend eingeschränkt werden, doch muß immer damit gerechnet werden, daß der Erreger in tieferen, nicht behandelten Bodenschichten noch vorhanden ist.

Für eine direkte Bekämpfung des Erregers bietet sich heute vor allem das systemisch wirksame Du Pont Benomyl an. Es ist als Gießmittel zu verwenden. Bis endgültige Richtlinien für die Anwendung des Mittels erarbeitet sind, empfiehlt es sich, Krankheitsherde mit 4 l/m² einer 0,1%igen Brühe anzugießen. Je nach Krankheitsgefahr lasse man weitere Behandlungen in Abständen von 4–6 Wochen folgen. Thiophanat-Methyl (z. B. Cercobin M) dürfte ebenfalls brauchbar sein.

Grauschimmel (*Botrytis cinerea* Pers.). Wo hohe Luftfeuchtigkeit herrscht oder tropfbar flüssiges Wasser auf die Pflanzen gelangt, ohne daß diese rasch wieder abtrocknen können, stellt sich fast mit Sicherheit der Grauschimmel ein. Die Blüten werden, oft zunächst nur einseitig, braun und faulen, wobei sie sich mit mausgrauem Schimmelrasen bedecken. Braune, punktförmige Fleckchen auf der Blüte ohne erkennbare Anzeichen eines Pilzbefalls können ebenfalls auf *Botrytis*-Infektionen zurückgeführt werden. Nur unter sehr ungünstigen Kulturbedingungen geht der Schimmel auch auf die Blätter und Stengel über.

Bekämpfung: Unter Glas engen Stand und stagnierende Luft vermeiden. Reichlich lüften. Möglicherweise Ventilatoren einsetzen. Fallende Nachttemperaturen, die Niederschlag mit sich bringen, durch leichtes Heizen abfangen. Notfalls kann man auch mit Chlorothalonil (z. B. Exotherm-Termil, Liro Räuchertabletten) räuchern. Das früher für diesen Verwendungszweck gebräuchliche Tecnazen-Präparat „Altritan" wird zur Zeit nicht angeboten. Bei noch nicht aufgeblühten Beständen kann man schließlich auch mit Du Pont Benomyl (0,05%) spritzen. Eine Möglichkeit, die Blumen vor Niederschlag und dem nachfolgenden Grauschimmel zu schützen, bietet auch das Eintüten.

Hat man im Freiland niederschlagsempfindliche Sorten angepflanzt, müssen sie rechtzeitig mit Glas oder Folie überbaut werden; man kann die Blumen aber auch einbeuteln (z. B. mit Pergamintüten). Termin: kurz bevor die Knospen Farbe zeigen. Wichtig ist, daß nur bei trockenen Pflanzen eingebeutelt wird. Auch müssen die Knospen frei von tierischen Schädlingen (z. B. Spinnmilben, Blasenfüßen, Blattläusen) sein. Im Schutze der Beutel könnte es leicht zu einer starken Vermehrung der Schädlinge kommen.

Mehltau (*Oidium chrysanthemi* Rab.). Blätter und Triebe, manchmal auch die Blütenknospen, mit spinnwebartig-feinem, gleichmäßigem oder fleckigem, weißem Überzug. Stark befallene Teile werden braunfleckig und sterben ab. Der Pilz überwintert an den Mutterpflanzen und befällt, wenn diese zu dunkel und zu feucht stehen, oft schon die frisch austreibenden Jungtriebe. Besonders gefährdet sind Stecklinge und Jungpflanzen während lichtarmer, regnerischer Witterungsperioden. Dasselbe gilt für Normalkulturen im Herbst, wenn die Pflanzen infolge engen Standes und hoher Luftfeuchtigkeit nicht genügend abtrocknen können.

Bekämpfung: Unter Glas zu hohe Luftfeuchtigkeit, Zugluft und vor allem auch starke Temperaturschwankungen vermeiden. Wo sich erste Anzeichen der Krankheit zeigen, mit einem Netzschwefel-Präparat (0,25%), Chloraniformethan (z. B. Imugan, 0,05–0,075%), mit dem Triforine-Präparat Saprol (0,075–0,1%), Du Pont Benomyl (0,1%) oder auch mit dem Mehltaumittel F 238 (Wirkstoff: Dodemorph) spritzen. Bei großer Krankheitsgefahr nicht systemisch wirksame Präparate (z. B. Netzschwefel, Imugan) wöchentlich anwenden. Arbeitet man mit Saprol oder Du Pont Benomyl, können die Abstände zwischen den einzelnen Behandlungen etwas weiter genommen werden. Vorsicht bei starker Sonneneinstrahlung! Schwefelhaltige Mittel können Schäden verursachen. Auch gegenüber Imugan scheinen einige Sorten vor allem während der Jugendentwicklung etwas empfindlich zu sein.

Abb. 86. Die weißen Pusteln des Weißen Chrysanthemenrostes sind nicht zu übersehen.

„Weißer Rost" (*Puccinia horiana* Henn.) (41). – Quarantänekrankheit. – Oberseits grünlich-weiße, bis etwa erbsengroße Blattflecke (Abb. 86), auf deren Unterseite sich die Sporenlager als anfangs weißliche, wachsartige Pocken emporwölben. Beim Heranreifen färben sich diese gelblich zimtfarben oder auch hellkakaobraun und sind schließlich von dem Flaum der aus den Wintersporen sofort auskeimenden Basidiosporen bedeckt. Charakteristisch ist die oft ringförmige Anordnung der Sporenlager – das älteste in der Mitte, jüngere im umliegenden Kreis (Abb. 87).

Bekämpfung: Sobald die ersten Infektionsstellen auffällig werden, mit dem gut wirksamen Oxycarboxin-Präparat Plantvax (0,1%) spritzen. Zwei bis drei Behandlungen in Abständen von 10 Tagen reichen im allgemeinen für eine sichere Bekämpfung der Krankheit aus. Das gilt gleichermaßen für Mutterpflanzen, ausgepflanzte Bestände und Topfpflanzen. Es empfiehlt sich, der Schadgefahr wegen, ein paar Wochen vor der Blütenknospenbildung mit der Konzentration auf 0,075% zurückzugehen. Hat man die Krankheit erst einmal unter Kontrolle gebracht, können Folgebehandlungen auch mit dem in der Anwendung preisgünstigeren Triforine-Präparat Saprol (0,1–0,15%), mit Mancozeb, z. B. Dithane Ultra (0,2%) oder mit einem Maneb-Mittel (0,2%) vorgenommen werden. Besonders bei Mancozeb und Maneb-Präparaten ist jedoch wichtig, daß auch die Unterseite der Blätter einen schützenden Belag erhält. Manche Sorten (siehe Seite 186) können nach Anwendung von Plantvax mit einer leichten Aufhellung des Blattwerks oder auch mit ausgesprochenen Blattschäden reagieren. Für solche Sorten Saprol oder Dithane Ultra wählen. Im übrigen unter Glas auf niedrige Luftfeuchtigkeit achten und die Pflanzen von oben her trocken halten.

Rost (*Puccinia chrysanthemi* Roze). Auf der Blattunterseite, seltener der Blattoberseite oder am Stengel von Chrysanthemen, finden sich stecknadelkopfgroße, rostbraune Pusteln, die von hellerem Hof umgeben sind und die Sommersporen des Rostpilzes enthalten (Abb. 88). Wintersporen werden bei uns nur selten gebildet. Da das die Pusteln umgebende Gewebe abstirbt, führt starker Befall zum Dürrwerden des ganzen Blattes, so daß die Pflanze sehr geschädigt und ihr Verkaufswert gemindert wird. Der Pilz überwintert im Gewächshaus oder im Einschlag an den Mutterpflanzen, in milden Wintern wahrscheinlich aber auch im Freien an Pflanzenresten, an Holzteilen der Kastenanlagen, sowie im Erdboden. Befallen werden vor allem die unteren Blätter.

Die Krankheit stellt sich besonders bei anhaltender oder häufig wiederholter Befeuchtung der Blattoberfläche ein (starke Taubildung, Benetzung des Blattwerks durch Regen oder bei der Bewässerung, schlechte Abtrocknung bei zu engem Stand). Hohe Temperaturen vermindern die Gefahr des Rostbefalls.

Bekämpfung: Man beachte die bei der Bekämpfung des Weißen Rostes gegebenen Hinweise.

Septoria-Blattfleckenkrankheit bei Chrysanthemum-Indicum-Hybriden (*Septoria chrysanthemella* Sacc. = *Septoria rostrupii* Sacc. et Syd.; *Septoria obesa* Syd.). In Freilandbeständen vom Frühsommer an zunächst vor allem auf den unteren, später auch an den oberen Blättern rundliche, braune oder schwärzliche, im Endstadium meist etwa erbsen- bis pfenniggroße, jedoch häufig zu größeren Befallstellen zusammentretende Flecke, die bei starkem Befall zum Absterben der Blätter führen können (Abb. 89).

Während *Septoria chrysanthemella* von Anfang an deutlich braune Flecken abgestorbenen Gewebes hervorruft, die häufig von einem hellen Hof umgeben sind, verursacht *S. obesa* zunächst nur von der Blattoberseite sichtbare, gelblichgrüne, unregelmäßige Befallstellen, die sich erst nach und nach von innen heraus, manchmal auch vom Rand aus bräunen.

Die Flecke sind teils unregelmäßig über die Blattfläche verteilt, teils am Rand und an den Blattspitzen gehäuft. Die Fruchtkörperchen der Pilze sind mit Lupenvergrößerung als winzige, schwarze Pünktchen zu erkennen. Die in ihrem Innern in Menge gebildeten Sporen gelangen durch Regenspritzer oder abtropfendes Wasser, sowie durch den Menschen und Tiere verschleppt auf die Blätter. Hohe Luft- und Bodenfeuchtigkeit, sowie Überdüngung fördern die Krankheit.

Die Pilze können vermutlich nicht nur auf abgestorbenen und liegengebliebenen Blättern, sondern auch im Boden überwintern.

Bekämpfung: Engen Stand vermeiden. Im Haus für genügend Luftumwälzung sorgen. Vorbeugend und wiederholt mit Mancozeb (z. B. Dithane Ultra), Dithianon (z. B. Delan flüssig), einem Zineb-Mittel, mit Captan (z. B. Captan 83, Orthocid 83, Orthocid 50) oder auch mit Du Pont Be-

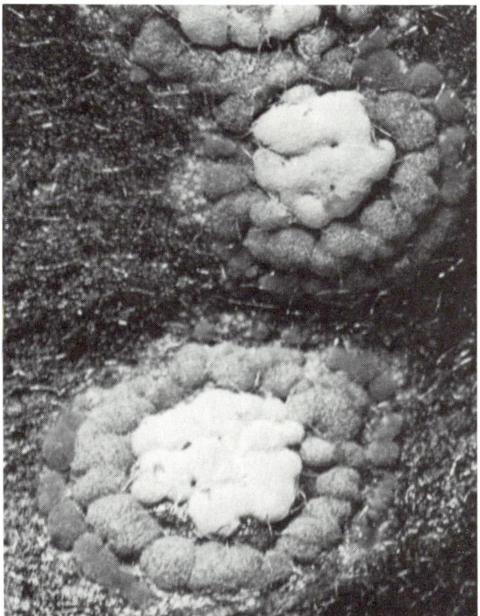

Abb. 87. Stark vergrößerte Pusteln des Weißen Chrysanthemenrostes.

Abb. 88. Rost *(Puccinia chrysanthemi)* auf Chrysanthemenblatt.
Abb. 89. *Septoria*-Blattfleckenkrankheit bei *Chrysanthemum*-Indicum-Hybriden.

nomyl (0,05%) spritzen. Im allgemeinen genügt es, wenn in Abständen von 10–14 Tagen behandelt wird.

Septoria-Blattfleckenkrankheit bei Chrysanthemum maximum (*Septoria leucanthemi* Sacc. et Speg.). Gelbbraune, oft unregelmäßig gerandete Blattflecke mit kreisförmiger Zonenbildung im Innern (Abb. 90).

Bekämpfung: Vorbeugend und wiederholt mit Mancozeb, Captan oder auch mit einem Grünkupferpräparat spritzen.

Itersonilia-Blütenfäule (*Itersonilia perplexans* Derx). Durchscheinende, später braune Flecke auf den äußeren Blütenblättern, zunächst oft nur unterseits zu erkennen. Später greift die Fäule auf die ganze Blüte über. Werden abgeschnittene Blumen in Wasser gestellt, so verbräunen und vertrocknen sie innerhalb kurzer Zeit. Die Krankheit, die bisher nur im Freiland und in ungeheizten Gewächshäusern aufgetreten ist, ähnelt der Botrytisfäule (siehe Seite 171) und kann nur mikroskopisch sicher von dieser unterschieden werden.

Bekämpfung: Beim Öffnen der Knospen mit einem Zineb-Mittel stäuben oder versuchsweise auch mit Du Pont Benomyl (0,05%) spritzen. Man lüfte reichlich.

Blattälchen (*Aphelenchoides ritzemabosi* (Schwartz) Good.). Unter Freilandbedingungen meist gegen Ende Juni oder Anfang Juli Auftreten mißfarbig-bräunlicher Flecke auf den untersten Blättern, besonders in den Winkeln der Blattadern. Bald werden die Flecke rotbraun, dunkelbraun oder schwarz, so daß die scharfe geradlinige Abgrenzung durch die Nervatur noch deutlicher hervortritt (Abb. 91). Die Blätter krümmen sich und werden dürr oder faulen bei feuchter Witterung, bleiben aber an der Pflanze hängen. Bei starkem Befall an den Blütenblättern ähnliche Verfär-

Abb. 90. *Septoria*-Blattfleckenkrankheit bei *Chrysanthemum maximum*.
Abb. 91. Blattälchenbefall bei *Chrysanthemum*.

bungen wie am Laub, der Blütenboden bräunt sich, die Blume vertrocknet oft schon, ehe sie zur Entfaltung kommt.

Es können großblumige und kleinblumige Sorten befallen werden. Die Empfindlichkeit der einzelnen Sorten ist unterschiedlich. Ausschlaggebend für stärkere Ausbreitung sind die Feuchtigkeitsverhältnisse. Jede Benetzung der Pflanzenoberfläche lockt einen großen Teil der Nematoden aus dem Gewebe heraus. Die Tiere wandern oberflächlich an der Pflanze hinauf und dringen in jüngere Pflanzenteile ein. Durch Wasser werden sie auch leicht von Pflanze zu Pflanze verschwemmt.

Auch ein Absterben des Vegetationspunktes bei Stecklingen kann durch Befall mit *Aphelenchoides ritzemabosi* (Schwartz) Goód. verursacht sein (42). Es müssen also nicht immer Blattschäden vorhanden sein.

Bekämpfung: Bestände sorgfältig überwachen. Sobald Schadmerkmale auffällig werden, zweimal im Abstand von 4–5 Tagen mit Zinophos (z. B. Nemafos-Emulsion, 0,1%) oder auch dreimal mit Parathion-Emulsion (z. B. E 605 forte, Parathion forte, Vitrex u. a., jeweils 0,05%) kräftig spritzen und zwar so, daß auch die Bodenoberfläche gut getroffen wird. Die Mittel jedoch nicht bei starker Sonne ausbringen; es kann Schäden geben. Man suche sich warme Tage aus mit bedecktem Himmel oder spritze am Abend. Bei Mutterpflanzen und Jungbeständen kann man auch mit Aldicarb-Granulat (z. B. Temik 10 G) arbeiten. Dabei werden Blattläuse und Spinnmilben mitbekämpft. Das Mittel in einer Aufwandmenge von 5 g/m² gleichmäßig ausstreuen. Anwendungsvorschrift streng beachten.

Wandernde Wurzelnematoden (z. B. *Pratylenchus*-Arten) siehe Seite 55.

Bekämpfung: Hinweise auf Seite 56 beachten. Besonders für Chrysanthemen ist auch das Fensulfothion-Präparat Terracur P zugelassen. Auf leichteren Böden das Präparat mit 2,5 kg/Ar, auf mittelschweren und schweren Böden mit 3 kg/Ar ausbringen. Es kann vor dem Pflanzen oder auch bei stehender Kultur angewandt werden.

Rote Spinne (*Tetranychus urticae* Koch u. a.). Sie kann vor allem bei Kulturen unter Glas sehr schädigend auftreten. Siehe Seite 58.

Bekämpfung: Nicht blühende Bestände zweimal im Abstand von 14 Tagen mit einem Kelthan-Präparat (z. B. Kelthane MF, 0,1%), mit Pentac (0,1%), Mevinphos (z. B. PD 5, Shell Phosdrin) oder Chlorfensulfid + Chlorfenethol (z. B. Anilix 0,1%) spritzen. Bei Jungpflanzungen auch unter strenger Beachtung der Anwendungsvorschrift je m² 3–5 g Aldicarb-Granulat (Temik 10 G) ausstreuen.

Geht es um aufblühende Pflanzungen unter Glas, bei bedecktem Himmel oder in den Abendstunden mit einer Phosphamidon-Emulsion (z. B. Dimecron 0,1%) oder auch mit einem Mevinphos-Mittel (z. B. PD 5, Shell Phosdrin 50, jeweils 0,05%) spritzen oder mit Dichlorvos-haltigen Nebeldosen (z. B. Alphos-Nebeldose, Citos-Nebeldose) sprühen. Die Schädlinge jedoch nicht erst dann bekämpfen, wenn die Bestände bereits in Blüte stehen. Gegen die in den Blumen versteckt sitzenden Tiere ist erfahrungsgemäß nur noch ein Teilerfolg zu erzielen.

Zwergfüßler (*Scutigerella immaculata* Newp. u. a.). Die etwas über 0,5 cm langen, zarten Tierchen haben 12 Beinpaare und auffallend lange Fühler. Sie schaden durch Benagen der Wurzeln. Gefährdet sind vor allem Jungpflanzungen. Siehe auch Seite 66.

Bekämpfung: Wo man erfahrungsgemäß mit Schäden rechnen muß, schon bald nach dem Auspflanzen mit Zinophos (z. B. Nemafos-Emulsion 0,1%) oder versuchsweise (Sortenverträglichkeit überprüfen!) mit einem Propoxur-Präparat (z. B. Unden flüssig 0,1%) angießen. Die Mittel jedoch nicht auf trockenen Boden geben. Keinesfalls darf man mit den ebenfalls gut wirksamen Dimethoat-Emulsionen arbeiten; es wären Schäden zu erwarten. In eigenen Versuchen hat sich auch das zur Gemüsefliegenbekämpfung gebräuchliche Fonofos-Streugranulat Dyfonate 10 G (3 g/m²) als brauchbar erwiesen. Das Mittel ist jedoch für den Zierpflanzenbau nicht zugelassen.

Ohrwürmer. Unregelmäßige, zum Teil zerfetzte Löcher in den Zungenblüten der Chrysanthemen weisen auf die nächtliche Fraßtätigkeit der Ohrwürmer hin. Auch können die Blumen durch die schwärzlichen Kotkrümel der Tiere stark verunziert sein. Oft werden auch die Blätter der jüngsten Triebspitzen benagt. Siehe Seite 68.

Bekämpfung: Gut wirksam sind Parathion-Stäubemittel. Vor allem den Fuß der Pflanzen rechtzeitig und gründlich einstäuben.

Blasenfüße. Als Folge der Saugtätigkeit verschiedener auf Chrysanthemen auftretender Blasenfußarten erscheinen die Blätter zunächst mehr oder weniger weiß gesprenkelt (Abb. 92). In der Folge können sich die Befallsstellen bräunen und eintrocknen. Weißliche, mißfarbige, später sich schmutzigbraun verfärbende Flecken sind ein Hinweis auf Blütenbefall. Nicht selten sind die Blumen mißgebildet; oft zeigen sie sich durch die schwärzlichen, punktförmigen Kotausscheidungen der Blasenfüße stark verschmutzt. Die meist versteckt sitzenden Alttiere und deren Larven entdeckt man oft erst nach dem Zerzupfen der Blume. Siehe auch Seite 72.

Bekämpfung: Wiederholt mit einer Parathion-, Malathion- oder Diazinon-Emulsion oder auch mit einem Propoxur-Präparat (z. B. Unden flüssig) spritzen. Rechtzeitig ausgebracht läßt auch das Aldicarb-Granulat Temik 10 G eine gute Wirkung erwarten. Unter Glas auch mit Sulfotepp (z. B. Bladafum) räuchern. Müssen aufblühende Bestände behandelt werden, mit einem Mevinphos-Mittel (z. B. PD 5, Shell

Phosdrin 50) arbeiten oder auch mit Dichlorvos-haltigen Nebeldosen (z. B. Alphos-Nebeldose) sprühen.

Erdraupen. Die Pflanzen bleiben im Wachstum zurück, welken und gehen ein. Wurzeln und bevorzugt der Stammgrund der Pflanzen werden von nackten, dicken, plumpen, grau oder bräunlich gefärbten Raupen befressen. Siehe auch Seite 73.

Abb. 92. Blasenfußschaden an Chrysanthemenblatt.

Blattminierfliege *Phytomyza atricornis* Meig.). Die gelblich-weißen, fußlosen, etwa 2 mm lang werdenden Maden der Minierfliege fressen helle, vielfach gewundene Gangminen in die Blätter (Abb. 93). Nach beendeter Fraßtätigkeit verpuppen sie sich im Blatt oder auch im Boden. Ihre Eier legt die kleine, etwa 2,5 mm lange, grauschwarze Fliege in die Oberhaut der jungen Blätter ab. Auch bei zahlreichen anderen Pflanzen und vor allem bei solchen aus der Familie der Korbblütler werden die Minen der Blattminierfliege auffällig.

Bekämpfung: Sie macht im allgemeinen keine großen Schwierigkeiten. Sobald Anfänge von Fraßminen festgestellt werden mit Methomyl (z. B. Lannate 25-WP), Trichlorphon (z. B. Dipterex flüssig 0,15%) oder auch mit einem Mevinphos-Mittel (z. B. PD 5, Shell Phosdrin 50) spritzen.

Eine andere Art, *Spilographa artemisiae* F., verursacht bräunliche Platzminen.

Trauermückenlarven (*Sciara-* und *Lycoria*-Arten) siehe Seite 77.

Bekämpfung: Man beachte die bei Zwergfüßler gegebenen Hinweise. Neben den dort genannten Präparaten kann man auch mit Chlorfenvinphos (z. B. Birlane Granulat, Sapecron-Granulat, jeweils 5 g/m²) arbeiten.

Chrysanthemen-Gallmücke (*Diarthronomyia chrysanthemi* Ahlbg.). – Quarantäneschädling. – Der aus Nordamerika stammenden, 1927 nach England eingeschleppten und in den Jahren vor dem

Abb. 93. Von den Maden der Minierfliege *Phytomyza atricornis* befallene Blätter von *Chrysanthemum frutescens*.

Abb. 94. Gallen der Chrysanthemengallmücke am Stengel und den Blattstielen einer Chrysantheme.

letzten Weltkrieg dann auch in Deutschland beobachteten Chrysanthemen-Gallmücke kommt heute nur noch örtliche Bedeutung zu. Trotz seiner großen Vermehrungsfähigkeit kann der Schädling meist nur vorübergehend Fuß fassen.

Der Schaden zeigt sich in 2–3 mm langen, rundlichen bis kegelförmigen, graugrünen, behaarten und etwas schräg zu ihrer Unterlage stehenden Gallen. Die Gallen finden sich an Blättern und auch an Blattstielen und Stengeln (Abb. 94). Starker Befall läßt die Pflanzen verkrüppeln. Häufig sind Triebe und Blumen mißgebildet. Nicht alle Sorten sind gleich anfällig. In den Gallen finden sich die hellorangefarbenen, beinlosen, bis etwa 1 mm langen Larven oder deren Puppen. Helle, aus der Gallenspitze herausragende Puppenhüllen zeigen schließlich an, daß der Schädling bereits ausgeflogen ist.

Die sehr kurzlebige Gallmücke ist ein zartes, langbeiniges, hellflügeliges Insekt und mißt etwa 2 mm. Kennzeichnend ist vor allem der beim Weibchen stärker orange gefärbte Hinterleib. Die etwa 0,3 mm langen, orangefarbenen Eier (ein Weibchen legt oft über 100) werden an junge wachsende Pflanzenteile abgelegt. Die aus den Eiern schlüpfenden Junglarven bohren sich in das Gewebe ein. Ihre Saugtätigkeit und der dadurch verursachte Wachstumsreiz führen zur Bildung der Gallen. Die Entwicklung vom Ei bis zur fertigen Mücke, die weitgehend von den jeweiligen Temperaturverhältnissen abhängt, dauert unter normalen Verhältnissen etwa 6–8 Wochen. Die ersten Mücken treten gewöhnlich schon im Februar und März auf.

Bekämpfung: Geringer Einzelbefall läßt sich durch Abpflücken der befallenen Teile und deren Vernichtung rasch beseitigen. Stark befallene Pflanzen sind zweckmäßigerweise zu vernichten. Sobald die ersten Gallen sichtbar werden, mit einer Parathion-Emulsion oder mit einem Mevinphos-Mittel spritzen und die Behandlung nach 2 Tagen wiederholen. Parathion-empfindliche Sorten nicht bei voller Sonne spritzen.

Eulenraupen. Verschiedene Raupen von Eulenfaltern, z. B. der Kohleule (*Barathra brassicae* L.) und der Gemüseeule (*Polia oleracea* L.), können durch Fraß an den Blättern und vor allem auch an den Blütenköpfen, in die sie manchmal tiefe Löcher einfressen, schädlich werden. Auch werden die Blumen durch den feuchten Kot der Raupen stark verunziert.

Bekämpfung: Wiederholt mit Methomyl (z. B. Lannate 25-WP 0,15%) oder gegen jüngere Raupenstadien mit einem Propoxur-Präparat (z. B. Unden flüssig 0,15%)

spritzen oder mit einem Parathion-Stäubemittel stäuben. Ist rasche Hilfe geboten, kann man auch ein Mevinphos-Mittel einsetzen. Unden nicht bei der Sorte 'White Spider' verwenden; es kann Schäden geben.

Schattenwickler, Chrysanthemenwickler (*Cnephasia virgaureana* Tr.). Blätter der Triebspitzen zusammengesponnen. In ihren Wohngespinsten fressen die schmutzig gelbgrünen, schwarzköpfigen Räupchen des Wicklers. Bevorzugt an *Chrysanthemum maximum.*

Bekämpfung: Sobald zusammengesponnene Blätter und Triebspitzen auf die Räupchen des Schädlings hinweisen mit einer Parathion-Emulsion oder versuchsweise auch mit Methomyl (z. B. Lannate 25 WP 0,15%) spritzen. Bei *Chrysanthemum maximum* wäre auch an die Verwendung eines Azinphos-Präparates (z. B. Gusathion H) zu denken.

Blattläuse. Eine der auffälligsten an Chrysanthemen schädlich werdenden Blattlausarten ist die braunschwarze *Pyrethromyzus sanborni* Gill., Chrysanthemenblattlaus. Es kommen aber auch andere Arten vor.

Bekämpfung: Mit einer Malathion-, Diazinon-Emulsion, mit Methomyl (z. B. Lannate 25-WP), Propoxur (z. B. Unden) oder einem Mevinphos-Mittel (z. B. PD 5, Shell Phosdrin 50) spritzen oder bei Jungpflanzungen auch je m^2 3 g Aldicarb-Granulat (z. B. Temik 10 G) ausbringen. Unter Glas mit Sulfotepp (z. B. Bladafum) oder Lindan-Räuchermittel räuchern, Dichlorvos-haltige Mittel (z. B. Dedevap, Nogos) verdampfen, mit den gleichen Präparaten raumsprühen oder auch mit Dichlorvoshaltigen Nebeldosen (z. B. Alphos-Nebeldose, Citos-Nebeldose) sprühen. Die oft sehr versteckt sitzenden Schädlinge können sich weitgehend der Mitteleinwirkung entziehen. Daher rechtzeitig bekämpfen! Müssen aufblühende Bestände behandelt werden, die bei der Bekämpfung des Blasenfußes gegebenen Hinweise beachten.

Blattwanzen. Durch die Saugtätigkeit verschiedener Wanzenarten und deren Larven kommt es zu mißgebildeten, verkrüppelten Blättern und Trieben und damit zu deutlichen Wachstumsstockungen (Abb. 95). Auf den Blättern kann man zunächst gelbliche Fleckchen feststellen, später bräunen sich diese, sinken ein und sterben ab. Oft ist auch eine Durchlöcherung der Blätter zu beobachten. Es gibt Sorten, die kaum befallen werden, andere wieder werden bevorzugt angegangen. Schäden werden nicht nur bei Gärtner-Chrysanthemen, sondern auch bei *Chrysanthemum maximum* beobachtet.

Bekämpfung: Pflanzungen laufend überprüfen. Sobald die ersten Saugschäden sichtbar werden (im Freiland kann dies oft schon ab Anfang Mai der Fall

Abb. 95. Von Blattwanzen geschädigter Chrysanthementrieb.

sein) mit Methomyl (z. B. Lannate 25-WP) oder einem Propoxur-Präparat (z. B. Unden flüssig) spritzen oder auch mit einem Parathion-Stäubemittel stäuben. Bei *Chrysanthemum maximum* ist auch die Verwendung einer Dimethoat-Emulsion möglich. Der Schadgefahr wegen jedoch nicht mehr bei aufblühenden Beständen.

Da der Flug der Alttiere meist über eine längere Zeit anhält, sind die Bekämpfungsmaßnahmen mehrmals in Abständen von 10–14 Tagen zu wiederholen. Im übrigen für ausreichende Wassergaben und gute Ernährung sorgen.

Schaumzikaden (*Philaenus spumarius* L. u. a.). Von einer weißen, schaumartigen Masse umgeben („Kuckucksspeichel“) saugen die gelblichgrünen, schwarzäugigen Larven der Schaumzikaden an jungen Knospen und Trieben. Man findet die Schaumklümpchen nicht nur auf Chrysanthemen, Margeriten, Nelken, sondern auch auf zahlreichen anderen krautigen Pflanzen. Es kommt zu Schäden, wie wir sie auch von den Wanzen her kennen, doch stehen diese in ihrer Bedeutung weit hinter den Wanzenschäden zurück.

Die im Juni-Juli erscheinenden ausgewachsenen Zikaden (sie sehen einer Wanze ähnlich) sind knapp 1 cm lang, bräunlich gefärbt und besitzen Springbeine. Während die Wanzen im allgemeinen einen schmalen Kopf haben, ist der Kopf der Schaumzikaden auffällig breit und dreieckig. Sie schaden ähnlich den Wanzen durch Besaugen der jungen Triebe. Es überwintern die ab Juli, in der Hauptsache aber im September zwischen Blattscheiden und Stengeln der Wirtspflanzen oder auch in Rindenritzen (vor allem der Weiden) abgelegten Eier. Aus den Eiern schlüpfen dann im April und Mai die Larven.

Bekämpfung: Die gegen Wanzen empfohlenen Mittel verwenden. Gegen die Larven haben sich auch Parathion-Emulsionen bewährt. Man spritze scharf, damit der die Larven schützende Schaum abgespült wird und die Tiere auch wirklich mit der Spritzlösung in Berührung kommen.

Die Erkrankungen durch **Virusbefall** bei *Chrysanthemum*-Indicum-Hybriden haben im Verlauf der vergangenen Jahre an Umfang und Bedeutung derart zugenommen, daß sie eines der ernstesten Probleme bei der Züchtung und Vermehrung darstellen (43, 44). Es sei hier nur auf einige der wichtigsten Schadbilder hingewiesen:

Am weitesten verbreitet ist das **Milde Mosaik (B-Virus),** dessen sehr wenig ausgeprägte Symptome oft nur im Vergleich mit gesunden Pflanzen festgestellt werden können. Manche Sorten tragen die Virose in sich, ohne äußere Krankheitsmerkmale aufzuweisen (latente Träger). Da eine optische Auslese bei den Mutterpflanzen praktisch fast unmöglich ist, hat sich der Verseuchungsgrad mit B-Virus unmerklich so stark erhöht, daß sich bei der Überprüfung einige Sorten als 100%ig befallen erwiesen. Erst durch systematische Vorbehandlungs- und Ausleseverfahren gelang es, gesichert gesunde und kranke Pflanzen miteinander zu vergleichen. Unterschiede, vor allem in der Wüchsigkeit, ließen sich jetzt meist eindeutig nachweisen. Bei Mischinfektionen, z. B. mit dem Virus der Stauchekrankheit, kommt es zu stärkeren Mißbildungen. Als Überträger wurden Blattläuse nachgewiesen, aber auch mechanische Übertragung ist möglich.

Chrysanthemenstauche (stunt virus). Befallene Pflanzen deutlich kleiner als die gesunden; bei manchen Sorten Blüte verfrüht, Blütenfarbe verblaßt. Blattsymptome selten in Form gelblicher Flecken, manchmal auch Blattkräuselungen. Zur besonderen Gefahr wird auch diese Virose dort, wo sie – bei einigen Sorten – symptomlos vorhanden ist. Das Stauchevirus war bis vor kurzem nur aus Amerika bekannt, hat sich aber, vermutlich mit Importen eingeschleppt, schlagartig jetzt auch in Europa ausgebreitet. Infolge der sehr leichten mechanischen Übertragungsmöglichkeit ist die Ausbreitung sehr rasch. Besonders anfällig sind die Sorten 'Bonnie Jean', 'Evelin Bush', 'Fred Shoesmith', 'Milestone', 'Pink Pride' und 'Westfield Bronce'.

Die Aspermie der Tomate (Aspermie-Virus) befällt auch die Chrysantheme und äußert sich vor allem durch Verdrehung und Einrollung der Strahlenblüten. Die Blüte erhält dadurch ein zerzaustes Aussehen. Manche Sorten reagieren nur mit einer unregelmäßigen Kräuselung der Blütenblätter. Blattsymptome (schwache Mosaikscheckung, Ausbleichung) sind meist nicht deutlich oder fehlen. Die Virose wird bei der vegetativen Vermehrung leicht weiter verbreitet, weil der Pflanze zur Zeit des Stecklingsschnittes keine Erkrankung anzusehen ist. Die Übertragung durch Blattläuse erfolgt nicht ganz so leicht wie beim Aspermie-Virus, im Vordergrund steht hier die mechanische Übertragbarkeit (z. B. mit Schnittwerkzeugen, mit den Händen usw.).

Vor allem aus wärmeren Gebieten Amerikas wurde 1971 erstmalig eine Erkrankung durch das **chlorotic mottle virus** beschrieben. Eine leichte gelbliche Fleckung oder Vergilbung der oft kleiner als normal bleibenden Blätter, eine Verzögerung der Blütenbildung, sowie ein Kleinbleiben der Blüten oder der ganzen Pflanze ist kennzeichnend. Es wäre denkbar, daß durch den vermehrten Mutterpflanzenanbau in wärmeren Klimagebieten diese Virose auch für die Bundesrepublik in Zukunft an Bedeutung gewinnt.

Bezüglich der *Diagnostik der Virosen* ist zu beachten, daß Blütenmißbildungen auch bei falscher Knospenwahl auftreten, Blattscheckungen und Wachstumsstörungen häufig auch auf Nährstoffmangel oder aber schwache Bewurzelung zurückzuführen sind. In diesen Fällen zeigt meist der ganze Bestand die gleichen Erscheinungen.

Bekämpfung der Virosen: Den heutigen Anforderungen genügen nicht mehr die allgemeinen Vorsichtsmaßnahmen wie gründliche Insektenbekämpfung, Vernichtung krankheitsverdächtiger Mutterpflanzen, Messerdesinfektion oder, im Schnitt- und Topfpflanzenbetrieb, Schnitt der kranken Pflanzen erst nach den gesunden. Vom Jungpflanzenerzeuger wird gefordert, daß er virusfreie Stecklinge aus getesteten Mutterpflanzen liefert. Nur dies garantiert in Qualität und Ertrag voll befriedigende Kulturen.

Zur Erzielung virusfreier Stecklinge geht man heute folgendermaßen vor: Zunächst ist eine scharfe Auslese der Mutterpflanzen auf Grund etwa vorhandener Symptombilder und (im Blühtest) auch auf Grund der sonstigen Qualitätsmerkmale erforderlich. Von den so ausgesuchten Pflanzen können nach einer 4wöchigen Wärmebehandlung bei 37 °C ca. 1 mm große Sproßspitzen entnommen werden zur Bewurzelung auf sterilem Substrat (siehe Seite 13). Die daraus herangezogenen Pflänzchen sind weitgehend frei von Aspermie-Virus, müssen jedoch nach etwa einem halben Jahr noch einer Kontrolltestung unterzogen werden. Zur Ausmerzung des B-Virus genügt die Wärmebehandlung und Sproßspitzenkultur nicht, serologische Teste sind hier unbedingt erforderlich. Am schwierigsten ist die Ausscheidung der mit Stauchevirus befallenen Pflanzen, da diese Virose auf die Wärmebehandlung nicht anspricht und serologische Antiseren bis heute nicht zur Verfügung stehen. Das stunt-virus ist nur durch Pfropfung auf Indikatorpflanzen nachweisbar, eine Methodik, die wegen der sehr langen Inkubationszeit äußerst langwierig ist.

Aufreißen und Querplatzen der Blütenstengel („Halsbruch"). Bei eintriebig gezogenen, im allgemeinen vor dem Aufblühen stehenden Chrysanthemen entstehen oft plötzlich dicht unterhalb der Knospe mehr oder weniger tiefe und oft stark klaffende Querrisse. Die Blumen „platzen ab", wie der Praktiker sagt. Schäden dieser Art wurden vor allem bei der älteren Sorte 'William Turner', zuweilen auch bei 'W. Duckham', 'Shirley Primrose' u. a. beobachtet. Das Aufreißen tritt gewöhnlich als Folge starker Wasseraufnahme bei gleichzeitiger Behinderung der Verdunstung auf. Die Voraussetzungen dafür sind dann gegeben, wenn zu trocken gehaltene Pflanzen plötzlich stark gewässert werden, hohe Luftfeuchtigkeit herrscht und die Temperaturen in den Häusern vielleicht infolge eines plötzlichen Wetterumschlags oder während der Nacht stark fallen.

Verhütung: Stets für gleichmäßige Bewässerung sorgen. Vor allem an trüben Tagen und auch dann, wenn ein baldiger Wetterumschlag zu erwarten ist, mit aller Vorsicht wässern. Starken Temperaturrückgang in den Häusern vermeiden. Ohne zu heizen wird dies oft nicht möglich sein. Schließlich kommt auch das vorbeugende Schröpfen Halsbruch-empfindlicher Sorten in Frage. Mit einem scharfen Messer macht man dicht unterhalb der Knospen mehrere Längsschnitte. Sie müssen bis an den Blütenboden heranreichen. Zeitpunkt: wenn die Knospen anfangen Farbe zu zeigen.

Unerwünschte Erscheinungen und Qualitätsminderungen. Die mit dem Vermehrungszeitpunkt, vor allem mit der falschen Knospenwahl, mit Licht- und Temperatureinflüssen in Zusammenhang stehenden unerwünschten Erscheinungen und Qualitätsminderungen der Chrysantheme sind sehr mannigfaltig und oft sehr sortentypisch. Es gehören hierher flatterige, schlecht gefüllte, mißgestaltete Blumen, zu starke Schopfbildung (Blumen mit erhöhter Mitte), „lange Hälse", taube Knospen, Blindtriebe, das Durchwachsen, aber auch Laubverfärbungen, wie sie sich z. B. bei 'Mefo', 'Pulling' u. a. zeigen können. An dieser Stelle soll jedoch nur auf einige typische Erscheinungen eingegangen werden. Im übrigen ist auf Spezialliteratur (z. B. A. VOGELMANN: Chrysanthemen. Ulmer, Stuttgart 1969) hinzuweisen.

„Taubwerden von Knospen" kann durch verschiedene Umweltfaktoren hervorgerufen werden, z. B. durch

1. unsachgemäßen Einsatz von Lang- und Kurztag, der vor allem in den Übergangszeiten klar abgegrenzt sein muß. Es ist auch an die Abschirmung der Nachbarbeete (z. B. Beete, die im Kurztag stehen, neben solchen, die noch Zusatzbelichtung erhalten) zu denken;
2. zu hohe Nachttemperaturen, nachdem schon Knospenbildung eingesetzt hat;
3. jahreszeitlich bedingte ungünstige Wachstumsverhältnisse (z. B. Lichtmangel). Im besonderen gilt dies für 'Luyona' und 'Yellow Fred Shoesmith'. So eignet sich 'Luyona' nur für die Blütezeit von April bis September. Auch das teilweise Vertrocknen der Knospen und die schwarzen Herzen bei 'Indianapolis'-Sorten und 'Japanerin' im späten Herbst gehören hierher;
4. Störungen des Wasserhaushaltes (z. B. infolge zu großer Trockenheit oder zu starker Verdunstung). Hier einzuordnen sind auch die im Frühjahr auftretenden Blattflecke bei 'Luyona' und den Sorten der 'Marble' Familie;
5. Stickstoffüberschuß bei gleichzeitigem Bormangel.

„Lange Hälse". Sie treten auf, wenn die Pflanzen nach der Knospenbildung in zu niedrige Temperaturen geraten. Sie schlagen dann von der generativen Phase nochmals in vegetatives Wachstum zurück.

Abb. 96. Chrysanthemen der Sorte 'Luyona' mit nichtparasitärem Schaden („Braunwerden der Blumen").

Bei Sorten, die zur Bildung langer Hälse neigen (z. B. 'Fred Shoesmith' und Sports, 'BGA Streamer' bei November/Dezemberblüte) müssen vor allem auch die Entspitzungstermine pünktlich eingehalten werden. Im übrigen empfiehlt es sich, nach Abschluß der Knospenentwicklung, jedoch bevor die Knospen Farbe zeigen, mit B Nine zu spritzen. Siehe auch Seite 164.

Blinde Triebe. Sie werden des öfteren bei 'Fred Shoesmith' und ihren Sports bei gesteuertem Anbau dann beobachtet, wenn die Pflanzen starken Temperaturschwankungen ausgesetzt sind oder unter ungünstigen Lichtverhältnissen gezogen werden. Um Ausfälle durch Blindtriebe bei spätem Anbau zu vermeiden, empfiehlt man 'Fred Shoesmith' und Sports nur noch gestutzt zu kultivieren.

Nichtparasitäres Vergilben und Absterben der Blätter. Es wird häufiger bei 'Indianapolis'-Sorten, 'Japanerin' und 'Vedova' beobachtet, wobei vor allem in Beetmitte stehende Pflanzen am meisten betroffen sind. Auf schlechte Wurzeltätigkeit, zeitweise gehemmte Verdunstung oder auch auf übermäßige Verdunstung bereits wurzelgeschädigter Pflanzen zurückzuführen. Derartige Verhältnisse sind z. B. dann gegeben, wenn nach gründlichem Wässern der Himmel über mehrere Tage bedeckt ist und in den Häusern hohe Boden- und Luftfeuchtigkeit herrscht. Infolge hoher Luftfeuchtigkeit können die Pflanzen die im Boden vorhandene Feuchtigkeit nicht abbauen. Das gibt zunächst schlechte Wurzeln und als Folgeerscheinung vergilbende und abstehende Blätter. Müssen die Pflanzen nun bei nachfolgender heller Witterung eine hohe Transpirationsleistung bringen, sind die schadhaften Wurzeln nicht in der Lage, die notwendige Wasserversorgung sicherzustellen. Trotz besserer Wachstumsbedingungen besteht also die Gefahr, daß sich die Schäden noch verstärken. Dies auch dann, wenn durch unsachgemäßes Lüften die relative Luftfeuchtigkeit im Haus schnell absinkt. Daher nicht erst dann lüften, wenn die Temperatur in den Häusern schon stark angestiegen ist. Es ist auch falsch, hohe Temperaturen durch plötzliches und weites Öffnen der Lüftungsklappen schnell senken zu wollen. Ein starker Luftaustausch macht bekanntlich die Luft trockener. Die Pflanze wird zu erhöhter Transpirationstätigkeit gezwungen.

Braunwerden der Blumen von 'Luyona' (Abb. 96). Als Ursache nimmt man

Wachstumsstörungen an, wie sie z. B. bei dichtem Stand in feuchter stehender Luft und allzugroßer Bodenfeuchtigkeit auftreten können.

Vertrocknen der jüngsten Triebspitzen konnte beobachtet werden bei erst wenige Wochen alten Jungpflanzen, die in mit Stallmist zusammen gedämpfter Erde gesetzt wurden.

Durchwachsen. Es ist dadurch gekennzeichnet, daß die Terminalknospe von den unter ihr stehenden Seitentrieben überwachsen wird, die nicht selten selbst wieder reichlich Blätter und Triebe bilden. Das führt zu schlechtem unregelmäßigem Aufbau, verspäteter Blüte, und manchmal kommt es sogar vor, daß die Blumen ganz ausbleiben. In besonders krassen Fällen spricht der Gärtner von Besenwuchs.

Über die eigentliche Ursache des Durchwachsens hat man bislang noch nicht endgültig Klarheit gewinnen können. Sicher ist, daß gewisse Sorten und unter diesen die 'Spider'-Typen bevorzugt betroffen sind. Die richtige Düngung, rechtzeitige Verdunkelung, eine der Entwicklung angepaßte Wasserversorgung und ausgeglichene Temperaturverhältnisse beugen der Gefahr des Durchwachsens vor. Man empfiehlt, während der Laub- und Triebentwicklung, Stickstoff als Ammoniumstickstoff zu verabreichen und mit Beginn der generativen Phase die Nitratform zu bevorzugen. Es soll nicht zu spät verdunkelt werden, und man darf keinen Tag in der Woche auslassen. Erhöhte Aufmerksamkeit ist der Temperatur zu schenken. Keinesfalls darf die Nachttemperatur unter 15 °C absinken. Größere Temperaturschwankungen zwischen Tag und Nacht müssen vermieden werden. Gefährlich sind die heißen Sommermonate, wobei sich hohe Nachttemperaturen unter der Verdunkelung besonders ungünstig auswirken können. Schließlich sieht man im vorübergehenden Trockenhalten der Kulturen eine geeignete Maßnahme, größere Schäden dann noch zu mildern, wenn die Sätze bereits erste Anzeichen zum Überwachsen zeigen.

Das Hohlwerden der Stengel (z. B. bei 'Vedova', 'Indianapolis' u. a.) scheint durch verschiedene Kriterien beeinflußt zu sein. Es gibt Fachleute, die als Ursache zu geringe Feuchtigkeitszufuhr annehmen. Dabei soll die Pflanze das Wasser dem Mark in den Stengeln entziehen. Als Folgeerscheinung deutet man auch die gelben und braunen Flecke auf den Blättern, wie sie im besonderen bei 'Luyona', 'Japanerin' und den 'Marble'-Sorten aufzutreten pflegen, und das sog. Verbrennen (Sunscald) von Teilen des Blütenblattkranzes. Verständlich deshalb auch die Empfehlung, im Frühjahr sehr vorsichtig zu lüften und vor allem einen schroffen Temperatur- und Feuchtigkeitswechsel der Luft zu vermeiden. Andere bringen die Erscheinung des Hohlwerdens mit hoher Stickstoffdüngung, zu reichlichen Wassergaben und hoher Bodenwärme in Verbindung. Auch soll es bei hohem Stickstoffangebot zu einem Mangel an Ca kommen. Als Gegenmaßnahmen empfiehlt man das Herabsetzen der Temperatur oder eine B-Nine-Spritzung (3%) zum Zeitpunkt des Ausbrechens der Seitenknospen. Stickstoff ist in Form von Kalksalpeter zu verabreichen.

Vertrocknete Stellen im Blütenboden führt man auf plötzliche Bodentrockenheit, auf starke Beschädigung der Wurzeln oder auch auf das Wegnehmen größerer Seitentriebe (Geize) bei sonnigem Wetter zurück.

Rotfärbung der Blätter oder der Blattadern kann auf schlechte Wurzeltätigkeit infolge zu großer Nässe im Boden, aber auch auf Kälteeinflüsse oder Phosphorsäuremangel zurückgehen.

Gelbsucht. Im allgemeinen auf schlechte Wurzeltätigkeit, zu nassen Stand und schlechte Bodendurchlüftung zurückzuführen. So kann Vergilbung z. B. auftreten nach Pflanzung der Chrysanthemen auf gedämpftem Boden, wenn bei Bemessung der Nährstoffgaben der bei der Dämpfung frei werdende Stickstoff nicht berücksichtigt wird und dadurch ein Überschuß zustande kommt. Über Kalküberschuß und Eisenmangel siehe Seite 47.

Eine sich zwischen den Adern ausdehnende Gelbfärbung der Blätter kann auch auf Magnesium- und Bormangel zurückgehen. Bei sehr schlecht wachsenden, gelblichen Pflanzen denke man auch immer an die Möglichkeit von Zwergfüßler- und Springschwanzfraß an der Wurzel. Siehe Seite 66 und 67.

Sonstige Ernährungsstörungen:

Stickstoffmangel. Kümmerliches Wachstum, kleines, ungesundes und fahlgrün verfärbtes Laub, die Blumen bleiben klein und die Blüte setzt spät ein.

Hartes, brüchiges und welliges Laub wird auf eine **Überdüngung mit Stickstoff** zurückgeführt. Qualitätsminderungen dieser Art treten wohl auch nach starker Düngung eintriebig gezogener Pflanzen auf.

Phosphorsäuremangel. Gehemmtes Wachstum, dünnbleibende Triebe. Die kleinen, auffällig schmalen Blättchen sind starr nach oben gerichtet, doch bleiben die Blätter an der Pflanze hängen. Auch rötliche Verfärbung der Blattadern kann auf Phosphorsäuremangel hinweisen. Die Blumen bleiben klein, die Blüte setzt spät ein.

Bei **allzu reichlicher Versorgung mit Phosphorsäure** färben sich die Blumen schlecht aus, die Blätter erscheinen mißfarben. Auch besteht die Gefahr, daß Eisen festgelegt wird und dann Chlorose auftritt.

Kalimangel zeigt sich zunächst in verhältnismäßig großen, nach unten hängenden und etwas nach innen gewölbten, welligen Blättern. In der Folge stirbt das Laub von unten her ab. Die Ausfärbung der Blüten kann schlecht, die Haltbarkeit gering sein.

Empfindlichkeit gegen Pflanzenschutzmittel: Bei der großen Zahl der heute im Anbau befindlichen und vor allem auch sehr unterschiedlich reagierenden Chrysanthemen-Sorten, ist die Mittelwahl nicht immer einfach. Erfahrungen, die man beispielsweise für eine bestimmte Sorte gewonnen hat, können nicht ohne weiteres auf eine andere Sorte übertragen werden. Auch macht es einen Unterschied, ob man es mit blühenden oder nicht blühenden Beständen zu tun hat. Im Zweifelsfall bleibt also nur die Möglichkeit, bei wenigen Pflanzen einer Sorte Vorversuche auf Kulturpflanzenverträglichkeit anzustellen, wobei die probebehandelten Pflanzen immerhin über einen Zeitraum von 8–10 Tagen beobachtet werden müssen.

Mit zu den für Chrysanthemen wenig empfehlenswerten Mitteln gehören vor allem das Omethoat-Präparat Folimat, aber auch Fundal forte, Galecron, Dimethoat-Emulsionen und Dinocap-Präparate (z. B. Karathane). Obwohl für manche Sorten verträglich, haben diese Mittel im Chrysanthemenanbau für die Praxis keine allzugroße Bedeutung. Starke Schäden kann Folimat verursachen. Die Pflanzen können mit einer mehr oder weniger auffälligen Aufhellung bzw. Ausbleichung der Blattränder, mit Nekrosen und einer Verfärbung der Spreitenteile reagieren. Empfindlich sind beispielsweise nach KÖLLNER (45) die Sorten 'Golden Boy', 'Luyona', 'Mefo', 'White Taffeta', 'Blue Chip', 'Bonnie Jean', 'Indianapolis', 'Tokyo', 'Personality', 'Shane', 'Sauterne', 'Dark Orchid Queen', 'Friendly Rival', 'Copperhead', 'Porträt', 'Yellow Fred Shoesmith', 'Beauregard', 'Heyday', 'Crimson Robe', 'Jubilation' und 'Iceberg'-Sorten. Bei Fundal forte, Galecron und Dimethoat-Emulsionen hat man Blattrandnekrosen und im Falle von Dimethoat möglicherweise auch eine Aufhellung des Adernetzes (z. B. bei 'Shoesmith') zu erwarten. Als Galecron-empfindlich gelten z. B. die Sorten 'Friendly Rival', 'Red Balcombe Perfektion', 'Tuneful', 'Yellow

Sands', 'Luyona', 'Pink Marble', 'Wim Lange', 'Yellow Bonnie', 'Shoesmith' und 'Pink Champagne'. Nach Spritzungen mit Tamaron kam es zu leichten Blattrandnekrosen bei den Sorten 'Japanerin', 'Creme Japanerin', 'Pink Twin' und 'Elegance'. Fundal forte verursachte Schäden bei 'Tokyo', 'Shoesmith', 'Luyona', 'Rival-Rival', 'Bonnie Jean', 'Montana' und Sorten der 'Top'-Gruppe, Dimethoat-Emulsionen bei 'Porträt', 'Dark Orchid Queen', 'Shoesmith', 'Delaware', 'Iceberg'-Sorten.

Für Dinocap-Mittel ist eine chlorotische Fleckung der Spreitenteile kennzeichnend, wobei hohe Temperaturen und starke Sonneneinstrahlung die Schadgefahr erhöhen. Bekannt wurden Schäden bei 'Harold Park', 'Golden Seal', 'Westfield Bronce', 'Alasca', 'Iceberg'-Sorten, 'Memento', 'Feathertop', 'Whitetop', 'Yellowtop', 'Shoesmith'-Sorten, 'Balcombe Perfection', 'Arnhem', 'Rival', 'Luyona', 'Red Rolinda', 'Sucy', 'Red Balcombe Perfection', 'Golden Balcombe Perfection', 'René Mollineaux', 'Francaise Gordon Wells', 'Mefo' und 'Madonna'.

Auch Parathion-Emulsionen und Demeton-Mittel sind für manche Sorten dann nicht ungefährlich, wenn bei hohen Temperaturen und starker Sonneneinstrahlung gespritzt wird. Als schlecht Parathion-verträglich gelten beispielsweise die alte 'Blanche Poitevine', 'William Turner', 'Meisterstück', 'Winn Quinn', 'Louis Shoesmith', 'Iceberg'-Sorten, 'Memento', 'Feathertop' und 'Yellowtop'.

Mit Demeton-Mitteln (z. B. Metasystox) muß man bei 'Blanche Poitevine', 'William Turner', 'Iceberg'-Sorten und 'Memento' vorsichtig sein.

Eine gewisse Unden-Empfindlichkeit scheint bei der Sorte 'White Spider' vorzuliegen. Bei 'Golden Boy' sind Schäden mit Dichlorvos-haltigen Präparaten bekannt geworden. Das Räuchern mit Nikotin bzw. mit Sulfotepp oder das Verdampfen von Nikotin und Ortho Dibrom werden nicht allgemein vertragen. Das gilt sowohl für Jungpflanzen als auch für blühende Bestände.

Wechselnd sind die Erfahrungen mit Kelthan-Präparaten. Wo man noch keine Erfahrung hat, erscheinen Vorversuche auf Pflanzenverträglichkeit in jedem Fall angebracht.

Die zur Zwergfüßlerbekämpfung gebräuchliche Zinophos-Emulsion Nemafos wird im allgemeinen gut vertragen. Nur bei der Sorte 'Shasta' ist Vorsicht geboten. Wichtig ist, daß das Mittel stets auf feuchten Boden ausgebracht wird.

Schwefelhaltige Mittel (z. B. Netzschwefel-Präparate, Zineb + Schwefelmittel) können vor allem bei höheren Temperaturen und starker Sonneneinstrahlung jungem Blattwerk sehr gefährlich werden. Ähnliches gilt auch für Imugan. Auch das zur Bekämpfung des Weißen Chrysanthemenrostes gebräuchliche Plantvax kann bei einigen Sorten zu einer Aufhellung des Blattwerks und in besonders krassen Fällen (vor allem auch bei schon etwas älteren Pflanzen) zu auffälligen Blattrandnekrosen führen. Bekannt wurden Schäden bei den Sorten 'Yellow Delaware', 'Royal Purple', 'Pink Champagne', 'Indianapolis' und 'Sauterne'.

Cineraria (Senecio cruentus), Cinerarie, Aschenblume

Keine zu junge Erde mit unzersetzten Bestandteilen verwenden, da sonst mit Chlorose (Gelbsucht) gerechnet werden muß. Cinerarien brauchen viel und vor allem kühle und frische Luft, wenn sie gedeihen sollen, und viel Platz. Von Januar bis März halte man nach Möglichkeit 10–12 °C. Das ist auch der Blütenentwicklung förderlich. Über 15 °C ist mit einer Verzögerung der Blüte zu rechnen. Sie sind ständig auseinanderzurücken, damit sie sich nicht gegenseitig hochtreiben. Schutz vor leichten Frösten ist notwendig, da schon geringe Blattschäden die Qualität der Pflanzen stark herabsetzen. Einseitig mit Stickstoff überdüngte Pflanzen überwintern schlecht. Hängende Blätter, die den Boden berühren, sind fäulnisgefährdet. Es lohnt sich deshalb, größere Pflanzen auf umgestülpte Töpfe zu stellen.

Abb. 97. *Alternaria*-Blattfleckenkrankheit bei Cinerarie.

Alternaria-Blattfleckenkrankheit (*Alternaria senecionis* Neerg.). Meist über die ganze Blattfläche verstreute, rundliche oder unregelmäßig begrenzte, hellbraune Blattflecke mit braunschwarzer Umrandung (Abb. 97), die sich zu Pfenniggröße und darüber ausdehnen können. Blattadern setzen der Ausbreitung der Flecke oft ein Hemmnis entgegen, so daß diese dort scharf abgeschnitten erscheinen. Bei größeren Schadstellen ist im inneren, hellbraunen Teil eine deutliche, kreisförmige Zonenbildung zu erkennen. Nahe zusammenliegende Flecke können zu großen Faulstellen verschmelzen. Bei schwerem Befall kommt es oft zum Absterben der äußeren Blätter. Auch auf den Stengeln kann sich der Pilz ansiedeln. Er wird durch äußerlich dem Samen anhaftende Sporen leicht verschleppt. Oft zeigen daher bereits die Sämlinge Krankheitserscheinungen (Stengelgrunderkrankung).

Bekämpfung: Sobald sich die ersten Krankheitsanzeichen zeigen, mit einem Maneb-Mittel, mit Mancozeb (z. B. Dithane Ultra), Metiram (z. B. Polyram Combi) oder auch mit einem Grünkupfer-Mittel spritzen und je nach Krankheitsgefahr weitere Behandlungen in Abständen von 14 Tagen folgen lassen.

Stengelgrund- und Wurzelhalsfäule (*Phytophthora cinnamomi* Rands, *Ph. cryptogea* Peth. et Laff.). Pflanzen welken, untere Blätter bräunen sich infolge Fäulnis an Wurzelhals und Wurzeln, die auch auf den Stammgrund übergeht.

Bekämpfung siehe Sinningia-Stamm- und Blattfäule Seite 429.

Ascochyta-Blattfleckenkrankheit (*Ascochyta cinerariae* Fl. Tass.). Rundliche, braune Blattflecke, auf denen mit Lupenvergrößerung punktförmige Pilzfruchtkörperchen zu erkennen sind.

Bekämpfung: Man kann mit Mancozeb (z. B. Dithane-Ultra), Metiram (Polyram Combi), Zineb, Du Pont Benomyl, Triforine (z. B. Saprol) oder Dithianon (z. B. Delan flüssig) arbeiten oder auch ein Captan-Präparat verwenden. Folgebehandlungen in Abständen von 14 Tagen.

Falscher Mehltau (*Bremia lactucae* Reg. = *Peronospora gangliformis* de By.). Blattoberseits blasse, unscharf abgegrenzte Flecke, denen unterseits ein schimmelartiger, weißer Pilzflaum aufsitzt. Vertrocknen und Absterben der befallenen Blätter.

Bekämpfung: Wie bei Alternaria-Blattfleckenkrankheit. Die unterseitigen Blattteile müssen jedoch gut mitbehandelt werden. Auch sollte man es auf einen Versuch mit dem Prothiocarb-Präparat Previcur ankommen lassen.

Echter Mehltau (*Sphaerotheca fusca* Fr. Blum.). Ganze Pflanze mit mehlig-weißem Pilzbelag. Bei starkem Befall Absterben der erkrankten Pflanzenteile. Der Pilz wird durch trockene, warme Luft in seiner Entwicklung stark gefördert.

Bekämpfung: Für kühlen Stand, viel Luft und vor allem auch feuchte Luft sorgen. Sobald sich die ersten Mehltauflecken zeigen, mit Dinocap (z. B. Karathane, Karathane LC), Chloraniformethan (z. B. Imugan), Triforine (z. B. Saprol) spritzen. Netzschwefel-Präparate wirken bei Temperaturen unter 15 °C nicht ausreichend. Bei großer Krankheitsgefahr die Mittel in wöchentlichen Abständen ausbringen. Im übrigen bietet sich zur gleichzeitigen Bekämpfung von Echtem und Falschem Mehltau auch das Zineb + Dinocap-Mittel CDK (0,3%) an.

Rost (*Coleosporium senecionis* Fr.). Orangefarbene Sommer- und Wintersporenlager auf der Unterseite der Blätter. Die Frühjahrssporen werden auf der Kiefer (Kiefernadelblasenrost) gebildet, doch kann der Pilz auch ohne diesen „Zwischenwirt" mit Hilfe der Sommersporen überwintern (siehe auch Rostpilze Seite 38). Außer auf Cinerarie ist der Rost sehr häufig auf wildwachsenden Kreuzkraut *(Senecio)*-Arten anzutreffen.

Bekämpfung: Wo man erfahrungsgemäß mit dem Auftreten des Cinerarienrostes rechnen muß, am besten schon vorbeugend und wiederholt mit Mancozeb (z. B. Dithane Ultra), einem Zineb-, oder Zineb + Schwefel-Mittel oder auch mit Metiram (z. B. Polyram Combi) spritzen. Bei großer Krankheitsgefahr die Mittel in wöchentlichen Abständen ausbringen; ansonsten genügt es, wenn in Abständen von 10–14 Tagen behandelt wird. Im übrigen sollte man es auf einen Versuch mit den systemisch wirksamen Fungiziden Saprol (Wirkstoff: Triforine) und Plantvax (Oxycarboxin) ankommen lassen.

Blattläuse. Die Cinerarie wird sehr gerne von Blattläusen (z. B. *Myzus persicae* Sulz., *Neomyzus circumflexus* Buck. u. a.) heimgesucht. Dies hat der Pflanze auch den Namen „Läuseblume" eingebracht. Warme und trockene Luft fördert das Auftreten der Läuse. Gefährdet sind vor allem Pflanzen in der Nähe der Heizrohre.

Bekämpfung: Cinerarien kühl, hell und luftig kultivieren. Stets für frische und feuchte Luft sorgen. Bestände laufend auf Blattlausbefall überprüfen. Bei kühler Haustemperatur mit einem Mevinphos-Mittel (z. B. PD 5, Shell Phosdrin 50), einer Lindan-Emulsion spritzen oder auch mit einem Lindan-Räuchermittel räuchern. Für nicht blühende Bestände ist auch das Methomyl-Präparat Lannate 25-WP brauchbar. Parathion-, Malathion-, Diazinon-Emulsionen, aber auch Omethoat (z. B. Folimat) oder Demeton-Mittel (z. B. Metasystox) lassen nur dann einen befriedigenden Bekämpfungserfolg erwarten, wenn die Temperaturen wenigstens bei 14–15 °C liegen. Dasselbe gilt für das Verdampfen Dichlorvos-haltiger Präparate (z. B. Dedevap, Nogos) oder das Sprühen mit Dichlorvos-haltigen Nebeldosen (z. B. Alphos-Nebeldose).

Wo es die örtlichen Verhältnisse zulassen und bei noch dicht zusammenstehenden Jungpflanzen kann man auch je m^2 3 g Aldicarb-Granulat (z. B. Temik 10 G) ausstreuen. Schließlich ist es gebräuchlich, noch kurz vor dem Aufblühen mit einer

Demeton-Emulsion (z. B. Metasystox-R 0,1%) anzugießen. Das darf jedoch nicht bei trockenem Ballen geschehen, da sonst mit Schäden gerechnet werden muß. Um gesundheitliche Gefahren auszuschließen, die hochgiftigen Mevinphos-Mittel nur mit Maskenschutz ausbringen.

Blattminierfliege (*Phytomyza atricornis* Meig.). Die Maden der Minierfliege fressen weißliche, geschlängelte Gangminen in die Blätter (s. Seite 177).

Mosaik (Cineraria-Mosaik-Virus). Blätter leicht gekräuselt und kleinbleibend mit unregelmäßiger, hell- und dunkelgrüner Fleckung. Wuchs der ganzen Pflanze etwas gehemmt. Übertragung durch Saatgut und wahrscheinlich auch durch Blattläuse. Kranke Pflanzen müssen frühzeitig vernichtet werden.

Strichelkrankheit (Bronzefleckenvirus der Tomate). Junge Blätter gekräuselt, mit kleinen hellen Flecken. Ältere Blätter mit rotbrauner Fleckung und Strichelung an Adern und Stielen, auf der Spreite braune, oft dreieckige Flecken, die zu großen, schwarzbraunen Flächen zusammenfließen können. Kranke Blätter rollen sich ein, welken und sterben schließlich ab. Übertragung vor allem durch Blasenfüße.

Bekämpfung der Virosen: Kranke Pflanzen an abgelegener Stelle tief vergraben oder auf den Müllplatz abfahren. Bekämpfung der Überträger.

Einrollen der Blätter. Blattränder mehr oder weniger auffällig nach oben eingerollt, so daß die unteren Spreitenteile sichtbar werden. Meist auf zu hohe Düngersalzgaben, vorübergehende Ballentrockenheit und damit auf zu hohe Salzkonzentration im Boden zurückzuführen.

Empfindlichkeit gegen Pflanzenschutzmittel: Man muß vor allem bei blühenden Pflanzen vorsichtig sein. Das gilt für die pilzwirksamen Dinocap-Mittel, das Mehltaumittel F 238 und insbesondere für Morestan und Netzschwefel-Präparate. Manche Sorten scheinen auch im Blatt etwas kupferempfindlich zu sein.

Von gebräuchlichen Insektiziden werden von blühenden Pflanzen vor allem Ortho Dibrom, Pirimor, Lannate 25-WP und Nikotin-Räuchermittel schlecht vertragen. Manchmal können aber auch nach Behandlung mit Demeton-Präparaten (z. B. Metasystox) geringfügige Blütenschäden auftreten, wobei Metasystox (i) im allgemeinen besser vertragen wird als Metasystox-R. Im übrigen dürfen Demeton-Mittel nicht auf trockenen Ballen gegeben werden. Jungpflanzen können nach Spritzungen mit Propoxur-Präparaten (z. B. Unden flüssig) mit Blattrandnekrosen reagieren. Vorsicht ist auch mit Afugan geboten.

Cissus, Klimme

Gloeosporium-Triebwelke (*Gloeosporium physalospora* Cav.). Einzelne Triebe werden welk und sterben ab. Stengel mit braunen eingesunkenen Stellen.

Bekämpfung: Befallene Triebe abschneiden und vernichten. Wiederholt in Abständen von 10–14 Tagen mit Du Pont Benomyl (0,05%) spritzen.

Spinnmilben treten vor allem dann auf, wenn die Pflanzen unter Wassermangel leiden und bei zu trockener Luft gehalten werden (siehe Seite 58). Über die sehr kleine, kaum 0,3 mm lang werdende und nicht spinnende Art *Brevipalpus inornatus* Banks siehe Seite 59.

Bekämpfung: Kulturpflanzenverträglichkeit der Präparate beachten! Man kann mit Demeton (z. B. Metasystox), einem Phosphamidon-Präparat (z. B. Dimecron) oder mit Omethoat (z. B. Folimat) spritzen oder auch Spezialpräparate wie Kelthane,

Abb. 98. „Eckige Blattflecken" (nichtparasitär) bei *Cissus antarctica.*

Kelthane MF, Fundal forte 750, Galecron oder Pentac verwenden. Auch das Streugranulat Temik 10 G (Wirkstoff: Aldicarb) ist brauchbar.

Weichhautmilben. Blätter teilweise wellig verbogen, verkrüppelt und nicht selten mit braunen, grindigen Stellen, an den Triebenden oft auffällig kleinbleibend. Bei starkem Befall verkümmert der Vegetationspunkt. Näheres über die mit bloßem Auge kaum sichtbaren Weichhautmilben Seite 63.

Bekämpfung: Zweimal im Abstand von 8 Tagen mit einem Kelthan-Präparat oder versuchsweise auch mit einer Endosulfan-Emulsion (z. B. Thiodan 35 flüssig) spritzen.

Blattläuse mit einem Demeton-Mittel (z. B. Metasystox), einer Phosphamidon-Emulsion (z. B. Dimecron), mit Omethoat (z. B. Folimat) oder mit Methomyl (z. B. Lannate 25-WP) bekämpfen. In eigenen Versuchen haben sich auch das Methamidophos-Präparat Tamaron und Lindan-Emulsionen für *Cissus antarctica* als brauchbar erwiesen. Lindan-Emulsionen sind jedoch für *Cissus rhombifolia* nicht ungefährlich. Der junge Blattaustrieb kann Schaden nehmen.

Eckige Blattflecke (nichtparasitär). Erst glasig-durchscheinende, gelbliche, später bräunlich eintrocknende, scharf begrenzte Flecke (Abb. 98) können als Folge ungünstiger Wachstums- und Umweltbedingungen angesprochen werden. Welche besonderen Umstände zur Auslösung dieser Schadmerkmale führen, war bisher noch nicht eindeutig zu klären. Auf der einen Seite glaubt man die Ursachen im Überspritzen von Pflanzen gefunden zu haben, die starker Sonneneinstrahlung ausgesetzt waren. In unseren Versuchen war jedoch eine Reproduktion der Schadmerkmale auf diese Weise bisher nicht möglich. Andererseits traten die beschriebenen Flecke bei Pflanzen auf, die mit Sicherheit nicht benetzt wurden und auch nicht der Sonne ausgesetzt waren. Es muß angenommen werden, daß sich auch zu reichliche Wassergaben bei kühlem Stand, starke Temperaturschwankungen, das Gießen mit kaltem Wasser und gelegentliche Ballentrockenheit in dieser Richtung auswirken.

Welken und Abtrocknen einzelner Blätter und Teile der Blattspreite. Als Ursache kommen in Frage: schlechte Wurzeltätigkeit, andauernde und zu große Nässe im Boden, auch vorübergehender Wassermangel, der sich vor allem dann ungünstig auswirken kann, wenn die Pflanzen zuvor stark gedüngt wurden.

Blattfall wird vor allem in Wohnräumen häufiger beobachtet. Es sind hohe Temperaturen bei niedriger Luftfeuchtigkeit, ungünstige, nicht ausreichende Lichtverhältnisse oder auch schlechte Wurzeln dafür verantwortlich zu machen. *Cissus* muß vor dem Verkauf gut abgehärtet werden. Er verliert sonst in trockener Zimmerluft nur allzuleicht seine Blätter.

Empfindlichkeit gegen Pflanzenschutzmittel: Schadfälle durch Pflanzenschutzmittel, wie sie in der Praxis immer wieder vorkommen, mahnen bei der Auswahl der Präparate zur Vorsicht. Bemerkenswert ist, daß die einzelnen Arten unterschiedlich reagieren können. Erfahrungen, die man beispielsweise für *Cissus antarctica* gewonnen hat, kann man nicht unbedingt auf *Cissus rhombifolia* übertragen. Im ganzen gesehen scheint *Cissus rhombifolia* die etwas empfindlichere Art zu sein. Es sind vor allem jüngere und jüngste Blättchen, die Schaden nehmen können. Keinesfalls darf man die Mittel überdosiert und bei starker Sonneneinstrahlung anwenden. Auch der Zusatz eines Benetzungsmittels kann die Verträglichkeit der Mittel manchmal nachteilig beeinflussen.

Bei *Cissus antarctica* muß man vor allem mit Ortho Dibrom, Plictran, Drawinol S (Nekrosen) und Dimethoat-Präparaten, aber auch mit Parathion-, Mevinphos- und Bromophos-Emulsionen (z. B. bei wiederholter Anwendung) vorsichtig sein. Manchmal wird auch Unden flüssig schlecht vertragen.

Cissus rhombifolia kann auf eine Behandlung mit Ortho Dibrom, Dimethoat-Emulsionen, Drawinol S und Lindan-Emulsionen sehr empfindlich reagieren. Die Schäden zeigen sich im allgemeinen in auffälligen Randnekrosen an jüngeren Blättern. Manchmal können auch die jüngsten Blättchen der Triebspitzen absterben und abfallen (z. B. bei Drawinol S und Lindan Emulsion). Auch das Räuchern mit der Altritan-Räucherdose und das Sprühen mit der Alphos-Nebeldose wird schlecht vertragen. Vorsicht ist des weiteren bei Parathion-, Malathion-, Diazinon-Emulsionen, bei Azinphos-Präparaten (z. B. Gusathion H) und Spruzit nova flüssig geboten. Mevinphos-Mittel (z. B. PD 5, Shell Phosdrin 50) sind vor allem bei höheren Temperaturen und wiederholter Anwendung für *Cissus rhombifolia* nicht ungefährlich.

Clivia, Clivie, Riemenblatt

Schmierläuse. Die von weißen, wolligen Wachsausscheidungen umhüllten Schmier- oder Wolläuse saugen bevorzugt zwischen den Blattbasen am Grund der Blätter. Durch Honigtauausscheidungen und die sich darauf ansiedelnden Rußtaupilze werden die Pflanzen stark verunziert.

Bekämpfung: Zwei- oder dreimal im Abstand von einer Woche mit einer Malathion- oder Diazinon-Emulsion, mit Methomyl (z. B. Lannate 25-WP), Azinphos-äthyl (z. B. Gusathion H) oder auch mit einem Propoxur-Präparat (z. B. Unden flüssig) unter Zusatz eines Netzmittels sehr sorgfältig spritzen. Möglicherweise ist auch das Methamidophos-Präparat Tamaron brauchbar. Da sich die zwischen Blattbasen versteckt sitzenden Läusekolonien häufig der Einwirkung der Spritzbrühe entziehen können, ist in Sonderfällen mit einem in die Brühe getauchten Flachpinsel etwas nachzuhelfen.

Korkwucherungen. Zunächst zeigen sich kleine, gelbgrüne, dann sich bräunlich verfärbende und in der Folge schwielig aufgetriebene Fleckchen (Abb. 99).

Schäden dieser Art werden vor allem dann beobachtet, wenn die Pflanzen bei zu reichlicher Wasserversorgung und hoher Luftfeuchtigkeit einen kühlen oder auch dunklen Standort (z. B. unter Stellagen) haben. Auch eine Überdüngung soll sich in dieser Richtung auswirken können.

Abb. 99. Korkwucherungen an Clivienblatt.
Abb. 100. „Steckenbleiben“ der Blüte bei Clivie.

Nichtparasitäre Blattflecke. Größere, im allgemeinen vom Blattrand oder der Blattspitze ausgehende, rötlichbraune oder auch gelbliche, meist scharf begrenzte Flecke werden teils auf trockene Luft, und, soweit es die gelben Flecke betrifft, auf zu reichliche Wassergaben bzw. stehende Nässe zurückgeführt.

Der **Blütenschaft bleibt kurz,** hebt die Blüten nicht über die Blätter (Abb. 100). Vorübergehende Ballentrockenheit, aber auch Nahrungsmangel während der Vorkultur, zu reichliche Wassergaben, schlechte Wurzeltätigkeit und ein Nichteinhalten der Ruhezeit können die Ursache sein.

Verhütung: Während des Sommers auf gleichmäßige Wasserversorgung achten, wöchentliche Düngergaben verabreichen und bis in den August hinein leicht schattieren. Damit die Clivien gut ausreifen, ist von Mitte August an eine etwa vier- bis sechswöchige Ruhezeit einzuhalten. Während dieser Periode sind die Pflanzen bei sparsamer Wasserversorgung recht hell und luftig zu halten.

In Ergänzung der bereits in den vorausgegangenen Abschnitten gegebenen Hinweise sei noch auf folgende Punkte aufmerksam gemacht: Beim Verpflanzen ist mit aller Vorsicht zu verfahren. Wurzeln schonen, da Schadstellen sehr leicht zu Fäulnis führen. Für Altpflanzen sind während des Winters Temperaturen um 12 °C ausreichend. Jungpflanzen halte man etwas wärmer.

Codiaeum, Kroton

Der Gärtner muß wissen, daß sich bei viel Wärme und nur leichtem Schatten die Blätter am besten ausfärben. Bei ausreichender Luftfeuchtigkeit kann auf Schatten überhaupt verzichtet werden. Im Herbst und Winter halte man Temperaturen um 18–20 °C.

Pythium-Wurzel- und -Stengelgrundfäule (*Pythium* spec.). Wurzel und Stengelgrund faulen, die Pflanze welkt (Abb. 101).

Bekämpfung siehe Seite 23.

Schmier- und Wolläuse werden am besten mit einer Malathion- oder Dimethoat-Emulsion, mit Propoxur (z. B. Unden flüssig) oder mit dem Methamidophos-Präparat Tamaron bekämpft. Auch Mineralöle (z. B. Sommeröle) und das derzeit in Prüfung befindliche Carbamat Vydate sind brauchbar. Präparate nicht überdosiert verwenden und auch nicht bei voller Sonne ausbringen.

Spinnmilben. *Codiaeum* werden sehr gerne von Spinnmilben heimgesucht. Ihre Saugtätigkeit führt zu glanzlosen, farbschwachen Blättern; nicht selten ist Blattfall die Folge. Siehe Seite 58.

Bekämpfung: Wo die Rote Spinne noch keine Resistenzerscheinungen gegen gebräuchliche Phosphorsäureinsektizide zeigt, kann man mit einer Dimethoat- oder Malathion-Emulsion arbeiten. Bei widerstandsfähigen Milbenstämmen mit Chlordimeform + Formetanat (z. B. Fundal forte 750), Chlordimeform (z. B. Galecron), einem Kelthan-Präparat (z. B. Kelthane MF) oder auch mit Pentac spritzen. Zweckmäßigerweise ist die Behandlung nach 8–10 Tagen zu wiederholen. Auch das Aldicarb-Granulat Temik 10 G hat sich als verträglich erwiesen.

Weichhautmilben (siehe Seite 63) lassen sich durch wiederholtes Spritzen mit einer Dimethoat-Emulsion oder mit Kelthane MF niederhalten. Die Anwesenheit des Schädlings verrät sich durch mißgebildete jüngere Blätter.

Abb. 101. Kroton mit *Pythium*-Schaden an der Wurzel.

Empfindlichkeit gegen Pflanzenschutzmittel: Vorsicht ist vor allem bei Parathion- und Bromophos-Emulsionen geboten. Auch andere Insektizide sind dann nicht ungefährlich, wenn sie auf bereits stark von Spinnmilben besogene Blätter aufgespritzt werden. Deshalb Präparate, mit denen man noch keine Erfahrung hat, vor ihrer Verwendung auf Pflanzenverträglichkeit prüfen.

Coleus, Buntnessel

„Weiße Fliege" (**Mottenschildlaus**). Die Buntnessel zählt zu den beliebtesten Wirtspflanzen der Mottenschildlaus. Die weiß beflügelten, alten Mottenläuse, wie auch ihre grünlichen, platten, schildlausähnlichen und ungeflügelten Larven sitzen oft in großer Zahl auf der Unterseite der Blätter. Siehe Seite 93.

Schmierläuse. In den Blattachseln, zum Teil auch auf der Unterseite der Blätter sitzen die von weißen Wachsausscheidungen umhüllten Kolonien der Schmierläuse. Siehe Seite 89.

Spinnmilben und **Blattläuse** treten vor allem bei trockenwarmer Luft und ungenügender Wasserversorgung auf.

Bekämpfung: Mit Malathion-, Diazinon-Emulsion, Demeton (z. B. Metasystox), Propoxur (z. B. Unden flüssig) spritzen oder gegen die Rote Spinne ein Spezial-Präparat wie Kelthane MF verwenden. Nach Praxiserfahrungen sei auch Fundal forte 750 zur Spinnmilbenbekämpfung geeignet.

Blattfall. Pflanzen, die kalt und naß stehen oder unter Lichtmangel leiden, lassen die Blätter fallen.

Empfindlichkeit gegen Pflanzenschutzmittel: Schlecht vertragen werden Dimethoat-Emulsionen. Auch Parathion-Emulsionen sind vor allem bei höheren Temperaturen und starker Sonneneinstrahlung nicht ungefährlich. Eine gewisse Sortenempfindlichkeit wird beobachtet.

Convallaria, Maiblume*

Schwarzwerden der Keime, „Maiblumenpest", „Schwarzer Tod" (*Sclerotium denigrans* Pape). Keime mit schwarz verfärbten Knospenschuppen, von denen die Krankheit weiter auf das Knospeninnere übergreift (Abb. 102). Auch auf der Wurzel können braune Faulstellen auftreten, am Wurzelstock sind sie oft von schorfiger Beschaffenheit (Abb. 103). Graues Pilzgeflecht überzieht da und dort die Befallsstellen. Die kranken Keime bleiben entweder ganz stecken oder es tritt, wo sie noch austreiben, Fäulnis am Stengelgrund ein, in deren Gefolge die Stiele umknicken.

Die Krankheit, die besonders auf gut und vor allem stark organisch gedüngten, humosen oder auch moorigen Böden auftritt, kann sich schon auf dem Felde durch Fehlstellen bemerkbar machen, breitet sich aber in der Hauptsache im Einschlag oder während der Lagerung aus und wird meistens erst beim Herausnehmen der

* Mit freundlicher Genehmigung der Pflanzenschutzämter Hamburg und Kiel (Bez. St. Lübeck) wurden die dortigen Erfahrungen (briefl. Mitteilungen und Jahresberichte des Deutschen Pflanzenschutzdienstes 1971 und 1972) hier verwertet.

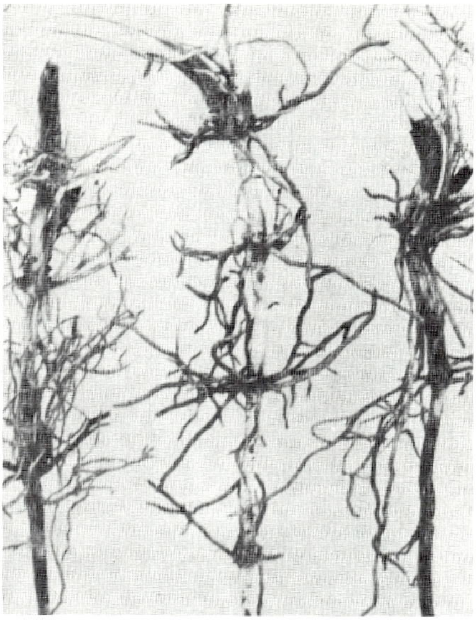

Abb. 102. Schwarzwerden der Maiblumenkeime, Befall an Sproß und Wurzeln.
Abb. 103. Schwarzwerden der Maiblumenkeime, befallene Rhizome.

Keime bemerkt. Die früher sehr gefürchtete „Maiblumenpest" ist heute weitgehend eingedämmt, greift aber in warmen Jahren manchmal erneut um sich.

Bekämpfung: Tauchen der Keime im Kurztauchverfahren im Anschluß an die Heißwasserbehandlung (siehe Maiblumenälchen) in Du Pont Benomyl-Brühe (0,1%). Diese Behandlung bewährt sich ganz allgemein zum Schutz der nach der Heißwasserbehandlung anscheinend gegen pilzparasitäre Erkrankungen besonders empfindlichen Wurzel. Bei erhöhter Krankheitsgefahr kann auch während der Vegetationszeit außerdem mit Du Pont Benomyl (0,1%) gespritzt werden.

„Grauschimmel" (*Botrytis cinerea* Pers. f. *convallariae* Kleb., *B. cinerea* Pers.). Im Freiland, ebenso wie bei den Treibpflanzen, tritt gelegentlich am Blattstiel dicht unterhalb des Blattgrundes eine Faulstelle auf, die sich rasch nach oben und unten vergrößert. Die Pflanze knickt um, die oberirdischen Teile verfaulen und bedecken sich oft mit einem grauen Schimmelrasen. Mit schwarzen, $^{1}/_{2}$–1 mm großen Sklerotien überwintert der Pilz. Obgleich sich die Fäule nicht auf die unterirdischen Teile ausdehnt, ist die Pflanze geschwächt, was sich auch auf die nächstjährige Triebentwicklung auswirkt. Ursache ist die erstgenannte, dem gewöhnlichen Grauschimmel nahe verwandte Botrytisform. Unabhängig von dieser Erkrankung tritt da und dort, vor allem an den Blütenständen der Treibpflanzen, ein Grauschimmel auf, der kleine, gelbbraune Fleckchen an den Blütenstengeln und Blüten verursacht. Die Stielchen der Einzelblüten faulen oder trocknen ein, auch der ganze Blütenstand kann umknikken. Es liegt hier ein Befall durch den gewöhnlichen Grauschimmel (*Botrytis cinerea* Pers.) vor, der bei dichter Pflanzung und hoher Feuchtigkeit besonders zusagende Bedingungen findet (siehe auch Seite 31).

Bekämpfung: Zur Vermeidung der im Freiland vor allem im zweiten Vegetationsjahr auftretenden Ausfälle haben sich Spritzungen mit Du Pont Benomyl (0,05–0,1%) bewährt. Im übrigen beugt auch die im Anschluß an die Heißwasserbeizung empfohlene Du Pont Benomyl-Behandlung der Keime (siehe „Schwarzwerden der Keime") dem Botrytis-Befall vor. Nach der Fungizidbehandlung kann allgemein eine Förderung des Austriebs, eine Intensivierung der Farbe und eine längere Vegetationsdauer verzeichnet werden. Auch die Blüh- und Pflanzkeimerträge konnten mit Einsatz des Du Pont Benomyl gegenüber den bisher gebräuchlichen Präparaten Euparen (0,2%) und Orthocid 50 (0,2%) noch weiter verbessert werden.

Faulstellen an den Blühkeimen durch *Penicillium corymbiferum* (Westl.). Vor allem an überlagerten Blühkeimen (Eiskeimen) entstehen oft nicht unerhebliche Schäden durch diesen, an seinem bläulichgrünen Sporenbelag kenntlichen Schimmelpilz. Mit der oben geschilderten Tauchbehandlung der Keime (siehe „Schwarzwerden der Keime") wird auch dem Auftreten der Penicilliumfäule vorgebeugt.

Brennfleckenkrankheit der Blätter (*Gloeosporium* spec.). Auf den Blättern längliche, seltener runde, gelblichbraune Flecke mit dunkel rotbrauner Umrandung. Die Flecke sind oft gegen die Blattspitzen zu gehäuft und treten zu großen Schadstellen zusammen. Das vertrocknete Blattgewebe, das papierartig weiß und durchscheinend wird, zerreißt faserig (Abb. 104). Das verfrühte Absterben befallener Blätter schwächt die Pflanzen und beeinflußt dadurch die Knospenbildung der nächstjährigen Triebe.

Bekämpfung: Vorbeugend und wiederholt in Abständen von 14 Tagen mit Grünkupfer-Mitteln, Mancozeb oder auch Zineb-Präparaten spritzen oder sprühen. Man setze den Brühen ein Netzmittel hinzu. Abraum sammeln und verbrennen.

Wurzelgallenälchen (*Meloidogyne* spec.). Knötchenförmige Anschwellungen der Wurzel (siehe Seite 54).

Faulstellen an der Wurzel durch **Maiblumenälchen** (*Pratylenchus convallariae* Seinh.) und **Wiesenälchen** (*Pratylenchus pratensis* de Man). Wurzel mit oft mehrere Zentimeter langen, rötlichbraunen, innen mürben Faulstellen, die tief in das Rindengewebe eingreifen (Abb. 105). Bei stärkerem Auftreten Störungen im Austrieb der Pflanzen.

Bekämpfung: Da nach Versuchserfahrungen von H. KÜHNE und R. LEUPOLD (46) chemische Mittel wie z. B. Terracur P zwar gut wirksam sind, jedoch die Blütenentwicklung ungünstig beeinflussen, gibt man nach wie vor der Heißwasserbeizung den Vorzug. Die Pflanzkeime werden vor dem Einschlag 1 Stunde bei einer Wassertemperatur von 43,5 °C getaucht.

Der **Kartoffelnematode** (*Heterodera rostochiensis* Wr.) greift die Wurzeln der Maiblumen *nicht* an. Da diese jedoch oft auf verseuchten Kartoffelfeldern angebaut werden, werden mit der den Maiblumen anhaftenden Erde leicht auch Nematodenzysten verschleppt. Da der Kartoffelnematode ein sehr gefürchteter Schädling ist, bestehen nicht nur für die Einfuhr von Kartoffeln, sondern auch für die Maiblumenkeime strenge Vorschriften. Nach Deutschland können nur Pflanzen eingeführt werden, für die der Nachweis erbracht ist, daß die Anzuchterde frei von Kartoffelnematoden war. Siehe auch Seite 55.

Wurzelspinner (*Hepialus lupulinus* L.). Durch Fraß an unterirdischen Teilen (auch Knospen) der Maiblumen können die Raupen des Wurzelspinners sehr schädlich werden. Die Pflanzen welken und gehen ein. Neben Maiblumen haben manchmal auch Christrosen, Pfingstrosen, Dahlien, Astern, Tulpen, Iris, Staudenphlox, *Chrysanthemum coccineum* und von Gemüsearten vor allem Salat zu leiden.

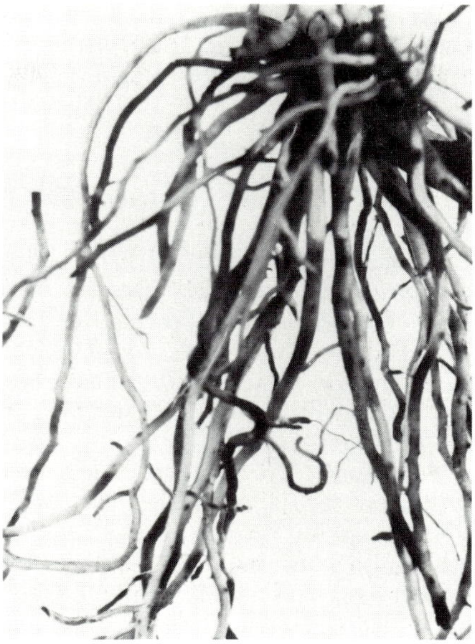

Abb. 104. Gloeosporium-Brennfleckenkrankheit der Maiblume.
Abb. 105. Braune Faulstellen an der Wurzel von *Convallaria* infolge Befalls durch das Wiesenälchen *(Pratylenchus pratensis)*.

Für die ausgewachsenen 3–4 cm langen, braunköpfigen und braune, kurz behaarte Wärzchen tragenden Raupen sind die halbmondförmigen gelbbraunen Hornschilder auf den ersten Brustringen ein besonderes Kennzeichen. Die Raupen überwintern im Boden in ihren Gespinströhren und verpuppen sich im Frühjahr. Der im Mai und Juni fliegende Falter legt seine kleinen Eier (bis zu 500) mit besonderer Vorliebe in dreijährige Maiblumenkulturen ab. Die jungen Spinnerräupchen erscheinen dann etwa in der zweiten Julihälfte.

Bekämpfung: Die Maßnahmen haben sich vor allem gegen die Jungraupen zu richten, da im Frühjahr die alten Raupen in ihren Gespinströhren gegen chemische Mittel gut geschützt sind.

Gefährdete Pflanzenbestände Ende Juli und Anfang August mit der Lösung einer Parathion-Emulsion (z. B. E 605 forte, Parathion forte u. a., jeweils 2,5 l/m^2 einer 0,035%igen Brühe) angießen. Dazu sollte man sich einen warmen Tag aussuchen, da bei naßkalter Witterung die Wirkung des Parathion vermindert ist. Wo man erfahrungsgemäß mit Befall rechnen muß, empfiehlt es sich, schon bei der Vorbereitung der Pflanzbeete ein Lindan-Streumittel einzuarbeiten. Auch sollte man Maiblumen nicht auf neuumgebrochenem Wiesenland anbauen.

Maiblumenblattlaus (*Dysaulacorthum speyeri* C. B.). Befallene Blätter fallen durch diffuse Gelbfleckung auf. Auf ihrer Unterseite saugen blaßgrüne Läuse. Schon bei geringer Erschütterung lassen sie sich zu Boden fallen.

Bekämpfung: Mit einer Parathion-Emulsion, einem Demeton-Mittel, mit Methomyl (z. B. Lannate 25-WP) oder auch mit Methamidophos (z. B. Tamaron) spritzen.

Spinnmilben können vor allem bei trockenwarmer Sommerwitterung erheblichen Blattschaden anrichten. Die Bekämpfung der Schädlinge bereitet im allgemeinen keine Schwierigkeiten. Siehe Seite 58.

Crassula, Dickblatt (einschließlich Rochea coccinea)

Günstiger pH-Bereich: 6,5–7,5. Für die am häufigsten in Kultur befindliche *Rochea coccinea* (fälschlich auch *Crassula rubicunda* genannt) ist bis in den September hinein für gleichmäßige Feuchtigkeit zu sorgen. Zuviel Nässe wird nicht vertragen. Während der Wintermonate sind die Pflanzen kühl, hell und weitgehend trocken zu halten. Ein Standort nahe unter Glas (z. B. auf Hängen) bei Temperaturen um 8–10 °C sagt ihnen besonders zu. Hält man die Pflanzen im Winter zu warm, wachsen sie weiter und vergeilen.

Fusarium(?)-Triebsterben. Für gewöhnlich bleiben nur einzelne Triebe im Wachstum zurück, werden glanzlos und stumpfgrau, manchmal mit leicht rötlicher Verfärbung. Am Grunde, oder seltener inmitten des Triebes, Einschnürung des Stengels, die sich über mehrere Zentimeter Länge erstreckt. Die äußerste Rindenschicht ist dort rissig und schwärzlich-braun, auch die darunter liegenden Gewebe oft noch bis in den Gefäßteil eingreifend mit bräunlicher oder ins Gelbliche oder Violette gehenden Verfärbung. *Fusarium avenacium* (Fr.) Sacc. konnte auf den erkrankten Teilen gefunden werden, doch steht der Beweis noch aus, daß der Pilz als Erreger der Krankheit angesehen werden muß.

Bekämpfung: Tiefes Ausschneiden der erkrankten Triebe. Wiederholte Spritzung mit Du Pont Benomyl (0,05%). Alle Maßnahmen der Hygiene beachten: neue Töpfe, frisches Pflanzsubstrat, Desinfektion des Gewächshauses, insbesondere der Stellagen.

Schmier- oder Wolläuse. Die von flaumig-weißen Wachsausscheidungen bedeckten Tierchen sitzen in kleineren oder größeren Kolonien an den Trieben bzw. in den Blattachseln der Crassulaceen. Öfter an *Rochea coccinea, Crassula tetragona, Crassula arborescens.*

Bekämpfung: Bei gebräuchlichen Präparaten Kulturpflanzenverträglichkeit beachten, wobei zu berücksichtigen ist, daß die einzelnen Arten unterschiedlich reagieren können. Für *Rochea coccinea,* die wohl am meisten kultivierte Art, kommen vor allem Dimethoat-Emulsionen, Azinphos-äthyl-Präparate (z. B. Gusathion H) und das derzeit in Prüfung stehende systemisch wirksame Carbamat Vydate, gegen Jungläuse auch die gut verträglichen Diazinon- (z. B. Diazinon 25) und Demeton-Mittel (z. B. Metasystox) in Frage. Wichtig ist, daß die Mittel wiederholt in Abständen von 8–10 Tagen angewandt werden. Ob die genannten Präparate auch für andere Arten brauchbar sind, wird im einen oder anderen Fall zu prüfen sein. Nach eigenen Versuchserfahrungen werden Diazinon-Emulsionen von *Crassula arborescens, C. tetragona, C. lycopodioides* und *C. schmidtii* gut vertragen. Darüber hinaus können bei *Crassula arborescens* und *C. lycopodioides* auch Malathion-Emulsionen angewandt werden.

Blattläuse. Von den bei der Bekämpfung der Schmier- oder Wolläuse genannten Präparaten sind Demeton-Mittel und Diazinon-Emulsionen zu bevorzugen. Wo die Schädlinge gegenüber gebräuchlichen Präparaten Resistenzerscheinungen zeigen, versuchsweise mit Omethoat (z. B. Folimat) arbeiten. Obwohl sich das Präparat in unseren Versuchen bei *Rochea coccinea* als brauchbar erwiesen hat, raten wir zu Vorversuchen mit wenigen Pflanzen.

Weichhautmilben. Die Blättchen an den Triebenden werden fleckig, bräunen sich und trocknen ein (Abb. 106). Die Triebe bleiben sitzen und nicht selten stirbt der Vegetationspunkt ab. Schäden wurden bislang vor allem bei *Rochea coccinea* und vereinzelt auch bei *Crassula tetragona* beobachtet. Näheres über Weichhautmilben Seite 63.

Bekämpfung: Zweimal im Abstand von 8 Tagen mit Endosulfan-Emulsion (z. B. Beosit 35 flüssig, Thiodan 35 flüssig u. a.), Kelthane-Spritzpulver oder auch mit einer Dimethoat-Emulsion spritzen. Obwohl die genannten Präparate in eigenen Versuchen für *Rochea coccinea* verträglich waren, wird empfohlen, zunächst bei wenigen Pflanzen Vorversuche auf Pflanzenverträglichkeit anzustellen. Keinesfalls darf man mit Kelthane MF arbeiten. Das Mittel verursacht Schäden.

Blattälchen (*Aphelenchoides fragariae* Ritz. Bos Chr.). Sie können vor allem bei *Rochea coccinea* oft sehr schädigend auftreten. Die Blätter, insbesondere der Triebenden, färben sich schmutzigbraun und trocknen in der Folge ein. Näheres über Blattälchen Seite 51.

Bekämpfung: Dreimal im Abstand von 4–5 Tagen mit einem Demeton-Mittel (z. B. Metasystox (i), 0,15%) oder zweimal im Abstand von 10 Tagen mit dem derzeit noch in Prüfung befindlichen Carbamat Vydate spritzen. Beim Gießen Vorsicht. Pflanzen von oben her möglichst trocken halten. Stärker erkrankte Pflanzen aussondern und vernichten.

Dickmaulrüßlerlarven (*Otiorrhynchus sulcatus* Fabr.). Welken und Absterben der Pflanzen infolge Larvenfraß an den Wurzeln. Seite 82.

Bekämpfung: Versuchsweise mit einer Diazinon-Emulsion (z. B. Diazinon 25-Emulsion) bei feuchtem Ballen angießen und die Behandlung nach 10 Tagen wiederholen.

Schwarze, rötliche bis bräunliche Stippen auf den Blättern treten dann auf, wenn die Pflanzen zu feucht und in dumpfer Luft stehen oder unter ungünstigen Lichtverhältnissen heranwachsen müssen.

Abb. 106. Von Weichhautmilben befallene *Rochea coccinea.*

Empfindlichkeit gegen Pflanzenschutzmittel: Im allgemeinen ist der Praxis bekannt, daß Crassulaceen auf eine Behandlung mit Phosphorsäureinsektiziden mit Schäden reagieren können. Dabei gilt *Crassula tetragona* als besonders empfindlich. Aber auch die häufiger angebotene *Rochea coccinea* nimmt eine Behandlung mit der Mehrzahl der heute gebräuchlichen Phosphorsäureinsektizide oft sehr übel. Zu nennen sind beispielsweise Parathion-, Malathion- und Bromophos-Emulsionen, Dichlorvos-haltige Präparate, Mevinphos-Mittel und Phosphamidon-Präparate, Tamaron und insbesondere auch Nemafos-Emulsion. Als schlecht verträglich sind des weiteren Lannate 25-WP und Bayrusil zu nennen. Auch Kelthane MF ist für *Rochea coccinea* nicht ungefährlich. Die Schäden können sich manchmal sehr verschiedenartig äußern. Besonders typisch sind graugrün verfärbende und später vertrocknende Blättchen im Bereich der unteren Triebteile (z. B. bei Parathion-, Malathion-Emulsionen, Mevinphos-Mittel, Phosphamidon, Tamaron und Nemafos). Darüber hinaus können die Pflanzen auch mit einer Bräunung des Vegetationspunktes und jüngere Blätter der Achselsprosse mit Blattrandnekrosen, und im Falle von Dimecron auch mit einer chlorotischen Aufhellung der Triebspitzen reagieren. Starke Triebschäden sind schließlich nach Anwendung von Nemafos zu erwarten; nicht selten brechen die Pflanzen vollständig zusammen. Es ist darauf hinzuweisen, daß bis zur Ausbildung von Schadsymptomen bei manchen Präparaten oft 14 Tage vergehen können.

Es muß davor gewarnt werden, die Mittel bei hohen Temperaturen und starker Sonneneinstrahlung auszubringen. Höhere Temperaturen verstärken die Gefahr einer Schädigung der Kulturpflanze. Man unterlasse auch das Spritzen sehr trocken stehender Pflanzen. Das gilt vor allem bei Verwendung systemisch wirksamer Präparate. Der Praktiker tut gut daran, die für seine Kulturen in Frage kommenden Präparate bei wenigen Pflanzen vorzuprüfen. Prüfungen sollten jedoch nicht erst dann vorgenommen werden, wenn bereits Schädlingsbefall zu einer schnellen Anwendung von Bekämpfungsmitteln drängt. Auch sind die Versuche bei Pflanzen verschiedener Entwicklungsstadien anzustellen. Besonders vorsichtig muß man bei blühenden Pflanzen sein. Da der Zusatz eines Netzmittels die Kulturpflanzenverträglichkeit der Präparate beeinflussen kann, müssen „Netzer" gegebenenfalls schon bei der Verträglichkeitsprüfung hinzugefügt werden.

Crossandra

Mit den lichtschwachen Monaten November und Dezember beginnt für *Crossandra* eine sehr kritische Kulturperiode. Die Pflanzen wollen hell und luftig und vor allem nicht zu kühl stehen. Angemessen sind Haustemperaturen um 18–20 °C. Dunkle Häuser, dumpfe, stagnierende Luft werden schlecht vertragen. Auch muß man mit dem Gießen vorsichtig sein. Ein zu nasser Stand läßt schlechte Wurzeln und in der Folge eine Aufhellung der Blätter erwarten; das Auftreten des *Rhizoctonia*-Pilzes wird begünstigt. Zu warm und bei ungünstigen Lichtverhältnissen kultivierte Pflanzen halten sich nicht nur schlecht, sie lassen auch in der Intensität der Blütenfarbe zu wünschen übrig.

Fäule des Blattstielgrundes (*Rhizoctonia solani* Kühn). Vor allem Stecklinge oder nach dem Versetzen geschwächte Jungpflanzen leiden oft unter einer am Blattstielgrund beginnenden und zum Absterben der Blätter führenden Fäule (Abb. 107). Dicker brauner Hyphenbelag ist charakteristisch für Rhizoctonia-Befall.

Bekämpfung: Pflanzen nicht zu feucht halten. Solche mit Anzeichen der Krankheit sofort entfernen und vernichten. Danach mit Captan (z. B. Orthocid 50, Captan 50, jeweils 0,2%), Du Pont Benomyl (0,05%) oder versuchsweise auch mit der Brühe eines TMTD-Spritzpulvers (z. B. Pomarsol forte 0,15%) angießen oder auch kräftig spritzen.

Blattläuse mit Omethoat (z. B. Folimat), Methamidophos (z. B. Tamaron), Methomyl (z. B. Lannate 25-WP) oder einem Demeton-Mittel (z. B. Metasystox) bekämpfen; man kann aber auch nach dem Topfen je m² 3 g Aldicarb-Granulat (Temik 10 G) ausstreuen.

Abb. 107. Ursache für das rasche Abwelken von *Crossandra*-Pflanzen ist oft Befall durch *Rhizoctonia solani.*

Schild- und Schmierläuse können in den Beständen oft sehr lästig werden. Man arbeite mit einer Malathion-Emulsion oder mit Tamaron. Gegen Jungläuse wiederholt mit Omethaot (z. B. Folimat) oder einem Demeton-Mittel (z. B. Metasystox) spritzen. Auch dürfte sich künftig für diesen Verwendungszweck das derzeit noch in Prüfung befindliche Vydate anbieten.

Rote Spinne siehe Seite 58. Es ist mit Folimat, einem Demeton-Mittel (z. B. Metasystox) oder mit einem Spezialpräparat wie z. B. Anilix zu spritzen. Auch das Aldicarb-Granulat Temik 10 G hat sich als brauchbar erwiesen.

Empfindlichkeit gegen Pflanzenschutzmittel: In eigenen Versuchen zur Kulturpflanzenverträglichkeit wurden Behandlungen mit Azinphos-äthyl (z. B. Gusathion H) und Kelthane MF schlecht vertragen. Die Spitzen jüngster Blätter färbten sich braun. Nach Praxiserfahrungen scheint auch das wiederholte Sprühen mit der Alphos-Nebeldose nicht ungefährlich zu sein. Keinen Schaden verursachte das Spritzen mit Dichlorvos-Emulsion. Diese Angaben bedürfen jedoch der Nachprüfung.

Cyclamen, Alpenveilchen

Für Aussaaten gedämpfte Erde, mit einem chemischen Mittel entseuchte Erde oder auch andere krankheitsfreie Substrate verwenden. Ebenso wichtig sind entseuchte Anzuchtgefäße. Die Saaten nie trocken werden lassen, sonst sind Wachstumsstörungen zu befürchten. Die günstigste Keimtemperatur liegt bei etwa 18–20 °C. Rechtzeitiges Pikieren ist für eine gute Jungpflanzenentwicklung wichtig. Stehen die Sämlinge zu lange in den Saatschalen, ist die Gefahr des Verhärtens oder auch Vergeilens groß. Schwache Sämlinge entwickeln sich später erfahrungsgemäß nur schlecht. Sie sind daher schon beim Pikieren auszuscheiden. Das Pikieren selbst hat so zu geschehen, daß die Knöllchen gerade noch mit Erde bedeckt sind, da sie sonst verhärten. Wachstumsstörungen sind aber auch dann zu erwarten, wenn zu tief gepflanzt wird. Nach dem Pikieren ist mit aller Vorsicht zu gießen. Zuviel Nässe bringt eine Schädigung der Wurzeln mit sich.

Während der Wintermonate sollen die Jungpflanzen möglichst nahe dem Glas und nicht zu kalt stehen. Angemessen sind Temperaturen um 18–20 °C. Fehlt es an Licht, werden sie lang. Auch dürfen sie auf den Hängen nicht unter Trockenheit leiden. Trockenwarme Luft und zu hohe Lichtintensität beeinflussen das Wachstum ungünstig. Bei scharfer Sonne sind Brennflecke zu erwarten. Deshalb immer rechtzeitig und ausreichend schattieren. Als besonders kritische Zeit hat der Spätwinter bzw. das zeitige Frühjahr zu gelten. Gelegentliches Auflockern ist wichtig. Es fördert die Durchlüftung und arbeitet der Vermoosung entgegen.

Für die Weiterkultur haben sich Einheitserde, TKS und selbst hergestellte Torfkultursubstrate bewährt. Bei ihnen ist auch die Gefahr des Vergießens weniger gegeben. Man muß jedoch beachten, daß Pflanzen in TKS mehr Wasser benötigen als in praxisüblichen Mischungen. Keinesfalls dürfen sie trockenstehen. Im übrigen sollte man Praxismischungen vor ihrer Verwendung auf ihren Salzgehalt untersuchen lassen. Hoher Salzgehalt im Boden schwächt die Pflanzen und macht sie anfälliger für Wurzelbräune.

Vor allem nach dem Eintopfen bzw. Verpflanzen reagieren *Cyclamen* auf zuviel Nässe und starke Temperaturschwankungen sehr empfindlich. Das Gießen hat in dieser Zeit mit aller Vorsicht zu geschehen.

Während der Sommerkultur brauchen die Pflanzen viel frische und feuchte Luft. Unregelmäßige Wasserversorgung, vorübergehende Ballentrockenheit, zu starke Belichtung, Zugluft, zu spätes Verpflanzen (verfilzte Wurzelballen!) bringen Wachstumsstörungen und damit ein Verhärten der Pflanzen mit sich. Ebenso wirkt sich ein zu nasser und kalter Stand auf das Wachstum sehr ungünstig aus. Vor allem können in kühlen Sommern durch allzureichliche und zum ungeeigneten Zeitpunkt verabreichte Wassergaben sehr empfindliche Schäden entstehen. Eine Unachtsamkeit kann schon mit braunen Wurzeln und in der Folge mit einem teilweisen Abstehen der Blätter quittiert werden (Abb. 108).

Sind gewisse Voraussetzungen (z. B. durchlässiges Einsenksubstrat, gut drainierter Kastengrund!) erfüllt, empfiehlt es sich, Kastenkulturen tief einzusenken. Das spart Wasser und hält die *Cyclamen* gleichmäßig feucht. Auch wird das überschüssige Wasser vom Einsenkmaterial aufgenommen. Um Übersalzungen auszuschließen, wird dem Einfütterungsmaterial je m^2 nicht mehr als 100 g eines chlorfreien Volldüngers beigegeben. Im übrigen muß immer wieder darauf hingewiesen werden, daß automatische Bewässerung (Sprühanlagen) oder auch das Schlauchgießen sehr

Abb. 108. Durch zu nassen und kalten Stand hervorgerufene „Wurzelbräune" der *Cyclamen*. Links gesunder Wurzelballen, rechts kranker Wurzelballen.

gleichmäßige Bestände voraussetzt. Sowohl ein Zuviel als auch ein Zuwenig an Wasser sind von Übel.

Die heranwachsenden Pflanzen stets rechtzeitig auseinanderrücken, damit sie nicht zu lang werden, sonst erhält man lockere, schlecht aufgebaute und flatterige Verkaufspflanzen.

Man verpflanze nicht zu spät, damit die *Cyclamen* noch gut durchwurzeln können. Mäßig durchwurzelte Pflanzen halten sich später schlecht. Es wird dann oft ein Schlappen beobachtet, ohne daß die Pflanzen unter Wassermangel leiden. Vor Überdüngung wird gewarnt. Mastige, allzu reichlich mit Stickstoff versorgte Pflanzen sind im Herbst und Winter besonders Grauschimmel-gefährdet. Vor dem Einräumen sind die Häuser gründlich zu säubern, Tische, Stellagen und Wände zu entseuchen.

Umfallkrankheit, Schwarzbeinigkeit (*Rhizoctonia solani* Kühn, *Pythium debaryanum* Hesse). Blattstielgrund und häufig auch die Knöllchen ganz junger Sämlinge faulen. Das befallene Gewebe wird braun und sinkt ein. Die Pflanzen fallen um.

Bekämpfung: Für Aussaaten und Pikierarbeiten gedämpfte Erde, chemisch entseuchte Erde oder auch andere krankheitsfreie Substrate verwenden. Hat man keine neuen Anzuchtgefäße, müssen alte, schon einmal gebrauchte, vor ihrer Wiederverwendung entseucht werden. Reichen diese Maßnahmen für die Gesunderhaltung der Sämlinge nicht aus, sobald das „Umfallen" einsetzt, mit der Brühe eines Zineb-Mittels (z. B. BASF-Zineb-Spritzpulver 0,2%) oder, wo es im besonderen um die Bekämpfung des *Rhizoctonia*-Pilzes geht, mit Du Pont Benomyl (0,05%) überbrausen. Benomyl beugt gleichzeitig auch der Wurzelbräune-Gefahr vor.

Abb. 109. Welkekrankheit *(Fusarium oxysporum)* bei *Cyclamen.*

Welkekrankheit (*Fusarium oxysporum* Schl. f. *cyclaminis* Gerl.). Welkeerscheinungen zuerst an den ältesten Blättern: Blattspreite vergilbt vom Blattgrund aus; gleichzeitig wird das Gewebe des Blattstiels, vor allem die Ansatzstelle an der Knolle, weich und schlapp, so daß das Blatt leblos herabhängt (Abb. 109). Später trocknet der erkrankte Blattstiel meist ein. Werden Knollen und Wurzeln vorsichtig von anhaftender Erde befreit, so ist zu erkennen, daß die Krankheit von den Wurzeln ausgeht. Der Pilz dringt von der Erde aus in diese ein und wandert in den Wasserleitungsbahnen weiter durch die Knolle zum Blattstiel. Erkrankte Wurzeln faulen, in der aufgeschnittenen Knolle zeichnet sich der Weg des Krankheitserregers durch Bräunung der befallenen Leitbahnen ab (Abb. 110). Sind nur die Wasserleitungsbahnen in der einen Knollenhälfte befallen, so welken nur die Blätter der einen Seite, ein besonders typisches Kennzeichen für Gefäßerkrankungen! In fortgeschrittenem Stadium wird die gesamte Knolle faul, die Pflanze geht zugrunde. Auf den Blatt- und Blütenstielen, seltener entlang den Adern der Blattspreite, tritt der Pilz mit blaßrosa Sporenbelägen zutage. Bis zu diesem Stadium sollte es aber der Gärtner nie kommen lassen, da diese Sporenbeläge eine große Ansteckungsgefahr bedeuten.

Ein kräftiges Ansteigen der Erkrankungskurve erfolgt meist in den ersten warmen Frühlingstagen. Steigerung zu katastrophalen Ausfällen nicht selten in heißen Sommern, wenn die Pflanze infolge erhöhten Wasserverbrauchs ohnehin empfindlich auf jede Schädigung des Wasserleitungssystems reagiert. Nach dem Verpflanzen erhöhen sich oft die Ausfälle, vermutlich infolge der Schwächung der Pflanze vor der erneuten Durchwurzelung des Substrats.

Bekämpfung: Obwohl mit Du Pont Benomyl ein systemisch wirksames Fungizid gegen die Fusariose zur Verfügung steht, und derzeit weitere Mittel (z. B. Thiophanate M und das Cypentazol-Präparat Folcidin) gegen diese Erregergruppe erprobt werden, ist der Nachdruck der Bekämpfung nach wie vor auf vorbeugende und hygienische Maßnahmen zu legen. Dazu gehört eine gründliche Boden- bzw. Erdentseuchung. Sie kann durch Dämpfen oder auch mit einem chemischen Mittel (z. B. Basamid, Terabol u. a.) erreicht werden. Noch besser, man verwendet Einheitserde oder ein Torfkultursubstrat. Stets mit neuen oder entseuchten Kulturgefäßen arbeiten. Ebenso wichtig ist die Desinfektion der Häuser und Stellflächen. Beim Ausbringen der Töpfe auf die Kästen ist zu bedenken, ob nicht auch dort die Erde schon verseucht sein kann.

Wo die Krankheit auftritt, kranke Pflanzen sofort aussondern und vernichten. Danach ist wiederholt in Abständen von 4–6 Wochen mit 0,05%iger Du Pont Benomyl-Brühe anzugießen.

Häuser, die für die Unterbringung der Verkaufspflanzen vorgesehen sind, rechtzeitig entseuchen. Tische und Wände am besten mit 2%iger Formaldehyd-Lösung (das sind 5 l des käuflichen 40%igen Formalins auf 100 l Wasser) oder auch mit 5%iger Lysol-Lösung abwaschen. Voraussetzung für die gefahrlose Anwendung dieser Mittel sind jedoch leere Häuser.

Cylindrocarpon-Wurzel-, -Knollen- und -Stengelgrundfäule (*Cylindrocarpon radicicola* Wr.) (47). Wurzeln, besonders an den Ansatzstellen, gebräunt und faul. Oberseits am Grund der Blatt- und Blütenstiele schmale, langgezogene, leicht eingesunkene und deutlich abgegrenzte Faulstellen, die bei hoher Luftfeuchtigkeit mit weißem Sporenbelag bedeckt sind. Sie bewirken Umknicken und Abwelken der Blätter und Blüten (Abb. 111). Die junge Knolle wird von dem Pilz, solange sie noch weiß und unverkorkt ist, leicht angegriffen. Es entstehen kleine, dunkelbraune Faulstellen (Abb. 112). Wo diese zu größeren Schorfstellen zusammentreten und dadurch das Dickenwachstum flächig gehemmt ist, erscheint die Knolle oft abgeplattet. Die Verkorkung der Knollenoberfläche setzt dem weiteren Vordringen des Pilzes ein Ende, so daß sich die Schadstellen bald verwachsen. Vom Blattstielgrund und den Wurzelansatzstellen aus, wo der Pilz günstigste Ansiedlungsbedingungen findet, kann er jedoch auch in der älteren Knolle einige Zellschichten tief ins Innere vordringen. Es können dann ähnliche Schadbilder entstehen wie bei der Fusarium-Welke. Bei der Cylindrocarpon-Krankheit sind jedoch die die Knolle durchziehenden Gefäßstränge nie durchgehend gebräunt. *Cylindrocarpon* ist ein Pilz, der sich grundsätzlich oberflächlich ansiedelt, auch wenn er von da aus in die oberen Zellschichten vordringen kann.

Ein großer Teil kranker Pflanzen stirbt bereits im Jugendstadium ab. Andere überwinden die Krankheit je nach Wachstums- und Klimabedingungen leichter oder schwerer. Im Hochsommer, wenn viel gegossen werden muß, hat der Pilz wieder ausgezeichnete Wachstumsbedingungen. Oft gesellt sich noch Wurzelbräune durch *Thielaviopsis basicola* hinzu. Zu diesem Zeitpunkt geht meistens

Abb. 110. Welkekrankheit bei *Cyclamen* durch den Pilz *Fusarium oxysporum*. Rechte Knolle (krank) mit Bräunung der Leitgewebe, linke Knolle (gesund) im Inneren weiß.

nochmals eine größere Anzahl Pflanzen zugrunde. Manche werden auch durch den Verlust der äußeren Blätter so unansehnlich, daß sie nicht mehr zum Verkauf kommen können.

Folge der frühzeitigen Knollenerkrankung, die besonders in der Gegend der Blattstielansätze zu tiefgreifenden Wund- und Faulstellen führt, sind strahlenförmig auslaufende, klaffende Risse in der alten Knolle. Die Krankheit tritt besonders dann auf, wenn die Pflanzen durch zu hohen Salzgehalt oder ungünstiges Substrat, eventuell auch durch kalten oder nassen Boden geschwächt sind.

Bekämpfung: Die unter Fusarium-Welke (Seite 204) und Wurzelbräune (Seite 29) genannten Maßnahmen versprechen auch gegen die Cylindrocarpon-Wurzel-, -Knollen- und -Stengelgrundfäule einen zufriedenstellenden Bekämpfungserfolg, wobei auf die dort genannten herkömmlichen Mittel (z. B. Maneb, Ortho-Phaltan 50) dann zurückzugreifen wäre, wenn die systemisch wirksamen Benzimidazol-Präparate (z. B. Du Pont Benomyl) in ihrer Wirkung nachlassen sollten.

Wurzelbräune (*Thielaviopsis basicola* Berk. et Br. Ferr.). Ältere Blätter verfärben sich gelblich und werden schlapp, die Pflanze stockt im Wachstum. Der ausgetopfte Ballen sieht meistens schlecht aus. Wurzeln mit großen braunen Faulstellen oder auch gänzlich gebräunt; die Wurzelspitzen bleiben noch am längsten weiß. Bei stark erkrankten älteren Pflanzen sind oft nur die abgefaulten Wurzelstümpfe übrig geblieben (Abb. 5 Seite 30). Die Krankheit wird bei *Cyclamen* aller Altersstufen beobachtet und wird gefördert durch ein ungeeignetes Substrat, zu hohe Bodenfeuchtigkeit und schlechte Bodendurchlüftung.

Bekämpfung: Zur Vorbeugung gegen Wurzelbräunebefall war es bislang gebräuchlich, der Erde für *Cyclamen* schon einige Zeit vor Gebrauch je m^3 400 g eines Maneb-Spritzpulvers und 600 g Ortho-Phaltan 50 bzw. 600 g eines Zineb-Spritzpulvers und 400 g Maneb-Spritzpulver unterzumischen oder auch im Endtopf mit 0,1%iger Ortho-Phaltan 50-Brühe oder 0,25%iger Captan 50-Brühe anzugießen. Dabei waren die Erfolge dieser Maßnahme oft sehr wechselnd und nicht selten beeinflußten die dem Substrat beigegebenen Fungizidzusätze das Wachstum der Pflanzen ungünstig.

Neuerdings bietet sich nun Du Pont Benomyl zur Bekämpfung der Wurzelbräune an. Krankheitsgefährdete Kulturen rechtzeitig mit 0,05%iger Brühe (50 ml je 12-cm-Topf) angießen. Dabei dürfte eine einmalige Behandlung einen über 8–10 Wochen andauernden Schutz gewährleisten. Nach Ablauf dieser Zeit muß notfalls erneut behandelt werden. Es ist anzunehmen, daß auch das Cypentazol-Präparat Folcidin und das Thiophanat-Mittel Cercobin M für diesen Verwendungszweck brauchbar sind. Man sollte es auf einen Versuch ankommen lassen.

Echter Mehltau (*Oidium cyclaminis* Wenzl). Eine Erkrankung der Blüten. Auf den Blütenblättern zeigt sich ein grauweißer, mehliger Belag. Die Blütenblätter werden mißfarben und welken ab.

Bekämpfung: Du Pont Benomyl (0,05%) ist zwar gegen den Mehltau wirksam, hinterläßt jedoch auf den Blüten mehr oder weniger gut sichtbare Rückstände. Die gegen den Rosenmehltau gebräuchliche Morestan-Räucherdose kann bei *Cyclamen* nicht angewandt werden, es wären Schäden zu erwarten. Auch andere, gegen Mehltau gebräuchliche Mittel können die Blüten ungünstig beeinflussen.

Grauschimmel (*Botrytis cinerea* Pers.). Große, braune, naßfaule Flecke, die sich meist vom Blattrand aus rasch nach innen ausbreiten und weichfaule Blatt- und Blütenstiele, die sich bei hoher Luftfeuchtigkeit mit dickem, grauem Schimmelrasen

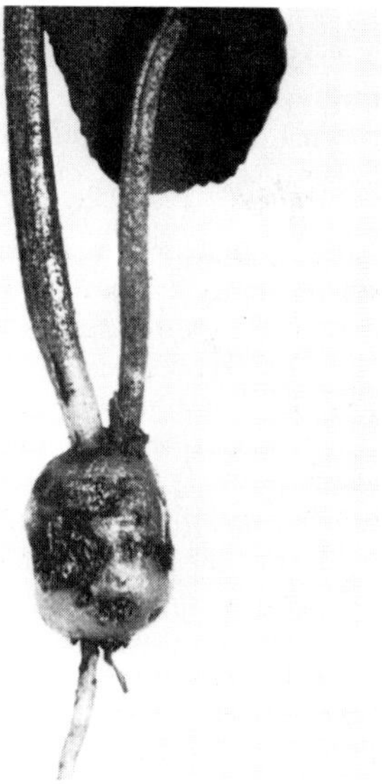

Abb. 111. Faulstellen am Stengelgrund der *Cyclamen* verursacht durch *Cylindrocarpon radicicola*. Abb. 112. Faulstellen an *Cyclamen*-Jungknolle durch *Cylindrocarpon radicola*.

überziehen, sind für die Botrytis-Fäule charakteristisch. Die jungen Knospenanlagen kommen infolge des Pilzbefalls oft nicht zur Entwicklung, bräunen sich und sterben ab. Eine häufig unabhängig von dem übrigen Befall auftretende Fleckung der Blütenblätter kann ebenfalls auf leichte *Botrytis*-Infektionen zurückgeführt werden (Abb. 113). Die wenige mm großen Fleckchen sind beispielsweise auf dunkelroten Blütenblättern hell durchscheinend oder grau, auf hellroten und rosa Sorten von dunklerem Rot. Die Krankheit tritt vor allem in dumpfen Kulturräumen, sowie bei trüber und regnerischer Witterung auf.

Bekämpfung: Unter Glas vorbeugend und wiederholt mit Chlorothalonil (z. B. Exotherm-Termil, Liro Räuchertabletten 2787) oder mit Thiabendazol (z. B. Tecto Räuchermittel, 1 Tablette auf 40 m^3 Gewächshausraum) räuchern. Stellt man auffällige Infektionsherde fest, mit Benomyl (0,05–0,1%), Thiabendazol (z. B. Tecto fl. 0,1%) oder auch mit Anilazin (z. B. Botrysan 0,3%) spritzen. Gegen Benomyl-resistente *Botrytis*-Stämme hat sich auch das derzeit in Prüfung befindliche Ronilan (siehe Seite 33) als ausgezeichnet wirksam erwiesen. Da vor allem das Anilazin-Präparat Botrysan die Blüten stark verunziert und selbst Benomyl bei 0,1%iger Anwendungskonzentration noch deutlich sichtbare Rückstände hinterläßt, sollten die Blüten verkaufsfertiger Pflanzen möglichst nicht getroffen werden. Arbeitet man mit Botrysan, ist bei großer Krankheitsgefahr wöchentlich zu behandeln. Bei Benomyl und Tecto fl. genügt es, wenn sie in Abständen von 10–14 Tagen ausgebracht werden.

Wichtig ist auch öfteres Durchputzen, wobei auf das vollständige Entfernen der Blattstiel- und Blütenstengelstümpfe geachtet werden muß. Im übrigen für genügend weiten Stand und gute Durchlüftung der Häuser sorgen. Starken Temperaturabfall während der Nacht vermeiden. Bei naßkaltem Wetter im Herbst leicht durchheizen und Ventilatoren einsetzen. Bewährt hat sich auch das Heizen bei gleichzeitig geöffneten Lüftungsklappen. Man suche sich zum Gießen möglichst sonnige Tage aus, damit die Pflanzen rasch wieder trocken werden.

Weichhautmilben (*Tarsonemus pallidus* Banks u. a.). Blätter beulig verbogen, verkrüppelt, oft mit nach oben umgerolltem Rand. Die Blütenknospen verkümmern, trocknen ein oder die Blüten erscheinen nach ihrer Entfaltung mißgestaltet und nicht selten mit schwarzen Flecken und Streifen (Abb. 114). Auch gekrümmte Blütenstiele und das damit verbundene „Unter-dem-Laube-blühen" können der Saugtätigkeit von Weichhautmilben zugeschrieben werden. Im übrigen scheint die eigentliche Cyclamenmilbe (*Tarsonemus pallidus* Banks) nicht an den Stielschäden beteiligt zu sein. Sie soll nur zwischen Kelch- und Blütenblättern und auf den Laubblättern leben. Näheres über die Weichhautmilben siehe Seite 63.

Bekämpfung: Wiederholt mit einem Kelthan-Präparat (z. B. Kelthane MF), einer Endosulfan-Emulsion (z. B. Beosit 35 flüssig, Thiodan 35 flüssig) spritzen oder unter strenger Beachtung der Anwendungsvorschrift auch je m² 3 g Aldicarb-Granulat (z. B. Temik 10 G) ausstreuen. Da sich die hinter Knospenschuppen versteckt sitzenden Milben weitgehend der Mitteleinwirkung entziehen können, muß sehr sorgfältig gearbeitet werden. Auch empfiehlt es sich, stark befallene Pflanzenteile (Knospen, Blüten, Krüppelblätter) zu entfernen und zu vernichten.

Blasenfüße. Auf die Anwesenheit der Blasenfüße wird man meist erst dann aufmerksam, wenn die Blüten die ersten Befallssymptome zeigen. Man erkennt zunächst weiße, später oft sich bräunende und eintrocknende Fleckchen. Blattbefall kann sich in braunen, grindigen Stellen auf der Unterseite der Blätter und je nach Blasenfußart auch einmal in braunen, gewundenen Korklinien zeigen. Siehe auch Seite 72.

Bekämpfung: Wiederholt mit einer Malathion-Emulsion, Diazinon-Emulsion, Methomyl (z. B.

Abb. 113. Flecke auf Cyclamenblüten infolge Befalls durch *Botrytis cinerea.*

Lannate 25-WP), einem Mevinphos-Mittel (z. B. PD 5) spritzen, mit einem Lindan-Räuchermittel räuchern oder auch bei nicht zu niedriger Haustemperatur mit Dichlorvos-haltigen Präparaten (z. B. Dedevap, Nogos) raumsprühen. Methomyl nicht bei blühenden Pflanzen!

Blattläuse. Die bei Blasenfüßen angegebenen Bekämpfungsmittel sind auch gegen Blattläuse wirksam. Darüber hinaus kann man bei etwas älteren Pflanzen auch mit einem Demeton-Mittel (z. B. Metasystox) arbeiten. Für Jungbestände ist auch Aldicarb (z. B. Temik 10 G) brauchbar.

Abb. 114. Durch Weichhautmilben verursachte „Schwarzfleckung" an *Cyclamen*-Blüten.

Rebenwickler (*Cacoecia costana* F.). Die Räupchen des Kleinschmetterlings *C. costana* verursachen Fraß- und Minierschäden. Blätter der *Cyclamen* werden zusammengesponnen, Blatt- und Blütenstengel ausgehöhlt, die Knollen benagt. Nach SWATSCHEK (48) hat der Schädling mehrere Generationen im Jahr. Mit Räupchen ist schon von Mai ab und bis in den September zu rechnen. Werden die Räupchen gestört, laufen sie sehr schnell davon und lassen sich fadenspinnend zu Boden. Für die rotbraun bis bräunlichgrün gefärbten Tiere sind helle Warzen, zwei dunkle Längsstreifen auf dem Rücken und der braunschwarze Kopf und Nackenschild kennzeichnend.

Der vorwiegend in der Dämmerung und nachts fliegende Schmetterling hat ockergelbe, schwärzlich bestäubte Vorderflügel. Sie tragen eine gegen den Innenrand zu verblassende Mittelbinde und einen braunen Vorderrandfleck. Die Hinterflügel sind weißlich-grau.

Der Schädling kann an sehr verschiedenen Pflanzen vorkommen, unter anderen auch an *Iris*. Selbst an Gewächshausrosen wurde er im Rheinland (49) beobachtet.

Bekämpfung: Sie geschieht am besten mit Dichlorvos-Emulsion (z. B. Dedevap, AAdivos flüssig).

Dickmaulrüßlerlarven. Die Pflanzen stocken im Wachstum und welken. An Wurzeln und Knollen fressen weiße, braunköpfige Larven. Siehe auch Seite 82.

Bekämpfung: Leider sind die Möglichkeiten für eine direkte Bekämpfung dieser lästigen Schädlinge nicht allzu groß und die Tiere gegenüber den derzeit gebräuchlichen Präparaten verhältnismäßig widerstandsfähig. Bei stehenden Pflanzen zweimal im Abstand von 10–14 Tagen mit einer Diazinon-Emulsion (0,1%), Parathion-Emulsion (0,05%) oder versuchsweise (zunächst bei wenigen Pflanzen!) mit Phosphamidon + Fenitrothion (z. B. Dimecron combi) angießen. Des weiteren wäre auch an die Erprobung Carbofuran-haltiger Präparate zu denken. Als Gießmittel verwendet, haben sich in eigenen Versuchen Furadan W 75 (0,1%) und Curaterr SK (0,2%) gegen die Larven des Schädlings als gut wirksam erwiesen. Möglicherweise ist auch das derzeit in Prüfung befindliche Streugranulat „Curaterr" für diesen Verwendungszweck brauchbar. Freilich wird man zunächst Fragen der Kulturpflanzenverträglichkeit klären müssen. Im übrigen ist wichtig, daß Gießmittel stets auf feuchten Ballen gegeben werden. Im allgemeinen erfolgt die Abtötung der Larven zwar langsam, doch stellen sie bald nach der Behandlung ihre Fraßtätigkeit ein.

Eulenraupen. Die je nach Art grau, grünlich oder bräunlich gefärbten Raupen einiger Erdeulenfalter schaden während der Kultur im Kasten durch Fraß an den Blättern und Blütenknospen. Hin und wieder werden auch die Knollen angenagt. Siehe Seite 75.

Bekämpfung: Sobald Fraßschäden auffällig werden, mit Methomyl (z. B. Lannate 25-WP, 0,15%) oder mit einem Mevinphos-Mittel (z. B. PD 5, Shell Phosdrin 50, 0,05%) spritzen. Je nach Gefahr weitere Behandlungen in Abständen von 8–10 Tagen.

Knollennaßfäule. Blätter vergilben und werden welk. Wurzeln gebräunt. Die durchgeschnittene Knolle zeigt neben einer Bräunung der Wasserleitungsbahnen eine mehr oder weniger stark ausgeprägte Naßfäule, die das ganze Innengewebe in eine weißliche, breiigweiche Masse verwandelt. Bakterien (*Erwinia carotovora* (Jones) Holl.) sind zwar meistens in großer Menge in dem Faulgewebe zu finden, doch ist die Ursache der Erkrankung vermutlich in Kultureinflüssen zu suchen. So soll Überdüngung, insbesondere mit Stickstoff, oder auch ungünstige Bodenreaktion (zu sauer oder zu alkalisch), vor allem aber auch zu stark wasserhaltende Kraft des Bodens die Knollenfäule hervorrufen können. Besonders leicht fallen der Krankheit frisch umgetopfte Pflanzen zum Opfer. Hohe oder auch stark wechselnde Temperaturen, hohe Bodenfeuchtigkeit und zu tiefes Einpflanzen älterer Knollen mögen zur Auslösung der Krankheit beitragen.

Verhütungsmaßnahmen ergeben sich aus dem oben Gesagten.

Braun- oder Brennflecke. Auf den Blättern zeigen sich kleinere oder auch größere, graubraune bis bräunliche, teilweise etwas eingesunkene Flecke (Abb. 115), wobei man die kleineren Fleckchen oberflächlich besehen für Blasenfußschäden halten könnte.

Die „Braunflecke" können verschiedene Ursachen haben. Sie können z. B. dann entstehen, wenn im Blatt noch weiche Pflanzen nach dem Spritzen oder Gießen stärkerer Sonneneinstrahlung ausgesetzt sind oder wenn durch Besonnung erwärmte Pflan-

Abb. 115. Braun- oder Brennflecke auf *Cyclamen*-Blättern.

zen mit kaltem Wasser gespritzt werden. Die Gefahr wird verstärkt, wenn trübes Wetter vorausgegangen ist. Pflanzen auf Hängen, also nahe unter Glas, sind deshalb besonders gefährdet.

Auch nach Spritzungen mit Parathion-Emulsion können Braunflecke auftreten. Gefahr besteht vor allem dann, wenn die Lösungen überkonzentriert, zu oft und in zu kurzen Abständen angewandt werden. Volle Sonne verstärkt auch in diesem Fall die Schäden.

Schließlich scheinen auch stärkere Temperaturschwankungen, Zugluft und Wachstumsstockungen (sie können auf zeitweilige Trockenheit oder auch auf anhaltende Feuchtigkeit der Erde zurückgehen) die Bildung von Braunflecken zu begünstigen.

Verhütung: Bei starker Sonneneinstrahlung entsprechend schattieren. Auch darf man von der Sonne stark erwärmte Pflanzen nicht mit kaltem Wasser spritzen. Zum Gießen und Spritzen stets hauswarmes Wasser verwenden. Nicht mit Parathion-Emulsionen spritzen.

„Unter-dem-Laube-blühen“. Soweit diese Erscheinung nicht auf Milbenbefall zurückgeführt werden kann, sind ungünstige Kulturbedingungen dafür verantwortlich zu machen. Es können Schuld haben: unregelmäßige Wasserversorgung, vorübergehende Ballentrockenheit, zu spätes Verpflanzen und daher Nahrungsmangel, unsachgemäße Düngung und schließlich auch zu kalter und nasser Stand.

Blatt- und Stielwelke. Einzelne Blätter werden lahm, welken und sterben ab. Am Blattstiel ist jeweils eine weiche, schrumpfende Gewebestelle zu erkennen. Sie kann sowohl an der Basis als auch weiter oben auftreten.

Ursachen: Schlechte Wurzeltätigkeit (braune Wurzeln!), ständige Nässe im Boden und dadurch schlechte Durchlüftung des Wurzelballens, ungeeignetes Substrat, zu hohe Salzkonzentration.

Eine **Weichfäule des Blüten- und Blattstielgrundes** bei gleichzeitiger Vergilbung der Blätter tritt oft auch bei trockener Zimmerluft auf, wenn die unter feuchten Gewächshausbedingungen herangezogenen Pflanzen schlechte Wurzeln haben oder vor dem Verkauf nicht genügend abgehärtet wurden. Die Pflanzen verdunsten in diesem Fall mehr Wasser, als die Wurzeln nachliefern können. Um ein Gleichgewicht zwischen Wurzelleistung und Transpirationsfläche wieder herzustellen, werden Teile des Blattapparates abgestoßen.

Gelbsucht. Ursachen: Ungeeignetes Erdsubstrat, zu hoher Kalkgehalt der Erde oder zu kalkhaltiges Gießwasser, schlechte Wurzeltätigkeit (siehe Seite 46).

Phosphorsäuremangel (nach PENNINGSFELD). Mäßige Wuchsleistung. Kleine, blaugrüne, breit-ovale Blätter. Auch zeigen die Blätter vertrocknende Partien am Blattrand und Stielansatz, sie sterben ab. Die Knollen- und Wurzelentwicklung lassen zu wünschen übrig. Unter Phosphorsäuremangel leidende Pflanzen sind für Pilzkrankheiten besonders anfällig.

Empfindlichkeit gegen Pflanzenschutzmittel: Im allgemeinen stellt die Mittelwahl den Praktiker vor keine allzugroßen Probleme. Eine gewisse Empfindlichkeit gegenüber Parathion-Emulsion wird manchmal bei Jungpflanzen und im besonderen bei Rokoko- und Silberblattypen beobachtet. Ähnliches gilt auch für die als etwas verträglicher geltenden Demeton-Mittel (z. B. Metasystox). Behandlungen bei voller Sonne verstärken die Schadgefahr.

Bei weißblühenden Sorten muß man mit Kelthan-Präparaten vorsichtig sein. Die Blüten können Schaden nehmen (Nekrosen an den Rändern der Blütenblätter). Das

Räuchern mit Nikotin ist für die Blüten nicht ungefährlich (Farbumschlag). Mehr oder weniger auffällige Blütenblattnekrosen verursacht das Spritzen mit Unden-Präparaten, Tamaron (geringfügig), Parathion-Emulsionen, Gusathion H und Carbofuran-Präparaten. Daß auch Tedion-haltige Mittel und das Dimefox-Präparat S 14/10 (Wuchsdepressionen) in ihrer Kulturpflanzenverträglichkeit zu wünschen übrig lassen, ist für die Praxis von geringer Bedeutung. Unterschiedlich beurteilt werden Räuchermittel auf Lindan-Grundlage. Obwohl in eigenen Versuchen stets eine gute Verträglichkeit bei blühenden Pflanzen gegeben war, sollte man dort, wo man noch keine Erfahrung hat, zunächst mit einer geringen Zahl von Pflanzen Vorversuche auf Kulturpflanzenverträglichkeit anstellen. Auch muß der Gärtner wissen, daß sich die Morestan-Räucherdose nicht zur Mehltaubekämpfung bei *Cyclamen* eignet; es wären Blütenschäden zu erwarten. Der Schadgefahr wegen ist schließlich auch das Beizen des Saatguts mit Captan nicht zu empfehlen.

Dahlia, Dahlie

Dahlien möglichst bei trockenem Wetter und vor allem sehr vorsichtig roden. Verletzungen bieten Einlaß für allerlei Fäulniserreger. Schadstellen mit Holzkohlenstaub einreiben. Lagerräume vor dem Einbringen der neuen Knollenernte sorgfältig säubern. Erdrückstände und Pflanzenreste entfernen. Wo es die örtlichen Verhältnisse zulassen, sind die Lagerräume vor dem Einräumen durch Verbrennen von Schwefel (1 kg Stangenschwefel auf 100 m^3 Luftraum) zu desinfizieren. Nur gut abgetrocknete Stöcke aufs Lager bringen. In den Stengelstümpfen darf kein Wasser stehenbleiben. Ist der Lagerraum sehr trocken, schlage man die Knollen in Torf ein. Günstige Lagertemperatur 5–10 °C.

Während des Winters sind die Knollen von Zeit zu Zeit auf Fäulnis zu überprüfen. Faulstellen ausschneiden und die Wunden mit Holzkohlenstaub oder auch mit Captan-Spritzpulver (trocken!) behandeln. Auch leichtes Einstäuben mit einem Captan-Stäubemittel beugt Fäulniskrankheiten vor.

Bakterielle Welkekrankheit und Stengelfäule (*Erwinia chrysanthemi* Burk. et al.) (48). An den Knollen äußert sich die Krankheit in Form einer übelriechenden Naßfäule, die sich rasch ausbreiten kann. Befallene Triebe bleiben im Wachstum zurück, sind eigentümlich dunkelgrün in der Färbung und welken bei Wassermangel früher und stärker als die gesunden. Im quer durchschnittenen Stengel sind im Gefäßteil braune, punktförmige Verfärbungen zu erkennen.

Bekämpfung: Teilknollen („Finger"), die Fäulniserscheinungen zeigen, sorgfältig entfernen, stärker erkrankte Knollen ausscheiden. Pflanzen mit Krankheitssymptomen (Kümmerwuchs) ausstechen und entfernen (Müllplatz!). Wo kranke Pflanzen gestanden hatten, mindestens 5 Jahre mit der Pflanzung von Dahlien aussetzen. Die Bakteriose kann auch Chrysanthemen befallen.

Schwarzbeinigkeit, Umfallen der Stecklinge und Sämlinge (*Pythium debaryanum* Hesse, *Rhizoctonia solani* Kühn) siehe Seite 26.

Entyloma-Blattfleckenkrankheit (*Entyloma dahliae* Syd.). Blattoberseite zunächst mit undeutlichen, grünlichgelben Flecken, die sich jedoch bald von innen heraus graubraun verfärben (Abb. 116). Sie sind teils rund, teils eckig begrenzt, von einer dunkelbraunen Randzone umsäumt und erreichen eine Größe von etwa 1 cm. Es leiden bei feuchter Witterung vor allem die untersten Blätter. Bei starkem Befall

Abb. 116. *Entyloma*-Blattfleckenkrankheit bei Dahlie.

können mehrere Flecke zu größeren Schadstellen zusammentreten, das Gewebe vertrocknet und die Blätter sterben ab. Auch der Stengel kann befallen werden. Die im Gewebeinneren entstehenden Sporen des Brandpilzes können dort bereits auskeimen und entsenden durch die Spaltöffnungen wiederum sporentragende Organe, die nun andere, sehr viel kleinere Sporen abschnüren, die die Verbreitung des Pilzes im Sommer sichern. Überwinterung des Pilzes in den abgefallenen oder an Stengelstümpfen verbleibenden Blättern.

Bekämpfung: Sobald sich erste Krankheitsanzeichen an den bodennahen Blättern zeigen, mit einem Grünkupfer-Präparat (gute Haftfähigkeit und damit auch gute Dauerwirkung!) oder auch mit einem Captan-Mittel (z. B. Captan 83, Orthocid 83, Orthocid 50) spritzen. Je nach Krankheitsgefahr die Bekämpfungsmaßnahmen mehrmals in Abständen von 2–3 Wochen wiederholen. Im Herbst darf das kranke Laub nicht auf den Feldern zurückbleiben. An den Stengeln der überwinternden Knollen keine Blattreste belassen. Dahlien möglichst nicht in direkte Nachbarschaft vorjähriger Anbauflächen auspflanzen. Ein luftiger Standort und weite Pflanzung sind wichtig. Für feuchte, eingeschlossene Lagen eignen sich am besten Pompondahlien, da sie weniger stark befallen werden.

Grauschimmel (*Botrytis cinerea* Pers.). Bevorzugt an den Blüten, teilweise aber auch auf Blättern und an den Stengeln mißfarbene bräunliche Faulstellen, auf denen bei hoher Luftfeuchtigkeit ein typisch mausgrauer Schimmelrasen erscheint. Vor allem bei regnerischer und kühler August- und Septemberwitterung oft sehr schädigend auftretend. Im übrigen ist die Grauschimmelkrankheit auch als Lagerfäule der Knollen gefürchtet.

Bekämpfung: Krankheitsgefährdete Pflanzungen vorbeugend und wiederholt in Abständen von 14 Tagen mit Du Pont Benomyl (0,05%) spritzen. Gegen die Knollenfäule auf dem Lager mit Chinolinderivat (z. B. B 500) stäuben. Das früher für diesen Verwendungszweck gebräuchliche Pentachlornitrobenzol-Präparat Brassicol steht neuerdings nicht mehr zur Verfügung.

Spinnmilben. Blattoberseits fallen zunächst einzelne, gelbliche, unscharf begrenzte und bis pfenniggroße Flecke auf. Bei oberflächlicher Betrachtung könnte man den Schaden für eine Viruskrankheit halten. Überprüft man jedoch die Unterseite der Blätter, sind im Bereich der Flecken unschwer die Milben, ihre Larven und die weißen Flöckchen ähnlich sehenden Larvenhäute festzustellen. Bei zunehmendem Befall vergilben die Blätter. Siehe Seite 58.

Ohrwurm. Unregelmäßige Fraßlöcher in den Blüten und abgefressene Staubblätter weisen auf die nächtliche Fraßtätigkeit der Ohrwürmer hin. Auch junge Blätter und Knospen werden befressen. Die stehengebliebenen Stengelstümpfe der Dahlien werden bevorzugt als nächtlicher Unterschlupf aufgesucht. Näheres über die Ohrwürmer und ihre Bekämpfung siehe Seite 68.

Blasenfüße können die Blumen der Dahlien oft empfindlich schädigen. Befall zeigt sich zunächst in weißlichen oder mißfarbigen, später meist sich schmutzigbraun verfärbenden Flecken. Auch werden die Blumen durch die schwärzlichen, punktförmigen Kotausscheidungen der Blasenfüße oft stark verunziert (siehe Seite 78).

Eulenraupen. Blätter und Blüten der Dahlien werden von den Raupen verschiedener Eulenfalter (z. B. der Kohleule und der Gemüseeule) befressen (siehe Seite 75).

Blattläuse. Am häufigsten wird auf Dahlien die schwarze Bohnenblattlaus angetroffen (siehe Seite 85).

Blattwanzen. Die Dahlien gehören zu den bevorzugten Futterpflanzen der Wanzen. Auf den Blättern sind zunächst gelbliche, später sich bräunlich bis schwärzlich verfärbende, eintrocknende Fleckchen, die Saugstellen der Wanzen, zu erkennen. Mißgebildete, beulig verbogene Blätter (ältere oft zerrissen durchlöchert) und verunstaltete Triebenden sind die Folge (Abb. 117). Auch schaden die Wanzen durch Besaugen der Blütenknospen. Aus ihnen gehen oft nur einseitig ausgebildete Blumen hervor oder die Knospen bleiben überhaupt sitzen und vertrocknen. Die einzelnen Sorten werden unterschiedlich befallen. Näheres über die Wanzen und ihre Bekämpfung Seite 92.

Weißfleckigkeit durch Zikaden (*Empoasca flavescens* F. u. a.). Kleine, weiße Sprenkel auf den Blättern der Dahlien sind auf die Saugtätigkeit der sich meist auf der Unterseite der Blätter aufhaltenden, gelbgrünen, geflügelten und mit Springbeinen ausgerüsteten Zikaden und deren nur Flügelstummel tragende Larven zurückzuführen. Wo die Zikaden stark auftreten, verleihen die zahlreichen Saugstellen den Blättern ein fahlgrünes Aussehen. Die Eier werden einzeln in die Blattrippen, in Blattstiele und zarte Stengel abgelegt. Bei trockenwarmer Witterung kann es sehr leicht zu einer Massenvermehrung der Schädlinge kommen.

Bekämpfung: Mit Parathion-Emulsion oder auch mit Omethoat (z. B. Folimat) spritzen. Die Mittel jedoch nicht bei voller Sonne anwenden; die Blumen können Schaden nehmen.

Schaumzikaden (*Philaenus spumarius* L. u. a.). In eine schaumigweiße Masse eingehüllt saugen die gewöhnlich in den Blattachseln sitzenden Larven der Schaumzikaden (siehe Seite 180).

Mosaikkrankheit, Stauche (Dahlia virus 1). Gelblichgrüne Fleckung der Blätter, vor allem den Blattadern entlang. Blätter klein, oft leicht gewellt oder verkrüppelt und verschmälert (Abb. 118). Ganze Pflanze meist gestaucht mit verstärkter Seitentriebentwicklung, insgesamt im Wuchs hinter den normalen Pflanzen zurückbleibend. Auch die Blüten sind oft verkrüppelt und verkümmert. Am deutlichsten sind

Abb. 117. Von Blattwanzen geschädigtes Dahlienblatt.
Abb. 118. Mosaikkrankheit der Dahlie.

die Mosaiksymptome im Frühjahr; im Sommer verlieren sie sich weitgehend, so daß ein schwacher Befall übersehen werden kann.

Die Knollen kranker Dahlien liefern im folgenden Jahr wieder mosaikkranke Pflanzen. Das Virus ist mit dem Samen nicht übertragbar. Blattläuse verbreiten die Krankheit. Die Gefahr einer Übertragung beim Schnitt ist wahrscheinlich gering. Manche Sorten, wie z. B. die alte Sorte 'Jersey Beauty', tragen das Virus in sich ohne Symptome auszubilden (latente Träger). Sie bilden eine besonders gefährliche Quelle der Ansteckung.

Ringfleckenkrankheit (Dahlia ringspot, Lycopersicum virus 3). Unregelmäßige Ring- und Zickzackmuster, oft in Form von Eichenblättern, rühren vom Virus der Tomatenbronzefleckenkrankheit her. Auch hier sind die Krankheitssymptome im Frühjahr am stärksten ausgeprägt. Die Virose wird durch Blasenfüße, aber auch z. B. beim Schneiden der Dahlien mit dem Saft übertragen.

Bleichfleckenkrankheit (Gurkenmosaik-Virus, Cucumis virus 1). Das bei vielen Pflanzen verbreitete Virus befällt auch die Dahlie. Die Symptome: fleckige Blattaufhellung, Ring- oder Linienmuster, sind meist nur schwach ausgeprägt. Manche Sorten zeigen trotz des Befalls keine Anzeichen der Erkrankung. Übertragung durch Blattläuse und beim Schnitt.

Bekämpfung der Dahlienvirosen: Da die Übertragung der Virosen hauptsächlich durch Insekten erfolgt, ist eine frühzeitig beginnende und regelmäßig wiederholte Behandlung mit Insektiziden wichtig. Eine räumliche Trennung der zu schützenden Pflanzen von alten Sortimenten ist zu empfehlen. Einen besonderen Schutz vor Insektenanflug bildet eine Umgrenzung mit hochwachsenden Pflanzen wie z. B. Hanf oder Mais. Zumindest im Vermehrungsbetrieb ist eine ständige Kontrolle der Pflanzen auf Virussymptome erforderlich. Sichtbar kranke Dahlien müssen möglichst frühzeitig entfernt werden. Obgleich die Saftübertragung bei der Dahlie eine geringere Rolle spielt als bei anderen Pflanzen, sollte man doch die Geräte zum Schnitt und zur Knollenteilung abflammen, in Trinatriumphosphatlösung eintauchen oder mit Trinatriumphosphatseife (siehe Seite 13) desinfizieren. Im Schnittblumenbetrieb wird man sich darauf beschränken müssen, die krank erscheinenden Pflanzen möglichst erst nach den gesunden zu schneiden. Für den Vermehrer mag es von Interesse sein, daß eine weitgehende Bereinigung der Bestände (besonders von der Ringfleckenkrankheit) dadurch zu erreichen ist, daß man die ersten Triebspitzen als Stecklinge vermehrt. Sie sind in der Mehrzahl noch gesund. Um die so gewonnenen Jungpflanzen weiter vor Befall zu bewahren, hält man sie in einem mit feiner Drahtgaze vor Insektenzuflug gesicherten Gewächshaus. Die von Virosen freien Sämlinge müssen auf die gleiche Weise geschützt werden.

Delphinium, Rittersporn

Bakterien-Schwarzfleckenkrankheit (*Pseudomonas delphinii* (E. F. Smith) Stapp). Blätter mit schwarzen, eckigen oder unregelmäßig umrandeten Flecken (Abb. 119), die auf der Oberfläche leicht erhaben, auf der Blattunterseite etwas eingesunken sind. Die Krankheit kann auch auf die Stengel und Blütenstände übergehen. Bei sehr frühzeitig befallenen Pflanzen kann es zu Verkrüppelungen kommen. Stark befallene Blütenstände vertrocknen meist vorzeitig. Die Krankheit tritt besonders bei kühler, regnerischer Witterung auf, vor allem, wenn die Stauden sehr dicht stehen.

Bekämpfung: Vorbeugend und wiederholt in Abständen von 10 Tagen mit einem Grünkupfer-Präparat unter Zusatz eines Netzmittels sehr sorgfältig spritzen. Bodenoberfläche unter den Pflanzen gut mitbehandeln. Blatt- und Stengelreste kranker Pflanzenbestände im Herbst absammeln und am besten verbrennen.

Abb. 119. Echter Mehltau und Bakterien-Schwarzfleckenkrankheit bei Rittersporn.

Phyllosticta-Blattfleckenkrankheit *(Phyllosticta ajacis* Thüm.). Schwarze, runde oder längliche Blattflecke, die häufig zu größeren Befallsstellen zusammentreten, wobei oft die ursprünglichen Umgrenzungen der Einzelflecke noch gut zu erkennen sind (Abb. 120). Auf der Oberseite sind die Befallsstellen deutlicher als auf der Unterseite. Die Sporen entstehen in sehr kleinen, mit der Taschenlupe kaum erkennbaren Fruchtkörperchen.

Bekämpfung: Wiederholt mit Grünkupfer-Präparaten oder mit Mancozeb (z. B. Dithane Ultra) spritzen.

Abb. 120. *Phyllostica*-Blattfleckenkrankheit bei Rittersporn.

Echter Mehltau *(Erysiphe polygoni* DC.) siehe Seite 34 (Abb. 119).

Bekämpfung: Sobald die ersten Mehltauflecke sichtbar werden, mit einem Dinocap-Präparat (z. B. Karathane, 0,05%; Karathane LC, 0,025%), mit Chinomethionat (z. B. Morestan Spritzpulver, 0,05%), Dodemorph (z. B. Mehltaumittel F 238 0,25%), Triforine (z. B. Saprol, 0,075%) oder auch mit Choraniformethan (z. B. Imugan, 0,075%) spritzen. Bei großer Krankheitsgefahr die Mittel in Abständen von 8–10 Tagen ausbringen.

Dianthus, Nelke

Jungpflanzen werden heute größtenteils in Spezialbetrieben angezogen, und es erübrigt sich an dieser Stelle auf Besonderheiten der Stecklingsgewinnung und Anzucht einzugehen. Dazu nur so viel:

Stecklinge dürfen nur aus gesunden Beständen gewonnen werden. Pflanzungen, in denen Welkekrankheiten auftreten, sind von der Vermehrung auszuschließen. Auch sollten Mutterpflanzen möglichst auf Bankbeeten kultiviert werden, da diese sicher durch Dämpfen entseucht werden können. Dasselbe gilt für die Vorkultur der Jungpflanzen. Auf Grundbeeten besteht die Gefahr des „kalten Fußes“ und damit erhöhte Anfälligkeit für Krankheiten.

Beim Topfen oder Einpflanzen ist zu beachten, daß die Wurzeln von Pflanzen, die aus Perlite-Beeten stammen, zuvor gut feucht gemacht werden. Man topfe die Stecklinge nicht zu tief ein und halte sie zunächst etwas wärmer und vor allem nicht zu feucht. Gegen Stammfäule hat sich das Angießen mit Captan-Brühe (z. B. Captan 83, Orthocid 50) bewährt.

Vor jeder Neupflanzung muß der Boden entseucht (z. B. mittels Dampf oder auch mit einem chemischen Mittel) oder auch neue Erde eingefahren werden. Eine voll befriedigende Entseuchung von Grundbeeten ist freilich schwierig und selbst mit dem sich in den letzten Jahren mehr und mehr in den Vordergrund schiebenden Methylbromid (Terabol) nur bei entsprechender Tiefenlockerung und einer Erhöhung der Normalaufwandmenge (bei 50 cm Tiefe auf das Doppelte) ausreichend möglich. Der Boden muß für die Terabol-Anwendung locker sein. Er darf nicht zu trocken und nicht zu feucht sein. Zu nasser Boden ist zu wenig durchlässig, und bei zu trockenem Boden muß man mit zu starker Adsorption des Methylbromidgases rechnen. Des weiteren muß der Anwender wissen, daß bei abnehmender Temperatur im Boden die Wirkung des Methylbromids geringer ist, und erst entsprechend höhere Mengen die erwünschte biologische Wirkung bringen.

Als Folge einer Bodenentseuchung mit Terabol können im Boden verhältnismäßig hohe Bromidgehalte zurückbleiben, die das Wachstum der Nelken oft stark beeinträchtigen. Durch Auswaschen des Bodens, durch nachfolgende (in Ausnahmefällen auf schwerem, undurchlässigem Boden auch schon nach der Begasung) Zugabe von Torf und durch reichliches Wässern nach dem Pflanzen, kann man jedoch der Schadgefahr vorbeugen. Der erfahrene Praktiker weiß aber, daß eine Gabe 200–400 l Wasser je m^2, wie sie heute allgemein für das Durchspülen Methylbromid-entseuchter Flächen empfohlen wird, nur bei leichteren Böden und gut durchlässigem Untergrund problemlos möglich ist. Bei etwas schwereren Böden und undurchlässigem Untergrund bringt eine solche Maßnahme gewisse Schwierigkeiten mit sich. Man wird diese Gabe nicht auf einmal geben können. Selbst dann werden oft noch zwei bis drei Wochen vergehen müssen, bis gepflanzt werden kann.

Während früher Jungpflanzen allgemein vorkultiviert und mit gut durchwurzeltem Topfballen auf die Beete kamen, hat in den letzten Jahren die Direktpflanzung mehr und mehr zugenommen und damit neue Probleme der Nelkenkultur aufgeworfen. Es sei vor allem auf das vermehrte Auftreten von Fußkrankheiten hingewiesen.

Gut vorkultivierte Pflanzen wurzeln erfahrungsgemäß etwas rascher ein als direkt gepflanzte. Auch kann sich bei den letzteren der Anwachsprozeß in sehr nährstoffreicher Erde sehr in die Länge ziehen. Gerade während dieser kritischen Periode sind jedoch die Pflanzen erhöhter Krankheitsgefahr ausgesetzt. Besonders ungünstige Verhältnisse scheint die junge Pflanze dann vorzufinden, wenn sich auf Flächen mit stark abgedüngten Vorkulturen der Nährstoffspiegel nach dem Dämpfvorgang zusätzlich noch erhöht. Die Erfahrung lehrt, daß die Pflanzen bei einem geringeren Nährstoffangebot weitaus schneller einwachsen und damit auch die kritische Phase des Einwurzelns leichter überstehen.

Wo immer möglich, sollten die Flächen schon vor dem Dämpfen durchgespült werden. Kann diese Maßnahme bei noch stehender Vorkultur (z. B. Nelken) vorgenommen werden, läßt sich die im Boden befindliche Feuchtigkeit verhältnismäßig leicht abbauen. Auch wird der Boden auf diese Weise in einen für die Entseuchung günstigen Zustand gebracht. Als Grunddüngung empfiehlt man lediglich eine Phosphorsäure-Gabe. Im übrigen dürfen Flächen, die zum Dämpfen anstehen, nicht mit hohen Stallmistgaben abgedüngt werden. Da in arm gehaltenen Böden die Gefahr einer schädigenden Nitritbildung weniger gegeben ist, muß nicht unbedingt in die noch warme Erde gepflanzt werden.

Man pflanze nicht zu tief. Zu tief gepflanzte Nelken sind erfahrungsgemäß stark fäulnisgefährdet. Auch hat es sich gezeigt, daß die Jungpflanzen gerade bei Spätpflanzung (z. B. im Mai und Juni) am schlechtesten anwachsen. Wenn es sich irgendwie einrichten läßt, sollten Direktpflanzungen möglichst vor Ende Mai vorgenommen werden. Zu einem späteren Zeitpunkt sind besser vorkultivierte Pflanzen zu verwenden. Auch muß bei später Frühjahrspflanzung möglicherweise etwas Schatten gegeben werden. Das ist für das An- und Weiterwachsen günstig.

Hohe Temperaturen, starke Temperaturschwankungen, Zugluft und vor allem stehende Luft wirken sich auf den Stand der Nelken sehr ungünstig aus. Deshalb gleichmäßige Temperaturen halten, für viel frische Luft und entsprechende Luftumwälzung sorgen. Wichtig ist, daß die Bestände nach dem Gießen möglichst rasch wieder trocken werden. Dabei hat sich die sogenannte „Aufbodenheizung" (in die Beete verlegte Heizrohre) als sehr günstig erwiesen. Nächtlicher Niederschlag ist zu vermeiden. Er fördert das Auftreten des Nelkenrostes und der Nelkenschwärze. Hohe Temperaturen beeinträchtigen die Qualität. Sie bringen schlappe Stiele, weniger und schlecht ausgefärbte Blumen. An heißen Sommertagen für entsprechende Luftfeuchtigkeit sorgen.

Auf stehende Nässe im Boden reagieren die Nelken sehr empfindlich. Man wässere nicht zu oft, aber gründlich. Vor allem während der Wintermonate ist der Wasserbedarf nicht allzu hoch. Auch sollen ältere Pflanzungen nicht mehr von oben gegossen werden.

Im Winter hält man die Nelken zweckmäßigerweise bei Temperaturen um 8–12 °C. Wenn es an Licht fehlt, kann das Aufblühen auch durch gesteigerte Wärme nicht gefördert werden. Gute Blumen mit kräftigen, straffen Stielen erhalten wir nur bei kühler, den winterlichen Lichtverhältnissen angepaßter Kultur. Die ausreichende Versorgung mit Kali ist wichtig.

Beim Entgeizen Vorsicht. Entfernt man die sich unmittelbar unter der Blütenknospe entwickelnden Knospentriebe zu früh, besteht die Gefahr, daß die Hauptknospe beschädigt wird und dann eine verkrüppelte Blume bringt. Andererseits ist das rechtzeitige Ausbrechen der Nebenknospen auch für die Blütenqualität wichtig. Bricht man zu spät aus, bleiben die Blumen bei warmer Sommerwitterung klein. Kali fördert in der lichtarmen Zeit die Festigung der Zellwände, fördert die Assimilationstätigkeit und erhöht die Haltbarkeit der Blumen.

Vor zu hohen Düngersalzgaben wird gewarnt. Wurzelschäden können die Folge sein. Mancher schlecht stehende Bestand hat seine Ursache in einer zu hohen Salzkonzentration im Boden. Die Pflanzen stocken dann im Wachstum, Blattspitzen vergilben und sterben ab. In besonderen Fällen werden welkeähnliche Erscheinungen beobachtet, wobei die Blätter unter Bräunung eintrocknen. Bei Verdacht auf zu hohe Salzanreicherung den Boden untersuchen lassen. Ist der Nachweis erbracht, kann durch gründliches Wässern Abhilfe geschaffen werden.

Bakterielle Welkekrankheiten (siehe auch Seite 42) (50).
Triebspitzen fahl graugrün und welk, Blätter geschrumpelt. Später auch von der Basis der Pflanze ausgehende Vergilbung des Laubes. Wäßrig-braune Verfärbung der Wasserleitungsbahnen (Abb. 121) hauptsächlich im unteren Stengelteil sowie in der frühzeitig der Zerstörung anheimfallenden Wurzel. Im Stengelquerschnitt wird deutlich, daß sich diese Bräunung und Zerstörung – im Gegensatz z. B. zur Phialophora-Welke – nicht auf den schmalen Gefäßbündelring beschränkt, sondern in

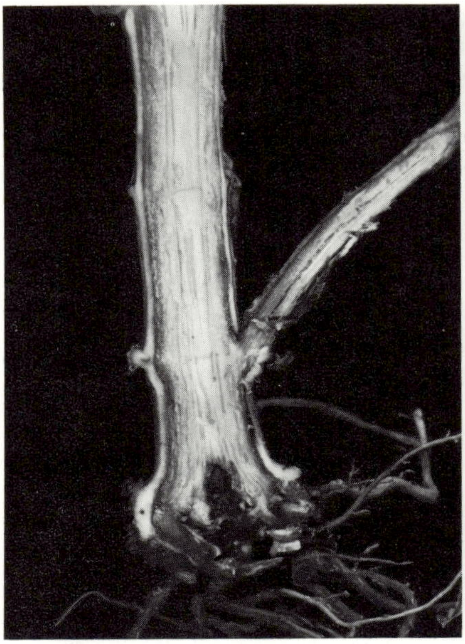

Abb. 121. Bakterielle Welkekrankheit bei Nelke: aufgeschnittener Stengelgrund.
Abb. 122. Aufrißstelle am Stengel einer von *Pseudomonas caryophylli* befallenen Nelke.

unregelmäßiger Ausdehnung auch auf Rinde und Mark übergreift. Die Verbreitung der Bakterien erfolgt mit verunreinigtem Wasser, verseuchter Erde, durch Schnittwerkzeuge oder Berührung. Ausbreitung im Bestand meist herdförmig. Eine Hauptquelle der Verbreitung sind auch die Stecklinge selbst, wenn sie von befallenen Pflanzen stammen, deren Erkrankung nicht erkannt wurde.

a) **Bakterielle Welke und Stengelaufriß-Bakteriose, Spaltenbakteriose** (*Pseudomonas caryophylli* (Burkh.) Starr et Burkh.). Die Krankheit, die in Deutschland gelegentlich an Stecklingen und Jungpflanzen auftrat, die aus dem Ausland bezogen waren, fällt vor allem durch langgezogene Aufrißstellen am Stengel auf (Abb. 122). Unterhalb der Knoten schwillt dieser zunächst an, die Rinde platzt auf und das infolge der Erkrankung gebräunte und meist deutlich klebrige Innengewebe kommt zum Vorschein. Trotz des bedrohlich aussehenden Krankheitsbildes können die Pflanzen noch längere Zeit am Leben bleiben. Andererseits kommt es auch vor, daß stark infizierte Pflanzen, ohne Aufrißstellen zu zeigen, in kürzester Zeit welken und zugrunde gehen. Frisch bewurzelte Jungpflanzen weisen manchmal eine eigentümliche Verdrehung und Verkrüppelung der Spitzenblätter, die etwas blasser als normal sind, auf.

Erreger der Krankheit sind Bakterien, die sich vor allem über die Wasserleitungsbahnen der Pflanze ausbreiten und durch Auflösung der Zellwände im Gefäßsystem und den angrenzenden Geweben große Zerstörungen und Kavernenbildung hervorrufen (Abb. 123). Nach Aufschneiden, besonders des aufgeplatzten Stengels, ist der weiße Bakterienschleim im kranken Gewebe häufig deutlich sichtbar. Die Ansteckung von Pflanze zu Pflanze nimmt vor allem bei anhaltend hoher Temperatur stärkere Ausmaße an. Unter 20 °C erfolgt die Weiterentwicklung der Bakterien nur in geringem Maße, ihr Wachstumsoptimum liegt bei 30–37 °C. Diese Tatsache mag erklären, warum die gelegentlich immer wieder eingeschleppte Krankheit in Deutschland nie ernsthaft Fuß fassen konnte.

b) **Bakterielle Stauche- und Welkekrankheit** (*Pectobacterium parthenii* var. *dianthicola* Hellm.). Der erfahrene Nelkengärtner wird auf die Krankheit bereits aufmerksam, wenn einzelne Triebspitzen sich durch schwach stumpfgraue Verfärbung vom bläulichen Grün gesunder Pflanzen abheben. Die Gipfelblätter der erkrankten Pflanzen richten sich steil auf, die Blattränder rollen sich leicht ein und das Blattgewebe schrumpelt. Wer nicht wachsam ist, bemerkt die Krankheit erst, wenn auch die unteren Blätter nach zunächst oft rötlicher Verfärbung stärker als normal vergilben und dürr werden. Die Wasserleitungsbahnen samt Teilen des Rinden- und Markgewebes sind gebräunt, doch sind die Zerstörungen in Wurzel und Stengelinnerem weniger heftig als bei der Stengelaufriß-Bakteriose. Tief klaffende Spalten am Stengel fehlen, aber die Sprosse sind etwas gestaucht und schmalblättrig.

Bei frühzeitiger starker Erkrankung kann es vorkommen, daß schon Stecklinge im Vermehrungsbeet oder Jungpflanzen nach dem Auspflanzen absterben. Meist jedoch erfolgen die ersten größeren Ausfälle bei den im Januar oder Februar aufgepflanzten Beständen erst gegen Herbst des Jahres. Im Gegensatz zur Stengelaufriß-Bakteriose scheint sich die Bakterielle Stauchekrankheit unter den bei uns herrschenden Gewächshausbedingungen vor allem auch in älteren Nelkenkulturen noch ausbreiten zu können, so daß die gefürchteten Ausfallherde entstehen. Wahrscheinlich ist dabei ausschlaggebend, daß sich diese Bakterien auch bei Temperaturen um 15 °C noch gut entwickeln können.

Das *Pectobacterium* ist ein ausgesprochener Wundparasit. Mechanische Verletzungen oder Wundstellen an Wurzeln durch Bodenschädlinge (Tausendfüßler, Drahtwürmer, Nematoden u. a.) können als Eintrittspforten für die Welkeerreger dienen.

Bekämpfung der Bakteriosen: Äußerst sorgfältige Auswahl der Mutterpflanzen. Zeigt ein einziger Trieb Spuren einer Welke, dürfen von der gesamten Pflanze keine Stecklinge entnommen werden. Stecklinge möglichst nicht schneiden, sondern brechen und niemals gemeinsam in

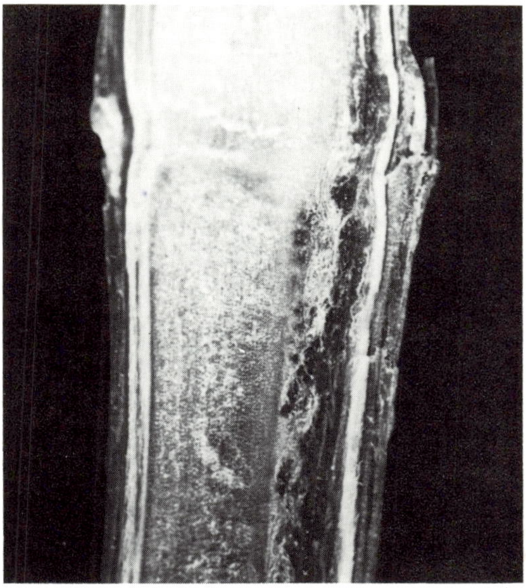

Abb. 123. Stengelaufrißbakteriose (*Pseudomonas caryophylli*) bei Nelke. Im längs aufgeschnittenen Stengel (rechts) erstreckt sich die Erkrankung von den Wasserleitungsbahnen aus weit ins Markgewebe hinein.

Wasser oder Wuchsstofflösungen einstellen, denn ein einziger kranker Steckling kann sämtliche gesunden anstecken. Sollen Bewurzelungshormone verwendet werden, so können diese durch Ansprühen an die Schnittflächen der gebündelten Nelken herangebracht werden. Verwendung getesteter (50, 51) oder aus Meristemkultur stammender Steckling (siehe Seite 45) ist anzuraten. Vermehrungsbeete müssen vor dem Aufschütten neuen Substrates einer gründlichen Desinfektion unterzogen werden, denn leicht können Bakterien, die in den Ritzen der Stellagen, Wände, Bretter usw. sitzen, zu erneuter Verseuchung Anlaß geben. Bestens geeignet ist für diesen Zweck Formalin (siehe Seite 468), das aber nur im leeren Gewächshaus eingesetzt werden kann. Aufpflanzung der Nelken nur in entseuchten Boden. Da mit der üblichen Art der Bodenentseuchung die tiefsten Schichten, in denen noch Krankheitserreger zu finden sind, nicht oder nur unzureichend erfaßt werden können, bieten nur Beete mit abgeschlossener Sohle wirklichen Schutz vor Neuansteckung. Pflanzen nicht zu tief setzen. Wurzeln vor Verletzungen aller Art schützen. Eindämmung der Krankheitsherde während der Kulturzeit siehe Seite 44.

Pilzliche Welkekrankheiten (Vergilbungskrankheiten) (siehe auch Seite 42)
Vom Grund der Pflanze ausgehende Vergilbung und Welke der Blätter, kranke Pflanzen meist herdförmig gehäuft. Die Krankheitssymptome sind besonders dann recht charakteristisch, wenn sie einseitig auftreten, d. h., wenn sich nur die übereinander stehenden Blätter der einen Seite verfärben. Im aufgeschnittenen Stengelgrund und in der Wurzel sind die gebräunten Gefäßbündel meist deutlich zu erkennen. Sofern die Bräunung auch auf Rinde und Mark übergreift (Fusarium-Welke), hat das erkrankte Gewebe kein wäßriges Aussehen wie bei den Bakteriosen, sondern zeigt eine trocken-faserige Beschaffenheit.

a) **Phialophora-Welke- und -Vergilbungskrankheit** (*Phialophora cinerescens* (Wr.) van Beyma). Die Erkrankung beginnt mit einer Vergilbung, bei rosa und roten Sorten auch mit einer rötlichen Verfärbung der in etwa 10–20 cm Höhe sitzenden Blätter. Später welkt und vergilbt die Pflanze vom Stengelgrund aus, eine rötliche Verfärbung der Gipfelblätter ist gelegentlich zu beobachten. Der Stengel zeigt im Querschnitt unter der spröden, oft oberflächlich etwas rissigen, aber sonst gesunden Rinde eine schmale ringförmig abgegrenzte Zone gebräunter Wasserleitungsbahnen oder auch, im Beginn der Erkrankung, nur braune, punktförmige, ringförmig angeordnete Verfärbungsstellen. Auch im Längsschnitt ist diese Bräunung der Gefäße meist unschwer zu erkennen und zwar in charakteristischer Weise wieder vor allem in etwa 10–20 cm Höhe über dem Erdboden und besonders in den Stengelknoten gut sichtbar. Die Wurzeln erscheinen zunächst äußerlich gesund, erst beim Aufschneiden wird auch hier die Bräunung der Leitgewebe erkennbar.

Der vom Boden aus über die Wurzel eindringende Pilz wandert in den Wasserleitungsbahnen empor zum Stengel. Bei Jungpflanzen, die die Infektion bereits mitgebracht hatten oder solchen, die in stark verseuchtes Pflanzbeet gelangen, können erste Anzeichen der Erkrankung bereits nach 5–6 Wochen festgestellt werden, bei schwächerer Verseuchung vergehen meist mehrere Monate, ehe die ersten Symptome sichtbar werden. Der Pilz kommt im Boden im allgemeinen bis zu einer Tiefe von 50 cm vor, kann aber unter Umständen selbst in einer Tiefe von 75 cm noch angetroffen werden. Außer der Infektion, die von verseuchtem Boden ausgeht, wird die Krankheit vor allem mit Stecklingen befallener Pflanzen verbreitet.

Bekämpfung siehe Fusarium-Welke- und -Vergilbungskrankheit.

b) **Fusarium-Welke- und -Vergilbungskrankheit** (*Fusarium oxysporum* Schl. f. *dianthi* (Prill. et Del.) Snyd. et Hans. und *Fusarium redolens* Wr. f. *dianthi* Gerlach). Die Krankheit beginnt mit einer leichten Vergilbung oder, bei rotblühenden Sorten, auch mit einer rötlichen Verfärbung der untersten Blätter. Später von unten sich gipfelwärts fortsetzende Welke des Laubes, das schließlich strohartig ausbleicht. Schneidet man den Stengel in seinem unteren Drittel auf, so findet man nicht nur die Gefäßbündel, sondern auch die angrenzende Rinde und das Mark fleckig braun verfärbt. (Abb. 12, Seite 42). Im Spätstadium ist die pulvertrockene, faserig-weiße Beschaffenheit der befallenen Gewebe ein besonders charakteristisches Merkmal für den Fusarium-Befall. Infolge der Eintrocknung fühlen sich selbst äußerlich noch grüne Stengel oft bereits hohl an. Greift die Erkrankung allmählich auch auf die äußeren Rindenschichten über, so entstehen ebenfalls sehr charakteristische weinrote Streifen auf der sich bräunlich verfärbenden und manchmal längs aufreißenden Rinde. Die bei hoher Luftfeuchtigkeit hie und da an der Stengeloberfläche auftretenden Sporenlager des Pilzes sind rosa oder orangefarben. Die nur im Anfangsstadium der Erkrankung äußerlich noch gesund erscheinende, später stärker als bei Phialophora-Befall zerstörte Wurzel weist im Inneren deutlich die braune Verfärbung auf.

Der Pilz greift bei hohen Temperaturen (um 25 °C) heftiger an als bei niedrigen (Phialophora-Welke umgekehrt). Verletzungen der Wurzel begünstigen die Erkrankung. Die Sporen, die sich auf den befallenen Stengeln in großer Menge bilden können, werden leicht verweht, verschwemmt oder durch Kulturarbeiten verschleppt. Sie gelangen dabei nicht nur in die Erde, sondern auch an Holz- und Metallteile der Gewächshauskonstruktion, an Mauerwerk, in Ritzen usw., wo sie lange am Leben bleiben können. Auch durch befallene Stecklinge kann der Pilz verschleppt werden.

Bekämpfung der Welkekrankheiten: Wenn auch die neuen und systemisch wirksamen Fungizide, es sei vor allem an Du Pont Benomyl (Wirkstoff: Benomyl), Bavistin (2-Methoxy-carbomoyl-benzimidazol), an das Cypentazol-Präparat Folcidin und an Thiophanat M (Cercobin M) gedacht, eine direkte Bekämpfung von Welkekrankheiten bei stehendem Pflanzenbestand ermöglichen, haben die vorbeugenden Maßnahmen ihre Bedeutung noch nicht verloren. Gesunde Jungpflanzen (Stecklinge von getesteten Mutterpflanzen oder solchen aus Meristemkulturen, siehe Seite 45) und Beete mit abgeschlossener Sohle bieten nach wie vor die besten Aussichten für eine krankheitsfreie Kultur. Auch muß der Boden vor jeder Neupflanzung entseucht (z. B. mittels Dampf oder auch mit einem chemischen Mittel) oder neue Erde eingefahren werden. Näheres über die Entseuchung mit Methylbromid Seite 218.

Für eine direkte Bekämpfung pilzlicher Welkekrankheiten bietet sich heute vor allem Du Pont Benomyl an. Das Mittel ist als Gießmittel und insbesondere zur Herdbekämpfung zu verwenden. Bis endgültige Richtlinien für die Anwendung erarbeitet sind, wird geraten, mit 4 l/m^2 einer 0,1%igen Brühe anzugießen. Während der Hauptwachstumszeit (Sommer) erscheinen je nach Krankheitsgefahr Folgebehandlungen in Abständen von 8–10 Wochen notwendig. In den Herbst- und Wintermonaten kann man die Abstände zwischen den einzelnen Behandlungen etwas weiter nehmen. Die Erfahrungen mit den derzeit noch in Prüfung stehenden Präparaten Folcidin und Cercobin M reichen noch nicht aus, um sichere Empfehlungen geben zu können. Von anderen Gebrauchskonzentrationen einmal abgesehen, dürften jedoch die Mittel im Prinzip wie Du Pont Benomyl anzuwenden sein.

Fusarium-Stengelfäule- und -Fußerkrankung (*Fusarium avenaceum* (Fr.) Sacc., *Fusarium culmorum* (Sm.) Sacc. u. a.). Im Gegensatz zu den vorstehend beschriebenen typischen „Welkefusarien", die vom Boden aus in die Wurzel eindringen und in den Wasserleitungsbahnen emporwandern, verursachen die hier genannten Pilze eine unmittelbar den Stengel von außen angreifende Fäule, die im Endstadium ebenfalls zu einem Abwelken einzelner Sprosse oder der ganzen Pflanze führt. Da die Bekämpfungsmöglichkeiten für die beiden Erkrankungen jedoch recht verschieden sind, ist eine strenge Unterscheidung notwendig.

Fahl gelbliche, graubraune oder grauviolette Verfärbungen mit dunklerer Umrandung, besonders im Bereich der Stengelknoten, sind typisch für die Stengelfäule-Erkrankung. Im Spätstadium zeigt der aufgeschnittene Stengel eine tiefgehende, das gesamte Gewebe bis ins Innerste durchsetzende Fäule. Kleine Rißstellen, besonders an den Knoten, sowie Schnittstellen sind bevorzugte Orte für das Eindringen der Pilze. Vor allem sind daher zunächst die Stecklinge während der Bewurzelungsphase gefährdet (Fußerkrankung). Bei zügig wachsenden Jungpflanzen findet man die Erkrankung seltener. Kritisch ist unter Umständen der Zeitpunkt des Entspitzens, wenn in dieser Periode die Pflanzen nach Bewässerung nicht rasch genug abtrocknen können. Das gleiche gilt wieder für die Zeit des Blumenschnittes (Brechen günstiger als Schneiden). Gelangen die Fusariumsporen auf die Wundstellen, so fassen die Pilze leicht Fuß im Stengelgewebe, das sie besonders bei hoher Luftfeuchtigkeit rasch durchwuchern. Vom stehengebliebenen Stumpf breitet sich die Fäule auf die angrenzenden Stengel- und Sproßteile aus (Abb. 124). Ähnliches gilt für den Bereich der Stengelknoten. Auf den Faulstellen ist nicht selten der rosafarbene oder gelbbraune Sporenbelag sichtbar. Die an den Erkrankungsstellen ansitzenden Blätter vergilben und sterben ab. Da die Sporen durch Wind oder Wasser leicht in die Achseln des nächsttieferen Blattpaares gelangen, ist dort eine weitere Infektionsmöglichkeit gegeben. In dem tütenförmig den Stengelknoten umschließenden Blattgrund herrscht ein Feuchtigkeitsstau, der der Keimung der Sporen und der Ausbreitung des Pilzes sehr förderlich ist.

Geschieht die Infektion der Stammbasis direkt vom Erdboden aus, was nur unter für die Pflanze besonders ungünstigen Bedingungen der Fall ist (zu schwerer, schlecht durchlüfteter oder zu nasser Boden, zu tiefe Pflanzung u. a.), so entsteht eine den Stammgrund vollkommen zerset-

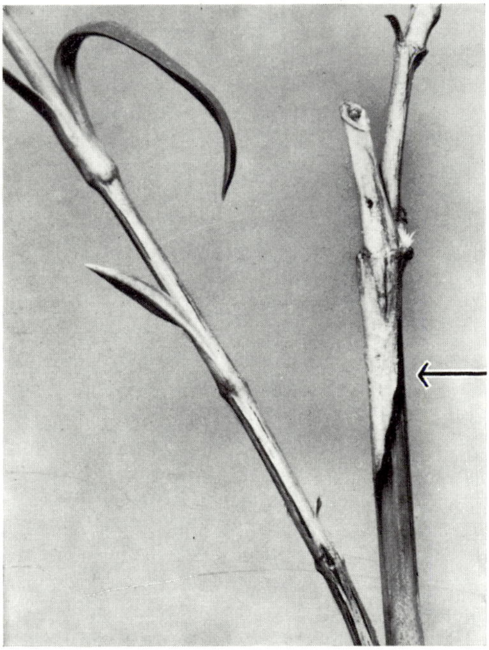

Abb. 124. *Fusarium*-Stengelerkrankung bei Nelke.

zende Naß- oder Trockenfäule. Es ist aber zu bedenken, daß auch andere Schadpilze wie z. B. *Rhizoctonia solani* oder *Phytophthora*-Arten, die unter Umständen eine andere Bekämpfung erfordern, zu ähnlichen Fußerkrankungen führen können.

Bekämpfung: In erster Linie müssen die Kulturbedingungen überprüft werden. Stärkere Ausmaße nimmt die Stengelfäule im allgemeinen nur an, wenn Boden- und Luftfeuchtigkeit zu hoch sind bzw. die Pflanzen nach dem Gießen schlecht abtrocknen können. Vernässungsstellen sind besonders gefährlich. Wichtigste Vorbeugungsmaßnahmen: selten, aber gründlich wässern, Vermeidung von Temperaturschwankungen, reichliche Lüftung, eventuell bei vermehrter Heizung. Die sog. Aufbodenheizung (auf die Beete verlegte Heizrohre) hat sich als günstig erwiesen.

Eine Behandlung mit chemischen Mitteln muß vorbeugender Art sein, da der einmal in das Gewebe eingedrungene Pilz kaum noch zu erfassen ist. Stäuben mit Captan-Präparaten (z. B. mit dem z. Zt. noch im Weinbau gebräuchlichen Orthocid-Staub) sofort nach dem Schnitt hat sich gut bewährt. Setzt man Spritzmittel aus der gleichen Gruppe oder auch ein systemisches Fungizid wie z. B. Du Pont Benomyl (0,05%) oder Cercobin M (0,1%) ein, so ist größter Wert auf rasches Abtrocknen des Spritzbelages zu legen.

Eine Entseuchung des Bodens müßte grundsätzlich gefordert werden, ist aber insofern etwas problematisch, als mehrfach die Beobachtung gemacht wurde, daß nach Behandlung mit Dampf oder chemischen Mitteln die Anfälligkeit gegenüber einem Neubefall durch Stengelfäuleerreger erhöht war. Strohabdeckung scheint ebenfalls der Ansiedlung der Fusarien förderlich zu sein. Vor Anlage einer neuen Nelkenkultur ist eine Desinfektion der Gewächshauskonstruktion (Stellagen, Beton-, Holz- und Metallteile) anzuraten. Im leeren Haus kann dazu Formalin (½ l der meist 40%igen käuflichen Lösung auf 10 l Wasser) verwendet werden. Vor Wiederbepflanzung darf kein Formaldehydgeruch mehr wahrnehmbar sein.

Rhizoctonia-Stengelgrundfäule (*Rhizoctonia solani* Kühn). Der Pilz verursacht eine Stengelgrundfäule, die jedoch, sofern nicht ganz ungünstige Bodenbedingungen vorliegen, im Bestand meist nicht sehr um sich greift. Der Stengelgrund wird durch die Naßfäule vollständig zerstört, doch kommt es gelegentlich vor, daß die *Rhizoctonia* als Gefäßparasit auftritt, so daß eine echte Welkekrankheit entsteht.

Bekämpfung: Da sich der Pilz hauptsächlich in Myzelform über den Boden ausbreitet, muß auch die Bekämpfung über den Boden erfolgen. Man setzt TMTD- (z. B. Pomarsol forte 0,2%) oder Captan-Präparate (z. B. Orthocid 50, 0,3% oder Orthocid 83, 0,2%) ein. Die Basis des Stengels bis etwa 10 cm Höhe samt der umgebenden Erde muß gründlich und allseitig mit Spritzbrühe benetzt werden.

Phytophthora-Stengelgrundfäule (*Phytophthora cactorum* (Leb. et Cohn) Schr., *Phytophthora parasitica* Dastur u. a.). Von vereinzelten Fällen von Stengelgrundfäule, bei denen *Phytophthora*-Arten als Ursache angesehen wurden, wird aus dem Ausland (Frankreich, Schweiz, Italien u. a.) gelegentlich berichtet. Für Deutschland liegt noch kein sicherer Nachweis über das Vorkommen dieses Pilzes vor.

Bekämpfung: Vorsichtiges Ausheben kranker Pflanzen samt umgebender Erde. Ausgießen der Fehlstellen einschließlich benachbarter Pflanzen mit dem Fenaminosulf-Präparat Bayer 5072 (0,03%) dürfte erfolgversprechend sein. Möglicherweise läßt sich für diesen Verwendungszweck auch das Prothiocarb-Präparat Previcur einsetzen.

Rost (*Uromyces dianthi* (Pers.) Niessl.). Auf gelblichgrün verfärbten Flecken wölben sich blattober- und -unterseits rundliche oder längliche, oft in konzentrischen

Abb. 125. Vom Rost befallene Nelkenpflanze. Abb. 126. Bartnelkenrost.

Kreisen angeordnete Pusteln hervor, die beim Aufplatzen rostbraunes Sporenpulver entlassen (Abb. 125). Der Pilz siedelt sich gern an Stellen an, wo sich die Feuchtigkeit lange hält, wie z. B. am rinnig gefalteten Blattgrund. Nicht selten befällt er auch den Stengel. Außer auf *Dianthus caryophyllus* ist der Rost auf *Dianthus barbatus* und *Dianthus superbus* sowie auf *Gypsophila paniculata, Petrorhagia* und *Saponaria ocymoides* anzutreffen. Auf allen diesen Nelkengewächsen entwickelt der Pilz seine Sommer- und Wintersporen, während er im Frühjahr außerdem mit einer dritten Sporenform auf einer wilden Wolfsmilchart *(Euphorbia gerardiana)* zu finden ist. Der Wirtswechsel ist jedoch für die Fortpflanzung des Pilzes nicht unbedingt erforderlich.

Die insbesondere bei der Kultur der Edelnelken sehr gefürchtete Erkrankung tritt vor allem auf bei zu hoher Luft- und Bodenfeuchtigkeit, nach schroffem Temperaturwechsel und bei unausgeglichener Düngung (z. B. einseitiger Stickstoffdüngung).

Bekämpfung: Pflanzungen sorgfältig überwachen und rechtzeitig mit Bekämpfungsmaßnahmen einsetzen. Was man während der Jugendentwicklung der Pflanzen versäumt, ist später auch durch vermehrtes Spritzen oder Stäuben nicht wieder gutzumachen.

In den Herbst- und Wintermonaten verdienen stäubefähige Präparate den Vorzug, von März ab ist im allgemeinen das Spritzen günstiger. Bekanntlich bringt Spritzen immer die Gefahr erhöhter Luftfeuchtigkeit mit sich. Das kann vor allem bei kühler und regnerischer Witterung von Nachteil sein.

Handelt es sich um Jungpflanzen oder um eine Neuanpflanzung vorbeugend mit einem Zineb-Stäubemittel (z. B. Phytox-Staub) stäuben oder auch mit einem Ferbam-Mittel (z. B. Ferbam 80) spritzen. Bedient man sich bei Neupflanzungen des Sprühgeräts, von zwei Seiten arbeiten. Nur so ist die Gewähr gegeben, daß alle Pflanzenteile einen schützenden Belag erhalten. Je nach Krankheitsgefahr empfehlen sich Folgebehandlungen in Abständen von 10–14 Tagen.

Trotz ihrer guten Wirkung sind die stark verschmutzenden Ferbam-Mittel für im Ertrag stehende Pflanzungen ungeeignet. Man arbeitet dort zweckmäßigerweise mit einem Zineb-Spritzpulver (z. B. BASF-Zineb-Spritzpulver, Phytox 80 u. a., jeweils 0,2%), mit Mancozeb (z. B. Dithane Ultra, 0,2%) oder auch mit einem Zineb-Stäubemittel (z. B. Phytox-Staub). Zineb + Schwefel-Mittel (z. B. Phytox + Ultraschwefel, 0,3%) sind zwar gegen den Nelkenrost gut wirksam, bringen aber vor allem bei warmer Witterung und starker Sonneneinstrahlung erhöhte Schadgefahr mit sich.

Im übrigen starke Temperaturschwankungen und nächtlichen Niederschlag vermeiden. Stets für genügende Luftumwälzung sorgen. Nicht zu oft, dann aber gründlich von unten her gießen und wässern. Auch muß man die Gewähr haben, daß Pflanzen und Bodenoberfläche rasch abtrocknen. Möglicherweise das Abtrocknen durch entsprechendes Heizen bei geöffneten Lüftungsklappen beschleunigen. Bewährt haben sich auch Heizrohre bzw. Heizschlangen, die in die Beete verlegt sind (sog. Aufbodenheizung). Auch Ventilatoren tun gute Dienste.

Bartnelkenrost (*Puccinia arenariae* (Schum.) Wint.). Blätter oberseits mit gelbgrünen, leicht violett umrandeten Flecken. Auf der Unterseite dieser Flecke Anhäufung kleiner, warziger Aufwölbungen (Abb. 126), die beim Aufbrechen braunes Sporenpulver entlassen. Da stark befallene Blätter absterben, leiden die Pflanzen oft sehr unter der Erkrankung. In besonderem Maß gilt dies für Jungpflanzen, die noch überwintern müssen. Die stark geschwächten Pflanzen bringen auch nur schwachen Samenertrag. Der Rost wird außer auf der Bartnelke hier und da auch auf anderen Nelkengewächsen angetroffen.

Bekämpfung: Wo sich erste Anzeichen der Krankheit zeigen, zwei- oder dreimal im Abstand von 8–10 Tagen mit dem gut wirksamen Oxycarboxin-Präparat Plantvax (0,1%) spritzen. Leider ist das Mittel in der Anwendung etwas teuer. Es empfiehlt sich daher, sobald Befallsfreiheit erreicht ist, für vorbeugende Schutzspritzungen ein Zineb- oder Maneb-Mittel, Mancozeb (z. B. Dithane Ultra) oder Metiram (z. B. Polyram Combi) zu wählen. Da diese Mittel nicht systemisch wirken, muß also auch die Unterseite der Blätter gut getroffen werden. Im übrigen hat sich auch das neuerdings zugelassene Triforine-Präparat Saprol (0,1–0,15%) als brauchbar erwiesen. Um gute und rostfreie Überwinterungsrosetten zu erhalten, die Behandlung bis in den September hinein fortsetzen.

Nelkenschwärze (*Heterosporium echinulatum* (Berk.) Cke.). Graubraune, runde oder längliche Flecke (Abb. 127) mit tiefrotbrauner oder violetter Umrandung, die be-

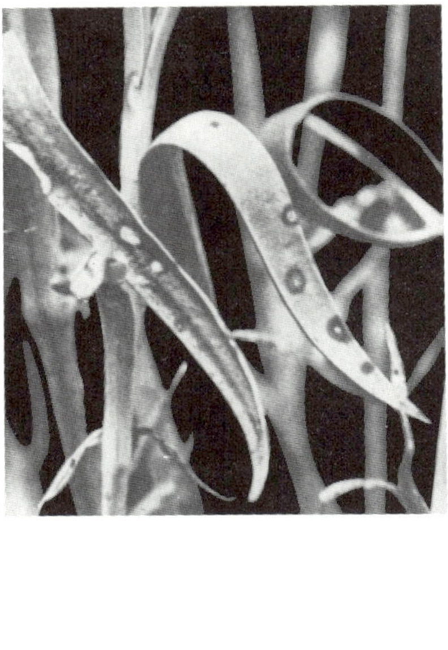

Abb. 127. Nelkenschwärze bei Edelnelken.

sonders bei der Bartnelke sehr breit ist. Außer auf der Blattober- und Blattunterseite findet man die Flecke auch zuweilen auf den grünen Kelchen der Blüten und am Stengel. In der Mitte der älteren Flecke ist meist ein braunschwarzer Sporenanflug sichtbar. Die Krankheit breitet sich vor allem bei hoher Luftfeuchtigkeit oft sehr rasch aus und verursacht ein Abdorren der Blätter oder auch ein Abknicken der Stengel an den Befallsstellen. Da die Pflanzen unter Umständen stark geschwächt werden, leidet auch die Blütenentwicklung. Außer Edelnelken und Bartnelken sind vor allem auch Chabaudnelken sehr anfällig.

Bekämpfung: Die Krankheit läßt sich nur dann erfolgreich niederhalten, wenn die Mittel vorbeugend und wiederholt angewandt werden. Bei Land-, Chabaud- und Federnelken kann man mit einem Zineb- oder Maneb-Mittel arbeiten oder auch ein Zineb + Schwefel-Mittel (z. B. Phytox + Ultraschwefel) oder Du Pont Benomyl (0,05%) verwenden. Möglicherweise sind auch Präparate mit den Wirkstoffen Cypentazol (z. B. Folcidin) oder Thiophanat M (z. B. Cercobin M) brauchbar. Beim Spritzen wie beim Sprühen den Brühen ein Benetzungsmittel hinzufügen. Im allgemeinen genügt es, wenn in Abständen von 14 Tagen behandelt wird. Bei großer Krankheitsgefahr und anhaltend schlechter Witterung vor allem die nicht systemisch wirksamen Mittel in Abständen von 8–10 Tagen ausbringen. Der Einsatz von Stäubemitteln ist im Freiland nicht empfehlenwert. Das Überbauen mit Fenstern (z. B. von Chabaudnelken) kann vor allem in regenreichen Sommern eine sehr nützliche Maßnahme sein. Soweit es die Bekämpfung der Krankheit bei Edelnelken betrifft, die bei Nelkenrost gegebenen Hinweise beachten.

Alternaria-Blatt-, -Stengel- und -Blütenerkrankung (*Alternaria dianthicola* Neerg.). Auf den Blättern, manchmal auch am Stengel, aschgraue, runde oder etwas langgestreckte Flecke, die in ihrer Mittelzone mit hellolivbraunem Sporenbelag bedeckt sind (Abb. 128). Starker Befall führt zum Absterben von Blättern und Trieben. Besonders empfindlich sind die Blüten, die, selbst wenn kein Blattbefall vorhanden ist, oft so schwer geschädigt werden, daß sie unverkäuflich sind.

Die Krankheit verursacht besonders bei Freilandnelken wie z. B. *Dianthus barbatus* und *D. plumarius,* aber auch bei *D. caryophyllus* oft schwere Verluste. Die Sporen haften leicht an den Samen und werden so mit diesen übertragen.

Bekämpfung: Vorbeugend und wiederholt mit Folpet (z. B. Ortho-Phaltan 50, Folpet, 0,2%; Ortho-Phaltan 75, 0,15%), einem Zineb-Mittel (0,2%) oder einem Zineb + Schwefel-Präparat (z. B. Phytox + Ultraschwefel, 0,3%) spritzen.

Bei einer ähnlichen **Erkrankung durch A. dianthi** Stev. et Hall entstehen auf den Blättern und Stengeln rötliche, oft von der Mitte aus aschgrau überlaufene und bläulich umrandete Flecke mit dunkelolivbraunem Sporenbelag. Stark befallene Blätter und Zweige vertrocknen unter fahlgrüner Verfärbung. Siedelt sich der Pilz an den Stengelknoten an, wobei die Schadstelle häufig den ganzen Stengel umgreift, so führt dies zum Absterben des darüberliegenden Triebes.

An Sämlingen und Stecklingen verursacht der Pilz eine Fußkrankheit. Das befallene Gewebe fault, ist oft mit watteartigem, weißem Pilzflaum bedeckt und schrumpft ein.

Bekämpfung: wie bei *Alternaria dianthicola.*

Antherenbrand (*Ustilago violacea* (Pers.) Fuck.). Staubgefäße der Blüten infolge Befalls durch den Brandpilz mit violettem Sporenstaub erfüllt, der bei Aufbrechen der Staubbeutel über die gesamte Blüte verstäubt wird und sie stark verschmutzt. Kranke Pflanzen sind schwächlich, schmalblättrig und von gestauchtem Wuchs. Die

Abb. 128. *Alternaria*-Blatterkrankung bei Edelnelke. Abb. 129. Nelkentriebe und Nelkenknospe mit Fraßschäden des Nelkenwicklers *(Cacoecimorpha pronubana).*

Achselknospen an befallenen Trieben kommen oft vorzeitig zum Austrieb. Erkrankte Blütenknospen sind an ihrer gedrungenen Gestalt zu erkennen, ihr Kelch platzt leicht auf.

Ansteckung durch die Sporen erfolgt am leichtesten durch Wunden (z. B. an stehengebliebenen Stengelstümpfen nach dem Schnitt) oder über die sich eben öffnenden Blütenknospen. Auch von verseuchtem Sand oder Boden können Infektionen, besonders der Jungpflanzen ausgehen.

Bekämpfung: Kranke Blütenknospen entfernen, ehe sie sich öffnen (verbrennen oder tief eingraben). Keine Stecklinge von befallenen Pflanzen schneiden.

Fusarium-Blütenknospenfäule (*Fusarium poae* (Peck.) Lew.). Blüten der Edelnelken bleiben in der Knospe stecken und faulen von innen heraus. Als Ursache wird Befall durch den Pilz *Fusarium poae* angesehen. Die Sporen sollen durch kleine, grauweiße Milben (*Pediculoides dianthophilus* Wolcott), die meistens in den erkrankten Blüten festzustellen sind, verschleppt werden. Da der Pilz auch auf Wiesengräsern vorkommt und mit Pilzherkünften z. B. von *Poa pratensis* eine Infektion der Nelkenknospen zu erzielen ist, muß angenommen werden, daß die Krankheit durch Rasenerde, in der noch Grasreste vorhanden sind, leicht eingeschleppt werden kann, um so mehr als auch die Milben an den Gräsern vorkommen. Hohe Luft- und Bodenfeuchtigkeit fördern die Erkrankung.

Bekämpfung: Kranke Knospen frühzeitig entfernen, Boden- und Luftfeuchtigkeit niedrig halten. Ist erfahrungsgemäß stärkerer Befall zu befürchten, so muß Erde aus dem Freiland vor Einbringen in die Häuser entseucht werden. Möglicherweise ist auch das systemisch wirksame Du Pont Benomyl zur Bekämpfung der Knospenfäule geeignet. Freilich dürfte man nur bei vorbeugender Anwendung Erfolg haben.

Mittelmeer-Nelkenwickler (*Cacoecimorpha pronubana* Hbn.). – Quarantäneschädling. – Der im Mittelmeerraum beheimatete Wickler ist sowohl für den Nelkenanbauer als auch für den Importeur ein Begriff. Unter Freilandbedingungen kann der Falter in Deutschland kaum für eine längere Zeit überdauern. Er braucht Gebiete, deren Jahresdurchschnittstemperaturen über 10 °C liegen. Günstige Lebensbedingungen findet er jedoch unter Glas.

Weißlich durchscheinende Stellen an den Nelkenblättern, die dadurch entstehen, daß die Oberhaut und Teile des Blattgewebes weggefressen werden, oder auch Blätter mit schartig angefressenen Rändern und zusammengezogenen Blattspitzen sind charakteristische Merkmale des Nelkenwicklerbefalls. Auch die Blütenblätter werden befressen und versponnen. Die kleinen, bis 2 cm langen, gelbgrünen, weiß beborsteten Räupchen halten sich in den Gespinsten auf und nicht selten bohren sie sich tief in die Blütenknospen (Abb. 129) ein. Winzige Fraßlöcher in den Knospen machen dann auf das Versteck des Schädlings aufmerksam. Schließlich gehen kleine Gangminen im Blattgewebe auf die Fraßtätigkeit der Jungräupchen zurück. Sobald die Räupchen erwachsen sind, verpuppen sie sich zwischen den zusammengesponnenen Blättern, auf der Unterseite der Blätter oder auch in den Blattachseln. Aus den braunen bis schwärzlichen, etwa 9–12 mm langen Puppen schlüpfen die kleineren, gelblich bis bräunlich gefärbten Männchen (16 mm Flügelspannweite) und die größeren, etwas helleren Weibchen (20 mm Flügelspannweite). Bei sonnigem Wetter sind die Wickler sehr rege und fliegen umher; sonst halten sie sich auf den Pflanzen auf. Für die Ruhestellung ist die dachförmige Stellung der Flügel kennzeichnend.

Die zunächst hellgrünen, später sich gelbgrün bis hellgelb verfärbenden, etwa 1 mm langen Eier werden in Form flacher Häufchen von fischschuppenähnlichem Aussehen im allgemeinen auf die Oberseite der Blätter abgelegt. Zunächst sind die aus den Eiern schlüpfenden Räupchen graugrün gefärbt, werden aber mit zunehmendem Alter heller. Sie wandern nach und nach auf benachbarte Pflanzen ab. Der Nelkenwickler hat mehrere Generationen im Jahr. Neben Nelken kommen als Wirtspflanzen auch Stauden in Frage.

Bekämpfung: Pflanzungen laufend auf Wicklerbefall überprüfen. Sobald erste Schadmerkmale auffällig werden, vorbeugend und wiederholt mit einer Parathion-Emulsion oder mit Methomyl (z. B. Lannate 25-WP) spritzen. Wichtig ist, daß die Mittel schon gegen die Jungräupchen eingesetzt werden.

Südafrikanischer Nelkenwickler (*Epichoristodes acerbella* Walk.). – Quarantäneschädling. – Der in Südafrika und Madagaskar heimische Südafrikanische Nelkenwickler wurde mit Nelken- und Chrysanthemenstecklingen schon 1960 und dann wieder in den Jahren 1964 und 1965 in die Bundesrepublik eingeschleppt. Neuerdings hat man den Schädling auch wiederholt an Riviera-Nelken festgestellt. Schäden wurden inzwischen nicht nur an Nelken und Chrysanthemen, sondern auch während der Sommermonate an Rosen und selbst an Obstgehölzen beobachtet.

Um Verwechslungen mit dem Mittelmeer-Nelkenwickler *Cacoecimorpha pronubana* auszuschließen, sei auf einige wichtige Unterscheidungsmerkmale der beiden Arten hingewiesen. Während die Räupchen des Mittelmeer-Nelkenwicklers einheitlich gelbgrün bis olivgrün ausgefärbt sind, zeigen die Räupchen des Afrikanischen Nelkenwicklers auf grünem Grund eine dunkle Rückenlinie und beiderseits gelbliche

Längsstreifen. Auch erreichen sie nicht ganz die Länge des echten Nelkenwicklers. Sie werden nur etwa 18 mm lang. Gute Unterscheidungsmöglichkeiten bieten auch die Hinterflügel der Falter. Sie sind beim Mittelmeer-Nelkenwickler von orangeroter bis ockerbrauner Farbe und dunkler eingesäumt. Ein helleres Grau mit noch hellerem Saum ist für den Afrikanischen Nelkenwickler kennzeichnend.

Bekämpfung: siehe beim Mittelmeer-Nelkenwickler.

Nelkenfliege (*Phorbia brunescens* Zett.). Für Nelkenfliegenbefall machte man früher die „Graue Nelkenfliege", *Phorbia cardui* Meig., und die „Braune Nelkenfliege", *Phorbia brunescens* Zett., verantwortlich. Es ist das Verdienst von LEIBER (52), nachgewiesen zu haben, daß *Ph. cardui* nicht als Nelkenparasit in Frage kommt. Typischer Nelkenfliegenbefall ist nur der Art *Ph. brunescens* zuzuschreiben.

Der Schädling ähnelt einer Stubenfliege. Seine Maden können vor allem bei Bartnelken, Gartenfedernelken, Remontantnelken, „Tiroler Hängenelken" („Napoleonsnelken") und Heidenelken *(Dianthus deltoides)* stark schädigend auftreten. Seltener haben Edelnelken unter Befall zu leiden. Die Schadbilder sind unterschiedlich. So zeigen sich beispielsweise bei Federnelken die Herzblätter der Triebe zunächst mattgrau verfärbt und werden schlaff; je nach Witterung vertrocknen oder verfaulen sie. Untersucht man einen befallenen Trieb etwas näher, findet man das Herz zerstört und das Mark zum Teil mit Fraßgängen durchzogen. Auch an älteren Trieben sind einzelne vergilbende, später vertrocknende Blätter zu erkennen.

Bei Edelnelken ist das Schadbild sehr ähnlich, wobei die Schäden vor allem Ende Oktober und im November auffällig werden. Hellgrüne, gelbliche, später weißliche, schlangenförmige Gänge, die sich gegen das Ende zu verbreitern, kennzeichnen zunächst das Schadbild bei den Bartnelken (Abb. 130). Aber auch vergilbende, absterbende Herzblätter und Triebe sind im Mark minierenden Maden zuzuschreiben. Triebschäden und Vergilbung einzelner Blätter finden wir schließlich bei Hängenelken und Heidenelken.

Bei rechtzeitiger Überprüfung kann man die etwa 5–8 mm langen, gelblichweißen, mit zugespitztem Kopfende und schwarzem Mundstachel versehenen Maden in den geschädigten Pflanzenteilen feststellen. Der Schädling hat nur eine Generation im Jahr. Die Fliegen schlüpfen in der Zeit von Mitte Mai bis Anfang Juni und beginnen ab Mitte August bis Anfang September mit der Eiablage. Nach den Untersuchungen von LEIBER kann die Eiablage bis Oktober anhalten.

Die etwa 1 mm langen Eier werden von den Fliegen bevorzugt an die Pflanze, teils aber auch in die Erde in unmittelbare Nähe der Pflanze abgelegt. Nach etwa 8–12 Tage schlüpfen die Maden. Sobald diese erwachsen sind, verlassen sie im allgemeinen die Pflanzen und wandern in die Erde ab. Für Larven, die aus früh abgelegten Eiern hervorgegangen sind, kann dies schon Ende November bis Anfang Dezember der Fall sein. Die eigentliche Verpuppung erfolgt jedoch erst gegen Ende März bis Anfang April.

Bekämpfung: Wo man erfahrungsgemäß mit Schäden rechnen muß, schon Anfang September mit Trichlorphon-Emulsion (z. B. Dipterex flüssig, 0,15%) oder einer Dimethoat-Emulsion (0,1%) spritzen. Sorgfältig arbeiten und nicht mit Spritzbrühe sparen. In Abständen von 10 Tagen eine oder zwei weitere Behandlungen.

Spinnmilben (*Tetranychus urticae* Koch, *Tetranychus urticae* Koch subsp. *dianthica* Dosse und *Tetranychus cinnabarinus* Boisd., die Karminspinnmilbe). Auf den Blättern zeigen sich feine, helle Sprenkel. Bei starkem Befall vergilben die Blätter und vertrocknen. Näheres über die Spinnmilben siehe Seite 58.

Abb. 130. Von den Maden der Nelkenfliege geschädigte Bartnelkenblätter.

Bekämpfung: Man kann mit Omethoat (z. B. Folimat), einem Demeton-Mittel (z. B. Metasystox), Dimethoat- oder Mevinphos-Präparat spritzen oder auch Spezialpräparate wie Fundal forte 750 (Wirkstoff: Chlordimeform + Formetanat), Galecron (Chlordimeform), Pentac (Wirkstoff: Dienochlor) oder Kelthane MF (Wirkstoff: Kelthan) verwenden; bei Neupflanzungen auch 2–3 Wochen nach dem Pflanzen unter strenger Beachtung der Anwendungsvorschriften je m^2 5 g Temik 10 G (Wirkstoff: Aldicarb) ausstreuen und die Behandlung nach 10 Wochen wiederholen.

Kelthane MF, Fundal forte 750, Galecron und Pentac sind vor allem dort zu bevorzugen, wo die Schädlinge gegenüber gebräuchlichen Phosphorsäureinsektiziden widerstandsfähig geworden sind. Es ist aber auch in diesem Fall wichtig, daß mit den Präparaten stets abgewechselt wird, da bei Dauereinsatz der Mittel mit ungünstigen Nebenwirkungen gerechnet werden muß.

Arbeitet man mit dem hochgiftigen Temik, ist zu beachten, daß Rote Spinne und Blattläuse auf Pflanzenteilen, die ihr Wachstum bereits eingestellt haben, nicht mehr ausreichend bekämpft werden können. Auch muß man wissen, daß beispielsweise Demeton-Mittel, Folimat, Dimethoat-Emulsionen und Mevinphos-Präparate die Eier der Schädlinge nicht erfassen und daher wiederholt angewandt werden müssen.

Je früher bekämpft wird, desto eher wird man die Schädlinge unter Kontrolle bringen können, und darauf kommt es an. Im übrigen sind die Bekämpfungsmaßnahmen jeweils 2–3 Tage vor dem Blumenschnitt durchzuführen, da manche Präparate (z. B. Metasystox), aber auch Parathion-Emulsionen die Nelken geruchlich unangenehm beeinflussen.

Blasenfüße (*Heliothrips haemorrhoidalis* Bché., *Thrips tabaci* Lind. u. a.). Blasenfußschäden werden vor allem an den Blüten auffällig. Sie zeigen weißliche oder mißfarbene Sprenkel und Fleckchen (Abb. 131). Bei aufbrechenden Knospen finden sich die Schadstellen vor allem an den Rändern der Blütenblätter. Starker Befall läßt diese verkrüppeln. Manchmal bleiben die Blumen sogar in der Knospe stecken. Helle Fleckchen finden wir auch auf den Blättern. Bei starker Saugtätigkeit kommt es zuweilen vor, daß sich die Blätter nicht mehr normal strecken und sozusagen ineinander steckenbleiben. Verkrümmte und verunstaltete Triebe sind die Folge. Ein Nichtstrecken der Blätter kann manchmal auch in lichtarmen Wintermonaten beobachtet werden, ohne daß Thripsbefall vorliegt (siehe unten). Näheres über die Blasenfüße Seite 72.

Bekämpfung: Sobald die Schädlinge auftreten, mit einem Propoxur-Präparat (z. B. Unden flüssig), Omethoat (z. B. Folimat), einer Parathion-Emulsion oder mit Diazinon (z. B. Diazinon 25) spritzen, Dichlorvos-haltige Präparate (z. B. Dedevap, Nogos) verdampfen oder Dichlorvos S.C. mit Nebelgenerator ausbringen. Je nach Schadgefahr weitere Behandlungen in Abständen von 8–10 Tagen folgen lassen. Demeton-Präparate (z. B. Metasystox) wirken im allgemeinen nicht ausreichend. Da bei Dauereinsatz der Mittel mit ungünstigen Nebenwirkungen gerechnet werden muß, empfiehlt es sich, mit den Präparaten abzuwechseln. Parathion-Emulsionen können z. B. das Einschlafen der Knospen (siehe Seite 239) fördern, Diazinon-Emulsionen die Wachsschicht der Nelken angreifen. Da vor allem bei Parathion-Emulsionen und Metasystox (i), aber auch bei Unden und Folimat eine geruchliche Beeinflußung möglich ist, sind Bekämpfungsmaßnahmen jeweils zwei oder drei Tage vor dem Blumenschnitt vorzunehmen. Das gleiche gilt übrigens für die Verwendung von Tamaron.

Blattläuse. Eine der am häufigsten vorkommenden Arten ist die Grüne Pfirsichblattlaus *Myzus persicae* Sulz. Siehe Seite 85.

Bekämpfung: Die bei der Bekämpfung der Blasenfüße aufgeführten Präparate sind auch zur Blattlausbekämpfung brauchbar. Darüber hinaus kann man in Jungbeständen mit einem Demeton-Mittel (z. B. Metasystox), mit Methamidophos (z. B. Tamaron), Methomyl (z. B. Lannate 25-WP) spritzen oder mit Lindan- oder Sulfotepp-Räuchermittel (z. B. Bladafum) räuchern. Für ältere Pflanzungen bieten sich vor allem wieder Demeton-Mittel, aber auch Mevinphos-Präparate (z. B. PD 5, Shell Phosdrin 50) und Phosphamidon-Emulsionen (z. B. Dimecron 20) an. Wo sich Resistenzerscheinungen der Grünen Pfirsichblattlaus gegenüber gebräuchlichen Phosphorsäureinsektiziden zeigen, Folimat oder notfalls auch Lannate 25-WP wählen. Arbeitet man mit den hochgiftigen Mevinphos-Präparaten, ist Maskenschutz unerläßlich.

Schaumzikaden (*Philaenus spumarius* L.). Durch Besaugen der jungen Triebe können die in eine weiße, schaumartige Masse eingehüllten Larven der Schaumzikaden schädlich werden. Siehe Seite 180.

Bekämpfung: Pflanzungen laufend überprüfen. Bei Auftreten der Schädlinge mit einem Propoxur-Präparat (z. B. Unden flüssig) oder bei nicht blühenden Beständen auch mit einer Dimethoat-Emulsion oder mit Methomyl (z. B. Lannate 25-WP) spritzen.

Abb. 131. Durch Blasenfüße verunstaltete Nelkenblume.

Zwergfüßler (*Scutigerella immaculata* Newp. u. a.). Die etwas über 0,5 cm langen, zarten Tierchen haben 12 Beinpaare und auffallend lange Fühler. Sie schaden durch Benagen der Wurzeln. Vor allem Jungpflanzungen sind oft stark gefährdet. Das Wachstum stockt, die Pflanzen bleiben sitzen.

Bekämpfung: Wo Jungpflanzungen erfahrungsgemäß Zwergfüßler-Befall droht, schon bald nach dem Einwurzeln mit einer Dimethoat-Emulsion (0,1%), einem Lindan-Mittel (z. B. Nexit stark, 0,02%) oder mit einem Propoxur-Präparat (z. B. Unden flüssig, 0,15%) angießen oder auch je m^2 5 g Aldicarb-Granulat (Temik 10 G) ausstreuen. Möglicherweise kann man auch mit dem gegen Zwergfüßler gut wirksamen Fonofos-Granulat Dyfonate 10 G in Nelkenkulturen arbeiten. In orientierenden Versuchen der Verfasser war das Präparat in einer Aufwandmenge von 3 g/m^2 für Edelnelken verträglich. Im übrigen Gießmittel stets auf feuchten Boden ausbringen, sonst kann es Schäden geben. Insbesondere gilt dies für Propoxur-Präparate. Wer mit dem hochgiftigen Temik-Granulat arbeitet, muß die Vorsichtsmaßnahmen streng beachten. Die Zinophos-Emulsion Nemafos wirkt zwar gegen Zwergfüßler gut, läßt jedoch in ihrer Kulturpflanzenverträglichkeit manchmal zu wünschen übrig.

Eulenraupen. Die Raupen der Kohleule (*Barathra brassicae* L.) und anderer Eulenarten schaden vor allem durch Fraß an den Blütenknospen und Blüten. Es werden auch Blätter und Stengel nicht verschont.

Wo Fraßschäden auf die Anwesenheit der Schädlinge hinweisen, mit einem Propoxur-Präparat (z. B. Unden flüssig), mit Methomyl (z. B. Lannate 25-WP, 0,15%), bei Jungnelken auch mit Methamidophos (z. B. Tamaron) spritzen.

Nelkenmarienkäfer, Vierundzwanzigpunkt (*Subcoccinella 24-punctata* L.). Der ca. 3–4 mm lange, bräunlich gefärbte, schwarzgepunktete Käfer und ihre bis 4 mm langen, hellgelben, seitlich jeweils schwarze Punktflecken und in Reihen angeordnete Fiederborsten aufweisenden Larven verursachen vor allem an Nelken, Bartnelken, Schleierkraut und anderen Nelkengewächsen einen sehr charakteristischen Schabe- und Streifenfraß. Die geschädigten Teile sehen dabei wie gerieft aus (Abb. 132).

Abb. 132. Die Larve des Nelkenmarienkäfers beim Schadfraß an Schleierkraut.

Der Schädling hat im Freiland nur eine Generation im Jahr. Unter Gewächshausbedingungen wird man mit mehreren Generationen rechnen müssen. Es überwintern die Käfer. Die kegelförmigen Eier werden einzeln an die Pflanze abgelegt.

Bekämpfung: Wo sich die Schäden bei Freilandkulturen in Grenzen halten, sollte von Bekämpfungsmaßnahmen möglichst Abstand genommen werden. Bei größerer Schadgefahr arbeitet man zweckmäßigerweise mit einer Endosulfan-Emulsion (z. B. Thiodan 35 flüssig).

Da sich die Symptome der **Nelkenvirosen** zum Teil recht ähnlich sind, andererseits aber je nach Nelkensorte, Kulturbedingungen usw. stark variieren, ist eine optische Unterscheidung äußerst schwierig. An dieser Stelle sei nur auf die wichtigsten und häufigsten Erkrankungen dieser Art (53, 54) eingegangen:

Nelkenscheckung (Carnation mottle). Schwache Blattscheckung, die auch fehlen kann, manchmal leichte Streifung der äußersten Blütenblätter farbiger Blüten. Das Nelkenscheckungs-Virus beeinflußt nachteilig Wuchs und Ertrag, in geringem Maß auch die Qualität der Blüten und ist sehr leicht durch Saft, also z. B. beim Schnitt der Nelken, wahrscheinlich auch schon durch Wurzelkontakt, zu übertragen. Es ist das häufigste Nelkenvirus, das fast in allen, auch gesund erscheinenden Pflanzen gefunden wird. Die Symptome sind nur im frühen Frühjahr etwas deutlicher und können später wieder verschwinden.

Adernscheckung (Carnation vein mottle). Blattfleckung etwas ausgeprägter als beim Nelkenscheckungsvirus und meist entlang der Blattaderung. Oftmals Brechung der Blütenfarbe. Übertragung durch Saft (z. B. beim Schnitt) und durch die Grüne Pfirsichblattlaus.

Ringfleckenkrankheit (Carnation ringspot). Pflanzen im Wuchs zurückbleibend. Blattspreiten oft etwas gewellt oder verdreht. Helle, manchmal deutlich ringförmige Fleckung, oft auch bräunliche Streifung der Blätter, deren Spitzen häufig absterben. Außerdem neigen die Blütenkelche besonders stark zum Platzen. Die Blüte ist blasser und kleiner als normal (letzteres besonders bei Mischvirose mit Nelkenscheckungs-Virus) und kann auch buntstreifig sein. Übertragung der weltweit stark verbreiteten Virose beim Schnitt oder bei Berührung von Wundstellen mit den Händen. Auch eine Übertragung durch freilebende Nematoden *(Longidorus, Xiphinema)* ist nachgewiesen. Verseuchte Bestände sind vor allem im Schnittertrag stark gemindert, die Qualität ist unbefriedigend.

Etchedring-Virose (Carnation etched ring). Die Virose scheint neuerdings vermehrt aufzutreten und bringt besonders dann größere Gefahr mit sich, wenn gleichzeitig das Nelkenscheckungs-Virus vorhanden ist. Durch chlorotische Flecken und Ringe ähneln die Symptome denen der Ringfleckenkrankheit. Später entstehen weiße, wie verätzt aussehende Flecke oder, bei Mischinfektionen mit Nelkenscheckungs-Virus, blasse, schwach bräunliche, dunkelbraun umrandete Verfärbungsstellen.

Strichelkrankheit (streak virus). Besonders die älteren Blätter zeigen weißliche, rötliche oder gelblichbraune, parallel der Aderung verlaufende Strichelung und sterben vorzeitig ab. Die Symptome sind im Frühjahr am deutlichsten. Bisher ist nur eine Übertragung durch Pfropfung gelungen. Die Annahme einer Übertragbarkeit durch die Grüne Pfirsichblattlaus konnte bisher nicht bestätigt werden. In Amerika wurde eine Mischinfektion mit dem Virus der Adernscheckung (dort noch als „Mosaik" bezeichnet) gefunden. Die Symptome waren verstärkt, vor allem an den Blütenstengeln oft sämtliche Blätter abgestorben.

Latente Nelkenvirose (Latentes Nelken-Virus, Carnation latent virus). Die Krankheit verursacht allein kaum Symptome an der Nelke, verstärkt aber in Verbindung mit anderen Virosen die Krankheitsmerkmale und ist somit keineswegs so harmlos wie sie zunächst erscheinen mag.

Bekämpfung der Virosen: Da sich herausgestellt hatte, daß praktisch alle Nelkensorten mehr oder weniger stark, oft 100%ig, verseucht waren und eine direkte Bekämpfung der Virosen nicht möglich ist, mußten Methoden gefunden werden, um wieder zu virusfreien Stecklingen zu kommen. Erst nachdem dies gelungen war, konnten genauere Vorstellungen über Qualitäts- und Ertragsunterschiede zwischen kranken und gesunden Beständen gewonnen werden. Die virusfreien Stecklinge zeichnen sich durch bessere Bewurzelung aus und sind wüchsiger als infizierte Stecklinge gleicher Sorte. Die gesunden Pflanzen haben breitere Blätter und bringen einwandfrei höhere Erträge und bessere Blütenqualität.

Da jedoch die Erzeugung virusfreier Stecklinge größte Änderungen in betriebstechnischer Hinsicht stellt, die sich finanziell und personell auswirken, muß sie einigen wenigen Betrieben vorbehalten bleiben, die sich gänzlich auf Jungpflanzen spezialisieren und nach streng festgelegten Selektions- und Vermehrungsplänen arbeiten. Wegen der großen Infektionsgefahr, die von alten Beständen ausgeht, dürfen ohnehin in diesen Betrieben keine Schnittnelken gezogen werden.

Zur Gewinnung einwandfreier Stecklinge geht man von Sproßspitzchen (55) aus (siehe Seite 13), die von wärmebehandelten Pflanzen entnommen wurden. Eine Temperatur von 37 °C (4–6 Wochen bei täglich 16stündiger Belichtung) wird von der Nelke noch vertragen, hemmt aber die Ausbreitung der Viren in den jungen Trieben. Es ist somit damit zu rechnen, daß sich aus den sehr kleinen Sproßspitzchen, die man vorsichtig in sterile Kulturröhrchen überträgt, größtenteils gesunde Pflänzchen entwickeln. Nach 3–6 Monaten können die (gleichzeitig auch von Welkeerregern freien) Pflänzchen in je ein kleines Töpfchen mit sterilem Kultursubstrat unter strengsten hygienischen Vorsichtsmaßnahmen und vor Insektenzuflug gesichert eingetopft werden. Sind sie genügend herangewachsen, werden die Pflanzen zur Sicherheit noch durch Abreibung auf geeignete Testpflanzen (z. B. *Chenopodium amaranticolor*) auf etwa noch vorhandenen Virusbefall überprüft. Jede virusfreie Pflanze muß dann durch Klonung im (insektenfreien) Gewächshaus soweit vermehrt werden, daß eine scharfe Selektion auf Qualitätsmerkmale (z. B. Blütengröße, -farbe, -form; Stiellänge und -festigkeit, Neigung zu „Platzern" usw.) vorgenommen werden kann. Nur wenige Stämme, die dann als Ausgangsmaterial für die Mutterpflanzen dienen, bleiben übrig. Auch die Mutterpflanzen-Kernbestände müssen noch ständig durch Virus-Testung überprüft und vor Insektenzuflug geschützt werden. Der Arbeitsvorgang bis zu diesem Zeitpunkt erfordert mehrere Jahre. Die Mutterpflanzen-Kernbestände bilden das Ausgangsmaterial für die eigentlichen Mutterpflanzenquartiere, die in normalen Gewächshäusern aufgepflanzt werden.

Dem Schnittblumenbetrieb, der die getesteten Stecklinge entsprechend teuer bezahlen muß, sind folgende Maßnahmen zur möglichst langen Gesunderhaltung seiner Bestände anzuraten: Aufpflanzung in gedämpftem Substrat; Blattlausbekämpfung möglichst in wöchentlichen Abständen; Desinfektion der Aufbindedrähte vor Wiederverwendung in Formaldehyd-Lösung (1/4 l der käuflichen Lösung auf 8 l Wasser). Die täglichen Arbeiten in den verschiedenaltrigen Nelkenkulturen sollten womöglich immer bei den jüngsten Beständen beginnen und bei den ältesten enden. Für die einzelnen Häuser sollten jeweils besondere Arbeitsgeräte verwendet werden.

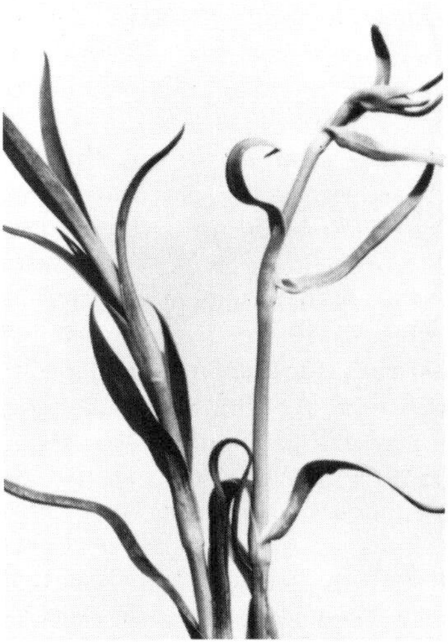

Abb. 133. „Nichtstrecken" der Nelkenblätter: Auswirkungen ungünstiger Lichtverhältnisse während der Wintermonate (links gesunder Trieb).
Abb. 134. Aufplatzen des Kelches bei Edelnelken.

Das „Nichtstrecken" bzw. „Ineinandersteckenbleiben" der Blätter kann in lichtarmen Wintermonaten öfters beobachtet werden (Abb. 133). Sobald die Sonne wieder höher steht und die Pflanzen ausreichend Licht zur Verfügung haben, geht auch die Erscheinung des „Steckenbleibens" ganz von selbst wieder zurück. Man erklärt es sich so, daß die Pflanzen wohl wachsen, infolge Lichtmangels jedoch nicht die Kraft haben, ihr Blattwerk normal zu entfalten. Oft wird das „Ineinandersteckenbleiben" der Blätter nach flüssiger Düngergabe und nachfolgender Schlechtwetterperiode beobachtet. Es ist deshalb wichtig, daß Düngung und Temperatur auf das zur Verfügung stehende Licht abgestimmt werden.

Platzen der Kelche. Der grüne Kelch platzt kurz vor oder während der Blütenentfaltung mit einem oder mehreren Längsrissen (Abb. 134) auf. Da die prall eingespannten Blütenblätter einen starken Druck ausüben, ist ein Weiterreißen des Hüllkelches bis zum Grund der Blume nicht selten. Die Blütenblätter quellen an der Aufrißstelle seitlich heraus, die Blüte öffnet sich ungleichmäßig und ist in ihrem Wert stark gemindert.

Zum Platzen neigen vor allem Blumen mit gedrungenem kurzen Kelch, in dem sich die Druckverhältnisse ungünstiger gestalten als bei schmaler, schlanker Kelchform. Außerdem wurde festgestellt, daß bei den „Platzern" die Anzahl der Blütenblätter im Innern der Knospe insgesamt höher ist als bei den normalen Blumen der gleichen Sorten.

Über das Platzen der Nelkenkelche ist schon viel geschrieben und noch mehr diskutiert worden, und nicht selten werden sogar sehr gegensätzliche Meinungen vorgebracht. Faßt man die vorliegenden Untersuchungen und Ergebnisse zusammen, sind als mögliche Ursachen folgende zu nennen:

1. Ein starker Anstieg der durchschnittlichen Tagestemperaturen (um 5–10 °C) bei gleichzeitig geringem Stickstoffangebot und reichlicher Kaliversorgung.
2. Bormangel, wobei ein echter Mangel vorliegen oder auch das Bor teilweise durch ein Zuviel an Kalk festgelegt sein kann.
3. Befall der Nelken durch die Ringfleckenkrankheit (Carnation ringspot).

Eine Hauptursache sieht man in einem starken Ansteigen der durchschnittlichen Tagestemperaturen (große Temperaturschwankungen). Diese Verhältnisse sind im allgemeinen dann gegeben, wenn auf eine Periode trüben Wetters mit verhältnismäßig niedrigen Nachttemperaturen plötzlich Tage mit starker Sonneneinstrahlung folgen. Verbesserte Wachstumsverhältnisse in der letzten Phase der Knospenentwicklung lassen die Blumenblätter schneller wachsen als die Kelche. Je mehr Blumenblätter aber eine Sorte hervorbringt, desto größer ist verständlicherweise die Gefahr des Platzens. Sorten mit einer geringeren Anzahl von Blumenblättern zeigen weniger Neigung zum Platzen oder platzen überhaupt nicht. Bei ihnen ist jedoch von Nachteil, daß sie unter schlechten Lichtverhältnissen kleine, schlecht gefüllte Blumen hervorbringen.

Den Einfluß eines ungünstigen Stickstoff-Kali-Verhältnisses erklärt man sich folgendermaßen: Plötzlich ansteigende Temperaturen begünstigen das vegetative Wachstum und erhöhen den Stickstoffbedarf der Pflanze. Steht Stickstoff bei gleichzeitig reichem Kaliangebot nicht in ausreichender Menge zur Verfügung, wird verhältnismäßig zuviel Kali aufgenommen. Kali soll aber seinerseits wieder zu einer frühzeitigen Verhärtung der Kelchblätter führen. Daraus läßt sich folgern, daß bei höheren Temperaturen auch das Stickstoffangebot größer sein muß. Es sei an dieser Stelle vermerkt, daß es auch Autoren gibt, die gerade umgekehrte Verhältnisse, also N-Überschuß und Kalimangel für das Platzen verantwortlich machen.

Auch der Bewässerung ist ein Einfluß zuzuschreiben. Hält man einen Bestand trockener, ist auch die Neigung zum Platzen geringer. Man muß sich jedoch darüber klar sein, daß sich eine solche Maßnahme auch auf die Gesamternte auswirkt. Sollte Bormangel vorliegen (siehe dort), können schon geringe Borgaben rasch Abbhilfe bringen.

Ausbleichen, Schrumpfen oder auch Schwarzwerden der Nelkenblütenblätter sind Erscheinungen, die in ihren Ursachen noch keinesfalls vollständig geklärt sind. Alle bislang vorliegenden Beobachtungen lassen eine Beziehung zwischen übermäßigem Wasserverlust und einer zu geringen Aufnahme vermuten. Im Bestand können schon starke Sonneneinstrahlung und starke Hitze bei mangelhafter Wasserversorgung zu einem Ausbleichen und Schrumpfen der Blütenblätter führen. In den meisten Fällen dürften jedoch die Schäden mit der Behandlung nach dem Schnitt in Zusammenhang stehen. Dabei scheinen dunkelgefärbte Sorten häufiger betroffen zu sein.

Es bieten sich folgende Gegenmaßnahmen an:

1. Im Bestand auf gleichmäßige Wasserversorgung achten und während der heißen Sommermonate für genügende Luftfeuchtigkeit sorgen.
2. Blumen nur dann schneiden, wenn sie turgeszent sind.
3. Die frisch geschnittenen Blumen in Wasser einstellen.
4. Räume, in denen Blumen sortiert, aufgestellt und vorübergehend aufbewahrt werden, sind entsprechend feucht zu halten. Keinesfalls dürfen die Blumen verdunstungsfördernder Zugluft ausgesetzt sein.
5. Die Blumen schon vor dem Sortieren, danach, und auch während des Transports durch Polyäthylenfolie schützen.

6. Nelken nicht zusammen mit Obst und Gemüse und vor allem auch nicht mit schon früher geschnittenen Nelken und anderen Schnittblumen (z. B. Chrysanthemen, Calla u. a.) aufbewahren. Diese scheiden Äthylen aus, das das Schrumpfen (Einschlafen) und Schwarzwerden der Blumen begünstigt. Dabei ist die Schädigung durch eine Äthylenatmosphäre bzw. die Schnelligkeit, mit der sich das „Einschlafen" vollzieht, von der Konzentration und Temperatur abhängig. Keller und Lagerräume, in denen Schnittblumen aufbewahrt werden, deshalb immer gut lüften.
7. Die günstigste Temperatur für das Frischhalten der Nelken liegt in gekühlten Räumen bei 5–7 °C. Dabei ist eine relative Luftfeuchte von 75% anzustreben. Zu geringe Luftfeuchtigkeit läßt die Blumenblätter vertrocknen, bei höherer Luftfeuchtigkeit (85–90%) sind die Nelken erhöhter Gefahr von Grauschimmelinfektionen ausgesetzt.
   Neueren Untersuchungen zufolge scheint ein hoher CO_2-Gehalt der Atmosphäre das Einschlafen verhindern zu können. Enthält die Lagerluft 10% CO_2, werden Nelkenblüten z. B. durch 0,25 ppm Äthylen nicht geschädigt, während 20% CO_2 einen ausreichenden Schutz gegen eine Äthylenmenge von etwa 0,5 ppm bieten sollen.

Knospen „schlafen ein". Die Blume bleibt mehr oder weniger in der Knospe sitzen, sie öffnet sich nicht. Blütenorgane im Innern der Knospen welk oder auch schon abgestorben. Als Ursache kommen vor allem ungünstige Wachstumsbedingungen wie z. B. Kälte, ungeeignete Bodenverhältnisse, nicht ausreichende Düngung oder auch Trockenheit während der Anlage der Blüte in Frage. Auch vermehrter Einsatz von Parathion-Präparaten scheint das „Einschlafen" zu begünstigen. Man beachte auch den vorhergehenden Abschnitt!

„Dicke Köpfe". Die äußeren Blütenblätter sind normal ausgebildet. Gegen die Mitte zu zeigen sich die Blütenblätter verkümmert, grünlich und oft so dicht angeordnet, daß sie einen festen Kern bilden. Schäden dieser Art stellt man vor allem in den Wintermonaten fest. Die Erscheinung der „Dicken Köpfe" soll durch Lichtmangel gefördert werden.

Ochsenkopfknospen (56) **nennt man Rundknospen,** aus deren Mitte eine zweite oder auch mehrere Knospen hervorbrechen. Sie sollen dann gebildet werden, wenn bei hoher Lichtintensität die Haustemperatur innerhalb einer Stunde wenigstens um 5 °C und mehr fällt. Solche Verhältnisse ergeben sich an klaren Tagen im Frühjahr und Herbst, wenn vor Sonnenuntergang nicht rechtzeitig abgelüftet wird.

Absterbende Blattspitzen führt man vor allem auf ein Mißverhältnis zwischen Stickstoff und Kali im Boden zurück. Ein Mangel an Stickstoff bei reichem Kaliangebot kann zu verstärkter Aufnahme von Kalium führen. Solche Verhältnisse können eintreten, wenn sich durch plötzlich ansteigende Temperaturen der Bedarf an Stickstoff stark erhöht. In Frage kommt des weiteren vorübergehender Calciummangel (siehe dort).

Weitere Ernährungsstörungen:

Bormangel. Bormangelsymptome können sich bei Edelnelken sehr verschiedenartig äußern. So z. B. in schwachem Wuchs, dunkelgrauer Blattfarbe, dünnen, harten, hin- und hergebogenen Stielen und teilweise blinden Blütentrieben und in einem Aufreißen der Blätter in der Nähe der Stengelansatzstelle. Des weiteren führt man auch schlecht gefüllte Blumen und geplatzte Kelche auf Bormangel zurück. Die Petalen erscheinen schlecht entwickelt. Es kann sogar vorkommen, daß sie nur knapp über den Kelch hinausragen. Manchmal wird auch ein Schrumpfen der Blütenblätter beobachtet, wobei der Kelch mehr oder weniger mißgebildet sein kann. Bei jungen Nelken kann in besonders krassen Fällen der Vegetationspunkt absterben.

Bormangel tritt häufiger nach starkem Kalken auf leichteren bis mittleren Böden auf. Ein Teil des Bors wird durch Kalk festgelegt. Ein hoher pH-Wert verringert also die Borversorgung. Auch scheint bei steigender Stickstoffversorgung, vor allem im Frühjahr, die Boraufnahme erschwert zu sein.

Wo sich Schäden bemerkbar machen, das Land mit 200 g Borax je Ar (keinesfalls mehr!) abdüngen, dem Gießwasser auf 100 l 2 g Borax beimischen, die gleiche Menge beim Düngen der Düngerlösung beigeben oder Blattspritzungen mit 0,5%iger Borax-Lösung vornehmen. Auch Gaben von Bor-Superphosphat (3–4 kg/Ar) oder Bor-Nitrophoska rot (mit 2% Borax) können empfohlen werden. Um den richtigen Borbedarf der Pflanzen bzw. die richtige Versorgung der Kulturerden mit Bor feststellen zu können, ist eine Blatt- oder Bodenanalyse anzuraten. Es gibt Institute, die diese Arbeiten übernehmen. Es ist darauf zu achten, daß der pH-Wert auf leichten Böden nicht über 6,3 und auf schweren nicht über pH 6–7 ansteigt. Auch soll der Stickstoffspiegel 35–40 mg/100 g Boden nicht übersteigen.

Kalimangel. Die unteren Blätter bräunen sich und sterben ab. Weiche, biegsame, die Blumen schlecht tragende Stiele. – **Kaliüberdüngung.** Die Blätter vergilben von der Spitze her und sterben ab. Blütenblätter verfärben sich teilweise in den Randpartien schmutzigbraun und werden schlaff. Blütenknospen nicht selten mißgebildet. Pflanzen im Wuchs etwas gestaucht.

Phosphorsäuremangel. Allgemein mäßiges Wachstum, kleinbleibende Blumen mit schwachen Stielen. Bräunung und Absterben der unteren Blätter.

Stickstoffmangel. Schwacher Wuchs. Die Seitentriebbildung ist gering. Die an sich kleinen Blätter zeigen nur spärlichen Wachsüberzug und erscheinen im unteren Teil der Pflanze leicht aufgehellt. – **Stickstoffüberdüngung.** Die Blume hält sich nicht, sie ist weich und wird allzuleicht vom Grauschimmel befallen.

Manganüberdüngung. Kann vor allem nach einer Bodendämpfung und im besonderen im Bereich vernäßter Stellen auftreten. Die Blätter zeigen ein fahles Graugrün und an den Spitzen der Blätter gelblichbraune Stippen.

Calciummangel. Die Blattspitzen sterben ab, wobei der Übergang vom gesundem zum nekrotischen Gewebe mehr oder weniger scharf sein kann. In schweren Fällen kann es auch zu einem Absterben des Vegetationspunktes kommen. Schäden dieser Art werden vor allem im Frühjahr auffällig. Bei kaltem Boden und damit verminderter Wurzeltätigkeit wird Calcium von der Pflanze weniger gut aufgenommen.

Sehr empfindlich können Nelken auf ein **Zuviel an Brom** reagieren, wie es z. B. nach einer Bodenentseuchung mit Methylbromid (57) und ungenügender Durchspülung auftreten kann. Die Schäden zeigen sich in absterbenden Blättern und nicht selten auch in einem Totalverlust der Pflanzen.

Empfindlichkeit gegen Pflanzenschutzmittel: Mit Zineb + Schwefel-Präparaten muß man vor allem bei starker Sonneneinstrahlung vorsichtig sein; es kann Brennflecke geben. Dabei sind die Blumen besonders empfindlich. Von blühenden Pflanzen schlecht vertragen wird auch das Dinobuton-Präparat Drawinol. Parathion-Präparate können das „Einschlafen" der Knospen fördern. Ähnliche Auswirkungen werden auch Maneb-Präparaten nachgesagt. Diazinon-Emulsionen greifen, wenn sie vermehrt angewandt werden, die Wachsschicht der Nelken an. Auch Dimethoat-Emulsionen und Lannate 25-WP sind für Nelken nicht ganz ungefährlich. Insbesondere bei roten Nelken wurden schon Blütenblattnekrosen beobachtet. Der Schadgefahr wegen sollte man auch die zur Zwergfüßlerbekämpfung gebräuchliche Zinophos-Emulsion Nemafos möglichst nicht als Gießmittel bei Nelken verwenden. Im übrigen können Metasystox (i), Unden flüssig, Tamaron, Parathion-, aber auch Malathion-Emulsionen den Geruch der Nelken unangenehm beeinflussen. Darüber hinaus soll Tamaron auch den Blumen Gefahr bringen.

Dieffenbachia, Dieffenbachie

Bakterielle Welkeerkrankung. (*Erwinia chrysanthemi* Burkh. et al.) (58). Befallene Pflanzen bleiben im Wuchs zurück, das Laub wird matt in der Farbe, die Blattstiele krümmen sich nach unten. An den ältesten Blättern beginnend, kann schließlich eine Vergilbung, Welke und Bräunung des Laubes beobachtet werden. Fast immer ist am Stengelgrund eine wäßrige, gelblichbraune oder schwärzliche Faulstelle zu finden, die oft aufreißt und einen gelblichen, an der Luft eintrocknenden Schleim entläßt. Besonders rasche Fortschritte macht die Krankheit im Vermehrungsbeet, wo sich die Stammstücke innerhalb kürzester Zeit in eine breiig-faulige Masse verwandeln. Die Bakterien breiten sich innerhalb der Pflanze auf dem Weg über die Wasserleitungsbahnen aus und können infolgedessen besonders leicht und unbemerkt mit Stecklingen verschleppt werden.

Bekämpfung: Solange noch keine gut wirksamen systemischen Bakterizide zu haben sind, ist es schwierig, gegen die Krankheit anzugehen. Sofern es sich nicht um einen Spezialbetrieb mit großem wertvollem Dieffenbachien-Sortiment handelt, kommt man am raschesten zum Ziel, wenn man sich entschließt, den gesamten Bestand zu räumen und nach gründlicher Entseuchung der Gewächshäuser, Geräte, Töpfe, Erden usw. mit neu gekauften Pflanzen, die aus gesichert gesunden Beständen stammen, wieder zu beginnen. In Fällen, wo das Sortiment zu kostspielig und zu umfassend ist, wende man sich wegen Beratung über die möglichen, erheblich aufwendigeren und in ihrem Erfolg noch wenig gesicherten Maßnahmen an die zuständige Pflanzenschutzdienststelle.

Blattfleckenkrankheit (*Phaeosphaeria eustoma* (Fuck.) Holm) (59). Ovale oder auch unregelmäßige, bis 2 cm lange, bräunliche, schmal dunkelbraun gesäumte und von einem gelben Hof umgebene Blattflecke. Die oft in konzentrischen Kreisen angeordneten Fruchtkörperchen des Pilzes sind mit bloßem Auge eben noch zu erkennen.

Bekämpfung: Hohe Luftfeuchtigkeit bei krankheitsgefährdeten Beständen vermeiden. Vorbeugend und wiederholt mit einem Zineb-Mittel oder versuchsweise mit Du Pont Benomyl spritzen.

Wurzelfäule (*Fusarium* spp.). Die Krankheit beginnt mit braunen Flecken an den Wurzeln, die allmählich absterben.

Bekämpfung: Angießen der Pflanzen mit Du Pont Benomyl (0,1%).

Spinnmilben (siehe Seite 58) mit einem Kelthan-Präparat, mit Chlordimeform + Formetanat (z. B. Fundal forte 750), Pentac oder versuchsweise mit Omethoat (z. B. Folimat) oder Methamidophos (z. B. Tamaron) bekämpfen. In unseren Versuchen war zwar das Chlorfensulfid + Chlorfenethol-Präparat Anilix für Dieffenbachien verträglich, zeichnete jedoch stark.

Blattläuse lassen sich durch Spritzen mit einem Demeton-Mittel (z. B. Metasystox), mit Propoxur-Emulsion (Unden flüssig), Methomyl (Lannate 25-WP), Methamidophos (Tamaron) niederhalten. Möglich ist auch das Raumsprühen oder das Verdampfen Dichlorvos-haltiger Präparate (z. B. Dedevap, Nogos). Nicht vertragen wird jedoch das Sprühen mit der Alphos-Nebeldose (Wirkstoff: Dichlorvos + Tetrasul). Im übrigen hat sich in unseren orientierenden Versuchen auch das systemisch wirksame Carbamat Vydate als brauchbar erwiesen. Vydate ist derzeit noch in Prüfung. Schließlich kann man Dichlorvos S.C. mit Nebelgeneratoren ausbringen.

Digitalis, Fingerhut

Blattfleckenkrankheit (*Ramularia variabilis* Fuck.). Vor allem auf den bodennahen Blättern unregelmäßige, eckige, meist von den Adern begrenzte, rotumrandete, braune Flecke. Auf diesen blattober- und -unterseits feiner lockerer Schimmelrasen.

Bekämpfung: Vorbeugend und wiederholt in Abständen von 10–14 Tagen mit einem Grünkupfer-Mittel, mit Mancozeb oder auch mit einem Zineb-Präparat spritzen. Wichtig ist, daß auch die Unterseiten der Blätter mit einem schützenden Belag versehen werden.

Dizygotheca elegantissima siehe *Fatsia* Seite 259

Doronicum, Gemswurz

Abb. 135. Blattälchen-Schaden bei *Doronicum*.

Echter Mehltau (*Erysiphe* spec.) Blätter mit mehlig-weißem Überzug.

Bekämpfung siehe Seite 34.

Blattälchen (*Aphelenchoides ritzemabosi* (Schwartz) Good.). Auf den Blättern zunächst hell durchscheinende, später dunkelbraune, von den Adern geradlinig und scharf begrenzte Flecke (Abb. 135). Stark befallene Blätter sterben frühzeitig ab.

Bekämpfung: Wo sich erste Schäden zeigen, dreimal im Abstand von 4–5

Tagen mit einer Parathion-Emulsion oder auch zweimal mit Zinophos-Emulsion (z. B. Nemafos) spritzen. Man arbeite sehr sorgfältig und spare nicht mit Spritzbrühe. Boden unter den Pflanzen gut mitbehandeln.

Echeveria, Echeverie

Nicht zu warm, aber trocken, hell und möglichst dicht unter Glas überwintern. Hängen sind bestens geeignet. Temperaturen um 6–10 °C reichen aus. Hält man zu warm, treiben die Pflanzen durch und die schöne Blattrosette geht verloren. Kalter und nasser Stand in dumpfer Luft fördert Stammfäule und das Abstoßen der Blätter.

Blattfleckenkrankheit (*Stemphylium bolicki* Sob. et Seym.) (60). Unregelmäßige, braune, oft leicht rötliche Blattflecke von 0,5–2 mm Durchmesser, selten auch größer.

Bekämpfung: Wiederholt mit einem Zineb-Mittel oder mit Mancozeb (z. B. Dithane Ultra) spritzen.

Schmier- oder Wolläuse siehe Seite 89.

Bekämpfung: Wiederholt mit einer Dimethoat-Emulsion spritzen. Falls das derzeit in Prüfung befindliche systemisch wirksame Carbamat Vydate eine Zulassung erhalten sollte, wäre auch an seine Verwendung zu denken. Es wird jedoch empfohlen, zunächst bei wenigen Pflanzen einer Art Vorversuche auf Kulturpflanzenverträglichkeit anzustellen.

Blattläuse durch Räuchern mit Nikotin- oder Lindan-Räuchermittel oder auch durch Spritzen mit Lindan-Emulsion bekämpfen. Nach Praxiserfahrungen sind auch Dimethoat-Emulsionen brauchbar.

Dickmaulrüßlerlarven (*Otiorrhynchus sulcatus* F. u. a.). Die Blätter verlieren ihren Glanz und welken; schließlich gehen die Pflanzen ein. An den Wurzeln fressen bis zu 12 mm lange, braunköpfige, schwach querrinnige und bauchwärts gekrümmte Larven. Siehe Seite 82.

Bekämpfung: Bei feuchtem Wurzelballen mit Diazinon-Emulsion angießen. Eine weitere Behandlung nach 8 Tagen folgen lassen.

Empfindlichkeit gegen Pflanzenschutzmittel: Als schlecht verträglich gelten Fundal forte und Kelthane MF. Auch Parathion-Emulsionen werden nicht immer vertragen.

Erica gracilis, Erika

Bei der Erikenvermehrung ist peinlichste Sauberkeit eine Grundforderung. Man verwende nur krankheitsfreie Substrate und entseuchte oder neue Kulturgefäße. Auch hat es sich als zweckmäßig erwiesen, schon vor dem Stecken vorbeugend gegen Umfallkrankheiten mit der Brühe eines Zineb-Mittels (0,2%) anzugießen. Keine Captan-Mittel verwenden; sie werden schlecht vertragen. Sorgfältige Auswahl der Mutterpflanzen. Die Stecklinge müssen gut ausgereift sein, sie dürfen nicht zu hart und nicht zu weich sein und keinesfalls nach der Abnahme welken.

Während der Stecklingsanzucht das Gießen und Spritzen auf das Notwendigste beschränken. Tropfwasser vermeiden. Im übrigen wirkt sich eine hohe Vermehrungswärme ungünstig aus. Am besten hält man eine Bodentemperatur von 18 °C. Die Lufttemperatur darf etwas darunter liegen.

Beim Pikieren Vorsicht! Eriken sind in der Wurzel sehr empfindlich. Jungpflanzen sollen zügig heranwachsen; sie dürfen nicht „verhocken". Ist der Standort ausgewachsen, muß rechtzeitig getopft bzw. verpflanzt werden. Keinesfalls dürfen die Wurzelballen verfilzen. Man dünge regelmäßig aber nur schwach.

Der Winterstandort sei hell und luftig. Lichtmangel, dumpfe, stehende Luft lassen die Pflanzen stocken und schaffen günstige Voraussetzungen für das Auftreten des Grauschimmels. Auch darf nicht zu warm überwintert werden. Am besten hält man Erika bei Temperaturen um 5–8 °C. Die Pflanzen sollen nicht mehr wachsen, da sonst nur lange, geile, krankheitsanfällige Triebe entstehen. Wassergaben während der kalten Jahreszeit auf das Notwendigste beschränken. Freilich dürfen die Pflanzen auch nicht ballentrocken werden. Zum Wässern suche man sich sonnige und vor allem frostfreie Tage aus, damit hinterher auch ausreichend gelüftet werden kann. Rasches Abtrocknen der Bestände ist wichtig.

Besondere Vorsicht ist bei der Kastenüberwinterung geboten. Bleiben die Kästen während einer Periode strengen Frostes zugedeckt, sind die Pflanzen danach sehr langsam an Licht und Luft zu gewöhnen, sonst besteht Vertrocknungsgefahr. Im übrigen nicht später als Mitte April verpflanzen. Während der nun folgenden Sommerkultur für genügend weiten Stand sorgen. Stehen die Pflanzen zu eng, werden sie weich und lang; die unteren Blätter werden abgestoßen. Ist das Wetter nach dem Ausräumen trocken und warm, darf es den Pflanzen nicht an Wasser fehlen. Ungenügend abgehärtete Pflanzen können allzu leicht verbrennen. Auch ist bei Wind und starken Niederschlägen die Gefahr des Auseinanderfallens groß.

Während der Sommermonate muß reichlich gegossen werden. Das ist auch für die Entwicklung der Blütenknopsen wichtig. Mangelt es während dieser Zeit an Wasser, verzögern sich Knospenentwicklung und damit auch die Blüte. Es kann sogar vorkommen, daß die Blüten überhaupt in der Knospe steckenbleiben.

Eriken sind sehr salzempfindlich. So bewurzeln sich Stecklinge bei einem Salzgehalt von 0,15% überhaupt nicht. Schwach bewurzelte gehen bei 0,15% zugrunde. Eine Salzkonzentration von 0,2–0,3% ist nach voller Bewurzelung möglich. Für Jungpflanzen werden 0,4–0,5% als oberste Grenze genannt.

Was muß der Gärtnerkunde beachten? Die Eriken werden im Herbst gewöhnlich im Zustand beginnenden Aufblühens angeliefert. Ihr Wasserbedarf ist erfahrungsgemäß während dieser Zeit noch sehr hoch. Pflanzen, die unter Wassermangel leiden, blühen schlecht oder überhaupt nicht auf, bereits geöffnete Blüten vertrocknen. Unter Umständen wird man also an trockenwarmen Tagen mehrmals wässern müssen.

Die Eriken beanspruchen vor allem einen windgeschützten Standort, wo sie bis zum Topfrand eingesenkt stehen sollen. Topfballenware ist sofort einzuschlagen oder in Töpfe zu setzen. Keinesfalls dürfen die Pflanzen der Sonne und austrocknender Luft ausgesetzt sein. Unter Glas verlieren die Eriken ihre intensive Farbe. Glasschutz ist deshalb nur in Frostnächten angebracht. Im übrigen können voll aufgeblühte Pflanzen noch leichte Fröste bis etwa −2 °C vertragen. Bei solchen, die eben Farbe zeigen, besteht schon bei −1 °C Schadgefahr.

Erikasterben (61)
Der Begriff „Erikasterben" sagt nichts aus über die Ursachen der Erkrankung. Ein nahezu gleiches Symptombild – langsames oder rascheres Absterben der gesamten Pflanze – kann einmal vorwiegend die Folge ungünstiger Kulturbedingungen sein, in anderen Fällen stehen pilzliche Krankheitserreger eindeutig im Vordergrund.

Selbst dort, wo Pilze festgestellt werden können, bleibt noch die Frage zu klären, ob diese als Schwächeparasiten anzusehen sind, die nur Pflanzen anzugreifen vermögen, deren Widerstandskraft infolge ungünstiger Kulturbedingungen gemindert ist oder ob sie als echte Parasiten zu werten sind, denen auch Pflanzen in bestem Kulturzustand zum Opfer fallen können. Die nachfolgend genannten Erkrankungen lassen sich bei genauerer Überprüfung voneinander unterscheiden:

a) **Phytophthora-Krankheit** (*Phytophthora cinnamomi* Rands) (62). Jungpflanzen werden fahlgrün und vertrocknen. An älteren Eriken ist die Krankheit im Frühjahr zunächst an einer leichten, dann immer deutlicher werdenden Wachstumshemmung und am Grunde der Pflanzen beginnenden Vergilbung zu erkennen. Die sonst von der Sproßachse abstehenden Blättchen legen sich dieser nach oben an und allmählich geht die Pflanze zugrunde. Im Sommer kann die Welke an den im Freiland stehenden Eriken einen raschen Verlauf nehmen. An kräftig entwickelten Pflanzen stellen sich die Blättchen plötzlich steil in Richtung der Sproßachse nach oben, die sich fahl färbenden Triebspitzen nicken, die Pflanze nimmt ein stumpfgraues Aussehen an und wird schließlich braun. Den oberirdischen Krankheitserscheinungen geht eine am Stammgrund bzw. am Wurzelhals oder den Wurzelansätzen beginnende Fäule voraus. Rinde und Holzteil (!) sind infolge der Pilzinfektion schon frühzeitig bis ins Innerste braun verfärbt. Es handelt sich hier um einen echten bodenübertragbaren Parasiten, der auch Pflanzen in bestem Kulturzustand anzugreifen vermag.

Bekämpfung: Da die Behandlung mit dem Fenaminosulf-Präparat Bayer 5072 (früher Dexon) von *Erica gracilis* nicht sehr gut vertragen wird, müßte erprobt werden, ob Etridiazol-Präparate wie z. B. AAterra-Spritzpulver oder das neuerdings zugelassene teilsystemische Previcur (Wirkstoff: Prothiocarb) erfolgversprechend eingesetzt werden können. Im übrigen ist man auf strenge Beachtung aller hygienischen Vorsichtsmaßnahmen angewiesen. Kranke Pflanzen müssen aus dem Betrieb entfernt werden. Als Kultursubstrat sollte nur frischer Torf oder gedämpfte Erde genommen werden. Größte Vorsicht ist bei Nadelerde aus Azaleenkulturen geboten. Sie darf für Erika nur nach gründlicher Dämpfung Verwendung finden. Wo das Substrat auf Grundbeete aufgeschüttet wird, darf vor allem auch die Desinfektion des Unterbodens (Dämpfung, Totalentseuchung mit chemischen Mitteln) nicht unterlassen werden. Noch sicherer ist die Kultur in Beeten mit abgeschlossener Sohle oder auf tischartigen Stellagen, die vor Aufbringung des Substrates leicht entseucht werden können. Auch an die Desinfektion von Geräten, Stecklingskistchen und Töpfen, sowie z. B. auch der Schüttfläche für die frisch gedämpfte, zu lagernde Erde ist zu denken. Da der Pilz nach bisherigen Erfahrungen im Freiland nicht zu überwintern vermag, ist eine Infektion von den Freilandbeeten aus weniger zu befürchten, doch ist immerhin eine gewisse Vorsicht geboten. Ebenso sollten Stecklinge nur von gesund erscheinenden Pflanzen gewonnen werden.

b) **Erika-Wurzelsterben** (ungünstige Kulturbedingungen und Befall durch *Olpidium brassicae* Wor. und *Rhizophidium* spec.). Der Name „Wurzelsterben" deutet bereits darauf hin, daß eine frühzeitige Bräunung und ein Absterben der Wurzeln im gesamten Ballen als wichtigste Merkmale angesehen werden müssen, doch ist der Verlauf viel langsamer als bei der Phytophthora-Krankheit. Dies drückt sich auch im Bild der kranken, gebräunten Wurzel aus, die immer wieder versucht, sich durch Neuaustrieb zu regenerieren. Die Erkrankung der Wurzeln durch die sich in der Rinde ansiedelnden Pilze führt dazu, daß die Pflanzen durch Einstellen des Wachstums ein buschiges Aussehen annehmen (Abb. 136) und sich im Verlauf des Sommers von der Triebspitze ausgehend fortschreitend gelb und später rötlich verfärben. Besonders bei regenarmer Witterung kann die stark geschädigte Wurzel die Pflanze nicht mehr ernähren, so daß sie allmählich vertrocknet.

Das Wurzelsterben wird hauptsächlich auf die in der Kultur gegenüber der Wildpflanze stark veränderten Ernährungsbedingungen zurückgeführt. Eine erhöhte Anfälligkeit gegenüber sonst harmlosen Pilzen ist die Folge.

Bekämpfung: Nach mehrjährigen Erfahrungen in der Schweiz soll es möglich sein, durch sparsame Stickstoffdüngung der Erkrankung vorzubeugen, wobei allerdings zu bedenken ist, daß man bei zu starker Drosselung der Stickstoffgabe keine befriedigenden Verkaufspflanzen mehr erhält und außerdem eine unliebsame Verfrühung der Blüte herbeiführt. Verweichlichung durch zu hohe oder zu späte Düngergabe muß jedoch unter allen Umständen vermieden werden. Die Beachtung hygienischer Maßnahmen (siehe *Phytophthora*-Krankheit) zur Fernhaltung der Schwächepilze ist wichtig.

c) **Pestalotiopsis-Befall** (*Pestalotiopsis guepini* (Desm.) Steyaert (= *P. sydowiana* Bres.) (63). Der Pilz wird in Pflanzen von *Erica gracilis* nicht selten gefunden, selbst wenn diesen gar keine Krankheitserscheinungen anzusehen sind. Nach HEIMANN kann er unter ungünstigen, die Pflanze schwächenden Kulturbedingungen ein Absterben der Eriken verursachen. Im Gegensatz zu den beiden vorgenannten Krankheiten soll bei der von HEIMANN beschriebenen das Wurzelwerk noch lange Zeit weiß bleiben. Die Triebe, die durch ihre Brüchigkeit an der Basis auffallen, neigen sich auseinander, was der Pflanze ein sparriges Aussehen verleiht (Abb. 136). Die Blätter an den Ansatzstellen der Äste verfärben sich rot und fallen ab. Andere Symptombilder mit Triebwelke unter graugrüner Verfärbung ähneln den durch *Phytophthora cinnamomi* verursachten.

Bekämpfung: Sofern mit Sicherheit feststeht, daß kein anderer, primär parasitärer Krankheitserreger im Spiel ist, muß versucht werden, durch Änderung der Kulturbedingungen Einfluß auf die Gesundung der Pflanzen zu nehmen. Wahl des geeigneten Erdsubstrates, richtige Düngung und Aufrechterhaltung des für die Eriken erforderlichen Säurewertes sind die Grundbedingungen. Außerdem sei nochmals darauf hingewiesen, daß die Pflanzen während der Überwinterung nicht zu lange zugedeckt bleiben dürfen, daß die Temperatur 10 °C nicht übersteigen soll und die Luftfeuchtigkeit niedrig gehalten werden muß. Während heißer Witterungsperioden konnte HEIMANN bereits durch leichte Schattierung das Überhandnehmen der *Pestalotiopsis* deutlich mindern.

Ceratocystis-Triebsterben (*Ceratocystis* spec.) (64). An Eriken verschiedenen Alters, besonders an Jungpflanzen, wurde kürzlich noch ein anderer Krankheitserreger gefunden, der ein Welken und Absterben der Triebe unter rötlich brauner Verfärbung verursacht. Es handelt sich um einen Pilz aus der Gattung *Ceratocystis*, deren Vertreter als Welkeerreger an verschiedenen Laub- und Nadelhölzern bekannt sind (z. B. Ulmensterben).

Bekämpfung: Erfahrungen liegen bisher noch nicht vor. Man halte sich vorerst an die bei der Glomerella-Krankheit empfohlenen Maßnahmen.

Cylindrocladium-Stammgrundfäule (*Cylindrocladium scoparium* Merg.) (65) siehe Azaleen Seite 392.

Glomerella-Triebsterben (*Glomerella cingulata* (Stonem.) Spaulding et v. Schenk. stat. con. *Colletotrichum gloeosporioides* Penz.) (66). Die Krankheit macht sich meist etwa 3–5 Wochen nach dem Stutzen der Jungpflanzen bemerkbar. Einzelne

Abb. 136. *Pestalotiopsis*-Erkrankung und Erika-Wurzelsterben.
Bei der *Pestalotiopsis*-Erkrankung (Mitte) hat der Sproß ein sparriges Aussehen. Trotz zunächst gesunder Wurzeln stirbt er in Kürze ab. Beim Erika-Wurzelsterben (rechts) buschiges und kurztriebiges Sproßwachstum infolge Wurzelbeschädigung. Links gesunde Pflanze mit gesundem Wurzelwerk.

Pflanzen bleiben im Wuchs zurück. Insgesamt macht der Bestand einen ungleichmäßigen, dürftigen Eindruck. Bei genauerer Untersuchung findet man, daß Absterbeerscheinungen von den durch das Stutzen entstandenen Schnittstellen ausgehen. Die an den sich fortschreitend bräunenden Stengelstutzen ansitzenden Seitenzweige (Federn) trocknen unter rötlichbrauner Verfärbung ein. Zunächst hat das Absterben des Triebendes ein vermehrtes Austreiben von Achselknospen an der Basis zur Folge, allmählich werden jedoch auch diese neuen Triebe dürr. Über tieferliegende Verzweigungsstellen kann der Pilz sogar in benachbarte Äste von unten her eindringen und auch sie zum Absterben bringen. Es entstehen dann ähnliche Schadbilder wie bei der Phytophtora-Krankheit. Gelegentlich können Infektionen auch ohne sichtbare Verletzungen von der Stengelbasis ausgehen (höhere Feuchtigkeit im Bereich der Substratoberfläche).

Eine in der Praxis als „Triebspitzenbräune" bezeichnete Erkrankung, die im Sommer des zweiten Kulturjahres an den im Freien stehenden, fast verkaufsfertigen Pflanzen auftritt, steht wahrscheinlich ebenfalls mit einem Befall durch *Glomerella* in Beziehung, denn auch hier konnte dieser Pilz aus den erkrankten Teilen isoliert werden.

Bekämpfung: Sofort nach dem Stutzen, eventuell später nochmals wiederholt, Spritzung mit organischen Mitteln. Ferbam hat sich bisher gut bewährt, vermutlich können aber auch andere Präparate wie z. B. TMTD (z. B. BASF-TMTD-Spritzpuler oder Pomarsol forte, je 0,2%) eingesetzt werden. Während der Überwinterung der Eriken muß durch reichliches Lüften bei gleichzeitiger Heizung die Luftfeuchtigkeit herabgesetzt und länger dauernde Benetzung der Pflanzen vermieden werden (evtl. Ventilatoren).

Mehltau *(Oidium ericinum* Erikss.). Triebe mit mehlig-weißem Belag, der zur Bräunung und zum Abfallen der Blätter sowie zum Eingehen der Pflanzen führen kann. Der Pilz, dessen Sporen das ganze Jahr hindurch an den befallenen Pflanzenteilen festgestellt werden können, hält sich in dieser Form auch während der Überwinterung am Leben.

Bekämpfung: Man kann mit einem Dinocap-Präparat (z. B. Karathane, 0,05%; Karathane LC, 0,025%), mit Saprol arbeiten oder auch das Chloraniformethan-Mittel Imugan (0,1%) verwenden. Soll gleichzeitig dem Rost vorgebeugt werden, empfiehlt es sich nach MELDER, ein Dinocap-Mittel mit Delan flüssig (0,2%) zu mischen oder mit Saprol zu spritzen. Bei großer Krankheitsgefahr müssen die Mittel wöchentlich ausgebracht werden, ansonsten genügt es, wenn in Abständen von 10 Tagen behandelt wird.

Grauschimmel (*Botrytis cinerea* Pers.). Besonders während der Überwinterung, aber auch während regnerischer Perioden im Sommer stellt sich der Grauschimmel ein, der ein Abfaulen der Blüten oder auch ganzer Triebe herbeiführen kann.

Bekämpfung: Während der Überwinterung stehende, dumpfe Luft vermeiden. Stets für genügenden Luftaustausch Sorge tragen. Mit aller Vorsicht gießen. Nach dem Gießen möglicherweise die Kulturen trockenheizen. Rasches Abtrocknen der Bestände ist wichtig. Vorbeugend und wiederholt mit Anilazin (z. B. B 500) oder einem TMTD-Mittel stäuben oder auch in Abständen von 14 Tagen mit Du Pont Benomyl (0,05%), Botrysan (0,3%) oder Ferbam 80 (0,2%) spritzen. Benomyl jedoch nicht sofort nach dem Stutzen anwenden, sonst muß mit einer Austriebsverzögerung gerechnet werden. Ob die Thiabendazol-haltigen Tecto-Räuchertabletten für diesen Verwendungszweck brauchbar sind, ist bislang nicht erprobt.

Rost (*Pucciniastrum ericae* (Naum. = *Thekospora fischeri*) (Cruchet)). Der auf wildwachsender *Calluna vulgaris* verbreitete Pilz geht von dort leicht auf die gärtnerisch kultivierten Arten (z. B. *Erica gracilis, E. hiemalis*) über. Er verursacht orangegelbe, stäubende Pusteln auf den Blättern, die bei starkem Befall vorzeitig abgeworfen werden. Der Wuchs kann durch den Rost hexenbesenartig verändert sein.

Bekämpfung: Sobald sich erste Krankheitsanzeichen zeigen, vorbeugend und wiederholt mit einem Zineb + Schwefel-Präparat (z. B. Phytox + Ultraschwefel-Spritzpulver, 0,3%), mit Triforine (z. B. Saprol 0,1%) oder auch mit Dithianon (z. B. Delan flüssig, 0,2%) spritzen. Schwefelhaltige Mittel nicht bei starker Sonne ausbringen; es kann Schäden geben.

Blattläuse. Ihre Bekämpfung geschieht zweckmässigerweise mit einem Demeton-Mittel (z. B. Metasystox), mit Mevinphos (z. B. PD 5, Shell Phosdrin 50) oder mit Dichlorvos-haltigen Präparaten (z. B. Dedevap, AAdifos flüssig u. a.)

Trauermückenlarven und ihre Bekämpfung siehe Seite 77. Nach MELDER sei auch das Propoxur-Präparat Unden flüssig zur Bekämpfung von Trauermückenlarven bei *Erica gracilis* brauchbar.

„Knöllchenkrankheit“ (67) Seit einigen Jahren werden an *Erica gracilis* in zunehmendem Maße knöllchenförmige, etwa 1–8 mm große Anschwellungen an den Wurzeln beobachtet, deren Ursache bisher noch nicht mit Sicherheit feststeht. Die Knötchen entstehen meist wenig hinter der Wurzelspitze, die sich bräunt und abstirbt. Gleichzeitig mit den Wurzelanschwellungen treten manchmal Veränderungen an den oberirdischen Pflanzenteilen auf, die vor allem an pikierten Eriken kurz vor dem Eintopfen gut zu erkennen sind. Da sich die Blättchen löffelförmig nach oben wölben und die normalerweise starke Einrollung des Blattrandes nach unten fehlt, tritt die graugrüne, hellere Blattunterseite stärker in Erscheinung und verleiht der kranken Pflanze ein insgesamt helleres Aussehen. An älteren Eriken ist dieses Bild nicht mehr so deutlich zu erkennen. Die normalerweise weit abgespreizten Blättchen stehen jedoch meist steil nach oben gerichtet und liegen mehr oder weniger deutlich der Sprossachse an.

Obgleich manches dafür spricht, daß es sich um eine parasitäre Erkrankung handelt, stehen sichere Beweise noch aus. Nach Untersuchungsergebnissen aus dem Institut für Pflanzenkrankheiten der Universität Bonn (1972) soll *Agrobacterium tumefaciens* in den Knöllchen gefunden worden sein. SCHÖNBECK (BBA Berlin, noch unveröffentlicht) konnte elektronenmikroskopisch Rickettsien nachweisen.

Wurzelbräune infolge ungünstiger Kultureinflüsse. Eine oft periodisch sich verschlimmernde, dann wieder nachlassende Bräunung der Wurzeln, die nur selten ein völliges Absterben der Pflanzen zur Folge hat, sie aber doch empfindlich schwächen kann, ist auf ungeeignete Kulturbedingungen zurückzuführen. Salzschäden durch Überdüngung, ungeeignete Erdmischung oder stauende Nässe sind die häufigsten Ursachen.

Vorbeugung: Sofern keine zu hohe Nährstoffkonzentration vorliegt, ist vor allem zu erwägen, ob schlechte Bodendurchlüftung die Wurzelerkrankung herbeigeführt haben kann. Einfütterung in Torf ist im Freiland nicht ratsam, da er das Wasser zu lange hält. Unter den Töpfen darf sich kein Wasser stauen. Stets für guten Abzug sorgen. Will man prüfen, ob mangelnde Bodendurchlüftung die Ursache ist, empfiehlt es sich, probeweise einige Töpfe freizustellen und nur mäßig zu gießen. In kurzer Zeit wird sich in diesem Fall das erkrankte Wurzelwerk regenerieren und neu austreibende weiße Wurzeln werden die Gesundung der Pflanzen anzeigen.

Stickstoffmangel. Der Wuchs ist schwach, der Aufbau locker, das Laub im allgemeinen fahlgrün und nicht selten von unten nach oben fortschreitend gelb bis rot verfärbt. Die Pflanzen blühen schlecht. Auch ist die Blütenfarbe blaß. **Stickstoffüberschuß** zeigt sich in weichen, mastigen und leicht auseinanderfallenden Pflanzen von dunkelgrüner Farbe. Nicht selten krümmen sich die Triebspitzen ein.

Phosphorsäureüberschuß kann sich in einer leichten chlorotischen Aufhellung der Blätter äußern.

Spurenelementmangel bei Erica gracilis (nach PENNINGSFELD 68):

Eisenmangel kann sich in einer Triebspitzenchlorose äußern. Sie wird bei Jungpflanzen des öfteren nach dem Umtopfen im Frühjahr, und zwar kurz nach dem Stutzen beobachtet. Als Ursache kommen einmal Vernässung des Substrats und eine zu starke Grunddüngung in Frage.

Gegenmaßnahmen: Schwächere Grunddüngung, entsprechende Eisenchelatgaben (z. B. von Fetrilon) und zeitweilige Schattierung der Bestände.

Bormangel. Die Pflanzen fallen durch gedrungenen Wuchs auf, der Blütenansatz ist gering und kann verzögert sein.

Kupfermangel kann sich bei *Erica gracilis* in einem teilweisen Absterben der Triebspitzen äußern. Ähnliche Erscheinungen können aber auch durch ein zu reichliches Phosphorsäureangebot verursacht sein.

Übersalzung. An den getopften, einjährigen Pflanzen fängt das Laub, vor allem in den Wintermonaten an, sich fahlgrün und schließlich braun zu verfärben. Grauschimmelbefall stellt sich häufig sekundär ein. An älteren Pflanzen werden die Triebspitzen in den Sommermonaten rötlichgelb, schließlich braun.

Chlorose. Ausgesprochener Eisenmangel ist selten. Im allgemeinen ist Gelbsucht auf zu niedrige Bodentemperatur, zu hohe Salzkonzentration und damit auf schlechte Wurzeltätigkeit zurückzuführen. Auch Wurzelerkrankungen können Schuld haben. Auf jeden Fall empfiehlt sich zunächst einmal ein Versuch mit Fetrilon (Chlorosemittel). Da Eriken schon bei einer Gabe von 1 g/l Wasser sehr empfindlich reagieren können, sollte man selbst bei starker Chlorose nicht über 0,5 g/l Wasser hinausgehen. Zweckmäßigerweise ist die Behandlung nach einer Woche zu wiederholen.

Empfindlichkeit gegen Pflanzenschutzmittel: Eine gewisse Empfindlichkeit scheint gegenüber Parathion-Emulsionen vorzuliegen. Mit schwefelhaltigen Mitteln muß man bei höheren Temperaturen und starker Sonneneinstrahlung vorsichtig sein, darüber hinaus bei Jungpflanzen mit Kupfer und Captan. Werden die Pflanzen sofort nach dem Stutzen mit Du Pont Benomyl behandelt, hat man verzögerten Austrieb zu erwarten. Im Vermehrungsbeet ist auf Benomyl möglichst zu verzichten.

Erigeron, Berufkraut

Welkekrankheit (*Verticillium alboatrum* R. et. B.). *Erigeron*-Bestände leiden manchmal ganz erheblich unter Befall durch den Wirtelpilz *Verticillium alboatrum*, der vom Boden aus in die Wurzel eindringt und in den Wasserleitungsbahnen der Pflanze oft nahezu bis zur Triebspitze emporwandert. Blattvergilbungen und fortschreitende Welke sind die Folge. Der Pilz wird nicht nur mit verseuchtem Boden und kranken Mutterpflanzen verschleppt, sondern auch mit den Stecklingen. Da zur Zeit des Stecklingsschnitts den Pflanzen die Erkrankung nicht anzusehen ist, können Mutterpflanzen nur im Sommer zur Blütezeit ausgelesen werden.

Bekämpfung: Sichtbar kranke Pflanzen sofort entfernen und vernichten. Befallsstellen bzw. Krankheitsherde mit einem Bodenentseuchungsmittel (siehe unter *Dianthus* Seite 218) behandeln oder auch unter Einbeziehung einer etwa 30 cm breiten Randzone wiederholt mit 0,1%iger Du Pont Benomyl-Brühe (4 l/m²) angießen. Arbeitet man mit Benomyl, sind Folgebehandlungen in Abständen von 6–8 Wochen anzuraten. Möglicherweise sind auch Cercobin M (Wirkstoff: Thiophanat-Methyl) und das Cypentazol-Präparat Folcidin brauchbar.

Handelt es sich um sehr wertvolles Pflanzenmaterial, wäre auch die Stecklingstestung (siehe Seite 45) ein Weg, um wieder zu gesunden Pflanzenbeständen zu kommen. Im übrigen Teilpflanzen und Stecklinge nur aus gesunden Beständen gewinnen und mit diesen auf neuen Standort übergehen.

Euonymus, Spindelstrauch

Echter Mehltau (*Oidium evonymi japonici* Sacc.). Auf den Blättern und Trieben von *Euonymus japonica* dick-weißflaumige Flecke, die sich später durch Hinzutreten anderer Pilze braun verfärben können (Abb. 137).

Bekämpfung Seite 34.

Abb. 137. Mehltaubefall bei *Euonymus japonicus*.

Euphorbia pulcherrima (Poinsettie), E. fulgens, E. milii (Christusdorn)

Poinsettie. Obwohl das Wissen und die Kenntnis um die Reaktionen der heute angebotenen Sorten für den späteren Kulturerfolg sehr wichtig sind, kann hier nicht auf spezielle Fragen der Terminkultur (z. B. Kurztagbehandlung, Reaktionsgruppen u. ä.) eingegangen werden. Wo Fragen dieser Art anstehen, wird man sich um Spezialliteratur bemühen müssen. Es bleiben aber noch genug andere Kulturprobleme, die es wert sind, daß hier einiges darüber gesagt wird.

Da heute vor allem Spezialbetriebe die Anzucht von Jungpflanzen übernommen haben, sind die früher oft vorhanden gewesenen Probleme bei der Stecklingsvermehrung zweifellos etwas in den Hintergrund getreten. Man verfügt in diesen Betrieben über gut eingearbeitetes Personal. Auch kann man sich der gestellten Aufgabe mit besonderer Sorgfalt widmen. Was aber hat der Selbstvermehrer zu beachten?

Des austretenden Milchsaftes wegen sind die Stecklinge in lauwarmes Wasser zu tauchen. Dabei wird der Milchsaft abgespült, sein Gerinnen verhindert. Stecklinge nicht zu tief stecken, da sonst leicht Fäulnis auftreten kann. Auch dürfen sie nicht welken, denn welk gewordene Stecklinge richten sich selten wieder auf. Niederschlag muß im Vermehrungsbeet vermieden werden.

Haben Jungpflanzen einen langen Transportweg hinter sich, sind sie nach ihrem Eintreffen sofort auszupacken und zu versorgen, sonst besteht die Gefahr, daß sie gelbe Blätter bekommen. Wenn die Kultur gelingen soll, muß das Substrat in Ordnung sein. Es darf keine Krankheitserreger enthalten, muß gut durchlässig und, was sehr wichtig ist, verhältnismäßig salzarm sein. Für praxisübliche Erdmischungen ist ein pH-Bereich von 6–6,5 günstig. Als Mischstoff hat sich Styromull gut bewährt. Einheitserde und TKS gelten zwar grundsätzlich als brauchbare Substrate, schließen jedoch bei weniger sorgfältiger Wartung die Gefahr für Salzschäden nicht aus.

Da Poinsettienwurzeln sehr leicht brechen, hat das Topfen oder Verpflanzen mit aller Vorsicht zu geschehen. Auch darf man die Töpfe nicht zu groß nehmen. Große Töpfe werden schlecht durchwurzelt und halten die Feuchtigkeit entsprechend lange.

Poinsettien sind für einen warmen Fuß dankbar. Dabei darf die Bodentemperatur bei 20–22 °C liegen. Im allgemeinen hält man die Lufttemperatur bei 20–24 °C; sie darf aber bei entsprechender Lichtintensität auch auf 27 °C ansteigen. Da jedoch die einzelnen Sorten an die Temperatur unterschiedliche Ansprüche stellen und auch unterschiedliche Entwicklungszeiten haben, hat es sich als zweckmäßig erwiesen, sie in getrennten Häusern zu kultivieren. Im besonderen gilt dies für die Sorte 'Annette Hegg'. Unter der Voraussetzung, daß die Wurzeln gesund sind, kann sie im November bei Temperaturen um 16–17 °C und im Dezember bei 15–16 °C stehen. Mehr Wärme wünschen 'Mikkelsen'-Sorten und vor allem 'Eckes-Point'-Sorten.

Poinsettien haben zwar einen hohen Wasserbedarf, dürfen jedoch nicht vergossen werden. Die sehr luftliebenden Wurzeln vertragen keine stauende Nässe. Hält man die Pflanzen zu naß, gibt es braune Wurzeln, damit Wachstumsstockungen und möglicherweise Blattfall. Auch schafft man günstige Voraussetzungen für den Erreger der Pythium-Wurzelfäule. Besonders vorsichtig muß man mit dem Gießen nach dem Topfen der Jungpflanzen, in der ersten Zeit nach dem Stutzen und während der Blüteninduktion sein. Man verwende auch kein zu kaltes Gießwasser. Es sollte immerhin eine Temperatur von 20–23 °C haben.

Erst düngen, wenn die Pflanzen gut durchwurzelt sind und auch nicht mit hochkonzentrierten Düngerlösungen arbeiten, da die Wurzeln gegen eine hohe Salzkonzentration sehr empfindlich sind. Pflanzen auch nicht bei trockenem Ballen düngen oder die Töpfe nach dem Düngen austrocknen lassen.

Während des Sommers für ausreichende Luftfeuchtigkeit sorgen. Das gilt im besonderen auch für die Sorte 'Annette Hegg', die trockene Luft nur sehr schlecht verträgt. Auch muß man die Pflanzen vor starker Sonneneinstrahlung schützen, da sonst Brennflecken auftreten können.

Von September ab sollen Poinsettien hell und luftig und vor allem nicht zu eng stehen. Man muß sonst mit einem Vergilben und Abstoßen der unteren Blätter rechnen. Sie dürfen sich auch nicht gegenseitig hochtreiben.

Nicht ausreichende Lichtverhältnisse, zu dichter Stand, zu niedrige Temperaturen, aber auch starke Temperaturschwankungen und vorübergehende Trockenheit wirken sich auf die Entwicklung der Brakteen ungünstig aus. Auch muß man darauf achten, daß bei Normalkultur Störlicht (es ist an Straßenlaternen oder an Hofbeleuchtung zu denken) vermieden wird.

Die Verwendung von **Wuchshemmstoffen** (z. B. CCC = Cycocel) ist heute für Poinsettien zu einer Selbstverständlichkeit geworden (69). Im besonderen gilt dies für frühe Vermehrungen, die für den Topfverkauf vorgesehen sind. Da Anwendungsfehler oft zu empfindlichen Schäden führen können, sei auf einige wichtige Punkte aufmerksam gemacht.

Man kann mit CCC gießen oder spritzen. Dabei läßt die Gießbehandlung im allgemeinen eine sicherere Stauchung erwarten. Von manchen Kultivateuren wird jedoch das Spritzen für günstiger gehalten. Wichtig ist, daß nicht bei hohen Temperaturen und auch nicht bei trockenem Ballen angegossen wird. Keinesfalls darf man das Mittel zu spät über die Wurzel verabreichen. Auch müssen die Pflanzen über ein gut aufnahmefähiges Wurzelsystem verfügen.

Beim Spritzen ist auf feine Verteilung zu achten und es darf nicht bei Sonneneinstrahlung geschehen. Eine sich oft nach dem Spritzen einstellende Aufhellung der Blattspitzen ist im allgemeinen nur vorübergehender Art und für die weitere Entwicklung der Pflanzen ohne Bedeutung. Vorsicht bei Spätanwendung. Die Gefahr einer schlechten Brakteenausbildung ist dann gegeben, wenn CCC (z. B. WR 62) noch nach Mitte September in Normalkonzentration angewandt wird. Es empfiehlt sich ab diesem Zeitpunkt mit der halben, höchstens aber mit ²/₃ der normalen Konzentration zu arbeiten. Auch darf man das Mittel nicht zusammen mit anderen Chemikalien (z. B. Pflanzenschutzmitteln) ausbringen. Gestutzte Pflanzen sind erst dann zu spritzen, wenn sie ausreichend Blattmasse entwickelt haben.

Für welche Sätze eine Stauchebehandlung in Frage kommt, wann, wie, in welcher Konzentration und wie oft behandelt werden muß, ist den Gebrauchsanweisungen zu entnehmen. Auch können die zu diesem Thema gegebenen Informationen der Jungpflanzenbetriebe eine wesentliche Hilfe für den Einsatz des Cycocels sein.

Euphorbia fulgens. Wie *E. pulcherrima* wünscht auch *E. fulgens* ein gut durchlässiges, humoses Substrat und reagiert auf zuviel Nässe im Boden, auf eine zu hohe Salzkonzentration und auch auf starke Temperaturschwankungen sehr empfindlich.

Bei wiederholtem Anbau auf derselben Fläche ist eine Entseuchung des Bodens (z. B. durch Dämpfen) unerlässlich. Enthält der Boden zuviel Salz (Bodenuntersuchung!) muß durchgespült werden. Das ist auch im Hinblick auf die Periode der Blütenknospenbildung wichtig. Während dieser Zeit müssen die Pflanzen bekannt-

Abb. 138. Mitte gesunde Pflanze, rechts und links von *Pythium ultimum* befallene Pflanzen.

lich trockener gehalten werden. Zu salzreiche Substrate lassen dann mit Sicherheit Schäden erwarten.

Die Wurzeln von *E. fulgens* sind sehr empfindlich. Pflanzen, die mit losem Wurzelballen angeliefert werden, wurzeln erfahrungsgemäß dann schlecht ein, wenn nicht bald nach dem Ausnehmen gepflanzt wird. Dabei können schon wenige Tage, die zwischen dem Ausnehmen und dem Pflanzen liegen, den Kulturerfolg in Frage stellen.

Um der Gefahr von Wurzelschäden vorzubeugen, ist sehr vorsichtig und stets mit hauswarmem Wasser zu gießen. Erst dann düngen, wenn die Pflanzen gut eingewurzelt sind und auch nur mit schwachen Düngerlösungen arbeiten.

Euphorbia milii. Im Winter hält man die Temperatur bei 8–10 °C. Die Wassergaben sind weitgehend einzuschränken. Wenn niedrige Temperaturen für längere Zeit anhalten, muß mit Schäden gerechnet werden.

Pythium-Wurzelfäule (*Pythium ultimum* Trow u. a.). Plötzliches Abwelken der Pflanzen, meist ohne vorhergehende Vergilbung des Laubes, vor allem bei Poinsettien. Selbst wenn sich oberirdisch noch kaum erste Krankheitssymptome zeigen, ist die Wurzel oft schon vollkommen zerstört (Abb. 138).

Ungünstige Kultur- und Umweltbedingungen beeinflussen die Angriffsfreudigkeit des Erregers. Zu nennen sind eine zu hohe Salzkonzentration, ein zu hoher pH-Wert, mögliche Nachwirkungen einer Gießbehandlung mit CCC, zu reichliche Wassergaben, ein vorübergehend kühler Stand und starke Temperaturschwankungen. Starke Schäden dürften meist im Zusammenwirken mehrerer ungünstiger Faktoren ihre Ursache haben.

Bekämpfung: Will man gegen die Krankheit mit Erfolg angehen, auf krankheitsfreie Substrate, neue oder entseuchte Töpfe und gründliche Desinfektion der Stellflächen achten. Schon bei den ersten Krankheitsanzeichen (sie zeigen sich oft nur in einem unbedeutenden Schlappen einzelner Blätter während der Mittagsstunden) ist unverzüglich mit dem Fenaminosulf-Präparat Bayer 5072 (0,03% bei jüngeren und 0,04% bei etwas älteren Pflanzen) anzugießen. Eine weitere Behandlung lasse man nach 6 Wochen folgen. Selbst größten Bemühungen ist aber dann kein Erfolg beschieden, wenn die Pflanzen schon stärkere Welkeerscheinungen zeigen. Sie sind aus den Beständen zu nehmen und zu vernichten. Im übrigen haben sich in unseren Versuchen auch das Etridiazol-Präparat AAterra (0,05% gießen) und das Prothiocarb-Präparat Previcur als brauchbar erwiesen. Beide Präparate bieten sich zur Bekämpfung der genannten Erregergruppe an.

Wurzelbräune (*Thielaviopsis basicola* (Berk. et. Br.) Ferr.). Der Verlauf dieser Krankheit ist langsamer als beim Angriff durch *Pythium*-Pilze. Einkrümmung der Blattränder nach oben. Vergilbung und Abwurf des Laubes sind Folge der Wurzelerkrankung, die durch Bodennässe, ungünstigen pH-Wert und zu hohe oder zu tiefe Temperaturen stark begünstigt wird. Nur selten wird auch der Stengelgrund in Mitleidenschaft gezogen. Wichtigstes Kennzeichen ist die Wurzelbräunung. Die Wurzel ist jedoch nicht so stark zerstört wie bei Pythium-Befall.

Bekämpfung: Kulturmaßnahmen ergeben sich aus dem oben Gesagten. Außerdem sind die üblichen hygienischen Vorsichtsmaßnahmen (frisches Substrat, neue oder entseuchte Töpfe, Desinfektion der Stellagen usw.) zu beachten. Das Angießen der Pflanzen mit Captan- (z. B. Orthocid 50 0,25%) oder mit Du Pont Benomyl-Brühe (0,05%) kann dem Pilzbefall vorbeugen. Je nach Krankeitsgefahr lasse man eine weitere Behandlung nach 4–6 Wochen folgen. Der Trauermückenbekämpfung ist größte Beachtung zu schenken (siehe Seite 77). Die Schädlinge finden dort, wo die Pflanzen kränkeln, besonders günstige Bedingungen und verstärken die Schäden.

Soll gleichzeitig auch der Pythium-Fäule vorgebeugt werden, kann man sich nach Praxiserfahrungen auch einer Mischbrühe aus Bayer 5072 (0,03%) und Du Pont Benomyl (0,05%) bedienen. Da die einzelne Sorten möglicherweise unterschiedlich reagieren können, empfehlen wir zunächst bei wenigen Pflanzen einer Sorte Vorversuche auf Pflanzenverträglichkeit anzustellen.

Ob Beobachtungen von Henseler (1972), nach denen mit dem Fenaminosulf-Präparat Bayer 5072 behandelte Poinsettien auf CCC weniger stark ansprechen sollen, allgemein zutreffen, wird zu untersuchen sein. Notfalls müßte also die CCC-Behandlung wiederholt werden.

Rhizoctonia-Stengelgrundfäule (*Rhizoctonia solani* Kühn). Krankheitserscheinungen am Laub ähnlich den bei der Wurzelbräune genannten. Der Erreger greift hauptsächlich in der Gegend der Bodenoberfläche Stammgrund und obere Wurzelteile an. Das dunkle, fädig-strähnige Myzel ist leicht zu erkennen. Die Stengelbasis fault, die Pflanze welkt (Abb. 139). Wo nur die Wurzel erkrankt, kann eine Diagnose nur mit Hilfe mikroskopischer Untersuchung gestellt werden.

Bekämpfung siehe bei Wurzelbräune.

Grauschimmel (*Botrytis* spec.) siehe Seite 31.

Bekämpfung: Es empfiehlt sich, bei Mutterpflanzen und Halbfertigware mit Anilazin (z. B. Botrysan, 0,3%) oder mit Du Pont Benomyl (0,05%) zu spritzen, mit Thiabendazol (Tecto Räuchertabletten) zu räuchern oder auch bei Stammfäulegefahr mit Du Pont Benomyl anzugießen. Im übrigen Luftfeuchtigkeit so niedrig wie nur möglich halten und stets für gute Belüftung sorgen.

Abb. 139. Poinsettie mit *Rhizoctonia*-Befall (Stengelgrund!).

Spinnmilben können sich vor allem bei trockener Luft sehr schnell ausbreiten. Siehe Seite 58.

Bekämpfung: Hat man nicht schon vorbeugend mit Aldicarb-Granulat (z. B. Temik 10 G) gearbeitet, bei normal sensiblen Stämmen noch vor Ausbildung der Brakteen mit einer Malathion- oder Demeton-Emulsion (z. B. Metasystox) spritzen. Liegt Resistenz vor, wähle man Kelthane MF. Haben die Pflanzen bereits Brakteen ausgebildet, ist mit einem Mevinphos-Mittel (z. B. PD 5, Shell Phosdrin 50) zu spritzen.

Weiße Fliege siehe Seite 93.

Bekämpfung: Im allgemeinen richten sich die Maßnahmen gegen die geflügelten Alttiere. Wiederholt im Abstand von 5–7 Tagen mit einem Mevinphos-Mittel spritzen, Dichlorvos-haltige Präparate (z. B. Dedevap) verdampfen, Dichlorvos S.C. mit Nebelgeneratoren ausbringen oder auch mit Dichlorvos-haltigen Nebeldosen (z. B. Alphos-Nebeldose) sprühen. Da bei den vorgenannten Präparaten eine Wirkung auf die Eier des Schädlings nicht gegeben ist und auch ältere Larven bzw. Puparien nicht erfaßt werden, wird sich ein Dauererfolg nur dann einstellen, wenn die Mittel über einen längeren Zeitraum angewandt werden.

Schildläuse. Vor allem in den Blattachseln (z. B. der Poinsettien) teils aber auch auf der Unterseite der Blätter, saugen die weißbepuderten und weiße Wachsfortsätze tragenden Woll- oder Schmierläuse. Auch an *Euphorbia milii* und *Euphorbia fulgens* können Woll- oder Schmierläuse auftreten. Napfschildläuse werden des öfteren auf Poinsettien angetroffen. Siehe Seite 88.

Bekämpfung: Alte Läuse sind erfahrungsgemäß gegen die gebräuchlichen Insektengifte sehr widerstandsfähig. Der Einsatz der Mittel muß sich also vor allem gegen die leichter zu bekämpfenden Jungläuse richten.

Von den gegen Schmier- und Schildläuse gebräuchlichen Präparaten werden Malathion-Emulsionen von *Euphorbia pulcherrima* noch am besten vertragen. Bei Brakteen-tragenden Pflanzen ist jedoch Vorsicht geboten; es kann Schäden geben. Keinesfalls darf man die Mittel bei hohen Temperaturen und starker Sonne anwenden. Netzmittelzusatz erhöht die Schadgefahr. Dichlorvos-haltige Mittel (siehe unter „Weiße Fliege") lassen nur gegen Jungläuse eine gute Wirkung erwarten. Man muß die Mittel also wiederholt anwenden. Aldicarb-Granulat (Temik 10 G) ist zwar für Poinsettien verträglich, läßt jedoch in seiner Wirkung auf Schmierläuse manchmal zu wünschen übrig.

Müssen Woll- oder Schmierläuse bei *Euphorbia fulgens* bekämpft werden, wird man wohl oder übel auf Temik 10 G zurückgreifen müssen. Das Mittel unter strenger Beachtung der Anwendungsvorschrift mit 5 g/m² Pflanz- oder Stellfläche ausbringen. Spritzmittel werden allgemein schlecht vertragen, wobei Netzmittelzusatz die Schadgefahr noch verstärkt. Die Pflanzen werfen die Blätter ab. Ob das Verdampfen von Dichlorvos (z. B. Dedevap) oder das Sprühen mit Dichlorvos-haltigen Nebeldosen (z. B. Alphos, Attlo-Gewächshausspray) in jedem Fall ohne Risiko bei *Euphorbia fulgens* möglich ist, wird zu prüfen sein.

Gegen **Blattläuse** bei *Euphorbia pulcherrima* mit einem Demeton-Mittel (z. B. Metasystox), einer Malathion-Emulsion, mit Mevinphos (z. B. PD 5), Methomyl (Lannate 25-WP) spritzen, Dichlorvos-haltige Mittel (z. B. Dedevap) verdampfen, mit den gleichen Präparaten raumsprühen, mit Dichlorvos-haltigen Nebeldosen sprühen, oder auch vorbeugend etwa 14 Tage nach dem Topfen je m² Stellfläche 5 g Aldicarb-Granulat (Temik 10 G) ausstreuen. Aldicarb-Granulat ist auch für *Euphorbia fulgens* brauchbar.

Trauermückenlarven. An den unteren Stammteilen fressen 6–7 mm lange, durchscheinend glasig-weiße, dünne Larven mit glänzend schwarzer Kopfkapsel. Es kommt zu Fäulnis; die Pflanzen kippen um. Siehe Seite 77.

Bekämpfung: Wo man erfahrungsgemäß mit Schäden rechnen muß, die Bestände rechtzeitig mit Aldicarb-Granulat (Temik 10 G) überstreuen und das Mittel hernach leicht einwässern. Hat man vorbeugende Maßnahmen versäumt, sobald die ersten Schäden auffällig werden, mit Zinophos-Emulsion (z. B. Nemafos 0,1 %) oder Lindan-Mittel (z. B. Nexit stark, 0,02%) angießen. Wichtig ist, daß dies bei feuchtem Ballen geschieht; sonst kann es Schäden geben. Von Birlane- oder Sapecron-Granulat (Wirkstoff: Chlorfenvinphos) ist Abstand zu nehmen, da die Mittel, wenn sie beispielsweise stark torfhaltigen Substraten (TKS, ED 63) beigemischt werden, bereits in einer Aufwandmenge von 300 g/m³ Substrat die normale Entwicklung der Brakteen stören können. Es treten Verformungen auf. Die Ränder der Brakteen stülpen sich schiffchenförmig nach oben um.

Gegen die Mücken wiederholt mit Lindan räuchern, mit Dichlorvos-haltigen Nebeldosen sprühen, Dichlorvos-Präparate (z. B. Dedevap) verdampfen oder Dichlorvos S.C. mit Nebelgeneratoren ausbringen.

„Kräuselkrankheit“ der Poinsettie. Blattspreite gekräuselt oder mehr oder weniger unsymmetrisch ausgebildet, wobei die verunstaltete Seite eine helle, oft stark gescheckte, graugrüne Farbe aufweist. Die Blattränder sind häufig eingezogen, wodurch sich die Spreite beulig aufwölbt (Abb. 140).

Die ursprüngliche Vermutung, daß es sich um eine Virose handle, konnte nicht bestätigt werden. Es scheint vielmehr eine vegetative Mutation vorzuliegen, die Störungen in der Zellteilung und im Wachstum des Blattgewebes hervorruft.

Geisterflecken. Auf den bereits ausgefärbten Brakteen erscheinen unregelmäßige, scharf begrenzte, etwas eingesunkene weiße Flecke. In der Folge stirbt das Gewebe im Bereich der Flecke unter Graufärbung ab. Wird vor allem bei den Sorten der ‘Annette Hegg’-Gruppe und bei ‘Paul Mikkelsen’ beobachtet.

Über die eigentlichen Ursachen dieser Erscheinung gibt es in Kreisen der Praxis unterschiedliche Meinungen. Die einen deuten die Flecke als Niederschlagschäden (hohe Luftfeuchtigkeit, Tropfenfall). Andere wieder vertreten die Ansicht, daß vor allem hohe Temperaturen bei zu geringer Lichtintensität von Einfluß sind und unter Umständen auch die Ernährung eine wichtige Rolle spielen kann.

Einrollen der Blätter. Man macht Ernährungsstörungen und insbesondere eine zu niedrige Kaliversorgung (siehe dort) dafür verantwortlich. Ein relativer Kalimangel kann durch zu hohe Stickstoffdüngung oder aber auch durch einen zu hohen Magnesiumgehalt des Torfs verursacht sein.

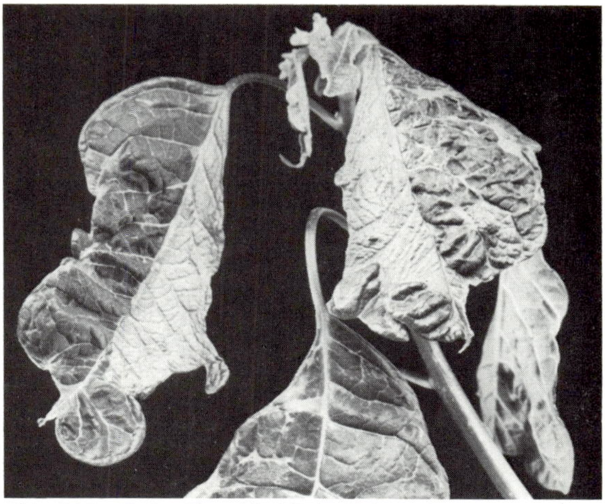

Abb. 140. „Kräuselkrankheit" der Poinsettie.

Austreten von Milchsaft. Durch hohen Turgordruck brechen einige Zellen auf und entlassen Milchsaft. Zerstörte Zellen können nekrotisch werden. Auch scheint der eingetrocknete Milchsaft das Wachstum in der betroffenen Zone etwas zu hemmen, was zu Blattmißbildungen Anlaß geben kann.

Gegenmaßnahmen: Extrem hohe Feuchtigkeit während der Nacht, die bei guter Wurzelarbeit die Verdunstung hemmt, vermeiden.

Molybdänmangel kann vor allem bei der Anzucht in nur schwach aufgekalkten Substraten (Torfsubstrate sollen immerhin je m^3 etwa 3 kg kohlensauren Kalk erhalten) und bei kräftiger NPK-Düngung auftreten. In stark sauren Substraten geht Molybdän in schwerlösliche Verbindungen über und steht dann der Pflanze nicht mehr in ausreichender Menge zur Verfügung. Von deutlichem Einfluß ist eine hohe Nitrat- und Kaliversorgung. Nach Untersuchungen des Instituts für Pflanzenernährung der Hochschule Hannover (70) kommt es bei Molybdänmangel zu einer schädlichen Nitratanhäufung in den Blättern. Die Schäden äußern sich in einer vom Blattrand ausgehenden Aufhellung der Spreitenteile und nachfolgenden Nekrosen, wobei jüngere Blätter und Blätter mittleren Alters betroffen sind, in schweren Fällen auch in einem Abwurf der Blätter. Besonders empfindlich scheinen die Sorten 'Annette Hegg' und 'Paul Mikkelsen' zu sein.

Gegenmaßnahmen: Substrate für Poinsettien sollten einen pH-Wert von etwa 5,5–6,0 aufweisen. Man arbeite nicht mit zu starken Düngerlösungen. Allgemein ist zu empfehlen, Torfsubstrate mit Molybdän (Mindestmenge 5 mg/l Substrat) aufzudüngen. Im übrigen kann Molybdän auch Nährlösungen (auf 100 l 15 g Natriummolybdat) beigegeben oder auch nach dem Topfen auf die Topfoberfläche ausgestreut werden. Schließlich ist auch eine Blattspritzung mit 0,2 g Natriummolybdat oder Ammoniummolybdat je Liter Wasser möglich.

Kalimangel. Die zwischen den Blattadern liegenden Spreitenteile erscheinen gelblich bis bräunlich verfärbt, die Randzone der Blätter oft aufgehellt. Manchmal wird auch ein Einrollen der Blätter beobachtet. Ähnliche Schäden können aber auch als Folge schlechter Kulturbedingungen (z. B. zu kühler Stand, kalter Fuß, starke Temperaturschwankungen) auftreten. Randnekrosen der Blätter sind des öfteren auf **Kaliüberschuß** zurückzuführen.

Stickstoffmangel. Schwacher Wuchs, Blätter, die ein wenig ansprechendes Gelbgrün zeigen, und schlecht ausgefärbte Brakteen sind typische Kennzeichen einer mit Stickstoff schlecht versorgten Pflanze. Ein **Zuviel an Stickstoff** läßt unerwünscht große Blätter erwarten.

Ungleichmäßig, einseitig ausgebildete Brakteen können auf Störungen in der Ernährung, stärkere Temperaturschwankungen während der Blütenbildung oder auch auf vorübergehendes Austrocknen der Ballen zurückzuführen sein.

Empfindlichkeit gegen Pflanzenschutzmittel: Bei der Bekämpfung tierischer Schädlinge muß man sehr auf die Kulturpflanzenverträglichkeit der Präparate achten; das gilt für Poinsettien und in noch weit größerem Maße für *Euphorbia fulgens*. Erschwert wird die Mittelwahl auch dadurch, daß die einzelnen Poinsettien-Sorten unterschiedlich reagieren können. Nach den bislang vorliegenden Erfahrungen scheinen vor allem 'Eckes Point'-Sorten etwas empfindlicher zu sein als 'Mikkelsen'-Sorten. Ein schlechter Wurzelzustand, die wiederholte Anwendung der Mittel und auch Netzmittelzusatz erhöhen die Schadgefahr.

Zunächst einige Hinweise zu *Euphorbia pulcherrima:* Nach unseren Erfahrungen ist vor allem das Spritzen mit Azinphos-Emulsion (z. B. Gusathion), Plictran und Dimecron combi für jüngeres Blattwerk (Nekrosen!) gefährlich. Bei höheren Temperaturen muß man aber auch mit Dimethoat-Emulsionen und bei Jungpflanzen mit Malathion vorsichtig sein. Auch Tamaron kann Schäden verursachen.

Mit einer mehr oder weniger deutlichen Aufhellung der Laubblätter, die sich manchmal auch nur auf die Blattrandzone beschränkt, können die Pflanzen auf eine Behandlung mit Omethoat (z. B. Folimat mit Netzmittelzusatz) oder mit Methomyl (z. B. Lannate 25-WP bei wiederholter Anwendung) reagieren. Schlecht vertragen wird eine Gießbehandlung mit Dichlorvos (z. B. bei Dedevap Einrollen, Vergilben und Vertrocknen der Blätter) und Dimecron combi (Blattrandnekrosen). Aber auch Trichlorphon-Emulsion (z. B. Dipterex) und Lindan-Emulsionen scheinen als Gießmittel verwendet nicht immer ganz ungefährlich zu sein. Keinesfalls darf man die Mittel auf trockenen Ballen geben. Über die Blätter gespritzt können des weiteren auch Ortho-Phaltan (z. B. bei 'Annette Hegg') und Pentachlornitrobenzol (z. B. Brassicol) Schäden verursachen. Das Fenaminosulf-Präparat Bayer 5072 hemmt die Bewurzelung der Stecklinge. Eine leichte Wuchshemmung will man nach Anwendung des Aldicarb-Granulats Temik 10 G beobachtet haben. Auch Chlorfenvinphos-haltige Mittel (z. B. Birlane-Granulat) können, wenn sie stark torfhaltigen Substraten beigegeben werden, die normale Entwicklung der Brakteen stören und Anlaß für wellige Verformungen sein.

Schäden an Brakteen, die sich teils in einer Aufhellung, teils in Form von Rand-, Spitzen- und Punktnekrosen zeigen, können beim Spritzen mit Propoxur (z. B. Aufhellung bei Unden flüssig), Kelthane MF, Dimecron combi (Spitzennekrosen), Dimecron (Punkt- und Randnekrosen) und manchmal auch bei Malathion- (Randnekrosen) und Lindan-Emulsionen (Aufhellung) auftreten.

Wechselnd sind die Erfahrungen mit Mevinphos-Mitteln. Während sich beispielsweise PD 5 in unseren Versuchen selbst bei wiederholter Anwendung (gießen und spritzen) als gut verträglich erwies, sind aus der Praxis einige Schadfälle mit Mevinphos-Mitteln bekannt geworden.

Um die Frage der Kulturpflanzenverträglichkeit gebräuchlicher Präparate abzuklären, sollte man stets bei wenigen Pflanzen einer Sorte Vorversuche auf Pflanzenverträglichkeit anstellen. Dabei sind die Pflanzen wenigstens über einen Zeitraum von 10 Tagen zu beobachten. Auch ist eine sichere Schadbeurteilung nur dann möglich, wenn unbehandelte Vergleichspflanzen zur Verfügung stehen. Vergessen wir nicht, daß auch ungünstige Kultureinflüsse zu Blattnekrosen, Vergilbung und in der Folge zu Blattfall führen können.

Euphorbia fulgens ist wohl eines der für Pflanzenschutzmittel empfindlichsten Gewächse. Das gilt für organische Phosphorverbindungen wie für Präparate aus der Gruppe der chlorierten Kohlenwasserstoffe und anderer Wirkstoffgruppen. Der Praktiker ist daher gut beraten, wenn er vor Anwendung eines von ihm noch nicht erprobten Präparats zunächst bei wenigen Pflanzen Vorversuche auf Pflanzenverträglichkeit anstellt. Bekanntlich lassen sich vor allem jüngere Blätter sehr schlecht benetzen. Will man einen ausreichenden Wirkstoffbelag auf die Pflanzen bringen, ist beim Spritzen der Zusatz eines Benetzungsmittels unerläßlich. Andererseits ist aber auch bekannt, daß gerade Netzmittelzusatz die Schadgefahr erhöht. Die meisten Insektizide verursachen mehr oder weniger Blattfall, und zwar sind es vor allem ältere Blätter, die zunächst vergilben und später abfallen. Jüngere Blätter nehmen seltener Schaden. Hier dürfte wohl die bessere Benetzungsfähigkeit älterer Blätter eine nicht unbedeutende Rolle spielen.

Nach unseren Versuchserfahrungen verursachten Mevinphos-Mittel (z. B. PD 5), Dichlorvos-Emulsion (z. B. Dedevap), Malathion-Emulsionen, Parathion-Emulsionen, Demeton (z. B. Metasystox (i)), Dimecron combi, Lindan-Emulsion (z. B. Hortex) sehr auffälligen Blattfall. Etwas geringer waren die Schäden bei dem Omethoat-Präparat Folimat. Das Methomyl-Präparat Lannate 25-WP verursachte darüber hinaus an jüngeren Blättern deutliche Randnekrosen.

Fatsia japonica (Aralia sieboldii), Zimmeraralie; Dizygotheca elegantissima, Fingeraralie, und × Fatshedera lizei, Efeuaralie

Weichhautmilben. Blätter der Triebspitzen wellig verbogen, verkrüppelt, Blattränder manchmal umgebogen (Abb. 141). Unterseite der Blätter oft korkigbraun bzw. grindig. Der Trieb ist kümmerlich, das Wachstum stockt. In schweren Fällen vertrocknet der Vegetationspunkt. Die kleinen, weißen, selbst mit der Lupe kaum sichtbaren Milben halten sich mit Vorliebe auf den jüngsten Blättchen der Triebspitze auf. Vor allem an *Fatsia* und *Fatshedera* auftretend. Es können mehrere Arten aus der Gattung *Tarsonemus* schaden. Siehe auch Seite 63.

Bekämpfung: Wiederholt mit einem Kelthan-Präparat (z. B. Kelthane MF) oder versuchsweise auch mit einer Endosulfan-Emulsion (z. B. Thiodan 35 flüssig) spritzen oder unter strenger Beachtung der Anwendungsvorschriften auch Aldicarb-Granulat (Temik 10 G) ausstreuen.

Spinnmilben. Die Blätter verlieren ihr sattes Grün, werden matt und stumpf. Starker Befall läßt sie vergilben. Siehe Seite 58.

Abb. 141. Blattmißbildung durch Weichhautmilben bei *Fatsia*.

Bekämpfung: Man kann mit einem Kelthan-Präparat (z. B. Kelthane MF), mit Chlordimeform (z. B. Galecron), Chlordimeform + Formetanat (Fundal forte 750), Pentac, Chlorfensulfid + Chlorfenethol (z. B. Anilix) oder Tricyclohexyl-Zinnhydroxid (z. B. Plictran bei *Fatsia*) arbeiten oder Temik 10 G ausstreuen. In unseren Versuchen waren auch Spritzungen mit Mevinphos-Präparaten für *Fatsia japonica* verträglich.

Schildläuse. Es können vor allem Napfschildläuse sehr schädigend auftreten. Honigtauausscheidungen und die sich meist darauf ansiedelnden Rußtau- oder Schwärzepilze führen oft zu starker Verschmutzung der Pflanzen. Siehe Seite 88.

Bekämpfung: Wiederholt mit einer Malathion-Emulsion oder auch mit einem Azinphos-Präparat (z. B. Gusathion H) spritzen. Der Schadgefahr wegen Malathion jedoch nicht bei × *Fatshedera* anwenden.

Schäden durch Leuchtgas. *Fatsia japonica* ist sehr leuchtgasempfindlich. Das betrifft vor allem die jüngeren Blättchen; sie kümmern und fallen ab. Aralien gehören deshalb nicht in Küchen, in denen mit Gas gekocht wird.

Empfindlichkeit gegen Pflanzenschutzmittel: Als schlecht verträglich gelten Dimethoat-Emulsionen für *Fatsia* und *Dizygotheca* und Mevinphos-Mittel für *Dizygotheca*. Bei Überdosierung oder vermehrter Anwendung muß man jedoch auch mit Folimat (z. B. bei *Fatsia*), Lannate 25-WP (z. B. bei *Fatsia*) und Sommerölen vorsichtig sein. Es sind vor allem jüngere Blätter, die mit Nekrosen am Blattrand reagieren können. Auch Propoxur-Präparate (z. B. Unden) werden manchmal von jüngeren Blättern weniger gut vertragen, wobei sich die Schäden in mehr oder weniger auffälligen Verkrümmungen der Blattspreite äußern können.

Schließlich lassen Malathion-, Demeton- (z. B. Metasystox), Dimethoat-, Parathion-Emulsionen (z. B. E 605 forte) und Mevinphos-Mittel (z. B. PD 5) in ihrer Kulturpflanzenverträglichkeit bei × *Fatshedera* zu wünschen übrig.

Ficus elastica, Gummibaum und andere Ficus-Arten

Mastige Mutterpflanzen sind für die Vermehrung wenig geeignet. Blätter und Triebe müssen gut ausgereift sein, da noch im Wachstum befindliche Blätter im Vermehrungsbeet leicht abfaulen. Man erreicht ein gutes Ausreifen durch geringere Wassergaben im Nachsommer und Herbst. Stecklinge ausbluten lassen. Für eine gute und sichere Bewurzelung von *Ficus-elastica*-Stecklingen ist gleichmäßige Wärme notwendig. Sie soll nicht unter 25 °C liegen. Auch für die Weiterkultur brauchen die Jungpflanzen einen warmen Fuß. Der Standort sei hell. Bei Lichtmangel können die sich bildenden Blätter klein und schwach bleiben. Man vermeide schroffen Temperatur- und Feuchtigkeitswechsel der Luft. Auch sollen die Pflanzen am Abend stets gut abgetrocknet sein. Auf Bodennässe und „kalten Fuß" reagiert die Sorte 'Decora' noch weit empfindlicher als *Ficus elastica*.

In der Wachstumsruhe oder auch bei ungünstigen Standortbedingungen, das heißt, sobald die Temperatur unter 15 °C sinkt, ist mit aller Vorsicht zu gießen. Nur dann düngen, wenn die Gewähr gegeben ist, daß die Pflanzen die Nährstoffgabe auch wirklich verarbeiten können. Der Winterstandort sei hell und nicht zu kühl (nicht unter 15 °C). Weißbunte Formen sind etwas wärmer, bei etwa 20 °C zu überwintern.

Brennfleckenkrankheit (*Gloeosporium elasticae* Cke. et Mass.). Konzentrisch gezonte Blattflecke. Besonders bei den älteren Flecken geht die hellgefärbte Mitte über braune Farbtöne in eine breite dunkelbraune, scharf begrenzte Umrandung über. Die Flecke gehen meist vom Blattrand aus und können große Ausmaße erreichen (Abb. 142). Auf der dunklen Randzone sind als kleine, weißliche oder rosa gefärbte Pünktchen die Sporenlager des Pilzes zu erkennen. Die Krankheit kann im Gewächshaus bei hoher Luftfeuchtigkeit hin und wieder beobachtet werden, insbesondere wenn größere Temperaturschwankungen der Pflanze geschadet haben. Braune Flekken infolge ungünstiger Kulturbedingungen (siehe Seite 263) sind jedoch weit häufiger als die Pilzerkrankung.

Bekämpfung: Vorbeugend und wiederholt mit einem Captan-Mittel (z. B. Captan 83, Orthocid 50), mit Du Pont Benomyl (0,05%) oder auch mit einem Grünkupfer-Mittel (0,5%) spritzen. Der Spritzbrühe jeweils ein Netzmittel hinzufügen. Im übrigen für geeignete Kulturbedingungen sorgen. Starke Temperaturschwankungen, die Niederschlag mit sich bringen, sind zu vermeiden und das Überspritzen mit Wasser zu unterlassen.

Zystenbildende Nematoden an der Wurzel. Bei genauer Betrachtung des ausgetopften Wurzelballens fallen gelegentlich winzige, weiße, eiförmige, aus der Wurzel herausbrechende Bläschen auf. Es sind die Zysten von *Heterodera fici* Kijanowa. Der Nematode verursacht eine merkliche Schwächung der Pflanze aber auch Blattvergilbungen und Blattabwurf nur dort, wo er in stärkerem Ausmaß auftritt. Die Bekämpfung erfolgt durch Angießen mit Zinophos-Emulsion (z. B. Nemafos 0,1%) oder durch Aufstreuen von Aldicarb-Granulat (Temik 10 G).

Spinnmilben. Das Blatt verliert sein sattes Grün, wird matt und stumpf. Starker Befall läßt die Blätter vergilben. Bei näherer Überprüfung der Blattunterseiten erkennt man die Milben, deren Larven, Eier und die als weiße Flöckchen erscheinenden Larvenhäute. Anfangsbefall zeigt sich vorwiegend entlang der Mittelrippe. Wenn die Saugstellen sehr zahlreich auftreten, färbt sich die Blattunterseite im Grundton bräunlich. Siehe Seite 58.

Bekämpfung: Man kann mit einer Malathion-, Diazinon- oder Dimethoat-Emulsion (nur *Ficus elastica*), einem Demeton-Mittel (z. B. Metasystox), mit Omethoat (Folimat), Plictran, Pentac, einem Kelthan-Präparat oder auch mit Fundal forte 750 spritzen, dichlorvoshaltige Präparate (z. B. Dedevap) verdampfen, mit den gleichen Präparaten raumsprühen oder auch mit dichlorvoshaltigen Nebeldosen sprühen.

Abb. 142. Brennfleckenkrankheit *(Gloeosporium elasticae)* an *Ficus*-Blatt.
Abb. 143. Blasenfußschäden an *Ficus*-Blättern. (Ober- und Unterseite.)

Möglich ist des weiteren das Räuchern mit Sulfotepp (z. B. Bladafum). Schließlich hat sich auch das Aldicarb-Granulat Temik 10 G als brauchbar erwiesen.

Weichhautmilben können vor allem bei *Ficus radicans* 'Variegata' und *Ficus pumila (F. repens)* sehr schädigend auftreten. Die Blättchen der Triebenden bleiben klein, kümmern, Triebspitzen verkahlen, Vegetationspunkt vertrocknet. Siehe Seite 63.

Blasenfüße. Zunächst gelbliche, später bräunliche Flecke auf der Unterseite der Blätter. In ihrer Nähe die für Blasenfußbefall typischen punktförmigen, schwarzkrustigen und glänzenden Kothäufchen. Die Blätter verlieren ihren Glanz, werden matt und stumpf (Abb. 143). Der Schaden geht auf die kaum 1 mm langen, schlanken, geflügelten Blasenfüße und deren gelbliche Larven zurück. Siehe Seite 72.

Bekämpfung: Wiederholt mit einer Malathion- oder Diazinon-Emulsion oder mit Omethoat spritzen, mit Bladafum räuchern, Dichlorvos-haltige Präparate verdampfen oder Dichlorvos S.C. mit Nebelgeneratoren ausbringen.

Schildläuse. Neben den öfters auf *Ficus* anzutreffenden Napfschildläusen kommt hin und wieder auch die zu den Deckelschildläusen gehörende Tellerschildlaus (*Chrysomphalus dictiospermi* Morg.) vor. Honigtauausscheidungen der Läuse und die sich meist darauf ansiedelnden Rußtau- oder Schwärzepilze können die Pflanzen stark verschmutzen. Siehe Seite 88.

Bekämpfung: Gegen Napfschildläuse und junge Deckelschildläuse am besten mit einer Malathion-Emulsion oder mit Methomyl (z. B. Lannate 25-WP) spritzen. Propoxur-Präparate und Dimethoat-Emulsionen wirken zwar gut, sollten jedoch bei etwas empfindlichen Arten (z. B. *Ficus benjamina, F. lyrata, F. pumila*) zuerst auf ihre Kulturpflanzenverträglichkeit geprüft werden. Von Azinphos-Emulsion (z. B. Gusathion H) ist Abstand zu nehmen, da vor allem *Ficus benjamina* mit einem Abstoßen der jungen Triebspitzen reagieren kann. Es empfiehlt sich, die Bekämpfungsmaßnahmen ein- oder zweimal im Abstand von 8–10 Tagen zu wiederholen.

Gegen alte Deckelschildläuse kann man auch mit gutem Erfolg Sommeröle (Mineralöle) einsetzen. Da jedoch ein ständig die Pflanzen überziehender Ölfilm das Wachstum ungünstig beeinflußt, dürfen die Mittel nicht zu oft angewandt werden.

Korkwucherungen. Blätter zunächst mit kleinen, gelblichen, durchscheinenden Fleckchen, die in der Folge als bräunliche, pocken- oder schwielenartige Auftreibungen (Korkflecke) auffällig werden. Ursache: zu niedere Temperaturen, vorübergehende Unterkühlung, zuviel Bodennässe bei hoher Luftfeuchtigkeit, starke Temperaturschwankungen. Siehe auch Seite 375.

Das **Vergilben, Braunschwarz-, Braunfleckigwerden und Abfallen** der Blätter ist im allgemeinen auf schlechte Wurzeltätigkeit, kalten Fuß und kranke Wurzeln infolge stauender Nässe im Boden zurückzuführen. Verhältnismäßig selten sind bei der Wurzelschädigung auch parasitäre Schaderreger beteiligt. Bei brauner Verfärbung der Wurzelspitzen kann manchmal ein Befall durch *Pythium splendens* nachgewiesen werden. Durch Angießen mit dem Fenaminosulf-Präparat Bayer 5072 wäre hier Abhilfe zu schaffen.

Vom Blattrand ausgehende Flecke und Trockenstellen können mehr zu großer Lufttrockenheit, unregelmäßiger Wasserversorgung bzw. vorübergehender Ballentrockenheit zugeschrieben werden.

Ausgesprochene Brennflecken treten bei zu starker Besonnung auf (Abb. 144).

Das **Hängenlassen der Blätter** ist meist auf einen zu warmen Stand im Winter zurückzuführen. Es wird vor allem bei großer Lufttrockenheit in zentralgeheizten Zimmern beobachtet.

Empfindlichkeit gegen Pflanzenschutzmittel: Vorsicht ist vor allem mit Azinphos-Präparaten geboten. Die einzelnen Arten können jedoch unterschiedlich reagieren. Im besonderen gilt dies für *Ficus benjamina* (Blattfall!). Eine gewisse Parathionempfindlichkeit ist manchmal bei weißbunten Sorten dann zu beobachten, wenn die Mittel allzuoft, überdosiert und bei starker Sonne ausgebracht werden. Bei wiederholter Anwendung können auch Mineralöl-Präparate das Wachstum selbst hartlaubiger Arten ungünstig beeinflussen. Im Zweifelsfall stets bei wenigen Pflanzen einer Art Vorversuche auf Pflanzenverträglichkeit anstellen.

Filicatae, Farne

Farnanzuchten erfordern peinlichste Sauberkeit. Für die Sporenaussaat nur krankheitsfreie Substrate und entseuchte Kulturgefäße verwenden. Auch die Desinfektion des Warmbeetes ist wichtig. Man vermeide Tropfwasser; sonst gibt es Fäulnis. Pikierte Vorkeime nur mit hauswarmem Wasser gießen. Dasselbe gilt für Jungpflanzen. Sie brauchen wenigstens eine Wintertemperatur von 20 °C. Niederschlag und Tropfwasser, aber auch Zugluft werden schlecht vertragen.

Blattälchen (*Aphelenchoides fragariae* (Ritz.-Bos) Chr.). Von den Blattadern geradlinig begrenzte, bei parallelnervigen Formen oft strich- oder streifenförmige, braune oder schwärzliche Blattflecke (Abb. 145). Bei Farnen mit ungeteiltem Blatt (z. B. *Asplenium nidus*) gleichmäßig braune Verfärbung vom Blattgrund ausgehend oder Bräunung nur einer Blatthälfte. Bei starkem Älchenbefall gehen die Blätter, unter Umständen auch die ganze Pflanze zugrunde.

Bekämpfung: Von den derzeit im Handel erhältlichen Präparaten bieten sich zur Älchenbekämpfung bei Farngewächsen nur die Zinophos-Emulsion Nemafos (0,1%)

Abb. 144. Brennflecke auf *Ficus*-Blatt (durch zu starke Besonnung).
Abb. 145. Farnblatt *(Blechnum)* mit Blattälchenbefall.

und das Aldicarb-Granulat Temik 10 G an. Im allgemeinen werden die Mittel gut vertragen. Nur bei *Adiantum* muß man etwas vorsichtig sein. Nemafos bei *Adiantum* besser nicht verwenden; bei Temik 10 G nicht über 3 g/m^2 hinausgehen. Aussichtsreich für Farnkulturen scheint auch das derzeit in Prüfung befindliche systemisch wirksame Carbamat Vydate zu sein. In unseren Versuchen war das Mittel selbst bei drei Anwendungen (0,15% gießen und spritzen) für *Nephrolepis* und *Adiantum* verträglich.

Blattläuse. Gelbe, grüne oder schwarze Läuse saugen vor allem an jungen noch wachsenden Wedeln.

Bekämpfung: Mit Dichlorvos (z. B. Dedevap 0,2%), Lindan-Emulsion (z. B. Hortex flüssig 0,05%), Methomyl (Lannate 25-WP 0,1%) spritzen oder unter strenger Beachtung der Anwendungsvorschrift Temik Granulat (nicht über 3 g/m^2) ausstreuen. Darüber hinaus kann man bei *Platycerium* und *Asplenium*, aber auch bei etwas gröberen *Nephrolepis*- und *Pteris*-Formen mit einem Mevinphos-Mittel (z. B. PD 5, Shell Phosdrin 50) arbeiten. Möglich ist des weiteren das Verdampfen von Dichlorvos (z. B. Dedevap). Für den Fall einer Zulassung wäre schließlich auch an die Verwendung des Carbamats Vydate zu denken. Wer ganz sicher gehen will, scheue die Mühe nicht und prüfe die Mittel zuvor bei wenigen Pflanzen auf Verträglichkeit. Keinesfalls darf bei voller Sonne behandelt werden.

Blasenfüße. Auf den Blättern werden weißliche, silbrig schimmernde Fleckchen auffällig (siehe Seite 72).

Bekämpfung: Bei Blattläusen angegebene Bekämpfungshinweise beachten.

Schildläuse. Durch Saugtätigkeit und Honigtauausscheidungen können Napfschildläuse, Deckelschildläuse und auch Wolläuse schädlich werden.

Bekämpfung: Da Farngewächse auf die meisten gebräuchlichen Mittel sehr empfindlich reagieren, ist die Bekämpfung der Schildläuse schwierig. Malathion-Emulsionen sind zwar im allgemeinen für *Platycerium*, *Blechnum* und groblaubige *Neph-*

rolepis- und *Pteris*-Formen brauchbar, befriedigen jedoch nur gegen Napfschildläuse und jüngere Stadien von Deckelschildläusen. Die Wirkung auf Schmierläuse ist nur gegen Jungläuse ausreichend. Auch müssen die Blätter bzw. Wedel gut ausgereift sein. Die Fiederblättchen jüngerer Wedel sind manchmal empfindlich. Im besonderen gilt dies für feinere *Nephrolepis*-Formen. Nach vorliegenden Versuchserfahrungen scheint auch das Methomyl-Präparat Lannate 25-WP zur Bekämpfung von Schildläusen (insbesondere Napfschildläusen) geeignet zu sein. Schließlich würde sich das derzeit noch in Prüfung befindliche Vydate (systemisches Carbamat) für diesen Verwendungszweck anbieten. Man sollte jedoch in jedem Fall Vorversuche auf Pflanzenverträglichkeit anstellen.

Rote Spinne. Trockenwarme Luft begünstigt das Auftreten der Schädlinge. Vor allem bei *Nephrolepis*. Siehe Seite 58.

Bekämpfung: Gegen normal sensible Stämme mit Dichlorvos (z. B. Dedevap 0,2%) spritzen oder, wo es die örtlichen Verhältnisse zulassen, je m^2 3 g Temik 10 G ausstreuen. Bei etwas gröberen *Nephrolepis*-Formen kann man auch mit einem Mevinphos-Mittel oder mit einer Malathion-Emulsion arbeiten. Für den Fall einer Zulassung würde sich auch das Carbamat Vydate anbieten.

Trauermückenlarven (*Lycoria*- und *Sciara*-Arten) können gelegentlich bei Farnanzuchten sehr schädlich werden. Die etwa 6–7 mm lang werdenden, glasartig durchscheinenden und schwarzköpfigen Larven befressen Vorkeime und Würzelchen junger Pflänzchen. Diese vergilben und sterben ab.

Bekämpfung: Wände und Tische mit Lindan-Emulsion spritzen. Gegen die Mükken versuchsweise mit Dichlorvos-haltigen Nebeldosen (z. B. Attlo-Gewächshausspray) sprühen, Dichlorvos (z. B. Dedevap) verdampfen oder gegen die Larven mit Lindan-Spritzp. (z. B. Nexit stark), Zinophos-Emulsion (Nemafos) oder Dichlorvos gießen. Vorversuche auf Kulturpflanzenverträglichkeit sind anzuraten. Keinesfalls darf man Nemafos bei *Adiantum* verwenden.

Schnecken. Neben anderen Arten kann vor allem auch die 2,5–3 cm lang werdende dunkelbraungraue Farnschnecke *Deroceras laeve* Müll. durch ihren Schabe- und Fensterfraß sehr schädlich werden.

Bekämpfung: Gekörnte Schneckenköder auf Metaldehyd-Grundlage oder Schneckenköder Mesurol (Mercaptodimethur) ausstreuen. Mit Bier gefüllte Schalen so aufstellen, daß die Tiere den Schalenrand ohne Mühe überwinden können. Auch das Aldicarb-Granulat Temik 10 G läßt gegen Schnecken eine zufriedenstellende Wirkung erwarten.

Asseln siehe Seite 65.

Nerven- und Blattbräune. Die Blattadern bräunen sich und werden als mehr oder weniger auffällige Strichel sichtbar. In schweren Fällen werden die Fiedern im Laufe der Zeit braun und vertrocknen. Häufig bei *Adiantum* zu beobachten. Als Ursache kommen in Frage: kühler Standort bei hoher Luftfeuchtigkeit, Temperaturschwankungen und damit in Verbindung Niederschlagsbildung, aber auch Ernährungsstörungen bzw. ungeeignete Bodenreaktion (zu hoher pH-Wert).

Verhütung: Für möglichst gleichmäßige Temperaturen sorgen. Farne sollen im Winter nicht unter 15 °C stehen. Die günstigste Bodenreaktion liegt bei pH 5,5–6. Nicht mit kaltem Wasser gießen. Vor allem gilt dies für *Adiantum*.

Die unteren Fiederchen älterer Wedel werden abgeworfen. Vor allem bei Störungen des Wurzelwerks, also gewöhnlich nach dem Verpflanzen auftretend. Auch bei zu dunklem und kühlem Stand.

Gelb- und Weißwerden des Laubes. Vornehmlich bei *Adiantum.* Im allgemeinen bei schlechter Wurzeltätigkeit infolge ungeeigneter Erde oder zu kühlem Stand.

Empfindlichkeit gegen Pflanzenschutzmittel: Farngewächse gehören mit zu den empfindlichsten Pflanzen, mit denen es der Gärtner zu tun hat. Dabei können die einzelnen Arten und Formen oft sehr unterschiedlich reagieren. Besondere Vorsicht ist bei *Adiantum* und feineren *Nephrolepis-* und *Pteris*-Formen geboten. Etwas widerstandsfähiger sind *Platycerium, Blechnum, Asplenium* und groblaubige *Nephrolepis* und *Pteris.* Auch macht es einen Unterschied, ob die Wedel noch sehr jung oder schon ausgereift sind, und ob man mit oder ohne Netzmittelzusatz arbeitet. Auch hohe Temperaturen erhöhen die Schadgefahr. Faßt man die vorliegenden Erfahrungen zusammen, können zur Verträglichkeit der einzelnen Arten folgende Angaben gemacht werden:

Adiantum. Die meisten Insektizide werden schlecht vertragen. Sehr auffällige Schäden (Verbrennungen der Fiederblättchen) können vor allem Ortho-Dibrom, aber auch Unden und Parathion-Emulsionen verursachen. Man muß aber auch mit Demeton-Mitteln (z. B. Metasystox), Malathion-, Bromophos-, Dimethoat-Emulsionen, Azinphos- (z. B. Gusathion H), Phosphamidon- (z. B. Dimecron), Mevinphos-Präparaten (z. B. PD 5) und mit Nemafos vorsichtig sein. Das gleiche gilt für Fundal forte. Auch die Morestan-Räucherdose und das derzeit nicht mehr angebotene Altritan dürfen dort nicht angewandt werden, wo *Adiantum* das Haus mit anderen Kulturen teilt. Ähnliches gilt auch für die Alphos-Nebeldose. Selbst die im allgemeinen als gut kulturpflanzenverträglich geltenden Phosphamidon-Präparate sind für junge Fiederblättchen nicht ungefährlich.

Nephrolepis. Sehr schlecht vertragen wird Ortho Dibrom. Es kommt zu Verbrennungen an den Fiederblättchen. Die Fiedern junger Wedel sind vor allem gegenüber Azinphos-Präparaten (Gusathion H), Kelthane MF, Tamaron und Malathion-Emulsionen empfindlich. Von den beiden Demeton-Präparaten wird Metasystox (i) besser vertragen als Metasystox R. Die Schäden sind jedoch im allgemeinen gering.

Pteris. Sehr auffällige Schäden an jüngeren und auch älteren Fiedern kann Kelthane MF hervorrufen. Bei feineren Formen muß man aber auch mit Phosphamidon-Präparaten (z. B. Dimecron) u. Demeton-Mitteln vorsichtig sein. Auch Ortho Dibrom bringt jungen Fiederblättchen Gefahr.

Asplenium. Vorsicht ist vor allem bei Azinphos-Emulsion (z. B. Gusathion H) geboten.

Freesia, Freesie

Knollenfreesien. Wenn möglich, die Knollen sofort nach ihrem Eintreffen pflanzen. Muß die Pflanzung aus irgendwelchen Gründen verschoben werden, Knollenware sofort auspacken und luftig, trocken und vor allem warm (nicht unter 20 °C) aufbewahren. Hält man nach vorausgegangener warmer Lagerung zu kalt, kann der Austrieb schlecht sein. Es ist jedoch nicht ratsam, sie länger als 10–14 Tage zu lagern. Freesien brauchen einen zwar durchlässigen, aber doch gut die Feuchtigkeit haltenden Boden. Sie sind nur mäßig salzverträglich. Soweit es die Pflanzendichte betrifft, richte man sich nach den Angaben des Knollenlieferanten. Keinesfalls darf man stark wachsende Sorten zu eng pflanzen. Nach dem Pflanzen ist zweckmäßigerweise mit einer etwa 2 cm starken Torfschicht abzudecken oder auch eine dünne Lage

Stroh aufzubringen. So erhält man die Struktur des Bodens. Man braucht dann selbst bei häufigen Wassergaben eine Verschlämmung nicht zu befürchten.

Nach der Pflanzung kommt es bekanntlich sehr auf das Einhalten geeigneter Bodentemperaturen an, da hohe Bodentemperaturen die Blüte verspäten. Die Bodenwärme soll 18 °C nicht übersteigen. Zu hohe Temperaturen bringen zwar viel Laub, aber keine Blumen. Optimal wäre eine Bodenwärme von 13 °C. Eine Torf- oder Strohauflage, regelmäßiges Feuchthalten und notfalls auch Schattieren schützen bei heißer Sommerwitterung vor unerwünscht starker Erwärmung und halten den Boden kühl.

Des weiteren ist zu berücksichtigen, daß die einzelnen Sorten je nach Jahreszeit einen sehr unterschiedlichen Licht- und Wärmebedarf haben. Sie müssen also gemäß ihren Eigenschaften kultiviert werden, wobei dazuhin noch zwischen Normalkultur, verfrühter oder verzögerter Kultur zu unterscheiden ist. Im Zweifelsfall wird man sich also um Spezialliteratur bemühen müssen.

Im Winter sollen normal kultivierte Freesien, bis sich die Knospen zeigen, bei etwa 10 °C und dann am besten bei 12–15 °C stehen. Zu hohe Wärme bringt dünne, schlaffe und verbogene Blütenstiele. Die Blüte läßt sich nicht allein durch Wärme vorantreiben; es gehört auch Sonne dazu. Die Schnittreife ist dann erreicht, wenn sich die beiden ersten Blüten eben öffnen.

Saatfreesien. Freesiensamen keimt am besten bei Temperaturen um 18–20 °C. Bei Temperaturen über 20–22 °C ist mit schlechter Keimung zu rechnen oder der Samen keimt überhaupt nicht. Gleichmäßige Feuchtigkeit während des Keimens ist wichtig. Bei zu tiefen Keimtemperaturen sind lange und dicke Wurzeln zu befürchten. Ähnlich wirkt sich auch schwere Erde aus. Für das gute Gedeihen ist aber ein verzweigtes Wurzelwerk von großer Bedeutung. Auch wurzeln Pflänzchen mit langer Hauptwurzel nur schlecht an.

Vorgekeimtes Saatgut möglichst nicht bei trockenwarmer, stark sonniger Witterung aussäen. Die Aussaatdichte entsprechend den Sorteneigenschaften wählen. Rote Sorten können im allgemeinen etwas dünner (etwa 3 g/m^2) ausgesät werden. Bei blauen Sorten soll man nicht über 2 g/m^2 hinausgehen. Für gelbe Sorten sind 2,5 g/m^2 angemessen. Nach der Saat ist mit einer dünnen Schicht Torf zu überdecken. Im übrigen muß man beim Pikieren vorsichtig sein. Die Pfahlwurzel darf nicht verletzt sein, sonst kann es später krumme Triebe und schlechte Blüten geben. Wachstumsstockungen können ihre Ursache in zu kaltem Sommerwetter haben, aber auch auf schlechte Wurzeltätigkeit infolge zu reichlicher oder auch nicht ausreichender Wasserversorgung zurückgehen. Ein übermäßiges Wachstum ist während des Sommers nicht erwünscht, da starke, mastige Bestände schlecht überwintern. Im Haus sind die Freesien kühl und luftig zu halten, da sich sonst Läuse, Rote Spinne oder auch Blasenfüße einstellen. Zuviel Feuchtigkeit im Herbst und zu kalter Stand fördern das Auftreten des Grauschimmels.

Fusarium-Welke und -Knollenfäule (*Fusarium oxysporum* Schl. f. *gladioli* (Mass.) Snyd. et Hans.) (71). – Quarantänekrankheit. – Vergilben und Absterben der Blätter, oft von Anfang an kümmerlicher Austrieb (wenn bereits die Mutterknolle erkrankt war). Knolle mit braunen Flecken, innen mit rotbrauner Verfärbung, die sich vom faulenden Kern des Knollenbodens den Wasserleitungsbahnen folgend in das Knolleninnere und schließlich auch in die Jungknolle hineinzieht (Abb. 146). Die Wurzeln

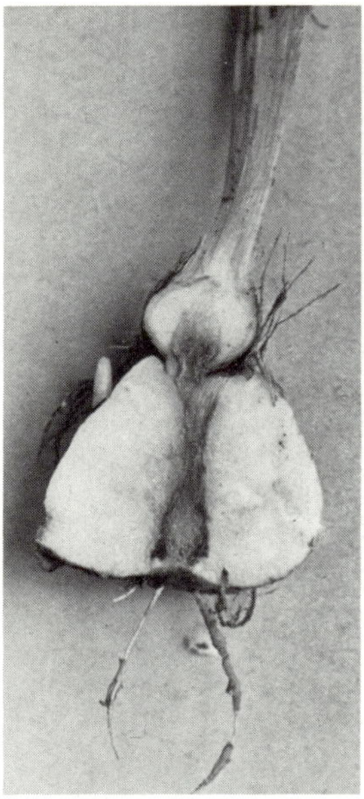

Abb. 146. Fusarium-Knollenfäule *(Fusarium oxysporum)* bei Freesie.

Abb. 147. Blasenfußschaden an Freesienblatt.

werden von den Ansatzstellen aus braun und sterben ab. Gelegentlich soll auch eine Knollenfäule vorkommen, bei der das Gewebe, je nach den Feuchtigkeitsverhältnissen, schleimig oder auch kreideartig trocken wird. Die Krankheit ist stark temperaturabhängig. Die Verluste können bei der gleichen Sorte bei 10 °C wesentlich niedriger sein als bei 20 °C. Die größten Schwierigkeiten ergeben sich während der etwa dreimonatigen Präparierung bei 30 °C. Die Infektion ist den Knollen vorher oft noch nicht anzusehen, macht aber während der Lagerung große Fortschritte.

Bekämpfung: Kranke Pflanzen möglichst früh ausmerzen. Knollen vor dem Legen gründlich auslesen. Sie sind am braun verfärbten Wurzelboden meist schon äußerlich kenntlich. Da auch andere Iridaceen durch die Erkrankung gefährdet sind (siehe Gladiole und Iris), ist mit dem Anbau von Pflanzen aus dieser Familie auf verseuchten Flächen mindestens 5 Jahre auszusetzen. Eine Bodenentseuchung (z. B. Dämpfung oder Behandlung mit Di-Trapex) bringt oft nicht den gewünschten Dauererfolg, da sie den Erreger in tieferen Bodenschichten nicht erfaßt und von dort wieder neue Verseuchung droht. Am sichersten ist die Kultur in abgeschlossenen Betonbeeten, die in allen Teilen vollkommen entseucht werden können. Pflanzgutbehandlung durch Beizung mit Du Pont Benomyl (0,2% 15 Min.).

Grauschimmel-Krankheit (*Botrytis cinerea* Pers.). Vor allem auf den Blättern, manchmal auch am Stengel graubraune Flecke, später oft ausgedehnte Faulstellen, auf denen sich bei hoher Luftfeuchtigkeit ein grauer, stäubender Schimmelrasen bildet. Auch die Blütenblätter können „Stippen“ zeigen, die zu größeren „Pocken“ zusammenfließen. Die Krankheit greift unter Umständen sehr rasch um sich und kann vernichtende Schäden auslösen.

Bekämpfung: Stehende, feuchte Luft begünstigt das Auftreten der Krankheit. Daher immer gut lüften und an trüben und feuchten Tagen für entsprechende Luftumwälzung (Ventilatoren!) sorgen. Vorbeugend mit dem Chinolinderivat B 500 stäuben, mit Du Pont Benomyl (0,05%) unter Zusatz eines Netzmittels spritzen oder sprühen oder versuchsweise auch mit den neuerdings zugelassenen Thiabendazolhaltigen Tecto Räuchertabletten oder mit Chlorothalonil (Liro Räuchertabletten 2787, Exotherm-Termil) räuchern. Bei noch nicht blühenden Beständen kann man auch mit Anilazin (z. B. Botrysan) spritzen. Je nach Krankheitsgefahr lasse man weitere Behandlungen in Abständen von 10–14 Tagen folgen. Im übrigen mit aller

Abb. 148. Freesienmosaik bei der Sorte 'Snow Queen'.

Vorsicht und möglichst an sonnigen Tagen gießen, damit die Pflanzen rasch wieder trocken werden.

Blattläuse. Es kommen die Kellerlaus *Rhopalosiphoninus latysiphon* Dav., die Mietenlaus *Myzotoxoptera tulipaella* Theob. und andere Blattlaus-Arten vor. Siehe Seite 85.

Blasenfüße (*Thrips tabaci* Lind. u. a.). Befall zeigt sich in weißlich-grauen, manchmal silbrig schimmernden Fleckchen und Streifen, die zunächst nur vereinzelt auftreten, sich später aber über die ganze Blattfläche verteilen (Abb. 147).

Bekämpfung: Wiederholt mit einer Parathion- oder Malathion-Emulsion spritzen oder auch mit einem Parathion-Stäubemittel stäuben.

Spinnmilben sind vor allem bei trockener Sommerwitterung zu befürchten. Siehe Seite 58.

Freesien-Mosaik (Freesia virus 1). Scheckige Fleckung oder feine Streifenbildung auf den Blütenblättern der farbigen Sorten. Blattsymptome sind nicht immer vorhanden. Sehr von der Virose betroffen sind z. B. die alten Sorten 'Marion' und 'Snow Queen', bei denen die Erkrankung schon am Laub zu erkennen ist. Die Blätter sind insbesondere entlang den Blattadern hellgrün, später braun gestreift und gefleckt. Die Blütenglocken zeigen über die gesamte Länge eine Einschnürung und öffnen sich nicht. Oft steht bei den so verkrüppelten Blüten der Griffel samt Narbe weit über den Blütenrand hinaus (Abb. 148), die Blumenblätter weißer Sorten sind grün gesäumt. Knollen zuweilen mit braunen Flecken.

Bei manchen Sorten wie z. B. 'Buttercup', 'Caro Carlee', 'Prinses Irene', 'White Madonna' ist der Virusbefall kaum oder gar nicht zu erkennen (Maskierung). Die

Virose ist bisher nur auf der Freesie beobachtet. Sie wird durch Blattläuse, weniger leicht beim Schnitt übertragen.

Gelbmosaik der Buschbohne (Phaseolus virus 2). Weniger häufig als das Mosaikvirus, Schäden jedoch oft schwerwiegender. So ist z. B. die alte Sorte 'Marion' für dieses Virus so anfällig, daß sie nach Infektion sehr rasch zugrunde geht. Man sieht infolgedessen bei dieser Sorte selten kranke Pflanzen.

Das Virus verursacht hellgrüne oder gelbliche Striche und Flecken auf den Blättern. Infolge Einschnürung unterhalb der Blumenblattzipfel öffnen sich die Blüten oft nur unvollständig oder gar nicht. Das Virus befällt auch Bohnen, Erbsen und Gladiolen.

Treten die beiden Virosen zusammen auf, so ist die Blüte meist heller als wenn nur das Freesienmosaik allein vorhanden ist. Das Gelbmosaik wird, im Freesienbestand vorwiegend mit dem Schnitt, gelegentlich auch durch Blattläuse übertragen.

Freesia streak virus (72). Symptome ähnlich wie bei den beiden vorgenannten Virosen, je nach Sorte und Umweltfaktoren stark wechselnd. Die oft bei jüngeren Pflanzen vorhandene schwache, blaßgrüne Scheckung der Blätter (Abb. 149) kann später wieder verschwinden oder die Befallssymptome verstärken sich. Es entstehen dann in dem besonders nach an der Spitze zu stark aufgehellten Blatt Zonen abgestorbenen Gewebes. In anderen Fällen zeigt das gesamte Blatt infolge der vielfach geradlinigen Begrenzung der weißlichen oder bräunlichen Flecken eine karoartige Zeichnung. Die Virose scheint nach bisherigen Beobachtungen nicht mechanisch von Pflanze zu Pflanze übertragbar zu sein. Auch die Übertragbarkeit durch Blattläuse ist noch nicht geklärt.

Vorbeugende Maßnahmen gegen den Virusbefall: Da alle drei Virosen zwar nicht durch Samen, aber mit den kranken Knollen übertragbar sind, dürfen diese nicht wieder Verwendung finden. Gladiolen, Erbsen und Bohnen möglichst nicht in der Nähe von Freesien anpflanzen. Beim Schnitt die befallenen Sorten zuletzt nehmen, Blattläuse bekämpfen.

Knollen treiben nicht aus. Der Praktiker spricht von „Blindheit" oder „Schlafkrankheit". Das Sitzenbleiben der Knollen läßt sich durch richtige Temperaturbehandlung während der Sommerlage-

Abb. 149. Blattsymptome des Freesia streak virus.

rung verhüten. Sie dürfen nicht zu kühl gelagert und müssen während einer bestimmten Zeitdauer bei höheren Temperaturen gehalten werden. Nach holländischen Erfahrungen sollen die Knollen nach dem Roden für mindestens 3–4 Monate Temperaturen zwischen 27–31 °C ausgesetzt sein. Dabei ist wichtig, daß sie gut ausgereift sind, sonst verlieren sie während der Wärmebehandlung zuviel Feuchtigkeit. Man achte auf ausreichende Luftfeuchtigkeit (60–70%) im Aufbewahrungsraum, da bei allzu trockener Lagerung die Knollen verhärten und dann wertlos sind.

Beim Bezug von Knollen darf die Temperaturfrage nicht außer acht gelassen werden. Kann man die Knollenware nicht gleich versorgen, ist sie mindestens bei Temperaturen um 20 °C zu lagern.

Braune Blattspitzen sind bei empfindlichen Sorten oft Zeichen einer Überdüngung. Da Freesien über Winter oft relativ trocken gehalten werden und dies die Erhöhung der Salzkonzentration fördert, werden Schäden vor allem in dieser Jahreszeit beobachtet.

Braun- und Gelbfleckung der Blätter kann dann auftreten, wenn die Freesien nach dem Einräumen bzw. dem Einpflanzen plötzlich gegenüber dem Freiland stark veränderte Wachstumsbedingungen vorfinden. Manchmal werden auch Welkeerscheinungen festgestellt.

Verhütung: Kein schroffer Temperaturübergang vom Freiland zur Hauskultur. Auf möglichst gleichmäßige Temperaturen achten. Während der kritischen Übergangszeit muß Niederschlagsbildung vermieden werden.

Schmale, kleine Blätter von dunkelgrüner Ausfärbung und leicht violettem Anflug sind nach PENNINGSFELD (1962) auf **Phosphorsäuremangel** zurückzuführen.

Vergilbung und Mißbildung der Blätter. Die Herzblätter kommen gelb und manchmal auch verdreht heraus. Wohl eine Folge zu niedriger Temperaturen und ungünstiger Lichtverhältnisse.

Ein vorzeitiges Blühen kann seine Ursachen in zeitweiser Trockenheit oder auch in einem Mangel an Stickstoff haben.

Die Blütenknospen vertrocknen, bleiben sitzen. Zu hohe Temperaturen (über 16 °C) während der Entwicklung der Blütenanlagen.

Nur wenige Blüten öffnen sich, die anderen bleiben in der Knospe sitzen. Diese Erscheinung wird auf eine kurze Kälte- oder Trockenperiode vor dem Schnitt zurückgeführt.

Rötliche Ausfärbung der Blätter, schlechte Ausbildung der Knospen, Mißbildungen der Blüten oder Fehlen einzelner Blütenorgane werden auf zu kalten Stand zurückgeführt.

Dunkelgrüne Verdickungen an den Blütenstielen, die zuweilen aufplatzen, sollen auf zu reichliche Stickstoffversorgung zurückgehen. Es wird empfohlen, die Wassergaben etwas einzuschränken und die Temperatur niedrig zu halten.

Anomale Blütenkämme. Die Abstände zwischen den ersten zwei bis drei Blüten können besonders groß oder der Abstand der Einzelblüten untereinander ungleich sein; auch fehlt die Knickung des Stengels. Es kann auch vorkommen, daß die Hüllblättchen der Blüten zu einer Länge von etwa 10–15 mm auswachsen.

Die Ursachen so veränderter Blütenstände sieht man in einem unregelmäßigen Temperaturverlauf während der Blütenanlagenentwicklung. Die Anlage der Knospen verläuft am schnellsten und ungestörtesten bei Temperaturen um 13–15 °C. Bei niedrigeren Temperaturen geht die Entwicklung langsamer vor sich. Höhere Temperaturen verzögern Anlage und Entwicklung der Blüten. Man wird also großen Wert auf gleichmäßige Temperaturen legen müssen.

Fluorschäden zeigen sich bei Freesien durch Auftreten von Nekrosen entlang der Blattränder.

Fuchsia, Fuchsie

Jungpflanzen stets gut durchputzen. Das ist wichtig, um dem Grauschimmel vorzubeugen. Der Standort sei luftig und nicht zu eng. Man überwintere nicht zu warm, da sonst die Pflanzen ins Wachsen kommen; vergeilte Triebe wären die Folge. Im übrigen würde der Austrieb die Pflanzen schwächen. Wichtig ist viel frische und vor allem bewegte Luft.

Fuchsien lieben relativ kleine Töpfe, in denen die Wurzeln möglichst rasch die Topfwand erreichen. Eine ständige Nachdüngung ist wichtig. Stockt das Wachstum, hört das Blühen auf.

Grauschimmelkrankheit (*Botrytis cinerea* Pers.). Insbesondere die Jungpflanzen leiden oft sehr unter dem Grauschimmel, der von welkenden Blattresten aus auf die gesunden Blätter und Triebe übergeht. Gefährlich ist vor allem eine Stengelfäule, die sehr häufig auch an Pflanzen zu beobachten ist, die sonst keinerlei Anzeichen eines Grauschimmelbefalls zeigen. Hellbraune, stengelumfassende und sich oft über längere Strecken (10 cm und mehr) hinziehende Trockenfaulstellen, teils vom Stengelgrund ausgehend, teils mitten im Stengel, führen schließlich meist zum Absterben des ganzen Triebes. Schimmelbelag ist nur selten bei sehr hoher Luftfeuchtigkeit auf diesen Befallstellen zu finden. Sowohl im Gewächshaus wie auch im Freiland tritt die Krankheit in niederschlagsreichen Jahren sehr verbreitet auf.

Bekämpfung: Engen Stand vermeiden. Reichlich Luft geben, vorsichtig gießen, abstehende Pflanzenteile sorgfältig entfernen. Vorbeugend und wiederholt mit dem Chinolinderivat B 500 stäuben oder versuchsweise mit Chlorothalonil (Exotherm-Termil, Liro Räuchertabletten 2787) räuchern. Sobald sich erste Schimmelrasen zeigen, in Abständen von 10–14 Tagen mit Du Pont Benomyl (0,075%), Dichlofluanid (Euparen 0,25%) oder Anilazin (z. B. Botrysan, 0,3%) spritzen oder gegen Stammfäule auch mit 0,1%iger Benomyl-Brühe angießen. Für Fuchsien nicht zugelassen sind dagegen die Thiabendazol-haltigen Tecto Räuchertabletten und Tecto fl. (Pflanzenverträglichkeit!). Da Benomyl die Bewurzelung der Stecklinge etwas hemmen kann, darf es nicht zu früh angewandt werden. Bei großer Krankheitsgefahr ist Botrysan wöchentlich auszubringen. Möglicherweise ist für diesen Verwendungszweck auch das derzeit noch in Prüfung befindliche Ronilan (vorgeschl. Wirkstoffbezeichnung: Vinchlozolin) brauchbar.

Blattwanzen. Blätter an den Triebspitzen mißgestaltet, mit dunkelvioletten bzw. später bräunlichen, etwas eingesunkenen Schadstellen. Spreite manchmal zerrissenlöcherig. Auch Triebe teilweise verkrüppelt. Siehe Seite 92.

Bekämpfung: Wiederholt mit einem Propoxur-Präparat (z. B. Unden flüssig) oder auch mit Methomyl (z. B. Lannate 25-WP) spritzen.

Blattälchen (*Aphelenchoides fragariae* (Ritz.-Bos) Chr.). Blattfall, besonders der untersten Blätter, im Stecklingsbeet manchmal verheerend auftretend, kann durch Älchenbefall verursacht sein. Blättchen oberseits mit punktförmig-fleckiger, mattgrauer Verfärbung, unterseits eingesunkene, mißfarbene Stellen welken und glanzlosen Gewebes. Im Spätstadium tritt die Begrenzung der schwarzbraun nachdunkelnden, naßfaulen Befallstellen durch die Blattaderung meist deutlicher in Erscheinung.

Bekämpfung: Benetzung des Laubes soweit möglich vermeiden, durch gute Belüftung für rasche Abtrocknung sorgen. Spritzen mit Zinophos-Emulsion (z. B. Nemafos 0,1%), die nach einer Woche zu wiederholen ist, oder auch Aldicarb-Granulat (z. B. Temik 10 G, 5 g/m²) ausstreuen.

Blattläuse. Bei Jungpflanzen am besten mit einem Mevinphos-Mittel, mit Propoxur (Unden flüssig), Methamidophos (z. B. Tamaron) oder Methomyl (Lannate 25-WP) spritzen, mit Sulfotepp (Bladafum) räuchern, mit Dichlorvos-haltigen Nebeldosen sprühen oder Dichlorvos S.C. mit Nebelgeneratoren ausbringen.

Weiße Fliege (Mottenschildlaus). Die Fuchsie wird sehr gerne von der Weißen Fliege besiedelt. Die weißbeflügelten, etwa 1,5 mm langen, schlanken Altläuse und deren gelbgrüne Larven saugen bevorzugt auf der Unterseite der Blätter. Trockenwarme Luft begünstigt die Vermehrung des Schädlings. Siehe Seite 93.

Bekämpfung: Die bei der Bekämpfung der Blattläuse genannten Präparate sind auch gegen die Weiße Fliege wirksam. Darüber hinaus kann man bei Jungpflanzen mit Phosphamidon + Fenitrothion (z. B. Dimecron combi) oder dem gut wirksamen Azinphos (z. B. Gusathion H) spritzen. Wichtig ist, daß die Mittel wiederholt im Abstand von 6–8 Tagen angewandt werden. Nur so ist ein nachhaltiger Erfolg gegen den Schädling zu erwarten.

Gaillardia, Kokardenblume

Entyloma-Blattfleckenkrankheit (*Entyloma* spec.). Runde, anfangs grünlichgelbe, später von innen heraus sich braun färbende Blattflecke, die bis 0,5 cm Durchmesser erreichen, oft aber auch zu mehreren größeren Befallsstellen zusammentreten. Sobald die ersten Befallsanzeichen auf den bodennahen Blättern auffällig werden, mit einem Grünkupferpräparat spritzen. Wiederholungen in Abständen von 14 Tagen.

Galanthus, Schneeglöckchen

Grauschimmelkrankheit (*Botrytis galantina* (Berk. et Br.) Sacc.). Schon von weitem fallen zwischen den durchtreibenden Schneeglöckchensprossen zunächst weißliche, von der Ferne wie junge Champignonköpfe aussehende Klumpen auf. Es sind die völlig steckengebliebenen und von dickem, bald mausgrau sich verfärbendem Schimmelrasen überzogenen Triebe der Pflanzen. Vereinzelte, etwas weiter durchgetriebene Sprosse faulen infolge des sie gänzlich einhüllenden *Botrytis*-Schimmels, der auch auf die Zwiebel übergehen kann. Stecknadelkopfgroße, schwarze Sklerotien, die im Spätstadium überall auf den Faulstellen erscheinen, dienen als Dauerorgane zur Überwinterung des Pilzes. Sie fallen ab und gelangen in den Boden, oder sie haften an den Zwiebeln und werden mit diesen übertragen.

Die Krankheit tritt besonders an sehr schattigen Stellen auf, wo Schnee und Eisabdeckung lange anhält, sowie dort, wo altes Laub oder Torfstreu die Horste überdeckt und einen Feuchtigkeitsstau bildet.

Bekämpfung: Ausstechen des Krankheitsherdes und Ausgießen mit Du Pont Benomyl (0,1%). Im folgenden Jahr ist die Behandlung an den gefährdeten Stellen schon vorbeugend vorzunehmen. Möglicherweise ist für diesen Verwendungszweck auch das zur Zeit noch in Prüfung stehende Präparat Ronilan (Vinchlozolin) brauchbar.

Gentiana, Enzian

Blattfleckenkrankheit (*Septoria* spec.). Vor allem die unteren Blätter mit 1–2 mm großen, kreisrunden, gelblich-braunen Flecken, die bei Häufung (vor allem an der Blattspitze) zum Absterben der Blätter führen können. Die Krankheit richtet, besonders während feuchter Witterungsperioden, oft erheblichen Schaden an.

Bekämpfung: Wiederholt in Abständen von 14 Tagen mit einem Grünkupfermittel, mit Metiram (z. B. Polyram Combi), mit Mancozeb (z. B. Dithane Ultra) oder auch mit Du Pont Benomyl spritzen.

Botrytis (Grauschimmel). Einzelne Triebe vergilben und sterben ab. Fäulnis am Stengelgrund. Bei hoher Luftfeuchtigkeit auf den kranken Stengelteilen der für den Grauschimmel typische graue Schimmelrasen.

Bekämpfung: Wiederholt in Abständen von 10–14 Tagen mit Du Pont Benomyl (0,05%), Dichlofluanid (z. B. Euparen, 0,25%) oder versuchsweise auch mit dem Thiabendazol-Präparat Tecto fl. (0,1%) spritzen.

Blattälchen (*Aphelenchoides ritzemabosi* (Schwartz) Good.). Die Blätter des Sproßgipfels von *Gentiana clusii* sind verkrüppelt und zeigen häufig Vergilbung und sichelförmige Einkrümmungen. Die gesamte Pflanze stockt im Wachstum. Bei starkem Befall stirbt die Sproßspitze ab.

Bekämpfung: Gefährdete Pflanzungen drei- bis viermal in Abständen von 4–5 Tagen mit einer Parathion-Emulsion (z. B. E 605 forte, Parathion forte u. a., 0,05%), zweimal mit Zinophos (z. B. Nemafos-Emulsion, 0,1%) kräftig spritzen, oder noch besser je m^2 5 g Aldicarb-Granulat (Temik 10 G) ausstreuen. Will man rasch wieder zu gesunden Kulturen kommen, so geschieht dies am besten durch Neuaussaat oder Auspflanzung gesunder Abrißlinge in frischen, unverseuchten Grund.

Gerbera

Günstiger pH-Bereich für Mineralboden pH 5,5–6,5, bei Verwendung von Torf als Kultursubstrat pH 5,0–5,5. Vor dem Pflanzen Boden tief bearbeiten. *Gerbera* braucht einen durchlässigen Boden. Deshalb auf gute Dränage achten. Boden stets dämpfen oder mit einem chemischen Mittel entseuchen. Notfalls die Beetsohle gegen krankheitsverseuchten Grund (z. B. mit Folie) abschließen oder auf Bankbeeten kultivieren. Keine frische Stallmistdüngung. Will man dem Boden organisches Material zuführen, verdienen Torf oder andere Substrate auf Torfgrundlage den Vorrang. Erhöhte Bankbeete tragen zur Gesunderhaltung der Kulturen bei. Man kann aber auch auf Wälle pflanzen.

Angekaufte Jungpflanzen müssen flott weiterkultiviert werden. Sie dürfen nicht verhärten und die Wurzelballen nicht verfilzen. Jede überständige Pflanzware stellt den späteren Kulturerfolg in Frage. Man pflanze hoch und achte darauf, daß die Wurzeln der Pflanzen nicht beschädigt werden. Danach ist mit aller Vorsicht zu wässern. Erst wenn die Pflanzen gut eingewurzelt sind, darf reichlicher gewässert werden. Pflanzt man im Herbst, sei man mit den Wassergaben den Winter über etwas sparsamer.

Den Sommer über bei großer Hitze und starker Sonneneinstrahlung leicht schattieren (sonst leidet die Blumenqualität) und durch Besprengen der Wege für entsprechende Luftfeuchtigkeit sorgen. Diese Maßnahmen halten auch die Rote Spinne nieder. Zu große Wärme bringt zwar üppigen Blattwuchs, aber auch wenig haltbare Blumen.

Vor Herbsteintritt sollte man zu dichte Pflanzungen etwas auslichten. In allzu dichten Beständen finden nämlich der Grauschimmel und andere Fäulniskrankheiten erfahrungsgemäß gute Verbreitungsmöglichkeiten. Vergilbende und überzählige Blätter entfernen. Beim Blattpflücken entstehen bekanntlich Wundstellen. Die Gefahr für Wundinfektionen ist jedoch geringer, wenn man sich für die Arbeit einen warmen, sonnigen Tag aussucht, der ein schnelles Abtrocknen der Wundstellen verspricht. Auch ist während der Übergangszeit etwas zu heizen. Im Winter halte man die Pflanzungen etwas trockener. Dafür Sorge tragen, daß das Herz der Pflanzen beim Gießen möglichst trocken bleibt. Tröpfchenbewässerung hat sich bewährt.

Die Schnittreife ist nach holländischen Erfahrungen dann erreicht, wenn die männlichen Organe der Scheibenblüten den Blütenstaub erkennen lassen.

Die **Haltbarkeit der Gerberablumen** ist nach PENNINGSFELD (73, 74) von der Düngung, der Klimagestaltung im Gewächshaus und auch von vorausgegangenen Pflanzenschutzmaßnahmen abhängig. Auch der Schnittermin ist von Einfluß. Im übrigen soll die Blütenhaltbarkeit einzelner Pflanzen aus Sämlingsgemischen schwanken und zwischen 2 und 16 Tagen betragen können.

Gerberasterben. Die auch heute noch dem Gärtner unter dem Allgemeinbegriff „Gerberasterben“ bekannte Krankheit äußert sich durch ein mehr oder weniger rasches Abwelken der gesamten Pflanzen (Abb. 150). Neben ungünstigen Umwelteinflüssen haben verschiedene parasitische Pilze Anteil am Zustandekommen der Erkrankung (75).

Eine meist rasch verlaufende Welke infolge **Fußkrankheit und Wurzelhalsfäule,** die sich auch auf die oberen Wurzelteile ausdehnen kann, wird vor allem durch *Phytophthora cryptogea* Pethybr. et Laff. verursacht. *Fusarium oxysporum* Schl., das auch als Erreger genannt wird, scheint bei uns bisher eine untergeordnete Rolle zu spielen. Findet man grauen Schimmelrasen auf dem faulenden Wurzelhals, so ist dies ein Zeichen für Befall durch *Botrytis cinerea* Pers.

Bei der durch *Verticillium dahliae* Kleb. oder *Verticillium alboatrum* (Reinke et Barth) hervorgerufenen **Welkekrankheit** welkt die Pflanze verhältnismäßig langsam ohne äußere Anzeichen einer Stammfäule. Bei manchen Sorten ist eine rötliche Blattverfärbung zu beobachten. Im quer durchschnittenen Stammgrund oder Wurzelhals findet man die Gefäßbündel gebräunt.

Bekämpfung: Das Problem des Gerberasterbens muß von der Erreger- wie von der Kulturseite her angepackt werden. Grundlage der vorbeugenden Bekämpfung ist die Kultur in einem von Welke- und anderen Krankheitserregern freien Substrat. In der Desinfektion der Erde durch Dämpfen, durch chemische Entseuchungsmittel (z. B. Methylbromid) oder durch Auswechseln des Bodens wird man immer noch die vorteilhafteste Maßnahme zur Bekämpfung des Gerberasterbens sehen dürfen. Durch eine Kultur auf Beeten mit abgeschlossener Sohle wird einer Infektion aus tieferen Bodenschichten vorgebeugt. Es ist allerdings zu bemerken, daß eine Anstek-

Abb. 150. „Gerberafäule“.

kung durch *Phytophthora cryptogea* auch von Boden aus erfolgen kann, der noch nie *Gerbera* getragen hat. Was das Substrat selbst anbetrifft, so lehren die Erfahrungen der letzten Jahre, daß zufriedenstellende Kulturerfolge sowohl in der bisher üblichen Praxiserde (etwa pH 6,5) als auch in Einheitserde oder Torf möglich sind. Das Substrat allein ist jedoch nicht entscheidend. Es wird darauf ankommen, der *Gerbera* beste Kulturbedingungen zu schaffen. Wir werden darauf achten müssen, daß den Pflanzen genügend Bodenwärme (Bodenheizung) zur Verfügung steht und ihrem Licht-, Luft- und Feuchtigkeitsbedürfnis Rechnung getragen wird. Es müssen zuträgliche Temperaturen eingehalten und vor allem auch größere Temperaturschwankungen vermieden werden. Guter Wasserabzug (Dränage) ist wichtig. Hohe Bodenfeuchtigkeit wirkt sich besonders bei zu tiefer Temperatur sehr nachteilig aus. Gegen Überdüngung ist die Gerbera sehr empfindlich. In der Züchtung welkeresistenter Sorten sind gute Fortschritte erzielt worden, doch muß man sich versichern, auf welchen Pilz sich die Resistenz bezieht. Auch zum richtigen Einsatz chemischer Bekämpfungsmittel ist die genaue Feststellung des Erregers dringend erforderlich. Mit dem gegen Phytomyceten im allgemeinen gut wirksamen Fenaminosulf-Präparat Bayer 5072 sind die Ergebnisse gegenüber der Phytophthora-Fußerkrankung bei der *Gerbera* unbefriedigend. Das von der Firma Schering entwickelte Prothiocarb-Präparat Previcur dürfte sich als Gießmittel (0,15%) nur für Jungpflanzen in der Anzucht anbieten. Zur Bekämpfung der Verticillium-Welke kann dagegen mit gutem Erfolg Du Pont Benomyl (0,05% im Gießverfahren) eingesetzt werden. Das letztere Präparat ist gleichzeitig auch gegen den Grauschimmel gut wirksam. Wo dieser als alleinige Ursache der Fäule angesehen werden muß, kann der Stammgrund auch mit einem Chinolin-Präparat (z. B. stäuben mit B 500) behandelt werden. Zur Vorbeugung gegen alle Arten von Wurzelhals- und Stengelgrundfäulen ist es außerdem empfehlenswert, die Pflanzen möglichst hoch zu setzen. Man bedenke, daß bei vegetativer Vermehrung aus nicht absolut gesunden Kulturen leicht eine Verschleppung und Ausbreitung der Krankheitserreger erfolgen kann. Unter diesem Gesichtspunkt ist unter Umständen eine Samenvermehrung vorzuziehen. Es muß auch vermieden werden, daß die Erreger mit Arbeitsgeräten, Schuhen, Erde oder Gießwasser verschleppt werden.

Echter Mehltau (*Oidium*-Arten). Mehlig weiße Blattflecke.

Bekämpfung: Sieht man von dem leider jetzt nicht mehr angebotenen Triamphos-Präparat PFU 26 einmal ab, werden Afugan (Wirkstoff: Pyrazophos) und Du Pont Benomyl (0,05%) von den Blumen noch am besten vertragen. Freilich muß man bei Benomyl mit geringfügigen Präparatrückständen rechnen. Diese sind dann auffällig, wenn das Präparat bei großer Krankheitsgefahr in 0,1%iger Konzentration gespritzt wird. Vorsicht ist mit dem Mehltaumittel F 238 geboten. Es soll schon den Knospen Gefahr bringen. Bei nicht blühenden Beständen kann man auch mit dem Triforine-Präparat Saprol arbeiten.

Grauschimmel (*Botrytis cinerea* Pers.). Der als „Schwächeparasit" bekannte Pilz befällt meist zunächst abgestorbene Pflanzenteile, geht aber von dort auch auf gesundes Gewebe über. Gefährdet ist insbesondere der Stammgrund (siehe Gerberasterben), der fault und sich mit mausgrauem Schimmel bedeckt. Im Gefolge der Stammgrundfäule oder unabhängig davon können auch Blattstiele und -spreiten sowie die Blüten befallen werden. Die Blütenblätter verfärben sich braun, faulen und bedecken sich mit dem stäubenden Schimmelrasen. Auch winzige, schwarzbraune Fleckchen auf den Blütenblättern, die sich jedoch nicht vergrößern (außer z. B. dann, wenn die Blumen längere Zeit verpackt bleiben und dadurch ein Feuchtigkeitsstau auftritt), können durch Sporeninfektionen dieses Pilzes ausgelöst werden.

Der Grauschimmel tritt vor allem in der lichtarmen Jahreszeit auf und wird durch hohe Luft- und Bodenfeuchtigkeit – vor allem stehende Luft – gefördert. Schwächezustände der Pflanze, insbesondere Verletzungen, begünstigen den Befall.

Bekämpfung: Allzu dichte Pflanzungen während der Herbstmonate auslichten. Abstehendes Blattwerk rechtzeitig entfernen. Keine zu langen Stengelstümpfe stehenlassen. Während der Wintermonate nicht zu häufig gießen. Für rasches Abtrocknen der Bestände sorgen. Gegen die Stammgrundfäule mit Benomyl (0,05%) gießen oder kräftig mit der gleichen Brühe, mit Tecto fl. (0,1%) oder Euparen (0,5%) unter Schonung der Blumen ins Herz der Pflanzen spritzen, wo noch vorhanden, auch mit B 500 stäuben. Möglicherweise ist auch Ronilan brauchbar.

Wo es um den Schutz der Blumen geht, müssen die Maßnahmen der Hygiene im Vordergrund unserer Bemühungen stehen. Feuchte, stehende Luft und starke Temperaturschwankungen, die Niederschlag mit sich bringen, vermeiden. Stets für entsprechende Luftbewegung sorgen. Möglicherweise Ventilatoren einsetzen. Vernünftig gießen; die Pflanzen müssen abgetrocknet in die Nacht gehen. Unter Umständen das Abtrocknen durch Heizen bei gleichzeitig geöffneten Lüftungsklappen beschleunigen. Ob das Räuchern mit den Thiabendazol-haltigen Tecto Räuchertabletten von den Blumen vertragen wird, ist noch nicht erprobt. Man wird es auf einen Versuch ankommen lassen müssen.

Spinnmilben. Blattoberseits ist zunächst eine unscharf begrenzte Gelbfleckung, und zwar vornehmlich der Blattrandpartien festzustellen. Unterseits fällt der typische Bronzeton der geschädigten Spreitenteile auf. Siehe Seite 58.

Bekämpfung: Bei der Auswahl der Präparate die Blumenverträglichkeit beachten. Man kann bei normal sensiblen Stämmen mit einem Demeton-Mittel (z. B. Metasystox), Methamidophos (z. B. Tamaron), mit Diazinon-Emulsion oder einem Mevinphos-Mittel (z. B. PD 5, Shell Phosdrin 50) spritzen oder bei widerstandsfähigen auch Kelthane MF (Wirkstoff: Kelthan), Fundal forte 750 (Chlordimeform + Formetanat) oder Galecron (Chlordimeform) verwenden. Bei Diazinon-Emulsionen, Kelthane MF und Mevinphos-Mitteln ist eine geringe Beeinflussung der Blüten nicht ganz auszuschließen. Galecron und Fundal forte 750 sind zwar für die Blumen verträglich, kommt jedoch zuviel Spritzbrühe in die Blatttrichter, kann der neue Austrieb mit chlorotischer Fleckung reagieren. Beide Mittel sind also mit Vorsicht zu verwenden. Für Jungpflanzen bietet sich des weiteren das Aldicarb-Granulat Temik 10 G an. Wo sich Resistenzerscheinungen gegenüber gebräuchlichen Phosphorsäureinsektiziden zeigen, mit Spezialpräparaten wie Kelthane MF, Fundal forte 750 oder auch mit Temik 10 G arbeiten. Beim Spritzen ist wichtig, daß auch die Unterseiten der Blätter gut und reichlich von der Spritzbrühe getroffen werden.

Weichhautmilben. Die verunstalteten, oft wie zersaust aussehenden Blütenköpfe sind ein sehr auffälliges Merkmal des Milbenbefalls. Bei stärkerem Befall zeigen die Blätter eine etwas nach oben gewölbte und schwach gebräunte Blattspreite. Siehe Seite 63.

Bekämpfung: Sie geschieht am besten mit einem Kelthan-Präparat, wobei Kelthane MF von den Blumen noch besser vertragen wird als Kelthane Spritzpulver.

Blasenfüße. An den Zungenblüten sind ausgebleichte oder bräunliche Fleckchen, die Saugstellen der Blasenfüße, zu erkennen. Siehe Seite 72.

Bekämpfung: Wiederholt mit Methomyl (Lannate 25-WP), Methamidophos (z. B. Tamaron) oder notfalls auch mit einem Mevinphos-Mittel oder mit Diazinon-Emulsion spritzen, Dichlorvos-haltige Präparate (z. B. Dedevap, Nogos) verdampfen.

Weiße Fliege (Mottenschildlaus). Die weißbereifte Flügelchen tragenden Mottenschildläuse siedeln sich sehr gerne auf *Gerbera* an, und gerade in den letzten Jahren sind sie wieder zu sehr unbequemen Schädlingen unserer Kulturen geworden. Siehe Seite 93.

Bekämpfung: Sie ist erfahrungsgemäß in blattreichen Beständen schwierig und nur dann erfolgreich möglich, wenn die Mittel über einen längeren Zeitraum hinweg angewandt werden. Wiederholt in Abständen von 5–7 Tagen mit Methomyl (z. B. Lannate 25-WP), Methamidophos (z. B. Tamaron), Demeton (z. B. Metasystox), Propoxur (z. B. Unden flüssig), Zinophos (z. B. Nemafos) spritzen, Dichlorvos-haltige Mittel verdampfen, mit den gleichen Präparaten (z. B. Nogos, Dedevap) raumsprühen oder auch mit Dichlorvos-haltigen Nebeldosen (z. B. Alphos) sprühen. Diese Maßnahmen richten sich jedoch vorwiegend gegen die geflügelten Alttiere, da die auf der Unterseite der Blätter sitzenden Larven nur schwer erreichbar sind. Des weiteren ist für Jungpflanzungen auch das Aldicarb-Granulat Temik 10 G brauchbar. Schafft man die Bekämpfung mit den aufgeführten Präparaten nicht, bleibt nur noch die Blausäurebegasung mit Calcyan. Aber auch Calcyan muß drei- bis viermal angewandt werden. Darauf aufmerksam zu machen ist, daß Calciumcyanid nur an Personen abgegeben werden darf, die eine Genehmigung zur Verwendung besitzen. Wer Calcyan anwenden will, muß sich von einer zur Ausbildung befugten Stelle darin unterweisen lassen.

Blattläuse. Man kann mit einem Demeton-Mittel spritzen oder auch die bei der Bekämpfung der Blasenfüße angegebenen Mittel verwenden.

Eulenraupen (z. B. die Achateule, *Trigonophora meticulosa* L. u. a.) können durch Fraß an den Blütenblättern oft empfindliche Schäden verursachen. Siehe Seite 75.

Bekämpfung: Es empfehlen sich Spritzungen mit Metamidophos (z. B. Tamaron) oder Methomyl (z. B. Lannate 25-WP).

Blattminierfliege (*Phytomyza atricornis* Mg.). Ihre Larven verursachen in den Blättern weiße, geschlängelte Fraßminen. Siehe auch Seite 177.

Dickmaulrüssler (*Otiorrhynchus sulcatus* L.). Die Larven schaden durch Fraß an den Wurzeln und am Wurzelhals, die Käfer durch Benagen der Blütenblätter. Siehe Seite 82.

Schnecken. Zu sehr unbequemen Schädlingen können in manchen Betrieben kleine Nacktschnecken werden. Sie fühlen sich in den gut den Boden beschattenden Gerberabeständen besonders wohl. Ihre Bekämpfung mit den üblichen Schneckenködern auf Metaldehydbasis (z. B. Helarion) oder mit Mesurol-Schneckenköder macht erfahrungsgemäß einige Schwierigkeiten. Als gut wirksam hat sich jedoch das Stäuben mit Metaldehyd-Staub (Tschilla-Schneckenstaub) erwiesen.

Phosphorsäuremangel (nach PENNINGSFELD). Mäßiges Wachstum. Kleines, schmales, dunkelgrünes Laub. Partien der Blattränder rötlich-violett verfärbt. Schließlich treten über die Blattfläche verteilt rötliche Flecke auf, und die Blätter vertrocknen von der Spitze her. Phosphorsäuremangel macht die Pflanzen gegen Krankheiten anfälliger.

Kalimangel. Die Blätter werden chlorotisch. Ältere Blätter sterben fleckenartig, vom Rand her beginnend ab.

Stickstoffmangel. Kennzeichnend sind kleine gelblichgrüne Blätter, die sich im Alter am Rand rötlich verfärben und schließlich absterben.

Kupfermangel. Hin und wieder bei Torfkultur beobachtet. Einrollen und Absterben der Blattspitzen. Als Gegenmaßnahme wird 10–30%ige Kupferkarbonat-Lösung empfohlen.

Magnesiummangel kann sich in chlorotischer Aufhellung des Blattwerks äußern.

Eisenmangel siehe Seite 47. Zu ergänzen ist, daß die einzelnen Pflanzen in aus Samen angezogenen Beständen oft sehr unterschiedliche Chlorose-Erscheinungen zeigen. Neben chlorotischen, oft schon Nekrosen zeigenden Pflanzen, finden sich völlig normal ausgefärbte. Man erklärt sich dies mit unterschiedlichen pH-Ansprüchen der einzelnen Samenpflanzen. Im übrigen können auch ungünstige Bodenverhältnisse (zu kalter und das Wasser lange haltender Boden) Chloroseerscheinungen hervorrufen.

Empfindlichkeit gegen Pflanzenschutzmittel: Man muß vor allem bei blühenden Beständen aufpassen. Dabei sind es nicht nur Mittel gegen tierische Schädlinge, die schlecht vertragen werden, auch manche Pilzgifte lassen in ihrer Blütenverträglichkeit zu wünschen übrig. Interessant ist, daß sogar die einzelnen Farbtöne unterschiedlich reagieren können. In unseren Versuchen erwiesen sich vor allem rote Farben als besonders empfindlich, etwas verträglicher waren gelbe und orangefarbene Töne.

Mehr oder weniger auffällige Blumenschäden können vor allem nach Verwendung von Malathion-, Phosphamidon- (z. B. Dimecron), Endosulfan- (z. B. Thiodan), Dimethoat-Emulsionen, Azinphos-Präparaten (z. B. Gusathion H), Mevinphos-Mitteln (z. B. PD 5), Plictran, Kelthane Spritzpulver, Pentac, Pirimor, Dinocap-Präparaten (z. B. Karathane), Mehltaumittel F 238 (auch schon Knospen), Morestan, Botrysan, Euparen und Saprol auftreten. Etwas geringer ist die Schadgefahr bei Metasystox-R, Kelthane MF, Animert V 101 Spritzpulver, Parathion- und Diazinon-Emulsionen. Man darf diese Mittel jedoch nicht bei hohen Temperaturen und starker Sonneneinstrahlung anwenden. Von den Blumen werden das Spritzen mit Metasystox (i), Fundal forte 750, Galecron, Afugan, das Verdampfen und Raumsprühen mit Dichlorvos-haltigen Präparaten (Nogos, Dedevap) und das Räuchern mit Lindan-Räuchermitteln noch verhältnismäßig gut vertragen. Geringfügige Präparatrückstände hinterlassen Lannate 25-WP und Du Pont Benomyl (0,05%).

Noch nicht ganz aufgeklärt sind die Verhältnisse bei Folimat. Das Mittel verursacht zwar zunächst keine Schäden, doch sollen nach wiederholter Anwendung die neu aufblühenden Blumen mit ausgebleichten Zungenblüten erscheinen. Fundal forte und Galecron können dann zu chlorotischer Fleckung neu austreibender Blätter führen, wenn zuviel Spritzbrühe ins Herz der Pflanzen gelangt. Lindan-Präparate sollen eine Rotfärbung des Laubes verursachen können. Problemlos ist die Verwendung von Temik 10 G dann, wenn darauf geachtet wird, daß die Granulate nicht in die Blatttrichter fallen.

Gladiolus, Gladiole

„Lackschorf“ der Knollen, Blattfleckenkrankheit, Blatt- und Stengelgrundfäule (*Pseudomonas marginata* (McCulloch) Stapp). – Quarantänekrankheit. – Blätter, vor allem am Grunde, übersät mit kleinen, rötlichbraunen Flecken oder Streifen, die zu schwarzbraunen Faulstellen zusammentreten können. Besonders am Grund der innersten Blätter und des Blütenstengels führt die Erkrankung bei feuchter Witterung rasch zu einer gefährlichen Naßfäule, die schließlich ein Umfallen der Pflanzen zur Folge haben kann. Auch die Knollen sind dann meistens erkrankt. Ihre trockenen Hüllblätter zeigen brandfleckenähnliche Schadstellen, darunter auf der Knollenoberfläche gelblichbraune, später dunkelbraune Flecke mit etwas erhöhtem Rand (Abb. 151). In der Höhlung der leicht eingesunkenen Schadstellen wird ein lackartiger Überzug sichtbar.

Die Bakterien können im Boden, vor allem an liegengebliebenen Pflanzenresten, überwintern. Die Hauptquelle der Ansteckung sind jedoch erkrankte Knollen, mit denen der Erreger auf das Feld gelangt. Besonders in regenreichen Sommern und an Standorten mit schwerem, nassem Boden kann viel Schaden entstehen.

Bekämpfung: Kranke Pflanzen womöglich schon während der Vegetationszeit mitsamt umgebender Erde ausstechen und vernichten. Knollen frühzeitig ernten. Aus befallenen Beständen sind möglichst keine Brutknöllchen zu entnehmen. Die geernteten Knollen sind nach rascher Trocknung kühl und luftig zu lagern. Auf die früher gebräuchliche Beizung mit Quecksilber-Naßbeizpräparaten muß der Gladiolen-Anbauer heute verzichten. Das gilt nicht nur für das bereits zurückgezogene Quecksilber-Naßbeizmittel Ceresan, das gilt auch für das holländische Spezialpräparat AAbulba. Man wird daher auf früher

Abb. 151. Lackschorf *(Pseudomonas marginata)* an Gladiolenknollen.

erarbeitete Verfahren zurückgreifen müssen, wobei Praxiserfahrungen kaum vorliegen dürften. Immerhin sollte man es auf einen Versuch ankommen lassen: Vor der Behandlung sichtbar befallene Knollen auslesen, das Pflanzgut 15 Min. in Wasser einweichen, danach in einer 1%igen Formaldehyd-Lösung (das sind 2,5 l des im Handel erhältlichen 40%igen Formalins auf 100 l Wasser) 30 Min. beizen. Wird nur eine 0,5%ige Lösung verwendet, so erhöht sich die Beizdauer auf 1 Stunde. Die Pflanzung darf nur auf Flächen erfolgen, die wenigstens 4–5 Jahre keine kranken Pflanzen getragen haben.

Abb. 152. Gladiolenknollen mit Schäden durch *Stromatinia*-Knollen-Trockenfäule.

Stromatinia-Knollentrockenfäule, -Stengelgrund- und -Blattgrundfäule (*Stromatinia gladioli* (Drayt.) Whetz. = *Sclerotinia gladioli* (Mass.) Drayt.). – Quarantänekrankheit. – Äußerste Blätter werden von der Spitze aus gelb und sterben ab. Nach Ablösen der äußeren Blattscheiden findet man am Blattgrund ein faserig-weißes Pilzgeflecht, das später ein graues, krustiges Aussehen annimmt. Stärker erkrankte Pflanzen fallen samt dem Blütenschaft um. Auf der Knolle, hauptsächlich von den Blattnarben ausgehend, meist runde, eingesunkene, tabakbraune Flecke (Abb. 152), wobei das Knollengewebe jedoch nur wenig tief geschädigt wird. Am zerfaserten Blattgrund, ebenso wie auf den Faulstellen an der Knolle winzig kleine, schwarze Pilzdauerkörperchen, die abfallen und auf Jahre hinaus den Boden verseuchen können. Besonders bei zu hoher Luftfeuchtigkeit in den Aufbewahrungsräumen macht die Fäule während der Lagerung weitere Fortschritte. Die Knollen trocknen ein und werden unbrauchbar. Der Pilz befällt auch *Crocus* und *Freesia*. Gute Kali- und Phosphorversorgung scheint dem Pilzbefall entgegenzuwirken, während bei hohem Stickstoff- und Magnesiumgehalt herangewachsene Knollen eine erhöhte Anfälligkeit aufwiesen. Kühler und nasser Spätsommer und Frühherbst begünstigen die Knolleninfektion und führen zu erhöhtem Lagerbefall.

Bekämpfung: Kranke Pflanzen zeitig entfernen und verseuchte Bestände möglichst frühzeitig ernten. Pflanzenreste so gut wie möglich vom Feld räumen. Knollen vor der Lagerung und wieder vor der Pflanzung sorgfältig durchsehen und auslesen. Die Brutknöllchen werden in Holland einer Warmwasserbehandlung ausgesetzt, die am günstigsten in der ersten Januarhälfte vorgenommen wird. Nachdem die Knöllchen bei 20–25 °C gelagert waren, weicht man sie vor Beginn der Behandlung 2 Tage in Wasser von 20 °C ein. Sodann wird das Wasser möglichst rasch auf 53–55 °C erwärmt und diese Temperatur genau 1/2 Stunde eingehalten. Danach Abkühlen mit kaltem fließendem Wasser, Trocknung und anschließend Aufbewahrung bei höchstens 10 °C.

Septoria-Knollenhartfäule und -Blattfleckenkrankheit (*Septoria gladioli* Pass.). – Quarantänekrankheit. – Die Infektion geht ursprünglich meist von wenigen Brutknöllchen aus, die von verseuchtem Boden angesteckt wurden. Die daraus erwachsenen Jungpflanzen können dann bereits im Juni kleine, helle Blattfleckchen zeigen, auf denen in Form zahlreicher, mit bloßem Auge eben noch sichtbarer schwarzer Pünktchen die Pilzfruchtkörperchen sichtbar werden (Abb. 153). Die darin entstehenden, sehr zahlreichen Sporen dienen der weiteren Verbreitung des Pilzes, und im Juli–August wird die Krankheit wirklich auffällig. Auch hier wieder sind die hellbraunen, rundlichen Flecken, die bis zu 0,5 cm Durchmesser erreichen können und rötlich umrandet sind, übersät mit den punktförmigen, schwarzen Sporengehäusen. Einem starken Blattbefall muß aber nicht in jedem Fall ein schwerer Knollenbefall folgen. Es kommt dabei auf die Boden- und Witterungsbedingungen, sowie auf den Rodetermin und die Anzahl ein- oder mehrblättriger Pflanzen (aus kleinen oder großen Brutknöllchen erwachsen) an. In schweren Böden und bei kräftigen Pflanzen ist die Gefahr einer Infektion der Knollen am größten. Später Rodetermin fördert ebenfalls den Befall.

Bei Gladiolen aus infizierten Pflanzknollen treten erste Blattinfektionen später auf als bei den Jungpflanzen (nicht vor Ende Juli–Anfang August), sekundäre Blattinfektionen greifen weniger leicht um sich. Es ist in diesem Fall auch kaum mit stärkeren, vom Blatt ausgehenden Knolleninfektionen zu rechnen. Starker Knollenbefall geht immer schon von befallenen Brutknöllchen aus.

Bodenverseuchung spielt praktisch nur für die Brutknöllchen eine Rolle, Pflanzknollen werden kaum vom Boden aus befallen. Stark erkrankte Knollen mit rotbraunen, wäßrigen, sich später meist schwarzbraun verfärbenden Flecken liefern aber nur kleine, kümmerliche Pflanzen, die Tochterknollen bauen mehr und mehr ab. *Bekämpfung:* Die auch gegen andere Knollenkrankheiten (siehe Stromatinia-Knollentrockenfäule) vorgenommene Warmwasserbeize der Brutknöllchen ist auch gegen den Erreger der Knollenhartfäule als wichtigste Vorbeugungsmaßnahme anzusehen. Im Jungpflanzenbestand ist auf das Erscheinen erster, vereinzelter Blattflecke im Juni zu achten und gegebenenfalls mehrmals mit Grünkupfer, Mancozeb (z. B. Dithane-Ultra) oder Zineb-Präparaten zu spritzen oder zu sprühen.

Abb. 153. *Septoria*-Blattfleckenkrankheit bei Gladiole.

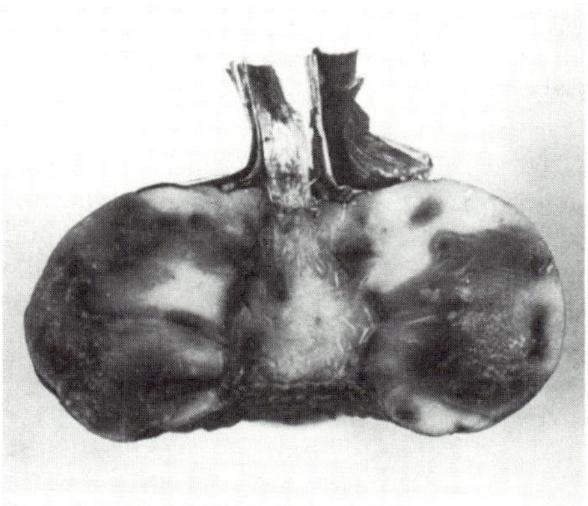

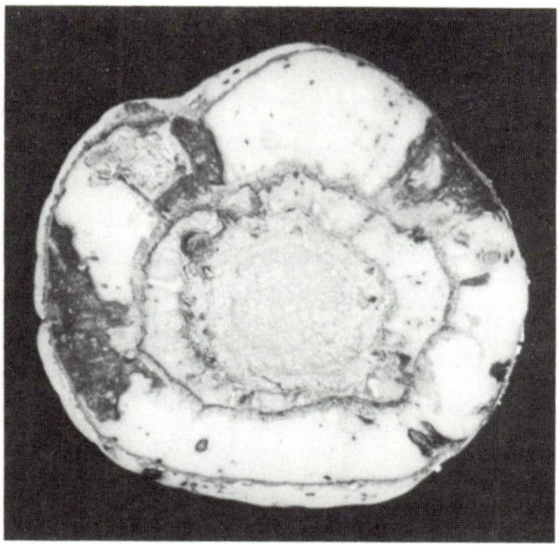

Abb. 154. Durchschnittene Gladiolenknolle mit Fusarium-Fäule *(Fusarium oxysporum).*
Abb. 155. Faulstellen an Gladiolenknolle durch *Fusarium oxysporum.*

Fusarium-Vergilbungskrankheit und -Knollenfäule (*Fusarium oxysporum* (Schl.) *gladioli* (Massey) Snyder et Hansen). – Quarantänekrankheit. – Bei Verwendung schwer erkrankter Knollen und regnerischer Witterung kann bereits ein verzögerter und kümmerlicher Austrieb beobachtet werden. Oft aber wird die Krankheit erst bemerkt, wenn die Blätter der zunächst normal herangewachsenen Pflanzen von der Spitze aus vergilben. Infolge Fäulnis am Blattgrund gehen sie schließlich zugrunde. Die Wurzeln zeigen braune Faulstellen, im Spätstadium sind nur noch abgefaulte Stumpen oder zerfaserte Wurzelreste vorhanden.

Von den Wurzeln aus oder auch direkt in den Knollenboden eindringend erzeugt der Pilz eine Fäule im Knolleninneren, die strahlig verzweigt dem Verlauf der Wasserleitungsbahnen in die äußeren Knollenbezirke und in die Jungknolle hinein folgt (Abb. 154). Äußerlich ist diese Fäule zunächst noch kaum zu erkennen, im fortgeschrittenen Stadium macht sie sich durch fettig-durchschimmernde Flecke bemerkbar. Greift der Pilz die Knollenoberfläche seitlich an, so entstehen hellbraune, beim Eintrocknen hart und schwarz werdende, leicht eingesunkene, oft etwas gezonte Flecke, die sich zu großen, tiefgehenden Faulstellen vereinigen können (Abb. 155). Die Knollen sind dann häufig einseitig etwas abgeflacht; rosafarbener Pilzbelag bildet sich bei genügender Feuchtigkeit auf der Oberfläche. Bei der Lagerung können Sporen leicht von Befallsstellen aus auf gesunde Knollen gelangen. Eine Infektion kann außerdem von verseuchtem Boden ausgehen. Die größte Gefahr bilden Knollen, die schon bei der Ernte den Krankheitskeim in sich tragen, denen aber oft zu diesem Zeitpunkt äußerlich noch nichts anzusehen ist. Die Krankheit tritt nur in regnerischen Sommern oder auf sehr feuchten Böden stärker auf, kann dann aber verheerende Ausfälle verursachen. Der für die Gladiole gefährliche Pilz kann auch andere Zierpflanzenkulturen schädigen. Am meisten gefährdet sind die nächst verwandten Iridaceen wie zum Beispiel *Crocus, Freesia,* Zwiebeliris, *Ixia, Tritonia, Sparaxis, Watsonia.*

Bekämpfung: Ausmerzen kranker Pflanzen während der Vegetationszeit und bei der Ernte (Mutterknolle im Falle stärkerer Erkrankung teilweise oder ganz weichfaul). Für rasche Trocknung bei guter Belüftung sorgen. Beim Putzen und besonders nach Ablösung des Wurzelkuchens lassen sich die Schäden oft schon deutlich erkennen. Knollen mit auffälligen Krankheitsmerkmalen sind auszusondern. Da die Fusarium-Fäule nach dem Putzen oft verstärkt angreift, nimmt man am besten gleich anschließend eine Beizung vor, wobei die früher gebräuchlichen Quecksilber-Naßbeizmittel heute durch Du Pont Benomyl (für 10 Minuten in 0,1%ige Brühe tauchen) ersetzt werden. Gutes Zurücktrocknen ist erforderlich. Im übrigen kann eine Behandlung auch direkt vor der Pflanzung erfolgen.

Über die Warmwasserbehandlung der Brutknöllchen siehe unter Stromatinia-Trockenfäule. Eine Beiztemperatur von 53 °C und selbst von 55 °C ist allerdings bei diesem Erreger nicht voll befriedigend. Wegen der Gefahr einer Knollenschädigung muß jedoch von einer weiteren Erhöhung Abstand genommen werden.

Da die Anfälligkeit gegenüber Fusarium-Fäule bei den einzelnen Sorten sehr verschieden ist, sollte man sich dort, wo die Krankheit schon aufgetreten ist und nicht genügend Anbauflächen für weitgestellten Wechsel der Kultur zur Verfügung stehen, möglichst nach widerstandsfähigen Sorten umsehen.

Eine Bodenentseuchung kann im Gewächshaus mit Di-Trapex oder mit Methylbromid (Terabol) erfolgen. Di-Trapex dürfte vor allem für späte Sätze in Frage kommen, da sich im Frühjahr der Boden genügend erwärmt haben sollte und überdies mit einer mehrwöchigen Wartezeit zu rechnen ist. Ein zufriedenstellender Erfolg ist übrigens nur dann zu erreichen, wenn mit wenigstens 75 ml/m² gearbeitet und hernach noch mit Folie abgedeckt wird.

Botrytis-Blatt- und -Blütenerkrankung, -Stengelgrund- und -Knollenfäule (*Botrytis gladiolorum* Timm.) – Quarantänekrankheit. – Knollen, vor allem von den Ansatzstellen der Hüllblätter ausgehend, mit gelblichbraunen, später oft schwarz werdenden, häufig rötlichbraun umsäumten Flecken. Knolle in fortgeschrittenem Erkrankungsstadium im Inneren mit netzartig oder strahlig ausgebreiteter Fäule (Abb. 156).

Erfolgt die Infektion vom Stengel oder von der Hauptknospe aus, so entwickelt sich eine Kernfäule, die beim Abstoßen dieses Kerns zu einer Durchlöcherung der Knollenmitte führen kann. Die fortgeschrittene Erkrankung ist leicht zu erkennen an der schwammig-mürben Beschaffenheit des braunen Faulgewebes. Die Knollenoberfläche, oft auch nur der weichfaule Knollenboden, ist häufig übersät mit 1–2 mm großen, kugeligen oder flach angedrückten, schwarzen Pilzdauerkörperchen, die, zu mehreren zusammengeballt, eine Größe bis zu 0,5 cm vortäuschen können. Bei sehr feuchter Lagerung findet man unter den Hüllschuppen einen grauweißen Schimmelbelag.

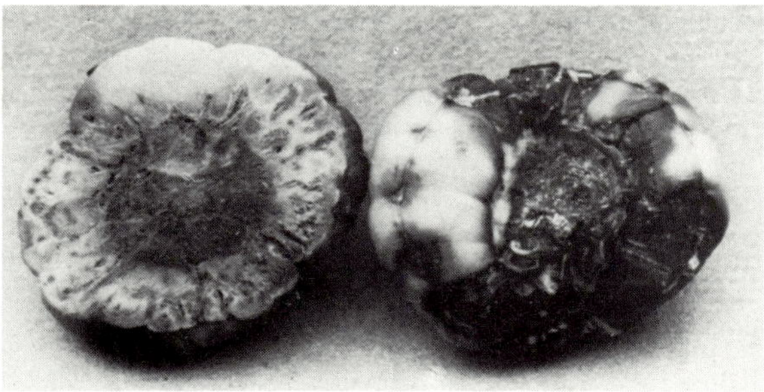

Abb. 156. *Botrytis*-Fäule an Gladiolenknollen. Links aufgeschnittene Knolle.

Abb. 157. *Botrytis*-Flecke an Gladiolenblättern. Links Anfangsstadium, rechts fortgeschrittenes Stadium.

Obgleich die Botrytis-Fäule vielfach ausschließlich als eine Erkrankung der lagernden Knollen gefürchtet ist, kann sie auch während der Vegetationszeit in nebligfeuchten, eingeschlossenen Anbaulagen oder in niederschlagsreichen, kühlen Sommern stärkere Ausfälle verursachen. Die Pflanzen zeigen dann eine Stengel- und Blattgrundfäule, die zu frühzeitiger Vergilbung und zum Absterben der Blätter und des Blütenstengels führt. Diese Grundfäule kann entweder von erkrankten Knollen oder aber von oberirdischen Faulstellen ihren Ausgang nehmen.

Botrytis-Befall tritt auch an den oberen Teilen der Blattspreite und an den Blüten, häufig gänzlich unabhängig von der Knollen- und Stengelgrundfäule, in Erscheinung. Er wird durch Sporen des gleichen Pilzes hervorgerufen, ist aber auch da und dort auf Infektionen durch den gewöhnlichen Grauschimmel (*Botrytis cinerea* Pers.) zurückzuführen. Die kranken Blätter sind übersät mit rotbraunen, gelblich-durchsichtig umrandeten Punkten, die allmählich zu größeren, dunklen Flecken mit graubrauner Mittelzone heranwachsen können (Abb. 157). Zerfaserung der Blätter in Längsrichtung und frühzeitiges Absterben der Pflanze sind die Folgen der Erkrankung. Der Blütenbefall äußert sich, ähnlich wie bei Tulpen, durch Bildung wäßrig-durchsichtiger Flecke, die sich, besonders bei hoher Luftfeuchtigkeit oder wenn die Blüten beim Versand einige Zeit in der Verpackung lagen, oft sehr unangenehm bemerkbar machen. Bei starker und frühzeitiger Erkrankung des Blütenstengels kann es vorkommen, daß sich die Blüten nicht öffnen und verkümmern, so daß ein ähnliches Bild wie bei Thripsbefall entsteht. Auf den erkrankten Blättern und Stengeln, vor allem aber auf den abgeblühten Blütenähren erscheinen bei hoher Luftfeuchtigkeit die Sporenrasen des Pilzes, die eine Infektionsquelle während der ganzen Vegetationszeit darstellen. Mit erkrankten Knollen wird diese gefährliche *Botrytis* leicht verschleppt. Besonders bei kühler und feuchter Lagerung greift die Krankheit sehr rasch um sich.

Bekämpfung: Da die Krankheit nur unter ganz bestimmten Umweltbedingungen auftritt, weicht man ihr durch Vermeidung neblig-feuchter, kühler Anbaulagen am besten aus; auch ist es dort, wo Botrytis-Erkrankung zu befürchten ist, ratsam, die Knollen nicht zu früh auszulegen.

Um Schäden bei der Lagerung zu vermeiden, sollten die Knollen nicht zu spät geerntet und dann sogleich gut getrocknet werden. Nach dem Putzen und Nachtrocknen breite man sie in dünner Schicht aus und lagere sie trocken in gut durchlüftetem Raum (am besten bei Temperaturen um 10 °C). Vor dem Legen empfiehlt es sich, eine Tauchbehandlung in Du Pont Benomyl-Brühe (Beizdauer 10 Min., 0,1%) vorzunehmen. Wenn in den Vorjahren Erkrankung im Freiland aufgetreten war, ist ein Wechsel des Standorts dringend anzuraten.

Gründliche Auslese kranker Knollen, die an ihrem mürben, braunfaulen Wurzelboden kenntlich sind, ist wichtigstes Erfordernis. Auf dem Feld dürfen keine Abfälle kranker Pflanzen liegenbleiben. Bei Befall der oberirdischen Teile ist Spritzen oder Sprühen mit Ferbam-Mitteln (Verschmutzung der Pflanzen, daher vor der Blüte nicht mehr anwendbar), mit TMTD oder auch mit Du Pont Benomyl (0,05%) anzuraten. Netzmittelzusatz ist erforderlich. Da die Infektion im Herbst von den stehengebliebenen Stengelstümpfen aus erfolgt, empfiehlt es sich, den Blütenschaft möglichst tief abzuschneiden.

Mit Sicherheit wird auch *Acidanthera* befallen. Ob die Krankheit auf *Freesia, Crocus* und *Tritonia* überzugehen vermag, ist noch umstritten.

Penicillium-Knollenfäule (*Penicillium gladioli* Mc Cull. et Thom.). In der Hauptsache als Lagerfäule infolge mechanischer Verletzungen auftretend. An den Knollen eingesunkene, korkartig-braune Flecke, die sich in feuchter Luft mit blaugrünem Schimmel bedecken. Eingebettet in den Schimmelrasen sind häufig kleine, kugelige Sklerotien, die dem Pilz das Überdauern ungünstiger Lebensbedingungen ermöglichen. Bei starkem Befall Eintrocknen der Knollen.

Bekämpfung: Verletzung der Knollen vermeiden. Rasche Trocknung und kühle, luftige Aufbewahrung. Die früher zur Bekämpfung der Penicillium-Knollenfäule angebotenen Kupferstäubemittel (z. B. *Cusisa*) stehen heute leider nicht mehr zur Verfügung. Ob der Lindan-haltige Cuprogam-Staub (Kupferoxychlorid + Lindan) an ihre Stelle treten kann, ist bislang noch nicht erprobt. Man sollte es auf einen Versuch ankommen lassen. Eine gute Penicillium-Wirkung hätte auch das Captafol-Präparat Ortho Difolatan. Es liegen jedoch mit diesem Produkt noch keine Erfahrungen vor. Auch sind Tauchbehandlungen und das damit verbundene Zurücktrocknen des Knollengutes etwas umständlich.

Blattdürre (*Heterosporium gracile* Sacc.). Ölig-durchsichtige, gelbliche Blattflecke, die sich später von innen heraus durch Vertrocknung des Gewebes grau färben. Ein leichter, schwärzlicher Anflug rührt von den bei feuchter Witterung in Menge gebildeten großen Sporen her, die eine rasche Ausbreitung der Krankheit bewirken. Die Flecke treten vor allem an der Blattspreite gehäuft auf, so daß diese eintrocknet.

Bekämpfung wie bei *Iris* Seite 321.

Rost (*Uromyces transversalis* (Thüm.) Winter). – Quarantänekrankheit. – Orange gefärbte, rundliche oder, wenn länglich, in Querrichtung gestreckte Pusteln führen zu einem Aufreißen der Blattoberhaut in Querrichtung. Gegen Ende der Wachstumsperiode entstehen in unmittelbarer Nachbarschaft dieser Sommersporenlager die schwärzlichbraunen Wintersporenlager. Eine Infektion der Knollen wurde bisher nicht beobachtet, die Verschleppung des Pilzes erfolgt mit befallenen Schnittblumen. Der vorher nur aus Südafrika bekannte Rost wurde 1967 in Italien, 1969 auf Malta festgestellt. Da eine Einschleppung nach Deutschland befürchtet werden muß, unterliegt die Krankheit bei uns den Quarantänebestimmungen. Gladiolen, die mit dem Rost befallen sind, dürfen nicht eingeführt werden.

Bei dem nahe verwandten *Uromyces ixiae* (Lév.) Winter sensu Jørstad sind die Pusteln in Längsrichtung des Blattes gestreckt.

Gladiolenblasenfuß (*Thaeniothrips simplex* Mor.). – Quarantäneschädling. – Der Gladiolenblasenfuß war nicht von jeher bei uns heimisch. Man nimmt an, daß der früher aus Nordamerika bekannte Schädling nach dem zweiten Weltkrieg mit Knollen nach Deutschland eingeschleppt wurde.

Weißlichgraue, manchmal silbrig schimmernde Flecke und Streifen, die zunächst nur vereinzelt auftreten, später sich über die ganze Blattfläche verteilen, sind ein erster Hinweis auf Blasenfußbefall (Abb. 158). Bei näherer Überprüfung zeigt sich, daß sich die Flecke und Streifen aus zahlreichen kleinen Sprenkeln zusammensetzen. Im Laufe der Zeit verfärben sich die Schadstellen über hell- nach dunkelbraun. Ähnliche Befallsmerkmale werden auch an den Deckblättchen und den Blättern der Knospenhülle auffällig. Aufgehende Blüten lassen an Spitzen und Rändern der Blütenblätter ausgebleichte, eingetrocknete Stellen erkennen (Abb. 159). Oft sind die Blüten verkrüppelt, bei starkem Befall können sie sogar in der Knospe steckenbleiben. Je nach Witterung vertrocknen oder verfaulen sie. Besonders auffällig werden die Schäden bei rot- und rosablühenden Sorten. Nicht verwechseln darf man den Blasenfußschaden mit dem manchmal ganz ähnlichen Schadbild des Weißstreifigkeitmosaiks, das durch Viren hervorgerufen wird (siehe dort). Im übrigen sind auch die schwarzen, krustig eintrocknenden Kottröpfchen für den Schaden durch Blasenfüße charakteristisch.

Bei oberflächlicher Betrachtung geschädigter Pflanzenteile wird das ausgewachsen nur etwa 1,2–1,5 mm lange, sehr schlanke und mit vier gefransten Flügelchen versehene, dunkelbraune bis schwärzliche Insekt (Abb. 160) nur allzu leicht übersehen. Wie die Alttiere halten sich auch die flügellosen, gelblichen Larven mit Vorliebe zwischen den die Stengel scheidenartig umschließenden Blattbasen, hinter den Deckblättchen und Knospenhüllblättern oder auch in den Blüten selbst auf. In Ruhestellung zeigt der Blasenfuß ein helles Querband auf dem Rücken.

Der Gladiolenblasenfuß vermehrt sich durch Eier. Ein Weibchen kann oft 100–200 Stück ablegen. Je nach den örtlichen Temperaturverhältnissen kann die Entwicklung vom Ei bis zum Vollinsekt 2–4 Wochen dauern. Man muß also mit mehreren Generationen im Jahr rechnen. Trockenwarme Witterung begünstigt Auftreten und Verbreitung des Schädlings.

Im Herbst bei der Ernte wandern die Blasenfüße auf die Knollen über und kommen mit diesen ins Winterlager. Auch dort schaden sie durch ihre Saugtätigkeit. Auf den Knollen treten bräunliche, grindige, runzelige Stellen auf. Bei stärkerem Befall schrumpfen die Knollen ein und treiben im Frühjahr schlecht aus.

Abb. 158. Saugschäden des Gladiolenblasenfußes bei Gladiole.
Abb. 159. Von Blasenfüßen geschädigte Gladiolenblüten.

Da der Gladiolenblasenfuß bei etwa −3 °C zugrunde geht, ist eine Überwinterung im Freien kaum möglich. Man hat jedoch schon beobachtet, daß der Schädling in verhältnismäßig milden Wintern auf Gladiolenabschnitt in Kompostmieten überwintert hat.

Die Hauptwirtspflanze des Gladiolenblasenfußes ist zwar die Gladiole, doch wird er hin und wieder auch auf Freesien, Narzissen, Zwiebeliris, *Hippeastrum*, Calla und Nelken angetroffen. Im allgemeinen wird der Schädling mit befallenen Gladiolenknollen verschleppt.

Bekämpfung: Die hinter Deckblättchen, Knospenhüllblättern oder zwischen Blattbasen versteckt sitzenden Blasenfüße und deren Larven sind durch Insektizidspritzungen während des Sommers nur schlecht zu bekämpfen. Die Behandlung auf dem Lager, die sich also gegen die überwinternden Blasenfüße richtet, ist deshalb weitaus wichtiger. Da der Blasenfuß bei der Knollenernte im Herbst von Blättern und Stengeln auf die Knolle übergeht, sind diese bis auf einen geringen Rest zu entfernen und die Ernterückstände möglichst an Ort und Stelle zu verbrennen. Am besten wird der Feldabraum zuvor mit altem Öl übergossen. Dann sind die Knollen baldmöglichst vom Feld zu nehmen. Nach dem Putzen werden sie am besten mit einem Parathion-Stäubemittel eingestäubt. Da jedoch die Eier dabei nicht abgetötet werden, muß die Behandlung noch ein- oder zweimal im Abstand von 14 Tagen wiederholt werden. Auch eine Behandlung mit Schuppen-Naphthalin ist empfehlenswert, zumal es den Vorzug besitzt, auch die Eier abzutöten. Folgende Anwendungsverfahren sind gebräuchlich:

1. In einer Aufwandmenge von 200 g je m² (etwa 30 g je 100 Knollen) wird Naphthalin in Puder- oder Schuppenform zwischen die in dünner Schicht ausgebreiteten Knollen ausgestreut. Die richtige Behandlungsweise erfordert, daß über eine Zeit von 2–3 Wochen eine Temperatur von 20–21 °C eingehalten wird. Zweckmäßigerweise ist mit Planen abzudecken. Nach der Behandlung läßt man die Knollen gut auslüften. Im übrigen darf Naphthalin nicht direkt mit Feuer in Berührung kommen.
2. In Petroleumlampen oder elektrisch geheizten Verdampfungsgeräten werden 10 g Naphthalin je m³ Luftraum verdampft. Bei einer Temperatur von 27–28 °C soll dabei das Mittel etwa 6 Stunden einwirken. Je 100 m³ Luftraum rechnet man mit 2 Verdampfungsstellen. Die Behandlung ist nach 3 Tagen zu wiederholen.

Des weiteren ist auch eine Tauchbehandlung über eine Zeit von 4–5 Stunden in 0,5iger Lysol-Lösung gebräuchlich. Man muß dann nur gut zurücktrocknen. Schließlich kann man die Knollen auch vor dem Auslegen im Frühjahr für eine halbe Stunde in eine 0,035%ige Parathion-Lösung tauchen. Die Lösung zweckmäßigerweise mit warmem Wasser (35 °C) anmachen; das steigert die Wirkung.

Wo die Bekämpfung des Blasenfußes auf dem Felde notwendig werden sollte, geschieht dies am besten durch wiederholtes Spritzen mit der Lösung einer Parathion-, Malathion- oder Propoxur-Emulsion (z. B. Unden flüssig) unter Zusatz eines Netzmittels. Da man versteckt sitzende Tiere nur schwer erreichen kann und die Mittel auch nicht ausreichend auf die Eier des Schädlings wirken, sind Wiederholungen in Abständen von 10–14 Tagen notwendig. Bald nach dem Spritzen der Gladiolen ausgebracht, ist auch das Aldicarb-Granulat Temik 10 G (3 g/m²) brauchbar. Das Präparat läßt jedoch dann eine zufriedenstellende Wirkung vermissen, wenn bereits die Blütenrispen entwickelt sind.

Wurzelmilben (*Rhizoglyphus echinopus* Fum. et Rob.). Im allgemeinen wird man auf den Schädling bei der Durchsicht lagernder Knollen oder bei der Überprüfung zugekaufter Knollenware aufmerksam. Braune, rauhe, grindige Stellen und in deren Umgebung bräunliche Gewebekrümel sind ein auffälliges Merkmal des Milbenbefalls. In gewöhnlich unter der Oberhaut verlaufenden und mit bräunlichem Fraßmehl angefüllten Gängen leben die kaum ¾ mm lang werdenden, weißlichen, rundlich-birnförmigen Milben. Bei ausgepflanzten Gladiolen können vergilbende und absterbende Sprosse auf Befall hinweisen. Wir finden die Milben auf Faulstellen und im zerfallenden Knollengewebe.

Für das Fortkommen der Milben auf dem Lager ist vor allem eine hohe Luftfeuchtigkeit von Bedeutung. Näheres über die Wurzelmilben und ihre Bekämpfung siehe Seite 62.

Abb. 160. Der Gladiolenblasenfuß. Etwa 40fach vergrößert.

Drahtwürmer. Bei Frühbefall treiben die ausgelegten Knollen nur schwach aus, oder der Trieb kommt überhaupt nicht durch. Spätbefall führt zu vergilbenden und kümmernden Trieben. Drahtharte, bräunlich gefärbte Larven befressen Knollen und untere Stengelteile (siehe Seite 81).

Eulenraupen (z. B. Kohleule, Gemüseeule u. a.). Blätter werden hin und wieder von Eulenraupen befressen (siehe Seite 75).

Schnecken verursachen Loch- und Skelettierfraß. Ein Hinweis auf Schneckenbefall sind vor allem auch die typischen glänzenden Schleimspuren (siehe Seite 57).

Blattläuse (*Dysaphis tulipae* B. d. Fonsc. = *Anuraphis* oder *Yezabura t.; Myzotoxoptera tulipaella* Theob.). Vor allem in den Überwinterungsräumen werden die an den Knollen und jungen Austrieben sitzenden gelblichen bis grünlichen Läuse auffällig (siehe auch Seite 450).

Bekämpfung: Knollen mit einem Parathion-Stäubemittel einstäuben. Lagerräume mit Sulfotepp (z. B. Bladafum) oder mit einem Lindan-Räuchermittel durchräuchern.

Weißstreifigkeit (Bohnengelbmosaik-Virus, Gurkenmosaik-Virus). Mit Sicherheit ist die Krankheit an den Blütensymptomen zu erkennen: meist gleichmäßig verteilte, graue oder gelblichgrüne, pinselartig zarte Streifung und Fleckung der Blütenblätter (nicht mit Thripsbefall verwechseln, der mehr fleckenförmig an einzelnen Stellen gehäuft auftritt) (Abb. 161). Weniger häufig ist eine Änderung des gesamten Farbtons, die oft mit einer leichten Kräuselung und Verdickung der Blütenblätter verbunden ist. Eine Farbabschwächung konnte z. B. bei der alten Sorte 'Piccardy' beobachtet werden. Oft öffnen sich die Blüten erkrankter Pflanzen schlecht, sie sind kleiner und verblühen rasch. Blattsymptome sind nicht immer vorhanden. Sie treten dann als gelblichgrüne Flecken oder Streifen über das ganze Blatt verteilt auf. Nach wiederholtem Anbau kann man eine sich verstärkende Wachstumshemmung der Pflanzen beobachten. Mitunter weisen die Knollen kranker Pflanzen warzenförmige Strukturen auf oder sie sind unsymmetrisch oder verlängert. Übertragung durch Blattläuse sowie durch Saftabreibung.

Abb. 161. Weißstreifigkeit der Gladiole (Viruskrankheit).

Bekämpfung: Da die Virose mit den Knollen von Jahr zu Jahr weitergeschleppt wird, jedoch an diesen meist nicht deutlich erkennbar ist, ist eine Bezeichnung und Ausmerzung kranker Pflanzen am besten zur Blütezeit vorzunehmen. Gladiolenbestände möglichst nicht in der Nähe von Staudenquartieren anpflanzen, die sehr häufig mit Gurkenmosaik-Virus verseucht sind. Aber auch die Nähe von Buschbohnen, Klee und Steinklee muß gemieden werden.

Gelbsucht („Aster yellows"). Frisch infizierte Pflanzen zeigen zunächst eine fortschreitende Vergilbung der Blätter und stocken im Wachstum. Die Zugwurzeln werden schwarz und sterben ab. Bei früher Infektion wird kein Blütenstengel gebildet, oder er ist (bei späterer Infektion) verkrüppelt und verdreht. In der jungen Knolle findet man die Gefäßbündel gebräunt. Beim Auspflanzen kranker Knollen entwickeln sich nur zahlreiche kurze, grasartige, gelbgrüne Schosse. Die Krankheit wird durch mykoplasmaähnliche Organismen verursacht und wird durch Zwergzikaden übertragen. Sie wurde zuerst in USA, dann in Frankreich und Holland festgestellt. Auch in Bulgarien, Deutschland, Sowjetunion und in der Tschechoslowakei (Klinkowski 1968) soll sie beobachtet worden sein. Aus Holland wird von guter Wirksamkeit einer 1–2stündigen Warmwasserbehandlung bei 50 °C vor der Pflanzung berichtet (76).

Absterben der Gladiolen. Gesund aussehende Gladiolen sterben plötzlich unter Vergilbung und Braunfärbung der Blätter ab. Sieht man sich die schadhaften Pflanzen etwas näher an, so wird man feststellen können, daß die Knollen selbst gesund, ein großer Teil ihrer Wurzeln aber vertrocknet sind. Schäden dieser Art werden im allgemeinen in nassen Jahren und besonders auf schweren, leicht zur Verkrustung neigenden Böden beobachtet. Man nimmt deshalb an, daß vor allem Luftmangel im Boden die Ursache ist. Auch schlecht ausgereifte (z. B. als Folge von Nässe, Kälte, zu reichlichen Stickstoffgaben) und zu tief ausgelegte Knollen sollen zum Absterben neigen.

Verhütung: Für Gladiolen keine allzu schweren und nassen Böden wählen. Knollen nicht zu tief auslegen. Beete öfters hacken. Der Boden muß dauernd offen gehalten werden!

„Steckenbleiben" der Blütenknospen bei Treibgladiolen tritt auf, wenn die jungen Pflanzen, bei denen sich der Blütenstand noch in frühem Entwicklungsstadium befindet, zu feucht stehen. Ehe der junge Blütenstand nicht innerhalb der Blattscheide zu fühlen ist (Höhe der Pflanzen ca. 10 cm), sollten daher die Pflanzen möglichst wenig gegossen werden.

Knospenfäule (bud-rot). Ränder der Kronblätter in der Knospe wäßrig aufgehellt und bei Öffnung der Blüte vertrocknend. Die Krankheit tritt besonders bei sehr voller Blüte und niedrigem Calciumspiegel auf. Reichliche Wasserversorgung während des Blütenschiebens ist wichtig.

Gelblichweiße Verfärbung der Blattspitzen kann durch fluorhaltige Immissionen in der Luft oder mit Fluor verunreinigtes Wasser hervorgerufen werden (77). Infolge ihrer hohen Empfindlichkeit gegenüber Fluorwasserstoff gelten die Gladiolen (besonders z. B. die alte Sorte 'Schneeprinzessin') geradezu als Zeigerpflanzen für Fluorverunreinigungen in Luft und Wasser.

Gloxinia siehe *Sinningia* Seite 429.

Haemanthus, Blutblume

Blattfleckenkrankheit (*Fusarium moniliforme* Sheld. var. *subglutinans* Wr. et Rg.) (78). Kleine rote Fleckchen mit durchscheinend gelblichem Rand, die sich langsam zu harten, rotbraunen Befallsstellen vergrößern und da und dort zu mehreren zu einer ausgedehnteren Schadstelle zusammenfließen. In der Umgebung der Flecke vertrocknet das Gewebe. In anderen Fällen entstehen bereits zu Beginn pergamentartig durchscheinende Flecke mit rötlicher Umrandung, die sich rasch vergrößern. Oft vertrocknet das gesamte Blatt, das schließlich abknickt und am Stengel herunterhängt. Unter günstigen Bedingungen entwickelt der Pilz auf den Befallsstellen seine lachsorangefarbenen, später zimtfarbenen Sporenlager.

Bekämpfung: Pflanzen möglichst wenig von oben benetzen, Luftfeuchtigkeit durch gute Belüftung niedrig halten. Spritzung mit Du Pont Benomyl (0,05%), Captan 50 (0,25%) oder auch mit einem Grünkupfer-Präparat (0,4%).

„Roter Brenner" durch Weichhautmilben. Auf den über die Erdoberfläche herausragenden Teilen der Zwiebel sowie am Blatt- und Blütenschaft karminrote, schwielig-erhabene Flecke und Streifen. Besonders am Blütenstiel führen die Saugschäden durch die Milben zu rot verfärbten Quer-Aufrißstellen, die der Längsaderung des Stengels folgend zu roten Streifen zusammentreten. Grobrissige, schorfige Befallsstellen umfassen oft große Teile des Stengels (Abb. 162). Starke Gewebeschädigungen an jungen Trieben führen häufig zu einseitiger Wachstumshemmung und damit zu Verkrümmungen und Verkrüppelungen. Vielfach bleibt der Blütenschaft im Wachstum vollkommen zurück. Auch die den Blütenstand umfassenden Hüllblätter und sogar die Blütchen selbst weisen Rotfleckung auf. Die kleinen weißen Milben sind an alten, freiliegenden Befallsstellen nicht zu finden. Man muß sie unter den Schuppen an der Spitze der Zwiebel oder auch zwischen den Blüten verborgen im Innersten des Blütenstandes suchen, wo sie oft in großer Menge vorhanden sind. Außer den winzigen Weichhautmilben findet sich später meist noch die wesentlich größere, braungefärbte Wurzelmilbe (*Rhizoglyphus echinopus* Fum. et Rob.) ein.

Bekämpfung siehe Seite 63.

Abb. 162. „Roter Brenner" durch Weichhautmilben bei *Haemanthus*.

Hedera, Efeu

Zimmerefeu wünscht viel frische Luft und leichten Schatten. Auch während der Wintermonate ist für ausreichende Wassergaben zu sorgen. Trockene Luft bei hoher Zimmerwärme und ungünstige Lichtverhältnisse werden schlecht vertragen.

Efeukrebs (*Xanthomonas hederae* (Arn.) Dows.). Auf den Blättern fettfleckenähnlich durchscheinende Flecke, die sich später dunkelbraun verfärben, wobei eine durchsichtige Rand- und Mittelzone verbleibt (Abb. 163). Greift die Krankheit auf Stengel und Blattstiele über, auf denen sie längliche, oft tief aufreißende und stengelumfassende Faulstellen hevorruft, so kann sie zum Absterben der Blätter oder auch des ganzen Zweiges führen.

Bekämpfung: Alle Maßnahmen, die ein rasches Abtrocknen des Laubes nach dem Gießen fördern, wirken dem Auftreten der Bakteriose entgegen. So konnte z. B. beobachtet werden, daß im gleichen Gewächshaus bei gleichen Sorten die auf Staffelstellagen stehenden Pflanzen, bei denen die Zweige frei herabhängen konnten, befallsfrei waren, während die auf Tischstellagen sehr eng gestellten, sich stark überdeckenden Pflanzen heftig erkrankt waren. Im Freiland (z. B. auf Friedhöfen) ist es freilich kaum möglich, die Krankheit wirksam zu beeinflussen. Wo die Bakteriose erfahrungsgemäß leicht auftritt, sollte man die besonders anfälligen panaschierten Sorten meiden.

Blattfleckenkrankheiten durch Pilzbefall

Phyllosticta hedericola Dur. et Mont. Kreisrunde oder unregelmäßig umrandete, schwach gezonte, braune, nach der Mitte zu allmählich heller werdende Flecke (Abb. 164). Auf der grauweißen Zone im Innern der Flecke sind als kleine schwarze Pünktchen die Fruchtkörperchen des Pilzes zu sehen (Lupe!).

Gloeosporium paradoxum (de Not.) Fuck. Flecke sehr ähnlich den durch *Phyllosticta hedericola* verursachten, jedoch ohne Fruchtkörperchen auf der Blattoberseite. Die sehr unscheinbaren, scheibenförmigen, hell gefärbten Fruchtlager des Pilzes entstehen auf der Blattunterseite.

Bekämpfung der Blattfleckenkrankheiten: Bei Auftreten wiederholt mit Mancozeb (z. B. Dithane Ultra), einem Zineb-Präparat, mit Du Pont Benomyl (0,05%) oder auch mit einem Grünkupfer-Präparat spritzen. Wo die Pflanzen unter Stellagen stehen und dann möglicherweise dem Tropfenfall ausgesetzt sind, sollte auch während des Winters noch ein- oder zweimal behandelt werden.

Abb. 163. Efeublätter mit bakteriellen Blattflecken.

Blattfleckenkrankheit und Stengelfäule (*Colletotrichum gloeosporioides* Penz. var. *hederae* Pass. (79). Häufig an den Schnittstellen der Stecklinge, sonst auch inmitten des Stengels angreifende Fäule, die zum Absterben der Blätter (vom Blattgrund aus sich bräunend) und schließlich der gesamten Pflanze führen kann. Auf sonst noch gesunden und grünen Blättern rühren ca. 5–7 mm groß werdende, schwarzbraun umrandete Flecken ebenfalls vom Befall durch diesen Pilz her. Die mit schwarzen Borsten (Lupe!) besetzten Sporenlager sind meist in großer Menge auf den Erkrankungsstellen zu finden. Besonders anfällig sind die panaschierten Sorten.

Bekämpfung siehe unter Blattfleckenkrankheiten.

Schildläuse. Vor allem auf den in unseren Gewächshäusern herangezogenen Arten und Formen, aber auch auf Freilandefeu können sich verschiedene Schildläuse ansiedeln. Für die zu den Deckelschildläusen gehörende Oleanderschildlaus, *Aspidiotus hederae* Vall., ist ein schalenartiger Schild, der lose, also nicht mit dem Tier verbunden ist, kennzeichnend (siehe Seite 85).

Bekämpfung: Man kann mit einer Malathion-Emulsion spritzen oder auch ein Azinphos-Präparat (z. B. Gusathion H) verwenden. Vorsicht ist mit Propoxur-Mitteln geboten; der junge Blattaustrieb kann bei wiederholter Anwendung mit leichten Verbrennungen am Blattrand reagieren. Im übrigen lassen sich Napfschildläuse auch mit Aldicarb-Granulat (Temik 10 G) bekämpfen.

Weichhautmilben. Blätter erscheinen gekräuselt, mißgebildet, bleiben klein, bräunen sich und vertrocknen. Die Triebenden verkahlen (Abb. 165). Vor allem buntblätterige Formen werden oft schwer geschädigt (siehe Seite 63).

Bekämpfung: Wiederholt mit einem Kelthan-Präparat (z. B. Kelthane MF) oder versuchsweise auch mit einer Endosulfan-Emulsion (z. B. Thiodan 35 flüssig, Beosit 35 flüssig) spritzen oder unter strenger Beachtung der Gebrauchsvorschrift je m^2 3 g Aldicarb-Granulat (Temik 10 G) ausbringen. Pflanzen mit verkahlten Spitzen zurückschneiden.

Spinnmilben treten vor allem dann auf, wenn die Pflanzen bei trockenwarmer Luft gehalten werden und öfters unter Wassermangel leiden (siehe Seite 68).

Bekämpfung: Man kann mit Fenbutatinoxid (z. B. Torque 0,05 %), Methamidophos (z. B. Tamaron 0,1 %), Pentac oder mit Omethoat (z. B. Folimat) spritzen oder bei normal sensiblen Stämmen auch eine Demeton-Emulsion (z. B. Metasystox) verwenden. Wo es die örtlichen Verhältnisse zulassen, auch je m^2 3–5 g Aldicarb-Granulat (Temik 10 G) ausstreuen.

Abb. 164. Blattflecke durch *Phyllosticta hedericola* bei Efeu.

Abb. 165. Triebschäden durch Weichhautmilben bei Efeu.

Blattläuse mit Demeton-Mittel (z. B. Metasystox), Methamidophos (z. B. Tamaron), Omethoat (z. B. Folimat) oder auch Malathion-Emulsion bekämpfen.

Dickmaulrüßlerlarven siehe Seite 82.

Bekämpfung: Zweimal im Abstand von 14 Tagen mit einer Parathion-Emulsion (0,05%) oder mit Diazinon-Emulsion (0,1%) angießen. Der Schadgefahr wegen hat dies jedoch nur bei feuchtem Ballen zu geschehen.

Empfindlichkeit gegen Pflanzenschutzmittel: Vorsicht ist bei Plictran, Dimecron combi, Carbofuran-Präparaten und Lannate 25-WP geboten. Vor allem bei wiederholter Anwendung können die jüngsten Blättchen mit Randnekrosen reagieren. Auch das Räuchern mit Altritan, das Spritzen mit Kelthane MF, Fundal forte und Galecron wird manchmal schlecht vertragen.

Helichrysum, Strohblume

Falscher Mehltau. Blattunterseite mit weißlichem, beim Eintrocknen graubraunem Schimmelrasen (Abb. 8 Seite 36). Es erkranken vor allem die untersten Blätter, meist von der Blattspitze aus, doch kann die Krankheit bei feuchter Witterung rasch bis zu den Gipfelblättern fortschreiten. Die befallenen Blätter vertrocknen. Es dürfte sich bei dieser Pilzerkrankung, die in manchen Jahren allgemein verbreitet auftritt, um die auch bei anderen Compositen vorkommende *Bremia lactucae* Reg. handeln. Bei frühem Befall der Sämlinge breitet sich der Pilz im Pflanzeninneren auf weitere Strecken entlang den Wasserleitungsbahnen wachsend aus. Es kommt dann zu starken Verkrüppelungen der Pflanzen.

Bekämpfung: Da der Falsche Mehltau im allgemeinen erst gegen Ende des Sommers auftritt, wird eine Bekämpfung selten notwendig. Auch wird der Blumenertrag kaum beeinflußt. Will man gegen die Krankheit mit Erfolg angehen, müssen schon die Erstinfektionen verhindert werden. Es ist vorbeugend und wiederholt in Abständen von 10–14 Tagen mit Mancozeb (z. B. Dithane Ultra) oder auch mit Polyram Combi zu spritzen. Dabei müssen alle Pflanzenteile, also auch die Unterseiten der Blätter, durch einen ausreichenden Belag geschützt werden. Bei großer Krankheitsgefahr die Mittel wöchentlich ausbringen.

Sehr aussichtsreich ist auch das derzeit in Prüfung befindliche Prothiocarb-Präparat Previcur (0,15% spritzen). Es hat sich in unseren Versuchen bei vorbeugender Anwendung und auch bekämpfend eingesetzt als gut wirksam erwiesen.

Verticillium-Welke (*Verticillium alboatrum* R. et. B.). Meist zu Beginn der Blütezeit fangen die unteren Blätter plötzlich an zu welken; sie vergilben und bräunen sich vom Rand aus. Das Stengelinnere zeigt schwärzlichbraune Verfärbung der Wasserleitungsbahnen. Befallene Pflanzen oft im Wuchs zurückbleibend, Blüten klein und spärlich.

Bekämpfung siehe Seite 43.

Heliotropium, Heliotrop

Weiße Fliege (Mottenschildlaus). Heliotrop gehört zu den bevorzugten Futterpflanzen der Weißen Fliege. Beim Berühren der Pflanzen fliegen die alten, weißgeflügelten Mottenschildläuse in großen Schwärmen auf (s. Seite 93).

Bekämpfung: Wiederholt Dichlorvos-haltige Präparate (z. B. Dedevap) verdampfen oder Dichlorvos S.C. mit Nebelgeneratoren ausbringen.

Weichhautmilben (*Tarsonemus pallidus* Banks, *Tarsonemus kirchneri* Kram. u. a.). Der Art *T. pallidus* werden schwärzliche Flecke auf den Blättern und ein Vertrocknen der Jungtriebe zugeschrieben. Braune, grindige Flecke auf der Unterseite der Blätter sollen auf *T. kirchneri* zurückgehen. Siehe auch Seite 63.

Empfindlichkeit gegen Pflanzenschutzmittel: Vorsicht ist bei Dimethoat-Emulsionen geboten; es kann leicht Schäden geben.

Helleborus, Christrose

Bei Neupflanzungen auf gut und genügend tief (2 Spatenstiche) vorbereiteten Boden achten. Auch die gute Kalkversorgung ist wichtig. Dabei können bis zu 100 g kohlensaurer Kalk je m^2 verabreicht werden. Man pflanze nicht zu tief und achte darauf, daß die Wurzeln senkrecht in den Boden kommen. Bestände, die vom Falschen Mehltau befallen sind, von der Vermehrung ausschließen. Das Ausnehmen der Ballen für die Treiberei und das damit verbundene radikale Entfernen der Blätter ist der Wüchsigkeit und damit auch der Gesundheit der Pflanzen abträglich. Man sollte davon Abstand nehmen. Es ist besser, die Pflanzung mit Folie oder Glas zu überbauen.

Schwarzfleckenkrankheit (*Coniothyrium hellebori* Cke. et Mass.). Auf den Blättern braunschwarze, meist vom Blattrand aus nach innen sich ausbreitende Flecke mit schwacher, ringförmiger Zonenbildung (Abb. 166). Die Flecke erreichen im allgemeinen einen Durchmesser von 1,5–2 cm und schädigen die Blätter oft so stark, daß sie absterben. Der Pilz kann auch auf Blatt- und Blütenstiele übergehen und verursacht dort ebenfalls schwarze, mehr oder weniger tiefgreifende Faulstellen. Häufig erkranken die Blütenstiele unterhalb der Knospe oder die Knospe selbst wird schwarz und kommt nicht zur Entfaltung. Der Pilz überwintert an befallenen Pflanzenteilen. Im Sommer wird die Krankheit durch Sporen verbreitet, die in kleinen Fruchtgehäusen auf den Befallsstellen gebildet werden. Die Krankheit tritt besonders dann in verstärktem Maße auf, wenn die Pflanzen zu hohe Stickstoffgaben erhalten haben oder wenn sie auf ungeeignetem Standort stehen (z. B. auf saurem statt neutralem oder leicht alkalischem Boden).

Abb. 166. Schwarzfleckenkrankheit bei *Helleborus niger*.

Bekämpfung: Bevor der Neuaustrieb erfolgt, muß das alte kranke Laub entfernt und am besten verbrannt werden. Sobald sich neues Blattwerk entwickelt, vorbeugend und wiederholt in Abständen von 14 Tagen mit einem Grünkupfer-Mittel (0,5%), mit Mancozeb (z. B. Dithane Ultra, 0,2%), mit einem Captan-Präparat oder auch mit Fentinacetat + Maneb (Brestan 60, 0,03%) spritzen. Wichtig ist, daß auch das Herz der Pflanzen gut getroffen wird. Ein entsprechender Bekämpfungserfolg ist nur dann gewährleistet, wenn bis in den September hinein behandelt wird. Versäumnisse im August und September müssen des öfteren mit fleckigen Blumen bezahlt werden. Im übrigen auf gute Kalkversorgung achten und die Bestände unkrautfrei halten.

Eine **Knospen-, Rhizom- und Stengelgrund-Schwarzfäule** muß, wie aus jüngsten Untersuchungen im baden-württembergischen Gebiet hervorgeht, wahrscheinlich auf Befall mit *Rhizoctonia solani* zurückgeführt werden. Manches spricht dafür, daß dem Pilzbefall eine Schwächung der Pflanzen durch nichtparasitäre Ursachen voranging, doch liegen noch keine eingehenderen Untersuchungen vor.

Bekämpfung: Krankheitsgefährdete Pflanzungen mit Du Pont Benomyl (0,05–0,1%) oder auch mit Captan 50 (0,2%) angießen, oder mit den gleichen Brühen kräftig spritzen, wobei vor allem das Herz der Pflanzen gut getroffen werden muß.

Falscher Mehltau (*Peronospora pulveracea* Fuck.). Die frisch ausgetriebenen Blätter bleiben klein, sind oftmals verkrüppelt (Abb. 167) und zeigen auf der Blattoberseite mißfarbene, bräunliche Flecken, denen unterseits ein grauer Schimmelbelag aufsitzt. Besonders beim Treiben fallen die kranken Pflanzen durch verfrühte Blütenbildung sowie kleine und graubraun verfärbte Blumen auf. Der Erreger überwintert

Abb. 167. Falscher Mehltau bei *Helleborus*.

in befallenen Blättern, dringt aber auch in die unterirdischen Pflanzenteile ein und widersteht den Bekämpfungsmaßnahmen sehr hartnäckig.

Bekämpfung: Die Bekämpfung des Falschen Mehltaus ist schwierig. Nach bisherigen Erfahrungen sind stärker befallene Pflanzen nicht mehr zu retten. Wo auch nur der Verdacht auf Mehltaubefall besteht, sollte man die Pflanzen unverzüglich entfernen und vernichten. Je früher dies geschieht, um so besser. Wer in der Diagnose der Krankheit unsicher ist, tut gut daran, der zuständigen Pflanzenschutzdienststelle krankes Pflanzenmaterial zur Untersuchung einzuschicken. Vorbeugend wirken Spritzungen mit einem Zineb- oder Maneb-Mittel, mit Mancozeb (z. B. Dithane Ultra) oder Metiram (z. B. Polyram Combi). Eine befriedigende Schutzwirkung ist jedoch in befallenen Beständen nur dann zu erreichen, wenn schon vom Austrieb an in Abständen von 8–10 Tagen behandelt wird. Dabei müssen vor allem auch die Blattunterseiten und das Herz der Pflanzen gut getroffen werden.

Älchen (*Pratylenchus* spec.). Wie Untersuchungen ergaben, können auch wandernde Wurzelnematoden für den schlechten Stand mancher Christrosenkultur verantwortlich sein. Die Schäden zeigen sich in schwachem Austrieb und kümmerlichem Wachstum. Es wird empfohlen, bei Verdacht krankes Pflanzenmaterial bei der zuständigen Pflanzenschutzdienststelle untersuchen zu lassen.

Bekämpfung: Kranke Pflanzen wiederholt und sehr kräftig mit Zinophos (z. B. Nemafos-Emulsion, 0,1%) angießen oder auch je m^2 5 g Aldicarb-Granulat (Temik 10 G) ausstreuen.

Schnecken. Knospen und Blüten werden sehr gerne von Schnecken angegangen. Will man Ausfälle vermeiden, müssen rechtzeitig metaldehydhaltige Schneckenköder oder Schneckenköder Mesurol ausgestreut werden.

Wurzelspinner (*Hepialus lupulina* L.). Durch Fraß an den Wurzeln können die Raupen des Wurzelspinners sehr schädlich werden. Die Pflanzen welken und gehen ein.

Für die ausgewachsen 3–4 cm langen, braunköpfigen und braune, kurz behaarte Wärzchen tragenden Raupen sind die halbmondförmigen, gelbbraunen Hornschilder auf den ersten Brustringen ein besonderes Kennzeichen. Siehe Seite 196.

Ringfleckenkrankheit. Eine der Päonien-Ringfleckenkrankheit ähnliche Erkrankung wird da und dort bei der Christrose beobachtet. Charakteristisch sind gelbe Flecke und Ringe auf den Blättern, die eine Größe bis zu 1,5 cm erreichen können. Näheres über den Wirtspflanzenkreis dieser als Virose angesehenen Erkrankung ist bisher nicht bekannt.

Hemerocallis, Taglilie

Hemerocallis-Gallmücke (*Contarinia quinquenotata* F. Loew.). Dicklich angeschwollene, gegenüber normalen auffällig verkürzte Blütenknospen sind ein Hinweis auf Gallmückenbefall (Abb. 168). Stark befallene Knospen öffnen sich nicht und sterben schließlich unter Braunfärbung ab. Öffnet man eine solche mißgebildete Blütenknospe, kommen die gewöhnlich sehr zahlreichen, kleinen, etwa 2–3 mm langen, weißlichgelben, schwach geringelten und beinlosen Larven der Gallmücke zum Vorschein. Sie können sich schnell fortbewegen. In der Zeit von Anfang bis Mitte Juni verlassen die Larven die befallenen Knospen und verpuppen sich im Boden. Gewöhnlich schlüpfen die langbeinigen, kaum 2 mm langen und dünne, glasige Flügelchen tragenden Mücken im kommenden Frühjahr. Im Laufe des Mai und Juni legen sie ihre Eier an die sich entwickelnden Blütenknospen ab.

Bekämpfung: Vergallte Knospen abpflücken und verbrennen. Zur Zeit der Knospenbildung zwei- oder dreimal mit Parathion-Emulsion oder mit Phosphamidon + Fenitrothion (Dimecron combi) spritzen. Ende Juni den Boden um die Pflanzen herum mit einem Lindan- oder Bromophos-haltigen Streumittel behandeln oder auch zweimal im Abstand von 8 Tagen Lindan-haltige Mittel aufstäuben.

Abb. 168. Blütenknospenmißbildung durch die *Hemerocallis*-Gallmücke.

Hibiscus rosa-sinensis, Chinesischer Roseneibisch

Wenn die Pflanzen gut und reich blühen sollen, darf es ihnen nicht an Licht fehlen. Im besonderen gilt dies für jüngere Pflanzen. Deshalb so wenig wie möglich schattieren, bei ansteigenden Temperaturen reichlich lüften und für entsprechende Luftfeuchtigkeit sorgen.

Stehen die Pflanzen bei schlechten Lichtverhältnissen zu warm, ist der Austrieb schlecht und unregelmäßig. Während der lichtarmen Zeit soll die Temperatur möglichst nicht über 20 °C liegen. Das Temperaturminimum liegt für Jungpflanzen im Winter bei 16 °C. Tiefere Temperaturen können zu Blattchlorose führen. Etwas ältere kann man auch bei 12–14 °C halten. Im übrigen hat sich Bodenheizung bewährt.

Es liegen gute Erfahrungen mit Wuchshemmstoffen (z. B. CCC = Cycocel bzw. WR 62) vor. Man erreicht dunklere Blattfarbe und buschige Pflanzen, in den lichtarmen Monaten außerdem besseren Knospenansatz und frühere Blüte. Gelbe Sorten sollten jedoch nicht gestaucht werden. Man kann spritzen oder gießen. Der Blattspritzung wird im allgemeinen der Vorzug gegeben. Die Behandlung soll dann einsetzen, wenn der neue Austrieb nach dem Stutzen eine Länge von 2,5 bis höchstens 8–10 cm erreicht hat. Behandelt man zu früh, bleiben die Triebe zu kurz, austreibende Augen bleiben sitzen und verkümmern. Empfohlen werden Konzentrationen von 0,15–0,25%. Bei Überdosierung ist Kleinblätterigkeit zu erwarten. Wichtig ist, daß die Topfballen gut feucht sind und nicht bei starker Sonneneinstrahlung gespritzt wird.

Blühende Pflanzen haben einen großen Wasserbedarf. Hält man die Pflanzen bei trockener Luft zu warm (z. B. in zentral geheizten Zimmern), können sie Knospen und Blätter abwerfen.

Gegen **Blattläuse** mit einer Malathion- oder Parathion-Emulsion, Methomyl (z. B. Lannate 25-WP), mit Propoxur (z. B. Unden flüssig) oder mit einem Demeton-Mittel (z. B. Metasystox) spritzen, Dichlorvos-haltige Mittel (z. B. Dedevap) verdampfen, mit den gleichen Präparaten raumsprühen oder auch Dichlorvos S. C. mit Nebelgeneratoren ausbringen.

Rote Spinne. Man kann mit den zur Bekämpfung der Blattläuse empfohlenen Präparaten spritzen oder auch Aldicarb-Granulat (Temik 10 G) ausstreuen. Auch Pentac ist für Jungpflanzen gut verträglich. Nicht brauchbar sind dagegen Fundal forte 750 und Galecron.

Weiße Fliege (Mottenschildlaus). Die Schädlinge durch wiederholte Anwendung Dichlorvos-haltiger Präparate (siehe unter Blattläuse) niederhalten oder auch mit Methomyl (Lannate 25-WP) spritzen. In unseren Versuchen waren auch Methamidophos (z. B. Tamaron) und Zinophos-Emulsion (z. B. Nemafos) brauchbar.

Abwurf der Knospen. Wird durch hohe Temperaturen, trockene Luft, vorübergehenden Wassermangel und ungünstige Lichtverhältnisse begünstigt.

Gegenmaßnahmen: Man kultiviere bei mittleren Temperaturen hell, achte auf regelmäßige Wasserversorgung und vermeide trockene Luft.

Empfindlichkeit gegen Pflanzenschutzmittel: Vorsicht ist mit Dimethoat-Emulsionen, Fundal forte und Galecron geboten. Die Pflanzen können mit einer chlorotischen Aufhellung der Blätter reagieren. Bei wiederholter Anwendung von Gusathion H hat man eine leichte Wuchshemmung beobachtet.

Hippeastrum, Ritterstern („Amaryllis“)

Stets auf guten Wasserabzug achten! Zwiebeln nicht zu tief stellen. Für blühbare Zwiebeln ist das Einhalten einer Ruhezeit etwa von Mitte August an besonders wichtig. Die Zwiebeln müssen gut ausreifen. Nicht über den 1. Juli hinaus mit stickstoffreichen Düngern arbeiten. Ruhezeit schon von Mitte Juli an durch weniger Gießen vorbereiten. Ab Mitte August ist das Wässern ganz einzustellen. Bei Regenwetter Fenster auflegen. Sobald es kalt wird, einräumen. Während der Ruhezeit dürfen Amaryllis nicht zu kühl gehalten werden, da sonst die Blühfähigkeit ungünstig beeinflußt wird. Eine sichere und gute Blüte ist nur dann gewährleistet, wenn die Zwiebeln nach dem Einräumen trocken und warm, das heißt bei Temperaturen um 16–17 °C aufbewahrt werden. Wo die Pflanzen unter Tischen und Stellagen stehen, ist darauf zu achten, daß sie nicht dem Tropfenfall ausgesetzt sind. Eingezogene Zwiebeln erst dann wieder wässern, wenn die erscheinenden Blütenschäfte bis auf etwa 8–10 cm herausgekommen sind. Wird zu früh bewässert, muß mit dem „Steckenbleiben“ des Blütenstandes gerechnet werden. Die Blütenschäfte wachsen dann nicht zu normaler Länge aus.

Die optimale Treibtemperatur liegt bei einer Lufttemperatur von 22–24 °C und einer Bodentemperatur von 20–22 °C. Sind die Pflanzen jedoch durch den Roten Brenner gefährdet, sollte nicht bei allzu hohen Temperaturen getrieben werden. Schwankungen der Bodentemperatur möglichst vermeiden. Sie soll nicht unter 20 °C fallen. Zu niedrige Bodentemperaturen beeinflussen die Bewurzelung ungünstig und beeinträchtigen die Entwicklung der Pflanze. Dasselbe gilt für Lufttemperaturen unter 16 °C.

„Roter Brenner“ (*Stagonospora curtisii* (Berk.) Sacc. u. a.). Blätter, Blütenschäfte und zuweilen auch die Blütenknospen mit rotbraunen, zunächst punkt- oder strichförmigen, später sich über mehrere Zentimeter Länge erstreckenden, meist länglich-ovalen Flecken. Die Mittelzone der älteren Flecke verfärbt sich graubraun und bricht bei den Blättern leicht aus (Abb. 169). Kleine schwärzliche Fruchtkörperchen auf der Oberfläche zeigen den Pilzbefall an. Gehäufte Fleckenbildung tritt oft am Blattrand auf; die Flecken treten dann zu langgezogenen Befallsstellen zusammen, die nach Ausbrechen des Gewebes wie tiefe, dunkelrot umrandete Brandstellen aussehen. Auch die obersten Teile der Zwiebelschuppen zeigen durch rote Verfärbung den Befall an. Bei frühzeitiger Erkrankung stocken die Blütenschäfte im Wachstum und krümmen sich nach der Befallsstelle zu.

Der Pilz ist sehr wärme- und feuchtigkeitsliebend. Bei Treibtemperaturen über 20 °C und hoher Luftfeuchtigkeit nimmt er schnell überhand und es kommt zu größeren Faulstellen, die ein Umknicken des Blütenschaftes zur Folge haben können. Auch die Zwiebeln können bei stärkerem Befall faulen oder vertrocknen. Von anderen Amaryllidaceen, die befallen werden können, ist namentlich die Narzisse zu nennen.

Außer *Stagonospora* können auch andere Pilze wie z. B. *Colletotrichum crassipes* (Speg.) v. Arx und Fusarien den hier beschriebenen ähnelnde, rot verfärbte Schadstellen hervorrufen (80).

Bekämpfung: Chemische und physikalische Methoden sind gebräuchlich. Neben diesen sind aber auch die Maßnahmen der Pflanzenhygiene wichtig.

Wo entsprechende Einrichtungen zur Verfügung stehen, ist die Warmwasserbehandlung ruhender Zwiebeln eine empfehlenswerte Maßnahme gegen den Roten

Abb. 169. „Roter Brenner" *(Stagnospora curtisii)* an Amaryllis-Blatt *(Hippeastrum)*.
Abb. 170. „Milbenbrenner" am Blütenschaft einer Amaryllis *(Hippeastrum)*.

Brenner, zumal gleichzeitig auch möglicherweise auftretende Milben erfaßt werden. Dabei werden die Zwiebeln während einer Zeit von 2 Stunden in Wasser von 43,5 °C getaucht. Insbesondere zur Bekämpfung des Milbenbrenners und gegen Älchen wird neuerdings in Holland zu einer Tauchbehandlung von 2 Stunden bei 46 °C geraten. Man darf aber über die angegebene Temperatur keinesfalls hinausgehen.

Ist eine Warmwasserbehandlung nicht möglich, die Zwiebeln vor dem Pflanzen für 15 Minuten in 0,2%ige Du Pont Benomyl-Brühe oder in 0,75%ige Brühe eines Grünkupfermittels tauchen. Im übrigen sind helle und luftige Kultur und gleichmäßige Feuchtigkeit bei vorsichtigem Umgang mit Wasser erste Voraussetzung für die wirksame Bekämpfung des „Roten Brenner" während der Treiberei. Die aus der Erde ragenden Teile der Zwiebel und der Schaft gefährdeter Pflanzen sind möglichst trocken zu halten.

Da der Pilz bei Temperaturen um 20–25 °C seine besten Wachstumsbedingungen findet, sollte nicht bei allzuhohen Temperaturen getrieben werden. Wer die genannten Punkte beachtet, dürfte im allgemeinen ohne weiteren Einsatz von Pilzgiften auskommen.

Für die Sommerbehandlung wähle man entweder ein Grünkupfer-Präparat (0,75%) oder auch Du Pont Benomyl (0,05%), wobei die Mittel wiederholt in Abständen von zwei bis drei Wochen ausgebracht werden müssen. Bei regnerischer Sommerwitterung ist Glasschutz angebracht.

„Milbenbrenner" (*Steneotarsonemus laticeps* Halb.). Auf den Zwiebeln, am Blütenschaft und später auf den Blättern fallen karminrote, oft etwas schwielige Flecke und Streifen auf. Bei starker Schädigung des jungen Schaftes entstehen in der Folge manchmal größere, grobrissige, grindige Befallsstellen (Abb. 170). Sie können Anlaß für Wuchshemmungen (z. B. verkrümmte Triebe) sein. Manchmal bleibt der Blütenschaft überhaupt sitzen. An alten, freiliegenden Befallsstellen sind die Milben nicht mehr festzustellen. Sie halten sich mit Vorliebe unter den Schuppen an der Spitze der Zwiebel auf.

Bekämpfung: Wiederholt mit einer Dimethoat-Emulsion oder auch mit Endosulfan (z. B. Beosit 35 flüssig, Thiodan 35 flüssig) spritzen. Dabei ist zu beachten, daß die Spritzbrühe zwischen die Spitzen der Zwiebelschuppen und an den Grund der sich hervorschiebenden Blätter gelangt. Wo Einrichtungen für die Warmwasserbehandlung der Blumenzwiebeln zur Verfügung stehen, kann man die ruhenden Zwiebeln auch während einer Zeit von 2 Stunden in Wasser von 46 °C tauchen. Möglich ist schließlich auch das Begasen der Zwiebeln mit Methylbromid.

Schmierläuse (*Pseudococcus maritimus* Ehrh. u. a.). An und zwischen den unteren Teilen der Blätter und auch zwischen den Zwiebelschuppen sitzen von weißen Wachsausscheidungen bedeckte Tierchen. Siehe Seite 89.

Bekämpfung: Wiederholt mit einer Dimethoat-Emulsion spritzen oder vor Einleitung der Ruheperiode die Pflanzen Hals über Kopf in die gleiche Lösung tauchen. Man kann aber auch befallsverdächtige Zwiebeln, solange sie noch in Ruhe sind, für 2 Stunden in Wasser von 43,5 °C tauchen. Bald nach dem Pflanzen ausgebracht, läßt auch Aldicarb-Granulat (Temik 10 G) eine gute Wirkung erwarten.

Blasenfüße (siehe Seite 72) bekämpft man zweckmäßigerweise durch Verdampfen von Dichlorvos-Präparaten (z. B. Dedevap), durch Sprühen mit Dichlorvos-haltigen Nebeldosen (z. B. Attlo-Gewächshausspray) oder auch durch Spritzen mit einem Propoxur-Präparat (z. B. Unden flüssig).

Große Narzissenfliege (*Lampetia equestris* F.). – Quarantäneschädling. – Die Zwiebeln treiben nicht aus oder bringen nur einen kümmerlichen Blattschopf hervor. Beim Aufschneiden der Zwiebeln werden die von den Fliegenmaden verursachten Fraßhöhlen oder deren Fraßgänge sichtbar. Ein Schädling, der heute nur noch selten anzutreffen ist. Siehe Seite 349.

„Steckenbleiben" des Blütenschaftes. Meist auf Kulturfehler und falsche Behandlung der Zwiebeln zurückzuführen. Siehe oben unter den allgemeinen Hinweisen bei *Hippeastrum*.

Hyacinthus, Hyazinthe

Allgemeine Hinweise für Treibhyazinthen (siehe auch Seite 436). Nach Empfang so bald wie möglich auspacken, kühl, luftig und trocken lagern. Lagerung bei Temperaturen über 16–18 °C kann sich in einer Verzögerung der Blüte, zu warmer Einschlag in einem „Sitzenbleiben" auswirken. Präparierte, also für eine frühe Treiberei geeignete Zwiebeln rechtzeitig, das heißt in der zweiten Septemberhälfte, einpflanzen. Beim Herausnehmen aus dem Einschlag muß man sich in jedem Falle davon überzeugen, ob die Zwiebeln auch gut bewurzelt sind. Auch sollte der Trieb eine Länge von etwa 5 cm erreicht haben. Zunächst wird dunkel getrieben, wobei man die Temperatur von etwa 13 °C bis auf 24 °C ansteigen läßt. Es ist dann hell zu stellen, wenn der Blütenstand über den Blättern steht. Feuchte Luft ist zwar notwendig, doch ist das Bespritzen der Blüten zu unterlassen. Sobald die Knospen Farbe zeigen, mit dem Gießen vorsichtig sein. Zu reichliche Wassergaben bringen unerwünscht lange Blumenstiele. Mit Beginn der Blüte abhärten und vor Sonne schützen.

Nichtpräparierte Zwiebeln nicht so warm treiben wie präparierte. Nicht höher als 21 °C gehen. Zwiebeln, die von Mitte Dezember bis Mitte Januar in die Treibräume kommen, sind noch dunkel anzutreiben. Damit die Hyazinthen kurz und gedrungen bleiben, ist, sobald sich der Blütenstand gestreckt hat und die Blüte einsetzt, die Temperatur zu senken (15–18 °C). Vor Verkauf entsprechend abhärten und kühler stellen.

Bakterielle Gelbfäule, Gelber Rotz (*Xanthomonas hyazinthi* (Wakker) Dows.) (81). – Quarantänekrankheit. – Bei starker Erkrankung der Zwiebeln können sich bereits beim Austrieb Störungen bemerkbar machen. Sofern der Blattkegel überhaupt noch über die Erde kommt, bleibt er im Wachstum stecken oder öffnet sich ungleichmäßig. Die Blätter zeigen dunkle, wäßrig erscheinende Streifen oder gelbe, welkende Blattspitzen. Manche Pflanzen welken plötzlich ab ohne sonstige Anzeichen einer Erkrankung. Die aufgeschnittene Zwiebel zeigt eine glasige oder schleimig-gelbe, übelriechende Fäule besonders der innersten Schuppen und des Zwiebelbodens (Abb. 171). Bei schwächerer Erkrankung gelblich-bräunliche Streifung der weißen Schuppen (Gefäßbündel infiziert!), oder gelbliche, besonders vom Zwiebelboden ausgehende Faulstellen, aus denen oft gelber Schleim austritt.

Von primär befallenen Pflanzen auf dem Feld, deren Blätter die oben beschriebenen Symptome zeigen, können sich die Bakterien durch Regen und Wind leicht auf benachbarte, gesunde Pflanzen ausbreiten. Die Bakterien dringen vor allem durch die Spaltöffnungen in die Blätter ein und wandern in ihnen auf dem Weg über die Interzellularen abwärts. Bis es auch hier, vom Zeitpunkt der Infektion aus gerechnet, zur Ausprägung wassergetränkter, dunkler Streifen im Blatt kommt (Inkubationszeit), kann es 1–1½ Monate (bei frühem Infektionszeitpunkt etwa Februar, März) dauern. Erfolgt die Infektion spät (Juni), können bereits nach etwa 7 Tagen Symptome sichtbar werden.

Gelangen die Bakterien, die auch äußerlich durch Regen nach unten gespült werden, schließlich auf und in die Zwiebelschuppen, so breitet sich dort die Krankheit wesentlich langsamer aus. Es kann mehr als 1 Jahr dauern, bis der Zwiebelboden erreicht ist. Ist die Bakteriose erst zur Zwiebelbasis vorgedrungen, macht die Fäule plötzlich rapide Fortschritte, denn von dort aus können sich die Bakterien mit dem Wasserstrom (Gefäße) in der gesamten Zwiebel ausbreiten.

Abb. 171.
Bakterielle Gelbfäule der Hyazinthe.

Die bakterielle Gelbfäule wird nur mit befallenen Zwiebeln verschleppt, eine Ansteckung über den Boden findet normalerweise nicht statt.

Bekämpfungsmaßnahmen im Feldbestand bzw. nach der Ernte: Kranke Pflanzen entfernen (Eimer), Befallsstelle mit Obstbaumkarbolineum (10%) überbrausen, wobei eine Schutzzone um den Befallsherd mitbehandelt werden muß. Nur bei trockenem Wetter auf dem Feld arbeiten. Das „Köpfen" sollte in befallenen Beständen möglichst unterbleiben. Als wichtigste Bekämpfungsmethode wird heute in Holland die Heißluftbehandlung der Zwiebeln angesehen, die sich in 2 Phasen abspielt. Der erste Teil der Behandlung (4 Wochen bei 30 °C) sollte möglichst bald nach der Ernte erfolgen. Die Wärme fördert die Bakterienentwicklung. Infolge Verstärkung der Krankheitsmerkmale können kranke Zwiebeln besser erkannt und ausgelesen werden. Diese Vorbehandlung hat außerdem den Zweck, die Sproß- und Blütenentwicklung in der Zwiebel so stark zu hemmen, daß sie die nachfolgende, 4-wöchige Phase bei 38 °C ohne größeren Schaden übersteht. In dieser zweiten Phase soll auch noch leichte Erkrankung durch die Hitzeeinwirkung auf die Bakterien ausgeschaltet werden.

Maßnahmen beim Verbraucher: Zwiebeln beim Empfang auf Befall überprüfen. Stärker erkrankte Zwiebeln geben bei einem Druck auf den Zwiebelboden leicht nach. Das Gewebe ist weich und breiig. Ein Schnitt durch die Zwiebel läßt die charakteristischen Befallsmerkmale (siehe oben) deutlich erkennen. Probeweise schneidet man auch einige äußerlich gesund aussehende Zwiebeln an der Spitze quer durch. Zeigen sich auf der Schnittfläche gelbe Flecken, wird der Verdacht zur Gewißheit. Wenn während des Treibens kranke Pflanzen bemerkt werden, sind diese umgehend zu entfernen und zu vernichten. Infolge der vorbeugenden Maßnahmen beim Anbauer spielt die Krankheit beim Verbraucher heute kaum noch eine Rolle.

Weißfäule, „Weißer Rotz" (*Pectobacterium carotovorum* (Jones) Waldsee). Bakterielle Naßfäule, die an verschiedenen Stellen der Pflanze, meist aber von Verletzungsstellen aus, angreifen kann. In Holland wird sie vor allem kurz vor oder nach der Zwiebelernte, wenn regnerische Witterung herrscht und die Zwiebeln nach Entfernung des Laubes nicht rasch genug gerodet und getrocknet werden, beobachtet. Die erkrankten Zwiebeln werden von der Spitze aus glasig, dann schleimig, oft mit schäumend-schmieriger, weißer Ausscheidung. Bei hoher Feuchtigkeit und hoher Temperatur können auch schon während der Vegetationszeit Schäden entstehen. Die Blattspitzen vergilben, im Blattgewebe erscheinen dunkelgrüne, längliche Flekken, Blatt- und Blütenstielgrund gehen in eine schleimige Fäule über, der Blütenstand knickt um.

Das *Pectobacterium* ist, im Gegensatz zum Erreger der Gelbfäule, ein im Boden weit verbreiteter Fäulniserreger, der nur verletzte Pflanzen anzugreifen vermag. Die Krankheit ist somit als weit weniger gefährlich anzusehen wie die durch *Xanthomonas hyacinthi* verursachte.

Bekämpfung: Zwiebeln zeitig ernten (Laub möglichst kurz vorher entfernen) und rasch, bei guten Durchlüftungsverhältnissen trocknen. Wo die Krankheit im Gewächshaus auftritt, Temperatur und Wassergaben (sauberes Gießwasser!) an der unteren Grenze halten, kranke Pflanzen vernichten. Für die Aufpflanzung der Zwiebeln nur frisches Substrat verwenden.

Pythium-Wurzelfäule (*Pythium* spp.) (82). Zurückbleiben der Pflanzen im Wuchs und leichte Welke der Blätter an sonnigen Tagen deuten auf die Wurzelerkrankung hin, die allmählich zum völligen Absterben der Pflanzen führen kann. Die kranken

Wurzeln sind zunächst glasig und werden dann grau und weich. Die vor allem auf intensiv mit Blumenzwiebelanbau genützten Freilandfeldern herdförmig sich ausbreitende Krankheit erreicht zur Zeit der Hauptblüte (etwa Ende April) ihren Höhepunkt.

Bekämpfung: Die Bekämpfung der Pythium-Fäule ist für die Praxis bislang noch keinesfalls befriedigend gelöst und es wird noch einiger Versuchsarbeit bedürfen, bis hier sichere Empfehlungen gegeben werden können. Sieht man von einer im Sommer vor der Pflanzung vorzunehmenden Entseuchung der Pflanzflächen mit Mitteln zur totalen Bodenentseuchung einmal ab, stützen sich die herkömmlichen Bekämpfungsverfahren in Holland auf die Vorbehandlung der Pflanzbeete kurz vor dem Pflanzen mit Formalin bzw. auf die Zwiebelbehandlung mit dem gleichen Mittel. Dabei müssen die Zwiebeln noch in völliger Ruhe sein, das heißt, der Wurzelkranz darf noch nicht ausgetrieben haben. Dies ist übrigens auch dann zu beachten, wenn ungebeiztes Pflanzgut auf mit Formalin vorbereitete Beete gebracht wird.

Allein von der Wirkung ausgehend, erscheint das Etridiazol-Präparat AAterra (siehe unter Tulpen) zur Bekämpfung der Pythium-Fäule nicht uninteressant, wobei jedoch zunächst Fragen der Kulturpflanzenverträglichkeit geklärt werden müßten. Des weiteren wäre vielleicht an den versuchsweisen Einsatz des Prothiocarb-Präparats Previcur zu denken. Vielleicht kommt aber auch das Captafol-Präparat Ortho Difolatan für eine vorbeugende Behandlung der Pflanzbeete in Frage. Man sollte es auf einen Versuch ankommen lassen.

Sclerotinia-Krankheit, Schwarzer Rotz (*Slerotinia bulborum* (Wakk.) Rehm). – Quarantänekrankheit. – Bei meist schon abgeblühten Pflanzen auf dem Feld werden die Blätter vorzeitig gelb und welken. Blattgrund und Zwiebelhals sind schwarzgrau verfärbt und weichfaul, oft mit weißem, durch Erdteilchen verschmutztem Schimmelrasen überzogen. Der watteartige Schimmel ist vor allem auch zwischen den Zwiebelschuppen zu finden. Darin eingebettet finden sich die bis zu 1,5 cm großen, meist etwas abgeplatteten, weißen, später hart und schwarz werdenden Dauerkörperchen (Sklerotien), mit denen der Pilz überwintert. Im Frühjahr wachsen aus ihnen kleine becherförmige Fruchtkörperchen hervor, deren Sporen die Ausbreitung des Pilzes auf weitere Strecken (Wind) sichern. Werden kranke Zwiebeln ausgepflanzt, so breitet sich die Seuche auch über den Boden auf die benachbarten Pflanzen aus. Beim Roden ist größte Wachsamkeit angebracht, da den Pflanzen im Anfangsstadium der Erkrankung am Laub oft noch nichts anzusehen ist. Zwiebeln, die äußerlich eine grünlich-schwarze Verfärbung aufweisen, sind verdächtig. Die Fäule kann auch vom Zwiebelboden ausgehen. Verschiedene andere Liliaceen und Iridaceen können ebenfalls befallen werden.

Bekämpfung: siehe *Sclerotium tuliparum* bei Tulpe.

Zwiebelfäule und Fäule des Blütenstand-Gipfels durch *Penicillium corymbiferum* Westl. Vor allem bei der Kühllagerung ist die vom Zwiebelboden ausgehende Fäule zu beobachten, die mit kleinen, gelblichbraunen Fleckchen in der Zone der Wurzelansätze beginnt, dann aber mehr oder weniger auf die gesamte Zwiebelbasis übergeht und sich im Zwiebelinneren hochzieht. Besonders nach Ablösung der äußeren Hüllblätter wird der für *Penicillium* typische blaugrüne Schimmelbelag sichtbar. Wurden bereits kranke Zwiebeln ausgepflanzt, so ist die Entwicklung der ganzen Pflanze oft stark gestört und der Blütensproß bleibt sitzen. Erfolgt die Infektion erst nach der Pflanzung, so macht die Krankheit meist nur geringe Fortschritte. Die Infektion geht in der Hauptsache von den durch den Wurzeldurchbruch entstandenen Wundstellen aus, führt jedoch nur selten zum Faulen der gesamten Zwiebel. Verzögerungen der Wurzelbildung, wie sie z. B. bei Trockenheit eintreten, begünstigen die Krankheit.

Auch eine von der Zwiebelfäule unabhängige Fäule des Blütenstand-Gipfels durch Befall mit dem *Penicillium* kommt vor.

Bekämpfung: Zwiebeln vor Kühllagerung 15 Min. in 0,2%ige Du Pont Benomyl-Brühe tauchen, für gute Luftzirkulation bei nicht zu hoher Feuchtigkeit sorgen.

Die Blütenstand-Fäule kann vermieden werden, indem man die Pflanzen bei Temperaturen von 23–25 °C zur Blüte bringt, wobei vor allem in der letzten Kulturwoche stehende Luft zu vermeiden ist (Ventilatoren) (83). Da jede plötzliche Absenkung der Temperatur die Gefahr des Auftretens der Krankheit mit sich bringt, sollte man von vornherein so planen, daß die Pflanzen erst unmittelbar vor dem Verkauf in Blüte kommen und sich ein Kühlstellen erübrigt.

Faulende Blattspitzen, Spitzenfäule des Blütenstandes (*Rhizoctonia solani* Kühn). Pflanzen, die aus dem Einschlag ins Gewächshaus gebracht werden, zeigen an den Spitzen der äußeren Blätter gelblichbräunliche oder orangefarbene, leicht eingesunkene Fleckchen. Vor allem wird auch der Gipfel des Blütenstandes von dem Pilz befallen. Da bei erhöhter Feuchtigkeit häufig noch bakterielle Fäulniserreger hinzutreten, gehen die Spitzenblüten in Fäulnis über.

Da die Infektion vom Boden aus schon erfolgt, solange der Sproß noch in der Erde steckt, sind Sorten mit großen, präparierten Zwiebeln, deren Blattkegel sich oft schon im Boden leicht zu öffnen beginnt, stärker gefährdet als Sorten mit kleinen Zwiebeln und Blattkegeln, die den Blütenstand zunächst noch fest umschließen. Als besonders empfindlich gelten nach holländischen Erfahrungen 'Anne Marie', 'Fürst Bismarck', 'Ostara', 'Pink Pearl' und 'Dr. Lieber'. Da der Pilz um 18 °C optimale Entwicklungsmöglichkeit findet, sollte bei Temperaturen um 9–13 °C kultiviert werden.

Bekämpfung: Unmittelbar vor Pflanzung Zwiebelbeizung (15 Min.) in einer Brühe von Du Pont Benomyl (0,2%) + Mancoceb oder Maneb (je 1,5%). Für das Bedecken der Zwiebeln im Einschlag frische oder gedämpfte Erde oder noch besser Flußsand verwenden. Temperatur bei 9 °C halten.

Rhizoctonia-Fäule (*Rhizoctonia tuliparum* Whetz. et Arth. = *Sclerotinia tuliparum* Kleb.). Die besonders bei Tulpen bekannte Krankheit kommt auch bei der Hyazinthe vor. Der Pilz greift vor allem den noch in der Erde steckenden Blattkegel an und verursacht Fäule und Zerreißungen der Sproßspitze, die oft mit einem grauweißen Schimmelrasen bedeckt ist, in den Erdteilchen und Sand verklebt sind. Auch die Zwiebel kann von der Spitze aus befallen sein, wobei die inneren weißen Schuppen glasig-grau werden. Die Erkrankung der frisch geernteten Zwiebel ist an der faserigen Beschaffenheit der Schuppenoberfläche zu erkennen.

Bekämpfung siehe *Rhizoctonia tuliparum* bei Tulpe.

Grauschimmelkrankheit (*Botrytis hyacinthi* Westerd. et v. Beyma und *Botrytis cinerea* Pers.). Besonders in Perioden hoher Feuchtigkeit findet man eine Bräunung und ein Einschrumpeln der Blattspitzen, die sich oft mit bräunlichgrauem, stäubendem Schimmelrasen bedecken. Überall wo Verwundungen entstehen, z. B. an den Stumpen abgeschnittener Blütenstände, greifen die Grauschimmelerreger besonders heftig an. Auf den Blattspreiten entstehen graue Flecken und Streifen. Auf den erkrankten und schon weitgehend in Fäulnis übergegangenen oberirdischen Pflanzenteilen bilden sich die etwa stecknadelkopfgroßen Dauerkörperchen von *B. hyacinthi*, während die Sklerotien von *Botrytis cinerea* bisher nur auf der Oberfläche befallener

Zwiebeln angetroffen wurden. Der Pilz verursacht dort eine glasig-hellbraune Fäule, die von der Zwiebelspitze aus in das Innere vordringt. Die befallenen Pflanzen stokken im Wachstum, ihre Blätter nehmen ein eigentümlich glänzend-grünes Aussehen an.

Bekämpfung: Bei feuchtem Wetter nicht auf dem Hyazinthenfeld arbeiten. Sprühen oder Spritzen (Netzmittelzusatz) mit Zineb-, Maneb- oder Thiram-Präparaten oder auch mit Du Pont Benomyl. In gefährdeten Beständen sollte man eine Behandlung vor allem auch sofort nach dem Schnitt der Blüten vornehmen. Nach starkem Auftreten der Krankheit ist ein tiefes Umpflügen des Bodens zu empfehlen. Womöglich sollte an dieser Stelle einige Jahre mit dem Anbau von Hyazinthen ausgesetzt werden. Warme Lagerung und späte Pflanzung der Zwiebeln bewirken, daß die Pflanzen im Frühjahr nicht zu früh treiben. So wird die Gefahr einer Schädigung durch Fröste, die dem Botrytis-Befall den Weg bereiten, gemindert. Zum anderen sollte man aber die Winterbedeckung im Frühjahr nicht zu spät abnehmen, damit die austreibenden Sprossen keinem Feuchtigkeitsstau ausgesetzt sind.

Fusarium-Erkrankung (*Fusarium oxysporum* Schl. sensu Snyd. et Hans.). In Holland unterscheidet man folgende Schadbilder der recht ansteckenden Krankheit:

1. Erkrankung der äußeren Zwiebelschale: Zwiebel mit großen, hellbraunen Flekken, die später mit dem Abtrocknen der Hüllschuppen trocken und hart werden und oft einen weißlichen Sporenanflug des Pilzes tragen.
2. Verkorkung und Rissigkeit des Zwiebelbodens, die sich auf die Schuppen fortsetzen kann. Auch die Gefäße sind manchmal braun verfärbt. Diese Symptome treten häufig in Verbindung mit dem erstgenannten Schadbild auf. In beiden Fällen treiben die Pflanzen, sofern nicht zu schwere Erkrankung vorliegt, normal aus. Dringt der Pilz jedoch (besonders bei hohen Temperaturen nach der Pflanzung) in die Wurzeln ein, so verfaulen sie und die Pflanze welkt.
3. Welke der Pflanzen infolge Fäulnis der Wurzeln (siehe unter 2.).
4. Zwiebelfäule: Zunächst ohne äußere Anzeichen einer Erkrankung werden die Zwiebeln weich und von der Basis aus faul.Während der Lagerung Vertrocknung der so erkrankten Zwiebeln. Die Fäule kommt vor allem dort vor, wo die Zwiebeln nach der Ernte nicht schnell genug oder unvollständig getrocknet wurden.

Da die Pilzsporen auf kranken Zwiebeln in großer Menge entstehen, werden sie bei der Lagerung leicht verbreitet, umsomehr als sich meistens noch Milbenbefall einstellt und die Tiere die Sporen verschleppen. Die Fusarium-Erkrankung ist bodenübertragbar; die Sporen können mehrere Jahre dort überleben.

Bekämpfung: Zwiebeln frühzeitig ernten, trocken und luftig lagern. Kranke Zwiebeln sorgfältig auslesen. Ob das für die Bekämpfung von Fusarien bei Tulpen, Narzissen und Iris zugelassene Du Pont Benomyl (0,2%, 15–30 Min. tauchen) auch bei Hyazinthen erfolgversprechend eingesetzt werden kann, wäre zu überprüfen.

„Ringelkrankheit“ durch Älchenbefall (*Ditylenchus dipsaci* (Kühn) Filip. var. *hyacinthi* de Bruyn Ouboter). – Quarantäneschädling. – Blätter kurz, verdreht und verkrüppelt, oft mit gewelltem Rand und mit länglichen, gelben Flecken, die sich später bräunen. Blütenstand gedrungen und mit spärlicher Blütenbildung. An den Zwiebelschuppen ist das Gewebe stellenweise aufgedunsen und wird infolge Fäulnis braun. Bei starker, frühzeitig erfolgter Erkrankung bersten die äußeren Schuppen auseinander. Im Gegensatz zur Gelbfäule ist das erkrankte Gewebe nicht schleimig

Abb. 172. „Ringelkrankheit“ der Hyazinthe (Älchen).

und gelb, sondern trokken und braun gefärbt. Die befallenen Schuppen zeichnen sich meist kreisförmig ab, so daß die quer durchschnittene Zwiebel der Hyazinthe ringförmige Bräunung aufweist (Ringelkrankheit Abb. 172). Siehe auch Malariakrankheit.

Die bei Hyazinthe vorkommende Älchenrasse kann auch auf *Muscari, Chionodoxa, Scilla, Ornithogalum* und *Puschkinia* übergehen. Narzissenzwiebeln werden nicht geschädigt, die Älchen können aber in den Blättern leben und sich vermehren.

Bekämpfung: Kranke Zwiebeln samt umgebender Erde entfernen. Gründliche Auslese bei der Ernte und vor dem Pflanzen. Pflanzenrückstände an abgelegener Stelle tief vergraben oder an Ort und Stelle verbrennen (nicht brennbares Material mit Dieselöl übergießen). Krankheitsverdächtige Partien werden in Holland folgendermaßen behandelt: Die nach der Ernte 3 Wochen bei 30 °C aufbewahrten Zwiebeln werden zunächst 24 Stunden in Wasser eingeweicht, dann 4 Stunden einer Warmwasserbehandlung bei 45 °C ausgesetzt. Das Verfahren bringt gute Erfolge, doch müssen sich die Zwiebeln noch in absolutem Ruhezustand befinden. Bei Zwiebeln mit einem Umfang von mehr als 14 cm ist die Behandlung nicht ratsam. Auf verseuchten Flächen sollte mit dem Anbau von Hyazinthen und anderen gefährdeten Zwiebelgewächsen mindestens 5 Jahre ausgesetzt werden. Der Boden ist tief umzuarbeiten. Wo eine chemische Bodenentseuchung (z. B. mit Di-Trapex 30 ml/m^2) vorgenommen wird, muß die nötige Wartezeit, die selbst in den Sommermonaten einige Wochen beträgt, eingeplant werden.

Wurzelmilben (*Rhizoglyphus echinopus* Fum. et Rob.). Die Pflanzen stocken im Wachstum und bleiben sitzen. Vor allem am Zwiebelboden, am Grunde der Blätter und an der Blütenstielbasis zeigt sich das Gewebe zerstört. Bei Lupenbetrachtung sind die kaum $^3/_4$ mm langen, weißlichen, plump-ovalen Milben gut zu erkennen. Siehe Seite 62.

Mosaik (Hyazinthenmosaik-Virus): Auf den kleiner und schmaler als normal bleibenden Blättern gelbgrüne Flecke und Streifen, die Blüten roter und blauer Sorten oft leicht gefleckt. Im Verlauf der Vegetationsperiode können sich die Symptome etwas abschwächen, doch sterben die befallenen Pflanzen meist früher als normal ab. Übertragung durch Blattläuse.

Bekämpfung: Sorgfältige Auslese kranker Pflanzen. Die besonders empfindlichen Sorten 'Queen of the Pinks', 'Nobel' und 'King of the Blues' möglichst nicht in die Nähe der übrigen pflanzen.

Malariakrankheit, Ratel (Tabakratel-Virus). Hellgrüne, gelbliche oder bräunliche Flecke auf den Blättern, bei starkem Befall auch Blattverkrüppelungen. Zunächst glasige, später bräunliche Verfärbungsstellen in der Zwiebel ähnlich wie bei Nematodenbefall. Die kranken Pflanzen stehen im Freiland oft herdartig gehäuft beieinander.

Im Boden übertragbar durch wandernde Nematoden. Die Krankheit kommt auch an Tulpe und Krokus vor.

Bekämpfung: Möglichst frühzeitige Vernichtung aller Pflanzen mit Krankheitssymptomen. Da die Virose von der Mutterzwiebel auf die Jungzwiebel übergeht, dürfen für die vegetative Vermehrung nur ausgesucht gesunde Zwiebeln verwendet werden. Anbauflächen wechseln, oder Bodenentseuchung mit nematodenwirksamen Präparaten wie z. B. Basamid, Terabol, Shell DD.

Abstoßen des jungen Blütenstandes (84). Der junge, noch knospige Blütenstand löst sich schon frühzeitig mitsamt dem kurzen Schaft am Grunde ab, wird durch die ihn noch fest umschließenden Laubblätter hochgehoben und verwelkt schließlich. Die Krankheit tritt auf, wenn der Laubtrichter sich plötzlich infolge raschen Wachstums in die Höhe streckt und der Blütenschaft damit nicht Schritt halten kann. Als Folge der dadurch entstehenden Spannungen reißt er an der Ansatzstelle ab. Ein solcher Übergang zu plötzlichem rascherem Wachstum des Laubtrichters ist vor allem bei schroffem Temperaturwechsel gegeben, z. B. wenn die Kisten aus dem Einschlag plötzlich in die Treibtemperaturen kommen.

Ein sehr ähnliches Schadbild, bei dem jedoch die Bruchstelle etwas höher liegt, so daß ein kleiner Stengelrest in der Zwiebel übrig bleibt, wird auf ein Mißverhältnis zwischen Wasseraufnahme und Wasserabgabe zurückgeführt. Wahrscheinlich spielt vor allem ein zu hoher Wurzeldruck eine Rolle. Die Pflanze hat in diesem Fall bei zu hoher Bodenfeuchtigkeit und meist auch zu hohen Bodentemperaturen mehr Wasser als notwendig aufgenommen. Auch ein Übermaß an Düngung (z. B. schwefelsaurem Ammonium) fördert die Krankheitserscheinung, die schon in sehr frühem Stadium durch Ausbildung langgestreckter Hohlräume mit Luftinfiltration im Stengelgewebe beginnt. Es bilden sich Querrisse, die dem endgültigen Stengelbruch vorausgehen.

Verhütung: Zwiebeln, auch für die Weihnachtstreiberei, nicht vor Ende September pflanzen. Zuviel Nässe im Einschlag vermeiden. Für gut durchlässigen Untergrund sorgen (Dränage), damit überschüssiges Wasser schnell abziehen kann. Einschlagtemperatur möglichst bei 9–10 °C halten (eventuell durch Schattierung vor stärkerer Erwärmung schützen). Allmählicher Übergang zu höheren Treibtemperaturen. Während des Treibens für angemessene und gleichmäßige Wassergaben sorgen.

Grüne Blüten am Gipfel des Blütenstandes bei getriebenen Hyazinthen werden auf zu frühes Treiben oder ungeeignete Präparierbehandlung (Wärmebehandlung zu kurz) zurückgeführt. In Holland wird vermutet, daß auch eine zu niedrige Einschlagtemperatur zum gleichen Schadbild führen kann.

Abtrocknen der Gipfelblüten. Oberste Blütchen des Blütenstandes strohig vertrocknet (vor allem bei 'L'Innocence' und anderen frühblühenden Sorten). Man vermutet, daß die Krankheit eine Folge zu kurzer Wärmebehandlung bei der Präparation ist.

Ein **Vertrocknen der Blüten** kann auch durch Einwirkung von Äthylengas (siehe auch Seite 454) in einem bestimmten Entwicklungsstadium oder durch Fehler bei der Präparation (zu hohe Temperatur) hervorgerufen werden.

Abgeplattete Blütenstiele bei gleichzeitiger Erhöhung der Blütenzahl je Blütenstand rührt von Störungen in den Temperaturbedingungen bei der lagernden Zwiebel her. Durch geeignete Temperaturbehandlung kann dieser Erscheinung vorgebeugt werden.

Glasige Stellen am Blütenboden und am Blütenstand sind auf Frostschäden zurückzuführen. Temperaturen unter −3 °C können Zwiebeln schädigen.

„Blattern“. Auf den äußeren Zwiebelschuppen zeigen sich blatternartige Pusteln oder auch eingesunkene, etwas grindige Stellen. Schäden dieser Art werden im allgemeinen erst während der Lagerung auffällig. Auch siedeln sich bei feuchter Lagerung auf den Schadstellen der Pinselschimmel (blaugrüne „Rasen“) und andere Pilze an. Da „Blattern“ gewöhnlich bei Zwiebeln auftreten, die auf schweren und feuchten Böden gezogen wurden, nimmt man an, daß zu große Feuchtigkeit im Boden und Luftmangel ursächlich damit in Zusammenhang stehen.

Verhütung: Auf schweren oder zu feuchten Böden keine Hyazinthen anbauen. Zwiebeln nach der Ernte bei entsprechender Wärme in gut durchlüfteten Räumen trocknen.

Verkalkung. Gewebepartien der äußeren Zwiebelschuppen oder auch größere Teile der Zwiebel von kalkartig weißer, pulveriger Beschaffenheit. Siehe Seite 453.

Hydrangea, Hortensie

Wenn Fäulnis im Vermehrungsbeet vermieden werden soll, dürfen die Stecklinge nicht zu weich sein; man darf sie auch nicht gespannt halten. Stecklinge, die welken, erholen sich gewöhnlich nicht wieder.

Frisch eingetopfte oder frisch verpflanzte Hortensien vor zu großer Nässe schützen und vor allem bei trüber Witterung sehr vorsichtig gießen; es ist sonst mit Wurzelschäden zu rechnen.

Für gute Blaufärbung sind pH-Werte von 4–4,5 notwendig. Schöne Ausfärbung der roten und rosafarbenen Sorten bei pH 5,5–6, der weißen bei pH 5. Mißfarben bedeuten Qualitätsminderung. Selbst bei richtiger Einstellung der Ausgangssubstrate ist es oft schwierig, die für die Ausfärbung günstigen pH-Werte einzuhalten. Veränderungen sind später durch Gießwasser und Düngung möglich. Eine zu reichliche Versorgung mit Phosphorsäure ist für blaue Hortensien gefährlich. Man verwende für blaue Hortensien keine Volldüngerlösungen und gieße nur mit Regenwasser. Rotblühende sind dagegen für eine gute Versorgung mit Phosphorsäure dankbar.

Das Stutzen muß zum rechten Zeitpunkt vorgenommen werden. Man merke sich: späte Sorten sind früh, frühe Sorten später zu stutzen. Auch dürfen die Jungpflanzen nicht verhärtet sein, sonst erhält man wenig verzweigte Pflanzen oder sehr viel Bodentriebe. Letzter Termin für Sorten, die besonders gut Knospen ansetzen (z. B. 'Bodensee', 'Ursula', 'Alpenglühen') ist Ende Juni. Nur so ist eine gute Ausreife der Triebe gewährleistet. Zu spätes Stutzen kann blinde Triebe bringen.

Damit die im Herbst abgelieferte Rohware im Holz gut abreift, muß sie sehr luftig stehen. Das Überbauen oder Abdecken mit Fenstern ist nur während ausgesprochener Schlechtwetterperioden bzw. bei Frostgefahr anzuraten. Im übrigen können schon Temperaturen um −1 °C bis −2 °C Schäden verursachen.

Man wintere erst dann ein, wenn die Pflanzen gut abgereift sind. Bei der üblichen Überwinterung im kalten Kasten ist die Botrytis-Gefahr groß. Starke Temperaturschwankungen bringen Niederschlag mit sich und begünstigen die Krankheit. Ausfälle lassen sich jedoch weitgehend vermeiden, wenn die Pflanzen in einer oder auch in zwei Schichten übereinander gestapelt und mit trockenen Hobelspänen oder mit Styromull so abgedeckt werden, daß das Material etwa 5 cm über die Knospen reicht. Verständlicherweise muß man auch in diesem Fall mit Fenstern und bei strengem Frost mit Matten und Brettern abdecken.

Hinweise für das Treiben der Hortensien. Damit ein gleichmäßiger Austrieb erfolgt und die Triebe nicht zu lang werden, wird heute dazu geraten, mit verhältnismäßig hohen Treibtemperaturen (wenigstens 20 °C) zu beginnen und die Pflanzen in den ersten 14 Tagen etwas trockener zu halten. Erst wenn die Blütenstände erscheinen, ist die Temperatur auf 18 °C zu senken.

Es läßt sich nicht vermeiden, daß die Hortensien in den ersten Tagen nach dem Aufstellen in den Treibräumen etwas „schwitzen". Das macht die Knospen anfälliger für Botrytis-Befall. Höhere Temperaturen sorgen für rasches Abtrocknen und wirken dieser Gefahr entgegen. Auch Ventilatoren tun während dieser kritischen Phase gute Dienste. Man schütze die Pflanzen vor zu scharfer Mittagssonne. Auch ist erst dann zu düngen, wenn sie zwei Blattpaare ausgebildet haben. Keine zu starken Düngerlösungen verwenden und diese nie auf trockenen Ballen geben. Es ist besser, mit schwächeren Lösungen zu arbeiten und dafür öfter zu düngen.

Steht während des Treibens nur sehr kalkreiches Gießwasser zur Verfügung, kann für blaue Hortensien eine Nachbehandlung mit Ammoniakalaun oder Aluminiumsulfat notwendig werden. Dabei ist wichtig, daß die Mittel der Schadgefahr wegen nur auf feuchten Ballen gegeben werden dürfen. Werden die angeführten Punkte beachtet, wird man Wurzelschäden und Verbrennungen nicht zu fürchten brauchen.

Hortensien brauchen viel Wasser, man darf sie aber auch nicht zu naß halten. Stehen die Pflanzen zu naß, ist die Gefahr für Wurzelschäden groß. In der Folge vergilben die Blätter und fallen nicht selten ab. Bei der Bemessung der Wassergaben müssen auch die Wuchseigenschaften der einzelnen Sorten berücksichtigt werden. Schwach wachsende Sorten werden weniger Wasser brauchen als stark wachsende.

Damit ein Langwerden der Triebe vermieden wird, sind Hortensien während der Treiberei immer rechtzeitig auseinanderzurücken. Auch läßt zu dichter Stand die unteren Blätter vergilben. Stark wachsende Sorten rechtzeitig, das heißt mit Entfalten der Blumen, stäben. Vor dem Verkauf gut abhärten. Schlecht abgehärtete Pflanzen neigen leicht zum Schlappen. Spätestens mit Beginn der Blütenfärbung mit der Temperatur auf 15 °C zurückgehen.

Echter Mehltau (*Oidium hortensiae* Joerst.). Vorwiegend auf der Blattunterseite, aber auch blattoberseits, weißlichgraue, teilweise ins Grauviolette gehende Flecke (Mehltau). Schimmelrasen oft nur spärlich. Blattunterseitige Befallsstellen lassen bei den meisten Sorten blattoberseits zunächst gelblichgrüne, später scharf begrenzte rötliche Flecke entstehen. Rotfleckung wird zwar auch bei Rote-Spinne-Befall beobachtet. Die Flecke sind in diesem Fall jedoch weniger scharf gegen das gesunde Gewebe abgegrenzt. Auch Triebe und Blüten können vom Mehltau befallen werden. Starker Befall läßt die Blätter vertrocknen und abfallen.

Der Hortensienmehltau ist allgemein verbreitet. Die Krankheit kann während der Anzucht und in der Treiberei auftreten. Auftreten und Verbreitung werden durch hohe Temperaturen, hohe Luftfeuchtigkeit, starke Temperaturschwankungen und in der Treiberei vor allem auch durch Zugluft gefördert. Eine gewisse Sortenanfälligkeit wird beobachtet. Im Einschlag kann der Pilz auf befallenen Pflanzen (er wächst auch in die Knospe hinein) überwintern.

Bekämpfung: Vorbeugende Maßnahmen sind wichtig. Gegen die Krankheit kann zwar auch noch im fortgeschrittenen Stadium angegangen werden, doch sind die nach Abtötung des Pilzes zurückbleibenden bräunlichen oder rotbraunen Flecke ebenso qualitätsmindernd wie die Mehtltauflecke selbst. Bei den laufenden Befallskontrollen müssen vor allem auch die Blattunterseiten untersucht werden. Rote Flecke auf der Blattoberseite sind oft ein Hinweis auf unterseitigen Mehltaubefall. Mit den Bekämpfungsmaßnahmen muß also spätestens bei Sichtbarwerden der ersten Befallssymptome begonnen werden. Es ist wiederholt mit einem Netzschwefel-Präparat (0,25%), mit Dichlofluanid (z. B. Euparen 0,3%), Chloraniformethan (z. B. Imugan 0,1%), dem Triforine Präparat Saprol (0,075%) oder auch mit Du Pont Benomyl (0,05–0,1%) zu spritzen. Karathan-Präparate wirken zwar gegen den Hortensienmehltau gut, der junge Blattaustrieb ist jedoch empfindlich. Bei akuter Krankheitsgefahr müssen Netzschwefel-Präparate und Euparen wöchentlich angewandt werden. Bei den anderen genannten Präparaten können die Abstände etwas weiter genommen werden. Bereits vorhandene Mehltaubeläge reichlich benetzen. Nicht mit Spritzbrühe sparen. Auch die Blattunterseiten müssen gut getroffen werden. Bei starker Sonneneinstrahlung vorsichtig sein. Schwefelhaltige Mittel können bei jungem Blattwerk allzuleicht Verbrennungen hervorrufen.

Vor dem Einbringen der Pflanzen in die Treibräume alte Blattreste, die vom Mehltau befallen sein können, entfernen. Als vorbeugende Maßnahme gegen Mehltau kann auch das anschließende Tauchen (Hals über Kopf) in die Brühe eines Netzschwefel-Präparats (0,25%) empfohlen werden.

Für größere Bestände wäre schließlich auch das Verdampfen von Schwefel im Sulfurator, im Sulfix-Nebler oder im Flora-Schwefelnebler zu erwägen.

Während des Treibens vermeide man hohe Temperaturen, starke Temperaturschwankungen und vor allem auch Zugluft. Mit Stickstoff vorsichtig sein. Überdüngte Pflanzen sind besonders mehltaugefährdet.

Grauschimmelkrankheit (*Botrytis cinerea* Pers.). Ähnlich wie bei der Fuchsie (siehe Seite 272) kommt auch bei der Hortensie eine Botrytis-Fäule des Stengels vor. Besonders bei ungünstigen Witterungsbedingungen und engem Stand der Pflanzen (z. B. bei der Überwinterung im Kasten) stellt sich der Grauschimmel gerne ein und geht von abgestorbenen Blättern leicht auf die Stengel über. Bei schwerem Befall Absterben der Triebe.

Bekämpfung: Hortensien erst dann einwintern, wenn sie gut abgereift sind. Das Laub sollte von selbst abfallen; dann hat man auch die Gewähr, daß sich die Pflanzen im Einschlag gut halten. Vorbeugend mit einem TMTD-Stäubemittel (z. B. Asepta Thiram Staub, Luxan TMTD Staub) stäuben oder auch mit Du Pont Benomyl (0,05–0,1%) spritzen, in der ersten Treibphase auch versuchsweise mit Chlorothalonil (z. B. Liro Räuchertabletten 2787, Exotherm Termil-Räucherdose) räuchern. Möglicherweise sind auch die Thiabendazol-haltigen Tecto-Räuchertabletten (1 Tablette auf 40 m^3 Raum) und das derzeit in Prüfung befindliche Ronilan (siehe Seite 33) brauchbar.

Blattfleckenkrankheiten. Bläulichrote, später braun werdende Flecke verschiedener Größe gehen auf den Pilz *Phyllosticta hydrangeae* Ell. et Ev. zurück (Abb. 173). Auf den Flecken werden in Fruchtgehäusen die Sporen des Pilzes gebildet. Die Krankheit ist zwar weit verbreitet, doch ist ihre Bedeutung im allgemeinen nicht groß. Ähnliche Flecke verursacht der Pilz *Septoria hydrangeae* Bizz.

Bekämpfungsmaßnahmen: Sie werden selten notwendig. Wo erfahrungsgemäß mit stärkerem Befall gerechnet werden muß, vorbeugend mit einem Grünkupfer-Mittel (0,5%), mit Mancozeb (z. B. Dithane Ultra 0,2%), Du Pont Benomyl

(0,075%) oder versuchsweise auch mit Dichlofluanid (z. B. Euparen 0,5%) spritzen. Sollen Mehltau und Blattfleckenkrankheiten gleichzeitig bekämpft werden, arbeitet man zweckmäßigerweise mit einem Zineb + Schwefel-Präparat (z. B. Phytox + Ultraschwefel 0,3%) oder auch mit Du Pont Benomyl.

Stengelälchen (*Ditylenchus dipsaci* (Kühn) Filip.). Gekrümmte und meist etwas verdickte Triebe mit mißgebildeten Blättern, deren Mittelnerv ebenfalls verdickt sein kann, sind für Stengelälchen-Befall typisch (Abb. 174). Oft zeigen sich an den Trieben braune, grindige Stellen. Auch sind die Triebe an den Befallsstellen brüchig. Blüten können zuweilen mißgebildet und vergrünt sein. Siehe Seite 53.

Bekämpfung: Sie geschieht heute wohl am besten durch Ausstreuen von Aldicarb-Granulat (Temik 10 G, 5 g/m^2). Notfalls kann man auch mit Zinophos-Emulsion (z. B. Nemafos 0,1%) arbeiten. Da die meisten Sorten auf eine Behandlung mit Nemafos während des Treibens mit Schäden (Blattrandnekrosen, Blattfall!) reagieren können, wird empfohlen, schon die Mutterpflanzen im August mit 0,1%iger Lösung anzugießen. Eine weitere Behandlung lasse man nach 3 Wochen folgen. Das zwei- oder dreimalige Spritzen wird zwar im allgemeinen besser vertragen, ist jedoch dem Gießverfahren in der Wirkung etwas unterlegen. Für den Fall, daß das derzeit in Prüfung befindlich systemisch wirksame Carbamat Vydate eine Zulassung erhalten sollte, wäre auch an seinen Einsatz bei Hortensien zu denken. In unseren orientierenden Versuchen hat sich das Mittel als gut kulturpflanzenverträglich erwiesen. Im übrigen Pflanzen mit auffälligen Befallsmerkmalen aus den Beständen nehmen und vernichten.

Spinnmilben. Der von den sich im allgemeinen auf der Blattunterseite aufhaltenden Spinnmilben verursachte Saugschaden wird bei den meisten Hortensiensorten in einer schwachen Rotfleckung auf der Blattoberseite auffällig. Siehe Seite 58.

Bekämpfung: Blattunterseiten laufend auf Befall überprüfen. Rechtzeitig mit einer Malathion- oder Dimethoat-Emulsion, mit einem Demeton- (z. B. Metasystox) oder Mevinphos-Mittel (z. B. PD 5, Shell Phosdrin 50), mit Omethoat (z. B. Folimat), Chlordimeform + Formetanat (z. B. Fundal forte 750) oder Pentac spritzen oder auch unter strenger Beachtung der Vorsichtsmaßnahmen je m^2 5 g Aldicarb-Granulat (Temik 10 G) ausstreuen. Wo die Schädlinge Resistenzerscheinungen gegenüber gebräuchlichen Phosphorsäureinsektiziden zeigen, Folimat (0,15%), Fundal forte oder Pentac bevorzugen. Folimat jedoch nicht bei blühenden Pflanzen anwenden. Die Blüten scheinen etwas empfindlich zu sein.

Blattläuse. Sieht man von Spezialpräparaten einmal ab, können die unter Spinnmilben genannten Bekämpfungsmittel auch gegen Blattläuse eingesetzt werden.

Blattwanzen (*Lygus*-Arten u. a.). Blätter der Triebspitzen mißgebildet, teils beulig verbogen mit kleinen braunen Stippen (Nekrosen). Spreite oft durchlöchert. Siehe Seite 92.

Bekämpfung: Da die Wanzen immer wieder von benachbarten Feldstücken, Wiesen, Weiden u. s. w. zufliegen können, sind Präparate mit kurzer Wirkungsdauer weniger geeignet. Es ist wiederholt in Abständen von 10–14 Tagen mit Methomyl (z. B. Lannate 25-WP), einer Dimethoat-Emulsion oder auch mit einem Trichlorphon-Mittel (z. B. Dipterex) zu spritzen.

Ringfleckigkeit (Hydrangea ringspot). Ringförmige Aufhellungen auf den älteren Blättern (nicht immer deutlich). Blätter manchmal asymmetrisch, gekräuselt oder

Abb. 173. Blattflecke durch *Phyllosticta hydrangeae* bei Hortensie.
Abb. 174. Stengelälchenbefall bei Hortensie.

auch eingerollt. Blütenbildung oft verringert. Bei dieser allem Anschein nach in Deutschland recht verbreiteten Virose (85) zeigen die Pflanzen oft trotz des Befalls keine deutlichen Krankheitssymptome. Dies führt dazu, daß die Virusträger unwissentlich immer weiter vermehrt und verbreitet werden und als Ansteckungsquelle für andere Sorten, die stärker unter der Erkrankung leiden, dienen können. Übertragung vor allem beim Stecklingsschnitt.

Chlorose oder Gelbsucht. Ursachen: Kranke Wurzeln, ungeeigneter Reaktionsgrad der Erde, möglicherweise Kalküberschuß, zu reichliche Versorgung mit Phosphorsäure, zu frische bzw. zu wenig abgelagerte Erde. Wurzelschäden können durch zu häufiges Gießen oder auch durch zu hohe Salzkonzentration im Boden entstehen. Interessant ist, daß manche Sorten schon bei pH 5,8–6 Chlorose zeigen, andere oft erst bei Werten, die bei pH 6,5 liegen.

Abhilfe und Verhütung: Keine zu frische Erde verwenden. Stagnierende Nässe vermeiden. pH-Wert überprüfen. Nicht zuviel Phosphorsäure geben. Ein zu hoher pH-Wert läßt sich oft schon durch eine oder zwei Gaben von schwefelsaurem Ammoniak drücken, akuter Eisenmangel durch die Chlorosemittel Fetrilon (2–5 g je l Gießwasser) oder Sequestren Fe 138 beheben. Siehe Seite 47.

Dürrflecken, Brennflecken, Blattfall. Oft als Folge von Wurzelschäden durch zu hohe Düngerkonzentrationen und Wassermangel bei starker Sonneneinstrahlung oder nach einer Gabe von Ammoniakalaun auf trockenen Topfballen.

Verhütung: Sorgsame Wartung während der Treiberei. Schutz vor zu scharfer Mittagssonne. Die im Blatt noch sehr weichen Pflanzen können schon bei geringem Welken Verbrennungen erleiden. Verstärkt wird die Gefahr, wenn trübe Tage vorausgegangen sind und die Pflanzen zuvor stark gedüngt wurden. Deshalb: keine zu hohen Düngerkonzentrationen verwenden, nicht bei trockenem Ballen düngen oder die Topfballen nach dem Düngen trocken werden lassen.

Vertrocknen der Blütenknopsen, vor allem in der Treiberei, kann durch zu hohen Salzgehalt verursacht sein.

Aufreißen der Blattspreite soll nach Beobachtungen von PAPE eine Folge der Quetschung der Knospe in frühem Stadium sein (beim Befühlen der Triebspitzen vor Stecklingsabnahme zur Feststellung, ob Blatt- oder Blütenknospen).

Mißfarben. Der Reaktionsgrad des Substrats ist nicht in Ordnung. Für blaue Hortensien ist ein pH-Wert von 4,0–4,5 notwendig. Rote und rosafarbene Sorten zeigen eine gute Ausfärbung bei pH 5,5–6,0. Für weiße Sorten ist ein pH-Wert von 5,0 anzustreben. Steigt der pH-Wert über 6,3 an, wird das zur Farbstoffbildung notwendige Aluminium als Aluminiumcarbonat ausgefällt bzw. festgelegt und ist damit nicht mehr oder nur begrenzt verfügbar. Ähnliche Auswirkungen hat auch ein zu hoher Phosphatgehalt. Bei blau zu färbenden Hortensien dürfen je l Substrat 300–350 mg nicht überschritten werden, da sonst das Aluminium als Aluminiumphosphat festgelegt wird.

Empfindlichkeit gegen Pflanzenschutzmittel: Wenn auch die Mittelwahl den Praktiker vor keine allzugroßen Probleme stellt, ist doch bei einigen Fungiziden und Insektiziden Vorsicht geboten. Dinocap-Präparate (z. B. Karathane, Karathane LC) und das Pyrazophos-Präparat Afugan sind für Hortensien wenig geeignet. Der junge Austrieb reagiert mit chlorotischer Fleckung. Mit schwefelhaltigen Präparaten muß man bei Temperaturen über 26 °C vorsichtig sein. Besonders junges und weiches Laub ist sehr empfindlich.

Gießen und Spritzen mit Nemafos kann zu sehr auffälligen Blattrandnekrosen führen, wobei die einzelnen Sorten jedoch unterschiedlich empfindlich sind. Schlecht vertragen werden auch Bromophos-Emulsionen (Brennflecke auf den Blättern) und das Gießen und Spritzen mit dem auch für die Zwergfüßlerbekämpfung gebräuchlichen Unden (Blattrandnekrosen und Blütenschäden). Auf eine Behandlung mit Trucidor können Hortensien vorübergehend mit chlorotischer Fleckung reagieren.

Bei blühenden Pflanzen muß man mit dem Mehltaumittel F 238, mit Folimat, Plictran, Anilix und Nikotin-Räuchermitteln vorsichtig sein. Eine gewisse Parathion-Empfindlichkeit wird dann beobachtet, wenn bei starker Sonneneinstrahlung gespritzt wird. Schließlich dürfen Stecklinge nicht mit Chinosol, Albisal oder mit quecksilberhaltigen Naßbeizmitteln (neuerdings nicht mehr angeboten!) behandelt werden.

Impatiens, Springkraut, Balsamine

Spinnmilben. Auf den Blättern werden zunächst gelblichweiße Sprenkel auffällig. In der Folge vergilben die Blätter, vertrocknen und fallen ab. Spinnmilben treten vor allem bei schlechter Wartung der Pflanzen auf. Trockenwarme Luft begünstigt ihre Vermehrung.

Bekämpfung: Wiederholt mit einer Malathion-Emulsion, mit Methamidophos (z. B. Tamaron), Mevinphos (PD 5, Phosdrin) oder mit Chlordimeform + Formetanat (z. B. Fundal forte 750) spritzen. Auch das Azinphos-Präparat Gusathion H ist brauchbar.

Blattläuse. *Bekämpfung:* Sieht man von Fundal forte einmal ab, sind die bei der Bekämpfung der Spinnmilben genannten Präparate auch gegen Blattläuse wirksam. Darüber hinaus kann man auch mit Nikotin spritzen oder mit einem Lindan Räuchermittel räuchern. Der Schadgefahr wegen die Mittel nicht bei voller Sonne anwenden.

Empfindlichkeit gegen Pflanzenschutzmittel: Vorsicht ist bei Demeton-Mitteln (z. B. Metasystox) geboten. Manche Sorten sind auch gegenüber Parathion-Emulsionen empfindlich. Schlecht vertragen wird auch das Räuchern mit der Morestan-Räucherdose.

Iris, Schwertlilie und Zwiebeliris

Soll die Kultur von *Iris*-Hollandica-Hybriden gelingen, müssen mancherlei Punkte beachtet werden. Dabei macht es einen Unterschied, ob man normale, gekühlte oder gehemmte Zwiebeln gepflanzt hat.

Helle Häuser sind wichtig. Man pflanze nicht zu dicht, damit später die Blütenschäfte in ausreichenden Lichtgenuß kommen. Auch können bei dichter Pflanzung die Stengel schwach bleiben und lang werden. Es sind die vom Lieferanten für die einzelnen Sorten angegebenen Höchststückzahlen je m^2 einzuhalten. Kistenware erst am endgültigen Standort durchwurzeln lassen. Haben die Pflanzen schon früher durchwurzeln können, sind beim Umräumen Schäden zu erwarten. Das wirkt sich ungünstig auf den Treiberfolg aus. Als Faustregel gilt: 14 Tage nach dem Pflanzen nicht mehr rücken. Will man später noch verrücken, sind die Kisten auf Folie zu stellen.

Iris brauchen viel Wasser und frische Luft. Wichtig ist das Einhalten entsprechender Temperaturen. Nicht gekühlte Zwiebeln halte man bis Mitte Januar frostfrei, danach bis zur Blüte bei 15–16 °C. Für gekühlte ist in den ersten Wochen nach dem Pflanzen eine Temperatur um 12–13 °C anzustreben. Im besonderen gilt dies bei 'Wedgewood' für die frühe Blüte im Februar. Erst wenn der Austrieb einige Zentimeter Länge erreicht hat, kann die Temperatur auf 15–16 °C erhöht werden. Gehemmte Iriszwiebeln können vom Pflanzen bis zur Blüte bei 15–16 °C stehen. Man vermeide unregelmäßige Wasserversorgung und starke Temperatur- und Feuchtigkeitsschwankungen der Luft. Sie erhöhen die Gefahr des Steckenbleibens der Blüten. Höhere Temperaturen können vor allem bei trüber Witterung zu tauben Blüten führen.

Will man gehemmte Iriszwiebeln (sie wurden bei 30 °C vorbehandelt) selbst nachbehandeln, ist das Einhalten der bis zum Pflanzen vorgeschriebenen Lagertemperatur von 17 °C wichtig. Zwiebeln, die zum vorgesehenen Pflanztermin angeliefert werden, sind nach Erhalt bald zu pflanzen. Kann der Pflanztermin aus irgendwelchen Gründen nicht eingehalten werden, sollte man zuvor schon mit dem Blumenzwiebellieferanten Rücksprache nehmen. Notfalls kann man die Zwiebeln für einige Tage bei Temperaturen um 13–17 °C aufbewahren.

Gehemmte Iriszwiebeln möglichst ins Freiland pflanzen und erst später mit Glas überbauen oder überfahren. Pflanzt man unter Glas, muß man aufpassen, daß die Temperatur nicht zu hoch ansteigt. Boden nach dem Pflanzen gut feucht halten, die Beete mit Stroh abdecken, reichlich lüften und entsprechend schattieren. Im übrigen wird empfohlen, gehemmte Iris unter Glas etwas tiefer zu pflanzen als im Freiland. Die Zwiebelspitzen sollen etwa 5 cm mit Erde bedeckt sein. Sie sind dann weniger einer nachteiligen Wärmeeinwirkung von oben her ausgesetzt.

Bakterielle Rhizomfäule (*Pectobacterium carotovorum* (Jones) Waldsee). Die Blattspitzen von Rhizomiris werden gelb und vertrocknen, junge Schößlinge bleiben oft von Anfang an im Wachstum zurück. Ursache ist eine Naßfäule am Grund der Sprosse und an den jungen Rhizomteilen, die sich aber bei sehr feuchtem Standort und bei hoher Anfälligkeit der Pflanzen (z. B. infolge einseitiger Stickstoffdüngung) auch auf ältere Teile des Wurzelstockes ausdehnen kann. Die befallenen Teile gehen in eine hellbraune, breiige Masse über. Verletzungen begünstigen die Fäule.

Bekämpfung: Die in Ruhe befindlichen Irisrhizome werden aus der Erde genommen und die kranken Rhizomteile bis weit ins gesunde Gewebe hinein mit einem scharfen Messer entfernt. Sobald die Wundstellen eingetrocknet sind, taucht man die Rhizome in eine 0,3–0,5%ige Captan-Brühe (z. B. Orthocid 50) oder in 0,2%ige Formaldehydlösung (50 cm^3 des käuflichen 40%igen Formalins auf 10 l Wasser). Dann wird auf neues Land ausgepflanzt. Stickstoffdüngung ist zu Gunsten der Phosphorsäuredüngung einzuschränken. Gefährlich ist vor allem auch frischer Stallmist.

Der gleiche Erreger, der die Bakterielle Rhizomfäule hervorruft, kann auch an Zwiebeliris Fäule verursachen (86). An den Wurzeln und auf den Zwiebelschuppen entstehen glasige Flecken, die Zwiebel geht in eine übelriechende Fäule über, die sich auch auf die Blatt- und Stengelbasis fortsetzt. Die Pflanze vergilbt und fällt um.

Bekämpfung: Befallene Pflanzen samt umgebender Erde vorsichtig entfernen. Wassergaben an der unteren Grenze halten. Gleiches gilt für die Temperatur. Kleinere Verseuchungsherde können eventuell nach Beendigung der Kultur durch Abgießen mit Formalin (½ l käufliches, 40%iges Formalin je 10 l Wasser) saniert werden. Je Quadratmeter rechnet man 15–20 l in die gut aufgelockerte Erde. Vorsicht! Neuer Anbau jeglicher Art ist erst möglich, wenn kein Formaldehydgeruch mehr wahrnehmbar ist.

Fusarium-Wurzel- und -Zwiebelfäule (*Fusarium oxysporum* Schl. f. *gladioli* (Massey) Snyd. et Hans.) (87). Sichelförmige Verkrümmung des im Wuchs oft gehemmten Sprosses ist ein Hauptkennzeichen für die von Wurzeln und Zwiebelboden ausgehende Fäule (einseitige Wuchshemmung gelegentlich auch bei Befall durch *Penicillium corymbiferum*).

Im Freilandanbau von gehemmter Iris treiben die kranken Pflanzen oft noch normal aus, fangen aber dann, etwa um die Zeit der Knospenbildung an, von den Blattspitzen aus zu vergilben und sterben schließlich ab. Die Ausfälle im Schnittertrag sind bei der Sommerpflanzung (Juni, Juli) meist am höchsten. In der Treiberei nimmt die Krankheit von Anfang an einen rascheren Verlauf.

Während der Lagerung kann der Fusarium-Befall, der sich zunächst nach der Ernte nur durch kleine wässerige Fleckchen am Grund der Zwiebel bemerkbar macht, ebenfalls rasche Fortschritte machen. Auf den Befallsstellen erscheint weißlicher Pilzflaum, das Gewebe verfärbt sich vom Zwiebelboden ausgehend (aufschneiden) bräunlich, die Zwiebeln vertrocknen. Die Gefahr der Sporenausbreitung auf dem Lager ist groß.

Bekämpfung: Da die Fusarium-Erkrankung durch höhere Temperaturen (Bodentemperatur mehr als 13 °C) stark gefördert wird, kann allein durch pflanzenbauliche Maßnahmen der Krankheit schon vorgebeugt werden. Sofern beim Freilandanbau die Anweisung der Lieferanten bezüglich ausreichender Schattierung und Abdeckung der Bodenoberfläche mit gut durchfeuchtetem Torf nicht befolgt werden kann, sollte man, wo man nicht die Gefahr großer Ausfälle auf sich nehmen will, auf die im Sommer zu pflanzenden Sätze lieber verzichten. Da der Pilz auch Gladiolen und andere Iridaceen schädigt, muß ein Nachbau mit diesen Kulturen ebenso vermieden werden wie der mit Iris selbst. Der günstigste Zeitpunkt für die Beizung von Treibiris (z. B. 15 Min. mit Du Pont Benomyl 0,2%) liegt vor der Kühlperiode.

„Schwarzbeinigkeit" an Zwiebeliris (*Sclerotium wakkeri* Boerema et Posthumus) (136). Vorzeitiges Absterben der Pflanzen infolge einer wenig über dem Zwiebelhals beginnenden Fäule, die auch auf die Zwiebel übergehen kann. Die Hüllblätter junger befallener Zwiebeln werden fleckig-schwarz, dünn und spröde, so daß sie leicht aufreißen. Die äußerste fleischige Zwiebelschale zeigt eingesunkene braune Flecken. Vom Zwiebelboden ausgehend zieht sich die Fäule ins Zwiebelinnere hinein. Die weißen, inneren Schuppen verfärben sich an der Außen- und Innenseite schwarz. Auf ihrer Oberfläche sind die abgeplatteten, schwarzen Dauerkörperchen des Pilzes zu finden.

Bekämpfung: Zwiebeln schon zur Zeit der Aufbewahrung und Temperaturbehandlung 15 Min. lang in 0,2%ige Du Pont Benomyl-Brühe (siehe unter Penicillium-Fäule) tauchen. Weitgestellter Wechsel der Anbauflächen. Flächen, die schon einmal dem Irisanbau gedient haben, sind zu entseuchen. Am besten geschieht dies durch Dämpfen. Auf das früher gebräuchliche Einarbeiten eines Quintozen-Präparats (z. B. Brassicol 30 g/m^2) vor dem Legen oder Pflanzen, muß heute leider verzichtet werden, da Quintozen-Präparate neuerdings nicht mehr zugelassen sind. Im übrigen befallene Zwiebeln aussondern und vernichten.

Botrytis-Rhizomfäule (*Botrytis convoluta* Whe. et Dray. = *Sclerotinia convoluta* Dray.). Schlechtes Austreiben der Irisstöcke im Frühjahr kann außer auf Winterschäden oder auf bakterielle Rhizomfäule auch auf eine Wurzelstockerkrankung durch *Botrytis convoluta* zurückzuführen sein. Charakteristisch ist zunächst vor allem eine graubraune Verfärbung des Gewebes, das im weiteren Verlauf der Erkrankung trokken und mürbe wird, wobei das Rhizom stark schrumpft. Auch die Wurzeln faulen oder vermorschen. Auf den gefaulten Teilen findet man stellenweise gehäuft die oft über 1,5 cm großen, schwarzen, gekrümmten Sklerotien. Auch graubrauner Schimmelbelag auf alten Blattscheiden und an freiliegenden Rhizomteilen weist auf die Botrytis-Fäule hin. Die Infektion erfolgt durch Wundstellen, wie sie insbesondere bei Teilung und Abstechen der Stöcke zustande kommen. Der Erreger kann auch mit Pflanzen, die noch keine sichtbaren Krankheitsmerkmale aufweisen, verschleppt werden. Die Krankheit ist vor allem aus Amerika bekannt, so daß Sendungen von dort besonders sorgfältig kontrolliert werden müssen. Die Fäule wurde bisher vor allem an *Iris germanica, I. pallida, I. plicata* und *I. atrofusca* nachgewiesen.

Bekämpfung: Kranke Pflanzen samt umgebender Erde vorsichtig entfernen. Die noch gesund erscheinenden Stöcke mit Tecto flüssig (0,1%) oder Benomyl (0,05–0,1%) angießen. Auch eine Tauchbehandlung der Rhizome zur Zeit des Verpflanzens in Benomyl-Brühe (0,1%) kann empfohlen werden.

Grauschimmelkrankheit (*Botrytis* spp.). Graubraune Faulflecke, „Pocken" an Blüten und Blättern, bei hoher Luftfeuchtigkeit oft mit stäubendem, bräunlichgrauem Schimmelrasen.

Bekämpfung: Die Maßnahmen der Hygiene stehen im Vordergrund. Weit genug pflanzen. Unter Glas stets ausreichend lüften und hohe Luftfeuchtigkeit und Niederschlag vermeiden. Nur an hellen Tagen gießen, damit die Bestände möglichst rasch wieder trocken werden. Ob die neuerdings zur Bekämpfung von Grauschimmelkrankheiten zugelassenen Tecto-Räuchertabletten (Wirkstoff: Thiabendazol) und das derzeit in Prüfung befindliche Ronilan auch bei Zwiebeliris eingesetzt werden können, wird zu erproben sein. Man rechnet bei Tecto-Räuchertabletten mit 1 Tablette auf 40 m^3 Gewächshausraum.

Penicillium-Zwiebelfäule (*Penicillium corymbiferum* Westl.) (88, 89). Infolge einer vom Zwiebelboden, seltener von seitlichen Befallsstellen ausgehenden und in die inneren Schuppen vordringenden Fäule bleiben die Triebe in unterschiedlichen Entwicklungsstadien stecken. Sofern noch Blütenknospen gebildet werden, gelangen sie nicht zur Öffnung und verkümmern. Sowohl auf den von außen angreifenden Faulstellen als auch auf den inneren befallenen Schuppen ist fast immer der charakteristische blaugrüne, krustige Sporenbelag des Schimmels festzustellen. Der Pilz ist auch an anderen Zwiebelgewächsen zu finden, doch steht noch nicht mit Sicherheit fest, ob die dort vorhandenen Stämme auch Iris zu schädigen vermögen.

Der Erreger dringt durch Wundstellen, wie sie z. B. durch Verletzungen bei unsachgemäßer Behandlung entstehen, in das Gewebe ein und kann dann schon während der Lagerung erhebliche Schäden hervorrufen. Da beim Wurzeldurchbruch ebenfalls Aufrißstellen entstehen, ist auch die Bewurzelungsphase eine Zeit erhöhter Gefährdung. Je langsamer die Bewurzelung vor sich geht, desto leichter können die Zwiebeln vom „Blauschimmel" angegriffen werden. Bei der Lagerung muß mit stärksten Schäden gerechnet werden, wenn Temperatur und Luftfeuchtigkeit niedrig sind und Wundstellen sich unter diesen Bedingungen nur langsam schließen.

Bekämpfung: Da die Zwiebeln schon während der Zeit der Nachbehandlung bei 17 bzw. 9 °C befallen werden können, ist den Lagerbedingungen erhöhte Aufmerksamkeit zu schenken. Man halte die Luftfeuchtigkeit niedrig und sorge in den Lagerräumen für gute Luftzirkulation. Diese Maßnahmen hemmen die Entwicklung der besonders krankheitsbedrohten Kranzwurzeln und halten den Trieb kurz. Beim Auslagern und Versandfertigmachen müssen die Zwiebeln sehr pfleglich behandelt werden. Jede Verletzung ist zu vermeiden. Auch sollten die Zwiebeln nach der Nachbehandlung nicht zu lange unterwegs sein. Ein langer Transportweg bringt immer die Gefahr verstärkter Wurzel- und Triebentwicklung mit sich. Je weiter aber die Kranzwurzeln vorgebildet sind, desto größer ist auch die Gefahr einer Schädigung und damit auch die Anfälligkeit für *Penicillium.* Für den Verbraucher von Iriszwiebeln ergibt sich die Erfordernis, möglichst bald nach Empfang zu pflanzen.

Chemische Maßnahmen: Früher war es gebräuchlich, die Zwiebeln kurz vor dem Pflanzen für 15 Minuten in eine 5%ige TMTD-Brühe zu tauchen. Dies hatte jedoch nur dann Erfolg, wenn die Zwiebeln nicht schon von der Lagerung her infiziert waren. Neuerdings empfiehlt man, die Zwiebeln schon zur Zeit der Aufbewahrung und Temperaturbehandlung für 15 Minuten in 0,2%ige Du Pont Benomyl-Brühe zu tauchen. Ein längeres Beizen muß jedoch unterbleiben, da sonst die Zwiebeln Schaden nehmen können. Unmittelbar vor dem Pflanzen angewandt, soll jedoch ein Erfolg bei bereits infizierten Zwiebeln nicht mehr gewährleistet zu sein. Auch besteht die Gefahr, daß die bereits weiter entwickelten Wurzelkränze Schaden nehmen. Nach Praxiserfahrungen scheint auch die vorbeugende Anwendung des Etridiazol-Präparats AAterra Ausfälle durch Penicillium-Fäule verhüten zu können. Freilich bedarf dieser Hinweis erst der Nachprüfung. Da der Erreger meist schon mit verseuchtem Pflanzgut eingeschleppt werden kann, ist bei Importsendungen eine stichprobenweise Überprüfung dringend erforderlich. Bei später Reklamation sind Schwierigkeiten nicht auszuschließen. Im übrigen sind befallene Zwiebeln vor dem Pflanzen auszusondern und zu vernichten. Schon leichter Befall am Zwiebelboden beeinträchtigt die Blumenentwicklung. Auch sollten Flächen, die schon einmal dem Irisanbau gedient haben, vor ihrer Wiederverwendung entseucht werden.

Abb. 175. Blattdürre durch *Heterosporium gracile* bei *Iris*.

Blattbrand, Blattdürre (*Heterosporium gracile* (Wallr.) Sacc. = *Didymellina macrospora* Kleb.). Hauptsächlich an der Blattspitze beginnende Fleckbildung. Flecke rundlich oder länglich, zunächst mit gelblich durchscheinender Randzone, später mit graubraunem Zentrum und dunklem Rand (Abb. 175). Besonders nach dem Abblühen der Pflanze vergrößern sie sich rasch und fließen oft zu großen Schadstellen zusammen, die ein frühzeitiges Abdorren der Blattspitzen zur Folge haben. Bei feuchter Witterung ist oft in der Mitte der Flecken ein schwärzlicher Sporenanflug zu erkennen. Der Pilz überwintert an den alten Blattresten. Die Krankheit tritt vor allem an feuchten Standorten oder in besonders niederschlagsreichen Jahren auf.

Bekämpfung: Vor dem Austrieb im Frühjahr alte Blattreste sorgfältig entfernen und verbrennen. Schon von Mai ab wiederholt mit Zineb-Mitteln, Mancozeb oder auch mit Grünkupfer-Präparaten spritzen oder sprühen, wobei dem Sprühen der Vorzug zu geben ist. Bei Anwendung der Mittel im Spritzverfahren ist der Zusatz eines Netzmittels wichtig, beim Sprühen empfehlenswert. Sorten, die sich unter den jeweiligen örtlichen Verhältnissen als stark anfällig herausstellen, sind aus den Sortimenten auszuscheiden.

Wurzelfäule (*Pratylenchus penetrans* (Cobb.) Sher. et Allen, verschiedene *Pythium*-Arten). Braune, strichförmige Faulstellen an der Wurzel werden durch wandernde Älchen, glasige Flecke durch verschiedene *Pythium*-Arten verursacht. Die auf verseuchten Feldern stehenden Zwiebeln entwickeln infolge der besonders bei höheren Temperaturen rasch fortschreitenden Fäulnis der Wurzeln nur schwache Sprosse, das Laub stirbt vorzeitig ab.

Bekämpfung: Verseuchte Flächen vom Anbau ausschließen oder Bodenentseuchung mit Dichlorpropen + Dichlorpropan (Shell DD), Dazomet (Basamid-Granulat), Methylbromid (z. B. Terabol) oder mit Methylisothiocyanat + Dichlorpropen + Dichlorpropan (Di-Trapex). Dabei ist zu berücksichtigen, daß Shell DD nur gegen Nematoden wirksam ist.

Iris-Mosaik. Gelbliche Scheckung der Laubblätter und Buntstreifigkeit der Blüten. Wachstum der Pflanzen gehemmt, vor allem der Blattstiel verkürzt. Übertragung der Virose durch Blattläuse.

Bekämpfung: Sorgfältige Auslese kranker Pflanzen. Blattlausbekämpfung.

Vertrocknete Blüten und Blütenknospen („Papierblütigkeit"). Blinde oder taube Blüten werden vor allem im Spätherbst und Winter beobachtet. Als Ursachen kommen in Frage: Falsche Temperaturbehandlung der Zwiebeln, ungünstige Lichtverhältnisse (z. B. durch zu dichtes Pflanzen, starke Laubentwicklung, dunkle Häuser), nicht zusagende Temperaturverhältnisse (z. B. zu hohe Haustemperaturen bei trüber Witterung, starke Temperaturschwankungen) zu hohe Salzkonzentration, schlechte Bewurzelung. Besonders empfindlich sind die Sorten 'Wedgewood', 'Idela' und 'Dominator'.

Vorbeugung und Verhütung: Iris-Hollandica-Sorten nur in hellen Häusern treiben. Nicht zu dicht und nicht in zu trockenen Boden pflanzen. In den Sommermonaten darf die Bodentemperatur nach dem Pflanzen nicht höher als 21 °C sein. Für gute Bewurzelung sorgen. Mäßige Laubentwicklung anstreben, damit die Blütensprosse später auch in ausreichenden Lichtgenuß kommen. Starke Temperatur- und Feuchtigkeitsschwankungen vermeiden. An sonnigen Tagen reichlich Luft geben. Haustemperaturen möglichst nicht über 15 °C. Das gilt vor allem für 'Wedgewood' und ihre Sports. Für 'Prof. Blaauw' und andere Sorten 13 °C. Bei trüber Witterung auf 10–12 °C heruntergehen. Um bessere Lichtverhältnisse zu schaffen, die zu stark entwickelten Blattschöpfe etwas stutzen. Termin: etwa 4 Wochen vor der Blüte. Bekanntlich sind zu diesem Zeitpunkt die Blütenknospen bereits sichtbar. Freilich sollte das Blattstutzen nur eine Notmaßnahme sein.

Steckenbleiben der Blüten nach dem Schnitt. Beim Schnitt darauf achten, daß die Blütenfarbe bereits gut sichtbar ist. Erntet man zu früh, können nachher die halbaufgeblühten Blüten steckenbleiben und vertrocknen. Besonders empfindlich scheinen 'Prof. Blaauw' und 'Yellow Queen' zu reagieren. Sollen herausgezogene Blütenstengel ungekürzt bleiben, sind sie bis in ihren grünen Teil hinein einzuschneiden. Die unteren, weißen Stengelteile nehmen bekanntlich nur ungenügend Wasser auf. Versäumt man das Einschneiden, lahmen die Blütenknospen, die Blüten entfalten sich nicht.

Kalanchoë

Normalkultur. Kalanchoe verlangt während der Sommermonate reichlich Luft und Sonne. Wenn die Pflanzen ins Freie auf die Kästen kommen, müssen sie jedoch in der ersten Zeit noch vor scharfer Sonne geschützt werden; sonst Gefahr für Verbrennungen. Ein leichtes Schattieren, besonders über die Mittagszeit, ist auch an Tagen mit starker Sonneneinstrahlung zu empfehlen. Zu reichlicher Lichtgenuß und gleichzeitiges Trockenhalten bringen rötliches Laub und lassen die Pflanzen verhärten. Ständige Nässe verträgt Kalanchoe schlecht. Vor allem gegen den Herbst zu können sich längere Regenperioden sehr ungünstig auswirken. Bei kühlem und nassem Herbstwetter ist deshalb mit Fenstern abzudecken. Nach dem Eintopfen sehr vorsichtig gießen! Beim letzten Verpflanzen keine zu nährstoffreiche Erde wählen; man muß sonst während der Wintermonate mit Fäulnis rechnen. Kalanchoe ist frostempfindlich. Die Pflanzen müssen also rechtzeitig eingeräumt werden. Im Haus wollen sie hell, am besten auf Hängen, nicht zu feucht und etwa bei Temperaturen um 12–15 °C stehen. Temperaturen unter 10 °C sind zu vermeiden. Kühler und nasser Stand gibt schlechte Wurzeln und führt zu Fäulnis. Auch lassen die Pflanzen die Blätter fallen. Hält man zu warm, vergeilen sie und bringen blasse Blüten.

Ganzjahreskultur. Für das vegetative Wachstum sind während der Sommermonate 22–25 °C und im Winter 18–20 °C günstig. Soweit es die Blütenentwicklung und Blütenbildung betrifft, reagieren die einzelnen Sorten unterschiedlich. Es ist wichtig zu wissen, daß die Blütenbildung während der Kurztagperiode von der Temperatur beeinflußt wird. Auch kommt es sehr auf die Dauer der Kurztagperiode an. Es gibt beispielsweise nach RÜNGER (90) Sorten, die ihr Temperaturoptimum während der Kurztagperiode bei verhältnismäßig hoher Temperatur (20–25 °C) haben und eine relativ kurze Kurztagperiode benötigen. Bei anderen liegt das Optimum bei 15–20 °C. Diese Gruppe braucht für die Blütenbildung verhältnismäßig mehr Kurztage. Da es bei Sorten mit niedrigem Temperaturoptimum und auch -maximum bei hohen Sommertemperaturen zu einer Hemmung der Blütenbildung kommen kann, sollte von solchen Sorten in den heißen Sommermonaten besser Abstand genommen werden. Notfalls muß bei hoher Sommertemperatur die Kurztagperiode verlängert werden. Die etwas schwächere Kurztagwirkung bei höherer Temperatur läßt sich also durch längeren Kurztageinfluß etwas ausgleichen. Weniger problematisch sind Sorten mit hohem Temperaturoptimum und -maximum. Bei ihnen ist mit einer verzögerten Blütenbildung nur dann zu rechnen, wenn die Temperatur über 30 °C ansteigt.

Während der Dunkeltage soll die Temperatur möglichst nicht über 25 °C ansteigen. Kurz vor der Blüte sollen die Pflanzen besonders hell und nach Möglichkeit auch kühl stehen. Für die gute Ausfärbung der Blüten sind von Mitte Oktober bis Ende Februar Temperaturen um 15–16 °C günstig. Sobald sich die ersten Blütchen geöffnet haben, kann man sogar noch etwas tiefer gehen. Im übrigen müssen Sätze, die für die Blüte im Winterhalbjahr bestimmt sind, gegen in der Nähe gelegene Straßenlaternen oder auch beleuchtete Nachbargewächshäuser abgeschirmt werden.

Bakterielle Welkeerkrankung (*Pectobacterium* spec.*). Kranke Pflanzen verlieren ihr sattig-grünes Aussehen, werden stumpf-grau und welken infolge bakterieller Infektion des wasserleitenden Systems (Abb. 176). Die Bakterien sind häufig bis in die Spitzenteile der Pflanze nachzuweisen. Die Gefahr einer Übertragung der Krankheit durch die Steck-

Abb. 176. Kalanchoe mit Bakteriose. Längsschnitte und Querschnitt.

* Die Bestimmung der Bakterien verdanken wir den Herren Prof. Dr. BORTELS und Dr. MASSFELLER (damals BBA Berlin, Institut für Bakteriologie).

linge ist daher besonders groß und die erst vor wenigen Jahren in Deutschland eingeschleppte Bakteriose (im Stuttgarter Raum 1970 erstmalig beobachtet) hat inzwischen in manchen Betrieben verheerende Ausmaße angenommen. Wo nicht bereits beim Auftreten der ersten kranken Pflanzen energische Gegenmaßnahmen ergriffen werden, sind die Bestände kaum noch zu retten. Man setze sich daher bei Verdacht auf die Bakteriose umgehend mit der zuständigen Pflanzenschutz-Dienststelle in Verbindung.

Bekämpfung: Da augenblicklich noch kein erprobtes, innertherapeutisch wirksames Mittel zur Bakterienbekämpfung zur Verfügung steht, bleibt nur die Empfehlung strengster hygienischer Vorsichtsmaßnahmen. Man bedenke, daß Bakterien besonders leicht mit Wasser verschwemmt oder mit Wasserspritzern verbreitet werden. Mit durch das Abzugsloch des Topfes abfließendem Wasser gelangen sie leicht auf die Stellagen und von dort wiederum in benachbarte Töpfe. Um dies zu verhindern, müssen die Töpfe hochgestellt (z. B. auf umgekehrte neue Töpfe) oder hochgehängt (z. B. in Styroporplatten, Drahtgittern oder ähnlichen Vorrichtungen) werden. Die Pflanzen dürfen sich nicht gegenseitig berühren.

Eine Übertragung erfolgt vor allem auch mit Stecklingen von Pflanzen, bei denen die Befallssymptome übersehen wurden oder denen die Erkrankung noch nicht anzusehen war. Eine Ausmerzung solcher Stecklinge gelingt mit Hilfe der bereits bei Nelkenbakteriosen erprobten (siehe Seite 45), hier etwas abgewandelten Testmethode. Infolge der raschen Vermehrungsrate der Kalanchoe lassen sich aus kleinen Mengen gestesteter Pflanzen in verhältnismäßig kurzer Zeit wieder gesunde Bestände aufbauen.

Vor allem die getesteten Pflanzen, die einen gesichert gesunden Mutterpflanzenbestand liefern sollen, müssen in der oben beschriebenen Weise isoliert aufgestellt werden. Messerdesinfektion nach jeder Pflanze beim Stecklingsschnitt ist in allen bakterioseverdächtigen Kulturen unerläßlich.

Stammfäule (*Phytophthora cactorum* (Leb. et Cohn) Schröt.). Die Pflanzen welken infolge Fäule an Stammgrund und Wurzelbasis – übrige Wurzelteile zunächst gesund. Der Pilz dringt vom Erdboden aus ein. Die Krankheit tritt vor allem auf, wenn die Pflanzen zu kühl und zu feucht gehalten werden. Gedrungen wachsende Sorten scheinen anfälliger zu sein als großblättrige mit lockerem Aufbau. Da die Phytophthora-Stammfäule leicht verwechselt werden kann mit einer Stengelgrunderkrankung, bei der allem Anschein nach Fusarien die Hauptrolle spielen, ist die Bestimmung des Pilzes für den Einsatz des richtigen Bekämpfungsmittels dringend erforderlich.

Bekämpfung: Für die Anzucht gedämpfte Erde, mit einem chemischen Mittel entseuchte Erde oder andere krankheitsfreie Substrate verwenden. Schon einmal gebrauchte Anzuchtgefäße vor ihrer Wiederverwendung entseuchen. Zu kühler und nasser Stand im Herbst verstärkt die Gefahr der Stammfäule. Deshalb mit aller Vorsicht gießen und Temperaturen unter 10 °C vermeiden. Befallene Pflanzen sofort aussondern und vernichten. Danach mit Fenaminosulf (Bayer 5072, 0,03%) bei feuchtem Ballen angießen. Wenn notwendig die Behandlung nach einigen Wochen wiederholen. Im übrigen kann man auch schon der Anzuchterde je m^3 30–40 g Bayer 5072 (früher Dexon) untermischen. Diese Maßnahme dient der vorbeugenden Bekämpfung der Krankheit. Ob das neuerdings zugelassene Prothiocarb-Präparat Previcur mit Erfolg gegen diesen Erreger eingesetzt werden kann, wird zu erproben sein. Das gleiche gilt für das Etridiazol-Präparat AAterra.

Wurzelbräune (*Thielaviopsis basicola* (Berk. et Br.) Ferr.). Wurzeln gebräunt und teilweise abgestorben. Pflanzen kümmern, vergilben und welken. Siehe auch Seite 29.

Bekämpfung: Für die Anzucht nur gedämpfte oder mit einem chemischen Mittel entseuchte Erde oder andere krankheitsfreie Substrate verwenden. Ebenso wichtig sind entseuchte Kulturgefäße. Wo man Ausfälle durch Wurzelbräune befürchten muß, mit Du Pont Benomyl (0,05%) angießen. Eine weitere Behandlung lasse man nach 6–8 Wochen folgen. Möglicherweise sind auch Folpet (z. B. Ortho-Phaltan 50) und Captan (Orthocid 50) brauchbar.

Echter Mehltau (*Oidium kalanchoëae* Lüst.). Schon bei der Anzucht, wenn die Pflanzen eng beisammen stehen, siedelt sich besonders blattoberseits leicht ein mehlig-weißer Pilzbelag an. Da das befallene Gewebe unter schorfiger Braunverfärbung abstirbt, kommt es zu kahnartiger Aufwölbung. Auch ältere Pflanzen leiden immer dann unter der Erkrankung, wenn sie unter ungünstigen Kulturbedingungen stehen (hohe Luftfeuchtigkeit bei geringer Durchlüftung, Lichtmangel!). Stark befallene Blätter fallen ab. Der Pilz soll identisch sein mit *Erysiphe polyphaga* Hamm.

Bekämpfung: Vorbeugend und wiederholt mit einem Netzschwefel-Präparat (0,25%), mit Plondrel flüssig (0,125%), Triforine (Saprol, 0,075%), Pyrazophos (Afugan, 0,05%) oder mit Du Pont Benomyl (0,05%) spritzen. Netzschwefel-Präparate müssen bei großer Krankheitsgefahr wöchentlich angewandt werden. Bei den anderen genannten Präparaten genügt es, wenn in Abständen von 10–14 Tagen behandelt wird. Je besser es uns dabei gelingt auch die Unterseiten der Blätter mit einem schützenden Belag zu versehen, desto erfolgreicher wird unsere Spritzarbeit sein. Vorsicht bei blühenden Pflanzen und starker Sonneneinstrahlung. Im besonderen gilt dies für Netzschwefel-Präparate und das Mehltaumittel F 238. Afugan und Benomyl sind etwas verträglicher.

Blattläuse. Es können mehrere Arten schädigend auftreten. Kulturpflanzenverträglichkeit der Präparate beachten. Von blühenden Pflanzen werden Phosphamidon-Mittel (z. B. Dimecron), Demeton-Präparate (z. B. Metasystox), Diazinon-Emulsionen (z. B. Diazinon-25-Emulsion) und das Spritzen bzw. Verdampfen von Dichlorvos (z. B. Dedevap) noch am besten vertragen. Für nicht blühende Bestände bietet sich auch das Methomyl-Präparat Lannate 25-WP an. Wo es die örtlichen Verhältnisse zulassen, kann man auch mit Aldicarb-Granulat (z. B. Temik 10 G) arbeiten.

Schmierläuse (*Pseudococcus* spp.). Wiederholt mit einer Malathion-Emulsion, mit Azinphos (z. B. Gusathion H), Methomyl (Lannate 25-WP) oder auch mit einer Dimethoat-Emulsion spritzen oder auch unter strenger Beachtung der Anwendungsvorschrift Aldicarb-Granulat (Temik 10 G, 5 g/m^2) ausstreuen. Zu beachten ist, daß alle angeführten Spritzmittel die Blütchen schädigen.

Weichhautmilben. Blättchen der Triebspitzen verkrüppelt, sie bleiben klein und sterben oft unter Braunfärbung ab. Siehe Seite 63.

Bekämpfung: Wiederholt mit einem Kelthan-Präparat (z. B. Kelthane MF) oder einer Endosulfan-Emulsion (z. B. Beosit 35 flüssig, Thiodan 35 flüssig) spritzen oder auch je m^2 5 g Aldicarb-Granulat (Temik 10 G) ausstreuen.

Kalanchoe-Mosaik (91). Verkrüppelungen und beulige Aufwölbungen sowie gelbliche Blattfleckung. Auf älteren Blättern auch schwärzliche Flecke abgestorbenen Gewebes. Blüten oft kleiner als normal und manchmal auch farblich abweichend.

Bekämpfung: Ausmerzung kranker Pflanzen. Stecklinge nur von absolut gesund erscheinenden Pflanzen nehmen.

Wurzelfäule scheint nach bisherigen Erfahrungen in erster Linie auf zu tiefes Topfen und zu festes Andrücken der Erde zurückzuführen zu sein. Als Folge können sich *Pythium*-Arten oder Erreger der Wurzelbräune (*Thielaviopsis basicola* (Berk. et Br.) Ferr.), manchmal auch Pilze, die eine Stammfäule hervorrufen (*Phytophthora*- und *Fusarium*-Arten, siehe oben), ansiedeln.

Vorbeugungsmaßnahmen ergeben sich aus dem oben Gesagten. Außerdem wird empfohlen, gedämpftes Kultursubstrat oder Einheitserde und neue oder entseuchte Töpfe zu verwenden.

Kupferfarbene Verbrennungen und Blattabwurf (92) sollen an Kalanchoe-Pflanzen dann auftreten, wenn sie aus dem Gewächshaus ins Freiland umgestellt werden. Auch bei kühlem Stand und reichlicher Wasserversorgung oder zu warmem Standort wird Blattfall beobachtet.

Korkwucherungen. Vor allem in den Wintermonaten auf der Ober- und Unterseite der Blätter, aber auch am Stengel bräunliche, korkartige aufgetriebene Wucherungen und Leisten.

Als Ursache kommen zu hohe Luftfeuchtigkeit bei geringer Lichtintensität und zu reichlicher Wasserversorgung in Frage. Besonders gefährdet sind Kulturen, die über Sandanstau (reichlich Feuchtigkeitsabgabe) bewässert werden. Deshalb während der lichtarmen Zeit von einer Bewässerung über Sandanstau Abstand nehmen und die Luftfeuchtigkeit entsprechend niedrig halten.

Empfindlichkeit gegen Pflanzenschutzmittel: Kalanchoe ist vor allem in der Blüte sehr empfindlich. Mit zu den unverträglichsten Präparaten gehört das Ortho Dibrom. Nicht nur die Blüten, auch die Blätter nehmen Schaden. Sehr auffällige Blütenschäden (z. B. Nekrosen, Brennflecken, Ausbleichung der Blütenblättchen) können aber auch Dimethoat-Emulsionen, Azinphos-Präparate (z. B. Gusathion H), Parathion- und Malathion-Emulsionen, Dinocap-Präparate (z. B. Karathane LC, Karathane), Netzschwefel und Chinomethionat (z. B. Morestan) hervorrufen. Schäden leichter Art sind bei Verwendung von Demeton-Präparaten (z. B. Metasystox), Diazinon- und Lindan-Emulsionen, Mevinphos-Mitteln (z. B. PD 5) und dem Mehltaumittel F 238 möglich. Auch beim Raumsprühen Dichlorvos-haltiger Präparate (z. B. Nogos, Dedevap) oder beim Räuchern mit Lindan-Räuchermitteln ist eine ungünstige Beeinflussung der Blüten nicht ganz auszuschließen. Ähnliches gilt für Imugan (Blatt- und Blütenschäden) und Phosphamidon-Emulsionen (z. B. Dimecron). Wer mit Bayer 5072 (früher Dexon) arbeitet, achte darauf, daß die Blütchen nicht getroffen werden. Auch darf das Mittel nur auf feuchten Ballen gegeben werden.

Lathyrus (L. odorata), Edelwicke

Edelwicken verlangen großräumige, helle und luftige Häuser und einen nicht zu schweren, humusreichen, gut durchlüfteten und ausreichend mit Kalk versorgten Boden. Wegen der Gefahr der Wurzelbräuneverseuchung ist ein regelmäßiger Anbauwechsel wichtig. Man denke aber auch daran, daß Wicken immer wieder nach sich selbst gebaut, eine gewisse Unverträglichkeit zeigen können.

Der Boden muß zwar vor dem Pflanzen gut vorbereitet sein, doch ist ein mit der Fräse vorbereitetes Pflanzbett weniger günstig. Schwere, leicht zu Verschlämmung neigende Böden sind durch Torfzusatz zu verbessern. Beim Abdüngen des Landes vorsichtig sein, vor allem nach vorausgegangener Bodendämpfung oder nach einer kräftig gedüngten Gurkenkultur. Wicken sind gegen eine zu hohe Salzkonzentration im Boden sehr empfindlich. Selbst bei guten Bodenverhältnissen sollte der Salzgehalt der Bodenlösung 0,3% nicht überschreiten.

Aussaaten nur in krankheitsfreie Substrate (gedämpfte Erde, chemisch entseuchte Erde, TKS) vornehmen und dazu entseuchte Kulturgefäße verwenden. Das Beizen des Saatguts mit einem Captan-Mittel (z. B. Orthocid 50, Captan 83) ist zu empfehlen. Nach kräftigem Angießen hält man bis zum Auflaufen möglichst trocken. Danach sind die Anzuchten etwas kühler, hell und vor allem luftig aufzustellen. Werden diese Punkte beachtet, wird man mit Sämlingskrankheiten keine Sorgen haben.

Spillerige, überständige und verhärtete Pflanzen wurzeln schlecht. Sie bleiben sitzen und werden nur allzuleicht von Krankheiten befallen. Man sollte sie also gar nicht erst auspflanzen.

Nach dem Pflanzen im Herbst mit dem Wässern sehr vorsichtig sein. Zuviel Nässe führt zu Wurzelschäden. Am besten setzt man mit dem Wässern erst dann ein, wenn die Pflanzen zu wachsen beginnen. Im übrigen während der Herbst- und Wintermonate nicht zu warm halten. 10–12 °C sind angemessen. Gleichmäßige Temperaturen sind aber auch während der übrigen Kulturperiode wichtig, da starke Temperaturschwankungen Gelbwerden und Abstoßen der Knospen verursachen können.

Wurzelbräune (*Thielaviopsis basicola* Berk. et Br. Ferr.). Wenn schon die jungen Wicken im Wachstum zurückbleiben, vergilben und schließlich absterben, ist als Ursache häufig Wurzelbräune durch den Pilz *Thielaviopsis basicola* festzustellen. Im Frühstadium der Erkrankung findet man einzelne Stellen inmitten der Wurzel gebräunt, später oft das ganze Wurzelwerk samt Wurzelhals in Fäulnis übergehend. Zu hohe Bodenfeuchtigkeit und schlechte Bodendurchlüftung fördern die Erkrankung.

Bekämpfung: Anbauflächen stets wechseln. Leicht zur Verschlämmung neigende Böden durch Torfzusatz verbessern. Das Land grobschollig vorbereiten. Zu hohe Bodenfeuchtigkeit vermeiden. Bei stärkerer Verseuchung Boden mit einem chemischen Mittel entseuchen. Bewährt hat sich unter anderem auch Formalin. Dabei sind spätestens zwei Wochen vor dem Pflanzen oder Säen 10 l/m² einer 5%igen Lösung (das sind 12,5 l des käuflichen 40%igen Formalins auf 100 l Wasser) auszubringen. Wo die Krankheit in stehenden Pflanzungen auftritt, mit 0,1%iger Du Pont Benomyl-Brühe angießen und die Behandlung je nach Krankheitsgefahr in Abständen von 6–8 Wochen wiederholen. Siehe auch Seite 29.

Weißfleckenkrankheit (*Ramularia deusta* (Fuck.) Back. = *Cladosporium album* Dows.). Auf den Blättern zunächst weißliche, mehltauähnliche Flecke (Abb. 177), die sich aber infolge Abtötung des Gewebes bald braun verfärben und bei starkem Befall zum Verdorren der Blätter führen können. Wird auch der Stengel befallen, so beschleunigt dies das Absterben der Pflanzen. Auf den Befallsstellen (vor allem auch auf der Blattunterseite) ist oft ein bräunlicher Sporenflaum zu erkennen.

Bekämpfung: Hohe Luftfeuchtigkeit und zuviel Wärme vermeiden. Stets für reichliche Luftzufuhr sorgen. Vorbeugend und wiederholt mit einem Zineb-Mittel, Dichlofluanid (Euparen) oder auch mit Du Pont Benomyl (0,05% beim Spritzen) spritzen oder sprühen. Vorsicht! Wicken sind in der Blüte sehr empfindlich. Wo die Bekämpfung des Echten Mehltaus (siehe dort) mit systemisch wirksamen Präparaten im Gießverfahren, z. B. mit Du Pont Benomyl, Thiophanat M (Cercobin M) oder mit dem Cypendazol-Präparat Folcidin vorgenommen wird, erübrigen sich Sondermaßnahmen gegen die Weißfleckenkrankheit.

Echter Mehltau (*Erysiphe polygoni* DC.). Blätter und Triebe mit weißen, mehlartigen Flecken oder auch großflächig mit weißem Schimmel überzogen (Abb. 178). Bei starkem Befall vergilben die Blätter, sterben ab und vertrocknen. Die Krankheit wird durch hohe Temperaturen und starke Temperaturschwankungen gefördert. Auch vorübergehender Wassermangel läßt die Wicken gegen Mehltau anfälliger werden.

Bekämpfung: Schwierigkeiten in der Bekämpfung der gerade in den Frühjahrsmonaten sehr lästigen Krankheit ergeben sich vor allem dadurch, daß die bislang gebräuchlichen Dinocap-Mittel, Netzschwefel-Präparate, aber auch Euparen und das jetzt nicht mehr angebotene PFU 26 der schlechten Blütenverträglichkeit wegen nur nach scharfem Schnitt oder unterhalb der Blühregion angewandt werden können. Bei Schwefelmitteln ist überdies von Nachteil, daß sie erst bei 18 °C gut wirken und bei Temperaturen über 27 °C und starker Sonneneinstrahlung Pflanzenschäden verursachen können.

Mit Du Pont Benomyl, Thiophanat M (z. B. Cercobin M) stehen der Praxis neuerdings systemisch wirksame Präparate zur Verfügung, die als Gießmittel über den Boden verabreicht ohne Gefahr für blühende Bestände angewandt werden können. Nach unseren Versuchserfahrungen kann schon eine einmalige Behandlung einen Schutz von etwa 5–6 Wochen gewähren. Für die Anwendung der Präparate sind vor allem die Frühjahrs- und Frühsommermonate günstig, da während dieser Zeit ein gutes Wachstum und vor allem auch die für die Aufnahme der Präparate hohe Transpirationsleistung gegeben sind. Es hat sich als zweckmäßig erwiesen mit folgenden Konzentrationen zu arbeiten: Du Pont Benomyl (0,05%), Cercobin M (0,15%). Dabei sind bei Pflanzen von etwa 1 m Höhe 1 l und bei solchen von etwa 2 m und darüber 2 l Gießlösung je lfd. m Pflanzenreihe zu verabreichen. Wichtig ist, daß dies jeweils bei feuchtem Ballen geschieht. Der vorbeugenden Anwendung ist in jedem Falle der Vorzug zu geben. Von Vorteil ist, daß die genannten Mittel gleichzeitig auch die Weißfleckenkrankheit niederhalten.

Grauschimmel (*Botrytis cinerea* Pers.). Vor allem bei Unterglaskulturen. Auf den Blütenblättern kleine helle Stippen. Knospen öffnen sich nicht und faulen schließlich. Manchmal wird bei Jungpflanzen auch eine Fäule am Stengelgrund beobachtet. Feuchte, kühle und trübe Witterung begünstigt die Krankheit.

Bekämpfung: Die Maßnahmen der Hygiene stehen im Vordergrund. Starke Temperaturschwankungen vermeiden. Stets für reichliche Luftzufuhr sorgen. Durch Angießen mit Du Pont Benomyl oder Thiophanat M (z. B. Cercobin M) wird man der Stengelfäule-Gefahr begegnen können. Ob die neuerdings zugelassenen Thiabendazol-haltigen Tecto-Räuchertabletten von blühenden Wicken vertragen werden, ist nicht geklärt.

Spinnmilben. Auf den Blättern erscheinen zunächst kleine, weißliche Sprenkel. Dort, wo sie gehäuft auftreten, entstehen auffällige, vergilbende Flecke. Nur bei trockenwarmer Witterung in schlecht gewarteten Beständen. Siehe Seite 58.

Abfallen der Blütenknospen. Als Ursache kommen in Frage: starke Temperaturschwankungen, Wasser- und Nährstoffmangel (z. B. Mangel an Kali), zu reichliche Versorgung mit Stickstoff, zu nasser und zu kalter Boden (z. B. auch durch Gießen mit zu kaltem Gießwasser), zu hohe Luftfeuchtigkeit, eine langandauernde Schlechtwetterperiode und damit verbunden ungünstige Lichtverhältnisse.

Empfindlichkeit gegen Pflanzenschutzmittel: Insektizide und Akarizide werden von den Blüten allgemein schlecht vertragen. Dasselbe gilt für die gegen den Echten

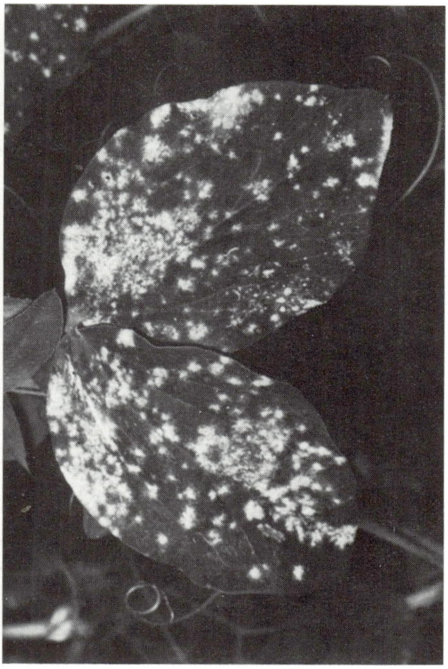

Abb. 177. „Weißfleckenkrankheit“ durch *Ramularia deusta* bei Edelwicke.
Abb. 178. Echter Mehltau bei Edelwicke.

Mehltau und die Weißfleckenkrankheit gebräuchlichen Fungizide wie Netzschwefel, Dinocap-Präparate und Euparen. Noch am wenigsten Schäden verursachte das leider jetzt nicht mehr angebotene Triamiphos-Mittel PFU 26 flüssig. Aber auch dieses Mittel darf nicht bei Sonne ausgebracht werden.

Laurus, Lorbeer

Der Sommerstandort soll sonnig und vor allem windgeschützt sein. Während der Wachstumszeit für ausreichende Düngung und Wässerung sorgen. Nicht bei trockenem Ballen düngen oder die Kübel nach kräftiger flüssiger Düngung stark austrocknen lassen (Wurzelschäden!). Auch nicht zu spät düngen, das heißt nicht über Anfang August hinaus, damit die Triebe noch gut ausreifen und nicht weich in den Winter gehen. Nicht zu spät einräumen. Lorbeerbäume, die Frost bekommen, verlieren die Blätter. Keine zu hohen Überwinterungstemperaturen. Am besten hält man bei Temperaturen um 3–5 °C. Sobald die Temperaturen über 8 °C steigen, muß reichlich gelüftet werden.

Lorbeerblattfloh (*Trioza alacris* Flor.). Blätter der jüngsten Triebe zum Teil mit nach unten eingerollten, etwas verdickten Blatträndern (Abb. 179). Die entstehenden Blattrollen fallen durch bleichgrüne bis rötliche Verfärbung auf. Bewohner der Blattrollen sind kleine, wanzenartige, mit weißen, wolligen Wachsausscheidungen be-

Abb. 179. Vom Lorbeerblattfloh befallener Lorbeertrieb.

deckte Tierchen. Es sind die „Honigtau" ausscheidenden Larven des Lorbeerblattflohs. Das ausgewachsene Insekt ähnelt einer kleinen Zikade, ist bräunlich gefärbt und kann springen und fliegen. Der Lorbeerblattfloh hat im allgemeinen 2 Generationen im Jahr. Es überwintern gewöhnlich die erwachsenen Blattflöhe der zweiten Generation in alten Blattrollen. Im Frühjahr besaugen sie die Unterseite der Blätter und legen ihre Eier an die jungen Blättchen der Triebspitzen ab. Mit der ersten Brut ist Anfang Mai zu rechnen.

Bekämpfung: Vom Neuaustrieb an wiederholt in Abständen von 10–14 Tagen mit einer Dimethoat- oder Parathion-Emulsion oder auch mit einem Mevinphos-Mittel spritzen. Man arbeite sorgfältig und spare nicht mit Spritzbrühe. In den Überwinterungsräumen etwa gegen Ende Januar mit Lindan oder mit Sulfotepp (z. B. Bladafum) räuchern.

Schildläuse. Eine Reihe von Schildläusen (Deckelschildläuse und Napfschildläuse) kann bei unseren Lorbeerbäumen sehr schädigend auftreten. Massenvermehrung führt zu einer Verkrustung der besiedelten Pflanzenteile und in der Folge zu starker Verschmutzung durch Schwärzepilze, die sich auf den süßen Ausscheidungen der Schildläuse („Honigtau") festsetzen.

Bekämpfung: Man kann mit Azinphos-äthyl (z. B. Gusathion H), einer Dimethoat-Emulsion, Methomyl (z. B. Lannate 25-WP) oder mit einem Propoxur-Präparat (z. B. Unden flüssig) arbeiten oder auch gegen Napfschildläuse und junge Stadien von Deckelschildläusen eine Malathion-Emulsion verwenden. Ältere Deckelschildläuse lassen sich sehr gut mit Mineralölpräparaten (z. B. Sommerölen) oder mit kombinierten Mineralöl + Parathion-Präparaten (z. B. Folidol-Öl-Spritzmittel, Eftol-Öl) bekämpfen. Ihr Einsatz erfolgt zweckmäßigerweise kurz vor dem Austrieb oder dann, wenn die Triebe abgeschlossen haben. Die Behandlung ist nach 8–10 Tagen zu wiederholen. Aufpassen, daß nicht zuviel Brühe in den Wurzelbereich der über Winter etwas trockener gehaltenen Pflanzen kommt, sonst kann es Schäden geben.

Eine Möglichkeit, größere Bestände von Schildlausbefall zu befreien, bietet auch die Begasung mit Blausäure. Nach Philipp (1956) ist bei einer Außentemperatur von 10–15 °C und Vorhandensein einer Gasumlaufvorrichtumg mit Heizung eine halbe Stunde lang mit 6 g Ziklon B je m³ Raum zu begasen. Steht eine Gasumlaufvorrichtung mit Heizung nicht zur Verfügung, kann bei niedriger Temperatur (sie darf 5 °C nicht überschreiten) eine Stunde lang begast werden.

Blattfall. Meist auf eine Schädigung der Wurzeln zurückzuführen. Möglicherweise durch zu starke Düngung bei trockenem Ballen oder auch vorübergehende Ballentrockenheit verursacht. Es kann auch sein, daß die Pflanzen geringer Frosteinwirkung ausgesetzt waren.

Lilium, Lilie

Für die *Treiberei* nur Zwiebeln verwenden, die wenigstens für eine Zeit von 6 Wochen bei einer Temperatur von 2 °C gelagert waren. Lilien sofort nach Erhalt pflanzen, andernfalls sind sie kühl und luftig zu lagern. Dabei soll die Temperatur möglichst 5 °C nicht überschreiten. Aufbewahren bei höheren Temperaturen läßt die Zwiebeln eintrocknen. Das kann sich später in weniger Blüten pro Stengel und in einer längeren Kulturzeit auswirken. Für Zwiebeln, die bis Ende März aufbewahrt werden müssen, sind 2 °C die beste Lagertemperatur.

Man achte auf ausreichende Pflanztiefe, wobei zu berücksichtigen ist, daß die meisten Arten und Formen Stengelwurzeln ausbilden. Stengelwurzeln sind bekanntlich für die gute Entwicklung der Blütenstiele sehr wichtig. Je später die Pflanzzeit, desto enger kann man pflanzen. Ein zu weiter Stand bei Spätpflanzung läßt kurze Stengel erwarten. Nach dem Pflanzen für genügend Feuchtigkeit sorgen und die Bodentemperatur zu Beginn niedrig halten. Sie soll 13 °C nicht übersteigen.

Soll die Kultur gelingen, ist den Temperaturansprüchen der einzelnen Arten und Formen Rechnung zu tragen. Zu beachten ist, daß beispielsweise *Lilium × hollandicum, Lilium pumilum* und ihre Formen bei Temperaturen unter maximal 15 °C kultiviert werden müssen, da sonst die Gefahr des Knospenabwurfs besteht. Höhere Wärmegrade vertragen beispielsweise Midcentury-Hybriden, Longiflorum-Typen und *Lilium auratum.*

Sobald die Blütentriebe 20–25 cm weit herausgekommen sind, das Gießen von oben her unterlassen. Auch ist für ein schnelles Abtrocknen der Bestände zu sorgen, da sonst Botrytis-Gefahr besteht. Im übrigen brauchen Lilien viel Luft und Licht. Das gilt im besonderen für die Zeit der Entwicklung der Blütenknospen.

Das Vergilben der Blätter während des Treibens ist oft auf Stickstoffmangel zurückzuführen. 20 g Kalksalpeter je m^2 schaffen meist rasch Abhilfe.

Um Brennflecke bei starker Sonneneinstrahlung zu vermeiden, empfiehlt es sich, sobald die Knospen Farbe zeigen, etwas zu schattieren. Das gilt vor allem für *Lilium*-Speciosum-Hybriden und für die Sorte 'Fire King'.

Blütenstengel erst dann schneiden, wenn die ersten Blütenknospen Farbe zeigen, sonst besteht die Gefahr, daß die Blüten in der Knospe steckenbleiben oder nur klein und schlecht ausgefärbt sind. Eine Ausnahme bildet lediglich *Lilium auratum,* die schon geschnitten werden kann, wenn die Blütenknospen noch verhältnismäßig grün sind.

Pythium-Wurzelfäule (*P. ultimum* Trow). Vor allem bei hoher Bodenfeuchtigkeit und warmen Temperaturen kann der im Boden weit verbreitete Pilz gelegentlich erhebliche Schäden anrichten. Eine Übertragung kann auch mit den alten, der Zwiebel anhaftenden Wurzeln erfolgen.

Bekämpfung: Bezüglich der Bekämpfungsmöglichkeiten scheinen noch wenig Erfahrungen vorzuliegen. Sicher beugt eine Bodendämpfung dem Pilzbefall vor. Um eine Übertragung mit der Zwiebel zu verhindern, könnte versuchsweise eine Beizung mit einem TMTD-Spritzpulver (2%) oder mit Captafol (z. B. Ortho Difolatan, 2%)

vorgenommen werden. Es sind die unter *Fusarium* (siehe unten) gegebenen Hinweise zu beachten.

Grauschimmelkrankheit (*Botrytis elliptica* (Berk.) Cooke, *B. cinerea* Pers.). Auf Blütenknospen und aufgeblühten Blumen winzige, braune, grünlich behöfte Tupfen, die zu gelbbraunen, leicht eingesunkenen Flecken heranwachsen. Adern der Blütenblätter mit schwarzbraunen, strichförmigen Faulstellen (Abb. 180). Wird die Knospe schon frühzeitig befallen, so entstehen vor allem an Stellen, an denen sich Feuchtigkeit staut (Knospenspitze) oft größere Faulstellen, die hie und da den typischen graubraunen Schimmelrasen zeigen. Die faulende Knospe öffnet sich nicht oder die Blüte ist in der Entfaltung gestört. Stehen die Lilien sehr dicht, was vor allem in mehrjährigen Beständen der Fall sein kann, so entwickeln sich auch auf den Blättern oft große runde oder langgestreckte, bleichgelbe oder bräunliche Flecken mit dunkelroter Umrandung.

In windgeschützten, eingeschlossenen und feuchten Lagen kann die Krankheit derartig überhandnehmen, daß Blätter, Stengel und Blüten völlig in Fäulnis übergehen und ganze Bestände innerhalb kurzer Zeit dahingerafft werden. Besonders anfällig scheinen die weißen Lilien *(L. regale, L. candidum)* zu sein. Im Gewächshaus tritt die Krankheit vor allem bei stehender, feuchter Luft auf.

Bekämpfung: Unter Freilandbedingungen ab Mitte Mai und bis zum Öffnen der Blüten vorbeugend und wiederholt in Abständen von 14 Tagen mit Du Pont Benomyl (0,05%), einem Zineb- oder TMTD-Präparat oder versuchsweise auch mit Tecto fl. spritzen oder sprühen. Netzmittelzusatz ist empfehlenswert. Geht es um Maßnahmen unter Glas, mit Benomyl spritzen, mit dem Chinolinderivat B 500 stäuben oder versuchsweise auch mit Tecto-Räuchertabletten (Wirkstoff: Thiabendazol), Chlorothalonil (Liro Räuchertabletten 2787 oder Exotherm-Termil) räuchern. Da die genannten Räuchermittel bei aufblühenden Pflanzen bislang nicht erprobt sind, wird zur Vorsicht geraten.

Cylindrosporium-Blattfleckenkrankheit (*Cylindrosporium inconspicuum* Wint. var. *candidum* Sacc. et Fautr.). Vor allem auf Blättern von Türkenbund- und Tigerlilien bis etwa 1 cm große, hellbraune Flecke mit dunkler Umrandung (Abb. 181). Die Krankheit soll auch auf anderen Liliensorten vorkommen, scheint aber in Deutschland nicht sehr häufig zu sein.

Bekämpfung: Vorbeugend und wiederholt mit Zineb oder Mancozeb oder mit einem Grünkupferpräparat spritzen oder sprühen. Den Brühen jeweils ein Netzmittel hinzufügen.

Fusarium-Wurzel-, -Zwiebel- und -Stengelgrundfäule (*Fusarium oxysporum* Schl. sensu Snyd. et Hans.). Vergilbung, Welke und schließlich Absterben der Pflanzen ist meistens auf eine Erkrankung der unterirdischen Organe zurückzuführen, die verschiedene Ursachen haben kann (siehe auch unter: Vergilbung und Abstehen der Lilien). Eine vom Zwiebelboden und den Wurzelansatzstellen, sowie der Basis der Schuppen ausgehende Fäule wird hauptsächlich dem oben genannten Erreger zugeschrieben. Der gleiche Pilz kann auch am Stengelgrund angreifen. Er verursacht dort rötlichbraune, oberflächlich bleibende Flecke oder auch tiefer eingreifende Faulstellen, die ein Absterben des Stengels zur Folge haben. Bei hoher Luftfeuchtigkeit ist auf den Befallsstellen ein leicht rötlicher Pilzflaum zu erkennen.

Bekämpfung: Die zur Vermeidung von Verletzungen sorgsam behandelten und kühl (um 2 °C) aufbewahrten Zwiebeln vor dem Legen auf Faulstellen überprüfen und kranke ausscheiden. Die Zwiebelbeizung wird bei Lilien für nicht so notwendig

Abb. 180. Vom Grauschimmel befallene Blüten von *Lilium regale*.
Abb. 181. *Cylindrosporium*-Blattfleckenkrankheit an *Lilium lancifolium (L. tigrinum)*.

gehalten. Auch rät man neuerdings in Holland davon ab, für diesen Zweck Du Pont Benomyl (gebräuchlich war das Tauchen in 0,2%ige Brühe bei einer Tauchzeit von 15 Minuten) zu verwenden. Man fürchtet Resistenzerscheinungen. Darüber hinaus könnte das Auftreten der Pythium-Fäule (siehe dort), die bekanntlich von Benomyl nicht erfaßt wird, neue Probleme aufwerfen. Auch scheint Zwiebelware, die schon als Pflanzgut in Benomyl-Brühe vorbehandelt wurde, besonders anfällig für *Penicillium* zu sein. Althergebracht ist das Tauchen der Zwiebeln in 2%ige Thiram-(TMTD)-Brühe (Tauchzeit 30 Min.). Gewisse Hoffnungen setzt man neuerdings auch auf das derzeit in Prüfung befindliche Captafol-Präparat Ortho Difolatan. Es hat sich in 2%iger Konzentration und bei einer Tauchzeit von 1/2 Stunde auch gegenüber anderen bei Lilien vorkommenden Krankheitserregern als brauchbar erwiesen. Freilich wird der etwas unangenehme Geruch als nachteilig empfunden. Auch scheinen manche Personen gegenüber Difolatan etwas allergisch zu sein. Wird die Behandlung kurz vor dem Pflanzen vorgenommen, können die Zwiebeln naß gepflanzt werden.

Auch für Vermehrungsbetriebe bietet sich die Zwiebelbeize mit Difolatan an, der, wenn sie früh erfolgt, eine Warmwasserbehandlung (z. B. bei *Lilium speciosum* 2 Stunden bei 39 °C) vorausgehen kann. Sie dient einmal der Blattälchenbekämpfung und scheint gleichzeitig das Wachstum, die Gesundheit und die Bewurzelung der Zwiebeln günstig zu beeinflussen. Wurzelälchen werden dagegen nicht ausreichend erfaßt. Im übrigen soll die Fungizidbeize nicht später als 3 Tage nach der Warmwasserbehandlung vorgenommen werden. Kann nicht sofort gepflanzt werden, ist sorgfältig zurückzutrocknen.

Wo auf *Fusarium*-verseuchten Böden nach Beendigung der Kulturzeit weder durch Dampf noch durch chemische Präparate wie z. B. Dazomet (Basamid Granulat), Methylbromid (z. B. Terabol) oder Methylisothiocyanat + Dichlorpropen + Dichlorpropan (z. B. Di-Trapex) eine Entseuchung vorgenommen werden kann, muß mit dem Anbau von Lilien mehrere Jahre ausgesetzt werden.

Penicillium-Zwiebelfäule (*Penicillium* spp.). Während der Lagerung treten manchmal kleine, eingesunkene, bräunliche Befallsstellen auf, die in der Vertiefung oft mit bläulichem Schimmel bedeckt sind. Bei schwachem Befall ist die Entwicklung der Pflanzen dadurch kaum beeinträchtigt. Sind dagegen die Schuppen und von diesen ausgehend der Zwiebelboden stärker geschädigt, so treiben die Zwiebeln kümmerlich oder gar nicht aus. Die Krankheit tritt vor allem auch bei niedriger Temperatur auf, da das Optimum des Pilzwachstums bei 10 °C liegt.

Bekämpfung: Sie ist in erster Linie eine Aufgabe des Erzeugers bzw. des Händlers oder Exporteurs. Wichtig ist, daß Verletzungen der Zwiebeln weitgehend vermieden werden. Eventuell kann man die Zwiebeln für 15 Minuten in die Brühe eines TMTD-Spritzpulvers (z. B. Pomarsol forte, BASF-TMTD-Spritzpulver) tauchen. Geschieht dies vor der Lagerung, muß sorgfältig zurückgetrocknet werden. Danach werden die Zwiebeln zweckmäßigerweise in grobem Sägemehl oder trockenem Torfmull bei etwa 1–2 °C aufbewahrt. Benomyl, das zwar zunächst für diesen Verwendungszweck empfohlen wurde, hält man heute für wenig geeignet, da sich bald nach seiner Einführung widerstandsfähige Pilzstämme herausgebildet haben. Der Verbraucher von Lilienzwiebeln muß beim Empfang darauf achten, daß der Zwiebelboden nicht angegriffen ist. Beschränkt sich der Befall lediglich auf einzelne Schuppen, ist das kein Grund zur Beanstandung.

Graufäule (*Rhizoctonia tuliparum* Whet. et Arth. = *Sclerotium tuliparum* Kleb.). Die meist herdförmig gehäuft auftretenden kranken Pflanzen stocken im Austrieb infolge einer Fäule am Grund des Sprosses. Auch die Zwiebelschuppen können braune Flecken aufweisen. Auf den Befallsstellen bei hoher Feuchtigkeit und fortgeschrittener Erkrankung oft weißer Schimmelrasen, in dem die schwarzen, 1–10 mm großen, meist kugeligen oder walzenförmigen Dauerkörperchen des Pilzes eingelagert sind. Die Krankheit kann sowohl während der Vegetationszeit als auch während der Aufbewahrung schwere Schäden verursachen.

Bekämpfung siehe unter *Rhizoctonia tuliparum* bei Tulpen.

Zwiebel-Schuppenfäule, „Schwarzbeinigkeit“ (*Sclerotium wakkeri* Boerema et Posthumus) (93). Der an Iris und Tulpen schädigende Pilz kann auch Lilien (z. B. *L. longiflorum, L. pardalinum, L. auratum*) befallen. Die Pflanzen stocken im Wachstum und sterben vorzeitig ab. An der Zwiebel ist eine lederartige Vertrocknung und Schwärzung der Schuppen zu erkennen, am Stengelgrund finden sich Faulstellen. Von der kranken Zwiebel ausgehend durchwuchert meist ein grauweißes Pilzgeflecht die sie umgebende Erde. Ebenso findet man den Pilzflaum zwischen den erkrankten Schuppen. Auf den Befallstellen entwickeln sich die schwarzen, rundlichen und abgeplatteten Dauerkörperchen (Sklerotien) des Pilzes. Auf dem Feld macht sich die Krankheit etwas später bemerkbar als die vorgenannten. Bei der Lagerung besteht besondere Gefahr der Ausbreitung, wenn die Zwiebeln ungenügend getrocknet waren.

Bekämpfung siehe *Sclerotium tuliparum* bei Tulpe.

Colletotrichum-Schuppenschwärze (*Colletotrichum lilii* Plak.). Bei aus Japan oder Nordamerika eingeführten Zwiebeln von *L. longiflorum* sind manchmal, besonders an den Spitzen der Schuppen, graubraune oder schwärzliche Flecke festzustellen, die von Befall durch den Pilz *Colletotrichum lilii* herrühren. Der Krankheit scheint bei uns bisher keine große Bedeutung zuzukommen.

Bekämpfung: Möglicherweise mit Benomyl oder Cercobin M.

Blattälchen (*Aphelenchoides fragariae* (Ritz.-Bos) Christ, *Aphelenchoides rizemabosi* (Schwartz) Good.). Verdickungen und Verkrüppelungen insbesondere der jüngeren Blätter. Typische Anzeichen der Blatterkrankung sind auch von den Blattnerven scharf begrenzte, gelbliche oder bräunliche Verfärbungen einzelner Blattsektoren oder ganzer Blatthälften. In anderen Fällen fällt eine bronzefarben glänzende Verfärbung auf. Bei *L. regale* und *L. henryi* sind die Blätter weiß gesprenkelt und nach unten eingekrümmt. Bei stärkerer Erkrankung ganze Pflanze gestaucht, Blüten und Blütenknospen oft verunstaltet, mißfarbig und eingetrocknet. Vorzeitige Vergilbung, Bräunung und Absterben der Pflanzen. Abstehende Schuppen verleihen manchmal der befallenen Zwiebeln ein mehr oder weniger deutlich rosettenförmiges Aussehen. Die Älchen sind innerhalb der Zwiebel vor allem in der Sprossanlage und in den innersten Schuppen, weniger in den äußeren Schuppen zu finden. Auf den Beeten breitet sich die Krankheit besonders bei hoher Feuchtigkeit herdförmig nach allen Seiten aus, bei Trockenheit kann sie gänzlich zum Stillstand kommen. Übertragung der Nematoden mit Saatgut oder kranken Zwiebeln.

Bekämpfung: Kranke Lilien, aber auch andere, mit Nematoden verseuchte Gartenpflanzen und vor allem Unkräuter aus der Nachbarschaft der Lilienpflanzungen entfernen. Saatgut vor der Aussaat 48 Stunden in Wasser einweichen, dann 3 Stunden in Warmwasserbad von 45 °C bringen.

Warmwasserbeizung der Zwiebeln: Arten und Sorten mit weißen Zwiebeln frühestens 1 Woche nach Rodung, spätestens jedoch am 15. 11. behandeln (2 Std. bei 41 °C). Eine 2stündige Beize bei nur 39 °C wird bei *L. speciosum* (6 Wochen nach Rodung), *L. regale, L. henryi,* Aurelianense-Hybriden und Olympic-Hybriden (8 Wochen nach Rodung) angeraten. Die Zwiebeln werden bei 2 °C, 14 Tage vor der vorgesehenen Behandlung wärmer (15 °C) gelagert. Die wärmere Lagerung kann die Gefahr einer Zwiebelschädigung mindern. Hat man Verdacht auf gleichzeitigen Fusarium-Befall, sollte man eine kombinierte Behandlung vornehmen (s. Seite 333).

Wurzelmilben (*Rhizoglyphus echinopus* Fum. et Rob.). – Quarantäneschädling. – Blätter und Stengel der Lilien vergilben und sterben ab. Die Zwiebeln weisen Faulstellen auf, Zwiebel- und Stengelgrund werden von kleinen, schmutzigweißen, kaum 3/4 mm langen Tierchen zerfressen. Siehe Seite 62.

Blattläuse können in Gewächshäusern und Lagerräumen oft sehr lästig werden.

Bekämpfung: Unter Glas Dichlorvos-haltige Mittel (z. B. Dedevap, Nogos) verdampfen, mit Lindan- oder Sulfotepp (z. B. Bladafum) räuchern. Bei noch nicht blühenden Beständen unter Freilandbedingungen auch Spritzen mit einem Demeton-Mittel (z. B. Metasystox) oder mit Phosphamidon (z. B. Dimecron).

Lilienhähnchen (*Lilioceris lilii* Scop.) und **Zwiebelhähnchen** (*Lilioceris merdigera* L.). Die einander sehr ähnlich sehenden 6–7 mm langen, leuchtendroten bis gelblichroten Käferchen (Abb. 182) und deren dickliche, kleinköpfige, graugelbe bis schmutziggraue und mit schleimigem Kot bedeckte Larven können gelegentlich durch ihren Fraß an Lilien und Kaiserkronen schädlich werden.

Dunkle Beine und einen schwarzen Kopf besitzt das Lilienhähnchen. Es ist deshalb von seinem nahen Verwandten, dem Zwiebelhähnchen mit rötlichen Beinen und

Abb. 182. Lilienhähnchen. Etwa 8fach vergrößert.

rotem Kopf, gut zu unterscheiden. Die Käferchen erscheinen etwa von Ende März – Anfang April an. Zunächst werden die mit einer Grundrosette überdauernden Madonnenlilien *(Lilium candidum)* und die frühaustreibenden Kaiserkronen *(Fritillaria imperialis)* aufgesucht, später auch andere Lilien. Die Käfer schaden durch Lochfraß. Ihre schmutzigrötlichgelben, knapp 1,5 mm langen Eier werden meist in Reihen an die Unterseite der Blätter abgelegt. Schon von Anfang Mai an ist mit Larven zu rechnen. Sie verursachen zunächst Fensterfraß. Später werden Löcher in die Blätter gefressen oder auch die Blätter vom Rande her befressen. Sobald die Larven erwachsen sind, gehen sie zur Verpuppung in die Erde. Etwa nach 3 Wochen schlüpfen die Käfer der zweiten Generation. Gewöhnlich treten zwei, seltener 3 Generationen auf. Puppen bzw. Käfer der letzten Generation überwintern im Boden.

Bekämpfung: Sobald die Käfer und deren Larven auftreten, mit Parathion- (z. B. E 605 forte, Parathion forte u. a.) oder Endosulfan-Präparaten (z. B. Thiodan 35 flüssig) spritzen oder auch mit Thiodan-Staub stäuben. Auch Phosphamidon-haltige Mittel (z. B. Dimecron combi) sind brauchbar.

Die **Viruskrankheiten** der Lilien sind auf Grund des Schadbildes nur schwer zu beurteilen. Die Symptome variieren bei den einzelnen Arten und Sorten stark, außerdem kommen oft Mischvirosen vor.

Das **Lilienmosaik** (Stamm des Gurkenmosaik-Virus) verursacht auf den Blättern eine mehr oder weniger deutliche Scheckung oder helle Strichelung, manchmal können auch Verschmälerung und Verdickungen der Blätter, Störungen in der Blütenentwicklung, sowie Fleckung und Verkräuselung der Blüte eine Folge des Virusbefalls sein. Auch die **Ringfleckigkeit,** die vor allem bei Königslilie und Tigerlilie bräunliche Flecken und Streifen, oft auch mehr oder weniger deutliche ringförmige Zeichnungen auf den Blättern verursacht, soll nach neueren Untersuchungen auf einen Stamm des Gurkenmosaik-Virus zurückzuführen sein. Bei derartig erkrankten Pflanzen kommt es meist nicht zur Ausbildung einer Blüte, da der Vegetationspunkt frühzeitig abstirbt. Auf den weißen Zwiebelschuppen sind runde weiße Flecken mit gelbbraunem Hof oder auch weiße, ringförmige Zeichnungen zu erkennen.

Das **latente Lilienvirus**, das allein kaum Krankheitssymptome hervorruft, verstärkt in Mischung mit anderen Virosen die Schadbildausprägung. So sind schwere Erkrankungen von *L. longiflorum* und *L. lancifolium* auf eine Mischinfektion (Lilienmosaik + latentes Lilien-Virus) zurückzuführen. Die Blätter zeigen zunächst gelblichgrüne, im Spätstadium weiße oder braune Flecken und Streifen eingesunkenen, abgestorbenen Gewebes. Auch die Blüten weisen oft braune Streifung auf, sind klein und mißgebildet. Ähnliche Symptome findet man bei Midcentury-Hybriden.

Auch die sog. **Braunringkrankheit** (94), die besonders bei Midcentury-Hybriden (z. B. 'Enchantment') beobachtet wird, ist einer Mischvirose (Tulpenmosaik + latentes Lilienmosaik) zuzuschreiben. Schwarze Stellen abgestorbenen Gewebes, umgeben von braunen konzentrischen Ringen, sind auf den weißen Schuppen der erkrankten Zwiebel sehr auffallend (besonders in der Gewächshauskultur). Außerdem zeigen befallene Pflanzen eine Wachstumshemmung, eine hellere Blattfarbe und eine leichte Fleckung längs der Blattnerven. Bei *Lilium speciosum* 'Rubrum' äußert sich die Erkrankung durch eine weißliche oder rötliche Streifung der Blätter und manchmal auch durch Mißbildung der Blüten.

Bekämpfung der Virosen: Kranke Pflanzen vernichten und zur vegetativen Vermehrung nur ausgesucht gesund und kräftig erscheinende Pflanzen verwenden. Blattlausbekämpfung nicht nur während der Vegetationszeit, sondern auch während der Lagerung ist wichtig. Tulpen nicht neben Lilien anbauen.

Spitzenbräune der Blätter kann durch vorübergehenden Wassermangel bedingt sein. Gute Calciumversorgung (Stickstoff z. B. in Form von Calciumnitrat) soll die Erkrankung weitgehend verhindern. Man vermeide unter Glas starke Feuchtigkeitsschwankungen der Luft.

Chlorose (Gelbsucht). Insbesondere bei *Lilium auratum*, aber auch bei *L. speciosum* kommt es häufig zu Vergilbungserscheinungen, vor allem der jüngsten Blätter. Eisenmangel, der die Blattvergilbung hervorruft, wird ausgelöst durch einen hohen pH-Wert des Bodens. Die meisten Lilien gedeihen bei pH 5,5–6,5. Wird vor Kulturbeginn ein Wert über pH 6,5 festgestellt, so sollte sauer reagierende organische Substanz (z. B. Lauberde) eingearbeitet werden. Ist die Chlorose bereits aufgetreten, kann man versuchen, durch mehrmalige Behandlung mit Chlorosemitteln (z. B. Fetrilon, Sequestren 138 Fe) und anschließendes kräftiges Überbrausen mit Wasser noch eine Besserung erzielen. Je früher die Mittel angewendet werden, desto besser sind die Heilungsaussichten.

Eintrocknen und Abwurf der Blütenknospen wird vor allem bei Gewächshauskulturen und insbesondere in den Wintermonaten beobachtet. Vermutlich spielt Lichtmangel bei der Auslösung der Erkrankung eine entscheidende Rolle. Man wähle daher für die Lilienkultur nur die hellsten Häuser und halte die Glasflächen sauber. Die Treibtemperaturen sollten 17–18 °C nicht überschreiten. Praxisbeobachtungen deuten darauf hin, daß Eintrocknung und Abwurf der Knospen auch Folge einer Störung in der Wasserbilanz sein können. Eine solche tritt z. B. auf, wenn nach vorausgegangenem Wärme- und Feuchtigkeitsstau plötzlich gelüftet und dadurch die Verdunstung erhöht wird, wobei die Menge abgegebenen Wassers zeitweilig die der Wasseraufnahme übersteigt. Es sollte daher bei Sonneneinstrahlung immer frühzeitig gelüftet werden.

Deformierte und geplatzte bzw. gerissene Blütenkelche. Man macht dafür vorübergehendes Trockenstehen und hohe Temperaturen verantwortlich. So soll die Nachttemperatur in den Monaten Oktober bis Januar 15 °C möglichst nicht überschreiten. Im Februar und März sind 18 °C angemessen.

Kurze Blütenschäfte können dann auftreten, wenn die Zwiebeln nach Eingang und selbst nur kurzfristig bei hohen Temperaturen gelagert werden. Kann nicht sofort gepflanzt werden, sind die Zwiebeln im Kühlraum bei möglichst + 2 °C aufzubewahren. Keinesfalls darf bei Temperaturen über 5 °C gelagert werden. Auch starker Lichteinfluß wirkt sich auf die Stiellänge aus. So sind vor allem bei Spätpflanzung und weitem Stand kurze Blütenschäfte zu erwarten.

Vergilbung und Abstehen der Lilien muß nicht in jedem Fall auf eine parasitäre Erkrankung zurückzuführen sein. Lilien reagieren sehr empfindlich auf Luftmangel im Boden, der durch Bodenverdichtungen, Nässestauung usw. hervorgerufen sein kann.

Empfindlichkeit gegen Pflanzenschutzmittel: Nach MELDER (1974) sollen Demeton-Präparate, Parathion-Emulsionen und Phosphamidon-Emulsionen von Lilien weniger gut vertragen werden.

Limonium (Statice), Widerstoß, Strandnelke, Meerlavendel

Welkekrankheit, „Staticesterben“ (*Fusarium oxysporum* Schl.). In meist 2–3jährigen Ertragsfeldern fangen die Pflanzen nesterweise an zu kümmern. Sie zeigen ein verringertes Wachstum, Bräunung und Eintrocknung der Blütenstände. Die Laubblätter verfärben sich von der Spitze aus rötlich und vertrocknen oder verfaulen. Bei fortgeschrittener Erkrankung werden auch die Stengel stellenweise schwarz, trocknen ein und faulen am Grunde ab. Die Stiele können leicht aus der Blattrosette herausgezogen werden.

Der Pilz dringt entweder über Schnittstellen (z. B. stehengebliebene Stengelstümpfe) oder über die Wurzel ein und breitet sich auf dem Weg über die Wasserleitungsbahnen in der Pflanze aus. Beim Durchschneiden des normalerweise innen nur leicht rötlich verfärbten Wurzelstockes ist eine Bräunung der vom Pilz befallenen Gefäßbündel zu erkennen. Schließlich verfault die Wurzel.

Die optimale Temperatur für die Entwicklung des Pilzes liegt bei 24–28 °C. Damit mag es zusammenhängen, daß die Krankheit in heißen und trockenen Jahren verstärkt auftritt. Allerdings ist dann auch der Wasserbedarf am größten, und die Erkrankung der wasserleitenden Organe macht sich am stärksten bemerkbar.

Das Staticesterben ist vor allem bei den mehrjährigen Arten wie z. B. *Limonium tataricum (St. tatarica)* ein ernstes Problem. Die Varietät *dumosa* soll jedoch weniger anfällig sein.

Bekämpfung: Grundlegend wichtig ist die Wahl optimal geeigneter Standorte. Mittelschwere, warme, nährstoffreiche und nicht zu sandige Böden sagen der Statice am besten zu. Auf ausgeglichene Nährstoffverhältnisse ist zu achten. Vor allem muß eine Stickstoffüberdüngung vermieden werden. Unter ungünstigen Wachstumsbedingungen (Nährstoffmangel, Bodentrockenheit) herangewachsene Pflanzen sind schwächlich, blühen oft schon im ersten Jahr und können dem Angriff des Pilzes wenig Widerstand entgegensetzen. Auch Rost- oder sonstiger pilzlicher Blattfleckenbefall schwächt die Pflanzen und macht sie anfälliger gegenüber dem Welkeerreger.

Abb. 183. Rost *(Uromyces limonii)* auf Statice.

Mechanischen Verletzungen und dem Befall durch tierische Schädlinge muß möglichst vorgebeugt werden, da Wundstellen bevorzugte Eintrittspforten für den Pilz darstellen. Die beim Blumenschnitt stehengebliebenen Stengelstümpfe sollten an der Schnittfläche rasch abtrocknen können und dürfen daher nicht zu kurz sein.

Einzelne kleinere Krankheitsherde in den Pflanzungen können unter Umständen noch durch eine Totalentseuchung saniert werden. Herde ausräumen und das kranke Pflanzenmaterial vernichten. Je Pflanzstelle 2–4 Löcher in die Erde stoßen, in jedes Loch 10–15 ml Di-Trapex eingießen und danach die Löcher durch Zutreten schließen. Wo durch Stecklinge vermehrt wird und diese durch die Abrißwunden besonders gefährdet sind, wäre ein Einstellen in 0,05–0,1%ige Benomyl-Brühe vor der Pflanzung zu erwägen. Von Versuchsergebnissen bei anderen Kulturen ausgehend, wäre es wünschenswert, die Pflanzen $^1/_2$–1 Stunde in der Brühe zu belassen, doch liegen für Statice noch keine Erfahrungen vor. Sollten sich in ausgepflanzten Beständen kleinere Herde zeigen, wäre auch an eine Gießbehandlung mit Benomyl-Brühe (0,1%) zu denken. Die Brühmenge muß je nach Alter der Pflanze so bemessen sein, daß der gesamte Wurzelraum der sehr tief wurzelnden Pflanzen genügend durchtränkt wird.

Erkrankte Bestände sollten, wo möglich, nicht zur Vermehrung herangezogen werden. Am sichersten ist die Anzucht aus Samen in frischem oder gedämpftem Saatbeet. Das Feld, auf dem gepflanzt wird, darf noch keine kranken Pflanzen, möglichst in den vergangenen 8–10 Jahren überhaupt noch keine Statice getragen haben.

Grauschimmel (*Botrytis cinerea* Pers.). Blütenstände werden braun, schrumpfen ein und knicken dann wenige Zentimeter unter der Spitze ab. Bei feuchter Witterung ist mausgrauer Schimmelbelag zu erkennen. Vor allem bei Sommer-Staticen oft stark schädigend.

Bekämpfung: In unseren Versuchen ließ sich die Krankheit erfolgreich mit Benomyl (0,05%), Dichlofluanid (z. B. Euparen 0,3%) oder auch mit einem TMTD-Spritzpulver (0,2%) niederhalten. Wichtig ist, daß schon bei den ersten Krankheitsanzeichen im Bestand mit vorbeugenden Spritzungen begonnen wird. Folgebehandlungen in Abständen von 14 Tagen bis weit in den September hinein.

Rost (*Uromyces limonii* Lév.). Punktförmige, braunrote oder (im Herbst) schwarzbraune Pusteln auf der Blattober- und -unterseite (Abb. 183) entlassen die Sommer- bzw. die Wintersporen des Rostpilzes. Ihnen geht im Frühjahr die häufig übersehene erste Sporengeneration in Form gelblicher, purpurn umrandeter Flecke auf den Blättern oder schwielenartiger Anschwellungen auf den Blattadern oder Stielen voraus, die zu Verkrümmungen oder sogar zum Absterben der Stengel führen

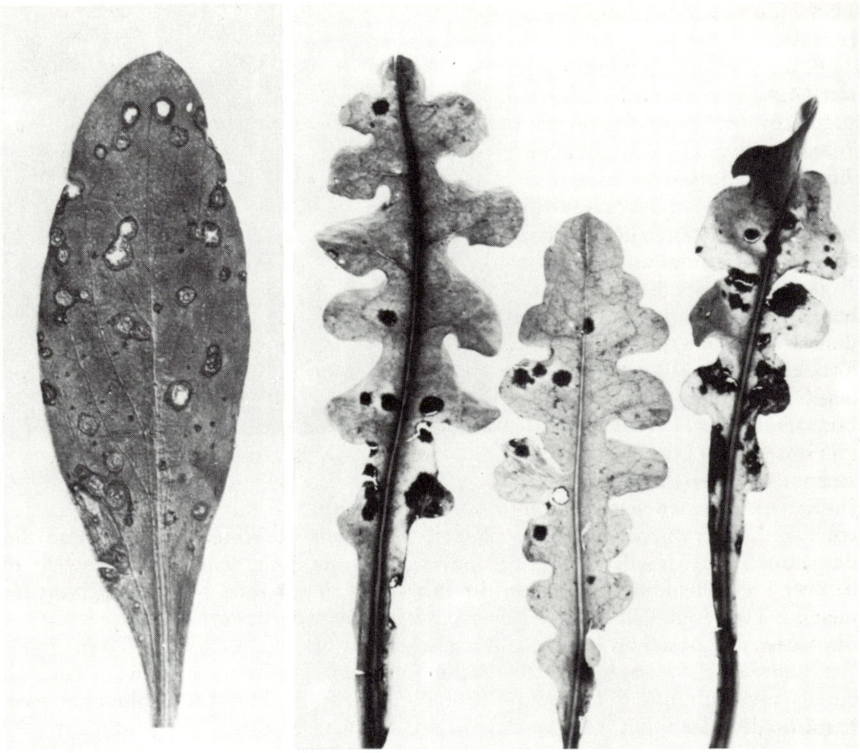

Abb. 184. Blattfleckenkrankheit bei Statice durch den Pilz *Phyllosticta* spec.
Abb. 185. *Cercospora*-Blattflecken auf Sommerstatice (Durchlicht).

können. Sowohl einjährige *Limonium sinuatum* als auch ausdauernde Arten (*Limonium latifolium*, L. *tataricum*) können von dem Pilz befallen werden.

Bekämpfung: Schon von Anfang Juni an vorbeugend und wiederholt in Abständen von 10–14 Tagen mit einem Zineb + Schwefel-Präparat, mit Mancozeb (z. B. Dithane Ultra), Metiram (Polyram-Combi) oder auch mit Triforine (z. B. Saprol) spritzen oder sprühen. Dabei ist wichtig, daß auch die Unterseiten der Blätter einen schützenden Belag erhalten.

Echter Mehltau (*Erysiphe polygoni* DC.). Blätter mit mehligweißem Überzug.

Bekämpfung: Wiederholt mit Dinocap-Präparaten (z. B. Karathane), Dichlofluanid (z. B. Euparen), Triforine (z. B. Saprol, 0,1%), Chloraniformethan (z. B. Imugan), Benomyl (0,05–0,1%) oder auch mit Dodemorph (z. B. Mehltaumittel F 238 spritzen.

Phyllosticta-Blattfleckenkrankheit (*Phyllosticta* spec.). Zunächst punktförmige, dunkelbraune, von breitem, gelblichem Hof umgebene Flecke. Mit der Vergrößerung der Erkrankungsstellen verschwindet die helle Umrandung. Die tabakbraunen Flecke wachsen bis zu einer Größe von etwa 0,5 cm heran und fließen zusammen, wobei stecknadelkopfgroße helle Zonen jeweils noch die Mitte der Einzelflecke bezeichnen (Abb. 184).

Bekämpfung: Vorbeugend und wiederholt mit einem Grünkupfer-Präparat oder mit Mancozeb (Dithane Ultra) spritzen oder sprühen.

Cercospora-Blattfleckenkrankheit (*Cercospora insulina* Sacc.). Braune, bis etwa 1 cm Durchmesser erreichende, oft rötlich umrandete Flecke auf den Blättern von *Limonium sinuatum* (Abb. 185).

Eine nahe verwandte, bisher noch nicht näher bestimmte *Cercospora*-Art verursacht eine sehr ähnliche Braunfleckung, die jedoch nicht auf die Blattrosette beschränkt ist, sondern auch am geflügelten Stengel der Statice zu finden ist.

Bekämpfung: Wie unsere Versuche zeigen konnten, lassen sich die Krankheiten bei vorbeugender Anwendung der Mittel mit Dichlofluanid (Euparen 0,3%) und Benomyl (0,05%) sehr sicher bekämpfen. Ohne ausreichende Wirkung blieben Behandlungen mit einem TMTD-Spritzpulver. Dort, wo Euparen und Benomyl gegen den Grauschimmel eingesetzt werden, erübrigen sich Sondermaßnahmen gegen *Cercospora.*

Virose. Im Verlauf des Juli, verstärkt ab Ende Juli, kann ein kleinfleckiges Mosaik auftreten, das die Entwicklung der Pflanzen nur wenig beeinträchtigt. In einigen Jahren sind jedoch auch wesentlich schwerere Krankheitssymptome beobachtet worden. Die Pflanzen verfärbten sich gelblich bis purpurrot und starben im oberen Bereich der Triebe ab. Die Blütenentwicklung erfolgte verzögert, viele Pflanzen starben noch vor der Blütenbildung ab. HEIN (unveröff.)* isolierte aus solchen Pflanzen mehrere Viren, deren Identifizierung noch nicht abgeschlossen ist. Mindestens eines davon ist durch Blattläuse übertragbar.

Lupinus, Lupine

Blatt- und Stengelfleckenkrankheit (*Ceratophorum setosum* Kirch.). Braune, unregelmäßig umrandete oder runde Flecke auf der Blattober- und -unterseite, sowie am Stengel. Die oft an den Blattspitzen oder -rändern gehäuften Flecke sind meist klein und zahlreich; hie und da erreichen sie jedoch die Größe von etwa 1 cm oder sie vereinigen sich zu größeren Schadstellen.

Bekämpfung: Wiederholt in Abständen von 14 Tagen mit einem Grünkupferpräparat oder mit Mancozeb (z. B. Dithane Ultra) spritzen.

Echter Mehltau (*Erysiphe polygoni* DC.). Weißlicher, mehliger Belag auf Blättern und Stengeln. Bei starkem Befall vergilben die Blätter und sterben ab.

Bekämpfung: Wiederholt mit einem Dinocap-Präparat (z. B. Karathane), mit Chloraniformethan (z. B. Imugan), Benomyl, Triforine (z. B. Saprol) spritzen. Bei großer Krankheitsgefahr die Mittel in Abständen von 8–10 Tagen anwenden.

Botrytis-Stengelfäule (*Botrytis cinerea* Pers.). Stengel an ihrer Basis mit braunen Faulstellen. Bei hoher Luftfeuchtigkeit auf den kranken Teilen ein grauer Schimmelrasen. Befallene Triebe welken und kippen um. Vor allem bei dichter Pflanzung auf schwerem Boden und anhaltend feuchter Witterung.

---

* Frau A. HEIN (Universität Hohenheim, Abt. Mikrobiologie und Phytopathologie) danken wir, daß sie uns die Ergebnisse ihrer bisherigen Untersuchungen zur Verfügung stellte.

Bekämpfung: Den Fuß der Pflanzen kräftig mit Benomyl oder auch mit Dichlofluanid (z. B. Euparen, 0,5%) spritzen und je nach Krankheitsgefahr weitere Behandlungen folgen lassen. Dabei sollte Euparen in Abständen von 10–14 Tagen ausgebracht werden. Bei Benomyl kann der Zeitraum zwischen zwei Behandlungen auch etwas weiter gewählt werden. Möglicherweise ist für diesen Verwendungszweck auch das Thiabendazol-Präparat Tecto fl. brauchbar.

Mahonia, Mahonie

Rost oder „Scharlachkrankheit" (*Cumminsiella sanguinea* Peck. Arth. = *Uropyxis mirabilissima* Peck. Magn.). Häufigste Erkrankung der Mahonie, vor allem an trokkenen Standorten. Im Frühjahr da und dort gelbe Pusteln auf der Blattunterseite, die meist wenig beachtet werden, von denen aber die weitere Ansteckung der Blätter ausgeht. Um so mehr fällt die Rosterkrankung auf, wenn im Sommer die Blattoberseite mit punktförmig-runden oder durch die Blattaderung mosaikartig abgegrenzten, blutroten Flecken übersät ist. Blattunterseits stecknadelkopfgroße Rostpusteln, die hellbraune Sommersporen, später auch dunklere Wintersporen enthalten.

Bekämpfung: Bekämpfungsmaßnahmen sind nur dort von Bedeutung, wo die Mahonien für Bindereizwecke genutzt werden. Der junge Austrieb ist durch vorbeugendes und wiederholtes Spritzen oder Sprühen mit Mancozeb (z. B. Dithane Ultra), einem Zineb + Schwefel-Mittel, mit Triforine (Saprol) oder mit Zineb-Präparaten zu schützen. Dabei ist dem Sprühen der Vorzug zu geben. Sowohl beim Spritzen wie beim Sprühen ist der Zusatz eines Netzmittels wichtig. Bei großer Krankheitsgefahr die Mittel wöchentlich ausbringen. Man achte darauf, daß auch die Unterseiten der Blätter einen schützenden Belag erhalten. Abgefallene Blätter, soweit möglich, sammeln und verbrennen.

Phyllosticta-Blattfleckenerkrankung (*Phyllosticta mahoniae* Sacc.). Graue, von verwaschener, dunkelroter Randzone umgebene Blattflecken, die, vor allem auf der Oberseite, mit winzigen schwarzen Punkten, den Pilzfruchtkörperchen, übersät sind.

Bekämpfung: Wiederholt mit Grünkupfer-Präparaten oder auch mit Mancozeb (Dithane Ultra) spritzen oder sprühen. Den Brühen jeweils ein Netzmittel hinzufügen.

Raupen. Sobald Fraßschäden auf die Anwesenheit von Schädlingen hinweisen, mit Methomyl (Lannate 25-WP) oder mit Azinphos (z. B. Gusathion H) spritzen.

Blattwespenlarven können durch ihre Fraßtätigkeit oft großen Schaden anrichten. Gut bewährt haben sich Parathion-Emulsionen und Parathion-Stäubemittel.

Matthiola, Levkoje

Bakterielle Erkrankungen der Blätter, Stengel und Schoten (*Pseudomonas-* und *Xanthomonas-*Arten). Die Mannigfaltigkeit der durch bakterielle Schaderreger hervorgerufenen und beschriebenen Schadbilder ist groß, doch lassen sie sich noch nicht in allen Einzelheiten sicher gegeneinander abgrenzen und einige Nomenklaturfragen bedürfen noch weiterer Klärung.

Eine dunkle Verfärbung der Blattadern (Bräunung der Gefäßbündel), Vergilbung und Welke der Pflanzen scheint auf den auch bei Kohlgewächsen vorkommenden Erreger *Xanthomonas campestris* (Pam.) Dows. zurückzugehen.

Eingesunkene Flecke auf den Schoten und am Stengel, unter Umständen Abknikken und Absterben der ganzen Pflanze, werden dem Befall durch *Pseudomonas syringae* van Hall zugeschrieben. Das Bakterium konnte auch aus Samen von kranken Samenträgern isoliert werden.

Bekämpfung der Bakteriosen: Anbaufläche wechseln. Levkojen (und Goldlack) nicht nach Kohl anpflanzen. Anzuchterde entseuchen. Samen nur aus gesunden Beständen entnehmen. Fortlaufende Spritzungen mit Grünkupferpräparaten in Abständen von weniger als 1 Woche können zwar den Befall herabsetzen, dürften aber kaum lohnend sein.

Schwarzbeinigkeit (verschiedene Erreger wie z. B. *Pythium debaryanum* Hesse, *Fusarium* spec. und *Rhizoctonia solani* Kühn). Die Keimlinge fallen infolge Fäulnis am Stengelgrund um. Auch ältere Pflanzen können noch Fußerkrankungen zeigen, an denen die genannten Pilze beteiligt sind.

Bekämpfung: Überbrausen des Saatbeetes mit Zineb, später mit Captan-Brühe. Als spezifisch wirksame Mittel können eingesetzt werden: gegen *Pythium* das Fenaminosulf-Präparat Bayer 5072 (0,03%), gegen *Fusarium* und *Rhizoctonia* Du Pont Benomyl (0,05%).

Phoma-Stengelfäule (*Phoma lingam* (Tode) Desm.). Vor allem am Stengelgrund, manchmal auch an oberen Stengelteilen Faulstellen, auf denen als winzige schwarze Pünktchen die Fruchtkörperchen des Pilzes zu erkennen sind. Bei starkem Befall gehen die Pflanzen zugrunde.

Bekämpfung: Anbauflächen wechseln. Kohlartige Gewächse oder auch *Cheiranthus* als Vorkulturen vermeiden. Desinfektion der Anzuchterde. Heißwasserbeizung der Samen. Nach amerikanischen Erfahrungen 10 Minuten in Wasser von 54–55 °C, dann sofortiges rasches Abkühlen und Trocknen bei Zimmertemperatur, jedoch nicht in direkter Nähe des Heizkörpers. Ob das gegen eine Reihe von Phoma-Erkrankungen gut wirksame Captafol-Präparat Ortho Difolatan (z. B. den Fuß der Pflanzen kräftig mit 0,2%iger Brühe spritzen oder mit der gleichen Brühe angießen) für diesen Verwendungszweck mit Erfolg eingesetzt werden kann, wird zu prüfen sein.

Falscher Mehltau (*Peronospora matthiolae* Gäum.). Blätter oberseits mit blaßgelben Flecken, unterseits an diesen Stellen flaumig-weißlicher Pilzbelag. Stark befallene Pflanzen verkrüppeln.

Bekämpfung: Vorbeugend und wiederholt mit einem Zineb-Mittel oder mit Mancozeb (z. B. Dithane Ultra) spritzen. Dabei ist wichtig, daß auch die Blattunterseiten mit einem schützenden Belag versehen werden. Bei großer Krankheitsgefahr die Mittel wöchentlich ausbringen. Schließlich wäre auch an die Verwendung des sich durch teilsystemische Wirkung auszeichnenden Prothiocarb-Präparates Previcur zu denken.

Grauschimmel (*Botrytis cinerea* Pers.). Blütenstände mit grauem Schimmelrasen bedeckt. Auch Jungpflanzen werden leicht befallen und können bei starker Erkrankung absterben. Die Krankheit tritt vor allem bei engem Stand in dunklen, schlecht durchlüfteten Häusern auf.

Bekämpfung: Vorbeugend und wiederholt mit B 500 (Chinolinderivat) stäuben oder in Abständen von 10–14 Tagen mit Benomyl (0,05%) oder mit Dichlofluanid (z. B. Euparen, 0,3%) spritzen. Unter Glas auch mit Thiabendazol (z. B. Tecto Räuchertabletten) räuchern.

Erdflöhe (*Phyllotreta*-Arten) verursachen Lochfraß. Siehe Seite 83.

Abb. 186. Buntstreifigkeit der Levkoje.

Blattwanzen. Der von Blattwanzen angerichtete Schaden zeigt sich in verkrüppelten Blättern und Triebenden. Siehe Seite 92.

Buntstreifigkeit, mildes und schweres Mosaik (Matthiola virus 1). Die Blüten der farbigen Sorten sind gestreift und gescheckt, die Blütenblätter kleiner als normal (Abb. 186). Auch die Laubblätter zeigen eine mosaikartige hell-dunkelgrüne Scheckung, die sich beim milden Mosaik im späteren Entwicklungsverlauf verliert. Die kranken Pflanzen sind mehr oder weniger gestaucht im Wuchs. Die Übertragung erfolgt mit Saft kranker Pflanzen (z. B. beim Schnitt) oder auch durch Blattläuse. Keine Übertragung mit Saatgut. Das Virus ist auf einer Reihe anderer Kreuzblütler (Hirtentäschelkraut, Senf und anderen) ebenfalls anzutreffen.

Zu einer Buntstreifigkeit der Levkojen-Blüte kommt es auch bei Befall durch das Virus der **Schwarzringfleckigkeit des Kohls,** doch zeichnen sich in diesem Fall die Blätter vor allem durch Kräuselung und Verdrehung der Ränder aus.

Verhütung des Virusbefalls: Levkojen nicht in der Nähe von Kreuzblütlern (Kohl, Senf usw.) pflanzen, kreuzblütige Unkräuter vernichten, Blattläuse bekämpfen.

Myosotis, Vergißmeinnicht

Treibvergißmeinnicht nicht zu dicht pflanzen. Bei engem Stand haben die unteren Blätter später unter Lichtmangel zu leiden. Sie vergilben, werden abgestoßen und geben Anlaß zu Fäulnis (Grauschimmel). Als Winterstandort sind helle, luftige Kalthäuser am besten geeignet. Alpestris-Sorten lassen sich nicht treiben. Sie brauchen Temperaturen um 6–10 °C. Wärmer kann man Myosotis-Hybriden halten. Einseitig mit Stickstoff versorgte Pflanzen sind im Winter fäulnisanfälliger. Myosotis-Hybriden sind frostempfindlich. Da Freilandpflanzen stark unter Kahlfrost leiden, ist über Winter mit Fichten- oder Tannenreisig zu decken.

Echter Mehltau (*Erysiphe horridula* Lév.) siehe Seite Seite 34.

Grauschimmel (*Botrytis cinerea* Pers.). Tritt vor allem bei engem Stand in dunklen, schlecht durchlüfteten Häusern auf.

Bekämpfung siehe bei *Matthiola* Seite 343.

Blattläuse siehe Seite 85.

Empfindlichkeit gegen Pflanzenschutzmittel: Bei Aussaaten mit TMTD-Präparaten Vorsicht. Die Blütchen sind gegenüber Botrysan empfindlich.

Myrtus, Myrte

Man sorge stets für guten Wasserabzug. Für die Wintermonate ist ein kühler, luftiger und vor allen Dingen heller Standort wichtig. Myrten gehören nicht in eine dunkle Gewächshausecke oder gar unter Tische oder Stellagen. Tropfenfall wird nicht vertragen. Temperaturen um 6–8 °C sind für die Überwinterung günstig. Zu kühler Stand bei reichlicher Wasserversorgung läßt die Blätter vergilben und abfallen. Hält man die Pflanzen über Winter zu warm, kommen sie zu früh in Trieb und machen lange, spillerige Triebe. Während der Sommermonate ist stets auf ausreichende Wasserversorgung zu achten. Ballentrockenheit führt zu Blattfall.

Myrtenschütte (*Cercospora myrti* Erikss.). Dunkelbraune oder rötliche Blattflecke, die auf der Blattunterseite einen gräulichen Anflug (Sporenbildung) zeigen, führen zu verfrühtem Abwurf der Blätter. Die Erkrankung wird begünstigt durch dumpfe, warme Luft und Lichtmangel.

Bekämpfung: Pflanzen hell und luftig stellen, zu hohe Temperaturen vermeiden. Befallene Blätter sammeln und verbrennen. Wiederholt mit Zineb-Präparaten, Mancozeb oder auch mit Du Pont Benomyl (0,05%) spritzen, wobei zu beachten ist, daß vor allem auch die Unterseiten der Blätter mit einem ausreichenden Spritzbelag versehen werden.

Schildläuse. Durch Saugtätigkeit und Honigtauabsonderung schaden Deckelschildläuse, Napfschildläuse und Schmierläuse. Die sich auf dem „Honigtau“ ansiedelnden Schwärzepilze verschmutzen die Pflanzen (siehe (siehe Seite 88).

Weiße Fliege (Mottenschildlaus). Die mit weißen Flügelchen versehenen alten Mottenschildläuse und ihre schildlausähnlichen Larven gehören mit zu den Hauptschädlingen der Myrte (siehe (siehe Seite 93).

Narcissus, Narzisse

Treibnarzissen. Zwiebeln sobald als möglich auspacken, auf Krankheits- und Schädlingsbefall überprüfen und hernach kühl, trocken, luftig und vor Sonne geschützt aufbewahren. Narzissen für die sehr frühe und frühe Blüte mit Oktoberbeginn einpflanzen. Vor allem gilt dies für die bei 9 °C gekühlten Zwiebeln. Die Temperatur im Einschlag soll 10 °C möglichst nicht überschreiten. Auch ein Absinken unter 6 °C ist zu vermeiden. Stehen Bewurzelungsräume mit Temperaturregelung zur Verfügung, die gepflanzten Zwiebeln bei 9 °C aufstellen. Anzustreben ist eine Luftfeuchtigkeit von 90–100%.

Zwiebeln erst dann in die Treibräume bringen, wenn sie gut bewurzelt sind und der Trieb den einzelnen Sorten entsprechend entwickelt ist. Im Treibhaus wollen Narzissen möglichst hell stehen. Sowohl bei 9 °C gekühlte als auch nicht gekühlte Narzissen dürfen nicht zu warm (über 18 °C) getrieben werden. Für „Rotkronige“ ist im allgemeinen eine Gewächshaustemperatur von 15 °C angemessen. Nur die Sorte 'Fortune' sollte bei 13 °C zur Blüte gebracht werden. Im übrigen werden gekühlte Zwiebeln in der Treiberei genau so behandelt wie ungekühlte. Man muß nur wissen, daß ihre Entwicklung wesentlich schneller vor sich geht. Sobald sich die Blumen zu öffnen beginnen, kühl und luftig stellen. Hält man zu warm und zu feucht, vergeilen die Pflanzen.

Fusarium-Zwiebelgrundfäule (*Fusarium oxysporum* Schlecht. sensu Snyd. et Hans.). – Quarantänekrankheit. – Meist am Zwiebelboden bzw. den Wurzelansatzstellen angreifende Fäule, die einerseits zum Absterben der Wurzeln führt, andererseits eine oft weit in das Zwiebelinnere eingreifende Bräunung und Fäulnis der Schuppen verursacht (Abb. 187). Auf der Oberfläche gefaulter Schuppen oft rosa Pilzbelag.

Je nach Grad und Zeitpunkt der Erkrankung macht sie sich früher oder später auch an den oberirdischen Teilen bemerkbar. Die Blätter vergilben von der Spitze aus, die Blüten kommen nicht mehr normal zur Entwicklung oder bleiben ganz stecken. Aus stark befallenen Zwiebeln erfolgt von Anfang an nur kümmerlicher Austrieb. Die Pflanzen sterben bald ab.

Die Krankheit tritt vor allem in Gebieten mit feuchtwarmem Klima auf. Gelangen die Zwiebeln beim Versand oder bei der Lagerung in Temperaturen über 21 °C, so kann die Fäule sehr rasche Fortschritte machen. Die besten Entwicklungsbedingungen hat der Pilz bei 27–32 °C.

Bekämpfung: Kranke Pflanzen schon während der Vegetationszeit vorsichtig samt der umgebenden Erde entfernen. Zwiebeln nach der Ernte rasch, aber nicht direkt in der Sonne und nicht bei zu hoher Temperatur trocknen, bei der Lagerung öfters durchsehen und kranke auslesen. Verletzungen vermeiden. Kühle und luftige Lagerung ist wichtig.

Beim Bezug von Treibzwiebeln sind diese nach Empfang gründlich durchzusehen. Die kranken Zwiebeln erkennt man am gebräunten Wurzelboden und an weichfaulen Stellen am Grunde der äußeren Zwiebelschuppen (krankheitsverdächtige Zwiebeln aufschneiden!). Einer Beizung, z. B. in Du Pont Benomyl-Brühe (0,2%, 15 Min.) kann nur vorbeugende Wirksamkeit zugemessen werden. Stärker befallene Zwiebeln, bei denen der Pilz schon in das Gewebeinnere eingedrungen ist, können durch die Behandlung nicht geheilt werden. Wo die Krankheit einmal aufgetreten ist, muß vor allem den hygienischen Maßnahmen eine erhöhte Aufmerksamkeit geschenkt werden. Einschlagplatz wechseln oder entseuchen, Töpfe und Kistchen mit Formalin behandeln. Im Freiland Wechsel der Anbaufläche. Stickstoffdüngung zugunsten der Kalidüngung etwas einschränken.

Ob eine kombinierte, chemische und Warmwasser-Behandlung gegen Fusarium- und Nematoden-Befall, wie sie früher mit den Quecksilber-Naßbeizmitteln üblich war, auch mit der Benomyl-Brühe möglich ist, ist zur Zeit noch nicht geklärt.

Botrytis-Blatt- und -Blütenflecke, „Narzissenfeuer“ (*Botrytis polyblastis* Dows. = *Sclerotinia polyblastis* Greg.). Auf den Blüten- und Kelchblättern, ähnlich wie bei Tulpe (siehe Seite 443) zuerst kleine, wäßrig-durchsichtige, später bräunliche Flecke, auf den Laubblättern gelblich- oder rötlichbraune, längliche Flecke, die bei hoher Luftfeuchtigkeit mit grauem Schimmel bedeckt sind. Bei regnerischer Witterung kann die Krankheit sehr rasch um sich greifen. Auf den abgestorbenen Pflanzenteilen schwarze Dauerkörperchen, die etwa 0,5 cm groß werden können.

Bekämpfung siehe „Tulpenfeuer“ Seite 443.

Botryotinia-Zwiebel- und -Triebfäule (*Botryotinia narcissicola* (Greg.) Buchn. = *Sclerotinia narcissicola* Greg.) (Abb. 188). Die hauptsächlich mit der Zwiebel übertragbare Krankheit ist bei sorgfältiger Durchsicht des Pflanzgutes meist schon gegen Ende der Lagerung zu erkennen. Von der Zwiebelspitze ausgehend bilden sich auf den äußersten Schuppen braune Flecke, auf denen bei fortschreitender Fäule die bis etwa 4 mm langen, etwas abgeplatteten schwarzen Sklerotien entstehen. Stär-

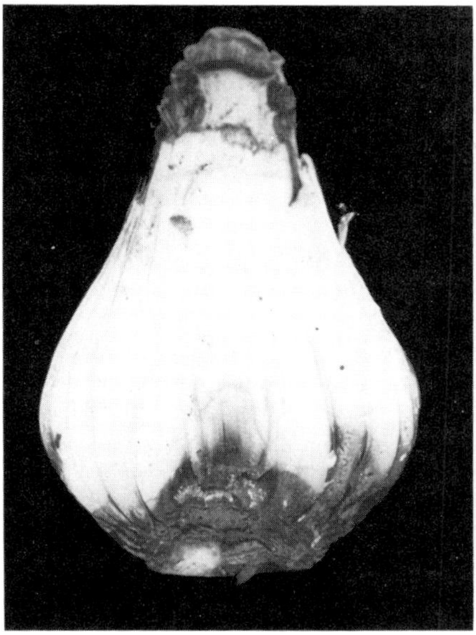

Abb. 187. Fusarium-Zwiebelgrundfäule *(Fusarium oxysporum)* bei Narzisse.
Abb. 188. Aufgeschnittene Narzissenzwiebel mit Befall durch *Botryiotinia narcissicola.*

ker befallene Zwiebeln, bei denen auch der Zwiebelboden fault, sind in der Bewurzelung und dadurch auch im Austrieb gestört. Die austreibenden Blätter sind verkrüppelt und zeigen vor allem bei feuchter Witterung schleimige Faulstellen, auf denen sich ein graubrauner Schimmel entwickelt. Schwarzbraun verfärbte Blattspitzen können ebenfalls ein Anzeichen der Erkrankung sein.

Die Botryotinia-Fäule wird hauptsächlich mit befallenen Zwiebeln verbreitet. Sind nur die äußersten Schuppen befallen, so entstehen im allgemeinen keine stärkeren Schäden an den daraus erwachsenen Pflanzen. Aus Zwiebeln mit Spitzenfäule gehen meistens etwas kleinere, blaßgrüne Pflanzen hervor.

Bekämpfung: Sorgfältige Auslese befallener Zwiebeln. Bei der Lagerung für gute Durchlüftung sorgen. Beizung vor der Pflanzung mit Du Pont Benomyl (0,2%, 30 Min.). Die Freiland-Pflanzung darf nicht zu spät (vor Mitte Oktober) erfolgen.

Stagonospora-Blatt- und -Zwiebelerkrankung (*Stagonospora curtisii* (Berk.) Sacc.). Meist nur die Blattspitzen mit hellen oder rötlichbraunen, schorfigen Fleckchen. Seltener (im Freiland bei feuchtem Wetter) entstehen auf der Blattspreite etwas größere rötlichbraune, ovale Flecke und gelegentlich auch Blütenbefall. Kranke Zwiebeln zeigen an den Spitzen fettfleckenähnliche, dunkelbraune Faulstellen. Der Pilz ist an seinen punktartig kleinen, schwarzen Fruchtkörperchen (Lupe) zu erkennen. Er ist auch als Schädiger der „Amaryllis" bekannt.

Bekämpfung: Im allgemeinen richtet die Krankheit keinen großen Schaden an, doch kann, wo stärkeres Umsichgreifen (im Freiland bei ungünstiger Witterung) droht, mit einem Zineb- oder Maneb-Präparat (jeweils 0,2%) gespritzt werden. Bei der Lagerung ist keine Ausbreitung zu befürchten.

„Ringelkrankheit" durch Älchenbefall (*Ditylenchus dipsaci* (Kühn) Filip. var. *narcissi* de Bruyn Ouboter). Die Pflanzen treiben schlecht und oft mit verkrümmten Sprossen aus. Die Blütenbildung ist bei starker Erkrankung gänzlich unterdrückt. Die Blätter zeigen gelbliche, knötchenförmige Anschwellungen, die deutlich zu fühlen sind und in denen sich Nematoden nachweisen lassen. Die kranken Zwiebeln weisen im Innern braune Faulstellen auf, die, wenn sie auf einzelne Schuppen beschränkt sind, ringförmige Anordnung zeigen können. Das Wurzelwerk befallener Zwiebeln ist gesund und kräftig.

Bekämpfung: Hygienische Maßnahmen wie bei Hyazinthe. Eine Warmwasserbehandlung krankheitsverdächtiger Zwiebeln verspricht guten Erfolg, wenn sie mit aller Vorsicht vorgenommen wird. Nachdem die Zwiebeln 10–14 Tage bei 25–30 °C gelagert waren, werden sie 24 Stunden in Wasser eingeweicht. Dann wird die Wassertemperatur 4 Stunden lang auf 45 °C erhöht. Nach der Behandlung muß möglichst rasch abgekühlt und bei guter Belüftung (unter Umständen bei leichter Beheizung) getrocknet werden. Die Behandlung darf nur bei ruhenden Zwiebeln, vor Austreiben des Wurzelkranzes, frühestens 2–3 Wochen nach dem Roden und möglichst vor Mitte August (keinesfalls später als 15. September) vorgenommen werden. Wie holländische Erfahrungen lehren, ist sonst die Abtötung der Älchen nicht mehr unbedingt gewährleistet. Auch können die Zwiebeln leichter Schaden leiden. Ganz besonders gilt dies für kühl gelagerte Zwiebeln. Die Dauer der Behandlung hängt wie bei der Hyazinthe von der Größe der Zwiebeln ab, muß also bei kleineren Zwiebeln unter Umständen etwas herabgesetzt werden.

Da die bei der Narzisse vorkommenden Nematoden auch auf Speisezwiebeln und *Scilla* übergehen können, dürfen diese Kulturen nicht auf verseuchten Feldern angebaut werden. Gewisse Unkräuter (z. B. Wegerich) können Wirtspflanzen für Nematoden sein. Es muß deshalb auf Unkrautfreiheit der Bestände geachtet werden. Das Land ist tief umzugraben. Auch sollte möglichst einige Jahre lang mit dem Anbau anfälliger Kulturen ausgesetzt werden.

Da bei der Warmwasserbehandlung leicht eine Verschwemmung von Fusarium-Sporen von Zwiebeln, die mit dieser Krankheit behaftet sind, erfolgen kann, wäre eine kombinierte Behandlung gegen Nematoden und Pilze wünschenswert. Leider stehen die früher für diesen Verwendungszweck gebräuchlichen Quecksilber-Naßbeizmittel nicht mehr zur Verfügung. Ob Benomyl an ihre Stelle treten kann, wäre noch zu klären.

Wurzelerkrankung durch wandernde Nematoden (*Pratylenchus penetrans* (Cobb.) Sher. et Allen). Wurzeln stellenweise mit bräunlichen Verfärbungen (ähnlich wie bei Maiblume, siehe Seite 196, Abb. 105). Die Nematoden befallen die Wurzelrinde. In die Verwundungsstellen dringen nachträglich Pilze (z. B. *Cylindrocarpon radicicola* Wr.) ein, die eine weitere Zerstörung und Bräunung des Rindengewebes verursachen.

Bekämpfung: Auf verseuchten Flächen einige Jahre keine Zwiebelgewächse anbauen. Bodenentseuchung mit Dazomet (Basamid Granulat), Dichlorpropen + Dichlorpropan (Shell DD), Methylbromid (z. B. Terabol) oder mit Di-Trapex.

Narzissenfliegen

Quarantäneschädlinge. – Der Gärtner begegnet den Fliegen wohl kaum und heute auch nur selten ihren Larven. Es ist vor allem die Große Narzissenfliege, die manchmal mit befallenen Zwiebeln in die Betriebe eingeschleppt wird. Lassen sich bei der Überprüfung der Zwiebelware die Zwiebeln von der Spitze her leicht eindrücken,

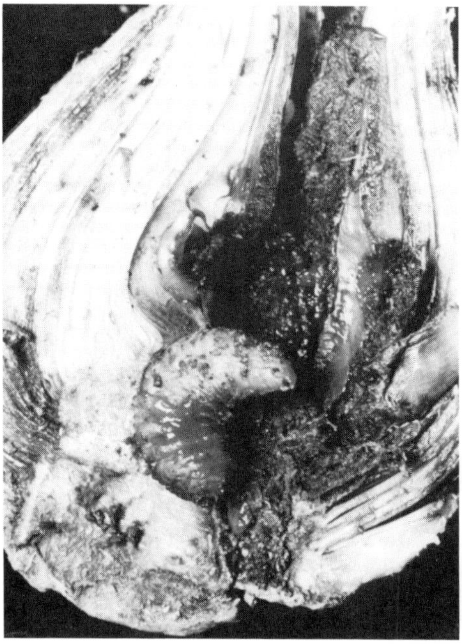

Abb. 189. Von der Made der Großen Narzissenfliege ausgefressene Narzissenzwiebel.
Abb. 190. Die einer kleinen Hummel ähnlich sehende Große Narzissenfliege. Darunter ihre Made. Etwa 3fach vergrößert.

besteht begründeter Verdacht auf Madenbefall. Ein Schnitt durch die Zwiebel gibt Aufschluß. Steckenbleiben, kümmerlicher, oft schopfartiger Austrieb, vergilbende Blätter sind äußere Kennzeichen des Narzissenfliegenbefalls. Leider wird man auf die Schäden im allgemeinen erst dann aufmerksam, wenn die Larven das Zwiebelinnere schon weitgehend zerstört haben (Abb. 189).

Große Narzissenfliege (*Lampetia equestris* F.). Die dicken, schmutzig-weiß bis gelblich gefärbten, stark geringelten Maden der Großen Narzissenfliege sind beinlos und werden bis etwa 18 mm lang (Abb. 189). Gewöhnlich wird eine Zwiebel nur von einer Made bewohnt. Hin und wieder findet man aber auch einmal 2 oder 3. Die Maden überwintern in den Zwiebeln und kommen im Frühjahr heraus, um sich in der Umgebung der Zwiebel, nahe der Bodenoberfläche, zu verpuppen. Die nach ungefähr 5 Wochen schlüpfenden, etwa 12 mm langen, rotbraunen bis dunkelbraunen, behaarten Fliegen ähneln einer kleinen Hummel, besitzen aber im Gegensatz zu dieser nur 2 Flügel (Abb. 190). Ihr Hinterleib ist gelb oder grau gebändert. Während die Fliegen im Freiland etwa von Ende April–Anfang Mai an erscheinen und dann bis in den Juli hinein fliegen, sind sie unter Glas oft schon im Februar anzutreffen. Die weißen, etwa 1,5 mm langen Eier werden einzeln an die Zwiebeln, den Grund der Blätter oder auch in die Erde in der Umgebung der Pflanzen abgelegt. Gewöhnlich bohren sich die ausschlüpfenden Maden vom Zwiebelboden her in die Zwiebeln ein, um dort ihren Schadfraß auszuüben. Außer Narzissen werden häufiger

Hippeastrum befallen. Auch bei *Haemanthus, Hyazinthus* und *Valotta* können hin und wieder Schäden beobachtet werden.

Kleine Narzissenfliege (*Eumerus strigatus* Fall. u. a.). Die mehr schlanken, etwa 7–10 mm langen, geringelten, weißlich bis rötlich gefärbten und beinlosen Maden der Kleinen Narzissenfliege haben am Hinterende einen kurzen, braunen Fortsatz. Sie finden sich stets in größerer Zahl, oft bis zu 30 und mehr in einer Zwiebel. Ein Überwandern auf benachbarte Zwiebeln, wie es z. B. bei den Maden der Großen Narzissenfliege der Fall ist, findet nicht statt. Die Kleine Narzissenfliege hat 3 Generationen im Jahr. Die Fliegen der ersten Generation erscheinen im Mai und Juni, die der zweiten von Anfang Juli an. Schließlich ist im September mit Fliegen der dritten Generation zu rechnen. Es überwintern die Maden der letzten Generation in den Zwiebeln.

Da sich die Larven nicht nur im Boden, sondern gelegentlich zwischen den äußeren Zwiebelschuppen verpuppen, wird man hin und wieder auch die 6–8 mm langen, braunen, rötlichen oder gräulichen Tönnchenpuppen in den faulen Zwiebeln feststellen können.

Die bis 9 mm lange, schwarz gefärbte und metallisch glänzende Kleine Narzissenfliege hat zu beiden Seiten des Hinterleibs drei gelbliche, halbmondförmige Flecke, die ihr auch den Namen Zwiebelmondfliege eingebracht haben. Die Eier werden an den Grund der Blätter, an die Zwiebeln oder auch in die Erde in die Nähe der Pflanzen abgelegt, wobei anderweitig geschädigte oder angefaulte Zwiebeln bevorzugt mit Eiern belegt werden.

Neben Narzissen werden auch Hyazinthen, *Hippeastrum,* Lilien, Tulpen und Speisezwiebeln befallen.

Bekämpfung der Narzissenfliegen: Zwiebelware nach Empfang bzw. nach dem Roden stichprobenweise auf Befall überprüfen. Bei Befall oder Befallsverdacht noch ruhende Zwiebeln für 2 Stunden in Wasser von 43 °C oder versuchsweise auch für 10 Minuten in die Lösung einer Chlorfenvinphos-Emulsion (z. B. Birlane-Fluid, Sapecron flüssig, jeweils 0,1%) tauchen. Ob das Hinzufügen pilzwirksamer Mittel zur Insektizidbrühe die Zwiebeln ungünstig beeinflußt oder auch die Wirksamkeit der einzelnen Komponenten beeinträchtigt, muß erst geklärt werden. Man wird es auf einen Versuch ankommen lassen müssen. Schlecht auflaufende Zwiebeln rechtzeitig, d. h. bevor die Maden in den Zwiebeln ihre Entwicklung beendet haben, entfernen und vernichten.

Früher war es gebräuchlich, die Zwiebeln zum Schutze vor Neubefall auf den Beeten kurz vor dem Pflanzen für 10 Minuten in Brühen von Aldrin, Heptachlor, Dieldrin oder Chlordan zu tauchen. Mittel dieser Art stehen jedoch heute nicht mehr zur Verfügung. Was sich in dieser Situation anbieten dürfte, sind vor allem Präparate mit dem Wirkstoff Chlorfenvinphos (z. B. Birlane-Granulat, Sapecron-Granulat, Birlane-Fluid, Saprecon flüssig). Bekanntlich zeichnen sich diese Mittel durch verhältnismäßig gute Dauerwirkung aus. Da jedoch Erfahrungen bei Narzissen nicht vorliegen, kann derzeit nur zur versuchsweisen Anwendung der Präparate geraten werden. Es ist zu empfehlen, Feldbestände bald nach dem Spitzen im Frühjahr breitflächig mit 500 g/Ar Granulat zu überstreuen bzw. bei Reihenpflanzung die Mittel anteilmäßig in einem Band auszubringen. Ergänzend dazu ist nach der Blüte und bis gegen Ende Juni in Abständen von 14 Tagen mit Birlane-Fluid oder Sapecron flüssig (0,1%) oder auch mit einer Lindan-Emulsion sehr sorgfältig zu spritzen, wobei vor allem auch der Zwiebelhals gut getroffen werden muß.

Narzissenmilbe, Zwiebelschalenmilbe (*Stenotarsonemus laticeps* Halb.). Die zu den Weichhautmilben zählenden, nur etwa 0,2–0,25 mm langen, glasig-weißen Tierchen (Lupe!) greifen die Zwiebeln von der Spitze aus an und verbreiten sich dann zwischen den Zwiebelschuppen weiter nach unten. Als auffälliges Befallsmerkmal zeigen sich im Innern der Zwiebel an den Schuppen kleine, gelbbraune Stippen. Stark befallene Zwiebeln werden weich und geben auf Druck leicht nach. Aus ihnen gehen meist nur kümmerliche Pflanzen mit beulig verbogenen Blättern und Stengeln hervor, wobei die Blattränder rauh und sägeförmig verbildet sein können. Blütenknospen öffnen sich nicht, bleiben taub oder bringen nur unvollkommene Blüten hervor. Die Milben verbreiten sich über die oberirdischen Teile und gehen von dort aus auf andere Pflanzen über. Siehe Seite 63.

Bekämpfung: Die noch in Ruhe befindlichen Zwiebeln 2 Stunden lang in Wasser von 43,5 °C tauchen. Wird während des Treibens Milbenbefall frühzeitig erkannt, Blattschopf und Sproßteile befallener Bestände kräftig mit Dimethoat-Emulsion spritzen.

Die **Virosen der Narzisse** – es sind heute mehr als 12 verschiedene Viren nachgewiesen – nur auf Grund des Schadbildes auseinanderzuhalten, ist äußerst schwierig, da die verschiedenen Sorten sehr verschieden auf den Virusbefall reagieren. Außerdem liegen oft Mischvirosen vor. Es seien daher an dieser Stelle nur einige der wichtigsten und charakteristischsten Symptombilder aufgeführt (95):

1. **Narzissen-Grauvirus** (holländisch: „grijs"). Gelbliche, unterbrochene Längsstrichelung auf den Blättern, bei schwerem Befall auch am Blütenschaft. Blattoberfläche rauh durch Gewebeaufwölbungen, vor allem an den Blattspitzen, Blätter oft kürzer als normal. Nicht selten ist auch die Blütenausfärbung gestört.

Bei manchen Sorten sind die Krankheitsmerkmale kaum ausgeprägt. Nur leicht aufgehellte Blattspitzen bei Erkrankung zeigt z. B. die Sorte 'King Alfred'. Bei anderen Sorten ist die Virose völlig maskiert.

2. **Tabak-Ratel-Virus.** Bei milder Form der Erkrankung helle Fleckung oder rautenförmige Zeichnungen in der unteren Hälfte der Blätter und des Blütenschaftes. Die Symptome sind am deutlichsten vor der Blüte, danach verschwinden sie häufig wieder. Bei schwerer Infektion zeigt das ganze Blatt die oben beschriebenen Anzeichen der Erkrankung. Außerdem ziehen sich ziemlich breite, blaßgrüne oder weiße eingesunkene Streifen über die ganze Länge des Blattes. Dieses letztere Schadbild zeigt mit Sicherheit die Anwesenheit von Ratel an. Die Länge der Blätter ist bei den erkrankten Pflanzen sehr unterschiedlich, außerdem sind an der Blattspitze oft große, ovale, bräunliche Flecke mit aufgerauhter Oberhaut festzustellen. Pflanzen, die mit Grauvirus und Ratel-Virus infiziert sind, zeigen oft besonders schwere Symptombilder.

Das Ratel-Virus wird im Boden übertragen durch wandernde Wurzelnematoden (*Trichodorus* spp.).

3. **Narzissen-Mosaik** tritt nach bisherigen Erfahrungen meist erst nach der Blüte mit einer hellen, gelegentlich auch braunen Blattfleckung (letzteres z. B. bei der Sorte 'Mount Hood') an der Spitze des Blattes in Erscheinung. Bei Mosaiksymptomen, die bereits vor der Blüte zu beobachten sind, besteht immer der Verdacht, daß sie durch andere Virosen oder Mischvirosen hervorgerufen sind.

4. **Silberblättrigkeit** (holländisch: „Zilver"). Symptome oft ähnlich wie bei Ratel, jedoch ist das Gewebe der weißen Streifen nicht eingesunken und nicht scharf von

den angrenzenden grünen Blattpartien abgesetzt. Auch diese Erkrankung tritt bereits vor der Blüte deutlich in Erscheinung, später entwickeln sich oft schwere Symptombilder von „Silberblättrigkeit": silbrig-weiße, später oft sich bräunende Streifen auf den Blättern, vorzeitiges Absterben des Laubes, besonders bei hohen Temperaturen. Wahrscheinlich wird diese Virose durch Blattläuse übertragen, doch ist noch wenig Sicheres über die Erkrankung bekannt.

5. **Braunstreifigkeit und -fleckigkeit.** Das Laub zeigt erst nach der Blüte schokoladebraune, langgezogene Streifen oder eckige Flecke. Die Krankheitssymptome treten am deutlichsten hervor nach heißen Witterungsperioden mit starker Besonnung. Es ist noch wenig bekannt über diese Virose.

6. **Latentes Narzissen-Virus.** Die Virose verursacht, wo sie alleine vorhanden ist, keine Krankheitssymptome, bei Mischinfektionen führt sie zur Verstärkung der Schadbilder.

Bei Treibnarzissen **bleiben die Blüten stecken, die Knospen sind „taub" oder „blind".** Außer den bei der Tulpe auf Seite 454 genannten Ursachen kann die Erscheinung der „tauben" Blütenknospen auch durch zu hohe Temperaturen bei der Heißwasserbehandlung hervorgerufen werden.

Nerine

Fusarium-Zwiebelfäule (*Fusarium moniliforme* var. *subglutinans* Wr. et Rg.) (96). Vom Zwiebelboden ausgehende Fäule, die sich auf die Schuppen ausdehnt. Befallene Pflanzen gehen zu Grunde.

Bekämpfung: Die Erde für Nerinen muß durchlässig und vor allem krankheitsfrei sein. Bodendämpfung ist anzuraten. Zur vorbeugenden Bekämpfung der Krankheit ruhende Zwiebeln für 15 Min. in 0,2%ige Du Pont Benomyl-Brühe tauchen. Frühzeitige Entfernung kranker Pflanzen während der Kulturzeit. Sorgfältige Durchsicht der Lagerzwiebeln auf Fäule am Zwiebelboden.

Blütenbefall durch *Stagonospora curtisii* (Berk.) Sacc. (97). Auf den Blütenblättern helle Fleckchen mit oft gebräunter Mitte, auf den Blütenhüllblättern rote bis bräunliche Flecke und an den Blütenschäften nicht sehr auffällige, höckerig oder warzenartig aufgetriebene hellrote Stellen. Stark befallene Blüten bleiben stecken, sind oft mißgestaltet und verbräunt. Die Krankheit wurde in Deutschland bisher nur einmal in einer Kastenanlage beobachtet.

Bekämpfung: Kranke Pflanzen entfernen und vernichten. Wiederholt mit einem Zineb- oder Maneb-Mittel spritzen. Unter Glas hohe Luftfeuchtigkeit vermeiden. Ob eine Warmwasserbehandlung, wie sie beispielsweise für ruhende *Hippeastrum*-Zwiebeln empfohlen wird, auch bei Nerine möglich ist, ist nicht bekannt.

Wolläuse mit einem Propoxur-Präparat (z. B. Unden flüssig) oder versuchsweise auch mit einer Dimethoat-Emulsion bekämpfen. Unter Glas sind auch Dichlorvoshaltige Mittel (z. B. Dedevap) brauchbar. Voraussetzung ist allerdings, daß die Mittel wiederholt angewandt werden.

Abb. 191. Vom Oleanderkrebs *(Pseudomonas tonelliana)* befallener Oleandertrieb.

Nerium, Oleander

Günstiger pH-Bereich: 6–7,5. Guter Wasserabzug ist wichtig. Im Sommer für ausreichende Wassergaben sorgen, da sonst mit Blattfall zu rechnen ist. Der Überwinterungsstandort soll hell und kühl sein. Zu kalt und zu dunkel stehende Pflanzen werfen die Blätter ab. Auch über Winter wird man hin und wieder wässern müssen. Es soll nicht zu häufig, aber durchdringend gegossen werden.

Oleanderkrebs (*Pseudomonas tonelliana* (Ferraris) Burkh.). Rindenbrandartige, tiefe Aufrißstellen oder krebsartige Wucherungen an den Zweigen. Nicht selten ist auch die Zweigspitze samt Blüten- und Fruchtständen schwarzbraun verfärbt und stirbt ab (Abb. 191). Auf dem Blatt zunächst schwarze, von breitem hellem Rand umgebene Flecke. Die Befallsstellen wölben sich später höckerartig empor, können schließlich ebenfalls ein gallig-krebsiges Aussehen annehmen und zu Verunstaltungen des Blattes führen. Die Krankheit ist unter anderem aus Italien, Frankreich, Griechenland, Australien und den USA bekannt und wird hin und wieder von dort eingeschleppt. Sie wurde 1967 erstmalig in Deutschland beobachtet und beschrieben (98).

Bekämpfung: Sie ist schwierig und wohl nur bei sorgfältiger Beachtung hygienischer Maßnahmen erfolgreich möglich. Wo kranke Blätter oder Triebe nur vereinzelt auftreten, diese sofort entfernen und vernichten. Schon etwas stärker befallene Pflanzen kräftig zurückschneiden und den Neuaustrieb vorbeugend und wiederholt mit einem Grünkupfer-Präparat unter Zusatz eines Netzmittels sehr sorgfältig spritzen. Im übrigen die Pflanzen von oben her trocken halten. In eigenen Versuchen konnte zwar durch wiederholtes Spritzen mit Agrimycin 17 eine weitere Ausbreitung der

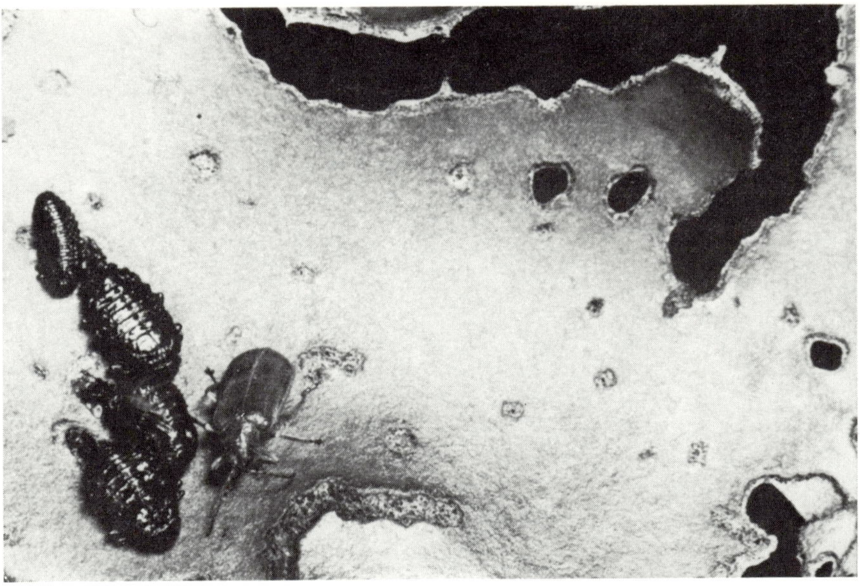

Abb. 192. Seerosenblattkäfer mit Larven und Puppen auf Seerosenblatt.

Krankheit verhindert werden. Das Präparat wird jedoch in der Bundesrepublik nicht angeboten.

Schildläuse. Deckelschildläuse (z. B. *Aspidiotus hederae* Vall., Oleanderschildlaus), Napfschildläuse (z. B. *Coccus hesperidum* L.) und Schmierläuse (z. B. *Pseudococcus*-Arten) können den Oleander befallen. Die klebrigen Ausscheidungen (Honigtau) der Schildläuse sind ein günstiger Nährboden für allerlei Rußtaupilze (siehe Seite 88).

Bekämpfung: Wiederholt mit einer Dimethoat-Emulsion, mit einem Azinphos-Präparat (z. B. Gusathion H), Methomyl (z. B. Lannate 25-WP) oder auch mit einem Propoxur-Präparat (z. B. Unden flüssig) spritzen.

Nymphaea, Seerose (auch Nuphar, Teichrose)

Seerosenblattlaus (*Rhopalosiphum nymphaeae* L. u. a.). Besiedelt werden Blätter und Blüten. Die klebrigen Ausscheidungen der Blattläuse (Honigtau) und die sich darauf ansiedelnden Schwärzepilze führen nicht selten zu einer starken Verschmutzung der Pflanzen.

Bekämpfung: Bei Vorhandensein von Fischen, die in normaler Gebrauchskonzentration fischverträglichen Phosphamidon-Emulsionen (z. B. Dimecron) wählen. Man soll aber auch in diesem Fall sehr sparsam mit der Spritzbrühe umgehen. Bei fischfreiem Wasser kann man auch mit einer Malathion-Emulsion arbeiten.

Seerosenblattkäfer (*Galerucella nymphaeae* L.). Durch Lochfraß an Blättern und Blüten schaden die etwa 6-8 mm lang werdenden gelbbraunen Käfer und ihre Larven (Abb. 192).

Bekämpfung: Bei Auftreten mit Phosphamidon-Emulsion spritzen. Siehe auch unter Blattläuse.

Orchidaceae, Orchideen (99, 100)

Bakterielle Blattflecke, Blatt-, Stengel- und Bulbenfäule (Erreger: vor allem *Erwinia-* und *Pseudomonas*-Arten). Besonders aus Amerika liegen zahlreiche Berichte über bakterielle Erkrankungen an Orchideen vor. Typische Symptome sind z. B. auf den Blättern wäßrig-durchscheinende Flecke, die sich später braun oder schwarz verfärben, oft aber einen durchscheinenden Rand behalten.

Ernsthaftere Schäden an wertvollen Einzelpflanzen wurden in Deutschland bei Cypripedien durch Bakterien aus der Formengruppe *Erwinia carotovora* (Jon.) Holl. festgestellt (101). Die Krankheit beginnt am Blattgrund und setzt sich von dort auf das ganze Blatt fort. Die dunkelbraun verfärbten Faulstellen weisen eine wäßrig-durchscheinende Randzone auf. Wo sich die Fäule auf das Herz der Pflanze ausdehnt, geht sie zugrunde. In Amerika wurden Erkrankungen durch *Erwinia carotovora* auch bei *Cattleya, Phalaenopsis, Oncidium, Odontoglossum, Paphiopedilum, Cymbidium* u. a. gefunden.

Bekämpfung der Bakteriosen: Da Spritzungen mit den derzeit zugelassenen Mitteln wenig Erfolg versprechen, ist den hygienischen Maßnahmen besondere Beachtung zu schenken. Wo man sich nicht entschließen kann, befallene oder befallsverdächtige Pflanzen ganz auszuscheiden, müssen sie zum mindesten streng isoliert gestellt werden. Einzelne kranke Pflanzenteile wie z. B. Blätter, müssen so ausgeschnitten werden, daß wenigstens 1–2 cm des noch gesunden Gewebes mit in Wegfall kommen. Desinfektion des Messers oder Verwendung von Rasierklingen, die weggeworfen werden können. Hände in Desinfektionslösung (z. B. Zephirol, Sagrotan u. a. nach Gebrauchsanweisung) waschen. Es darf kein von kranken Pflanzen oder von der Stellage abtropfendes Wasser auf andere Orchideen oder in die Gießwasserbehälter gelangen.

Phytophthora-Schwarzfäule (*Phytophthora cactorum* (Leb. et Cohn) Schroet.). Braune oder schwarze, sich rasch vergrößernde Faulflecke auf den Blättern, Pseudobulben und Rhizomen, besonders bei *Cattleya*- und *Vanda*-Arten. Bei starkem Befall der basalen Teile Absterben der ganzen Pflanzen. Häufig auch vom Vegetationspunkt ausgehende Herzfäule. Die Übertragung des Pilzes erfolgt mit Wasser, verseuchtem Kultursubstrat oder nicht desinfizierten Blumentöpfen. Benetzung der Pflanzen und hohe Luftfeuchtigkeit fördern den Befall. Die Krankheit ist vor allem aus Amerika beschrieben.

Bekämpfung: Hygienische Maßnahmen wie bei Bakteriosen (siehe oben). Ansonsten die Hinweise unter Pythium-Fäule beachten!

Pythium-Fäule (*Pythium ultimum* Trow). Krankheitssymptome den durch *Phytophthora cactorum* verursachten sehr ähnlich. Sämlinge können an einer meist herdförmig um sich greifenden Fäule, die von den oberen Wurzelteilen oder vom Herz der Pflanze ausgeht, erkranken.

Bekämpfung: Sorgfältige Beachtung der Hygienemaßnahmen (siehe unter Bakteriosen) sind Voraussetzung für eine erfolgreiche Bekämpfung der Pythium-Fäule. Gefährdete Bestände wiederholt in Abständen von 6–8 Wochen mit einem Fenaminosulf-Präparat (z. B. Bayer 5072, 0,03%) angießen. Möglicherweise ist auch das Prothiocarb-Präparat Previcur für diesen Verwendungszweck brauchbar. Man sollte es ruhig einmal auf einen Versuch (zunächst nur wenige Pflanzen) ankommen lassen.

Sclerotium-Stengelgrundfäule (*Sclerotium rolfsii* Sacc.). Infolge Fäulnis am Stengelgrund welken die Pflanzen und fallen um. Auf den Faulstellen, die sich auch auf die Blätter erstrecken können (Abb. 193), weißer, flockiger oder strähniger Schimmelbelag, auf dem sich gelblichweiße, später hart und schwarz werdende, etwa 1 mm große Dauerkörperchen bilden. Die Krankheit kann vor allem bei hoher Luftfeuchtigkeit und Wärme in den Gewächshäusern gelegentlich schwere Schäden hervorrufen.

Bekämpfung: Die Maßnahmen der Hygiene stehen im Vordergrund. Stärker erkrankte Pflanzen vernichten. Wände in Orchideenhäusern, Tischbeläge, Stellagen, Töpfe und sonstige Anzuchtgefäße entseuchen. Da die früher gebräuchlichen Quecksilber-Naßbeizmittel für diesen Verwendungszweck nicht mehr zur Verfügung stehen, am besten 10%ige Kupfersulfatlösung verwenden.

Rhizoctonia-Wurzelfäule (*Rhizoctonia solani* Kühn). Wurzel mit Faulstellen, auf denen, oft unter der sich ablösenden äußeren Rindenschicht, polsterförmige Anhäufungen eines relativ kräftigen, hell- oder dunkelbraunen Pilzgeflechtes zu erkennen sind. Als Folge der Wurzelerkrankung, manchmal auch infolge direkten Befalls der Blätter werden diese fleckig und vergilben. Die Pflanze stockt im Wachstum, Pseudobulben und Blätter vertrocknen schließlich. Vor allem bei *Phalaenopsis* oft sehr schädigend auftretend.

Bekämpfung: Mit Benomyl (0,05%) gießen. Captan-Mittel (z. B. Orthocid 50, Captan 83) wären wirksam, werden jedoch insbesondere von jüngeren *Phalaenopsis*-Pflanzen weniger gut vertragen. Etwas verträglicher scheint Folpet (z. B. Ortho-Phaltan 50) zu sein.

Abb. 193. Orchideenblatt mit Sklerotium-Fäule *(Sclerotium rolfisii).*

Fusarium-Wurzelfäule (*Fusarium oxysporum* Schlecht. emend. Snyd. et Hans.). Meist wird man auf die Wurzelfäule erst aufmerksam, wenn sich Welke- und Vergilbungserscheinungen des Laubes – im allgemeinen am ältesten Blatt beginnend – bemerkbar machen. Zu diesem Zeitpunkt ist die Wurzel jedoch häufig schon völlig abgestorben.

Der Krankheitserreger vermag an jeder Stelle der Haupt- oder Seitenwurzeln Faulstellen hervorzurufen. An diesen Stellen ist die Wurzel oft eingeschnürt und bricht leicht ab. Stärker befallene Pflanzen weisen meist nur noch völlig verfaulte Wurzelstumpen auf, aus denen die übrig bleibenden, faserig-drahtigen und mit anhängenden Teilen der zerstörten Wurzelrinde behafteten Gefäßstränge herausragen. Da die Pflanze aus der Stammbasis immer neue Wurzeln nachtreibt, kann sie noch längere Zeit am Leben bleiben. Sie stockt zwar im Trieb, zeigt aber zunächst noch keine Welkeerscheinungen. Da ungünstige Kulturbedingungen ebenfalls zu einem, allerdings meist von der Spitze ausgehenden Absterben der Wurzel führen können, ist es ratsam, durch eine Pflanzenschutz-Dienststelle die Ursache der Erkrankung feststellen zu lassen.

Die Krankheit ist in Deutschland an *Phalaenopsis*-Hybriden gefunden worden (102). In Amerika sind ähnliche Erkrankungen an *Cattleya, Dendrobium, Epidendrum, Oncidium* und *Phalaenopsis* beschrieben worden. Der Erreger wird dort als *F. oxysporum* f. *cattleyae* bezeichnet, wobei der Beweis noch aussteht, daß es sich in allen Fällen wirklich um diese Form des bei *Cattleya* bekannten Erregers handelt.

Bekämpfung: Bei Neubezug von Orchideen achte man auf den Wurzelzustand. Bei jedem Verpflanzen sollten die Reste des alten Pflanzsubstrates abgeschüttelt und faulende Teile der Wurzel entfernt werden (zurückschneiden bis ins gesunde Gewebe, Desinfektion des Messers). Kranke Pflanzen müssen ausgemerzt werden, krankheitsverdächtige sollten zum mindesten gesondert gestellt werden. Weitere wichtige Maßnahmen: Verwendung nur frischen Substrates und neuer oder entseuchter Töpfe, sorgfältige Reinigung und Entseuchung von Pflanztischen und Stellagen. Wo Gießwasser aus Sammelbehältern verwendet wird, ist dieses vor Verunreinigungen (z. B. Erde, Tropfwasser usw.) zu schützen. Benomyl (0,05%) ist zwar wirksam, kann jedoch die Maßnahmen der Hygiene nur ergänzen. Ein Dauererfolg ist auch durch eine wiederholte Gießbehandlung nicht gewährleistet.

Über **Flecke an Blättern und Pseudobulben durch Pilzbefall** liegen aus Amerika sehr zahlreiche Berichte vor. In Deutschland scheinen vor allem *Colletotrichum*-Arten (z. B. *C. gloeosporioides* Penz.) stärker verbreitet zu sein. Sie verursachen schwarz- oder rötlichbraune, manchmal gezonte Flecke an allen oberirdischen Organen der Pflanze. Vor allem bei Dendrobien scheint dieser Pilz häufiger vorzukommen, insbesondere bei Pflanzen, die durch ungünstige Kulturbedingungen geschwächt sind. *Fusarium moniliforme* Sheld. wurde in Deutschland an Dendrobien, gelegentlich auch an Cymbidien festgestellt (103). Die braunroten, rundlichen Flecke werden später von der Mitte aus bleich und brüchig, es verbleibt ein dunkelrotbrauner Saum. Im Bereich der Blattbasis treten oft mehrere Flecke zu größeren Schadstellen zusammen, was zum Absterben der darüber liegenden Blattspreite führen kann. Der Pilz ist in Amerika auch als Ursache einer Sämlingsfäule bekannt.

Bekämpfung: Wiederholt mit Benomyl, Folpet (z. B. Ortho-Phaltan 50, Ortho-Phaltan 75), Mancozeb (z. B. Dithane Ultra) oder Metiram (z. B. Polyram Combi) spritzen. Da die Kulturpflanzenverträglichkeit der genannten Mittel nicht für alle Arten abgeklärt ist, im Zweifelsfalle Vorversuche auf Kulturpflanzenverträglichkeit anstellen. Nach Praxiserfahrungen werden beispielsweise Mancozeb, Folpet und Metiram von *Cymbidium*- und *Oncidium*-Arten im allgemeinen gut vertragen.

Odontoglossum-Ringfleckenkrankheit. Blaßgelbe, später meist schwarz umrandete Flecke oder konzentrisch gezonte Ringe auf den Blättern von *Odontoglossum.* Bei Cymbidien u. a. ist eine mehr rauten- oder V-förmige Musterung charakteristisch. Die Blüten sind mißfarbig. Die Virose ist mit dem Saft kranker Pflanzen übertragbar, z. B. beim Schneiden der Blüten und bei Teilung der Pflanzen zur Vermehrung.

Cymbidium-Mosaik (104). Gelbliche und dunkelgrüne Scheckung, die meist am Blattgrund beginnt und oft zunächst nur eine Blatthälfte erfaßt. Im Spätstadium der Erkrankung schwarze Fleckung und Streifung der Blattunterseite. Bei schwerem Befall gehen die stark gefleckten Blätter vorzeitig zugrunde. Die Blüte zeigt im allgemeinen keine Krankheitssymptome. Bei Cattleyen soll eine in Amerika beobachtete, unregelmäßige Streifung und Aufhellung der Blumenblätter auf ein dem Cymbidienmosaik zum mindesten nahestehendes Virus zurückzuführen sein. Blattsymptome äußern sich bei *Cattleya* durch braune bis schwärzlich-purpurfarbene, meist etwas eingesunkene Flecke und Streifen. Die Krankheit kommt außerdem bei *Epidendrum, Laelia,* × *Laeliocattleya, Miltonia, Oncidium, Phalaenopsis, Vanda* u. a. vor. Übertragung wie bei *Odontoglossum*-Ringfleckenkrankheit.

Dendrobium-Blattfleckenkrankheit. Unregelmäßige, gelbliche Flecke oder punktförmige Bräunungsstellen, die jedoch da und dort bis 5 mm Durchmesser erreichen können. Manchmal sind nur einzelne, graubraune Flecke festzustellen. In allen Fällen später Vergilbung und Abfallen der Blätter. Obgleich an kranken, schon fast entblätterten Pflanzen zunächst scheinbar gesunde Neutriebe entstehen können, bleiben die befallenen Pflanzen im Lauf der Zeit in Wuchs und Ertrag immer mehr zurück. Blütensymptome wurden bisher nicht beobachtet.

Die Krankheit ist, wie sich vor kurzem herausstellte, wahrscheinlich viröser Natur (105). Bis Näheres über die Art der Erkrankung bekannt wird, sollte man alle Vorsichtsmaßnahmen beachten, die einer etwaigen Übertragung durch Insekten oder durch Saft mit Händen und Schnittwerkzeugen entgegenwirken.

Bekämpfung der Virosen: Bei Verdacht auf Virusbefall größte Vorsicht, auch wenn der Neuzuwachs zunächst wieder gesund erscheint. Die Krankheitsbilder treten im Sommer oft weniger deutlich in Erscheinung als im Winter. Schnittmesser nach jeder Pflanze wechseln. Man benützt am besten halbierte Rasierklingen, die in eigens dafür hergestellte Halter (siehe Angebote in der Fachpresse) eingespannt werden können. Die beim Teilen der Pflanzen benützten Messer oder Scheren müssen nach jeder Pflanze mindestens 10 Min. in Trinatriumphosphat-Lösung (5%) eingestellt werden.

Cattleya-Gallmücke (*Parallelodiplosis cattleyae* Molliard). Luftwurzeln gegen die Spitze zu mit gallenartigen Auftreibungen. Die Spitzen färben sich in der Folge meist braun bis schwärzlich und sterben ab. In den Gallen gelblichweiße, bis zu 3 mm lange Larven. Vor allem an *Cattleya, Laelia* und *Dendrobium.*

Bekämpfung: Vergallte Wurzelteile entfernen. Pflanzen umtopfen. Mit Parathion- oder Lindan-Emulsion spritzen, mit stäubefähigen Aufbereitungen dieser Wirkstoffe stäuben oder auch mit Sulfotepp (Bladafum) oder Lindan-Räuchermittel räuchern. Die Mittel sind vor allem während der Schlüpfzeit der Mücken wiederholt einzusetzen.

Trauermückenlarven. Sie schaden vor allem durch die Zerstörung des Pflanzstoffes, der sich dadurch strukturmäßig verändert, zersetzt, vererdet und damit den Ansprüchen der sehr luftbedürftigen Orchideenwurzeln nicht mehr genügt. Sie kümmern und sterben ab. Die Pflanzen nehmen Schaden. Jungpflanzen gehen nicht selten ein. Siehe auch Seite 77.

Bekämpfung: Larven durch Angießen mit Lindan-Emulsion niederhalten oder auch je m^2 5 g Aldicarb-Granulat ausbringen. Gegen die Mücken mit Lindan-Räuchermittel räuchern, Dichlorvos-haltige Mittel (z. B. Dedevap u. a.) verdampfen oder auch mit den gleichen Präparaten raumsprühen. Auch Dichlorvos-haltige Nebeldosen (z. B. Alphos) sind brauchbar.

Orchideenwespe („Cattleya-Fliege“) (*Eurytoma orchidearum* Westw.). Vor allem bei Cattleyen und Laelien auftretend. Knospen am Grunde deutlich verdickt. Oft bleiben sie überhaupt sitzen, bräunen sich und vertrocknen, in anderen Fällen wieder treiben sie nur kümmerlich aus. Auch an Blättern und Trieben können sich Verdikkungen zeigen. Schneidet man die krankhaft verdickten Stellen mit dem Messer an, finden sich im Innern Gänge oder auch Höhlungen, in denen weiße, bis 4 mm lange, beinlose Larven leben. Die Verpuppung findet in der Galle statt. Die nach einigen Wochen schlüpfenden 4–5 mm langen, schwarzen Wespen verlassen ihre Wirtspflanze durch ein Fraßloch. Das Insekt hat mehrere Generationen im Jahr. Die Vermehrung erfolgt durch Eier, die in junge Triebe, Knospen, Bulben abgelegt werden.

Bekämpfung: Bestände laufend überprüfen. Vor allem gilt dies für neu erworbenes Pflanzenmaterial. Befallene Pflanzenteile entfernen und am besten verbrennen. Vom Frühjahr bis in den Sommer hinein mit Lindan- oder Parathion-Stäubemittel stäuben, mit Sulfotepp (z. B. Bladafum) oder Lindan-Räuchermittel räuchern, mit Phosphamidon-Emulsion (z. B. Dimecron) spritzen oder auch Dichlorvos-haltige Mittel (z. B. Dedevap) verdampfen. Möglich ist auch das Sprühen mit Dichlorvos-haltigen Nebeldosen (z. B. Alphos).

Orchideenwanzen (*Tenthecoris bicolor* Scott, *Mertila malayensis* Dist.). Auf den Blättern zeigen sich gelbliche, teils ausgebleichte, kleine, rundliche Fleckchen und ähnliche Schadstellen auch auf den Trieben. Bei der orangeroten, schwarz gezeichneten, etwa 4 mm lang werdenden Zweifarbigen Orchideenwanze (*Tenthecoris bicolor* Scott) wie bei der etwas größeren, rot und stahlblau gefärbten Malaiischen Orchideenwanze (*Mertila malayensis* Dist.) handelt es sich um eingeschleppte Arten. Näheres über Wanzen siehe Seite 92.

Bekämpfung: Wiederholt mit Methomyl (z. B. Lannate 25-WP) spritzen. Bei blühenden Pflanzen Vorsicht. Zuerst Blütenverträglichkeit erproben. Auch wiederholt Dichlorvos-haltige Präparate verdampfen.

Schildläuse. Zahlreiche Arten von Deckelschildläusen, aber auch Napfschildläuse kommen auf Orchideen vor (siehe Seite 88).

Bekämpfung: Während der Wachstumszeit der Orchideen muß man mit Insektengiften vorsichtig sein. Zweckmäßigerweise eine Malathion-Emulsion oder Methomyl (Lannate 25-WP) wählen oder z. B. bei *Cymbidium* auch mit Azinphos-äthyl (Gusathion H) spritzen. Vorsicht mit Malathion bei *Paphiopedilum;* es kann bei 0,2%iger Konzentration Schäden geben.

Blattläuse lassen sich mit einer Malathion- oder Phosphamidon-Emulsion (z. B. Dimecron) oder mit Methomyl (Lannate 25-WP) niederhalten. Gebräuchlich ist des weiteren das Verdampfen Dichlorvos-haltiger Präparate (z. B. Dedevap) oder auch das Sprühen mit Dichlorvos-haltigen Nebeldosen. Bei *Cymbidium* ist auch Spritzen mit einem Mevinphos-Mittel (z. B. PD 5, Shell Phosdrin 50) oder mit Azinphos-äthyl (Gusathion H) möglich. Im übrigen liegen auch mit Temik 10 G (Aldicarb) positive Ergebnisse vor. Man sollte jedoch nicht mehr als 3 g je m^2 Stellfläche oder Pflanzbeet ausbringen.

Spinnmilben (siehe Seite 58). Sehr gerne wird *Cymbidium* befallen. Mit Ausnahme von Lannate 25-WP sind die zur Blattlausbekämpfung gebräuchlichen Mittel auch gegen die Gemeine Spinnmilbe (*Tetranychus urticae* Koch) wirksam. Des weiteren kann man mit einem Kelthan-Präparat oder bei *Cymbidium* auch mit Pentac oder Fundal forte 750 spritzen. Diese Mittel sind vor allem dort zu empfehlen, wo sich Resistenzerscheinungen gegenüber gebräuchlichen Phosphorsäureinsektiziden zeigen. Im übrigen ist anzuraten, bei empfindlichen Arten stets Vorversuche auf Pflanzenverträglichkeit anzustellen.

Blasenfüße (Thripse). Die etwa 1 mm langen Tierchen schaden durch ihre Saugtätigkeit an Blättern, Blüten und Blütenknospen. Siehe Seite 72.

Bekämpfung: Man beachte die unter Blattläuse gegebenen Hinweise.

Asseln (siehe Seite 65). Zur Bekämpfung ist vor allem Schneckenkorn Mesurol (Wirkstoff: Mercaptodimethur) geeignet. Man kann aber auch je m^2 Stellfläche oder Pflanzbeet 3 g Aldicarb-Granulat (Temik 10 G) ausbringen.

Ohrwürmer lassen sich am besten durch wiederholtes Stäuben mit einem Parathion-Stäubemittel niederhalten. Möglich ist auch das Sprühen mit Dichlorvos-haltigen Nebeldosen (z. B. Alphos u. a.) oder auch das Verdampfen von Dichlorvos (z. B. Dedevap).

Schnecken. Neben den weit verbreiteten Nacktschnecken können manchmal auch kleine Gehäuseschnecken durch ihre Fraßtätigkeit viel Schaden anrichten. S. Seite 57.

Bekämpfung: Schneckenkorn Mesurol (Mercaptodimethur) ausstreuen oder auch mit Metaldehyd-Stäubemittel (z. B. Tschilla-Schneckenstaub) stäuben. Dabei braucht nur ein feiner Staubbelag die Pflanzen zu überziehen. Brauchbar ist des weiteren das Aldicarb-Granulat. Eine sehr empfehlenswerte Maßnahme ist schließlich das Aufstellen von mit Bier gefüllten flachen Schalen. Damit die Tiere ohne Mühe einkriechen können, sind die Schalen bis zum Rande einzusenken bzw. mit feuchtem Sand zu umkleiden.

Tausendfüße (siehe Seite 65). Ihre Bekämpfung geschieht am besten mit Schneckenkorn Mesurol (Mercaptodimethur).

Empfindlichkeit gegen Pflanzenschutzmittel: Das Räuchern mit Nikotin wird von manchen Orchideenarten schlecht vertragen. Auch das Sulfotepp Räuchermittel Bladafum ist dann nicht ungefährlich, wenn die Pflanzen etwas feucht sind (Niederschlag!). Eine gewisse Empfindlichkeit gegenüber Malathion-Emulsion (0,2%) wurde bei *Paphiopedilum* beobachtet. Als Gießmittel verwendet, verursachte das Propoxur-Präparat Unden flüssig Schäden bei *Cattleya.* Von manchen Arten (z. B. *Cattleya*) werden auch Demeton-Mittel (z. B. Metasystox) und Mineralöl-Präparate schlecht vertragen. Jungpflanzen von *Phalaenopsis* gelten als Captan-empfindlich. Im übrigen sollte man vor allem bei blühenden Pflanzen besonders vorsichtig sein und die Mittel nicht zu häufig anwenden.

Abb. 194. Stengelfäule bei *Paeonia* durch *Botrytis paeoniae*.

Paeonia, Pfingstrose

Botrytis-Stengel-, -Blatt- und -Knospenerkrankung (*Botrytis paeoniae* Oud. u. a.). Oft schon kurz nach dem Austrieb welken einzelne Sprosse und fallen um (Abb. 194). Ursache ist eine Naßfäule am Stengelgrund, die dicht unter der Erdoberfläche angreift und sich nach unten und oben fortsetzt. Bei feuchter Witterung bildet sich auf der Faulstelle samtig-graubrauner Schimmelbelag. Vor allem dort, wo sich zwei Stengel berühren, geht die Fäule leicht von einem auf den anderen über. Vier bis fünf kranke Triebe, oft sogar noch mehr, sind keine Seltenheit. Die Faulstelle kann sich bis zum Wurzelstock erstrecken, befällt diesen selbst jedoch im allgemeinen nicht. Mit dem Erstarken der Stengel kommt die Erkrankung, besonders, wenn trokkene Witterung eintritt, mehr oder weniger zum Stillstand. Die Faulstellen trocknen ein, die Triebe zeigen zwar infolge der vorhandenen Gewebeschädigungen hie und da noch Welkeerscheinungen, fallen aber nicht mehr um.

Unabhängig von der Stengelgrundfäule oder auch an den gleichen Pflanzen nach dieser auftretend, findet man oft eine Knospenfäule. Infolge Befalls der Kelch- und Blütenblätter sowie des Blütenstieles bleibt die Knospe oft schon auf sehr früher Entwicklungsstufe stehen. Die obersten 5–15 cm des Blütenstengels samt Knospe bräunen sich und trocknen ein oder gehen in Fäulnis über und bedecken sich mit Grauschimmelbelag (Abb. 195). Von den Knospen aus erfolgt leicht eine Infektion der darunter stehenden Blätter. Da sich in der Blattachsel die Feuchtigkeit staut, fault der Blattstiel oft von dieser Stelle aus. Auch inmitten der Blattfläche oder vom Rand aus entstehen Faulstellen, die sich bei regnerischer Witterung rasch vergrößern.

Bekämpfung: Mit Bekämpfungsmaßnahmen gegen die Stengelfäule schon beim Austrieb beginnen. Man kann die Pflanzen mit der Brühe eines Ferbam-Mittels (z. B. Ferbam 80, 0,2%), mit Benomyl (0,1%) oder auch mit Dichlofluanid (z. B. Euparen, 0,3%) angießen. Je nach Größe der Pflanzen sind 1–2 l Gießlösung je Pflanze erforderlich. Ist stärkerer Befall zu erwarten, das Angießen nach 4 Wochen wiederholen. Möglicherweise kann für diesen Verwendungszweck auch das neuerdings zugelassene Thiabendazol-Präparat Tecto fl. eingesetzt werden. Gefährdeten Beständen darf kein Winterschutz aus Laub oder strohigem Dünger gegeben werden. Man vermeide Stallmist und überhaupt zu reichliche Stickstoffgaben. Kranke Triebe (welkend bei warmem Wetter!) während der Monate Mai und Juni sorgfältig entfernen, verbrennen oder tief vergraben. Das gleiche gilt für den Feldabraum im Herbst.

Beim Neuaufschulen sind Pflanzen aus kranken Beständen von Erde und alten Stengelresten zu säubern und vor dem Pflanzen für eine Stunde in die Brühe eines Ferbam- (0,2%) oder TMTD-Spritzpulvers (0,2%) oder auch in Du Pont Benomyl-Brühe (0,1%) zu tauchen. Möglicherweise ist auch Ronilan brauchbar.

Gegen Blatt- und Knospen-Befall vorbeugend und wiederholt mit Benomyl (0,05%), einem TMTD-Spritzpulver (0,2%) unter Zusatz eines Netzmittels oder auch mit Dichlofluanid (0,3%) sorgfältig spritzen. Bedient man sich des Rückensprühgeräts, zweckmäßigerweise mit der fünffachen Normalkonzentration arbeiten. Dabei ist wichtig, daß die Beete einmal von der einen und dann von der anderen Seite angegangen werden. Die Knospen müssen allseitig einen schützenden Belag erhalten. Während der Knospenentwicklung muß bei großer Krankheitsgefahr wöchentlich behandelt werden.

Abb. 195. *Botrytis*-Knospenfäule bei Päonie.

Rost (*Cronartium flaccidum* (Willd.) Fr.). Blattoberseite mit runden oder langgezogenen, braunen, violett umrandeten Flekken. Die Unterseite dieser Flecke erscheint punktiert, da sie übersät ist mit Sporenlagern des Rostpilzes (Abb. 196). Zunächst sind es hellbraune Pusteln, die die Sommersporen enthalten. Später werden zäpfchenförmige Wintersporenlager gebildet, die bei schräger Aufsicht mit der Lupe als kleine, dunkelbraune Säulchen zu erkennen sind und den älteren

Abb. 196. Päonienrost (Blattunterseite). Abb. 197. *Septoria*-Blattfleckenkrankheit bei Päonie.

Befallsstellen ein braunfilziges Aussehen („Filzrost") verleihen. Der Pilz überwintert auf der Kiefer. Die als „Rindenblasenrost" bezeichnete Erkrankung äußert sich dort in Form sehr auffallender, rötlichgelber, blasiger oder lappenförmiger Sporenbehälter, die im Frühling aus den Kiefernzweigen hervorbrechen, und die Frühjahrssporen entlassen. Der Rost geht außer auf Pfingstrosen auch auf andere Zierpflanzen wie z. B. Balsaminen und Kapuzinerkresse über.

Bekämpfung: Vorbeugend und wiederholt in Abständen von zehn Tagen mit Mancozeb (Dithane Ultra), einem Zineb + Schwefel-Präparat (Phytox + Ultraschwefel), mit Metiram (z. B. Polyram Combi) oder Triforine (z. B. Saprol) spritzen oder sprühen. Dabei müssen auch die Unterseiten der Blätter einen schützenden Belag erhalten. Das systemisch wirksame Oxycarboxin-Präparat Plantvax ist zwar gegen Pfingstrosenrost gut wirksam, in der Anwendung jedoch teuer.

Septoria-Blattfleckenkrankheit (*Septoria paeoniae* West. var. *berolinensis* Allesch.). Runde, hellbraune, selten mehr als erbsengroße, teils wenig, teils stark gezonte Blattflecke mit verwaschen purpurfarbener Umrandung (Abb. 197). Die oft pergamentartig aufgehellte und eingetrocknete Innenzone bricht später häufig aus. Auch am Stengel erscheinen kleine, braunrote Flecke oder Streifen. Pilzfruchtkörperchen als kleine, schwarze Pünktchen auf der Oberseite der Flecke sichtbar (Lupe!).

Bekämpfung: Vorbeugend und wiederholt in Abständen von 10–14 Tagen mit Mancozeb (z. B. Dithane Ultra), Maneb, Propineb (z. B. Antracol) oder auch mit einem Grünkupfer-Mittel spritzen oder sprühen.

Cladosporium-Blattfleckenkrankheit (*Cladosporium paeoniae* Pass.). Hellbraune oder blauviolette Flecke (Abb. 198), die besonders an den Rändern und Spitzen

Abb. 198. *Cladosporium*-Blattfleckenkrankheit der Päonie.

Abb. 199. Ringfleckigkeit der Päonie, verursacht durch Virus-Befall.

der Blätter oft zu großen, vertrocknenden Schadstellen zusammentreten. Unterseits sind die Befallsstellen mit samtig-bräunlich-olivfarbenem Sporenbelag bedeckt. Bei starkem Befall Abdorren der Blätter.

Bekämpfung: Man kann mit Mancozeb (z. B. Dithane Ultra), einem Grünkupfer-Präparat oder auch mit Benomyl (0,05%) spritzen. Werden die Mittel vorbeugend angewandt, genügt es, wenn in Abständen von 14 Tagen behandelt wird.

Blattälchen (*Aphelenchoides fragariae* (Ritz.-Bos) Good.). Blätter mit scharf abgegrenzten braunen Flecken. Auch die Blütenknospen können befallen werden und öffnen sich dann nicht.

Bekämpfung siehe Seite 51.

Ringfleckigkeit (Paeonia virus 1). Auf den Blättern unscharf begrenzte Flecken- und Linienmusterung, oft auch deutliche gelbe Ringe (Abb. 199). Blütenausbildung hinsichtlich Größe und Zahl stark beeinträchtigt. Nach dem Umpflanzen verschwindet die Ring- und Bandmusterung meistens zunächst völlig, um erst im zweiten Jahr wieder zu erscheinen.

Es empfiehlt sich, kranke Pflanzen sofort beim Auftreten der ersten Symptome im Frühjahr zu vernichten.

Palmae, Palmen

Blattschwielenkrankheit (*Graphiola phoenicis* Poit. und andere *Graphiola*-Arten). Auf den Blättern, vor allem bei *Phoenix canariensis*, 1,5–2 mm große, runde, schwielenartig erhabene, harte Fruchtgehäuse, die ein gelbliches Sporenpulver bergen. Bei starker Erkrankung, die vor allem auf zu warme und zu feuchte Kultur zurückzuführen ist, sterben die Blätter ab.

Bekämpfung: Vorbeugend und wiederholt mit einem Zineb- oder Maneb-Mittel oder auch mit Mancozeb (z. B. Dithane Ultra) unter Zusatz eines Netzmittels spritzen. Kühle, helle und vor allem luftige Kultur. Die Pflanzen von oben her trocken halten. Befallene Blätter, wenn möglich, entfernen.

Exosporium-Blattfleckenkrankheit (*Exosporium palmivorum* Sacc.). Gelbliche, ölig-durchscheinende Blattflecke, die später von innen heraus braun werden.

Bekämpfung wie bei Graphiola-Blattschwielenkrankheit.

Schildläuse. Auf Palmen kommen verschiedene Arten von Deckel- und Napfschildläusen vor. Starke Verschmutzung durch Honigtauabsonderung und nachträgliche Ansiedlung von Rußtaupilzen. Siehe Seite 88.

Spinnmilben. Blätter mit gelblichen oder weißlichen, teils silbrig schimmernden Fleckchen und kleinen Sprenkeln, die nach und nach mehr oder weniger große Teile der Blattfläche bedecken und mit der Zeit zu einer für Spinnmilben-Befall typischen graugrünen Verfärbung des Blattwerks führen. Siehe Seite 58.

Zur Bekämpfung haben sich unter anderen Präparaten auch Pentac und Fundal forte 750 (z. B. bei *Phoenix* und *Chamaedora*) als brauchbar erwiesen.

Blasenfüße *(Thrips)* können durch ihre Saugtätigkeit Schäden hervorrufen, wie sie auch für Spinnmilben beschrieben wurden. Siehe Seite 72.

Blattflecke durch Sonnenbrand. Blaßgelbe bis weißliche, nicht selten braungeänderte Trockenflecke treten vor allem dann auf, wenn die Pflanzen unter Glas starker Sonneneinstrahlung ausgesetzt sind.

Bräunung der Blattspitzen oder auch ganzer Blätter. Im allgemeinen auf schlechte

Wurzeln zurückzuführen. Meist durch zu reichliche Wasserversorgung während der Wintermonate. Mit dürren Blattspitzen ist auch dann zu rechnen, wenn die unter feuchtwarmen Gewächshausbedingungen herangezogenen Palmen in trockene Zimmerluft kommen. Sehr empfindlich reagiert hier *Microcoelum weddelianum (Cocos weddeliana)*. Auch will diese Art während des Winters nicht bei Temperaturen unter 16–18 °C stehen. Man vergesse nicht, die „Kokospälmchen" vor Verkauf genügend abzuhärten.

Gelbsprenkelung der Blätter. Blätter mit kleinen, gelben, oft schwielig aufgetriebenen Flecken. Schäden dieser Art werden vor allem im Herbst in den Warmhäusern auffällig. Als Ursache kommen zu große Nässe, gehemmte Verdunstung (infolge zu hoher Luftfeuchtigkeit) und ungünstige Lichtverhältnisse in Frage.

Pelargonium, Pelargonie

Jungpflanzen für die Überwinterung nicht zu eng aufstellen. In der Folge bei mäßiger Wasserversorgung hell und luftig und bei Temperaturen um 10–12 °C halten (Jungpflanzen von Edelpelargonien sind etwas wärmer zu überwintern). Wenn auch die Pflanzen bis zum Eintopfen so wenig wie möglich gegossen werden sollen, so dürfen sie doch auch nicht verhärten, da sie sonst im Frühjahr nur schlecht in Trieb kommen. Hält man im Winter zu kühl, also weit unter 10 °C, kann dies zur Vergilbung oder auch Rotfärbung der Blätter führen. Ausfälle sind dann zu befürchten, wenn die Pflanzen außerdem noch zu feucht stehen. Dumpfe Luft und hohe Luftfeuchtigkeit schaffen während des Winters beste Voraussetzungen für das Auftreten des Grauschimmels. Deshalb stets für ausreichende Luftumwälzung sorgen, Bestände öfter durchputzen. Nach jedem Ein- bzw. Umtopfen soll die Temperatur zum Einwurzeln höher und zwar bei etwa 15 °C liegen. Anzustreben ist ein pH-Wert von 5,5–6,5.

Zur Verwendung von Stauchemitteln. Der Einsatz von Cycocel (Handelspräparat WR 62) läßt gedrungenen Wuchs und damit bessere Standfestigkeit, besseren Blütenansatz und bei manchen Sorten auch eine frühere Blüte erwarten. Als Faustregel gilt: das Mittel dann anwenden, wenn die Wurzeln der Pflanzen im Endtopf gerade den Topfrand erreichen. Das ist etwa 14 Tage nach dem Umtopfen der Fall.

Man kann mit Cycocel (CCC) spritzen oder gießen. Dem Gießen wird dabei meist der Vorzug gegeben. Das Gießen erlaubt die Verwendung einer etwas höheren Konzentration. Man erreicht dadurch eine stärkere Wirkung und damit längere Wirkungsdauer. Keinesfalls darf jedoch über die Blätter gegossen werden, sonst gibt es Blattschäden. Je nach Wüchsigkeit der Sorten werden nach WILL (106) für Zonale-Pelargonien Konzentrationen von 0,5–1,5% empfohlen. Beim Spritzen eine Konzentration von 0,5% nicht überschreiten, da sonst Blattschäden befürchtet werden müssen. Auch hält man es für besser, zweimal mit halber Konzentration zu spritzen. Bei stark wachsenden Sorten (z. B. 'Irene', 'Dark Red Irene') das Mittel 0,5%ig, bei mittelstark wachsenden (z. B. 'Sophie Königer', 'Salmon Irene', 'Paul Götz'), 0,25%ig und bei schwach wachsenden 0,1 bis höchstens 0,15%ig verwenden. Da *Pelargonium*-Peltatum-Hybriden empfindlicher reagieren als Zonale-Hybriden, beim Gießen nicht über eine Konzentration von 0,5% und beim Spritzen nicht über 0,15–0,25% hinausgehen. Den Vorteil der Verwendung von Wachstumsregulatoren sieht man bei Peltatum-Hybriden in einer verstärkten Seitentriebbildung, der besseren Versandfähigkeit und in einem stärkeren Blüheffekt.

Eine selbstverständliche Kulturmaßnahme ist heute die CCC-Behandlung bei F1-Pelargonien. Für die Spritzbehandlung werden Konzentrationen von 0,45–0,6% empfohlen, wobei das Mittel wiederholt im Abstand von 14 Tagen auszubringen ist. Hat man das Gießen vorgesehen, Cycocel zweimal im Abstand von 3 Wochen in 1%iger Konzentration anwenden.

Blättrige Gallen (*Corynebacterium fascians* (Tilf.) Dows.). An der Stammbasis, oft in der Erde versteckt, gallenartig entartete Achselsprosse mit fleischig verdickten und verkrüppelten Blattrudimenten (siehe Abb. 3, Seite 22). Korkige Wülste oft auf der Stengeloberfläche. Abgesehen von der „Gallenbildung" wird die Pflanze von der Bakteriose allein nur wenig geschädigt. Bei einer gleichzeitigen Verseuchung mit pilzlichen Krankheitserregern (siehe Pythium-Stengelfäule und Botrytis-Fäule) erweisen sich die mit den Bakterien befallenen Pflanzen als anfälliger.

Die Krankheit kommt vor allem bei *P. zonale* und *P. grandiflorum* vor, während sie bei *P. peltatum* anscheinend bisher nicht beobachtet wurde. Übertragung in erster Linie mit verseuchter Erde.

Bekämpfung: Bereits beim Umtopfen der Jungpflanzen sorgfältiges Aussortieren verdächtiger Pflanzen. Keinesfalls dürfen kranke Pflanzen für die Stecklingsgewinnung benützt werden. Neue oder entseuchte Töpfe und frisches Pflanzsubstrat verwenden. Da eine Anstekkung auch von verseuchter Einsenkerde ausgehen kann, muß diese ebenfalls gedämpft oder chemisch entseucht werden.

Bakterielle Welke, Stengelfäule und Blattfleckenkrankheit (*Xanthomonas pelargonii* (Brown) Starr et Burkholder).

Die Krankheit tritt mit zwei verschiedenen Schadbildern auf, die manchmal gemeinsam, häufig jedoch völlig unabhängig voneinander vorkommen:

Welke und Stengelfäule. Vorzeitiges, von den untersten Blättern aus beginnendes Abwelken und Abdorren der Pflanzen infolge

Abb. 200. Stengelfäule und beginnende Welke bei Pelargonie durch Befall mit *Xanthomonas pelargonii.*

bakteriellen Befalls der Gefäße. Eine meist von der Stengelbasis ausgehende Fäule äußert sich in schwarzbrauner Verfärbung und führt schließlich zum Absterben der befallenen Pflanze (Abb. 200). Die vor allem über die Schnittstelle des Stecklings, wahrscheinlich auch über Wurzelverwundungen eindringenden Bakterien breiten sich mit dem Wasserstrom aus und gelangen dabei bis in die Spitzenregion der Triebe. Mit Stecklingen befallener Pflanzen kann die Krankheit weiter verbreitet werden. Es ist daher besonders wichtig, die zur Vermehrung vorgesehenen Mutterpflanzen vorher sehr sorgfältig auf etwa schon zu beobachtende Welkeerscheinungen zu überprüfen. Jungpflanzen aus befallenen Stecklingen zeigen die Erkrankung bereits etwa 5–6 Wochen nach dem Abstecken. Stark befallene Stecklinge bewurzeln sich schlecht oder gar nicht und werden von der Schnittstelle aus schwarz. Hohe Temperatur und schlechte Ernährungsbedingungen fördern die Symptomausprägung. In der Hauptsache sind Zonale-Pelargonien anfällig, doch kann auch *P. peltatum* befallen werden.

Blattflecke. Zunächst an der Blattunterseite winzige, dunkelgrüne wäßrig erscheinende Bläschen, die im durchfallenden Licht als gelbliche, ölig durchscheinende Punkte erkennbar sind. Mit dem Absterben des inneren Gewebes und der Größenzunahme der Fleckchen (bis etwa 5 mm Durchmesser) werden diese auch auf der Oberseite deutlich erkennbar (Abb. 201). Ein hell durchscheinender und scharf abgegrenzter Hof umgibt die runden, braunroten Fleckchen, die sich auch zu größeren Schadstellen vereinigen können. Die Krankheit befällt vor allem die älteren Blätter, seltener auch die Nebenblätter und die Blüte und tritt nur bei hoher Luftfeuchtigkeit auf.

Bekämpfung: Da eine direkte Bekämpfung der Krankheit mit chemischen Mitteln derzeit nicht möglich ist, bleiben Gegenmaßnahmen zunächst einmal auf die Maßnahmen der Hygiene beschränkt. Wer auf eigene Vermehrung Wert legt, wird das Problem nur über die Mutterpflanzen lösen können. Krankheitsfreie Substrate und Einsenkmaterialien, entseuchte Töpfe, Kästen, Stellagen, Transportkisten, sauberes Gießwasser sind zwar für die Gesunderhaltung der Bestände unerläßlich, verlieren aber dann ihren Wert, wenn schon infizierte Jungpflanzen und Stecklinge in Kultur genommen werden.

Kann man sich einwandfreies Mutterpflanzenmaterial oder gesunde Jungpflanzen aus Spezialbetrieben beschaffen, führt dieser Weg wohl am schnellsten zum Ziel. Als sicherste Methode, um

Abb. 201. Bakterielle Blatterkrankung durch *Xanthomonas pelargonii.*

bakterienfreie oder zumindest bakterienarme (und gleichzeitig virusarme) Pelargonien zu gewinnen, wird derzeit die Anzucht von Mutterpflanzen aus Meristemen angesehen. Siehe auch Seite 13. Die Methode ist jedoch sehr kosten- und zeitaufwendig und man benötigt lange Zeiträume, bis man zum Ziel kommt. Nach unseren Erfahrungen erzielt man, sofern man nicht von sehr stark verseuchten Beständen ausgeht, auch gute Ergebnisse mit der Testmethode ähnlich der bei Nelke beschriebenen. Jeder einzelne Steckling, der zur Mutterpflanze herangezogen werden soll, muß dabei auf Nährsubstrat (hier am besten auf festem Nährboden) auf einen Befall durch Bakterien geprüft werden. Das Hauptgewicht aller Maßnahmen liegt in der Folge auf einer absoluten Isolierung der Mutterpflanzen (siehe Seite 45) während der gesamten Kulturzeit.

Für Betriebe, die auf den Verkauf von Fertigware ausgerichtet sind und oft weitgehend aus eigenen Beständen vermehren, empfiehlt sich folgendes Verfahren:

Werden Mutterpflanzen aus Befallsbeständen ausgewählt, muß man annehmen, daß auch Pflanzen, die noch keine Symptome zeigen, die Krankheit schon in sich tragen können. Die Zahl der auszuwählenden Pflanzen ist daher so reichlich zu bemessen, daß später noch eine größere Zahl ausgeschieden werden kann. Um Infektionen von der Stellfläche her auszuschließen, erscheint es ratsam, jeweils 4–5 Pflanzen in Balkonkästen, Kunststoffeimer und dergleichen einzupflanzen und diese dann frei und in entsprechendem Abstand auf Tragschienen zu stellen. Das Gießen hat mit aller Vorsicht zu geschehen. Jede Benetzung der Blatt- und Stengelteile muß unterbleiben. Zeigt auch nur eine Pflanze einer Gefäßeinheit Krankheitssymptome, ist die gesamte Einheit von der Vermehrung auszuschließen. Es empfiehlt sich, ebenso zu verfahren, wenn man neue Bestände mit zugekauftem, gesichert krankheitsfreiem Pflanzenmaterial aufbauen will.

Auch bei der Anzucht bzw. bei der Weiterkultur von Jungpflanzen besteht die Hauptaufgabe zunächst einmal darin, Neuinfektionen im krankheitsverseuchten Betrieb zu verhüten. Alle in Frage kommenden Infektionsquellen müssen erkannt und notwendige Gegenmaßnahmen eingeleitet werden. So muß das für die Vermehrung verwendete Substrat krankheitsfrei sein. Diese Forderung gilt aber auch für Einsenkmaterialien. Alle schon einmal für Pelargonien gebrauchten Töpfe nur entseucht verwenden. Holz- und Betonteile der Anzuchtkästen, Stellagen, Tische am besten mit 1%iger Formaldehyd-Lösung (das sind 2,5 l des käuflichen 40%igen Formalins auf 100 l Wasser) entseuchen. Wo die örtlichen Verhältnisse die Verwendung des pflanzenschädlichen Formaldehyds nicht zulassen, kann man auch mit 2%iger Delegol-Lösung arbeiten. Soll geprüft werden, ob Aufstell- oder Einsenkflächen ohne Schaden für die Kultur benutzt werden können, bediene man sich der Riechprobe; Formaldehydgeruch darf nicht mehr wahrnehmbar sein, sonst sind Schäden möglich.

Beim Stecklingsschnitt ist das Messer immer wieder zu desinfizieren. Am besten geschieht dies durch Eintauchen in Brennspiritus und durch Abflammen in kleiner Spiritusflamme. Nach dem Abstecken der Stecklinge mit Captan-Brühe (z. B. Orthocid 50, Captan 50, 0,2%), Chinosol- (0,075%) oder Albisal-Lösung (0,1%) überbrausen. Soweit es die Weiterkultur betrifft, engen Stand und zu warme oder zu feuchte Kultur vermeiden. Stets auf sauberes Gießwasser achten. Selbst das Gießen mit Schlauch und Kanne bringt Gefahren mit sich, wenn diese zuvor in verseuchten Gewächshäusern verwendet wurden. Auch ist das Gießwasser direkt der Leitung zu entnehmen. Krankheitsverdächtige Pflanzen unverzüglich entfernen und vernichten. Es darf in diesem Fall keine Kompromisse geben.

Pythium-Stengelgrundfäule (*Pythium debaryanum* Hesse var. *pelargonii* Braun, *P. ultimum* Trow, *P. complectens* Braun und *P. splendens* Braun). Stengelgrund, insbesondere bei Stecklingen, unter grünlich-schwarzer Verfärbung in Naßfäule übergehend (Abb. 202). Die Pilze werden mit verseuchtem Boden übertragen und greifen besonders bei niedrigen Temperaturen (z. B. *P. debaryanum*) oft sehr heftig an. Da Stengelgrundfäule nicht selten auch durch Bakterien (siehe oben) oder auch durch den Grauschimmel (siehe *Botrytis cinerea*) verursacht wird und außerdem oft Trauermückenlarven den Weg für die Pilzinfektion bereiten, ist vor Anwendung chemischer Bekämpfungsmittel, wo möglich, eine genauere Bestimmung der Krankheitsursache vornehmen zu lassen.

Bekämpfung: Soweit es vorbeugende und hygienische Maßnahmen betrifft, die bei der Bekämpfung der „Bakteriellen Welke und Stengelfäule" gegebenen Hinweise beachten. Das Überbrausen der Stecklinge nach dem Stecken mit der Brühe eines Captan-Mittels ist zwar eine sehr probate Maßnahme gegen *Pythium debaryanum,* kann aber andere Pythium-Erkrankungen nicht verhüten. Diese lassen sich nur mit dem Fenaminosulf-Präparat Bayer 5072 (früher Dexon) zufriedenstellend niederhalten. Jungpflanzen sind mit 0,02%iger Brühe anzugießen; bei etwas älteren Pflanzen ist das Mittel 0,04%ig anzuwenden. Bei wiederholter Anwendung ist jedoch mit Wuchsdepressionen zu rechnen. Auch empfiehlt es sich, die Stellflächen schon vor dem Aufstellen der Töpfe mit Bayer 5072-Brühe zu überbrausen. Es wäre auch an die Verwendung von Prothiocarb-Präparaten (z. B. Previcur) zu denken.

Verticillium-Welke (*Verticillium dahliae* Kleb) (107). Stärkere, oft nur eine Blatthälfte oder einen Blattsektor erfassende Vergilbung und Vertrocknung älterer Blätter bei Edelpelargonien, legt immer den Verdacht auf Verticillium-Welke nahe (Abb. 203). Der Befall macht sich besonders bei trockenwarmer Witterung bemerkbar. Da der Pilz in den Wasserleitungsbahnen bis weit in die Spitzenregion der

Abb. 202. *Pythium*-Stengelfäule an Pelargonie.

Abb. 203. *Verticillium*-Welke bei Edelpelargonie.

Pflanze vordringt, kann er leicht mit Stecklingen übertragen werden.

Bekämpfung: Zur Stecklingsgewinnung Mutterpflanzenbestände laufend und sorgfältig überwachen, verdächtige Pflanzen auslesen und vernichten. Bei wertvollen, aber stark verseuchten Sorten eventuell Testung der Stecklinge (siehe Seite 46). Vorbeugend mit Benomyl-Brühe (0,05%) angießen. Manche Sorten sind gegenüber Benomyl etwas empfindlich. Falls eine Wiederholung notwendig werden sollte, darf diese nicht vor Ablauf von 4 Wochen erfolgen. Dazuhin ist wichtig, daß Benomyl nur bei Pflanzen angewandt wird, die sich in gutem Wachstum befinden. Auch ist der Schadgefahr wegen von einer gleichzeitigen Verwendung von Benomyl und Bayer 5072 (früher Dexon) Abstand zu nehmen. Nur mit frischen oder entseuchten Substraten (auch zum Einsenken der Töpfe) arbeiten. Gebrauchte Töpfe müssen vorher einer Desinfektion (z. B. in Formaldehyd-Lösung, $^1/_2$ l des käuflichen 40%igen Formalins in 10 l Wasser) unterzogen werden. Beim Stecklingsschnitt Abflammen des Messers in kleiner Spiritusflamme oder auch Einstellen für einige Minuten in 2%ige Delegol-Lösung. Damit eine zügige Weiterarbeit gewährleistet ist, sollte man mehrere Messer bereitstellen.

Rost (*Puccinia pelargonii-zonalis* Doidge) (108). Die oft kreisförmig angeordneten braunen Sporenlager des Pilzes sind vor allem auf der Blattunterseite (Abb. 204) zu finden. Blattoberseits deuten nur gelbliche Flecke auf den Befall hin. Die Krankheit wurde bisher ausschließlich an Zonale-Pelargonien beobachtet.

Bekämpfung: Der Pelargonienrost läßt sich nur dann erfolgreich bekämpfen, wenn die Krankheit frühzeitig erkannt wird und alle Blätter mit sichtbaren Befallsmerkmalen schon vor Anwendung chemischer Mittel entfernt werden. Der Empfehlung, Rostinfektionen bei Mutterpflanzen dadurch auszuschalten, daß man die Pflanzen 48 Stunden bei 38 °C oder auch 4 Tage bei 34 °C (die relative Luftfeuchte soll dabei 96% betragen) hält, kommt in der Praxis kaum irgendwelche Bedeutung zu. Die derzeit gebräuchlichen Präparate – Saprol, dem eine gewisse kurative Wirkung zukommt, ausgenommen – können zwar gesunde Blatteile vor Neuinfektionen schützen, jedoch bereits vorhandene Infektionsstellen nicht auslöschen. Chemische Maßnahmen und Maßnahmen der Hygiene müssen daher Hand in Hand gehen. Die ständige Durchsicht der Bestände ist unerläßlich. Ohne konsequente Durchführung von Hygienemaßnahmen wird jede Spritzarbeit nur Stückwerk bleiben. Es ist vorbeugend und wiederholt mit Mancozeb (z. B. Dithane Ultra, 0,2%), dem Triforine-Präparat Saprol (0,15%) oder auch mit einem Zineb-Präparat (0,2%) zu spritzen, wobei vor allem auch die Unterseiten der Blätter einen schützenden Belag erhal-

Abb. 204. Pelargonienrost.

ten müssen. Bei großer Krankheitsgefahr die Mittel in Abständen von 8–10 Tagen ausbringen. Im übrigen die Pflanzen von oben her möglichst trocken halten und Niederschlag vermeiden.

Hat man Jungpflanzen zugekauft, gehört die regelmäßige Durchsicht auf Rostbefall mit zu den wichtigsten Pflegemaßnahmen. Vor allem in den Herbst- und Wintermonaten muß für die Sanierung der Bestände viel getan werden. Gelingt es nicht, während dieser Zeit die Pflanzen rostfrei zu bekommen, wird dies im Frühjahr, bei stärkerem Wachstum der Pflanzen und für den Pilz zunehmend günstigeren Bedingungen noch viel schwieriger sein.

Macrosporium-Blattfleckenkrankheit (*Macrosporium pelargonii* Ell. et Ev.). Auf Blättern von Zonale-Hybriden und Edelpelargonien, weniger auf Peltatum-Hybriden kreisförmige, bis etwa 1 cm große, dunkelgrüne Flecke, die sich allmählich braun färben. Charakteristisch ist die etwas erhöhte Randzone (Abb. 205). Die Krankheit tritt bei Kulturen unter Glas (z. B. Edelpelargonien), in regnerischen Sommern auch bei unter Freilandbedingungen (z. B. in Kästen) gehaltenen Mutterpflanzenbeständen auf.

Bekämpfung: Sie wird im allgemeinen nur bei nasser Sommerwitterung im Freiland notwendig. Vorbeugend mit Mancozeb (z. B. Dithane Ultra) oder auch mit einem Grünkupfer-Präparat spritzen und die Behandlung noch ein- oder zweimal im Abstand von 14 Tagen wiederholen.

Grauschimmel (*Botrytis cinerea* Pers.). Der Pilz, der sich zunächst auf abgewelkten Blättern (Abb. 6, Seite 31) und Blütenständen ausbreitet, geht von dort leicht auf gesunde Pflanzenteile über. Er ver-

Abb. 205. *Macrosporium*-Blattfleckenkrankheit bei Pelargonie.

ursacht auf den Blättern großflächige braune Faulstellen, kann aber auch Stengel und Blütenstände befallen. Wenn auf den Schadstellen dichter grauer Pilzflaum erscheint, erkennt der Gärtner den Grauschimmel leicht. Wenn die Luftfeuchtigkeit absinkt, verschwindet der Schimmelbelag, und es bleiben nur die braunen, oft wenig charakteristischen Faulstellen. Die Krankheit tritt vor allem dann auf, wenn die Pflanzen sehr eng, ohne genügenden Zutritt von Luft und Licht stehen und wenn im Gewächshaus eine dumpfe, feuchte Luft herrscht.

Bekämpfung: Vor allem Jungpflanzen verlangen eine sehr sorgsame Wartung. Im Herbst und während des Winters wollen Pelargonien kühl und luftig und vor allem nicht zu eng stehen. Wassergaben soweit als möglich einschränken. Auf Sauberkeit achten. Alle abstehenden Pflanzenteile sofort entfernen. Danach ist vorbeugend in Abständen von 10–14 Tagen mit Du Pont Benomyl (0,05%), Thiabendazol (z. B. Tecto fl.), Dichlofluanid (z. B. Euparen, 0,3%) oder bei Auftreten von Schimmelbelägen auch wöchentlich mit Anilazin (z. B. Botrysan, 0,3%) zu spritzen, bei Stammfäule-Gefahr auch mit 0,05%iger Benomyl-Brühe anzugießen. Eine gute Wirkung zeigt auch das derzeit in Prüfung befindliche Ronilan (siehe Seite 32). Damit eine Wuchshemmung vermieden wird, Benomyl nur bei gut im Wuchs befindlichen Pflanzen anwenden. Vorbeugend angewandt, läßt auch das Räuchern mit Chlorothalonil (z. B. Liro Räuchertabletten 2787, Exotherm-Termil) oder auch mit den neuerdings zugelassenen Thiabendazol-haltigen Tecto Räuchertabletten eine zufriedenstellende Schutzwirkung erwarten. Nicht mehr angeboten wird dagegen die Tecnazen-haltige Altritan Räucherdose. Wo die Wirkung systemischer Fungizide auf Grundlage Benomyl oder Thiabendazol nachläßt, ist mit Chlorothalonil-Präparaten oder mit Euparen zu arbeiten.

Weiße Fliege. Vor allem Edelpelargonien werden sehr gerne von der Mottenschildlaus besiedelt. Die weißgeflügelten alten Tiere, wie auch ihre ungeflügelten, platten und schildlausähnlichen Larven sitzen oft in großer Zahl auf der Unterseite der Blätter. Durch ihre Saugtätigkeit kommt es zu Gelbfleckung und in der Folge zu einem Vertrocknen und Abstehen der Blätter. Eine üble Begleiterscheinung des Mottenschildlausbefalls ist auch der in großer Menge erzeugte „Honigtau“. Er begünstigt die Ansiedelung von Rußtaupilzen. Sie Seite 93.

Blattläuse siehe Seite 85.

Weichhautmilben siehe Seite 63. Ihre Saugschäden können unter anderem auch zur Korkfleckenbildung beitragen.

Bekämpfung: Wiederholt mit einem Kelthan-Präparat (z. B. Kelthane MF), einer Endosulfan-Emulsion (z. B. Beosit 35 flüssig, Thiodan 35 flüssig) oder auch mit Chlorfensulfid + Chorfenethol (z. B. Anilix) spritzen. Mit Kelthane MF oder Anilix läßt sich gleichzeitig auch die Rote Spinne niederhalten.

Eulenraupen. Die Raupen verschiedener Eulenfalter können durch Fraß an Blättern und Trieben oft sehr schädlich werden.

Bekämpfung: Mit Methomyl (z. B. Lannate 25-WP, 0,15%) oder auch mit einem Propoxur-Präparat (z. B. Unden flüssig) spritzen, gegen jüngere Raupenstadien auch mit einem Parathion-Stäubemittel stäuben.

Gelbflecken- oder Kräuselkrankheit (Pelargonium virus 1). Häufige und hartnäckige Krankheit besonders bei Zonale-Pelargonien. Vor allem im Frühjahr an den jungen Blättern nadelstichähnliche, durchscheinende, gelblichgrüne Fleckchen, im

Abb. 206. Kräuselkrankheit (Virose) bei Pelargonie.

Zentrum oft mit braunem Punkt. Bei starker Erkrankung Wachstumsstockungen, die zu Aufwölbungen, Verkrüppelungen und Zerreißungen der Blätter führen (Abb. 206). Die Krankheitssymptome verschwinden im Verlauf des Sommers oft gänzlich, um erst im nächsten Frühjahr wieder erneut in Erscheinung zu treten. Mit Sicherheit erfolgt die Übertragung durch kranke Stecklinge. Wahrscheinlich kann außerdem durch Insekten (Blattläuse, Weiße Fliege) und auch durch Saft kranker Pflanzen beim Stecklingsschnitt Übertragung stattfinden.

Bekämpfung: Gesunde Mutterpflanzen sind eine erste Voraussetzung für gesunde Jungbestände. Da im Sommer die Krankheitsanzeichen weitgehend maskiert sein können, muß bereits schon im zeitigen Frühjahr eine Anzahl gesunder, aber auch wirklich äußerlich gesunder Mutterpflanzen ausgesucht werden. Man halte die Pflanzen gegen das Licht, da sich im durchfallenden Licht auch erste Anzeichen der Krankheit besser feststellen lassen. Ausgesuchte Mutterpflanzen sind weitab von den Verkaufsbeständen aufzustellen. Man prüfe sie laufend, scheide die möglicherweise noch auftretenden kranken Pflanzen aus und sorge für die Bekämpfung saugender Insekten. Beim Stecklingsschnitt ist das Messer zu desinfizieren (siehe Seite 13). Im übrigen sind auch aus den Verkaufsbeständen die kranken Pflanzen zu entfernen und zu vernichten.

Ringfleckenkrankheit. Bei *Pelargonium peltatum,* da und dort auch bei *P. zonale* im Frühjahr gelbgrüne Ringe oder Flecke auf den Blättern. Die Symptome verstärken sich gegen den Sommer hin, um später im Jahr, wenn das Wachstum der Pflanzen stockt, wieder zu verschwinden. Da sich die Krankheit durch Pfropfung übertragen läßt, muß angenommen werden, daß es sich um eine Virose handelt, doch ist bisher nichts Näheres bekannt. Vorsicht ist geboten. Kranke Pflanzen vernichten, keinesfalls zur Stecklingsvermehrung benützen.

Aufreißen des Blütenstengels. Die Blütenstengel zeigen unterhalb des Blütenstandes mehr oder weniger tiefe und oft stark klaffende Querrisse. Die freiliegenden Gewebepartien verkorken. Das Aufreißen tritt als Folge starker Wasseraufnahme bei gleichzeitiger Behinderung der Verdunstung auf. Die Voraussetzungen dafür sind also dann gegeben, wenn zu trocken gehaltene Pflanzen plötzlich stark gewässert werden und hohe Luftfeuchtigkeit (z. B. bei sinkenden Nachttemperaturen) die Verdunstung hemmt.

Verhütung: Für regelmäßige Bewässerung sorgen. Nicht am Abend gießen.

Korkwucherungen. Auf der Unterseite der Blätter zeigen sich grünlich bis bräunlich gefärbte korkartige Wärzchen und Schwielen (Abb. 207), deren Auftreten im allgemeinen mit dem Wasserhaushalt der Pflanzen zusammenhängt. Hohe Luftfeuchtigkeit bei anhaltender, reichlicher Wasserzufuhr durch die Wurzeln dürfte in Verbindung mit ungünstigen Lichtverhältnissen (z. B. trübe, regnerische Witterung nach vorausgegangener Schönwetterperiode) einer der Hauptgründe für das Entstehen von Korkbildungen sein. Auch gleichzeitig verabreichte hohe Düngergaben (insbesondere Stickstoff) können von Einfluß sein. Ob ein ursächlicher Zusammenhang mit Befall durch *Xanthomonas pelargonii* besteht, scheint nicht endgültig geklärt zu sein. Im übrigen sind Korkwucherungen des öfteren auch der Saugtätigkeit von Spinn- und Weichhautmilben zuzuschreiben.

Gegenmaßnahmen zur Verhütung der „Korksucht" ergeben sich aus den angeführten Punkten. Vor allem muß übermäßige Luftfeuchtigkeit vermieden werden. Reichlich lüften! Möglichst an hellen, sonnigen Tagen gießen, nicht am Spätnachmittag oder gar am Abend. Starken Temperaturrückgang während der Nacht vermeiden. Stets für hellen und luftigen Stand sorgen. Pflanzen nicht zu dicht aufstellen. Bei trüber, naßkalter Witterung mit dem Düngen sehr vorsichtig sein.

Phosphorsäuremangel. Dunkelgrüne Farbe und dunkelbraune Ringzone sind ein Hinweis beim jungen Blatt, bei älteren Blättern ein braunroter, vertrockneter Blattrand.

Bei **Kalimangel** zeigen die Pflanzen eine rotbraune Ringzone und einen ebenso verfärbten Blattrand. Auf der Spreite verteilt gelbe, braune und graue Stippen.

Mangan- und Magnesiummangel (z. T. auch Eisenmangel). Die Spreitenteile vergilben, wobei jedoch das Adernetz seine normalgrüne Farbe beibehält.

Stickstoffmangel. Bei jüngeren Blättern wird eine rötlich-bronzefarbene Ringzone auffällig. Ältere Blätter mit deutlicher Rotfärbung.

Empfindlichkeit gegen Pflanzenschutzmittel: Mit Parathion (z. B. E 605 forte, Parathion forte u. a.) muß man vor allem bei Jungpflanzen vorsichtig sein, wobei heißes Wetter die Schadgefahr verstärken kann. Zu den für Pelargonien weniger gut verträglichen Präparaten scheint auch das Ortho Dibrom zu gehören. Schlecht vertra-

Abb. 207. Unterseite eines Pelargonienblattes mit Korkwucherungen.

gen wird das Räuchern mit der Morestan-Räucherdose. Starke Blütenschäden verursachen Nikotin-Spritzmittel. In Zeiten geringen Triebzuwachses kann es bei vermehrter Anwendung von Dithane Ultra und Maneb-Präparaten zu auffälligen Aufhellungen der Blattränder kommen. Mit leicht gehemmter Kallusbildung reagieren Pelargoniensteckling nach Anwendung von Captan-Präparaten. Auch das Angießen mit Benomyl wird nicht immer gut vertragen. Wichtig ist, daß sich die Pflanzen in gutem Wachstum befinden. Stecklinge, die in 0,05%ige Benomyl-Brühe getaucht wurden, reagierten mit gestauchtem Wuchs. Wegen der Gefahr einer Wuchshemmung sollte das Fenaminosulf-Präparat Bayer 5072 (früher Dexon) bei Jungpflanzen möglichst nur einmal angewandt werden. Lannate 25-WP als Gießmittel (0,1%) ausgebracht, verursachte Schäden bei den Sorten 'Red Irene', 'Dark Red Irene', 'Volkskanzler' und 'Schöne von Greenchen'.

Peperomia, Peperomie

Pythium-Wurzelfäule (*Pythium splendens* Braun). Die bei vielen Warmhauspflanzen (z. B. *Aglaonema, Anthurium, Platycerium, Rhaphidophora*) oft verheerend auftretende Krankheit kann auch bei *Peperomia* größere Ausfälle verursachen. Infolge Fäulnis der Wurzeln nehmen die Pflanzen ein graugrünes Aussehen an. Wenn der Pilz auf die Blätter übergreift, werden die Blattstiele glasig und knicken um, die Blattspreite geht unter schwarzer Verfärbung in Fäulnis über.

Bekämpfung: Spätestens dann, wenn erste Wurzelschäden bemerkt werden oder, wo die Gefahr der Verseuchung besteht, mit Fenaminosulf (z. B. Bayer 5072, 0,03–0,04%) angießen. Auch Previcur (0,15% gießen) ist brauchbar.

Blattälchen (*Aphelenchoides ritzemabosi* (Schwartz) Good). Kleine, leicht eingesunkene, bräunliche Fleckchen auf der Blattunterseite. Bei starkem Befall ist die ganze, beidseitig von den Blattadern scharf begrenzte und somit streifige Befallsstelle braun verfärbt; das Blatt stirbt ab. Besonders auffällige Schäden werden bei *Peperomia caperata* beobachtet.

Bekämpfung: Dreimal im Abstand von 4–5 Tagen mit einer Parathion-Emulsion (z. B. E 605 forte, Parathion forte u. a., jeweils 0,05%) oder auch zweimal mit Zinophos-Emulsion (z. B. Nemafos, 0,1%) spritzen. Auch Aldicarb-Granulat (Temik 10 G, 5 g/m^2) hat sich als brauchbar erwiesen.

Blattläuse siehe Seite 85.

Spinnmilben siehe Seite 58.

Korkwucherungen nennt man die schwielenartigen Auftreibungen auf der Unterseite der Blätter. Sie werden vor allem bei *Peperomia glabella* und *P. obtusifolia* beobachtet. Siehe Seite 375.

Petunia, Petunie

Blättrige Gallen (*Corynebacterium fascians* (Tilf.) Dows.). An der Stengelbasis gallenartig verunstaltete Sprosse. Siehe Pelargonie.

Welke infolge Wurzelhalsfäule (*Phytophthora cryptogea* Peth. et Laff., *Phytophthora parasitica* Dast.). Stengelgrund und obere Wurzelteile braun oder schwärzlich verfärbt. Die Pflanzen welken.

Bekämpfung: Wo nicht Einheitserde oder Torfsubstrate verwendet werden, muß die Anzuchterde entseucht werden. Gleiches gilt für Anzuchtkisten, Töpfe und Frühbeetkästen. Gefährdete Bestände mit dem Fenaminosulf-Präparat Bayer 5072 (0,03%) angießen. Sichtbar kranke Pflanzen aussondern und vernichten.

Von den sehr zahlreichen auf Petunie vorkommenden Viren seien nur die folgenden genannt:

Gurkenmosaik-Virus (Cucumis virus 1). Pflanzen gestaucht, Stengel und Blattadern oft mit brauner Strichelung. Blätter mosaikartig hell- und dunkelgrün gescheckt und mehr oder weniger deutlich verunstaltet. Blüten mißgebildet mit schmutzig-weißen Flecken und Streifen, häufig sich nicht öffnend. Zahl der Blüten oft spärlich.

Tabakmauche-Virus (Takakratel-Virus). Spitzenblätter aufgehellt und leicht gescheckt, auf den unteren Blättern große Flecken abgestorbenen Gewebes. Befallene Pflanzen kleiner als normal. Übertragung durch freilebende Nematoden.

Tabakmosaik-Virus. Grüne oder gelbliche Scheckung der im Wachstum gehemmten Pflanzen. Blätter mehr als normal gekräuselt oder löffelförmig und mit Flecken abgestorbenen Gewebes.

Bekämpfung der Virosen: Kranke Pflanzen frühzeitig aussondern und vernichten. Bodendämpfung (z. B. im Falle von Tabakmauche- und Tabakmosaik-Virus). Bekämpfung saugender Insekten (Gurkenmosaik-Virus).

Die **Vergilbung der Petunie,** die sich durch Bildung chlorotischer Triebe an der im Wachstum gehemmten Pflanze äußert, ist nach neueren Untersuchungen auf Infektion durch mykoplasmaähnliche Organismen (siehe Seite 14) zurückzuführen.

Phlox, Flammenblume

Septoria-Blattfleckenkrankheit (*Septoria phlogis* Sacc. et Speg. u. a.). Runde, rötlich-violette Flecke mit verwaschenem Rand und manchmal mit punktförmiger, hell gefärbter Mittelzone, auf der mit der Lupe die winzigen Fruchtkörperchen des Pilzes zu erkennen sind. Die Flecke sind besonders auf den unteren Blättern oft so zahlreich, daß sie diese zum Absterben bringen (Abb. 208).

Bekämpfung: Vorbeugend und wiederholt in Abständen von 14 Tagen mit Mancozeb, Metiram oder auch mit einem Grünkupfer-Präparat spritzen oder sprühen.

Ascochyta-Blattfleckenkrankheit und -Triebsterben (*Ascochyta phlogis* var. *phlogina* N.Y. Mass., Tex. u. a.). Für Amerika wird eine Blattfleckenkrankheit durch diesen Pilz beschrieben, die der durch *Septoria* verursachten ähnelt. Von den Verfassern wurde ebenfalls durch eine *Ascochyta*-Art hervorgerufene heftige Stengelerkrankung beobachtet, die zum Vergilben und Absterben der Triebe von *Phlox subulata* und *Phlox paniculata* führte. Das Krankheitsbild ähnelt dem durch Älchenbefall verursachten Triebsterben bei *Phlox subulata,* doch sind bei der Pilzerkrankung die kleinen schwarzen Fruchtkörperchen ein sicheres Erkennungszeichen.

Bekämpfung: Sobald erste Krankheitsanzeichen auffällig werden, vorbeugend und wiederholt in Abständen von 14 Tagen mit Mancozeb (z. B. Dithane Ultra, 0,2%), Triforine (z. B. Saprol, 0,1%), Benomyl (0,05%) oder versuchsweise auch mit dem Captafol-Präparat Ortho Difolatan (0,2%) spritzen. Benomyl und Saprol erfassen gleichzeitig auch den Echten Mehltau.

Echter Mehltau (*Erysiphe cichoriacearum* DC.). Mehlig-weißer Belag auf den Blättern.

Bekämpfung: Wiederholt mit Dinocap (z. B. Karathane), Chloraniformethan (Imugan), Dodemorph (Mehltaumittel F 238), Triforine (Saprol) oder auch mit Benomyl spritzen. Bei großer Krankheitsgefahr die Mittel in Abständen von 8 Tagen ausbringen. Bei nicht systemisch wirksamen Präparaten darauf achten, daß auch die Unterseiten der Blätter gut getroffen werden.

Verticillium-Welke (*Verticillium alboatrum* R. et B.). An den untersten Blättern beginnende und sich nach oben fortsetzende Welkeerscheinungen. Meistens verfärben sich die Blätter gelblich, werden vom Rand aus braun, trocken und rollen sich nach oben ein. Die befallenen Pflanzen gehen in Triebzahl und Triebstärke immer mehr zurück, bis sie schließlich ganz zugrunde gehen.

Bekämpfung: Kranke Stauden samt umgebender Erde ausstechen und vernichten. Verseuchte Stellen tiefgehend mit Du Pont Benomyl-Brühe (0,1%) durchtränken. Benachbarte Pflanzen müssen in die Behandlung einbezogen werden. Aus befallenen Beständen kein Material zur vegetativen Vermehrung entnehmen. Anpflanzung nur auf neuem, unverseuchtem Standort. Will man von wertvollen, aber befallenen oder befallsverdächtigen Pflanzen Stecklinge entnehmen, so müssen sie vor der Bewurzelung einer Testung (siehe Seite 45) unterworfen werden.

Stengelfäule und Triebsterben bei Phlox subulata (*Phoma phlogis* Roum.). Am Grund oder auch höher am Stengel eine graubraun verfärbte Zone. Mit der Lupe sind auf der Oberfläche die punktförmigen, schwarzen Pilz-Fruchtkörperchen zu erkennen. Oberhalb der Befallsstelle stirbt der Trieb ab. Gelegentlich sind außer dem Pilz auch noch parasitische Älchen (*Ditylenchus dipsaci* (Kühn) Filip.) zu finden, die den Schaden verstärken, manchmal vielleicht auch Wegebereiter für den Pilz sind.

Bekämpfung: Wie bei Septoria-Blattfleckenkrankheit. Sind zusätzlich noch Nematoden nachzuweisen, müssen die Fungizid-Spritzungen noch durch Parathion-Behandlungen (siehe „Stockkrankheit" durch Stengelälchen) ergänzt werden.

„Stockkrankheit" durch Stengelälchen (*Ditylenchus dipsaci* (Kühn) Filip.). Triebe gedrungen mit verdicktem und oft verkrümmtem Stengel. Blätter vom Grund aus verschmälert, häufig mit nach unten umgebogenem Rand und gelblichgrün verfärbt. Die Verschmälerung der Blattspreite kann so weit gehen, daß nur ein fadenförmiger Blattrest übrigbleibt (Abb. 209). Der Stengel älterer Triebe zeigt oft tief klaffende Aufrißstellen in der Längsrichtung, ist brüchig und innen von schwammiger Beschaffenheit. Die Älchen halten sich hauptsächlich im Stengelgrund auf.

Sowohl einjährige Sorten als auch Staudenphlox werden befallen. Die Älchenrasse des Phloxes befällt auch verschiedene *Oenothera*-Arten, *Campanula persicifolia, Dianthus barbatus, Primula rosea* und *Solidago canadensis.*

Bekämpfung: Kranke Triebe stehender Bestände sobald als möglich abschneiden und verbrennen. Im übrigen schon bei Austriebsbeginn mit Zinophos-Emulsion (Nemafos, 0,1%) angießen oder je m^2 auch 5 g Aldicarb-Granulat (Temik 10 G) ausstreuen. Stecklinge aus befallsverdächtigen Beständen für $1/4$ Stunde in lauwarmes Wasser (30–35 °C) tauchen und hernach mit 0,05%iger Lösung eines Parathion-Mittels (z. B. Parathion forte, E 605 forte u. a.) nachspülen. Da die Älchen nicht in den Wurzeln leben, bietet auch die Wurzelschnittlingsvermehrung einen Weg, zu praktisch älchenfreien Stecklingen zu kommen. Die Wurzeln müssen jedoch gründlich gewaschen und möglichst unter fließendem Wasser abgespült werden.

Abb. 208. Septoria-Blattfleckenkrankheit *(Septoria phlogis)* bei Phlox.
Abb. 209. Von Stockälchen befallener Phloxtrieb.

Triebsterben bei Phlox subulata infolge Älchenbefalls (*Aphelenchoides ritzemabosi* (Schwartz) Good). Triebspitzen mit leichter Verkrümmung, zunächst die Gipfelblätter, später die gesamten Triebe gelb werdend. Die Pflanzen leiden oft so sehr unter der Erkrankung, daß sie absterben.

Bekämpfung: Kranke Triebe abschneiden und verbrennen. Zeitig im Frühjahr dreimal im Abstand von 4–5 Tagen mit Parathion-Emulsion (0,05%) oder auch zweimal mit Zinophos-Emulsion (z. B. Nemafos, 0,1%) spritzen, notfalls je m^2 auch 5 g Aldicarb-Granulat (Temik 10 G) ausstreuen.

Kräuselkrankheit (wahrscheinlich Tabaknekrose-Virus). Blätter gekräuselt und verkrüppelt, oft mit schwarzbraunen Flecken oder mosaikartigen Aufhellungen und mit Bräunung der Blattadern. Stengel meist mehr oder weniger verdickt und gekrümmt, mit schwarzen Längsstreifen und Aufrißstellen. Die Verkürzung der Internodien und die Verkrüppelung der Achseltriebe verleiht den Pflanzen ein gestauchtes, buschiges Aussehen. Auch die Blütenbildung ist gestört. Stark befallene Pflanzen gehen meist vorzeitig zugrunde.

Bekämpfung: Frühzeitige Vernichtung befallener Pflanzen.

Poinsettia siehe *Euphorbia pulcherrima* Seite 251.

Primula, Primel

Primula obconica. Stets für gleichmäßige Feuchtigkeit und entsprechenden Schatten sorgen. Wachstumsstockungen führen zu einer Verhärtung der Pflanzen. Darunter leidet der Ansatz der Blütenknospen. Aus demselben Grund darf auch nicht zu spät verpflanzt werden. Hohe Düngergaben vermeiden. Nicht zu spät einräumen. Geht es nur um die Überwinterung, sind 8–10 °C ausreichend, andernfalls hält man Obconica-Primeln bei 10–12 °C. Bekanntlich strecken sich die Blütenstiele bei Temperaturen unter 8 °C nicht ausreichend. Stets ist auf eine gute Durchlüftung der Häuser zu achten.

Primula malacoides. Gegen zu frische Erde und zu hohe Düngergaben sind sie sehr empfindlich. Das Verpflanzen bzw. Eintopfen (bei Beetkultur) ist rechtzeitig vorzunehmen, damit die Pflanzen bis zum Einräumen noch gut durchwurzeln. Im Haus ist ein heller, kühler und luftiger Stand wichtig. Malacoides-Primeln brauchen jedoch nicht ganz so warm zu stehen wie Obconica-Primeln. Im allgemeinen hält man sie bei Temperaturen zwischen 6 und 8 °C. Erst wenn sich die Blüten entwickeln, kann die Temperatur bis auf etwa 10–12 °C ansteigen. Hält man zu warm, vergeilen die Pflanzen und die Blüten verblassen. Eine Verfrühung der Blüte läßt sich jedoch durch höhere Temperaturen keinesfalls erreichen. Im Herbst und Winter mit aller Vorsicht gießen. Zuviel Nässe im Boden, ein kalter Fuß, sagt den Fliederprimeln gar nicht zu. Fäulnis ist die Folge. Da die unteren Blätter häufig unter Fäulnis leiden, ist öfteres Durchputzen anzuraten.

Primula praenitens (P. sinensis). Wo noch in Kästen kultiviert wird, nicht zu spät einräumen. Ein heller, luftiger, weiter Stand bei Temperaturen um 10–12 °C sagt ihnen am besten zu. Die Pflanzen dürfen sich nicht gegenseitig hochdrücken. Flach ausladende Blätter sind erwünscht.

Centrospora-Wurzel- und -Stammfäule (*Centrospora acerina* (Hart.) Newh. = *Mycocentrospora acerina* (Hart.) Deighton) (144). Es handelt sich um eine vor allem bei *Primula vulgaris*, *Primula*-Elatior-Hybriden und bei *Primula malacoides* an den äußersten Blättern beginnende, mehr oder weniger rasch fortschreitende Vergilbung und Fäule. Die Wurzeln, vor allem im Innern des Ballens, weisen rotviolette, tiefgreifende Faulstellen auf. Schließlich bleiben oft nur noch abgefaulte Wurzelstumpen übrig. Die Fäule kann von dort auf den Stammgrund übergehen, was dann zum plötzlichen Abwelken der Pflanzen führt. Da der Pilz vor allem bei niedrigen Temperaturen heftig angreift, kommt die Centrospora-Wurzel- und -Stammfäule bei Freilandprimeln meist erst in den Herbst- und Wintermonaten richtig zum Ausbruch.

Bekämpfung: Die wichtigste Vorbeugungsmaßnahme ist die Verwendung frischen Substrates sowie neuer oder entseuchter Kulturgefäße. Bei Einsenkung (z. B. im Kasten) muß auch das Einfütterungsmaterial entseucht werden. Ein vorbeugendes Angießen mit Benomyl-Brühe (0,1%) ist wirksam, doch kann es, zumindest bei Sämlingen, zu leichter Wachstumshemmung kommen. Der Hauptnachdruck der Bekämpfung ist auf die Herbstmonate zu legen. Angießen jeweils in etwa vierwöchigem Abstand wäre wünschenswert. Die Rolle der Saatgutübertragung ist bisher noch unsicher.

Phytophthora-Wurzelhalsfäule (*Phytophthora primulae* Tom.). Während die

Abb. 210. Stengelgrundfäule durch *Botrytis cinerea* bei *Primula malacoides*.
Abb. 211. Blattfleckenkrankheit der Primel, verursacht durch den Pilz *Ramularia primulae*. Links Blattoberseite, rechts Blattunterseite.

Wurzel in ihren unteren Teilen noch gesund ist, welkt die Pflanze infolge einer Fäule an Stammgrund und Wurzel-Ansatzstellen.

Bekämpfung: Gefährdete Bestände mit Fenaminosulf (z. B. Bayer 5072, 0,03%) angießen. Möglicherweise kann auch das Prothiocarb-Präparat Previcur (0,15% gießen) mit Erfolg gegen die Wurzelhalsfäule eingesetzt werden.

Grauschimmelkrankheit (*Botrytis cinerea* Pers.).

Blatt- und Blütenfäule. Auf abgestorbenen Blättern oder Blütenständen siedelt sich leicht graubrauner Schimmelrasen an. Der Pilz kann sich auch auf gesunde Pflanzenteile ausbreiten. Sind die Bedingungen für den Befall günstig (enger Stand der Pflanzen, schlechte Durchlüftung, hohe Luft- und Bodenfeuchtigkeit), so entwikkeln sich vor allem auf den untersten Blättern wäßrigbraune, sich rasch vergrößernde Faulstellen. Bei starker Erkrankung sterben die Blätter ab, so daß die Pflanze sehr geschwächt wird.

Bekämpfung: Helle, luftige und nicht zu warme Kultur sind erste Voraussetzung für die Gesunderhaltung der Bestände. Da abstehende Blätter die Ausbreitung der Krankheit begünstigen, muß öfter durchgeputzt werden. Im übrigen vorbeugend und wiederholt mit Benomyl (0,05%) spritzen oder auch mit den neuerdings zugelassenen Thiabendazol-haltigen Tecto Räuchertabletten räuchern. Für nicht blühende Bestände ist auch das Dichlofluanid-Präparat Euparen brauchbar.

Stengelgrundfäule. Greift die Fäule vom Stengelgrund aus an, so ergibt sich ein völlig andersartiges Krankheitsbild. Die Pflanzen welken plötzlich. Bei dem Versuch, sie aus der Erde zu nehmen, erfaßt man meistens nur noch die Blattrosette, da der Stengelgrund völlig vermorscht ist. Die Wurzel bleibt lange Zeit noch gesund (Abbildung 210).

Im Anfangsstadium läßt sich am durchgeschnittenen Stengel erkennen, daß die Naßfäule etwa in der Zone der Erdoberfläche beginnt. Das Gewebe verfärbt sich bis ins Innerste wäßrigbraun und ist von dickem farblosem Pilzgeflecht durchsetzt, das aber nur mit Hilfe des Mikroskops festgestellt werden kann. Die Krankheit tritt besonders leicht auf, wenn die Pflanzen zu starke Stickstoffdüngung erhalten haben oder zu feucht gehalten wurden. Insbesondere bei *Primula malacoides* und *Primula praenitens* (Chinesenprimel) verursacht die Stengelfäule oft erhebliche Verluste.

Bekämpfung: Zuviel Nässe und kalten Fuß vermeiden. Eine den jeweiligen Temperaturverhältnissen angepaßte Wasserversorgung ist wichtig. Mit aller Vorsicht gießen. Pflanzen mit Benomyl (0,05%), Anilazin (Botrysan, 0,3%) oder versuchsweise auch mit Dichlofluanid (z. B. Euparen, 0,2%) angießen, wobei der Stammgrund allseitig gut getroffen werden muß.

Ramularia-Blattfleckenkrankheit (*Ramularia primulae* Thüm.). Häufigste Blatterkrankung der Primeln. Vor allem die älteren Blätter mit unregelmäßig umrandeten, oft von kleineren Blattadern eckig begrenzten, graubraunen Flecken, die von einer gelblichen Randzone umgeben sind (Abb. 211). Auf der Unterseite zeigen die Flecke bei feuchter Witterung einen weißlich-grauen Sporenbelag. Die Krankheit wird bei *Primula malacoides, P. praenitens, P. vulgaris, P. veris, P. elatior* und *P. japonica* beobachtet.

Bekämpfung: Vorbeugend und wiederholt mit Zineb, Mancozeb oder auch mit Benomyl spritzen (0,05%) oder sprühen. Arbeitet man mit den herkömmlichen Zineb-Präparaten oder mit Mancozeb (Dithane Ultra), besteht die Hauptaufgabe darin, einen schützenden Belag auf die Unterseite der Blätter zu bringen. Das ist beispielsweise bei Freilandprimeln nur dann erfolgreich möglich, wenn man sich des Sprühverfahrens bedient, von zwei Seiten arbeitet und jeweils den Sprühstrahl von unten nach oben zieht. Im allgemeinen genügt es, wenn die Mittel in Abständen von 14 Tagen ausgebracht werden. Bei feuchter Sommerwitterung sollte man die Abstände zwischen den einzelnen Behandlungen etwas enger nehmen. Im besonderen gilt dies für Zineb und Mancozeb.

Falscher Mehltau (*Peronospora oerteliana* Kühn). Auf der Blattoberseite gelblich ausgebleichte Stellen, die unterseits mit weißem Schimmelbelag bedeckt sind. Bei hoher Luftfeuchtigkeit an *Primula vulgaris, P. elatior, P. veris.*

Bekämpfung: Vorbeugend und wiederholt mit einem Zineb-Präparat oder mit Mancozeb (Dithane Ultra) spritzen oder sprühen. Dabei ist wichtig, daß vor allem auch die Unterseiten der Blätter gut getroffen werden. Es darf angenommen werden, daß auch das sich durch teilsystemische Wirkung auszeichnende Prothiocarb-Präparat Previcur hier erfolgreich eingesetzt werden kann.

Blatterkrankung durch Älchenbefall (*Aphelenchoides fragariae* (Ritz.-Bos) Chr.). Durch Adern scharf begrenzte, hellbraune, später sich dunkel verfärbende Blattflecke (Abb. 212), bei starkem Befall Wachstumsstörungen, die sich in Verkümmerung und Zwergwuchs äußern können. Wenig deutlich sind die Symptome z. B. bei *Primula japonica, P.*-Juliae-Hybriden, *P. bulleyana, P. rosea, P. beesiana* und *P.*-Bullesiana-Hybriden. Die Flecken erscheinen hier nur als schwache, gelblichbraune

Verfärbungen. Auffälliger zeigen sich die Schäden bei *Primula denticulata* bzw. bei *P. denticulata* 'Cachemiriana'.

Da in nassen Jahren mit stärkeren Schäden zu rechnen ist, beobachte man die Pflanzen und behandle bei ersten Anzeichen sofort.

Bekämpfung: Dreimal im Abstand von 4–5 Tagen mit einer Parathion-Emulsion (0,05%) oder auch zweimal im Abstand von 8 Tagen mit Zinophos-Emulsion (Nemafos, 0,1%) kräftig spritzen oder je m² 5 g Aldicarb-Granulat (Temik 10 G) ausstreuen. Es gilt als wahrscheinlich, daß sich auch das derzeit noch in Prüfung befindliche Carbamat Vydate erfolgreich für diesen Zweck einsetzen läßt.

Abb. 212. Blattälchenbefall bei *Primula denticulata.*

Wurzelgallenälchen (*Meloidogyne* spec.). Knotige Anschwellungen an den Wurzeln. Bei starkem Befall werden die Pflanzen im Wachstum beeinträchtigt. Vor allem bei *Primula obconica.* Siehe auch Seite 54.

Bekämpfung: Älchen-gefährdete Bestände mit Zinophos-Emulsion (z. B. Nemafos, 0,1%) angießen.

Wurzelerkrankung durch wandernde Nematoden (*Pratylenchus pratensis* (de Man) Filip.). Wurzeln stellenweise mit braunen Verfärbungen. Die ganze Pflanze zeigt etwas gestauchten Wuchs, die Blätter sind gekräuselt und vom Blattrand aus vergilbt, die Blütenstände sterben oft vorzeitig ab oder es zeigen sich Mißbildungen an den Blüten. Bei *Primula vulgaris* örtlich oft sehr schädigend auftretend.

Näheres siehe Seite 55.

Eulenraupen (*Agrotis*- und *Polia*-Arten). Die Raupen einiger Eulenfalter können vor allem bei Kastenkulturen von *Primula obconica* auffälige Fraßschäden verursachen. Blätter, Blattstiele und auch der Wurzelhals werden angegangen. Da die Tiere gewöhnlich nur nachts fressen und sich tagsüber im Boden in der Nähe ihrer Fraßpflanzen aufhalten, läßt oft nur der angerichtete Schaden auf ihre Anwesenheit schließen. Jungraupen wird man hin und wieder auch am Tage auf den Pflanzen antreffen können.

Bekämpfung: Sobald Fraßschäden auf die Schädlinge aufmerksam machen, mit Methomyl (Lannate 25-WP, 0,15%) oder versuchsweise mit Methamidophos (z. B.

Tamaron) spritzen oder auch mit einem Parathion-Stäubemittel stäuben. Da die Frage der Kulturpflanzenverträglichkeit bei Tamaron noch nicht geklärt ist, wird zur Vorsicht geraten.

Dickmaulrüßlerlarven. Zunächst welken die Pflanzen an sonnigen Tagen ohne trocken zu sein, erholen sich jedoch wieder vorübergehend. Eines Tages brechen sie dann vollständig zusammen. An den Wurzeln fressen 10–12 mm lange, weißliche und fußlose Käferlarven. Siehe auch Seite 82.

Bekämpfung: Gegen die Larven ein- oder zweimal im Abstand von 14 Tagen mit Diazinon-Emulsion (z. B. Diazinon 25) angießen. In Versuchen der Verff. hat sich auch das Carbofuran-Präparat Furadan bei *Primula obconica* als brauchbar erwiesen. Weitere Mittel auf Grundlage Carbofuran stehen derzeit in Prüfung.

Spinnmilben. Die Blätter verfärben sich zunächst graugrün, vergilben, werden braun und können bei starkem Befall oft vollständig vertrocknen. Bei näherer Überprüfung der Blattunterseite (am besten mit der Lupe) wird man ohne Mühe die gelbgrün, orange oder rötlich gefärbten Milben feststellen können. Zu auffälligen Schäden kommt es vor allem bei Pflanzen, die unter Wasser- und Nahrungsmangel leiden, also bei schlechter Wartung getopfter Pflanzen oder auch auf Standorten in trockenheißer Lage (z. B. Staudenprimeln).

Bekämpfung: Ein- oder auch zweimal im Abstand von 10 Tagen mit einem Demeton-Mittel (z. B. Metasystox) oder versuchsweise auch mit dem Omethoat-Präparat Folimat (z. B. bei *P. obconica*) spritzen. Bei Freilandprimeln je m^2 5 g Aldicarb-Granulat (Temik 10 G) ausbringen. Auch wäre Fundal forte 750 (Chlordimeform + Formetanat) zu erproben.

Wurzelläuse (*Pemphigus auriculae* Murr., *Pemphigus pseudoauriculae* Theob.). Die Pflanzen bleiben im Wachstum zurück, einzelne Blätter vergilben. An den Wurzeln saugen graue Läuse. Hin und wieder bei *Primula auricula,* seltener bei anderen Primeln.

Bekämpfung: Es liegen kaum Erfahrungen vor. Wiederholt mit Diazinon-Emulsion (z. B. Diazinon 25) angießen oder je m^2 auch 3 g Aldicarb-Granulat (Temik 10 G) ausstreuen. Aussichtsreich erscheint auch das zur Zeit in Prüfung stehende Carbamat Vydate.

Primelnekrose (Tabaknekrose-Virus). Pflanzen mit Kümmerwuchs, vor allem die jüngeren Blätter klein und verkrüppelt und mit gelblicher Fleckung, die später in Braunfleckung übergeht, da das Gewebe abstirbt. Die Virose ist bodenübertragbar und wird vor allem bei *Primula obconica* beobachtet.

Abb. 213. Primelmosaik.

Bekämpfung: Kranke Pflanzen vernichten. Nur frisches oder gedämpftes Substrat und neue oder entseuchte Töpfe verwenden.

Primel-Mosaik. Vor allem bei *Primula obconica,* aber auch bei anderen Primelarten (z. B. *P. malacoides, P. praenitens*) meist nur einzelne Pflanzen im Bestand mit gescheckten, blasig aufgewölbten und gewellten Blättern. Auch die Blüten sind verkrüppelt mit weißer Fleckung (Abb. 213). Übertragung durch saugende Insekten, vor allem Blattläuse, nicht durch Samen.

Scheckungen und braune Stellen abgestorbenen Gewebes auf den Blättern von *P. obconica* und *P. praenitens* wurden bei Infektion durch einen Stamm des **Gurkenmosaik-Virus** beobachtet.

Bekämpfung: Kranke Pflanzen vernichten. Blattlausbekämpfung.

Vergilbende, weiß werdende und in der Folge vertrocknende Blattränder treten gewöhnlich nach vorausgegangener Ballentrockenheit oder auch bei zu hoher Salzkonzentration im Boden auf.

Verhütung: Für ausreichende und regelmäßige Bewässerung sorgen. Keine zu hochkonzentrierten Düngerlösungen für die an sich salzempfindlichen Primeln verwenden. Nicht bei trockenem Ballen düngen oder die Ballen nach dem Düngen stark austrocknen lassen.

Eckige Blattflecke. Blätter mit kleinen, eckigen, gelblichen oder weißlichen und in der Folge bräunlich eintrocknenden Fleckchen. Schäden dieser Art zeigen sich im allgemeinen bei *Primula obconica* nach dem Einräumen im Herbst. Man gibt einer vorausgegangenen Schlechtwetterperiode, während der die Pflanzen in den Kästen für längere Zeit zu kalt und zu naß standen, die Schuld.

Verhütung: Pflanzen nicht zu spät einräumen. Temperaturen möglichst nicht unter 8 °C.

Gelbsucht oder Chlorose. Die Blätter zeigen sich gelblichgrün verfärbt; in besonders krassen Fällen können die jungen Blättchen sogar weiß herauskommen. Das Wachstum stockt. Als Ursache kommen in Frage: schlechte Wurzeltätigkeit durch übermäßige Nässe im Boden und kalten Fuß, noch in Zersetzung begriffene Bestandteile (unzersetztes Laub oder Düngerreste) in der Erde, Säure- oder Kalküberschuß und durch letzteren bedingt Eisenmangel. Ein mehr fahles Grün zeigen Pflanzen, die unter Nahrungsmangel oder auch hin und wieder unter Wassermangel leiden. Schlechte Wurzeln können schließlich auch eine Folge zu hoher Salzkonzentration im Boden sein.

Verhütungs- und Gegenmaßnahmen: Für die Anzucht keine junge, unvollkommen zersetzte Erde oder auch solche mit hohem Kalkgehalt verwenden. Den pH-Wert überprüfen. Ständige Nässe im Boden und kalten Stand vermeiden. Wenn Gelbsucht auftritt, zunächst den Zustand der Wurzeln überprüfen, da er oft Schlüsse auf die Ursache der Gelbsucht zuläßt. In weniger schlimmen Fällen genügt es meist schon, wenn die Wassergaben etwas eingeschränkt werden, die Bodenoberfläche aufgelokkert und die Pflanzen, sollte der Standort zu kalt sein, etwas wärmer gestellt werden. Bei sehr schlechten Wurzeln und starker Chlorose wird ein Umpflanzen nicht zu umgehen sein. Wenn die Wurzeln in Ordnung sind, kann der Schaden mit Chlorose-Mitteln (z. B. Fetrilon, Sequestren 138 Fe) schnell behoben werden. Siehe auch Seite 47.

Phosphorsäuremangel kann sich zunächst in dunkel bläulichgrünem Laub, später auch in einer vom Blattrand ausgehenden allmählichen Vergilbung, eingerollten

Blättern, mäßigem Wuchs und schließlich in verspäteter Blüte und kleinblumigen, schlecht gefärbten Blütenständen zeigen.

Kalimangel. Randzone der Blätter teilweise vergilbt und braun eintrocknend. Im weiteren Verlauf können die Schäden auch auf die inneren Spreitenteile übergreifen, wobei jedoch die Hauptadern grün bleiben. Die Ausfärbung der Blüten läßt zu wünschen übrig; sie erscheinen blaß.

Stickstoffmangel. Die Blätter bleiben klein und zeigen ein blasses Gelbgrün. Es werden nur wenige Blüten ausgebildet.

Empfindlichkeit gegen Pflanzenschutzmittel: Primeln sind in der Blüte sehr empfindlich. Die meisten der heute gebräuchlichen Insektizide rufen bei unseren Topfprimeln Schäden hervor. Sie können sich in kleinen punktförmigen Stippen, größeren Flächennekrosen oder auch in mehr oder weniger auffälligen Randnekrosen der Blütenblätter zeigen. So lassen beispielsweise Ortho Dibrom, Malathion-, Dimethoat-Emulsionen, Parathion-Emulsionen, Netzschwefel-Präparate, aber auch Demeton- (z. B. Metasystox) und Mevinphos-Präparate (z. B. PD 5, Shell Phosdrin 50), Phosphamidon- (z. B. Dimecron) und Zinophos-Emulsion (z. B. Nemafos) in ihrer Kulturpflanzenverträglichkeit bei Obconica-Primeln zu wünschen übrig. Auch Räuchern mit Altritan und Raumsprühen mit Dichlorvos-haltigen Präparaten können den Blüten Gefahr bringen. Noch am besten vertragen werden Dedevap (gespritzt und verdampft) und das Räuchern mit Lindan.

Blühende *Primula praenitens* (Chinesenprimel) nehmen vor allem eine Behandlung mit Malathion-Emulsion, Ortho Dibrom und Gusathion H sehr übel. Nicht ganz so schlimm sind die Schäden bei Dimethoat-, Parathion-, Phosphamidon-Emulsionen, Mevinphos-Mitteln (z. B. PD 5), Zinophos-Emulsion (z. B. Nemafos) und Lindan-Emulsionen.

Primula malacoides (Fliederprimeln) reagierten in unseren Verträglichkeitsversuchen vor allem auf eine Behandlung mit Parathion-äthyl (z. B. E 605 forte), Diazinon-Emulsion, Ortho Dibrom und Gusathion K mit stärkeren Blütenschäden. Nicht ganz so auffällig waren die Schäden bei Demeton-Mitteln (z. B. Metasystox), Mevinphos-Präparaten, Phosphamidon-Emulsion (z. B. Dimecron), Lannate 25-WP, Dursban und Lindan-Emulsion.

Primula vulgaris. Nach Praxiserfahrungen sollen Samenträger dann schlecht Samen ansetzen, wenn zur Zeit des Befruchtungsvorgangs mit Benomyl gespritzt wird. Eine Kombination von Du Pont Benomyl und Bayer 5072 (früher Dexon) führte, als Gießmittel verwendet, zu einer deutlichen Wuchshemmung. Das Anilazin-Präparat Botrysan beeinträchtigt den Blütenflor merklich.

Rhaphidophora (Scindapsus)

Wurzelfäule (*Pythium splendens* Braun). Blätter vergilben infolge Fäulnis der Wurzeln; besonders Jungpflanzen gehen oft in kürzester Zeit zugrunde.

Bekämpfung: Vor allem ist zu bedenken, daß der Erreger sehr leicht mit Wasser verschwemmt werden kann (z. B. abtropfendes Wasser von Hängebrettern, Ansteckung von Topf zu Topf durch unten abfließendes Gießwasser). Insbesondere sollte man dort, wo eine Gefährdung durch *Pythium* gegeben ist, nicht im Anstau bewässern, da hier die Gefahr der Verschwemmung besonders groß ist. Verwendung nur frischen Kultursubstrates, neuer oder entseuchter Töpfe, Desinfektion der Stellflächen vor Beginn der Kultur. Töpfe am besten so auf Gitterroste stellen oder in Lochplatten einhängen, daß das unten abfließende Gießwasser nicht zur Infektionsquelle für benachbarte Pflanzen werden kann. Gründliches, womöglich vorbeugendes Angießen mit Fenaminosulf-Brühe (z. B. Bayer 5072, 0,03%). Neuerdings zugelassen sind auch das Prothiocarb-Präparat Previcur (0,15% gießen) und das Etridiazol-Präparat AAterra (50 g/m³ Anzuchterde).

Blattläuse am besten mit einer Malathion-Emulsion, einem Mevinphos-Mittel (z. B. PD 5, Shell Phosdrin 50, 0,05%), mit Phosphamidon (z. B. Dimecron) oder Ortho Dibrom bekämpfen. Auch Dichlorvos-haltige Mittel (z. B. Dedevap) verdampfen oder Dichlorvos S.C. mit Nebelgeneratoren ausbringen.

Rote Spinne (siehe Seite 58). Wiederholt mit Fundal forte 750 (Chlordimeform + Formetanat), Galecron (Chlordimeform) oder Pentac spritzen oder je m² 3 g Aldicarb-Granulat (Temik 10 G) ausstreuen.

Schildläuse lassen sich mit einer Malathion-Emulsion oder auch mit Azinphosäthyl (z. B. Gusathion H) niederhalten.

Blattälchen (*Aphelenchoides fragariae* (Ritz.-Bos) Chr., *Aph. ritzemabosi* (Schwartz) Good). Blätter zunächst mit vergilbenden, später sich schmutzigbraun verfärbenden, mehr oder weniger scharf abgegrenzten Flecken. Siehe Seite 51.

Bekämpfung: Zweimal im Abstand von acht Tagen mit Zinophos-Emulsion (z. B. Nemafos 0,1%) spritzen, je m² 5 g Temik-Granulat ausbringen.

Empfindlichkeit gegen Pflanzenschutzmittel: Bei wiederholter Anwendung sind insbesondere Kelthane MF, aber auch Parathion-, Diazinon-Emulsionen und Demeton-Mittel (z. B. Metasystox) nicht ungefährlich. Mit den genannten Insektiziden muß man vor allem während der Wintermonate vorsichtig sein.

Rhododendron, Alpenrose, Azalee

Für den Anbauer. Sauberkeit und Sorgfalt sind für den Erfolg der *Azaleenvermehrung* ausschlaggebend. Die Desinfektion der Häuser, Gewächshaustische, Stellflächen und Abdeckmaterialien ist wichtig. Nur krankheitsfreie Substrate und entseuchte Anzuchtgefäße verwenden. Die Stecklinge dürfen nicht zu hart und nicht zu weich sein, da zu weiche sehr leicht faulen, zu harte aber keine Wurzeln machen. Es empfiehlt sich, die Stecklinge vorbeugend gegen Umfallkrankheiten in die Brühe eines Zineb-Spritzpulvers (0,2%) zu tauchen oder auch das Substrat vor dem Abstekken mit Zinebbrühe zu überbrausen. In der Folge auf gleichmäßige Bodentemperatur (etwa 22 °C) achten und die Lufttemperatur entsprechend niedrig halten.

Geht es um Fragen des Aufschulens, ist wichtig, daß schon einmal zu Azaleen gebrauchte Erde vor ihrer Wiederverwendung entseucht wird. Der Untergrund der Aufschulbeete muß durchlässig sein. Kalter, schwerer, die Feuchtigkeit lange haltender Boden ist ungeeignet, das Wasser muß schnell abziehen können. Der günstigste Reaktionsbereich liegt bei pH 3,5–4,5. Nach dem Ausschulen sind manche Sorten (z. B. 'Adventsglocke', 'Leuchtfeuer') gegen starke Sonne sehr empfindlich. Sie sollten vorher gut abgehärtet werden und in den ersten Tagen auch entsprechend Schatten bekommen; es kann sonst leicht Verbrennungen geben. Vor allem Jungpflanzen sehr vorsichtig gießen. Zuviel Feuchtigkeit führt zu schlechten Wurzeln und damit zu gelbsüchtigen Pflanzen. Als besonders empfindlich gelten die Sorten 'Lentegruß', 'Leuchtfeuer', 'Violacea', 'Ernst Thiers' und 'Adventsglocke'.

Beim Düngen Vorsicht. Azaleen gehören zu den salzempfindlichen Gewächsen. Es ist besser mit schwachen Düngerlösungen zu arbeiten und dafür öfters zu düngen. Auch haben die einzelnen Sorten unterschiedliche Nährstoffansprüche. Als besonders salzempfindlich gelten beispielsweise die Sorten 'Madame Collumbien', 'Adventsglocke' und 'Oranje Boven'. Des weiteren verdient auch die Calcium-Versorgung über das Gießwasser (siehe Seite 400) Beachtung. Der geringe Kalkgehalt weichen (4-8 °dH) und sehr weichen Gießwassers (0–4 °dH) kann den Calcium-Bedarf nicht ausreichend decken. Harte Gießwässer mit 18–30 °dH bringen bereits zu viel Kalk und einen gewöhnlich zu hohen Gesamtsalzgehalt.

Sowohl Jungpflanzen als auch Halbfertigware sollen im Winter bei mäßiger Feuchtigkeit nicht zu eng, nicht zu warm und vor allem auch sehr hell stehen. Stets für genügende Luftbewegung sorgen. Bei geeigneter Witterung entsprechend lüften oder auch Ventilatoren einsetzen. Nur an sonnigen Tagen gießen, damit das Laub rasch wieder trocken wird.

Azaleen sind nicht nur frost- sondern auch kälteempfindlich. Schon Temperaturen um + 2 °C können sich ungünstig auf den Knospenansatz auswirken. Schlecht oder nicht voll ausgereifte Blütenknospen werden oft schon bei Temperaturen um 0 °C vollkommen zerstört.

Behandlung der Azaleen-Rohware und Treiberei. Beim Eintreffen der Azaleen-Rohware sind die Ballen zu überprüfen, ob sie auch genügend feucht sind. Bei Ballentrockenheit sind die Wurzelballen für einige Stunden in Wasser zu stellen. Dabei dürfen die Kronen nur kurze Zeit unter Wasser kommen, sonst sind Laubschäden zu erwarten. Wo die Pflanzen nicht sofort versorgt werden können, Ballen durch Überdecken mit alten Säcken, Stroh oder Torfmull vor Austrocknung schützen. Das Einpflanzen hat unter möglichster Schonung des Ballens zu geschehen. Ein Abreißen der Wurzeln oder gar Abhacken muß unterbleiben, notfalls muß man den Ballen etwas ausschütteln. Satt eintopfen, aber die Wurzeln nicht mit aller Gewalt hineinpressen, es besteht sonst die Gefahr, daß sie dann unter Luftmangel leiden, ersticken und in der Folge Stammfäule auftritt. Nach dem Eintopfen gebe man den Pflanzen einen kühlen, hellen und luftigen Standort und sorge für gleichmäßige Feuchtigkeit. Keinesfalls darf zu eng aufgestellt werden. Stagnierende Luft, übermäßig hohe Luftfeuchtigkeit, Bodennässe und Tropfwasser müssen vermieden werden. Niedrige Temperaturen (möglichst unter 10 °C) fördern die weitere Ausbildung der Blütenknospen.

Für die frühe Treiberei kommen nur frühe Sorten in Frage. Es muß zwischen frühen, mittelfrühen und späten Sorten unterschieden werden. Auch lassen sich nur gut eingewurzelte Pflanzen mit Erfolg treiben. Ein schroffer Übergang zu höherer Treibwärme ist zu vermeiden. Für die frühe Treiberei empfiehlt man Temperaturen um 18–20 °C (nicht höher!), für mittelfrühe (nach Weihnachten) und späte 16–18 °C, bei ‚Schäme'-Sorten nicht höher als 18 °C. Temperaturen über 18–20 °C sind nicht empfehlenswert, da sie sich ungünstig auf Blütengröße und die Ausfärbung der Blüten auswirken. Bei 'Madame van Acker' mit der Temperatur nicht höher als 15 °C gehen. Im übrigen ist für entsprechende Luftfeuchtigkeit zu sorgen. Das Laub soll dabei aber trocken bleiben, da sonst nur Krankheiten gefördert werden.

Zur Pflanzung und Pflege von Rhododendron. Rhododendron stellt hohe Ansprüche an Standort und Pflege. Nur bei genügend lockerem, gut durchlässigem, saurem bis schwach saurem Boden (pH 4,5–6) ist ein gutes Gedeihen der Pflanzen gewährleistet. Die Pflanzen bevorzugen eine leicht schattige Lage. Auch sollten sie vor austrocknenden Winden, praller Mittags- und scharfer Wintersonne geschützt sein. Starke Temperaturschwankungen zu Ende des Winters und schwere, kalkhaltige Böden sagen ihnen nicht zu. Sie wachsen auf schwerem Boden nur dann zufriedenstellend, wenn schon der Pflanzerde genügend Torf untergemischt wird.

Beste Pflanzzeit ist das Frühjahr bis etwa Mitte Mai oder auch der Herbst von etwa Anfang September bis Anfang November. Wichtig ist, daß die Pflanzen vor Beginn des Winters noch gut anwachsen. Das Pflanzloch sollte wenigstens die doppelte Größe des Ballens haben. Pflanzen nicht fest antreten. Sie sollen zwar genügend Halt haben, das Pflanzmaterial darf aber nicht in die Pflanzgrube hineingepreßt werden. Auch ist es für die Pflanzen weniger gefahrbringend, wenn sie etwas höher als zu tief gepflanzt werden. Man muß berücksichtigen, daß sich der Boden hernach noch etwas senkt.

Eine der wichtigsten Pflegemaßnahmen ist das Gießen während Trockenzeiten, wobei die Wasseransprüche vor allem während der Blüte, während des Wachstums und während der Knospenbildung besonders groß sind. Wo immer möglich, zum Gießen Regenwasser verwenden. Chlorhaltiges Leitungswasser ist für Rhododendron ungünstig; es sollte nur abgestanden Verwendung finden. Hat man nur stark kalkhaltiges Wasser zur Verfügung, wird es zweckmäßigerweise mit Düngetorf angesäuert. Dabei werden je 100 l Wasser etwa 3–4 kg Düngetorf gegeben. Man läßt den Torf etwa 12 Stunden lang einwirken, nimmt ihn dann heraus, und das Wasser ist verwendungsfähig.

Da sich der Reaktionsgrad des Substrats im Laufe der Zeit nach der alkalischen Seite hin verändern kann, ist anzuraten, jeweils im Frühjahr um die Pflanzen herum eine etwa 2–3 cm starke Torfschicht aufzuschütten.

Beachtung verdient auch die regelmäßige Düngung. Gerade hier wird sehr viel gesündigt und nicht selten wird die Düngung vernachlässigt. Es ist dann nicht verwunderlich, wenn die Pflanzen schon nach wenigen Standjahren sehr ungesund aussehen, die Blätter sich fahlgrün verfärben (z. B. bei Stickstoffmangel) oder mehr oder weniger auffällige, bräunliche Flecke und Randnekrosen (z. B. bei Kali- und Phosphorsäuremangel) aufweisen. Man vermeide kalk- und chlorhaltige Düngemittel. Kalküberschuß führt bekanntlich zu Chlorose. Für die Frühjahrsdüngung können zwei Gaben von schwefelsaurem Ammoniak (je nach Pflanzengröße 60–80 g/m^2) im Abstand von 4 Wochen empfohlen werden. Im Juli gibt man 100–150 g Superphosphat und im September 60–80 g Kalimagnesia je m^2. Im übrigen werden auch extra für Rhododendron entwickelte Spezialdünger angeboten. Gute Erfahrungen liegen beispielsweise mit dem Torfdünger Supermanural vor.

Um alljährlich einen guten Trieb und damit eine gute Blüte zu haben, müssen die abgeblühten Blütenstände ausgebrochen werden.

Zweigsterben durch *Phytophthora cactorum* (Leb. et Cohn) Schroet. oder *Phytophthora cactorum* (Leb. et Cohn) Schroet. var. *applanata* Chest.). Bei Rhododendron von der Terminalknospe ausgehende Fäule, die sich auf die Triebe ausbreitet, am älteren Holz jedoch meist zum Stehen kommt. Die Rinde der befallenen Triebe wird runzelig und trocken. Die Krankheit kann auch auf die Blätter übergreifen und verursacht dort eine sich meist an der Mittelrippe entlangziehende Bräunung. Das übrige Blattgewebe hellt sich auf. Die Blätter verlieren ihren Glanz, rollen sich ein und fallen ab. Umgekehrt kann der Pilz zunächst Blattflecke verursachen und von diesen über den Blattstiel auf den Zweig übergehen.

Bekämpfung: Befallene Zweige ausschneiden und verbrennen. Versuchsweise (Pflanzenverträglichkeit!) mit Captafol (z. B. Difolatan) oder mit Previcur (Wirkstoff: Prothiocarb) spritzen.

Phytophthora-Wurzel- und -Stammgrund-Fäule an Azaleen (*Phytophthora cinnamomi* Rands). Das Laub verliert seinen Glanz und verfärbt sich aschgrau und fahlgrün, je nach Sorte auch rötlich oder gelb. Die Pflanzen sterben infolge einer Fäule an Wurzel und Stammgrund ab. Rinde und Holzteil sind braun verfärbt. Der Erreger, der auch bei Eriken eine ähnliche Krankheit hervorruft, wird vor allem durch verseuchten Boden übertragen.

Bekämpfung: Strenge Beachtung aller hygienischer Vorsichtsmaßnahmen. Anbau in krankheitsfreien Substraten. Wo das Substrat auf Grundbeete aufgeschüttet wird, darf vor allem auch die Desinfektion des Unterbodens (Dämpfung, totale Bodenentseuchung mit einem chemischen Mittel) nicht unterlassen werden. Noch sicherer ist die Kultur auf Beeten mit abgeschlossener Sohle. In diesem Fall sind Betonteile vor Aufbringen eines neuen oder gedämpften Substrats zu desinfizieren. Des weiteren ist auch die Desinfektion von Geräten, Anzuchtkisten und Töpfen wichtig. Schütteflächen für die zu lagernden Erden und Substrate müssen sauber sein.

Über die Bekämpfung mit chemischen Mitteln liegen kaum Praxiserfahrungen vor. Möglich ist das Angießen mit dem Fenaminosulf-Präparat Bayer 5072 (bei jüngeren Pflanzen 0,03%, bei etwas älteren 0,04%). Allein von der Wirkung ausgehend erscheinen auch Difolatan (Wirkstoff: Captafol) und das Etridiazol-Präparat AAterra erfolgversprechend. Bei beiden Mitteln werden jedoch zunächst Fragen der Kulturpflanzenverträglichkeit geklärt werden müssen. Für den versuchsweisen Einsatz würde sich auch das Prothiocarb-Präparat Previcur anbieten. Das teilsystemische Fungizid hat sich vor allem gegen Pythium- und Phytophthora-Erkrankungen als sehr aussichtsreich erwiesen.

Septoria-Blattfleckenkrankheit, -Blattfallkrankheit an Azaleen (*Septoria azaleae* Vogl.). – Quarantänekrankheit. – Gelbliche, sich später schwarzbraun verfärbende, durch die Adern eckig begrenzte Blattflecke (Abb. 214). Sehr kleine Fruchtkörperchen (Lupe) entlassen bei hoher Feuchtigkeit weißliche Sporenranken. Da stark befallene Blätter vertrocknen und abfallen, stehen die Pflanzen schließlich oft fast kahl da. Das abgefallene Laub bildet eine stetige Quelle für neue Ansteckungen.

Die Krankheit breitet sich bei ungünstigen Kulturbedingungen rasch aus, besonders bei Lichtmangel, dichtem Stand, hoher Luft- und Bodenfeuchtigkeit, aber auch, wenn die Pflanzen durch zu hohe Temperaturen und zu starke Besonnung geschädigt oder wenn sie im Herbst zu spät eingeräumt wurden. Hohe Stickstoffdüngung fördert die Erkrankung.

Als besonders anfällig gelten die 'Schäme'- und 'Petrick'-Sorten.

Bekämpfung: In den Anzuchtbetrieben sind die Bestände schon von März ab und bis in den Oktober hinein in Abständen von 2–3 Wochen mit Zineb-Präparaten, Dithianon (z. B. Delan flüssig), einem Captan-Mittel (z. B. Captan 83, Orthocid 50) oder auch mit Benomyl (0,05%) zu spritzen. Benomyl jedoch nicht bei frisch gestutzten Pflanzen anwenden. Die Triebentwicklung wird ungünstig beeinflußt. Im übrigen einseitige Düngung mit Stickstoff vermeiden. Soweit überhaupt möglich, abgefallenes Laub absammeln und verbrennen.

Abb. 214. Blattfallkrankheit der Azalee, verursacht durch *Septoria azaleae.*

Während der Überwinterung (das gilt besonders für Knospenware!) dichten Stand und dumpfe Luft vermeiden. Hat man vereinzeltes Schadauftreten festgestellt, wird es sehr von den Standortbedingungen und den jeweiligen Pflegemaßnahmen abhängen, ob sich die Krankheit weiter ausbreitet. Man sorge stets für reichlich Licht und Luft. Sobald sich Krankheitsherde zeigen, mit den oben genannten Präparaten spritzen. Dabei ist bei Delan flüssig von Vorteil, daß es keine sichtbaren Rückstände hinterläßt. Die Pflanzen beim Gießen möglichst trocken halten. Die erwünschte hohe Luftfeuchtigkeit läßt sich allein schon durch Besprengen der Wege erzielen. Nur bei gutem Wetter wässern und dann entsprechend lüften.

Sonstige pilzliche Blattfleckenkrankheiten: *Phyllosticta maxima* Ell. et Ev.: Große, helle, mit dunklem Rand umgebene Flecke auf Rhododendronblättern. Auf der Blattunterseite sind mit der Lupe die winzigen schwarzbraunen Pilzfruchtkörperchen zu erkennen. *Gloeosporium rhododendri* Br. et Cav: Große, dunkelbraune, oft gezonte Flecke, besonders an *Rhododendron-ponticum*-Sämlingen. *Pestalozzia guepini* Desm., *P. versicolor* Speg: hellbräunliche, dunkel umrandete, oft von den Adern geradlinig begrenzte Flecke auf Azaleenblättern, Sporenlager in Form kleiner schwarzer Höckerchen. Schwächeparasiten.

Bekämpfung wie bei Septoria-Blattfleckenkrankheit.

Grauschimmel (*Botrytis cinerea* Pers.). In eingeschlossenen Lagen, bei hoher Luftfeuchtigkeit und engem Stand leiden die als Unterlagen herangezogenen Rhododendron-Sämlinge häufig unter Befall durch den Schimmelpilz. Die Blätter zeigen kleine braune Flecke und größere Faulstellen, manchmal mit ringförmiger Zonenbildung. Auch an den Trieben und Stämmchen Faulstellen, die meist ein Absterben der darüberliegenden Teile zur Folge haben. Der sonst so charakteristische Grauschimmel-Belag tritt nur selten auf. Aber nicht nur für Rhododendron, auch für Azaleen kann der *Botrytis*-Pilz gefährlich werden. So sind im besonderen die Schnittstellen spät gestutzter Jungpflanzen gefährdet, Reste alter Blätter am Boden stets ein Gefahrenherd. Die Krankheit findet in feuchter, dumpfer Luft bei engem Stand bzw. bei entsprechendem Niederschlag besonders günstige Entwicklungsbedingungen vor. Als besonders anfällig gilt beispielsweise die Sorte ‘Reinhold Ambrosius’.

Bekämpfung: Ungünstige Standorte für die Sämlingsanzucht von Rhododendron vermeiden. Nicht zu enger Stand der Pflanzen. Wo die Krankheit erfahrungsgemäß auftritt, vorbeugend mit Dichlofluanid (z. B. Euparen, 0,3–0,5%) oder auch mit Benomyl (0,05%) spritzen. Azaleen vor dem Einräumen mit den gleichen Mitteln behandeln. Wichtig ist, daß die zur Überwinterung anstehende Knospenware auf schnell abtrocknendem Belag aufgestellt wird. Bewährt hat sich Schlackenasche. Stets für genügenden Luftaustausch sorgen. Niederschlag vermeiden. Heizen bei gleichzeitigem Lüften. Jungpflanzen nicht zu spät stutzen und so lange heizen bei gleichzeitigem Lüften, bis die Schnittstellen abgetrocknet sind. Anfällige Sorten sofort nach dem Stutzen mit Euparen, in der Folge auch mit Benomyl spritzen. Ob sich für diesen Verwendungszweck auch die Thiabendazol-haltigen Tecto-Räuchertabletten erfolgreich einsetzen lassen, wird zu erproben sein.

Fußkrankheit und Welke bei Azaleen. Die Blätter werden mißfarbig-grau oder vergilben, die Pflanzen vertrocknen allmählich. Beim Anschneiden des Stammgrundes findet man zunächst nur die Rinde braun verfärbt, im Gegensatz zu Phytophthora-Befall, der von Anfang an auch eine Bräunung der Holzteile erkennen läßt. Über die Ursache dieser Stammgrundfäule ist noch wenig bekannt. Vermutlich spielen ungünstige Kultureinflüsse eine entscheidende Rolle, denn man beobachtet die Krankheit vor allem bei Jungpflanzen, die im Herbst und Winter bei schlechten Lichtverhältnissen, stagnierender Luft und oftmals zu hoher Bodenfeuchtigkeit eng beieinander stehen. Auch zu tief gesetzte Pflanzen sind sehr anfällig. Ebenso erkranken z. B. veredelte Azaleen leichter als wurzelechte. Überdüngung (vor allem einseitige Stickstoffdüngung), starker Temperaturwechsel und Verletzungen der Pflanzen begünstigen das Auftreten der Fäule. Am erkrankten Stammgrund wurden im Verlauf der zahlreichen Untersuchungen im In- und Ausland verschiedene Pilze (z. B. *Cylindrocarpon radicicola, Fusarium herbarum* var. *graminum, Pestalozzia* spec. u. a.) gefunden. Bisher konnte jedoch nur für *Cylindrocarpon radicicola* nachgewiesen werden, daß es (verletzte) Pflanzen anzugreifen vermag.

Im nordrheinischen Azaleen- und Eriken-Anbaugebiet wurde in den letzten Jahren sowohl bei *Erica gracilis* als auch bei Azaleen vorwiegend der Pilz *Cylindrocladium scoparium* Merg. festgestellt (65), der bis 1968 nur in den USA (109), dann auch in Dänemark gefunden worden war. Auch dieser Pilz wird als schwacher Krankheitserreger angesehen, der jedoch unter für die Pflanze nicht optimalen Bedingungen erhebliche Ausfälle verursachen kann. Da der Erreger zwischen 20 und 30 °C seine Optimaltemperatur hat, ist er vor allem in der Treiberei eine Gefahr. Bei hoher Luftfeuchtigkeit kann er auch auf dem Laub Flecken hervorrufen. Die abgefallenen Blätter, auf denen sich reichlich Sporen bilden, sind als Quelle der Ansteckung von Bedeutung.

Bekämpfung: Gefährdete Bestände mit Du Pont Benomyl, Mancoceb oder mit Captan-Präparaten behandeln. Es muß dabei vor allem der Stammgrund allseitig gut benetzt werden. Für rasche Abtrocknung der Pflanzen muß Sorge getragen werden. Du Pont Benomyl nur im Wechsel mit den beiden anderen Präparaten, nicht mehr kurz vor dem Stecklingsschnitt und nicht ehe eine gute Bewurzelung erfolgt ist, einsetzen. Beobachtungen, daß Benomyl-Behandlung bei Azaleen kurz vor dem Stecklingsschnitt sich auf die Bewurzelung nachteilig auswirken kann, bedürfen noch näherer Überprüfung, ebenso die Praxisbeobachtungen, daß eine über längere Zeit fortgesetzte Benomyl-Behandlung die Gefahr einer Phycomyceten-Infektion (z. B. *Phytophthora*- und *Pythium*-Arten) steigert. Bezüglich Verhütungsmaßnahmen von der Kulturseite aus siehe oben und unter den allgemeinen Hinweisen für Azaleen.

Rhizoctonia-Blütenknospen- und -Blattbefall bei Azaleen (*Rhizoctonia solani* Kühn). Die Blütenknospen bleiben sitzen. Nach Entfernung der Kelchblätter sind auf den gebräunten Blütenblättern die Hyphen des Pilzes, gelegentlich auch die

Dauerkörperchen (Sklerotien) festzustellen. Auch schwarze Flecken auf den Blättern sind dem von verseuchtem Boden ausgehenden Pilzbefall zuzuschreiben.

Bekämpfung: In Versuchen von PRILLWITZ (110) brachten zwei Spritzungen mit Metiram (0,2%), die im Abstand von drei Tagen erfolgten und zwei weitere Behandlungen in wöchentlichem Abstand guten Erfolg.

Abb. 215. Ohrläppchenkrankheit *(Exobasidium japonicum)* bei Azalee.

Ohrläppchenkrankheit (*Exobasidium japonicum* Shir.). – Quarantänekrankheit. – Die Krankheit kann vor allem in den Anzuchtbetrieben bei den Jungpflanzen erheblichen Schaden anrichten. Der Pilz, der im Gewebe der jungen Blätter und Knospen schmarotzt, bewirkt, daß die befallenen Pflanzenteile gallenartig anschwellen. Oft sind es nur vereinzelte Blätter oder Blatteile, die fleischig verdickt und vergrößert sind, manchmal ist die gesamte Triebspitze klumpenartig verunstaltet (Abb. 215). Die Oberfläche der befallenen Organe nimmt infolge der sich papillenartig vorwölbenden Sporenschläuche des Pilzes und der weitgehenden Zerstörung des Blattgrüns ein samtig-weißes Aussehen an. Rötliche Verfärbungen rühren von der Bildung von Anthocyanfarbstoffen her. Wurzelechte Pflanzen sollen weniger anfällig sein als veredelte. Die Verbreitung des Pilzes geht wahrscheinlich großenteils durch tierische Schädlinge (z. B. Mottenschildläuse) vor sich.

Bekämpfung: In der Treiberei ist das rechtzeitige Entfernen der gallenartigen Anschwellungen an den Blättern und Trieben immer noch die wirksamste Maßnahme gegen die Ohrläppchenkrankheit. Es muß jedoch geschehen, bevor die Gefahr der Sporenverbreitung besteht. Man überprüfe vor allem die als besonders anfällig geltenden Sorten 'Hexe', 'John Haerens', 'Ernst Thiers'. Im übrigen vorbeugend und wiederholt in Abständen von 10–14 Tagen mit einem Dithianon-Präparat (z. B. Delan flüssig, 0,2%) spritzen. Grünkupfer-Präparate wirken zwar gut, doch sind manche Sorten und vor allem auch Pflanzen mit weniger ausgereiften Trieben während der Wintermonate etwas empfindlich, dies um so mehr bei hoher Luftfeuchtigkeit und langsamem Abtrocknen der Spritzbrühe. Für den Fall einer Zulassung wäre schließlich auch an den versuchsweisen Einsatz von Benodanil (2-Jodbenzoesäureanilid) zu denken. Das Präparat steht derzeit in Prüfung gegen Rostpilze.

Azaleenmotte (*Caloptilia azaleella* Brants). – Quarantäneschädling. – Die etwa 7–10 mm langen, spärlich behaarten, gelblichgrünen Räupchen der Azaleenmotte fressen zunächst schmale Gangminen in die Blätter der Azaleen. Nach und nach werden diese zu auffälligen Blasenminen erweitert. Halberwachsen verlassen die Räupchen die sich bräunenden Minen, suchen gewöhnlich neue Blätter auf und fertigen sich durch Umbiegen und Einrollen der Blattzipfel nach unten oder durch Zusammenspinnen der Blattränder sogenannte Fraßwickel oder Fraßröhren an. Die Wickel werden von innen her, also blattunterseits so befressen, daß typische Fenster entstehen. Je nachdem werden die Blattrollen ein- oder zweimal gewechselt. Meist trocknen die Blätter unter Braunfärbung ein und fallen ab. Schließlich verpuppen sich die Räupchen in einem mit abgebissenen, weißlichen Blatthaaren durchsetzten Kokon in der Nähe des Blattrandes.

Der Schmetterling ist nur etwa 0,5 cm lang, hat grauschwarze Hinterflügel und trägt am vorderen Rand der dunkelbraun bis violettbraun gefärbten Vorderflügel gelbe Längsstreifen. Die Flügelchen sind gefranst. Die Motte fliegt während der Nacht und hält sich tagsüber im allgemeinen auf der Unterseite der Blätter oder in sonstigen Verstecken auf. Die farblosen, bei auffallendem Licht glänzenden, kaum 1 mm langen, ovalen Eier werden einzeln auf die Unterseite der jungen Azaleenblätter (oft bis zu 5 je Blatt) abgelegt und mit einer kittartigen Masse angeheftet. Ein Weibchen kann bis zu 150 Eier ablegen. Die Motten der ersten Generation fliegen im Mai und Juni, die der zweiten ab September. Unter Gewächshausbedingungen geht die Entwicklung auch im Winter weiter. Die einzelnen Generationen lassen sich jedoch hier nicht mehr so klar voneinander trennen, so daß gewöhnlich zu allen Zeiten Räupchen, Puppen und Vollinsekten beobachtet werden können. Vom Ei bis zur fertigen Motte rechnet man 9–10 Wochen.

Bekämpfung: Parathion-Emulsionen zählen auch heute noch zu den wirksamsten Mitteln gegen die Azaleenmotte. Es sind aber auch Präparate mit den Wirkstoffen Methamidophos (z. B. Tamaron), Trichlorphon (z. B. Dipterex flüssig), Propoxur (z. B. Unden flüssig) und Methomyl (z. B. Lannate 25-WP) brauchbar. Die Mittel zweckmäßigerweise in den Morgenstunden ausbringen, da während dieser Zeit die Räupchen ihre Blattverstecke verlassen. Unter Glas kann man gegen die Motten auch mit Sulfotepp (z. B. Bladafum), Lindan oder Nikotin räuchern, oder auch Dichlorvos-haltige Mittel (z. B. Dedevap, Nogos) oder Nikotin verdampfen. Wichtig ist, daß die Präparate mehrmals in Abständen von 8–10 Tagen ausgebracht werden.

Azaleenwickler (*Acleris latifasciana* Haw.). – Quarantäneschädling. – Ausgewachsen etwa 1 cm lange, hellgrüne, braunköpfige, zwei dunkelgrüne Seitenstreifen und eine dunkle Rückenlinie aufweisende, sehr lebhafte Räupchen spinnen Knospen und einzelne Blätter der Azaleen lose zusammen. Die Blätter werden faserartig befressen. Zum Teil wird auch Lochfraß beobachtet.

Nach Beendigung ihrer Fraßzeit verpuppen sich die Räupchen zwischen den versponnenen Blättern. Die aus den Puppen schlüpfenden Schmetterlinge sind graubraun gefärbt und etwa 0,6 cm lang. Ihre Flügelspannweite mißt um 2 cm. Auch ist am Vorderrand der Vorderflügel ein deutlich dreieckiger, dunkelbrauner Fleck zu erkennen.

Es treten im Freiland 2, im Gewächshaus im allgemeinen 3 Generationen auf. Die Räupchen der ersten Faltergeneration schaden im April und Mai, die der zweiten im Juli und August. Unter Glas wird man schon im Januar mit Räupchen rechnen müssen.

Bekämpfung: Bestände laufend auf Befall überprüfen. Die bei der Bekämpfung der Azaleenmotte gegebenen Hinweise beachten. Trichlorphon-Mittel sind jedoch gegen ältere Räupchen weniger erfolgversprechend. Man sorge für gute Verteilung der Spritzbrühe. Sie muß auch die Schlupfwinkel der Schädlinge erreichen. Unter Glas Räucher- und Verdampfungsmittel bevorzugen.

Erdraupen. Die dicken, schmutzig-grauen Raupen einiger Erdeulenfalter wie z. B. der Wintersaateule (*Agrotis segetum* Schiff.) oder der Kiefernsaateule (*A. vestigalis* Rott.) schaden durch ihren Fraß an unterirdischen Stammteilen, plätzen aber auch den Stammgrund und die unteren Zweigteile an. Geschädigte Pflanzen fallen zunächst durch Verfärbung des Laubes auf, welken nicht selten und gehen ein. Siehe Seite 73.

Heidewurzelspinner (*Hepialus hecta* L.). Erst etwa seit Mitte der fünfziger Jahre als Azaleenschädling bekannt. Die etwa 3,5 cm langen, schmutzig-grauen, durch dunkle Brustringe und 2 schwarze Flecke auf dem Rücken jedes weiteren Körperringes gekennzeichneten Raupen fressen an Wurzeln und unteren Stammteilen. Unter Glas fällt die Zeit der Hauptschädigung in das frühe Frühjahr, wobei vor allem Jungpflanzen betroffen sind. Der im Juni und Juli fliegende Falter legt seine Eier am Boden ab. Unter Freilandbedingungen überwintern die halbgewachsenen Raupen in tieferen Bodenschichten. Man nimmt an, daß die Schädlinge als Raupen oder auch als Puppen mit Wald- bzw. Nadelerde in die Betriebe gelangen.

Bekämpfung: Es ist anzuraten, den Pflanzsubstraten vor dem Pflanzen je Ar 1,25 kg eines Lindan-Streumittels (z. B. Gamma-Streunex) aufzustreuen und einzuarbeiten oder, wo stehenden Beständen Gefahr droht, mit einer Parathion-Emulsion anzugießen; notfalls auch mit einem Parathion-Stäubemittel stäuben, wobei vor allem auch die unteren Stammteile der Pflanzen gut getroffen werden müssen. Möglicherweise ist für diesen Verwendungszweck auch das derzeit in Prüfung befindliche Carbofuran-Streugranulat „Curaterr“ geeignet.

Gefurchter Dickmaulrüßler (*Otiorrhynchus sulcatus* F.). Bei ihrer nächtlichen Nahrungsaufnahme fressen die Käfer bogenförmige Ausschnitte in die Blätter der Azaleen. Die weißen, meist etwas gekrümmten Larven des Käfers schaden durch Fraß an den feinen Faserwurzeln oder benagen stärkere Wurzeln und untere Stammteile derart, daß nur noch die Holzteile übrig bleiben. Siehe Seite 82.

Trauermückenlarven leben sehr gerne in Azaleensubstraten, richten aber für gewöhnlich nur bei Jungpflanzen (z. B. frisch bewurzelten Stecklingen) größeren Schaden an. Siehe Seite 77.

Bekämpfung: Wo Gefahr droht, je m^2 4–5 g eines Chlorfenvinphos-haltigen Streugranulats (z. B. Birlane-Granulat, Sapecron-Granulat) aufstreuen und leicht einwässern.

Spinnmilben treten vor allem dann auf, wenn die Luft während des Treibens zu trocken gehalten wird. Die Anwesenheit der Schädlinge macht sich in einer Gelbsprenkelung und bronzefarbenen Verfärbung der Blätter bemerkbar. Siehe Seite 58.

Bekämpfung: Wiederholt mit einem Demeton-Mittel (z. B. Metasystox), einer Parathion-Emulsion (z. B. E 605 forte), Fundal forte 750 oder einem Kelthan-Präparat (z. B. Kelthane MF) spritzen. Wo sich Resistenzerscheinungen gegenüber Phosphorsäureinsektiziden zeigen, ist Kelthane MF oder Fundal forte 750 zu wählen.

Triebspitzenmilben (*Tarsonemus* spec.). An den Triebenden saugen mit dem bloßen Auge kaum noch zu erkennende Milben. Die Folge sind mißgebildete Blätter (Abb. 216) und oft eine Anhäufung kleinbleibender, sich nicht mehr entwickelnder Knospen, die schließlich absterben. Nach Vogel (111) sollen vor allem die Sorten 'Madame van Acker', 'Madame John Haerens' und Sports, sowie Vervaeneana-Sorten, 'Paul Schäme', 'Niobe' und 'Ernst Thiers' häufiger befallen werden.

Bekämpfung: Bald nach dem Entspitzen der Azaleen wiederholt mit einer Endosulfan-Emulsion (z. B. Thiodan 35 flüssig), mit einem Dimethoat-Präparat oder auch

Abb. 216. Mißgebildete Blätter an Triebenden der Azalee sind der Triebspitzenmilbe zuzuschreiben. Rechts: befallener Trieb.

mit Kelthan (z. B. Kelthane MF) spritzen. Auch sollte man es auf einen Versuch mit Aldicarb-Granulat (z. B. Temik 10 G) ankommen lassen. Beim Spritzen ist wichtig, daß die Schädlinge noch vor Entwicklung der Blütenknospen, also noch vor Juli bekämpft werden, da sonst Schäden nicht auszuschließen sind. Man achte auf feine Verteilung der Spritzbrühe. Sie soll unter entsprechendem Druck, und zwar von oben her auf die gefährdeten Pflanzenteile auftreffen.

Blattwanzen. Der Schaden zeigt sich in mißgebildeten, beulig verbogenen, zum Teil auch kleine Löcher aufweisenden Blättern und verkrüppelten Trieben. Siehe Seite 92.

Bekämpfung: Wiederholt in Abständen von 8–10 Tagen mit einem Propoxur-Präparat (z. B. Unden flüssig), mit Methomyl (z. B. Lannate 25-WP) oder mit einem Trichlorphon-Mittel spritzen. Auch Parathion-Stäubemittel haben sich als brauchbar erwiesen. Wichtig ist, daß die Maßnahmen in den frühen Morgenstunden durchgeführt werden, da dann die Tiere noch träge sind.

Rhododendron-Wanzen (*Stephanitis oberti* Kol. und *Stephanitis rhododendri* Horv.). Sie zählen zu den wichtigsten an Rhododendron vorkommenden Schädlingen. Beide Arten können vor allem in Anzuchtbetrieben für Moorbeetpflanzen und in Parkanlagen, aber auch in Privatgärten sehr schädlich werden, wobei *Stephanitis oberti* die häufigere Art zu sein scheint. Als bevorzugte Wirtspflanzen haben großblätterige Formen von Rhododendron mit unbehaarter Blattunterseite, so vor allem Hybriden von *Rhododendron catawbiense*, *R. ponticum*, *R. williamsianum* und *R. wardii* zu gelten. Sorten mit behaarter Unterseite werden nur selten befallen. Als Wirtspflanze für *S. oberti* kommt auch *Pieris japonica* in Frage.

Als Folge der Saugtätigkeit der auf der Unterseite der Blätter sich aufhaltenden Wanzen und ihrer älteren Larven erscheinen die Blätter oberseits mehr oder weniger gleichmäßig hellgrün bis gelblich gesprenkelt. Örtlich begrenzte, zunächst hellere, später sich bräunende Flecke werden von den mehr gesellig lebenden Junglarven hervorgerufen. Starker Befall führt zu vorzeitigem Blattverlust. Auch werden die Blätter durch reichlich erzeugte, zunächst zähflüssige, später zu braunschwarzen Krusten eintrocknende Kotmassen verschmutzt.

Die beiden, in ihrer Lebensweise sich weitgehend entsprechenden und auch einander sehr ähnlich sehenden Wanzen sind 3,5–4 mm lange Tierchen mit auffälligen, netzartig geaderten, glashellen, durchsichtigen und schillernden Flügelchen, die allseitig weit über den Hinterleib hinausragen (Abb. 217). Ein weiteres Kennzeichen ist der buckelartig aufgetriebene, seitlich vorstehende Halsschild.

Die etwa ab Mitte Juli erscheinenden Wanzen legen ihre Eier von August an bis in den Oktober hinein auf die Unterseite der Blätter und im allgemeinen entlang der Mittelrippe ab. Warme, geschützte Standorte sagen den Wanzen besonders zu. Die Süd- und Westseite der Sträucher werden bevorzugt. Es überwintern die in das Gewebe eingesenkten Eier. Die Wanzen haben also bei uns nur eine Generation im Jahr. Aus den länglich-nierenförmigen, glashellen Eiern schlüpfen etwa ab Ende Mai – Anfang Juni (an schattigen Örtlichkeiten kann sich das Schlüpfen bis Mitte Juli hinziehen) die zunächst weißlichen, später gelblichen, bräunlich gefleckten, rotäugigen und mit behaarten seitlichen Körperfortsätzen versehenen Larven.

Bekämpfung: Von Ende Mai an und bis in den Juli hinein wiederholt in Abständen von 8–10 Tagen mit den bei der Bekämpfung der Blattwanzen genannten Präparaten spritzen. Auch Parathion-Stäubemittel sind brauchbar. Blattunterseiten müssen gut getroffen werden.

Rhododendron-Mottenschildlaus (*Dialeurodes chittendeni* Laing). Die sich als gelbliche Sprenkel zeigenden Saugschäden werden vor allem von den ausgewachsenen Mottenläusen verursacht. Sowohl die alten Tiere als auch ihre flügellosen Larven halten sich auf der Unterseite der

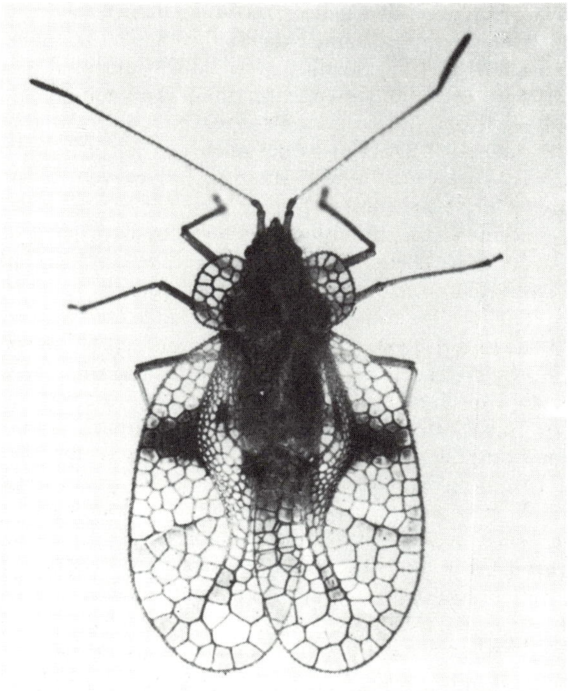

Abb. 217. Rhododendron-Wanze (*Stephanitis rhododendri*). Ausgewachsenes Tier. Etwa 15fach vergrößert.

Blätter auf. Ungünstig wirken sich auch die reichlichen Honigtau-Ausscheidungen aus. Es siedeln sich darauf Rußtaupilze an, die die Pflanzen stark verschmutzen. Befallen werden blattunterseits nicht behaarte, großblätterige Formen, in der Hauptsache Catawbiense-Hybriden.

Die Eiablage erfolgt von Ende Juli an. Es überwintern die halberwachsenen Larven auf der Unterseite der Blätter. Gegen Ende Mai – Anfang Juni schlüpfen im allgemeinen die Vollinsekten.

Die Rhododendron-Mottenschildlaus kann vor allem in Baumschulen und größeren Rhododendron-Pflanzungen schädlich werden.

Bekämpfung siehe unter Weiße Fliege.

Weiße Fliege (*Trialeurodes vaporariorum* Westw.). Die als Gewächshausschädling bekannte „Weiße Fliege" wird kaum im Freien angetroffen. Schäden entstehen durch das Besaugen der Blätter, die gelbliche Sprenkel bekommen, nach und nach vergilben und vertrocknen, aber auch durch die stark verschmutzenden Kotausscheidungen der Tiere, auf denen sich Schwärzepilze ansiedeln. Siehe auch Seite 93.

Die Frage, in welchem Umfang auch die eigentliche Azaleen-Mottenschildlaus (*Pealius azaleae* Baker et Moles) bei Azaleen schädlich wird, ist bislang leider nicht geklärt.

Bekämpfung: Wiederholt in Abständen von einer Woche mit Methomyl (z. B. Lannate 25-WP), Propoxur (z. B. Unden flüssig), Methamidophos (z. B. Tamaron) oder auch mit Phosphamidon (z. B. Dimecron) spritzen.

Blasenfüße (z. B. *Heliothrips haemorrhoidalis* Bché.) sind vor allem bei trockenwarmem Stand der Azaleen zu fürchten. Siehe Seite 72.

Blattläuse. Sie können durch ihre Saugtätigkeit besonders an Azaleen oft sehr schädlich werden. Befall wird vor allem unter Glas beobachtet. Ihre Bekämpfung erfolgt zweckmäßigerweise mit einem Demeton-Mittel (z. B. Metasystox), mit Phosphamidon (z. B. Dimecron), Propoxur (z. B. Unden flüssig) oder auch mit Methomyl (Lannate 25-WP). Unter Glas auch mit Sulfotepp oder Lindan-Räuchermittel räuchern, Dichlorvos-haltige Mittel (z. B. Dedevap, Nogos) verdampfen oder auch mit der Alphos-Nebeldose sprühen.

Aufmerksamkeit verdient des weiteren die in den USA beheimatete und neuerdings auch für die Niederlande und England beschriebene *Masonaphis lambersi* MacGillivray (112). Die in drei Farbvarianten (grünlich, gelblich und blaßrosa) auftretende, spindelförmige und etwa 2–3,75 mm lange Blattlaus fällt besonders durch ihre langen Beine und Antennen auf. Sie wurde bislang auf *Rhododendron ponticum* und *R. molle* festgestellt und hat dort zum Teil auch auffällige Schäden verursacht. Bei befallenen Jungtrieben von immergrünen *Rhododendron*-Ponticum-Hybriden blieben die Blätter klein und es entwickelten sich keine Blumenknospen. Läusebälge und tote Läuse bleiben meist monatelang an den dadurch gräulich erscheinenden Blättern haften. *Rhododendron-molle*-Hybriden zeigen zwar bei stärkerem Befall mehr oder weniger auffällig gewelltes Blattwerk und Vertrocknungserscheinungen, entwickeln aber normale Blütenknospen. Es wird vermutet, daß die Blattlaus schon vor 1971 in die Niederlande eingeschleppt wurde. Die Bekämpfung des Schädlings mit den oben angegebenen Präparaten macht keine Schwierigkeiten.

Abfallen der Blätter wird verursacht durch Wassermangel oder auch unregelmäßige Bewässerung, Wurzelverletzungen (z. B. durch zu starkes Zurückschneiden), schlechte Wurzeln (z. B. infolge zu großer Bodennässe), dunklen Stand, stagnierende, dumpfe Luft, schroffen Temperatur- und Feuchtigkeitswechsel der Luft, zu warmen und zu trockenen Stand.

Blauspitzigkeit. Das Laub färbt sich von den Blattspitzen ausgehend bläulich. Bleibt die Verfärbung auf die eigentlichen Spitzen der Blätter beschränkt, kann sich die Erscheinung wieder verlieren. Sind größere Teile der Blattspreite in Mitleidenschaft gezogen, können die Blätter abfallen. Nach VOGEL (111) soll Blauspitzigkeit im besonderen bei 'Schäme'-Sorten dann auftreten, wenn das vegetative Wachstum aufhört oder unterbrochen wird (z. B. zum Zeitpunkt der Blütenknospendifferenzierung oder durch Stutzen) und gleichzeitig die Pflanzen zu reichlich mit Nährstoffen (insbesondere mit Stickstoff) versorgt sind. Auch die Bodenreaktion (zu starke Bodensäure!), der Kalihaushalt (Überschuß oder auch Mangel) und die Form der gebotenen Nährstoffe scheinen von Einfluß zu sein. So soll Blauspitzigkeit besonders gerne nach Gaben von schwefelsaurem Ammoniak auftreten. Schließlich kann auch Magnesium-Mangel Blauspitzigkeit verursachen.

Braunfleckung der Blätter. Mehr oder weniger große und sich im typischen Fall sehr zahlreich über die Blattspreite ausbreitende dunkelbraune bis schwärzliche Flecke treten in den Wintermonaten des öfteren und vorzugsweise bei Jungpflanzen der Sorten 'Robert van Oost' und 'Madame J. P. Hartmann' auf. Im Frühjahr, bei beginnendem Wachstum, verlieren sich die Flecken wieder. Für die Ursache der Flecke gibt es noch keine eindeutige Erklärung. Man vermutet jedoch, daß ein Zusammenhang zwischen Lichteinflüssen, der Temperatur und möglicherweise der Wasserversorgung besteht.

Bräunliche Berostungen auf der Unterseite der Blätter und Verfärbungen des Holzes sind bevorzugt bei den Sorten 'Madame John Haerens' und 'Ernst Thiers' im Spätsommer und Herbst im Freiland zu beobachten. Dabei können die Blattadern geschwärzt sein. Man vermutet, daß zuviel Nässe im Boden und damit ein kalter Fuß, die Erscheinung auslöst bzw. begünstigt.

Weißtüpfelung der Blätter. Die Blätter junger Triebe lassen eine mehr oder weniger auffällige Chlorophyll-Armut erkennen. Vor allem bei der Sorte 'Hexe' aber auch bei 'Ambrosius'-Sorten. Im Frühjahr, bei zunehmendem Wachstum, verlieren sich dann die Flecke wieder. Die Erscheinung der Weißtüpfelung wird auf vorübergehend kalten Stand bei ungünstigen Lichtverhältnissen zurückgeführt. Sie scheint besonders dann aufzutreten, wenn im Herbst zu spät gestutzt wird.

Gelbsucht. Auf ungeeigneten Reaktionsgrad (zu hohen pH-Wert) der Erde, zu hohe Salzkonzentration im Boden, Verwendung stark kalkhaltigen Gießwassers (dadurch Festlegung des Eisens), schlechte Wurzeltätigkeit und stagnierende Nässe zurückzuführen. Siehe auch unter Eisenmangel. Im übrigen die Hinweise auf Seite 46 beachten.

Taubwerden der Blütenknospen. Wird bei der Sorte 'Elsa Kärger' manchmal dann beobachtet, wenn der Knospenansatz zu früh erfolgt und die Knospen dadurch verhärten, aber auch dann, wenn die Knospen im Herbst nicht genügend ausreifen.

Phosphorsäuremangel. Schwacher Wuchs, verminderte Seitentriebbildung. Blätter klein, dunkel-blaugrün gefärbt, später schmutzig-braune, über die Blattfläche verteilte Flecke aufweisend. Schließlich bräunen sich die Blattspitzen und vertrocknen. Es wird ein von unten nach oben fortschreitender Blattfall beobachtet. Geringes Wurzelwachstum. Der Knospenansatz und die Blütenentwicklung lassen zu wünschen übrig. **Phosphorsäureüberschuß** führt zur Festlegung von Spurennährstoffen und begünstigt das Auftreten der Gelbsucht.

Stickstoffmangel. Der Wuchs ist schlecht, die Triebe schließen vorzeitig ab und verhärten, der Aufbau der Pflanzen erscheint locker, sparrig und oft mit typischer Peitschentriebbildung. Die Blätter bleiben klein und zeigen meist ein fahles ungesundes Grün. Auch kommt es zu Blattfall. Der Blütenansatz läßt zu wünschen übrig.

Kupfermangel wird im besonderen bei Torfkultur beobachtet. Blattränder jüngerer Blätter aufgehellt, die Blätter selbst glanzlos, die Blattspitzen braun werdend. Nicht selten sterben die Triebspitzen ab und die Blätter werden abgeworfen. Nach dem Stutzen verzögerter Durchtrieb; es erscheinen kleine, schmale Blätter.

Eisenmangel. Pflanzen, denen es an aufnehmbarem Eisen fehlt, reagieren mit Chlorose, schwachem Wuchs und Absterbeerscheinungen des Laubes. Eisenmangel kann durch einen Überschuß an Kalk und Phosphorsäure hervorgerufen sein. Die Neigung zu Chlorose ist bei den einzelnen Sorten verschieden. Als anfällig gelten z. B. 'Niobe' und 'Erich Danneberg'. Siehe auch Seite 399.

Calciummangel wurde in den vergangenen Jahren vor allem in den Azaleenkulturen Norddeutschlands beobachtet. Die Symptome können sehr unterschiedlich sein. Als charakteristisch ist herauszustellen, daß sich die Schäden erst nach anfänglich guter Entwicklung der Kulturen, und zwar um die Mitte der Kulturzeit herum einstellen. Sie zeigen sich einmal in schwachem Wuchs, schlechter Holzbildung, mäßigem Knospenansatz, aber auch in Verfärbungen der Blätter, in Blattnekrosen und Blattfall. Die Pflanzen können sogar eingehen.

Die Ursache für diese Schäden sieht man in calciumarmem Gießwasser. Nach KÖSTER (113) führen dort, wo im Gießwasser nur wenig oder gar kein Calcium enthalten ist und daneben noch freie Säuren und Natrium in mehr oder weniger großen Mengen vorkommen, verstärkte Calciumauswaschung und Calciumfestlegung als Calciumhumat zu einer raschen Verarmung des Substrats an Calcium. Außerdem können Natrium und verstärkte Kaligaben die Calciumaufnahme hemmen.

Als Gegenmaßnahme empfiehlt man, das Gießwasser mit Kalk anzureichern. Kalkhydrat ist zwar brauchbar, bringt jedoch die Gefahr einer stärkeren pH-Erhöhung mit sich. Günstiger wird Gips beurteilt, da er den pH-Wert von Gießwasser und Substrat nicht beeinflußt.

Kalimangel. Jüngere Blätter vom Rande her chlorotisch, wobei im Bereich der Mittelrippe ein dunkelgrüner Saum erhalten bleibt. Die Blattadern erscheinen vielfach rötlichviolett verfärbt. Ältere Blätter mit violetter Ausfärbung der Blattrandzone und nachfolgend Blattrandnekrosen. Der Blütenansatz ist schlecht. Die Blüten selbst von blasser Ausfärbung.

Magnesiummangel (nach PENNINGSFELD) (114). Zunächst färben sich die älteren Blätter von der Spitze her violett oder bräunlich. Später greift die Blauspitzigkeit fast auf alle Blätter über, wobei im Einzelfall oft ⅔ der Blattspreite dunkelviolett verfärbt sein können.

Molybdän-Mangel (nach PENNINGSFELD) (114). Durchtrieb mit kleinem, gelblichgrün verfärbtem Blattwerk bzw. die Blätter mit goldgelben Spitzen. Der Blütenansatz ist schlecht. Im Endstadium wie verbrannt aussehende Triebspitzen, die Blätter mit auffälligen Spitzennekrosen. Vorhandene Knospen vertrocknen und werden von den Seitentrieben überwachsen.

Empfindlichkeit gegen Pflanzenschutzmittel: Eine gewisse Kupferempfindlichkeit wird manchmal bei Jungpflanzen, während des Winters auch bei Altpflanzen (z. B. wenn die Triebe nicht ausgereift sind) beobachtet. Dabei sind niedrige Temperaturen und hohe Luftfeuchtigkeit von Einfluß. Nicht von allen Sorten gleich gut vertragen werden TMTD-Spritzmittel, Parathion-Emulsionen und Mevinphos-Mittel. Ein Einrollen jüngerer Blätter wurde nach Anwendung des Omethoat-Präparates Folimat, bei Diazinon 25 Emulsion und bei Chlorfenvinphos-Granulat (wenn dieses z. B. dem Substrat untergemischt wurde) beobachtet. Nemafos führte zu verkümmerten Trieben und in der Folge zu einer Vergilbung der Blätter. Als TMTD-empfindlich gelten z. B. die Sorten 'Hexe', 'Apollo' und 'Ecleureur'. Mit Mevinphos-Präparaten muß man bei den Sorten 'Robert van Oost', 'Adventsglocke', 'Rainsfeld Ambrosius' und 'Orange Loren' vorsichtig sein. Das Sulfotepp-Mittel Bladafum ist dann nicht ungefährlich, wenn es bei niedriger Temperatur angewandt wird oder die Temperatur nach dem Räuchern stark abfällt. Botrysan darf nicht in geschlossenen Vermehrungsbeeten angewandt werden. Benomyl kurz vor dem Stecklingsschnitt gespritzt, soll die Bewurzelung der Stecklinge ungünstig beeinflussen. Auch sollten keine frisch gestutzten Pflanzen behandelt werden; das Triebwachstum wird gehemmt.

Rochea coccinea siehe *Crassula* Seite 198

Rosa, Rose

Treibrosen. Das beim Rückschnitt anfallende Holz und Reste alter Blätter, aber auch Strohreste des Düngers sammeln und verbrennen. Sie können Schädlingen Unterschlupf bieten und Träger von Krankheitserregern sein. Wo die Rosen noch nicht ausgetrieben haben, ist gegen überwinternde Schädlinge mit Folidol-Öl-Spritzmittel oder Eftol-Öl (Mineralöl + Parathion-äthyl) oder dort, wo die Bekämpfung der Roten Spinne vordringlich ist, auch mit Morestan-Spritzpulver (0,05%) zu spritzen. Im übrigen soll der winterliche Rückschnitt bei den ersten Treibsätzen nicht so scharf sein. Keinesfalls darf nach starkem Rückschnitt zu früh oder zu stark getrieben werden. Je stärker ins alte Holz zurückgeschnitten wird, desto später sollte auch mit dem Treiben begonnen werden; sonst Gefahr für Blindtriebbildung. Das gilt im besonderen für die Sorten 'Baccara' und 'Superstar'.

Die richtige Temperaturführung ist für die Gesunderhaltung der Pflanzungen wichtig. In den Häusern stets für angemessene Temperaturen sorgen. Nachttemperaturen nicht unter 14–15 °C. Starke Temperaturschwankungen fördern Krankheitsbefall und erhöhen die Gefahr des Blattfalls. An schönen und sonnigen Tagen daher reichlich und vor allem rechtzeitig lüften und nicht erst dann, wenn die Temperatur in den Häusern stark angestiegen ist. Falsch ist es auch, hohe Temperaturen durch plötzliches und weites Öffnen der Lüftungsklappen schnell senken zu wollen. Ein starker Luftaustausch macht die Luft trockener und zwingt die Pflanzen zu gesteigerter Transpirationstätigkeit. Verdunsten die Pflanzen aber mehr Wasser als vom Boden her nachgeführt wird, schlappen die jungen Blätter und Triebe. Das erhöht die Gefahr für Brennflecke. Unter Umständen muß in einem solchen Fall sogar schattiert werden.

Auch der sparsamste Gärtner wird an naßkalten und kühlen Abenden auf das Beheizen der Häuser nicht verzichten können. Starke Temperaturschwankungen, hohe Luftfeuchtigkeit und stehende Luft begünstigen das Auftreten des Echten und Falschen Mehltaus und des Sternrußtaus. Besonders kritisch sind die Übergangsmonate. Bald hat man schöne Tage, bald herrscht trübe und naßkalte Witterung vor. Auch können die Nächte im Herbst schon merklich kühl sein.

Ein sehr wichtiger Punkt ist auch das Gießen und Wässern. Es soll möglichst nur an hellen und sonnigen Tagen geschehen. Man muß die Gewißheit haben, daß Pflanzen und Bodenoberfläche schnell abtrocknen. Zuviel Nässe im Boden läßt bei ungünstiger Wetterlage Störungen im Wurzelwachstum erwarten; empfindliche Sorten können darauf mit Blattfall reagieren. Notfalls das Zuviel an Feuchtigkeit im Boden durch transpirationssteigernde Maßnahmen abbauen. Im übrigen muß ein Haus mit ungleichen Beständen auch in der Wasserzufuhr unterschiedlich gehalten werden.

Starke Sonneneinstrahlung nach trüben Tagen ist für den jungen Blattaustrieb gefährlich; es kann Verbrennungen geben. Vor allem dürfen Pflanzenschutzmaßnahmen nicht während der heißen Mittagsstunden vorgenommen werden.

Wurzelkropf, Bakterienkrebs (*Agrobacterium tumefaciens* (Sm. et Town.) Conn.). – Quarantänekrankheit. – Gallenartige Wucherungen, vor allem an den unteren Stammteilen und an der Wurzel, können durch Bakterienbefall verursacht sein. Ähnliche Erscheinungen werden, besonders wenn sie an Zweigen auftreten, auch auf nichtparasitäre Ursachen zurückgeführt (siehe dort).

Bekämpfung: Kranke Teile entfernen, stärker befallene Sträucher ausmerzen und verbrennen.

Stammgrundfäule und Rindenbrand durch *Gnomonia rubi* (Rehm) Winter (115). Braune, oft purpurn umrandete Flecke auf der Rinde der einjährigen Triebe. Schwarze Verfärbungen sind vor allem am Stammgrund und den oberen Wurzelteilen zu erkennen. Da die Befallsstellen tief bis auf den Holzkörper reichen, ist der Austrieb kümmerlich. Die Nottriebe zeigen eine gelblich-blasse Belaubung, meist sterben stärker befallene Pflanzen schließlich ab. Ende Mai, Anfang Juni erscheinen auf der erkrankten Rinde die langgeschnäbelten Fruchtkörperchen des Pilzes.

Die Erkrankung wird besonders bei Kühlhausrosen oder solchen, die im Erdeinschlag überwintert haben, beobachtet. Für die Anfälligkeit im Winterlager scheint die Holzreife eine ausschlaggebende Rolle zu spielen. Auch mechanische Verletzungen oder Schwächung der Pflanzen durch anderweitigen Pilz- oder Schädlingsbefall sowie durch Frostschäden erhöhen die Disposition für die Gnomonia-Erkrankung. Der Pilz verursacht ähnliche Schadbilder auch an Brombeere.

Bekämpfung: Vorbeugend und wiederholt in Abständen von 10–14 Tagen mit einem Grünkupfer-Mittel (0,4%) spritzen.

Cylindrocladium-Wurzelhalsbräune (*Cylindrocladium scoparium Merg.* [116]). Zunächst Bräunung kleinerer Rindenpartien um die Veredlungsstelle, später Ausbreitung des Befalls und meist Umgürtelung des ganzen Wurzelhalses. Die in die Tiefe bis in das Holz reichende Verbräunungsstelle platzt manchmal rissig auf. Das kranke Gewebe wird mürb, so daß das Stämmchen gelegentlich an der Veredlungsstelle abbricht. Infolge der gestörten Wasserversorgung kümmern kranke Pflanzen und sterben schließlich ab. Es werden vor allem Winterveredlungen befallen. Der Pilz ist ein Schwächeparasit, der die Pflanze vom Boden aus über die Veredlungsstelle angreift und auch an verschiedenen anderen Pflanzen angetroffen wird. Die Krankheit ist vor allem aus Amerika bekannt und konnte in letzter Zeit manchmal an von dort importierten Gewächshausrosen beobachtet werden.

Bekämpfung: Kein schwaches Pflanzenmaterial verwenden. Winterveredlungen gut abhärten. Nicht zu tief pflanzen und zu hohe Bodenfeuchtigkeit vermeiden. Kranke Pflanzen entfernen und verbrennen. Erde erneuern oder entseuchen. Wiederholt mit Du Pont Benomyl behandeln, wobei besonders der Fuß der Pflanze gründlich von der Spritzbrühe getroffen werden muß. Auch Captan-Präparate und Mancozeb (z. B. Dithane Ultra) sind brauchbar.

Rindenflecken- oder Brandfleckenkrankheit der Zweige (*Coniothyrium wernsdorffiae* Laub.). Grüne vorjährige Zweige mit roten Fleckchen, die zu großen, hellbraunen, breit violett umrandeten Schadstellen heranwachsen. Die unter der Oberhaut entstehenden Pilz-Fruchtkörperchen brechen bei der Reife hervor und sprengen die Oberhaut. Diese reißt der Länge nach auf, wird trocken und sinkt ein, während sich die Ränder etwas aufwölben. Umgürtelt die am Ende oft krebsähnliche Befallsstelle den ganzen Zweigumfang, so sterben die darüberliegenden Teile ab (Abb. 218).

Eingeschlossene, feuchte Lagen, Frost, Verletzungen (auch durch Insekten) und schlechte Ausreifung des Holzes im Herbst begünstigen die Krankheit. Das Eindecken der Rosen im Winter führt unter Umständen zu Feuchtigkeitsstauungen, die den Pilzbefall fördern. Die Infektion findet großenteils im Winter statt, allerdings nur, wenn keine zu tiefen Temperaturen herrschen.

Bekämpfung: Auf harmonische Volldüngung achten. Keinesfalls darf durch einseitige und zu späte Stickstoffdüngung die Holzreife verzögert werden. Müssen die Rosen gegen Winterfrost abgedeckt werden, soll dies möglichst spät geschehen. Am besten verwendet man Tannenreisig. Anhäufeln nicht mit Erde, sondern mit Sand. Auch empfiehlt es sich, die Rosen vor dem Einwintern noch mit einem Grünkupfer-Belag (0,5%ig) zu schützen. Freilandrosen im Frühjahr zeitig aufdecken. Nach dem Rückschnitt und noch vor dem Austrieb mit einem Grünkupfermittel oder mit Propineb (z. B. Antracol) unter Zusatz eines Netzmittels sehr sorgfältig spritzen. Für Folgespritzungen wähle man ein Grünkupferpräparat. Nach Erfahrungen in der DDR scheinen auch Captan-Präparate (z. B. Captan 83, Orthocid 50) und Folpet-Mittel (z. B. Ortho-Phaltan) brauchbar zu sein. Schadstellen an älteren, verholzten Teilen sind auszuschneiden und mit Baumwachs zu verschmieren.

Blattflecken- und Rindenerkrankung an Rosenunterlagen (*Septoria rosae* Desm. = *Sphaerulina rehmiana* Jaap.). Auf den Blättern kleine rötlichbraune oder violette, eckige Fleckchen, die bei manchen Rosensorten von einer gelben Randzone umgeben sind. Bei starkem Befall kann vorzeitiger Laubfall eintreten. An den noch grünen Trieben entstehen gegen Ende des Sommers schwarzviolette Flecke, die mehr als 1 cm groß werden können und sich im folgenden Jahr von innen heraus graubraun verfärben. Bei hoher Feuchtigkeit sind oft gelblichweiße Sporenranken, die aus den winzigen schwarzen Pilz-Fruchtkörperchen entlassen werden, zu erkennen. An älteren Zweigen werden die Befallsstellen rissig, manchmal krebsartig. Dünnere Triebe und Fruchtstiele können absterben, kräftigere Zweige trocknen nur dann gelegentlich ein, wenn infolge der Aufrisse sekundäre Schadorganismen eingedrungen sind. Die Krankheit kommt vor allem an der als Unterlage verwendeten *Rosa canina,* weniger an Edelrosen vor.

Bekämpfung: Sobald die Rosen im Frühjahr austreiben, vorbeugend und wiederholt mit Mancozeb (z. B. Dithane Ultra), mit Benomyl (0,05%) oder auch mit einem Zineb-Präparat spritzen. Tritt die Krankheit Jahr für Jahr stark auf, sollte man auf resistente oder weniger anfällige Sorten bzw. auf widerstandsfähigere Unterlagen übergehen.

Sternrußtau, Schwarzfleckigkeit der Blätter (*Marssonina rosae* Lib. = *Diplocarpon rosae* Wolf). Auf der Blattoberseite rundliche graue oder graubraune Flecke mit oft (jedoch nicht immer) sternförmig ausgezacktem Rand (Abb. 219 und 220). Mit der Lupe sind vor allem in der Mitte als kleine schwärzliche Punkte die Sporenlager des Pilzes zu erkennen. Die Flecke sind nur wenige Millimeter groß und dann meist sehr zahlreich über das ganze Blatt verteilt oder sie sind spärlich, dann aber bis etwa 1 cm groß und stark strahlig ausgezogen. Bei starker Erkrankung Abwurf der Blätter. Hie und da geht der Pilz auch auf die jungen grünen Zweigspitzen über. Es werden vor allem Buschrosen bei lange anhaltender regnerisch-kühler Witterung befallen. Unzureichende oder unausgeglichene Düngung verstärkt die Anfälligkeit der Rosen gegenüber dem Pilz.

Bekämpfung: Die Mehrzahl der gegen den Echten Mehltau gebräuchlichen Präparate läßt bei vorbeugender Anwendung in nicht allzu weiten Abständen auch eine zufriedenstellende Wirkung gegen den Sternrußtau erwarten. Zu nennen sind Mittel mit den Wirkstoffen Dodemorph + Dodin (z. B. COMPO-Rosenfluid), Triforine (z. B. Saprol), Du Pont Benomyl, 2-Methoxy-carbamoyl-benzimidazol (z. B. Bavistin), Thiophanat M (z. B. Cercobin M), Carbendazim (z. B. Derosal), Metiram + Schwefel (z. B. COMPO-Rosenspritzmittel), Zineb + Schwefel (Phytox + Ultraschwefel), Dichlofluanid (Euparen) aber auch Bilobran (Dinocap + Dodin + Monocrotophos) und Netzschwefel-Präparate. Sonderbehandlungen gegen den Sternrußtau sind also dort nicht notwendig, wo rechtzeitig mit den vorgenannten Präparaten gegen Mehltau gespritzt wird. Darüber hinaus kann man mit dem gut wirksamen Folpet (z. B. Ortho-Phaltan 50, Folpet 50, Ortho-Phaltan 75) oder mit einem Captan-Präparat (z. B. Captan 50, Orthocid 83) arbeiten. Wichtig ist, daß vor allem auch die Unterseiten der Blätter einen schützenden Belag erhalten. Beim Spritzen wie beim Sprühen ist der Zusatz eines Netzmittels empfehlenswert. Spätestens mit den Bekämpfungsmaßnahmen dann beginnen, wenn die ersten Krankheitsanzeichen auf den bodennahen Blättern auffällig werden. Unter Glas ist mit aller Vorsicht zu gießen. Keinesfalls dürfen die Pflanzen naß in die Nacht kommen.

Sonstige Blattfleckenkrankheiten durch Pilze

Sphaceloma rosarum Pass.: Blutrote oder auch schwärzliche Blattflecke mit oft nur punktförmigem, grauweißem Zentrum. Auch junge Triebe und Blütenstiele können befallen werden.

Cercospora rosicola Pass. = *Mycosphaerella rosicola* (Pass.) Davis: Wenige Millimeter bis 1 cm große, runde, graue oder braune, rötlich oder braun gerandete Flecke, vor allem auf den älteren Blättern. Starker Befall führt zu verfrühtem Laubabwurf.

Bekämpfung wie bei Sternrußtau.

Falscher Mehltau (*Peronospora sparsa* Berk.). Unregelmäßige, zunächst nur leicht rötliche oder bräunliche Verfärbungsstellen, später grauschwarze Blattflecke. Blattunterseits an diesen Stellen ein oft nur sehr spärlicher, schmutzig-weißer Schimmelrasen. Sind die Bedingungen für den Pilz günstig, können auch die jungen, grünen Triebe befallen werden, die dann ebenfalls rötliche oder graubraune Fleckung aufweisen (Abb. 221). Blütenbefall ist verhältnismäßig selten. Bei 'Baccara' konnte jedoch in einem Folienhaus ein Fall starken Peronospora-Befalls der Blüte bei fast gänzlich fehlenden Blattsymptomen beobachtet werden (117). Vor allem die äußeren Blütenblätter waren schwärzlich verfärbt und infolge Wachstumsstörung verkürzt. Geht der Pilz auch auf die inneren Blütenblätter über, so entstehen gedrungene oder einseitig verkrüppelte Blüten, wie sie auch durch nichtparasitäre Ursachen hervorgerufen werden (siehe dort). Wird dem Mehltau nicht rechtzeitig Einhalt geboten,

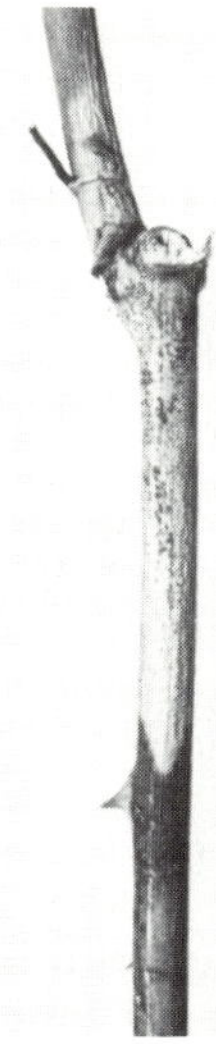

Abb. 218. Brandfleckenkrankheit *(Coniothyrium wernsdorffiae)* an Rose. Auf der Schadstelle sind die Sporengehäuse des Pilzes (Pyknidien) als kleine Höcker erkennbar.
Abb. 219. Sternrußtau oder Schwarzfleckigkeit der Rose. Flecke mit glattem Rand.
Abb. 220. Sternrußtau oder Schwarzfleckigkeit der Rose. Typische Flecke mit sternförmig gezacktem Rand.

so breitet er sich von Befallsstellen am Stengel (besonders am Blütenstiel) ausgehend im Innern auf weitere Strecken hin aus, was zu Welke und Vertrocknung von Blütenknospen und Blüten führen kann, ohne daß diese unmittelbar befallen sind. Je tiefer im Pflanzeninneren die *Peronospora* Fuß gefaßt hat, desto hartnäckiger wird sie den Bekämpfungsmaßnahmen Widerstand leisten. Der Pilz kann in dieser Form auch in der Pflanze überwintern. Als Quelle der Neuansteckung dient außerdem das abgefallene, am Boden liegenbleibende Laub.

Bekämpfung: Sie ist schwierig und nur bei rechtzeitiger und sorgfältiger Anwendung der Mittel erfolgreich möglich. Da der Praktiker oft erst dann auf die Krankheit aufmerksam wird, wenn die gegen Echten Mehltau eingesetzten Präparate ohne Wirkung bleiben, ist die laufende und sorgfältige Überwachung der Pflanzungen wichtig. Zineb-Präparate und Mancozeb (z. B. Dithane Ultra) wirken zwar bei vorbeugender Anwendung gegen den Falschen Mehltau gut, hinterlassen aber störende Rückstände. Sie sind für den Treibrosenanbau wenig geeignet. Brauchbare Präparate, die nicht zeichnen, sind das Bilobran (Wirkstoff: Dinocap + Dodin + Monocrotophos) und COMPO-Rosenfluid (Wirkstoff: Dodemorph + Dodin). Sie erreichen jedoch die Wirkung der vorgenannten nicht und werden unter Glas nicht von allen Rosensorten gleich gut vertragen. Darüber hinaus kann man im Freilandrosenanbau auch mit einem Zineb + Dinocap-Mittel (z. B. CDK) oder mit dem Thiram-haltigen Pomarsol forte (0,4%) arbeiten. Beide Präparate hinterlassen auffällige Rückstände. Sie dürften

Abb. 221. Falscher Mehltau; im Bereich der Flecke blattunterseits meist nur spärlich vorhandener Pilzflaum.

für den Schnittrosenanbau kaum in Frage kommen. Möglicherweise läßt sich für diesen Verwendungszweck auch das Prothiocarb (z. B. Previcur) einsetzen. Soweit es die Anwendung der Mittel betrifft ist wichtig, daß vor allem auch die Unterseiten der Blätter einen schützenden Belag erhalten. Bei großer Krankheitsgefahr die Präparate wöchentlich ausbringen. Unter Glas hohe Luft- und Bodenfeuchtigkeit und starke Temperaturschwankungen vermeiden. Besonders gefährdet sind erfahrungsgemäß Pflanzungen in Primitivbauten. Bei kühler Witterung und vor allem auch während kühler Nächte für angemessene Temperaturen (nicht unter 15 °C) sorgen.

Botrytis-Stengel- und -Blütenfäule (*Botrytis cinerea* Pers.). An den jungen, noch nicht ausgereiften Zweigen braune Befallsstellen. Bei manchen Sorten faulen vor allem die die Blütenknospen tragenden Stiele, die dann leicht umknicken. Die Knospe vertrocknet und wird braun. Bei Rosensorten mit derberen Stielen wird oft nur die Knospe selbst befallen. Sie fault und bedeckt sich bei hoher Luftfeuchtigkeit mit mausgrauem Schimmelrasen. An der sich öffnenden oder offenen Blüte sind pockenartige Flecke oder buckelige Aufwölbungen an den Blütenblättern Anzeichen des Botrytis-Befalls, gebräunte und eingezogene Ränder hemmen die normale Entfaltung.

Die Krankheit tritt im Gewächshaus und im Freiland nur bei hoher Luftfeuchtigkeit auf. Eine Gefährdung besteht vor allem auch nach Verletzungen, wie sie insbesondere der Schnitt mit sich bringt. Auch im Einschlag ist die Botrytis-Fäule eine gefürchtete Krankheit.

Bekämpfung: Befallene Knospen und Stengelteile sobald als möglich entfernen und vernichten. Befallsstellen an Trieben bis ins gesunde Holz ausschneiden und nach dem Schnitt, wo noch vorhanden, mit B 500 (Wirkstoff: Chinolinderivat) einstäuben. Des weiteren vorbeugend und wiederholt mit Du Pont Benomyl, Dichlofluanid (z. B. Euparen, in abgeernteten Rosenbeständen unter Glas 0,5%), Anilazin (z. B. Botrysan) oder einem TMTD-Spritzpulver spritzen. Vor allem das neuerdings nicht mehr angebotene Botrysan, aber auch TMTD-Spritzpulver hinterlassen sehr auffällige Rückstände. Das ist von Nachteil.

Unter Glas stets für genügende Luftumwälzung sorgen. Ventilatoren einsetzen. Ihre Leistung muß so berechnet werden, daß die Luft im Gewächshaus 4–6mal die Stunde umgewälzt wird. Möglicherweise auch mit Du Pont Benomyl spritzen. Ob für diesen Verwendungszweck auch die Thiabendazol-haltigen Tecto-Räuchertabletten und Tecto fl. brauchbar sind, ist bislang noch nicht erprobt. Das gleiche gilt für das derzeit in Prüfung befindliche Ronilan (vorgeschlagene Wirkstoffbezeichnung: Vinchlozolin).

Es ist bekannt, daß die Temperatur und auch die relative Luftfeuchte einen Einfluß auf die Keimung der *Botrytis*-Sporen haben. So liegt z. B. der Grenzwert für die Keimung bei einer relativen Luftfeuchte von 92% bei 1 °C und bei 94% bei 0 °C. Myzelwachstum konnte auch bei Unterschreiten dieser Grenzwerte beobachtet werden. Für Schnittrosen im Kühlhaus strebt man im allgemeinen eine Temperatur von + 0,5 °C bis + 1 °C an. Dabei dürfte also die relative Luftfeuchte von 92% nicht überschritten werden. Andererseits kommt es auch darauf an, ob man stille Kühlung oder Ventilatorenkühlung hat. Ventilatorenkühlung läßt zwar einen günstigeren Effekt erwarten, bringt aber auch wieder die Gefahr einer Verbreitung der *Botrytis*-Sporen mit sich. Auch scheint es nicht ganz gleichgültig zu sein, ob das Kühlaggregat an der Decke oder an irgendeiner Seitenwand montiert ist. Wegen des besseren Temperaturausgleichs gibt man im allgemeinen der Deckenkühlung den Vorzug.

Echter Mehltau (*Sphaerotheca pannosa* Lév. var. *rosae* Wor.). Besonders jüngere Blätter der Triebspitzen mit zartem, weißem Pilzanflug, in der Entwicklung zurückbleibend, nach oben zusammengefaltet und oftmals rötlich überlaufen (Abb. 7, Seite 36). Bei manchen Sorten auch dicker, mehlartiger Belag auf den Blütenkelchen und Blütenstielen. Der zunächst weiße Pilzbelag verfärbt sich später grau, dazwischen sind als winzige schwarzbraune Kügelchen die Fruchtkörperchen des Pilzes zu finden. Blumenblätter stark befallener Blüten an der Spitze oft schwach beulig verkrüppelt und fleckig.

Die Krankheit tritt vor allem in feuchtwarmen Lagen und im Gewächshaus auf. Besonders gefährlich sind stärkere Temperaturschwankungen, vor allem solche, die eine zeitweise Erhöhung über 24 °C bringen. Im Gewächshaus findet man den stärksten Befall gewöhnlich in der Nähe von Fenstern und Türen, da an diesen Stellen die Unterschiede besonders kraß sind und außerdem die Sporen durch den Luftzug verweht werden. An ungeeigneten Standorten (nasse, kalte oder zu leichte und sandige Böden) erkranken die Pflanzen besonders leicht. Wurzelechte Rosen sollen empfindlicher sein als veredelte. Sorten mit ledrig-hartem Blatt fallen der Krankheit weniger leicht zum Opfer als solche mit zartem, weichem Laub.

Bekämpfung: Im Gewächshaus kann dem Mehltaubefall am besten dadurch vorgebeugt werden, daß man stärkere Temperaturschwankungen zu vermeiden sucht und die Pflanzen nur selten, dann aber gründlich wässert. Man hüte sich vor zu reichlichen Stickstoffgaben. Kalkmangel ist der Krankheit förderlich. Es darf aber auch nicht zu reichlich gekalkt werden. Da man bei mehltauanfälligen Sorten mit den genannten Maßnahmen allein nicht durchkommt, ist laufende Überprüfung der Bestände und rechtzeitiger Einsatz chemischer Bekämpfungsmittel besonders wichtig. Man kann Schwefel verdampfen (z. B. im Sulfurator oder mit elektrischen Verdampfungsgeräten), mit Dodemorph (Mehltaumittel F 238), Chloraniformethan (Imugan), Triforine (z. B. Saprol), Plondrel 50 W (Wirkstoff: Ditalimfos), Benomyl oder Bilobran (Dinocap + Dodin + Monocrotophos) spritzen oder, wo noch vorhanden, auch mit der Morestan-Räucherdose räuchern. Dazu folgende Hinweise:

Das Verdampfen von Schwefel ist vor allem wegen der nicht sichtbaren Rückstände günstig. Man darf jedoch die Schwefelnebler dann nicht einsetzen, wenn auch Edelwicken oder andere empfindliche Kulturen in den Häusern stehen. Die vorbeugende Anwendung ist wichtig, da bei bereits vorhandenen Mehltaubelägen ein ausreichender Bekämpfungserfolg nicht zu erwarten ist. Bei großer Krankheitsgefahr sollte ergänzend dazu mit dem Mehltaumittel F 238 (0,15%) gespritzt werden. Man muß jedoch mit diesem Präparat unter Glas vorsichtig sein. Junge Blätter können bei starker Sonneneinstrahlung mit einer Aufhellung der Blattränder reagieren. Das Mittel ist in 0,25%iger Konzentration zugelassen. Es empfiehlt sich jedoch unter Glas nicht über eine Konzentration von 0,2% hinauszugehen. Ähnliches gilt auch für Imugan. Man arbeite vorbeugend und wende das Mittel in 0,075%iger Konzentration an. Da sich insbesondere die Rosensorte 'Zorina' gegenüber Imugan als empfindlich erwiesen hat, ist von seiner Verwendung bei dieser Sorte Abstand zu nehmen. Auch Bilobran wird nicht von allen Rosensorten gleich gut vertragen. Eine gewisse Empfindlichkeit ist beispielsweise bei 'Baccara' gegeben. Sieht man von Spritzungen bei starker Sonneneinstrahlung einmal ab, scheint die Verwendung des Triforine-Präparats Saprol (0,075–0,1%) keine großen Probleme aufzuwerfen. Bei den bislang angeführten Spritzmitteln ist von Vorteil, daß sie keine sichtbaren Rückstände hinterlassen. Mit geringfügigen Rückständen muß man bei Plondrel 50 W rechnen. An seine Stelle tritt künftig das nicht zeichnende Plondrel flüssig (0,1%). Das systemisch wirksame Benomyl zeichnet dann deutlich, wenn mit Konzentrationen gearbeitet wird, die über 0,05% liegen. Im allgemeinen genügt es, wenn die Mittel in Abständen von 8–10 Tagen ausgebracht werden. Bei großer Krankheitsgefahr können jedoch Behandlungen in kürzeren Abständen notwendig werden.

Außer den vorgenannten Spritzmitteln kann man im *Freilandrosenanbau* auch mit einem Dinocap-Präparat (z. B. Karathane, 0,05%; Karathane LC, 0,025%), mit Dichlofluanid (Euparen), Dodemorph + Dodin (z. B. COMPO-Rosenfluid), Plondrel 50 W (Wirkstoff: 0,0-Diäthyl-phthalimidothiophosphonat), Thiophanat M (Cercobin M) und, wo die Präparatrückstände ohne Bedeutung sind, mit den etwas stärker zeichnenden Netzschwefel-Präparaten oder dem COMPO-Rosenspritzmittel (Metiram + Schwefel) arbeiten. Da sich junges Blattwerk und vor allem auch Rosenknospen schlecht benetzen lassen, den Brühen ein Netzmittel oder auf 10 l 5 g Pril hinzufügen. Man achte darauf, daß auch die Unterseiten der Blätter einen schützenden Belag erhalten. Netzschwefel nicht bei kühler Witterung anwenden, da für eine gute Wirkung wenigstens 16–17 °C notwendig sind. Im übrigen rechtzeitig mit den Bekämpfungsmaßnahmen beginnen. Jedes Versäumnis im Frühjahr kann den späteren Bekämpfungserfolg in Frage stellen. Hat die Krankheit einmal Fuß fassen können, bedarf es großer Anstrengungen, sie unter Kontrolle zu bringen. Zeigen sich schon die ersten Mehltauflecke, so muß wöchentlich behandelt werden. Der Schadgefahr wegen die Mittel nicht bei hohen Temperaturen und starker Sonneneinstrahlung anwenden; der junge Blattaustrieb ist empfindlich.

Rost (*Phragmidium mucronatum* (Pers.) Schlecht.). Stecknadelkopfgroße, gelblich-orangefarbene, später rotbraune bis schwarze Pusteln auf der Blattunterseite und entsprechende gelblich-rötliche Fleckchen auf der Blattoberseite (Abb. 222). Die sich becherförmig öffnenden Pusteln (Lupe!) entlassen bei der Reife den gelblichen Staub der Sommersporen. Später entstehen die schwarzbraunen Wintersporen, die die kalte Jahreszeit auf dem bei starkem Befall oft vorzeitig abfallenden Laub überdauern. Die im Frühjahr an den grünen Trieben und Knospen vereinzelt entstehenden, leuchtend orangefarbenen Anschwellungen der Frühjahrs-Sporenlager werden häufig übersehen. Von ihnen aus kann später die Blattinfektion erfolgen. Sie bieten aber auch, wo sie nicht ausgeschnitten werden, dem Pilz eine Möglichkeit, unmittelbar im lebenden Gewebe der Pflanze auf Jahre hinaus zu überdauern und stellen im Frühjahr eine ständig sich erneuernde Quelle der Ansteckung dar.

Bekämpfung: In der Wirkung auf den Rosenrost ist das Oxycarboxin-Präparat Plantvax (0,1%) allen anderen derzeit angebotenen Mitteln überlegen. Plantvax kann vorbeugend und bekämpfend eingesetzt werden. Für gewöhnlich reichen 2–3 Anwendungen in Abständen von einer Woche aus, um selbst stärkeren Befall zum Erlöschen zu bringen. Leider ist das Mittel in der Anwendung etwas teuer. Ihm in der Wirkung nur wenig nachstehend ist das Triforine-Präparat Saprol (0,1–0,15%). Vorbeugend ausgebracht wirken auch Präparate mit den Wirkstoffen Metiram + Schwefel (z. B. COMPO-Rosenspritzmittel), Dodemorph + Dodin (z. B. COMPO-Rosenfluid u. a.), Zineb + Schwefel (Phytox + Ultraschwefel) und Dichlofluanid (z. B. Euparen). Wichtig ist, daß auch die Unterseiten der Blätter einen schützenden Belag erhalten. Bei großer Krankheitsgefahr die Mittel wöchentlich ausbringen.

Abb. 222. Vom Rosenrost *(Phragimidium mucronatum)* befallenes Rosenblatt (Blattoberseite).

Wurzelgallenälchen (*Meloidogyne hapla* Chitw.). Wurzeln mit knotigen oder gallenähnlichen Verdickungen und manchmal auffallend starker Verzweigung. Am anfälligsten ist die Multiflora-Unterlage, *R. canina* wird kaum befallen. In manchen Ländern Einfuhrverbot erkrankter Pflanzen. Siehe Seite 54.

Wandernde Wurzelnematoden (z. B. *Pratylenchus vulnus* Allen et Jensen u. a.). Fleckige Verfärbung und teilweises Absterben befallener Wurzeln, die jedoch immer wieder versuchen, sich zu regenerieren. Bei älteren Pflanzen fällt vor allem ein sehr flach entwickeltes Wurzelwerk auf. Frühzeitige Abbauerscheinungen, manchmal mit Chlorose des Laubes verbunden. Weitere Wirtspflanzen für *P. vulnus* sind z. B. *Forsythia* × *intermedia, Syringa vulgaris* und *Prunus triloba.*

Bekämpfung: Gegen wandernde Nematoden in Rosenkulturen und Baumschulen ist das Fensulfothion-Präparat Terracur P zugelassen. Bei leichten Böden das Präparat mit 2,5 kg/Ar, bei mittelschweren und schweren Böden mit 3 kg/Ar ausbringen. Man kann Terracur P vor dem Pflanzen oder auch bei stehender Kultur anwenden.

Anwendung vor dem Pflanzen: Präparat im Herbst nach dem Pflügen oder im Frühjahr breitflächig ausstreuen und danach flach einfräsen oder eineggen. Dann kann sofort gepflanzt werden.

Anwendung in stehender Kultur: Breitflächig über die zu behandelnde Fläche verteilen und möglichst etwas einarbeiten. Bei Trockenheit beregnen. Zu beachten ist, daß das Granulat nicht mit bloßen Händen ausgebracht werden darf. Man trage Schutzhandschuhe. Weitere Hinweise siehe Seite 55 und unter Bodenmüdigkeit Seite 416.

Spinnmilben, Rote Spinne (*Tetranychus urticae* Koch u. a.). Durch die Saugtätigkeit der auf der Blattunterseite sich aufhaltenden Spinnmilben erscheinen die Blätter fein gelblichweiß gesprenkelt. Im allgemeinen werden die ersten Befallsmerkmale zwischen den Adernwinkeln entlang den Hauptadern auffällig. Wo die Spinnmilben in großer Zahl auftreten, sind nicht selten die Unterseiten der Blätter und die Triebspitzen selbst mit zarten, dichten Gespinstfäden überzogen. Stärkerer Befall führt zu einem Vertrocknen und Abfallen der Blätter. Siehe Seite 58.

Bekämpfung: Zunehmende Resistenzerscheinungen der Roten Spinne gegenüber gebräuchlichen Phosphorsäureinsektiziden, aber auch gegen Spezialpräparate (reine Akarizide) lassen heute die Bekämpfung der Schädlinge in manchen Betrieben zu einem Problem werden. Das zwingt dazu, immer wieder neue Präparate einzusetzen. Da jedoch die angebotenen Mittel sehr unterschiedliche Kulturpflanzenverträglichkeit aufweisen und selbst die einzelnen Sorten noch unterschiedlich reagieren können, ist mit aller Vorsicht auszuwählen. Auch sollte man dort, wo man mit neuen Präparaten noch keine Erfahrung hat, stets Vorversuche auf Kulturpflanzenverträglichkeit anstellen.

Beim Rückschnitt der Rosen nach der winterlichen Ruheperiode anfallendes Holz sowie alte Blätter oder auch Strohreste des Düngers sorgfältig entfernen und verbrennen. Es war früher gebräuchlich, noch vor dem Austrieb gegen die Rote Spinne mit dem jetzt nicht mehr angebotenen Animert (0,2%) zu spritzen. An seine Stelle kann heute das Chinomethionat-Präparat Morestan Spritzpulver (0,05%) treten. Nach dem Austrieb lassen sich die Schädlinge mit Fundal forte 750 (Chlordimeform + Formetanat), Galecron (Chlordimeform) oder auch mit Pentac (0,1%) niederhalten. Die Verwendung des Omethoat-Präparats Folimat (0,1% gegen normal empfindliche und 0,15% gegen widerstandsfähige Milbenstämme), von Tamaron (Wirkstoff: Methamidophos) oder eines Kelthan-Mittels (z. B. Kelthane MF) ist zu erwägen, wenn die Wirkung der vorgenannten Präparate nachlassen sollte. Darüber hinaus kann man gegen normal empfindliche Stämme mit einem Demeton-Mittel (z. B. Metasystox) oder im Freilandrosenanbau auch mit einer Dimethoat-Emulsion arbeiten. Für Ausnahmefälle steht schließlich das Dinobuton-Präparat Drawinol S zur Verfügung. Das Aldicarb-Granulat Temik 10 G (5 g/m²) wirkt nur dann zufriedenstellend, wenn es nicht später als 14 Tage nach beginnender Triebentwicklung ausgebracht wird.

Um Schadgefahren vorzubeugen, die Mittel nicht bei starker Sonne und auch nicht zu häufig anwenden. Ein steter Wechsel beugt Resistenzerscheinungen vor.

Blattläuse (*Macrosiphum rosae* L. u. a.) siehe Seite 85. Es ist gebräuchlich, vor dem Austrieb mit Mineralöl + Parathion (z. B. Folidol-Öl-Spritzmittel, Eftol-Öl, 0,5%) zu spritzen. Diese Maßnahme erfaßt überwinternde Stadien. Nach dem Austrieb unter Glas Dichlorvos-haltige Mittel (z. B. Dedevap, Nogos) verdampfen, mit den gleichen Präparaten raumsprühen, mit Sulfotepp (z. B. Bladafum) räuchern oder auch mit Dichlorvos-haltigen Nebeldosen (z. B. Alphos, Attlo-Gewächshausspray) sprühen. Des weiteren mit Omethoat (Folimat), einem Demeton-Mittel (z. B. Metasystox), Methamidophos (Tamaron), Methomyl (Lannate 25-WP) spritzen oder unter strenger Beachtung der Anwendungsvorschriften je m² 5 g Aldicarb-Granulat (Temik 10 G) ausstreuen. Für Freilandpflanzungen sind auch Propoxur-Präparate (z. B. Unden flüssig, 0,15%), Malathion- und Diazinon-Emulsionen brauchbar. Arbeitet man mit Dichlorvos-haltigen Präparaten unter Glas, die Hinweise unter „Empfindlichkeit gegen Pflanzenschutzmittel“ beachten.

Blasenfüße. Es können verschiedene Arten auftreten. Sie schaden durch ihre Saugtätigkeit an aufblühenden Knospen und Blütenblättern. Blütenblätter je nach ihrer Ausfärbung mit weißlichen, grauen oder schmutzigbraunen Flecken und Randnekrosen und nicht selten mißgebildet. Knospen oft verkrüppelt. Siehe Seite 72.

Bekämpfung: Man beachte die unter Blattläuse gegebenen Hinweise. Als gut wirksam haben sich auch Parathion-Emulsionen erwiesen. Der Schadgefahr wegen diese Mittel jedoch nicht bei der Sorte 'Roselandia' anwenden.

Blattwanzen (*Lygus*-Arten u. a.). Auf jungem Blattwerk sind zunächst kleine, gelbliche Flecke, die Saugstellen der Wanzen zu erkennen. Später bräunen sich die Schadstellen, sinken ein und vertrocknen. Die normale Entwicklung der Spreitenteile wird dadurch gestört. Beulige, wellig verbogene oder sonst irgendwie mißgebildete Blätter sind die Folge. Besaugte Triebenden verkrüppeln. Siehe Seite 92.

Bekämpfung: Wiederholt in Abständen von 8–10 Tagen mit Methomyl (z. B. Lannate 25-WP), einem Propoxur-Präparat (z. B. Unden flüssig) oder mit Trichlorphon (z. B. Dipterex flüssig, 0,15%) spritzen, während einer Schönwetterperiode auch mit einem Parathion-Stäubemittel stäuben.

Rosenzikade (*Typhlocyba rosae* L.). Auf den Blättern zeigen sich zunächst nur vereinzelte, im Laufe der Zeit zahlreicher werdende, kleine, weiße Sprenkel. Das Schadbild ist dem der Roten Spinne ähnlich, doch ist die Fleckenzeichnung etwas gröber (Abb. 223). Blattunterseits saugen die etwa 3 mm langen, gelbgrünen, breitköpfigen, beim Sitzen ihre schmalen Flügelchen dachförmig über dem Hinterleib tragenden, alten Zikaden (Abb. 225) und ihre flügellosen bzw. nur mit Flügelstummeln versehenen Larven (Abb. 224). Daneben finden sich die weißen, abgestreiften Larvenhäute. Wenn man in die Nähe kommt, springen die mit Springbeinen ausgerüsteten Zikaden auf oder fliegen davon. Die Rosenzikade hat 2 Generationen im Jahr. Die von den alten Zikaden der zweiten Generation im Herbst in die Rinde der Rosentriebe abgelegten Eier überwintern. Im Frühjahr schlüpfen die Jungen, die sich schließlich nach mehreren Häutungen zu den Vollinsekten entwickeln.

Abb. 223. Rosenblatt mit Saugschäden der Rosenzikade.

Abb. 224. Zikadenlarve. Etwa 17fach vergrößert.

Bekämpfung: Kurz vor dem Austrieb mit Folidol-Öl-Spritzmittel oder mit Eftol-Öl spritzen. Während der Sommermonate wiederholt mit einer Parathion-, Malathion-, Diazinon-Emulsion oder mit einem Propoxur-Präparat (z. B. Unden flüssig) arbeiten. Auch Methomyl (Lannate 25-WP) läßt eine zufriedenstellende Wirkung erwarten. Die genannten Mittel sind bienengefährlich. Das gilt auch für das gegen pilzliche Schaderreger und tierische Schädlinge wirksame Bilobran. Wo den Bienen Gefahr droht, bei Freilandrosen die bienenungefährlichen Endosulfan-Präparate (z. B. Beosit 35 flüssig, Thiodan 35 flüssig) verwenden.

Schildläuse. Wohl eine der häufigsten und auffälligsten auf Rosen vorkommenden Arten ist die zu den Deckelschildläusen zählende, weißschildige (Schild etwa 2–2,5 mm groß werdend) Kleine Rosenschildlaus (*Aulacaspis rosae* Bché.). Auch Napfschildläuse (z. B. *Parthenolecanium corni* Bché.) sind in ungepflegten Beständen nicht selten.

Bekämpfung: Solange die Rosen noch in Ruhe sind, und zwar am besten kurz vor dem Austrieb, mit Mineralöl + Parathion-äthyl (z. B. Folidol-Öl-Spritzmittel, Eftol-Öl) spritzen. Nach dem Austrieb Methomyl (Lannate 25-WP) oder ein Propoxur-Präparat (z. B. Unden flüssig) wählen.

Schwarze Rosenblattwespe (*Endelomyia aethiops* F.). In der Zeit von Juni bis August werden die Blätter von nacktschneckenähnlichen, keulenförmigen, gelblichgrünen und bis 10 mm lang werdenden Larven derart befressen, daß nur die Ober- oder Unterseite stehenbleibt (Fensterfraß) (Abb. 226). Die Rosenblattwespe ist etwa 4,5 mm lang, glänzend schwarz gefärbt und legt ihre Eier auf die Unterseite der Blätter ab.

Bekämpfung: Mit einer Parathion-Emulsion oder einem Mevinphos-Mittel spritzen oder auch mit Parathion-Staub stäuben. Auch Demeton-Mittel (z. B. Metasystox) sollen sich bewährt haben.

„Blattrollen" durch die Larven der Rosenblattroll-

Abb. 225. Rosenzikade (ausgewachsenes Insekt). Etwa 16fach vergrößert.

Abb. 227. Durch die Larven der Kleinsten Rosenblattwespe *(Blennocampa pusilla)* verursachtes Blattrollen der Rose.

Abb. 226. Skelettierfraß durch die Larven der Rosenblattwespe *(Endelomyia aethiops)*.

wespe (*Blennocampa pusilla* Klg.). Spreitenteile der Blätter beiderseits der Mittelrippe nach unten eingerollt, so daß eine Art Blattrolle entsteht. Im Innern der Rolle üben die zunächst weißlichen, später hellgrün gefärbten Larven der Blattwespe ihren Schadfraß (Abb. 227) aus. Im Laufe der Zeit vergilben die befallenen Blätter, schrumpfen ein und fallen ab. Die kleinen, etwa 3–4 mm langen, schwärzlichen Wespen legen ihre Eier von etwa Mitte Mai ab bis Anfang Juni an bzw. in den Rand der Blätter ab.

Bekämpfung: Tritt der Schädling nur vereinzelt auf, wird man die befallenen Blattwickel frühzeitig entfernen und vernichten. Im übrigen bei den ersten Befallsanzeichen mit einer Parathion- oder Dimethoat-Emulsion, mit Methomyl (z. B. Lannate 25-WP) oder auch mit einem Demeton-Mittel (z. B. Metasystox-R) spritzen. Eine oder zwei weitere Behandlungen im Abstand von einer Woche folgen lassen.

Rosentriebbohrer („Röhrenwürmer"). Durch Ausfressen des Marks der Rosentriebe schädigen hin und wieder der Abwärtssteigende Rosentriebbohrer (*Ardis brunniventris* Htg.) und der Aufwärtssteigende Rosentriebbohrer (*Cladardis elongatula* Klg.). In beiden Fällen handelt es sich um die Larven (Afterraupen) von Blattwespen.

Welkende und vertrocknende Triebe verraten die Anwesenheit des Abwärtssteigenden Röhrenwurms. Die bis 12 mm lang werdenden, weißlichen Larven fressen einen nach abwärts gerichteten, etwa 4 cm langen Gang und verlassen dann den Trieb durch ein am Ende des Ganges angelegtes Bohrloch (Abb. 228 a und b).

Auf den Fraß des Aufsteigenden Triebbohrers (der Fraßgang wird in Richtung der Triebspitze vorangetrieben) wird man zunächst durch das auf die Blätter abrieselnde und sich dort sammelnde „Bohrmehl" aufmerksam. Bei näherer Untersuchung wird man auch das Einbohrloch der bis zu 15 mm lang werdenden Afterraupe finden. Ein Welken bzw. Absterben des Triebes wird in diesem Fall nicht beobachtet.

Bekämpfung: Befallene Triebe rechtzeitig entfernen und verbrennen. Dort, wo erfahrungsgemäß mit dem Auftreten der Röhrenwürmer gerechnet werden muß, sind die Bestände schon von Mai ab und bis in den Juli hinein sehr aufmerksam auf Befall zu überprüfen. Bei den ersten Befallsanzeichen mit Methomyl (z. B. Lannate 25-WP) oder mit Dimethoat-Emulsion spritzen und die Bekämpfungsmaßnahmen mehrmals in Abständen von 14 Tagen wiederholen. Möglicherweise ist auch Tamaron für diesen Verwendungszweck brauchbar.

Rosenbürstenhornwespe, Nähfliege (*Arge rosae* L.). Die meist eine auffällige S-förmige Haltung einnehmenden graugrünen, schwarze Wärzchen tragenden Larven der Gelben oder Gemeinen Rosenbürstenhornwespe befressen die Blätter vom Rande her. Nicht selten Kahlfraß. Das schwarzköpfige, gelblich gefärbte Insekt hat 2 Generationen im Jahr. Die Fühler des Männchens sind mit langen Borstenhaaren besetzt. Darauf geht auch der Name Bürsten-Hornwespe zurück. Im Mai und Juni werden die jungen Rosentriebe im Oberteil mit einer Reihe von Eiern belegt, wobei jedes in einem mit Hilfe der sog. Legesäge vorbereiteten Schlitz untergebracht wird. Die Eiablagestelle gleicht dann später einer Naht (deshalb auch „Nähfliege“). Auch krümmt sich der Trieb nach einiger Zeit an der Eiablagestelle.

Bekämpfung: Mit einer Parathion- oder Dimethoat-Emulsion oder auch mit einem Mevinphos-Mittel (z. B. PD 5, Shell Phosdrin 50) spritzen, mit Parathion-Stäubemittel stäuben. Im Hausgarten die mit Eiern belegten Triebe vor Ausschlüpfen der Larven abschneiden und verbrennen.

„Rosenäpfel“ (Gallen der Gemeinen Rosengallwespe, *Diplolepis rosae* Gir.). Als „Rosenäpfel“ sind die vor allem an Zweigen und Stämmchen auftretenden, oft kinderfaustgroßen, grünen, gelblichen oder rötlichen und wie bemoost aussehenden, innen gekammerten Gallen der Wespe bekannt. Die aus den im Frühjahr an die Triebe abgelegten Eiern sich entwickelnden, bis 0,5 cm lang werdenden, weißlich gefärbten Larven überwintern in den Gallen und verpuppen sich im zeitigen Frühjahr.

Bekämpfung: Abschneiden der Gallen.

Okuliergallmücke, Okuliermade bzw. Rote Made der Rosen (*Thomasiniana oculiperda* Rübs. = *Clinodiplosis oculiperda*). Allgemein verbreitet. Vor allem an frischen Okulaten von Rosen, aber auch von Obstbäumen, Flieder usw.

Unter den Schildchen frisch eingesetzter Augen leben zunächst weißliche, später orangerote bis rote, bis 2,5 mm lange Maden. Zum Teil greifen sie auch das Mark der Wildlinge an und verhindern dadurch das Verwachsen der Schildchen mit der Unterlage. Das Schildchen trocknet schließlich ein und das Edelauge vertrocknet.

Bekämpfung: Veredlungsstellen bei Hochstammrosen nach dem Verbinden mit Baumwachs oder Vaseline bestreichen; danach ein Parathion-Stäubemittel aufstäuben oder an der Veredlungsstelle die Bäumchen mit einer Papiermanschette versehen. Bei Rosen-Wurzelhalsveredlungen wird zum Schutz mit Erde behäufelt.

Himbeer- oder Erdbeerblütenstecher (*Anthonomus rubi* Hbst.). Der kleine, um 2,5 mm lange, schwärzliche Rüsselkäfer kann in manchen Jahren dem ersten Freilandflor beträchtlichen Schaden zufügen. Der Himbeerstecher legt im Laufe des Mai jeweils ein Ei in ein in die Knospe genagtes Loch. Danach wird der Blütenstiel unterhalb der Knospe angefressen (Abb. 229). In der Folge welken die Rosenknospen, sind teilweise abgeknickt, springen bei leichtem Anstoßen ab oder fallen ab. Im Innern der Knospen fressen etwa 3–4 mm lang werdende weißliche, fußlose Larven. Haben sie ihre Entwicklung beendet, verpuppen sie sich. Es überwintern die aus den Puppen schlüpfenden Käfer in Rindenritzen oder zwischen altem Laub.

Bekämpfung: Sie geschieht am besten mit Endosulfan-Emulsion (z. B. Beosit 35 flüssig, Thiodan 35 flüssig). Dabei ist wichtig, daß die Mittel schon vor Beginn der Eiablage ausgebracht werden.

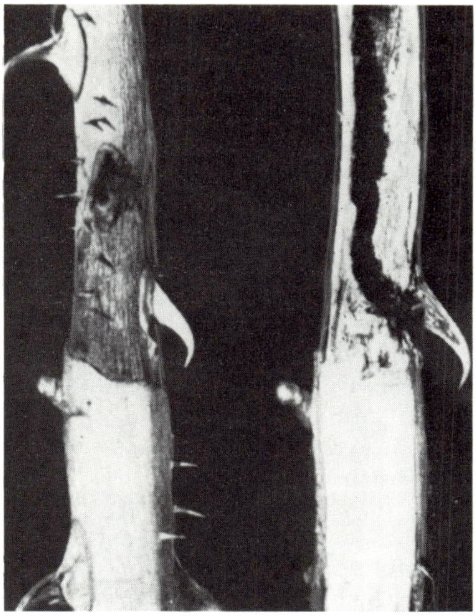

Abb. 228. Links: Durch den abwärtssteigenden Rosentriebbohrer geschädigter Rosentrieb. Rechts: Geschädigter Rosentrieb aufgeschnitten.
Abb. 229. Schaden des Himbeerstechers an Rosenknospe.

Rosenwickler, Heckenwickler (*Archips rosana* L.) und andere Wicklerarten. Die Räupchen können durch Zusammenspinnen und Befressen der Blätter (teils auch der Knospen) sehr schädlich werden, wobei das junge Blattwerk der Triebenden bevorzugt wird.

Bekämpfung: Unmittelbar vor Austrieb mit Folidol-Öl-Spritzmittel oder mit Eftol-Öl spritzen. Diese Maßnahme richtet sich gegen die an den Trieben überwinternden Eier. Ab April wiederholt in Abständen von 10 Tagen mit einer Parathion-Emulsion, Methomyl (z. B. Lannate 25-WP), mit einem Propoxur-Präparat (z. B. Unden flüssig) oder unter Freilandbedingungen auch mit einer Dimethoat-Emulsion spritzen.

Raupen verschiedener Großschmetterlinge. Sie schaden durch Abfressen des Laubes und können örtlich oft größeren Schaden anrichten.

Bekämpfung: Sobald Fraßschäden auf die Anwesenheit der Schädlinge hinweisen, mit Methomyl (Lannate 25-WP), einem Mevinphos-Präparat (z. B. PD 5, Shell Phosdrin 50) oder auch mit Propoxur (z. B. Unden flüssig) spritzen.

Ohrwürmer (*Forficula auricularia* L). Die Blütenblätter werden zerfressen und beschmutzt. Siehe Seite 68.

Engerlinge siehe Seite 79.

Dickmaulrüßler siehe Seite 82.

Rosengelbmosaik (wahrscheinlich auch Rosenmosaik, infektiöse Chlorose) (118). Symptome der Viruserkrankung, selbst bei der gleichen Sorte, sehr wechselnd: gelbliche Flecke, Bänder oder Ringe, manchmal auch ganze Blattpartien durch Zusammenfließen der Flecke gelb verfärbt. In anderen Fällen Vergilbung entlang der Blattaderung, so daß diese hell hervortritt.

Rosenstrichel (Virose). Fleckige Blattaufhellungen, vor allem längs der Hauptadern. Besonders charakteristisch sind braune, rötliche oder auch grünliche Ringe, Streifen- oder Bandmusterungen. Häufig vorzeitiger Blattfall. Auf den reifenden Stengeln grüne Flecke oder bräunliche Ringbildungen. Okulate von virusinfizierten Reisern gehen oft nicht an. Sie werden unmittelbar nach dem Verwachsen wieder abgestoßen.

Rosenwelke. Die Blätter junger Triebe sind durch Stellen abgestorbenen Gewebes fleckig und krümmen sich nach hinten ein. Die Fiederblättchen sind verdreht, am Blattstiel gedrängt sitzend und brüchig. Häufig Blattvergilbung und Blattfall. Im Stengelinnern braune Verfärbungen, Triebspitzen werden oft schwarz und sterben ab. Die Viruskrankheit tritt in einem Jahr oft in epidemischer Form auf, während in den Folgejahren die Symptome wieder stark zurückgehen können. Eine anhaltende Erholung der Pflanzen ist jedoch nicht zu erwarten.

Bekämpfung der Rosenvirosen: Möglichst frühzeitige Ausmerzung kranker Pflanzen (verbrennen). Da die Übertragung vor allem durch die Verwendung infizierten Veredlungsmaterials in den Baumschulen erfolgt, sollten die für die Veredlung bestimmten Rosen von Virussachverständigen begutachtet werden. Noch besser ist es, wenn man auf getestete Pflanzen zurückgreifen kann. Da auch eine Verbreitung durch Schnittwunden gelegentlich vorkommt (z. B. bei der Rosenwelke), empfiehlt sich eine Desinfektion des Okulier- oder Schnittwerkzeugs. Bei Verdacht auf Rosenwelke auch Blattlausbekämpfung nicht vernachlässigen.

Bodenmüdigkeit. Wie viele andere ausdauernde und vor allem verholzende Pflanzen (z. B. Äpfel, Birnen) wächst auch die Rose nicht gerne auf Böden, die in vorausgegangenen Jahren schon einmal Rosen oder andere Rosaceen getragen haben.

Die Pflanzen fallen dann vor allem durch ein schlechtes Längenwachstum der Haupttriebe auf. Da es in intensiv genutzten Baumschulgebieten oft schwerfällt, immer noch frische, das heißt noch nie mit Rosaceen bepflanzte Böden zu finden, versucht man seit langem, nähere Anhaltspunkte über den recht verwickelten Ursachenkomplex zu erhalten, um der Praxis Empfehlungen zur Behebung dieser Erscheinung geben zu können. So konnten beispielsweise Giftstoffe (Toxine), die durch Zersetzung der toten Wurzeln im Boden entstehen, in den „kranken" Böden nachgewiesen werden. Neben den Toxinen, die nach neueren Untersuchungen wahrscheinlich eine untergeordnete Rolle spielen, sind es vor allem Nematoden und Pilze, die am Zustandekommen der „Bodenmüdigkeit" beteiligt sind. Mit einer tiefgehenden Bodenbehandlung durch Bodendämpfung oder chemische Entseuchungsmittel sind gute Ergebnisse zu erzielen, wobei im Freiland praktisch nur die letzteren in Frage kommen. So wurden beispielsweise Basamid-Granulat (30–40 g/m^2), Shell DD (60 ml/m^2) oder auch Di-Trapex (30 ml/m^2) mit Erfolg eingesetzt.

Blütendeformation („Bullenköpfe") bei 'Baccara', 'Zorina' und anderen Sorten (119, 120). Es treten kurze, gedrungene, im Kelchbereich stark verdickte Blumenköpfe mit vermehrter Zahl an Blütenblättern auf (Abb. 230). Die Ursache dieser Erscheinung sieht man in zu tiefen Temperaturen während der Triebentwicklung. Da zu diesem Thema Untersuchungen aus Norwegen (121) vorliegen, soll etwas näher auf die dort empfohlenen Gegenmaßnahmen eingegangen werden. Stärkere

Abb. 230. „Bullenköpfe“ (nichtparasitäre Erscheinung).

Triebe sollen vor Treibbeginn auf 3–4 Augen zurückgeschnitten, schwächere jedoch nur entspitzt werden. Man rät bei früher Treiberei mit einer Treibtemperatur von 6–7 °C zu beginnen und diese Temperatur so lange zu halten, bis der Neuaustrieb knapp 1 cm erreicht hat. Dann muß ein kräftiger Wärmestoß erfolgen, wobei die Temperatur eine Woche lang nicht unter 15–16 °C herabsinken darf. Nach dieser Zeit geht man auf 12 °C zurück; das soll die Triebe kräftigen. Sobald die Knospen sichtbar werden, darf die Temperatur an hellen Tagen auf 22–24 °C ansteigen; die Nachttemperaturen sind auf 16–18 °C zu halten.

Die Stiele der Blütenknospen färben sich dicht unterhalb der Knospe schwarz. Die Knospen welken und sterben ab. Bis heute ist noch nicht geklärt, welche Umstände Schädigungen dieser Art auslösen können. Es ist vor allem an Ernährungsstörungen zu denken.

Baccara-Schwärze (122). Besonders bei ‘Baccara’, gelegentlich auch bei anderen Sorten wie ‘New Yorker’ oder ‘Zorina’ treten auf den Blättern oft schlagartig relativ große, gelblichbraune Flecke auf, ohne daß eine Vergilbung vorausgeht. Das Gewebe trocknet ein, die Blätter fallen ab, wobei jedoch die Blattstiele noch einige Zeit am Stengel verbleiben. Der Blattfall beginnt vor allem an den untersten Blättern der jungen Triebe und setzt sich rasch nach oben fort. Die Krankheit scheint eine Folge plötzlich abfallender Luftfeuchtigkeit zu sein, denn sie wird in erster Linie im Frühjahr und Herbst beobachtet, wenn nach regnerischen, trüben Tagen sonnig-warme Witterung einsetzt und man stärkerer Erwärmung der Häuser durch rasche, kräftige Belüftung zu begegnen versucht. Im übrigen soll auch das zur Mehltaubekämpfung gebräuchliche Verdampfen von Schwefel einen gewissen Einfluß haben. Zur Vorbeugung sollte man für möglichst gleichmäßige Boden- und Luftfeuchtigkeit sorgen und nächtlichen Niederschlag vermeiden. Keine Schwefelverdampfung, wenn die Blätter über Nacht nicht richtig abtrocknen können! Stets rechtzeitig lüften und plötzlich starken Luftaustausch vermeiden.

Blindtriebe (119). Die Blindtriebbildung ist im Treibrosenanbau ein Problem, das schon zu viel Überlegungen Anlaß gab. Vor allem bei den Sorten ‘Baccara’ und ‘Superstar’ ist diese Erscheinung sehr gefürchtet. Daß dabei Temperatur, Lichtverhältnisse und auch der Schnitt von Einfluß sind, hat die Praxis schon früh erkannt. So weiß man heute, daß niedrige Temperaturen im Frühjahr zu mehr Blindtrieben beim ersten Flor führen als höhere. Andererseits wird die Blindtriebbildung auch durch schwache Lichtintensität gefördert. Höhere Treibtemperatur kann nach Moe (120) den Anteil blinder Triebe vermindern, wenn die Pflanzungen im Laufe des Februar angetrieben werden. Erfolgt das Antreiben schon um Mitte Januar, können auch ansteigende Temperaturen zu vermehrter Blindtriebentwicklung Anlaß sein.

Schließlich sind auch nach starkem Schnitt vermehrt Blindtriebe zu erwarten. Keinesfalls darf nach scharfem Rückschnitt zu früh oder zu stark getrieben werden.

Fleckige Rotfärbung zwischen den Blattadern kann von Kälteeinwirkung herrühren. Ausgesprochene Frostschäden äußern sich durch Vergilbung und Bräunung, sowie Einrollung der Blattränder.

Gelbsucht (Chlorose), das heißt eine mehr oder weniger ausgeprägte Vergilbung der Blätter, ist in erster Linie auf einen zu hohen pH-Wert (Optimalbereich pH 6,2–6,8) zurückzuführen, aber auch stehende Nässe und schlechte Bodendurchlüftung, sowie ein Übermaß an Phosphorsäure oder einseitige Kalksalpeterdüngung können die Ursache sein. Besonders auf sehr kalkhaltigen Böden kann die Gelbsucht eine Folge ungenügender Versorgung mit aktivem Eisen oder Mangan sein. Typisches Kennzeichen für Eisenmangel ist eine Blattvergilbung, wobei die Adern grün bleiben. Sind nur noch die Hauptadern grün, deutet dies eher auf Manganmangel (siehe dort) hin.

Maßnahmen gegen Chlorose: Für Gewächshausrosen einen Reaktionsbereich zwischen pH 6,2 und 6,8 anstreben. Auf *Rosa multiflora* veredelte Sorten bevorzugen pH 6,0–6,5, *R. canina* Werte von 6,5 und darüber. Bei einem pH-Wert über 7 empfiehlt es sich, schon vor der Pflanzung je Ar etwa 10–20 Ballen Torf auszubringen. Im übrigen wirkt ein guter Humusgehalt ausgleichend. Ein sehr wichtiger Faktor ist auch das Wasser. Ist die Karbonathärte zu hoch, wird das Substrat im Laufe der Zeit mit Kalk angereichert. Notfalls muß also das Wasser enthärtet (z. B. mit Schwefel- oder Oxalsäure) oder in einer Ionenaustauschanlage entsalzt werden.

Zur direkten Behebung der Eisenmangelchlorose stehen die Präparate Fetrilon und Sequestren 138 Fe zur Verfügung. Arbeitet man mit Fetrilon, sind je nach Stärke der Chlorose je m^2 30–50 g des Mittels auszustreuen und gründlich in den Boden einzuarbeiten oder auch dieselben Mengen in 5 l Wasser je m^2 auszugießen. Bei Rosen unter Glas zweckmäßigerweise schon vor dem Antreiben je m^2 10–20 g Fetrilon ausbringen und nach drei bis vier Wochen eine weitere Gabe in der gleichen Höhe folgen lassen. Verwendet man das Mittel Sequestren, je m^2 5–10 g ausstreuen oder auch die gleichen Mengen in 1 l Wasser gelöst als Gießmittel ausbringen. Um gleichzeitig einem möglichen Manganmangel vorzubeugen, empfehlen sich Spritzungen mit 0,5% Mangansulfat.

Phosphorsäuremangel. Eine ins Blaugrüne gehende Verfärbung der Blätter und kleine dunkelbraune Flecke abgestorbenen Gewebes weisen auf einen Mangel an Phosphorsäure hin. Der Blütenknospenansatz ist gering.

Kalimangel. Die Blätter zeigen sich zwischen den Hauptadern gelblichgrün verfärbt und weisen teilweise braune Trockenflecke auf. Manchmal können auch die Blattränder unter Schwarzfärbung eintrocknen. Ein **Überschuß an Kali** kann sich vor allem bei Neupflanzungen sehr nachteilig auswirken. Die Rosen wachsen schlecht an; es kommt zu Wurzelschäden. Die Blätter verfärben sich und fallen ab.

Stickstoffmangel. Geringe Wuchsleistung der Pflanzen. Die Blätter bleiben klein und lassen ein blasses ungesundes Grün erkennen. Blütenknospenansatz kümmerlich.

Ein Mangel an Kalk bringt weiche Triebe. Die Haltbarkeit der Blumen ist gering. Die **zu reichliche Versorgung mit Kalk** legt Phosphorsäure und Spurenelemente fest. Das Wachstum der Rosen bleibt gehemmt. Gefahr für Chlorosen.

Spurenelementmangel nach PENNINGSFELD (123):

Kupfermangel. Die ausreichende Versorgung der Rosenkulturen mit Kupfer ist wichtig. Nach den vorliegenden Untersuchungen kann sich beispielsweise ein Mangel bei der Sorte 'Baccara' in Blattrandaufhellungen junger Blätter, einem Absterben des Vegetationspunktes, gehemmtem Wuchs und in vermindertem Blütenansatz zeigen. Dabei haben die einzelnen Sorten unterschiedliche Ansprüche. 'Baccara' scheint auf einen Mangel stärker zu reagieren als 'Superstar'. Starker Kupfermangel kann zu einem Absterben der Pflanzen führen.

Manganmangel. Die Spreitenteile zwischen den Blattadern erscheinen aufgehellt. Dabei bleibt um die Adern herum ein normalgrüner Saum erhalten. 'Superstar' scheint größere Anforderungen an die Manganversorgung zu stellen als 'Baccara'.

Bormangel führt zu Trieben mit kleinen, schmalen, oft löffelförmig nach unten gebogenen, dicklichen und damit leicht brüchigen Blättern. Auch wird ein Absterben des Vegetationspunktes beobachtet. Dadurch kommt es zur Bildung zahlreicher Seitentriebe (Besenwuchs!). Die Blütenblätter von Mangelpflanzen bleiben kürzer und können einen gefransten Rand aufweisen. Bei 'Baccara' geht die Farbe etwas ins Bläuliche.

Molybdänmangel kann sich bei 'Baccara' in mäßigem Wachstum, schwachen Blütenstielen und in gelblichgrünen, von der Spitze und vom Rand her vertrocknenden Blütenblättern äußern. 'Superstar' scheint weniger empfindlich zu sein als 'Baccara'.

Empfindlichkeit gegen Pflanzenschutzmittel: Vorsicht ist vor allem im Treibrosenanbau geboten. Nach vorliegenden Erfahrungen können die Sorten 'Roselandia', 'Baccara' und 'Mme. Ofmann' auf eine Behandlung mit dem bis vor kurzem noch angebotenen Tedion V 18 flüssig mit Verbrennungen an jungem Blattwerk reagieren. 'Baccara' ist auch empfindlich gegenüber Metasystox, Bladafum und manchmal auch gegen Plictran 25 W. Von einer Anwendung von Animert V 101 Spritzpulver (neuerdings nicht mehr angeboten) ist bei Rosen, die bereits ausgetrieben haben, Abstand zu nehmen. Mit Gusathion H ist Vorsicht geboten bei 'Roselandia' und 'Juletide'. 'Roselandia' ist aber auch empfindlich gegenüber Parathion-Emulsionen und Kelthan-Präparaten. Auch die Sorten 'Pink Choffon', 'Pink Sensation', 'Soyer Star', 'Golden Garnette', 'Nordia'. 'Zorina' und auch 'Baccara' scheinen eine Behandlung mit Kelthane MF nicht immer gut zu vertragen. Das nur in Ausnahmefällen (z. B. bei Vorliegen von Resistenz der Roten Spinne gegenüber anderen gebräuchlichen Präparaten) in Frage kommende Dinobuton-Präparat Drawinol S hat nach Praxiserfahrungen Blattschäden an jungem Laub bei den Sorten 'Garnette', 'Carol', 'Marimba', 'Baccara' und 'Superstar' verursacht. Keinesfalls darf das Mittel bei hohen Temperaturen angewandt werden.

Unter ungünstigen Anwendungsbedingungen können auch bei Verwendung Dichlorvos-haltiger Präparate (z. B. Dedevap, Nogos, Alphos-Nebeldose u. a.) Schäden auftreten. So vor allem dann, wenn die Temperatur nach dem Spritzen, Sprühen oder Verdampfen fällt und es zur Niederschlagsbildung kommt. Auch das sich im allgemeinen durch gute Kulturpflanzenverträglichkeit auszeichnende Fundal forte 750 scheint bei hohen Temperaturen und sehr weichem Blattwerk für die Sorten 'Baccara', 'Zorina' und 'Sonja' nicht immer ganz ungefährlich zu sein. Ähnliches gilt für Plondrel flüssig.

Mit Karathan-Präparaten muß man vor allem unter Glas sehr vorsichtig sein. Höhere Temperaturen und starke Sonneneinstrahlung können den jungen Blattaustrieb und die Blumen schädigen. Eine gewisse Imugan-Empfindlichkeit wurde bei der Sorte 'Zorina' beobachtet. Bei hohen Temperaturen gilt dies auch für die Sorten 'Baccara' und 'Sonja'. Interessant ist auch ein Hinweis aus den Niederlanden, wonach Imugan bei Daueranwendung von Frühjahr bis Herbst im Unterglasanbau zu vorzeitigem Blattverlust führen soll. Bilobran und das Mehltaumittel F 238 sind im Treibrosenanbau nicht für alle Sorten gleich gut verträglich. So hat beispielsweise das Mehltaumittel F 238 Schäden bei 'Zorina', 'Junior Miss' und 'Baccara' verursacht. Auch das bei Freilandrosen gebräuchliche Euparen kann bei starker Sonneneinstrahlung und hohen Temperaturen den jungen Austrieb (z. B. bei 'Zorina', 'Baccara') schädigen.

Schließlich noch ein Hinweis zu *Rosa chinensis*. Nach Praxiserfahrungen werden Plantvax, Compo Rosenfluid, Birlane-Granulat und Lannate 25-WP (Blattfall!) schlecht vertragen. Bei Delan flüssig können sich die Blätter einrollen. Nach Anwendung von Diazinon-Emulsion ist mit einer leichten Aufhellung des Blattwerks zu rechnen. Als gut verträglich sollen sich Pentac, Demeton-Mittel, Mevinphos-Präparate, Folimat, Bayer 5072 (früher Dexon) und Benomyl erwiesen haben.

Allgemein sollte man Pflanzenschutzmaßnahmen bei Rosen nicht während der heißen Mittagsstunden vornehmen. Auch sind dort, wo man mit neueren Präparaten noch keine Erfahrung hat, zunächst bei wenigen Pflanzen einer Sorte Vorversuche auf Kulturpflanzenverträglichkeit anzustellen.

Saintpaulia, Usambaraveilchen

Für die Vermehrung nur ausgereifte Blätter von gesunden Pflanzen verwenden. Bei der Anzucht ist den Maßnahmen der Hygiene größte Beachtung zu schenken. Schon einmal gebrauchte Topfmaterialien entseuchen. Substrate und Stellflächen müssen krankheitsfrei sein. Ist die Anzucht in Plastiktöpfen vorgesehen, darauf achten, daß sie einen Gitterboden haben. Jungpflanzen, die zum Topfen anstehen, zuvor gut feucht machen. Man drücke nicht zu fest an. Saintpaulien brauchen ein lockeres Substrat, angemessene Wärme (20–22 °C) und ausreichende Feuchtigkeit. Bei zu hohen Temperaturen wachsen weiche, langstielige und für Krankheiten anfällige Pflanzen heran. Auch ein kalter Stand bei allzureichlicher Wasserversorgung wird schlecht vertragen. Keinesfalls darf die Temperatur im Winter unter 16 °C absinken, da sonst die Wurzeln nicht mehr arbeiten, die Blätter lahmen und früher oder später abstehen.

Man vermeide auch hohe Temperaturen und allzu trockenen Stand. Hohe Temperaturen führen zu Krüppelherzen. Dabei erscheinen die Herzblätter oft wulstig verdickt und abnorm behaart, ähnlich wie bei Weichhautmilben-Befall. Pflanzen, die öfters unter Trockenheit leiden, bekommen weiche Blätter; der gesunde straffe Wuchs geht verloren.

Stets mit hauswarmem Wasser gießen. Die Temperatur des Gießwassers soll nicht niedriger und auch nicht höher (maximal 23 °C) als die umgebende Gewächshausluft sein.

Wichtig ist auch das Schattieren! Im Frühjahr bei steigender Sonne beginnen und die Schattierung im Oktober entfernen. Gibt man zuviel Schatten, werden die Blatt- und Blütenstiele lang, die Anlage der Knospen läßt zu wünschen übrig und die Blütenausfärbung ist schlecht. Pflanzen, die zu reichlichem Lichtgenuß ausgesetzt sind, verhärten und bekommen Brennflecke. Der Winterstandort sei hell. Keinesfalls wird man die Pflanzen unter Hängen zu guter Blüte bringen.

Stammgrundfäule (*Phytophthora nicotianae* var. *parasitica* (Dast.) Waterh.) (124). Die Pflanzen welken infolge einer von Stammbasis und Wurzelansätzen ausgehenden Weichfäule. Die Blätter schlappen und faulen oder vertrocknen schließlich. Unter Umständen, vor allem, wenn die Bewässerung im Anstauverfahren erfolgt, greift die Krankheit rasch um sich und führt zum Absterben der Pflanzen. Häufig nimmt sie jedoch einen mehr schleichenden Verlauf. Kennzeichnend ist dann nur ein stumpf-graugrünes Aussehen der im Wuchs zurückbleibenden Pflanzen. Weitgehend widerstandsfähig gegenüber der Phytophthora-Fäule sollen folgende Sorten und Typen sein: 'Englerts D 12', 'D 27', 'D 104', 'D 106' und 'D 110', 'Fischers Ballett 65/5' und 'Holtkamps Rhapsodie'.

Bekämpfung: Angießen des Stammgrundes mit Bayer 5072 (0,03%); bei großer Krankheitsgefahr Behandlung nach 4–6 Wochen wiederholen. Es ist anzunehmen, daß sich der Erreger auch mit dem teil-systemischen Prothiocarb (z. B. Previcur 0,15%) niederhalten läßt. Im übrigen Pflanzen nicht zu naß halten. Von der Anstau-Bewässerung ist Abstand zu nehmen.

Stammgrund- und Wurzelfäule durch *Rhizoctonia solani* Kühn. Erscheinungsbild sehr ähnlich dem vorgenannten. Da die Bekämpfungsmittel für die beiden Erkrankungen jedoch sehr verschieden sind, empfiehlt es sich, eine Untersuchung durch einen Pflanzenschutz-Sachverständigen vornehmen zu lassen.

Bekämpfung: Angießen des Stammgrundes mit Benomyl- (0,05–0,075%) oder Captan-Brühe (z. B. Orthocid 50: 0,2%, Captan 83: 0,2%).

Fäule des Blattstielgrundes führt zum Abwelken, vor allem der äußeren Blätter. Die Ursachen sind noch nicht in allen Einzelheiten geklärt. GERLACH konnte auf den meist etwas eingesunkenen, langgestreckten Faulflecken den Pilz *Cylindrocarpon radicicola* Wr. nachweisen und bewies, daß dieser unter normalen Kulturbedingungen eine langsam fortschreitende Fäule hervorzurufen vermag (125). Nicht immer ist jedoch dieser Pilz zu finden. Wir konnten in den Wasserleitungsbahnen erkrankter Pflanzen bei wiederholten Untersuchungen eine bakterielle Infektion nachweisen (siehe bakterielle Welkekrankheit). Da in einigen Fällen von Fäule am Blattstielgrund auch Übersalzung des Substrates festgestellt werden konnte, bleibt die Frage offen, wie weit ungünstige Kulturbedingungen eine Rolle spielen.

Bekämpfung: Gegen die Cylindrocarpon-Infektion können die Pflanzen vorbeugend mit Benomyl- (0,05–0,075%) oder mit Captan-Brühe (z. B. Captan 50: 0,25%, Orthocid 83: 0,2%) angegossen oder gespritzt werden. Bei Auftreten der Erkrankung ist eine Bodenuntersuchung anzuraten.

Bakterielle Welkekrankheit (*Erwinia carotovora* var. *chrysanthemi* Dye).* Wenn die Pflanzen ein stumpfgraues Aussehen annehmen, in der Wüchsigkeit nachlassen, oft auch die Blattstiele am Grund der äußersten Blätter faulen, so daß diese schlapp herunterhängen (siehe auch: Fäule des Blattstielgrundes), so kann dies ein Anzeichen für die gefäßparasitäre Bakteriose sein (Abb. 231). Blattstecklinge faulen von der Basis aus, oder es entstehen inmitten der Spreite von der Aderung ausgehend Faulflecke. Das Wurzelwerk ist spärlich und gebräunt. Die Krankheit breitet sich rasch, in den Stecklingsbeeten oft herdförmig, aus. In den Wasserleitungsbahnen so er-

---

* KÖHN, S.: Eine Naßfäule an Saintpaulien, hervorgerufen durch Erwinia carotovora var. chrysanthemi Dye. Nachrichtenbl. Dt. Pflanzenschutzdienst (Braunschweig) 26 (11), 161–162, 1974.

krankter Saintpaulien, ebenso wie aus den oft glasigen Faulstellen an Blattspreiten und Stengeln ist deutlicher Bakterienbefall festzustellen.

Bekämpfung: Wo nur *Fertigware* kultiviert wird, ist die Bakteriose leichter wieder auszumerzen als im Jungpflanzenbetrieb. Man hat nach Aussonderung der kranken und Verkauf der gesund erscheinenden Pflanzen nur dafür zu sorgen, daß eine gänzliche Sanierung erfolgt. Am sichersten ist der Erfolg dort, wo das Haus geräumt und eine Formalinbehandlung (siehe Seite 468) vorgenommen werden kann. Andernfalls ist die Stellage gründlich mit einem anderen bakterientötenden Mittel (z. B. Delegol, 2%) zu entseuchen. Vorsichtshalber sollten die Saintpaulien, auch wenn sie gesund erscheinen, nicht im Anstauverfahren bewässert werden.

Die Gefahr einer Übertragung der Bakterien mit Saatgut ist zwar nicht völlig auszuschließen, ist aber bei Beachtung aller Vorsichtsmaßnahmen wenig wahrscheinlich. Wo sich wegen der Erhaltung bestimmter Sorten in *Vermehrungsbetrieben* eine Entnahme von Stecklingsmaterial aus kranken Beständen nicht umgehen läßt, muß mit großen Schwierigkeiten bei der Sanierung gerechnet werden. Eine scharfe Auslese der Mutterpflanzen ist erste Voraussetzung für den Erfolg. Aber auch bei völlig gesund erscheinenden Pflanzen ist nicht auszuschließen, daß sie bereits Träger der Bakterien sein können.

Die Bewurzelung der nur mit möglichst kurzem Stiel belassenen Blattstecklinge muß in strenger Isolierung jeweils in Einzeltöpfchen erfolgen. Es ist zu beachten, daß die Töpfe nicht direkt auf der Stellage aufstehen dürfen (einhängen in Gitter oder ähnl.). Alle Töpfchen mit Stecklingen, die Fäulniserscheinungen aufweisen, müssen laufend entfernt werden. Während der gesamten Kulturzeit ist darauf zu achten, daß das Blattwerk so wenig wie möglich mit Wasser benetzt wird.

Stärker verseuchte Bestände sind, wenn überhaupt, nur zu sanieren, wenn mehrere Folgekulturen hindurch in der angegebenen Weise verfahren wird.

Grauschimmel (*Botrytis cinerea* Pers.). Auf abgewelkten Blättern und Blütenständen oder auf beschädigtem Gewebe (Verletzungsstellen) siedelt sich leicht der an seinem charakteristischen, graubraunen Schimmelrasen kenntliche Botrytispilz an. Von dort ausgehend kann er auch auf gesundes Gewebe übergreifen. Gelegentlich

Abb. 231. Bakterielle Welkekrankheit bei *Saintpaulia*. Links gesunde Pflanze, Mitte und rechts frühes und fortgeschrittenes Stadium der Erkrankung.

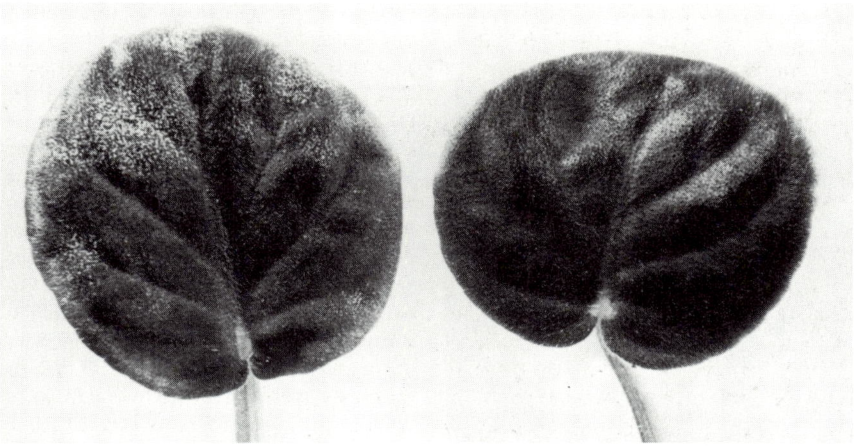

Abb. 232. Vom Echten Mehltau befallene Saintpaulienblätter.

verursacht er eine Herz- oder auch eine Stammgrundfäule. Ungünstige Kulturbedingungen (z. B. zu kühler Stand) begünstigen die Erkrankung.

Bekämpfung: Kühlen Stand und starke Temperaturschwankungen vermeiden. Vorbeugend und wiederholt in Abständen von 10–14 Tagen mit Du Pont Benomyl (0,05%) spritzen, mit Thiabendazol (z. B. Tecto-Räuchertabletten) räuchern oder auch bei Stammfäule-Gefahr mit Benomyl-Brühe (0,05%) angießen. Ob das Thiabendazol-haltige Spritzmittel Tecto fl. (0,1%) für diesen Verwendungszweck brauchbar ist, ist noch nicht erprobt.

Echter Mehltau (*Oidium* spec.). Randvergilbung und helle Fleckung der Blätter, auf denen besonders oberseits ein leichter mehlartiger Anflug zu erkennen ist (Abb. 232). Die Blütenblätter faulen meist vom Rand aus, ganze Blütenstände sterben frühzeitig ab. Kritische Zeiten sind vor allem die Übergangszeiten im Frühjahr und Herbst, und zwar ist die Gefahr dann groß, wenn plötzlich und reichlich einfließende Kaltluft zu einem raschen Luftaustausch in den Häusern führt.

Bekämpfung: Die gegen echte Mehltaupilze gebräuchlichen Spritzmittel rufen entweder Blütenschäden hervor oder sie hinterlassen mehr oder weniger auffällige Präparatrückstände. Noch am besten kann das sehr feine Versprühen einer Dinocap-Emulsion (z. B. Karathane LC, 12 ml auf eine 10-l-Sprühfüllung bei fünffachem Sprühen) empfohlen werden. Auch die zur Bekämpfung des Grauschimmels zugelassenen Tecto Räuchertabletten (Wirkstoff: Thiabendazol) sind brauchbar. Möglich ist auch das sehr vorsichtige Verdampfen von Schwefel (3–5 mal in der Woche je 1/2 Stunde lang). Stärkere Temperaturschwankungen und Zugluft vermeiden, Oberluft erst bei Temperaturen um 27 °C geben.

Blattälchen (*Aphelenchoides fragariae* (Ritz.-Bos) Chr.). Blattunterseite mit hellbraunen, leicht eingesunkenen Flecken, die manchmal auch auf der Oberseite als undeutlich begrenzte, rotbraune Verfärbungen kenntlich werden (Abb. 233). Bei starkem Befall können die Blätter und schließlich die ganzen Pflanzen absterben.

Abb. 233. Schmutzigbraune, etwas eingesunkene Flecke auf der Blattunterseite der Saintpaulienblätter weisen auf Blattälchen-Befall hin.

Bekämpfung: Ständige Durchsicht der Bestände ist wichtig. Man überprüfe die Unterseite der Blätter. Stark befallene Pflanzen vernichten. Bei schwachem Befall kranke Blätter auspflücken. Sie sind sorgfältig an ihrer Stengelbasis auszubrechen. Es dürfen keine Stengelstümpfe stehen bleiben, da sonst Fäulnis auftreten kann. Danach ist dreimal im Abstand von 4–5 Tagen mit einem Demeton-Mittel (z. B. Metasystox, 0,15%), einer Parathion-Emulsion (z. B. E 605 forte, Parathion forte u. a., jeweils 0,05%) oder auch zweimal mit Zinophos (Nemafos 0,1%) zu spritzen. Vorsicht! Die Blüten nehmen Schaden. Wo es die örtlichen Verhältnisse zulassen, kann man auch je m^2 5 g Aldicarb-Granulat (Temik 10 G) ausstreuen.

Wurzelgallenälchen (*Meloidogyne* spec). Knotige Anschwellungen an den Wurzeln. Die Nematoden sitzen im Inneren dieser Knötchen. Starker Befall äußert sich in verminderter Wuchsfreudigkeit. Siehe Seite 54.

Bekämpfung: Sie erfolgt am besten durch Angießen mit Zinophos-Emulsion (Nemafos 0,1%) oder, wo möglich, auch durch Ausstreuen von Aldicarb-Granulat (Temik 10 G). Zu erproben wäre auch das derzeit in Prüfung befindliche systemisch wirksame Carbamat Vydate.

Weichhautmilben. Herzblättchen oft verkrüppelt, beulig verbogen, klein bleibend, glasig-brüchig und manchmal wulstig verdickt und abnorm behaart (Abb. 234). Bei starkem Befall werden die Blättchen braun bzw. grau und sterben ab. Die Blüten erscheinen zum Teil mißgeformt und fleckig. Oft bleiben sie auch in der Knospe sitzen. Siehe auch Seite 63.

Bekämpfung: Wiederholt mit einem Kelthan-Präparat (z. B. Kelthane MF) oder auch mit Endosulfan-Emulsion (z. B. Beosit 35 flüssig, Thiodan 35 flüssig) spritzen oder auch Aldicarb-Granulat (Temik 10 G) ausstreuen. Beim Spritzen sind Blütenschäden nicht zu vermeiden.

Blattläuse siehe Seite 85.

Bekämpfung: Dichlorvos-haltige Mittel (z. B. Dedevap, Nogos) verdampfen, mit den gleichen Präparaten raumsprühen oder auch Dichlorvos-haltige Nebeldosen (z. B. Alphos, Citos, Luxan Dichlorvos-Nebeldose) einsetzen. Versuchsweise auch mit Methomyl (Lannate 25-WP) oder mit Omethoat (Folimat) spritzen. Zum Ausbringen mit Nebelgeneratoren ist Luxan Dichlorvos S.C. geeignet.

Blasenfüße (Thripse) können durch ihre Saugtätigkeit die Blüten stark verunzieren. Blütenblätter mit schmutzig-grau-violetten Stippen und Randnekrosen. Starker Befall läßt die Blüten vertrocknen. Über die Bekämpfung siehe unter Blattläuse.

Ringfleckenkrankheit (Virose). Gelbliche Flecke und Ringe auf den Blättern können durch das Virus der Bronzefleckenkrankheit der Tomate verursacht sein. Im Gegensatz zu der viel häufigeren Gelbfleckigkeit oder Marmorierung durch nichtpa-

Abb. 234. Von Weichhautmilben befallene Saintpaulie (Herzblättchen beulig verbogen, wulstig verdickt und auffällig behaart).

rasitäre Ursachen (siehe dort) sind die virusbefallenen Pflanzen auch im Wuchs gehemmt.

Bekämpfung: Kranke Pflanzen aussondern und vernichten. Keine Blattstecklingsvermehrung aus kranken Beständen.

Gelbfleckigkeit oder Marmorierung der Blätter. Auf den Blättern zeigen sich gelbgrüne oder gelbliche bis gelblichweiße, zum Teil auch bräunliche, unregelmäßige und meist scharf begrenzte Flecke und Figuren von manchmal sehr bizarrer Form (Abb. 235). Ringförmige Flecken, geschlängelte Linien werden dabei vom Praktiker oft für Minengänge gehalten. Bei der Marmorierung handelt es sich um eine teilweise Zerstörung des Blattgewebes. Sie ist auf starke Temperaturunterschiede im Blatt zurückzuführen, wie sie zum Beispiel dann vorkommen, wenn die durch Besonnung stark erwärmte Blattoberfläche mit kaltem Wasser bespritzt wird.

Verhütung: Saintpaulien immer rechtzeitig schattieren. Nicht bei starker Sonneneinstrahlung gießen oder spritzen. Nur hauswarmes Wasser verwenden. Von der Sonne stark erwärmte Pflanzen nicht mit kaltem Wasser spritzen.

Einfache und halbgefüllte Blüten an einer Pflanze. Diese Erscheinung ist sortenbedingt. Es werden vorübergehend zu hohe Temperaturen, Trockenheit und ein zu reichliches Nährstoffangebot dafür verantwortlich gemacht.

Herzfäule. Die Herzblätter verfärben sich grau, werden welk und faulen (keine Verkrüppelung wie bei Milbenschaden), ohne daß sich im Innern des Stämmchens eine Erkrankung feststellen läßt. Die Krankheit wird auf zu reichliche Wassergaben bei zu kühlem Stand bzw. zu starken Temperaturschwankungen zurückgeführt.

Abb. 235. Gelbfleckigkeit oder Marmorierung der Saintpaulie.

Lahme Blätter. Saintpaulien wollen nicht zu kühl stehen. Sie brauchen wenigstens eine Temperatur von 16 °C. Stehen sie zu kühl, hört die Wurzeltätigkeit auf, das Wachstum stockt, die äußeren Blätter lahmen, bräunen sich oder vergilben und sterben ab. Sollen die Pflanzen zügig heranwachsen, sind Temperaturen um 20–22 °C notwendig.

Krüppelherzen. Wulstig verdickte Herzblättchen können auf zu hohe Bodentemperatur, zu trockenen Stand, zu warmes Gießwasser oder auch auf zu hohe Salzkonzentration im Boden zurückgehen. Man versäume jedoch nicht, auch auf Weichhautmilben zu kontrollieren; sie können ähnliche Schäden hervorrufen.

Blütenfall. Auf starke Temperaturschwankungen und Unterkühlung der Pflanzen zurückzuführen. Die einzelnen Saintpaulienrassen sind unterschiedlich empfindlich.

Empfindlichkeit gegen Pflanzenschutzmittel: Nicht nur Insektengifte, auch Spezialmittel gegen Milben (Akarizide) und die gegen Echten Mehltau gebräuchlichen Fungizide können sich nachteilig auf den Blütenflor auswirken.

Mehr oder weniger auffällige Schäden sind beispielsweise nach der Anwendung von Malathion-, Diazinon-, Dimethoat-Emulsionen, Parathion-äthyl (z. B. Parathion forte, E 605 forte), Mevinphos-Mitteln (z. B. PD 5, Shell Phosdrin 50), Demeton-Präparaten (z. B. Metasystox), Acricid und Kelthan-Präparaten zu erwarten. Des weiteren sind auch Bilobran, Mehltaumittel F 238, Botrysan, COMPO-Rosenfluid und Dinocap-Präparate (z. B. Karathane) für blühende Pflanzen wenig geeignet. Darüber hinaus verursachen Ortho Dibrom, COMPO-Rosenfluid und Mehltaumittel F 238 bei vermehrter Anwendung Blattaufhellungen und im Falle von Ortho Dibrom auch Nekrosen. Bei Mevinphos-Präparaten (z. B. PD 5) können sich die Herzblätter etwas einrollen. Von Captan wird berichtet, daß es das Wurzelwachstum junger Pflanzen ungünstig beeinflusse. Auch kann es bei vermehrter Anwendung zu aufgehellten Blatträndern kommen. Unschöne Spritzflecken verursachen Netzschwefel-Präparate. Auch Morestan-Spritzpulver und Du Pont Benomyl zeichnen deutlich.

Sansevieria, Bogenhanf

Bakterielle Blattfleckenkrankheit (126). Braune, rostähnliche Blattflecke sollen nach VAN ASSCHE durch noch nicht näher bestimmte Bakterien verursacht sein. Nebeneinanderliegende Flecke können zu band- oder wellenartigen Streifen zusammentreten. Die Krankheit wird durch ungünstige Umwelteinflüsse begünstigt.

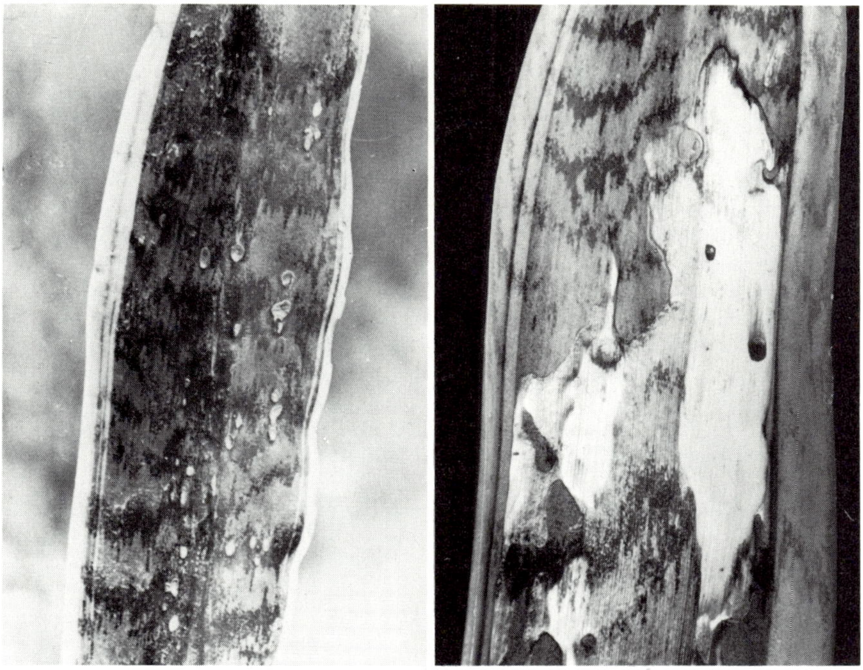

Abb. 236. Blattflecke durch *Fusarium moniliforme* auf *Sansevieria*-Blatt.
Abb. 237. Sonnenbrand bei *Sansevieria*.

Bekämpfung: Optimale Kulturbedingungen anstreben. Luftfeuchtigkeit herabdrücken, gute Durchlüftung der Häuser, nicht zu enger Stand der Pflanzen.

Fusarium-Blattfleckenkrankheit (*Fusarium moniliforme* Sh.). Auf Blattober- und -unterseite rotbraune, runde oder längliche, meist etwas eingesunkene Flecke mit erhabenem, hellerem Rand (Abb. 236). Die besonders bei hoher Luftfeuchtigkeit auf den Flecken gebildeten Sporen werden leicht durch Luft oder Wasser, durch Berührung oder durch Tiere verbreitet.

Bekämpfung: Temperatur und Luftfeuchtigkeit niedrig halten. Vorbeugend und wiederholt mit einem Grünkupfer-Mittel oder auch mit Benomyl (0,05%) spritzen. Netzmittelzusatz ist wichtig.

Blatt- und Stammgrundfäule (Umfallen). Eine Fäule des Stammgrundes ist vor allem dann zu befürchten, wenn die Pflanzen für längere Zeit bei Temperaturen unter 10–12 °C stehen und dazu noch zu naß gehalten werden. Im besonderen sind zu mastig aufgezogene Pflanzen gefährdet. *Sansevieria trifasciata* 'Laurentii' nimmt Kälte und Nässe noch mehr übel als die gewöhnliche *S. trifasciata*. Im Gefolge der ursprünglich nichtparasitären Erkrankung stellen sich bakterielle Fäulniserreger (*Erwinia*-Arten) ein und fördern die Zersetzung des Gewebes.

Verhütung: Die Temperatur möglichst nicht unter 15 °C absinken lassen. Pflanzen nicht zu naß halten und Überdüngung, besonders zu hohe Stickstoffgaben vermeiden!

Wurzelgallenälchen (*Meloidogyne incognita acrita* Chitw.). Knotige Verdickungen der Wurzeln. Bei starkem Befall Pflanzen geschwächt und kümmerlich.

Bekämpfung: Mit Zinophos-Emulsion (z. B. Nemafos 0,1%) angießen oder je m^2 auch 5 g Aldicarb-Granulat (Temik 10 G) ausbringen.

Schildläuse, Schmier- oder Wolläuse (siehe Seite 88). Wiederholt mit einer Malathion-Emulsion, mit Methomyl (Lannate 25-WP) oder auch mit einem Propoxur-Präparat (z. B. Unden flüssig) spritzen.

Brennflecke (Sonnenbrand). Auf den Blättern treten plötzlich mehr oder weniger scharf begrenzte, oft sehr großflächige, wie verbrüht aussehende Stellen auf, die in der Folge weiß eintrocknen (Abb. 237). Die Schädigung ist auf zu starke Besonnung zurückzuführen. Vor allem im Frühjahr, während der Übergangszeit, ist die Gefahr für Brennflecke groß. Deshalb stets für ausreichenden Schatten sorgen.

Korkwucherungen. Blätter mit kleineren oder größeren, braunen Korkfleckchen. Ursache: kühler Stand bei gleichzeitig hoher Boden- und Luftfeuchtigkeit.

Saxifraga stolonifera (S. sarmentosa), Judenbart

Weichhautmilben. Blätter verkrüppelt, Blattränder biegen sich nach oben um. Siehe Seite 63.

Spinnmilben siehe Seite 58.

Sedum, Fetthenne

Verticillium-Krankheit (*Verticillium* spec.). In Sedumrasen (z. B. des breitblättrigen *Sedum kamtschaticum* var. *middendorfianum*, der zur Bedeckung größerer Flächen in Gärten und auf Friedhöfen gerne verwendet wird) entstehen durch herdweise Erkrankung und Absterben der Pflanzen unschöne, sich rasch vergrößernde Fehlstellen. Die Blätter befallener Pflanzen färben sich vom Rand aus rötlich oder gelblich, schließlich braunrot und fallen ab. Die Triebe entblättern sich von unten nach der Spitze zu fortschreitend. Der Welkepilz (siehe Seite 43) dringt vom Erdboden aus ein und wandert in den Wasserleitungsbahnen nach oben.

Bekämpfung: Wird die Ursache des Schadens erkannt, solange nur ein kleiner Befallsherd vorhanden ist, so kann man versuchen, durch Ausheben der kranken Pflanzen samt Erde die Krankheit noch einzudämmen. Der Herd muß zu diesem Zweck in mindestens 20 cm Abstand von seinem Rand mit dem Spaten umstochen und dann tiefgehend ausgehoben werden. Vorsicht! Keine Erde dabei verstreuen und den Aushub abfahren. *Verticillium*-Pilze bedeuten auch für viele andere Kulturpflanzen eine große Gefahr. Durch vorbeugendes und wiederholtes Angießen mit Du Pont Benomyl (0,1%) läßt sich zwar die Krankheit niederhalten, doch dürfte eine solche Maßnahme bei Dauerpflanzungen kaum praktische Bedeutung haben.

Blattälchen (*Aphelenchoides fragariae* (Ritz.-Bos) Chr.). Vor allem die unteren Blätter verfärben sich von der Spitze oder vom Rand aus gelblich oder rötlich. Unterseite solcher Blätter bräunlich gesprenkelt, später mit deutlich schmutzig-braunen bis dunkelbraunen Flecken, die schließlich auch von der Oberseite her sichtbar werden. Stark befallene Blätter fallen ab. Vor allem bei *Sedum kamtschaticum* var. *middendorfianum*, aber auch bei *S. spurium, S. populifolium* u. a.

Bekämpfung: Dreimal in Abständen von 4–5 Tagen mit Parathion-Emulsion (0,05%) oder zweimal im Abstand von 8 Tagen mit Zinophos-Emulsion (z. B. Nemafos 0,1%) kräftig spritzen oder auch mit Nemafos gießen. Auch das Ausstreuen von Temik 10 G (5 g/m²) kann empfohlen werden. Beim Spritzen den Brühen ein Netzmittel hinzufügen. Man spare nicht mit Spritzbrühe, Bodenoberfläche gut mitbehandeln. Im übrigen darauf achten, daß blühende Pflanzen nicht getroffen werden. Die genannten Mittel gefährden die Bienen.

Empfindlichkeit gegen Pflanzenschutzmittel: *Sedum sieboldii* ist gegenüber Diazinon-Emulsionen empfindlich.

Senecio cruentus siehe *Cineraria* Seite 186

Sinningia (Gloxinia), Gloxinie

Bei der Anzucht auf größte Sauberkeit achten. Als wärmebedürftiger Pflanze sollten der Gloxinie für die Keimung Temperaturen über 20 °C zur Verfügung stehen. Während der Keimzeit ist gleichmäßige Feuchtigkeit wichtig. Selbst nur vorübergehendes Trockenwerden der Saaten kann sich sehr schädigend auswirken. Tropfwasser muß vermieden werden, da die Sämlinge sehr fäulnisempfindlich sind. Für ein gutes Gedeihen brauchen die Gloxinien Wärme und feuchte Luft. Jungpflanzen können nur dann gesund und zügig heranwachsen, wenn sie bei Temperaturen um 20–25 °C gehalten werden. Kühler Stand bringt Wachstumsstockungen. Die Pflanzen zeigen dies durch graugrün verfärbte Blätter an, deren Ränder sich nach unten wölben. Beim Pikieren, Topfen oder Verpflanzen dürfen Gloxinien nicht zu fest angedrückt und nicht zu tief gestellt werden. Sie sind locker einzupflanzen. Auch reagieren die Pflanzen bzw. ihr Stamm schon auf geringfügige Verletzungen sehr empfindlich. Es tritt dann leicht Fäulnis auf.

Nach dem Eintopfen ist mit aller Vorsicht zu gießen. Sonst Gefahr für Wurzelschäden. Stets rechtzeitig verpflanzen. Verfilzte Ballen bringen bekanntlich Wachstumsstockungen mit sich, die zu einer Verhärtung der Knollen führen können. Vor Überdüngung wird gewarnt, da überdüngte Pflanzen besonders leicht zu Fäulnis neigen. Schließlich sind Gloxinien immer rechtzeitig zu rücken, damit sie sich nicht gegenseitig hochtreiben und „lange Hälse“ bekommen. Der unerwünscht lange Hals tritt übrigens auch dann auf, wenn die Pflanzen bei hoher Wärme zu dunkel gehalten werden. Temperaturschwankungen vermeiden. An naßkalten Tagen und kühlen Abenden etwas heizen! Bekanntlich sind Gloxinien sehr niederschlagsempfindlich.

Phytophthora-Stamm- und -Blattfäule (*Phytophthora* parasitica Dast., *Phytophthora cryptogea* Peth. et Laff, *Pythium ultimum* Trow u. a.). Der Stammgrund samt Wurzelansätzen wird braun und fault. Die Pflanze fällt um und geht zugrunde. Die Fäule erstreckt sich auch auf die Blattstiele und den Blattgrund (Abb. 238). Hie und da greift der Pilz direkt die Spreite der untersten Blätter an und verursacht braune Flecken. Ungünstige Kultureinflüsse (Unterkühlung, ungeeignetes Substrat, falsche Nährstoffzusammensetzung, zu tiefes Einpflanzen oder Verletzungen am Stammgrund) begünstigen das Auftreten der Erkrankung. Die Ansteckung erfolgt von verseuchter Erde aus.

Bekämpfung: Wichtig ist die Anzucht in einem seuchenfreien Substrat und die Verwendung neuer oder desinfizierter Kulturgefäße. Gloxinien sollen flott heranwachsen. Stets für angemessene Temperaturen sorgen, starke Temperaturschwan-

Abb. 238. *Phytophthora*-Stamm- und -Blattfäule der Gloxinie.

kungen vermeiden. Mit aller Vorsicht gießen. Kranke Pflanzen so früh als möglich entfernen und vernichten. Danach gefährdete Bestände mit Fenaminosulf (Bayer 5072, 0,03%) angießen oder für den Fall, daß das Etridiazol-Präparat AAterra zur Verfügung steht, mit 0,04%iger Brühe gießen. Im übrigen hat sich auch das Prothiocarb-Präparat Previcur (0,15%) als brauchbar erwiesen. Knollen aus erkrankten Beständen nicht für die Weiterkultur verwenden.

Blattälchen (*Aphelenchoides fragariae* (Ritz.-Bos) Chr. und *A. ritzemabosi* (Schwartz) Good). Vor allem auf den äußeren Blättern meist streifenweise sich zwischen zwei Seitenadern hinziehende, zunächst hellbraune Verfärbungen. Das von Älchen befallene Gewebe stirbt rasch ab und wird schwarzbraun. Bei starkem Befall faulen die ganzen Blätter, die Pflanzen gehen ein. Mit den Knollen ist eine Verschleppung der Älchen möglich.

Bekämpfung: Befallene Pflanzen entfernen und vernichten. Dreimal im Abstand von 4–5 Tagen mit einem Demeton-Mittel (z. B. Metasystox, 0,15%) oder auch zweimal mit Zinophos-Emulsion (z. B. Nemafos 0,1%) spritzen oder, wo es die örtlichen Verhältnisse zulassen, auch je m² 5 g Aldicarb-Granulat (Temik 10 G) ausbringen. Für den Fall einer Zulassung wäre auch an die Verwendung des Carbamats Vydate zu denken.

Weichhautmilben (*Tarsonemus pallidus* Banks, *Hemitarsonemus latus* Banks). Blätter teilweise mißgebildet mit wellig gekräuselter Spreite (nicht selten mit nach unten umgebogenem Rand) und oft braungrindigen Stellen. Auch die Herzblätter können verkrüppelt sein. Bei starkem Befall sterben diese unter Braunfärbung ab, vertrocknen oder verfaulen. Manchmal wird auch ein Vertrocknen befallener Knospen beobachtet. Siehe Seite 63.

Bekämpfung: Versuchsweise mit Endosulfan-Emulsion (z. B. Thiodan 35 flüssig, Beosit 35 flüssig) spritzen oder auch je m² 3 g Temik-Granulat ausbringen.

Blasenfüße. Auf der Unterseite der Blätter (die Blasenfüße und ihre Larven halten sich dort bevorzugt auf) zeigen sich bräunliche, manchmal grindige Schadstellen. Sie sind der Saugtätigkeit der Tiere zuzuschreiben. Oberseits zunächst helle, oft silbrig glänzende und im Laufe der Zeit sich bräunende Sprenkel und Flecken (Abb. 239). Siehe auch Seite 72.

Bekämpfung: Wiederholt mit einem Demeton-Mittel (z. B. Metasystox (i), einem Propoxur-Präparat (z. B. Unden flüssig) oder auch mit Methomyl (Lannate 25-WP) spritzen.

Abb. 239. Schädigung durch Blasenfüße bei Gloxinie.
Abb. 240. Von der Fliederseuche *(Pseudomonas syringae)* befallener Fliedertrieb.

Gelb- oder Braunfleckung der Blätter. Gelbliche bis bräunliche, unregelmäßige Flecke oder auch geschlängelte Linien sind auf starke Abkühlung der Blätter nach Spritzen mit kaltem Wasser zurückzuführen. Bei stärkerer Sonneneinwirkung kann es zu sehr großflächigen, meist schmutzig-braun verfärbten Schadstellen kommen.

Verhütung: Ausreichend schattieren; nicht mit kaltem Wasser spritzen.

Bormangel. Blattgrund junger Sämlinge mit schwarzbraunen Flecken, die sich nach und nach über die Spreitenteile und bis ins Herz der Pflanzen hinein ausdehnen. Die Blätter welken, das Herz der Pflanzen stirbt ab und die Pflanzen gehen ein.

Bekämpfung: Wiederholt mit 6%iger Borsäure gießen.

Empfindlichkeit gegen Pflanzenschutzmittel: Bei blühenden Pflanzen muß man vor allem mit Parathion, Diazinon-, Malathion-Emulsionen, Mevinphos- (z. B. PD 5), Kelthan-Präparaten und Fundal forte 750 (Nekrosen am Blütensaum) vorsichtig sein. Auch Metasystox R und Nemafos werden nicht immer gleich gut vertragen. Dasselbe gilt für Nikotin. Als Gießmittel sind Captan- und Maneb-Mittel für Aussaaten und Jungpflanzen ungeeignet. Die Wurzeln nehmen Schaden; das Wachstum der Sämlinge stockt. Besser vertragen werden Zineb-Präparate.

Statice siehe *Limonium* Seite 338

Syringa, Flieder

Fliederseuche (*Pseudomonas syringae* v. Hall). Auf den zarten Stengeln der Jungtriebe braune Flecken, die sich rasch zu einseitig verlaufenden oder stengelumfassenden Faulstellen vergrößern. Auf den Blättern nadelstichähnlich-durchsichtige, später braune Flecke mit im durchfallenden Licht gelblich durchscheinendem Rand (Abb. 240). Blattadern und Blattstiele stellenweise schwarz verfärbt. Vor allem bei frühem und heftigem Befall der noch stark im Wachstum befindlichen Blätter verkrüppeln diese. In fortgeschrittenem Stadium welken die Blätter und schwärzen sich ebenfalls, die Triebspitzen können abknicken oder verdorren. Die Blütenstände sind oft teilweise oder ganz gebräunt.

Im Freiland findet man die Fliederseuche vor allem in Baumschulen, wo sie im April oder Mai die jungen Triebe befällt; bei Treibflieder kann sie entsprechend früher auftreten. Die Krankheit ist stark abhängig von äußeren Umständen und wird begünstigt durch vorangegangene Frostschäden, dichten Stand der Büsche, feuchtwarme Witterung und hohe Stickstoffgaben. Im Sommer, wenn die jungen Schosse allmählich verhärten, findet man nur noch krustig-braune Stellen an den oft verkrümmten Stengeln. Nicht selten siedelt sich später auf befallenen Zweigen der Grauschimmel *(Botrytis cinerea)* an.

Bekämpfung: Am wichtigsten sind die vorbeugenden Maßnahmen: Flieder nicht an feuchten, frostgefährdeten Standorten pflanzen, Büsche gut auslichten und Pflanzen nicht zu dicht stellen, so daß genügend Licht- und Luftzutritt erfolgen kann. Bei Unterglaskulturen für genügende Durchlüftung und, soweit es der Flieder verträgt, für Herabsetzung von Wärme und Feuchtigkeit sorgen. Keine zu hohe Stickstoffmenge geben. Ist die Krankheit einmal aufgetreten, so kann man versuchen, sie durch vorbeugende Grünkupferspritzungen (Netzmittelzusatz!) einzudämmen. Diese müssen etwa in 10tägigen Abständen erfolgen.

Phytophthora-Zweig-, -Knospen- und -Blatterkrankung (*Phytophthora syringae* Kleb.). Vor allem bei Treibflieder Austrieb einzelner Knospenpaare gestört oder ganz unterdrückt. Die kranken Knospen sind von innen heraus gebräunt; die Stengel erkrankter Triebe zeigen eine eingeschrumpfte, braune Rinde. Besonders häufig wird die Triebspitze mit einigen der obersten Knospenpaare erfaßt; da und dort tritt die Erkrankung aber auch inmitten der unteren Stengelteile auf. Noch ausgetriebene Blütenstände sind teilweise gebräunt und sterben vorzeitig ab.

Bei sehr nasser Witterung kann die Krankheit auch im Freien auftreten. Man findet dann auch auf den Blättern unregelmäßige, braunschwarze Flecken, die unterseits mit kaum merkbarem, weißem Schimmelbelag bedeckt sind. Dieser trägt vor allem zur Weiterverbreitung des Pilzes während der Vegetationszeit bei. Von den erkrankten Blättern aus kann auf dem Weg über den Blattstiel auch eine Infektion der Rinde erfolgen.

In der Hauptsache findet die Erstinfektion der Knospen und der Rinde während der Ruhezeit der Pflanzen vom Boden aus statt, der durch abgefallene oder abgeschnittene kranke Pflanzenteile verseucht sein kann. Besonders leicht ist eine solche Ansteckung vom Boden her der Fall, wenn die Büsche in dieser Zeit umgelegt werden, so daß die Knospen zum Teil die Erde berühren, und wenn Laubabdeckung die Feuchtigkeit noch erhöht. Wo er durch Verwundungsstellen eindringen kann, läßt der Pilz hie und da auch ältere Stammteile erkranken; er führt, wenn er rundum die Rinde zerstört, zum Absterben der darüberliegenden Pflanzenteile.

Bekämpfung: Kranke Teile entfernen und vernichten. Schnittholz nicht in den Quartieren liegen lassen. Übermäßige Stickstoffgaben vermeiden. Von Anfang August an bis zum Einwintern wiederholt in Abständen von 14 Tagen mit Captan, Maneb, Mancozeb, einem Grünkupfer-Präparat oder versuchsweise auch mit Captafol (z. B. Ortho Difolatan 0,2%) spritzen. Die Büsche sollten nach der Behandlung möglichst rasch wieder trocken werden. Daher geeignete Witterungsbedingungen aussuchen und Bekämpfungsmaßnahmen nicht am Abend vornehmen. Im Gewächshaus für gute Lüftung und entsprechende Luftumwälzung sorgen.

Echter Mehltau *(Oidium syringae* Blumer). Blätter, vor allem Blattunterseiten mit fleckig-weißem mehlartigem Belag. Über das Auftreten der Krankheit in Europa wurde bisher aus Frankreich, der Schweiz, England, Spanien und Österreich berichtet, doch kann man sie auch in Deutschland, vor allem an Stockausschlägen oder in Baumschulen, da und dort beobachten. Vermutlich handelt es sich um den gleichen Pilz, der in Nordamerika als *Microsphaera syringae* (Schwein.) Magn. bezeichnet wird, von dem aber in den europäischen Ländern die zur Bestimmung wichtigen Fruchtkörper noch nicht gefunden wurden.

Bekämpfung: Wiederholt mit Netzschwefel, einem Dinocap-Präparat (z. B. Karathane, Karathane LC), mit Chloraniformethan (z. B. Imugan) oder auch mit Dichlofluanid (z. B. Euparen) spritzen. Bei großer Krankheitsgefahr die Mittel wöchentlich ausbringen.

Ascochyta-Blattfleckenkrankheit und -Trieberkrankung *(Ascochyta syringae* Bres.). Bis etwa 2 cm große, aschgraue, von braunem Rand umsäumte, deutlich gezonte, runde oder unregelmäßig gestaltete Blattflecke (Abb. 241). Sporengehäuse sehr zahlreich auf der Blattoberseite. Der Pilz geht auch auf die Stengel der Jungtriebe über, an denen sich braune Verfärbungen zeigen. Oberhalb dieser Erkrankungsstellen welken die Triebe und sterben ab.

Wir konnten in Süddeutschland eine Ascochyta-Blatterkrankung feststellen, bei der die Fruchtgehäuse auf Blattober- und Blattunterseite zu finden sind und mit 200 µm Durchmesser und darüber von *Ascochyta syringae* Bres. (100–130 µm) etwas abweichen.

Bekämpfung: Vorbeugend und wiederholt mit einem Grünkupfer-Präparat, mit Mancozeb (z. B. Dithane Ultra) oder auch mit einem Ferbam-Mittel (z. B. Ferbam 80) spritzen. Es ist anzunehmen, daß sich die Krankheit auch mit Triforine (z. B. Saprol), Benomyl oder mit Captafol (z. B. Ortho Difolatan, 0,2%) erfolgreich bekämpfen läßt.

Fliederminiermotte (*Caloptilia syringella* F.). In manchen Jahren können die Räupchen der meist periodisch auftretenden Fliederminiermotte stärkste Blattschäden verursachen. Neben Flieder *(Syringa vulgaris, Syringa × chinensis)* werden auch Liguster, Schneebeere, Deutzie, Forsythie, Esche und *Diervilla* befallen.

Die ausgewachsen etwa 7 mm langen, grünlichweißen, beborsteten Räupchen der Motte fressen zunächst hellgrün durchscheinende, kleine, aber breite Minengänge in die Blätter (Abb. 242). Später erweitern sie diese zu auffälligen, braunen, unregelmäßigen Blasenminen. Die Minen werden faltig; in der Folge können die befallenen Blatteile vertrocknen und einschrumpfen. Auch die von der Blattspitze nach unten eingerollten und versponnenen Blattwickel sind der Tätigkeit der Räupchen zuzuschreiben. Die Räupchen verlassen nämlich nach einigen Wochen Fraßtätigkeit die zuerst angelegten Blasenminen und suchen neue Blätter auf. Diese werden dann in der vorbeschriebenen Weise zu einem Blattwickel versponnen und von innen her befressen, so daß nur noch die Oberhaut stehen bleibt. Schließlich verlassen die Räupchen die Blätter und verpuppen sich in einem Gespinst am oder im Boden, seltener auch in Blattwickeln oder Zweigachseln.

Die Fliederminiermotte tritt im allgemeinen in 2 Generationen auf. Die ab Mai

Abb. 241. Blattflecke verursacht durch *Ascochyta syringae*.
Abb. 242. Minen der Fliedermotte *Caloptilia syringella*.

aus überwinternden Puppen schlüpfenden, etwa 12–14 mm Flügelspannweite messenden Falter haben gelbbraune, weiß- und schwarzgefleckte Vorderflügel und braune Hinterflügel. Sie legen ihre Eier in Reihen an die Blattrippen der Unterseite der jungen Blätter ab. Der von den Räupchen der meist nur schwach auftretenden ersten Mottengeneration angerichtete Schadfraß wird gewöhnlich übersehen. Was auffällt, sind vor allem die von den Räupchen der im Juli erscheinenden zweiten Faltergeneration verursachten Schäden. Oft nehmen diese schlimme Ausmaße an. Im allgemeinen verpuppen sich die Raupen der zweiten Generation im Oktober im Boden. Es überwintern die Puppen.

Bekämpfung: Sobald sich die ersten hellgrünen, durchscheinenden Gangminen in den jungen Blättern zeigen, mit Parathion-Emulsion (z. B. E 605 forte, Parathion forte, Eftol u. a.), Trichlorfon (z. B. Dipterex flüssig) oder auch mit einer Dimethoat-Emulsion spritzen. Je nach Befallsgefahr sind die Bekämpfungsmaßnahmen im Juli noch ein- oder zweimal zu wiederholen. Die Julispritzungen richten sich gegen die Räupchen der II. Generation.

Fliedergallmilbe (*Eriophyes löwi* Nal.). Verhältnismäßig selten auftretender Schädling. Meist nur örtlich von Bedeutung. Die an und zwischen den Knospenschuppen lebenden, winzigen, mit dem bloßen Auge nicht mehr zu erkennenden Gallmilben sind zunächst die Ursache für eine starke und gehäufte Knospenentwicklung. In der Folge kommt es zu hexenbesenartigen Auswüchsen mit verkümmerten, z. T. schuppenartig verbildeten Blättchen. Im Laufe der Zeit sterben die Besen ab und vertrocknen. Schäden zeigen sich gewöhnlich nur an alten, schattig stehenden Pflanzen bzw. an im Schatten stehenden Trieben. Vor allem wird *Syringa vulgaris* befallen. Die Milben überwintern in den Knospen.

Bekämpfung: Bei geringem Befall lohnt sich das Herausschneiden der Hexenbesen. Ansonsten kurz vor dem Austrieb mit Endosulfan-Emulsion (z. B. Thiodan 35 flüssig, Beosit 35 flüssig) spritzen. Weitere Behandlungen in Abständen von 14 Tagen folgen lassen.

Fliederknospenrüßler (*Otiorrhynchus lugdunensis* Boh.). Selten auftretender Rüsselkäfer, der die Fliederknospen im Frühjahr von der Spitze her anfrißt. Da die 12–14 mm langen, schwärzlichen Käferchen – ein besonderes Kennzeichen sind die rotbraunen Beine und hellgeschuppten Flügeldecken – sich tagsüber in irgendwelchen Verstecken am Boden in der Nähe ihrer Wirtspflanzen aufhalten, verrät sie zunächst nur ihr nächtlicher Schadfraß.

Bekämpfung: Sobald im Frühjahr die ersten Fraßschäden sichtbar werden, den Boden unter den Büschen mit einem Lindan-Streumittel behandeln, wobei die Präparate leicht einzuarbeiten sind. Möglicherweise ist für diesen Verwendungszweck auch das derzeit in Prüfung befindliche Carbofuran-Präparat Curaterr brauchbar.

Frostschäden an Treibflieder (127). Die Knospen, vorwiegend der Spitzentriebe, bleiben sitzen oder treiben nur unvollständig durch. Bei starker Schädigung erscheinen Blatt- und Blütenstand gebräunt. Das Rindengewebe zwischen den geschädigten und nach unten folgenden Knospenpaaren sinkt ein und stirbt unter Bräunung ab. Auch der darunter liegende Holzkörper ist braun und tot. Derartige Schäden werden vor allem nach frühen Herbstfrösten beobachtet, wenn eine längere Wärmeperiode vorausgegangen ist und die Triebe mit dem Wachstum noch nicht abgeschlossen hatten. Auch zu reichliche und zu spät verabreichte Stickstoffgaben können sich in dieser Weise auswirken.

Verhütung: Treibflieder nicht in ausgesprochenen Frostlagen pflanzen. Eine zu kräftige und zu späte Düngung mit Stickstoff vermeiden.

Tagetes, Sammetblume

Bakterielle Blattflecken- und Welkekrankheit (*Pseudomonas tagetis* Hellm.) (128). Blätter zunächst nur unterseits und vor allem am Rand mit wäßrigen Fleckchen, die sich später vergrößern, braun und dann auch oberseits sichtbar werden. Bei Häufung der Flecken kann es zum Abfaulen einzelner Blattfiedern oder ganzer Blätter kommen, vor allem dann, wenn auch Rippe oder Blattstiel betroffen sind. Auch die Kelch- und Blütenblätter können befallen werden. Stark geschädigte Pflanzen sehen oft wie verbrannt oder verfroren aus. Die Bakterien sind mit dem Saatgut übertragbar. Unter Bedingungen, die für die Ausbreitung der Erreger günstig sind – vor allem hohe Luftfeuchtigkeit und dichter Stand der Pflanzen – können bereits die Keimblätter Krankheitssymptome aufweisen. Die Bakteriose wurde bisher nur bei *Tagetes erecta*, nicht bei *T. patula* beobachtet.

Eine ebenfalls durch eine *Pseudomonas*-Art* verursachte, in ihrem Erscheinungsbild jedoch etwas abweichende Erkrankung (129) zeichnet sich durch eine starke Ausbleichung der Blätter aus (Abb. 243). Schon im Saatbeet fallen Pflanzen auf,

---

* Die Bestimmung der Bakterien, den Nachweis ihrer Pathogenität gegenüber *Tagetes erecta* und die Saatgutteste verdanken wir den Herren Dr. GEHRUNG und Dr. MASSFELLER (früher Institut für Bakteriologie der Biologischen Bundesanstalt für Land- und Forstw. Berlin-Dahlem).

Abb. 243. Bakterielle Blattflecken- und Welkekrankheit bei *Tagetes*.

die mehr oder weniger stark chlorotisch sind. Die Symptome verstärken sich bei älteren Pflanzen, bei denen vor allem die jüngeren Sproßteile oft nahezu weiß aussehen und die Blüte vorzeitig zugrunde geht. Solche nicht mehr zur Assimilation befähigten Pflanzen, bleiben im Wachstum zurück und gehen schließlich ein. Auf den grünen Blättern und Stengeln sind braune Faulflecke, die sich von den von *P. tagetis* verursachten nicht unterscheiden, festzustellen. Die Bakterien sind bei den chlorotischen Pflanzen vor allem in den Wasserleitungsbahnen nachzuweisen, so daß man von einem echten Welkeerreger sprechen kann. Allem Anschein nach unabhängig von Saatgutherkunft und Standortbedingungen tritt die Krankheit in einem Jahr plötzlich stark und sehr verbreitet auf, um dann wieder auf Jahre hinaus nahezu völlig zu verschwinden. Es muß angenommen werden, daß der Erreger im Boden immer vorhanden ist, daß aber nur bestimmte Witterungsbedingungen zum epidemischen Ausbruch führen.

Bekämpfung: Saatgut nur von gesunden Beständen gewinnen. Handelt es sich nur um wenige kranke Pflanzen, diese aussondern und vernichten. Im übrigen bei den ersten Krankheitsanzeichen vorbeugend und wiederholt mit einem Grünkupferpräparat unter Zusatz eines Netzmittels spritzen. Bei anhaltend regnerischer Witterung die Mittel in wöchentlichen Abständen ausbringen. Dabei kann nicht ausgeschlossen werden, daß die Pflanzen mit einer Wuchshemmung reagieren.

Thalictrum, Wiesenraute

Blattläuse (*Cerosipha thalictri* Koch.). Die auffällig blaugrauen Läuse finden sich oft massenhaft auf *Thalictrum aquilegifolium*.

Tulipa, Tulpe

Blumenzwiebeltreiberei. Blumenzwiebelsendungen nach ihrem Eintreffen möglichst bald auspacken. Diese Arbeit duldet vor allem dann keinen Aufschub, wenn die Zwiebeln bei warmem Wetter für längere Zeit unterwegs waren. Um der Gefahr der Selbsterhitzung vorzubeugen, darf auch nicht in dichten Stapeln gelagert werden. Man suche sich einen trockenen und vor Sonne geschützten Ort aus.

Beanstandungen werden bekanntlich nur dann berücksichtigt, wenn sie rechtzeitig vorgebracht werden. Man wird die Sendungen also sehr genau auf Krankheits- und Schädlingsbefall untersuchen müssen; das kann später viel Ärger ersparen. Krankheitsverdächtiges Material lasse man bei der zuständigen Pflanzenschutzdienststelle untersuchen.

Hat der Einschlagplatz schon im Vorjahr der Aufnahme der Zwiebelkisten gedient, ist sorgfältig zu säubern und danach mit einer 2%igen Formaldehyd-Lösung (das sind 5 l des käuflichen 40%igen Formalins auf 100 l Wasser) zu überbrausen. Diese Maßnahme ist vor allem dort angebracht, wo im Vorjahr Krankheiten wie Grau-, Botrytis- oder Fusarium-Fäule auftraten. Alte Einschlagerde und alten Einschlagtorf nur dann wieder verwenden, wenn sie durch Dämpfen oder auch mit einem Bodenentseuchungsmittel krankheitsfrei gemacht wurden. Dasselbe gilt für schon einmal in der Treiberei gebrauchte Pflanzkisten und Töpfe.

Bei warmer Septemberwitterung ist der Temperatur im Einschlag besondere Aufmerksamkeit zu schenken. 10 °C sollten nach Möglichkeit bei normal gekühlten Zwiebeln nicht überschritten werden. Ebenso wichtig ist ausreichende Feuchtigkeit. Liegt die Temperatur etwas zu hoch, Einschlag am Tage abdecken und mit Wasser überspritzen. Am Abend Deckmaterial abnehmen und die kühle Nachtluft einwirken lassen. Man muß sonst mit Störungen in der Blütenbildung rechnen. Wird der Einschlag sehr früh angelegt, ist ein schattiger Platz zu wählen.

Ist die Unterbringung der Zwiebelware in einem Keller oder in ebenerdigen Lagerräumen vorgesehen, empfiehlt es sich, die Räume vor der Beschickung zu desinfizieren. Am besten geschieht dies durch Verbrennen von Schwefel. Während der Lagerung stets für bewegte Luft und ausreichende Luftzufuhr sorgen.

Besondere Hinweise für Tulpen: Die richtige Einschlagtemperatur ist für den späteren Treiberfolg wichtig. Mißgebildete Blumen, Blumen mit grünen Spitzen oder auch sitzenbleibende Blumen sind oft die Folge nicht zusagender Temperaturverhältnisse. Für ungekühlte Tulpen soll im November und Dezember die obere Temperaturgrenze bei etwa 6 °C liegen, bei normal gekühlten Tulpen muß ein Absinken unter 5 °C vermieden werden. Über 5-Grad-Tulpen siehe weiter unten.

Die Zwiebeln entsprechend ihrer sortenbedingten Treibeignung in die Treibräume nehmen. Nicht zu früh zum Treiben aufstellen. Beim Herausnehmen aus dem Einschlag sich davon überzeugen, ob die Zwiebeln gut bewurzelt sind. Vorsicht bei Frostgefahr. Selbst ein leichtes Anfrieren der Sprosse führt zu auffälligen Schädigungen.

Die für die frühe Treiberei geeigneten Sorten (nicht gekühlte) müssen zunächst dunkel aufgestellt werden. Ausreichende und vor allem auch gleichmäßige Feuchtigkeit ist wichtig, lauwarmes Gießwasser von Vorteil.

Gekühlte Tulpen für die frühe Treiberei können sofort hell aufgestellt werden. Eine günstige Entwicklung ist bei ihnen bei Temperaturen um 18 °C gewährleistet. Bodenwärme sagt ihnen nicht zu.

Tulpen für späte Treiberei (etwa von Ende Januar an) können bei Temperaturen um 18 °C hell getrieben werden.

Besondere Hinweise für 5-Grad-Tulpen: Ihr Anbau bringt gewisse Probleme mit sich. Es ist hier jedoch nicht der Ort über eine Kulturmethode zu urteilen. Vielmehr geht es darum, auf einige Punkte hinzuweisen, die Mißerfolge vermeiden helfen.

Wenn irgend möglich, sollte sofort nach Empfang der Zwiebeln gepflanzt werden. Muß die Pflanzung aus gewissen Gründen um einige Tage verschoben werden, ist mit dem Blumenzwiebellieferanten Rücksprache zu nehmen. Bekanntlich ist die Temperaturbehandlung der Zwiebeln auf das Pflanzdatum abgestimmt. Lagert man bei Temperaturen über 15 °C bis maximal 17 °C, sind später Treibschäden und andere qualitätsmindernde Erscheinungen (z. B. vertrocknete, taube Blumen, kurze und lahme Stiele) zu erwarten.

5-Grad-Tulpen wünschen einen gut durchlässigen und ausreichend mit Kalk versorgten Boden. Sind die für die Pflanzung vorgesehenen Flächen durch frühere Tulpenkulturen Fusarium-verseucht, ist vorheriges Dämpfen anzuraten, vor allem auch deshalb, weil die für die Kultur von 5-Grad-Tulpen gebräuchlichen Bodentemperaturen von 15–16 °C die Krankheit sehr begünstigen. Nach den Erfahrungen in Holland hat sich gegen die Fusarium-Erkrankung das Tauchen der Zwiebeln vor der Temperaturbehandlung (bei 5 °C) oder kurz vor dem Pflanzen in eine 0,2%ige Du Pont Benomyl-Brühe (Tauchzeit 15 Min.) oder Thiophanat-Methyl-Brühe (z. B. Cercobin M., 0,2%) als brauchbar erwiesen. Auch Bavistin (0,2%) scheint brauchbar zu sein.

Es ist darauf aufmerksam zu machen, daß sich stark abgedüngte Böden (z. B. bei vorausgegangener Nelken-, Rosen-, Chrysanthemen-, Gurken- oder Tomatenkultur) für den Anbau von 5-Grad-Tulpen wenig eignen. Eine zu hohe Salzkonzentration im Boden kann zu Wurzelschäden führen und damit den Treiberfolg in Frage stellen. Notfalls muß man also durchspülen.

In den Boden gebracht, sollen sich die Tulpen möglichst schnell bewurzeln. Nun gibt es aber Sorten (z. B. Darwin-Hybrid-Tulpen), die eine sehr harte Zwiebelschale haben, was den Kranzwurzeln das Durchwachsen oft sehr erschwert. Es kann dann zweckmäßig sein, die Zwiebelschale etwas aufzureißen, das heißt vom Zwiebelboden zu lösen. Man pflanze so, daß die Zwiebelspitzen („Nasen") bei etwas schwererem Boden etwa 1 cm mit Erde bedeckt sind. Bei leichterem Boden kann man etwas tiefer (bis 3 cm) pflanzen. Dabei ist darauf zu achten, daß die bereits vorgebildeten Wurzeln nicht beschädigt werden. Neigen die Böden zur Verschlämmung, ist eine leichte Torf- oder Sandauflage angebracht.

Nach dem Legen für genügend Feuchtigkeit sorgen und, werden optimale Bedingungen angestrebt, die Lufttemperatur bei etwa 16–18 °C halten. Sicherer treibt man freilich bei 15–16 °C. Zuviel Nässe ist vor allem auf etwas schwereren Böden gefährlich; es besteht Fäulnisgefahr. Die Bodentemperatur darf für die frühe Blüte nicht höher sein als 16 °C, da eine zu hohe Bodentemperatur die Wurzelentwicklung ungünstig beeinflußt. Auch empfiehlt man, bei einer Pflanzung ab Anfang Dezember, eine Bodentemperatur von 13 °C und eine Lufttemperatur von 15 °C anzustreben. Höhere Temperaturen zu dieser Zeit sollen Blumen geringerer Qualität und etwas kürzere Blütenstiele bringen. Auch im Hinblick auf die Entwicklung des Weichfäuleerregers ist es günstig, wenn die Bodentemperatur während der ersten Wochen nach dem Pflanzen niedrig (bei etwa 10–11 °C) gehalten wird.

Bakterielle Erkrankung (*Corynebacterium ortii* Saaltink et Maas Geesterianus) (132). Auf den äußersten weißen Zwiebelschuppen Häufung gelblichweißer Fleckchen. Die in der Zwiebel (quer durchschneiden) kreisförmig angeordneten Wasserleitungsbahnen sind gelblich verfärbt. Während bei schwerem Befall der Austrieb völlig gestört sein kann, entwickeln sich aus schwach erkrankten Zwiebeln mehr oder weniger in der Entwicklung gehemmte Pflanzen, deren Blätter eine silbergraue Streifung aufweisen und oft durch zahlreiche kleine Risse aufgerauht sind. Wo große und tiefer klaffende Rißstellen auftreten, ist die Oberhaut nicht selten in Fetzen abgehoben.

Bekämpfung: Krankheitsverdächtige Pflanzen auf dem Feld sofort samt umgebender Erde ausstechen und an abgelegener Stelle tief vergraben bzw. auf den Müllplatz abfahren. Auf verseuchtem Standort mindestens 4–5 Jahre keine Tulpen mehr pflanzen. In der Treiberei kranke Pflanzen samt Erde entfernen. Erdeinschlag wechseln oder gründlich desinfizieren. Nur neue oder entseuchte Töpfe oder Kisten und frisches Substrat verwenden.

Weichfäule und Wurzelfäule (*Pythium ultimum* Trow u. a.). Schon kurz nach dem Legen der 5-Grad-Tulpen werden diese von innen heraus weich und faulen. Auf der Zwiebeloberfläche schleimigzäher, gelblichweißer Pilzbelag. Bereits ausgetriebene Pflanzen stocken im Wachstum, der Sproß verfärbt sich gelblich oder rötlich und knickt infolge der Fäulnis an der Basis leicht um. Der Trieb läßt sich bei dieser Erkrankung – im Gegensatz zur Fusarium-Fäule – leicht herausziehen. Die faulende Zwiebel riecht säuerlich, jedoch ohne die für Fusarium-Befall typische fruchtige, stechende Geruchsbeimischung. Zwiebelboden und Wurzeln erscheinen meist zunächst gesund. Die Pilze sind auch in Böden, die noch nie Tulpen getragen haben, verbreitet. In Holland wird die Krankheit vor allem auf tonigen und Kleiböden beobachtet, wenn die Bodentemperaturen zu Beginn der Entwicklung über 13 °C betragen.

Die gleichen Pilze, die die Weichfäule hervorrufen, können auch Ursache einer Wurzelfäule sein, ohne daß die Zwiebel Krankheitssymptome aufweist (Abb. 244). Beginnende Erkrankung äußert sich durch weiche, glasige, bräunlich gerandete Faulstellen, die oft zum Abbrechen der Wurzel führen. Ein Vertrocknen der Blüte (siehe Papierblütigkeit) ist vielfach Folge der gestörten Wurzeltätigkeit. Stark befallene Pflanzen bleiben im Wuchs zurück und zeigen oft eine bläuliche Verfärbung. Hohe Bodenfeuchtigkeit und Temperaturen über 13 °C fördern die Krankheit.

Bekämpfung: Sind die für die Pflanzung von 5-Grad-Tulpen vorgesehenen Flächen durch früheren Tulpenanbau Pythium-verseucht, ist vor einer Neupflanzung zu dämpfen. Da hohe Bodentemperaturen die Krankheit fördern, bei Befallsverdacht die Bodentemperatur in

Abb. 244. Links: Gesunde Tulpe mit normal ausgebildeter Wurzel. Rechts: Kranke Pflanze mit durch Pythiumbefall zerstörter Wurzel.

den ersten zwei Wochen nach der Pflanzung möglichst niedrig (bei etwa 10–12 °C) halten. Freilich ist das bei schöner Herbstwitterung und entsprechender Sonneneinstrahlung nicht immer einfach. Andererseits können niedrige Bodentemperaturen die Blüte etwas verzögern. Das muß dann wohl oder übel in Kauf genommen werden.

Die Erfahrungen mit chemischen Mitteln sind unterschiedlich und ihre Verwendung nicht in jedem Fall ohne Risiko. Die derzeitige Situation ist dadurch gekennzeichnet, daß die in Frage kommenden Präparate Previcur (Wirkstoff Prothiocarb), AAterra (Wirkstoff: Etridiazol) und Bayer 5072 (Wirkstoff: Fenaminosulf) zwar zugelassen, aber nicht für die Behandlung von Blumenzwiebeln vorgesehen sind. Da jedoch damit gerechnet werden kann, daß das eine oder andere Präparat künftig für diesen Verwendungszweck angeboten wird, sei auf einige Möglichkeiten der Anwendung hingewiesen.

Wohl die interessanteste und erfolgversprechendste Möglichkeit der Pythium-Bekämpfung bietet das derzeit in Prüfung befindliche Previcur. Soweit Versuchserfahrungen schon eine Empfehlung zulassen, wäre das Präparat wie folgt zu verwenden:

Die Zwiebeln vor dem Legen für 15–20 Min. in eine Mischbrühe von 0,2% Benomyl und 0,3% Previcur tauchen (Previcur ansetzen und dann Benomyl mit wenig Wasser anteigen und in die Previcur-Brühe einrühren). Ebenso kann man bei gekühlten Tulpen verfahren. Der Benomyl-Anteil hilft andere Blumenzwiebelerkrankungen (z. B. *Botrytis, Fusarium*) verhüten. Im besonderen für 5-Grad-Tulpen wird einmal zur Zwiebelbeize und darüber hinaus zu einer gleichzeitigen Behandlung des Bodens geraten. Je m^2 15 ml des Mittels in 0,5–1 l Wasser aufspritzen und dann etwa 10–12 cm tief und möglichst im Langsamgang einfräsen. Hat man die Zwiebeln in der vorgenannten Weise vorbehandelt bzw. die Pflanzflächen entsprechend vorbereitet, sollen selbst so Pythium-empfindliche Sorten wie 'Paul Richter' und 'Apeldoorn' bei Temperaturen um 14–15 °C getrieben werden können.

Die Verwendung von AAterra scheint, nach bislang vorliegenden Versuchserfahrungen in Holland (133), nur dann ohne Gefahr möglich zu sein, wenn einige grundlegende Forderungen erfüllt sind. Das am besten mit Sand im Verhältnis 1 : 10 oder 1 : 20 gestreckte Präparat wird in einer Aufwandmenge von 5–7 g/m^2 (auf leichteren Böden die niedere, auf etwas schwereren Böden die höhere Aufwandmenge wählen) auf das vorbereitete Land ausgestreut. Die Erde muß feinkrümelig sein und sie darf nicht zu naß sein. Gute Verteilung und gleichmäßiges Einarbeiten bis zu einer Tiefe von 15–20 cm sind für den Erfolg gegen die Wurzelfäule ausschlaggebend. Ungleichmäßige Verteilung und grobschollige Pflanzflächen erhöhen die Schadgefahr. Kann man diesen Anforderungen nicht gerecht werden, sollte von einer Flächenbehandlung besser Abstand genommen werden.

Eine Behandlung der Zwiebeln, die vor allem gegen die Weichfäule Erfolg verspricht, geschieht durch 15minütiges Tauchen in 0,2%ige AAterra-Lösung, wobei der Brühe zur gleichzeitigen Bekämpfung anderer Tulpenerkrankungen (z. B. *Fusarium*) noch 0,2% Benomyl hinzugefügt werden sollte. Netzmittelzusatz wird angeraten. Von einer gleichzeitigen bzw. zusätzlichen Behandlung des Bodens mit AAterra muß der Schadgefahr wegen Abstand genommen werden. Wenn auch die Zwiebelbehandlung gegen die Pythium-Wurzelfäule nur einen Teilerfolg erwarten läßt, dürfte sie sich vor allem dort anbieten, wo ein ungeeigneter Bodenzustand die Behandlung der Pflanzflächen ausschließt.

Soweit es die Bekämpfung der Weichfäule betrifft, dürfte das Fenaminosulf-Präparat Bayer 5072 (früher Dexon) der Schadgefahr wegen wohl kaum zur Zwiebelbe-

Abb. 245. Trockenfäule an Tulpenzwiebeln durch *Fusarium oxysporum* f. *tulipae*.

handlung eingesetzt werden können. Günstiger zu beurteilen wäre eine Behandlung der Pflanzflächen (4–5 g/m^2) bzw. der Pflanzerde (25 g/m^3), doch muß auch hier möglicherweise mit verzögerter Wurzelbildung gerechnet werden. Wichtig ist, daß das Mittel auf Pflanzflächen sehr sorgfältig (am besten einfräsen) und etwa 20 cm tief eingebracht wird.

Fusarium-Zwiebeltrockenfäule, „Sauerwerden" (*Fusarium oxysporum* Schl. f. *tulipae* Apt). Im Freilandanbau spielt die Krankheit unter den bei uns herrschenden Klimabedingungen im allgemeinen keine bedeutende Rolle. Nur wenn stärker erkrankte Zwiebeln gepflanzt werden, sterben die Tulpen infolge der hauptsächlich an der Zwiebelbasis angreifenden Fäule unter mehr oder weniger ausgeprägter Violettverfärbung des Laubes oft noch vor der Blüte ab. Die Jungzwiebel kann bereits von den Resten der alten Zwiebel oder von verseuchtem Boden aus infiziert werden. Bei der Aufbewahrung, besonders, wenn hohe Temperatur und Luftfeuchtigkeit Pilzwachstum und Sporenentwicklung fördern, kann eine starke Ausbreitung erfolgen (134). Die Ausfälle sind bei der Lagerung oft sehr erheblich. Die Krankheit äußert sich hier als eine im typischen Fall vom Zwiebelboden ausgehende, häufig aber auch an anderen Stellen der Zwiebeloberfläche angreifende Trockenfäule. Auf den äußersten weißfleischigen Schuppen entstehen zunächst leicht eingesunkene, hellbraune Fleckchen, die sich mehr und mehr vergrößern und zu einer trockenen, lederfarbenen, leicht eingesunkenen, dunkelbraun gesäumten und nur wenig in die Tiefe greifenden Faulstelle zusammentreten. Auf ihrer Oberfläche ist oft ein weißer, sandfarbener oder rosiger, krustenartiger Pilzbelag zu erkennen. Vom Zwiebelboden aus zieht sich die Fäule in den inneren Schuppen hoch (Abb. 245), auf denen sich gelegentlich ein weißer Pilzflaum zeigt. Ein eigentümlich säuerlich-fruchtiger Geruch, den die befallene Zwiebel ausströmt, hat der Krankheit ihren Namen gegeben. Stark erkrankte Zwiebeln vertrocknen im Inneren.

Da der Pilz bei Temperaturen unter 15 °C in seiner Entwicklung gehemmt ist, kann er in der normalen Treiberei nur wenig Schaden anrichten. Erst seit Einführung der 5-Grad-Tulpen, die für die Weihnachtstreiberei eine Bodentemperatur von 16 °C erfordern, ist die Krankheit zu einem ernsten Problem geworden (135). Der Pilz hat bereits bei dieser Temperatur schon sehr gute Entwicklungsbedingungen und kann innerhalb kürzester Zeit ganze Partien völlig zerstören. Bereits 2–3 Wochen nach der Pflanzung ist meist schon zu erkennen, daß die Pflanzen im Wachstum stocken und vergilben. Die Wurzeln sind graubraun verfärbt und faulen. In der aufgeschnittenen Zwiebel findet man eine sich vom Zwiebelboden aus auf die Schuppen ausbreitende Fäule, die zu grauer oder bräunlicher Verfärbung des Zwiebelinneren führt. Auch der untere Teil des Stengels kann von der Erkrankung erfaßt werden. Der Pilz kann auf Jahre hinaus (mindestens 6 Jahre) im Boden am Leben bleiben.

Bekämpfung: Die gut ausgereiften Zwiebeln sind zeitig zu ernten und nach Rodung rasch weiter zu verarbeiten. Sorgfältige Behandlung und Vermeidung von Verletzungen, Trocknung bei guten Durchlüftungsverhältnissen. Verpackte Ware unverzüglich versenden. Nach Empfang müssen die Zwiebeln sofort ausgepackt und durchgesehen werden. Besondere Vorsicht, wenn ein säuerlich-fruchtiger Geruch festgestellt wird! Zwiebelsendungen, bei denen durch Stichproben (Entfernung der braunen Hülle) die vorgenannten Krankheitserscheinungen auf der weißen Schale festzustellen sind, sollten sofort beanstandet und zurückgewiesen werden. Keinesfalls Aufbewahrung zusammen mit gesunden Partien. Es besteht nicht nur Ansteckungsgefahr, sondern die gasförmigen Ausscheidungen der kranken Zwiebeln können sich auch auf die gesunden ungünstig auswirken (siehe Papierblütigkeit).

Ein gesichert guter Treiberfolg ist nur zu erwarten, wenn Boden und Pflanzgut frei von Krankheitserregern sind. Wo schon einmal kranke Zwiebeln abgetrieben worden sind, muß eine Bodenentseuchung erfolgen. Schon einmal für Blumenzwiebeltreiberei verwendete Kistchen müssen vor Gebrauch desinfiziert werden. 5-Grad-Tulpen werden meist in der Brühe eines systemisch wirkenden Fungizids (z. B. Du Pont Benomyl 0,2%, Cercobin M 0,2%) 15 Min. vorsorglich gebeizt, wobei zu bedenken ist, daß bei mehrmaliger Benützung der Beizbrühe der Erfolg stark gemindert wird. Die Behandlung kann während der Präparierung (vor Beginn der Kühlperiode) vorgenommen werden. Beizung unmittelbar vor der Pflanzung schützt noch nicht befallene Zwiebeln vor Ansteckung aus dem Boden, kann aber unter Umständen zu Schädigung am Wurzelkranz und Wachstumsverzögerung führen. Bereits befallene Zwiebeln können durch die Beizung nicht mehr geheilt werden. Sie müssen unter allen Umständen aussortiert werden.

Besteht bei 5-Grad-Tulpen Verdacht auf Fusarium-Infektion, so sollte man das Risiko der Weihnachtstreiberei bei Temperaturen um 16 °C nicht auf sich nehmen. Sobald die Bodentemperatur gesenkt wird, bzw. die Partien zu späterem Zeitpunkt abgetrieben werden, können selbst leicht mit *Fusarium* behaftete Kulturen noch einen befriedigenden Erfolg bringen. Schon bei 13 °C verläuft die Krankheit wesentlich gemäßigter. Was für die 5-Grad-Tulpen gilt, gilt auch für den Einschlag. Die Temperaturen dürfen nicht zu hoch sein. Man sollte daher die Zwiebeln nicht zu früh in den Einschlag bringen.

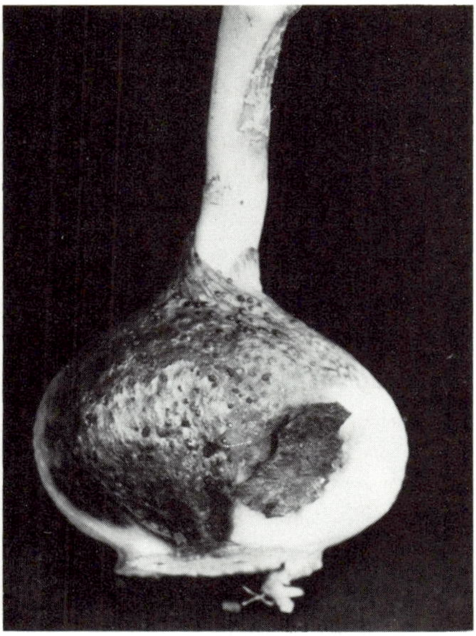

Abb. 246. „Tulpenfeuer" *(Botrytis tulipae).*
Abb. 247. Sklerotien von *Botrytis tulipae* an den Hüllenblättern der Tulpenzwiebel.

Über die Entseuchung von Lagerräumen, Einschlagplätzen, Kistchen und Töpfen siehe Seite 468.

Tulpenfeuer, Grauschimmelkrankheit (*Botrytis tulipae* (Lib.) Lind.). – Quarantänekrankheit. – Die Triebe kommen verkrüppelt, mit fahlgrauen Flecken und großenteils mit zerfetzten oder durchlöcherten Blättern aus der Erde (Abb. 246). Die Blüte bleibt ganz in der Entwicklung stecken oder sie ist verkrüppelt und mit hellen oder bräunlichen Fleckchen übersät. Auch eine violette Verfärbung des Laubes oder auch nur der Blattspitzen und -ränder an klein bleibenden und frühzeitig absterbenden Pflanzen ist häufig ein Zeichen der ursprünglich von befallenen Zwiebeln ausgehenden Krankheit. An diesen lassen sich nach Ablösung der Hüllblätter im Frühstadium der Erkrankung hellbraune Fleckchen auf den weißen, fleischigen Schuppen erkennen. Auf den Befallsstellen entwickelt sich grauweißes Pilzmyzel. Die auf der stärker befallenen Zwiebel meist sehr zahlreich vorhandenen, kleinen, schwarzen Dauerkörperchen (Abb. 247) sind ein ebenso typisches Kennzeichen für diesen Pilz wie der graue, stäubende Schimmelrasen, der bei hoher Feuchtigkeit insbesondere auf den oberirdischen Befallsstellen zu erkennen ist. Gelangen die Schimmelsporen auf Blätter und Blüten ursprünglich gesunder Pflanzen, so verursachen sie dort eine Unmenge punktförmiger Fleckchen (Abb. 248), die sich besonders an der Blüte pockenartig aufwölben (Abb. 249). Diese „Pocken", die, von oft nur vereinzelten primär befallenen Pflanzen ausgehend, fast über Nacht ganze Tulpenpartien entwerten und unverkäuflich machen können, sind vor allem im Frühjahr eine sehr gefürchtete Erscheinungsform der Krankheit. Selbst bei Schnittulpen, die anscheinend noch völlig

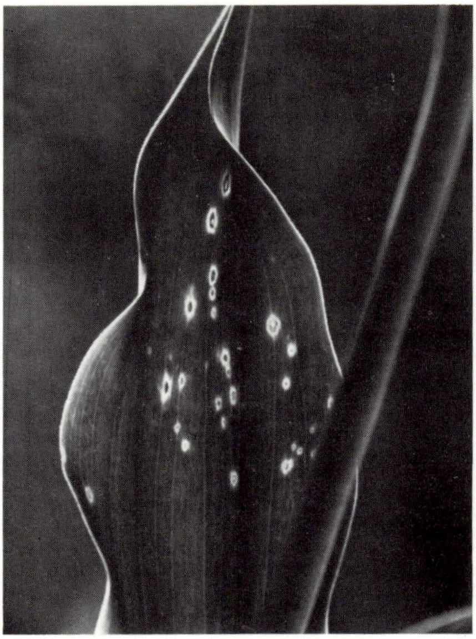

Abb. 248. *Botrytis*-Erkrankung auf Tulpenblatt.
Abb. 249. „Pocken" an Tulpenblüte durch *Botrytis tulipae*.

gesund verpackt wurden, kann es vorkommen, daß man beim Auspacken böse Überraschungen erlebt.

Das Tulpenfeuer wird meist mit kranken Zwiebeln eingeschleppt. Die Krankheit überträgt sich von der faulenden Mutterzwiebel leicht auf die Jungzwiebel. An dieser sind jedoch die kleinen runden Faulfleckchen erst im Herbst festzustellen und auch nur dann, wenn die braunen Hüllschuppen entfernt werden.

Hohe Stickstoffdüngung und Verletzungen (z. B. Hagel, Frost u. a.) fördern das Auftreten der Krankheit.

Bekämpfung im Freilandanbau: Zwiebelware schon beim Empfang auf Braunflecken und schwarze Dauerkörperchen überprüfen, kranke ausscheiden und vernichten. Ein regelmäßiger Anbauwechsel ist wichtig. Nicht zu früh pflanzen und das Pflanzgut zuvor 15 Min. in 0,2%ige Benomyl- oder 0,2%ige Thiophanat-Methyl-Brühe (Handelspräparate sind Du Pont Benomyl und Cercobin M) tauchen. Das Thiabendazol-haltige Tecto 60 ist zwar zur Tulpenzwiebelbeizung (18 g in 10 l Wasser bei einer Tauchzeit von 15–30 Min.) zugelassen, wird jedoch nicht angeboten. Ob das neuerdings zur Botrytis-Bekämpfung bei Zierpflanzen zugelassene Tecto fl. an seine Stelle treten kann, ist bislang nicht abgeklärt. Im übrigen steht das früher zur Pflanzflächenbehandlung gebräuchliche Quintozen-Präparat Brassicol nicht mehr zur Verfügung.

Sobald die Tulpen im Frühjahr spitzen, mit einem Zineb-Mittel oder mit Mancozeb spritzen oder sprühen. Alle Pflanzenteile müssen durch einen ausreichenden Belag geschützt werden. Daher beim Sprühen von zwei Seiten arbeiten. Ferbam-Mittel wirken zwar gut, man kann sie aber dort nicht anwenden, wo die Tulpen für den Schnitt gezogen werden. Die Verwendung TMTD-haltiger Präparate sollte der Zeit nach der Blüte vorbehalten bleiben. Je nach Krankheitsgefahr läßt man weitere Behandlungen in Abständen von 10–14 Tagen und bis kurz vor die Blüte folgen. Sofort nach der Blüte sind die Bekämpfungsmaßnahmen fortzusetzen, wobei jedoch die Abstände zwischen den einzelnen Behandlungen weiter genommen werden können. Im übrigen schlecht auflaufende Zwiebeln mit der umgebenden Erde entfernen (Tulpenstecher!) und vernichten. Am besten geschieht dies durch tiefes Vergraben.

Bekämpfung in der Treiberei: Pflanzkisten und Töpfe erst wieder nach vorausgegangener Entseuchung für Blumenzwiebeln verwenden. Zwiebelware vor dem Legen für 15 Min. in 0,2%ige Benomyl-Brühe tauchen. Während des Treibens ausreichend lüften, hohe Luftfeuchtigkeit und Niederschlag vermeiden. Kranke Pflanzen rechtzeitig entfernen. Sobald die grünen Blütenknospen zwischen den Blättern erscheinen, vorbeugend mit Chlorthalonil (z. B. Exotherm-Termil, 1 Dose = 100 g für 280 m^3 Gewächshausraum oder 110 m^2 Fläche) nebeln. Wichtig ist, daß dies nicht bei Temperaturen über 24 °C geschieht. Bei vorbeugender Anwendung genügt es, wenn das Mittel 1mal die Woche ausgebracht wird. Ist bereits Befall vorhanden, empfiehlt es sich, in Abständen von 3–4 Tagen zu nebeln. Ob die neuerdings zur Botrytis-Bekämpfung an Zierpflanzen zugelassenen Thiabendazol-haltigen Tecto-Räuchertabletten (1 Tabl. auf 40 m^3 Luftraum) für Tulpen brauchbar sind, ist nicht erprobt. Man wird es auf einen Versuch ankommen lassen müssen.

Eines besonderen Hinweises bedürfen 5-Grad-Tulpen. Gewächshausflächen, die schon einmal kranke Zwiebeln getragen haben, müssen verständlicherweise vor jedem Neuanbau entseucht werden. Vorbereitende Arbeiten und Zwiebelbehandlung wie bei Fusarium-Zwiebeltrockenfäule. Darüber hinaus würde sich zur gleichzeitigen Bekämpfung von *Botrytis tulipae, Fusarium* und *Pythium* das Tauchen in eine Mischbrühe aus Benomyl und Prothiocarb (siehe unter Pythium-Fäule) anbieten.

Botrytis cinerea Pers., der Erreger des überall verbreiteten und andere Pflanzen oft schwer schädigenden „Grauschimmels" ist bei der Tulpe seltener anzutreffen. Er befällt hier vor allem die Zwiebel und verursacht auf den äußersten weißen Schuppen ausgedehnte, bräunliche, oft glasig erscheinende Flecke. Die Wurzeln sind braun und weich. Auf den erkrankten Pflanzenteilen entwickeln sich die bis zu 0,5 cm großen, schwarzen Sklerotien des Pilzes. Das Laub solcher an der Zwiebel erkrankter Pflanzen ist eigentümlich glänzend, die Blüte ausgebleicht. Seltener ist ein direkter Befall der Blätter und Blüten festzustellen. Die durch *Botrytis cinerea* erzeugten „Pocken" (siehe Seite 443) sind von den durch *B. tulipae* hervorgerufenen nicht zu unterscheiden.

Bekämpfung siehe Tulpenfeuer.

Graufäule der Zwiebeln (*Rhizoctonia tuliparum* Whet. et J. M. Arth. = *Sclerotium tuliparum* Kleb.). – Quarantänekrankheit. – Eine gefährliche Krankheit vor allem bei Treibtulpen, aber auch herdförmig gehäuft auf den Freilandbeeten auftretend. In Holland ist die Graufäule als „Kwadegrondziekte", d. h. „böse Bodenkrankheit" gefürchtet. Da den Zwiebeln vor dem Austreiben die Erkrankung meist nicht anzusehen ist (aufgeschnittene Zwiebel innen rötlichgrau verfärbt), wird sie oft unbemerkt eingeschleppt. Viele Zwiebeln treiben gar nicht aus, bei anderen erreicht der schwächliche Sproß noch eine Länge von einigen Zentimetern, weist aber Faulstellen auf, die oft mit dichtem weißem Pilzflaum bedeckt sind, und stirbt früher oder später ab.

Abb. 250. Von *Rhizoctonia tuliparum* befallene Tulpenzwiebeln.

Nach Entfernung der trockenen Hüllschuppen sind zu diesem Zeitpunkt besonders am Hals der Zwiebeln große, braune, mit dichtfilzigem Pilzbelag überzogene Flecken sichtbar (Abb. 250). Weißflaumige, weiche, später schwarzbraun und hart werdende Dauerkörperchen (Sklerotien), die bis 10 mm groß werden können, heben sich als polsterförmige, kugelige oder eiförmige Gebilde heraus. Die Anfangsstadien der Erkrankung ähneln braunen Druckstellen oder treten als rissig-schorfige Grindstellen in Erscheinung. Charakteristisch ist die im allgemeinen völlig normale Bewurzelung.

Wenn sich die Krankheit äußerlich an der Zwiebel bemerkbar macht, ist das Innere schon weitgehend zerstört. Die Schuppen sind wäßrig-grau verfärbt, das Faulgewebe hebt sich scharf vom gesunden Zwiebelboden ab. Die quer durchschnittene kranke Zwiebel zeigt entsprechend der kreisförmigen Schuppenanordnung innen eine ringförmige graubraune Verfärbung. Auf und zwischen den befallenen Schuppen oft ein dichtes, weißes Pilzgeflecht. Die Krankheit kann bereits im Einschlag große Ausfälle verursachen, da der Erreger bei Temperaturen unter 15 °C beste Entwicklungsbedingungen hat. Höhere Temperaturen hemmen sein Wachstum.

Auf dem Weg über den Erdboden gelangt der Pilz leicht an benachbarte Pflanzen. Die Dauerkörperchen verseuchen auf Jahre hinaus den Boden. Auf größere Strecken erfolgt die Verschleppung mit kranken Zwiebeln, mit an Schuhen, Geräten usw. anhaftender Erde, unter Umständen auch mit Zwiebeln, Knollen oder Wurzeln nachfolgend gebauter Pflanzen.

Andere Liliaceen (Hyazinthe), Amaryllidaceen *(Galanthus, Narcissus)* und Iridaceen (Irisarten, *Gladiolus, Crocus*), aber auch Pflanzen aus systematisch weit entfernten Familien (z. B. *Helleborus niger, Dicentra spectabilis* u. a.) können, wenn auch meist nicht so schwer, befallen werden. Ihre Rolle als Überträger der Krankheit darf nicht übersehen werden. Als besonders gefährlich gilt bezüglich der Graufäule-Übertragung der Anbau von Tulpen nach Zwiebeliris.

Bekämpfung: Da man den Zwiebeln beim Empfang kaum ansehen kann, ob sie krank sind, muß man probeweise einige durchschneiden. Es wird aber auch dann oft nur mit Hilfe der mikroskopischen Untersuchung möglich sein, die Krankheit mit Sicherheit festzustellen. Bei Befallsverdacht die Zwiebeln vor dem Legen für 15 Minuten in 0,2%ige Benomyl- oder auch 0,2%ige Thiophanat-Methyl-Brühe (Cercobin M) tauchen. Pflanzkisten und Töpfe sollten nach Möglichkeit neu, die Erde frisch sein. Schon einmal in der Treiberei gebrauchte Gefäße und Materialien (z. B. alte Einschlagerde, Einschlagtorf) müssen durch Dämpfen oder auch mit einem chemischen Mittel krankheitsfrei gemacht werden. Auch sollte man den Einschlagplatz jährlich wechseln. Ist ein Wechsel nicht möglich, muß sorgfältig gesäubert und dort, wo im Jahr zuvor Krankheiten auftraten, mit einer 1–2%igen Formaldehyd-Lösung (das sind 2,5–5 l des käuflichen 40%igen Formalins auf 100 l Wasser) entseucht werden.

Ist das Pflanzen der Zwiebeln auf Beete im Gewächshaus (z. B. 5-Grad-Tulpen) vorgesehen, darf dies nicht auf verseuchtem Grund geschehen. Dasselbe gilt für den Anbau auf Freilandflächen. Wo die Krankheit in den Beständen (z. B. in Pflanzkisten, Töpfen, Grundbeeten im Gewächshaus oder im Freiland) auftritt, die befallenen Zwiebeln sorgfältig mit der umgebenden Erde herausnehmen und vernichten. Am besten den Abraum auf den Müllplatz abfahren oder tief vergraben. Keinesfalls darf er auf den Kompost.

Erkrankung durch Rhizoctonia solani Kühn. Vorwiegend an der Spitze des austreibenden Sprosses von 5-Grad-Tulpen bräunlich-orangefarbene, trocken-spröde und rissig werdende Streifen und Flecke. Die geschädigten Gewebe zerreißen, die Blätter, insbesondere die Blattspitzen sehen wie zerfressen oder von Hagel zerschlagen aus (Abb. 251).

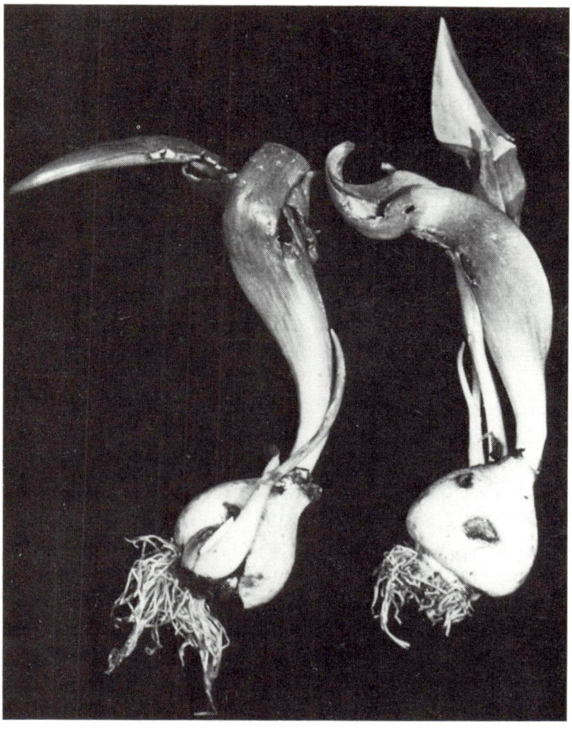

Abb. 251. Mit zerrissenen, verkrüppelten Trieben kommen die von *Rhizoctonia solani* befallenen Tulpen aus der Erde.

Bei Kistentreiberei zeigen schon die aus dem Einschlag geholten Pflanzen auf dem gelblichen Trieb sehr deutlich dunkelbraun sich abhebende Flecke.

Nur selten weisen Stammgrund (z. B. manchmal bei *Tulipa kaufmanniana, T. fosteriana, T. greigii*) oder Zwiebeln Faulstellen auf. Das mit bräunlichen Fäden das erkrankte Gewebe überziehende Pilzgeflecht ist recht charakteristisch und bereits mit der Lupe unschwer zu erkennen. Der Erreger haftet manchmal an gesunden Zwiebeln und wird mit diesen übertragen oder die Ansteckung erfolgt von verseuchtem Boden aus. Im Gegensatz zu dem Graufäule-Erreger *(Rhizoctonia tuliparum)* bildet *Rhizoctonia solani* auf den befallenen Pflanzenteilen keine deutlich erkennbaren, großen Sklerotien aus und schädigt die Pflanzen nicht in erster Linie bei niedrigen, sondern auch bei höheren Temperaturen.

Rhizoctonia solani ist ein bei zahlreichen Pflanzen verschiedenster Familien gefürchteter Krankheitserreger, doch scheint die auf Tulpe vorkommende Rasse im wesentlichen auf Blumenzwiebeln wie z. B. Hyazinthen, Iris, Anemonen u. a. beschränkt zu sein. Es können allerdings auch Dahlien befallen werden.

Bekämpfung: Es war früher gebräuchlich, zur vorbeugenden Bekämpfung der Rhizoctonia-Fäule der vorbereiteten Pflanzfläche je m^2 30 g Brassicol (Wirkstoff: Quintozen) aufzustreuen und das Mittel danach etwa 10 cm tief einzuarbeiten. Diese Maßnahme konnte eine Ansteckung der Zwiebeln vom Boden aus weitgehend verhüten. Des weiteren war auch das leichte Einstäuben der Zwiebelware mit Brassicol zulässig. Da Brassicol der Praxis neuerdings nicht mehr zur Verfügung steht, wird man sich nach einem Ersatzpräparat umsehen müssen. Seiner guten Rhizoctonia-Wirkung wegen würde sich zunächst einmal das Captan (z. B. Captan 50, Orthocid 50, 10–20 g/m^2 gleichmäßig ausstreuen und leicht einarbeiten) anbieten, wobei freilich noch abzuklären wäre, ob Captan die Wurzelentwicklung nicht nachteilig beeinflußt. Es käme auf einen Versuch an. Ähnliches gilt übrigens auch für den Thiram-Wirkstoff.

Eine Entseuchung der Pflanzflächen (z. B. mit Dampf oder mit einem chemischen Mittel) ist zwar empfehlenswert, doch darf man sich den Erfolg einer solchen Maßnahme nicht dadurch zunichte machen, daß man hernach den Erreger mit verseuchtem Pflanzgut erneut auf die Beete bringt. Er würde in frisch gedämpftem Boden beste Lebensbedingungen vorfinden. Die Zwiebeln sind deshalb vor dem Pflanzen bzw. Legen für 15 Minuten in 0,2%ige Benomyl-Brühe zu tauchen. Auch Thiophanat-Methyl-Brühe (z. B. Cercobin M, 0,2%) und das derzeit im Zierpflanzenbau noch nicht zugelassene Bavistin (0,2%) sind für diesen Verwendungszweck brauchbar.

Schwarzbeinigkeit (*Sclerotium wakkerei* Boerema et Posthumus) (136). Gegen Ende der Vegetationszeit entsteht am Grunde des Blüten-, manchmal auch des Blattstiels, eine wäßrig aufgehellte, später gebräunte und schließlich sich schwarz verfärbende Faulstelle, die zu Einschrumpelung, Einschnürung und Umfallen des Stengels führt. Die Pflanzen werden gelb und gehen vorzeitig zugrunde. Auf den Befallsstellen oft watteartig-weißes Pilzgeflecht. Befallene Jungzwiebeln, die von der Mutterpflanze angesteckt wurden, zeigen auf den äußeren braunen Schuppen, besonders an deren Basis und am Zwiebelboden eingesunkene schwarze Faulflecke, die oft zur Ablösung der Schuppen führen. Die Schwarzfleckung erstreckt sich auch auf die äußerste weiße Zwiebelschale und vom Zwiebelboden ausgehend auf die inneren Schuppen. Zwischen stärker befallenen Schuppen sind meist die schwarzen, abgeplatteten Dauerkörperchen des Pilzes zu finden. Die Krankheit wurde bisher vor allem auf holländischen Tulpenfeldern, besonders auf Kleiböden, beobachtet. Sie geht auch auf andere Zwiebelgewächse wie z. B. Iris und Lilie über.

Bekämpfung wie bei Graufäule durch *Rhizoctonia tuliparum.*

Penicillium-Befall der Zwiebeln (*Penicillium corymbiferum* Wetl., *Penicillium cyclopium* Westl. u. a.). Vor allem an gelagerten und nicht sorgfältig genug behandelten Zwiebeln entwickelt sich häufig Penicillium-Befall. Die Erreger dringen durch Verwundungs- und Druckstellen der fleischigen, weißen Zwiebelschale ein. Es entstehen gelblichbraune oder graugrünliche, harte, trockene Flecken, auf denen die charakteristischen, blaugrünen Sporenbeläge erscheinen. Ein geringer Penicillium-Befall gilt unter guten Kulturbedingungen im allgemeinen als unbedenklich für die spätere Entwicklung der Pflanzen. Stark befallene Ware sollte man jedoch auf alle Fälle zurückweisen.

Bekämpfung: Sorgfältige Behandlung der Zwiebeln. Vorbeugende Beizung durch Tauchen in 0,2%ige Du Pont Benomyl-Brühe für 15 Min. (siehe Fusarium-Trockenfäule).

Stengelälchen (*Ditylenchus dipsaci* (Kühn) Filip.). Während der frisch geernteten Zwiebel ein Älchenbefall nicht anzusehen ist, treten im Verlauf der Lagerung, vom Zwiebelboden ausgehend, auf der äußeren Schale gelbliche oder bräunliche Flecken und Streifen auf. Später finden sich auch im Inneren dunkelbraune Verfärbungen der Schuppen, die im Querschnitt durch die Zwiebel in typisch ringförmiger Anordnung erscheinen. Die befallenen Zwiebeln schrumpfen bei der Lagerung stark ein, wobei die fleischigen inneren Schalen in eine trockene, poröse Masse übergehen. Der für „saure" Tulpen (siehe Fusarium-Zwiebeltrockenfäule) charakteristische Geruch fehlt. Das normalerweise gegen Ende der Lagerzeit zu beobachtende Anschwellen des Wurzelkranzes und Aufplatzen der braunen Hülle unterbleibt bei der befallenen Zwiebel völlig, oder es tritt ein olivgelb oder bräunlich verfärbtes Gewebe hervor.

Während der Vegetationszeit äußert sich die Krankheit durch oft knotig angeschwollene, hellgrüne Streifen und Flecken im Blatt und Stengel. Später reißt an diesen Stellen die Oberhaut auf. Es entstehen Durchlöcherungen der Blattspreite und Aufrisse im Stengel. Die Blütenknospen sehen oft wie zerfressen aus. Auch durch Schädigungen im obersten Teil des Blütenstengels ist die Blüte manchmal in Mitleidenschaft gezogen. Sie sitzt dann nach der beschädigten Seite hin gekrümmt dem Stengel auf, das unterste Blütenblatt kann vergrünt und verkrüppelt sein (nicht verwechseln mit „Augustakrankheit", Seite 451).

Bekämpfung: Eine völlige Sanierung der Felder ist ebenso schwierig wie die befallener Zwiebeln. In Holland müssen daher Tulpenpartien, in denen Stengelälchen gefunden wurden, vernichtet werden. Auf Feldern, die kranke Tulpen getragen haben, ist der Anbau von Hyazinthen, Narzissen und *Scilla* verboten. Bei Verdacht auf Stengelälchenbefall wende man sich unverzüglich an die zuständige Pflanzenschutz-Dienststelle.

Älchenerkrankung durch *Ditylenchus destructor* Thorne. Befallene Pflanzen fallen auf dem Feld durch eine leichte Farbaufhellung, Verkrüppelung und virusähnliche Symptome an der Blüte auf. Bei starker Erkrankung ist der Austrieb gestört. Auf der äußersten weißen Zwiebelschale orangefarbene, später dunkelbraune Streifung und Fleckung. Quer durchschnittene Zwiebel mit brauner Ringbildung. Kranke Zwiebeln schrumpfen innerhalb der Hülle und werden hart. Im Gegensatz zum Stengelälchen-Befall lassen sich hier die Tiere nicht in den oberirdischen Teilen nachweisen. Die Krankheit wurde bisher nur bei botanischen Tulpen beobachtet.

Bekämpfung: In Holland wird eine 4stündige Warmwasserbehandlung bei 43,5 °C empfohlen. Tulpen aus der Praestans-Gruppe werden 4 Stunden behandelt, alle übrigen botanischen Tulpen 3 1/2 Stunden. Danach muß rasch getrocknet werden. Die Warmwasserbehandlung sollte 2–3 Wochen nach dem Roden erfolgen. Bis zu diesem Termin müssen die Zwiebeln bei 25–30 °C aufbewahrt werden. Auf verseuchten Feldern mit dem Anbau von Tulpen, kleinblumigen Gladiolen, Zwiebeliris, *Crocus* und *Colchicum* mehrere Jahre aussetzen.

Wurzelmilben siehe Seite 62.

Tausendfüßler siehe Seite 65.

Blattläuse (Tulpenzwiebellaus, *Dysaphis tulipae* B. d. Fonsc. und Mietenlaus, *Myzotoxoptera tulipaella* Theob. u. a.). Sie werden vor allem an eingelagerten Tulpenzwiebeln schädlich. Besiedelt werden die jungen Sprosse.

Bekämpfung: Mit einem Parathion-Stäubemittel stäuben. Lagerräume und Keller mit Sulfotepp (z. B. Bladafum) oder Lindan-Räuchermittel durchräuchern.

Mäuse. Sie können im Einschlag oft großen Schaden anrichten. Das Einstäuben der Zwiebelkisten und Töpfe mit einem Toxaphen-Stäubemittel läßt zwar keinen Dauerschutz erwarten, doch hält die Schutzwirkung immerhin einige Monate vor. Über die Mäusebekämpfung im Freilandanbau siehe Seite 101.

Buntstreifigkeit der Blüten, Mosaikkrankheit (Tulpenmosaik-Virus). Gestreifte, geflammte oder an den Rändern pinselartig fein gezeichnete Tulpenblüten roter und violetter Sorten sind fast immer auf Virusbefall zurückzuführen (Abb. 252). Da auch die Bildung des Blattgrüns gestört ist, erscheinen die Laubblätter manchmal heller gefleckt. Der Wuchs der Pflanzen ist nur leicht gehemmt. Bei gelben oder weißen Tulpenblüten ist Virusbefall höchstens an einer schwachen, hellen Streifenbildung zu erkennen.

Rote Streifung in gelbgrundigen Blüten beruht nicht auf Virusbefall, sondern auf Erbstörungen. Rote Tulpen mit gelber Streifung sind aber als viruskrank anzusehen.

Die buntstreifigen Tulpen wurden vermutlich schon im 16. Jahrhundert aus der Türkei nach Holland gebracht und lange Zeit als besondere Sorten angesehen (z. B. die Rembrandt-Tulpen). Da sie bei vegetativer Vermehrung keine starken Abbauerscheinungen zeigen, wurden sie zeitenweise sehr gerne angebaut. Übertragung der Virose durch Blattläuse, seltener durch Saftübertragung, z. B. beim Schnitt der Blumen.

Abb. 252. Buntstreifige Blüte einer viruskranken Tulpe.

Bekämpfung: Kranke Pflanzen möglichst frühzeitig entfernen, ehe die ersten Blattläuse erscheinen; Bekämpfung der Läuse vor allem auch an den Tulpen benachbarten Pflanzen und während der Lagerung. Legt man Wert auf gestreifte Tulpen, so pflanze man diese möglichst entfernt von den übrigen. Gescheckte Blüten immer erst nach den gesunden schneiden. Da auch Lilien manchmal, ohne auffallende Krankheitsmerkmale zu zeigen, von der Virose befallen sein können, sollten sie nicht in der Nähe von Tulpen stehen.

Augusta-Krankheit (Tabaknekrose-Virus). Die Krankheit hat ihren Namen nach der besonders stark befallenen alten Sorte 'Augusta' und äußert sich durch helle Flecke abgestorbenen Gewebes auf den Blättern, die meist streifig in Richtung der Längsnerven angeordnet sind (Abb. 253). Auch die Stengel und die Zwiebeln können bräunliche „Stippflecke" zeigen. Bei starkem Befall ist die ganze Pflanze verkrüppelt, Blätter und Blüten sind verdorrt.

Die Infektion erfolgt von verseuchtem Boden aus. Als Überträger dienen die Schwärmsporen des Pilzes *Olpidium brassicae,* die in die Wurzel eindringen. Da das Virus weitverbreitet in vielen Kulturpflanzen und Unkräutern vorkommt, kann der Boden auch verseucht sein, wenn der Tulpe eine ganz andere Kultur vorausgegangen ist.

Eine Einschleppung der Krankheit mit verseuchten Zwiebeln ist wenig wahrscheinlich, da kranke Pflanzen nur sehr kümmerliche oder gar keine Tochterzwiebeln hervorbringen. Die einzelnen Tulpensorten sind in ihrer Anfälligkeit gegenüber der Virose sehr verschieden. Wenn daher bei nebeneinander gepflanzten, verschiedenen Tulpensorten nur eine erkrankt, dürfte dies eher ein Beweis für ihre besondere Anfälligkeit als ein Hinweis auf eine Übertragung mit der Zwiebel sein. Bei 5-Grad-Tulpen ist die Krankheit bisher noch nie beobachtet worden.

Bekämpfung: Kranke Pflanzen mit der sie umgebenden Erde vorsichtig ausheben und vernichten. Gründliche Unkrautbekämpfung, auch schon in den dem Tulpenanbau vorhergehenden Jahren. Auf Freilandbeeten, die kranke Pflanzen getragen haben, sollte mit dem Anbau von Tulpen mehrere Jahre ausgesetzt werden. Im Gewächshaus bzw. bei Pflanzung in Kistchen ist, wo nicht frisches Substrat verwendet wird, Dämpfung oder chemische Entseuchung (z. B. mit Basamid Granulat) anzuraten. Späte Pflanzung beugt der Krankheit vor.

Korkstippigkeit (Gurkenmosaik-Virus). Auf den äußeren und inneren Zwiebelschuppen graubraune, runde, ring- oder halbringförmige, leicht eingesunkene Korkflecken (siehe auch Pseudo-

Abb. 253. Augusta-Krankheit der Tulpe (Virose).

Korkflecke, Seite 454. Ein großer Teil der mit dem Virus infizierten Zwiebeln treibt nicht oder nur mit fleckig-streifigen Blättern aus. Auch die Blüten können mißgebildet oder buntstreifig sein. Die Krankheit wird durch Blattläuse übertragen und kann auch bei Gladiolen, Lilien und Narzissen vorkommen.

Bekämpfung: Auslese krankheitsverdächtiger Zwiebeln. Während der Vegetationszeit kranke Pflanzen frühzeitig ausmerzen. Blattläuse bekämpfen.

Rattlekrankheit, Mauke (Tabakrattle-Virus). Dunkle Streifung der Blütenblätter bei rosa und rot blühenden Sorten, glasige Streifen bei gelben und weißen Blüten. Blattsymptome in Form kleiner, grauweißer Fleckchen können im Anfangsstadium der Erkrankung auf die Blattbasis beschränkt sein oder fehlen. Meist ist Wuchsdepression festzustellen. Die Krankheit wurde bisher vor allem in Holland auf leichten und sandigen Böden beobachtet. Das Rattle-Virus ist durch im Boden lebende Nematoden (*Trichodorus*-Arten) übertragbar und kommt bei einer Reihe verschiedenster Pflanzen (z. B. Tabak, Kartoffel, Spinat sowie in den meisten Zwiebelgewächsen) vor.

Bekämpfung: Auslese und Vernichtung kranker Pflanzen, Bekämpfung der Unkräuter. Bodenentseuchung.

Adern-Streifenkrankheit (vermutlich Tabakringflecken-Virus) (137). Blätter der meist im Wuchs zurückgebliebenen, befallenen Pflanzen häufig etwas verdreht. Beidseitig entlang der Blattaderung sich erstreckende dunkelgrüne, später oft braune Streifung und Fleckung des Gewebes. Im durchfallenden Licht sind die Adern oft hell durchscheinend. Eine leichte Streifung ist manchmal auch in den Blütenblättern zu erkennen.

Das Auftreten der Krankheit ist stark von Umweltbedingungen abhängig. Schon lange war bekannt, daß z. B. Partien, die im Freiland in sehr hohem Ausmaß erkrankt waren, bei der Gewächshauskultur völlig gesund erscheinende Pflanzen lieferten. Aus holländischen Untersuchungen geht hervor, daß Bodenart und Pflanztiefe von deutlichem Einfluß sind. In sandigem Substrat und bei geringer Pflanztiefe tritt die Krankheit weniger in Erscheinung als bei Verwendung eines Torfsubstrates und bei tieferer Pflanzung. Ebenso fördert Verdichtung des Bodens sowie Kühle und Nässe das Auftreten der Krankheit. Sowohl im Gewächshaus und in der Kistentreiberei als auch im Freiland findet man die kranken Pflanzen meist herdförmig gehäuft.

Bekämpfung: Zu hohe Bodenfeuchtigkeit muß unter allen Umständen vermieden werden. Dies gilt nicht nur für das Gewächshaus sondern auch für den Einschlag. Bei Kistentreiberei anfällige Sorten am besten in Sand pflanzen. Pflanzung möglichst flach, Zwiebelspitze darf höchstens 1 cm hoch bedeckt sein. Als besonders anfällig gelten z. B. die Sorten 'Bing Crosby', 'Lustige Witwe', 'Paul Richter' und 'William Copland'.

Nichtaustreiben der Zwiebeln (holländisch „Kernrot"), Steckenbleiben und Fäule des austreibenden Blütensprosses (138, 139). Die Sproßanlage kann bereits innerhalb der sich dann meist etwas weich anfühlenden Zwiebel steckenbleiben und faulen oder es geht die Spitze des Blütentriebes unter braunschwarzer Verfärbung bald nach dem Austrieb zugrunde. Die Erkrankung geht auf den Zeitpunkt (etwa September) zurück, zu dem die Entwicklung der Staubblätter in der jungen Blütenanlage beginnt. Erstes Anzeichen der Schädigung, die auf die übrigen Teile der Blütenanlage übergreift, ist das Absterben der jungen Staubblattanlagen. Milben, Bakterien und Schimmelpilze sind in den geschädigten Zwiebeln immer anzutreffen.

Entscheidend war die Beobachtung, daß ein leichtes Sichöffnen des jungen Sproßkegels an der Spitze den Milben Zugang verschafft und diese durch Beschädigung der Staubgefäße und Einschleppung von Bakterien und Pilzen den Krankheitsprozeß in Gang setzen. Die vorzeitige Öffnung des Sproßkegels kann sowohl durch Einwirkung von Äthylengas, das von „sauren" Tulpen, Äpfeln oder anderem Obst ausgeschieden wird, als auch durch Fehler bei der Temperaturbehandlung erfolgen. Die Erkrankung tritt außerdem bei zu dichter Verpackung oder Lagerung der Zwiebeln auf.

Vorbeugungsmaßnahmen: Sendungen von Tulpenzwiebeln sofort nach Empfang auspacken. Lagerung in offenen Drahtbehältern. Partien mit „sauren" Tulpen nicht neben den gesunden aufbewahren. Tulpenzwiebeln auch nicht im selben Raum mit Äpfeln oder anderen Früchten lagern. Temperaturen bei der Lagerung niedrig halten. Das Laboratorium voor Bloembollenonderzoek, Lisse, empfiehlt, die Zwiebeln nach der Ernte 3 Wochen bei 23 °C, dann bei 13–17 °C (je nachdem sie für späte oder frühe Treiberei bestimmt sind) aufzubewahren.

Braunfleckigkeit der Zwiebeln (holländisch: **„Blauwgroeien"**) und **„Verkalkung"**. Die Krankheit (140) hat ihren Namen daher, daß bei der jungen, noch wachsenden Zwiebel, deren äußerste, später vertrocknende Hülle noch durchsichtig-zart ist, ein bläulich verfärbter Fleck hindurchschimmert. An der reifen Zwiebel ist diese, inzwischen braun gewordene, meist etwa 0,5 bis über 2 cm große Stelle, die kaum in die Tiefe reicht, deutlicher zu erkennen. Im Verlauf der Lagerung „verkalkt" das erkrankte Gewebe, d. h. es wird fast weiß, trocken und spröde-hart (Abb. 254). Zuweilen siedeln sich sekundär Schimmelpilze an. Besonders die Sorten 'Bellona', 'Cum Laude', 'Jeanne d'Arc', 'Keizerkron', 'Korneforus' und 'K und M's Triumph' sollen, nach holländischen Beobachtungen, betroffen sein. Bisher ist nur bekannt, daß große Zwiebeln anfälliger sind als kleine. Übermäßige Düngung und zu weiter Stand der Pflanzen sollten daher auf alle Fälle vermieden werden. Auch der Calciumgehalt, der im kranken Gewebe niedriger ist als im gesunden, scheint eine Rolle beim Zustandekommen der Krankheit zu spielen. Obwohl der Braunfleckigkeit keine große Bedeutung zukommt, mindert sie doch die Qualität der Verkaufszwiebeln.

Gummifluß. Vor allem in der ersten Zeit nach der Ernte bilden sich auf der äußeren fleischigen Zwiebelschale blasige Aufwölbungen, aus denen eine zunächst helle, harzartige, später sich bräunende und hart werdende Masse austritt. Durch neuere Untersuchungen konnte festgestellt werden, daß Äthylengas schon in sehr geringer Konzentration bei verschiedenen Tulpensorten (z. B. 'Apeldoorn', 'Madame Lefeber', Darwin-Hybriden) heftigen Gummifluß verursachen kann. Äthylen wird vor allem von reifenden Früchten (z. B. Äpfeln) und von Blüten, aber auch von manchen

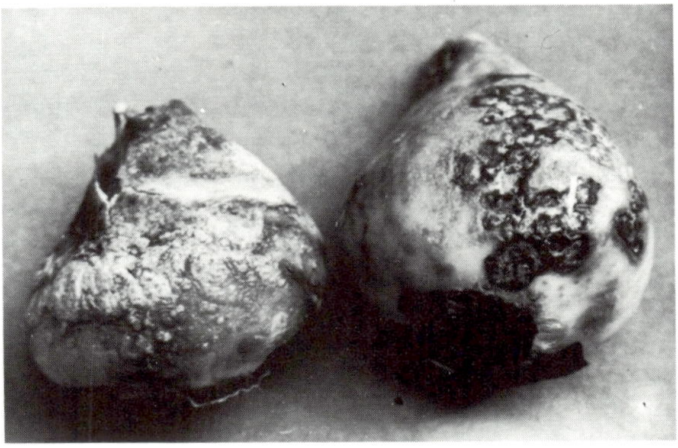

Abb. 254. Braunfleckigkeit und Verkalkung.

Pilzen ausgeschieden. So ist z. B. bekannt, daß mit *Fusarium oxysporum* f. *tulipae* befallene Tulpenzwiebeln Äthylengas abgeben, was sich auf im gleichen Raum gelagerte, gesunde Zwiebeln nachteilig auswirken kann. Da auch das Nichtaustreiben der Zwiebeln bzw. das Steckenbleiben und Verfaulen des Blütensprosses (siehe Seite 452) auf Einwirkung von Äthylengas zurückgeführt wird, muß man annehmen, daß der Zeitpunkt der Einwirkung, wahrscheinlich auch die Tulpensorte, entscheidend dafür sind, welche Krankheitssymptome entstehen. Der Gummifluß stellt zwar eine Qualitätsminderung dar, hat aber auf den Treiberfolg kaum einen Einfluß.

Vorbeugungsmaßnahmen: Zwiebeln nach Versand sofort auspacken. Gesunde und „saure" Tulpen nicht im selben Raum aufbewahren. Ebenso keine Früchte im selben Raum mit Tulpenzwiebeln lagern.

Pseudo-Korkflecke (141). Die glasigen, leicht eingesunkenen Flecke, die sich später bräunen und ein korkartiges Aussehen annehmen, entstehen unmittelbar nach der Ernte, vor allem auf den äußeren weißen Zwiebelschalen. Sie sind von den durch das Gurkenmosaik verursachten Korkflecken (siehe Seite 451) nur schwer zu unterscheiden. Bei der Virose ist manchmal eine mehr oder weniger deutliche Ringbildung und Zunahme der Fleckung während des weiteren Verlaufs der Lagerung zu beobachten. Aus Zwiebeln mit nichtparasitären Korkflecken gehen wieder gesunde Pflanzen hervor. Pseudo-Korkflecke findet man bei Zwiebeln, die unreif geerntet und dann bei niedriger Temperatur gelagert wurden.

Blütenvertrocknung, Papierblütigkeit. Die Blütenknospe vertrocknet, ehe sie sichtbar wird oder der noch mehr oder weniger austreibende Blütensproß wird an der Spitze papierartig bleich und verkümmert. Im ersteren Fall ist der schädigende Einfluß bereits vor der Pflanzung erfolgt, was sich häufig auch in einer allgemein etwas schwächeren Ausbildung des Laubes äußert. Ist der Blütenstiel zwar vorhanden, jedoch in seiner Entwicklung mehr oder weniger gehemmt und trägt er eine kleine, eingetrocknete Knospe, so ist die Schädigung auf ungünstige Einflüsse während der Treibperiode zurückzuführen. Schwächste Anzeichen der Krankheit sind verkümmerte Staubblätter in der sonst noch normal ausgebildeten Blüte oder auch ein Unterbleiben der normalen Blütenausfärbung.

Die Papierblütigkeit kann verursacht sein durch zu hohe Temperatur während der Aufbewahrung oder beim Transport. In der Verpackung, während der Lagerung oder bei der Treiberei können die gasförmigen Äthylenausscheidungen „saurer" Tulpen zur Schädigung der Blütenanlage führen. Auch Einflüsse, die die normale Wurzelentwicklung stören (unzureichende Wasserversorgung, zu hohe oder zu niedrige Gewächshaustemperaturen, Schädigung durch Pflanzenschutzmittel oder Befall der Wurzel durch parasitäre Pilze, wie z. B. *Pythium ultimum*) werden für die Auslösung der Blütenschädigung verantwortlich gemacht. Blütenvertrocknung wurde in Holland außerdem als Folge zu langer Kühlung oder zu tiefer Kühltemperatur festgestellt.

Vorbeugende Maßnahmen ergeben sich aus dem oben Gesagten. Bodentemperaturen der 5-Grad-Tulpen bei Novemberpflanzung nicht über 16 °C, bei späterer Pflanzung nicht über 13 °C ansteigen lassen. Anweisungen der Versandfirma genau beachten!

Umkippen der Pflanzen kann bei den Treibtulpen oft zu erheblichen Ausfällen führen. Die Krankheit beginnt mit einer glasigen Stelle, meist im oberen Stengelteil, die rasch einschrumpft. Die Pflanze knickt um (Abb. 255). Die Knickstelle entsteht vor allem in der am raschesten wachsenden Zone des Stengels. Faktoren, die das Wachstum fördern, wie z. B. hohe Wärme und Luftfeuchtigkeit, begünstigen das

„Kippen“. Auch eine verlängerte Kühlbehandlung der Zwiebeln fördert die Erkrankung. Im Gewebe der Knickstelle herrscht Calciummangel, der die Zellmembranen für Wasser durchlässig macht, das in die Zellzwischenräume (Interzellularen) eindringt.

Bekämpfung: Wo erste „Kipper“ bemerkt werden, Gewächshaustemperatur um einige Grade senken und für gute Belüftung sorgen, so daß kein Feuchtigkeitsstau auftritt. Dem Gießwasser Calciumnitrat (Kalksalpeter 0,06%) zusetzen. Dem Umkippen abgeschnittener, in Wasser gestellter Blütenstengel kann vorgebeugt werden, wenn dem Wasser 1% Calciumnitrat hinzugefügt wird.

Weiße Spitzen an den Blumenblättern sollen vor allem als Folge unsachgemäßer Temperaturbehandlung nach dem Roden auftreten; bei gekühlten Tulpen z. B. auch dann, wenn zu Beginn der Treiberei der Standort zu dunkel war und bei zu hohen Temperaturen getrieben wurde. Schließlich bei nicht ausreichender Wasserversorgung während des Treibens.

Grüne Spitzen an den Blumenblättern gibt es vor allem bei zu frühem Treiben. Ungenügende Ausreife der Zwiebeln, zu große Wärme im Spätsommer sollen die Erscheinung begünstigen.

Empfindlichkeit gegen Pflanzenschutzmittel: Gegen Kupfer und bei Überdosierung und starker Sonne auch gegen TMTD. Nach Praxiserfahrungen scheint auch das Dichlofluanid-Präparat Euparen für Tulpen nicht ungefährlich zu sein.

Vinca, Immergrün

Stengelfäule und Blatterkrankung (*Phyllosticta* spec.) Entweder im ganzen Bestand verstreut oder herdförmig gehäuft fallen einzelne, oft auch sehr zahlreiche, abgewelkte Triebe auf, deren Blätter sich zuerst schmutziggrün, dann braun verfärben und abwelken (Abb. 256). Der Stengel ist vom Grund ausgehend oder auch streckenweise in seinen oberen Teilen schwarzbraun verfärbt. Befallene Blätter weisen ebenfalls große schwarzbraune Flecke, oft mit graubrauner Mittelzone auf.

Die Befallsstellen sind übersät mit winzigen schwarzen Fruchtkörperchen, in denen große Mengen von Sporen gebildet werden, die die Verbreitung des Pilzes sicherstellen. Die Krankheit ist vor allem in Friedhofspflanzungen oft sehr auffällig und wird mit den durch Teilung und Abrisse vermehrten Pflanzen weiter verschleppt.

Bekämpfung: Vorbeugende Spritzungen mit Grünkupfer-Präparaten oder auch mit dem Captafol-Präparat Ortho Difolatan. Sie müssen vom Frühjahr an in regelmäßigen, etwa 14tägigen Abständen erfolgen. Kranke Triebe ausschneiden und verbrennen.

Viola, Veilchen und Stiefmütterchen

Treibveilchen kühl und luftig halten. Temperaturen möglichst nicht über 10 °C ansteigen lassen. Hält man zu warm, werden zu viele Blätter gebildet und der Blütenflor läßt zu wünschen übrig. Auch sind die Veilchen bei heißer und trockener Luft durch Spinnmilben gefährdet.

Viola-Wittrockiana-Hybriden (Stiefmütterchen). Die Sämlinge rechtzeitig aus den Saatbeeten nehmen. Sie dürfen nicht Hunger leiden und auch nicht vergeilen. Wachs-

Abb. 255. Umknicken der Tulpenstengel (nichtparasitär).
Abb. 256. Stengelfäule und Blatterkrankung durch *Phyllosticta* spec. bei Immergrün.

tumsstockungen lassen die Pflanzen am Wurzelhals verhärten. Die Pflanzen verzweigen sich dann schlecht. Schwere, leicht zur Verschlämmung neigende Böden sind für Stiefmütterchen ungünstig. Sie sollten durch Torf- und Sandzusatz etwas lockerer gemacht werden. Im übrigen die Beete in den ersten Wochen nach der Pflanzung stets offen halten.

Bakteriose (*Pseudomonas* spec.) (142). Bereits im Herbst fallen oft schon Pflanzen auf, bei denen einzelne oder alle Triebspitzen ausgebleicht sind (Abb. 257). Im Frühjahr verstärkt sich dieses Krankheitsbild. Die befallenen Pflanzen bleiben im Wuchs zurück, die Sprosse sind gestaucht, die Blätter schmal und verkrüppelt. Auch die Blüten werden oft schon in der Knospe durch die Fäule zerstört. Auffallend ist, besonders bei blauen und violetten Sorten, eine dunkelviolette Fleckung oder Strichelung der Stengel und Blätter (Abb. 258). Die Fleckchen, die bei den helleren Sorten ebenfalls vorhanden, jedoch weniger auffällig sind, zeigen im durchfallenden Licht einen mehr oder weniger deutlichen, ölig durchscheinenden Hof. Von der Blattachsel ausgehend, die durch Feuchtigkeitsstau eine Stelle erhöhter Gefährdung ist, entsteht häufig eine tiefgreifende Stengelfäule, die ein Absterben des Triebes oder der ganzen Pflanze zur Folge haben kann. Die Wurzel zeigt bei genauerer Betrachtung (auswaschen) ebenfalls geschwärzte Stellen und schwarz verfärbte Wurzelhaare. Die die Wurzel und Stengel durchziehenden Leitbahnen sind infolge des Bakterienbefalls dunkel verfärbt. Weiße, gelbe und hellblaue Sorten scheinen etwas weniger anfällig zu sein als dunkelblaue und violette. Die Krankheit ist sehr „launisch“ in ihrem

Auftreten. Im einen Jahr trifft man sie verbreitet überall an, auch auf Feldern, die noch nie Stiefmütterchen getragen haben. In anderen Jahren sind die Pflanzen, auch dort, wo der Boden mit Sicherheit verseucht ist, durchweg gesund. Saatgutübertragung ist nachgewiesen, doch müssen aus verseuchten Samen keineswegs wieder kranke Pflanzen hervorgehen.

Abb. 257. Die bakterielle Erkrankung der Stiefmütterchen ist oft schon von weither erkennbar an der mehr oder weniger stark ausgeprägten Ausbleichung der kümmerlich gewachsenen Pflanzen.

Bekämpfung: Da eine direkte Bekämpfung des in die Pflanze eingedrungenen Erregers mit chemischen Mitteln zur Zeit nicht möglich ist, stehen die vorbeugenden und hygienischen Maßnahmen im Vordergrund. Frühbeetkästen für Aussaaten möglichst jedes Jahr wechseln oder die Saatflächen mit Formaldehyd (siehe Stengelgrund- und Wurzelhalsfäule) entseuchen. Auch Kasteneinfassungen von Holz- und Betonkästen (Fugen, Ritzen!) gut mitbehandeln. Verseuchte Felder einige Jahre vom Anbau ausschließen. Eine gewisse vorbeugende Wirkung haben Kupferspritzungen, wenn die Mittel wiederholt in Abständen von 8–10 Tagen ausgebracht werden. Sie können zwar eine Infektion der Wurzeln vom Boden her nicht verhindern, bei stehenden Beständen jedoch die Übertragung von Pflanze zu Pflanze (Wind, Regen) etwas eindämmen. Leider ist bei häufiger Anwendung von Kupferpräparaten mit einer Wuchshemmung zu rechnen. Das sich anbietende Beizen des Saatgutes bringt uns in der Bekämpfung der Krankheit nicht weiter, da die derzeit zur Verfügung stehenden Beizmittel nicht ausreichend wirken.

Wurzelbräune (*Thielaviopsis basicola* (Berk. et Br.) Ferr.). Die Pflanzen kümmern und nehmen ein blaßgrünes Aussehen an. Die älteren Blätter welken vorzeitig ab. Ursache ist eine Verbräunung und ein Absterben der Wurzel infolge des Pilzbefalls. Die Krankheit tritt vor allem nach

Abb. 258. Violette Fleckchen mit ölig durchscheinender Randzone sind charakteristisch für die Bakteriose der Stiefmütterchen.

wiederholter Aussaat in nicht entseuchten Kästen bzw. auf zu häufig hintereinander mit *Viola*-Wittrockiana-Hybriden bepflanzten Freilandflächen auf. Auch ungünstige, schlecht durchlüftete Substrate, zu hohe Bodenfeuchtigkeit, ungünstiger pH-Wert u. a. fördern die Erkrankung. Siehe auch Seite 29.

Bekämpfung: Wenn man Jungpflanzen krankheitsfrei auf die Beete bringen will, müssen entsprechende Gegenmaßnahmen schon bei der Anzucht anlaufen. Saatgut vor der Aussaat mit einem TMTD- (z. B. Pomarsol forte, BASF-TMTD-Spritzpulver) oder Captan-Mittel (z. B. Captan 83, Orthocid 83) oder mit Polyram Combi im Überschußverfahren beizen. Des weiteren ist zu empfehlen, nur in gedämpfte Erde, auf chemischem Weg entseuchte Erde (z. B. mit Basamid, Di-Trapex, Terabol), in Einheitserde oder auch in TKS auszusäen. Holzteile und Betonwände der Anzuchtkästen zweckmäßigerweise mit Formaldehyd-Lösung (1/2 l des käuflichen 40%igen Formalins auf 10 l Wasser) desinfizieren. Das gleiche gilt für die Arbeitsgeräte, da auch mit ihnen der Erreger verschleppt werden kann. Stiefmütterchen nicht auf nachweislich verseuchtes Land auspflanzen. Jährlicher Anbauwechsel ist wichtig. Mit Präparaten für die totale Bodenentseuchung (siehe oben) oder durch eine saubere Bodendämpfung kann zwar der Erreger der Wurzelbräune ausgeschaltet werden, doch kommen so kostspielige und arbeitsaufwendige Verfahren für größere Flächen nur in Sonderfällen in Frage.

Tritt die Krankheit in ausgepflanzten Beständen (z. B. auf Beeten, Grabstellen) auf, kann notfalls mit Benomyl (5 l/m² einer 0,05–0,1%igen Du Pont Benomyl-Brühe) oder mit Folpet (5 l/m² einer 0,15%igen Ortho-Phaltan-Brühe) angegossen werden. Je nach Befallsgefahr lasse man weitere Behandlungen in Abständen von 10–14 Tagen folgen. Siehe auch Seite 30.

Umfallkrankheit und Wurzelfäule bei Keimlingen und Jungpflanzen (verschiedene *Pythium*-Arten, *Fusarium culmorum* (Sm.) Sacc., *Rhizoctonia solani* Kühn). Die Pflänzchen welken meist schon im Saatbeet oder kurz nach dem Auspflanzen infolge einer Fäule von Wurzel und Wurzelhals. *Fusarium culmorum* soll vor allem die Wurzelspitzen angreifen, während *Rhizoctonia solani* eine Schädigung des gesamten Wurzelsystems älterer Pflanzen verursacht. Wurzel- und Wurzelhalsfäule wird den verschiedenen *Pythium*-Arten zugeschrieben.

Bekämpfung: Für die Anzucht möglichst krankheitsfreie Substrate (siehe unter Stengelgrund- und Wurzelhalsfäule) verwenden und dichte Aussaat vermeiden. Gefährdete Jungpflanzen ein oder zweimal mit der Brühe eines Zinebmittels (0,25%), mit Chinosol (0,05%) oder auch mit Albisal (0,1%) überbrausen. Führen diese Maßnahmen nicht zum Ziel, besteht Verdacht auf Rhizoctonia-Befall. In die-

Abb. 259. Infolge *Phytophthora*-Befalls zusammengebrochene Stiefmütterchenpflanzung.

sem Fall mit Captan 50 (0,15%), mit der Brühe eines TMTD-Spritzpulvers (z. B. Pomarsol forte u. a., jeweils 0,15%) oder auch mit Benomyl (0,1%) überbrausen. Bei den sehr gut wirksamen Captan- oder TMTD-Präparaten muß dann wohl oder übel eine geringe Wuchshemmung in Kauf genommen werden. Möglicherweise ist für diesen Verwendungszweck auch das Folpet-Präparat Ortho-Phaltan 50 (0,15%) brauchbar. Man sollte es auf einen Versuch ankommen lassen.

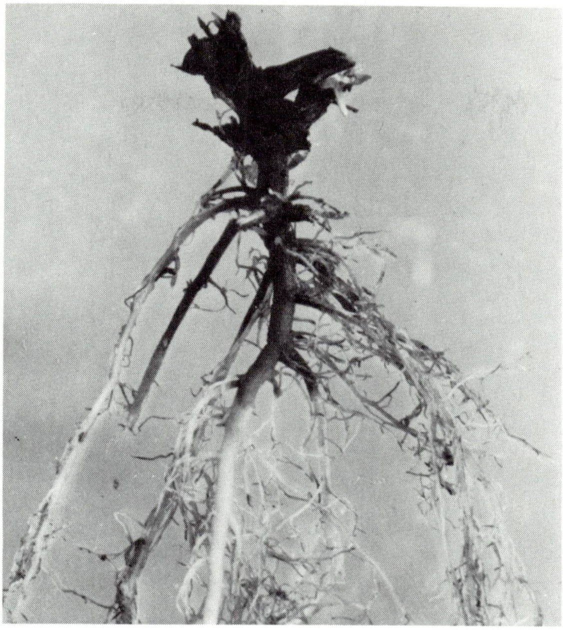

Abb. 260. Typisches Schadbild der Stengelgrund- und Wurzelhalsfäule *(Phytophthora cactorum)* an Stiefmütterchen.

Stengelgrund- und Wurzelhalsfäule (*Phytophthora cactorum* (Leb. et Cohn) Schroet.) (143). Erstes Anzeichen der Erkrankung ist eine bläuliche Verfärbung oder Vergilbung der untersten Blätter. Bei rasch fortschreitender Welke fallen die Pflanzen um, da sie am Stengelgrund abgefault sind (Abb. 259, 260). Der oberirdische Teil läßt sich leicht aus dem Boden heben. Die in der Erde verbleibende Wurzel ist in ihren oberen Teilen oft ebenfalls braun verfärbt, sonst aber relativ gesund und weiß aussehend. Der Erreger greift direkt am Wurzelhals an und zerstört vor allem die Rinde. Bereits bei der Anzucht in den Frühbeeten oder im Herbst nach dem Auspflanzen auf verseuchtes Ackerland, können schon empfindliche Ausfälle beobachtet werden. Spät im Herbst gesetzte Pflanzen zeigen, wenn sie bald danach in regnerisch-kühle Witterung geraten, zunächst oft kaum Anzeichen der Erkrankung. Diese macht sich erst im Frühjahr wieder bemerkbar. Auch hier kann eine deutliche Beziehung zur Witterung festgestellt werden. Ebenso weisen beschattete Beete meist geringere Ausfälle auf als besonnte. Besonders dort, wo alljährlich Stiefmütterchen auf dieselben Flächen ausgepflanzt werden wie z. B. in öffentlichen Anlagen und auf Friedhöfen, kann die Seuche oft innerhalb kürzester Frist stark überhand nehmen.

Bekämpfung: Gesunde Jungpflanzen sind erste Voraussetzung für gesunde Pflanzware. Es ist zu empfehlen, nur in gedämpfte Erde, auf chemischem Weg entseuchte Erde, in Einheitserde oder auch in TKS auszusäen. Holzteile und Betonwände der Anzuchtkästen vor ihrer Wiederverwendung entseuchen. Dasselbe gilt für Arbeitsgeräte, die auf krankheitsverseuchten Flächen oder Grabstellen benützt wurden. Am besten arbeitet man mit einer zweiprozentigen Formaldehyd-Lösung (das sind 0,5 l des käuflichen 40%igen Formalins auf 10 l Wasser).

Abb. 261. Vom Falschen Mehltau *(Peronospora violae)* befallene Stiefmütterchenpflanzen (man beachte die diffuse Gelbfleckung der Blätter).

Hat man Jungpflanzen krankheitsfrei angezogen, darf man sich den Erfolg dieser Bemühungen nicht dadurch zunichte machen, daß man auf krankheitsverseuchtes Land auspflanzt. Mit Präparaten für die totale Bodenentseuchung (z. B. Basamid, Di-Trapex u. a.) und durch eine saubere Bodendämpfung kann zwar der Erreger der Wurzelhalsfäule für eine Kulturperiode weitgehend ausgeschaltet werden, das ist jedoch nur für die Anzucht bedeutsam. Dort, wo es um größere Feldstücke geht, sind so kostspielige und arbeitsaufwendige Verfahren nur in Ausnahmefällen vertretbar. Stehen geeignete Pflanzflächen im Betrieb nicht mehr zur Verfügung, sollte man sich um geeignetes Pachtland umsehen.

Hinweise für Beet- (z. B. in öffentlichen Anlagen) und Grabpflanzungen: Ein Erdwechsel führt erfahrungsgemäß nur zu einer vorübergehenden Sanierung krankheitsverseuchter Gräber. Auch scheiden Mittel für die totale Bodenentseuchung bei Grabstellen sowieso aus, da man auf die allgemein übliche Teilpflanzung (z. B. niedere Stauden, Kleingehölze) Rücksicht nehmen muß. Wie mehrjährige Versuche der Verf. zeigen konnten, läßt sich die Krankheit durch Angießen mit dem Fenaminosulf-Präparat Bayer 5072 (0,03%) weitgehend niederhalten. Die Verwendung des Mittels ist jedoch nur am endgültigen Standort sinnvoll. Unter der Voraussetzung, daß vom Saatbeet her gesundes Pflanzenmaterial zur Verfügung steht, lassen sich Ausfälle bei im Spätsommer ausgepflanzten Stiefmütterchen durch einmaliges Angießen nach dem Pflanzen verhüten. Auf verseuchten Grabstellen ist der Frühjahrspflanzung der Vorzug zu geben. Ein einmaliges Angießen nach dem Auspflanzen reicht dann gewöhnlich aus, um Ausfälle bis zum Abräumen zu verhindern. Da die Pflanzen nach dem Setzen sowieso angegossen werden, bedeutet die Gießbehandlung mit Bayer 5072 (früher Dexon) keine Mehrarbeit. Weitere Präparate stehen derzeit in

Abb. 262. Zwei vom Falschen Mehltau befallene Stiefmütterchenblätter (auf der Blattunterseite bei hoher Luftfeuchtigkeit violettgrauer Schimmelrasen).

Prüfung. Soweit unsere einjährigen Versuche ein Urteil heute schon zulassen, erscheint vor allem Ortho Difolatan als sehr aussichtsreich. Im übrigen wäre auch an die Verwendung des Prothiocarb-Präparates Previcur zu denken. In Frage kommt dabei vor allem eine Vorbehandlung der Pflanzflächen.

Falscher Mehltau (*Peronospora violae* de Bary). Wuchsstörungen und Verblassen der Blätter (Abb. 261) sind manchmal Folge eines sichtbaren oder unsichtbaren Peronospora-Befalls. Der Pilz kann im Inneren der Pflanze überwintern. Erst bei hoher Luftfeuchtigkeit erscheinen blattunterseits die grauweißen, flaumigen Sporenbeläge (Abb. 262).

Bekämpfung: Sie ist schwierig und nur bei vorbeugender Anwendung mit herkömmlichen Mitteln erfolgreich möglich. Es müssen schon die Erstinfektionen verhütet werden. Hat die Krankheit einmal Fuß fassen können, kann auch vermehrtes Spritzen die weitere Ausbreitung des Pilzes nicht mehr verhindern. Man kann mit einem Zineb-Mittel arbeiten oder auch Polyram Combi verwenden. Wichtig ist, daß auch die Unterseite der Blätter mit einem schützenden Belag versehen wird. Bei großer Krankheitsgefahr die Mittel wöchentlich ausbringen. Da die Präparate auf den Blüten sehr unschöne Flecke zurücklassen, dürfte ihre Verwendung nur auf Anzuchtbeeten in Frage kommen. Für diesen Verwendungszweck würde sich vor allem auch das teilsystemische Prothiocarb-Präparat Previcur anbieten. Die 70%ige wäßrige Lösung hat in unseren orientierenden Versuchen bereits zu guten Ergebnissen geführt, wobei im besonderen der kurative Effekt hervorzuheben ist.

Rost (*Puccinia violae* Schum.). Im Frühjahr auf Blättern, Blattstielen und Stengeln von Veilchen leicht verdickte, gelbliche Schwielen, die Frühjahrssporen-Lager des Pilzes. Später erscheinen rostbraune Sommersporen und schwarzbraune Wintersporen in winzigen Pusteln auf der Blattunterseite. Vor allem *Viola odorata* wird oft befallen und leidet beträchtlich unter der Erkrankung. Bei Stiefmütterchen kommt eine nahe verwandte Rostart vor.

Bekämpfung: Jungpflanzungen von *Viola odorata* schon vom Frühjahr an vorbeugend und wiederholt mit Zineb, Mancozeb (z. B. Dithane Ultra), mit Triforine (z. B. Saprol) oder auch mit einem Zineb + Schwefel-Präparat spritzen. Wichtig ist, daß vor allem auch die Unterseite der Blätter einen schützenden Belag erhält. Bei großer Krankheitsgefahr empfiehlt es sich, mit dem systemisch wirksamen Saprol oder mit dem Oxycarboxin-Präparat Plantvax zu arbeiten. Auch Plantvax zeichnet sich durch systemische Wirkung aus.

Pilzliche Blattfleckenkrankheiten durch

Centrospora acerina (Hart.) Newh. siehe unten.

Cercospora violae Sacc.: Gelblichbraune, grünlich umrandete Blattflecke, vor allem bei Veilchen (Abb. 263), jedoch auch bei Stiefmütterchen.

Colletotrichum violae tricoloris R. E. Sm.: Gelblichbraune, dunkel umrandete Flecke (Abb. 264). Der Pilz kann auch auf die Blüten übergehen und soll durch anhaftende Sporen mit dem Saatgut übertragbar sein.

Ramularia lactea (Desm.) Sacc.. Blaßgelbe Flecke, schmal-braun umrandet. dung.

Ramularia agrestis Sacc: Flecke mit dunkelgrüner Mittelzone, die oft ausfällt.

Bekämpfung der durch Pilze verursachten Blattfleckenkrankheiten: Wo sich erste Krankheitssymptome zeigen, vorbeugend und wiederholt mit einem Zineb-Mittel, mit Du Pont Benomyl oder auch mit einem Grünkupfer-Präparat spritzen.

Grauschimmel (*Botrytis cinerea* Pers.). Eine sehr unbequeme Krankheit ist der Grauschimmel. Er befällt Blätter, Stengel und auch Blüten, die fleckig werden, oft wie verbrannt aussehen und nicht selten in der Knospe steckenbleiben. Bei hoher Luftfeuchtigkeit erscheint auf den Befallsstellen der bekannte graue Schimmelrasen. Niederschlagsreiche Frühjahrswitterung begünstigt Auftreten und Verbreitung der Krankheit.

Bekämpfung: Mit den gegen den Grauschimmel gebräuchlichen Präparaten kann man zwar der Krankheit etwas Einhalt gebieten, sie verunzieren jedoch die Blätter so, daß auf ihre Verwendung besser verzichtet werden sollte. Noch am günstigsten ist Benomyl (0,05%) zu beurteilen. Bei großer Krankheitsgefahr das Mittel in Abständen von 8–10 Tagen anwenden.

Blattfleckenkrankheit, Wurzelhals- und Wurzelfäule (*Centrospora acerina* (Hart.) Newh.*). Bläulich-schwärzliche, im älteren Stadium von der Mitte aus sich bräunende, kleine, rundliche Blattflecke. Stark befallene Blätter sterben ab. Greift der Pilz vom Boden aus den Wurzelhals bzw. die oberen Wurzelteile an, so kann es unter fahlbrauner Verfärbung zu einem schlagartigen Absterben der Pflanzen kommen. Häufig stellt sich dann zusätzlich noch Grauschimmel-Befall ein, der die Schädigung noch verstärkt. Der Pilz soll mit dem Saatgut übertragbar sein.

Bekämpfung: Es liegen noch keine Erfahrungen vor. Es empfiehlt sich, einen Versuch mit Du Pont Benomyl (0,05%) anzustellen. So kann gleichzeitig auch der Botrytis-Fäule vorgebeugt werden. Zineb-Präparate, Metiram (z. B. Polyram Combi)

* Nach neuester Nomenclatur: *Mycocentrospora acerina* (Hart.) Deighton (144).

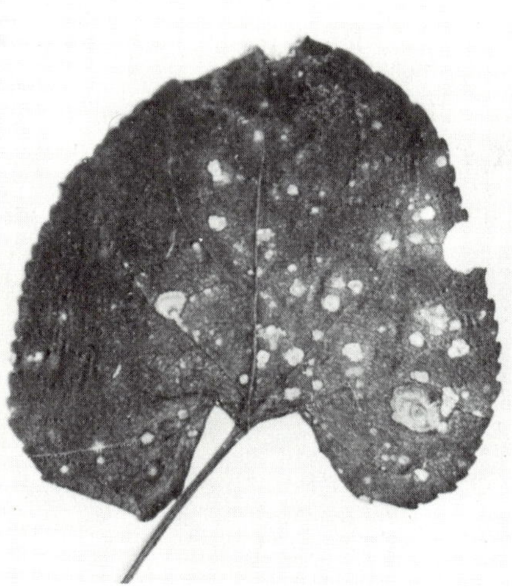

Abb. 263. Blattflecke durch *Cercospora violae* bei Veilchen.
Abb. 264. Blattflecke bei Stiefmütterchen durch den Pilz *Colletotrichum violae tricoloris.*

oder auch Mancozeb (z. B. Dithane Ultra) sind weniger günstig, da sie den Blütenflor stark beeinträchtigen.

Veilchenblattrollmücke (*Dasyneura affinis* Kieff.). Die Veilchenblattrollmücke kann örtlich manchmal schwere Schäden verursachen. Auffällig sind die wulstigen, fleischig verdickten, bleichgrün verfärbten (zum Teil mit schwach violettem Anflug) und glänzend-seidigbehaarten Gallen (Abb. 265). Mitunter sind die Herzblätter völlig vergallt. Der Befall kann so stark sein, daß die Veilchenblätter überhaupt nicht mehr als solche zu erkennen sind. Vergallte Blätter sind brüchig, das Gewebe bräunt sich, die Gallen vermorschen, und schließlich sterben die Blätter ab.

Sofern die Mücken noch nicht ausgeflogen sind, findet man in den Gallen die zunächst weißlichen, später organgefarbenen Larven oder auch schon die seidig glänzenden Puppenkokons. Die kurzlebigen, langbeinigen, gelblich oder orange gefärbten, zart beflügelten Gallmücken sind kaum 2 mm lang. Das Insekt hat mehrere Generationen im Jahr. Es überwintern die Larven in einem Kokon in den vergallten Blättern. Aus den Puppenkokons schlüpfen im allgemeinen in der ersten Aprilhälfte die Mücken der ersten Generation. Bald erfolgt Eiablage. Die Eier werden – oft sind es über 50 – an die Ränder der noch nicht entfalteten Herzblättchen abgelegt. Durch die Nahrungsaufnahme der Larven wird die normale Entfaltung der Blätter verhindert. Es kommt zur Bildung der typischen Blattrollen.

Hohe Luftfeuchtigkeit und Temperaturen um 20–25 °C sind der Vermehrung der Gallmücke überaus günstig. Die 2. Mückengeneration fliegt etwa um Mitte Juni, eine 3. gegen Ende August/Anfang September, und mit einer 4. ist in der ersten Oktoberhälfte zu rechnen.

Bekämpfung: Wo sich der Schädling einmal eingenistet hat, hat man alle Mühe, ihn niederzuhalten oder gar auszurotten. Wenn es sich nur um wenige befallene Blätter handelt, sind diese am besten abzupflücken oder zu verbrennen. Bei größeren

Abb. 265. Von der Veilchenblattrollmücke befallene Veilchenpflanze.

Flächen wird man zweckmäßigerweise chemische Mittel einsetzen. Mit Bekämpfungsmaßnahmen schon bald nach Beginn des Mückenfluges beginnen. Gallen daher schon von April ab auf verlassene Puppenhäute überprüfen. Es ist wiederholt in Abständen von 10–14 Tagen mit Phosphamidon + Fenitrothion (z. B. Dimecron combi 0,1%) zu spritzen. Gegen Junglarven sind auch Parathion-Emulsionen und Mevinphos-Mittel (z. B. PD 5, Shell Phosdrin 50) brauchbar. Alle angeführten Mittel haben sich in unseren Bekämpfungsversuchen als gut wirksam erwiesen. Nicht ganz so gut war das Ergebnis mit Zinophos-Emulsion, Omethoat- und Dimethoat-Emulsion.

Veilchengallmilbe (*Coptophylla violae* Nal.). Nur selten auftretender Schädling. Gelegentlich bei *Viola cornuta* und *V. gracilis*, vereinzelt bei *V. odorata* und Wittrockiana-Hybriden (Gartenstiefmütterchen). Verkrümmte, gekräuselte, beulig verbogene Blätter mit auffällig nach oben eingerollten Blatträndern sind das kennzeichnende Merkmal des Gallmilben-Befalls. Im Unterschied zu den Schädigungen der Blattrollmücke sind die Blattränder jedoch nicht wulstig und verdickt und auch nicht irgendwie verfärbt. Der Schaden geht auf sehr kleine, mit bloßem Auge nicht sichtbare, grünliche, spindelförmige Milben zurück. Sie leben oft in großer Zahl (bis zu 40 und 50) auf den befallenen Blättern.

Bekämpfung: Wo der Schädling nur vereinzelt auftritt, geschädigte Blätter abpflücken und verbrennen. Bei beginnendem Befall mit Parathion- oder Endosulfan-Emulsion (z. B. Thiodan 35 flüssig) spritzen. Die zwei- bis dreimalige Wiederholung in Abständen von 10–14 Tagen ist wichtig. Im übrigen Anbaufläche wechseln. Befallene Bestände zurückschneiden. Abschnitt verbrennen. Befallsverdächtige Pflanzen (z. B. von Hornveilchen) nicht für die Stecklingsvermehrung verwenden.

Spinnmilben. Auf den Blättern werden zunächst kleine, helle Fleckchen auffällig. Bei starkem Befall vergilben die Blätter und vertrocknen. Im Freiland werden die Schäden vor allem während der Sommermonate in trockenheißer Lage beobachtet. Unter Glas tritt die Rote Spinne gerne auf, wenn die Veilchen bei hoher Lufttrockenheit unter Wassermangel leiden. Siehe Seite 58.

Bekämpfung: Sie geschieht am besten mit einem Demeton-Mittel (z. B. Metasystox) oder mit einer Dimethoat-Emulsion. Man kann aber auch je m^2 5 g Temik-Granulat ausbringen.

Zantedeschia, Calla

Phyllosticta-Blattfleckenkrankheit (*Phyllosticta richardiae* Bruis.) Braune gezonte Blattflecke, die einen Durchmesser von mehreren Zentimetern erreichen können. Ähnliche Flecke, meist länglich und etwas eingesunken, auf Blatt- und Blütenstielen.

Bekämpfung: Luftige und nicht zu feuchte Kulturen. Die Pflanzen von oben her möglichst trocken halten. Vorbeugend und wiederholt mit einem Grünkupfer-Präparat, mit Mancozeb (z. B. Dithane Ultra) oder auch mit Du Pont Benomyl (0,05%) spritzen.

Blattläuse, unter denen die gelblich-grünbraune Gefleckte Gewächshausblattlaus (*Neomyzus circumflexus* Buckt.) am häufigsten angetroffen wird, besiedeln mit Vorliebe die sich entfaltenden Blätter.

Bekämpfung: Mit Demeton (z. B. Metasystox), einer Malathion-Emulsion, einem Mevinphos-Mittel oder auch mit Methomyl (z. B. Lannate 25-WP) spritzen, mit einem Lindan-Räuchermittel räuchern oder auch bei nicht zu kühler Haustemperatur Dichlorvos-haltige Präparate (z. B. Dedevap, Nogos) verdampfen.

Spinnmilben treten vor allem bei trockener Luft und schlechter Wasserversorgung auf. Siehe Seite 58.

Bekämpfung: Rechtzeitig mit einem Kelthan-Präparat (z. B. Kelthane MF), mit Pentac oder versuchsweise auch mit Folimat oder Unden flüssig spritzen. Auch einige Wochen nach dem Pflanzen je m^2 5 g Temik-Granulat (Aldicarb) ausstreuen.

Gelbfleckigkeit und Gelbstreifigkeit (Lycopersicum virus 3). Helle, oft ringförmige Flecke auf den Blättern, meist in der Nähe der Adern. Blütenstiele mit weißlicher Strichelung, Blüte mehr oder weniger stark verunstaltet. Auch die Blätter können Verdrehungen und Verkrümmungen aufweisen.

Die Krankheit ruft bei der Tomate die gefürchtete Bronzefleckenkrankheit hervor, kann aber auch auf *Chrysanthemum, Calceolaria, Calendula, Begonia, Tropaeolum, Dahlia, Primula, Senecio* (Cinerarie) u. a. übergehen. Die Übertragung erfolgt durch den Blasenfuß *Thrips tabaci.*

Bekämpfung: Kranke Pflanzen vernichten.

Zinnia, Zinnie

Alternaria-Blattflecken- und -Keimlingskrankheit (*Alternaria zinniae* Pape). Blätter mit rundlichen oder länglichen, meist purpurn umrandeten, innen graubraun verfärbten Flecken (Abb. 266), die an den unteren Blättern oft so dicht beisammenstehen, daß das ganze Blattgewebe betroffen ist und die Blätter absterben. Die Infektion

Abb. 266. *Alternaria*-Blattfleckenkrankheit bei Zinnie.
Abb. 267. Welke der Triebspitzen infolge Grauschimmelkrankheit *(Botrytis cinerea)* bei Zinnie.

geht hauptsächlich von der Blattunterseite aus. Die Krankheit greift mitunter auch auf die Blüte über, wobei leicht das Saatgut durch Sporen infiziert wird. So ist es zu erklären, daß oft schon Keimpflanzen unter heftigem Befall leiden und dann häufig an einer Stengelgrundfäule zugrunde gehen.

Bekämpfung: Saatgut mit einem TMTD-haltigen Beizmittel beizen. Schon ab Mitte Juni vorbeugend und wiederholt mit Mancozeb (z. B. Dithane Ultra), Metiram (Polyram Combi) oder mit einem Maneb-Mittel spritzen oder sprühen. Im allgemeinen reicht es aus, wenn die Mittel in Abständen von 14 Tagen ausgebracht werden. Bei sehr feuchter Witterung sollte man jedoch die Abstände zwischen den einzelnen Behandlungen etwas enger nehmen.

Grauschimmelkrankheit (*Botrytis cinerea* Pers.). Die Spitzen der Blütentriebe werden welk und braun (Abb. 267). Die Krankheit tritt besonders bei anhaltend feuchter Witterung auf.

Bekämpfung: Vorbeugend und wiederholt in Abständen von 10–14 Tagen mit Benomyl, Thiophanat M (z. B. Cercobin M) oder auch mit Dichlofluanid (z. B. Euparen) spritzen. Möglicherweise ist auch das derzeit in Prüfung befindliche Ronilan (vorgeschlagene Wirkstoffbezeichnung: Vinchlozolin) brauchbar.

Rhizoctonia-Fußkrankheit (*Rhizoctonia solani* Kühn). Die ganzen Pflanzen werden welk und gehen ein. Ursache ist eine Fäule am Stengelgrund. Der Erreger greift vom Boden her an.

Bekämpfung: Saatgut mit einem TMTD-haltigen Saatgutbeizmittel beizen. Wechsel der Anbaufläche. Wo es sich nur um einzelne Befallsherde handelt, sind diese auszuräumen und das kranke Pflanzenmaterial zu vernichten. Danach die Pflanzen in nächster Umgebung des Befallsherdes durch vorbeugendes Angießen mit Du Pont Benomyl-Brühe (0,1%) oder mit Captan 50 (0,25%) vor Neubefall schützen.

Schnecken. Bei nasser Witterung haben Zinnien oft stark unter Schneckenfraß zu leiden. Siehe Seite 57.

Anhang

Entseuchung von Anzuchtgefäßen, Frühbeetkästen und Gewächshäusern

Eine Frage, die von der Praxis immer wieder gestellt wird, ist die nach einem geeigneten Desinfektionsmittel. Ist doch die Durchführung oder Nichtdurchführung von Hygienemaßnahmen oft das schwächste Glied in einem Bekämpfungsprogramm.

Allein von der Wirkung ausgehend, muß *Formaldehyd* auch heute noch mit an erster Stelle genannt werden. Zur Entseuchung dient die im Handel befindliche 40%ige wäßrige Lösung des gasförmigen Formaldehyds. Sie ist als Formalin bekannt. Formaldehydlösung ist gleichermaßen gegen pilzliche und bakterielle Schaderreger wirksam. Die Anwendung erfolgt 2%ig, das ist 1/2 l des käuflichen 40%igen Formalins auf 10 l Wasser. Saat- und Pikierkisten, Töpfe, Schalen entseucht man am besten durch 1/2stündiges Tauchen. Holz- und Betonteile der Frühbeetkästen, Frühbeetfenster, Konstruktionsteile von Gewächshäusern und Stellagen, Mauerwerk und Wände kann man mit 2%iger Formaldehydlösung abwaschen, bei entsprechender Vorsicht auch abspritzen. Leider wird die Verwendung des Formalins durch die von dem Mittel ausgehenden Dämpfe stark eingeschränkt. Es kann also nur dort der Entseuchung von Vermehrungsbeeten, Tischen und Stellagen dienen, wo die Häuser nicht mit Pflanzen belegt sind und nicht die Gefahr besteht, daß die schädigenden Dämpfe in benachbarte Häuser eindringen.

Mit Formalin entseuchte Anzuchtgefäße sind dann verwendungsfähig, wenn Formaldehydgeruch nicht mehr wahrgenommen wird. Da Formaldehyd Augen und Schleimhäute reizt, ist bei seiner Anwendung Vorsicht geboten.

Geht es um die Entseuchung ganzer Gewächshäuser, kann Formalin auch mit elektrischen Heizplatten oder Spiritusbrennern verdampft werden. Man rechnet 3,5 l auf 100 m^3 Gewächshausraum. Je höher dabei die Haustemperatur, desto günstiger. Anschließend hält man die Häuser 24 Stunden geschlossen. Sie können dann wieder verwendet werden, wenn der Formaldehydgeruch verschwunden ist.

Die Kombination Formalin und Kaliumpermanganat wird für weniger günstig gehalten, da die Mittel sehr heftig miteinander reagieren und möglicherweise Gefahren für den Anwender mit sich bringen.

Beim *Delegol* handelt es sich um ein geruchloses und für den Menschen weitgehend ungiftiges Desinfektionsmittel mit besonderer Wirkung gegen bakterielle Krankheitserreger. Es dient normalerweise zur Raumdesinfektion und zur Desinfektion von Gegenständen und ist vor allem in Krankenhäusern, Badeanstalten und in Betrieben der Nahrungs- und Genußmittelindustrie in Gebrauch. Delegol kann auch zur Teilentseuchung von Tischen und Stellagen in pflanzenbestandenen Gewächshäusern Verwendung finden. Im allgemeinen arbeitet man mit 1–2%igen Lösungen. Wichtig ist zu wissen, daß sich mit Delegol nur glatte und saubere Oberflächen sicher entseuchen lassen. Je sorgfältiger das zu desinfizierende Objekt vorgereinigt wird, desto besser. Erdige bzw. organische Bestandteile können die Wirkung beeinträchtigen. Delegol sollte daher nur zur Desinfektion von Gegenständen und Stellflächen dienen, die weitgehend frei von Erde und organischen Stoffen sind. Für Anzuchtgefäße und dergleichen wird eine Tauchzeit von 10–20 Minuten empfohlen.

Ein altbekanntes Desinfektionsmittel ist *Lysol*. Es wird 5%ig verwendet. Anzuchtgefäße werden 1/2 Stunde getaucht. Konstruktionsteile von Gewächshäusern, Tische, Stellagen, Mauerwerk und Wände, aber auch Holz- und Betonteile der Frühbeetkästen und Frühbeetfenster kann man mit Lysollösung abwaschen, bei entsprechender Vorsicht auch abspritzen. Auch für Lysol gilt, daß sich nur glatte und sorgfältig vorgereinigte Oberflächen sicher entseuchen lassen.

Auch die der Imprägnierung dienenden *Holzkonservierungsmittel* (z. B. U-Salze und UA-Salze) können zur Entseuchung von Saat- und Pflanzkisten Verwendung finden. Da die von den Mitteln ausgehenden Dämpfe oder auch Aussalzungen der Präparate Pflanzenschäden verursachen können, dürfen entseuchte Gefäße und Kisten nicht zu früh gebraucht werden. Im allgemeinen genügt eine Wartezeit von 14 Tagen.

Als Reinigungs- und Desinfektionsmittel ist des weiteren *Helfert HDR* zu nennen. Das gegen pilzliche und bakterielle Erreger wirksame Präparat, wohl mit P 3 flüssig spezial der Firma Henkel identisch, wird 3%ig verwendet. Für die Entseuchung von Gegenständen ist bei 20 °C Lösungstemperatur eine Tauchzeit von 10 Minuten vorgesehen. Bereits 5 Minuten genügen bei 40 °C. Nach der Behandlung mit klarem Wasser nachspülen. Der Ätzgefahr wegen ist beim Arbeiten mit Helfert HDR Augenschutz notwendig.

Zum Ausgießen von Vermehrungsbeeten und zur Desinfektion von Anzuchtgefäßen, Abdeckmaterialien, Fenstern, Geräten ist *Albisal* (Chinolin-Derivat) auch heute noch gebräuchlich. Es wird im allgemeinen 0,2%ig, bei vorausgegangenem Befall 0,4%ig verwendet. Bei Albisal hat man zwar ungünstige Nebenwirkungen nicht zu befürchten, doch wird die sichere desinfizierende Wirkung des Formaldehyds nicht erreicht.

Dimanin A, ein mildes, den Kulturpflanzen kaum Gefahr bringendes Desinfektionsmittel, hat nur dort seine Berechtigung, wo es um Maßnahmen gegen pilzliche Erreger und Algen geht. Sorgfältige Vorreinigung der Anzuchtgefäße und Materialien ist auch in diesem Fall wichtig. Das Produkt wird 0,25–0,5%ig verwendet.

Wo *Erddämpfgeräte* zur Verfügung stehen, können auch diese zur Entseuchung von Töpfen, Schalen und dergleichen eingesetzt werden. Notfalls kann man Anzuchtgefäße auch in einem alten Waschkessel auskochen.

Leerstehende Anzuchthäuser lassen sich auf sehr einfache Weise durch *Verbrennen von Schwefel* (10 g Stangenschwefel oder Stückschwefel auf 1 m^3 Luftraum) entseuchen. Das bei der Verbrennung entstehende Schwefeldioxid ist für Pflanzen giftig. Benachbarte, mit Pflanzen bestandene Häuser, müssen deshalb vollständig abgedichtet werden (auch Türritzen und Schlüssellöcher!). Bei verzinkter Gewächshauskonstruktion ist das Verbrennen von Schwefel nicht ratsam, da sich in diesem Fall das Zink mit dem bei der Verbrennung entstehenden Schwefeldioxid umsetzt. Es bildet sich pulveriges Zinksulfat.

Erd- und Bodenentseuchung

Seuchenfreie Kulturflächen und Anzuchterden sind eine erste Voraussetzung für gesunde Pflanzenbestände. Wir können dieses Ziel erreichen durch Bodenerneuerung, das heißt durch einen Erdwechsel, oder aber durch eine Bodenentseuchung, die entweder mittels Dämpfens, durch Erhitzen des Bodens mit elektrischem Strom (z. B. im Sterilo-Elektrodämpfer) oder auf chemischem Wege (z. B. mit Basamid, Di-Trapex, Terabol, Formalin) möglich ist. In diesem Zusammenhang verdient auch die heute allgemein verwendete Einheitserde (nach FRUHSTORFER) Beachtung. Wir haben es in diesem Fall mit einem praktisch von Krankheitserregern, Schädlingen und Unkrautsamen freien Erdsubstrat zu tun. Die wichtige Forderung eines von Krankheitskeimen, Schädlingen und Unkrautsamen freien Substrats erfüllen bekanntlich auch der Torf und die verschiedenen Torfkultursubstrate.

Im übrigen muß der Praktiker wissen, daß es beschränkte Anwendungsverbote für bestimmte Bodenentseuchungsmittel gibt und auch Terabol (Methylbromid) und das Aldicarb-Granulat Temik 10 G gewissen Anwendungsbeschränkungen unterworfen sind.

Beschränkte Anwendungsverbote für Bodenentseuchungsmittel

Basamid, Di-Trapex, aber auch das gegen Nematoden wirksame, die Wirkstoffe Dichlorpropen und Dichlorpropan enthaltende Shell DD, sind beschränkten Anwendungsverboten unterworfen. Die Anwendung dieser Stoffe in Wasserschutzgebieten ist verboten. Bei Wasserschutzgebieten, die von der nach Landesrecht zuständigen Behörde nach den vom Deutschen Verein von Gas- und Wasserfachmännern e.V. aufgestellten Richtlinien für Trinkwasserschutzgebiete in Schutzzonen unterteilt sind, ist die Anwendung von Basamid (Wirkstoff: Dazomet) in Zone III mit Zustimmung der zuständigen Behörde zulässig. Ist die Zone III in die Zonen III A und III B aufgeteilt, so ist die Anwendung in Zone III A mit Zustimmung der zuständigen Behörde, in Zone III B ohne eine solche Zustimmung zulässig. Die Anwendung von Di-Trapex (Wirkstoff: Methylisothiocyanat + Dichlorpropen + Dichlorpropan) und von Shell DD ist auch in Zone III B nur mit Zustimmung der zuständigen Behörde zulässig, wenn in dieser Zone Rebflächen liegen.

Anwendungsbeschränkungen für Terabol und Temik 10 G

Die Anwendung von Terabol (Methylbromid) ist nur mit Zustimmung der nach Landesrecht zuständigen Behörde zulässig. Gemüse darf frühestens 3 Jahre nach der Anwendung angebaut werden.

Die Anwendung des zur Bodenbehandlung im Zierpflanzenbau zulässigen Aldicarb-Granulats Temik 10 G in Wasserschutzgebieten ist verboten. Bei Wasserschutzgebieten, die von der nach Landesrecht zuständigen Behörde nach den vom Deutschen Verein von Gas- und Wasserfachmännern e.V. aufgestellten Richtlinien für Trinkwasserschutzgebiete in Schutzzonen unterteilt sind, ist die Anwendung in Zone III mit Zustimmung der zuständigen Behörde zulässig. Ist die Zone III in die Zonen III A und III B aufgeteilt, so ist die Anwendung in Zone III A mit Zustimmung der zuständigen Behörde, in Zone III B ohne eine solche Zustimmung zulässig.

Saatgutbeize

Das Beizen des Saatgutes hat den Zweck, dem Samen anhaftende Pilzkeime abzutöten bzw. sie in ihrer Entwicklung zu hemmen. Bei ungünstigen Keimbedingungen (z. B. kalter und nasser Boden) kann das Beizen den Samen vor Schimmelpilzen schützen und ein besseres Auflaufen bewirken. Die in früheren Jahren für diesen Verwendungszweck gebräuchlichen quecksilberhaltigen Beizmittel sind heute nicht mehr zulässig. In Frage kommen die organischen Pilzgifte der Zineb- (z. B. BASF-Zineb-Spritzpulver) und TMTD-Gruppe (z. B. BASF-TMTD-Spritzpulver) und das Metiram-Präparat Polyram-Combi. Die Aufwandmengen liegen jeweils bei 10 g je kg bzw. 1 g je 100 g Saatgut. Eine sehr leidige Angelegenheit ist dabei immer wieder das Wiegen kleiner Beizmittelmengen. Man braucht dazu eine Waage, die es erlaubt, auch eine Mittelmenge von 1 g sicher abzuwägen. Geht es um noch kleinere Mengen, läßt sich die Menge von 1 g mit etwas Übung auch nach Augenmaß halbieren, dritteln oder vierteln.

Zum Beizvorgang selbst seien noch folgende Hinweise gegeben: Das Saatgut wird zusammen mit dem Beizpulver in eine für diesen Zweck gekennzeichnete Flasche oder Blechdose gegeben und dann 5 Minuten lang gut durchgeschüttelt. Hernach wird das überschüssige Beizpulver abgesiebt. Nur ein hauchdünner Belag soll das Samenkorn überziehen.

Zur Frage der Dauerwirkung gebräuchlicher Insektizide

Von der Praxis wird immer wieder die Frage gestellt: Wie lange halten eigentlich die einzelnen Präparate vor?

Vorauszuschicken ist, daß diese Frage für die einzelnen Mittel keinesfalls präzise beantwortet werden kann. Die Dauerwirkung eines Präparats ist von verschiedenen Faktoren abhängig. Von Einfluß können einmal der Befallsdruck, die Temperatur, die Menge der niedergehenden Niederschläge, oder bei künstlicher Beregnung die verabreichte Wassermenge, und damit im Falle von Präparaten mit reiner Oberflächenwirkung die Haftfähigkeit sein. Eine Rolle spielt des weiteren die Art der Schädlinge. Die Haftfähigkeit wird ihrerseits wieder von der Struktur der Blattoberfläche beeinflußt. Auch hält die Wirkung mancher Präparate (z. B. Parathion-Emulsionen) auf assimilationsfähigem Gewebe weniger lange an, als beispielsweise auf toten Substanzen oder im Boden. Die Angaben in der nachfolgenden Tabelle können deshalb nur der groben Orientierung dienen. Je nach den örtlichen Umständen und Gegebenheiten können sie einer Veränderung nach oben oder unten unterworfen sein.

Im übrigen ist die Dauerwirkung eines Präparats zwar eine wertgebende Eigenschaft, aber keinesfalls die einzige, und es sei ausdrücklich vermerkt, daß mit der Angabe zur Wirkungsdauer kein Werturteil über die einzelnen Produkte ausgesprochen wird. Denken wir auch an gute chemische und physikalische Eigenschaften, an gute Kulturpflanzenverträglichkeit, rasche Anfangswirkung, gute Breitenwirkung, an nützlingsschonende Eigenschaften, geringe Giftigkeit für Mensch und Tier und an Bienenungefährlichkeit. Darüber hinaus ist wichtig, daß ein Mittel den Geruch behandelter Pflanzen nicht ungünstig beeinflußt und nicht oder nicht über Gebühr zeichnet, das heißt gar keine oder nur wenig auffällige Präparatrückstände hinterläßt. Ein letzter Punkt ist schließlich auch die Wirtschaftlichkeit in der Anwendung.

Über die Dauerwirkung von Spezialpräparaten gegen Spinnmilben (Akarizide) siehe Seite 62.

Dauerwirkung von Insektiziden

Wirkstoff	Beispiele für Handelspräparate	ungefähre Dauerwirkung in Tagen
Azinphos-äthyl	Gusathion H	8–10
Azinphos-methyl	Gusathion Spritzpulver	8–10
Bromophos-methyl	Nexion stark	4– 6
Bromophos-äthyl	Nexagan	10–14
Demeton-S-methyl	Metasystox (i)	10–14
Demeton-S-methyl-sulfoxid	Metasystox R	10–14
Diazinon	Diazinon 25 Emulsion	3
Dibrom	Ortho Dibrom	3
Dichlorvos	Dedevap, Nogos	1– 2
Dimethoat	Dimethoat-Emulsionen verschied. Firmen	8–10
Endosulfan	Thiodan, Beosit	8–10
Lindan	Lindan-Emulsionen verschied. Firmen	6– 7 (bei warmer Witterung gegen Käfer oft nur 2–3 Tage)
Malathion	Malathion-Emulsionen verschied. Firmen	3– 4
Methamidophos	Tamaron	14
Methomyl	Lannate 25-WP	5–6
Mevinphos	PD 5, Shell Phosdrin 50	1–2 Tage (bei warmer Witterung oft nur 8 Stunden)
Omethoat	Folimat	14
Parathion-äthyl	E 605 forte, Eftol, Parathion forte u. a.	3
Phosphamidon	Dimecron 20, Detia Dimecron Wacker Dimecron	8–10
Propoxur	Unden flüssig	3– 4
	Unden Spritzpulver	3– 4
Sulfotepp	Bladafum	3
Trichlorfon	Dipterex flüssig, Dipterex Spritzpulver	4– 6

Vorsicht beim Umgang mit Pflanzenschutzmitteln

Jeder verantwortungsbewußte Betriebsleiter, jeder mit Pflanzenschutzmaßnahmen betraute Gärtner muß sich über die Vorsichtsmaßnahmen beim Umgang mit giftigen Pflanzenschutzmitteln unterrichten.

Nach den zur Zeit geltenden gesetzlichen Bestimmungen wird es dem Hersteller zur Pflicht gemacht, Packungen oder Gebinde von Pflanzenschutzmitteln je nach dem Grad der Giftigkeit der Mittel durch das „*Totenkopfzeichen*" und das Wort „*Gift*" oder auch durch das Wort „*Vorsicht*" zu kennzeichnen.

	Abteilung 1 (giftigste Stoffe)	Abteilung 2 (giftige Stoffe)	Abteilung 3 (weniger giftige Stoffe)
Warnzeichen	Totenkopf	Totenkopf	—
Warnung	„Gift"	„Gift"	Vorsicht
Schriftfarbe	weiß	rot	rot
Grundfarbe	schwarz	weiß	weiß

Diese grobe Kennzeichnung allein kann schon auf die Gefährlichkeit eines Mittels hinweisen. Man darf aber auch beim Umgang mit weniger gefährlichen Präparaten nicht gleichgültig und damit fahrlässig werden. Nicht allein vor akuten Vergiftungen, wie sie z. B. durch eine einmalige Aufnahme durch die Haut oder die Atmungsorgane vorkommen können, müssen wir uns schützen, auch chronische Vergiftungen, die durch wiederholte, aber jeweils geringe Giftaufnahme, von der man gar nichts merkt, zustande kommen können, gilt es vorzubeugen.

Der Verbraucher von Pflanzenschutzmitteln muß die Gebrauchsanweisungen der Firmen genau beachten und die Vorsichtsmaßregeln gut studieren. Pflanzenschutzarbeiten übertrage man nur zuverlässigen und pflichtbewußten Leuten. Auch ist der Leiter eines Betriebs verpflichtet, alle mit giftigen Pflanzenschutzmitteln arbeitenden Personen in seinem Betrieb zu einer gewissenhaften Beachtung entsprechender Vorsichtsmaßnahmen anzuhalten.

Giftige Pflanzenschutzmittel stets unter Verschluß lagern. Für das Ansetzen von Giftlösungen eigens dazu bestimmte Gefäße verwenden. Nicht mehr Spritzbrühe ansetzen, als man voraussichtlich braucht. Angesetzte Spritzbrühen nicht unbeaufsichtigt stehenlassen. Leere Mittelpackungen und Gefäße müssen unbrauchbar gemacht werden. In diesem Zusammenhang ist auf das Merkblatt Nr. 34 der Biologischen Bundesanstalt für Land- und Forstwirtschaft „Vorläufige Richtlinie der Biologischen Bundesanstalt für die gefahrlose Beseitigung von Pflanzenschutzmittelabfällen in der landwirtschaftlichen Praxis" hinzuweisen. Diesem Merkblatt entnehmen wir den folgenden Abschnitt:

Beseitigung von leeren Pflanzenschutzmittelbehältern

Pflanzenschutzmittelbehälter, die beim üblichen Verbrauch des Mittels leer werden, sind sorgfältig und möglichst vollständig zu entleeren. Bei Spritz- und Gießmitteln sind die Behälter mit Wasser auszuspülen und dieses der Spritz- oder Gießbrühe zuzusetzen. Danach sind die Behälter umgehend unbrauchbar zu machen durch Zusammendrücken oder Durchlöchern und unter Verschluß aufzubewahren. Die Beseitigung der Behälter soll nicht durch Vergraben erfolgen. Die Behälter können ohne mengenmäßige Beschränkung einer geordneten Deponie zugeführt werden, doch ist auch hier die Anlieferung der Deponieleitung vorher anzuzeigen, damit ein umgehender Einbau der Ablagerung in die Deponie erfolgt. Auch Abfallverbrennungsanlagen können die Behälter ohne Einschränkung beseitigen.

Darüber hinaus informiert das Merkblatt den Praktiker über die Beseitigung größerer Mengen von Pflanzenschutzmittelaltbeständen und über die Beseitigung von Pflanzenschutzmittelabfällen der Abt. 1 und 2. Mit der Anlage 3 wird schließlich eine Zusammenstellung von Abfallverbrennungs- und Sonderabfallbeseitigungsanlagen (Adressen der zuständigen Stellen) gegeben. Der Bezug des Merkblattes kann über die zuständigen Pflanzenschutzdienststellen erfolgen.

Nicht benötigte Spritzbrühreste nur dort ablassen bzw. verspritzen, wo Mensch und Tier nicht gefährdet werden. Gefäße und Geräte, die beim Ansetzen und Aufbewahren der Spritzbrühe verwendet wurden, nach Gebrauch gründlich reinigen.

Da die Gifte sowohl durch Nase und Mund als auch durch die Haut in den Körper gelangen können, ist entsprechende Schutzkleidung, bei besonders giftigen Präparaten auch Atem- bzw. Gesichtsschutz, notwendig. Eine eng an Hals und Handgelenken anliegende Schutzkleidung (Drillich, kein Gummi), festes Schuhwerk und eine Kopfbedeckung tragen. Atemschutz ist vor allem beim Arbeiten im Gewächshaus notwendig, da man dort auch bei voller Lüftung nur mäßige Luftbewegung hat. Auch wird bei höheren Temperaturen die gesundheitsschädigende Wirkung der Mittel noch verstärkt. Im besonderen gilt dies, wenn die Mittel im Sprühverfahren angewandt werden. Auch bei heißem Wetter im Freien, in hohen und dichten Pflanzenbeständen und überhaupt bei länger währenden Pflanzenschutzarbeiten ist entsprechender Atemschutz wichtig.

Zum Schutz vor gröberen Stäubemitteln und Spritzmitteln ohne schädigende Dämpfe genügt eine Halbmaske aus Schwammgummi oder Stoff. Für feineren Staub sind Feinstaubmasken mit Feinstaubfilter und Dichtrahmen für Mund und Nase anzulegen. Bei Präparaten mit hoher Gasspannung (z. B. Phosphorsäureester) sind Feinstaubmasken mit Aktivkohle verschiedener Filter zu tragen. Wo mit systemischen Mitteln, wie z. B. PD 5, Tamaron u. a., gearbeitet wird, Gasmasken mit Spezialfilter verwenden. Über gebräuchliche Maskentypen orientieren im übrigen die zuständigen Pflanzenschutzdienststellen.

Man spritze, sprühe und stäube nicht gegen den Wind. Eine üble Angewohnheit ist auch das Ausblasen verstopfter Düsen mit dem Mund. Keinesfalls darf während der Arbeit geraucht oder gegessen werden. Keinen Alkohol und keine Milch trinken. Vor dem Essen und nach Arbeitsschluß sind die Hände gründlich und möglichst mit warmem Wasser zu waschen. Ein Kleiderwechsel ist dann notwendig, wenn mit giftigen Mitteln gearbeitet wurde.

Die „Richtlinien des Bundesgesundheitsamtes und der Biologischen Bundesanstalt für Land- und Forstwirtschaft über Vorsichtsmaßnahmen beim Umgang mit Pflanzenschutz- und Schädlingsbekämpfungsmitteln" sind als Merkblatt Nr. 18 der Biologischen Bundesanstalt von den Pflanzenschutzämtern bzw. Pflanzenschutzdienststellen zu beziehen. Dieses Heftchen sollte in jedem Gartenbaubetrieb greifbar sein.

Schutz der Bienen

Die „Verordnung zum Schutz der Bienen vor Gefahren durch Pflanzenschutzmittel“ (Bienenschutzverordnung) vom 19. Dezember 1972 verbietet die Anwendung bienengefährlicher Pflanzenschutzmittel bei blühenden Pflanzen. Sie ist am 1. Januar 1973 in Kraft getreten.

Im Sinne dieser Verordnung sind nach § 1

1. Bienengefährliche Pflanzenschutzmittel:
   a) Pflanzenschutzmittel, die die Biologische Bundesanstalt für Land- und Forstwirtschaft mit der Auflage zugelassen hat, sie als bienengefährlich zu kennzeichnen.
   b) Andere zugelassene Pflanzenschutzmittel in einer höheren als der höchsten in der Gebrauchsanweisung vorgesehenen Konzentration.
2. Blühende Pflanzen:
   Pflanzen, an denen sich geöffnete Blüten befinden, außer Hopfen und Kartoffeln.

Was beinhaltet der § 2 dieser Verordnung?

Die Anwendung von bienenschädlichen Pflanzenschutzmitteln bei blühenden Pflanzen ist grundsätzlich verboten. Auch sind die Mittel so anzuwenden, daß blühende Pflanzen nicht mitgetroffen werden. Innerhalb eines Umkreises von 60 m um Bienenstände dürfen bienengefährliche Pflanzenschutzmittel ohne Zustimmung der Imker nur außerhalb des täglichen Bienenflugs angewandt werden. Auch sind bienengefährliche Pflanzenschutzmittel so zu handhaben und aufzubewahren, daß Bienen nicht mit ihnen in Berührung kommen.

Ist ein bienengefährliches Pflanzenschutzmittel entsprechend der von der Biologischen Bundesanstalt für Land- und Forstwirtschaft erteilten Auflage mit der Angabe versehen *„bienengefährlich, ausgenommen bei Anwendung nach dem täglichen Bienenflug bis 23 Uhr“*, bleibt das Anwendungsverbot während der angegebenen Tageszeit unberücksichtigt.

Liegt die unbedingte Notwendigkeit einer Schädlingsbekämpfungsmaßnahme während der Blüte vor, kann abweichend von § 2 der Verordnung die zuständige Behörde Ausnahmen zulassen. Der Anwender hat jedoch Imker, deren Bienenstände sich im Umkreis von 2 km befinden, spätestens 48 Stunden vor Anwendung des Mittels zu benachrichtigen.

Laut Merkblatt Nr. 29 der Biologischen Bundesanstalt „Verzeichnis nicht bienengefährlicher Pflanzenschutzmittel“ (4. Auflage 1973 und Nachtrag zur 4. Auflage 1974) gelten im Sinne der unten angegebenen Verwendung (höchste Konzentration bzw. Aufwandmenge) beispielsweise die folgenden Endosulfan-Präparate als nicht bienengefährlich:

Beosit emulgierbar	bis 0,4 % spritzen
Beosit Spritzpulver	0,4 % spritzen
Beosit 35 flüssig	3 l/ha oder 5 % sprühen bei 20 l
Beosit 35 Spritzpulver	3 kg/ha
Beosit Staub	40 kg/ha stäuben
Thiodan emulgierbar	0,4 % spritzen oder 6 % sprühen mit 20 l Wasser je ha
Thiodan Spritzpulver	0,4 % spritzen oder 6 % sprühen mit 20 l Wasser je ha

Thiodan 35 flüssig	3 l/ha
Thiodan-Staub	50 kg/ha stäuben
Thiodan 35 Spritzpulver	3 kg/ha

Des weiteren Parexan (bis 0,2 %), das Dialiflor-Mittel Torak (bis 0,15 %), Dipterex SL (0,15 % bei 3000 l) und die im Acker- und Obstbau gebräuchlichen Toxaphen-Präparate (z. B. Toxaphen-Staub bis 40 kg/ha; Toxaphen-Emulsion bis 0,2 %) und Phosalon-Mittel (z. B. Rubitox flüssig 3 l/ha; Ribitox Spritzpulver bis 0,2 %).

Bienengefährlich, ausgenommen bei Anwendung nach dem täglichen Bienenflug bis 23 Uhr sind die folgenden Insektizide:

Metasystox (i) (Demeton)	bis 0,1 %
Metasystox-R	0,1 %
Sapecron flüssig (Chlorfenvinfos)	0,1 %
Birlane Fluid (Chlorfenvinfos)	0,1 % bei 600 l
E 605 forte, Parathion forte	0,1 % bei 600 l
Eftol, Shell Parathion	0,1 % bei 600 l
Trithion 4 E (Chlorphenotion)	2 l/ha
Nexagan-Emulsion (Bromophos-äthyl)	0,25 % bei 600 l

Vorbedingung für diese Anwendung ist jedoch, daß der Belag *vor* dem Einsetzen des Bienenfluges am nächsten Tag angetrocknet ist.

Pflanzenquarantäne

Um die Einschleppung gefährlicher Krankheitserreger und Schädlinge zu verhüten, hat man in Kulturstaaten strenge Vorschriften für die Untersuchung von Pflanzensendungen (Pflanzenbeschau) an den Grenzen durch amtlichen Pflanzenschutzdienst erlassen.

Für die Bundesrepublik Deutschland sind seit dem 1. Oktober 1957 die Verordnung des Bundesministers für Ernährung, Landwirtschaft und Forsten vom 23. August 1957 zur Verhütung der Einschleppung von gefährlichen Krankheitserregern und Schädlingen der Kulturpflanzen (Pflanzenbeschauverordnung) und die nachfolgenden Änderungsverordnungen in der vom 1. Juni 1970 an geltenden Fassung der Pflanzenbeschauverordnung bzw. der 12. Verordnung zur Änderung der Pflanzenbeschauverordnung vom 14. April 1972 in Kraft. Die Verordnungen enthalten unter anderem eine Aufzählung der Pflanzen, deren Einfuhr überhaupt verboten und der Pflanzen, deren Einfuhr aus bestimmten Ländern oder zu gewissen Zeiten nicht erlaubt ist. Bei manchen Pflanzen dürfen nur bestimmte Teile (z. B. Früchte und Samen) eingeführt werden. Zierpflanzen (soweit sie in diesem Buch beschrieben sind), die mit folgenden gefährlichen Krankheiten und Schädlingen behaftet sind, dürfen nicht eingelassen werden:

Rosen mit Viruskrankheiten und Wurzelkropf (*Agrobacterium tumefaciens* (Sm. et Towns.) Conn.);

Holzige Gewächse (z. B. Rosen) mit Befall durch den Feuerbrand (*Erwinia amylovora* (Burrill) Winslow et al.);

Pflanzen, die vom Weißen Bärenspinner (*Hyphantria cunea* Drury), von der Asiatischen (*Prodenia litura* F.) oder der Afrikanischen Baumwolleule (*P. littoralis* Boisd.) besetzt sind;

Blumenzwiebeln und -knollen sowie Rhizome von Iris mit Botrytis-Krankheiten (*Botrytis spec.*), Fusarium-Welken und -Fäulen (*Fusarium oxysporum* Schlecht.) und Sklerotien-Krankheit (*Sclerotium tuliparum* Kleb.); auch solche, die von Stengelälchen (*Ditylenchus dipsaci* (Kühn) Filip.), von den Kleinen Narzissenfliegen (*Eumerus strigatus* Fall., *Eumerus tuberculatus* Rond. und *Eumerus narcissi* Smith) oder auch der Großen Narzissenfliege (*Lampetia equestris* Fab.) befallen sind;

Gladiolen- und Freesienknollen mit Lackschorf (*Pseudomonas marginata* (McCull. Stapp), Sclerotinia-Trockenfäule (*Sclerotinia gladioli* (Mass.) Dray), Septoria-Hartfäule (*Septoria gladioli* Pass.), Orangefarbenem Gladiolenrost (*Uromyces transversalis* (Thüm.) Wint.), und Gladiolenblasenfuß (*Taeniothrips simplex* Mor.).

Hyazinthen mit Gelbem Rotz (*Xanthomonas hyacinthi* (Wakk.) Dows.), Schwarzem Rotz (*Sclerotinia bulborum* (Akk.) Rehm);

Begonien mit Ölfleckenkrankheit (*Xanthomonas begoniae* (Takim.) Dows.);

Chrysanthemen mit Ascochyta-Krankheit (*Ascochyta chrysanthemi* Stev.), Mehligem Rost (*Puccinia horiana* P. Henn.) oder der Chrysanthemengallmücke (*Diarthronomyia chrysanthemi* Ahlb.);

bewurzelte Azaleen mit Ohrläppchenkrankheit (*Exobasidium japonicum* Shir.), Ovulinia-Blütenfleckenkrankheit (*Ovulinia azaleae* Weiß), Septoria-Blattfallkrankheit (*Septoria azaleae* Vogl.), Azaleenwickler (*Acalla schalleriana* L.) und Azaleenmotte (*Gracilaria azaleella* Brants = *Caloptilia azaleella* Brants);

lebende Tiere in allen Entwicklungsstadien des Mittelmeer-Nelkenwicklers (*Cacoecimorpha pronubana* Hbn.) und des Südafrikanischen Nelkenwicklers (*Epichoristodes acerbella* (Walk.) Diak. = *Epichorista ionephela* Meyr.).

Bewurzelte Pflanzen dürfen allgemein nur eingeführt werden, wenn sie von Anbauflächen stammen, die

a) in den letzten fünf Jahren keine Reben (*Vitis* L.) getragen haben.
b) nach amtlicher Untersuchung frei von Kartoffelnematoden (*Heterodera rostochiensis* Wr.) sind.

Obgleich die Untersuchungen durch die Amtliche Pflanzenbeschau einen weitgehenden Schutz vor Einschleppung gefährlicher Krankheiten und Schädlinge bieten, muß der Gärtner noch selbst alle Vorsichtsmaßnahmen ergreifen. Die Pflanzen sind bei der Ankunft genau durchzusehen, zunächst möglichst isoliert von den übrigen Beständen zu halten und in den ersten Wochen besonders sorgfältig zu beobachten. Zeigen sich irgendwelche Anzeichen einer Erkrankung, so müssen sofort die entsprechenden Bekämpfungsmaßnahmen eingeleitet werden. Bei Verdacht auf eine der oben genannten Quarantänekrankheiten und -schädlinge setze man sich unverzüglich mit der zuständigen Pflanzenschutzdienststelle in Verbindung.

Pflanzenschutzdienststellen

Nachstehend aufgeführte Pflanzenschutzdienststellen erteilen Rat und Auskunft über Pflanzenkrankheiten und -schädlinge

Baden-Württemberg
Landesanstalt für Pflanzenschutz
7 Stuttgart 1, Reinsburgstr. 107, Ruf (0711) 66761
Regierungspräsidium Freiburg – Pflanzenschutzdienst
78 Freiburg/Br. Hauptstr. 34, Ruf (0761) 31939
Regierungspräsidium Karlsruhe – Pflanzenschutzdienst
75 Karlsruhe 1, Amalienstraße 25, Ruf (0721) 1351
Regierungspräsidium Stuttgart – Pflanzenschutzdienst
7 Stuttgart 1, Breitscheidstr. 4, Ruf (0711) 20501
Regierungspräsidium Tübingen – Pflanzenschutzdienst
74 Tübingen, Keplerstr. 2, Ruf (07071) 281

Bayern
Bayerische Landesanstalt für Bodenkultur und Pflanzenbau – Abteilung Pflanzenschutz
8 München 19, Menzingerstr. 54, Ruf (089) 17991

Bremen
Pflanzenschutzamt Bremen
28 Bremen, Bahnhofsplatz 29, Tivoli-Hochhaus, Ruf (0421) 3612575

Hamburg
Institut für angewandte Botanik – Pflanzenschutzamt Hamburg
2 Hamburg 36, Marseiller Str. 7, Ruf (040) 4123–2353

Hessen
Pflanzenschutzamt Frankfurt/Main
6 Frankfurt (Main)-Hausen, Friedrich-Wilhelm-von-Steuben-Str. 2, Ruf (0611) 772454 und 773448
Pflanzenschutzamt Kassel
35 Kassel-Harleshausen, Am Versuchsfeld 17, Ruf (0561) 88141

Niedersachsen
Pflanzenschutzamt Hannover
3 Hannover 91, Wunstorfer Landstr. 9, Ruf (0511) 16651
Pflanzenschutzamt Oldenburg (Oldbg.)
29 Oldenburg, Mars-la-Tour-Str. 9–11, Ruf (0441) 2251

Nordrhein-Westfalen
Pflanzenschutzamt Rheinland
53 Bonn-Bad Godesberg 1, Mittelstr. 99, Ruf (02221) 376931-33

Institut für Pflanzenschutz, Saatgutuntersuchung und Bienenkunde der Landwirtschaftskammer Westfalen-Lippe
44 Münster/Westf., Von-Esmarch-Str. 12, Ruf (0251) 5991

Rheinland-Pfalz
Landespflanzenschutzamt Rheinland-Pfalz
65 Mainz-Bretzenheim, Essenheimer Str. 144, Ruf (06131) 34001 und 34002

Saarland
Pflanzenschutzamt Saarbrücken
66 Saarbrücken 2, Lessingstr. 12, Ruf (0681) 65521

Schleswig-Holstein
Amt für Land- und Wasserwirtschaft Kiel, Abt. Pflanzenschutz
23 Kiel, Westring 383, Ruf (0431) 41646

Berlin (West)
Pflanzenschutzamt Berlin
1 Berlin-Dahlem (Post: 1 Berlin 33), Altkircher Str. 1 und 3, Ruf 030/801081

Literaturverzeichnis

Allgemeine Gartenbauliteratur

BOHN, R.: Die Technik im Gartenbau. 3. Aufl. Ulmer, Stuttgart, Teil 1/1971, Teil 2/1973.

BERG, J., HEFT, L.: Rhododendron und immergrüne Laubgehölze. Ulmer, Stuttgart 1969.

BOSSE, G., u. a.: Hauptkulturen im Zierpflanzenbau. Ulmer, Stuttgart 1975.

CULLMANN, W.: Kakteen. 3. Aufl. Ulmer, Stuttgart 1975.

ENCKE, F.: Die schönsten Kalt- und Warmhauspflanzen. Ulmer, Stuttgart 1968.

ENCKE, F.: Zimmerpflanzen. 10. Aufl. Ulmer, Stuttgart 1975.

ENCKE, F., BUCHHEIM, G., SEYBOLD, S.: Zander, Handwörterbuch der Pflanzennamen. 10. Aufl. Ulmer, Stuttgart 1972.

ESCHER, F.: Die Schnittblumenkultur in der Erwerbsgärtnerei. 3. Aufl. Ulmer, Stuttgart 1972.

HAHN, E., OTTO, A.: Spezielle Schnittblumen. 3. Aufl. Parey, Berlin und Hamburg 1967.

HENTIG, W.-U. von: Kulturkartei für den Zierpflanzenbau. Parey, Berlin und Hamburg 1969–1973.

HUTH, K., OTTO, A.: Spezielle Topfpflanzen. 3. Aufl. Parey, Berlin und Hamburg 1965.

JANSEN, H.: Wuchs- und Hemmstoffe im Gartenbau. Ulmer, Stuttgart 1969.

JELITTO, L., SCHACHT, W. (Hrsg.): Die Freilandschmuckstauden. Ulmer. Bd. 1: Die Gattungen und Arten mit den wichtigsten Kulturformen in alphabetischer Reihenfolge. Stuttgart 1963. Bd. 2: Herkunft, Verbreitung, Kultur, Pflanzenschutz, Züchtung, Sichtung, Verwendung. Stuttgart 1966.

KANTHAK, P.: Klima und Klimatisierung von Gewächshäusern. Parey, Berlin und Hamburg 1973.

KNICKMANN, E.: Richtig düngen. 2. Aufl. Ulmer, Stuttgart 1968.

MAATSCH, R.: Marktpflanzen. Parey, Berlin und Hamburg 1952.

MAATSCH, R. u. a.: Cyclamen. 5. Aufl. Parey, Berlin und Hamburg 1971.

MÖHRING, H. K.: Die Topfpflanzenkultur in der Erwerbsgärtnerei. 4. Aufl. Ulmer, Stuttgart 1968.

NOACK, E., HENTIG, W.-H. von: Rosenkultur. Parey, Berlin und Hamburg 1972.

PENNINGSFELD, F.: Die Ernährung im Blumen- und Zierpflanzenbau. Bd. 1: Bericht über 10jährige Versuchserfahrungen. 2. Aufl. Parey, Berlin und Hamburg 1962.

RAUH, W.: Bromelien für Zimmer und Gewächshaus. Bd. 1: Allgemeiner Teil, Tillandsioideen. Ulmer, Stuttgart 1969. Bd. 2: Pitcairnioideen und Bromelien. Ulmer, Stuttgart 1973.

REITER, C., BÖHMIG, F.: Die Kulturpraxis der Schnittblumen und Topfpflanzen. 8. Aufl. Parey, Berlin und Hamburg 1958.
RÜNGER, W.: Licht und Temperatur im Zierpflanzenbau. 2. Aufl. Parey, Berlin und Hamburg 1964.
RÜNGER, W., u. a.: Blütenbildung und Blütenentwicklung. Parey, Berlin und Hamburg 1971.
RUGE, U.: Angewandte Pflanzenphysiologie. Ulmer, Stuttgart 1966.
STEFFEN, L.: Die Kultur der Blumenzwiebeln und Knollen. 2. Aufl. Parey, Berlin und Hamburg 1968.
STEFFEN, L.: Rosen unter Glas und Treibgehölze. Ulmer, Stuttgart 1969.
STEFFEN, L.: Freesien und Nerinen. 3. Aufl. Parey, Berlin und Hamburg 1973.
VOGEL, H.: Azaleen, Eriken, Kamelien. Parey, Berlin und Hamburg 1965.
VOGELMANN, A.: Die Begonie und ihre Kultur. 2. Aufl. Ulmer, Stuttgart 1969.
VOGELMANN, A.: Chrysanthemen. 7. Aufl. Ulmer, Stuttgart 1969.
ZIMMER, K.: Edelnelken. 2. Aufl. Parey, Berlin und Hamburg 1973.

Allgemeine Pflanzenschutzliteratur

Handbuch der Pflanzenkrankheiten. Begründet von P. SORAUER, herausgegeben von O. APPEL, H. RADEMACHER und H. RICHTER. 1. Band: Die nichtparasitären Krankheiten. 2. Band: Die Virus- und bakteriellen Krankheiten. 3. Band: Pilzliche Krankheiten und Unkräuter. 4. Band: Tierische Schädlinge an Nutzpflanzen, 1. Teil. 5. Band: Tierische Schädlinge an Nutzpflanzen 2. Teil. 6. Band: Pflanzenschutz. Parey, Berlin und Hamburg 1928–1971.
Laboratorium voor Bloembollenonderzoek, Lisse: Ziekten en afwijikingen bij bolgewassen. Deel I: Liliaceae. Lisse 1971.
BÖRNER, H.: Pflanzenkrankheiten und Pflanzenschutz (UTB 518). 2. Aufl. Ulmer, Stuttgart 1975.
DECKER, H.: Phytonematologie. Deutscher Landwirtschaftsverlag 1969.
HIRSCHMANN, W.: Milben (Acari). Franckhsche-Verlagshandlung (Kosmos), Stuttgart 1966.
KLINKOWSKI, A.: Pflanzliche Virologie. Bd. 1 und Bd. 2 (Teil 1 und 2). Akademie-Verlag, Berlin 1967 und 1968.
MELDER, A.: Ratgeber für Pflanzenschutz und Unkrautbekämpfung im Zierpflanzenbau. Teil 1 und 2. Parey, Berlin und Hamburg 1974.
MEYL, A. H.: Fadenwürmer (Nematoden). Franckhsche Verlagshandlung, Stuttgart 1961.
OETTINGEN, H. von: Blasenfüße. A. Ziemsen, Wittenberg.
PAPE, H.: Leitfaden des Pflanzenschutzes im Zierpflanzenbau. Parey, Berlin und Hamburg 1958.
PAPE, H.: Krankheiten und Schädlinge der Zierpflanzen und ihre Bekämpfung. 5. Aufl. unter Mitarbeit von M. HEMER. Parey, Berlin und Hamburg 1964.
PIRONE, PASCAL P.: Diseases and pests of ornamental plants. 4. Edition. The Ronald Press Company, New York 1970.
SACHSE, H.: Ur-Insekten. Franckhsche Verlagshandlung, Stuttgart 1969.
SCHMIDT, G.: Die deutschen Namen wichtiger Arthropoden. Mitt. Biol. Bundesanstalt für Land- und Forstwirtschaft Berlin-Dahlem, H. 137, Berlin 1970.

SEIFERT, G.: Die Tausendfüßler. A. Ziemsen, Wittenberg 1961.
STAPP, C.: Pflanzenpathogene Bakterien. Parey, Berlin und Hamburg 1958.

Literaturhinweise spezieller Art

1 KLINKOWSKI, A.: Pflanzliche Virologie. Bd. 1 und Bd. 2 (Teil 1 und 2). Akademie-Verlag, Berlin 1967 und 1968.
2 KÖHLER, E.: Allgemeine Viruspathologie der Pflanzen. Parey, Berlin und Hamburg 1964.
3 TEN HOUTEN, J. G., QUAK, Fr., VAN DER MEER, F. A.: Heat treatment and meristem culture for the production of virus-free plant material. Neth. J. Plant Pathol. 74 (1), 17–24, 1968.
4 REUTHER, G.: Meristemkultur, eine Möglichkeit zur Entwicklung gärtnerischer Vermehrungsverfahren. Gartenwelt 72 (10), 1972.
5 KOBLITZ, H.: Zell- und Gewebezüchtung bei Pflanzen. Fischer, Jena 1972.
6 CASPAR, R.: Mykoplasmen als Erreger von Pflanzenkrankheiten. Nachrichtenbl. Dt. Pflanzenschutzdienst (Braunschw.) 21 (12), 177–182, 1969.
7 PETZOLD, H., MARWITZ, R.: Mykoplasmen und rickettsienähnliche Bakterien als Erreger von Pflanzenkrankheiten. Mitt. Biol. Bundesanst. Land- und Forstwirtsch. Berlin-Dahlem, H. 151, 159–178, Okt. 1973.
8 STAPP, C.: Pflanzenpathogene Bakterien. Parey, Berlin und Hamburg 1958.
9 RATHSACK, R., BRUCKER, W.: Der Pflanzenkrebs, ein Beitrag zum allgemeinen Geschwulstproblem. A. Ziemsen, Wittenberg 1961.
10 UMGELTER, H.: Die Bekämpfung von Bodenpilzen aus der Gruppe der Phycomyceten. Erwerbsgärtner 27 (27), 1882–1884, 1973.
11 FRAUENSTEIN, K.: Echte Mehltaupilze. A. Ziemsen, Wittenberg 1959.
12 FRAUENSTEIN, K.: Falsche Mehltaupilze. A. Ziemsen, Wittenberg 1959.
13 STAHL, M.: Schäden durch versteckten Peronosporabefall. Süddt. Erwerbsgärtner 16, 718–719, 1967.
14 MÜHLE, E.: Rostpilze. A. Ziemsen, Wittenberg 1956.
15 UMGELTER, H.: Erfahrungen mit Plantvax gegen Rostkrankheiten bei Zierpflanzen- und Gemüsekulturen. Gesunde Pflanzen 21 (3), 53–60, 1969.
16 HELLMERS, E.: Four wilt diseases of perpetual-flowering carnations in Denmark. Ejnar Munksgaard, Copenhagen 1958.
17 JANSEN, W.: Die Bekämpfung von Algen und Moosen in Zierpflanzenkulturen. Gartenwelt 70 (16), 378–379, 1970.
18 UMGELTER, H.: Zur Bekämpfung von Moosen und Algen auf Stellflächen. Jahresber. Pflanzenschutzdienst Baden-Württ., S. 15–16, 1971.
19 FISCHER, P.: Bekämpfung von Algen auf Sandanstauflächen. Erwerbsgärtner 27 (7), 295–296, 1973.
20 DECKER, H.: Phytonematologie. Deutscher Landwirtschaftsverlag 1969.
21 SMITH, F. F., BOSWELL, A. L.: New Baits and attractants vor slugs. econ. Ent. 63 (6), 1919–1922, 1970.
22 UMGELTER, H.: Versuche zur Zwergfüßerbekämpfung. Jahresber. Pflanzenschutzdienst Baden-Württ., S. 23–26, 1972.
23 UMGELTER, H.: Versuche zur Springschwanzbekämpfung auf Stellflächen. Jahresber. Pflanzenschutzdienst Baden-Württ., S. 26–27, 1971.

24 UMGELTER, H.: Die Bekämpfung der „Weißen Fliege". Erwerbsgärtner 27 (4), 152–153, 1973.

25 FRANZ, J. M., KRIEG, A.: Biologische Schädlingsbekämpfung. Parey, Berlin und Hamburg 1972.

26 SCHOLTEN, G., BEUZENBERG, M. P.: Wurzelfäule und Blattfleckenkrankheit bei Anthurien. Jaarverslaag Aalsmer, S. 46–47, 1965.

27 SCHWINN, Fr. I.: Über eine durch Phytophthora parasitica Dastur verursachte Fäule an Anthurien. Nachrichtenbl. Dt. Pflanzenschutzdienst (Braunschweig) 13 (9), 129–132, 1961.

28 HOFFMANN, G. M., REBER, H.: Untersuchungen über eine Gelbwelke an Sommerastern (Callistephus chinensis). Phytopath. Z. 48, 178–196, 1963.

29 DALCHOW, J.: Eine bisher nicht beschriebene Welkekrankheit an Lorraine-Begonien: Verticillium dahliae. Gartenwelt 68 (12), 264–266, 1968.

30 RAALTE, D. VAN, WICHERS, D.: Blühbeeinflussung bei Bromelien mit Ethrel. Zierpflanenbau 10 (8), 330–331, 1970.

31 ZIMMER, K.: Über die Beeinflussung der Blütenbildung bei Bromeliaceae und ihre praktische Anwendung. Gartenbauwissenschaft 33, 415–462, 1968.

32 GERLACH, W., SAUTHOFF, W., PAG, H.: Untersuchungen über die Fusarium-Welke an Aechmea fasciata (Lindl.) Bak. (Erreger: Fusarium bulbigenum Cke. et Mass. f. aechmeae Gerlach et Sauthoff n. f.). Phytopathol. Z. 32, 416–432, 1958.

33 ALFIERI, S. A. Jr., MILLER, J. W.: Basal stem and root rot of Christmas Cactus caused by Phytophthora parasitica. Phytopathology 61, 804–806, 1971.

34 GERLACH, W.: Fusarium-Fäule und andere pilzliche Krankheiten gärtnerisch wichtiger Kakteen in Deutschland. Phytopathol. Z. 74, 197–217, 1972.

35 SAUTHOFF, W.: Ascochyta boehemica Kab. et Bub. als Erreger einer Blattfleckenkrankheit an Campanula isophylla Moretti. Phytopathol. Z. 45, 160–168, 1972.

36 SAUTHOFF, W.: Eine für Deutschland neue, vermutlich bakterielle Chrysanthemenkrankheit. Nachrichtenbl. Dt. Pflanzenschutzdienst (Braunschweig) 18 (2), 17–18, 1966.

37 PAG, H.: Die Pythium-Wurzel- und Stengelfäule der Chrysanthemen. Gartenwelt 63 (22), 466–467, 1963.

38 SCHNEIDER, R., PLATE, H. P.: Eine für Deutschland neue Wurzel- und Stengelgrundfäule an Chrysanthemum indicum L. und ihr Erreger Phoma chrysanthemicola Hollos. Phytopathol. Z. 67, 97–111, 1970.

39 SCHNEIDER, R., PLATE, H.-P.: Eine für Deutschland neue Pilzkrankheit der Chrysanthemen. Gartenwelt 70 (2), 29–30, 1970.

40 SAUTHOFF, W.: Didymella ligulicola (Baker, Dimock et Davis) v. Arx als Krankheitserreger an Chrysanthemen in Deutschland. Phytopathol. Z. 48 (3), 240–250, 1963.

41 STAHL, M.: Puccinia horiana Henn., der „Weiße Chrysanthemenrost", ein für Deutschland neuer Rostpilz auf Chrysanthemum indicum. Nachrichtenbl. Dt. Pflanzenschutzdienst (Braunschweig) 16, 180–182, 1964.

42 KUIPER, K.: Enige bijzondere aaltjesaantastingen in 1966. Neth. J. Plant Path. 73, 64–65, (Abstr.) 1967.

43 DALCHOW, J.: Viruskrankheiten an Chrysanthemum indicum, Symptomatologie – Nachweis – Praktische Folgerungen. Nr. 42, Dissertation. Berlin 1964.

44 Oertel, C.: Vergleichende Charakteristik des Aspermie-, des B-, des Chlorotic mottle- und des Stunt-Virus im Gesunderhaltungsprogramm der Chrysanthemen. Nachrichtenbl. Dt. Pflanzenschutzdienst DDR NF 27 (53), 61–65, 1973.
45 Köllner, V.: Omethoat gegen Spinnmilben an Chrysamthemen? Nachrichtenbl. Dt. Pflanzenschutzdienst (Braunschweig) 22 (7), 103–105, 1970.
46 Kühne, H., Leupold, R.: Erfahrungen mit Nematiziden bei der Bekämpfung von Pratylenchus spec. an Maiblumen während der Vegetationszeit. Anz. Schädlingskunde 43, 138–141, 1970.
47 Scholten, G.: Nectria radicicola en Thielaviopsis basicola als Parasieten van Cyclamen persicum. T. Plantenziekt. 70. Suppl. 2, 1–68, 1964.
48 Sawatchek, B.: Die Larvalsystematik der Wickler. Akademie-Verlag, Berlin 1958.
49 Feiter, A., Henseler, K.: Der Rebenwickler Cacoecia costana, ein „neuer" Schädling im rheinischen Zierpflanzenbau. Nachrichtenbl. Dt. Pflanzenschutzdienst (Braunschweig) 23 (4), 59–60, 1971.
50 Hellmers, E.: Four wilt diseases of perpetual flowering carnations in Denmark. Ejnar Munksgaard, Copenhagen 1958.
51 Stahl, M.: Erfahrungen mit der Stecklingsprüfung bei Nelke und Chrysantheme. Gartenwelt 58 (9), 152–153; 58 (10), 169–171, 1958.
52 Leiber, E.: Zur Lebensweise der Nelkenfliege Phorbia (Delia) brunescens Zett. Mitt. Biol. Bundesanst. Land- und Forstwirtsch. Berlin-Dahlem, H. 115, 229–232, 1965.
53 Hein, A.: Die Viruskrankheiten der Edelnelke. Gartenwelt 67 (12), 243–245; 67 (13), 272–274, 1967.
54 Hakkaart, F. A.: Description of symptoms and assessment of loss caused by some viruses in the carnation cultivar 'William Sim'. T. Plantenziekt. 70, 53–60, 1964.
55 Os, H. van: Die Meristemkultur zur Erzielung virusfreier Nelken in der Praxis. Gartenwelt 61 (23), 469–470, 1961.
56 Levonen, H. J.: „Ochsenkopfknospen" der Nelken. Über das Platzen der Nelkenkelche. Dt. Gärtnerbörse 72 (29), 631–632, 1972.
57 Malkomes, H.-P.: Der Einfluß von Bodenbegasungen mit Methylbromid (Terabol) auf gärtnerische Kulturpflanzen. 1. Bromidaufnahme und Bromidtoleranz bei Zierpflanzen. Pflanzenkrankh. Pflanzenschutz 79 (5), 274–290, 1972.
58 Sauthoff, W., Bortels, H.: Eine gefährliche Bakteriose an Dieffenbachien. Gartenwelt 62 (20), 408–406, 1962.
59 Schneider, H.: Phaeosphaeria eustoma (Fuck.) Holm als Erreger einer Blattfleckenkrankheit an Dieffenbachia. Phytopathol. Z. 61, 299–303, 1968.
60 Sobers, E. K., Seymur, C. P.: Stemphylium leafspot of Echeveria, Kalanchoe and Sedum. Phytopathology 53, 1443–1446, 1963.
61 Stalder, L.: Ericasterben und Erica-Wurzelsterben. Gartenwelt 67 (2), 23–25, 1967.
62 Sauthoff, W., Kröber, H., Maatsch, R.: Die Phytophthora-Krankheit der Erica gracilis. Ein Beitrag zur Frage des Erica-Sterbens. Gartenwelt 59 (17), 321–323, 1959.
63 Heimann, M.: Untersuchungen über das Ericasterben. Gartenwelt 56 (10), 155, 1956.
64 Kiewnick, L.: Ein neuer Pilz an Erica gracilis. Rhein. Monatsschrift 3, 110, 1970.

65 Kiewnick, L.: Wurzelhalsfäule an Azaleen und Eriken. Rhein. Monatsschrift 12, 419, 1971.
66 Sauthoff, W.: Glomerella cingulata als Erreger von Absterbeerscheinungen an Erica gracilis. Nachrichtenbl. Dt. Pflanzenschutzdienst (Braunschweig) 20, 177–182, 1968.
67 Sauthoff, W.: Untersuchungen über die „Knöllchenkrankheit" der Eriken. Phytopathol. Z. 69 (1), 17–30, 1970.
68 Penningsfeld, F.: Weihenstephaner Versuchsergebnisse mit Eriken und Azaleen. Gartenwelt 73 (22), 473–477; 73 (23), 491–494, 1973.
69 Hermann, P.: Cycocel bei Zierpflanzen. Möglichkeiten des optimalen Einsatzes. Gartenwelt 73 (6), 123–124, 1973.
70 Jungk, A., Malaheb, B., Wehrmann, J.: Molybdänmangel an Poinsettien, eine Ursache von Blattschäden. Gartenwelt 70 (2), 31–35, 1970.
71 Scholten, G.: Fusarium oxysporum Schl. an Freesien. Neth. J. Plant Pathol. 75, 271, 1969.
72 Casper, R., Brunt, A. A.: Das Freesia streak virus – ein in Deutschland neues Freesienvirus. Nachrichtenbl. Dt. Pflanzenschutzdienst (Braunschweig) 23, 89–90, 1971.
73 Penningsfeld, F.: Erfahrungen mit Gerbera jamesonii. Rhein. Monatsschrift 59 (4), 109–112; 59 (5), 148–150, 1961.
74 Penningsfeld, F.: Erfahrungen mit Gerbera jamesonii. Süddt. Erwerbsgärtner 15 (18), 509–512, 1961.
75 Scholten, G.: Wilt diseases in Gerbera. Neth. J. Plant Pathol. 76, 212–218, 1970.
76 Slogteren, D. H. M. van, Muller, P. J.: Control of „grassy-top" in Gladiolus by hot-water treatment. Meded. Rijksfak. Landbouw-Wetensch. Gent 34, 917–920, 1969.
77 Spierings, F. H. F. G.: Chronic discoloration of leaf tips of Gladiolus and its relation to the hydrogen fluoride content of the air and the fluorine content of the leaves. Neth. J. Plant Pathol. 73, 25–28, 1967.
78 Sauthoff, W., Gerlach, W.: Über eine bisher nicht bekannte Blattfleckenkrankheit an Haemanthus (Tourn.) L. Phytopathol. Z. 36 (2), 163–168, 1959.
79 Wittmann, W.: Colletotrichum gloeosporioides Penz. var. hederae Pass., der Erreger einer sehr häufigen Blattfleckenkrankheit des Efeus. Pflanzenarzt (Wien) 19 (11), 122, 1966.
80 Pag, H.: Colletotrichum crassipes (Speg.) v. Arx als Krankheitserreger an Hippeastrum vittatum (L'Hérit.) Herb. Phytopathol. Z. 51 (4), 317–323, 1964.
81 Beijer, J. J.: Het verloop van den geelziekaantasting door Xanthomonas hyacinthi (Wakker) Dows. in blad en bol van de hyacinth. Meded. Landbouwhogeschool Wageningen (Nederland), 72–30, 1–52, 1972.
82 Saaltink, G. J.: Root rot of hyazinths caused by species of Pythium. Neth. J. Plant Pathol. 75, 343–354, 1969.
83 Chauhan, S. K., Saaltink, G. J.: A penicillium attack on hyacinth bulbs as affected by temperature and humidity. Neth. J. Plant Pathol. 75, 197–204, 1969.
84 Kamerbeek, G. A.: Fysiologische afwijkingen bij bloembollen. Tuinbouwmeded. 32 (7/8), 286–292, 1969.
85 Koenig, R.: Über das Vorkommen von Hydrangea ringspot virus in der Bun-

desrepublik Deutschland. Nachrichtenbl. Dt. Pflanzenschutzdienst (Braunschweig) 22 (3), 34–37, 1970.

86 Kamerman, W., Muller, P. J.: Bacterierot bij irissen. Vakblad Bloemisterij 11, 1971.

87 Schneider, R., Plate, H.-P.: Auftreten von Fusarium oxysporum f. gladioli an „gehemmter“ Iris × hollandica im Freiland. Nachrichtenbl. Dt. Pflanzenschutzdienst (Braunschweig) 23 (4), 49–53, 1971.

88 Saaltink, G. J.: Penicillium corymbiferum als gelegenheidsparasiet van boliris. T. Plantenziekt. 72, 207 (Abstr.), 1966.

89 Schneider, R., Plate, H. P.: Nachweis einer Penicillium-Zwiebelfäule an Iris hollandica in Deutschland. Nachrichtenbl. Dt. Pflanzenschutzdienst (Braunschweig) 18, 138–140, 1966.

90 Rünger, W.: Blühreaktion von Kalanchoe-Sorten. Gartenwelt 68 (1), 6–7, 1968.

91 Uschdraweit, H. A.: Viruskrankheiten in der Gattung Kalanchoe (Crassulaceae). Nachrichtenbl. Dt. Pflanzenschutzdienst (Braunschweig) 15, 182–184, 1963.

92 Heimann, M.: Verbrennungen an Kalanchoe durch ultraviolette Strahlen. Gartenwelt 52, 113, 1952.

93 Kesteren, H. A. van: Bolrot van lelies, veroorzaakt door Sclerotium wakkeri (Zwartbenigheid). Neth. J. Plant Pathol. 72, 314–316, 1966.

94 Asjes, C. J., Neeltje, P. de Vos, van Slogteren, D. H. M.: Brown ring formation and streak mottle, two distinct syndromes in Lilies associated with complex infections of lily symptomless virus and tulip breaking virus. Neth. J. Plant Pathol. 79 (1), 23–35, 1973.

95 Asjes, C. J.: Virusziekten in narcissen. Bloembollencultur 82 (42), 1046–1047; (43) 1047; (44) 1098; (46) 1150; (49) 1220–1221; (50) 1246, 1972.

96 Plate, H. P., Schneider, R.: Fusarium-Basalfäule an Nerine. Gartenwelt 68 (1), 7–8, 1968.

97 Plate, H. P., Schneider, R.: Ein bemerkenswerter Blütenbefall durch Stagonospora curtisii an Nerine bowdenii. Nachrichtenbl. Dt. Pflanzenschutzdienst (Braunschweig) 18, 177–178, 1966.

98 Stahl, M., Umgelter, H.: Vorkommen des Oleanderkrebses in Deutschland und ein Versuch zu seiner Bekämpfung. Nachrichtenbl. Dt. Pflanzenschutzdienst (Braunschweig) 20 (3), 34–35, 1968.

99 Gerlach, W.: Infektiöse Krankheiten gärtnerisch wichtiger Orchideen. Gartenwelt 71 (8), 181–184, 1971.

100 Anonym: Orchid diseases. Amer. Orchid Soc. Bull. 5, 399–401, 1966.

101 Schwinn, F. J., Stille, B.: Über eine Bakterienfäule an Cypripedium callosum Pfitz. Z. Pflanzenkrankh. Pflanzenschutz 71, 657–662, 1964.

102 Gerlach, W., Borchardt, G.: Untersuchungen über eine Wurzelfäule an Phalaenopsis-Hybriden und ihren Erreger (Fusarium oxysporum). Phytopathol. Z. 63, 30–39, 1968.

103 Gerlach, W.: Eine bisher nicht bekannte Blattfleckenkrankheit an Dendrobien (Erreger: Fusarium moniliforme). Nachrichtenbl. Dt. Pflanzenschutzdienst (Braunschweig) 20, 49–52, 1968.

104 Borchardt, G.: Viruskrankheiten bei Orchideen. Gartenwelt 70 (12), 288–289, 1970.

105 Petzold, H.: Der elektronenmikroskopische Nachweis eines bacilliformen Virus an blattfleckenkranken Dendrobien. Phytopathol. Z. 70, 43–52, 1971.
106 Will, H.: Wachstumsregulatoren bei Pelargonien. Gartenwelt 72 (18), 385–386, 1972.
107 Stark, Chr.: Verticilliose der Edelpelargonien, eine neue Krankheit. Gartenwelt 67 (7), 155–156, 1967.
108 Gerlach, W.: Eine neue Pilzkrankheit breitet sich in Europa aus: Der Pelargonienrost (Puccinia pelargonii-zonalis Doidge). Nachrichtenbl. Dt. Pflanzenschutzdienst (Braunschweig) 17, 97–100, 1965.
109 Miller, Sh. B., Baxter, L. W.: Cylindrocladium sp. causing a stem canker of Rhododendrons. Plant Disease Reporter 53 (11), 843–845, 1969.
110 Prillwitz, H. G.: Rhizoctonia-Blatt- und Blütenknospenbefall an Azaleen. Nachrichtenbl. Dt. Pflanzenschutzdienst (Braunschweig) 21 (7), 102–103, 1969.
111 Vogel, H.: Azaleen, Eriken, Kamelien. Parey, Berlin und Hamburg 1965.
112 Hille Ris Lambers, D.: Masonaphis lambersi MacGillivray 1960 (Homoptera, Aphididae), a new pest of Rhododendron in Europe. Neth. J. Plant Pathol. 79 (4), 159–161, 1973.
113 Köster, P.: Calcium-Mangel bei Azalea indica. Gartenwelt 70 (15), 365–366, 1970.
114 Penningsfeld, F.: Weihenstephaner Versuchsergebnisse mit Eriken und Azaleen. Gartenwelt 73 (22), 473–477; 73 (23), 491–494, 1973.
115 Schneider, R., Paetzholdt, M., Willer, K. H.: Gnomonia rubi als Krankheitserreger an Kühlhausrosen und Brombeeren. Nachrichtenbl. Dt. Pflanzenschutzdienst (Braunschweig) 21 (2), 17–21, 1969.
116 Hoffmann, G. M., Stephan, B. R.: Cylindrocladium-Wurzelhalsfäule an Gewächshausrosen. Gartenwelt 63 (19), 403, 1963.
117 Stahl, M.: Einige Beobachtungen über den „Falschen Mehltau“ bei Rosen. Nachrichtenbl. Dt. Pflanzenschutzdienst (Braunschweig) 25 (11), 161–162, 1973.
118 Schmelzer, K.: Zur Ätiologie des Rosengelbmosaiks. Zentralbl. Bakt. Parasitenkde., Abt. 2, 120 (3), 233–236, 1966.
119 Anonym (DG): „Blindtriebe“ und „Bullenköpfe“ bei Treibrosen. Erwerbsgärtner 24 (22), 1079, 1970.
120 Anonym: Das Problem der Blütenformation bei ‘Baccara’-Rosen. Schweiz. Gärtnerzeitung 71 (46), 497, 1968 (Ref.: Inf. D. Weihenstephan 1, 1969).
121 Moe, R.: Was tun gegen Blindtriebe und Bullenköpfe bei Rosen? Gartenwelt 70 (16), 380–382; 70 (17) 412–414, 1970.
122 Heringa, J. W., Noordgraf, C.: Vakblad voor de Bloemisterij 24 (43), 1969. (Ref.: Inf. D. Weihenstephan (5) 65, 1970 über: Die ‘Baccara’-Schwärze).
123 Penningsfeld, F.: Spurennährstoffbedarf von Schnittrosen. Zierpflanzenbau 9 (5), 178–183, 1969.
124 Plate, H., Kröber, H.: Eine neue Phytophthora-Krankheit an Saintpaulien. Gartenwelt 72 (24), 513, 1972.
125 Gerlach, W.: Beiträge zur Kenntnis der Gattung Cylindrocarpon Wr. IV. Cylindrocarpon radicicola Wr., seine phytopathologische Bedeutung und sein Auftreten als Erreger einer Fäule des Usambaraveilchens. Phytopathol. Z. 41, 361–369, 1961.

126 ASSCHE, C. VAN: Tuinbouwberichten 24 (7), 172–173 (Fläm.), 1960. (Ref.: Inf. D. Weihenstephan 5, 1961).
127 PAPE, H.: Frühfrostschäden an Treibflieder. Gartenwelt 60 (6), 124–125, 1960.
128 HELLMERS, E.: Bacterial leaf spot of African Marigold (Tagetes erecta) caused by Pseudomonas tagetis sp. n. Meddelelser fra Plantepathologisk Afdeling den Kgl. Veterinaer- og Landbohojskole Kobenhavn 41, 1955.
129 STAHL, M.: Bakterienkrankheiten bei Tagetes. Süddt. Erwerbsgärtner 11, 460, 1967.
130 BUSCH, W.: Die 5-Grad-Tulpenkultur – eine unsichere Kultur? Dt. Gärtnerbörse 73 (38), 790–792, 1973.
131 ANONYM: Einige Richtlinien für die Kultur von 5 °C-Tulpen. Laboratorium voor Bloembollenonderzoek, Lisse, Holland. (Bearbeitung: B. A. Willmeroth: Dt. Gärtnerbörse 73 (38), 792–793, 1973)
132 SAALTINK, G. J., MAAS GEESTERANUS, H. P.: A new disease in tulip caused by Corynebacterium ortii nov. spec. Neth. J. Plant. Pathol. 75, 123–128, 1969.
133 ROOY, M. DE: Pflanzenschutz bei der Tulpentreiberei. Erwerbsgärtner 26 (28), 1225–1229, 1972.
134 GERLACH, W., BLASZYK, P.: Das Überdauern des Erregers der Fusarium-Fäule der Tulpenzwiebeln in Lagerräumen. Nachrichtenbl. Dt. Pflanzenschutzdienst (Braunschweig) 18, 1–2, 1966.
135 SCHENK, P. K., BERGMAN, B. H. H.: Uncommon disease symptoms caused by Fusarium oxysporum in tulips forced in the glasshouse after pre-cooling at 5 °C. Neth. J. Plant Pathol. 75, 100–104, 1969.
136 BOEREMA, G. H., POSTHUMUS, C. J. M.: „Zwartbenigheid" bij tulp en iris veroorzaakt door Sclerotium wakkerii nov. spec. T. Plantenziekt. 69, 200–207, 1963.
137 ASJES, C. J., MULLER, P. J.: Nerfstrepenziekte in Tulpen. Bloembollencultur 83 (11), 249, 251; 83 (12), 276, 1972.
138 MUNK, W. J. DE, BEIJER, J. J.: Bud necrosis, a storage disease of tulips. I. Symptoms and the influence of storage conditions. Neth. J. Plant Pathol. 77, 97–105, 1971.
139 MUNK, W. J. DE: Die Kernfäule der Tulpen. Gartenwelt 71 (18), 399–400, 1971.
140 KAMERBEEK, G. A.: Fysiologische afwijkingen bij bloembollen. Tuinbouwmeded. 7/8, 286–292, 1969.
141 MULLER, P. J.: Pseudo-kurkstip bji tulpen. Neth. J. Plant Pathol. 75, 271 (Abstr.), 1969.
142 STOLP, H., STAHL, M.: Eine Bakteriose an Stiefmütterchen. Nachrichtenbl. Dt. Pflanzenschutzdienst (Braunschweig) 19 (10), 145–148, 1967.
143 STAHL, M.: Wurzelhalsfäule bei Stiefmütterchen (Viola wittrockiana Gams). Z. Pflanzenkrankh. Pflanzenschutz 72, 5–29, 1965.
144 DEIGHTON, F. C.: Mycocentrospora, a new name for Centrospora Neerg. Taxon. 21, 716.

Bildquellen

Archiv der Biologischen Bundesanstalt, Berlin-Dahlem: Abb. 22, 47, 71, 109, 110, 118, 129, 151, 152, 157, 172, 186, 215, 217.

M. GEIGENMÜLLER, Landesanstalt für Pflanzenschutz, Stuttgart: Abb. 3, 8, 12, 15, 20, 21, 24, 25, 27, 28, 29, 30, 38, 43, 44, 45, 46, 50, 53, 54, 55, 59, 61, 64, 65, 70, 72, 73, 75, 76, 78, 81, 82, 83, 84, 85, 86, 87, 91, 93, 96, 101, 106, 107, 113, 114, 115, 128, 132, 138, 139, 143, 149, 160, 163, 164, 167, 170, 175, 176, 177, 178, 179, 181, 185, 189, 191, 192, 198, 199, 202, 203, 204, 216, 218, 221, 222, 223, 224, 226, 229, 230, 231, 232, 240, 243, 245, 251, 257, 258, 259, 260, 261, 262.

DR. G. NEUFFER, Landesanstalt für Pflanzenschutz, Stuttgart: Abb. 35, 36.

DR. M. STAHL, Landesanstalt für Pflanzenschutz Stuttgart: Abb. 4, 6, 11, 13, 14, 17, 18, 19, 48, 49, 57, 58, 62, 63, 74, 77, 79, 80, 88, 89, 90, 92, 97, 98, 100, 104, 105, 111, 112, 121, 122, 123, 124, 130, 133, 134, 142, 144, 145, 146, 147, 148, 153, 154, 155, 156, 161, 169, 173, 180, 187, 188, 197, 200, 205, 206, 208, 210, 211, 214, 236, 239, 241, 242, 244, 246, 247, 248, 249, 250, 253, 254, 255, 256, 263, 264, 267.

DR. H. STEINER, Landesanstalt für Pflanzenschutz, Stuttgart: Abb. 1, 2, 5, 7, 9, 10, 16, 23, 26, 31, 32, 33, 34, 37, 39, 40, 41, 42, 51, 52, 56, 60, 66, 67, 68, 69, 94, 95, 99, 116, 117, 119, 120, 125, 126, 127, 131, 135, 137, 140, 141, 150, 158, 159, 162, 165, 166, 168, 174, 182, 183, 184, 190, 194, 195, 196, 201, 207, 209, 212, 213, 219, 220, 225, 227, 228, 233, 234, 235, 237, 238, 252, 265, 266.

H. UMGELTER, Landesanstalt für Pflanzenschutz, Stuttgart: Abb. 108.

Aus der Literatur

STALDER, L., SCHÜTZ, F.: Untersuchungen über die kausalen Zusammenhänge des Erikawurzelsterbens. Phytopathol. Z. 30 (2), 117–148, 1957: Abb. 136.

STAPP, C.: Bakterielle Krankheiten. In: SORAUER, Handbuch der Pflanzenkrankheiten, Bd. II, 2. Lfg. Verlag Paul Parey, Berlin und Hamburg 1956, 6. Aufl.: Abb. 171.

PAPE, H.: Krankheiten und Schädlinge der Zierpflanzen. Verlag Paul Parey, Berlin und Hamburg 1955, 4. Aufl.: Abb. 102, 103, 193.

Nachtrag

Neuzulassungen, Änderungen und Ergänzungen auf dem Sektor Pflanzenschutzmittel, soweit sie sich während der Drucklegung des vorliegenden Handbuches ergeben haben.

Fungizide

18. Bekanntmachung über die Zulassung der Pflanzenschutzmittel und Zusatzstoffe vom 2. Dezember 1974
    Ferbam 80 (Wirkstoff: Ferbam)
    gestrichen wurde der Anwendungsbereich Botrytis-Arten und Rostkrankheiten im Zierpflanzenbau und Nelkenschwärze an Nelken;

19. Bekanntmachung über die Zulassung der Pflanzenschutzmittel und Zusatzstoffe vom 3. Februar 1975

Streichungen von Zulassungen:

PFU 26 flüssig (Wirkstoff: Triamiphos)
der bisher zulässige Anwendungsbereich (echte Mehltaupilze an Rosen, Zinerarien, Gerbera, Saintpaulien, Ahorn, Weißdorn, jeweils 0,25 %) wurde gestrichen;

Botrysan (Wirkstoff: Anilazin)
der bisher zulässige Anwendungsbereich „Botrytis-Arten 0,3 % spritzen" wurde gestrichen;

Karathane LC (Wirkstoff: Dinocap)
der bisher zulässige Anwendungsbereich „echte Mehltaupilze 0,25 % spritzen" wurde gestrichen;

BASF-Zineb-Spritzpulver, Dithane Spiess-Urania, Dithane Riedel (Wirkstoff: Zineb)
die vorliegenden Zulassungen wurden gestrichen; damit stehen der Praxis noch die folgenden Zineb-Mittel zur Verfügung:
Fungo-Pulvit Schacht
Luxan Zineb Spritzpulver
Phytox 80
Thionic M
Phytox Staub
Zinosan;

Pomarsol forte (Wirkstoff: Thiram)
das Präparat wurde für die Anwendung im Zierpflanzenbau gestrichen; Pomarsol forte war bis jetzt gegen Falschen Mehltau an Rosen und gegen Tulpenfeuer zugelassen;

BASF-TMTD-Spritzpulver (Wirkstoff: Thiram)
der bisherige Anwendungsbereich „Keimlingskrankheiten, Tulpenfeuer an Tulpen und Botrytis-Arten (0,2 % spritzen)" wurde gestrichen;

Ergänzungen:

Bayer 5072 (Wirkstoff: Fenaminosulf)
ein Nachbau von Kulturen, die der Erzeugung von Lebensmitteln (z. B. Gemüse, Kartoffeln, Getreide u. a.) dienen, ist auf mit Bayer 5072 (früher Dexon) behandelten Bodenflächen nicht zulässig;

Änderungen:
Plondrel 50 W wurde in Koren umbenannt;
Neuzulassungen:
AAterra (Wirkstoff: Etridiazol)
gegen Pythium-Arten an Anthurium scherzerianum unter Glas und Scindapsus aureus (= Rhaphidophora aurea) unter Glas; Aussaaten, Jungpflanzen oder stehende Kulturen mit 2 l/m² einer 0,05%igen Brühe gießen; 1 Behandlung;
gegen Pythium-Arten an Anthurium scherzerianum unter Glas und Scindapsus unter Glas der Erde bzw. dem Substrat vor dem Tropfen je m³ 50 g Präparat untermischen; AAterra ist bienengefährlich;

20. Bekanntmachung über die Zulassung der Pflanzenschutzmittel und Zusatzstoffe vom 3. April 1957
Neuzulassungen:
Plondrel 20 EC (Wirkstoff: Ditalimfos)
gegen Echten Mehltau an Rosen im Freiland und unter Glas, 0,125% vorbeugend und spätestens bei beginnendem Befall; Anwendungen im Abstand von 7–12 Tagen;
Änderungen:
Saprol (Wirkstoff: Triforine)
jetzt allgemein zugelassen gegen Rostpilze im Freiland und unter Glas (zuvor Rosenrost und Pelargonienrost) in 0,15%iger Konzentration vorbeugend oder bei beginnendem Befall; bei vorbeugender Anwendung im Abstand von 7–10 Tagen, bei Befall im Abstand von 3–4 Tagen, danach sind die Behandlungen weiterzuführen im Abstand von 7–10 Tagen;

21. Bekanntmachung über die Zulassung der Pflanzenschutzmittel und Zusatzstoffe vom 30. Juni 1975
Neuzulassungen:
Previcur (Prothiocarb)
gegen Bodenpilze (Pythium- und Phytophthora-Arten) an Zierpflanzen unter Glas (0,15%); bewurzelte Jungpflanzen vor dem Eintopfen kurz tauchen bzw. Topfpflanzen gießen mit 0,15%iger Brühe (je 10–11 cm-Topf ca. 100 ml Gießlösung; Anwendungen im Abstand von 21 Tagen, beginnende kurze Zeit nach dem Eintopfen;
Änderungen:
Plondrel 20 EC wird in Plondrel flüssig umbenannt;
Badilin Rosenfluid (Dodemorph + Dodin)
die bisher zugelassene Anwendung gegen Falschen Mehltau an Rosen im Freiland wurde gestrichen;
Delan flüssig (Wirkstoff: Dithianon)
der bis jetzt zulässige Anwendungsbereich „Septoria-Blattfleckenkrankheit an Chrysanthemen und Ohrläppchen-Krankheit an Azaleen" wurde gestrichen;
Ergänzungen:
Compo-Rosenspritzmittel (Metiram + Schwefel)
das Mittel ist jetzt auch gegen Falschen Mehltau an Rosen im Freiland zugelassen;
Plantvax (Oxycarboxin)
der bisher zulässige Anwendungsbereich (Rostpilze 0,1% spritzen) wurde erweitert; jetzt zugelassen gegen Rostpilze an Zierpflanzen im Freiland und unter Glas 0,1%, vorbeugend oder bei beginnendem Befall; Anwendung im Abstand von 14 Tagen; des weiteren gegen Rostpilze an Ziergehölzen in Baumschulen 0,1%, vorbeugend oder bei beginnendem Befall; Anwendung im Abstand von 14 Tagen; (es muß die Wasserschutzgebietsauflage 2 beachtet werden)

22. Bekanntmachung über die Zulassung der Pflanzenschutzmittel und Zusatzstoffe vom 1. September 1975
Ergänzungen:
Karathane Schacht, Karathane Spiess-Urania (Dinocap)
bisherige Zulassung: gegen echte Mehltaupilze (0,05%); Neufassung der Indikation: echte Mehltaupilze an Zierpflanzen im Freiland; Anwendung ab Befallsbeginn im Abstand von 7–14 Tagen;

BASF-Mehltaumittel (Dodemorph)
bisherige Zulassung: gegen echte Mehltaupilze (0,25 %); Neufassung des Anwendungsbereichs: echte Mehltaupilze im Zierpflanzenbau (0,25 %), auch unter Glas; Behandlung bei Befallsbeginn; bei schon vorhandenem Befall 2–3 Anwendungen im Abstand von 3 Tagen; bei Rosen unter Glas nicht bei starker Sonneneinstrahlung spritzen;
Previcur (Wirkstoff: Prothiocarb)
es muß neuerdings die Wasserschutzgebietsauflage 2 beachtet werden;

23. Bekanntmachung über die Zulassung der Pflanzenbehandlungsmittel vom 3. November 1975
Ronilan (Wirkstoff: Vinchlozolin)
Bemerkenswert ist die Neuzulassung von Ronilan gegen Botrytis cinerea an Trauben, wobei bei der Anwendung die Wasserschutzgebietsauflage 2 beachtet werden muß. Das allgemein gegen Botrytis-Pilze gut wirksame Präparat steht zur Zeit auch im Zierpflanzenbau in Prüfung. Es handelt sich um ein Kontaktfungizid, das vor allem auch gegen Botrytisstämme, die gegenüber Benzimidazolen (z. B. Benomyl) Resistenz aufweisen, mit Erfolg eingesetzt werden kann. Eine Zulassung für den Zierpflanzenbau ist zu erwarten.

Noch nicht Bestandteil einer Bekanntmachung ist die Zulassung von *Previcur* gegen Pythium-Arten (Weich- und Wurzelfäule) an 5° C-Tulpen unter Glas. Die Zwiebeln werden 20 Minuten in 0,3%ige Previcur-Lösung getaucht. Vor dem Pflanzen 15 ccm Previcur in 0,5–1 l Wasser/m^2 auf die Bodenoberfläche gießen und anschließend 10–12 cm tief einfräsen.

Mittel gegen tierische Schädlinge

18. Bekanntmachung über die Zulassung der Pflanzenschutzmittel und Zusatzstoffe vom 2. Dezember 1974
Dedevap (Wirkstoff: Dichlorvos)
gestrichen wurde die Zulassung gegen saugende Insekten im Zierpflanzenbau im Gewächshaus 4–5 ccm in 200–300 ccm Wasser/100 m^3 raumsprühen;

19. Bekanntmachung über die Zulassung der Pflanzenschutzmittel und Zusatzstoffe vom 3. Februar 1975

Beendigung von Zulassungen:	*bisheriger Anwendungsbereich:*
Animert V 101-Spritzpulver (Tetrasul)	Spinnmilben
Tedion V 18 flüssig (Tetradifon)	Spinnmilben
Beosit emulgierbar, Beosit Spritzpulver, Thiodan Spritzpulver, Thiodan emulgierbar (Wirkstoff: Endosulfan)	gegen beißende und saugende Insekten und gegen Weichhautmilben
Zoanid (Tetradifon + Phosdrin)	Spinnmilben
Nogos-Nebeldose, Citos-Nebeldose, Nogos Riedel (Dichlorvos)	beißende und saugende Insekten
Slugit (Metaldehyd)	Schnecken

Änderungen:
Dimethoat Aglukon, Perfekthion, Roxion (Wirkstoff: Dimethoat)
gestrichen wurde die Indikation „Weichhautmilben an Zierpflanzen";
E 605 Staub (Wirkstoff: Parathion-methyl)
gestrichen wurde das Köderverfahren gegen Erdraupen und Maulwurfsgrillen;
Bladafum I und Bladafum II (Wirkstoff: Sulfotepp)
jetzt nicht mehr gegen Kellerasseln zugelassen;
FOG 2 (Dichlorvos + Pyrethrum + Piperonylbutoxid)
gestrichen wurde der Anwendungsbereich Gewächshausschädlinge;
Tamaron (Methamidophos)
bisher gegen Blattläuse zugelassen in 0,1%iger Konzentration; jetzt auch gegen beißende Insekten und Spinnmilben an Zierpflanzen im Freiland und unter Glas (0,15 %);
da sich die vorliegenden Erfahrungen über die Kulturpflanzenverträglichkeit des Präparats im allgemeinen auf die 0,1%ige Konzentration stützen, sind bei Verwendung in 0,15%iger Konzentration gegebenenfalls Vorversuche auf Kulturpflanzenverträglich-

keit anzustellen; auch empfiehlt es sich, das Mittel bei Edelnelken nur in Jungbeständen zu verwenden, da für blühende Pflanzungen Schadgefahr bestehen soll;

AAprotect

das gegen Sommerwildverbiß durch Hasen und Kaninchen auf nicht zum Konsum bestimmte Pflanzenteile im Obstbau und in Baumschulen zulässige Präparat (1 Teil Präparat mit 2 Teilen Wasser verdünnt spritzen) ist nun auch zur Verminderung von Knospenschäden durch Schadvögel an Obst- und Ziersträuchern (30 l/ha in 300–600 l Wasser, je nach Baum- und Strauchhöhe) zulässig; Präparat ist bienengefährlich;

22. Bekanntmachung über die Zulassung der Pflanzenschutzmittel und Zusatzstoffe vom 1. September 1975

Ergänzungen:

Frankol-Wildverbißschutz

das Präparat ist jetzt auch im Zierpflanzenbau (0,4 % spritzen) zulässig;

Neuzulassungen:

Torque (Neostanox; organische Zinnverbindung)

gegen Spinnmilben an Kernobst 0,05 % spritzen; Torque wird zur Zeit auch im Zierpflanzenbau geprüft. Eine Zulassung ist zu erwarten; das Mittel erfaßt Altmilben und Larven und besitzt eine verhältnismäßig lange Dauerwirkung; Raubmilben werden geschont; auch für Bienen scheint das Präparat nicht gefährlich zu sein; Torque gehört der Giftabteilung 2 an.

Südafrikanischer Nelkenwickler und Mittelmeernelkenwickler, zwei sehr ernst zu nehmende Quarantäneschädlinge

Der Südafrikanische Nelkenwickler *(Epichoristodes acerbella)* hat in den vergangenen Jahren im Mittelmeergebiet weiter an Verbreitung zugenommen. Es liegen Untersuchungen darüber vor, daß er beispielsweise in Italien den Mittelmeernelkenwickler *(Cacoecimorpha pronubana)* fast verdrängt hat. So soll sein Anteil an der Gesamtpopulation beider Arten etwa 95 % betragen. Damit ist die Gefahr der Einschleppung auch für unseren heimischen Unterglasanbau größer geworden. Unterstrichen wird diese Gefahr noch dadurch, daß sich der Südafrikanische Nelkenwickler außer an Nelken auch an vielen anderen Pflanzen aus den verschiedensten botanischen Familien entwickeln kann. Auch läßt das geringere Wärmebedürfnis gegenüber dem Mittelmeernelkenwickler befürchten, daß er während milder Winter in unserem Gebiet im Freiland zu überwintern vermag. Man wird also davon ausgehen müssen, daß sich beide Arten zeitweise in gewissen Gebieten Deutschlands ansiedeln und auch halten können. So ist unter Gewächshausbedingungen eine durchgehende Dauerentwicklung möglich. Darüber hinaus bieten sich für beide Schädlinge im Sommer auch unter Freilandverhältnissen gute Entwicklungs- und Ernährungsbedingungen.

Als die weitaus gefährlichere Art muß der Südafrikanische Nelkenwickler gelten, da sich die sog. Eiräupchen (so nennt man die aus den Eiern schlüpfenden Jungraupen) nur für ein paar Tage auf den Pflanzenteilen selbst aufhalten, sich dann aber in die Stengel und Triebe einbohren und damit einer Bekämpfung mit den heute zur Verfügung stehenden Präparaten entziehen können.

Um dem Praktiker das Unterscheiden beider Arten zu erleichtern, werden im folgenden wichtige Merkmale und Lebensgewohnheiten der Schädlinge einander gegenübergestellt.

Mittelmeernelkenwickler

Raupen
Jungräupchen zunächst gelb mit schwarzem Kopf. Sobald sie Nahrung aufnehmen, geht die Farbe in ein Graugrün über. Mit zunehmendem Alter wechselt die Farbe nach Gelbgrün. Voll entwickelt sind die Räupchen etwa 15–20 mm lang. Im übrigen wird die Farbe der Raupen von der Art der aufgenommenen Nahrung beeinflußt.
Sobald die Räupchen erwachsen sind, verpuppen sie sich zwischen den zusammengesponnenen Blättern, auf der Unterseite der Blätter oder auch in den Blattachseln. Die Puppen sind braun bis schwärzlich ausgefärbt und etwa 9–12 mm lang.

Fraßgewohnheiten der Raupen und Schäden
Weißlich durchscheinende Stellen an den Nelkenblättern, die dadurch entstehen, daß die Oberhaut und Teile des Blattgewebes weggefressen werden, oder auch Blätter mit schartig angefressenen Rändern und zusammengezogenen Blattspitzen, die rechtwinklig abgebogen sind, sind charakteristische Befallsmerkmale. Auch die Blütenblätter werden befressen und versponnen. Die Räupchen halten sich in den Gespinsten auf und nicht selten bohren sie sich tief in die Blütenknospen ein. Winzige Fraßlöcher in den Knospen machen dann auf den Schädling aufmerksam. Schließlich gehen kleine Gangminen im Blattgewebe auf die Fraßtätigkeit der Jungräupchen zurück. Befallene Achseltriebe lassen in der Regel keine Farbänderungen erkennen.

Falter
Die beiden Geschlechter unterscheiden sich etwas in der Größe und in der Ausfärbung der Flügel.
Das kleinere, gelblich gefärbte *Männchen* mit einer Flügelspannweite um 15–17 mm; Vorderflügel dunkel ockergelb mit 2 kastanienbraunen oder braunvioletten Binden geziert, die zu einem V zusammenlaufen; die Hinterflügel von ockergelber Grundfarbe und mit schwärzlichen Streifen am körperabgewandten Teil.
Beim *Weibchen* (Flügelspannweite um 18 bis 24 mm) ist die Grundfarbe der Flügel im allgemeinen etwas heller als beim Männchen. Die Vorderflügel sind zimtfarben und tragen die gleichen V-förmigen Binden wie beim Männchen. Die Hinterflügel sind von orangeroter bis ockerbrauner Farbe und dunkel eingesäumt.

Südafrikanischer Nelkenwickler

Raupen
Jungräupchen zunächst blaßgelb mit dunkelbraunem Kopf. Nach entsprechender Nahrungsaufnahme nehmen sie dann eine mehr oder weniger intensive grüne Farbe an und zeigen auf grünem Grund eine dunkle Rükkenlinie und beiderseits gelbliche Längsstreifen. Voll entwickelt sind die Räupchen etwa 13–15 mm lang.
Nach mehreren Häutungen erfolgt nach 30 bis 40 Tagen die Verpuppung der Raupen. Die Puppen sind wie beim Mittelmeernelkenwickler braun ausgefärbt.

Fraßgewohnheiten der Raupen und Schäden
Die Raupen dringen in das Innere der Triebe bzw. des Stengels ein und ernähren sich vom Mark. Blätter befallener Triebe lahmen, werden welk und vertrocknen. Schadfraß junger Räupchen fällt nicht besonders auf; es fehlen auch die zusammengesponnenen und rechtwinkelig abgebogenen Blattspitzen.
Im übrigen werden auch Knospen und Blütenköpfe angegangen, wobei jedoch die Tiere bei der Ausübung ihres Bohrfraßes im Gegensatz zum Mittelmeernelkenwickler bis in den Blumenstengel vordringen. Die Folge ist auch hier das Vertrocknen befallener Pflanzenteile. Im Gegensatz zum Mittelmeernelkenwickler finden sich im Befallsbereich meist mehrere Tiere. Oft sind es drei und vier.

Falter
Die beiden Geschlechter unterscheiden sich nur in der Größe, jedoch nicht in der Ausfärbung der Flügel.
Die kleineren *Männchen* mit einer Flügelspannweite um 13–14 mm, das etwas größere *Weibchen* mit einer solchen von 16–18 mm. Die Vorderflügel beider Geschlechter von rötlichbrauner Grundfärbung und mit kleinen braunen Punkten entlang eines Bandes, das zwischen dem vorderen Rand und der Mitte des Flügels verläuft. Die Hinterflügel sind hellgrau. In der Ruhestellung erscheint auf den Flügeln, die dachförmig abfallen, in der Mitte ein dunkler Fleck.

Mittelmeernelkenwickler	**Südafrikanischer Nelkenwickler**
Eier Die zunächst hellgrünen, später sich gelbgrün bis hellgelb verfärbenden Eier werden in Form flacher Häufchen von fischschuppenähnlichem Aussehen im allgemeinen auf die Oberseite der Blätter abgelegt.	*Eier* Die Eiablage beginnt 2–3 Tage nach dem Schlüpfen des Weibchens. Sie erfolgt ebenfalls in Form flacher Häufchen von fischschuppenähnlichem Aussehen, wobei ein Weibchen bis zu 300 Eier ablegen kann. Je nach Witterung schlüpfen nach 9–14 Tagen die Larven.

Die Bekämpfung der Nelkenwickler ist, wie schon angedeutet, schwierig. Sie wäre mit vielen Behandlungen und damit auch mit hohen Unkosten verbunden. Ganz abgesehen davon, daß der Südafrikanische Nelkenwickler, hätte er erst einmal in unseren Gewächshäusern Fuß gefaßt, mit den heute zur Verfügung stehenden Mitteln und Verfahren nicht auszurotten wäre. Bleibt doch für die Bekämpfung der Eiräupchen des Schädlings nur eine kurze Zeitspanne, während der sie sich frei auf den Pflanzen aufhalten. Unsere ganzen Bemühungen müssen daher zunächst einmal auf das Verhindern einer Einschleppung ausgerichtet sein. Für den Fall, daß die Schädlinge doch einmal eingeschleppt werden sollten, ist eine Verordnung zur Bekämpfung von Nelkenwicklern in Vorbereitung.

Interessant sind in diesem Zusammenhang auch die für den italienischen Nelkenbauer empfohlenen Bekämpfungsmaßnahmen. Zunächst wird das Abtöten der Schädlinge durch Abbrennen abgeernteter Kulturen gefordert. Soweit es die Bekämpfung mit chemischen Mitteln betrifft, hält man Behandlungen nach einem exakten Terminkalender (maximal in Abständen von 7–10 Tagen, während der Wintermonate in 14tägigen Abständen) für unerläßlich. Genannt werden Mevinphos-Mittel (z. B PD 5, Shell Phosdrin 50), Parathion-Emulsionen einzeln verspritzt oder in Mischung oder dieselben auch in Kombination mit anderen Wirkstoffen von längerer Wirkungsdauer (z. B. Carbaryl). Für Jungbestände schließlich noch das Metamidophos-Präparat Tamaron. Der Schadgefahr wegen (Nekrosen an den Blütenblättern!) wird das Mittel für ältere, das heißt in Blüte stehende Bestände, nicht mehr empfohlen. Verständlich ist, daß mit verhältnismäßig hohen Brühaufwandmengen gearbeitet wird. Im Falle des Mittelmeernelkenwicklers ist darüber hinaus auch eine gewisse Kontrolle des Falterfluges mit synthetischen Sexuallockstoffen möglich. Nicht aber beim Südafrikanischen Nelkenwickler! Beachtung verdienen schließlich auch erfolgreiche Versuche zur Sterilisation der Larven bei versandfertigen Blumen mit Hilfe ionisierender Strahlen.

In Frankreich liegen sehr positive Versuchsergebnisse mit den Wirkstoffen Carbaryl und Acephat vor.

€ 5.-